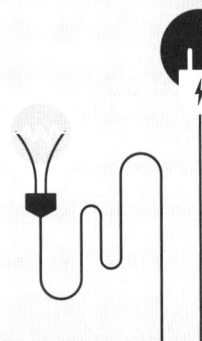

초단기완성!
전기산업기사 필기

이창우 저

머리말

최근 국민 생활수준의 향상과 산업의 발달로 전기 수급이 날로 늘어가는 추세입니다. 이에 따라 전기와 관련된 안전 문제가 대두되고 있으며 이로 인한 인명 피해 또한 증가하고 있습니다. 더불어 이에 따른 전기산업기사의 인력수요는 증가할 것입니다.

초단기완성! 전기산업기사 필기 교재는 한국산업인력공단의 출제기준에 따라 전기산업기사 자격시험을 가장 빠른 시간 내에 준비할 수 있도록 다음과 같은 특징으로 집필되었습니다.

1. 전기자기학, 전력공학, 전기기기, 회로이론, 전기설비기술기준의 각 과목 이론은 강의노트 형식의 새로운 구성과 핵심 요약으로 기초 학습을 거친 수험생이라면 누구라도 쉽게 이해하고 습득할 수 있도록 하였습니다.
2. 과목별 적중 예상문제는 한국산업인력공단이 주관하고 시행한 전기산업기사 필기시험의 출제 문제를 기반으로 하여 빈번하게 출제된 문제와 반드시 알아 두어야 할 문제를 중심으로 상세한 해설과 함께 수록하였습니다.
3. 최근 전기설비기술기준 및 한국전기설비규정(KEC)의 내용을 다양한 일러스트와 함께 정리함으로써 수험생들의 규정 이해에 도움을 주기 위해 노력하였습니다.
4. 마지막으로 CBT 시험으로 변경된 후 치러진 시험문제를 충실히 복원하여 총 7회분의 CBT 복원문제를 상세한 풀이와 함께 수록함으로써 수험생들에게 실질적인 도움을 주고자 하였습니다.

전기분야 관련 자격시험을 다년간 연구하고 분석해 온 저자가 심혈을 기울여 집필한 교재인 만큼 이 교재를 선택한 여러분들에게 큰 도움이 있을 것으로 확신합니다. 끝으로, 이 교재의 발간을 위해 도움을 주신 많은 교육 현장의 선생님들과 (주)도서출판 책과상상의 임직원 여러분들에게 감사의 말씀을 드립니다.

저자 드림

필기 출제기준표

필기과목	주요항목	세부항목	
1. 전기자기학	1. 진공 중의 정전계	1. 정전기 및 전자유도 3. 전기력선 5. 전위 7. 전기쌍극자	2. 전계 4. 전하 6. 가우스의 정리
	2. 진공중의 도체계	1. 도체계의 전하 및 전위분포 3. 도체계의 정전에너지 5. 도체 간에 작용하는 정전력	2. 전위계수, 용량계수 및 유도계수 4. 정전용량 6. 정전차폐
	3. 유전체	1. 분극도와 전계 3. 유전체 내의 전계 5. 정전용량 7. 유전체 사이의 힘	2. 전속밀도 4. 경계조건 6. 전계의 에너지 8. 유전체의 특수현상
	4. 전계의 특수 해법 및 전류	1. 전기영상법 3. 전류에 관련된 제현상	2. 정전계의 2차원 문제 4. 저항률 및 도전율
	5. 자계	1. 자석 및 자기유도 3. 자기쌍극자 5. 분포전류에 의한 자계	2. 자계 및 자위 4. 자계와 전류 사이의 힘
	6. 자성체와 자기회로	1. 자화의 세기 3. 투자율과 자화율 5. 감자력과 자기차폐 7. 강자성체의 자화 9. 영구자석	2. 자속밀도 및 자속 4. 경계면의 조건 6. 자계의 에너지 8. 자기회로
	7. 전자유도 및 인덕턴스	1. 전자유도 현상 3. 자계에너지와 전자유도 5. 전류에 작용하는 힘 7. 도체 내의 전류 분포 9. 인덕턴스	2. 자기 및 상호유도작용 4. 도체의 운동에 의한 기전력 6. 전자유도에 의한 전계 8. 전류에 의한 자계에너지
	8. 전자계	1. 변위전류 3. 전자파 및 평면파 5. 전자계에서의 전압 7. 방전현상	2. 맥스웰의 방정식 4. 경계조건 6. 전자와 하전입자의 운동
2. 전력공학	1. 발 · 변전 일반	1. 수력발전 3. 원자력 발전 5. 변전방식 및 변전설비	2. 화력발전 4. 신재생에너지발전 6. 소내전원설비 및 보호계전방식
	2. 송 · 배전선로의 전기적 특성	1. 선로정수 3. 코로나 현상 5. 중거리 송전선로의 특성 7. 분포정전용량의 영향	2. 전력원선도 4. 단거리 송전선로의 특성 6. 장거리 송전선로의 특성 8. 가공전선로 및 지중전선로
	3. 송 · 배전방식과 그 설비 및 운용	1. 송전방식 3. 중성점접지방식 5. 고장계산과 대책	2. 배전방식 4. 전력계통의 구성 및 운용

필기과목	주요항목	세부항목	
2. 전력공학	4. 계통보호방식 및 설비	1. 이상전압과 그 방호 3. 전력계통의 안정도	2. 전력계통의 운용과 보호 4. 차단보호방식
	5. 옥내배선	1. 저압 옥내배선 3. 수전설비	2. 고압 옥내배선 4. 동력설비
	6. 배전반 및 제어기기의 종류와 특성	1. 배전반의 종류와 배전반 운용 3. 보호계전기 및 보호계전방식 5. 전압조정	2. 전력제어와 그 특성 4. 조상설비 6. 원격조작 및 원격제어
	7. 개폐기류의 종류와 특성	1. 개폐기 3. 퓨즈	2. 차단기 4. 기타 개폐장치
3. 전기기기	1. 직류기	1. 직류발전기의 구조 및 원리 3. 정류 5. 직류발전기의 병렬운전 7. 직류전동기의 종류와 특성 9. 직류기의 손실, 효율, 온도상승 및 정격	2. 전기자 권선법 4. 직류발전기의 종류와 그 특성 및 운전 6. 직류전동기의 구조 및 원리 8. 직류전동기의 기동, 제동 및 속도제어 10. 직류기의 시험
	2. 동기기	1. 동기발전기의 구조 및 원리 3. 동기발전기의 특성 5. 여자장치와 전압조정 7. 동기전동기 특성 및 용도 9. 동기기의 손실, 효율, 온도상승 및 정격	2. 전기자 권선법 4. 단락현상 6. 동기발전기의 병렬운전 8. 동기조상기 10. 특수 동기기
	3. 전력변환기	1. 정류용 반도체 소자 3. 제어정류기	2. 각 정류회로의 특성
	4. 변압기	1. 변압기의 구조 및 원리 3. 전압강하 및 전압변동률 5. 상수의 변환 7. 변압기의 종류 및 그 특성 9. 변압기의 시험 및 보수 11. 특수변압기	2. 변압기의 등가회로 4. 변압기의 3상 결선 6. 변압기의 병렬운전 8. 변압기의 손실, 효율, 온도상승 및 정격 10. 계기용변성기
	5. 유도전동기	1. 유도전동기의 구조 및 원리 3. 유도전동기의 기동 및 제동 5. 특수 농형유도전동기 7. 단상유도전동기 9. 원선도	2. 유도전동기의 등가회로 및 특성 4. 유도전동기제어 6. 특수유도기 8. 유도전동기의 시험
	6. 교류정류자기	1. 교류정류자기의 종류, 구조 및 원리 2. 단상직권 정류자 전동기 4. 단상분권 전동기 6. 3상 분권 정류자 전동기	3. 단상반발 전동기 5. 3상 직권 정류자 전동기 7. 정류자형 주파수 변환기
	7. 제어용 기기 및 보호기기	1. 제어기기의 종류 3. 제어기기의 특성 및 시험 5. 보호기기의 구조 및 원리 7. 제어장치 및 보호장치	2. 제어기기의 구조 및 원리 4. 보호기기의 종류 6. 보호기기의 특성 및 시험
4. 회로이론	1. 전기회로의 기초	1. 전기회로의 기본 개념　　2. 전압과 전류의 기준방향　　3. 전원	
	2. 직류회로	1. 전류 및 옴의 법칙 3. 저항의 접속 5. 전지의 접속 및 줄열과 전력 7. 회로망 해설	2. 도체의 고유저항 및 온도에 의한 저항 4. 키르히로프의 법칙 6. 배율기와 분류기

필기과목	주요항목	세부항목	
4. 회로이론	3. 교류회로	1. 정현파 전류 3. 교류전력	2. 교류회로의 페이저 해석 4. 유도결합회로
	4. 비정현파교류	1. 비정현파의 푸리에 급수에 의한 전개 2. 푸리에 급수의 계수 4. 비정현파의 실효값	3. 비정현파의 대칭 5. 비정현파의 임피던스
	5. 다상교류	1. 대칭n상교류 및 평형3상회로 2. 성형전압과 환상전압의 관계 3. 평형부하의 경우 성형전류와 환상전류와의 관계 4. 2π/n씩 위상차를 가진 대칭n상 기전력의 기호 표시법 5. 3상Y결선 부하인 경우 7. 다상교류의 전력 9. △-Y의 결선 변환	6. 3상△결선의 각부전압, 전류 8. 3상교류의 복소수에 의한 표시 10. 평형 3상회로의 전력	
	6. 대칭좌표법	1. 대칭좌표법 3. 3상교류기기의 기본식	2. 불평형률 4. 대칭분에 의한 전력표시
	7. 4단자 및 2단자	1. 4단자 파라미터 3. 대표적인 4단자망의 정수 5. 역회로 및 정저항회로	2. 4단자 회로망의 각종 접속 4. 반복파라미터 및 영상파라미터 6. 리액턴스 2단자망
	8. 라플라스 변환	1. 라플라스 변환의 정리 3. 기본정리	2. 간단한 함수의 변환 4. 라플라스 변환표
	9. 과도현상	1. 전달함수의 정의 3. R-L직렬의 직류회로 5. R-L병렬의 직류회로 7. R-L-C직렬의 교류회로 9. 미분 적분회로	2. 기본적 요소의 전달함수 4. R-C직렬의 직류회로 6. R-L-C직렬의 직류회로 8. 시정수와 상승시간
5. 전기설비 기술기준	전기설비기술기준 및 한국전기설비규정		
	1. 총칙	1. 기술기준 총칙 및 KEC 총칙에 관한 사항 2. 일반사항 4. 전로의 절연 6. 피뢰시스템	3. 전선 5. 접지시스템
	2. 저압전기설비	1. 통칙 3. 전선로 5. 특수설비	2. 안전을 위한 보호 4. 배선 및 조명설비
	3. 고압, 특고압 전기설비	1. 통칙 3. 접지설비 5. 기계, 기구 시설 및 옥내배선 6. 발전소, 변전소, 개폐소 등의 전기설비 7. 전력보안통신설비	2. 안전을 위한 보호 4. 전선로
	4. 전기철도설비	1. 통칙 3. 전기철도의 변전방식 5. 전기철도의 전기철도차량 설비 7. 전기철도의 안전을 위한 보호	2. 전기철도의 전기방식 4. 전기철도의 전차선로 6. 전기철도의 설비를 위한 보호
	5. 분산형 전원설비	1. 통칙 3. 태양광발전설비 5. 연료전지설비	2. 전기저장장치 4. 풍력발전설비

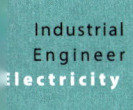

CONTENTS

CHAPTER 01 전기자기학

SECTION 01 　벡터(크기+방향) ·· 14
SECTION 02 　진공중의 정전계(모든 거리는 중심으로부터 거리, 즉 반지름) ············· 16
SECTION 03 　정전용량 ·· 21
SECTION 04 　유전체 ··· 28
SECTION 05 　전기영상법 – 항상흡인력 ·· 33
SECTION 06 　전류 ·· 35
SECTION 07 　여러 도체 모양에서의 전계의 세기와 전위의 크기 ······························ 37
SECTION 08 　정전계와 정자계 비교, 자기회로와 전기회로 비교 ······························· 44
SECTION 09 　진공중의 정자계(영구자석에 의한 자계) ··· 46
SECTION 10 　전류에 의한 자계의 계산 ·· 51
SECTION 11 　전자력 F[N]와 회전력 T[N · m] ··· 56
SECTION 12 　자성체와 자기회로 ·· 58
SECTION 13 　전자유도법칙 ·· 61
SECTION 14 　자기인덕턴스(L) ·· 63
SECTION 15 　전자파 : 전계와 자계가 파의 형태로 이동 ·· 68
● 적중 예상문제 ·· 74

CHAPTER 02 전력공학

SECTION 01 　전력계통 ·· 118
SECTION 02 　전선로 ··· 119
SECTION 03 　배전방식 ·· 125
SECTION 04 　선로정수 ·· 133
SECTION 05 　송전특성 ·· 136
SECTION 06 　중성점 접지방식 ··· 142

SECTION 07	고장계산	145
SECTION 08	이상 전압과 방호대책	148
SECTION 09	송전선로 보호방식	153
SECTION 10	수력발전	158
SECTION 11	화력발전	161
SECTION 12	원자로	163
◉ 적중 예상문제		166

CHAPTER 03 전기기기

SECTION 01	직류기	200
SECTION 02	동기기	211
SECTION 03	변압기	218
SECTION 04	유도전동기	225
SECTION 05	전력변환	230
◉ 적중 예상문제		236

CHAPTER 04 회로이론

SECTION 01	직류회로	270
SECTION 02	단상교류회로	274
SECTION 03	3상 교류회로	291
SECTION 04	비정현파 교류(외형파)	300
SECTION 05	기하학적 회로망	304
SECTION 06	단자망 회로(2단자, 4단자)	309
SECTION 07	과도현상	317
SECTION 08	라플라스 변환	324
SECTION 09	전달 함수	332
◉ 적중 예상문제		336

CHAPTER 05 전기설비기술기준

- SECTION 01 총칙 ········· 380
- SECTION 02 저압 전기설비 ········· 404
- SECTION 03 고압 · 특고압 전기설비 ········· 413
- SECTION 04 전선로 ········· 415
- SECTION 05 발전소, 변전소, 개폐소 또는 이에 준하는 곳의 시설 ········· 438
- SECTION 06 전력보안 통신설비 ········· 443
- SECTION 07 전기사용 장소시설 ········· 445
- SECTION 08 전기철도설비 ········· 460
- SECTION 09 분산형 전원설비 ········· 463
- ● 적중 예상문제 ········· 466

CHAPTER 06 CBT 복원문제

- 01회 CBT 복원문제 ········· 518
- 02회 CBT 복원문제 ········· 536
- 03회 CBT 복원문제 ········· 554
- 04회 CBT 복원문제 ········· 572
- 05회 CBT 복원문제 ········· 591
- 06회 CBT 복원문제 ········· 610
- 07회 CBT 복원문제 ········· 629

알고 갑시다.

1. 전기 관련 주요 단위와 읽는 법

물리량(또는 차원)	기호	단위	읽는 법
길이	d, l, r, a	[m]	미터(meter)
넓이(면적)	S	[m²]	제곱미터
부피(체적)	V	[m³]	세제곱미터
속도	v	[m/s]	미터 퍼 세컨드
가속도	a	[m/s²]	미터 퍼 제곱세컨드
힘	F	[N]	뉴턴(Newton)
시간-초	s	[sec], [s]	세컨드(second)
시간-분	m	[min]	미뉴트(Minute)
시간-시	h	[hour], [h]	아워(Hour)
주파수	f	[Hz]	헤르츠(Hertz)
에너지	W	[J]	줄(Joule)
전류	I	[A]	암페어(Ampere)
전력	P	[W]	와트(Watt)
무효전력	P_r	[Var]	바르(Var)
피상전력	P_a	[VA]	볼트 암페어(Vlot Ampere)
전하량	Q	[C]	쿨롱(Coulomb)
전위(전압)	V	[V]	볼트(Volt)
저항	R	[Ω]	옴(ohm)
도전율	S	[A/V], [℧]	모(mho)
자속	ϕ	[Wb]	웨버(Weber)
인덕턴스	L	[H]	헨리(Henry)
캐패시턴스	C	[F]	패럿(Farad)
전계	E	[V/m]	볼트 퍼 미터
자속밀도	V	[Wb/m²]	웨버 퍼 제곱미터
전하밀도	ρ	[C/m³]	쿨롱 퍼 세제곱미터

전속밀도	D	[C/m²]	쿨롱 퍼 제곱미터
유전율	ε	[F/m]	패럿 퍼 미터
투자율	μ	[H/m]	헨리 퍼 미터

2 그리스 문자

대문자	소문자	우리말 발음	대문자	소문자	우리말 발음
A	α	알파	N	ν	뉴
B	β	베타	Ξ	ξ	크시(크사이)
Γ	γ	감마	O	o	오미크론
Δ	δ	델타	Π	π	파이(피)
E	ε	엡실론(입실론)	P	ρ	로
Z	ζ	제타	Σ	σ, ς	시그마
H	η	에타	T	τ	타우
Θ	θ	세타	Y	υ	웁실론
I	ι	이오타	Φ	ϕ	파이(프아이)
K	κ	카파	X	χ	카이
Λ	λ	람다	Ψ	ψ	프시(프사이)
M	μ	뮤	Ω	ω	오메가

3 미터계에서 주로 사용되는 접두어

접두어	기호	의미	10의 지수
기가(giga)	G	1,000,000,000	10^9
메가(mega)	M	1,000,000	10^6
킬로(kilo)	k	1,000	10^3
데시(deci)	d	0.1	10^{-1}
센티(centi)	c	0.01	10^{-2}
밀리(milli)	m	0.001	10^{-3}
마이크로(micro)	μ	0.000001	10^{-6}
나노(nano)	n	0.000000001	10^{-9}

전기설비기술기준(KEC) 용어표준화 및 국문순화 안내

2023년 10월 12일부터 전기설비기술기준 및 한국전기설비규정(KEC) 내 일본식 한자, 어려운 축약어, 외래어 등을 순화하여 사용됩니다.(대상 용어에서 표준어로 변경)

이에 한국산업인력공단이 주관하는 시험문제에서도 해당 용어가 일부 혼용되거나 변경 이후의 표준어로 출제될 수 있으므로 변경된 내용을 정확히 숙지하시기를 당부드립니다.

대상 용어	표준어	대상 용어	표준어
이도(弛度)	처짐정도	황색	노란색
연가	전선 위치 바꿈	우수	빗물
장간애자(長幹碍子)	긴 애자	근가(根架)	전주 버팀대
금구, 금구류	금속 부속품	지선	지지선
수평횡하중 / 수평 횡하중	수평 가로 하중	충격섬락전압(衝擊閃絡電壓)	충격 불꽃 방전 전압
연접(連接)	이웃 연결	교량	다리
섬락 / 역섬락	불꽃 방전 / 역방향 불꽃 방전	커넥터	접속기
재폐로	재연결	결선(結線)	전선연결
수밀형	수분 침투 방지형	첨가(添架)설치	전선 첨가 설치
장방형	직사각형	이격거리	간격
리드선	연결선	감안	고려
가선(架線)	전선 설치	염해	염분 피해
개로(開路)	열린 회로	난조(hunting)	난조
폐로(閉路)	닫힌 회로	곡률반경	곡선 반지름
경간(徑間)	지지물 간 거리	조속기	속도조절기
수트리(tree)	수분 침투 균열	동(Cu)	구리
커버 / 카버	덮개	국부적	부분적
흑색	검은색	룩스, lx	럭스
동선	구리선	배기 / 배기구	공기배출 / 공기배출구
병가	병행 설치	노내 / 노	연소실 내부
조상기	무효 전력 보상 장치	내경(內徑)	안지름
압착	눌러 붙임	외경(外徑)	바깥지름
적색	빨간색	오일	기름
말단 / 끝단	끝부분	유수	흐르는 물
굴곡부(屈曲部) / 굴곡반지름	굽은 부분 / 굽은 부분 반지름	자중	자체중량
분진	먼지	구배	기울기
직매용(直埋用)	직접매설	트라프 / 트로프(troughs)	트로프
동(銅)전선 / 동전선	구리선	전식	전기부식
사양	규격	메시	그물망
조사	빛쬠	분말	가루
유희용	놀이용	방식조치(防蝕措置)	부식방지조치
수저(水底)	물밑	말구(末口)	위쪽 끝
제진장치	먼지제거장치	청색	파란색
방폭	폭발방지	백색	흰색

01

Electromagnetics

전기자기학

Section 01 벡터
Section 02 진공중의 정전계
Section 03 정전용량
Section 04 유전체
Section 05 전기영상법
Section 06 전류
Section 07 여러모양 도체에서의 전계와 전위
Section 08 정전계와 정자계 비교
Section 09 진공중의 의한 자계
Section 10 전류에 의한 자계
Section 11 전자력 F[N]과 회전력 T[N·m]
Section 12 자성체와 자기회로
Section 13 전자유도법칙
Section 14 자기인덕턴스
Section 15 전자파

CHAPTER 01 전기자기학

Electromagnetics

SECTION 01 벡터(크기+방향)

1. 스칼라곱 · 벡터곱 : 벡터 $\vec{A} = A_x i + A_y j + A_z k$, $\vec{B} = B_x i + B_y j + B_z k$ 라 두면

(1) **내적(스칼라곱)** : 두 벡터 사이의 각도를 구할 때 사용

$A \cdot B = |A||B| \cos \theta = A_x B_x + A_y B_y + A_z B_z$

(2) **외적(벡터곱)** : 두 벡터가 이루는 면적을 계산할 때 사용

$$A \times B = |A||B| \sin \theta = \begin{vmatrix} i & j & k \\ A_x & A_y & A_z \\ B_x & B_y & B_z \end{vmatrix}$$

$$= i(A_y B_z - B_y A_z) + j(A_z B_x - B_z A_x) + k(A_x B_y - B_x A_y)$$

$|A \times B| = \sqrt{(A_y B_z - B_y A_z)^2 + (A_z B_x - B_z A_x)^2 + (A_x B_y - B_x A_y)^2}$

내적	외적
동일방향 성분만 크기를 가짐(동일방향 = 1) $i \cdot i = j \cdot j = k \cdot k = 1$ $i \cdot j = j \cdot k = k \cdot i = 0$	수직방향 성분만 크기를 가짐(동일방향 = 0) $i \times i = j \times j = k \times k = 0$ $i \times j = k = 1$, $j \times k = i = 1$, $k \times i = j = 1$

두 벡터가 수직이 되기 위한 조건 ▶ 내적 = 0

내적이 =0 즉, $A \cdot B = |A||B| \cos \theta = A_x B_x + A_y B_y + A_z B_z$에서 $\cos 90 = 0$ 이므로 $A \cdot B = 0$

ex 1 $A = i - j + 3k$, $B = i + ak$ 수직이 되기 위한 a?

풀이 $1 \times 1 + 3a = 0$ 답 $a = -\dfrac{1}{3}$

ex 2 $A = i + 4j + 3k$, $B = 4i + 2j - 4k$ 는 어떤 관계

풀이 $1 \times 4 + 4 \times 2 + 3 \times (-4) = 0$ 답 수직

2. 편미분연산자 : 벡터함수 $\vec{A} = A_x i + A_y j + A_z k$

$$\nabla \text{(나블라)} = \frac{\partial}{\partial x} i + \frac{\partial}{\partial y} j + \frac{\partial}{\partial z} k \text{ (각 방향성분에 대한 미분)}$$

(1) **기울기(경도)** : $\nabla A = \text{grad} A = \frac{\partial A}{\partial x} i + \frac{\partial A}{\partial y} j + \frac{\partial A}{\partial z} k$ (방향有) 결과가 벡터

(2) **발산** : $\nabla \cdot A = \text{div} A = \frac{\partial A_x}{\partial x} + \frac{\partial A_y}{\partial y} + \frac{\partial A_z}{\partial z}$ (방향無) 결과가 스칼라

(3) **회전** : $\nabla \times A = \text{rot} A = \begin{vmatrix} i & j & k \\ \frac{\partial}{\partial x} & \frac{\partial}{\partial y} & \frac{\partial}{\partial z} \\ A_x & A_y & A_z \end{vmatrix}$ (방향有) 결과가 벡터

편미분연산 계산

ex 1 $(1, 0, 3)$에서 $A = xyz^2$의 기울기는?

풀이 $\text{grad} A = \frac{\partial (xyz^2)}{\partial x} i + \frac{\partial (xyz^2)}{\partial y} j + \frac{\partial (xyz^2)}{\partial z} k$
$= (yz^2)i + (xz^2)j + (2xyz)k$ 에서 x, y, z에 1, 0, 3 대입
$= (0 \times 3^2)i + (1 \times 3^2)j + (2 \times 1 \times 0 \times 3)k = 9j$

ex 2 $A = i3x^2 + j2xy^2 + kx^2yz$ 의 $\text{div} A$ 는?

풀이 $\text{div} A = \frac{\partial (3x^2)}{\partial x} + \frac{\partial (2xy^2)}{\partial y} + \frac{\partial (x^2yz)}{\partial z} = 6x + 4xy + x^2y$

전계가 비회전성을 의미하는것

$$\nabla \times E = 0$$

방향벡터란? 크기는 1이고 방향만을 나타낸다.

(i, j, k) 또는 $(\vec{a_x}, \vec{a_y}, \vec{a_z})$ 등 각각 x방향, y방향, z방향을 의미함

---

1. 스토크스 정리와 발산정리

(1) **스토크스 정리(선적분 → 면적분)** : $\int_l \vec{A} \cdot dl = \int_s \text{rot} \vec{A} \cdot ds = \int_s (\nabla \times \vec{A}) \cdot ds$

(2) **발산정리 (면적분 → 체적적분)** : $\int_l \vec{A} \cdot ds = \int_V \text{div} \vec{A} \cdot dv = \int_V (\nabla \cdot \vec{A}) \cdot dv$

SECTION 02 진공중의 정전계(모든 거리는 중심으로부터 거리, 즉 반지름)

※ 정전계 : 전계에너지가 **최소**로 되는 상태, 즉 정지된 상태의 전하에 대한 전계에너지로 해석

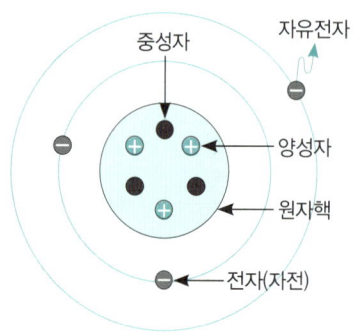

[리듐 원자구조]

물질 – 분자 – 원자 – 원자핵(양자, 중성자) · 전자			
입 자	기 호	전하[c]	질량[kg]
양성자	p	+e	1.672×10^{-27}
중성자	n	0	1.675×10^{-27}
전 자	e	−e	9.1×10^{-31}

e(양자, 전자의 전하량) = $\pm 1.6 \times 10^{-19}$ [c]
전자의 질량은 양자의 약 1/1840 로 가볍다.

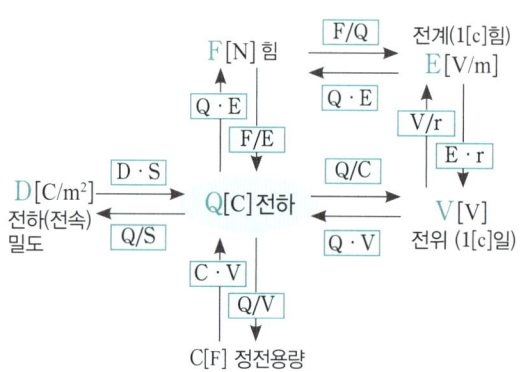

전계기본이해

1. 전기를 가지는 물체의 이름 : 대전체
2. 두 대전체 사이에 무엇이 작용하나? 힘
3. 대전체가 있는 공간에
   (+1[C]의 점전하가) 받는 힘 : 전계
   옮기는데 필요한 일 : 전위
4. 전하를 저장하는 그릇의 크기 : 콘덴서
5. 단위면적당 전하의 양 : 전하밀도

마찰전기계열순서(+, −)

모피 > 유리 > 운모 > 무명 > 면사 > 목재 > 호박 > 아보나이트 > 고무

1. 쿨롱의 법칙 (두 전하 사이 작용하는 힘) 벡터합 $F = \sqrt{F_1^2 + F_2^2 + 2F_1F_2 \cos\theta}$

$$F = \frac{1}{4\pi\varepsilon} \times \frac{Q_1 Q_2}{r^2} = 9 \times 10^9 \frac{Q_1 Q_2}{\varepsilon_s \times r^2}$$

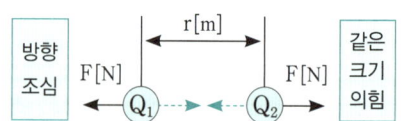

- $F[N]$: 두 전하 사이에 작용하는 힘
- $\varepsilon = \varepsilon_s \varepsilon_o$ [F/m] : 매질의 유전율
  매질이 전기장에 미치는 영향을 나타내는 물리적 단위로 높을수록 전기장은 감소, 절연율처럼 이해해도 됨
  ε_o[F/m] : 진공중의 유전율(= 8.855×10^{-12}[F/m]) = $\dfrac{1}{120\pi C} = \dfrac{10^7}{4\pi C^2} = \dfrac{1}{36\pi \times 10^9}$

ϵ_s [단위없음] : 유전체내에서 전기장이 작아지는데 진공(공기)에 비해 적어지는 정도를 그 물질의 비유전률이라고 함

비유전율≥1, 진공(공기)=1 최저, 티탄산바륨 = 1,200 최대

- Q_1, Q_2[C]: 전하량, 같은 극성(반발력 = 척력), 다른 극성(흡인력 = 인력)

벡터와 벡터의 합

1. 벡터는 크기에 (방향)단위벡터($=\dfrac{\text{변위벡터}}{\text{변위벡터의 크기}}$)를 곱한다.

   ※ 변위벡터 = (나중 위치벡터 − 처음 위치벡터)

2. 벡터의 합 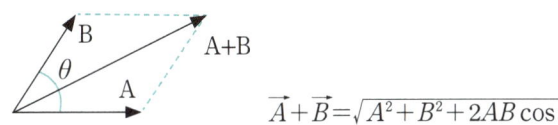 $\vec{A}+\vec{B}=\sqrt{A^2+B^2+2AB\cos\theta}$

   단, 두벡터의 크기가 F로 같고 위상차가 60° ➡ $\sqrt{3}F$, 90° ➡ $\sqrt{2}F$, 120° ➡ F, 180° ➡ 0

2. 전계 E[N/C][V/m] : +1[C]이 받는 힘(전계의 크기), 이동하는 방향(전계의 방향)

전계의 합은 벡터합 $E=\sqrt{E_1^2+E_2^2+2E_1E_2\cos\theta}$

$E=\dfrac{1}{4\pi\epsilon}\times\dfrac{Q}{r^2} \Leftarrow \oint E\cdot ds=\dfrac{Q}{\epsilon}$: 가우스정리

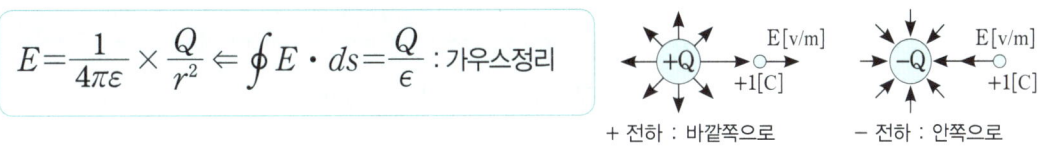

+ 전하 : 바깥쪽으로   − 전하 : 안쪽으로

(1) **정의** : 전하 Q[C]에 의해 형성된 전계내의 임의의 점에 "단위정전하(+1[C])"를 놓았을 때 작용하는 힘

(2) **전기력선(전하를 가진 물체에서 작용하는 정전력을 가상으로 그린 선, +1[C]의 이동경로)의 성질**

① 전기력선은 정전하(+)에서 시작하여 부전하(−)에서 끝난다.
   (전기력선은 불연속적이다. 단, 전하가 없는 곳에서는 연속적이다)
② 전기력선은 전위가 높은 곳에서 낮은 곳으로 향한다.
③ 전기력선은 그 자신만으로 폐곡선이 되지 않는다.
④ 전기력선은 도체표면(= 등전위면)에서 수직으로 출입한다.
⑤ 서로 다른 두 전기력선은 교차하지 않는다
⑥ 전기력선 밀도는 그 점의 전계의 세기와 같고 전기력선의 방향이 전계의 방향과 동일하다.
⑦ 전하가 없는 곳에서는 전기력선이 존재하지 않는다.
⑧ 도체 내부에서의 전기력선은 존재하지 않는다.
⑨ 단위 전하에서는 $\dfrac{1}{\epsilon_0}$개의 전기력선이 출입한다.

   (전기력선수= $\dfrac{Q}{\epsilon}$[개], 전속선수=페러데이관수 = Q[개])

※ 전속(유전속)은 전기력선의 묶음으로 폐곡면 내 전하량(Q) 만큼 존재한다.

전기력선과 자기력선

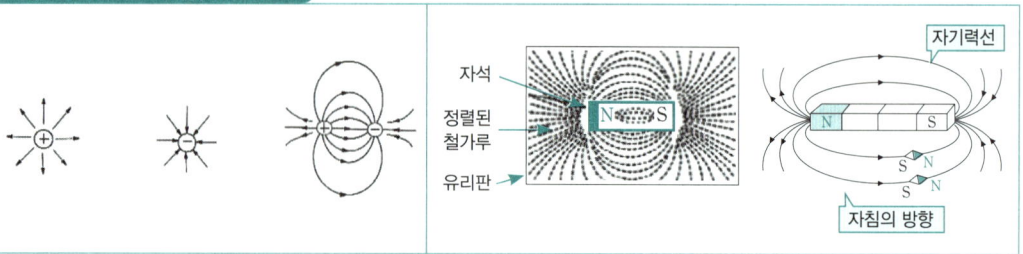

(3) 도체의 성질

① 도체 내부 전계는 존재하지 않는다. 하지만, 도체를 통과한다.(∵ 정전유도현상)
② 정전유도에 의한 전하는 정·부 동량이며 도체는 등전위이다.
③ 공동면에는 전하가 없으며 표면에만 존재한다.(에너지=표면+외부)
④ 도체 표면의 전하밀도는 표면의 곡률이 큰 부분일수록 크다.(곡률반경은 작을수록 크다)

도체내부

도체 내부 전위 = 도체 표면 전위와 같다. (V내부 = V표면)
도체 내부 전계 = 0   (E내부 = 0)
도체 내부 전하(전속)밀도 = 0   (D내부 = 0)

(4) 두 전하에 의한 전계의 세기가 0 되는 점 : 두 전하에 의한 전계의 크기가 같고 방향이 반대인 곳

- 두 전하의 극성이 같으면 : 두 전하 사이에 작은 전하량에 근접해서 발생

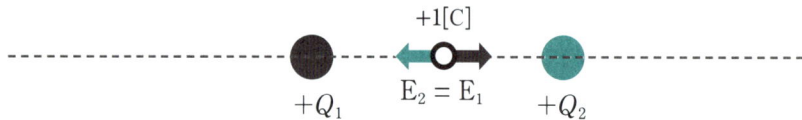

- 두 전하의 극성이 다르면 : 크기(절대값, 즉 전하량)가 적은 전하의 외측에서 발생
  (ex $|Q_1|<|Q_2|$)

3. 전위 $V[V]$: +1[C]을 옮기는 데 필요한 일(전기적인 위치에너지) 스칼라합 $V=V_1+V_2$

$$V = \frac{1}{4\pi\varepsilon} \times \frac{Q}{r} \Leftarrow V = -\int_{\infty}^{r} E \cdot dr$$

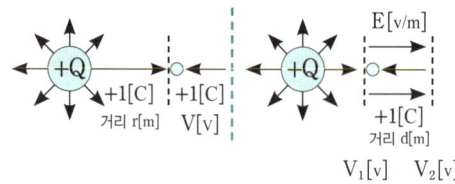

(1) **정의** : 전계내의 임의의 점에서 "단위정전하(+1[C])"를 옮기는데 필요한 일

(2) **전위의 크기**

① +1[C]를 ∞에서 r까지 이동시 필요한 일(전위) $V = -\int_{\infty}^{r} E \cdot dr$

  +1[C]를 2에서 1까지 이동시 필요한 일(전위차) $V_{12} = V_1 - V_2 = E \cdot d$ (평등전계 내)

② Q전하 이동시 한 일(2에서 1까지) : 평등전계 내

$$W[J] = QV_{12} = Q(V_1 - V_2) = Q(E \cdot d)$$ ← 전위차의 Q배

(3) **등전위면** : 전위가 같은 점을 연결하여 얻어지는 면

① 서로 다른 등전위면은 교차하지 않는다.
② 등전위면과 전기력선(전계의 세기)은 수직 교차한다.
③ 등전위면 상을 따라 또는 폐회로시 한 일=0(∵전위차=0)
④ 도체도 등전위면으로 내부 전위와 표면 전위가 같다. (V내부=V표면)
※ 실용상의 0전위 ➡ 대지(∵대지의 정전용량 최대)

(4) **기타**

① 라플라스 방정식 : $\nabla^2 V = 0$: 전하가 없는 곳

  비교 전하가 있는 곳 : 포아송의 방정식 $\nabla^2 V = -\dfrac{\rho}{\epsilon}$

② 라플라스 근사법 : $V = \dfrac{V_1 + V_2 + V_3 + V_4}{4}$

4. 전하(전속) 밀도 : D[C/m²], ρ[C/m²]

$$D = \dfrac{Q}{S[\text{면적}]} = \dfrac{Q}{4\pi r^2} \qquad D = \epsilon E = \epsilon_s \epsilon_0 E$$

5. 기타

(1) **원주의 길이, 원의 면적, 구의 표면적, 구의 체적(반지름이 r 일 때)**

① 원의 둘레(원주의 길이) $l[m] = 2\pi r$ ② 원의 면적 $S[m^2] = \pi r^2$
③ 구의 표면적 $S[m^2] = 4\pi r^2$ ④ 구의 체적 $V[m^3] = \dfrac{4}{3}\pi r^3$

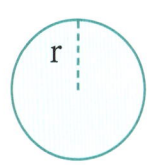

(2) **유사한 이름**

① 전계 = 전위의 기울기 = 전위경도 = 전기장 ≒ 전기력선 = 전력선 = $\dfrac{Q}{\epsilon}$[개]

② 전하밀도 = 전속밀도   ≒ 전속선 = 페러데이관수 = Q[개]

(3) **중요공식** : 전위함수 및 전계가 함수로 주어지는 경우

① $\nabla V = -E$: 전위함수를 한번 편미분하면 전계의 크기와 같다.

$E = -\text{grad}\,V$: 전위경도는 전계와 크기는 같고 부호(방향)는 반대이다.

$V = -\int E \cdot dl$ ➡ $\nabla V = -E$: 적분(미분)이 항등식을 넘어가면 미분(적분)

② $\nabla^2 V = -\dfrac{\rho_v}{\epsilon}$: 푸아송의 방정식, 여기서 $\rho_V[\text{c/m}^3]$은 체적전하밀도(단위체적당 전하량)

【 체적전하밀도 $\rho_V = -4\epsilon$ 또는 -12ϵ 】

> **푸아송의 방정식 유도**
>
> $\int_S E \cdot ds = \dfrac{Q}{\epsilon}$: 가우스 정리
>
> $\int_S E \cdot ds = \dfrac{Q}{\epsilon}$ ➡ $\int_V (\nabla \cdot E) dv = \dfrac{Q}{\epsilon}$: 발산정리
>
> $\int_V (\nabla \cdot (-\nabla V)) dv = \dfrac{Q}{\epsilon}$ ➡ $(\nabla \cdot (-\nabla V))V = \dfrac{Q}{\epsilon}$ ➡ $-\nabla^2 V = \dfrac{Q/V}{\epsilon} = \dfrac{\rho_v}{\epsilon}$

③ 전기력선의 방정식 : 어떤 전하에서 x, y, z 축으로 나오는 전기력선을 표현한 방정식

$\dfrac{d_x}{E_x} = \dfrac{d_y}{E_y} = \dfrac{d_z}{E_z}$ 【 좌표값대입 또는 $y = cx$(전계와전위가 +값) 또는 $xy = c$(-값) 】

> **주요공식 기본공식에서 유도됨**
>
> (1) 힘에 관한 내용
> - 전계(E[V/m])공간에 +1[C]의 전하가 받는 힘 : $F[\text{N}] = E$
> - 전계(E[V/m])공간에 +Q[C]의 전하가 받는 힘 : $F[\text{N}] = QE$
>
>   이 힘을 받아서 가속도 운동을 함 $F = ma = m\dfrac{V}{t}$
>
>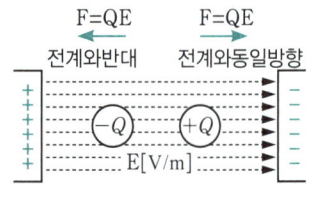
>
> (2) 일에 관한 내용
> - 전계(E[V/m])공간에 +1[C]를 r[m] 이동에 필요한 일 :
> $W[\text{J}] = V_{12} = V_1 - V_2 = E \cdot r$
> - 전계(E[V/m])공간에 +Q[C]를 r[m] 이동에 필요한 일 :
> $W[\text{J}] = QV_{12} = Q(V_1 - V_2) = Q(E \cdot r)$
> - ※ 등전위면(도체)·폐곡선 한 일 = 0
>
>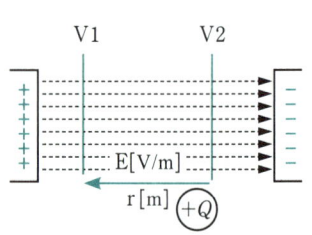

> **정전계의 보존적인 조건**
>
> ① 적분형 $\int_c E \cdot dl = 0$: 폐회로를 따라 전하를 일주시키는데 한 일은 0이다.
>
> ② 미분형 $\text{rot}E = \nabla \times E = 0$: 전기력선은 폐곡선이 되지 않는다.(즉, 비회전성이다)

SECTION 03 정전용량

1. 정전용량

(1) **정의** : 주어진 전위차에 대한 충전전하량의 비례상수(전하를 축적하는 그릇의 크기 C[F][Farad])

$$C[F] = \frac{Q[C]}{V[V]} \Leftarrow Q = CV$$

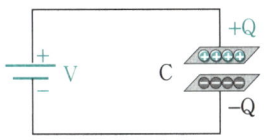
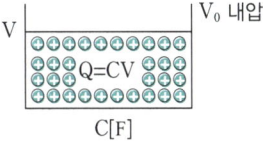

(2) **각종 콘덴서의 정전용량** (구 : $4\pi\epsilon$, 원주 : $2\pi\epsilon$, 평행도선 : $\pi\epsilon$)

① 반지름 a인 고립도체구 : $C[F] = 4\pi\epsilon a$ (a : 반지름)

	동심구의 정전용량	
조건	동심구 사이의 정전용량	동심구 전체의 정전용량
	외구가 접지된 경우 내구에 +Q 외구에 -Q	기타 조건이 없는 경우
공식	$C = \dfrac{4\pi\epsilon}{\left(\dfrac{1}{a} - \dfrac{1}{b}\right)} = \dfrac{4\pi\epsilon ab}{b-a}$	$C = \dfrac{4\pi\epsilon}{\left(\dfrac{1}{a} - \dfrac{1}{b} + \dfrac{1}{c}\right)}$

② 동축원통 콘덴서 내·외도체 사이 : $C[F/m] = \dfrac{2\pi\epsilon}{\ln\left(\dfrac{b}{a}\right)}$, $C[F] = \dfrac{2\pi\epsilon \times l}{\ln\left(\dfrac{b}{a}\right)}$ (a : 내경 · b : 외경)
(l : 도선길이)

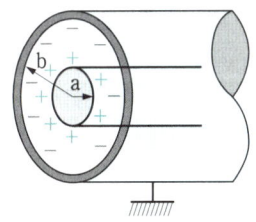
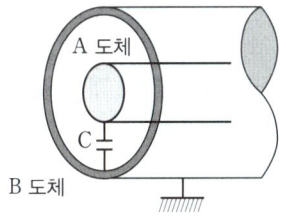

동축원통(케이블)의 정전용량	선전하와 무한평면도체(대지) 사이의 정전용량
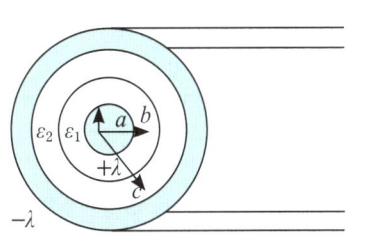	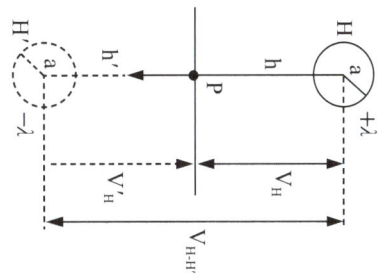

동축원통(케이블)의 정전용량	선전하와 무한평면도체(대지) 사이의 정전용량
$C[\text{F/m}] = \dfrac{2\pi}{\dfrac{1}{\varepsilon_1}\ln\left(\dfrac{b}{a}\right) + \dfrac{1}{\varepsilon_2}\ln\left(\dfrac{c}{b}\right)}$	$C[\text{F/m}] = \dfrac{2\pi\varepsilon}{\ln\left(\dfrac{2h}{a}\right)}$

③ 두개의 평행도선(선간정전용량) : $C[\text{F/m}] = \dfrac{\pi\varepsilon}{\ln\left(\dfrac{d}{a}\right)}$, $C[\text{F}] = \dfrac{\pi\varepsilon \times l}{\ln\left(\dfrac{d}{a}\right)}$ (a : 반지름 · d : 거리) (l : 도선길이)

④ 평행판 콘덴서 : $C[\text{F}] = \dfrac{\varepsilon S}{d}$ (S : 극판면적, d : 극판간격)

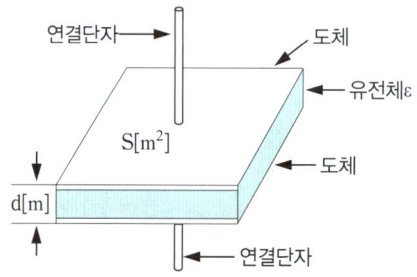

주요공식 정전용량

① 구 ⃝ $4\pi\varepsilon$ ② 원주 $2\pi\varepsilon$ ③ 평행도선 $\pi\varepsilon$ ④ 평판 $\dfrac{\varepsilon S}{d}$

※ 두 도체구 사이, 전선과 대지 사이의 정전용량도 기억해 주세요.

---

2. 계수 : 전하량과 전위와의 관계 정의 (전위계수(P), 용량계수(q_{rr}), 유도계수(q_{rs}))

(1) **계수의 단위** : KEY 전위계수

① 전위계수(P) = $\dfrac{V(\text{전위차})}{Q(\text{전하량})}$ = [elastance][단위 : Daraf 다래프] = [1/F]=[Daraf] ← $V = PQ$

② 용량계수(q) = $\dfrac{Q(\text{전하량})}{V(\text{전위차})}$ = [F][Farad][단위 : F패럿] = [1/elastance] ← $Q = qV$

(2) **계수의 성질** : KEY 유도계수만 0보다 적거나 같다.

① 전위계수 : $P_{11} > 0$, $P_{11} \geq P_{12}$, $P_{12} = P_{21} \geq 0$: 모두 0 보다 크거나 같다(양수)

② 용량계수 : $q_{11} > 0$, $q_{11} \geq -q_{12}$, $q_{12} = q_{21} \leq 0$: 유도계수(q_{12})만 0보다 적거나 같다.

(3) 포함관계 : 25쪽의 "[참고] 포함관계의 의미 이해"에서 그 의미를 이해하자.

문제를 위한 계수 포함관계는 P(바깥도체), q(안도체)로 직관적으로 이해하자.

ex P_{11}(바깥1), P_{12} (1번과 2번도체 사이) $P_{11}=P_{12}$ 의 의미는? 　**답** 1,2번 중 1번도체가 바깥도체

ex q_{11} (안도체1), q_{12} (1번과 2번도체 사이) $q_{11}=-q_{12}$ 의 의미는? 　**답** 1,2번 중 1번도체가 안도체

(4) 두 도체구 사이의 정전용량 C[F] : **KEY** 사이만 -2

$$C[\text{F}]=\frac{Q}{V(=V_1-V_2)}=\frac{1}{P}=\frac{1}{P_{11}-2P_{12}+P_{22}} \quad \begin{vmatrix} V_1=P_{11}\times Q_1+P_{12}\times Q_2 \\ V_2=P_{21}\times Q_1+P_{22}\times Q_2 \end{vmatrix}$$

【 P_{12} : 2번 도체에 주어진 전하(Q_2 [C])에 의하여 1번 도체에 뜨는 전위(V_1)의 크기의 비 】

정전용량 : 구전하에 의한 정전용량(두 도체 사이), 정전차폐 설명

• 정의식 : $C=\dfrac{Q}{V}$　에서 아래에서 구한 전위차 대입

① 하나의 도체구　$C=\dfrac{Q}{V}=\dfrac{Q}{\dfrac{Q}{4\pi\epsilon a}}=4\pi\epsilon a$

② 두 도체구 사이　$C=\dfrac{Q}{V_{ab}}=\dfrac{Q}{\dfrac{Q}{4\pi\epsilon}\left(\dfrac{1}{a}-\dfrac{1}{b}\right)}=\dfrac{4\pi\epsilon}{\left(\dfrac{1}{a}-\dfrac{1}{b}\right)}$

③ 두 도체구 전체　$C=\dfrac{Q}{V}=\dfrac{Q}{\dfrac{Q}{4\pi\epsilon}\left(\dfrac{1}{a}-\dfrac{1}{b}+\dfrac{1}{c}\right)}=\dfrac{4\pi\epsilon}{\left(\dfrac{1}{a}-\dfrac{1}{b}+\dfrac{1}{c}\right)}$

• 전위차

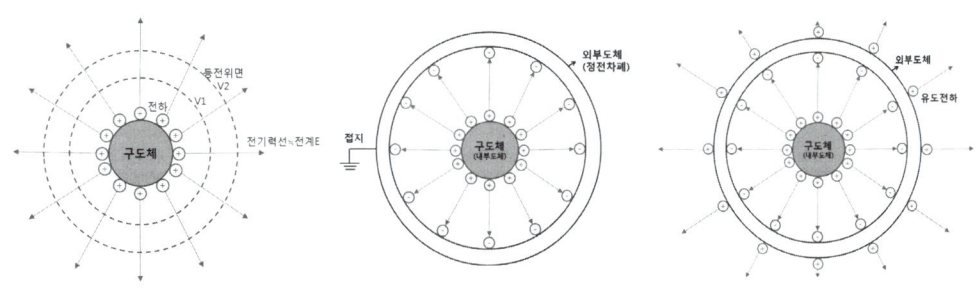

① 하나의 도체구　$V=-\int_{\infty}^{r}E\cdot dr=-\int_{\infty}^{r}\dfrac{Q}{4\pi\epsilon r^2}=-\dfrac{Q}{4\pi\epsilon}\int_{\infty}^{r}r^{-2}=-\dfrac{Q}{4\pi\epsilon}\left|-\dfrac{1}{r}\right|_{\infty}^{r}$

$=-\dfrac{Q}{4\pi\epsilon}\left|\left(-\dfrac{1}{r}\right)-\left(-\dfrac{1}{\infty}\right)\right|=\dfrac{Q}{4\pi\epsilon r}$

② 두 도체구 사이　$V_{ab}=-\int_{b}^{a}E\cdot dr=-\int_{b}^{a}\dfrac{Q}{4\pi\epsilon r^2}=-\dfrac{Q}{4\pi\epsilon}\int_{b}^{a}r^{-2}=-\dfrac{Q}{4\pi\epsilon}\left|-\dfrac{1}{r}\right|_{b}^{a}$

$=-\dfrac{Q}{4\pi\epsilon}\left|\left(-\dfrac{1}{a}\right)-\left(-\dfrac{1}{b}\right)\right|=\dfrac{Q}{4\pi\epsilon}\left(\dfrac{1}{a}-\dfrac{1}{b}\right)$

③ 두 도체구 전체　$V=-\int_{a}^{b}E\cdot dr-\int_{\infty}^{c}E\cdot dr=\dfrac{Q}{4\pi\epsilon}\left(\dfrac{1}{a}-\dfrac{1}{b}+\dfrac{1}{c}\right)$

단위

$10^{12} : T$ (Tera) $10^{9} : G$ (Giga) $10^{6} : M$ (Mega) $10^{3} : k$ (kilo)
$10^{-12} : p$ (pico) $10^{-9} : n$ (nano) $10^{-6} : \mu$ (micro) $10^{-3} : m$ (milli)

전위계수란

특정 도체에 단위정전하를 주었을때 각 도체의 전위를 전위계수라 한다. 즉 전위의 크기를 결정하는 상수

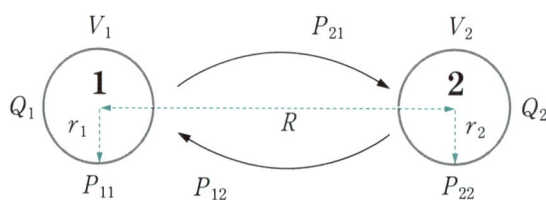

$V_1 = V_{11} + V_{12}$ $\Rightarrow$ $V_1 = \left(\dfrac{Q_1}{4\pi\varepsilon r_1}\right) + \left(\dfrac{Q_2}{4\pi\varepsilon R}\right)$ $\Rightarrow$ $V_1 = P_{11}Q_1 + P_{12}Q_2$

$V_2 = V_{21} + V_{22}$ $V_2 = \left(\dfrac{Q_1}{4\pi\varepsilon R}\right) + \left(\dfrac{Q_2}{4\pi\varepsilon r_2}\right)$ $V_2 = P_{21}Q_1 + P_{22}Q_2$

전위계수의 계산 예

문제
각 도체에 $Q_1[C]$, $Q_2[C]$를 주었을 때의 전위를
$V_1 = P_{11}Q_1 + P_{12}Q_2$, $V_2 = P_{12}Q_1 + P_{22}Q_2$라는 정의식에서
도체에 ($Q_1 = 1[C]$, $Q_2 = 0[C]$ 로 줄 때 도체의 전위가 $V_1 = 3[V]$, [$V_2 = 2[V]$ 이라면) **조건 1**
도체에 ($Q_1 = 2[C]$, $Q_2 = 1[C]$ 로 줄 때 도체1의 전위는 얼마가 되는가? **조건 2**

문제 　　　　　　　조건 1　　　　　　　조건 2
　　　　　　여기서 P_{11}, $P_{21}(=P_{12})$ 계산함

풀이 정의식 $V_1 = P_{11}Q_1 + P_{12}Q_2$, $V_2 = P_{21}Q_1 + P_{22}Q_2$ 에서
조건 1 을 대입하여 $3 = P_{11} \times 1 + P_{12} \times 0$, $2 = P_{21} \times 1 + P_{22} \times 0$
　　　　전위계수를 구하면 $P_{11} = 3$, $P_{21} = P_{12} = 2$
　　　　이를 이용하여 다음과 같은 관계식을 세울수 있다. $V_1 = 3Q_1 + 2Q_2$
조건 2 를 **조건 1** 결과에 대입 $V_1 = 3Q_1 + 2Q_2$ $\Rightarrow$ $V_1 = 3 \times 2 + 2 \times 1 = 8[V]$

포함관계의 의미 이해

$P_{11}=P_{12}$ 란 1번도체가 2번도체를 포함하고 있다는 의미인데 해석해보면

풀이 $V_1=P_{11}Q_1+P_{12}Q_2$, $V_2=P_{21}Q_1+P_{22}Q_2$ 에서
$Q_1=1[C]$, $Q_2=0[C]$ 시 $V_1=V_2$를 의미하므로 아래 그림 중 3번째 그림처럼 포함관계를 가져야 한다.

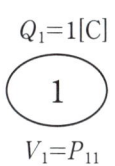
$Q_1=1[C]$
$V_1=P_{11}$

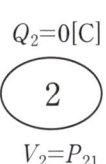
$Q_2=0[C]$
$V_2=P_{21}$

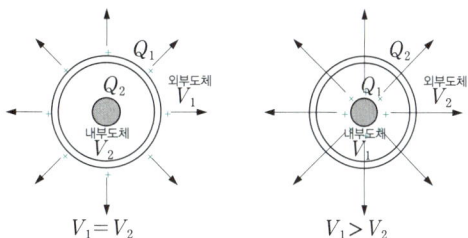

용량계수와 유도계수

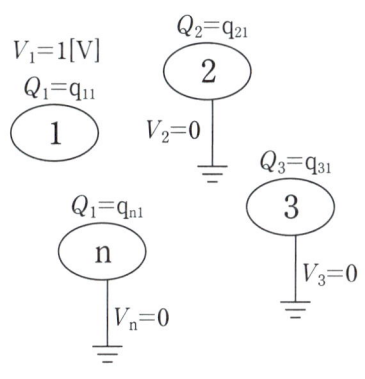

(a) 용량계수와 유동계수

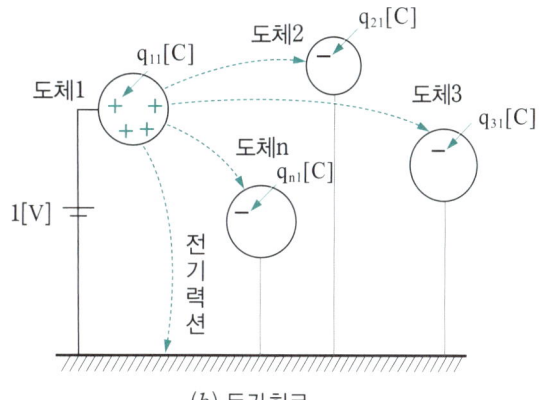

(b) 등가회로

도체1에 1[V]의 전압 인가 시 자신의 정전용량(용량계수)에 의한 전하량이 저장되고 다른 도체에 이 전하에 의하여 반대극성의 전하가 유도계수의 크기에 의하여 유도된다.
($Q_1=q_{11}V_1+q_{12}V_2$, $Q_2=q_{21}V_1+q_{22}V_2$) 에서 $q_{21}, q_{12}<0$

3. 정전용량의 직렬 · 병렬 접속

: 저항과 반대로!!! ($Z_C = \dfrac{1}{j\omega c}$ 로 두고 합성용량, 전압분배, 전류(전하)분배 법칙적용)

(1) **직렬연결** (충전 전하량 일정 : $Q = Q_1 = Q_2$, 전압은 분배 : $V = V_1 + V_2$)

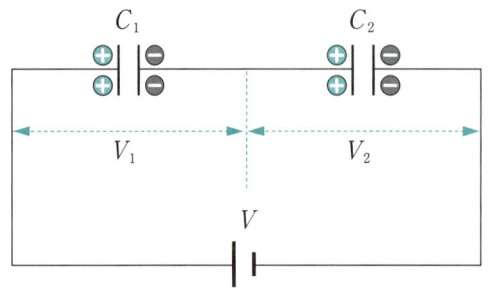
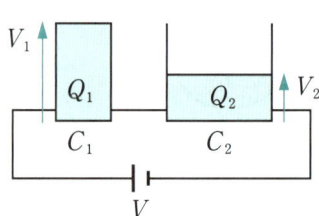

① 합성정전용량 : $\dfrac{1}{C} = \dfrac{1}{C_1} + \dfrac{1}{C_2}$ 또는 $C = \dfrac{1}{\dfrac{1}{C_1} + \dfrac{1}{C_2}}$ 또는 $C = \dfrac{C_1 \times C_2}{C_1 + C_2}$

② C_1에 인가되는 전압 : $V_1 = V$(전체전압)$\times \dfrac{C_2}{C_1 + C_2}$ (남의 것)

③ 최초로 파괴되는 콘덴서 : $Q_1 (=C_1 V), Q_2 (=C_2 V)$ 중 적은 것

　　　　　　　　　충전가능한 전하량(용량)이 적은 것 (∵ 직렬은 충전 전하량 일정)

④ 최대인가 가능전압(소자가 파괴되지 않는 조건)

$$V = \dfrac{Q[\text{C}]}{C[\text{F}]} \quad \bigg| \begin{array}{l} Q \;\;: \text{③에서 구한 값} \\ 1/C : \text{①에서 구한 값} \end{array}$$

(2) **병렬연결** (인가전압 일정 : $V = V_1 = V_2$, 충전 전하량 분배 : $Q = Q_1 + Q_2$)

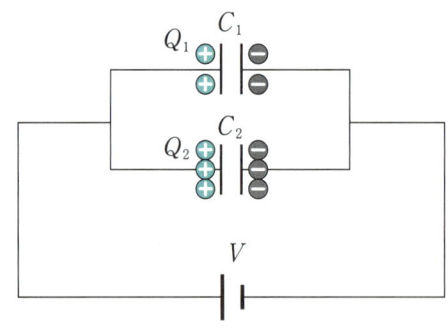
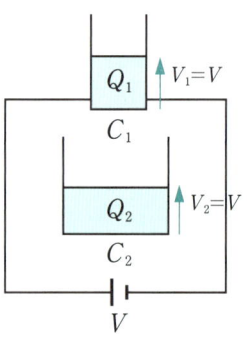

① 합성용량 : $C = C_1 + C_2$

② C_1에 충전전하 : $Q_1 = Q$(전체전하량) $\times \dfrac{C_2}{C_1 + C_2}$ (자기 것)

◆ **공동전위** : 두 충전 콘덴서 병렬연결시 $V = \dfrac{C_1 V_1 + C_2 V_2}{C_1 + C_2} = \dfrac{r_1 V_1 + r_2 V_2}{r_1 + r_2}$

　　병렬연결 전 · 후의 충전 전하량은 일정하지만 에너지는 감소 ($w_1 + w_2 > w$)
　　에너지가 많은 콘덴서에서 에너지가 적은 콘덴서로 전하 이동 ∴ 손실발생됨

4. 에너지 W[J], 힘 : W[J/m³], F[N/m²], 힘 : F[N] : 전계에너지와 (전하, 전위)와의 관계곡선 : 포물선

(1) 에너지 : W[J][N·m] : 콘덴서 축척에너지 $= \frac{1}{2}QV = \frac{1}{2}CV^2 = \frac{Q^2}{2C}$ ($Q=CV$, $V=Q/C$ 이용)

(2) 힘 : W[J/m³] : 단위체적당 축척되는 에너지 $= \frac{1}{2}ED = \frac{1}{2}\epsilon E^2 = \frac{D^2}{2\epsilon}$ ($D=\epsilon E$, $E=D/\epsilon$ 이용)

　　F[N/m²] : 단위면적당 작용력

에너지[J] ➡ 힘[N/m²]으로 변환

에너지 : W[J] : 콘덴서 축척에너지 $= \frac{1}{2}CV^2$ 식에서 ($C = \frac{\epsilon A}{d}$, $V = E \cdot d$ 대입)

$\qquad\qquad\qquad\qquad\qquad\qquad = \frac{1}{2}\left(\frac{\epsilon A}{d}\right)(E \cdot d)^2 = \frac{1}{2}\epsilon AE^2 d$

힘 : W[J/m³] : 단위체적당 축척되는 에너지 $= \frac{1}{2}\epsilon AE^2 d / A \cdot d = \frac{1}{2}\epsilon E^2$

---

(3) 힘 : F[N]　: 극판 전체에 작용력 $= \dfrac{W[\text{J}][\text{N}\cdot\text{m}]}{d[\text{m}]} = F[\text{N/m}^2] \times S[\text{m}^2]$

※ 전계에서 에너지와 힘은 어떤형태로 저장, 작용하는가?　🅰 전계 E[V/m]

(4) 에너지를 열량으로 전환
   ① 1[J] [W·S] = 0.24[cal]
   ② 1[kWh] = 860[kcal]
   ③ 에너지 = 전력량 = 전력 × 시간
   　· 1[J] = 1[W] × 1[sec], 1[kWh] = 1[kW] × 1[h]

공동전위

전·후 전하량 일정 $[C_1V_1 + C_2V_2 = (C_1+C_2)V]$

전 $C_1V_1 + C_2V_2$ 　　　　　　　후 $(C_1+C_2)V$

직렬 · 병렬 연결 이해

(1) 직렬연결
① $Q=Q_1=Q_2$: 전하량 일정 $V=V_1+V_2$: 전압은 분배
② $Q=CV$ ➡ $V=\frac{1}{C}Q \propto \frac{1}{C}$: 전압은 정전용량에 반비례
 (단, 전하량이 일정할 경우)
 전압은 남의 정전용량에 비례한다.
③ 충전전하량이 같으므로 충전가능 전하량(CV)이 적은 것이 먼저 파괴됨

(2) 병렬연결
① $Q=Q_1+Q_2$: 전하량은 분배 $V=V_1=V_2$: 전압 일정
② $Q=CV$ ➡ $Q \propto C$: 전하량은 정전용량에 비례
 (단, 인가전압이 일정할 경우)
 충전전하량은 자기 정전용량에 비례한다.

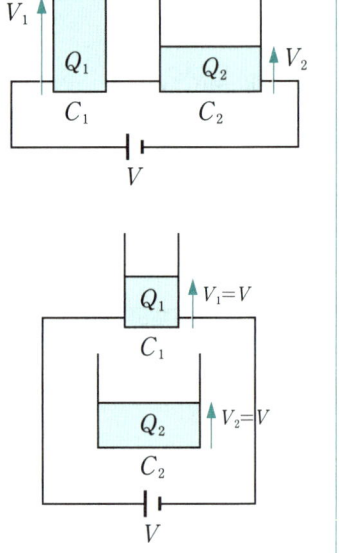

SECTION 04 유전체

1. 유전체 삽입(ϵ_0 ➡ $\epsilon_s\epsilon_0$) : ※ $C_0=\frac{\epsilon_0 S}{d}$ ➡ $C=\frac{\epsilon_s\epsilon_0 S}{d}$ 로 정전용량 : ϵ_s배 증가

(1) 조건(일정 전압 인가 시, 미 인가 시(일정 전하량 충전 시))로 나누어 발생현상 고찰

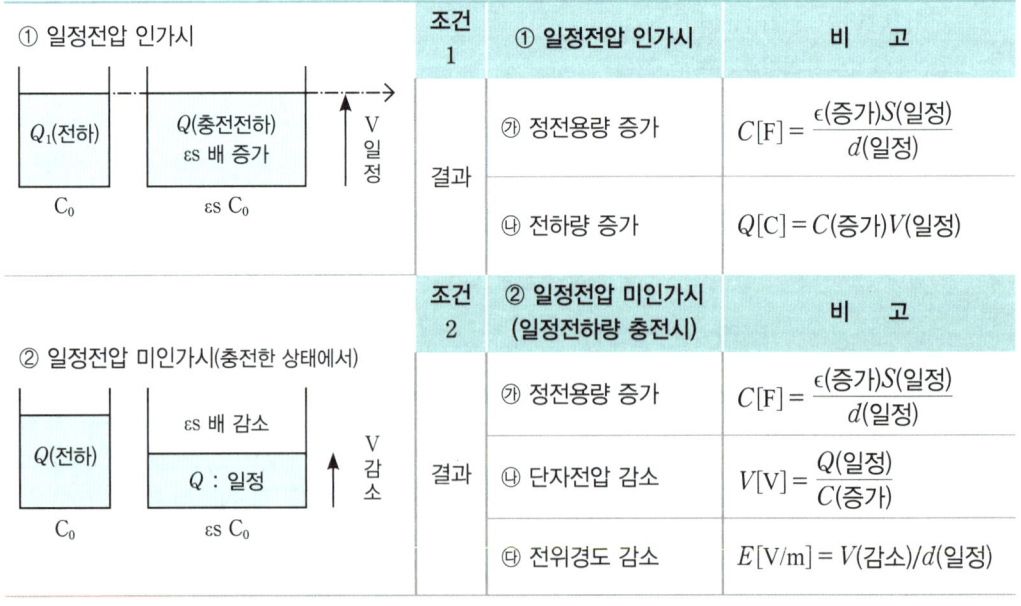

※ 조건에 관계없이 유전체 삽입시에는 정전용량은 증가한다. 반드시!

(2) 분극의 세기(P, $\sigma'[C/m^2]$) : 단위면적당 분극전하량, 단위체적당 쌍극자 모멘트($M=Q\cdot\delta[C\cdot m]$)

① $P=\epsilon_0(\epsilon_s-1)E$ ② $P=\left(1-\dfrac{1}{\epsilon_s}\right)D$ ③ $P=\chi E$

※ ①번 공식 변형 $P=\epsilon_0(\epsilon_s-1)E=D-\epsilon_0 E$

③번 공식의 (분극율 $\chi=\epsilon_0(\epsilon_s-1)=\epsilon_0\chi_s$)에서 비 분극률 $\chi_s=(\epsilon_s-1)$

- 분극의 종류 ① 전자분극(다이아몬드 등) ② 이온분극(세라믹 등) ③ 배양분극(물 등)
- 영구 쌍극자 모멘트를 갖고 있는 분자가 외부전계에 의하여 배열함으로써 쌍극자 배양분극이 발생
- 유전체내의 전속밀도는 진전하에 의하여 결정된다.
- 배양분극은 온도의 영향을 받는다.

유전체의 분극에 대한 고찰

유전체 삽입전	유전체 삽입시 ➡ 분극현상	등가회로로 변경시
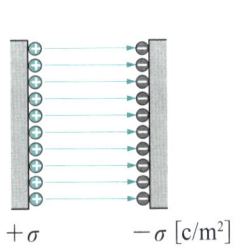	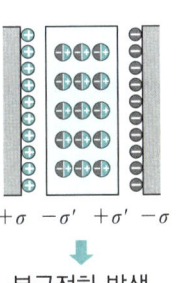	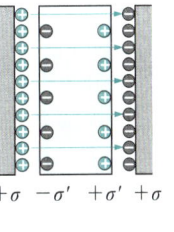
$+\sigma$ $-\sigma$ [c/m²]	$+\sigma$ $-\sigma'$ $+\sigma'$ $-\sigma$ ⬇ 분극전하 발생	$+\sigma$ $-\sigma'$ $+\sigma'$ $+\sigma$

고찰
여기서 전하밀도 ($+(\sigma-\sigma')[C/m^2]$)는 유전체를 극판간에 넣음으로써 밖에서 보기에 전하가 감소한 것처럼 보인다는 이유로 겉보기 전하라고 한다.

결과
전계의 세기는 감소한다. $E=\dfrac{\sigma-\sigma'}{\epsilon_0}=\dfrac{\sigma-P}{\epsilon_0}$ ➡ $\epsilon_0 E=\sigma-P$ ➡ $P=\sigma-\epsilon_0 E$ ➡ $P=D-\epsilon_0 E$

2. 정전용량 직렬·병렬합성 : ➡ 무조건 증가(단, 기출문제에서는 2배까지는 안됨)

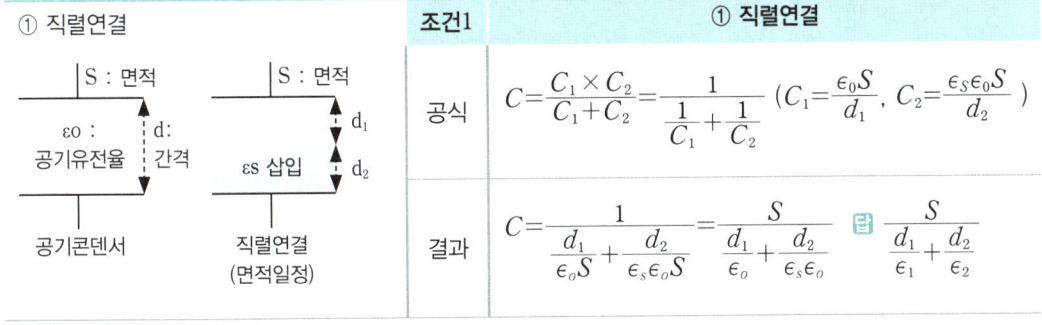

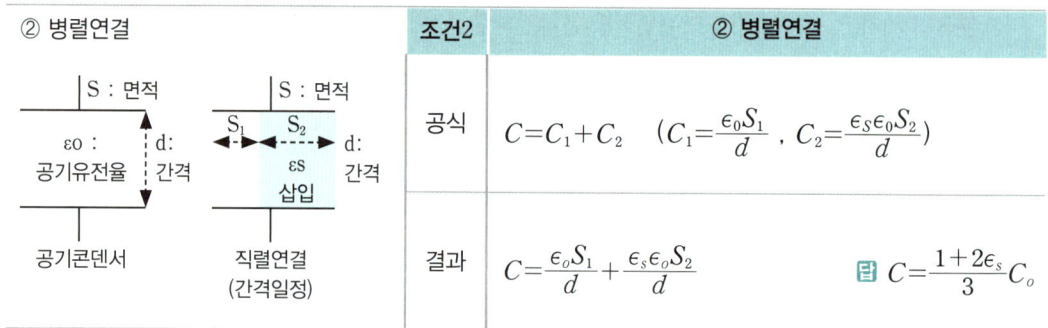

※ 조건에 관계없이 유전체 삽입 시에는 정전용량은 증가한다. 반드시!
처음 공기 콘덴서의 용량 $C_0 = \dfrac{\epsilon_0 S}{d}$ 를 기준으로 몇 배 증가하는가를 구하는 문제

3. 경계면 조건 : 두 매질의 경계면에서 전기장이 만족해야할 조건을 경계면 조건이라함, 굴절의 법칙

(1) **조건** : ① 경계면에는 진전하가 없다.   ② 경계면에는 전위차가 없다.
(2) **주공식** : 그림은 위쪽보다 아래쪽 유전율이 크다는 ($\epsilon_1 < \epsilon_2$)라는 조건에서 그린 것입니다.

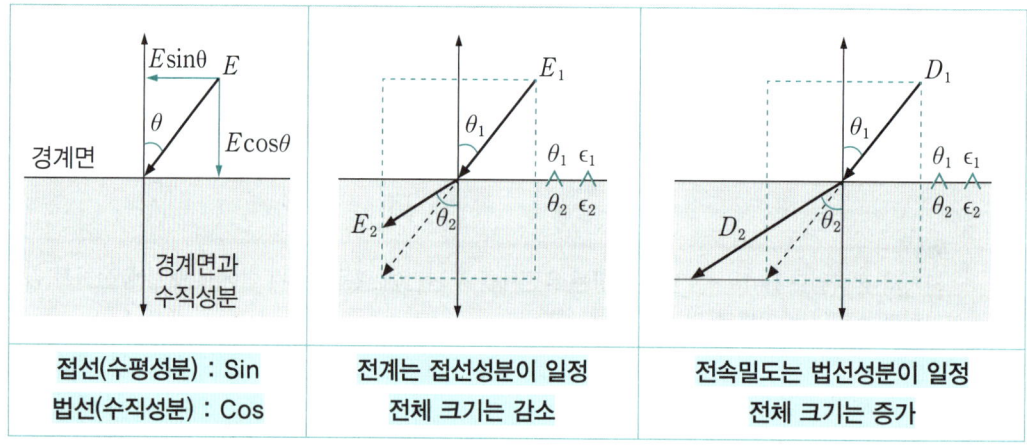

① $E_1 \sin\theta_1 = E_2 \sin\theta_2$
  (전계는 접선성분(경계면과 수평성분)이 일정하다.)즉, 접선성분은 연속적이다.
② $D_1 \cos\theta_1 = D_2 \cos\theta_2$
  (전속밀도는 법선성분(경계면과 수직성분)이 일정하다) : $\epsilon_1 E_1 \cos\theta_1 = \epsilon_2 E_2 \cos\theta_2$
③ $\dfrac{\tan\theta_1}{\tan\theta_2} = \dfrac{\epsilon_1}{\epsilon_2}$
  (입사각, 굴절각은 유전율에 비례한다) 즉, 유전율이 큰쪽으로 더 크게 굴절한다.
  ※ 전계(전기력선)는 유전율이 적은 쪽으로, 전속밀도(전속)는 유전율이 큰 쪽으로 집중된다.

경계면상에서 크기 관계

$\varepsilon_1 > \varepsilon_2$ ➡ $\theta_1 > \theta_2$, $D_1 > D_2$, $E_1 < E_2$	$\varepsilon_1 < \varepsilon_2$ ➡ $\theta_1 < \theta_2$, $D_1 < D_2$, $E_1 > E_2$

경계면상의 전기력선과 전속선

그림이 전기력선이다. 유전률 관계는?

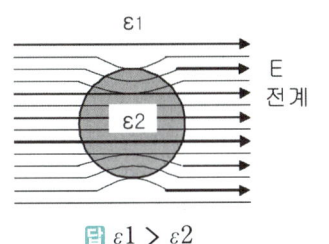

답 $\varepsilon_1 > \varepsilon_2$

그림이 전속선이다. 유전률 관계는?

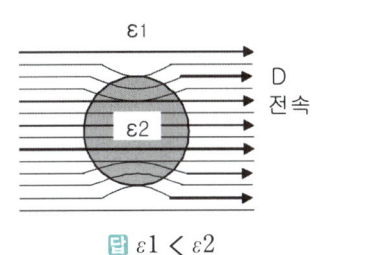

답 $\varepsilon_1 < \varepsilon_2$

4. 경계면에 작용하는 힘(맥스웰응력) : 전하, 전속은 축적에너지가 최소가 되게 분포한다.

※ 방향 : 유전율(ε)이 大 ➡ 小

※ 크기 : $F[\text{N/m}^2] = \frac{1}{2}ED = \frac{1}{2}\epsilon E^2 = \frac{1}{2}\frac{D^2}{\epsilon}$ 형태를 취하되 다음으로 구분되며 (大−小)형태가 됨

[$\varepsilon_1 > \varepsilon_2$ 라는 조건에서]

① E, D가 경계면에 수직입사 : 유전율이 큰 유전체가 유전율이 작은 유전체 쪽으로 끌림

이해 입사(θ_1) = 굴절(θ_2)각 = 0

결과 $E_1 \neq E_2$ (전계는 불연속), $D_1 = D_2$ (전속밀도는 연속, 즉 불변이다.)

(인장응력) $F[\text{N/m}^2] = f_2 - f_1 = \frac{1}{2}(\varepsilon_2 E_2^2 - \varepsilon_1 E_1^2) = \frac{1}{2}(E_2 - E_1)D = \frac{1}{2}\left(\frac{1}{\varepsilon_2} - \frac{1}{\varepsilon_1}\right)D^2$

② E, D가 경계면에 수평입사 : 유전율이 큰 유전체가 유전율이 작은 유전체 쪽으로 밀어냄

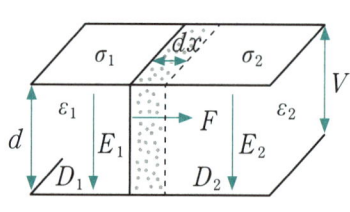 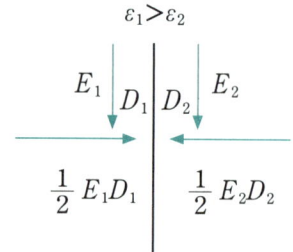

이해 입사(θ_1) = 굴절(θ_2)각 = 90°

결과 $D_1 \neq D_2$ (전속밀도는 불연속), $E_1 = E_2$ (전계는 연속, 즉 불변이다)

(압축응력) $F[\text{N/m}^2] = f_1 - f_2 = \frac{1}{2}(\varepsilon_1 E_1^2 - \varepsilon_2 E_2^2) = \frac{1}{2}(\varepsilon_1 - \varepsilon_2)E^2 = \frac{1}{2}(D_1 - D_2)E$

Memo

SECTION 05 전기영상법 – 항상 흡인력

1. 접지 무한평면도체

(1) 영상전하

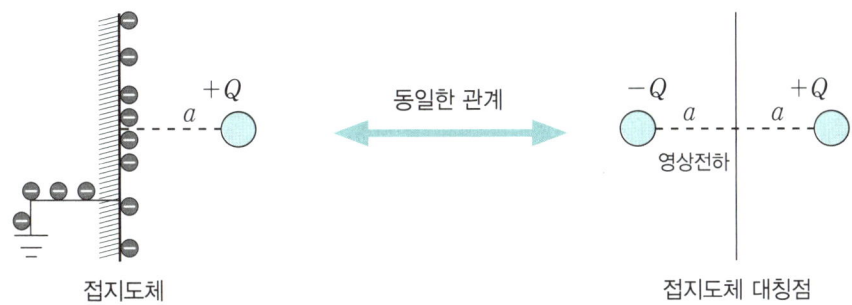

① 영상전하의 크기 : 주어진 전하와 크기는 같고 부호는 반대   즉, $q' = -Q$
② 영상전하의 위치 : 주어진 전하와 평면도체를 기준으로 대칭점

(2) 최대 전하밀도(D_{max}) : 원점에서 최대전하 $D_{max}[C/m^2] = -\dfrac{Q}{2\pi a^2}$: (− 반대극성)

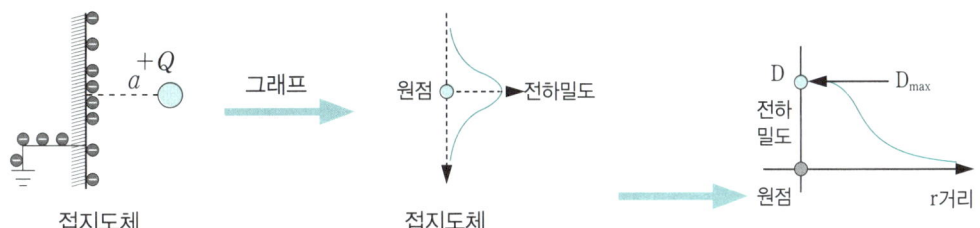

※거리가 멀면 유도전하도 작아짐

(3) 작용력

$$F[N] = \dfrac{Q_1 Q_2}{4\pi\varepsilon r^2} = -\dfrac{Q^2}{16\pi\varepsilon a^2} \text{ (흡인력)} \quad (Q_1 = Q,\ Q_2 = -Q,\ r = 2a)$$

(4) 점전하를 무한평면 도체로부터 a 떨어진 점에서 무한 원점까지 옮기는데 필요한 일

$$W[J] = \int_a^\infty F \cdot dr = F \cdot a = \dfrac{Q^2}{16\pi\varepsilon a}$$

2. 접지도체구

(1) 영상전하

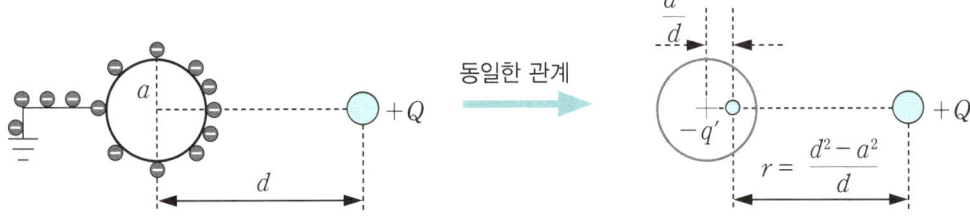

① 영상전하의 크기 : 주어진 전하보다 크기는 작고 부호는 반대   즉, $q' = -\dfrac{a}{d}Q$

② 영상전하의 위치 : 도체구 중심에서 q' 전하쪽으로 치우침   즉, $r' = \dfrac{a^2}{d}$

(2) **작용력** $F[\text{N}] = \dfrac{Q_1 Q_2}{4\pi\varepsilon r^2} = \dfrac{-\left(\dfrac{a}{d}\right)Q^2}{4\pi\varepsilon\left(\dfrac{d^2-a^2}{d}\right)^2}$ (흡인력) ($Q_1 = Q$, $Q_2 = -\dfrac{a}{d}Q$, $r = \dfrac{d^2-a^2}{d}$)

3. 무한평면도체(대지)와 선전하(정전용량 공식만 이해)

(1) **개념이해** : 무한평면도체(대지)와 높이 $h[\text{m}]$인 점에 선전하밀도 $\lambda[\text{C/m}]$인 무한직선도체가 평행으로 놓여 있을 때 직선 도체가 받는 힘과 정전용량을 구해보자.

(2) ① 무한평면도체에 의해 직선도선이 받는 힘

$$F[\text{N/m}] = \lambda E = -\dfrac{\lambda^2}{4\pi\varepsilon h}$$

영상전하 $-\lambda[\text{C/m}]$에 의한 $2h$ 위치에서의 전계는

$$E = \dfrac{-\lambda}{2\pi\varepsilon r} = \dfrac{-\lambda}{2\pi\varepsilon(2h)} = \dfrac{-\lambda}{4\pi\varepsilon h}$$ 에 $+\lambda$ 도체가 받는 힘

② 무한평면도체와 직선도선 간의 정전용량 $C[\text{F/m}] = \dfrac{\lambda}{V_H}$

에서 $C = \dfrac{2\pi\varepsilon}{\ln\left(\dfrac{2h}{a}\right)}$

• 평면도체와 직선도체 사이의 전위차

$$V_H = \dfrac{1}{2}V_{H-H'} = \dfrac{1}{2} \cdot \dfrac{\lambda}{\pi\varepsilon} \ln\left(\dfrac{2h}{a}\right)$$ 와 전하밀도 대입

• $V_{H-H'} = -\displaystyle\int_0^{2h} E \cdot dl = -\int_0^{2h}(E_+ + E_-) \cdot dl$

$= -\displaystyle\int_0^{2h}\left(\dfrac{\lambda}{2\pi\varepsilon h}\right) \times 2 \cdot dl = \dfrac{\lambda}{\pi\varepsilon}\ln\left(\dfrac{2h}{a}\right)$

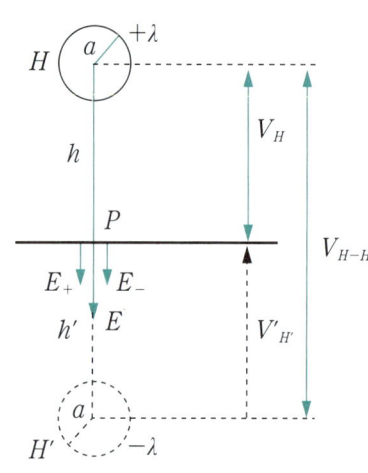

무한평면도체와 선전하

4. 기타

(1) **직교하는 도체평면과 점전하 사이에는 3개의 영상전하가 존재**

(2) **전류 $+I$와 전하 $+Q$가 무한히 긴 직선상의 도체에 각각 주어졌고 이들 도체는 진공 속에서 각각 투자율과 유전율이 무한대인 물질로 된 무한평면과 평행하게 놓여 있다.**

이 경우 영상법에 의한 영상전류와 영상전하는 ($+I$, $-Q$)이다.

이유 : 항상 흡인력이 작용하여야 하기 때문이다.

　　　(두 전선 사이 전류는 동일 방향일 때 흡인력), (두전하는 다른 극성일 때 흡인력)

(3) **대지면에 높이 $h[\text{m}]$로 평행하게 가설된 매우 긴 선전하가 지표면으로부터 받는 힘은 h에 반비례한다.**

이유 : $F = -\dfrac{\lambda^2}{4\pi\varepsilon h}$

SECTION 06 전류

1. 전류법칙

(1) 오옴의 법칙 $I[\text{A}] = \dfrac{V}{R}$ ➡ 미분형 : $i[\text{A/m}^2] = \dfrac{E}{\rho} = KE$: ρ(고유저항), K(도전율), E(전계)

해석 $I[\text{A}] = \dfrac{V}{R}$ 에서 $R = \rho \dfrac{l}{S} = \dfrac{l}{KS}$ 대입 $I[\text{A}] = \dfrac{KSV}{l}$

$i[\text{A/m}^2] = \dfrac{I[\text{A}]}{S[\text{m}^2]} = \dfrac{1}{S}I = \dfrac{1}{S} \times \dfrac{KSV}{l} = K\dfrac{V}{l} = KE$

(2) 키르히호프의 법칙 : 하나의 절점을 기준으로 유입전류와 유출전류의 합은 같다.

$\sum$ 유입전류 $= \sum$ 유출전류   즉, $\sum I = 0$ ➡ 미분형 : $\text{div}\, i = 0$

2. 저항, 정전용량, 고유저항, 유전율의 관계

도선의 저항 $R = \rho \dfrac{d}{S}$

정전용량 $C = \dfrac{\epsilon S}{d}$

① $RC = \rho \epsilon$ ➡ $\dfrac{C}{G} = \dfrac{\epsilon}{K}$

$R[\Omega]$: 저항 ($=1/G[\mho]$(컨덕턴스)) $C[\text{F}]$: 정전용량
$\rho[\Omega \cdot \text{m}]$: 고유저항($=1/K[\mho/\text{m}]$(도전률)) $\epsilon[\text{F/m}]$: 유전율

② 접지저항 $R = \dfrac{\rho \epsilon}{C}$ 에서

- 도체구 : $C[\text{F}] = 4\pi\epsilon a$
- 동축원통 : $C[\text{F/m}] = \dfrac{2\pi\epsilon}{\ln\left(\dfrac{b}{a}\right)}$
- 평행도선 : $C[\text{F/m}] = \dfrac{\pi\epsilon}{\ln\left(\dfrac{d}{a}\right)}$

을 대입하되 반구 1개 $C[\text{F}] = 2\pi\epsilon a$, 반구 2개 $C[\text{F}] = 4\pi\epsilon a$ 를 대입한다.

③ 누설전류 $i = \dfrac{V}{R} = \dfrac{CV}{\rho\epsilon}$

3. 온도에 따른 저항의 변화 : 금속은 정 특성 온도계수, 반도체는 부 특성 온도계수

$R_t = R_0[1 + \alpha_0(t - t_0)]$
- α_0 : 저항의 온도계수[연동선$=1/(234.5+t_0)$], 단, 합성저항 온도계수 $\alpha_1 + \alpha_2 = \dfrac{R_1\alpha_1 + R_2\alpha_2}{R_1 + R_2}$
- t : 나중온도, t_0 : 처음온도

4. 표피효과(핀치효과와 반대)

① 표피효과 : (AC 교류전류 ➡ 도체의 표면 가까이로만 흐르는 현상)

② 침투깊이 : $\sigma = \sqrt{\dfrac{2}{\omega \mu K}}$ (※ $\omega = 2\pi f$ ※ μ(투자율) ※ K(도전율))

③ 침투깊이와 표피효과는 반대(즉, 표피효과가 클수록 침투깊이는 적어짐)

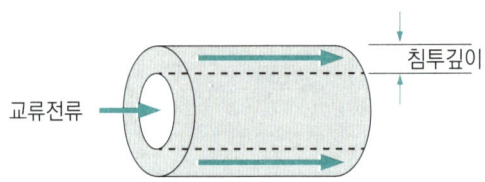

> **ex** 표피효과 : 주파수가 높을수록, 투자율이 클수록, 도전율이 클수록 : 표피효과 증가
> 온도가 높을수록(도체의 저항은 온도에 비례)   : 표피효과 감소

5. 전류의 전기현상

① 표피효과(Skin effect)   : 교류전류 인가 시 도체의 표면 부근으로만 전류가 흐름
② 핀치효과(pinch effect)   : 직류전류 인가 시 도체의 중심으로만 전류가 흐름
③ 열기전력(Seebeck effect)   : 두 종류의 금속을 루프상으로 이어서 접속점에 온도차를 주면 전류가 흐름
  : 제어백(제벡)효과   (구리-콘스탄탄, 철-콘스탄탄, 크로멜-일루멘 등) : 전자온도계
④ 펠티에효과(Peltier effect) : 두 가지 금속의 접속점에 전류를 흘리면 접속점에 발열 또는 흡열이 발생
                             : 전자냉장고
⑤ 톰슨효과(Thomson effect)   : 동일 금속이라도 부분적으로 온도가 다른 금속선에 전류를 흘리면 온도구
                             배부분에 발열, 흡열이 발생
⑥ 홀효과   : 전류가 흐르는 도체에 자계를 가하면 플레밍의 왼손법칙에 의하여 도체
                             측면에 전하가 발생하는 현상(전류제한)
⑦ 특수한 경우 분극현상
  • 압전기   : 수정, 전기석, 로셸염 등의 결정을 기계적으로 압력을 인가하면 표면에 분극
                             전하 발생(마이크로폰, 압력측정, 크리스탈 픽업)
  • 파이로 전기(초전전기)   : 전기석 등을 가열하면 표면에 분극전하가 나타나고, 냉각하면 역전하가
    (Pyro)   나타나는 현상(초전효과)

> **ex** 키르히호프 전류법칙을 나타내는 것은?   답 $\mathrm{div}\, i = 0$

전류의 전기현상		
표피효과	핀치효과	홀효과 : Hall'효과-외부자계
열기전력	볼타전지	압전기효과

6. 기타

(1) 2개의 물체를 마찰하면 마찰전기가 발생한다. 이는 마찰에 의한 일에 의하여 표면에 무엇이 이동하기 때문인가? 답 전자

(2) 전류 $I=\dfrac{V}{R}$ 이므로 1[A]는 $\dfrac{1[V]}{1[\Omega]}$ 또는 $I=\dfrac{Q}{t}$ 이므로 1[A]는 $\dfrac{1[C]}{1[S]}$ 으로 정의된다.

SECTION 07 여러 도체 모양에서의 전계의 세기와 전위의 크기

1. 전하 $Q[C]$에 의한 전계 $E[V/m]$, 전위 $V[V]$

(1) **전계 E** : 가우스의 법칙 $\oint E \cdot ds = \dfrac{Q}{\epsilon}$ ➡ $E \cdot S = \dfrac{Q}{\epsilon}$ (전기력선의 개수)

> **가우스의 법칙**
>
> $N = \oint_s E \cdot n ds = \dfrac{Q}{\epsilon}$: 임의의 폐곡면상의 전계의 총합은 폐곡면을 통과하는 전기력선의 총합과 같다.
>
> ⇒ $E = \dfrac{N}{S} = \dfrac{N}{4\pi r^2} = \dfrac{Q}{4\pi \varepsilon r^2}$ ∴ $N = \dfrac{Q}{\varepsilon}$: 전계의 세기 E는 전기력선의 밀도와 같다.

(2) **전위** $V = -\int_{\infty}^{r} E \cdot d\ell = E \cdot r$ (**평등전계**)

전위=일 : 일은 힘이 가해진 방향으로 움직인 물체의 힘과 거리의 곱

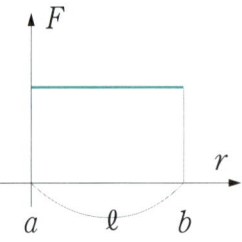

$$W = \int_a^b F \cdot d\ell = F \cdot \ell$$

∴ 평등전계내 $V = -\int_\infty^r E \cdot d\ell = E \cdot r$

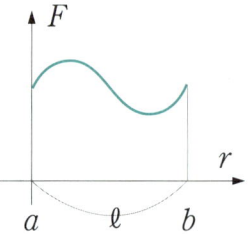

$$W = \int_a^b F \cdot d\ell \neq F \cdot \ell$$

∴ 평등전계가 아닌 공간 $V = -\int_\infty^r E \cdot d\ell \neq E \cdot r$

2. 구(점)전하 : Q[C]

(1) **외부에서(점전하, 구전하, 대전도체구)** : 공식증명은 뒷편참고

① 전계 $E = \dfrac{Q}{4\pi\epsilon r^2}$: 거리제곱에 반비례

② 전위 $V = \dfrac{Q}{4\pi\epsilon r}$: 거리에 반비례

(2) **내부에서(전하분포 상태에 따라 다름)** : 공식증명은 뒷편참고

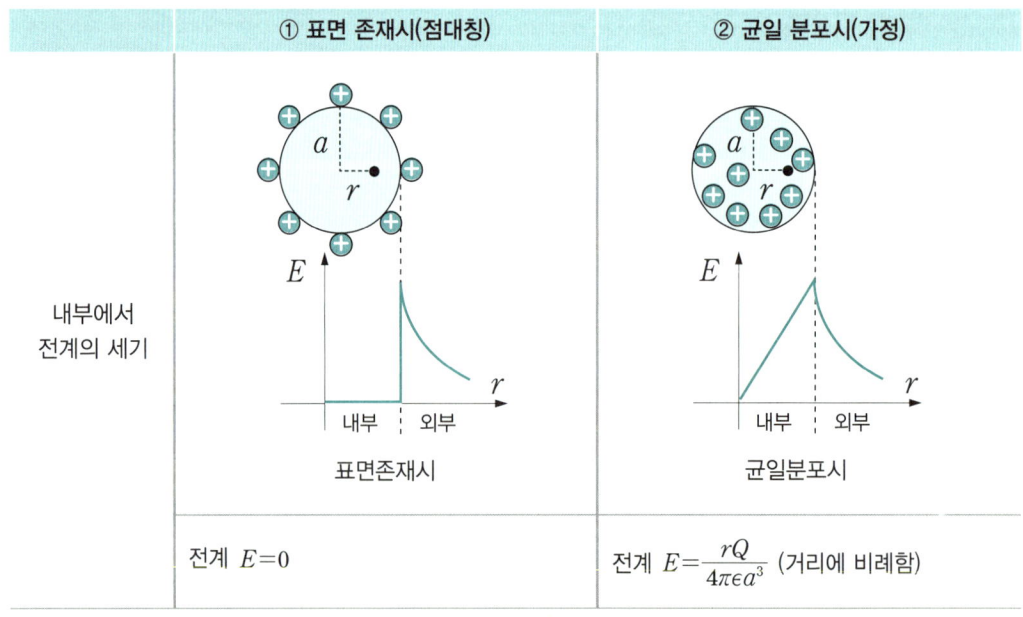

	① 표면 존재시(점대칭)	② 균일 분포시(가정)
내부에서 전계의 세기	표면존재시	균일분포시
	전계 $E = 0$	전계 $E = \dfrac{rQ}{4\pi\epsilon a^3}$ (거리에 비례함)

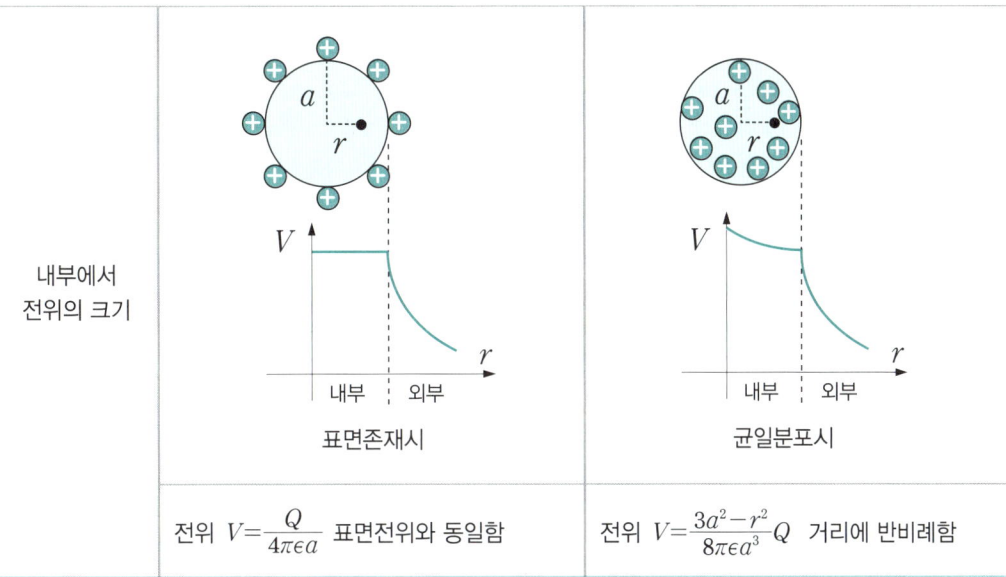

내부에서 전위의 크기	표면존재시	균일분포시
	전위 $V=\dfrac{Q}{4\pi\epsilon a}$ 표면전위와 동일함	전위 $V=\dfrac{3a^2-r^2}{8\pi\epsilon a^3}Q$ 거리에 반비례함

3. 원주(선)전하 : ρ_l[C/m], λ[C/m]

(1) **외부에서 (원주형 도체, 선전하)** : 공식증명은 뒷편 참고

① 전계 $E=\dfrac{\lambda}{2\pi\epsilon r}$: 거리에 반비례   ② 전위 $V=\infty$

단, 전위차는 존재함 (답 $V_{ab}=\dfrac{\lambda}{2\pi\epsilon}\ln\left(\dfrac{b}{a}\right)$)

(2) **내부에서 (전하분포 상태에 따라 다름)**

원주(선)전하	① 표면 존재시(점대칭)	② 균일 분포시(가정)
내부에서 전계의 세기	표면존재시	균일분포시
	전계 $E=0$	전계 $E=\dfrac{r\lambda}{2\pi\epsilon a^2}$ (거리에 비례함)

3. 도체면전하 : $\rho_s[C/m^2]$, $\sigma_s[C/m^2]$, $D[C/m^2]$

(1) **외부에서** ① 전계 $E=\dfrac{\rho_s}{\epsilon}$: 거리와 무관

② 전위 $V = \infty$

단, 면전하 또는 무한히 얇은 도체 전하에 의한 전계

전계 $E=\dfrac{\rho_s}{2\epsilon}$: 도체의 1/2

이유 전계(전기력선)는 $+Q$(양전하)에서 $-Q$(음전하)로 (단, 도체 내부 無)

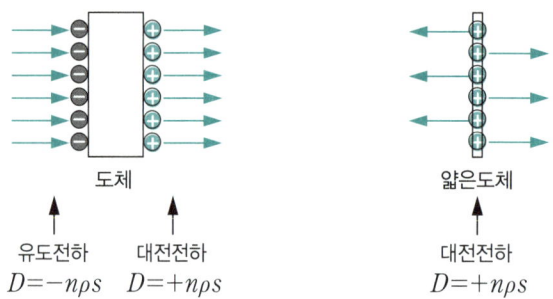

(2) **내부에서**

① 전계 $E=0$: 모든 도체 내부의 전계는 0

② 전위 V = 표면전위와 같다   : 도체 = 등전위

5. 전기쌍극자

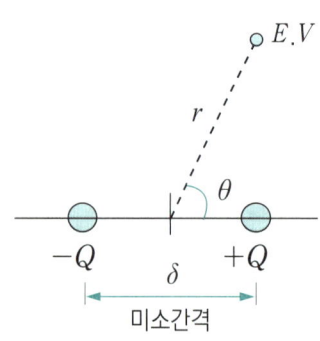
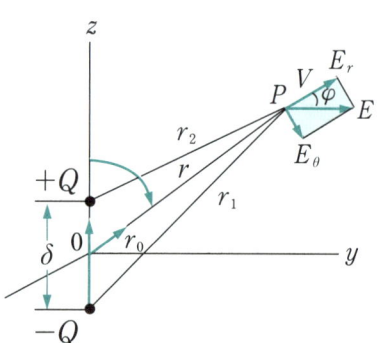

(1) **정의** : 크기가 같고 극성이 다른 두 점전하가 아주 미소한 거리에 있는 상태를 전기쌍극자 상태라 한다.

(2) **전계** $E=\dfrac{M\sqrt{1+3\cos^2\theta}}{4\pi\epsilon_0 r^3}$[V/m]   **전위** $V=\dfrac{M\cos\theta}{4\pi\epsilon_0 r^2}$[V]

M(전기 쌍극자 모멘트)$=Q\cdot\delta$[C·m] : 전하량[C] ×간격[m]

(3) 시험

① 전계 $E \propto \dfrac{1}{r^3}$, $V \propto \dfrac{1}{r^2}$

② $\theta = 0°$ 일때 전계 E, 전위 V가 최대, 다르게 표현하면 $\theta = 90°$ 일 때 E, V 최소

단, Y방향으로 전계 E가 최대가 되는 각도는 $45°$, Y방향으로 전계 E가 최소가 되는 각도는 $0°$

※ 각도 θ는 $+Q$를 기준으로 한 각도임

6. 전기이중층

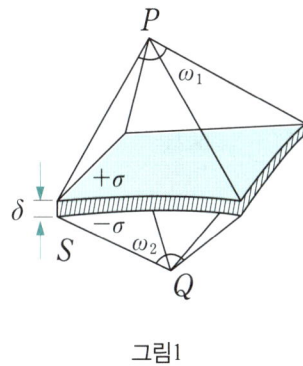

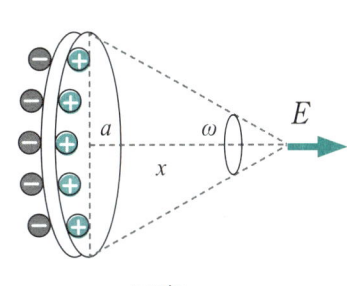

그림1   그림2

(1) 극히 얇은 판의 한면에 정전하, 다른면에 부전하를 가진 것으로 미소한 쌍극자의 모임이다.

(2) P점의 전위 $V_P = \dfrac{M}{4\pi\epsilon_0}\omega_1$ Q점의 전위 $V_Q = \dfrac{-M}{4\pi\epsilon_0}\omega_2$ P, Q점의 전위차 $V_{PQ} = \dfrac{M}{\epsilon_0}$

(3) 그림 2에서의 전계 $E = \dfrac{M}{2\epsilon} \dfrac{a^2}{(a^2+x^2)^{\frac{3}{2}}}$ 전위 $V = \dfrac{M}{2\epsilon}\left(1 - \dfrac{x}{\sqrt{a^2+x^2}}\right) = \dfrac{M}{4\pi\epsilon}\omega$

M(전기 2중층의 세기)$= \sigma \cdot \delta [\text{C/m}]$: 전하밀도$[\text{C/m}^2] \times$ 판의 두께$[\text{m}]$, $\omega = 2\pi(1-\cos\theta)$

자기이중층 : 자기쌍극자와 자기이중층도 동일

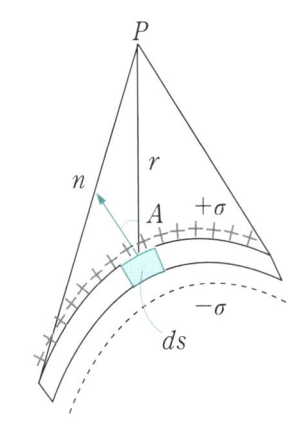

(1) P점의 자위 $U_p = \dfrac{M}{4\pi\mu}\omega$

(2) 판자석 양면 사이의 자위차 $U = \dfrac{M}{\mu}$

M(자기 2중층의 세기)

$= \rho \cdot \delta [\text{Wb/m}]$; 전속밀도$[\text{Wb/m}^2] \times$ 판의 두께$[\text{m}]$

주요공식 | 전하에 의한 전계와 전위

전하의 형태 (구전하 ◯   선전하 ▯   도체면전하 ▭   전기쌍극자 ⊖⊕)

전계 E [V/m] [N/c] ① 구전하 $\dfrac{Q}{4\pi\epsilon r^2}$ ② 선전하 $\dfrac{\lambda}{2\pi\epsilon r}$ ③ 도체면전하 $\dfrac{\rho_s}{\epsilon}$ ④ 쌍극자 $E \propto \dfrac{1}{r^3}$

전위 V [V] ① 구전하 $\dfrac{Q}{4\pi\epsilon r}$ ② 선전하 ∞ ③ 도체면전하 ∞ ④ 쌍극자 $V \propto \dfrac{1}{r^2}$

※ 형태별 거리와 전계, 전위와의 관계도 자주 물어봅니다.
 (특히, 전기쌍극자의 전계는 거리의 3승에 반비례)

환원전하에 의한 전계 (λ[C/m] : 선전하밀도, Q[C] : 전하량)

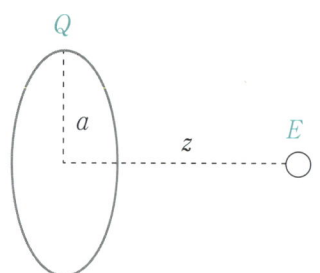

$E = \dfrac{\lambda az}{2\epsilon_0 (a^2+z^2)^{\frac{3}{2}}}$ 에서

$\lambda = \dfrac{Q}{\ell} = \dfrac{Q}{2\pi a}$ 를 적용

$E = \dfrac{Qz}{4\pi\epsilon_0 (a^2+z^2)^{\frac{3}{2}}}$

1-1. 구전하 외부의 전계

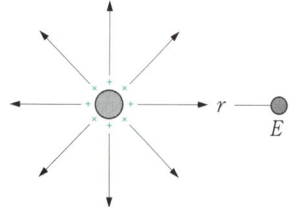

$\oint_s E \cdot n\,ds = \dfrac{Q}{\epsilon}$: 폐곡면상 전계의 총합은 전기력선의 총합과 같다.

$E \cdot S = \dfrac{Q}{\epsilon}$: 전계가 동일한 임의의 폐곡면을 선정하면

$E \cdot 4\pi r^2 = \dfrac{Q}{\epsilon}$: 으로 변형하여 적용, 이때 $S = 4\pi\epsilon r^2$

$E = \dfrac{Q}{4\pi\epsilon r^2}$

1-2. 구전하 외부의 전위

$V = -\int_{\infty}^{r} E \cdot dr = -\int_{\infty}^{r} \dfrac{Q}{4\pi\epsilon r^2} = -\dfrac{Q}{4\pi\epsilon}\int_{\infty}^{r} r^{-2} = -\dfrac{Q}{4\pi\epsilon}\left| -\dfrac{1}{r} \right|_{\infty}^{r} = -\dfrac{Q}{4\pi\epsilon}\left| \left(-\dfrac{1}{r}\right) - \left(-\dfrac{1}{\infty}\right) \right|$

$= \dfrac{Q}{4\pi\epsilon r}$

참고 기본적분 $\int x^n dx = \dfrac{1}{n+1}x^{n+1}$ **ex** $\int \dfrac{1}{r^2} = -\dfrac{1}{r}$

정적분(구간적분) $\int_A^B x^n dx = \left| \dfrac{1}{n+1}x^{n+1} \right|_A^B = \dfrac{1}{n+1}(B^{n+1} - A^{n+1})$

1-3. 구전하 내부의 전계

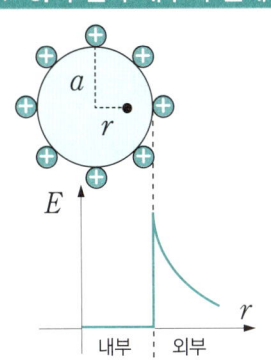

(1) 표면전하존재 시

$E_i \cdot S = \dfrac{Q_i}{\varepsilon}$ 에서

전계가 균일한 면($S=4\pi r^2$), 내부전하($Q_i=0$)

$E_i \cdot 4\pi r^2 = \dfrac{0}{\varepsilon}$ ➡ $E_i = 0$

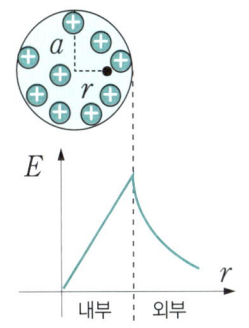

(2) 균일 전하존재 시

$E_i \cdot S = \dfrac{Q_i}{\varepsilon}$ 에서

전계가 균일한 면($S=4\pi r^2$),

내부전하 Q_i는 체적에 비례하므로 $\dfrac{4}{3}\pi a^3 : Q = \dfrac{4}{3}\pi r^3 : Q_i$

$Q_i = \left(\dfrac{r^3}{a^3}\right)Q$

$E_i \cdot 4\pi r^2 = \dfrac{\left(\dfrac{r^3}{a^3}\right)Q}{\varepsilon}$ ➡ $E_i = \dfrac{rQ}{4\pi\varepsilon a^3}$

1-4. 구전하 내부의 전위

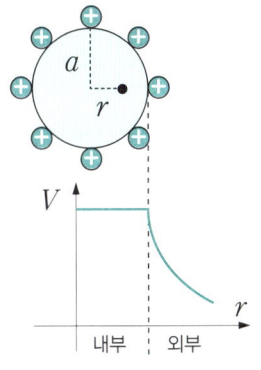

(1) 표면전하존재 시 (내부 $E=0$)

$V_i = -\int_\infty^a E \cdot dr - \int_a^r E \cdot dr$

$= -\int_\infty^a \left(\dfrac{Q}{4\pi\epsilon r^2}\right) \cdot dr - \int_a^r 0 \cdot dr$

$= -\dfrac{Q}{4\pi\epsilon}\left|-\dfrac{1}{a} - \left(\dfrac{-1}{\infty}\right)\right| - 0$

$= \dfrac{Q}{4\pi\epsilon a}$

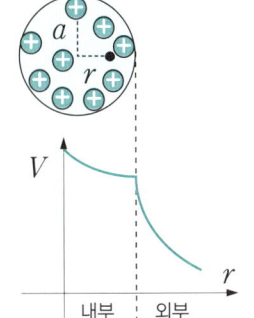

(2) 균일 전하존재 시

$V_i = -\int_\infty^a E \cdot dr - \int_a^r E \cdot dr$

$= -\int_\infty^a \left(\dfrac{Q}{4\pi\epsilon r^2}\right) \cdot dr - \int_a^r \left(\dfrac{rQ}{4\pi\epsilon a^3}\right) \cdot dr$

$= \dfrac{Q}{4\pi\epsilon a} + \dfrac{Q}{8\pi\epsilon a^3}(a^2 - r^2)$

$= \dfrac{Q}{4\pi\epsilon a}\left(\dfrac{3}{2} - \dfrac{r^2}{2a^2}\right) = \dfrac{3a^2 - r^2}{8\pi\epsilon a^3}Q$

2-1. 선전하 외부의 전계

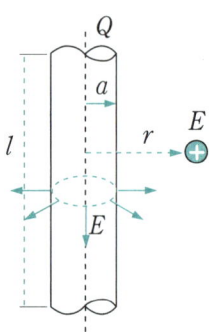

$\oint_s E \cdot nds = \dfrac{Q}{\epsilon}$: 폐곡면상 전계의 총합 = 전기력선의 총합

$E \cdot S = \dfrac{Q}{\epsilon}$: 전계가 동일한 폐곡면을 선정하면

$E \cdot (2\pi r \cdot l) = \dfrac{Q}{\epsilon}$: 으로 변형하여 적용($S = 2\pi r \cdot l$)

$E = \dfrac{Q}{2\pi \epsilon r \cdot l}$: $Q/l = \lambda [C/m]$ 선전하밀도 적용

$E = \dfrac{\lambda}{2\pi \epsilon r}$

2-2. 선전하 외부의 전위

$V = -\int_{\infty}^{r} E \cdot dr = -\int_{\infty}^{r} \dfrac{\lambda}{2\pi \epsilon r} = -\dfrac{\lambda}{2\pi \epsilon} \int_{\infty}^{r} r^{-1} = -\dfrac{\lambda}{2\pi \epsilon} |\ln|_{\infty}^{r}$

$= -\dfrac{\lambda}{2\pi \epsilon}(\ln r - \ln \infty) = \dfrac{\lambda}{2\pi \epsilon}(\ln \infty - \ln r) = \dfrac{\lambda}{2\pi \epsilon}\left(\ln \dfrac{\infty}{r}\right)$

$= \infty$

단, $V_{ab} = -\int_{b}^{a} E \cdot dr = \dfrac{\lambda}{2\pi \epsilon}\ln\left(\dfrac{b}{a}\right)$

참고 기본적분 $\int x^{-1}dx = \int \dfrac{1}{x}dx = \ln x$

정적분(구간적분) $\int_{A}^{B} x^{-1}dx = |\ln x|_{A}^{B} = \ln \dfrac{B}{A}$

SECTION 08 정전계와 정자계 비교, 자기회로와 전기회로 비교

1. 전하에 의한 전계와 자하(자속)에 의한 자계의 관계

정전계		정자계		전기회로	비고
전속·전하	Q[C]	자속·자하	ϕ[Wb], m[Wb]	I[A]	자속 ⇌ 전류
전계	E[V/m]	자계	H[AT/m]		
전위	V[V]	자위	U[AT]		
전속밀도	D[C/m²]	자속밀도	B[Wb/m²]	i[A/m²]	자속밀도 ⇌ 전류밀도
분극	P[C/m²]	자화	J[Wb/m²]		
전기력선	$\dfrac{Q}{\epsilon}$	자기력선	$\dfrac{m}{\mu}$		
전속선	Q	자속선	m		
유전율	$\epsilon = \epsilon_s \epsilon_0$	투자율	$\mu = \mu_s \mu_0$	K[℧/m]	투자율 ⇌ 도전률

2. 전기회로와 자기회로의 관계

전하가 도선(전기회로)를 통해 흘러갈 때 그 이동량을 전류라고 하고 전기회로상의 전류와 전압(기전력) 그리고 전기저항과의 관계를 자하가 자로(자기회로)를 통해 흘러가지는 않지만 자속이 발생하여 흘러간다라고 보고 자기회로상의 자속과 기자력, 그리고 자기저항과의 관계를 서로 비교 설명함.
(전하는 실재 존재함, 자하는 실제 존재하지 않지만 그 자하에서 자속이 나와 자기회로를 이동하는 것으로 본다.)

전 기 회 로		자 기 회 로	
전류	I[A]	자속	ϕ[Wb]
기전력	V[V]	기자력	F[AT]
전류밀도	i[A/m^2]	자속밀도	B[Wb/m^2]
도전율	K[℧/m]	투자율	μ[H/m]
전기저항	R[Ω]	자기저항	Rm[AT/Wb]

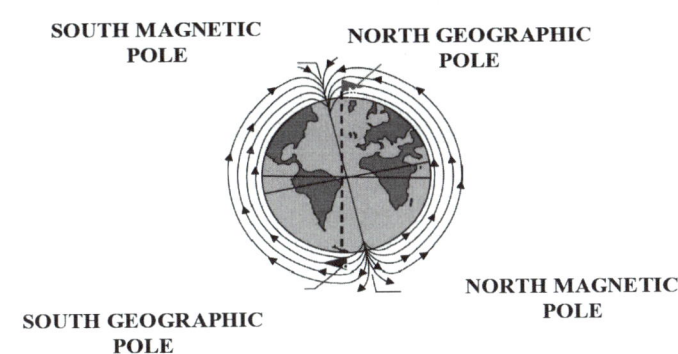

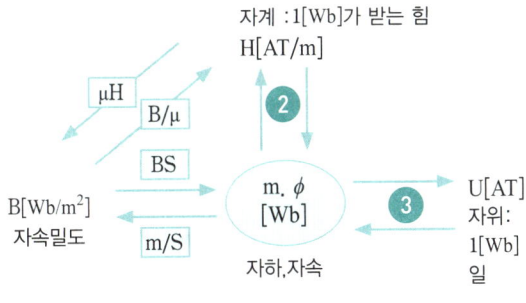

자계 기본이해

1. 자기를 가지는 물체의 이름 : 자성체
2. 두 자성체 사이에 무엇이 작용하나 : 힘
3. 자성체가 있는 공간에
   (+1[Wb]의 점자극이) 받는 힘 : 자계
   옮기는데 필요한 일 : 자위
4. 자속을 발생하는 코일의 능력 : 인덕턴스
5. 단위면적당 자속의 량 : 자속(자하)밀도

SECTION 09　진공중의 정자계(영구자석에 의한 자계)

1. 쿨롱의 법칙(두 자하 사이 작용하는 힘) [N] : 벡터합 $F=\sqrt{F_1^2+F_2^2+2F_1F_2\cos\theta}$

$$F=\frac{1}{4\pi\mu}\times\frac{m_1m_2}{r^2}=6.33\times10^4\frac{m_1m_2}{\mu_s\times r^2}$$

여기서
- F : 두 자하 사이에 작용하는 힘[N]
- $\mu=\mu_s\mu_0$[H/m] : 매질의 투자율, 자속이 어떤 물질을 통과해 나가는 정도
  μ_0[H/m] $= 4\pi\times10^{-7}$[H/m] : 매질의 공기(진공)중 투자율
  μ_s[단위없음] : 비투자율
  　$\mu_s > 1$: 상자성체 ➡ X(자화율) > 0
  　$\mu_s < 1$: 반자성체 ➡ X(자화율) < 0
- m_1, m_2 : 자하량[Wb] 같은 부호(반발력＝척력), 다른부호(흡인력＝인력)

① 정의 : 두 가상 점자극 간의 작용력은 두 점자극의 세기의 곱에 비례하고 점자극간의 거리의 제곱에 반비례한다.
② 자계내에 자하가 받는 힘 $F=mH=ma$ (m : 질량, a : 가속도)가속도운동

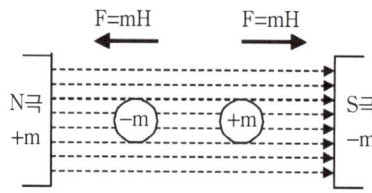

2. 자계(자위경도) H[AT/m][A/m] : +1[Wb]이 받는 힘(자계의 크기), 이동하는 방향(자계의 방향)

자계의 합은 벡터합 $H=\sqrt{H_1^2+H_2^2+2H_1H_2\cos\theta}$

$$H=\frac{1}{4\pi\mu}\times\frac{m}{r^2}\Leftarrow\int H\cdot ds=\frac{m}{\mu} : 가우스정리$$

① 정의 : 자계중의 한 점에 점자극(+1[Wb])를 놓았을때 점자극에 작용하는 힘의 크기 및 방향
　　(자계의 세기는 벡터량이며, H로 표시되고 방향은 그점을 지나는 자력선의 방향과 일치)
② 자기력선의 성질≒전기력선의 성질 (단, 전계는 발산, 자계는 회전)
③ 자기력선수(= $\frac{m}{\mu}$[개]), 자속선수(= m[개]) : 자기력선은 투자율에 반비례, 자속은 투자율과 무관

전기력선과 자기력선 수 – 전속과 자속 수

- 전계 : 전기력선 수 $\dfrac{Q}{\epsilon}$ 에서 ($\dfrac{Q}{\epsilon_0}$, $\dfrac{Q}{\epsilon_s \epsilon_0}$) 전속선(=패러데이관) 수 Q
- 자계 : 자기력선 수 $\dfrac{m}{\mu}$ 에서 ($\dfrac{m}{\mu_0}$, $\dfrac{m}{\mu_s \mu_0}$) 자속선 수 m

전계는 발산, 자계는 회전

- 전계 : $\mathrm{rot}\, E = \nabla \times E = 0$: 전기력선은 폐곡선이 되지 않는다.(즉, 비회전성이다.)
- 자계 : $\mathrm{div}\, B = \nabla \cdot B = 0$: 자기력선은 항상 N극에서 나와 S극으로 들어간다.(발산하지 않고 회전함)

3. 자위 $U[\mathrm{AT}]$: +1[Wb]을 옮기는 데 필요한 일(자기적인 위치에너지) : 스칼라합 $U = U_1 + U_2$

$$U = \dfrac{1}{4\pi\mu} \times \dfrac{m}{r} \quad \Leftarrow \quad U = -\int_{\infty}^{r} H \cdot dr$$

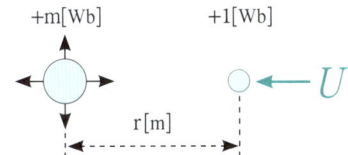

① 정의 : 자계내 무한 원점에서 자계중의 한 점까지 단위 양의 자극(+1[Wb])를 운반할 때 소요되는 일

② 자위의 크기 : +1[Wb]를 ∞에서 r까지 이동 시 필요한 일 $U = -\int_{\infty}^{r} H \cdot dr$

　　　　　　　　+1[Wb]를 2에서 1까지 이동시 필요한 일 $U_{12} = U_1 - U_2 = H \cdot d$

4. 자속(자하)밀도 $B[\mathrm{Wb/m^2}]$: 단위면적당 자속의 수

$$B = \dfrac{m}{S[\text{면적}]} = \dfrac{m}{4\pi r^2} \qquad B = \mu H = \mu_s \mu_0 H$$

F(힘), H(자계), B(자속밀도) 그리고 φ(자속)과의 관계

① $F = mH$ 　　　　　: 힘 = 자하 × 자계
② $B = \mu H = \mu_s \mu_0 H$ 　: 자속밀도 = 투자율 × 자계
③ $\phi = BS$: 자속 = 자속밀도 × 면적
※ 자하($m[\mathrm{Wb}]$) : 자성체에 넣을수 있는 자기에너지의 양
　 자속($\phi[\mathrm{Wb}]$) : 자기력선의 묶음으로 자하량 $m[\mathrm{Wb}]$만큼 존재

5. 자화의 세기

(1) 자화의 세기란 자성체를 자계내에 두었을 때 자성체가 자석이 되는 정도를 의미함
(2) 자화의 세기(자성체의 자속밀도)는 외부에서 공급된 자속밀도보다 약간적게 자화됨

$$J[\text{Wb/m}^2] = \mu_0(\mu_S-1)H = \left(1-\frac{1}{\mu_S}\right)B = xH$$

$$= \frac{\mu_0(\mu_S-1)}{1+N(\mu_S-1)}H_0 = \frac{\mu_0(\mu-\mu_0)}{\mu_0+N(\mu-\mu_0)}H_0 \ (N=감자율) : 환상철심은 감자율이 "0"이다.$$

※ J (자화의세기) 는 B (자속밀도)보다 약간 작다. 자화율 $x = x_m\mu_o = \mu_o(\mu_S-1)$: x_m(비자화율)

상자성체 자화율 $x>0$ ($\because \mu_S>1$)   외부자계 [N] → [S][N] 상자성체

반자성체 자화율 $x<0$ ($\because \mu_S<1$)   외부자계 [N] → [N][S] 반자성체

자화의 세기 정의

① 단위면적당의 자화된 자극의 세기(자하량)($\frac{m}{ds}$)
② 단위 체적당의 자기모멘트($\frac{m}{ds} \times \frac{d}{d} = \frac{M}{dV}$)
③ 단위체적당 발산 자화력선 수 : $\nabla \cdot M$
※ 전자의 자전 때문에 자화현상이 발생되며 자화란 전계의 전기분극도(분극)와 유사한 의미임

소자법(자성을 없애는 법)

① 직류법 : 반대 극성의 직류자계 인가
② 교류법 : 자화할 때와 같은 정도의 교류자계 인가 후 점차 감소시킴
③ 가열법 : 770℃ 퀴리점 이상 가열(순철의 경우)

6. 경계면조건 : 경계면상의 자위차가 없다(즉, 자위차가 같다)

① $H_1\sin\theta_1 = H_2\sin\theta_2$ (자계는 접선 성분이 일정하다.)   : 접선 = 경계면과 수평성분
② $B_1\cos\theta_1 = B_2\cos\theta_2$ (자속밀도는 법선 성분이 일정하다.) : 법선 = 경계면과 수직성분
③ $\dfrac{\tan\theta_1}{\tan\theta_2} = \dfrac{\mu_1}{\mu_2}$: 입사각과 굴절각은 투자율에 비례한다.

※ 투자율에 입사각, 굴절각, 자속밀도는 비례, 단, 자계의 크기만 투자율에 반비례
　　ex $\mu_1 > \mu_2$ 라면 $\theta_1 > \theta_2$, $B_1 > B_2$, 단, $H_1 < H_2$

7. 전체에너지(W[J]), 힘(단위체적당 저장에너지 W[J/m³], 단위면적당 작용력 F[N/m²], 작용력 F[N])

(1) 전체 저장되는 에너지 $W[\text{J}] = \dfrac{1}{2}\phi U$: 영구자석

$\qquad\qquad\qquad\qquad\quad = \dfrac{1}{2}\phi F = \dfrac{1}{2}LI^2$: 전자석

(2) 단위체적당 저장에너지 $F[\text{J/m}^3]$, $F[\text{N/m}^2] = \dfrac{1}{2}HB = \dfrac{1}{2}\mu H^2 = \dfrac{B^2}{2\mu}$

   (단위면적당 작용력)

(3) 작용력 $F[\text{N}] = F[\text{N/m}^2] \times S[\text{m}^2]$ ➡ $\dfrac{B^2}{2\mu} \times S[\text{m}^2]$

※ ϕ[Wb] : 자속, U[AT] : 자위, F[AT] : 기자력, L[H/m] : 인덕턴스, I[A] : 전류, H[AT/m] : 자계, B[Wb/m²] : 자속밀도, μ[H/m] : 투자율, S[m²] : 면적

> **참고**
>
> 전체 저장되는 에너지 $W[\text{J}] = \dfrac{1}{2}\phi U$ ➡ 단위체적당 에너지 $F[\text{J/m}^3] = \dfrac{1}{2}HB$
>
> $W[\text{J}] = \dfrac{1}{2}\phi U$ 의 양변을 체적($V = S \cdot l$)으로 나눈다.
>
> $\dfrac{W[\text{J}]}{V[\text{m}^3]} = \dfrac{1}{2}\dfrac{\phi}{S[\text{m}^2]}\dfrac{U}{l[\text{m}]}$ 에서 ($\dfrac{\phi}{S} = B$, $\dfrac{U}{l} = H$) 적용 ∴ $F[\text{J/m}^3] = \dfrac{1}{2}BH$

Memo

정전계와 정자계의 비교 공식

		정전계		정자계
1	두 전하 사이 힘	$F=\dfrac{Q_1Q_2}{4\pi\epsilon r^2}=9\times10^9\dfrac{Q_1Q_2}{\epsilon_s r^2}$ [N]	두 자하 사이 힘	$F=\dfrac{m_1m_2}{4\pi\mu r^2}=6.33\times10^4\dfrac{m_1m_2}{\mu_s r^2}$ [N]
2	전계	$E=\dfrac{Q}{4\pi\epsilon r^2}=9\times10^9\dfrac{Q}{r^2}$ [V/m]	자계	$H=\dfrac{m}{4\pi\mu r^2}=6.33\times10^4\dfrac{m}{r^2}$ [AT/m]
3	전위	$V=\dfrac{Q}{4\pi\epsilon r}=9\times10^9\dfrac{Q}{r}$ [V]	자위	$U=\dfrac{m}{4\pi\mu r}=6.33\times10^4\dfrac{m}{r}$ [AT]
4	전속밀도	$D=\dfrac{Q}{4\pi r^2}$ [C/m²]	자속밀도	$B=\dfrac{m}{4\pi r^2}$ [Wb/m²]
5	관계식	$F=QE$, $V=E\cdot r$, $D=\epsilon E$	관계식	$F=mH$, $U=H\cdot r$, $B=\mu H$
6	가우스의 법칙	전기력선수 $\dfrac{Q}{\epsilon}$ 에서 ($\dfrac{Q}{\epsilon_0}$, $\dfrac{Q}{\epsilon_s\epsilon_0}$) 전속선 수 Q	가우스의 법칙	자기력선 수 $\dfrac{m}{\mu}$ 에서 ($\dfrac{m}{\mu_0}$, $\dfrac{m}{\mu_s\mu_0}$) 자속선 수 m
7	분극의 세기	$P[\text{C/m}^2]=$ $\epsilon_0(\epsilon_s-1)E=\left(1-\dfrac{1}{\epsilon_s}\right)D=\chi E$	자화의 세기	$J[\text{Wb/m}^2]=$ $\mu_0(\mu_S-1)H=\left(1-\dfrac{1}{\mu_S}\right)B=\chi H$
8	경계면조건	① $E_1\sin\theta_1=E_2\sin\theta_2$: 전계는 접선 ② $D_1\cos\theta_1=D_2\cos\theta_2$: 밀도는 법선 ③ $\dfrac{\tan\theta_1}{\tan\theta_2}=\dfrac{\epsilon_1}{\epsilon_2}$ $\epsilon_1>\epsilon_2$ ➡ $\theta_1>\theta_2$, $D_1>D_2$, $E_1<E_2$	경계면조건	① $H_1\sin\theta_1=H_2\sin\theta_2$: 자계는 접선 ② $B_1\cos\theta_1=B_2\cos\theta_2$: 밀도는 법선 ③ $\dfrac{\tan\theta_1}{\tan\theta_2}=\dfrac{\mu_1}{\mu_2}$ $\mu_1>\mu_2$ ➡ $\theta_1>\theta_2$, $B_1>B_2$, $H_1<H_2$
9	전계의 발산과 회전	① $\text{div}\,D=\rho$ ② $\text{rot}\,E=0$: 회전하지 않는다.	자계의 발산과 회전	① $\text{div}\,B=0$: 자속밀도는 회전함 ② $\text{rot}\,H=i$: 전류밀도는 회전자계를 발생
10	전기쌍극자	① 쌍극자 모멘트[C·m] $M=Q\cdot\delta$ ② 전위 $V=\dfrac{M\cos\theta}{4\pi\epsilon r^2}$ ③ 전계 $E=\dfrac{M}{4\pi\epsilon r^3}\sqrt{1+3\cos^2\theta}$ ④ 전계는 $\theta=0$ 최대, $\theta=90$ 최소	자기쌍극자 (막대자석)	① 쌍극자 모멘트[Wb·m] $M=m\cdot\delta$ ② 자위 $U=\dfrac{M\cos\theta}{4\pi\mu r^2}$ ③ 자계 $H=\dfrac{M}{4\pi\mu r^3}\sqrt{1+3\cos^2\theta}$ ② 자계는 $\theta=0$ 최대, $\theta=90$ 최소
11	전기이중층	① 이중층 모멘트 $M=\sigma\cdot\delta$ ② 전위 $V=\dfrac{M}{4\pi\epsilon}\omega=\dfrac{M}{2\epsilon}\left(1-\dfrac{x}{\sqrt{a^2+x^2}}\right)$	자기 이중층 (판자석) (원형코일)	① 이중층 모멘트 $M=\sigma\cdot\ell=\mu I$ ② 자위 $U=\dfrac{M}{4\pi\mu}\omega=\dfrac{M}{2\mu}\left(1-\dfrac{x}{\sqrt{a^2+x^2}}\right)$

SECTION 10 전류에 의한 자계의 계산

1. 원리

① 방향	② 크기
앙페르(Ampere)의 오른손법칙	㉮ 앙페르(Ampere)의 주회적분 / ㉯ 비오-사바르(Biot–Savart)의 법칙

(직선전류 ➡ 회전자계) (회전전류 ➡ 직선자계)

$$\oint H \cdot dl = I \,[\text{A}]$$

미분형 $\text{rot}\, H = i \,[\text{A/m}^2]$
$\nabla \times H = i \,[\text{A/m}^2]$

폐곡선상의 자계의 합 = 폐곡선 내 전류

실험식
$$dH = \frac{I\,dl\,\sin\theta}{4\pi r^2}\,[\text{A/m}^2]$$
$(Il = Qv)$

미소전류에 의한 미소자계 적분으로 전체자계를 구함

2. 자계의 세기계산(형태별)

앙페르의 주회적분

임의의 폐곡선에 대한 자계의 선 적분은 이 폐곡선을 관통하는 전류와 같다.

$$\oint_C H \cdot dl = I \,[\text{A}]$$

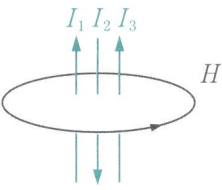

$$\oint_C H \cdot dl = I_1 - I_2 + I_3$$

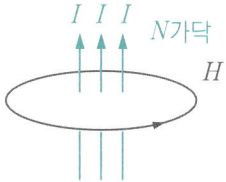

$$\oint_C H \cdot dl = NI$$

$\oint_C H \cdot dl = I$ ➡ 자계(H)가 일정한 경로(l)를 취하면 ➡ $H \cdot l = I$

(1) **직선전류(무한장)** ➡ 회전자계 : 공식증명은 뒷편 참고(1-1. 선전류 외부의 자계)

㉮ 무한 직선전류	㉯ 유한길이직선전류
측면에서 본 그림 / 윗면에서 본 그림	
$H = \dfrac{NI}{2\pi r}$	$H = \dfrac{I}{4\pi a}(\cos\theta_1 + \cos\theta_2) = \dfrac{I}{4\pi a}(\sin\beta_1 + \sin\beta_2)$

a. 정삼각형 중심의 자계 $H = \dfrac{9I}{2\pi l}$ [AT/m]   암기 $H ≒ 1.43\dfrac{I}{l}$

b. 정사각형 중심의 자계 $H = \dfrac{2\sqrt{2}I}{\pi l}$ [AT/m]   암기 $H ≒ 0.9\dfrac{I}{l}$

c. 정육각형중심의 자계 $H = \dfrac{\sqrt{3}I}{\pi l}$ [AT/m]   암기 $H ≒ 0.55\dfrac{I}{l}$

d. 정n각형 중심의 자계 $H = \dfrac{nI}{2\pi a}\tan\dfrac{\pi}{n}$ [AT/m] (a는 반지름)

※ **직선형도체(원주도체) 내부에서의 자계의 세기** : 공식증명은 뒷편 참고(1-2. 선전류 내부의 자계)

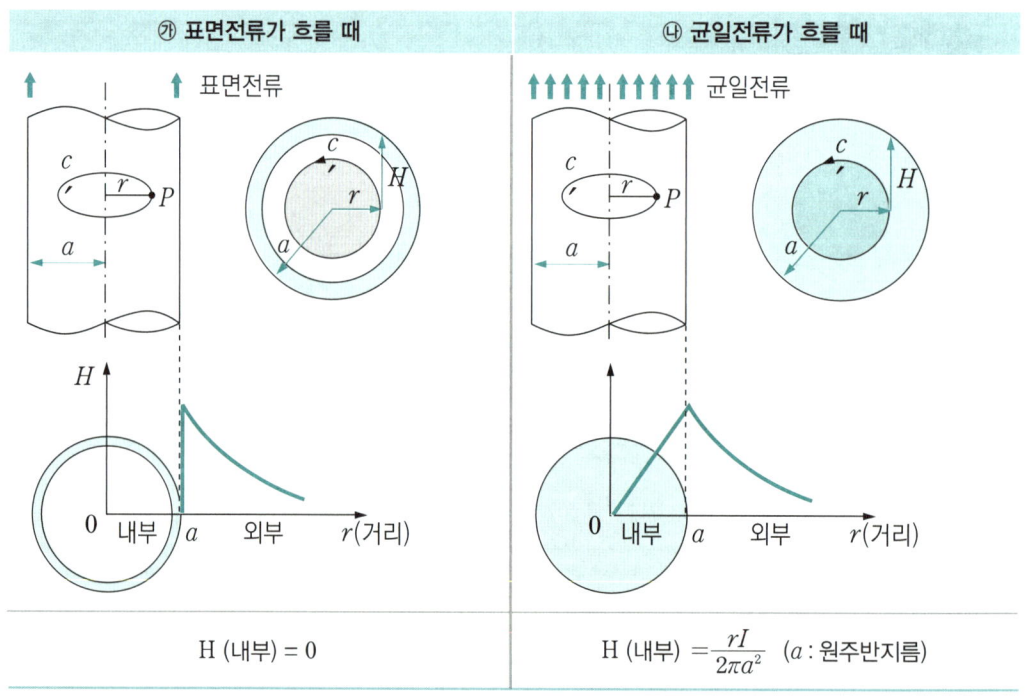

㉮ 표면전류가 흐를 때	㉯ 균일전류가 흐를 때
H (내부) = 0	H (내부) $= \dfrac{rI}{2\pi a^2}$ (a : 원주반지름)

(2) 원형전류에 의한 자계 : 공식증명은 뒷편 참고(2. 원형전류에 의한 자계)

㉮ 원형전류 중심에서의 자계의 세기($x=0$)	㉯ 원형전류 중심으로부터 x 만큼 떨어진 점에서의 자계의 세기
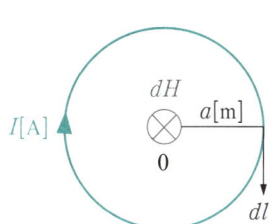	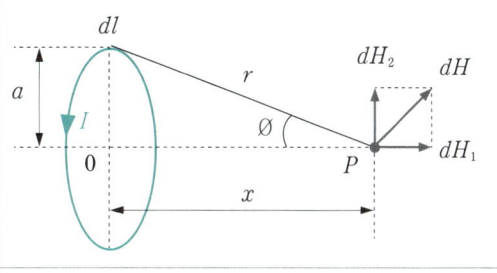
H(내부) $= \dfrac{NI}{2a}$	$H = \dfrac{a^2 I}{2(a^2+x^2)^{\frac{3}{2}}} = \dfrac{I}{2a}\sin^3\phi$

(3) 환상 솔레노이드(Solenoid)에 의한 자계의 세기 : 공식증명은 뒷편 참고(3. 환상 솔레노이드에 의한 자계)

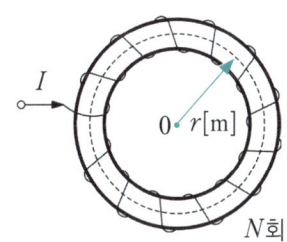 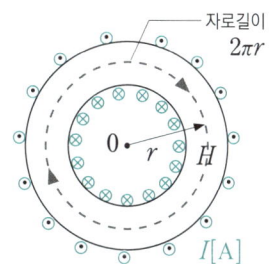

① 내부(코일의 안쪽) $H = \dfrac{NI}{2\pi r} = \dfrac{NI}{l}$ (r : 원주의 평균반지름)($l = 2\pi r$: 자로길이)

　원주내부는 균일자계(평등자계)

② 외부(코일의 바깥) $H=0$

(4) 무한장 솔레노이드에 의한 자계의 세기

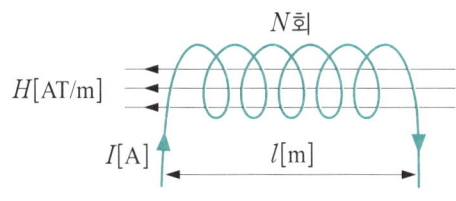

① 내부(코일의 안쪽) $H = \dfrac{NI}{l} = \left(\dfrac{N}{l}\right)I = nI$

　(l : 자로의 길이, $\dfrac{N}{l} = n$: 단위 길이당 권선수)

　− 원주내부는 평등자계, ($l = 2\pi r$) : 자로길이

② 외부(코일의 바깥) $H = 0$

(자기이중층)

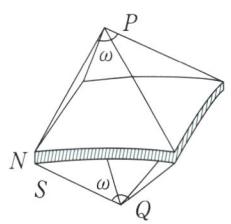

① P점의 자위 $U_p = \dfrac{M}{4\pi\mu}\omega$

② 판자석 양면 사이의 자위차 $U = \dfrac{M}{\mu}$

　(공간의 입체각은 $\omega = 4\pi$, 면의 입체각은 $\omega = 2\pi$)

　M(자기 2중층의 세기) $= \rho \cdot \delta$[Wb/m] : 자속밀도[Wb/m²]×판의 두께[m]

1-1. 선전류 외부의 자계

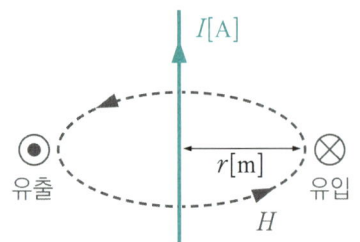

$\oint_l H \cdot dl = I$: 자계가 동일한 임의의 폐곡선을 선정하면

$H \cdot l = I$: 으로 변형하여 적용 ($I = 2\pi r$ 적용)

$H \cdot 2\pi r = I$

$H = \dfrac{I}{2\pi r}$

1-2. 선전류 내부의 자계

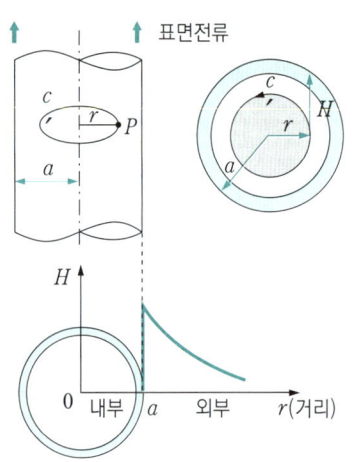

① 표면전류 존재 시

$\oint_l H \cdot dl = I$: 자계가 동일한 임의의 폐곡선을 선정하면

$H_i \cdot l = I_i$: 전류가 모두 표면에만 존재하므로 폐곡선내부 전류 $I_i = 0$

$H_i \cdot 2\pi r = 0$

$H_i = 0$

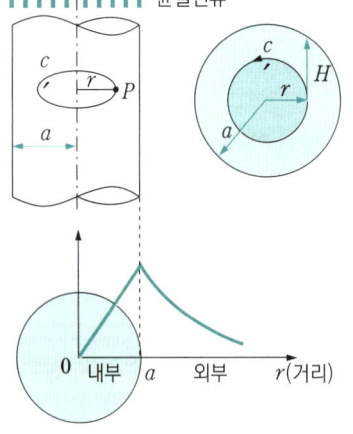

② 균일전류 존재 시

$\oint_l H \cdot dl = I$: 자계가 동일한 임의의 폐곡선을 선정하면

$H_i \cdot l = I_i$: 폐곡선내부 전류 I_i는 폐곡선 면적에 비례하므로

$(\pi a^2 : I = \pi r^2 : I_i) \Rightarrow I_i = \dfrac{r^2}{a^2} I$

$H_i \cdot 2\pi r = \dfrac{r^2}{a^2} I$

$H_i = \dfrac{rI}{2\pi a^2}$

2. 원형전류에 의한 자계

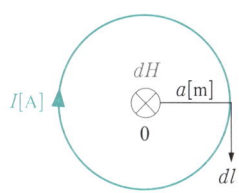

① 원형전류 중심에서 자계의 세기

$dH = \dfrac{Idl\sin\theta}{4\pi a^2}$ [AT/m] 에서

a와 dl은 90°이므로 $\sin 90 = 1$, $dH = \dfrac{Idl}{4\pi a^2}$ 에서

$H = \int_0^{2\pi a} dH = \int_0^{2\pi a} \dfrac{I}{4\pi a^2} dl = \dfrac{I}{4\pi a^2} \times 2\pi a$

$= \dfrac{I}{2a}$

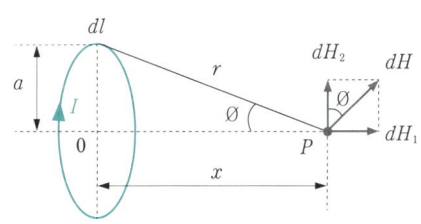

② 원형전류 중심에서 x만큼 떨어진 점에서의 자계

①과 같은 의미로 $dH = \dfrac{Idl}{4\pi r^2}$ 에서

축과 평행한 성분 $dH_1 = \dfrac{Idl}{4\pi r^2}\sin\phi$ 과

축과 수직성분인 $dH_2 = \dfrac{Idl}{4\pi r^2}\cos\phi$ 로 분해시

dH_1은 dl의 위치와 관계없이 일정, dH_2는 dl의 위치에 따라 반대로 작용하므로 $\sum dH_2 = 0$

$H = \int_0^{2\pi a} dH_1 = \int_0^{2\pi a} \dfrac{Idl}{4\pi r^2}\sin\phi$ 에서

$\sin\phi = \dfrac{a}{r}$, $\int_0^{2\pi a} dl = 2\pi a$

$= \dfrac{I}{4\pi r^2} \times \dfrac{a}{r} \times (2\pi a) = \dfrac{a^2 I}{2r^3}$ 에서

$r = \sqrt{x^2 + a^2} = (x^2 + a^2)^{\frac{1}{2}}$

$= \dfrac{a^2 I}{2(x^2 + a^2)^{\frac{3}{2}}}$

3. 환상 솔레노이드에 의한 자계

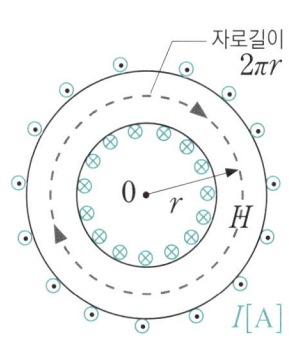

내부

$\oint_l H \cdot dl = I$: 적분경로를 평균반지름 r로 취하면

$H \cdot l = NI$ 경로 내부전류는 NI

$H \cdot 2\pi r = NI$ ➡ $H = \dfrac{NI}{2\pi r}$

외부

$\oint_l H \cdot dl = I$: 적분경로가 솔레노이드 내측, 외측을 취하면

$H \cdot l = NI$ 경로 내부전류는 $NI = 0$

$H \cdot 2\pi r = 0$ ➡ $H = 0$

주요공식 | 전류에 의한 자계

전류의 형태  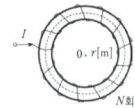 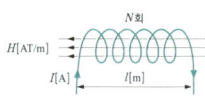 (코일의 외부 자계 $H=0$)

전류의 형태별 자계 : ① 직선전류 $\dfrac{NI}{2\pi r}$ ② 원형중심 $\dfrac{NI}{2a}$ ③ 환상코일 $\dfrac{NI}{2\pi r}$ ④ 무한코일 $\dfrac{NI}{l}$

기타내용 : ① 유한길이전류 $\dfrac{I}{4\pi a}(\cos\theta_1+\cos\theta_2)$ 또는 $\dfrac{I}{4\pi a}(\sin\beta_1+\sin\beta_2)$

② 정사각형 중심 $H \fallingdotseq 0.9\dfrac{I}{l}$

③ 직선전류 내부의 자계 (표면전류 발생시 $H=0$, 균일전류 발생시 $H=\dfrac{rI}{2\pi a^2}$)

SECTION 11 전자력 F[N]와 회전력 T[N·m]

1. 전자력 F[N]

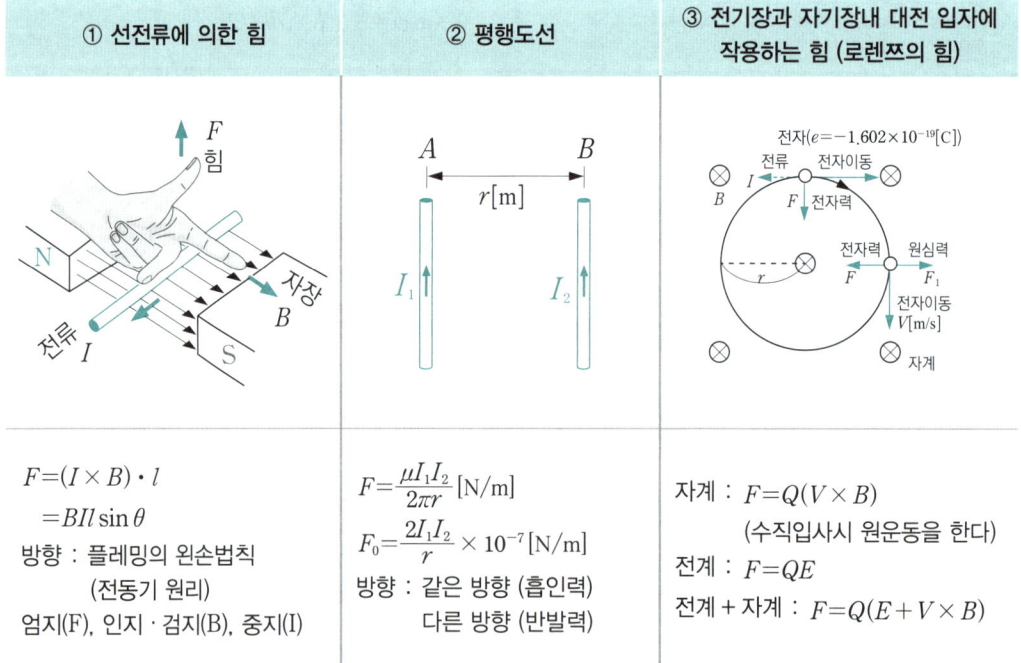

① 선전류에 의한 힘	② 평행도선	③ 전기장과 자기장내 대전 입자에 작용하는 힘 (로렌쯔의 힘)
$F=(I\times B)\cdot l$ $=BIl\sin\theta$ 방향 : 플레밍의 왼손법칙 (전동기 원리) 엄지(F), 인지·검지(B), 중지(I)	$F=\dfrac{\mu I_1 I_2}{2\pi r}$ [N/m] $F_0=\dfrac{2I_1 I_2}{r}\times 10^{-7}$ [N/m] 방향 : 같은 방향 (흡인력) 다른 방향 (반발력)	자계 : $F=Q(V\times B)$ (수직입사시 원운동을 한다) 전계 : $F=QE$ 전계+자계 : $F=Q(E+V\times B)$

참고 1 $F=BIl\sin\theta$ 와 $F=QVB\sin\theta$ 는 같은 맥락 $I\cdot l=\dfrac{Q}{t}\cdot l=Q\dfrac{l}{t}=QV$

참고 2 자계내 전자의 운동에서 (전자력 = 원심력)에 의한 원운동

$evB = \dfrac{mv^2}{r}$ 에서

① 반지름 : $r = \dfrac{mv}{eB}$: 자계의 세기에 반비례

② 각속도 : $\omega = \dfrac{v}{r} = \dfrac{eB}{m}$

③ 주파수 : $f = \dfrac{\omega}{2\pi} = \dfrac{eB}{2\pi m}$

④ 주　기 : $T = \dfrac{1}{f} = \dfrac{2\pi}{\omega} = \dfrac{2\pi m}{eB}$

2. 회전력 $T[\text{N} \cdot \text{m}]$

① 막대자석에 의한 회전력	② 평판코일에 의한 회전력
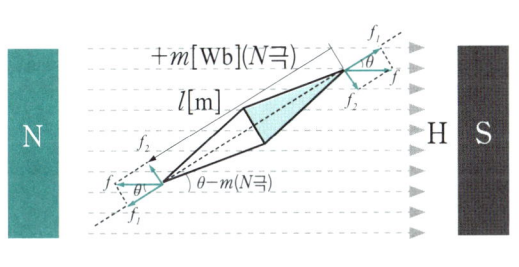	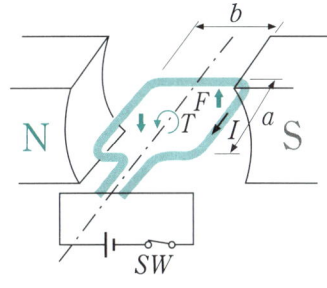
$T = M \times H = mlH\sin\theta$ ($M = ml$: 자기쌍극자모멘트) **cf** 일 : $W[\text{J}] = \displaystyle\int_0^\theta T d\theta = MH(1-\cos\theta)$	$T = NBSI\cos\theta$ (평판과 이루는 각) $T = NBSI\sin\theta$ (법선과 이루는 각)

Memo

SECTION 12 자성체와 자기회로

1. 자성체

히스테리시스 곡선 외부인가 자계와 자성체 내부 자속밀도의 관계	자성체의 성질
(그림: B-H 히스테리시스 곡선, 점 a,b,c,d,e,f 및 자구 배열 0점, a점, b점, c점, d점)	(그림: 자석 S-N, 상자성체/반자성체, 강자성체/상자성체/페리자성체/반강자성체)
㉮ 잔류자기 : 종축(세로축)과 만나는 점 ㉯ 보 자 력 : 횡축(가로축)과 만나는 점 ※ 히스테리시스 곡선의 면적이 영구자석을 만들기 위해서 외부에서 가한 강자성체의 체적당 자속밀도이다.	㉮ 전자석 : 잔류자기만 크다. 　　(연철, 규소강판 – 상자성체) ㉯ 영구자석 : 모두 크다.(경철 – 강자성체) ※ 전자석의 히스테리시스 곡선은 면적이 적고, 　영구자석의 히스테리시스 곡선은 면적이 크다.

(1) **히스테리시스 손실** : 히스테리시스 곡선의 면적에 비례하며 열에 의하여 손실발생(최소 규소)

　　$P_h = \eta f B_m^{1.6 \sim 2} (B_m \leq 1 \Rightarrow P_h \propto B_m^{1.6} , B_m \geq 1 \Rightarrow P_h \propto B_m^2)$

(2) **와전류 손실** : 금속 내부를 지나는 자속이 변화하면 자속의 변화를
방해하는 방향의 와전류(=맴돌이 전류) 발생, 도체내 와전류는 도체의
저항으로 손실되고 이것으로 줄열이 발생, 도체온도 상승요인이 됨
이것은 도체의 두께의 제곱에 비례
와전류 손실 감소를 위하여 얇은 철판을 겹쳐서 만든 성층철심을 사용함
$P_h = \eta (f B_m t)^2$: 주파수에 가장 민감

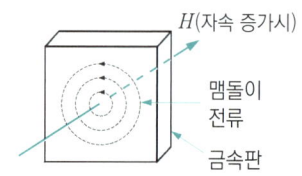

(3) **자성체의 종류** :

① 강자성체($\mu_s \gg 1$) 외부자계와 같은 크기와 같은 방향의 내부자계 형성
　종류 : 철(Fe), 니켈(Ni), 코발트(Co), 망간(Mn)
② 상자성체 ($\mu_s > 1$) 강자성체와 같은 방향의 내부자계가 형성되나 세기가 약함
　종류 : 알루미늄(Al), 백금(Pt), 주석(Sn), 공기(O_2)
③ 역자성체($\mu_s < 1$) 외부자계보다 적은 크기와 반대 방향의 내부자계 형성
　종류 : 수은, 은(Ag), 구리(Cu), 비스무트(Bi)

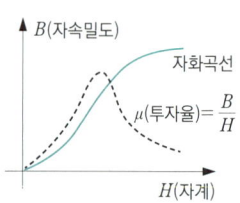

$\mu(투자율) = \dfrac{B}{H}$

(4) **소자법** : 자성체에서 자성을 소자시키는 방법

① 직류법 : 처음에 준 자계와 같은 정도의 직류자계를 반대방향으로 가한다.
② 교류법 : 자화할 때와 같은 크기의 교류를 인가하고 자계가 "0"이 될 때까지 점차로 감소시켜 간다.
③ 가열법 : 온도를 올리면 자화가 감소하는데 순철의 경우 770℃에서 자성을 잃게 된다.
　　　　　(임계온도, 퀴리온도)

(5) $B-H$ **곡선과 투자율**(μ) **곡선**

① $B=\mu H \propto H$: 자계(H)가 증가하면 자속밀도(B)도 증가하지만, 일정값 이상의 자계가 되면 더 이상 자속밀도가 증가하지 않는다. 이때를 자기포화 되었다고 한다.
② $\mu=\dfrac{B}{H}$: 자기포화점이 되면 자계(H)가 증가하여도 자속밀도(B)는 증가하지 않으므로 자기포화점부터는 투자율 그래프는 감소하게 된다. ∴투자율은 일정한 값을 가지지 않는다.

(6) **자성체의 성질** : 자극은 자성체의 양단면에 나타난다. 단위체적당 발산 자화력선 수는 $\nabla \cdot M$ 이다.

2. 자기회로

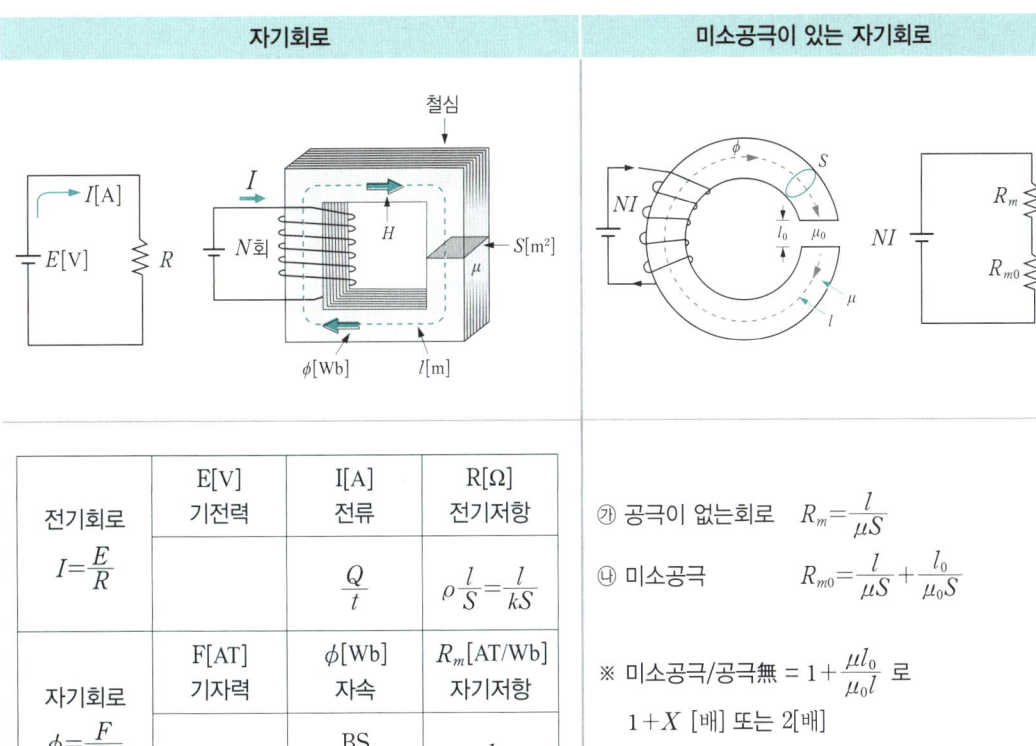

(1) **전기회로와 자기회로의 대응관계** : 전류(전하)가 통과하는 회로를 전기회로, 자속이 통과하는 회로를 자기회로라 한다.

① 기전력 ↔ 기자력
② 전류 ↔ 자속
③ 전류밀도 ↔ 자속밀도
④ 전도율(=도전율) ↔ 투자율
⑤ 전기저항(역수 컨덕턴스) ↔ 자기저항(역수 퍼미언스)
⑥ 컨덕턴스 ↔ 퍼미언스

※ 기전력의 정의

- 전기회로 $V = -\int E \cdot dl$ (전위차 = 기전력)
- 자기회로 $F = NI = \oint H \cdot dl$ (자위차 = 기자력)

(2) **전기저항과 자기저항**

① 전기저항 $R = \rho \dfrac{l}{S} = \dfrac{l}{kS}$ 의 역수 : Conductance(컨덕턴스)

 (여기서 $\rho\,[\Omega \cdot m]$: 고유저항, $k\,[\mho/m]$: 도전율)

② 자기저항 $R_m = \dfrac{l}{\mu S}$ 의 역수 : Permeance(퍼미언스) (여기서 $\mu\,[H/m]$: 투자율)

(3) **전기회로와 자기회로의 차이점**

① 전기회로 : σ(도전율)일정 ➡ 선형
 자기회로 : μ(투자율)변화 ➡ 비선형 ∴ $F = \phi R_m$ 은 선형구간에서만 적용된다.
② 전기회로 : 줄열 (자기회로 : 없음) 자기회로에는 일정자속에 의한 에너지 손실이 없음 단, 변화자속에 의한 와전류손실은 있다.
 자기회로 : 히스테르시스손실 (전기회로 : 없음)
③ 전기회로 : 전하(실존함) ➡ 콘덴서로 저장, 자기회로 : 자하(실존안함) ➡ 저장 불가

Memo

SECTION 13 전자유도법칙

1. 유도기전력의 원리(방향과 크기)

렌츠의 법칙 : 유도기전력방향	패러데이(크기)-노이만(크기+감소비율)의 법칙
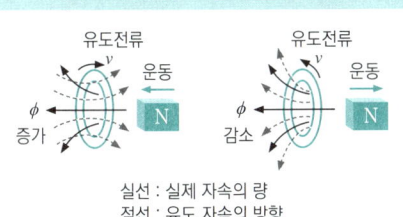 실선 : 실제 자속의 량 점선 : 유도 자속의 방향	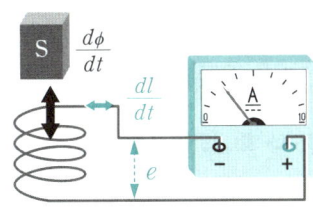
유도기전력의 방향 ➡ 자속의 변화를 방해하는 방향	유도기전력의 크기 : 자속 쇄교수의 (감소)비율과 같다. $e = N\dfrac{d\phi}{dt}$: 패러데이 법칙(자속의 변화율에 비례) $e = -N\dfrac{d\phi}{dt}$: 노이만의 법칙 (자속의 감소비율에 비례)

(1) **렌츠의 법칙** : 전자유도에 의해서 회로에 생기는 유도전류는 쇄교자속의 변화를 방해하는 방향이다.

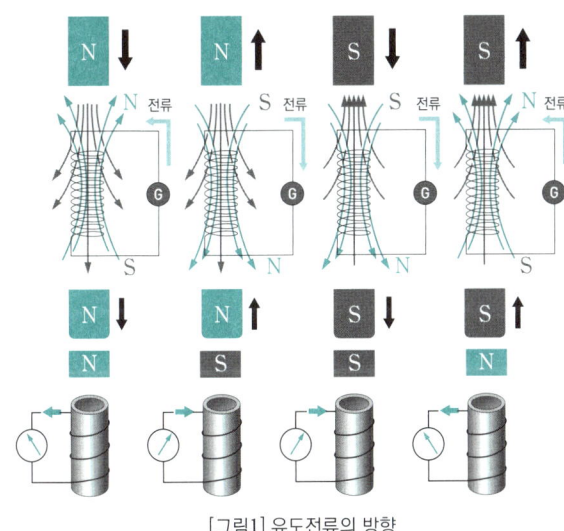

첫 번째 유도전류는 외부에서 N극의 자석이 코일 내부로 운동하여 코일 내부의 자속이 증가하므로 자속을 감소시키기 위한 방향으로 유도전류가 발생되고, 두 번째 유도전류는 외부에서 N극의 자석이 코일 외부로 운동하여 코일 내부의 자속이 감소하므로
자속을 증가시키기 위한 방향으로 유도전류가 발생됨을 의미한다.

[그림1] 유도전류의 방향

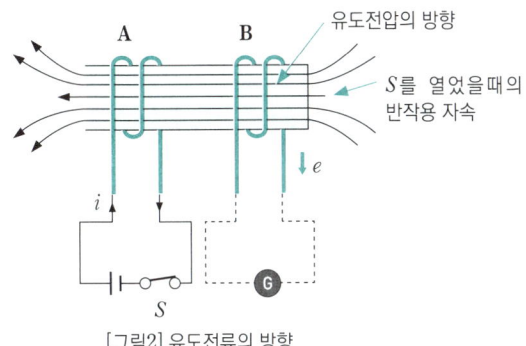

[그림2] 유도전류의 방향

회로를 개방하면 코일내의 자속이 감소하므로 변화를 방해 즉, 자속을 일정상태로 유지하기 위하여 순간 자속이 증가되는 방향으로(기존자속과 동일한 방향으로)유도전류가 발생한다.
이것은 자속이 변화되는 순간 즉, 스위치를 여는 순간에만 발생하게 된다.

(2) **패러데이의 전자유도법칙과 노이만의 법칙** : 유도기전력의 크기 $e = -N\dfrac{d\phi}{dt}$

① 패러데이 법칙 : 유도기전력의 크기는 권수에 비례하고 쇄교자속의 시간에 따른 변화율에 비례한다.
② 노이만의 법칙 : 유도기전력의 크기에 대한 패러데이법칙과 유도기전력의 방향에 대한 렌쯔의 법칙을 묶어서 정리 ∴ 유도기전력은 쇄교자속의 감쇄비율에 비례한다.

2. 유도기전력의 발생

(1) **자속밀도내 회전하는 직사각형 코일에 유도되는 유도기전력**

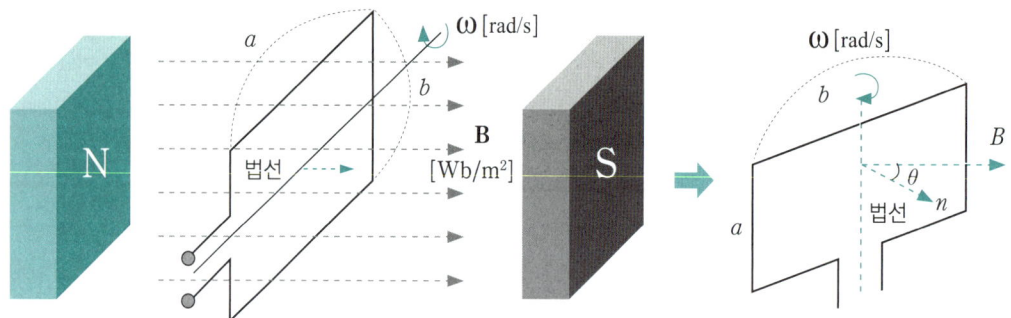

$e = -N\dfrac{d\phi}{dt}$ 에서 $\phi = \phi_m \cos\omega t$ 대입

($\omega = \dfrac{\theta}{t}$ 에서 $\omega t = \theta$ 이때 θ는 평판의 법선과 자속밀도사이의 각도)

$= -N\dfrac{d\phi}{dt} = -N\dfrac{d}{dt}(\phi_m \cos\omega t) = -N\phi_m \dfrac{d}{dt}(\cos\omega t)$

$= -N\phi_m(-\omega\sin\omega t) = \omega N\phi_m \sin\omega t$

∴ $e = \omega N\phi_m \sin\omega t$ 여기서 ($\omega = 2\pi f$, $\phi = BS = B(ab)$)를 의미함

① 최대유도기전력 $e_m = \omega N\phi_m = 2\pi f NBab$
② $e \propto \omega N\phi$ 여기서 ($\omega = 2\pi f$, $\phi = BS = B(ab)$) 이므로 주파수(f), 자속밀도(B), 면적(S)의 곱에 비례
③ 유도기전력이 자속보다 90도 뒤진다.($\phi = \phi_m \cos\omega t$, $e = \omega N\phi_m \sin\omega t$)

참고 유도기전력이 자속보다 90도 늦다는 또 다른 표현을 이해해 보자
$\phi = \phi_m \sin\omega t$ 가 주어지면 이때 θ는 평판과 자속밀도 사이의 각도임
∴ $e = -\omega N\phi_m \cos\omega t$ 또는 $e = \omega N\phi_m \sin(\omega t - 90)$
$\sin\omega t$(보다 90도 늦다) $= \sin(\omega t - 90) = -\cos\omega t$,
$\cos\omega t$(보다 90도 늦다) $= \cos(\omega t - 90) = \sin\omega t$

(2) 자속밀도내 운동하는 도체에 유도되는 유도기전력

① 자계내 운동하는 도체에 유도되는 유도기전력의 방향 : 플레밍의 오른손 법칙(발전기 원리)

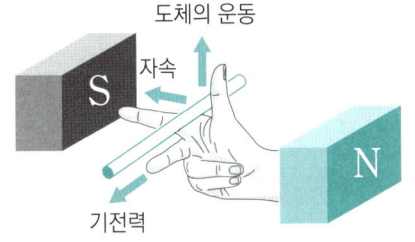

오른손의
엄지 : 도체의 운동 방향
검지 : 자속(자계)의 방향
중지 : 유도기전력의 방향

② 자계내 운동하는 도체에 유도되는 유도기전력의 크기 : $e = BVl\sin\theta = (V \times B)l$

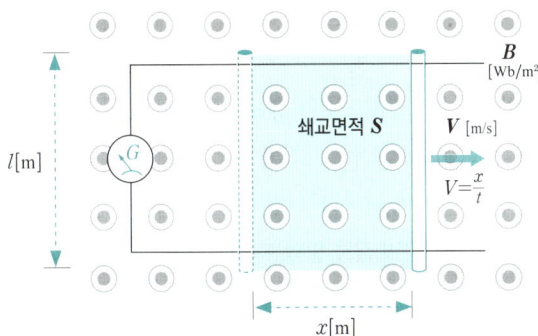

$e = -N\dfrac{d\phi}{dt}$ 에서

$\phi = BS = B(xl),\ N=1$ 대입

$e = \dfrac{d}{dt}(Bxl) = \dfrac{dx}{dt}(Bl) = VBl = BVl$

여기서 자속밀도와 도체의 운동방향이 θ의 각을 이룬다면 $e = BVl\sin\theta$ 로 정의할 수 있다.

SECTION 14 자기인덕턴스(L)

1. 인덕턴스와 결합계수의 정의

(1) **자기인덕턴스** : 자기 코일에 흘려준 전류의 크기에 비례하여 자기코일에 쇄교자속($N\phi$)이 발생한다. 이때 비례상수를 자기인덕턴스(L)로 정의하고 단위는 [H]헨리 라고 한다.

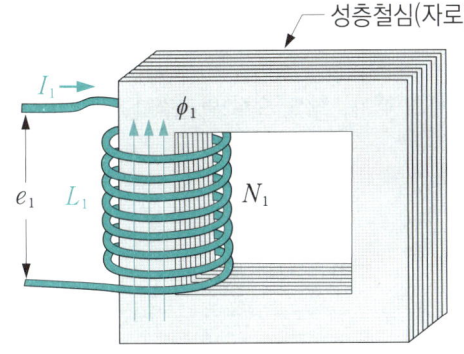

① $N_1\phi_1 \propto I_1$ ➡ $N_1\phi_1 = LI_1$ (L : 비례정수)
이때 1[H]란 1[A]의 전류에 대해 자속이 1[Wb]인 경우이다.
자기인덕턴스는 항상 정(+)의 값을 가진다.

② 패러데이 정리에 대입

$e_1 = -N_1\dfrac{d\phi_1}{dt} = -L_1\dfrac{dI_1}{dt}$

자기인덕턴스의 단위 : ① [H]헨리   ② [Ω·sec] : $e = -L\dfrac{dI}{dt}$ ➡ $L = e\dfrac{dt}{dI} = \dfrac{e}{dI}dt$ 에서

③ [Wb/A] : $N\phi = LI$ ➡ $L = \dfrac{N\phi}{I}$ 에서

(2) 상호인덕턴스 : 하나의 자기회로에 두 개의 코일이 감겨 있다면 1차측 코일에 흘려준 전류의 크기에 비례하여 2차측 코일에 쇄교자속($N_2\phi_{21}$)이 발생한다. 이때 비례상수를 상호인덕턴스(M)로 정의하고 단위는 [H]헨리 라고 한다.

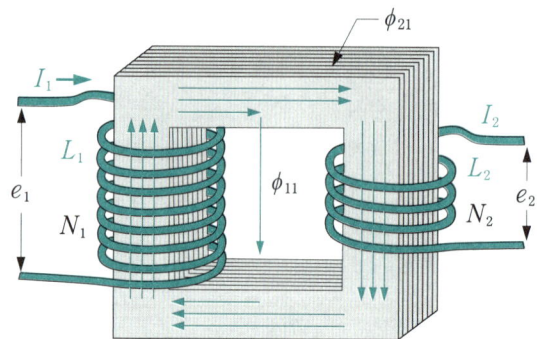

① $N_2\phi_{21} \propto I_1$ ➡ $N_2\phi_{21} = M_{21}I_1$
  (M : 비례정수, 가극성시 +값,
   감극성시 -값)

② 패러데이 정리에 대입
  $e_2 = -N_2\dfrac{d\phi_{11}}{dt} = -M_{21}\dfrac{dI_1}{dt}$

③ $M = K\sqrt{L_1 L_2}$: 아래쪽 결합계수에서 이해

생각 1차측의 전류가 동일하여도 1차측 코일의 L_1이 커지면 2차 유도기전력이 커지고 1차측 코일의 L_1이 동일해도 2차측 코일의 L_2 값이 커지면 2차 유도기전력이 커지며 L_1, L_2 값이 동일해도 누설자속이 적으면 커진다. ∴ M 은 L_1, L_2의 기하학적 평균에 비례함($M = K\sqrt{L_1 L_2}$)

※ 기하평균이란 주어진 n개의 양수의 곱의 n제곱근의 값을 말함

(3) 결합계수 : 1차 코일과 2차 코일의 자속에 의한 결합정도를 나타내며,
1차 회로에서 발생한 자속(ϕ_1)과 그 자속 중 2차회로를 통과한 자속(ϕ_{21})의 비와
2차 회로에서 발생한 자속(ϕ_2)과 그 자속 중 1차회로를 통과한 자속(ϕ_{12})의 비의 기하평균값으로 정의한다.

$K = \sqrt{\dfrac{\phi_{21}}{\phi_1}} \times \sqrt{\dfrac{\phi_{12}}{\phi_2}}$ 에서

- $N_2\phi_{21} = M_{21}I_1$ ➡ $\phi_{21} = \dfrac{M_{21}I_1}{N_2}$
- $N_1\phi_1 = L_1 I_1$ ➡ $\phi_1 = \dfrac{L_1 I_1}{N_1}$
- $N_1\phi_{12} = M_{12}I_2$ ➡ $\phi_{12} = \dfrac{M_{12}I_2}{N_1}$
- $N_2\phi_2 = L_2 I_2$ ➡ $\phi_2 = \dfrac{L_2 I_2}{N_2}$ 대입하여 정리하며

∴ $K = \dfrac{M}{\sqrt{L_1 L_2}}$ 로 정의된다. $0 < K \leq 1$ 로써 $K = 1$일 때가 자기적으로 완전결합을 의미함

2. 인덕턴스의 계산

(1) 자기인덕턴스(L)

① 솔레노이드	② 동축원통	③ 전선과 대지 사이	④ 평행도선
$L = \dfrac{\mu S N^2}{l} = \mu S n^2 l$ ★ $n = \dfrac{N}{l}$: 단위길이당 감긴 횟수 ★ $l = 2\pi a$: 자로의 길이	$L = \dfrac{\mu l}{2\pi}\ln\left(\dfrac{b}{a}\right) + \dfrac{\mu l}{8\pi}$ (외부)　　(내부)	$L = \dfrac{\mu l}{2\pi}\ln\left(\dfrac{2h}{a}\right) + \dfrac{\mu l}{8\pi}$ (외부)　　(내부)	$L = \dfrac{\mu l}{\pi}\ln\left(\dfrac{d}{a}\right) + \dfrac{\mu l}{4\pi}$ (외부)　　(내부)

비고 자기인턱턴스 와 정전용량과의 관계 $LC = \mu\varepsilon$

② 동축원통의 정전용량	③ 전선과 대지 사이의 정전용량	④ 평형도선의 정전용량
$C[\text{F/m}] = \dfrac{2\pi\varepsilon}{\ln\left(\dfrac{b}{a}\right)}$	$C = \dfrac{2\pi\varepsilon}{\ln\left(\dfrac{2h}{a}\right)}$	$C[\text{F/m}] = \dfrac{\pi\varepsilon}{\ln\left(\dfrac{d}{a}\right)}$

(2) 유도과정

① 솔레노이드의 자기인덕턴스

정의식 $N\phi = LI$ ➡ $L = \dfrac{N\phi}{I}$ 에서　ⓐ $\phi = BS = \mu HS$　ⓑ 솔레노이드 $H = \dfrac{NI}{l}$ (l : 자로길이)

ⓑ를 ⓐ에 대입 정리 $\phi = \mu HS = \mu \dfrac{NI}{l} S$ 을 대입

$$\therefore L = \dfrac{N\phi}{I} = \dfrac{N}{I} \times \mu \dfrac{NI}{l} S = \dfrac{\mu S N^2}{l}$$

② 솔레노이드의 상호인덕턴스

정의식 $N_2\phi_{21} = M_{21} I_1$ ➡ $M_{21} = \dfrac{N_2 \phi_{21}}{I_1}$ 에서　ⓐ $\phi_{21} = B_{21} S = \mu H_1 S$ (1차 전류에 의한 자계임)

ⓑ 솔레노이드 $H_1 = \dfrac{N_1 I_1}{l}$ (l : 자로길이)

ⓑ를 ⓐ에 대입 정리 $\phi = \mu H_1 S = \mu \dfrac{N_1 I_1}{l} S$ 을 대입

$$\therefore M_{21} = \dfrac{N_2 \phi_{21}}{I_1} = \dfrac{N_2}{I_1} \times \mu \dfrac{N_1 I_1}{l} S = \dfrac{\mu S N_1 N_2}{l}$$

3. 자기인덕턴스의 접속

(1) 직렬접속

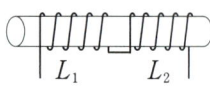
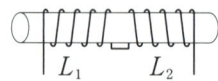

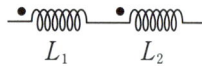

가동접속   차동접속
(가극성)   (감극성)

가극성 : $L = L_1 + L_2 + 2M$

감극성 : $L = L_1 + L_2 - 2M$

(2) 병렬접속

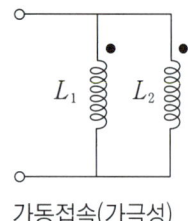
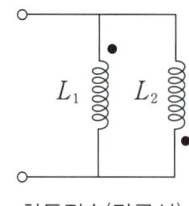

가동접속(가극성)   차동접속(감극성)

가극성 $L = \dfrac{L_1 L_2 - M^2}{L_1 + L_2 - 2M}$

감극성 $L = \dfrac{L_1 L_2 - M^2}{L_1 + L_2 + 2M}$

인덕턴스의 직렬접속 유도법

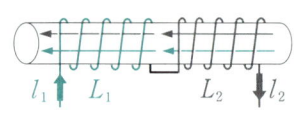

직렬연결시 전류는 일정($i = i_1 = i_2$) 하고 전압은 분배($V = V_1 + V_2$) 된다.

$V = V_1 + V_2$ 에서 $V = L_T \dfrac{di}{dt}$, $V_1 = L_1 \dfrac{di_1}{dt} + M_{12} \dfrac{di_2}{dt}$,

$V_2 = L_2 \dfrac{di_2}{dt} + M_{21} \dfrac{di_1}{dt}$

그리고 $i = i_1 = i_2$, $M = M_{12} = M_{21}$ 대입

$L_T \dfrac{di}{dt} = L_1 \dfrac{di}{dt} + M \dfrac{di}{dt} + L_2 \dfrac{di}{dt} + M \dfrac{di}{dt}$ $\therefore L_T = L_1 + L_2 + 2M$

Memo

4. 변압기의 권수비와 인덕턴스의 관계

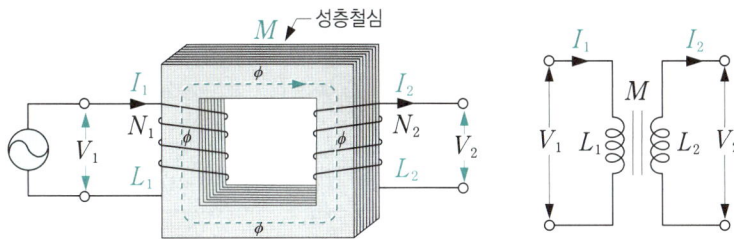

회로 $a = \dfrac{N_1}{N_2} = \dfrac{V_1}{V_2} = \dfrac{I_2}{I_1} = \sqrt{\dfrac{Z_1}{Z_2}} = \sqrt{\dfrac{L_1}{L_2}}$

자기학 $a = \dfrac{N_1}{N_2} = \sqrt{\dfrac{L_1}{L_2}}$ 과 $(M^2 = L_1 L_2)$ 이용

① $\sqrt{\dfrac{L_1}{L_2}} = \dfrac{N_1}{N_2} \rightarrow L_1 = L_2 \left(\dfrac{N_1}{N_2}\right)^2$ ② $\sqrt{\dfrac{L_1}{L_2}} = \dfrac{N_1}{N_2} \rightarrow L_2 = L_1 \left(\dfrac{N_2}{N_1}\right)^2$

③ $M^2 = L_1 L_2 \rightarrow M^2 = L_1 \times L_1 \left(\dfrac{N_2}{N_1}\right)^2 \rightarrow M = L_1 \left(\dfrac{N_2}{N_1}\right)$

④ $M^2 = L_1 L_2 \rightarrow M^2 = L_2 \left(\dfrac{N_1}{N_2}\right)^2 \times L_2 \rightarrow M = L_2 \left(\dfrac{N_1}{N_2}\right)$

5. 인덕턴스(코일)에 축적되는 에너지

인덕턴스를 갖는 회로에 시간에 따라 변화하는 전류를 흘려주면 유도기전력이 발생하여 전류의 흐름을 방해, 이것에 해당하는 만큼의 에너지가 인덕턴스에 자계 에너지로 축적되고 전원 제어시 다시 전원측으로 반환된다. 인덕턴스는 에너지를 축적할 뿐 소비하지는 않는다.

(1) **자계에너지** : 미소전하 dq를 운반하는데 필요한 에너지 $d\omega = $ 전압 × 전하 $= -e \times dq$에서

$e = -L \dfrac{di}{dt}$ 대입

$d\omega = -\left(-L \dfrac{dI}{dt}\right) \times dq = L \dfrac{dq}{dt} \times dI = LI dI$ ➡ $W = \displaystyle\int_0^I d\omega = \int_0^I LI dI = \dfrac{1}{2}LI^2$

$W[\text{J}] = \dfrac{1}{2}LI^2 = \dfrac{1}{2}\phi I = \dfrac{\phi^2}{2L}$: $\phi(=N\phi) = LI$ 또, 여기 $\dfrac{1}{2}\phi$에 $(\phi = N\phi, F = NI$ 대입$) W = \dfrac{1}{2}F\phi$

(2) **체적당 자계에너지** : $W[\text{J/m}^3] = \dfrac{W[\text{J}]}{S[\text{m}^3]}$ 에서 $W[\text{J}] = \dfrac{1}{2}LI^2 = \dfrac{1}{2}\left(\dfrac{\mu S N^2}{l}\right)I^2$, $V[\text{m}^3] = Sl$ 대입

$W[\text{J/m}^3] = \dfrac{\frac{1}{2}LI^2}{Sl} = \dfrac{\frac{1}{2}\left(\frac{\mu SN^2}{l}\right)I^2}{Sl} = \dfrac{1}{2}\mu\left(\dfrac{N^2}{l^2}\right)I^2 = \dfrac{1}{2}\mu\left(\dfrac{NI}{l}\right)^2 = \dfrac{1}{2}\mu H^2$

$W[\text{J/m}^3] = \dfrac{1}{2}\mu H^2 = \dfrac{1}{2}BH = \dfrac{B^2}{2\mu}$: $B = \mu H$

SECTION 15 전자파 : 전계와 자계가 파의 형태로 이동

1. 전자파 : 형태는 평면파(전계와 자계는 위상차 없다. 전계와 자계 수직)

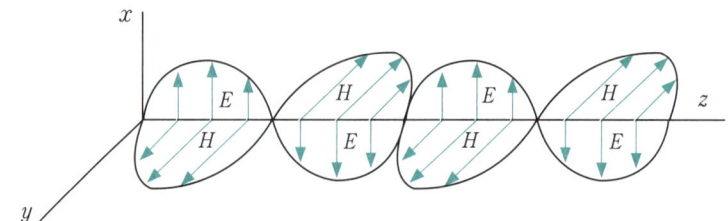

(1) **전자파의 정의** : 공간에 전계가 전파되어 가는 파장을 전계파, 자계가 전파되어 가는 파장을 자계파라 하고 이 둘을 합쳐 전자파라 한다.

(2) **전자파의 성질**
① 전계파와 자계파는 항상 공존(전계는 자계를 유도하고 또 이 자계는 다른 전계를 유도한다.)
② 전계파와 자계파가 이루는 각도는 "90°"로 상호 직각 방향으로 진동한다.
③ 전계파와 자계파의 위상차는 "0"으로 동위상이다.
④ 전자파의 진행(전달)방향은 $E \times H$ 이다.　ex $\vec{x} \times \vec{y} \Rightarrow \vec{z}$
⑤ 전자파의 전달방향의 전계(E), 자계(H)성분은 없다.
⑥ 횡전자파 : 전자파 진행방향과 수직방향으로 전계, 자계가 존재한다.(진행방향의 E, H 성분은 없다.)
⑦ 평면파 : 전계와 자계가 z방향(진행방향)의 성분을 갖지 않고 동일한 전계와 자계를 합한 면이 z축 (진행방향)에 수직인 파를 평면파라 한다.
⑧ 수평전파 : 대지에 대해 전계가 수평면에 있는 전자파
⑨ 수직전파 : 대지에 대해 전계가 수직면에 있는 전자파
⑩ 파장순서 : (긴 것) 사진전송 - 레이다 - 전자렌지 - 살균소독 (짧은 것)

(3) **전자파의 관계식 정리**
① 고유(파동)임피던스 $Z[\Omega]$: 전계(E)성분과 자계(H)성분의 비

$$\text{단위는 옴}[\Omega] : \frac{E}{H} = \frac{V/m}{A/m} = \frac{V}{A} = \Omega$$

- $Z = \dfrac{E}{H} = \sqrt{\dfrac{\mu}{\epsilon}} = \sqrt{\dfrac{L}{C}} = 377 \times \sqrt{\dfrac{\mu_s}{\epsilon_s}}$ 　• $Z_o(\text{공기중}) = \dfrac{E}{H} = \sqrt{\dfrac{\mu_o}{\epsilon_o}} = 120\pi = 377\,[\Omega]$

② 전파속도 $V[\text{m/sec}]$: 일정한 위상을 갖는 전자파가 진행하는 속도

$$\text{단위는 }[\text{m/sec}] : 속도 = \frac{거리}{시간}$$

$$V = \frac{\lambda}{T} = f \cdot \lambda = \frac{1}{\sqrt{\mu\epsilon}} = \frac{1}{\sqrt{LC}} = 3 \times 10^8 \frac{1}{\sqrt{\mu_s \epsilon_s}} \qquad V_o(\text{공기중}) = \frac{1}{\sqrt{\mu_o \epsilon_o}} = 3 \times 10^8 [\text{m/s}]$$

- 파장 $f\lambda$[m/cycle] : 1cycle당 파의 길이
- 주파수 f[cycle/sec] : 1초당 cycle수
- 주기 T[sec/cycle] : 1cycle당 걸리는 시간

③ 포인팅 벡터 에너지 P[W/m²] : 전자파의 진행방향과 같은 방향으로 1[sec] 동안 단위면적 1[m²]를 통과하는 전자파 에너지

단위는 [W/m²] [J/m² · sec]

- $P = E \times H = EH \sin\theta = EH$: θ는 E, H가 이루는 각 90°
- $P_o(\text{공기중}) = EH = 377H^2 = \frac{E^2}{377}$: $Z_0 = \frac{E}{H} = 377$

$Z = \sqrt{\frac{L}{C}}$, $V = \frac{1}{\sqrt{LC}}$ 정리

선로정수로 보고 임피던스 $Z = R + j\omega L$, 어드미턴스 $Y = G + j\omega C$ 라고 하면
- 특성임피던스 $Z[\Omega] = \sqrt{\frac{Z}{Y}}$ 에서 무손실($R = G = 0$)시 $Z_o[\Omega] = \sqrt{\frac{L}{C}}$
- 전파정수 $\tau = \sqrt{Z \cdot Y} = \alpha + j\beta$ 에서 무손실($R = G = 0$)시 $\alpha = 0$, $\beta = \omega\sqrt{LC}$ 에서 파의 속도 $V[\text{m/s}] = \frac{\omega}{\beta} = \frac{1}{\sqrt{LC}}$

2. 변위전류와 전도전류

(1) 변위전류(變位電流) : Displacement Current

콘덴서 전극 사이에 발생하는 전류를 설명하기 위해 도입된 개념으로 콘덴서 내의 절연물(유전체) 때문에 자유전자의 이동에 의한 전류는 흐르지 못하고 콘덴서 내 구속전자의 변위에 의해 전류가 흐른다고 하고 이를 변위전류라 한다.

즉, 콘덴서(C)에 흐르는 전류(충전전류)를 변위전류라 하고 이는 인가 교류 전압보다 위상이 90도 앞선 전류(진상전류)가 된다.

① 변위전류 $I_d[\text{A}] = \frac{\partial Q}{\partial t} = \frac{\partial DS}{\partial t}$

     회로 $I_d[\text{A}] = \frac{V}{Z_c} = \frac{V}{1/j\omega c} = j\omega cV = j\omega\left(\frac{\epsilon S}{d}\right)(E \cdot d) = j\omega\epsilon SE$

② 변위전류밀도 $i_d[\text{A/m}^2] = \frac{\partial D}{\partial t} = \frac{\partial \epsilon E}{\partial t} = \epsilon\frac{\partial E}{\partial t}$

     회로 $i_d[\text{A/m}^2] = j\omega\epsilon E$

(2) **전도전류** : Conduction Current

도체내 자유전자의 이동에 의한 전류 즉, 저항(R)에 흐르는 전류이며 인가 교류전압과 동위상의 전류가 된다.

① 전도전류 $I_c[\text{A}] = \dfrac{V}{R} = \dfrac{Ed}{\dfrac{d}{kS}} = kSE$

② 전도전류밀도 $i_c[\text{A/m}^2] = kE$: k전도율, E전계

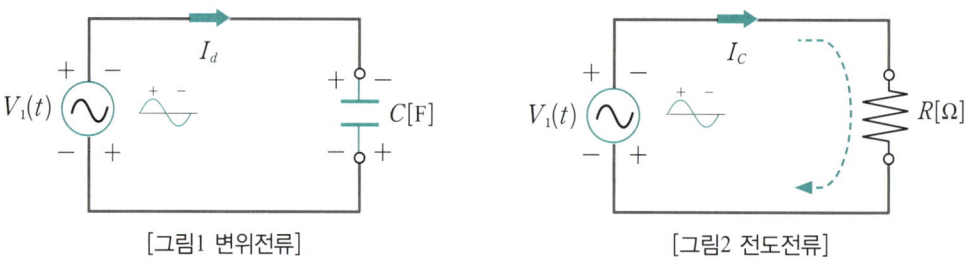

[그림1 변위전류]   [그림2 전도전류]

3. 맥스웰(MAXWELL)방정식 (전자방정식)

기존의 전계와 자계를 설명하는 기본적인 법칙들을 이용하여 전계와 자계 사이의 관계를 식으로 정리한 것

구분	기본법칙	미분형	적분형
제1방정식	앙페르의 주회적분	$\operatorname{rot} H = i = i_c + i_d = KE + \dfrac{\partial D}{\partial t}$	$\oint_c H dl = i$
제2방정식	패러데이 전자유도법칙	$\operatorname{rot} E = -\dfrac{\partial B}{\partial t}$	$\oint_c E dl = -\int_s \dfrac{\partial B}{\partial t} ds$
제3방정식	전계 가우스 발산정리	$\operatorname{div} D = \rho_v$	$\oint_s D ds = \int_v \rho dv = Q$
제4방정식	자계 가우스 발산정리	$\operatorname{div} B = 0$	$\oint_s B ds = 0$

(1) **제 1 기본 방정식**

① 앙페르의 주회적분($\oint_c H dl = i$)에서 유도된 방정식이다.

② 전도 전류밀도(i_c)와 변위 전류밀도(i_d)는 회전자계를 발생한다.
- 전도전류밀도 : 도체(저항)에 흐르는 전류밀도($i_c = kE$)
- 변위전류밀도 : 유전체(콘덴서)에 발생하는 전류밀도($i_d = \dfrac{\partial D}{\partial t} = \epsilon \dfrac{\partial E}{\partial t}$)

$$\operatorname{rot} H = i = i_c + i_d = kE + \dfrac{\partial D}{\partial t}$$

(2) 제 2 기본 방정식

① 패러데이(Faraday)의 전자유도법칙($e=-N\frac{d\phi}{dt}$)에서 유도된 방정식이다.

② 자속(밀도)가 시간적으로 변화할 때 유도기전력(회전하는 전계)이 발생한다.

$$\mathrm{rot}\,E = -\frac{\partial B}{\partial t}$$

(3) 제 3 방정식

① 정전계의 가우스(Gauss)법칙 ($Q=\int D ds$)에서 유도된 방정식이다.

② 폐곡면을 통해 나오는(발산) 전속은 폐곡면내의 전하량과 같다.
즉, 고립된 진전하로부터 전기력선이 발생한다.(고립된 전하는 존재한다.)

$$\mathrm{div}\,D = \rho_v \quad \text{여기서} \quad \rho_v\,[\mathrm{C/m^3}] : \text{체적전하밀도} \quad D\,[\mathrm{C/m^2}] : \text{면전하밀도}$$

(4) 제 4 방정식

① 정자계의 가우스(Gauss)법칙 ($\phi=\int B ds=0$)에서 유도된 방정식이다.

② 폐곡면을 통해 나오는(발산) 자속은 항상 "0"이다.(자속은 연속적이다.)
즉, 항상 N극과 S극은 붙어 있다.(고립된 자하는 존재하지 않는다.)

$$\mathrm{div}\,B = 0 \quad \text{여기서} \quad B\,[\mathrm{Wb/m^2}] : \text{자속밀도}$$

편미분 연산자

※ 기울기(gradient) : grad = (∇) : 편미분
  발산(divergence) : div = ($\nabla \cdot$) : 편미분 연산자와의 내적
  회전(rotation) : rot ($\nabla \times$) : 편미분 연산자와의 외적

※ 자계의 벡터 퍼텐셜을 A라 하면, $\mathrm{rot}\,E = -\frac{\partial B}{\partial t}$ ➡ $E = -\frac{\partial A}{\partial t}$

4. 각종공식 정리집

(1) 전계에 관한 공식

① 가우스의 법칙 : 전하에 의한 전계
② 중첩의 원리 : $(Q_1+Q_2+Q_3) \Rightarrow (V_1+V_2+V_3)$
③ 푸아송의 방정식 : $\nabla^2 V = -\dfrac{\rho}{\epsilon}$ (전하 有)
④ 라플라스 방정식 : $\nabla^2 V = 0$ (전하 無)
⑤ Gauss의 발산정리 : 면적분과 체적적분 $\int_S A \cdot n\,ds = \int_V \mathrm{div}A\,dv$
⑥ stokes 정리 : 선적분과 면적적분 $\int_l A \cdot dl = \int_S \mathrm{rot}A \cdot ds$
⑦ 정전차폐 : 전하에 의한 전계를 차폐 (금속으로 감싸고 접지한다.)

(2) 자계에 관한 공식

① 앙페르(Ampere)의 법칙
    • 오른손(오른나사) : 전류에 의한 자계의 방향
    • 주회적분 : 전류에 의한 자계의 크기
② 비오사바르(Biot-Savart)의 법칙 : 미소전류에 의한 미소자계의 크기
③ 렌쯔의 법칙 : 유도기전력의 방향
④ 페러데이 법칙 : 유도기전력의 크기(변화량)
⑤ 노이만의 법칙 : 유도기전력의 크기(감쇄량)
⑥ 플레밍의 법칙
    • 왼손법칙 : 전동기의 원리(F(힘), B(자계), I(전류))
    • 오른손법칙 : 발전기의 원리(V(속도), B(자계), e(기전력))
⑦ 전자차폐 : 자극에 의한 자계를 차폐(고투자율 재질로 감싼다)

Memo

01 전기자기학

핵심문제 풀이

SECTION 01 벡터

001

벡터에 대한 계산식이 옳지 않은 것은?

① $i \cdot i = j \cdot j = k \cdot k = 0$
② $i \cdot j = j \cdot k = k \cdot i = 0$
③ $A \cdot B = AB \cos \theta$
④ $i \times i = j \times j = k \times k = 0$

$A \cdot B = |A||B| \cos \theta$ 에서 $i \cdot i = 1 \times 1 \times \cos 0 = 1$
$A \times B = |A||B| \sin \theta$ 에서 $i \times i = 1 \times 1 \times \sin 0 = 0$

002

$A = -i7 - j$, $B = -i3 - j4$의 두 벡터가 이루는 각은 몇 도인가?

① 30 ② 45
③ 60 ④ 90

$A \cdot B = |A||B| \cos \theta = A_x B_x + A_y B_y + A_z B_z$ 에서
$\theta = \cos^{-1} \left(\dfrac{A_x B_x + A_y B_y + A_z B_z}{|A||B|} \right)$
$= \cos^{-1} \left(\dfrac{(-7) \times (-3) + (-1) \times (-4)}{\sqrt{(-7)^2 + (-1)^2} \sqrt{(-3)^2 + (-4)^2}} \right) = 45$도

003

$A = i + 4j + 3k$, $B = 4i + j2 - 4k$의 두 벡터는 서로 어떤 관계에 있는가?

① 평행
② 면적
③ 접근
④ 수직

$A \cdot B = |A||B| \cos \theta = A_x B_x + A_y B_y + A_z B_z$
$\sqrt{1^2 + 4^2 + 3^2} \times \sqrt{4^2 + 2^2 + 4^2} \times \cos \theta$
$= 1 \times 4 + 4 \times 2 + 3 \times (-4) = 0$
$\therefore \cos \theta = 0 \rightarrow \theta = \cos^{-1} 0 = 90°$

004

$A = 10ax - 10ay + 5az$, $B = 4ax - 2ay + 5az$은 어떤 평행사변형의 두 변을 표시하는 벡터이다. 이 평행사변형의 면적의 크기는?(단, : ax : x축 방향의 기본 벡터, ay : y축 방향의 기본벡터, az : z축 방향의 기본 벡터이며 좌표는 직각 좌표이다.)

① $5\sqrt{3}$ ② $7\sqrt{19}$
③ $10\sqrt{29}$ ④ $14\sqrt{7}$

$A \times B = |A||B| \sin \theta = \begin{vmatrix} i & j & k \\ A_x & A_y & A_z \\ B_x & B_y & B_z \end{vmatrix} = \begin{vmatrix} i & j & k \\ 10 & -10 & 5 \\ 4 & -2 & 5 \end{vmatrix}$
$= i[(-10 \times 5) - (-2 \times 5)] + j[(5 \times 4) - (10 \times 5)]$
$+ k[(-2 \times 10) - (-10 \times 4)] = i(-40) + j(-30) + k(+20)$
$\therefore |A \times B| = \sqrt{40^2 + 30^2 + 20^2} = \sqrt{2900} = 10\sqrt{29}$

정답 001 ① 002 ② 003 ④ 004 ③

005

$V(x, y, z) = 3x^2y - y^3z^2$에 대하여 $\text{grad}V$의 점$(1, -2, -1)$에서의 값을 구하면?

① $12i + 9j + 16k$
② $12i - 9j + 16k$
③ $-12i - 9j - 16k$
④ $-12i + 9j + 16k$

$\nabla V = \text{grad}V = \dfrac{\partial V}{\partial x}i + \dfrac{\partial V}{\partial y}j + \dfrac{\partial V}{\partial y}k$

$= \text{grad}(3x^2y - y^3z^2)$

$= \dfrac{\partial(3x^2y - y^3z^2)}{\partial x}i + \dfrac{\partial(3x^2y - y^3z^2)}{\partial y}j + \dfrac{\partial(3x^2y - y^3z^2)}{\partial z}k$

$= (6xy)i + (3x^2 - 3y^2z^2)j + (-2y^3z)k$ 에서

(x, y, z)에 $(1, -2, -1)$대입

$= (6 \times 1 \times -2)i + (3 \times 1^2 - 3 \times (-2)^2 \times (-1)^2)j$
$\quad + (-2 \times (-2)^3 \times (-1))k$

$= (-12)i + (-9)j + (-16)k$

006 ★

전계 $E = i3x^2 + j2xy^2 + kx^2yz$일때 $\text{div}E$는 얼마인가?

① $-i6x + jxy + kx^2y$
② $i6x + j6xy + kx^2y$
③ $-6x - 6xy + x^2y$
④ $6x + 4xy + x^2y$

$\nabla \cdot A = \text{div}A = \dfrac{\partial A_x}{\partial x} + \dfrac{\partial A_y}{\partial y} + \dfrac{\partial A_z}{\partial y}$: $\vec{a_x}, \vec{a_y}, \vec{a_z}$
성분은 i, j, k 와 동일

$= \text{div}(i3x^2 + j2xy^2 + kx^2yz)$

$= \dfrac{\partial(3x^2)}{\partial x} + \dfrac{\partial(2xy^2)}{\partial y} + \dfrac{\partial(x^2yz)}{\partial z} = 6x + 4xy + x^2y$

007

위치함수로 주어지는 벡터량이 $E_{(xyz)} = iEx + jEy + kEz$ 나블라(∇)와의 내적 $\nabla \cdot E$ 와 같은 의미를 갖는 것은?

① $\dfrac{\partial Ex}{\partial x} + \dfrac{\partial Ey}{\partial y} + \dfrac{\partial Ez}{\partial z}$

② $\int \dfrac{\partial}{\partial x} + \int \dfrac{\partial Ey}{\partial y} + k\dfrac{\partial Ez}{\partial z}$

③ $\int \dfrac{\partial Ex}{\partial x} + \int \dfrac{\partial Ey}{\partial y} + k\dfrac{\partial Ez}{\partial z}$

④ $\dfrac{\partial E}{\partial x} + \dfrac{\partial E}{\partial y} + \dfrac{\partial E}{\partial z}$

발산 $\nabla \cdot A = \text{div}A = \dfrac{\partial A_x}{\partial x} + \dfrac{\partial A_y}{\partial y} + \dfrac{\partial A_z}{\partial z}$ 와 동일

$\nabla \cdot E = \text{div}E = \dfrac{\partial E_x}{\partial x} + \dfrac{\partial E_y}{\partial y} + \dfrac{\partial E_z}{\partial z}$

008

원점에 점전하 $Q[C]$이 있을 때 원점을 제외한 모든 점에서 $\nabla \cdot D$의 값은?

① ∞
② 0
③ 1
④ ε_0

원점에만 값이 있고 그 외(제외한 점)에는 0

009 ★

시간적으로 변화하지 않는 보존적인 전계가 비회전성(非回轉性)이라는 의미를 나타낸 식은?

① $\nabla \cdot E = 0$
② $\nabla \cdot E = \infty$
③ $\nabla \times E = 0$
④ $\nabla^2 E = 0$

회전 $\text{rot}E = \nabla \times E = 0$

SECTION 02 진공중의 정전계

010 ★★

정전계란?

① 전계에너지가 최소로 되는 전하분포의 전계이다.
② 전계에너지가 최대로 되는 전하분포의 전계이다.
③ 전계에너지가 항상 0인 전기장을 말한다.
④ 전계에너지가 항상 ∞인 전기장을 말한다.

톰슨정리 : 전계내의 전하는 그 자신의 에너지가 최소가 되는 가장 안정된 전하분포를 가지는 정전계를 형성하려한다.

정답 005 ③ 006 ④ 007 ① 008 ② 009 ③ 010 ①

011

마찰전기는 두 물체의 마찰열에 의해 무엇이 이동하는 것인가?

① 양자
② 자하
③ 중성자
④ 자유전자

012

MKS 단위로 나타낸 진공에 대한 유전율은?

① 8.855×10^{-12}[N/m]
② 8.855×10^{-10}[N/m]
③ 8.855×10^{-12}[F/m]
④ 8.855×10^{-10}[F/m]

진공의 유전율 $\epsilon_0 = 8.855 \times 10^{-12}$[F/m]

013

임의의 절연체에 대한 유전율의 단위로 옳은 것은?

① [F/m]
② [V/m]
③ [A/m]
④ [C/m^2]

① 유전율(F/m), 투자율(H/m)   ② 전계
③ 자계   ④ 전하밀도

014

다음 물질 중에서 비유전율이 가장 큰 것은?

① 운모
② 유리
③ 증류수
④ 고무

운모(5.5~6.6), 유리(5.4~9.9), 증류수(80.7), 고무(3)

015

진공 중에 2×10^{-6}[C]과 1×10^{-5}[C]인 두 개의 점전하가 50[cm] 떨어져 있을 때 두 전하 사이에 작용하는 힘은 몇 [N]인가?

① 0.72
② 0.92
③ 1.82
④ 2.02

두전하 사이 힘 쿨롱의 법칙 $F[N] = \frac{Q_1 Q_2}{4\pi\epsilon r^2} = 9 \times 10^9 \frac{Q_1 Q_2}{r^2}$
에서 $Q_1 = 2 \times 10^{-6}$, $Q_2 = 1 \times 10^{-5}$, $r = 0.5$ 대입
$\therefore F[N] = 9 \times 10^9 \frac{(2 \times 10^{-6}) \times (1 \times 10^{-5})}{0.5^2} = 0.72$

016 ★

크기가 1[C]인 두 개의 같은 점전하가 진공중에서 일정한 거리가 떨어져 9×10^9[N]의 힘으로 작용할 때 이들 사이의 거리는 몇 [m]인가?

① 1
② 2
③ 4
④ 10

$F[N] = \frac{Q_1 Q_2}{4\pi\epsilon r^2} = 9 \times 10^9 \frac{Q_1 Q_2}{r^2}$ 에서 $Q_1 = Q_2 = 1$, $F = 9 \times 10^9$ 대입
$9 \times 10^9 = 9 \times 10^9 \frac{1 \times 1}{r^2}$ $\therefore r = 1$

017

점 $P(1,2,3)$, $Q(2,0,5)$[m]에 각각 4×10^{-5}[Q], -2×10^{-4}[C] 의 점전하가 있을때 점 P에 작용하는 힘은 몇 [N]인가?

① $\frac{8}{3}(i - 2j + 2k)$
② $\frac{8}{3}(-i - 2j + 2k)$
③ $\frac{8}{3}(i + 2j + 2k)$
④ $\frac{8}{3}(i + 2j - 2k)$

그림에서
$F[N] = \frac{Q_1 Q_2}{4\pi\epsilon r^2}\vec{r} = 9 \times 10^9 \frac{Q_1 Q_2}{r^2}\vec{r}$ 에서
$Q_1 = 4 \times 10^{-5}$, $Q_2 = -2 \times 10^{-4}$ 대입하고

정답 011 ④ 012 ③ 013 ① 014 ③ 015 ① 016 ① 017 ①

$r, \vec{r}$ 은 아래와 같이 구하여 대입한다.
변위벡터(≒거리)는 위치벡터의 차로 구함(끝에서 시작의 차를 구함)
변위벡터=위치벡터(끝)−위치벡터(시작)
= (2,0,5) − (1,2,3) =(1,−2,2) ∴ 변위벡터: $i-2j+2k$
여기서 거리(r)=변위벡터의 크기 = $\sqrt{1^2+2^2+2^2}=3$
방향단위벡터($\frac{변위벡터}{변위벡터의크기}$)= $\frac{i-2j+2k}{\sqrt{1^2+2^2+2^2}}=\frac{i-2j+2k}{3}$

$F[N]=9\times 10^9 \frac{(4\times 10^{-5})\times(2\times 10^{-4})}{3^2}\times\frac{(i-2j+2k)}{3}$

$=8\times\frac{(i-2j+2k)}{3}$

이해 변위벡터 (1,−2,2)의 벡터로 구성된 것은 ①번임

018

그림과 같이 $Q_A=4\times 10^{-6}[C]$, $Q_B=2\times 10^{-6}[C]$, $Q_C=5\times 10^{-6}[C]$의 전하를 가진 작은 도체구 A, B, C 가 진공중에서 일직선상에 놓여질 때 B구에 작용하는 힘은 몇 [N]인가?

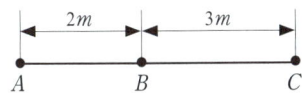

① 1.8×10^{-2} ② 1.0×10^{-2}
③ 0.8×10^{-2} ④ 2.8×10^{-2}

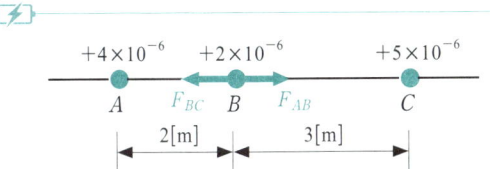

B구의 전하가 받는 힘(A구에 의한 힘(F_{AB})과 C구에 의한 힘(F_{BC})의 벡터합)

$F_{AB}[N]=9\times 10^9 \frac{Q_1Q_2}{r^2}$
$=9\times 10^9 \frac{(4\times 10^{-6})\times(2\times 10^{-6})}{2^2}=18\times 10^{-3}$

$F_{BC}[N]=9\times 10^9 \frac{Q_1Q_2}{r^2}$
$=9\times 10^9 \frac{(2\times 10^{-6})\times(5\times 10^{-6})}{3^2}=10\times 10^{-3}$

$F=F_{AB}-F_{BC}$(정반대방향의 합) ∴ $8\times 10^{-3}=0.8\times 10^{-2}$

이해 쿨롱의 법칙 : 힘의 합성은 벡터합
☆ 다른크기, $\vec{A}+\vec{B}=\sqrt{A^2+B^2+2AB\cos\theta}$
사이각 180도 (정반대시)
$\vec{A}+\vec{B}=\sqrt{A^2+B^2+2AB\cos 180}=A-B$
☆ 같은크기, 사이각 60도 $\sqrt{3}$배, 사이각 90도 $\sqrt{2}$배,
사이각 120도 1배, 사이각 180도 크기는 0(정육각형)

019 ★

어떤 물체에 $E_1=-3i+4j-5k$와 의 $E_2=6i+3j-2k$ 힘이 작용하고 있다. 이 물체에 E_3을 가하였을 때 세 힘이 0이 되기 위한 E_3은?

① $E_3=-3i-7j+7k$ ② $E_3=3i+7j-7k$
③ $E_3=3i+j-7k$ ④ $E_3=3i-7j+3k$

$E_1+E_2+E_3=0 \rightarrow E_3=-(E_1+E_2)$
$E_3=-[(-3i+4j-5k)+(6i+3j-2k)]$
$=-[3i+7j-7k]=-3i-7j+7k$

020

전계중에 단위 전하를 놓았을 때 그것에 작용하는 힘을 그 점에 있어서의 무엇이라 하는가?

① 전계의 세기 ② 전위
③ 전위차 ④ 변화전류

021

진공 내의 점(3,0,0)[m]에 $4\times 10^{-9}[C]$의 전하가 있다. 이 때에 점(6,4,0)[m] 인 전계의 세기[V/m] 및 전계의 방향을 표시하는 단위 벡터는?

① $\frac{36}{25}, \frac{1}{5}(3i+4j)$ ② $\frac{36}{125}, \frac{1}{5}(3i+4j)$
③ $\frac{36}{25}, (i+j)$ ④ $\frac{36}{25}, \frac{1}{5}(i+j)$

전계의 세기 $E=\left(\frac{1}{4\pi\epsilon}\right)\frac{Q}{r^2}=9\times 10^9 \frac{Q}{r^2}$ 에서 $Q=4\times 10^{-9}$
대입하고 $r, \vec{r}$ 은 아래와 같이 구한다.
변위벡터=위치벡터(끝)−위치벡터(시작)=(6,4,0)−(3,0,0)=(3,4,0)
∴ 변위벡터는 (3,4,0) 즉 $3i+4j$를 구하고
여기서 거리(r)=변위벡터의 크기 : $\sqrt{3^2+4^2}=5$
방향단위벡터($\frac{변위벡터}{변위벡터의 크기}$): $\frac{3i+4j}{\sqrt{3^2+4^2}}=\frac{3i+4j}{5}$

전계의 세기 $E=9\times 10^9 \frac{4\times 10^{-9}}{5^2}=\frac{36}{25}$ 방향단위벡터 $\frac{3i+4j}{5}$

정답 018 ③ 019 ① 020 ① 021 ①

022 ★★

전기력선의 설명 중 틀린 것은?

① 전기력선의 방향은 그 점의 전계의 방향과 일치하며 밀도는 그 점에서의 전계의 크기와 같다.
② 전기력선은 부전하에서 시작하여 정전하에서 그친다.
③ 단위전하에서는 $\frac{1}{\epsilon_0}$개의 전기력선이 출입한다.
④ 전기력선은 전위가 높은 점에서 낮은 점으로 향한다.

전기력선은 정전하(+)에서 시작하여 부전하(-)에서 끝난다.

023

전기력선의 기본성질에 관한 설명으로 틀린 것은?

① 전기력선의 방향은 그 점의 전계의 방향과 일치한다.
② 전기력선은 전위가 높은 점에서 낮은 점으로 향한다.
③ 전기력선은 그 자신만으로 폐곡선이 된다.
④ 전계가 0이 아닌 곳에서는 전력선은 도체 표면에 수직으로 만난다.

전기력선은 그 자신만으로 폐곡선이 되지 않는다.

024

폐곡면을 통하여 나가는 전력선의 총수는 그 내부에 있는 점전하의 대수 합의 몇 배와 같은가?

① $\frac{1}{4\pi\epsilon_0}$
② $\frac{1}{2\pi\epsilon_0}$
③ $\frac{1}{\pi\epsilon_0}\delta$
④ $\frac{1}{\epsilon_0}$

배수는 : 전기력선수 / 점전하량 = $\frac{Q}{\epsilon}$ / $Q = \frac{1}{\epsilon}$

025

그림과 같이 등전위면이 존재하는 경우 전계의 방향은?

① a방향
② b방향
③ c방향
④ d방향

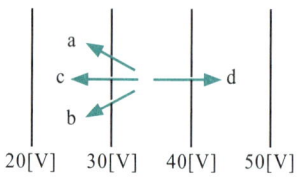

- 전기력선은 전위가 높은 곳에서 낮은 곳으로 향한다.
- 전기력선은 도체표면(=등전위면)에서 수직으로 출입한다.

026 ★

도체에 정(+)의 전하를 주었을 때 다음 중 옳지 않은 것은?

① 도체표면에서 수직으로 전기력선이 발산한다.
② 도체내에 있는 공동면에도 전하가 분포한다.
③ 도체외측 표면에만 전하가 분포한다.
④ 도체 표면의 곡률반경이 작은 곳에 전하가 많이 모인다.

전하는 도체 표면에만 분포하므로 내부에는 존재하지 않는다. 따라서, 도체 표면에서 외부공간으로 전계의 형태로 에너지가 존재한다.
- 전하는 곡률이 크거나 곡률반경이 작은 곳에 많이 모임

027

진공 중에 있는 구도체에 일정 전하를 대전시켰을 때 정전에너지는?

① 도체 내에만 존재한다.
② 도체 표면에만 존재한다.
③ 도체 내외에 모두 존재한다.
④ 도체 표면과 외부공간에 존재한다.

전하는 도체 표면에만 분포하므로 내부에는 존재하지 않는다. 따라서, 도체 표면에서 외부공간으로 전계의 형태로 에너지가 존재한다.

028

대전도체 내부의 전위는?

① 0전위이다.　　② 표면전위와 같다.
③ 대지전위와 같다.　④ 무한대이다.

도체내부 전위 = 도체 표면 전위와 같다　$(V_{내부} = V_{표면})$
도체내부 전계 = 0　　　　　　　　　　$(E_{내부} = 0)$
도체내부 전하(전속)밀도 = 0　　　　　 $(D_{내부} = 0)$

029

표면 전하밀도 $[C/m^2]$로 대전된 도체 내부의 전속밀도는 몇 $[C/m^2]$인가?

① σ　　　　　　　② $\epsilon_0 E$
③ $\dfrac{\sigma}{\epsilon_0}$　　　　　　④ 0

도체내부 전하(전속)밀도=0

030

두 점전하 q, $1/2q$가 a만큼 떨어져 놓여있다. 이 두 점전하를 연결하는 선상에서 전계의 세기가 영(0)이 되는 점은 q가 놓여 있는 점으로부터 얼마나 떨어진 곳인가?

① $\sqrt{2}\,a$　　　　　② $(2-\sqrt{2})a$
③ $\dfrac{\sqrt{3}}{2}a$　　　　④ $\dfrac{(2-\sqrt{2})}{2}a$

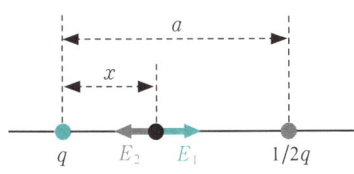

전계의 세기 $E=0$인 지점이 그림처럼 x지점이라 가정하면
$Eq = E_{1/2q}$를 만족하는 x값은

$E_1 = E_2 \rightarrow \left(\dfrac{1}{4\pi\epsilon}\right)\dfrac{q}{x^2} = \left(\dfrac{1}{4\pi\epsilon}\right)\dfrac{\frac{1}{2}q}{(a-x)^2} \rightarrow x^2 = 2(a-x)^2$

$x^2 = 2(x^2 - 2ax + a^2) \rightarrow x^2 - 4ax + 2a^2 = 0$

이차방정식 $ax^2 + bx + c = 0$에서 $x = \dfrac{-b \pm \sqrt{b^2 - 4ac}}{2a}$ 이용

$x = \dfrac{-(-4a) \pm \sqrt{(4a)^2 - 4 \times 1 \times 2a^2}}{2 \times 1} = (2 \pm \sqrt{2})a < a$

$\therefore x = (2-\sqrt{2})a$

이해
- 두 전하의 극성이 다르면 :
  → 크기(절대값, 즉 전하량)가 작은측의 외측에 발생
- 두 전하의 극성이 같으면 :
  → 두 전하의 사이공간에 작은 전하량에 근접해서 발생
  ($\therefore a$에 근접) 즉, $0.5a \sim a$사이에 존재

031

그림과 같이 $+q[C/m]$로 대전된 두 도선이 $d[m]$의 간격으로 평행하게 가설되었을 때, 이 두 도선간에서 전계가 최소가 되는 점은?

① $d/4$지점
② $3/4d$ 지점
③ $d/3$지점
④ $d/2$지점

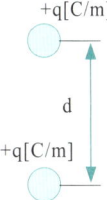

두 전하의 극성이 같으므로 사이공간이고, 또 전하량이 같으므로 중간 위치

032

한변의 길이가 $a[m]$인 정6각형의 각 정점에 각각 $Q[C]$ 전하를 놓았을 때 정6각형 중심 0의 전계의 세기는 몇 $[V/m]$인가?

① 0　　　　　　　② $\dfrac{Q}{2\pi\epsilon_0 a}$
③ $\dfrac{Q}{2\pi\epsilon_0 a^2}$　　　④ $\dfrac{Q}{4\pi\epsilon_0 a}$

6개의 크기는 같고 대칭되는 힘의 합은 0

033

반지름이 $a[m]$되는 구도체에 $Q[C]$의 전하가 주어졌을 때 이 구의 중심에서 $5a[m]$되는 점의 전위는 몇 $[V]$인가?

① $\dfrac{Q}{4\pi\varepsilon_0 a}$　　　　② $\dfrac{Q}{4\pi\varepsilon_0 a^2}$
③ $\dfrac{Q}{20\pi\varepsilon_0 a}$　　　④ $\dfrac{Q}{20\pi\varepsilon_0 a^2}$

전위 $V=\left(\dfrac{1}{4\pi\epsilon}\right)\dfrac{Q}{r}$ 에서 $r=5a$ 대입 $V=\left(\dfrac{1}{4\pi\epsilon}\right)\dfrac{Q}{(5a)}=\dfrac{Q}{20\pi\epsilon a}$

034

그림과 같이 $AB=BC=1[m]$일 때 A와 B에 동일한 $+1[\mu C]$이 있는 경우 C점의 전위는 몇 $[V]$인가?

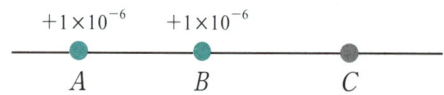

① 6.25×10^3
② 8.75×10^3
③ 12.5×10^3
④ 13.5×10^3

전위 $V=\dfrac{Q}{4\pi\epsilon r}$ → $V=9\times10^9\dfrac{Q}{r}$ 에서
$V_C=V_{AC}+V_{BC}$ (스칼라로 계산)
$Q_A=1\times10^{-6}$ 에 대한 $r_{AC}=2$ 에서 전위 V_{AC}
$Q_B=1\times10^{-6}$ 에 대한 $r_{BC}=1$ 에서 전위 V_{AC}
$\therefore V_C=9\times10^9\dfrac{1\times10^{-6}}{2}+9\times10^9\dfrac{1\times10^{-6}}{1}=13.5\times10^3$

035

P점에서 같은 거리에 있는 4개의 점의 전위를 측정하였더니 그림과 같이 나타났다고 하면 P점의 전위는 약 몇 $[V]$정도 되는가?

① 12.3
② 14.5
③ 16.9
④ 18.2

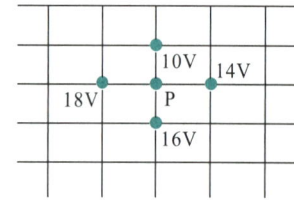

라플라스 근사법:
$V=\dfrac{V_1+V_2+V_3+V_4}{4}=\dfrac{(18+10+14+16)}{4}=14.5$

036

표면전하밀도 $\rho_s>0$인 도체 표면상의 한 점의 전속밀도 $D=4a_x-5a_y+2a_z[C/m^2]$일때 ρ_s는 몇 $[C/m^2]$인가?

① $2\sqrt{3}$ ② $2\sqrt{5}$
③ $3\sqrt{3}$ ④ $3\sqrt{5}$

$D=4a_x-5a_y+2a_z[C/m^2]$ 와 $\rho_s[C/m^2]$의 단위가 같다
$\therefore D=\rho_s=\sqrt{4^2+5^2+2^2}=\sqrt{45}=3\sqrt{5}$

037

진공중에서 대전 도체의 표면 전하밀도가 $\sigma[C/m^2]$이라면 표면전계는?

① $E=\dfrac{\sigma}{\epsilon_0}$ ② $E=\dfrac{\sigma}{2\epsilon_0}$
③ $E=\dfrac{\sigma}{2\pi\epsilon_0}$ ④ $E=\dfrac{\sigma}{4\pi r^2}$

$D=\epsilon E$에서 $E=\dfrac{D}{\epsilon}$ 단, 도체내부 전계 $=0$

038

전위경도 v와 전계 E의 관계식은?

① $E=\mathrm{grad}V$ ② $E=\mathrm{div}V$
③ $E=-\mathrm{grad}V$ ④ $E=-\mathrm{div}V$

039

Poisson의 방정식은?

① $\mathrm{div}E=-\dfrac{\rho}{\epsilon_o}$
② $\nabla^2 V=-\dfrac{\rho}{\epsilon_0}$
③ $E=-\mathrm{grad}V$
④ $\mathrm{div}E=\epsilon_o$

정답 034 ④ 035 ② 036 ④ 037 ① 038 ③ 039 ②

040

전위함수 $V=2xy^2+x^2yz^2$[V]일 때 점$(1,0,0)$[m]의 공간 전하 밀도[C/m³]는?

① $4\epsilon_0$ ② $-4\epsilon_0$
③ $6\epsilon_0$ ④ $-6\epsilon_0$

🔋

$$\frac{\rho}{\epsilon}=-\nabla^2 V=-\left(\frac{\partial^2 V}{\partial x^2}+\frac{\partial^2 V}{\partial y^2}+\frac{\partial^2 V}{\partial z^2}\right)$$
$$=-\left(\frac{\partial}{\partial x^2}(2xy^2+x^2yz^2)+\frac{\partial}{\partial y^2}(2xy^2+x^2yz^2)+\frac{\partial}{\partial z^2}(2xy^2+x^2yz^2)\right)$$
$$=-4 \quad\therefore\quad \frac{\rho}{\epsilon}=-4 \rightarrow \rho=-4\epsilon=-4\epsilon_0 \text{ (공간, 즉 공기중)}$$

041

$E=\frac{3x}{x^2+y^2}i+\frac{3y}{x^2+y^2}j$[V/m]일 때 점$(4,3,0)$를 지나는 전기력선의 방정식을 나타낸 것은 어느 것인가?

① $XY=\frac{4}{3}$ ② $XY=\frac{3}{4}$
③ $X=\frac{4}{3}Y$ ④ $X=\frac{3}{4}Y$

🔋

$\frac{dx}{E_x}=\frac{dy}{E_y}$ 에서 $\frac{x^2+y^2}{3x}dx=\frac{x^2+y^2}{3y}dy$

$\frac{1}{x}dx=\frac{1}{y}dy$: 양변적분

$\ln(x)+c_1=\ln(y)+c_2$

$\ln(x)-\ln(y)=+c_2-c_1 \rightarrow \ln\left(\frac{x}{y}\right)=c'$

$\frac{x}{y}=c \rightarrow x=cy$ 에서 (x,y,z)에 $(4,3,0)$대입

$4=c\times 3 \rightarrow c=\frac{4}{3} \quad\therefore\quad x=\frac{4}{3}y$

이해 전력선의 방정식
▶ 좌표값대입 (x,y,z)에 $(4,3,0)$대입
① $XY=\frac{4}{3}$ 에 대입 $4\times 3=\frac{4}{3}$ 만족안함
③ $X=\frac{4}{3}Y$ 에 대입 $4=\frac{4}{3}\times 3$ 만족함

042

전계의 세기가 E인 균일한 전계 내에 있는 전자가 받는 힘은? (단, 전자의 전하량은 그 크기가 e이다.)

① 크기는 e^2E이고 전계와 같은 방향
② 크기는 e^2E이고 전계와 반대 방향
③ 크기는 eE이고 전계와 같은 방향
④ 크기는 eE이고 전계와 반대 방향

🔋

$F=QE \quad\therefore\quad Q=e$ 대입, 전자는 음의 전하
$F=eE$, 전계(양의 전하의 이동방향)와 반대방향

043

반지름 10[cm]인 구의 표면전계가 3[kV/mm]라면 이 구의 전위는 몇 [kV]이겠는가?

① 100 ② 300
③ 500 ④ 800

🔋

$V=E\cdot r$ [kV]$=3$[kV/mm]$\times 100$[mm]$=300$[kV]

044

공기중에 고립되어 있는 지름 3[cm]인 구도체의 전위를 몇 볼트 이상으로 하면 구 표면 공기의 절연 파괴가 되는가? 단, 공기의 절연내력은 3[kV/mm]라 한다.

① 15[kV] ② 30[kV]
③ 45[kV] ④ 60[kV]

🔋

$V=E\cdot r=3$[kV/mm]$\times 15$[mm]$=45$[kV]

조심 모든 공식의 거리는 반지름
(지름3[cm], 반지름1.5[cm], 반지름15[mm])

045 ★

50[V/m]의 평등 전계중의 80[V]되는 A점에서 전계 방향으로 80[cm] 떨어진 B점의 전위는 몇 [V]인가?

① 20
② 40
③ 60
④ 80

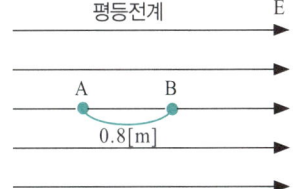

$V_{AB} = V_A - V_B = E \cdot r$ 에서
$E=50[V/m]$, $V_A=80[V]$, $r=0.8[m]$ 대입
$80[V] - V_B = 50[V/m] \times 8[m]$ ∴ $V_B = 40[V]$

046

무한히 넓은 평행판 평판 전극 사이의 전위차는 몇 [V]인가?(단, 평행판 전하밀도 $\sigma[C/m^2]$, 판간거리 $d[m]$라 한다.)

① $\dfrac{\sigma}{\epsilon_0}$
② $\dfrac{\sigma}{\epsilon_0}d$
③ σd
④ $\dfrac{\epsilon_0 \sigma}{d}$

① $V = E \cdot d$ ② $\sigma = \epsilon E$ 두공식을 이용 $V = \left(\dfrac{\sigma}{\epsilon}\right) \cdot d$

047 ★★

등전위면을 따라 전하 $Q[C]$를 운반하는데 필요한 일은?

① 전하의 크기에 따라 변한다.
② 전위의 크기에 따라 변한다.
③ 등전위면과 전기력선에 의하여 결정된다.
④ 항상 0이다.

등전위면상을 따라 또는 폐회로시 한 일=0 (∵전위차=0)

048 ★★

진공중에 전하량 $Q[C]$인 점전하가 있다. 그림과 같이 Q를 둘러싸는 경로 C_1가 둘러싸지 않은 폐곡선 C_2가 있다. 지금 $+1[C]$의 전하를 화살표 방향으로 경로 C_1을 따라 일주시킬 때 요하는 일을 W_1, 경로 C_2를 일주시키는데 요하는 일을 W_2라고 할 때 옳은 것은?

① $W_1 < W_2$
② $W_1 < W_2$
③ $W_1 \neq 0$, $W_2 = 0$
④ $W_1 = W_2 = 0$

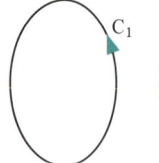
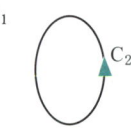

등전위면상을 따라 또는 폐회로시 한 일=0 (∵전위차=0)

SECTION 03 정전용량

049

평행판 콘덴서에서 전극간에 $V[V]$의 전위차를 가할 때 전계의 세기가 공기의 절연내력 $E[V/m]$를 넘지 않도록 하기 위한 콘덴서의 단위 면적당의 최대용량은 몇 $[F/m^2]$인가?

① $\dfrac{\epsilon_0 V}{E}$
② $\dfrac{\epsilon_0 E}{V}$
③ $\dfrac{\epsilon_0 V^2}{E}$
④ $\dfrac{\epsilon_0 E^2}{V}$

$Q = CV$ 에서 $C[F] = \dfrac{Q}{V}$ 양변을 면적으로 나누면
$$C[F/m^2] = \dfrac{Q/S}{V} = \dfrac{D}{V} = \dfrac{\epsilon E}{V}$$

050 ★★

여러 가지 도체의 전하 분포에 있어 각 도체의 전하를 n배 하면 중첩의 원리가 성립하기 위해서는 그 전위는 어떻게 되는가?

① $\dfrac{1}{2}n$배가 된다.
② n가 된다.
③ $2n$가 된다.
④ n^2가 된다.

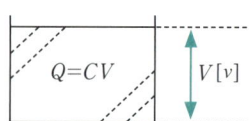

전하량이 n배 증가시 전위(높이)도 n배 증가
($Q = CV$ 에서 C일정 시 $V \propto Q$)

051

$1[\mu F]$의 정전용량을 갖는 구의 반지름은 몇 [km]인가?

① 0.9
② 9
③ 90
④ 900

콘덴서의 정전용량(구($4\pi\epsilon$), 원주($2\pi\epsilon$), 평행도선($\pi\epsilon$))

도체구 $C=4\pi\epsilon a$ ➔ $a=\dfrac{1}{4\pi\epsilon}C$ 에서

$\dfrac{1}{4\pi\epsilon_0}=9\times10^9$, $C=1\times10^{-6}$[F] 대입

$\therefore a=9\times10^9\times1\times10^{-6}=9\times10^3=9$[km]

052

내경 a[m], 외경 b[m]인 동심구 콘덴서의 내구를 접지했을 때의 정전용량은 몇 [F]인가?

① $4\pi\epsilon_0 \dfrac{b^2}{b-a}$
② $4\pi\epsilon_0 \dfrac{a^2}{b-a}$
③ $4\pi\epsilon_0 \dfrac{ab}{b-a}$
④ $4\pi\epsilon_0 \dfrac{b-a}{ab}$

도체구(동심) $C=\dfrac{4\pi\epsilon}{\left(\dfrac{1}{a}-\dfrac{1}{b}\right)}$ 에서 분모, 분자에 ab를 곱하여 정리(단순화)

$C=4\pi\epsilon \dfrac{1}{\left(\dfrac{1}{a}-\dfrac{1}{b}\right)}=4\pi\epsilon \dfrac{1}{\left(\dfrac{1}{a}-\dfrac{1}{b}\right)}\times\dfrac{ab}{ab}=4\pi\epsilon \dfrac{ab}{b-a}$

053

내구의 반지름 $a=10$[cm], 외구의 반지름 $b=20$[cm]인 동심 도체구의 정전용량은 약 몇 [pF]인가?

① 16
② 18
③ 20
④ 22

도체구(동심) $C=\dfrac{4\pi\epsilon}{\left(\dfrac{1}{a}-\dfrac{1}{b}\right)}$ 에서

$a=0.1$, $b=0.2$, $\epsilon_0=8.855\times10^{-12}$ 대입

$C=\dfrac{4\pi\times8.855\times10^{-12}}{\left(\dfrac{1}{0.1}-\dfrac{1}{0.2}\right)}=22.2\times10^{-12}=22.2$[pF]

054 ★★

모든 전기장치를 접지시키는 근본적인 이유는?

① 편의상 진면을 영전위로 보기 때문에
② 지구의 용량이 커서 전위가 거의 일정하기 때문에
③ 지구는 전류를 잘 통하기 때문에
④ 영상전하를 이용하기 때문에

$V=\dfrac{Q}{C}$ 에서 C(정전용량) $=\infty$라면 $V=\dfrac{Q}{\infty}=0$

∴ 전하량과 관계없이 일정

055

다음 설명 중 영전위로 볼 수 없는 것은?

① 가상 음전하가 존재하는 무한 원점
② 전지의 음극
③ 지구의 대지
④ 전계내의 대전도체

전계내의 대전도체는 양전하, 음전하 모두를 가지므로 영전위로 볼 수 없다.

056 ★★

그림과 같이 길이가 1[m]인 동축원통 사이의 정전용량 [F/m]은?

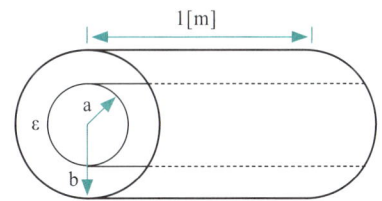

① $\dfrac{2\pi}{\epsilon \ln\dfrac{b}{a}}$
② $\dfrac{\epsilon}{2\pi \ln\dfrac{b}{a}}$
③ $\dfrac{2\pi\epsilon}{\ln\dfrac{b}{a}}$
④ $\dfrac{\pi\epsilon}{\ln\dfrac{b}{a}}$

콘덴서의 정전용량(구($4\pi\epsilon$), 원주($2\pi\epsilon$), 평형도선($\pi\epsilon$))에서

동심원통도체(원주) $C=\dfrac{2\pi\epsilon}{\ln\dfrac{b}{a}}$

057

그림과 같이 반지름 r[m], 중심간격 x[m]인 평행 원통 도체가 있다. $x \gg r$라 할 때 원통도체의 단위 길이당 정전용량[F/m]인가?

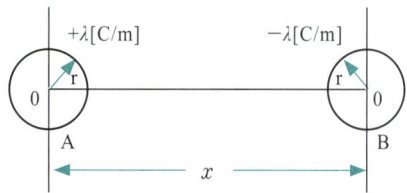

① $\dfrac{2\pi\epsilon_o}{\ln\dfrac{r}{x}}$ ② $\dfrac{2\pi\epsilon_o}{\ln\dfrac{x}{r}}$ ③ $\dfrac{\pi\epsilon_o}{\ln\dfrac{r}{x}}$ ④ $\dfrac{\pi\epsilon_o}{\ln\dfrac{x}{r}}$

콘덴서의 정전용량(구($4\pi\epsilon$), 원주($2\pi\epsilon$), 평행도선($\pi\epsilon$))

평행도선 $C = \dfrac{\pi\epsilon}{\ln\dfrac{b}{a}} = \dfrac{\pi\epsilon}{\ln\dfrac{x}{r}}$

이해 조심 ln (큰값/작은값)

058 ★★

평행판 콘덴서의 양극판 면적을 3배로 하고 간격을 1/3로 줄이면 정전용량은 처음의 몇 배가 되는가?

① 1   ② 3
③ 6   ④ 9

평판콘덴서 $C = \dfrac{\epsilon S}{d}$ 에서 $S' = 3S$, $d' = 1/3d$ 대입

$C' = \dfrac{\epsilon S'}{d'} = \dfrac{\epsilon(3S)}{\left(\dfrac{1}{3}d\right)} = \dfrac{3}{\dfrac{1}{3}}\dfrac{\epsilon S}{d} = 9\dfrac{\epsilon S}{d} = 9C$

059

전위계수의 단위는?

① [1/F]   ② [C]
③ [C/V]   ④ 없다.

계수의 단위
① 전위계수$(P) = \dfrac{V(\text{전위차})}{Q(\text{전하량})} = $ [elastance] $= $ [1/F]
② 용량계수$(q) = \dfrac{Q(\text{전하량})}{V(\text{전위차})} = $ [F] $= $ [1/elastance]

060

엘라스턴스(elastance)는?

① $\dfrac{1}{\text{전위차} \times \text{전기량}}$ ② 전위차 $\times$ 전기량

③ $\dfrac{\text{전위차}}{\text{전기량}}$ ④ $\dfrac{\text{전기량}}{\text{전위차}}$

전위계수$(P) = \dfrac{V(\text{전위차})}{Q(\text{전하량})} = $ [elastance] $= $ [1/F]

061

도체계의 전위계수의 성질로 틀린 것은?

① $P_{rr} \geq P_{rs}$ ② $P_{rr} < 0$
③ $P_{rs} \geq 0$ ④ $P_{rs} = P_{sr}$

$q_{12} = q_{21} \leq 0$: 유도계수(q_{rs})만 0보다 적거나 같다. ∴ $P_{rr} \geq 0$

062

전위계수에 있어서 $P_{11} = P_{21}$의 관계가 의미하는 것은?

① 도체 1과 도체 2가 멀리 떨어져 있다.
② 도체 1과 도체 2가 가까이 있다.
③ 도체 1이 도체 2의 내쪽에 있다.
④ 도체 2가 도체 1의 내쪽에 있다.

두 도체간의 포함관계를 직관적으로 이해하면, P(바깥도체), q(안도체)
$P_{11} = P_{21}$: 1번과 2번도체가 포함관계이고 도체1번이 바깥도체

063 ★★

그림과 같이 도체 1을 도체 2로 포위하여 도체 2를 일정 전위로 유지하고, 도체 1과 도체 2의 외측에 도체 3이 있을 때 용량계수 및 유도계수의 성질 중 맞는 것은?

① $q_{21} = -q_{11}$
② $q_{31} = q_{11}$
③ $q_{13} = -q_{11}$
④ $q_{23} = q_{11}$

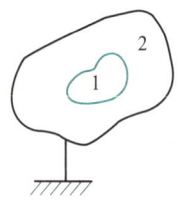

정답 057 ④ 058 ④ 059 ① 060 ③ 061 ② 062 ④ 063 ①

두 도체간의 포함관계를 직관적으로 이해하면, P(바깥도체), q(안도체) 2번과 1번도체가 포함관계이고 도체1번이 안도체 : $q_{11}=-q_{21}$ $(=-q_{12})$

064 ★

진공 중에 서로 떨어져 있는 두 도체 A,B가 있을 때 도체 A에만 1[C]의 전하를 주었더니 도체 A와 B의 전위가 3[V], 2[V]이었다. 지금 도체 A, B에 각각 2[C]와 1[C]의 전하를 주면 도체 A의 전위는 몇 [V]인가?

① 6 ② 7
③ 8 ④ 9

$V_1=P_{11}Q_1+P_{12}Q_2$, $V_2=P_{21}Q_1+P_{22}Q_2$ 에서
- $Q_1=1[C]$, $Q_2=0[C]$, $V_1=3[V]$, $V_2=2[V]$ 를 대입
  ⓐ $3=P_{11}\times 1+P_{12}\times 0$, ⓑ $2=P_{21}\times 1+P_{22}\times 0$
  ∴ ⓐ에서 $P_{11}=3$, ⓑ에서 $P_{21}=P_{12}=2$
- 기본식 $V_1=P_{11}Q_1+P_{12}Q_2$에 조건 $Q_1=2[C]$, $Q_2=1[C]$ 그리고 앞식에서 구한 $P_{11}=3$, $P_{12}=2$ 대입
  ∴ $V_1=3\times 2+2\times 1=8[V]$

065

전위계수에 대한 설명 중 틀린 것은?

① 도체주위의 매질에 따라 정해지는 상수이다.
② 도체의 크기와는 관계가 없다.
③ 전위계수는 도체 상호간의 배치상태에 따라 정해지는 상수이다.
④ 전위계수의 단위는[1/F]이다.

전위 계수는 도체의 크기, 상호간의 배치상태 및 주위공간의 매질에 따라 정해지고 전위, 전하에 관계없는 상수이다.

이해 콘덴서의 용량계수도 제품이 나올 때 전압,전하량과 관계없이 정해진다.

066

콘덴서의 성질에 관한 설명으로 틀린 것은?

① 정전용량이란 도체의 전위를 1[V]로 하는데 필요한 전하량을 말한다.
② 용량이 같은 콘덴서를 n개 직렬 연결하면 내압은 n배, 용량은 $1/n$로 된다.
③ 용량이 같은 콘덴서를 n개 병렬 연결하면 내압은 같고, 용량은 n배로 된다.
④ 콘덴서를 직렬 연결할 때 각 콘덴서에 분포되는 전하량은 콘덴서 크기에 비례한다.

콘덴서 직렬연결 : 전류(전하량) 일정, 병렬연결 : 인가전압 일정
∴ ④ 직렬연결시 전하량은 일정하다.

067

그림과 같이 평행판 콘덴서 내에 비유전율 12와 18인 두 종류의 유전체를 같은 두께로 두었을 때 A에는 몇 [V]의 전압이 가해지는가?

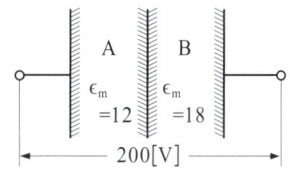

① 40 ② 80
③ 120 ④ 160

- 전압분배법칙으로 푼다 : 전체정전용량분의 남의 것($C[F]=\frac{\epsilon S}{d} \propto \epsilon$)
  $V_A=200\times\frac{18}{12+18}=120$
- 정전용량이 큰쪽이 적은 전압이 인가 ($V=\frac{Q}{C}\propto\frac{1}{C}$)
  $\epsilon=12$쪽에 인가 전압이 V_A 라면 $V_B=V_A\times 12/18$
  ∴ $V_A+V_B=V_A+V_A\times 12/18=200$에서 $V_A=120$

068

$C_1=1[\mu F]$, $C_2=2[\mu F]$, $C_3=3[\mu F]$인 세 개의 콘덴서를 직렬 연결하여 600[V]의 전압을 가할 때 C_1양변 사이에 걸리는 전압[V]은?

① 약 55 ② 약327
③ 약164 ④ 약382

- 전압분배법칙으로 푼다. $V_1 = V \times \dfrac{C}{C_1 + C}$ (남의것)

  $V = 600[V]$ $C_1 = 1[\mu F]$ C_2와 C_3의 합성값 $\dfrac{2 \times 3}{2+3} = 1.2$ 대입

  $\therefore V_1 = 600 \times \dfrac{1.2}{1+1.2} = 327$

- 인가전압은 정전용량에 반비례 ($V = \dfrac{Q}{C} \propto \dfrac{1}{C}$ (Q:일정, 즉 직렬회로)

  C_1에 비해 C_2는 C_1의 2배, C_3는 C_1의 3배 이므로 전압은 반대로 C_1인가전압 V_1이라면 C_2인가전압은 $V_2 = \dfrac{1}{2}V_1$,

  C_3인가전압은 $V_3 = \dfrac{1}{3}V_1$

  $\therefore V = V_1 + V_2 + V_3 = V_1 + V_1/2 + V_1/3 = 600$ 에서 $V_1 = 327$

069 ★★

정전용량이 4[uF], 5[uF], 6[uF]이고 각각의 내압이 순서대로 500[V], 450[V], 350[V]인 콘덴서 3개를 직렬로 연결하고 전압을 서서히 증가시키면 콘덴서의 상태는 어떻게 되겠는가?(단, 유전체의 재질 및 두께는 같다.)

① 4[uF]의 콘덴서가 제일 먼저 파괴된다.

② 5[uF]의 콘덴서가 제일 먼저 파괴된다.

③ 6[uF]의 콘덴서가 제일 먼저 파괴된다.

④ 세 개의 콘덴서가 동시에 파괴된다.

직렬연결시 최초로 파괴되는 콘덴서 :
$Q_1(=C_1V_1)$, $Q_2(=C_2V_2)$, $Q_3(=C_3V_3)$ 中 적은 것.
즉 충전전하량이 적은 것
단, $V_1 = V_2 = V_3$(동일재질 콘덴서)에는 콘덴서 정전용량이 적은 것
$Q_1 = C_1V_1 = 4 \times 500 = 2000[\mu C]$,
$Q_2 = C_2V_2 = 5 \times 450 = 2250[\mu C]$
$Q_3 = C_3V_3 = 6 \times 350 = 2100[\mu C]$ $\therefore C_1 = 4[\mu F]$ 최초파괴

070

내압이 1[kV]이고 용량이 각각 0.01[μF], 0.02[μF], 0.05[μF] 인 콘덴서를 직렬로 연결 했을 때의 전체 내압[V]은?

① 3000

② 1750

③ 1700

④ 1500

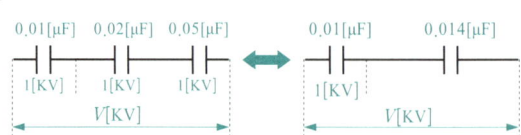

- 최초파괴 콘덴서는 0.01[μF]에 1[kV]가 인가시 이며,

  0.02[μF]과 0.05[μF]의 직렬합성값 = $\dfrac{0.02 \times 0.05}{0.02 + 0.05} = 0.014$

  전압분배법칙으로 푼다. $V_1 = V \times \dfrac{C}{C_1 + C}$ (남의것)

  $V_1 = 1000[V]$ $C_1 = 0.01[\mu F]$ C_2와 C_3의 합성값=0.014[μF] 대입

  $\therefore 1000 = V \times \dfrac{0.014}{0.01 + 0.014}$ 에서 $V = 1714[V]$

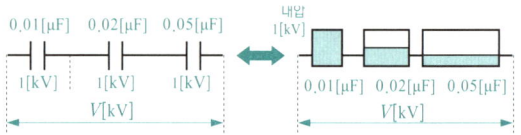

- 최초파괴 콘덴서는 0.01[μF]에 1[kV]가 인가시 이며, 그때 나머지 두 콘덴서에 인가되는 전압은 정전용량에 반비례 0.01[μF]에 1[kV], 0.02[μF]에는 1[kV]/2, 0.05[μF]에는 1[kV]/5

  $\therefore V = V_1 + V_2 + V_3$
  $= 1[kV] + 1[kV]/2 + 1[kV]/5 = 1.7[kV]$

071

1[μF]의 콘덴서를 30[kV]로 충전하여 200[Ω]의 저항에 연결하면 저항에서 소모되는 에너지는 몇 [J]인가?

① 450

② 900

③ 1350

④ 1800

에너지 $W = \dfrac{1}{2}CV^2 = \dfrac{1}{2} \times (1 \times 10^{-6}) \times (30 \times 10^3)^2 = 450$

※ 저항 크기는 에너지 소모시간과 연관, 현재에서는 의미없다.

072

정전용량이 0.5[μF], 1[μF]인 콘덴서에 각각 $2 \times 10^{-4}[C]$ 및 $3 \times 10^{-4}[C]$의 전하를 주고 극성을 같게 하여 병렬로 접속할 때 콘덴서에 축적된 에너지는 약 몇 [J]인가?

① 0.042

② 0.063

③ 0.083

④ 0.126

콘덴서 축적에너지 $W = \dfrac{Q^2}{2C}$ 에서

병렬접속이므로 $Q = Q_1 + Q_2 = 2 \times 10^{-4} + 3 \times 10^{-4} = 5 \times 10^{-4}$
$C = C_1 + C_2 = 0.5 + 1 = 1.5 \times 10^{-6}$ 적용
$$W = \frac{(5 \times 10^{-4})^2}{2 \times (1.5 \times 10^{-6})} = 0.083$$

073

대전된 구 도체를 반경이 2배가 되는 대전이 안된 구도체에 가는 도선으로 연결할 때 원래의 에너지에 대해 손실된 에너지는 얼마인가?(단, 구도체는 충분히 떨어져 있다.)

① $\frac{1}{2}$ ② $\frac{1}{3}$
③ $\frac{2}{3}$ ④ $\frac{2}{5}$

에너지 $W = \frac{1}{2}QV = \frac{1}{2}CV^2 = \frac{Q^2}{2C}$ 에서 3번째 공식을 적용함(전하량일정) 전하량 일정시 에너지는 정전용량에 반비례하므로
도선연결전 $C_1 = C$ 라면 도선연결후 $C_2 = C + 2C = 3C$ (3배증가)
∴ 도선연결전 에너지 $W_1 = W$ 라면 도선연결후 에너지 $W_2 = \frac{1}{3}W$

손실된 에너지 $W_1 - W_2 = W - \frac{1}{3}W = \frac{2}{3}W$

 $W \propto \frac{1}{C}$ 즉, 에너지는 정전용량에 반비례하므로
연결후 $W = \frac{1}{3}$, 손실 $W = \frac{2}{3}$

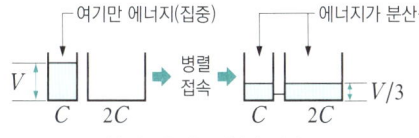
접속전·후 전체 전하량 일정

074

W_1, W_2의 에너지를 갖는 두 콘덴서를 병렬로 연결하였을 경우 총 에너지 W에 대한 관계식으로 옳은 것은? (단, $W_1 \neq W_2$이다.)

① $W_1 + W_2 > W$ ② $W_1 + W_2 < W$
③ $W_1 + W_2 = W$ ④ $W_1 - W_2 > W$

두콘덴서의 에너지가 다른 콘덴서를 병렬연결시 에너지가 많은 쪽에서 적은 콘덴서로 전하가 이동(에너지소비) 하므로 정전에너지 에너지는 감소하게 된다. 즉 연결 전 에너지 > 연결 후 에너지

075

동일한 두 도체를 같은 에너지 $W_1 = W_2$로 충전한 후에 이들을 병렬로 연결하였다. 총에너지 W 의 관계로 옳은 것은?

① $W_1 + W_2 < W$ ② $W_1 + W_2 = W$
③ $W_1 + W_2 > W$ ④ $W_1 - W_2 = W$

에너지가 동일하므로 병렬 연결시에도 전하가 이동이 없게 되어 에너지는 변하지 않는다. 즉 연결 전 에너지 = 연결 후 에너지

076 ★

정전에너지, 전하, 정전용량의 관계에서 어떤 도체에 가해주는 전하와 축적되는 정전에너지간의 관계곡선은?

① 직선 ② 타원
③ 포물선 ④ 쌍곡선

에너지 $W = \frac{1}{2}QV = \frac{1}{2}CV^2 = \frac{Q^2}{2C}$ 에서 3번째 공식을 적용함
$W = \frac{Q^2}{2C}$ 에서 $W \propto Q^2$ 포물선이 됨

SECTION 04 유전체

077 ★★★

평행판 콘덴서의 판사이에 비유전율 ϵ_s의 유전체를 삽입하였을 때의 정전용량은 진공일 때의 용량의 몇 배인가?

① ϵ_s ② $(\epsilon_s - 1)$
③ $\frac{1}{\epsilon_s}$ ④ $(\epsilon_s + 1)$

$C_o = \frac{\epsilon_o S}{d}$ 에서 C'는 ϵ_0를 $\epsilon_s \epsilon_0$로 변경
$C' = \frac{\epsilon_s \epsilon_o S}{d} = \epsilon_s C_o$ 즉 ϵ_s배 증가한다.

유전체 삽입시
• 증가(ϵ_s배) : ①정전용량(C), ②충전전하량(Q)
• 감소($1/\epsilon_s$배) : ③전압(전위)(V), ④전계(E), ⑤에너지, 힘
※단, 부분적으로 유전체 삽입시 2배보다 조금적게 변화됨

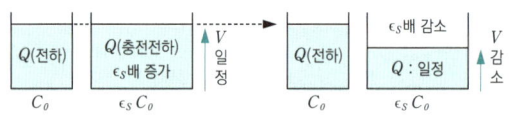

① 일정전압 인가시   ② 일정전압 미인가시

078

공기 콘덴서의 극판 사이에 비유전율 ϵ_s의 유전체를 채운 경우 동일 전위차에 극판간의 전하량은?

① $\dfrac{1}{\epsilon_s}$로 감소

② ϵ_s 배로 증가

③ 불변

④ $\pi\epsilon$ 배로 증가

$Q_o = C_o V = \dfrac{\epsilon_o S}{d} V$ 에서 ϵ_0를 $\epsilon_s \epsilon_o$로 변경

$Q' = C'V = \dfrac{\epsilon_s \epsilon_o S}{d} V = \epsilon_s Q$ 즉 ϵ_s배 증가한다.

이해 $Q = CV$, $C = \dfrac{\epsilon S}{d}$: 유전률(↑), 정전용량(↑), 전하량(↑)

079

평행판 공기 콘덴서의 두 전극판 사이에 전위차계를 접속하고 전지에 의하여 충전하였다. 충전한 상태에서 비유전율 ϵ_S인 유전체를 콘덴서에 채우면 전위차계의 지시는 어떻게 되는가?

① 불변이다.   ② 0이 된다.
③ 감소한다.   ④ 증가한다.

$V_o = \dfrac{Q}{C_o} = \dfrac{d}{\epsilon_o S} Q$ 에서 ϵ_0를 $\epsilon_s \epsilon_o$로 변경

$V' = \dfrac{Q}{C'} = \dfrac{d}{\epsilon_s \epsilon_o S} Q = \dfrac{1}{\epsilon_s} \dfrac{d}{\epsilon_o S} Q = \dfrac{1}{\epsilon_s} V_o$ 즉 ϵ_s배 감소한다.

이해 $V = \dfrac{Q}{C}$, $C = \dfrac{\epsilon S}{d}$: 유전률(↑), 정전용량(↑), 전위(↓)

080

전압 E[V]로 충전되어 있는 정전용량이 C_o인 공기콘덴서의 사이에 $\epsilon_s = 10$의 유전체를 채운 경우의 전계의 세기는 공기인 경우의 몇 배가 되는가?

① 10   ② 5
③ 0.5   ④ 0.1

$E_o = \dfrac{V_o}{d}$ 에서 $V_o = \dfrac{Q}{C_o}$, $C_o = \dfrac{\epsilon_o S}{d}$ 대입 $E_o = \dfrac{Q}{\epsilon_o S}$

$\epsilon_s (=10)$를 채우면

$E' = \dfrac{Q}{\epsilon_s \epsilon_o S} = \dfrac{1}{\epsilon_s} E_o = \dfrac{1}{10} E_o$

이해 $E = \dfrac{V}{d}$, $V = \dfrac{Q}{C}$, $C = \dfrac{\epsilon S}{d}$
: 유전률(↑), 정전용량(↑), 전위, 전계(↓)

081

공기콘덴서를 100[V]로 충전한 다음, 극간에 유전체를 넣어 용량을 10배로 하였다. 이때 정전에너지는 몇 배로 되는가?

① $\dfrac{1}{10}$ 배

② 10배

③ $\dfrac{1}{1000}$ 배

④ 1000배

$W = \dfrac{1}{2} QV = \dfrac{1}{2} CV^2 = \dfrac{Q^2}{2C}$ 에서 전하량일정 ∴ $W_o = \dfrac{Q^2}{2C_o}$ 선정

$W' = \dfrac{Q^2}{2C'}$ 에서 $C' = 10C_0$ 대입

$W' = \dfrac{Q^2}{2 \times 10C} = \dfrac{1}{10} \dfrac{Q^2}{2C} = \dfrac{1}{10} W_o$

이해 $W = \dfrac{Q^2}{2C}$ 정전용량(↑), 에너지(↓)

082 ★

유전체 내의 전계 E와 분극의 세기 P의 관계식은?

① $P = \epsilon_0 (\epsilon_s - 1) E$

② $P = \epsilon_s (\epsilon_0 - 1) E$

③ $P = \epsilon_0 (\epsilon_s + 1) E$

④ $P = \epsilon_s (\epsilon_0 + 1) E$

① $P = \epsilon_o (\epsilon_s - 1) E$ ② $P = \left(1 - \dfrac{1}{\epsilon_s}\right) D$ ③ $P = \chi E$ 에서 ①번 형태

정답 078 ② 079 ③ 080 ④ 081 ① 082 ①

083 ★★★

그림과 같이 전속밀도 $D=1[C/m^2]$ 중에 $\epsilon_s=5$인 유전체가 놓여 있어서 균일하게 분극이 생겼다면 분극도 $P[C/m^2]$는?

① 0.3
② 0.5
③ 1
④ 0.8

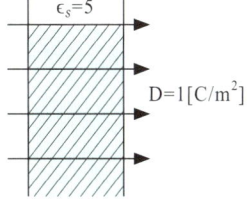

$P=\left(1-\dfrac{1}{\epsilon_s}\right)D$ 에서 $\epsilon_s=5, D=1$ 대입 $P=\left(1-\dfrac{1}{5}\right)\times 1=0.8$

084

유전체에서 분극의 세기의 단위는?

① [C]
② [C/m]
③ $[C/m^2]$
④ $[C/m^3]$

085 ★★

면적 $S[m^2]$ 간격 $d[m]$인 평행판 Condenser에 그림과 같이 두께 $d_1, d_2[m]$이며 유전율 $\epsilon_1, \epsilon_2[F/m]$인 두 유전체를 극판간에 평행으로 채웠을 때 정전용량은 얼마인가

① $\dfrac{S}{\dfrac{d_1}{\epsilon_1}+\dfrac{d_2}{\epsilon_2}}$

② $\dfrac{\epsilon_1\epsilon_2 S}{d}$

③ $\dfrac{\epsilon_1 S}{d_1}+\dfrac{\epsilon_2 S}{d_2}$

④ $\dfrac{S}{\dfrac{d_1}{\epsilon_2}+\dfrac{d_2}{\epsilon_1}}$

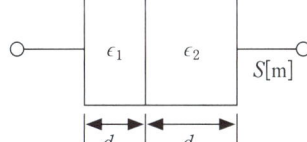

직렬합성 $C=\dfrac{1}{\dfrac{1}{C_1}+\dfrac{1}{C_2}}$ ($C_1=\dfrac{\epsilon_1 S}{d_1}, C_2=\dfrac{\epsilon_2 S}{d_2}$) : 극판 면적이 같다. 를 대입하여 정리하면 된다.

∴ $C=\dfrac{1}{\dfrac{d_1}{\epsilon_1 S}+\dfrac{d_2}{\epsilon_2 S}}=\dfrac{1\times S}{\left(\dfrac{d_1}{\epsilon_1 S}+\dfrac{d_2}{\epsilon_2 S}\right)\times S}=\dfrac{S}{\left(\dfrac{d_1}{\epsilon_1}+\dfrac{d_2}{\epsilon_2}\right)}$

086

평행판 공기 콘덴서에 극간 간격의 $\dfrac{1}{2}$ 두께 되는 종이를 전극에 평행하게 넣으면 처음에 비하여 정전 용량은 몇 배가 되는가?(단, 종이의 비유전율은 $\epsilon_s=3$ 이다.)

① 1
② 1.5
③ 2
④ 2.5

직렬합성 $C=\dfrac{C_1\times C_2}{C_1+C_2}$ ($C_1=\dfrac{\epsilon_o S}{1/2d}=2\dfrac{\epsilon_o S}{d}=2C_0$)

($C_2=\dfrac{3\epsilon_o S}{1/2d}=6\dfrac{\epsilon_o S}{d}=6C_0$)

∴ $C=\dfrac{C_1\times C_2}{C_1+C_2}=\dfrac{2C_0\times 6C_0}{2C_0+6C_0}=\dfrac{12}{8}C_0=1.5C_0$

이해 부분적으로 유전체삽입시 비유전율이 아무리 커도 2배보다 조금 적게 변화됨

087

그림과 같이 판의 면적 $\dfrac{1}{3}S$, 두께 d와 판면적 $\dfrac{1}{3}S$, 두께 되는 유전체($\epsilon_s=3$)를 끼웠을 경우의 정전용량은 처음의 몇 배인가?

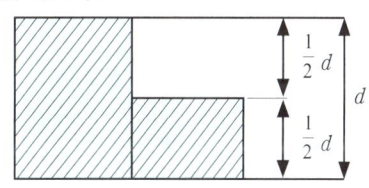

① 1/6
② 5/6
③ 11/6
④ 13/6

부분적으로 유전체를 채우면 부분적으로 콘덴서 용량을 구하여 그것의 합성값으로 계산한다.

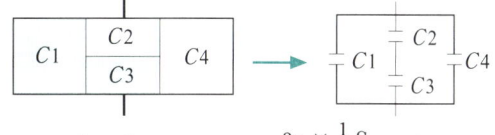

$C=C_1+\dfrac{C_2\times C_3}{C_2+C_3}+C_4$ 에서 $C_1=\dfrac{3\epsilon_0\times\dfrac{1}{3}S}{d}=\dfrac{\epsilon_0 S}{d}=C_0$

$C_2=\dfrac{\epsilon_0\times\dfrac{1}{3}S}{\dfrac{1}{2}d}=\dfrac{2}{3}\times\dfrac{\epsilon_0 S}{d}=\dfrac{2}{3}C_0$

정답 083 ④ 084 ③ 085 ① 086 ② 087 ③

$$C_3 = \frac{3\epsilon_0 \times \frac{1}{3}S}{\frac{1}{2}d} = 2 \times \frac{\epsilon_0 S}{d} = 2C_0$$

$$C_4 = \frac{\epsilon_0 \times \frac{1}{3}S}{d} = \frac{1}{3} \times \frac{\epsilon_0 S}{d} = \frac{1}{3}C_0$$

$$\therefore C = \left(1 + \frac{(2/3) \times 2}{(2/3) + 2} + \frac{1}{3}\right)C_0 = \frac{11}{6}C_0 \text{ (2배보다 조금 적다.)}$$

088 ★

유전율이 각각 다른 두 종류의 유전체 경계면에 전속이 입사될 때 이 전속의 방향은?

① 직전 ② 반사
③ 회절 ④ 굴절

089 ★★★

종류가 다른 두 유전체 경계면의 전하 분포가 없을 때 경계면에서 정전계가 만족하는 것은?

① 전계의 법선 성분이 같다.
② 전속 밀도의 접선 성분이 같다.
③ 전속선은 유전율이 큰 곳으로 모인다.
④ 경계면상의 두 점간의 전위차가 다르다.

유전율(ϵ)과 굴절각(θ), 전속선(전속밀도 D)는 비례
즉, 전속선(전속밀도 D)는 유전율이 큰쪽으로 모인다.

이해 ① 전계의 접선성분이 같다.
② 전속밀도의 법선 성분이 같다
③ 경계면상의 두점간의 전위치가 같다.

090 ★★

그림과 같이 유전체 경계면에서 $\epsilon_1 < \epsilon_2$ 이었을 때 E_1 과 E_2의 관계식 중 맞는 것은?

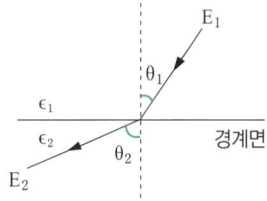

① $E_1 > E_2$ ② $E_1 \cos\theta_1 = E_2 \cos\theta_2$
③ $E_1 = E_2$ ④ $E_1 < E_2$

유전율(ϵ)과 전기력선(전계 E)는 반비례한다.
$\epsilon_1 < \epsilon_2 \Rightarrow E_1 > E_2$

091

그림과 같은 유전속의 분포에서 그림과 같을 때 ϵ_1과 ϵ_2의 관계는?

① $\epsilon_1 = \epsilon_2$
② $\epsilon_1 > \epsilon_2$
③ $\epsilon_1 < \epsilon_2$
④ $\epsilon_1 = \epsilon_2 = 0$

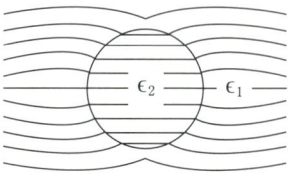

유전율(ϵ)과 굴절각(θ), 전속선(전속밀도 D)는 비례
즉, 전속선(전속밀도 D)는 유전율이 큰쪽으로 모인다.
$\therefore D_1 < D_2 \Rightarrow \epsilon_1 < \epsilon_2$

092 ★

$\epsilon_1 > \epsilon_2$의 유전체 경계면에 전계가 수직으로 입사할 때 경계면에 작용하는 힘과 방향에 대한 설명이 옳은 것은?

① $f = \frac{1}{2}\left(\frac{1}{\epsilon_2} - \frac{1}{\epsilon_1}\right)D^2$의 힘이 ϵ_1에서 ϵ_2로 작용

② $f = \frac{1}{2}\left(\frac{1}{\epsilon_1} - \frac{1}{\epsilon_2}\right)E^2$의 힘이 ϵ_2에서 ϵ_1로 작용

③ $f = \frac{1}{2}(\epsilon_2 - \epsilon_1)E^2$의 힘이 ϵ_1에서 ϵ_2로 작용

④ $f = \frac{1}{2}(\epsilon_1 - \epsilon_2)D^2$의 힘이 ϵ_2에서 ϵ_1로 작용

$\epsilon_1 > \epsilon_2$ 수직입사시
- 힘의 방향은 유전율이 큰쪽에서 적은쪽으로 작용
  $\therefore \epsilon_1$에서 ϵ_2로 작용
- 힘의 크기는 $F = \frac{1}{2}ED = \frac{1}{2}\epsilon E^2 = \frac{D^2}{2\epsilon}$에서 수직입사시 전하밀도일정

  $F = \frac{D^2}{2\epsilon}$에서 $F_2 - F_1$의 인장응력 작용

  $\therefore F = \frac{D^2}{2\epsilon_2} - \frac{D^2}{2\epsilon_1} = \frac{D^2}{2}\left(\frac{1}{\epsilon_2} - \frac{1}{\epsilon_1}\right)$

이해 방향 : 유전율(ϵ)이 大 ➔ 小 ∴ ϵ_1에서 ϵ_2로 작용
※ 크기 : 괄호안이 (大 - 小) 의 형태를 취함

정답 088 ④ 089 ③ 090 ① 091 ③ 092 ①

$$\therefore (\epsilon_1 - \epsilon_2) \text{ 또는 } \left(\frac{1}{\epsilon_2} - \frac{1}{\epsilon_1}\right) \text{ 가 맞는 표현}$$

SECTION 05 전기영상법

093 ★★★

점전하 $+Q$의 무한평면도체에 대한 영상전하는?

① Q와 같다.　　② Q보다 작다.
③ $-Q$와 같다.　　④ $-Q$보다 크다.

무한평면 도체에 의한 영상전하 $(-Q)$: 크기는 같고 부호는 반대

094 ★★

무한 평면 도체로부터 $d\,[\mathrm{m}]$인 곳에 점전하 $Q[\mathrm{C}]$가 있을 때 도체 표면상에 최대로 유기되는 전하밀도$[\mathrm{C/m^2}]$는?

① $\dfrac{-Q}{2\pi d^2}$

② $\dfrac{-Q}{2\pi \epsilon_0 d^2}$

③ $\dfrac{-Q}{4\pi d^2}$

④ $\dfrac{-Q}{4\pi \epsilon_0 d^2}$

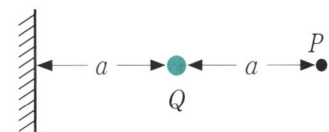

무한평면 도체에 유도된 최대전하밀도 : (x,y)좌표값 $(0,0)$에서 발생됨
$$D_m = \epsilon_o E_m = \epsilon_o \times \left(\dfrac{-Q}{4\pi\epsilon_0 d^2} \times 2\right) = \dfrac{-Q}{2\pi d^2}$$

095 ★

평면도체의 표면에서 a인 거리에 점전하 $Q[\mathrm{C}]$이 있다. 이 전하를 무한 원점까지 운반하는데 요하는 일은 몇 $[\mathrm{J}]$인가?

① $\dfrac{Q^2}{4\pi\epsilon_o a^2}$

② $\dfrac{Q^2}{8\pi\epsilon_o a}$

③ $\dfrac{Q^2}{16\pi\epsilon_o a}$

④ $\dfrac{Q^2}{16\pi\epsilon_o a^2}$

평면도체와 점전하 $W = \int_a^\infty F \cdot dl = F \cdot a$ 에서 $F = \dfrac{Q^2}{16\pi\epsilon_o a^2}$ 대입
$$W = F \cdot a = \dfrac{Q^2}{16\pi\epsilon_o a^2} \times a = \dfrac{Q^2}{16\pi\epsilon_o a}$$

096

접지된 무한히 넓은 평면도체로부터 $a\,[\mathrm{m}]$ 떨어져 있는 공간에 $Q[\mathrm{C}]$의 점전하가 놓여 있을 때 그림 P점의 전위는 몇 $[\mathrm{V}]$인가?

① $\dfrac{Q}{8\pi\epsilon_o a}$

② $\dfrac{Q}{6\pi\epsilon_o a}$

③ $\dfrac{3Q}{4\pi\epsilon_o a}$

④ $\dfrac{Q}{2\pi\epsilon_o a}$

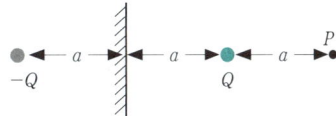

주어진 전하 $+Q$와 영상전하 $-Q$의 두전하에 의한 전위를 구하여 합한다.
$$V_P = \dfrac{Q}{4\pi\epsilon_o a} + \dfrac{-Q}{4\pi\epsilon_o (3a)} = \dfrac{Q}{6\pi\epsilon_o a}$$

097

그림과 같은 직교 도체 평면상 P점에 $Q[\mathrm{C}]$의 전하가 있을 때 P'점의 영상 전하는?

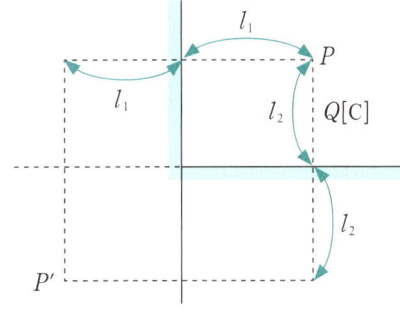

① Q_2　　② Q
③ $-Q$　　④ 0

1사분면에 $+Q$ 존재시 2,4분면에는 $-Q$ 전하가 유도되고
3사분면 P'위치에는 다시 반대인 $+Q$ 전하가 유도된다. ∴ $+Q$

098

그림과 같이 접지된 반지름 a[m]의 도체구 중심 0에서 d[m] 떨어진 점 A에 Q[C]의 점전하가 존재할 때 A'점에 Q'의 영상전하(image charge)를 생각하면, 구도체와 점 전하간에 작용하는 힘은 몇 [N]인가?

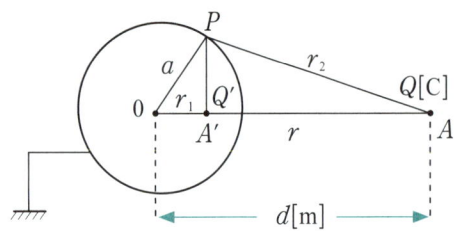

① $\dfrac{QQ'}{4\pi\epsilon_o\left(\dfrac{d^2-a^2}{d}\right)}$ ② $\dfrac{QQ'}{4\pi\epsilon_o\left(\dfrac{d}{d^2-a^2}\right)}$

③ $\dfrac{QQ'}{4\pi\epsilon_o\left(\dfrac{d^2-a^2}{d^2}\right)^2}$ ④ $\dfrac{QQ'}{4\pi\epsilon_o\left(\dfrac{d^2-a^2}{d}\right)^2}$

접지도체구와 점전하사이의 힘도 영상전하와 점전하 사이힘으로 계산

힘 : $F=\dfrac{Q_1 Q_2}{4\pi\epsilon_o r^2}$ ($Q_1=Q$, $Q_2=Q'$, $r=d-\dfrac{a^2}{d}=\dfrac{d^2-a^2}{d}$) 대입

$\therefore F=\dfrac{QQ'}{4\pi\epsilon_o\left(\dfrac{d^2-a^2}{d}\right)^2}$

099 ★★

접지 구도체와 점전하 간에는 어떤 힘이 작용하는가?

① 항상 0이다.
② 조건적 반발 또는 흡인력이다.
③ 항상 반발력이다.
④ 항상 흡인력이다.

유도된 영상전하는 항상 반대 극성 ∴ 항상 흡인력

SECTION 06 전류

100

k는 도전도, ρ는 고유저항, E는 전계의 세기, i는 전류밀도일 때 옴의 법칙은?

① $i=kE$ ② $i=\dfrac{E}{k}$

③ $i=\rho E$ ④ $i=\rho kE$

옴의 법칙의 미분형 i[A/m²]$=kE=\dfrac{E}{\rho}$: k 전도(도전)율, ρ 고유저항

101

옴(ohm)의 법칙을 미분형으로 표시하면?

① $i=\dfrac{E}{\rho}$ ② $i=\rho E$

③ $i=\nabla E$ ④ $i=\text{div}\,E$

옴의 법칙의 미분형 i[A/m²]$=kE=\dfrac{E}{\rho}$: k 전도(도전)율, ρ 고유저항

102

유전체 중의 전계의 세기를 E, 유전율을 ε이라 하면 전기변위는?

① εE ② εE^2

③ $\dfrac{\varepsilon}{E}$ ④ $\dfrac{E}{\varepsilon}$

전하밀도 $D=\varepsilon E$ 의 다른 표현 전기변위

103 ★

공간도체 중의 정상전류밀도가 i, 전하밀도가 ρ일 때 키르히호프 전류법칙을 나타내는 것은?

① $i=\dfrac{\partial \rho}{\partial t}$ ② $\text{div}\,i=0$

③ $i=0$ ④ $\text{div}\,i=-\dfrac{\partial \rho}{\partial t}$

정답 098 ④ 099 ④ 100 ① 101 ① 102 ① 103 ②

키르히호프의 법칙 :
∑유입전류=∑ 유출전류 즉, $\sum I = 0$ → 미분형: div $i=0$

104 ★★

전기저항 R과 정전용량 C, 고유저항 ρ 및 유전율 ϵ 사이의 관계는?

① $RC=\rho\epsilon$
② $\dfrac{R}{C}=\dfrac{\epsilon}{\rho}$
③ $\dfrac{C}{R}=\rho\epsilon$
④ $R=\rho\epsilon C$

$RC=\rho\epsilon$
- $R[\Omega]$: 저항
- $C[F]$: 정전용량
- $\rho[\Omega \cdot m]$ 고유저항
- $\epsilon[F/m]$: 유전율

105 ★

정전용량 $C[F]$와 콘덕턴스 $G[S]$와의 관계로 옳은 것은?(단, K : 도전율[℧/m], ϵ : 유전율[F/m])

① $\dfrac{C}{G}=\dfrac{\epsilon}{K}$
② $CK=\dfrac{G}{\epsilon}$
③ $GC=\epsilon K$
④ $\dfrac{C}{G}=\dfrac{K}{\epsilon}$

$RC=\rho\epsilon$ (저항×정전용량=고유저항×유전률)에서 → $\dfrac{C}{G}=\dfrac{\epsilon}{K}$

$R=\dfrac{1}{G}$ (저항= $\dfrac{1}{컨덕턴스}$), $\rho=\dfrac{1}{K}$ (고유저항= $\dfrac{1}{도전율}$) 대입

106

반지름 $a[m]$인 반구도체를 유전률 ϵ, 고유저항 ρ인 대지에 접지할 경우의 도체와 대지간의 저항은 몇 $[\Omega]$인가?

① $\dfrac{\rho}{4\pi a^2}$
② $\dfrac{\rho}{4\pi a}$
③ $\dfrac{\rho}{2\pi a^2}$
④ $\dfrac{\rho}{2\pi a}$

$RC=\rho\epsilon$ → $R=\dfrac{\rho\epsilon}{C}$ 에서 $C=2\pi\epsilon a$ 대입 ∴ $R=\dfrac{\rho\epsilon}{2\pi\epsilon a}=\dfrac{\rho}{2\pi a}$

(조심 : 구도체 $C=4\pi\epsilon a$, 반구도체 $C=2\pi\epsilon a$, 반구도체2개 $C=2\pi\epsilon a \times 2$)

이해 구형 도체의 접지저항값

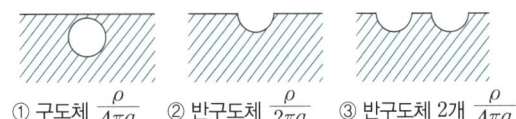

① 구도체 $\dfrac{\rho}{4\pi a}$　② 반구도체 $\dfrac{\rho}{2\pi a}$　③ 반구도체 2개 $\dfrac{\rho}{4\pi a}$

107

반경 a, b이고 길이 l, 도전율이 σ인 동축케이블이 있다. 단위길이당 절연저항은?

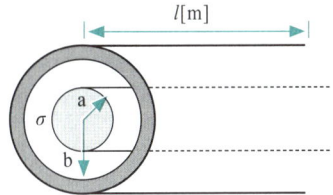

① $\dfrac{\sigma}{2\ell}\ln\dfrac{b}{a}$
② $\dfrac{\sigma\ell}{2\pi}\ln\dfrac{b}{a}$
③ $\dfrac{1}{2\pi\sigma}\ln\dfrac{b}{a}$
④ $\dfrac{1}{2\pi\sigma}\ln\dfrac{a}{b}$

$RC=\rho\epsilon$ → $R=\dfrac{\rho\epsilon}{C}$ 에서 $C=\dfrac{2\pi\epsilon}{\ln\dfrac{b}{a}}$ 대입

∴ $R=\dfrac{\rho\epsilon}{\dfrac{2\pi\epsilon}{\ln\dfrac{b}{a}}}=\dfrac{\rho}{2\pi}\ln\dfrac{b}{a}$

공식에서 ρ : 고유저항, 하지만 문제에서 σ : 도전율이 주어짐

$\rho=\dfrac{1}{\sigma}$ 적용하여 $R=\dfrac{1}{2\pi\sigma}\ln\dfrac{b}{a}$

(조심 : 구도체 $C=4\pi\epsilon a$, 원주 $C=\dfrac{2\pi\epsilon}{\ln\dfrac{b}{a}}$, 평행도선 $C=\dfrac{\pi\epsilon}{\ln\dfrac{b}{a}}$)

108

도체의 전기저항에 대한 설명으로 틀린 것은?

① 단면적에 반비례하고 길이에 비례한다.
② 고유저항은 백금보다 구리가 크다.
③ 도체의 반지름의 제곱에 반비례한다.
④ 같은 길이, 같은 단면적에서도 온도가 상승하면 저항이 증가한다.

정답　104 ①　105 ①　106 ④　107 ③　108 ②

$R = \rho \dfrac{l}{S}$: 저항은 고유저항과 길이에 비례하고, 단면적에는 반비례한다.
고유저항(은＜구리＜금＜백금....), 도전률(은＞구리＞금＞백금....) 순이다.
도체(금속)은 정특성 온도계수를 가진다.(온도상승 ➡ 저항증가)
☞ 고유저항은 구리가 백금보다 적다.

109

도전율 σ, 투자율 μ인 도체에 교류전류가 흐를 때의 표피 효과는?

① 주파수가 높을수록 적다.
② 투자율이 클수록 적다.
③ 도전율이 클수록 크다.
④ 투자율, 도전율은 무관이다.

표피효과는 온도와 반비례(높을수록 적다.)
나머지(주파수, 투자율, 도전율)에는 비례(클수록 크다.)

110

표피 효과에 관한 설명으로 옳은 것은?

① 주파수가 낮을수록 침투깊이는 작아진다.
② 전도도가 작을수록 침투깊이는 작아진다.
③ 표피효과는 전계 혹은 전류가 도체 내부로 들어 갈수록 지수함수적으로 적어지는 현상이다.
④ 도체 내부의 전계의 세기가 도체 표면의 전계 세기 의 1/2까지 감쇠되는 도체 표면에서 거리를 표피 두께라 한다.

표피효과는 온도와 반비례(높을수록 적다).
나머지(주파수, 투자율, 도전율)에는 비례(클수록 크다.)
표피효과와 침투깊이는 반비례 관계로써 침투깊이는 전계가 $1/e = 0.37$ 즉, $37[\%]$로 떨어지는 깊이를 말한다.

111

반지름 a인 액체 상태의 원통상 도선 내부에 균일하게 전류가 흐를 때 도체 내부에 자장이 생겨 로렌츠의 힘으로 전류가 원통 중심방향으로 수축하려는 효과는?

① 펠티어 효과
② 톰슨효과
③ 핀치효과
④ 제어백효과

핀치효과 : 직류전류 인가시 중심으로만 전류가 흐르는 현상으로써 문제에 설명한 현상에 의하여 발생한다.

112

제벡(Seebeck) 효과를 이용한 것은?

① 광전지
② 열전대
③ 전자냉동
④ 수정 발전기

열전대는 온도센서를 의미함

113

한 금속에서 전류의 흐름으로 인한 온도 구배 부분의 주울 열 이외의 발열 또는 흡열에 관한 현상은?

① 펠티어 효과 (Peltier effect)
② 볼타 법칙 (Volta law)
③ 제어백 효과 (Seebeck effect)
④ 톰슨 효과 (Thomson effect)

동일 금속의 접합면에서도 흡열 · 발열 발생 : 톰슨효과

114

전류가 흐르고 있는 도체에서 자계를 가하면 도체 측면에는 정부의 전하가 나타나 두면간에 전위차가 발생하는 현상은 무엇인가?

① 핀치효과
② 톰슨 효과
③ Hall효과
④ 제어백효과

자계(H)에 의한 효과 : H 효과

115

다음이 설명하고 있는 것은?

> 수정, 로셸염 등에 열을 가하면 분극을 일으켜 한 쪽 끝에 양(+) 전기, 다른 쪽 끝에 음(-)전기가 나타나며, 냉각 할 때에는 역분극이 생긴다.

① 강유전성
② 압전기현상
③ 파이로(Pyro) 전기
④ 톰슨(Thomson) 효과

가열 또는 냉각에 의한 전기발생 : 파이로 전기, 초전전기, 초전효과

116

유전체의 초전효과(pyroelectric effect)에 대한 설명이 아닌 것은?

① 온도변화에 관계없이 일어난다.
② 자발분극을 가진 유전체에서 생긴다.
③ 초전효과가 있는 유전체를 공기 중에 놓으면 중화된다
④ 열에너지를 전기에너지로 변화시키는데 이용된다.

가열 또는 냉각에 의한 전기발생 : 파이로 전기, 초전전기, 초전효과

117

그림과 같이 회로에서 저항 r_1에 흐르는 전류를 최소로 하기 위한 저항 r_2는?

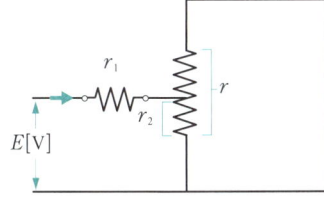

① $\dfrac{r_1}{2}$
② $\dfrac{r}{2}$
③ r_1
④ r_2

합성저항 $R = r_1 + \dfrac{r_2 \times (r - r_2)}{r_2 + (r - r_2)} = r_1 + r_2 - \dfrac{r_2^2}{r}$

r_1에 흐르는 전류가 최소가 되기 위해서는 $\dfrac{\partial}{\partial r_2} R = 0$ 이어야 하므로

$\dfrac{\partial}{\partial r_2}\left(r_1 + r_2 - \dfrac{r_2^2}{r}\right) = 1 - \dfrac{2r_2}{r} = 0 \quad \therefore r_2 = \dfrac{r}{2}$

이해 딱 반

SECTION 07 여러모양 도체에서의 전계와 전위

118

구 대칭전하에 의한 내외 전계 E와 반경 r 관계는?

①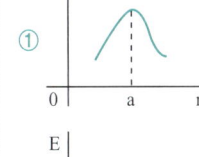
②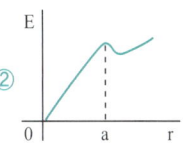
③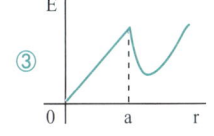
④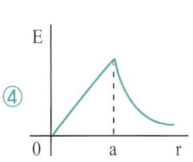

구 대칭전하는 도체 내부에 전하가 균등하게 분포되어 있는 경우로써

구 내부에서 전계 $E[\text{V/m}] = \dfrac{rQ}{4\pi\epsilon a^3}$: 거리에 비례

구 외부에서 전계 $E[\text{V/m}] = \dfrac{Q}{4\pi\epsilon r^2}$: 거리에 제곱에 반비례

119

중공도체의 중공부에 전하를 놓지 않으면 외부에서 준전하는 외부표면에만 분포한다. 이때 도체내의 전계는 몇 $[\text{V/m}]$가 되는가?

① 0
② 4π
③ $\dfrac{1}{4\pi\epsilon_0}$
④ ∞

도체 내부에서의 전계=0, 전위는 표면과 동일

이해
(내부에서의 전계) 무조건 0
① 구(점)전하 :
  • 표면전하존재시 $E[\text{V/m}] = 0$

- 균일전하존재시 $E[V/m] = \dfrac{rQ}{4\pi\epsilon a^3}$

② 도체면전하　전계 $E[V/m] = 0$

(내부에서의 전위) 무조건 표면과 동일
① 구(점)전하 :
- 표면전하존재시 전위 $V[V]$: 표면과 동일
- 균일전하존재시 전위 $V[V]$: 표면보다 크다.

② 도체면전하　전위 $V[V]$: 표면과 동일

120

반지름이 r_1인 가상구 표면에 $+Q$의 전하가 균일하게 분포되어 있는 경우, 가상구 내의 전위 분포에 대한 설명으로 옳은 것은?

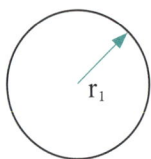

① $V = \dfrac{Q}{4\pi\epsilon_0 r_1}$ 로 반지름에 반비례하여 감소한다.

② $V = \dfrac{Q}{4\pi\epsilon_0 r_1}$ 로 일정하다.

③ $V = \dfrac{Q}{4\pi\epsilon_0 r_1^2}$ 로 반지름에 반비례하여 감소한다.

④ $V = \dfrac{Q}{4\pi\epsilon_0 r_1^2}$ 로 일정하다.

도체 전하가 표면에 균일하게 분포되어 있는 경우(표면에만 전하존재시)

구 외부에서 전위 $V[V] = \dfrac{Q}{4\pi\epsilon r}$: 거리에 반비례

구 내부에서 전위 $V[V] = \dfrac{Q}{4\pi\epsilon r_1}$: 표면(거리r_1)에서와 동일하다.

121

진공 중에 서로 평행인 무한 길이 두 직선 도선 A, B 가 $d[m]$ 떨어져 있다. A, B의 선전하 밀도를 각각 $\lambda_1[c/m]$, $\lambda_2[c/m]$라 할 때, A로부터 $\dfrac{d}{3}[m]$인 점의 전계의 세기가 0 이였다면 λ_1과 λ_2의 관계는?

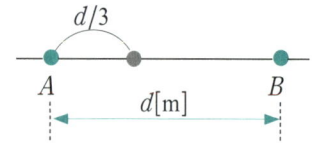

① $\lambda_2 = \dfrac{1}{2}\lambda_1$　　　② $\lambda_2 = 2\lambda_1$

③ $\lambda_2 = 3\lambda_1$　　　　④ $\lambda_2 = 9\lambda_1$

전계의 세기가 0이 되려면 $E_1 = E_2$ 가 되어야 하므로
E_1에는 λ_1, $d/3$ 그리고 E_2에는 λ_2, $2d/3$를 대입하여 정리하면
$$\dfrac{\lambda_1}{2\pi\epsilon\left(\dfrac{d}{3}\right)} = \dfrac{\lambda_2}{2\pi\epsilon\left(\dfrac{2d}{3}\right)} \therefore 2\lambda_1 = \lambda_2$$

122

무한히 긴 직선 도체에 선전하 밀도 $+\rho[C/m]$로 전하가 충전되어 있을때 이 직선 도체에서 $r[m]$만큼 떨어진 점의 전위는?

① $\dfrac{\rho}{2\pi r^2}$　　　② $\dfrac{\rho}{2\pi r}$

③ ∞　　　　　④ 0

전하에 의한 전위의 크기 4가지

구전하($\dfrac{Q}{4\pi\epsilon r}$), 선전하($\infty$), 도체면전하($\infty$), 전기쌍극자($\propto \dfrac{1}{r^2}$)

123

진공 중에서 대전 도체의 표면 전하밀도가 $\sigma[C/m^2]$이라면 표면전계는?

① $E = \dfrac{\sigma}{\epsilon_0}$　　　② $E = \dfrac{\sigma}{2\epsilon_0}$

③ $E = \dfrac{\sigma}{2\pi\epsilon_0}$　　　④ $E = \dfrac{\sigma}{4\pi r^2}$

도체면전하 $\rho_s[C/m^2]$, $D[C/m^2]$에서 전계 $E[V/m] = \dfrac{\rho_s}{\epsilon}$: 거리와 무관

단, 무한히 얇은도체, 면전하 $E[V/m] = \dfrac{\rho_s}{2\epsilon}$

124

무한히 넓은 평면에 면밀도 $\sigma[C/m^2]$의 전하가 분포되어 있는 경우 전계의 세기는 몇 $[V/m]$인가?

① $\dfrac{\sigma}{\varepsilon_0}$　　　② $\dfrac{\sigma}{2\varepsilon_0}$

정답　120 ②　121 ②　122 ③　123 ①　124 ②

③ $\dfrac{\sigma}{2\pi\varepsilon_0}$ ④ $\dfrac{\sigma}{4\pi\varepsilon_0}$

도체 면전하 $\rho_s[C/m^2]$, $D[C/m^2]$에서 전계 $E[V/m] = \dfrac{\rho_s}{\epsilon}$: 거리와 무관

단, 무한히 얇은도체, 면전하 $E[V/m] = \dfrac{\rho_s}{2\epsilon}$

125

간격 $d[m]$로 평행한 무한히 넓은 2개의 도체판에 각각 단위면적마다 $+\sigma[C/m^2]$, $-\sigma[C/m^2]$의 전하가 대전되어 있을 때 두 도체 간의 전위차는 몇 [V]인가?

① 0   ② ∞

③ $\dfrac{\sigma}{\epsilon_0}d$ ④ $\dfrac{\sigma}{2\epsilon_0}d$

전위차 $V = E \cdot d$ 에서 전계 $E[V/m] = \dfrac{\sigma}{\epsilon}$ 를 대입 $\therefore V = \dfrac{\sigma}{\epsilon}d$

126 ★★★

전기쌍극자에 의한 전계의 세기는 쌍극자로부터의 거리 r에 대해 어떠한가?

① r^2에 반비례   ② r^3에 반비례

③ $r^{\frac{3}{2}}$에 반비례   ④ $r^{\frac{5}{2}}$에 반비례

전기쌍극자에 의한 전계 $E[V/m] = \dfrac{M\sqrt{1+3\cos^2\theta}}{4\pi\epsilon_o r^3} \propto \dfrac{1}{r^3}$

127

쌍극자 모멘트가 $M[C \cdot m]$인 전기쌍극자에 의한 임의의 점 P의 전계의 크기는 전기 쌍극자의 중심에서 축방향과 점 P를 잇는 선분 사이의 각이 얼마일 때 최대가 되는가?

① 0   ② $\dfrac{\pi}{2}$

③ $\dfrac{\pi}{3}$ ④ $\dfrac{\pi}{4}$

전기쌍극자 전계 $E[V/m] = \dfrac{M\sqrt{1+3\cos^2\theta}}{4\pi\epsilon_o r^3}$ 에서

0도 일 때 $\cos 0 = 1$ 로 최대가 됨

128

쌍극자 모멘트가 $M[C \cdot m]$인 전기쌍극자에서 점 P의 전계는 $\theta = \dfrac{\pi}{2}$일때 어떻게 되는가?(단, θ는 전기쌍극자의 중심에서 축방향과 점 P를 잇는 선분의 사이각이다.)

① 최소   ② 최대

③ 항상 0이다   ④ 항상 1이다.

전기쌍극자전계 전계 $E[V/m] = \dfrac{M\sqrt{1+3\cos^2\theta}}{4\pi\epsilon_o r^3}$ 에서

90도 일 때 $\cos 90 = 0$ 으로써 최소가 됨

129 ★

전기 쌍극자로부터 r만큼 떨어진 점의 전위 크기 V는 r과 어떤 관계가 있는가?

① $V \propto r$ ② $V \propto \dfrac{1}{r^3}$

③ $V \propto \dfrac{1}{r^2}$ ④ $V \propto \dfrac{1}{r}$

전하에 의한 전위의 크기 4가지

구전하 ($\dfrac{Q}{4\pi\epsilon r}$), 선전하 (∞), 도체면전하 (∞), 전기쌍극자 ($\propto \dfrac{1}{r^2}$)

130

전기 쌍극자 모멘트 $M[C \cdot m]$인 전기 쌍극자에 의한 임의의 점의 전위는 몇 [V]인가?(단, 전기 쌍극자 간의 중심점에서 임의의 점까지의 거리는 $R[m]$이고, 이들간에 이루어진 각은 θ이다.)

① $9 \times 10^9 \dfrac{M\cos\theta}{R}$ ② $9 \times 10^9 \dfrac{M\cos\theta}{R^2}$

③ $9 \times 10^9 \dfrac{M\sin\theta}{R}$ ④ $9 \times 10^9 \dfrac{M\sin\theta}{R^2}$

전기쌍극자 전위 $V[V] = \dfrac{M\cos\theta}{4\pi\epsilon_o r^2} \propto \dfrac{1}{r^2}$ 에서

$\dfrac{1}{4\pi\epsilon_0} = 9 \times 10^9$ 적용

$\therefore V[V] = 9 \times 10^9 \dfrac{M\cos\theta}{R^2}$

SECTION 08 정전계와 정자계 비교

131
물질의 자화현상과 관계가 가장 깊은 것은?

① 분자의 운동
② 전자의 공전
③ 전자의 자전
④ 전자의 이동

⚡ 지구도 자석 ∵ 지구의 자전 ➜ 정지 시 자성을 잊어버림

132
다음 중 자기회로와 전기회로의 대응관계로 옳지 않은 것은?

① 자속 - 전속
② 자계 - 전계
③ 투자율 - 도전율
④ 기자력 - 기전력

⚡ 자속 - 전류, 자속밀도 - 전류밀도

SECTION 09 진공중의 정자계

133 ★
10^{-5}[Wb]와 1.2×10^{-5}[Wb]의 점자극을 공기 중에서 2[cm] 거리에 놓았을 때 극간에 작용하는 힘은 몇 [N]인가?

① 1.9×10^{-2}
② 1.9×10^{-3}
③ 3.8×10^{-3}
④ 3.8×10^{-4}

⚡ 두 자극 사이 힘 $F_0 = \dfrac{m_1 m_2}{4\pi\mu_0 r^2} = 6.33 \times 10^4 \dfrac{m_1 m_2}{r^2}$ 에서

$m_1 = 10^{-5}, m_2 = 1.2 \times 10^{-5}, r = 2 \times 10^{-2}$ 대입

$F_0 = 6.33 \times 10^4 \dfrac{m_1 m_2}{r^2} = 6.33 \times 10^4 \dfrac{10^{-5} \times (1.2 \times 10^{-5})}{(2 \times 10^{-2})^2} = 0.019$

참고
자석에 의한 기본(자석의 세기=자극(m)=자하(m)=자속(ø)[Wb])

1) 두 자극 사이 힘

힘: $F[\text{N}] = \dfrac{m_1 m_2}{4\pi\mu r^2} = 6.33 \times 10^4 \dfrac{m_1 m_2}{r^2}$

2) +1[Wb]가 받는 힘

자계: $H[\text{A/m}] = \dfrac{m}{4\pi\mu r^2} = 6.33 \times 10^4 \dfrac{m}{r^2}$

3) +1[Wb]를 옮기는 일

자위: $U[\text{AT}] = \dfrac{m}{4\pi\mu r} = 6.33 \times 10^4 \dfrac{m}{r}$

4) 자속의 밀도

자속밀도: $B[\text{Wb/m}^2] = \dfrac{m}{4\pi r^2}$

134
진공 중에서 4π[Wb]의 자하로부터 발산되는 총 자력선의 수는?

① 4π
② 10^7
③ $4\pi \times 10^7$
④ $\dfrac{10^7}{4\pi}$

⚡ 자기력선의 수 $= \left(\dfrac{m}{\mu}\right)$ 에서 $m = 4\pi, \mu = \mu_o = 4\pi \times 10^{-7}$ 대입

∴ 자(기)력선수 $= \dfrac{m}{\mu} = \dfrac{4\pi}{4\pi \times 10^{-7}} = 10^7$

참고
전하 $Q[\text{C}]$, 유전율 ϵ: 전기력선의 수 $\left(\dfrac{Q}{\epsilon}\right)$, 전속=페러데이관수$(Q)$

자하 $m[\text{wb}]$, 투자율 μ: 자기력선의 수 $\left(\dfrac{m}{\mu}\right)$, 자속$(m)$

135 ★★
자계의 세기 $H = 1000$[AT/m]일 때 자속밀도 $B = 0.1$[Wb/m²]인 재질의 투자율은 몇 [H/m]인가?

① 10^{-3}
② 10^{-4}
③ 10^3
④ 10^4

⚡ $B = \mu H$ (자속밀도 = 투자율 × 자계)

➜ $\mu = \dfrac{B}{H}$ 에서 $H = 1000, B = 0.1$ 대입

∴ $\mu = \dfrac{B}{H} = \dfrac{0.1}{1000} = 10^{-4}$

정답 131 ③ 132 ① 133 ① 134 ② 135 ②

136

전하 $q[C]$가 진공중의 자계 $H[AT/m]$에 수직방향으로 $V[m/sec]$의 속도로 움직일 때 받는 힘은 몇 $[N]$인가?

① $\dfrac{qH}{\mu_0 V}$ ② qVH

③ $\dfrac{1}{\mu_0}qVH$ ④ $\mu_0 qVH$

자계 내 운동하는 전하에 작용하는 힘 $F=QVB\sin\theta$에서 ($B=\mu_0 H$, 각도 $\theta=90°$ 대입) $F=qV\mu_0 H\sin 90 = qV\mu_0 H$

137

비투자율 μ_s, 자속밀도 $B[Wb/m^2]$의 자계중에 있는 $m[Wb]$의 자극이 받는 힘은 몇 $[N]$인가?

① mB ② $\dfrac{mB}{\mu_0}$

③ $\dfrac{mB}{\mu_S}$ ④ $\dfrac{mB}{\mu_0 \mu_S}$

$F=mH$ 에서 $\left(B=\mu H \rightarrow H=\dfrac{B}{\mu}\right)$ 를 대입

$\therefore F=mH=m\dfrac{B}{\mu}=m\dfrac{B}{\mu_s \mu_0}$

138

자계에 있어서의 자화의 세기 $J[Wb/m^2]$는 유전체에서의 무엇과 동일한 의미를 가지고 있는가?

① 전속밀도
② 전계의 세기
③ 전기분극도
④ 전위

자화의세기($J[Wb/m^2]$) $= \mu_0(\mu_S -1)H = \left(1-\dfrac{1}{\mu_S}\right)B = xH$

분극의세기($P[C/m^2]$) $= \epsilon_0(\epsilon_S -1)E = \left(1-\dfrac{1}{\epsilon_S}\right)D = xE$

139

자화의 세기 $J_m[Wb/m^2]$을 자속밀도 $[Wb/m^2]$와 비투자율 μ_r로 나타내면?

① $J_m=(1-\mu_r)B$ ② $J_m=(\mu_r -1)B$

③ $J_m=\left(1-\dfrac{1}{\mu_r}\right)B$ ④ $J_m=\left(\dfrac{1}{\mu_r}-1\right)B$

외부자속밀도(자계)에 대한 물질 내 자화의 세기의 관계

$J[Wb/m^2]=\left(1-\dfrac{1}{\mu_s}\right)B = \mu_0(\mu_s -1)H = \chi H$

140

투자율이 μ이고, 감자율이 N인 자성체를 외부자계 H_0 중에 놓았을 때의 자성체의 자화의 세기 J를 구하면?

① $\dfrac{\mu_0(\mu_S +1)}{1+N(\mu_S +1)}H_0$ ② $\dfrac{\mu_0 \mu_S}{1+N(\mu_S +1)}H_0$

③ $\dfrac{\mu_0 \mu_S}{1+N(\mu_S -1)}H_0$ ④ $\dfrac{\mu_0(\mu_S -1)}{1+N(\mu_S -1)}H_0$

내부자계 $H=H_o - H'$ (H_0 : 평등자계, H' : 자기감자력)

$H=H_o - \dfrac{N}{\mu_0}J = H_o - N\dfrac{\chi}{\mu_0}H$ 에서 $H+N\dfrac{\chi}{\mu_0}H = H_o$

$H = \dfrac{H_o}{1+N\dfrac{\chi}{\mu_0}} = \dfrac{H_o}{1+N\left(\dfrac{\mu}{\mu_0}-1\right)} = \dfrac{H_o}{1+N(\mu_s -1)}$

$\therefore$ 자화의 세기 $J[Wb/m^2]=\mu_0(\mu_s -1)H$ 에 위식을 대입

$J[Wb/m^2] = \mu_0(\mu_s -1) \times \dfrac{H_o}{1+N(\mu_s -1)} = \dfrac{\mu_0(\mu_s -1)}{1+N(\mu_s -1)}H_o$

힌트 감자률(N)=0 일때 $J=\mu_0(\mu_s -1)H$를 만족해야 된다.

141 ★

감자력이 0인 것은?

① 가늘고 긴 막대자성체
② 구 자성체
③ 짧은 막대자성체
④ 환상철심

폐곡선의 형태로 된 환상철심은 감자력이 "0"
그래서 옛날에는 환상에 가까운 말굽자석을 많이 이용함

정답 136 ④ 137 ④ 138 ③ 139 ③ 140 ④ 141 ④

142 ★

균등하게 자화된 구(球)자성체가 자화될 때의 감자율은?

① 1/2
② 1/3
③ 2/3
④ 3/4

폐곡선 1/3

143

자기감자력은?

① 자계에 비례한다.
② 자극의 세기에 반비례한다.
③ 자화의 세기에 비례한다.
④ 자속에 반비례한다.

감자력은 자화의 세기에 비례한다.

144 ★

강자성체의 자속밀도 B의 크기와 자화의 세기 J의 크기 사이에는?

① J가 B보다 약간 크다.
② J가 B보다 대단히 크다.
③ J가 B보다 약간 작다.
④ J는 B와 똑 같다.

자화의 세기 $J[\text{Wb/m}^2] = \left(1 - \dfrac{1}{\mu_s}\right)B\,[\text{Wb/m}^2]$ 에서 강자성체($\mu_s \gg 1$)는 J는 B 보다 약간 적다.

Ex μ_s(순철)=4000 → $J = \left(1 - \dfrac{1}{4000}\right)B = 0.999B$

145

두 자성체 경계면에서 정자계가 만족하는 것은?

① 자계의 법선성분이 같다.
② 자속밀도의 접선성분이 같다.
③ 자속은 투자율이 작은 자성체에 모인다.
④ 양측 경계면상의 두 점 간의 자위차가 같다.

① 자계는 접선성분 일정
② 자속밀도는 법선성분 일정
③ 자속은 투자율이 큰 자성체에 모인다.

146 ★★★

투자율이 다른 두 자성체의 경계면에서 굴절각과 입사각의 관계가 옳은 것은?(단, μ : 투자율, θ_1 : 입사각, θ_2 : 굴절각 이다.)

① $\dfrac{\sin \theta_1}{\sin \theta_2} = \dfrac{\mu_1}{\mu_2}$
② $\dfrac{\tan \theta_2}{\tan \theta_1} = \dfrac{\mu_1}{\mu_2}$
③ $\dfrac{\cos \theta_1}{\cos \theta_2} = \dfrac{\mu_1}{\mu_2}$
④ $\dfrac{\tan \theta_1}{\tan \theta_2} = \dfrac{\mu_1}{\mu_2}$

147

투자율이 다른 두 자성체의 경계면에서 굴절각은?

① 투자율에 비례
② 투자율에 반비례
③ 투자율의 제곱에 비례
④ 비투자율에 반비례

투자율(μ)에 굴절각(θ), 자속선(자속밀도 B)는 비례하고, 자기력선(자계 H)는 반비례한다.

148

자속밀도 $B[\text{Wb/m}^2]$, 자계의 세기 $H[\text{AT/m}]$, 투자율 $\mu[\text{H/m}]$인 곳의 자계의 에너지 밀도는 몇 $[\text{J/m}^3]$인가?

① $\dfrac{1}{2}HB^2$
② HB
③ $\dfrac{1}{2\mu}H^2$
④ $\dfrac{1}{2\mu}B^2$

$F[\text{J/m}^3]\,[\text{N/m}^2] = \dfrac{1}{2}BH = \dfrac{1}{2}\mu H^2 = \dfrac{B^2}{2\mu}$ 에서 3번째 공식

정답 142 ② 143 ③ 144 ③ 145 ④ 146 ④ 147 ① 148 ④

149

그림과 같이 진공중에 자극면적이 $2[cm^2]$, 간격이 $0.1[cm]$인 자성체내에서 포화자속밀도가 $2[Wb/m^2]$일 때 두 자극면 사이에 작용하는 힘의 크기는 약 몇 $[N]$인가?

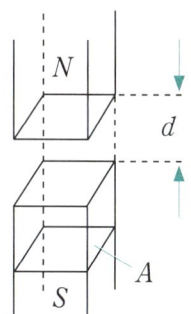

① 53
② 106
③ 159
④ 318

$F[J/m^3]\,[N/m^2]=\dfrac{1}{2}BH=\dfrac{1}{2}\mu H^2=\dfrac{B^2}{2\mu}$ 세 번째 공식 적용

$F[N]=F[N/m^2]\times S=\dfrac{B^2}{2\mu}\times S$ 에서

$B=2,\ \mu=\mu_o=4\pi\times10^{-7},\ S=2\times10^{-4}[m^2]$ 대입

$F[N]=\dfrac{(2)^2}{2\times4\pi\times10^{-7}}\times2\times10^{-4}=318$

SECTION 10 전류에 의한 자계

150

전류 $I[A]$에 대한 P점의 자계 $H[A/m]$의 방향이 옳게 표시 된 것은?(단, ⊙은 지면을 나오는 방향 ⊗은 지면을 들어 가는 방향표시이다.)

① 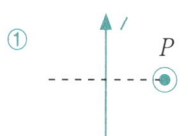   ②

③    ④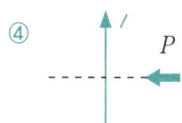

전류에 의한 자계의 방향 : Ampere(앙페르)의 오른손, 오른나사의 법칙
(직선전류 ➔ 회전자계) : 우측 : 들어가는 방향 ⊗
　　　　　　　　　좌측 : 나오는 방향 ⊙
(회전전류 ➔ 직선자계)

151

철판의 ( )부분에 대한 극성은?

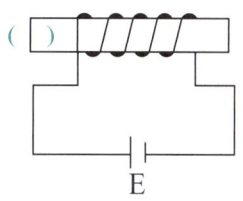

① N극
② N극과 S극이 교번
③ S극
④ 자극이 생기지 않음

(회전전류 ➔ 직선자계)
네손가락이 전류방향(회전전류) ➔ 엄지방향이 자계의 방향(즉 직선자계)

152 ★

전류에 의한 자계의 방향을 결정하는 법칙은?

① 렌쯔의 법칙
② 플레밍의 오른손법칙
③ 플레밍의 왼손법칙
④ 앙페르의 오른손법칙

전류에 의한 자계의 방향 : Ampere(앙페르)의 오른손, 오른나사의 법칙
전류에 의한 자계의 크기 : Ampere의 주회적분과 비오−사바르의 법칙

153

한 폐곡선에 대한 H(자계의 세기)의 선적분이 이 폐곡선으로 둘러싸이는 전류와 같음을 정의한 법칙은?

① 가우스의 법칙
② 쿨롱의 법칙
③ 비오-사바르의 법칙
④ 앙페르의 주회적분의 법칙

154

그림과 같이 공기내에 1[A]의 전류가 흐르는 무한 길이 직선 도선이 있다. 도선과 수직인 평면내에 있는 도선으로 부터의 거리가 1[m]인 원주 C에 따라서 화살표 방향으로 1[Wb]의 자극을 일주시키는데 요하는 일은 몇 [N]인가?

① 1[J]
② 2π[J]
③ $\dfrac{1}{2\pi}$[J]
④ 0[J]

1[Wb] 자극을 일주시키는데 필요한 일은 폐회로 내의 전류[A]와 같다. 단 전계에서는 폐회로시 한 일 =0

155

비오 사바르의 법칙으로 구할 수 있는 것?

① 자계의 세기
② 전계의 세기
③ 전하사이의 힘
④ 자계사이의 힘

미소전류에 의한 미소자계 (비오사바르의 법칙) $dH = \dfrac{Idl \sin\theta}{4\pi r^2}$

156

그림과 같은 회로 C에 전류 I가 흐를때 C의 미소부분 dl에 의하여 거리 r 만큼 떨어진 P점의 자계 dH는 r이 짓는 각을 θ라 하면 $M.K.S$ 합리화 단위계에서 어떤 것인가?

① $\dfrac{Idl \sin\theta}{4\pi r}$
② $\dfrac{4\pi Idl \sin\theta}{r^2}$
③ $\dfrac{Idl \sin\theta}{4\pi r^2}$
④ $\dfrac{Idl \sin\theta}{r^2}$

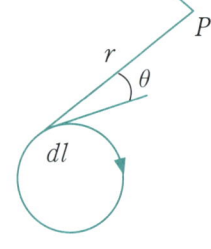

미소전류에 의한 미소자계 (비오사바르의 법칙) $dH = \dfrac{Idl Sin\theta}{4\pi r^2}$

157

그림과 같이 전류 I[A]가 흐르고 있는 직선 도체로부터 r[m] 떨어진 P점의 자계의 세기 및 방향을 바르게 나타낸 것은?(단, ⊙은 지면을 나오는 방향 ⊗은 지면을 들어가는 방향표시이다.)

① $\dfrac{I}{2\pi r}$ ⊗
② $\dfrac{I}{2\pi r}$ ⊙
③ $\dfrac{Idl}{4\pi r^2}$ ⊗
④ $\dfrac{Idl}{4\pi r^2}$ ⊙

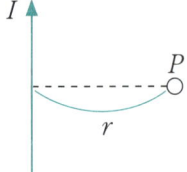

직선전류에 의한 자계의 방향 → 회전자계(우측 들어가는 방향 ⊗)
직선전류에 의한 자계의 크기 $H = \dfrac{NI}{2\pi r}$

158 ★★

무한장 직선도체에 전류 I[A]가 흐르고 있을 때 도체에서 r[m] 떨어진 점 P의 자속밀도는 몇 [Wb/m²]인가?

① $\dfrac{I}{2\pi r}$
② $\dfrac{\mu_o I}{\pi r}$
③ $\dfrac{\mu_o I}{r}$
④ $\dfrac{\mu_o I}{2\pi r}$

정답 153 ④ 154 ① 155 ① 156 ③ 157 ① 158 ④

$B=\mu H$ 에서 직선전류에 의한 자계 $H=\dfrac{NI}{2\pi r}$ 대입 $B=\mu\dfrac{NI}{2\pi r}$

여기서 $N=1$, $\mu=\mu_o$로 두면 $B=\dfrac{\mu_o I}{2\pi r}$

159

그림과 같이 $l_1[m]$에서 $l_2[m]$까지 전류 $I[A]$가 흐르고 있는 직선도체에서 수직거리 $a[m]$ 떨어진 P 점의 자계를 구하면 몇 [AT/m]인가?

① $\dfrac{I}{4\pi a}(\sin\theta_1+\sin\theta_2)$

② $\dfrac{I}{4\pi a}(\cos\theta_1+\cos\theta_2)$

③ $\dfrac{I}{2\pi a}(\sin\theta_1+\sin\theta_2)$

④ $\dfrac{I}{2\pi a}(\cos\theta_1+\cos\theta_2)$

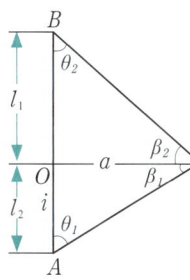

유한길이전류에 의한 자계 $\dfrac{I}{4\pi a}(\cos\theta_1+\cos\theta_2)$

$\dfrac{I}{4\pi a}(\sin\beta_1+\sin\beta_2)$

160 ★★★

그림과 같은 반지름 $a[m]$인 원형전류 $I[A]$가 만드는 중심 자계의세기[AT/m]?

① $\dfrac{I}{4a}$

② $\dfrac{I}{a}$

③ $\dfrac{a^2 I}{2(a^2+x^2)}$

④ $\dfrac{I}{2a}$

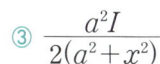

원형전류 중심 $H=\dfrac{NI}{2a}$ 에서 $N=1$ 로 본다 $\therefore H=\dfrac{I}{2a}$

161

그림과 같이 권수 N[회], 평균 반지름 r[m]인 환상 솔레노이드에 $I[A]$의 전류가 흐를 때 중심 0점의 자계의 세기는 몇 [AT/m]인가?(단, 누설자속은 없다고 함.)

① 0

② NI

③ $\dfrac{NI}{2\pi r}$

④ $\dfrac{NI}{2\pi r^2}$

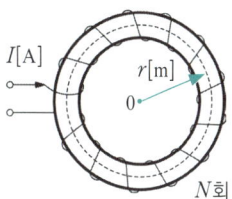

환상솔레노이드 내부 $H=\dfrac{NI}{2\pi r}$ 단)외부에서의 자계는 $H=0$

원점은 솔레노이드의 외부이므로 $H=0$

162

무한장 솔레노이드에 전류가 흐를 때 발생되는 자장에 관한 설명 중 옳은 것은?

① 내부 자장은 평등 자장이다.

② 외부와 내부 자장의 세기는 같다.

③ 외부 자장은 평등 자장이다.

④ 내부 자장의 세기는 0 이다.

솔레노이드 내부의 자계는 위치와 관계없는 평등자계이며 외부는 "0"

163

길이 1[cm]마다 권수 50을 가진 무한장 솔레노이드에 500[mA]의 전류를 흘릴 때 내부자계는 몇 [AT/m]인가?

① 1250 ② 2500

③ 12500 ④ 25000

무한장 솔레노이드 내부 $H=\dfrac{NI}{l}$ 단, 외부에서의 자계는 $H=0$

$l=0.01$, $N=50$, $I=500\times10^{-3}$ 대입

$\therefore H=\dfrac{50\times(500\times10^{-3})}{0.01}=2500$

정답 159 ② 160 ④ 161 ① 162 ① 163 ②

SECTION 11   전자력F[N] 과 회전력T[N·m]

164 ★

전류가 흐르는 도선을 자계 내에 놓으면 이 도선에 힘이 작용한다. 평등자계의 진공 중에 놓여 있는 직선전류 도선이 받는 힘에 대한 설명으로 옳은 것은?

① 도선의 길이에 비례한다.
② 전류의 세기에 반비례한다.
③ 자계의 세기에 반비례한다.
④ 전류와 자계 사이의 각에 대한 정현($sin\theta$)에 반비례한다.

자계내 선전류가 받는 힘 $F = BIl\sin\theta$
자속밀도(B), 전류(I), 도선의 길이(l), 정현각($sin\theta$)에 비례한다.

165

같은 평등 자계 중의 자계와 수직방향으로 전류도선을 놓으면 N, S극이 만드는 자계와 전류에 의한 자계와의 상호작용에 의하여 자계의 합성이 이루어지고 전류 도선은 힘을 받는다. 이러한 힘을 무엇이라 하는가?

① 전자력　　② 기전력
③ 기자력　　④ 전계력

전자력 : 자계 내에서 전류가 흐르는 도체가 받는 힘

166

$1[Wb/m^2]$의 자속밀도에 수직으로 놓인 $10[cm]$의 도선에 $10[A]$의 전류가 흐를 때 도선이 받는 힘은 몇 [N]인가?

① 0.5　　② 1
③ 5　　④ 10

자계내 선전류가 받는 힘 $F = BIl\sin\theta$
$B=1, I=10, l=0.1, \theta=90°$ 대입
$\therefore F = BIl\sin\theta = 1 \times 10 \times 0.1 \times \sin 90° = 1$

167 ★★

$10[A]$가 흐르는 $1[m]$ 간격의 평행 도체 사이의 $1[m]$ 당 작용하는 힘[N/m]은?

① 1　　② 10^{-5}
③ 2×10^{-5}　　④ 2×10^{-7}

평행도선사이 전자력 $F_o[N/m] = \dfrac{2I_1I_2}{r} \times 10^{-7}$ 에서
$I_1 = I_2 = 10, r = 1$
$\therefore F_o[N/m] = \dfrac{2 \times 10 \times 10}{1} \times 10^{-7} = 2 \times 10^{-5}$

168

평행한 두 개의 도선에 전류가 서로 같은 방향으로 흐를 때 두 도선 사이에서의 자계강도는 한 개의 도선일 때보다 어떠한가?

① 더 약해진다.
② 주기적으로 약해졌다 또는 강해졌다 한다.
③ 더 강해진다.
④ 강해졌다가 약해진다.

두도체 사이의 자력선의 방향이 서로 반대가 되어 자력이 상쇄됨

169 ★

진공 중에서 $2[m]$ 떨어진 2개의 무한 평행 도선에 단위 길이 당 $10^{-7}[N]$의 반발력이 작용할 때 그 도선들에 흐르는 전류는?

① 각 도선에 $2[A]$가 반대 방향으로 흐른다.
② 각 도선에 $2[A]$가 같은 방향으로 흐른다.
③ 각 도선에 $1[A]$가 반대 방향으로 흐른다.
④ 각 도선에 $1[A]$가 같은 방향으로 흐른다.

평행 도선사이 전자력 $F_o[N/m] = \dfrac{2I_1I_2}{r} \times 10^{-7}$ 에서
$F = 10^{-7}, r = 2$ 대입
$10^{-7} = \dfrac{2I_1I_2}{2} \times 10^{-7} \therefore I_1 = I_2 = 1$
동일 방향 － 흡인력, 다른 방향 － 반발력
$\therefore$ 다른 방향의 전류가 흐름

170

그림과 같이 0_x, 0_y, 0_z를 직각좌표라 하고 무한장 직선 도선 l이 z축상에 있으며 이것에 z의 $+$방향으로 전류 i_1이 흐르고 있다. 그리고 $y-z$면상에 직사각형 도선 A, B, C, D가 있고, 이것에 AB, CD방향으로 전류 i_2가 흐르고 있을때 z의 $+$방향으로 힘이 발생하는 변은?

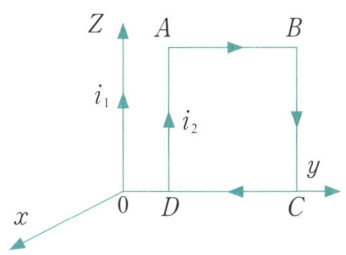

① AB ② BC
③ CD ④ DA

전류에 의한 힘 $F[\text{N}]$
다른 방향 전류 – 반발력, AB와 CD가 서로 반발, BC와 DA가 서로 반발

171 ★

그림과 같이 균일한 자계의 세기 $H[\text{AT/m}]$내에 자극의 세기가 $\pm m[\text{Wb}]$, 길이 $l[\text{m}]$인 막대자석을 그 중심 주위에 회전할 수 있도록 놓는다. 이 때 자석과 자계의 방향이 이룬 각을 θ라고 하면 자석이 받는 회전력은?

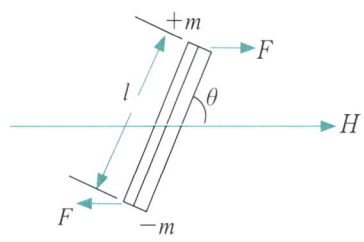

① $mHl\cos\theta[\text{N}\cdot\text{m}]$
② $mHl\sin\theta[\text{N}\cdot\text{m}]$
③ $2mHl\sin\theta[\text{N}\cdot\text{m}]$
④ $2mHl\tan\theta[\text{N}\cdot\text{m}]$

자계 내 막대자석에 의한 회전력
$T[\text{N}\cdot\text{m}]=M\times H=mlH\sin\theta$

172

그림과 같이 모멘트가 각각 M, M'인 두개의 소자석 A, B를 중앙에서 서로 직각으로 놓고, 이것을 중심에서 수평으로 메달아 지자기 수평분력 H_0 내에 놓았을 때, H_0와 이루는 각은 어떻게 되는가?

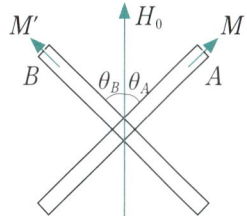

① $\theta_A=\tan^{-1}\dfrac{M'}{M}$ ② $\theta_A=\sin^{-1}\dfrac{M'}{M}$
③ $\theta_A=\cos^{-1}\dfrac{M'}{M}$ ④ $\theta_A=\tan\dfrac{M'}{M}$

자계 내 막대자석에 의한 회전력
$T[\text{N}\cdot\text{m}]=M\times H=mlH\sin\theta$
두 소자석의 회전력이 같을 때 정지한다.
$T=T' \Rightarrow MH\sin\theta_A=M'H\sin\theta_B$ 에서 $\theta_B=90-\theta_A$ 이므로
$MH\sin\theta_A=M'H\sin(90-\theta_A) \rightarrow MH\sin\theta_A=M'H\cos\theta_A$
$\dfrac{\sin\theta_A}{\cos\theta_A}=\dfrac{M'}{M} \rightarrow \tan\theta_A=\dfrac{M'}{M} \rightarrow \theta_A=\tan^{-1}\left(\dfrac{M'}{M}\right)$

173

그림과 같이 길이 $l_1[\text{m}]$ 폭 $l_2[\text{m}]$인 직사각형 코일이 자속 밀도 $B[\text{Wb/m}^2]$인 평등자계 내에 코일면의 법선이 자계의 방향과 θ각으로 놓여있다. 코일내 흐르는 전류가 $I[\text{A}]$이면 코일에 작용하는 회전력은 몇 $[\text{N}\cdot\text{m}]$인가?(단, 코일의 권수는 n이다.)

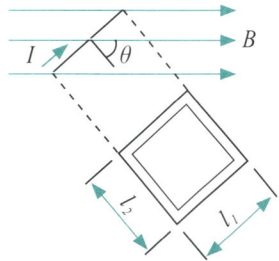

① $nBIl_1l_2\sinθ[\text{N·m}]$
② $nBIl_1l_2\cosθ[\text{N·m}]$
③ $nBIl_1l_2\sinθ[\text{N/m}]$
④ $nBIl_1l_2\cosθ[\text{N/m}]$

평판코일에 의한 회전력(전동기) $T[\text{N·m}]$
$T=NBSI\cosθ$(평판과 이루는각), $T=NBSI\sinθ$(법선과 이루는각)

SECTION 12 자성체와 자기회로

174 ★

히스테리시스 곡선이 종축과 만나는 점의 좌표는?

① 잔류자기 ② 보자력
③ 기자력   ④ 포화자속

히스테리시스 곡선

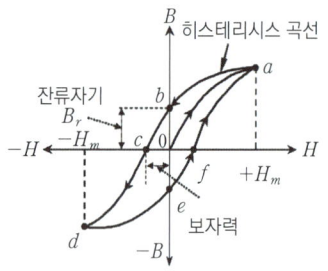

• 잔류자기 : 종축과 만나는 점 • 보자력 : 횡축과 만나는 점

175

자성체의 스핀(spin) 배열상태를 표시한 것 중 상자성체의 스핀의 배열 상태를 표시한 것은?

① 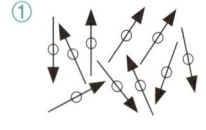 ②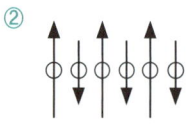

③ 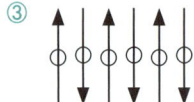 ④

① 상자성체, ② 페리자성체, ③ 반강자성체, ④ 강자성체

176

일반적으로 자구를 가지는 자성체는?

① 상자성체   ② 강자성체
③ 역자성체   ④ 비자성체

자구를 가지는 자성체 : 강자성체

177

자성체가 균일하게 자화되어 있을 때의 자극의 상태로 옳은 것은?

① 자성체에는 자극이 나타나지 않는다..
② 자성체 전체에 자극이 골고루 분포되어 나타난다.
③ 자성체의 내부에 자극이 나타난다.
④ 자성체의 양단면에 자극이 나타난다.

자극의 극(양 끝)에 나타난다.

178

전자석에 사용하는 연철(soft iron)의 성질로 옳은 것은?

① 잔류자기, 보자력이 모두 크다.
② 보자력이 크고 히스테리시스 곡선의 면적이 작다.
③ 보자력과 히스테리시스 곡선의 면적이 모두 작다.
④ 보자력이 크고 잔류자기가 작다.

• 전자석 : 보자력과 히스테리시스 면적은 적고 잔류자기만 크다.
• 영구자석 : 보자력, 잔류자기, 히스테리시스 면적 모두 크다.

179

일반적으로 도체를 관통하는 자속이 변화하든가 또는 자속과 도체가 상대적으로 운동하여 도체 내의 자속이 시간적 변화를 일으키면, 이 변화를 막기 위하여 도체 내에 국부적으로 형성되는 임의의 폐회로를 따라 전류가 유기되는데 이 전류를 무엇이라 하는가?

① 변위전류   ② 대칭전류
③ 와전류   ④ 도전전류

정답 174 ① 175 ① 176 ② 177 ④ 178 ③ 179 ③

와전류

180
와전류손(eddy current loss)에 대한 설명으로 옳은 것은?

① 도전율이 클수록 작다.
② 주파수에 비례한다.
③ 최대자속밀도의 1.6승에 비례한다.
④ 주파수의 제곱에 비례한다.

와전류손실 $P_c = \eta(fB_mt)^2$ 주파수와 최대자속밀도, 두께의 제곱에 비례

181 ★★★
변압기 철심으로 규소강판이 사용되는 주된 이유는?

① 와전류손을 적게 하기 위하여
② 큐리온도를 높이기 위하여
③ 히스테리시스손을 적게 하기 위하여
④ 부하손(동손)을 적게 하기 위하여

자기회로의 재질과 형태
재질 : 규소(히스테리시스손실 감소) : 히스테리시스 면적이 적은 재료
형태 : 성층(와 전류손실 감소) : 두께는 적고 면적은 유지하기 위해

182 ★★
반자성체가 아닌 것은?

① 은(Ag)
② 구리(Cu)
③ 니켈(Ni)
④ 비스무스(Bi)

강자성체 : 철, 니켈, 코발트, 망간(철이야, 니, 코가, 망했다)
상자성체 : 백금, 알루미늄
반자성체 : 은, 구리, 비스무스

183 ★
자화율 X와 비투자율 의 관계에서 상자성체로 판단할 수 있는 것은?

① $X > 0$, $\mu_s > 1$
② $X < 0$, $\mu_s > 1$
③ $X > 0$, $\mu_s < 1$
④ $X < 0$, $\mu_s < 1$

자화율 $x = \mu_o(\mu_s - 1)$ 에서 상자성체는 $\mu_s > 1$, $x > 0$ (모두 크다)
반자성체는 $\mu_s < 1$, $x < 0$ (모두 작다)

184
쌍극자 자기 모멘트를 이용하면 자화율과 절대온도의 관계는 어떠한가?

① 항상 같다.
② 비례 한다.
③ 반비례한다.
④ 관계가 없다.

자성체의 소자법(쇠로 환원) : ① 직류법 ② 교류법 ③ 가열법
즉, 가열하면 자화율은 감소한다. 반비례한다.

185 ★★
권수가 20회인 코일에 50[mA]가 흘렀을 때의 기자력은 몇 [AT]이겠는가?

① 0.01
② 0.1
③ 1
④ 10

기자력 $F = NI$ 에서 $N = 20$회, $I = 50 \times 10^{-3}$ 대입
∴ $F = 20 \times 50 \times 10^{-3} = 1$

186
기자력의 단위는?

① [V]
② [Wb]
③ [AT]
④ [N]

기자력 $F = NI$[AT]

187

그림과 같은 자기회로에서 $R_1=0.1[\text{AT/Wb}]$, $R_2=0.2[\text{AT/Wb}]$, $R_3=0.3[\text{AT/Wb}]$이고, 코일은 10회 감았다. 이때 코일에 10[A]의 전류를 흘리면 $\overline{ACB}$ 간에 투과하는 자속 ϕ는 약 몇 [Wb]인가?

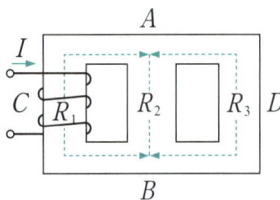

① 2.25×10^2
② 4.55×10^2
③ 6.50×10^2
④ 8.45×10^2

$F = \phi R_m \rightarrow \phi = \dfrac{F}{R_m}$ 에서
$F = NI = 10 \times 10$,
$R_m = R_1 + \dfrac{R_2 \times R_3}{R_2 + R_3} = 0.1 + \dfrac{0.2 \times 0.3}{0.2 + 0.3} = 0.22$ 대입
$\therefore \phi = \dfrac{F}{R_m} = \dfrac{100}{0.22} = 454.5 = 4.55 \times 10^2$

188 ★★★

자기회로의 자기저항에 대한 설명으로 옳은 것은?

① 자기회로의 길이에 반비례한다.
② 자기회로의 길이에 비례한다.
③ 비투자율에 비례한다.
④ 길이의 제곱에 비례하고 단면적에 반비례한다.

자기저항 $R_m = \dfrac{l}{\mu S}$: 길이에 비례, 투자율과 면적에 반비례한다.

189 ★

단면적이 같은 자기회로가 있다. 철심의 투자율을 μ라 하고 철심회로의 길이를 $l[\text{m}]$라 한다. 지금 그 일부에 미소공극 $l_0[\text{m}]$를 만들었을 때 자기회로의 자기 저항은 공극이 없을 때의 약 몇 배인가?

① $1 + \dfrac{\mu l}{\mu_o l_o}$
② $1 + \dfrac{\mu l_o}{\mu_o l}$
③ $\dfrac{1 + \mu_o l}{\mu_o l_o}$
④ $1 + \dfrac{\mu_o l_o}{\mu l}$

미소공극이 없을 때(無) 자기저항 $R_m = \dfrac{l}{\mu S}$
미소공극이 있을 때(有) 자기저항 $R_{m0} = \dfrac{l}{\mu S} + \dfrac{l_o}{\mu_o S}$

$\dfrac{\text{미소공극이 있을 때}}{\text{미소공극이 없을 때}} = \dfrac{\dfrac{l}{\mu S} + \dfrac{l_o}{\mu_o S}}{\dfrac{l}{\mu S}} = 1 + \dfrac{\mu l_o}{\mu_o l}$

이해 2배 또는 $1 + X$ 배

190

자기회로와 전기회로의 대응관계를 표시하였다. 잘못된 것은?

① 자속 - 전속
② 자계 - 전계
③ 기자력 - 기전력
④ 투자율 - 도전율

자기회로와 전기화로 대응관계
① 기자력 ↔ 기전력 ② 자속 ↔ 전류 ③ 자기저항 ↔ 전기저항

SECTION 13 전자유도법칙

191 ★

전자유도에 의해서 회로에 발생하는 기전력은 자속쇄교수의 시간에 대한 변화율에 비례하며 기전력의 방향은 자속의 변화를 방해하는 방향임을 표시하는 두 법칙은?

① 앙페르 법칙과 비오-사바르 법칙
② 패러데이 법칙과 렌쯔의 법칙
③ 플레밍 법칙과 노이만 법칙
④ 가우스 법칙과 오옴의 법칙

유도기전력
1) 방향 : 렌쯔의 법칙 - 자속변화를 방해하는 방향
2) 크기 : 패러데이(자속변화율에 비례), 노이만(자속의 감소율에 비례)
$e = -N \dfrac{d\phi}{dt}$

정답 187 ② 188 ② 189 ② 190 ① 191 ②

192

다음 중 전자유도 현상의 응용이 아닌 것은?

① 발전기 ② 전동기
③ 전자석 ④ 변압기

전자유도 현상이란 자속이 변화하면 자속의 변화를 방해하는 유도기전력이 발생하는 현상이다. 즉 일정한 자속이 아닌 자속의 변화에 의해 발생
∴ 전자석은 일정전류에 의한 일정자속의 발생을 이용한것이므로 해당안됨

193

그림과 같은 길이 a, b의 구형도체가 x축상을 v[m/s]로 움직이고 있을 때 도체에 유기되는 기전력은?
(단, $B=B_0$이고 xy평면에 직각이라 한다.)

① 0
② B_0bv
③ b_0av
④ B_0abv

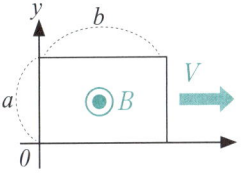

자계내 운동하는 도체에 유도되는 유도기전력의 크기 : $e=BVl\sin\theta$
좌측 a면과 우측 a면에 동일하게 위에서 아래로 유도기전력이 유도되어 하나의 폐로상에서 서로 상쇄되어 그 값이 "0" 이 된다.

194 ★

그림과 같은 균일한 자계 B[Wb/m²]내에서 길이 l[m]인 도선 A, B가 속도 v[m/s]로 움직일 때 $ABCD$내에 유도되는 기전력 e[V]는?

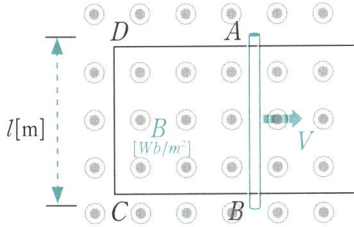

① 시계방향으로 Blv이다
② 반시계방향으로 Blv이다
③ 시계방향으로 Blv^2이다
④ 반시계방향으로 Blv^2이다

플레밍의 오른손 법칙에 의하여 움직이는 우측 도체에 $A \rightarrow B$방향으로 유도전류가 흐르게 유도기전력이 발생
∴ 시계방향의 유도기전력 발생
유도기전력의 크기는 $e=BVl\sin\theta$에서 자계와 운동방향이 90도
$$\therefore e=BVl\sin\theta=BVl\sin 90=BVl$$

195

0.2[Wb/m²]의 평등자계속에 자계와 직각방향으로 놓인 길이 30[cm]의 도선을 자계와 30°각의 방향으로 30[m/sec]의 속도로 이동시킬 때 도체 양단에 유기되는 기전력은 몇 [V]인가?

① 0.45 ② 0.9
③ 1.8   ④ 20

자계내 운동하는 도체에 유도되는 유도기전력의 크기 : $e=BVl\sin\theta$
여기에 $B=0.2$, $l=0.3$[m], $\theta=30$, $V=30$ 대입
$$\therefore e=BVl\sin\theta=0.2\times 30\times 0.3\times \sin 30=0.9$$

SECTION 14 자기인덕턴스

196

그림(a)의 인덕턴스에 전류가 그림(b)와 같이 흐를 때 2초에서 6초 사이의 인덕턴스 전압 V_L은 몇 [V]인가?

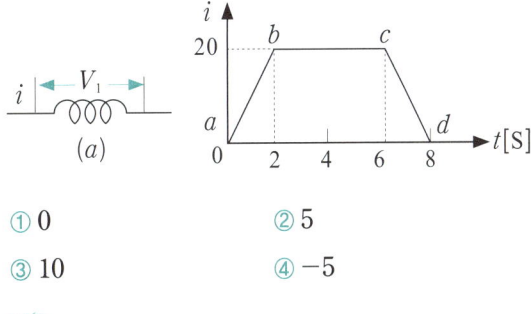

① 0   ② 5
③ 10   ④ -5

유도기전력 $e=-N\dfrac{d\phi}{dt}=-L\dfrac{dI}{dt}$ 에서 $di=20-20=0$ ∴ "0"
유도기전력은 자속이나 전류의 변화에 의해 발생
∴ 변화가 없으면 $e=0$

197 ★

자기인덕턴스가 L_1, L_2이고 상호인덕턴스가 M인 코일을 직렬로 연결하여 합성인덕턴스 L을 얻었을 때, 다음 중 항상 양의 값을 갖는 것만 골라 묶은 것은?

① L_1, L_2, M
② L_1, L_2, L
③ M, L
④ 항상 양의 값을 갖는 것은 없다.

자기인덕턴스 L은 항상 정이며
상호인덕턴스 M은 가극성(+), 감극성(−)이다.

198 ★★★

자기인덕턴스 0.5[H]의 코일에 1/200초 동안에 전류가 25[A]로부터 20[A]로 줄었다. 이 코일에 유기된 기전력의 크기 및 방향은?

① 50[V] 전류와 같은 방향
② 50[V] 전류와 반대 방향
③ 500[V] 전류와 같은 방향
④ 500[V] 전류와 반대 방향

유도기전력 $e = -L\dfrac{dI}{dt}$ 에서
$L=0.5$, $dt=1/200$, $dI=(20-25)=-5$ 대입
∴ $e = -L\dfrac{dI}{dt} = -0.5 \times \dfrac{-5}{1/200} = +500$
크기는 500, 방향은 "+"값이므로 전류와 동일

199

그림과 같은 환상철심에 A, B의 코일이 감겨있다. 전류 I가 120[A/s]로 변화할 때, 코일 A에 90[V], 코일 B에 40[V]의 기전력이 유도된 경우, 코일 A의 자기인덕턴스 L_1[H]와 상호인덕턴스 M[H]의 값은 얼마인가?

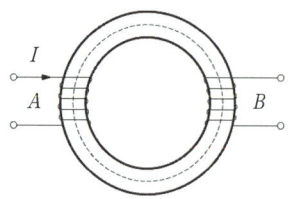

① $L_1=0.75$, $M=0.33$
② $L_1=1.25$, $M=0.7$
③ $L_1=1.75$, $M=0.9$
④ $L_1=1.95$, $M=1.1$

유도기전력 $e_1 = -L_1\dfrac{dI}{dt}$ 와 $e_2 = -M\dfrac{di_1}{dt}$ 관계를 이용
$90 = L_1 \times 120$ 와 $40 = M \times 120$ 에서
∴ $L_1 = \dfrac{90}{120} = 0.75$, $M = \dfrac{40}{120} = 0.33$

200

두 개의 코일이 있다. 각각의 자기인덕턴스가 0.4[H], 0.9[H]이고, 상호인덕턴스가 0.36[H]일 때 결합계수는?

① 0.5
② 0.6
③ 0.7
④ 0.8

$M = K\sqrt{L_1 L_2}$ → $K = \dfrac{M}{\sqrt{L_1 L_2}}$ 에서 $M=0.36$, $L_1=0.4$, $L_1=0.9$
∴ $K = \dfrac{M}{\sqrt{L_1 L_2}} = \dfrac{0.36}{\sqrt{0.4 \times 0.9}} = 0.6$

201

자기인덕턴스와 상호인덕턴스와의 관계에서 결합계수 K에 영향을 주지 않는 것은?

① 코일의 형상
② 코일의 크기
③ 코일의 재질
④ 코일의 상대위치

$K = \dfrac{M}{\sqrt{L_1 L_2}}$ 로써 결합계수는 자기적 결합정도로써
양 코일의 형상, 크기, 상대위치 등으로 결정된다.

202 ★

코일의 권수를 2배로 했을 때의 자기인덕턴스의 값은 몇배가 되는가?

① 2배
② 0.5배
③ 4배
④ 0.25배

코일 자기인덕턴스 $L=\dfrac{\mu SN^2}{l}$ 또는 μSN^2l 또는 μSn^2l 에서
$L \propto N^2$ 에서 $L \propto (2N)^2 = 4N^2$ ∴ 4배

203

코일에 있어서 자기 인덕턴스는 다음의 어떤 매질 상수에 비례하는가?

① 저항율　　② 유전율
③ 투자율　　④ 도전율

코일 자기인덕턴스 $L=\dfrac{\mu SN^2}{l}$ 또는 μSN^2l 또는 μSn^2l 에서 $L \propto \mu$

204 ★★★

권수가 N인 철심 L이 들어 있는 환상 솔레노이드가 있다. 철심의 투자율이 일정하다고 하면, 이 솔레노이드의 자기 인덕턴스는?(단, R_m은 철심의 자기저항이다.)

① $L=\dfrac{R_m}{N^2}$　　② $L=\dfrac{N^2}{R_m}$
③ $L=R_m N^2$　　④ $L=\dfrac{N}{R_m}$

코일 자기인덕턴스 $L=\dfrac{\mu SN^2}{l}$에 $R_m=\dfrac{l}{\mu S}$ → $\dfrac{1}{R_m}=\dfrac{\mu S}{l}$ 대입
∴ $L=\dfrac{N^2}{R_m}$

205

반지름 a인 원주도체의 단위길이당 내부 인덕턴스는 몇 [H/m]인가?

① $\dfrac{\mu}{4\pi}$　　② $4\pi\mu$
③ $\dfrac{\mu}{8\pi}$　　④ $\delta\pi\mu$

동축원통에서 자기인덕턴스 $L=\dfrac{\mu l}{2\pi}\ln\left(\dfrac{b}{a}\right)$(외부)$+\dfrac{\mu l}{8\pi}$(내부)

206

내부 도체의 반지름이 a[m]이고, 외부 도체의 반지름이 b[m], 외 반지름이 c[m]인 동축케이블의 단위 길이 당 자기인덕턴스는 몇 [H/m]인가?

① $\dfrac{\mu_0}{2\pi}\ln\dfrac{b}{a}$　　② $\dfrac{\mu_0}{\pi}\ln\dfrac{b}{a}$
③ $\dfrac{2\pi}{\mu_0}\ln\dfrac{b}{a}$　　④ $\dfrac{\pi}{\mu_0}\ln\dfrac{b}{a}$

동축원통에서 자기인덕턴스 $L=\dfrac{\mu l}{2\pi}\ln\left(\dfrac{b}{a}\right)$(외부)$+\dfrac{\mu l}{8\pi}$(내부)

207 ★★

두 자기인덕턴스를 직렬로 연결하여 두 코일이 만드는 자속이 동일 방향일 때 합성 인덕턴스를 측정 하였더니 75[mH]가 되었고, 두 코일이 만드는 자속이 서로 반대인 경우에는 25[mH]가 되었다. 두 코일의 상호 인덕턴스는 몇 [mH]이겠는가?

① 12.5　　② 20.5
③ 25　　④ 30

인덕턴스의 직렬연결 → 저항의 직렬과 유사
　① 가극성 : $L=L_1+L_2+2M=75$
　② 감극성 : $L=L_1+L_2-2M=25$
　이 두식을 서로 빼면(①-②) $4M=50$ ∴ $M=50/4=12.5$

208 ★

철심이 있는 환상코일에서 1차 코일의 권수가 100회일 때 자기인덕턴스는 0.01[H]이었다. 이 철심에 2차 코일을 200회 감았을 때 2차 코일의 자기인덕턴스와 상호 인덕턴스는 각각 몇 [H]인가?

① 자기인덕턴스 : 0.02, 상호인덕턴스 : 0.01
② 자기인덕턴스 : 0.01, 상호인덕턴스 : 0.02
③ 자기인덕턴스 : 0.04, 상호인덕턴스 : 0.02
④ 자기인덕턴스 : 0.02, 상호인덕턴스 : 0.04

정답　203 ③　204 ②　205 ③　206 ①　207 ①　208 ③

① 자기인덕턴스 $a=\dfrac{N_1}{N_2}=\sqrt{\dfrac{L_1}{L_2}}$ ➡ $L_2=L_1\left(\dfrac{N_2}{N_1}\right)^2$ 에서

$N_1=100$, $L_1=0.01$, $N_2=200$ 대입

$\therefore L_2=0.01\left(\dfrac{200}{100}\right)^2=0.04$

② 상호인덕턴스 $M=K\sqrt{L_1L_2}$ 에서 $L_1=0.01$, $L_2=0.04$ 대입

$\therefore M=\sqrt{0.01\times 0.04}=0.02$ ∴ $K=1$로 본다.

209 ★

자기인덕턴스 $L[\text{H}]$의 코일에 $I[\text{A}]$의 전류가 흐를 때 저장되는 자기에너지는 몇 $[\text{J}]$인가?

① LI
② $\dfrac{1}{2}LI$
③ LI^2
④ $\dfrac{1}{2}LI^2$

자계에너지 $W[\text{J}]=\dfrac{1}{2}LI^2$

210

반지름 $a[\text{m}]$인 직선상 도체의 전류 $I[\text{A}]$가 고르게 흐를 때 도체내의 전자에너지와 관계없는 것은?

① 투자율
② 도체의 길이
③ 전류의 크기
④ 도체의 단면적

자계에너지 $W[\text{J}]=\dfrac{1}{2}LI^2$에서

동축원통에서 자기인덕턴스

$L=\dfrac{\mu l}{2\pi}\ln\left(\dfrac{b}{a}\right)$(외부)$+\dfrac{\mu l}{8\pi}$(내부) 을 고려

$\therefore W[\text{J}]=\dfrac{1}{2}\left(\dfrac{\mu l}{8\pi}\right)I^2$ 이므로 도체의 단면적과는 무관하다.

211 ★

자기 유도계수 $20[\text{mH}]$인 코일에 전류를 흘릴때 코일과의 쇄교자속수가 $0.2[\text{Wb}]$이었다면 코일에 축적된 에너지는 몇 $[\text{J}]$인가?

① 1
② 2
③ 3
④ 4

$W_L=\dfrac{1}{2}LI^2$ 에서 ⓐ $L=20\times 10^{-3}[\text{H}]$ ⓑ I

여기서 ⓑ I는 $N\phi=LI$에서 $I=\dfrac{N\phi}{L}=\dfrac{0.2}{20\times 10^{-3}}=10$

$\therefore W_L=\dfrac{1}{2}\times(20\times 10^{-3})\times 10^2=1$

212

그림과 같이 직렬로 접속된 두 개의 코일이 있을 때 $L_1=20[\text{mH}]$, $L_2=80[\text{mH}]$, 결합계수 $k=0.8$이다. 여기에 $0.5[\text{A}]$의 전류를 흘릴 때 이 합성코일에 저축되는 에너지는 약 몇 $[\text{J}]$인가?

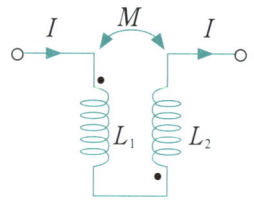

① 1.13×10^{-3}
② 2.05×10^{-2}
③ $6.63\times\times 10^{-2}$
④ 8.25×10^{-2}

자기에너지 $W_L=\dfrac{1}{2}LI^2$ 에서

ⓐ $L=L_1+L_2+2M=L_1+L_2+2K\sqrt{L_1L_2}$ (가극성)

ⓑ $I=0.5$

ⓐ에 $L_1=20\times 10^{-3}$, $L_2=80\times 10^{-3}$, $K=0.8$ 대입

$\therefore L=164\times 10^{-3}$

$\therefore W_L=\dfrac{1}{2}LI^2=\dfrac{1}{2}\times(164\times 10^{-3})\times 0.5^2=0.0205=2.05\times 10^{-2}$

213 ★

자속밀도 $B[\text{Wb/m}^2]$ 자계의 세기 $H[\text{AT/m}]$, 투자율 $\mu[\text{H/m}]$인 곳의 자계 에너지 밀도는 몇 $[\text{J/m}^3]$인가?

① $W=\dfrac{1}{2}HB^2$
② $W=HB$
③ $W=\dfrac{1}{2\mu}H^2$
④ $W=\dfrac{1}{2\mu}B^2$

$W[\text{J/m}^3]=\dfrac{1}{2}\mu H^2=\dfrac{1}{2}BH=\dfrac{B^2}{2\mu}$: $B=\mu H$ 에서 $W=\dfrac{1}{2\mu}B^2$

SECTION 15 전자파

214
전계와 자계의 위상 관계는?

① 위상이 서로 같다.
② 전계가 자계보다 90°빠르다.
③ 전계가 자계보다 90°늦다.
④ 전계가 자계보다 45°빠르다.

전계파와 자계파의 위상차 "0"으로 동위상이다.
단, 전계파와 자계파가 이루는 각도는 "90°"로 상호 직각 방향으로 진동한다.

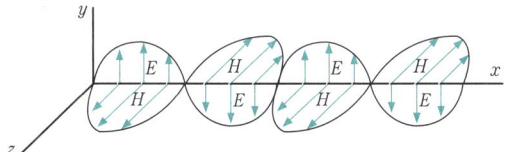

215 ★★
전자파의 진행 방향은?

① 전계 E의 방향과 같다.
② 자계 H의 방향과 같다.
③ $E \times H$ 의 방향과 같다.
④ $H \times E$ 의 방향과 같다.

전자파의 전달방향이다. $ex) \vec{y} \times \vec{z} \Rightarrow \vec{x}$

216
횡전자파(TEM)의 특성은?

① 진행 방향의 E, H성분이 모두 존재한다.
② 진행 방향의 E, H성분이 모두 존재하지 않는다.
③ 진행 방향의 E성분만 존재하고, H성분은 존재하지 않는다.
④ 진행 방향의 H성분만 존재하고, E성분은 존재하지 않는다.

전자파 진행방향과 수직방향으로 전계, 자계 존재한다.
즉, 진행방향의 E, H 성분은 없다.

217
사용되는 전자파의 파장이 가장 긴 것부터 순서대로 나열한 것은?

① 전자렌지 – 살균소독 – 사진전송 – 레이다
② 레이다 – 사진전송 – 살균소독 – 전자렌지
③ 사진전송 – 레이다 – 전자렌지 – 살균소독
④ 전자렌지 – 살균소독 – 레이다 – 사진전송

파장이 긴 것은 안전, 짧은 것은 위험
저주파 ➡ 통신주파(사진, 레이다) ➡ 마이크로웨이브(전자렌지) ➡ 적외선 ➡ 가시광선 ➡ 자외선(살균소독) ➡ x선 ➡ γ선 ➡ 우주선
순서임(파장길다 ➡ 파장짧다)

218 ★
다음 중 사람의 눈이 색을 다르게 느끼는 것은 빛의 어떤 특성이 다르기 때문인가?

① 굴절률
② 속도
③ 편광방향
④ 파장

(파장 길다) 빨>주>노>초>파>남>보(파장 짧다) 위험함 색!

219 ★
자유공간의 고유 임피던스 $\sqrt{\dfrac{\mu_o}{\epsilon_o}}$ 의 값은 몇 [Ω]인가?

① 60π
② 80π
③ 100π
④ 120π

고유(파동)임피던스 Z_0(공기중)$=\dfrac{E}{H}=\sqrt{\dfrac{\mu_o}{\epsilon_o}}=120\pi=377$ [Ω]

정답 214 ① 215 ③ 216 ② 217 ③ 218 ④ 219 ④

220

다음 중 전계와 자계와의 관계는?

① $\sqrt{\mu}H=\sqrt{\epsilon}E$ ② $\sqrt{\mu\epsilon}=EH$
③ $\sqrt{\epsilon}H=\sqrt{\mu}E$ ④ $\mu\epsilon=EH$

고유(파동)임피던스 $Z=\dfrac{E}{H}=\sqrt{\dfrac{\mu}{\epsilon}}$ 에서 $\sqrt{\epsilon}E=\sqrt{\mu}H$

참고 $H=\sqrt{\dfrac{\epsilon}{\mu}}E$

221 ★★

물의 유전율을 ϵ, 투자율을 μ라 할 때 물속에서의 전파속도는 몇 [m/s]인가?

① $\dfrac{1}{\sqrt{\mu\epsilon}}$ ② $\sqrt{\epsilon\mu}$
③ $\sqrt{\dfrac{\mu}{\epsilon}}$ ④ $\sqrt{\dfrac{\epsilon}{\mu}}$

전자파의 속도 $V=\dfrac{\lambda}{T}=f\cdot\lambda=\dfrac{1}{\sqrt{\mu\epsilon}}$

222

전자계에서 전파속도와 관계없는 것은?

① 도전율   ② 유전율
③ 비투자율   ④ 주파수

전자파의 속도 $V=\dfrac{\lambda}{T}=f\cdot\lambda=\dfrac{1}{\sqrt{\mu\epsilon}}$ 에서 도전율과는 관계없음

223

$\dfrac{1}{\sqrt{\mu\epsilon}}$ 의 단위는?

① [m/sec]   ② [C/H]
③ [Ω]   ④ [℧]

전자파의 속도 $V=\dfrac{\lambda}{T}=f\cdot\lambda=\dfrac{1}{\sqrt{\mu\epsilon}}$, 단위는 [m/sec]

224 ★

유전율 ϵ, 투자율 μ인 매질 중을 주파수 f[Hz]의 전자파가 전파되어 나갈 때의 파장은 몇 [m]인가?

① $f\sqrt{\epsilon\mu}$ ② $\dfrac{1}{f\sqrt{\epsilon\mu}}$
③ $\dfrac{f}{\sqrt{\epsilon\mu}}$ ④ $\dfrac{\sqrt{\epsilon\mu}}{f}$

전자파의 속도 $V=f\cdot\lambda=\dfrac{1}{\sqrt{\mu\epsilon}}$ 에서 $\lambda=\dfrac{1}{f\sqrt{\mu\epsilon}}$

225

전도전자나 구속전자의 이동에 의하지 않는 전류는?

① 대류전류   ② 전도전류
③ 변위전류   ④ 분극전류

콘덴서 내의 절연물(유전체) 때문에 자유 전자의 이동에 의한 전류는 흐르지 못하고 콘덴서 내 구속 전자의 변위에 의해 전류가 흐른다고 하고 이를 변위전류라 한다.

226

변위전류와 가장 관계가 깊은 것은?

① 반도체   ② 유전체
③ 자성체   ④ 도체

콘덴서 내의 절연물(유전체) 때문에 자유 전자의 이동에 의한 전류는 흐르지 못하고 콘덴서 내 구속 전자의 변위에 의해 전류가 흐른다고 하고 이를 변위전류라 한다.

227

유전체 내에서 변위전류를 발생하는 것은?

① 분극전하 밀도의 시간적 변화
② 전속밀도의 시간적 변화
③ 자속밀도의 시간적 변화
④ 분극전하 밀도의 공간적 변화

- 변위전류 $I_d[A] = \dfrac{\partial Q}{\partial t} = \dfrac{\partial DS}{\partial t}$

: 전속밀도의 시간적변화에 의해발생

228
맥스웰(maxwell)의 전자계에 관한 제1기본방정식은?

① $\text{rot} D = i + \dfrac{\partial H}{\partial t}$

② $\text{rot} H = i + \dfrac{\partial D}{\partial t}$

③ $\text{rot} I = H + \dfrac{\partial D}{\partial t}$

④ $\text{rot}\left(I + \dfrac{\partial D}{\partial t}\right) = H$

제 1방정식 $\text{rot} H = i$ 전도전류나 변위전류 모두 자계발생

229 ★
자유공간에 변위 전류가 만드는 것은?

① 전계
② 전속
③ 자계
④ 분극자력선

MAXWELL방정식
$\text{rot} H = i$ 전도전류나 변위전류 모두 자계발생

230 ★
전자계에 대한 맥스웰의 기본이론이 아닌 것은?

① 자계의 시간적 변화에 따라 전계의 회전이 생긴다.
② 전도 전류는 자계를 발생시키나, 변위전류는 자계를 발생시키지 않는다.
③ 자극은 $N-S$극이 항상 공존한다.
④ 전하에서는 전속선이 발산된다.

MAXWELL방정식
$\text{rot} H = i$ 전도전류나 변위전류 모두 자계발생 ∴ ②번 정답

231 ★★
맥스웰의 전자 방정식 중 페러데이의 법칙에 의하여 유도된 방정식은?

① $\nabla \times E = -\dfrac{\partial B}{\partial t}$

② $\nabla \times H = i_c + \dfrac{\partial D}{\partial t}$

③ $\text{div} D = \rho_v$

④ $\text{div} B = 0$

$\text{rot} E = -\dfrac{\partial B}{\partial t}$: (Faraday의 전자유도) 마이너스 부호 조심

232
공간 도체 내에서 자속이 시간적으로 변할 때 성립되는 식은?

① $\text{rot} E = \dfrac{\partial H}{\partial t}$
② $\text{rot} E = -\dfrac{\partial B}{\partial t}$

③ $\text{div} E = -\dfrac{\partial B}{\partial t}$
④ $\text{div} E = -\dfrac{\partial H}{\partial t}$

$\text{rot} E = -\dfrac{\partial B}{\partial t}$: (Faraday의 전자유도) 마이너스 부호 조심

: 자속(밀도)가 시간적으로 변화할 때 유도기전력(회전하는 전계)이 발생한다

233 ★
Maxwell의 전자파 방정식이 아닌 것은?

① $\text{rot} H = i + \dfrac{\partial D}{\partial t}$

② $\text{rot} E = -\dfrac{\partial B}{\partial t}$

③ $\text{div} B = i$

④ $\text{div} D = \rho$

$\text{div} B = 0$

: 폐곡면을 통해 나오는(발산) 자속은 항상 "0"이다(자속은 연속적이다) 즉, 항상 N극과 S극은 붙어 있다.(고립된 자하는 존재하지 않는다.)

234 ★★

전자계에 대한 맥스웰의 기본이론이 아닌 것은?

① 고립된 자극이 존재한다.
② 전하에서 전속선이 발산된다.
③ 전도전류와 변위전류는 자계를 발생시킨다.
④ 자계의 시간적 변화에 따라 전계의 회전이 생긴다.

항상 N극과 S극은 붙어 있다.(고립된 자하는 존재하지 않는다.)

02

Power **Engineering**

전력공학

Section 01 전력계통
Section 02 전선로
Section 03 배전방식
Section 04 선로정수
Section 05 송전특성
Section 06 중성점 접지방식
Section 07 고장계산
Section 08 이상 전압과 방호대책
Section 09 송전선로 보호방식
Section 10 수력발전
Section 11 화력발전
Section 12 원자로

CHAPTER 02 전력공학

Power **Engineering**

SECTION 01 전력계통

1. 경제적 전압(Still' 식) $E = 5.5\sqrt{0.6L + \dfrac{P}{100}}$ [kV] (L : 송전거리[km] P : 송전전력[kW])

> **참고**
> - 경제적인 송전 전압 : Still 식
> - 경제적인 전선 굵기 : Kelvin 법칙
>   전선 단위 길이당의 연간 전력 손실량의 가격과 전선 단위 길이당의 건설비의 이자와 상각비가 같게 될 때 전선의 굵기가 가장 경제적인 전선

2. 교류송전방식

(1) 장점

① 전압의 승압, 강압을 변압기로 쉽게 할 수 있다.
② 손쉽게 회전자계를 얻을 수 있다.
③ 전 계통을 일관되게 운용하여 경제적 급전이 용이하다.

(2) 단점

① 표피 효과 때문에 전선의 실효 저항이 증가하고 손실이 커진다.
② 직류 방식에 비해 계통의 안정도가 저하한다.
③ 페란티 현상, 자기여자 현상 등의 이상 상태가 발생한다.
④ 인근 통신선에의 유도 장해가 크다.
⑤ 주파수가 서로 다른 계통은 연계가 불가능하다.

3. 직류송전방식

(1) 장점

① 절연 계급을 낮출 수 있다.
② 송전 효율이 좋다.
③ 안정도가 좋다.
④ 유도 장해가 적다.
⑤ 전압, 주파수가 다른 두 교류 계통을 연계할 수 있다.

(2) 단점
　① 전압변성이 어렵다.
　② 대용량의 무효전력공급 장치가 필요하다.
　③ 무효전력 보상 설비가 비싸며 직류전용 차단기가 필요하다.

우리나라 전력계통(154kV)

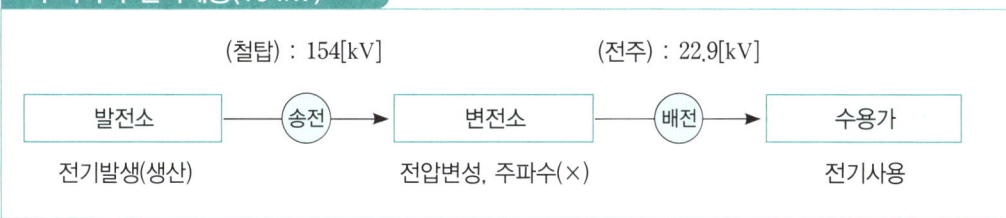

공칭전압

공칭전압이란? ➡ 전부하시 수전단의 선간전압

SECTION 02　전선로

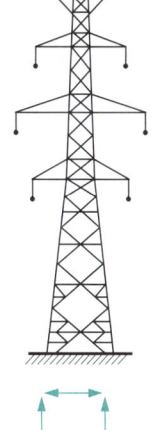
(a) 사각 철탑

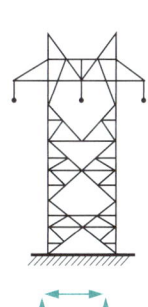
(b) 직사각형 철탑

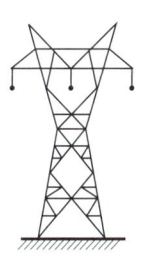
(c) 우두형 철탑

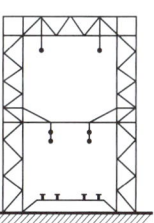
(d) 문형 철탑

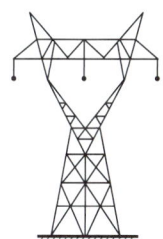

(e) 회전형 철탑

지지물의 종류

① 인류형 : 인류개소
② 내장형 : 지지물 간 거리차가 큰 곳(E형), 10기 마다 1기씩 내장형 설치
③ 보강형 : 5기 마다 1기씩 설치

1. 전선의 구성

(1) **연선의 구성**   소선의 가닥수/소선의 지름[mm]

(2) **연선의 총소선수** $N = 3n(n+1)+1$

(3) **연선의 외경** $D = (1+2n)d$

(4) **연선의 단면적** $A = a \times n$ (단, $a = \frac{\pi d^2}{4}$)(n : 층수, d : 소선지름)

(5) **경제적 전선의 단면적** : 켈빈의 법칙

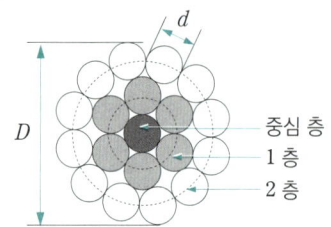

전선의 구비조건

① 도전율이 높을 것(저항이 적다)   ② 비중이 적을 것(가볍다)   ③ 기계적 강도가 클 것
④ 내구성이 있을 것   ⑤ 가요성이 클 것   ⑥ 가격이 저렴할 것

2. 복도체 및 다도체 특징 : 장점(코로나 현상감소)

① 코로나임계전압의 15~20[%] 상승 : 코로나 현상 감소
② 인덕턴스는 20~30[%] 감소 정전용량은 20[%] 정도 증가
③ 안정도가 증가하여 송전전력이 증가한다.
④ 페란티현상이 일어날 우려가 있으며 도체간의 흡인력 발생으로 인해 전선간에 스페이서 설치

3. 전선의 이도, 실장

- 이도 $D = \frac{WS^2}{8T}$ [m]
- 실장 $L = S + \frac{8D^2}{3S}$
- 전선 평균높이 $H = h - \frac{2}{3}D$ [m]
  (h : 지지물 높이)

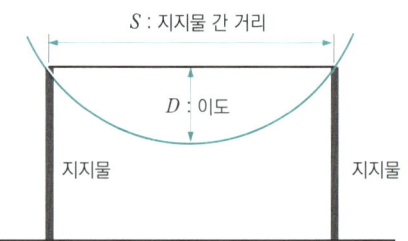

S[m] : 지지물 간 거리, T[kg] : 수평하중 = 인장하중 / 안전율
전선의 하중 W[kg/m] $= \sqrt{(W_c + W_i)^2 + W_w^2}$
   W_c : 전선자체중량 W_i : 빙설하중, W_w : 풍압하중(최대)
      (수직하중)   (수직하중)   (수평하중)

전선의 실장

문제 분석시 : 전선의 실장은 지지물 간 거리보다 약 0.15[%] 더 길다.
- 인장하중 : 전선이 축방향으로 길이가 늘어날 수 있도록 당기는 하중
- 인장강도 : 전선이 절단되도록 끌어당겼을 때 견뎌내는 최대 하중을 재료의 단면적으로 나눈 값
- 인장하중 = 인장강도 × 면적(가닥수를 포함한 전체면적)

풍압하중

$W_w[\text{kg}] = P[\text{kg/m}^2] \times \dfrac{d}{1000}$

$W_w[\text{kg}] = P[\text{kg/m}^2] \times \dfrac{(d+12)}{1000}$

빙설 6[mm]

4. 지지선

(1) **지지선의 안전율** : 2.5 이상

(2) **지지선의 허용인장하중** : 최저 4.31[kN]

(3) **지지선의 구성**
   - 연선으로 사용할 경우 소선(素線) 3가닥 이상, 소선의 지름이 2.6[mm] 이상의 금속선을 사용
   - 지중부분 및 지표상 0.3[m] 까지의 부분에는 내식성이 있는 것 또는 아연도금을 한 철봉을 사용하고 쉽게 부식되지 않는 근가에 견고하게 붙일 것
   - 지지선근가는 지지선의 인장하중에 충분히 견디도록 시설할 것

$T_0 = \dfrac{T}{\cos\theta}[\text{kg}]$ 또는 $\dfrac{\sqrt{a^2+H^2}}{a} \times T[\text{kg}]$

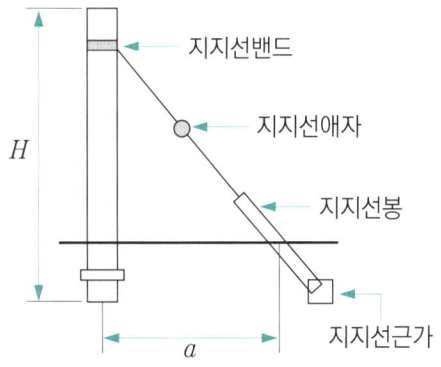
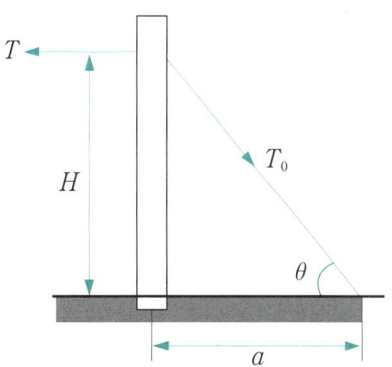

> **지지선**
>
> 지지선 및 지주는 전선로에 불평형 장력이 발생하거나 강도가 부족한 경우에 시설

5. 애자

전선을 대지로부터 절연하고 전선을 지지물에 취부하기 위해 사용

(1) 구비조건
① 정상전압은 물론 내부 이상전압에도 충분한 절연내력을 가질 것
② 누설전류가 작을 것
③ 온도급변에 견디고 충분한 기계적 강도를 가질 것
④ 오랫동안 사용하여도 전기적 및 기계적 특성의 열화가 적을 것

(2) 254[mm] 현수애자 섬락전압 : 표준현수애자
① 주수섬락전압(50[kV])
② 건조섬락전압(80[kV])
③ 유중파괴전압(140[kV] 이상)
④ 충격불꽃방전전압 : (125[kV])
※ 애자련의 연면 섬락 : 절연체의 표면을 따라서 발생하는 코로나

(3) 애자련 효율

$\eta = \dfrac{V_n}{nV_1} \times 100 [\%]$ n : 애자갯수 V_1 : 애자 1개의 섬락전압 V_n : 애자련의 섬락전압

(4) 애자련의 전압부담
① 부담전압최대 : 전선에 가장 가까운 애자
② 부담전압최소 : 철탑으로 $\dfrac{1}{3}$ 지점 또는 전선으로부터 $\dfrac{2}{3}$ 지점의 애자

(5) 소호환(아킹링) 및 소호각(아킹혼) - 애자보호
① 선로의 섬락으로부터 애자련보호
② 애자련의 전압분포개선

(6) 전선의 진동방지 및 단선방지
① 전선의 진동방지 : 댐퍼(damper)를 사용 진동방지
② 낙뢰 등에 의한 전선의 손상을 방호하고 또한 전선의 진동에 의한 피로를 방지 : 아머로드(armour rod)

(7) **오프셋**(offset) : 피빙도약에 의한 전선의 단락사고 방지

(8) **현수애자의 전압별 개수 (애자련으로 설치함)**
　① 22.9[kV]　: 2～3개
　② 66[kV]　　: 4～5개
　③ 154[kV]　 : 9～11개
　④ 345[kV]　 : 18～23개
　⑤ 765[kV]　 : 40～45개

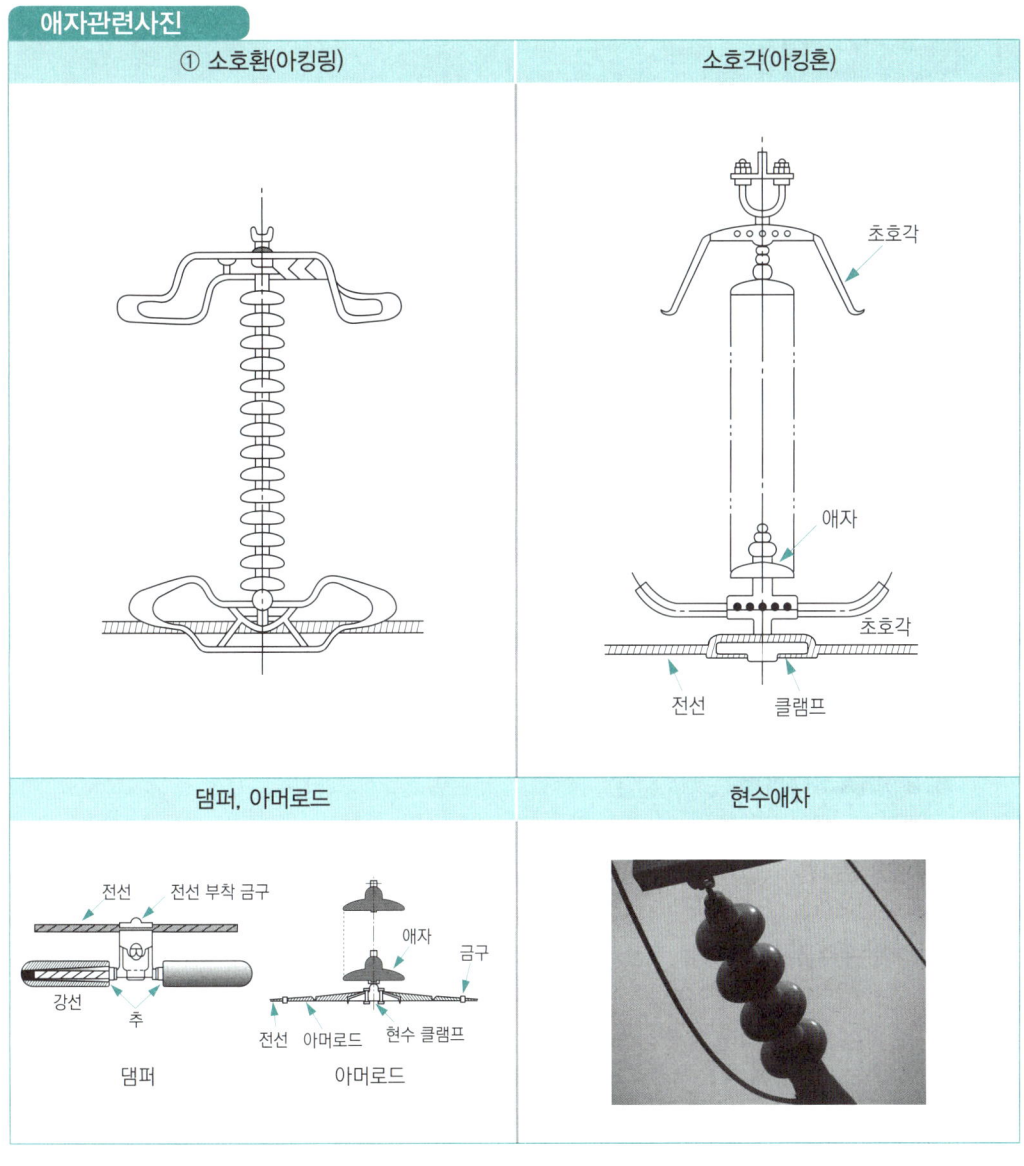

6. 지중전선로

(1) 지중선 매설 방식

① 직접매설식 : 반드시 트로프 설치
② 관로식 : 250[m] 마다 맨홀 설치
③ 암거식

(2) 고장점 검출 방법

① 머리루프법 : 1선 지락점 검출
② 수색코일법
③ 펄스 레이더법

(3) 지하전력 케이블 설치장소 : (선택)변류기를 설치하여 누설전류로 인한 금속의 전기부식작용 방지

(4) 지중전선로의 L,C : 케이블을 사용하므로 선간거리가 작다. (※ SECTION 04. 선로정수 참조)

① 인덕턴스 : 감소한다.   ② 정전용량 : 증가한다.

(5) 특징

① 장점
- 도시의 미관상 좋다.
- 기상조건(뇌, 풍수해)에 의한 영향이 적다.
- 통신선에 대한 유도장해가 작다.
- 화재발생이 적다.
- 인축감전사고가 적다.

② 단점
- 공사비가 비싸다.
- 고장의 발견, 보수가 어렵다.

케이블 손실

① 주울손(I^2R)   : 주울 열에 의한 손실
② 연피손 ($P_e = \eta(f\ B_m t)^2$) : 연피케이블에서 전자유도에 의한 맴돌이 전류에 의한 손실
③ 유전체손실 ($P_e \propto = fE^2$) : 절연체에 의한 충전전류에 의한 손실

- **저항손(주울손)** : 저항을 가진 도체에 흐르는 전류에 의한 전력손실(동손)이나, 송전 중에 선로의 저항과 부하전류에 의해 생기는 손실.
- **연피손** : 연피케이블에서 심선에 흐르는 교류에 의한 자속에 의해 연피에 전압을 유도하고 연피에 흐르는 와전류에 의한 와전류손과 케이블 길이 방향으로 흐르는 연피회로의 유도전류에 의한 연피회로손이 있다. (연피는 케이블 심선의 절연 층을 보호하기 위해 쓰는 연 피복)
- **유전체손** : 고주파 절연재료에서 유전체 손으로 인한 발열로 연소, 변형, 변질 및 절연저하가 발생하므로 주의하여야 한다.

SECTION 03 배전방식

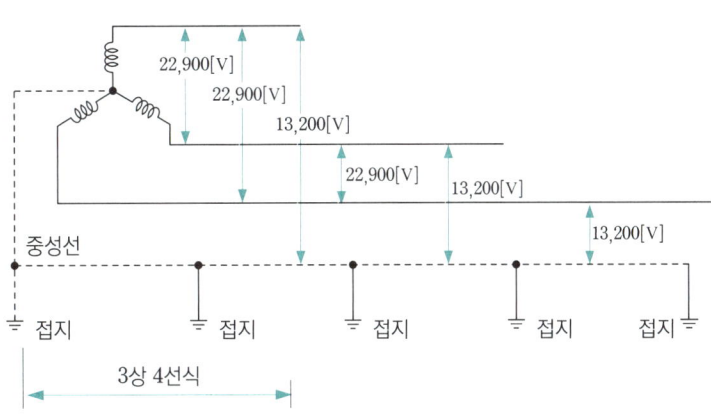

1. 배전선 계통구성과 운용

배전선로의 구성은 급전선(Feeder), 간선(Main Line), 분기선(Branch Line)으로 구성된다.

(1) **급전선(Feeder)** : 변전소에서 최초로 인출되는 배전선로

  배전 변전소 또는 발전소로부터 배전 간선에 이르기까지의 도중에 부하가 접속되어 있지 않은 선로
  ① 방사선식(Radial) : 급전선의 형상이 방사선 형태로 배치되는 방식
  ② 환상선식(Loop) : 급전선의 형상이 환상식으로 구성된 방식

(2) **간 선** : 급전선 이후의 배전선 주요 부분

  급전선에 부속된 수용 지역에서의 배전 선로 가운데에서 부하의 분포 상태에 따라서 배전하거나 또는 분기선을 내어서 배전하는 주간 부분

(3) **분기선** : 간선에서 분기된 부분

서울(부하밀집장소)

① 변전소 수 ➡ 증가
② 배전 거리 ➡ 감소가 바람직하다.

2. 배전방식

(1) 가지식(Tree) 배전방식(방사식)
① 부하증설이 용이하고 시설비 저렴
② 공급신뢰도, 전압강하 등의 측면에서는 타 방식에 비해 떨어짐

(2) 환상식(Loop) 배전방식 : 환상식 배전방식은 전기적으로 환상을 이루도록 한 것
① 가지식 방식의 단점을 보완한 것으로 공급 신뢰도 향상
② 정전의 범위를 적게 한 방식
③ 전압변동 및 전력손실이 적어(가지식 보다는) 도심지에 적당함

(3) 저압뱅킹 배전방식 : 부하밀집지역에 적용
동일 배선에 2대 이상의 변압기를 저압측에 병렬 접속하여 공급하는 배전방식
① 부하 증가에 대해 많은 변압기 전력을 공급할 수 있으므로 탄력성 양호
② 전압동요(Flicker)현상이 감소
③ 캐스케이딩(cascading)현상 발생

> **캐스케이딩 현상**
>
> 변압기 또는 선로의 사고에 의해서 뱅킹내의 건전한 변압기의 일부 또는 전부가 연쇄적으로 회로로부터 차단되는 현상
> • 대책 : 인접 변압기와 연결되어 있는 저압선의 중간에 구분 퓨즈 설치

(4) 네트워크 배전방식
환상식 배전 방식이 발달한 것으로 2차측을 Network Protector(차단기, FUSE, 방향성계전기 : 역류개폐장치)라 불리는 자동 차단기를 설치하여 운전하는 방식
① 무정전 공급이 가능하므로 공급 신뢰도가 높다.
② 전류공급이 2개소 이상에서 행해지므로 부하증가에 대해서 융통성이 좋다.
③ 전력 손실이나 전압강하가 적다.(전압변동이 적다.)
④ 기기의 이용률이 향상된다.
단점
⑤ 설비비가 비싸고 운전 보수비가 크다. 인축의 접지사고가 많다.
⑥ 사고시 전류의 방향이 반대로 된다.(역류발생)

3. 전기 공급방식

(1) 단상 2선식(표준전압은 220[V])

옥내배선의 전등회로에 가장 널리 사용되고 있는 방식

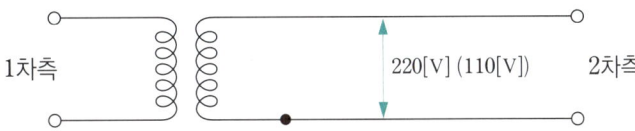

(2) 단상 3선식 : 전압불평형의 우려가 있으므로 저압 밸런서 설치

① 2종류의 전압을 공급하는 방식으로 단상 2선식에 비해 전력손실, 전압강하가 경감
② 전선량이 절약됨
③ 중성선이 단선되거나 부하가 불평형이 되지 않도록 과전류 차단기나 퓨즈를 시설해서는 안 됨
 (단점 : 전압불평형 발생 ∴ 저압 밸런서 설치)

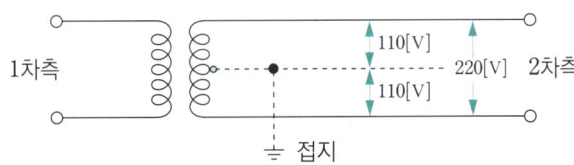

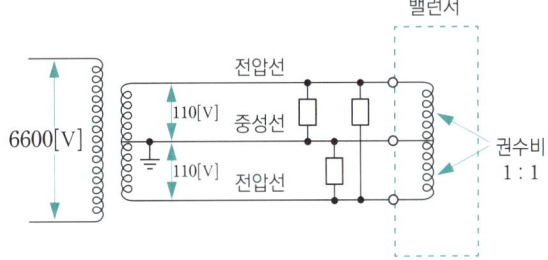

(3) 3상 3선식 110/220[V] : V결선 방식

① 같은 단상변압기 2대로 단상부하에 공급 시 : 공급용량 = 단상변압기 1대 용량 × 2
② 같은 단상변압기 2대로 삼상부하에 공급한 경우(V결선) : 공급용량 = 단상변압기 1대 용량의 $\sqrt{3}$ 배

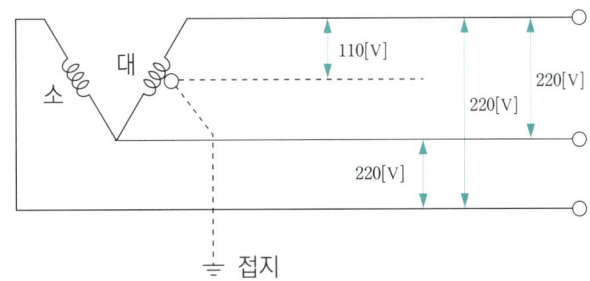

(4) **3상 3선식 220[V] △결선 방식**

3상 변압기 또는 단상 변압기 3대에 의해서 3상 200[V] 배전을 행하는 방식으로 공장이나 빌딩 등에 널리 사용되고 있다.

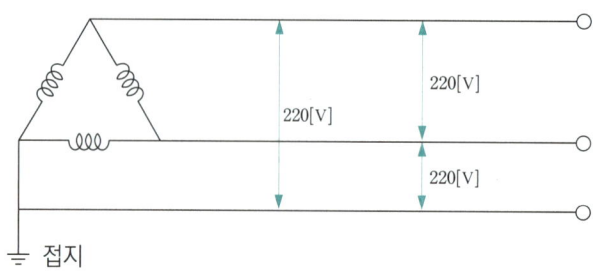

(5) **3상 4선식 220/380[V] 방식** : 가장 많이 사용되는 배전방식

전압선과 중성간의 200[V]에는 전등을 사용하고, 380[V]로는 동력을 사용한다.

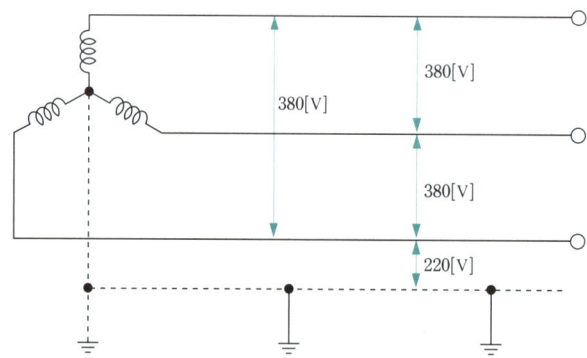

전기 방식	송배전 전력	전력손실	전선량	1선당 공급전력 $VI\cos\theta=P$라 두고	1선당 공급전력	소요전선량 전력손실비
단상 2선식	$VI\cos\theta$	$2I^2R$	2W	$\dfrac{VI\cos\theta}{2W}=\dfrac{1}{2}P$	100%	24
단상 3선식	$2VI\cos\theta$	$2I^2R$	3W	$\dfrac{2VI\cos\theta}{3W}=\dfrac{2}{3}P$	133%	9
3상 3선식	$\sqrt{3}VI\cos\theta$	$3I^2R$	3W	$\dfrac{\sqrt{3}VI\cos\theta}{3W}=\dfrac{\sqrt{3}}{3}P$	115%	18
3상 4선식	$3VI\cos\theta$	$3I^2R$	4W	$\dfrac{3VI\cos\theta}{4W}=\dfrac{3}{4}P$	150% (최대)	8

4. 전력수요와 공급 : 부하에 따라 다음과 같은 용어를 사용한다.

(1) 수용률, 부하율, 부등률의 정의

① 수용률 $= \dfrac{\text{최대수용전력[kW]}}{\text{수용설비용량[kW]}} \times 100[\%]$

② 부하율 $= \dfrac{\text{평균수용전력[kW]}}{\text{합성최대수용전력[kW]}} \times 100[\%]$

$$O \leq F^2 \leq H \leq F \leq 1$$ (F : 부하율, H : 손실계수)

③ 부등률 $= \dfrac{\text{수용설비 각각의 최대수용전력의 합[kW]}}{\text{합성최대수용전력[kW]}} \times 100[\%]$

※수용률, 부하율은 100% 보다 작거나 같고, 부등률은 항상 1보다 크거나 같다.

(2) 기타

① 전력량[kWh] = 평균전력[kW] × 사용시간[h]

② 평균전력[kW] $= \dfrac{\text{총사용 전력량[kWh]}}{\text{사용시간[h]}} \times 100[\%]$

③ 합성최대수용전력[kW](= 변압기용량[kVA])

$= \text{설비용량[kW]} \times \dfrac{\text{수용률}}{\text{부등률}} \times \dfrac{1}{\text{역률}(\cos\theta)} \text{[kVA]}$

④ 역률 $= \dfrac{\text{유효전력[W]}}{\text{피상전력의 벡터합[VA]}}$

개념이해(값이 클수록)

① 수용률 : 수용률을 알면 공급설비용량 예로 주상변압기 용량을 선정할 수 있다.
② 부하율 : (수용가)공장가동률이 높다. (한전)공급설비를 유효하게 사용한다.
③ 부등률 : (수용가)동시에 사용되는 시간이 적다. (한전)배전변압기 및 배전간선 선정

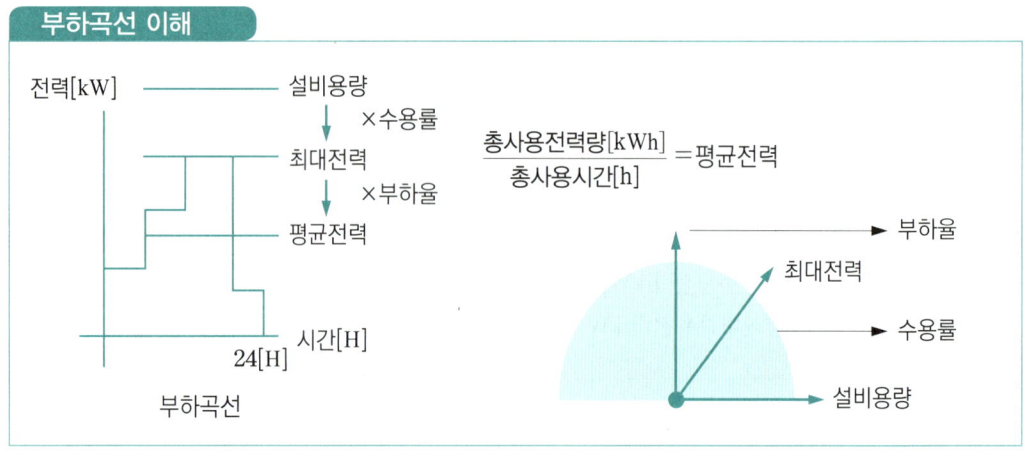

5. 배전선로의 보호

(1) 배전선로 보호기기

① 자동재폐로 차단기(리클로저, recloser)
② 자동구간개폐기(섹셔널라이저, sectionalizer) : 리클로저와 조합, 반드시 리클로저의 부하쪽에 설치
③ 선로용 퓨즈(line fuse)

※ 배열 : (전원측)리클로저 섹셔널라이저 라인퓨즈(부하측)

고장구분개폐기 (ASS : 자동 고장구분개폐기)

① 목적 : 고장구간 축소
② 설치간격 : 2[km] 이하

---

(2) 주상 변압기의 보호

① 1차측 : 컷아웃 스위치(COS) - 과전류에 의한 변압기 보호
  피뢰기(LA) - 이상전압(낙뢰 등)에 의한 변압기 보호
② 2차측 : 캐치홀더(FUSE) - 과전류에 의한 변압기 보호
  제2종접지 - 1차측과 2차측의 혼촉에 의한 2차측의 전위상승억제

(3) 선로 전압조정

① 변 전 소 : 탭조정장치($ULTC$ - 부하시 TAP 절환, $NLTC$ - 무부하시 TAP 절환) :
  전압조정기(SVR)
  ※ 탭조정장치를 가장 많이 사용함
② 배전선로 : 주상변압기 TAP 조정장치
  승압기

(유도)전압조정기 – 부하변동이 심한 장소에 사용, 최근 많이 사용

콘덴서 설치

- 배전선상 : 전력손실 감소
- 송전선상 : 전압강하 감소

(4) 전압강하, 전력손실, 전압강하율, 전력손실율

① 전압강하
- 단상 : $e_{1\phi} = I(R\cos\theta + X\sin\theta)$
- 삼상 : $e_{3\phi} = \sqrt{3}I(R\cos\theta + X\sin\theta) = \sqrt{3}\left(\dfrac{P}{\sqrt{3}V_R\cos\theta}\right)(R\cos\theta + X\sin\theta)$
$= \dfrac{P}{V_R}(R + X\tan\theta)$

전압강하

전기 방식	전 압 강 하	전선 단면적
단상 2선식 직류 2선식	$e = \dfrac{35.6LI}{1000A}$	$A = \dfrac{35.6LI}{1000e}$
3상 3선식	$e = \dfrac{30.8LI}{1000A}$	$A = \dfrac{30.8LI}{1000e}$
단상 3선식 직류 3선식 3상 4선식	$e' = \dfrac{17.8LI}{1000A}$	$A = \dfrac{17.8LI}{1000e'}$

단, e : 각 선식의 전압강하[V]
　e' : 외측선 또는 각 상의 1선과 중성선 사이의 전압강하[V]
　L : 전선의 긍장[m](즉, 부하까지의 거리)
　A : 전선의 단면적[mm²]
　I : 전류

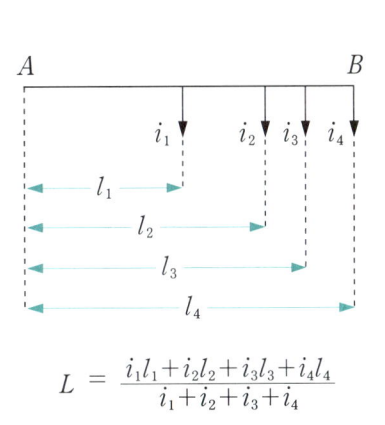

$$L = \dfrac{i_1l_1 + i_2l_2 + i_3l_3 + i_4l_4}{i_1 + i_2 + i_3 + i_4}$$

② 전압강하율

$\delta = \dfrac{V_S - V_R}{V_R} \times 100[\%] = \dfrac{e}{V_R} \times 100[\%]$, 3상에서 $\delta = \dfrac{P}{V_R^2}(R + X\tan\theta)$

(V_S : 송전단전압, V_R : 수전단전압(정격부하시 전압), e : 선로의 전압강하, θ : 전압·전류의 위상차)

> **전압강하율과 전압변동률의 구분**
>
> - 전압변동률 $= \dfrac{V_{2o} - V_{2n}}{V_{2n}} \times 100\,[\%]$: V_{2o}(무부하시 2차전압) • 무부하 전압
>
> V_{2n}(정격 부하시 2차전압) • 정격전압
>
> - **예제** 송전단전압 : 66[kV], 수전단전압 : 61[kV], 무부하 수전단전압 : 63[kV] 일 때 다음 3가지를 구하라
>   ① 전압강하 $= 66 - 61 = 5\,[\text{kV}]$
>   ② 전압강하률 $= \dfrac{66-61}{61} \times 100 = 8.20\,[\%]$
>   ③ 전압변동률 $= \dfrac{63-61}{61} \times 100 = 3.28\,[\%]$
> - 전압변동률을 최소로 하기 위하여 단락비를 최대로 해야 함

③ 전력손실

- 단상 : $P_{1\phi} = I^2 R$
- 3상 : $P_{3\phi} = 3I^2 R = 3\left(\dfrac{P}{3V\cos\theta}\right)^2 R = \dfrac{P^2 R}{V^2 \cos^2\theta}$

> **전력손실**
>
> $$P_c = 3I^2 R = 3\left(\dfrac{P}{\sqrt{3}\,V\cos\theta}\right)^2 R = 3\left(\dfrac{P}{\sqrt{3}\,V\cos\theta}\right)^2 \times \dfrac{P}{V^2 \cos^2\theta} \times \rho\,\dfrac{L}{A} = \dfrac{\rho L P^2}{A V^2 \cos^2\theta}$$
>
> ➡ 전압이 높아지고, 역률이 좋아지면 선로에 흐르는 전류가 감소
>   ∴ 전력손실이 적어지고, 전선의 굵기도 적어져도 됨.

④ 전력손실율

$K = \dfrac{P_L}{P} \times 100\,[\%] = \dfrac{e}{V} \times 100\,[\%]$ 3상에서 $\delta = \dfrac{PR}{V^2 \cos^2\theta}$

(P_L : 전력손실, P : 공급전력, e : 선로의 전압강하, θ : 전압, 전류의 위상차)

	결과식		전압과 관계	역률과 관계
전압강하	$e = \sqrt{3}\,I(R\cos\theta + X\sin\theta)$	$e = \dfrac{P}{V_R}(R + X\sin\theta)$	$\propto \dfrac{1}{V}$	$\propto \dfrac{1}{\cos\theta}$
전압강하율	$\delta = \dfrac{V_S - V_R}{V_R} \times 100$	$\delta = \dfrac{P}{V_R^2}(R + X\sin\theta)$	$\propto \dfrac{1}{V^2}$	$\propto \dfrac{1}{\cos^2\theta}$
전력손실	$P_L = 3I^2 R$	$P_L = \dfrac{P^2 R}{V^2 \cos^2\theta}$	$\propto \dfrac{1}{V^2}$	$\propto \dfrac{1}{\cos^2\theta}$
전력손실율	$K = \dfrac{P_L}{P} \times 100$	$P_L = \dfrac{PR}{V^2 \cos^2\theta}$	$\propto \dfrac{1}{V^2}$	$\propto \dfrac{1}{\cos^2\theta}$

※ 전압강하 $\propto \dfrac{1}{V}$, 전선굵기, 전선중량, 전력손실, 전압강하율, 전력손실율 $\propto \dfrac{1}{V^2} \propto \dfrac{1}{\cos^2\theta}$

※ 전력손실을 같게 한다면 공급전력 $\propto V^2 \propto \cos^2\theta$: 전압과 역률의 제곱에 비례

부하분포에 따른 전압강하와 전력손실	균등분포	말단집중분포
전압강하	$\frac{1}{2}IR$	IR
전력손실	$\frac{1}{3}I^2R$	I^2R

SECTION 04 선로정수

전선로의 저항[R], 인덕턴스[L], 정전용량[C] 및 누설 콘덕턴스[g], 누설 콘덕턴스는 크기가 작아 일반적으로 무시함

1. 저항

$$R = \rho \frac{L}{A}$$

ρ : 고유저항[$\Omega \cdot m$][$\Omega/m \cdot mm^2$], A : 전선의 단면적[m^2], L : 전선길이[m]

예 연동선 $= \frac{1}{58} \times \frac{100}{C}$

도체명	도전율(%)(C)	저항률[$\Omega/m \cdot mm^2$]	비중
연동선	100	1/58	8.89
경동선	97	1/55	8.89
알루미늄선	61	1/35	2.7

2. 인덕턴스

(1) 단상2선식(단도체)

$$L = 0.05 + 0.4605 \log_{10} \frac{D}{r} \text{[mH/km]} = 0.05 + 0.4605 \log_{10} \frac{2D}{d} \text{[mH/km]}$$

(2) 3상3선식

$$L = 0.05 + 0.4605 \log_{10} \frac{\sqrt[3]{D_1 \times D_2 \times D_3}}{r} \text{[mH/km]}$$

(3) 복도체

$$L = 0.025 + 0.4605 \log_{10} \frac{D}{\sqrt{rl}} \text{[mH/km]} \quad (\text{복도체 등가반지름 } r' = \sqrt{rl})$$

(r = (소)도체의 반지름, D = 도체간의 평균이격거리(등가선간거리), l = 소도체간의 간격)

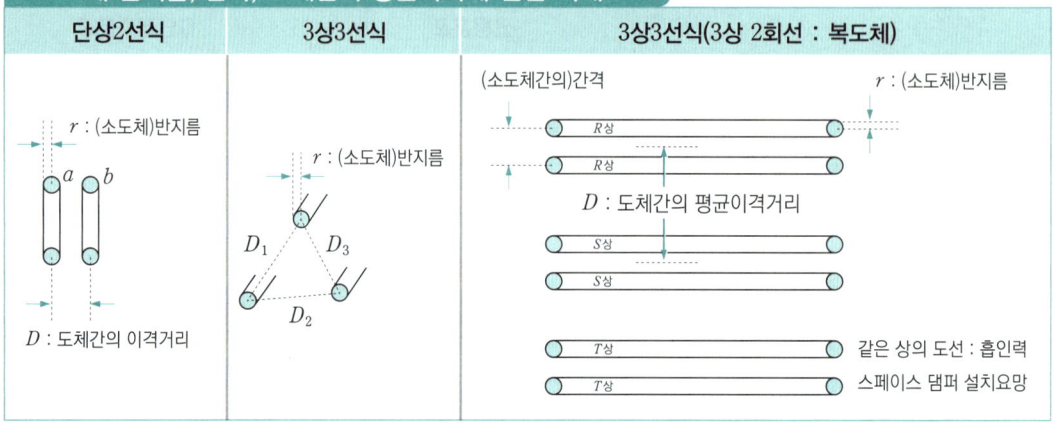

전선 간 평균거리

3 선식 (삼각배열)	3 선식 (수평배열)	4 선식 (사각배열)
D	$\sqrt[3]{2}D$	$\sqrt[6]{2}D$
	$\sqrt[3]{D_1 D_2 D_3} = \sqrt[3]{D \cdot D \cdot 2D}$	$\sqrt[6]{D_1 D_2 D_3 D_4 D_5 D_6}$ $\sqrt[6]{D \cdot D \cdot D \cdot D \cdot \sqrt{2}D \cdot \sqrt{2}D}$

3. 정전용량 : 페란티 현상유발, 선로의 충전전류 및 조류계산시 사용

(1) 단상 2선식 작용정전용량(1상분) $C = \dfrac{0.02413}{\log_{10} \dfrac{D}{r}}$ [μF/km] $= Cs + 2Cm$ [μF/km]

(2) 3상 3선식 작용정전용량(1상분) $C = \dfrac{0.02413}{\log_{10} \dfrac{\sqrt[3]{D_1 D_2 D_3}}{r}}$ [μF/km] $= Cs + 3Cm$ [μF/km]

(3) 복도체 작용정전용량(1상분) $C = \dfrac{0.02413}{\log_{10} \dfrac{D}{\sqrt{rl}}}$ [μF/km] : Cs(대지정전용량), Cm(선간정전용량)

정전용량의 이해

4. 코로나 현상 : 전선 주위의 공기절연이 국부적으로 파괴되어 불꽃이 발생하거나 소리가 발생하는 현상

(1) 코로나 임계전압 : 임계전압이 높을수록 코로나 발생가능성이 낮아진다.

$$E = 24.3 m_0 m_1 \delta d \log_{10} \frac{D}{r} \text{[kV]}$$

m_0 : 전선표면계식　　m_1 : 날씨의 계수　　δ : 공기밀도 $\left(\frac{0.386b}{273+t}\right) b (b : 기압)$

d : 전선 직경(2r)　　r : 전선 반지름　　t : 온도　　D : 선간거리

(2) 코로나 손실[kW/km/wire]

$$P = \frac{241}{\delta}(f+25)\sqrt{\frac{d}{2D}}(E-E_0)^2 \times 10^{-5}$$

δ : 상대공기밀도,　f : 주파수,　d : 지름,　D : 선간거리,
E : 대지전압　　E_0 : 코로나 임계전압

(3) 공기 절연 파괴전압

DC 30[kV/cm], AC 21.1[kV/cm]

(4) 코로나 장해

① 전력손실 발생
② 소호리액터 접지계통의 소호불능의 원인
③ 근접 통신선의 유도장해
④ 전력선 반송계전기 선택동작에 방해
⑤ 전선의 부식(O_3 발생)
⑥ 이상전압 진행파의 파고치를 빠르게 감쇠

(5) 방지대책

① 전선을 굵게 한다.(중공연선 사용)
② 복도체 또는 다도체로 사용한다.
③ 전선설치금구를 개량한다.

5. 연가(전선 위치 바꿈)

① 선로정수평형
② 각상 전압강하 동일(선간전압 동일)
③ 통신선 유도장해 경감
④ 소호리액터 접지 시 직렬 공진에 의한 이상전압 상승방지
⑤ 등가 선간거리 동일

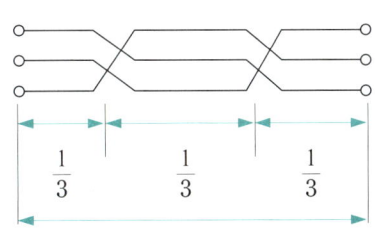

SECTION 05 송전특성

1. 단거리 송전선로(집중 정수회로 R, L) : 50[km] 이하의 전선로

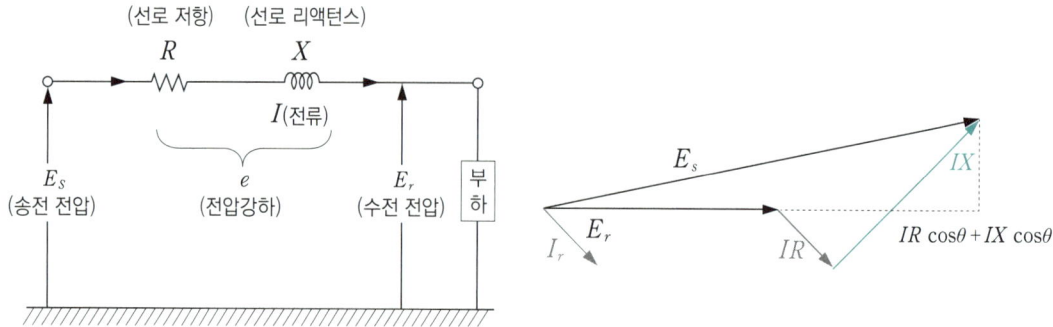

$$E_S = E_R + e =_S = E_R + \sqrt{3}I(r\cos\theta + x\sin\theta) \quad \because R \gg X_L$$

2. 중거리 송전선로 (집중 정수회로 R, L, C) : 50[km] 초과 100[km] 이하의 전선로

(1) 기본식

$$E_S = A \times E_R + B \times I_R, \ I_S = C \times E_R + D \times I_R$$

① 전압강하 요소 (전부하시)

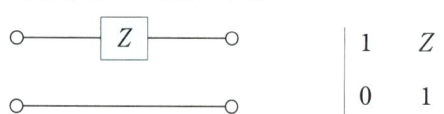

$$\begin{vmatrix} 1 & Z \\ 0 & 1 \end{vmatrix}$$

② 누설전류 요소 (무부하시)

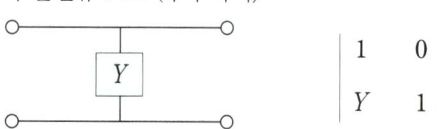

$$\begin{vmatrix} 1 & 0 \\ Y & 1 \end{vmatrix}$$

(2) T형 회로 해석

$$E_S = \left(1 + \frac{ZY}{2}\right)E_R + Z\left(1 + \frac{ZY}{4}\right)I_R$$

$$I_S = YE_R + \left(1 + \frac{ZY}{2}\right)I_R$$

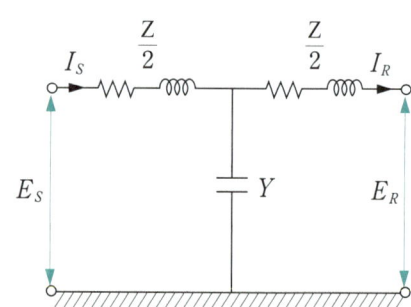

(3) π형 회로

$$E_S = \left(1 + \frac{ZY}{2}\right)E_R + ZI_R$$

$$I_S = Y\left(1 + \frac{ZY}{4}\right)E_R + \left(1 + \frac{ZY}{2}\right)I_R$$

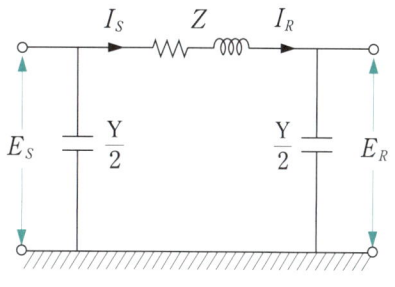

4단자 정수	T형	π형
A	$\left.\frac{V_S}{V_R}\right|_{I_R=0}$	$A = 1 + \frac{ZY}{2}$	$A = 1 + \frac{ZY}{2}$
B	$\left.\frac{V_S}{I_R}\right|_{V_R=0}$	$B = Z\left(1 + \frac{ZY}{4}\right)$	$B = Z$
C	$\left.\frac{I_S}{V_R}\right|_{I_R=0}$	$C = Y$	$C = Y\left(1 + \frac{ZY}{4}\right)$
D	$\left.\frac{I_S}{I_R}\right|_{V_R=0}$	$D = 1 + \frac{ZY}{2}$	$D = 1 + \frac{ZY}{2}$

2회선 송전시 4단자 정수

A : 1회선 송전과 같음
B : 1회선 송전의 × 1/2   ∵ 임피던스 감소
C : 1회선 송전의 × 2   ∵ 어드미턴스 증가
D : 1회선 송전과 같음

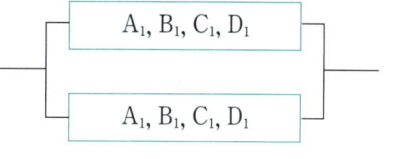

3. 장거리 송전선로(분포 정수회로 R, L, C, G) : 100[km] 초과하는 경우

$$E_S = E_R \cos hrl + I_R Z_0 \sin hrl, \quad I_S = E_R \frac{1}{Z_0} \sin hrl + I_R \cos hrl$$

∴ $R < X_L$ (전압강하의 주요인)

4. 파동임피던스 : 송전선로를 진행하는 전압과 전류의 비

(1) **파동임피던스** $Z = \sqrt{\frac{Z}{Y}} = \sqrt{\frac{R+j\omega L}{G+j\omega C}} = \sqrt{\frac{L}{C}}\ (R \ll \omega L, G \ll \omega C)$

(2) **전파정수** $r = \sqrt{ZY} = \sqrt{(R+j\omega L)(G+j\omega C)} = \alpha + j\beta$ (α : 감쇄정수, β : 위상정수)
$\qquad\qquad\quad = j\omega\sqrt{LC}\ (R = G = 0$일때)

(3) **전파속도** $v = \frac{1}{\sqrt{LC}} = 3 \times 10^5$ [km/sec]

> **무손실 선로**
>
> 조건 : $R=G=0$
> ① 특성임피던스 : $Z_0=\sqrt{\dfrac{L}{C}}=138\log\dfrac{D}{r}$ 주파수(ω)와 길이와는 무관
> ② 전파정수 : $r=\alpha+j\beta$ α : 감쇠정수 $=0$. β : 위상정수 $=\omega\sqrt{LC}$

5. 조상설비

송전선로의 무효전력을 조정하여 송·수전단의 전압을 일정하게 유지함으로써 안정도 향상과 정전압 송전을 하기 위한 설비

(1) 동기조상기
① 진상전류와 지상전류를 함께 조절하여 광범위한 연속 조정이 가능하다.
② 송전선 시송전에 이용된다.
③ 계통안정도를 증진시켜 송전전력을 증가시킬 수 있다.

(2) 전력용 콘덴서 : 앞선전류(진상전류)
① 전력 손실이 적다.   송전용량 증가.   전압강하 보상.
② 단락고장이 일어나도 고장전류가 흐르지 않는다.
③ 제 5고조파 제거용으로 직렬리액터를 콘덴서 용량의 5~6[%]
   (이론상은 [4%]로 설비한다.)
④ $Q_\triangle=3\omega cV^2$, $Q_Y=\omega cV^2$
   (진상용량, 즉 콘덴서 용량은 △ 결선시가 Y 결선시 보다 3배 크므로, △ 결선 사용을 권함)

(3) 전력용 콘덴서 용량 및 부속장치
① 전력용 콘덴서 용량[kVA] = 부하전력[kW]$(\tan\theta_1-\tan\theta_2)$
$$= 부하전력[kW]\times\left(\dfrac{\sin\theta_1}{\cos\theta_1}-\dfrac{\sin\theta_2}{\cos\theta_2}\right)$$

※ $\sin\theta=\sqrt{1-\cos^2\theta}$ ($\cos\theta=0.8 \Rightarrow \sin\theta=0.6$, $\cos\theta=0.6 \Rightarrow \sin\theta=0.8$)

※ 콘덴서는 무효전력만 공급하고, 유효전력은 공급하지 않기 때문에 피상전력=무효전력의 관계가 성립하므로 [kvar] 대신 [kVA]를 단위로 사용해도 무방하다.

② 전력용콘덴서 부속장치
 • 직렬리액터(SR)   :   **역할** 5고조파 제거   **목적** 파형개선
 • 방전코일(DC)   :   **역할** 잔류전하방전   **목적** 감전방지
 • 전력용콘덴서(SC) :   **역할** 무효전력감소   **목적** 역률개선

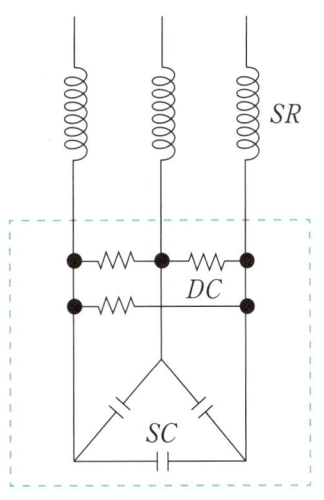

조상기, 콘덴서 및 리액터

종 류	목 적
조상기	중간조상기 : 선로 중간에 동기조상기를 연결하여 안정도 증대 동기조상기 : 무부하 운전중인 동기전동기로 　　　　　　과여자 운전시는 콘덴서로 작용(진상), 　　　　　　부족여자 운전시는 리액터로(지상) 작용하여 역률을 제어
직렬 콘덴서	$e=\sqrt{3}I(R\cos\theta+X\sin\theta)$,　　$X=X_L-X_C$ 전압강하 보상(부하의 역률이 나쁜선로일수록 ➡ 효과좋다) 선로에 직렬로 삽입
병렬 콘덴서	역률개선(선로와 병렬로 구성) 전력용 콘덴서, 진상 콘덴서 등의 명칭으로 사용 부속설비(직렬 리액터, 방전코일)
직렬 리액터	제 5고조파 제거(이론적 : 콘덴서 용량의 4[%], 실제6[%])
병렬(분로) 리액터	페란티 현상 방지
소호 리액터	지락 아크의 소호, 병렬공진
한류 리액터	단락전류제한 차단기 용량 경감

조상설비 설치 위치

대용량 변압기 : 주 변압기의 3차(안정권선)에 설치

6. 페란티 현상 : 원인(선로의 정전용량)

선로충전 전류 때문에 수전단 전압이 송전단 전압보다 크게 나타나는 현상

(1) **충전전류** $I_C = \omega CE = 2\pi fC \dfrac{V}{\sqrt{3}} \times 10^{-6}$ [A]

  f : 주파수 C : 1선당 정전용량 V : 선로전압(선간전압) l : 선로길이[km]

(2) **충전용량** $Q = 3EI_c = 3E \times \omega CE = 3\omega CE^2 = 3 \times 2\pi fCE^2 = 6\pi fCE^2 \times 10^{-6}$ [kVA]

  $= 3\omega C \left(\dfrac{V}{\sqrt{3}}\right)^2 = \omega cV^2$ $= 2\pi fCV^2 \times 10^{-6}$ [kVA]

  E : 상전압 V : 선로전압(선간전압)

(3) **방지대책** : 병렬(분로) 리액터 설치(초고압선로 1차변전소에 설치), 동기조상기 설치

7. 송전전력

(1) **송전전력**

$P = \dfrac{V_s V_r}{X} \sin\delta$ [MW]

V_s, V_r : 송수전단 전압 [kV] X : 선로의 리액턴스[Ω] δ : 송수전단 전압의 위상차

(2) **송전전력의 계산**

① 고유부하법 : 수전단 전압만 고려

$P = \dfrac{V_r^2}{Z_n}$ [MW/회선]

V_r : 수전단 선간전압[kV] Z_n : 특성 임피던스(대략 400[Ω])

② 송전용량 계수법 : 수전단 전압 및 송전거리 고려

$P = k\dfrac{V_r^2}{l}$ [kW]

k = 용량 계수 V_r = 수전단 선간전압[kV] l = 송전거리[km]

(3) **전력원선도** : 계통을 안전하게 운전하기 위한 근거(도식)

① 전력

발전기출력	송전전력	수전전력
$P = 3\dfrac{VE}{X}\sin\delta$	$P = \dfrac{V_s V_r}{X}\sin\delta$ [MW]	$P = \sqrt{3}VI\cos\theta$

② 원선도에서 구할 수 있는 것

구할 수 있는 것	구할 수 없는 것
• 최대출력 • 조상설비 용량 • 4단자 정수에 의한 손실 • 송, 수전 효율 • θ, δ	• 과도 극한 전력 • 코로나 손실

③ 원선도 반지름 $\rho = \dfrac{V_s V_r}{B}$

④ 전력원선도 이해

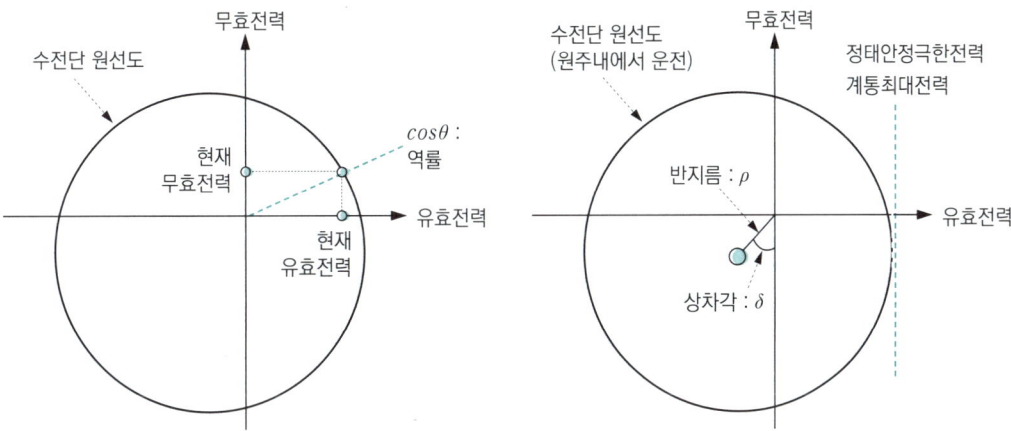

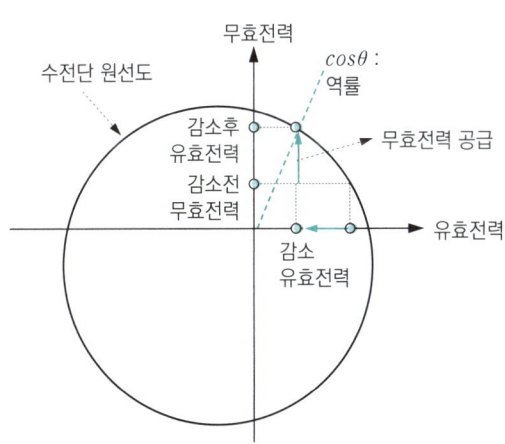

SECTION 06 중성점 접지방식

1. 중성점 접지의 개요

① 1선 지락시 전위상승 억제, 이상전압 방지, 계통의 기계 기구의 절연보호
② 지락사고시 보호 계전기 동작을 확실하게 함
③ 안정도 증진
④ 피뢰기 효과
⑤ 단절연 · 저감절연
⑥ 유도장해의 방지

> **중성점 접지**
> - 목적 : ① 이상전압 방지 ② 대지전압 감소 ③ 지락전류 감소
> - 무관 : ① 코로나 ② 송전용량
> - 지락전류 최대, 유도장해 최대, 이상전압 최소 ➡ 직접 접지방식
> - 지락전류 최소, 유도장해 최소, 이상전압 최대 ➡ 소호리액터 접지방식

2. 비접지 방식 : 22[kV]급 이하(3.3[kV], 6.6[kV])의 저전압 단거리 송전선로에 사용

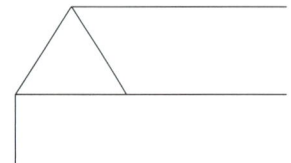

- 저전압 단거리 송전에 사용
- 1상 고장시 $V-V$ 결선운전가능(고장시 운전가능)
- 선로에 3고조파가 발생되지 않음

특징
- 1선 지락사고시 건전상의 전압은 $\sqrt{3}$배 상승
- 1선 지락전류 : $I_g = E/Z_c = \omega CE = 2\pi f(3C) \times \dfrac{V}{\sqrt{3}}$
- 기기의 절연 수준을 높여야 함

3. 직접 접지방식 : 유효접지방식으로 154[kV], 345[kV] 송전선로에 사용

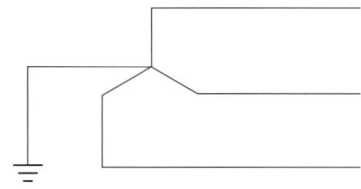

- 유효 접지방식 : 1선 지락사고시 전압 상승이 1.3배 이하가 되도록 하는 접지방식

특징
- 1선 지락시 건전상의 전위가 평상시와 거의 같아 기기의 단절연이 가능
- 지락전류가 크기 때문에 계전기 동작이 가장 확실함
- 지락전류가 커서 기기의 충격과 유도장해가 크며, 안정도가 나쁜 점이 단점

직접 접지의 장·단점	
장점	단점
• 전위상승이 최소 • 단절연, 저감절연 가능 : 기기값이 저렴 • 지락전류 검출이 쉽다 : 지락보호기 작동 확실 • 피뢰기 효과 증가	• 1선 지락시 지락전류 최대 • 유도장해 최대 • 차단기 용량도 커짐 • 이중 고장 발생 확률 최대 • 안정도 저하

4. 소호리액터 접지방식

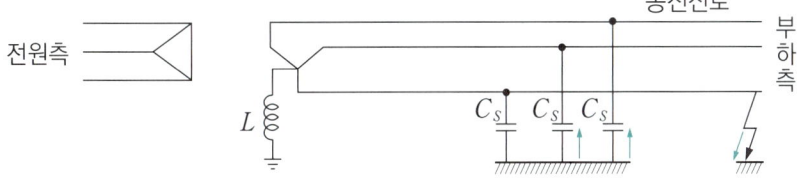

소호리액터의

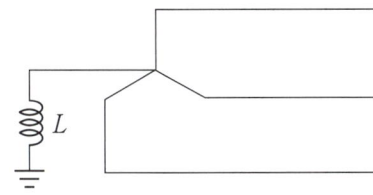

소호리액터 접지

리액턴스 용량 $X_L = \omega L = \dfrac{1}{3\omega C_S} - \dfrac{X_t}{3}\,[\Omega]$

인덕턴스 용량 $L = \dfrac{1}{3\omega^2 C_S}\,[H]$

(C_S : 대지정전용량 X_t : 1상당 리액턴스)

특징

- 지락사고시 소호리액터와 선로의 정전용량의 병렬공진을 이용한 것으로 지락전류를 이론적으로 흐르지 않게 할 수 있다.(전류 최소)

  ※3상 1회선 소호리액터의 용량은 3선 일괄의 대지 충전용량과 같다.

- 평상시 직렬공진상태가 되므로 Tap을 조정하여 이를 방지

  $\omega L = \dfrac{1}{3\omega C}$ = 일 때 합조도 0이고 공진 상태임

  $\omega L < \dfrac{1}{3\omega C}$ 일 때 합조도는 +이고 과보상이라 한다.(실제 과보상 상태로 운전함)

- 소호리액터 용량[kVA] = $6\pi f C E^2 \times 10^{-3}\,[\text{kVA}] = 2\pi f C V^2 \times 10^{-3}\,[\text{kVA}]$

  (E : 상전압, V : 선간전압(공칭전압))

4. 저항 접지방식 : 중성점에 저항을 설치하여 접지하는 방식

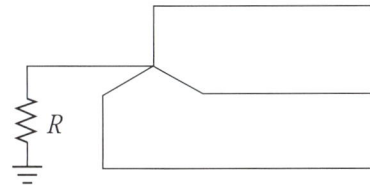

- 고저항 접지 : 100 ~ 1000[Ω]
- 저저항 접지 : 30[Ω]

> **특징**
- 접지저항이 너무 크면 1선지락시 건전상의 이상전압이 커짐
- 지락시 영상전압을 검출하여 고감도 선택 접지계전기를 사용 가능

우리나라의 접지방식

- 22[kV] : 비접지방식
- 22.9[kV] : 직접 접지방식(중성점 다중접지)
- 66[kV] : 소호리액터 접지방식(단, 제주도는 저항접지)
- 154[kV], 345[kV] : 직접 접지방식(유효접지)

접지방식에 관한 문제는 주로 직접 접지 또는 소호리액터 접지

■ 직접 접지방식
- 유도전류 최대
- 계전기의 동작 정확
- 유도장해 최대(안정도 꽝)
- 이상전압 최소

■ 소호리액터 접지방식
- 유도전류 최소
- 계전기의 동작 부정확
- 유도장해 최소
- 이상전압 최대

접지방식 비교

접지방식 비교사항	비접지	직접 접지	저항 접지	소호리액터 접지
지락시 건전상에 나타나는 전압	$\sqrt{3}$	평상시와 같다 (최저)	비접지의 경우보다 작다	고장점에서는 선간전압까지 올라간다
변압기의 절연	최고	최저, 단절연도 가능하다	비접지보다 약간 작다	비접지보다 약간 작다
이중 고장으로 발전할 가능성	크다	작다	중간 정도	중간 정도
지락전류의 크기	작다	최대	중간 정도	최소
1선 지락시의 전자유도장해	작다	최대	중간 정도	작다
지락계전기 적용	접지계전기의 적용이 곤란하다	고장구간선택 차단이용	소세력계전기에 의해 선택적으로 차단 할 수 있다	접지계전기 설치가 곤란하다
특 징	저전압 단거리 선로	유효접지		병렬공진

SECTION 07 고장계산

1. 대칭 좌표법 : 비대칭 3상 교류를 정상분, 역상분 그리고 영상분으로 해석하는 방법

대칭 성분	각상 성분
영상전압 $V_0 = \frac{1}{3}(V_a + V_b + V_c)$	A전압 $V_a = V_0 + V_1 + V_2$
정상전압 $V_1 = \frac{1}{3}(V_a + aV_b + a^2V_c)$	B전압 $V_b = V_0 + a^2V_1 + aV_2$
역상전압 $V_2 = \frac{1}{3}(V_a + a^2V_b + aV_c)$	C전압 $V_c = V_0 + aV_1 + a^2V_2$

대칭 성분	각상 성분
$I_0 = \frac{1}{3}(I_a + I_b + I_c)$	$I_a = I_0 + I_1 + I_2$
$I_1 = \frac{1}{3}(I_a + aI_b + a^2I_c)$	$I_b = I_0 + a^2I_1 + aI_2$
$I_2 = \frac{1}{3}(I_a + a^2I_b + aI_c)$	$I_c = I_0 + aI_1 + a^2I_2$

2. 3상 교류 발전기의 기본식 및 고장계산

- 역상전압 $V_0 = E_0 - I_0Z_0 = -I_0Z_0 \ (\because E_0 = 0)$
- 정상전압 $V_1 = E_1 - I_1Z_1 = E_a - I_1Z_1$
- 역상전압 $V_2 = E_2 - I_2Z_2 = -I_2Z_2 \ (\because E_2 = 0)$

(1) 1선 지락사고 ($V_a = 0, \ I_b = 0, \ I_c = 0$) : **영상분 + 정상분 + 역상분 존재**

$$I_0 = I_1 = I_2, \ I_g = 3I_0 = \frac{3E_a}{Z_0 + Z_1 + Z_2}$$

(2) 2선 지락사고 ($I_a = 0, \ V_b = V_c = 0$)

$$V_a = \frac{3Z_0Z_2}{Z_0(Z_1 + Z_2) + Z_1Z_2}E_a$$

(3) 선간 단락사고 ($I_a = 0, \ I_b = -I_c, \ V_b = V_c = 0$) : **정상분 + 역상분 존재**

$$I_0 = 0, \ I_1 = -I_2, \ I_s = (a^2 - a)\frac{E_a}{Z_1 + Z_2}$$

(4) 3상 단락고장 ($V_a = V_b = V_c = 0$) : **정상분 존재**

$I_a = \frac{E_a}{Z_1}$, $I_b = a^2\frac{E_a}{Z_1}$, $I_c = a\frac{E_a}{Z_1}$ 으로 대칭좌표법에 적용하면 $I_0 = I_2 = 0$, $I_1 = \frac{E_a}{Z_1}$ 정상분만 존재함

3. 영상전압과 영상전류 측정

(1) **영상전압** : 검출 – GPT(접지용계기용 변압기, 영상접지 변압기)

　　　　　　　동작 – OVGR(지락과전압 계전기)

(2) **영상전류** : 검출 – ZCT(영상변류기) : 3선 일괄 관통

　　　　　　　동작 – GR(지락계전기, 접지계전기)

※ 접지계통에서는 중성선에 CT(계기용변류기)를 설치하고 OCGR(지락 과전류 계전기)와 조합하여 지락사고를 차단

> **송전선로**
>
> $Z_0 > Z_1 = Z_2$: 정상임피던스와 역상임피던스는 같고 영상임피던스가 크다.

4. 단락 전류 계산

(1) **단락전류**　$I_s = \dfrac{E[V]}{Z[\Omega]} = \dfrac{100}{\%Z} I_n$

　※ 단락전류 제한 : 한류리액터

(2) **단락용량**　$P_S = \sqrt{3} \times V \times I_S = \sqrt{3} \times 정격전압 \times 정격단락전류 = \dfrac{100}{\%Z} P_n$

　　비고 차단기용량　$P_S = \sqrt{3} \times V \times I_S = \sqrt{3} \times 정격전압 \times 정격차단전류 = \dfrac{100}{\%Z} P_n$

　　(정격전압 : 22.9[kV]선로 (25.8[kV]) , 정격차단전류[kA] = 단락전류(I_s))

(3) **백분율 임피던스(%Z)** : 기준용량(P_n)에 비례함

$$\%Z = \sqrt{\%R^2 + \%X^2}$$
$$= \dfrac{I_n Z}{E_n} \times 100 = \dfrac{e[V]}{E_n[V]} \times 100$$
$$= \dfrac{P_n[VA] \times Z[\Omega]}{V[V]^2} \times 100 = \dfrac{P_n[kVA] \times Z[\Omega]}{10 \times V[kV]^2}$$

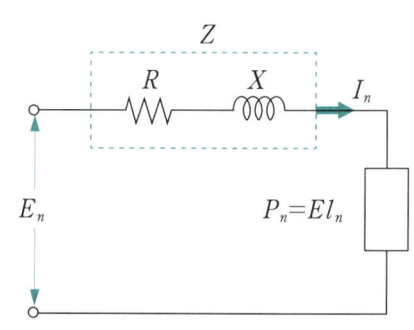

> **계산문제 활용 팁** | **백분율 임피던스**
>
> 단상 퍼센트 임피던스 $\quad \%Z = \dfrac{ZI_n}{E} \times 100[\%] = \dfrac{PZ}{10E^2}[\%] = \dfrac{PZ}{10V^2}[\%]$
>
> 3상 퍼센트 임피던스 $\quad \%Z = \dfrac{ZI_n}{\frac{V}{\sqrt{3}}} \times 100[\%] = \dfrac{\sqrt{3}I_n Z}{V} \times 100[\%] = \dfrac{PZ}{10V^2}[\%]$
>
> E_n : 기준전압, 공칭전압(상전압), $V[\text{V}]$: 선간전압
> $Z[\Omega]$: 변압기 임피던스
> $\%Z[\%]$: 백분율 임피던스 (기준용량에 비례, 일반적으로 변압기 백분율 임피던스를 기준으로 함)
>
> $\quad \%Z$를 기준용량으로 환산하는 법 $\quad$ 환산 $\%Z = \dfrac{\text{기준용량}}{\text{자기용량}} \times \%Z(\text{자기용량})$
>
> $I_n[\text{A}]$: 기준전류(일반적으로 정격전류를 사용) : 기준용량(P_n)을 사용전압(측정지점의)으로 나눈 값
>
> $\quad$ 단상($I_n[\text{A}] = \dfrac{P_n}{V}$), 3상($I_n[\text{A}] = \dfrac{P_n}{\sqrt{3}V}$)
>
> P_n(기준용량)[kVA] : 일반적으로 변압기 용량을 이용
> $e[\text{V}]$: 전압강하 − 변압기 자체저항에 의한값

5. 안정도

전력 계통에서 상호 협조 하에 동기 이탈하지 않고 안정되게 운전할 수 있는 정도

(1) **정태안정도** : 부하를 서서히 증가시킬 경우 계속해서 송전할 수 있는 능력으로 이때의 최대전력을 정태안정 극한전력이라 한다.

(2) **과도안정도** : 계통에 갑자기 부하가 증가하여 급격한 교란이 발생해도 정전을 일으키지 않고 계속해서 공급할 수 있는 최대치를 말한다.

(3) **동태안정도** : 여자를 제어하지 않고 발전기를 정전압으로 운전할 수 있는 정도이다.

(4) **안정도 향상대책**

발전기	송전선
• 직렬 리액터를 작게 • 영상, 역상 리액터를 크게 • 플라이휠 효과 선정 • 제동권선 설치 : 난조 방지 • 속응여자방식 채용 • 동기탈조 계전기 설치	• 직렬 리액턴스 값을 적게 한다.(직렬 콘덴서 설치) : 복도체 채용, 중간 조상방식 채용, 병행 2회선 방식 • 전압변동률을 줄임 : 무부하를 피함, 분로리액터설치(페런티 현상 방지), 중간 조상 방식 • 계통의 충격을 줄임 : 고속도 재폐로 방식 채용, 고속 차단기 설치, 외부 이상전압 줄임(LA설치 등), 내부 이상전압 줄임(중성점 접지)

SECTION 08 이상전압과 방호대책

1. 외부 이상전압

(1) **직격뢰** : 전기적 성질을 띠고 있는 구름과 선로간의 직접적인 낙뢰 – 가공지선으로 차폐

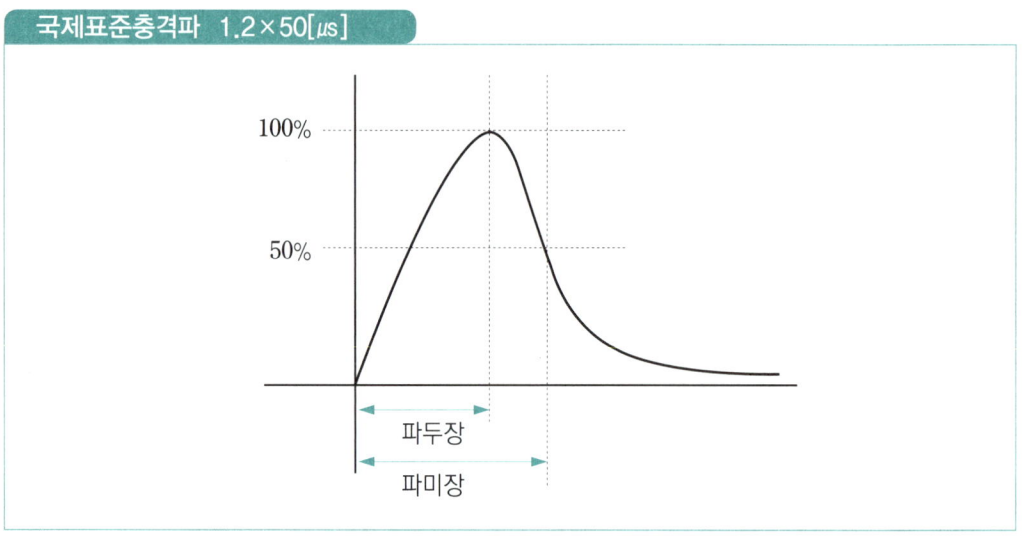

(2) **유도뢰** : 전기적 성질을 띠고 있는 구름 또는 선로 주변의 낙뢰에 의해 발생 – 피뢰기로 차폐

※ 뇌서지의 시간이 짧으며, 뇌서지와 개폐서지는 파두장, 파미장 모두 다름

2. 내부 이상전압

(1) **개폐 이상전압**(최대 : 무부하 충전 전류를 차단할 때), 송전선 대지전압의 4배 정도 : 개폐저항기로 억제

(2) **계통 조작시 이상전압**

(3) **고장시 과도 이상전압**

※ 송전선로에서 이상전압이 가장 클 때(무부하 송전선로를 개로할 때)
　　　　　이상전압이 가장 작을 때(부하 송전선로를 폐로 할 때)

3. 방호대책

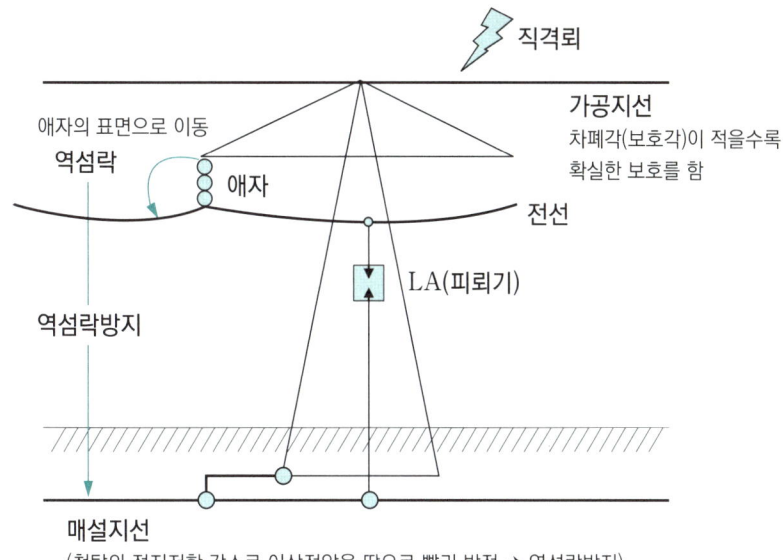

(1) **직격뢰** : 가공지선(차폐각을 작게 한다)

(2) **유도뢰** : 피뢰기 설치

(3) **애자련 보호** : ① 소호환(아킹링) 및 소호각(아킹혼)을 설치한다.
　　　　　　　　② 매설지선 설치로 탑각접지 저항을 작게 한다.(∵역섬락방지)

4. 이상전압(E = 입사파) 및 진행파 속도

(1) **반사파 전압** $E_1 = \dfrac{Z_2 - Z_1}{Z_1 + Z_2} E\,[\text{kV}]$

(2) **투과파 전압** $E_2 = \dfrac{2Z_2}{Z_1 + Z_2} E\,[\text{kV}]$

(3) **진행속도** $V = \dfrac{1}{\sqrt{LC}}\,[\text{km/s}]$

(4) **무반사 조건** $Z_1 = Z_2$

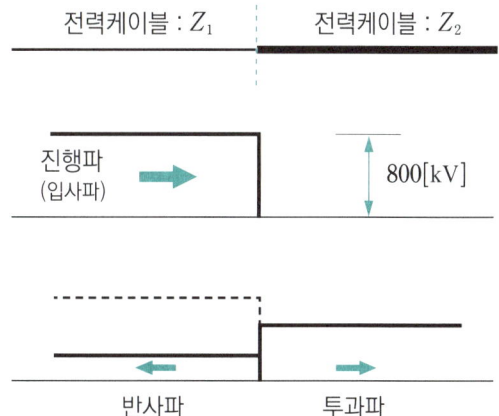

5. 피뢰기 : 이상전압의 파고치를 저감시켜서 피보호 기기를 보호하는 기기

- 절연레벨 최저
- 송전계통의 절연협조의 기본

(1) **구성요소** : ① 특성요소(뇌전류 방전) ② 직렬갭(속류차단)

(2) **특성** : ① 뇌전류 방전(제한전압 ↓) ② 속류차단(정격전압 ↑) ③ 선로 및 기기 보호

(3) **특성요소** : 진행파의 파고치 저감

(4) **직렬갭** : 이상전압 내습시 뇌전류를 대지로 방류하고 속류를 차단

(5) **피뢰기 정격전압** : ① 피뢰기와 접지전극 사이에 인가할 수 있는 상용주파 최대교류 전압의 실효값
② (뇌전류 방전후) 속류를 차단할 수 있는 교류전압 최고의 실효값

(6) **피뢰기 단자전압** : 피뢰기 동작시 단자전압

(7) **피뢰기 제한전압** : ① 방전중의 피뢰기 단자전압의 파고값(절연협조의 기본)
② 충격파 전류가 흐르고 있을 때의 피뢰기 단자전압

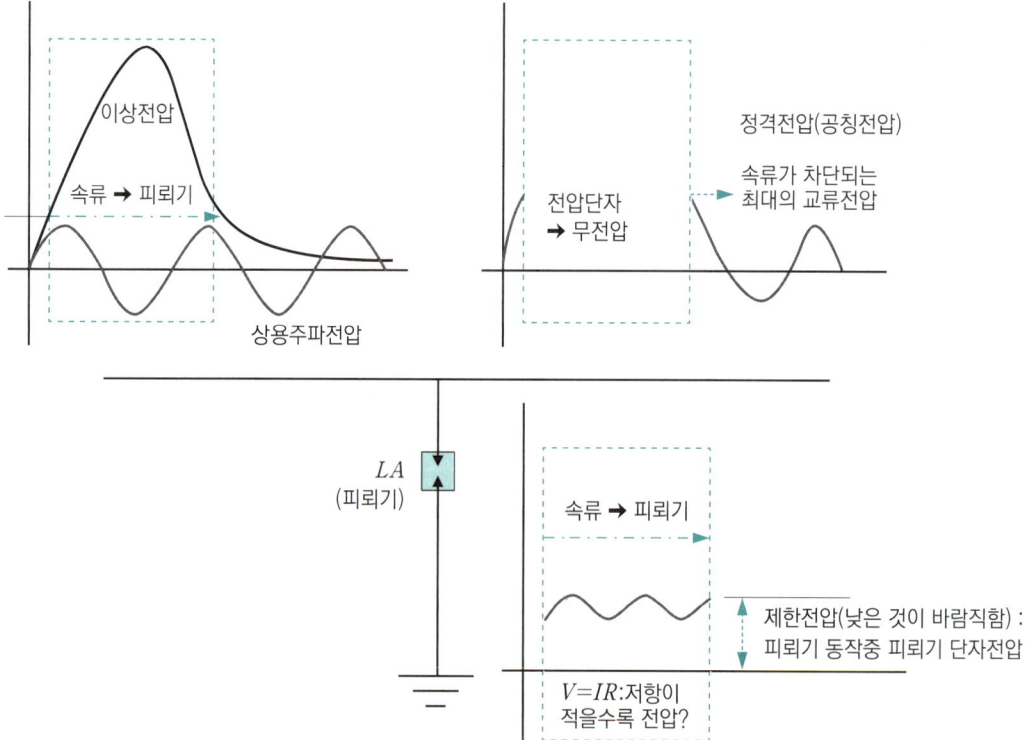

(8) **피뢰기의 설치 장소**

① 발 · 변전소 또는 이에 준하는 장소의 가공지선 인입구 및 인출구
② 고압 및 특고압 가공전선로로부터 공급을 받는 수용장소의 인입구
③ 가공전선로와 지중전선로가 접속되는 곳
④ 가공전선로에 접속하는 배전용 변압기의 고압측 및 특고압측

(9) **송전 계통의 절연내력 크기 순서** : 선로애자 > 차단기(단로기) > 변압기 > 피뢰기

피뢰기 구비조건

① 상용주파방전개시전압은 높고 충격방전개시전압은 낮아야 한다.
② 제한전압은 낮고 속류차단 능력이 우수해야 한다.
③ 방전 내량이 커야 한다.

갭리스(Gapless)형 피뢰기

비직선성이 뛰어난 금속산화아연을 특성요소한 피뢰기로 직렬 갭(gap)이 없다.

피뢰기 정격전압과 제한전압

- 피뢰기의 정격전압 ➡ 높아야 바람직
  선로단자와 접지단자 간에 인가할 수 있는 상용 주파의 최대 허용전압
  ➡ 속류가 차단되는 최고 교류전압
- 피뢰기의 제한전압 ➡ 낮아야 바람직
  방전 중(충격파 전류가 흐르고 있을때) 피뢰기의 선로단자 간에 나타나는 전압

6. 유도장해

	원인	관련식	길이관계
정전유도장해	영상전압, 상호정전용량	$E_0 = \dfrac{C_m}{C_m + C_S} E$	길이와 무관
전자유도장해	영상전류, 상호인덕턴스	$E_m = -j\omega Ml(I_a + I_b + I_c)$ $= -j\omega Ml \times 3I_0$	주파수, 길이에 비례

C_m : 전력선과 통신선 간의 정전용량 C_S : 통신선의 대지 정전용량 E : 전선의 전위
I_a, I_b, I_c : 각 상의 불평형 전류 M : 전력선과 통신선의 상호 인덕턴스
l : 통신선과 병행하는 거리(길이)(km) I_0 : 지락전류

(1) **정전유도장해** : 원인(유도전압) - 영상전압

① 단상

정전유도전압 $E_S = \dfrac{C_m}{C_m + C_S} E$

(C_m : 전력선과 통신선간의 상호 정전용량,
C_S : 통신선의 대지 정전용량, E : 전선의 전위)

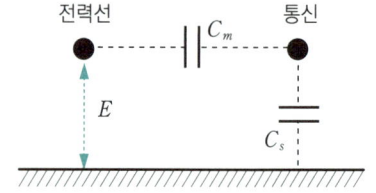

② 3상

정전유도전압 E_S
$= \dfrac{\sqrt{C_a(C_a-C_b)+C_b(C_b-C_c)+C_c(C_c-C_a)}}{C_a+C_b+C_c+C_S} \times \dfrac{V}{\sqrt{3}}$

완전 전선위치 바꿈시($C_a=C_b=C_c=C$) $E_S = 0$

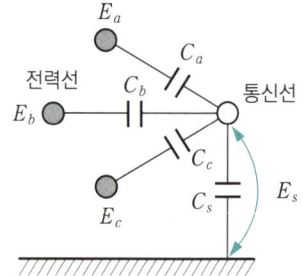

③ 전선로에 영상전압이 존재하는 경우

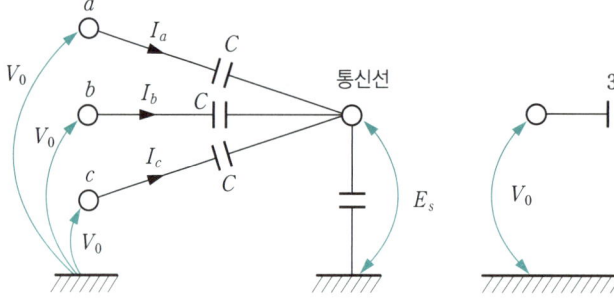 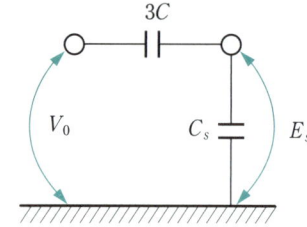

$E_s = \dfrac{3C}{3C+C_S} V_0$

(2) **전자유도장해** : 원인(유도전류)

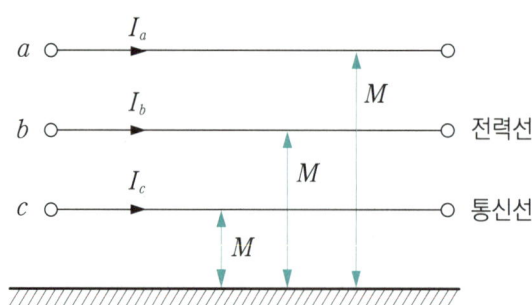

- 3상평형일 경우 유도전압 = 0
- 3상 불평형일 경우
  $E_{통신선} = -j\omega M \times 3I_0$ ($3I_0$: 기유도전류)

(3) 전자유도장해 방지대책

전력선측	통신선측
• 전선위치 바꿈을 한다. • 소호리액터 접지 : 지락전류 최소 • 고속도 차단기 설치 • 고주파 억제	• 케이블화 • 피뢰기 설치 • 배류코일(초크 코일) 설치 • 절연강화
• 이격거리를 크게 한다 • 교차시 수직 교차한다. • 차폐선을 설치한다.(30~50% 경감)	

7. 중성점 잔류전압

$$E_n = \frac{\sqrt{C_a(C_a-C_b)+C_b(C_b-C_c)+C_c(C_c-C_a)}}{C_a+C_b+C_c} \times \frac{V}{\sqrt{3}}$$

SECTION 09 송전선로 보호방식

개념도

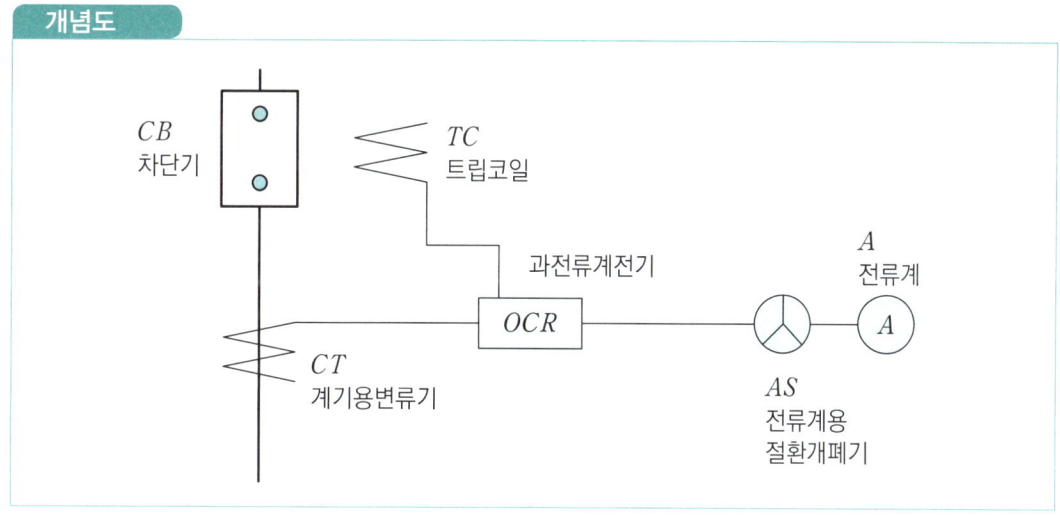

1. 보호 계전기 : 전력선, 전기기기 등의 보호대상물에 발생한 이상상태에 응동(應動)하여 피해의 감소를 도모하고 그 파급을 저지하기 위해 적절한 지령을 주는 계전기

(1) 용어 정의

① 반한시계전기 : 동작전류가 커질수록 동작시간이 짧아지는 특성을 가지는 것
② 정한시계전기 : 동작전류의 크기에 관계없이 일정한 시간에서 동작하는 것

③ 정한시 반한시 계전기 : 동작전류가 적은 동안에는 반한시 특성으로 되고 그 이상에서는 정한시 특성이 되는 것
④ 순시계전기 : 최소동작전류 이상의 전류가 흐르는 즉시 동작하는 것

계전기의 시한특성

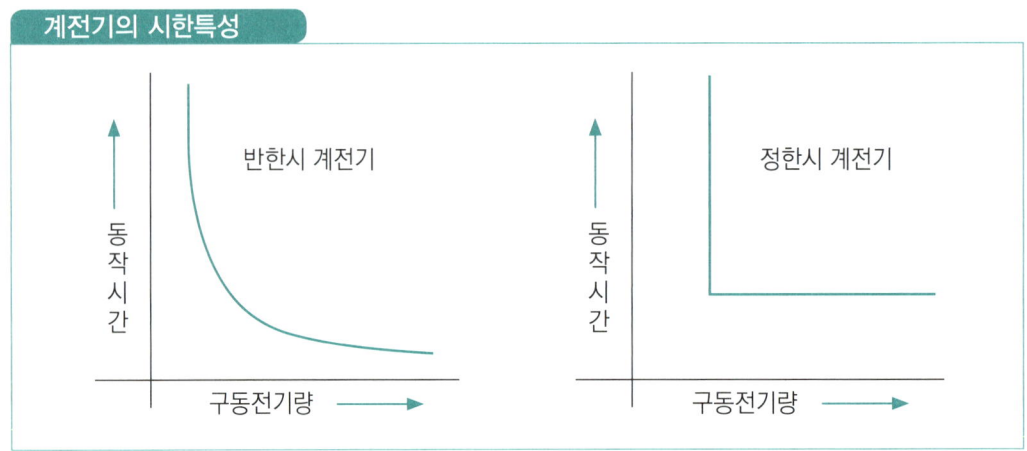

(2) 보호 기능상 분류

① 과전류 계전기(Over Current Relay) : 전류가 설정치 이상이 되었을 때 동작하는 계전기
② 과전압 계전기(Over Voltage Relay) : 전압이 설정치 이상이 되었을 때 동작하는 계전기
③ 부족 전압 계전기(Under Voltage Relay) : 전압이 설정치 이하가 되었을 때 동작하는 계전기
④ 선택 접지(지락) 계전기(Selectve Ground Relay) : 방향성이 있으며 영상 전압, 영상 전류 필요
⑤ 비율 차동 계전기(ratio differential relay) : 발전기, 변압기의 내부 고장 검출, 모선 보호
⑥ 역상 계전기(negative phase relay) : 단상 운전 시 소손 방지
⑦ 차동 계전기(Differential Relay) : 유입전류와 유출 전류의 벡터차 전류로 동작(발전기, 변압기 내부고장시 이용)
⑧ 거리 계전기(distance relay) : 고장점까지의 전기적 거리를 측정, 거리에 비례한 동작시간으로 동작 (선로의 단락, 지락시 동작)
⑨ 표시선 계전기 : 고장구간을 완전 제거, 고속도 재폐로 방식을 확실하게 적용
　　　　　　　종류 : 전류순환형, 전압방향방식, 방향비교방식
⑩ 반송계전방식 : 표시선 계전기 단점을 보완, 전력선에 반송파를 사용하거나 별도의 통신수단을 이용한 것(장치 복잡)
　　　　　　　종류 : 방향비교방식, 고속도거리+기타방식, 위상비교방식
⑪ 파일럿 와이어 계전방식 : 고장점 위치와 관계없이 송·수전 양단을 고속 차단

선로보호	발·변압기 보호
• 거리계전기 : 단락보호, 지락(탈조)보호 • 지락계전기 : 지락보호 　cf) 2회선 : 선택접지 계전기(SGR) 　　　　　　　지락방향 계전기(DG)	• (비율)차동 계전기 : 내부고장보호 • 부흐홀쯔 계전기 : 기계적 고장보호 　(변압기와 콘서베이터 연결관 도중에 설치)

지락검출 및 차단

접지방식		비접지방식	
검 출 장 치	계 전 기	검 출 장 치	계 전 기
CT	OCGR	ZCT	(D)GR
변류기	지락 과전류 계전기	영상 변류기	지락 계전기
		GPT	OVGR
		접지용 계기용 변압기	지락 과전압 계전기

비접지(영상전류검출)

ZCT 영상 변류기
67G
DGR 지락 방향 계전기

비접지(영상전압검출)

64
$OVGR$ 지락 과전압 계전기
$GPT : Y-Y-$오픈델타

2. **발전기 보호** : 차동계전기 또는 비율 차동계전기(87번 계전기) 사용 – 내부고장시

3. **변압기 보호** : 일반적으로 비율차동계전기 및 차동계전기를 사용하고 기계적 보호장치로 부흐홀쯔 계전기(Buchholz Relay)를 사용한다.

4. **재폐로 방식** : 고장전류를 차단하고 차단기를 일정시간 후 자동적으로 재투입하는 방식

   (1) 송전계통의 안정도 향상
   (2) 송전용량 증가
   (3) 계통사고시 자동 복구

5. 차단기 : 선로 이상 발생 시 고장전류 차단

(1) 동작책무

차단기가 차단(OPEN), 투입(CLOSE)을 반복하여야 하는 역할

항목	등급	동작책무
일반용	A(갑호)	O–1분–CO–3분–CO
	B(을호)	CO–15초–CO
고속도 재 투입용	R	O–임의시간–CO–1분–CO
	O : 차단동작, CO : 투입 동작후 차단	

(2) 차단기의 종류

약 호	명 칭	소호 매질
ABB	공기 차단기	압축공기
GCB	가스 차단기	SF_6(육불화유황)
OCB	유입 차단기	절연유
MBB	자기 차단기	전자력
VCB	진공 차단기	진공

GCB 가스차단기의 특성

육불화황(SF_6)
소음 최소, 무색·무취·무해, 가스성분표시기 불필요, 절연능력은 공기의 2~3배, 소호능력은 공기의 100배

(3) 차단기의 정격차단용량

정격차단용량[MVA]= $\sqrt{3}$ × 차단기 정격전압[kV] × 정격차단전류[kA]

※ 차단기 정격전압 : (ex : 22.9[kV] ➡ 25.8[kV], 154[kV] ➡ 170[kV])

(4) 차단기의 정격차단시간 : 트립코일 여자로부터 아크 소호까지의 소요시간을 말하며 3~8[Hz] 이다.

(5) 무부하 송전선로는 대지정전 용량(C)으로 인한 진상 전류가 흐르므로 재점호 현상이 빈번하다.

① C회로로 차단시 재점호가 빈번하게 발생
② 재점호의 발생 가능성 최소 : $VCBC$(진공차단기)

6. 계기용 변성기(MOF)

(1) **계기용 변압기**(PT) : 높은 전압을 낮은 전압으로 변성함을 목적   (2차정격 110[V])

(2) **계기용 변류기**(CT) : 큰 전류를 작은 전류로 변성함을 목적   (2차정격 5[A])

> **주의** PT와 CT 점검시 PT는 2차측을 개방해야 하고 CT는 2차측을 단락시켜야 한다.
> (이유 : 2차측 절연보호(과전압 유기))

7. 전력용 퓨즈(PF) : 단락보호용으로 사용, 차단기에 비해 가격 저렴, 소형경량

(1) 정격전류는 작으나 단락전류가 커지는 전력용 변압기, 고압전동기 1차측 회로의 각 상에 설치하여 고장전류를 제한함으로써 효과적으로 전력계통 보호

(2) 전력퓨즈의 종류, 기능, 특징

구분	한류형	비한류형
소호방식	높은 아크저항을 발생시켜 강제로 차단	소호가스로 극간의 절연내력을 높여 차단
장점	소형, 한류효과가 크다 백업용, 차단용량이 크다	과전압이 발생하지 않는다. 과부하보호 가능 퓨즈가 녹으면 반드시 차단
단점	과전압이 발생 최소차단전류 존재	대형 한류효과가 적다
전 차단시간	0.5[Hz]	0.65[Hz]

8. 단로기(DS)

(1) **용도** : 무부하 전류만 개·폐가능, 선로의 완전개방에 이용, 선로기기의 접속변경

   (무부하전류란 ① 충전전류   ② 변압기 여자전류   ③ 루프(Loop)내의 조류)

(2) **쇄정장치(인터록) 필요** : 차단기가 열려 있어야 단로기를 열고 닫을 수 있다.

(3) **단로기 조작순서** [개로] : CB(개로) ➡ DS(개로)   [폐로] : DS(폐로) ➡ CB(폐로)

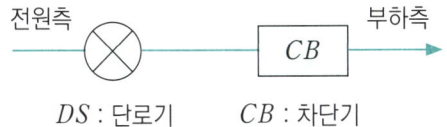

DS : 단로기 CB : 차단기

SECTION 10 수력발전

1. 수력발전 구조

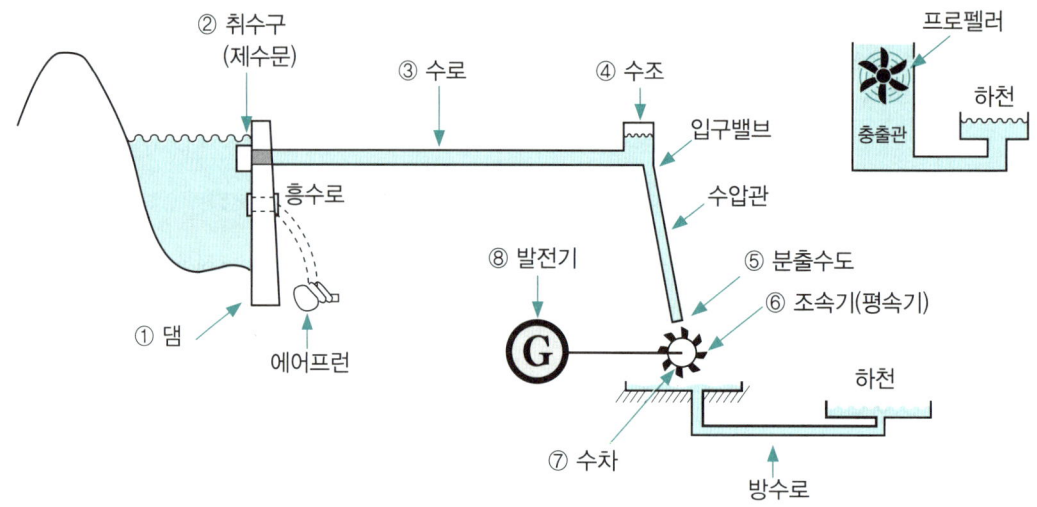

(1) **댐** : ① 댐식   ② 수로식   ③ 댐·수로식(댐+수로)   ④ 양수식(첨두부하대비)

(2) **취수구 (제수문** : 유량조절)

(3) **수로(일반, 압력)** : 연속의 정리 ($Q = A_1 V_1 = A_2 V_2$)

연속의 정리

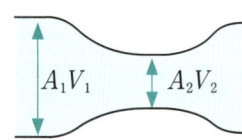

$(Q = A_1 V_1 = A_2 V_2)$
$A = \dfrac{\pi D^2}{4}$ 이므로 $(D_1^2 V_1 = D_2^2 V_2)$

베르누이의 정리

베르누이의 정리 : 유체의 운동에너지(속도수두), 압력에너지(압력수두), 위치에너지(위치수두) 총합은 일정하다

$$\dfrac{V^2}{2g} + \dfrac{P}{W} + h = 일정$$

- 운동에너지 $mgh = \dfrac{1}{2} mv^2$ 에서   분출속도 $v = \sqrt{2gh}$ 속도수두 $h\,[\text{m}] = \dfrac{v^2}{2g}$

- 압력에너지 $P\,[\text{kg/m}^2] = W\,[\text{kg/m}^3] \times h\,[\text{m}]$ 에서   압력수두 $h\,[\text{m}] = \dfrac{P}{W}$

  단, 물의 단위부피당 물의 질량 = 1000 [kg/m³]이므로

  $h\,[\text{m}] = \dfrac{P\,[\text{kg/m}^2]}{1000\,[\text{kg/m}^3]}$ $h\,[\text{m}] = \dfrac{P\,[\text{kg/m}^2]}{1000}$ $h\,[\text{m}] = 10 P\,[\text{kg/cm}^2]$

(4) 수조(일반, 압력－압력을 받는 곳) : 수로의 끝부분(침전, 유량조절, 수격방지, 압력제거)

   ① 수실조압수조 : 저수지의 수심 클 때

   ② 차동조압수조 : 서징(surging)의 주기 최대

   ③ 조압수조(서지탱크) : 수격작용 흡수

(5) 분출속도 $v=\sqrt{2gh}$ ($g[\text{m/s}^2]=9.8$, $h[\text{m}]$: 수심)

(6) 조속기 : 수차의 속도 일정유지(너무 예민하면 난조의 원인이 됨)

   평속기 : 수차의 속도 검출

(7) 수차

   ① 충동식(속두 수두이용) : 펠턴수차(유일한 충동식 수차) － 특유속도 최저, 고낙차
                                   디플렉터 필수

   ② 반동식(압력 수두이용) : 기타(프란시스 수차가 대표)
                                   흡출관 필수

(8) 수차의 특유속도

실제 수차와 기하학적으로 비례하는 수차를 낙차 1[m] 높이에서 운전시켜 출력 1[kW]를 발생시키기 위한 회전 속도 (특유속도 빠름 : 유수에 대한 수차러너의 상대속도가 빠르다는 것을 의미)

$$N_s = N\frac{P^{\frac{1}{2}}}{H^{\frac{5}{4}}}[\text{rpm}]$$

(N : 수차의 회전수[rpm], P : 출력[kW], H : 낙차[m])

➡ 수차의 특유속도 및 적용 낙차 (펠턴 > 프란시스 > 프로펠러)

종류	특유속도	적용 낙차[m]
펠턴	$12 \leq N_s \leq 23$	300이상
프란시스	$N_s \leq \dfrac{20000}{H+20}+30$	30 ~ 400 (중낙차 발전소)
사 류	$N_s \leq \dfrac{20000}{H+20}+40$	40 ~ 180
프로펠러	$N_s \leq \dfrac{20000}{H+20}+50$	5 ~ 180
카플란	$N_s \leq \dfrac{20000}{H+20}+50$	5 ~ 30

> **수차발전기에서 반드시 필요한 장치**
> - 충동식 - 디플렉터
> - 반동식 - 흡출관

(9) 발전기 출력 및 출력량

출력 $P = 9.8QH = 9.8QH\eta_t\eta_g$, 출력량 $W[kWh] = P[kW] \times t[h]$
($P[kW]$: 발전량, $Q[m^3/s]$: 유량, $H[m]$: 유효낙차, η_t : 수차효율, η_g : 발전기효율, $W[kWh]$: 발전량)

(10) 낙차(H)와 발전기 회전수(N), 발전기 출력(P), 발전기 특유속도(N_S)의 관계

$N \propto H^{\frac{1}{2}}$, $P \propto H^{\frac{3}{2}}$, $N_S = N\dfrac{P^{\frac{1}{2}}}{P^{\frac{5}{4}}}$

> **공동현상(캐비테이션)**
>
> 유체가 매우 빠른 속도로 흐를 때 러너 날개 등의 면에 저압력이나 진공 부분이 발생하는 현상
>
> (1) 공동현상의 영향
>   ① 수차 금속부분의 부식
>   ② 진동과 소음 발생
>   ③ 출력 및 효율의 저하
>
> (2) 공동현상의 방지 대책
>   ① 수차의 특유속도를 너무 높게 취하지 말 것
>   ② 흡출관을 사용하지 말 것
>   ③ 침식에 강한 재료를 사용할 것
>   ④ 수차를 과도한 부분부하에서 운전하지 말 것

2. 유량곡선

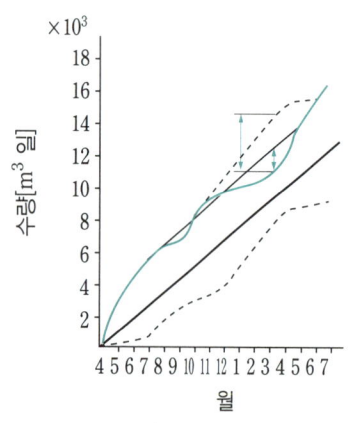

[적산유량곡선 - 저수지 용량]

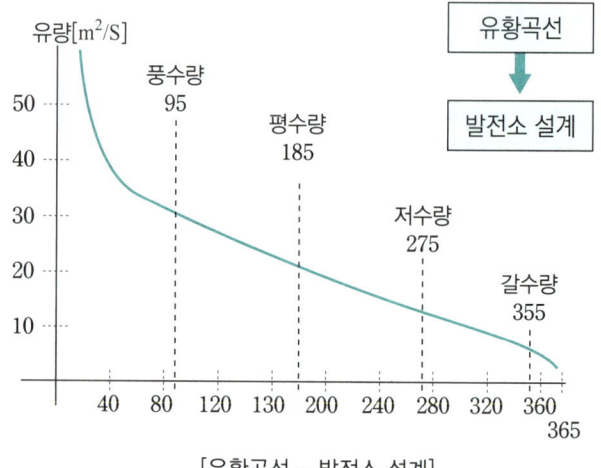

[유황곡선 - 발전소 설계]

(1) 적산유량곡선이해

유량도를 토대로 하여 횡축에 1년 365일을 역일순으로, 종축에는 유량의 누계를 취하여 만든 곡선으로서 저수지의 용량 결정에 사용

(2) 유황곡선

유량도를 기초로 하여 횡축에 일수 365일을, 종축에는 유량이 큰 순으로 배열하여 연결한 곡선으로 발전소의 사용수량, 기계대수, 기계형식 등을 선정

> **수위의 종류**
>
> - 갈수위 : 1년 중에서 355일은 이것보다 감소하지 않는 수위
> - 저수위 : 1년 중에서 275일은 이것보다 감소하지 않는 수위
> - 평수위 : 1년 중에서 185일은 이것보다 감소하지 않는 수위
> - 풍수위 : 1년 중에서 95일은 이것보다 감소하지 않는 수위

SECTION 11 화력발전

(1) 열사이클

※ 이론적 기본 열사이클 : 카르노 사이클

① 랭킨사이클(기본)

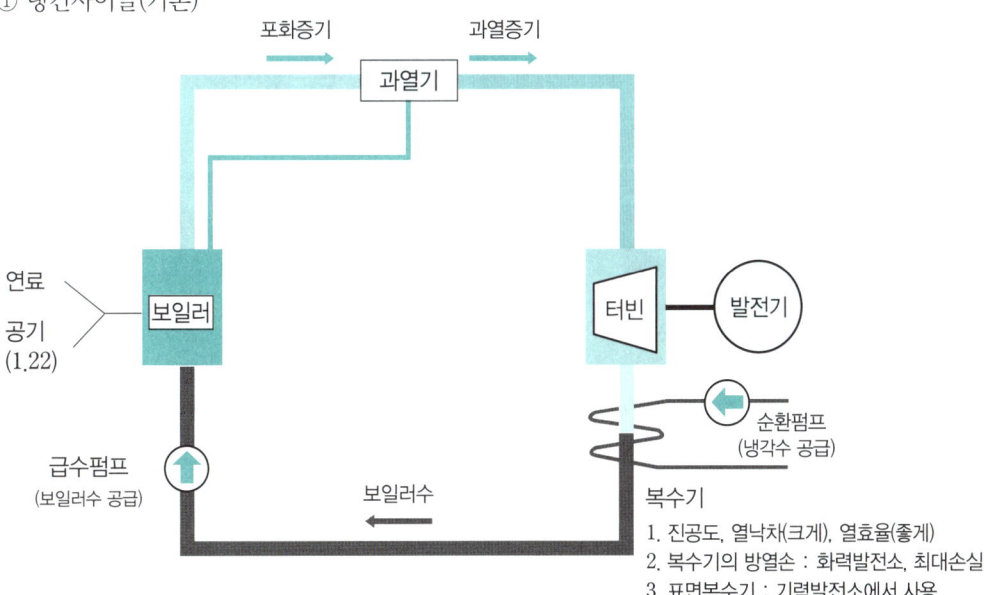

보일러 ➡ 과열기 ➡ 터빈 ➡ 복수기 ➡ 급수펌프 ➡ 보일러 로 순환됨

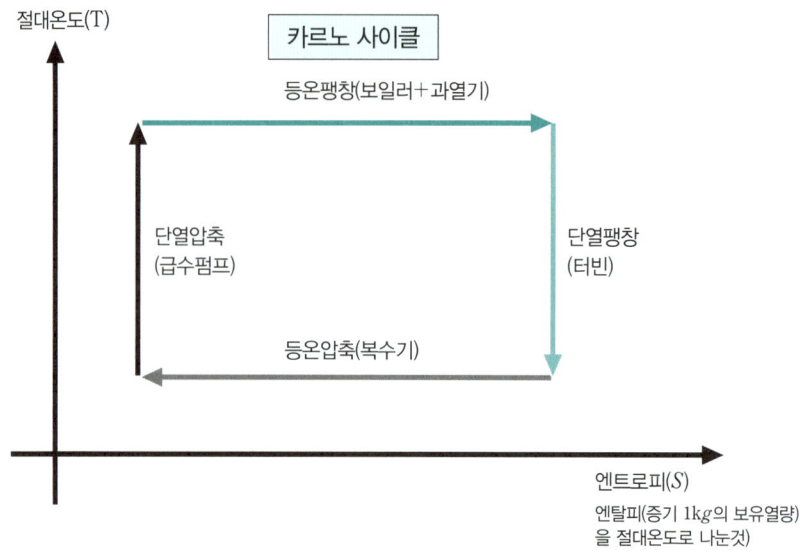

등온팽창 : 외부에서 열에너지 공급 → (온도상승 없음) → 증기의 에너지 증가(과열증기)
단열팽창 : 외부에서 열에너지 무공급 → (증기 팽창) → 증기의 에너지 감소(습증기)

② 재생사이클(급수가열)
③ 재열사이클(증기가열)
④ 재생·재열사이클(열효율 향상 — 실제 화력발전소의 기본적인 열사이클로 널리 사용)

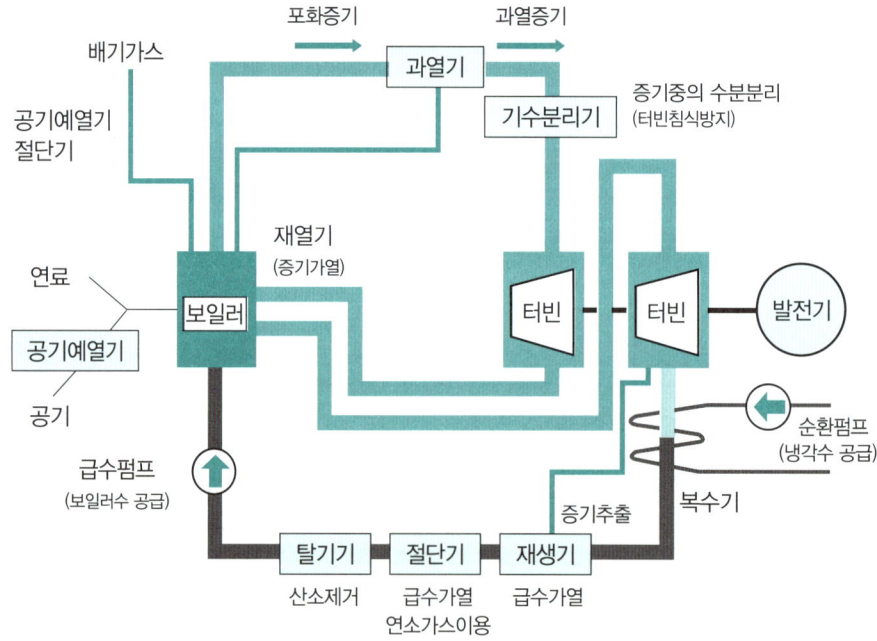

> **복수기 필요여부**
>
> - 배압터빈 : 터빈에서 사용한 증기를 모두 산업용 증기로 사용(복수기 불필요)
> - 추기터빈 : 일부 추출 사용 (복수기 필요)

(2) 용어 정리

① 기수분리기 : 공기중 수분을 분리(관의 부식방지 및 터빈의 침식방지)
② 탈기기 : 급수중 산소제거(관의 부식방지)
③ 절탄기 : 급수가열(폐연소가스 열 이용)
④ 복수기 : 진공도(크게),열효율(좋게),열낙차(크게) : 열손실 최대
⑤ 과열기 : 보일러의 발생증기를 다시 보일러로 보내 가열증기로 재가열함
⑥ 재열기 : 터빈내 사용증기를 다시 보일러로 보내 가열증기로 재가열후 터빈동작
⑦ 재생기 : 터빈내 사용증기를 일부추출하여 보일러 급수를 가열

(3) 발전소 효율

$$\eta = \frac{860W}{mH} \times 100 [\%]$$

W [kWh] : 어떤 기간 내에 발생한 총 전력량
m [kg] : 같은 기간 내에 소비된 총 연료량
H [kcal/kg] : 소비된 총연료에 의한 발열량

SECTION 12 원자로

(1) 원료 : $_{92}U^{235}$ 우라늄 1[g] ≒ 석탄 3[ton]

(2) 원자로의 종류 : 대표적인 것

① PWR 원자로(가압수형 경수로)
- 연료 : 저농축우라늄 (3~5%)
- 냉각재 : 물(경수, H_2O)
- 감속재 : 물(경수, H_2O)

② BWR 원자로(비등수형 경수로)
- 연료 : 저농축우라늄 (1~3%)
- 냉각재 : 물(경수, H_2O)
- 감속재 : 물(경수, H_2O)

③ PHWR 원자로(가압수형 중수로)
  • 연료 : 천연우라늄
  • 감속재, 냉각재 : 중수(D_2O)

(3) 용어정리

① 핵연료(핵분열을 일으키는 물질)
  • 핵연료의 구비조건
    − 중성자를 빨리 감속시킬 수 있을 것
    − 중성자 흡수 단면적이 작을 것
    − 열전도율이 높고 내부식성·내방사성이 우수할 것
    − 가볍고 밀도가 클 것

② 감속재(중성자 흡수가 적을 것, 고속 ➡ 열중성자)
  • 고속 중성자의 속도를 감소시켜서 열중성자로 바꾸는 작용을 하는 물질
  • 경수(H_2O), 중수(D_2O), 흑연(C), 베릴륨(Be)
  • 감속재 구비조건
    − 중성자 흡수 능력이 적을 것(흡수 단면적이 작을 것)
    − 중량이 가볍고 밀도가 큰 원소일 것

③ 반사재(중성자 반사)
  • 노심에서 노 밖으로 새어나오는 중성자를 다시 노심으로 되돌려주기 위한 것
  • 경수(H_2O), 중수(D_2O), 흑연(C), 베릴륨(Be)

④ 냉각재(중성자 흡수가 적고, 열전달 양호)
  • 원자로 내의 발생열을 외부로 빼내는 역할을 하는 물질
  • 경수(H_2O), 중수(D_2O)
  • 냉각재의 구비조건
    − 중성자 흡수 단면적이 적을 것
    − 방사능을 띠기 어려울 것
    − 비열, 열전도율이 클 것

⑤ 제어봉(중성자 흡수가 크고, 열용량이 크다)
  • 중성자의 밀도를 조절하여 핵분열 연쇄 반응을 제어하는 물질
  • 카드뮴(Cd), 하프늄(Hf)
  • 제어봉의 구비조건 : 중성자 흡수 능력이 좋을 것

⑥ 원자로의 독작용 : 열중성자를 쉽게 흡수하여 핵 작용을 감소시키는 작용

(4) $E=mC^2$

기타 발전기(가스터빈)

- 장점 : 기동시간이 짧고 조작이 간단하며 첨두부하 발전에 적당하다.
- 단점 : 연료소비량이 크고, 열효율이 낮다.

02 전력공학

핵심문제 풀이

SECTION 01 · 전력계통

001 ★

장거리 대전력 송전에서 교류 송전방식에 비한 직류송전방식의 장점이 아닌 것은?

① 송전효율이 높다.
② 안정도의 문제가 없다.
③ 선로 절연이 더 수월하다.
④ 변압이 쉬워 고압송전이 유리하다.

- 교류송전 : 전압변성(승압, 강압)이 쉽다. 회전자계를 쉽게 얻을 수 있다.
- 직류송전 : 손실이 적다.

002

직류 송전방식의 장점으로 옳지 않은 것은?

① 같은 절연에서는 교류의 2배의 전압으로 송전이 가능하므로 송전전력이 크게 된다.
② 송전전력 송전거리 전선로의 전력손실이 일정하고 같은 재료의 전선을 사용한 경우에 전선 전체의 무게는 교류방식보다 적게 든다.
③ 선로의 리액턴스에 의한 전압강하가 없으므로 장거리 송전에 적합하다.
④ 특히 지중송전의 경우에는 유전체손을 고려하지 않아도 되므로 절연이 쉽다.

직류송전시 : 전압은 $\sqrt{2}$ 배 송전가능, 전력은 2배 송전가능

003

Kelvin 법칙이 적용되는 것은?

① 전력손실량을 축소시킬 때
② 경제적인 전선의 굵기를 선정할 때
③ 전압강하를 축소시킬 때
④ 부하배분의 균형을 얻을 때

SECTION 02 · 전선로

004 ★

전선로의 지지물 양쪽의 지지물 간 거리차가 큰 장소에 사용되며, 일명 E형 철탑이라고도 하는 표준철탑의 종류는?

① 직선형철탑
② 내장형철탑
③ 각도형철탑
④ 인류형철탑

005

장거리 지지물 간 거리를 갖는 송전선로에서 전선의 단선을 방지하기 위하여 사용하는 전선은?

① 경알루미늄선
② 경동선
③ 중공전선
④ ACSR

006

송전선로에서 현수 애자련의 연면 섬락과 가장 관계가 먼 것은?

① 댐퍼
② 철탑 접지 저항
③ 현수 애자련의 개수
④ 현수 애자련의 소손

정답 001 ④ 002 ① 003 ② 004 ② 005 ④ 006 ①

현수 애자련의 연면 섬락은 애자련 표면에 전류가 흘러 생기는 섬락으로 현수 애자련의 소손이 일어날 수 있고 이를 방지하기 위해 철탑의 접지 저항을 작게 하고 현수 애자련의 개수를 늘려야 한다. 참고로 댐퍼는 전선의 진동 방지를 위해 설치하는 설비이다.

007

양 지지점의 높이가 같은 전선의 이도(처짐정도)를 구하는 식은?(단, 이도 D[m], 수평장력 T[kg], 전선의 무게 W[kg/m], 지지물 간 거리 S[m])

① $D = \dfrac{WS^2}{8T}$ ② $D = \dfrac{W^2 S}{8T}$

③ $D = \dfrac{8WT}{S^2}$ ④ $D = \dfrac{ST^2}{8W}$

008

보통 송전선용 표준철탑 설계의 경우 가장 큰 하중은?

① 풍압
② 애자, 전선의 중량
③ 빙설
④ 전선의 인장강도

전선의 하중 W[kg/m] $= \sqrt{(W_c + W_i)^2 + W_w^2}$
W_c : 전선자체중량 W_i : 빙설하중 W_w : 풍압하중(최대)
　　(수직하중)　　　(수직하중)　　　(수평하중)

009

전선의 지지점 높이가 31[m]이고, 전선의 처짐정도(이도)가 9[m]라면 전선의 평균 높이는 몇 [m]가 적당한가?

① 25   ② 26.5
③ 28.5   ④ 30

전선의 평균높이 $h_m = h - \dfrac{2}{3}D = 31 - \dfrac{2}{3} \times 9 = 25$

010

전선의 장력이 1000[kg]일 때 지지선이 걸리는 장력은 몇 [kg]인가?

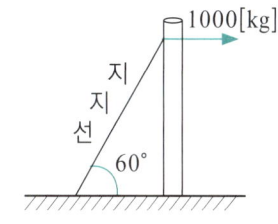

① 2000   ② 2500
③ 3000   ④ 3500

$T_0 = \dfrac{T}{\cos \theta} = \dfrac{1000}{1/2} = 2000$[kg]

011

애자가 갖추어야 할 구비조건으로 옳은 것은?

① 온도의 급변에 잘 견디고 습기도 잘 흡수하여야 한다.
② 지지물에 전선을 지지할 수 있는 충분한 기계적 강도를 갖추어야 한다.
③ 비, 눈, 안개 등에 대해서도 충분한 절연저항을 가지며, 누설전류가 많아야 한다.
④ 선로 전압에는 충분한 절연내력을 가지며, 이상 전압에는 절연내력이 매우 적어야 한다.

애자는 대지로부터 절연하고 전선을 지지물에 취부하기 위한 것 (절연체)

012

우리나라에서 가장 많이 사용하는 현수애자의 표준은 몇 [mm]인가?

① 160   ② 250
③ 280   ④ 320

013

250[mm] 현수애자 1개의 건조섬락 전압은 몇 [kV] 정도인가?

① 50
② 60
③ 80
④ 100

현수애자의 섬락전압 : 주수섬락(50kV), 건조섬락(80kV), 충격섬락(125kV)

014

250[mm] 현수애자 한 개의 건조섬락전압은 80[kV]이다. 이것을 10개 직렬로 접속한 애자련의 건조섬락전압이 650[kV]일 때, 연능률(string efficiency)은?

① 1.2308
② 1.0123
③ 0.8125
④ 0.1230

애자련의 효율 $\eta = \dfrac{V_n}{nV_1} = \dfrac{650}{10 \times 80} = 0.8125$

015

현수애자 4개를 1련으로 한 66[kV] 송전선로가 있다. 현수애자 1개의 절연저항은 1500[MΩ], 이 선로의 지지물 간 거리이 200[m]라면 선로 1[km]당의 누설 컨덕턴스는 몇 [℧]인가?

① 0.83×10^{-9}
② 0.83×10^{-4}
③ 0.83×10^{-3}
④ 0.83×10^{-2}

동일저항의 직렬의 합성(한개저항×갯수), 병렬의 합성(한개저항/갯수)
$G = \dfrac{1}{1500 \times 10^6 \times 4} \times \dfrac{1000}{200} = 0.83 \times 10^{-9}$

016 ★★

가공전선로에 사용하는 현수애자련이 10개라고 할 때 전압 부담이 최소인 것은?

① 전선에서 8번째 애자
② 전선에서 5번째 애자
③ 전선에서 3번째 애자
④ 전선에서 1번째 애자

애자련의 전압분담
• 분담전압최대 : 전선에 가장 가까운 애자.
• 분담전압최소 : 철탑으로 $\dfrac{1}{3}$ 지점 또는 전선으로부터 $\dfrac{2}{3}$ 지점의 애자

017 ★

소호환(arcing ring)의 설치 목적은?

① 애자련의 보호
② 클램프의 보호
③ 이상전압 발생의 방지
④ 코로나손의 방지

초호환, 초호각, 아킹혼 · 아킹링 : 애자보호

018 ★

가공전선로의 전선 진동을 방지하기 위한 방법으로 옳지 않은 것은?

① 토쇼널 댐퍼(tortional dampar)의 설치
② 스프링 피스톤 댐퍼와 같은 진동 제지권을 설치
③ 경동선을 $ACSR$로 교환
④ 클램프나 전선접촉기 등을 가벼운 것으로 바꾸고 클램프 부근에 적당히 전선을 첨가

전선이 굵을수록, 가벼울수록 진동이 증가하므로 지름에 비해 가벼운 중공연선이나 $ACSR$선은 진동의 원인이 된다.

019 ★

지중케이블에 있어서 고장점을 찾는 방법이 아닌 것은?

① Marray loop 시험기에 의한 방법
② Megger에 의한 측정 방법
③ 수색코일에 의한 방법
④ 펄스에 의한 측정

고장점 검출 방법 ① 머리루프법, ② 수색코일법, ③ 펄스 레이더법이 있다. megger는 절연저항 측정

020

지중전선로인 전력 케이블의 고장 검출 방법으로 머어리(Murray) 루우프법이 있다. 이 방법을 사용하되 교류전원, 수화기를 접속시켜 찾을 수 있는 고장은?

① 1선 지락
② 2선 단락
③ 3선 단락
④ 1선 단선

머리루프법 : 1선 지락점 검출

021

선택배류기는 어느 전기설비에 설치하는가?

① 급전선
② 지하전력 케이블
③ 가공전화선
④ 가공통신 케이블

SECTION 03 배전방식

022

서울과 같이 부하밀도가 큰 지역에서는 일반적으로 변전소의 수와 배전 거리를 어떻게 결정하는 것이 옳은가?

① 변전소의 수는 감소하고, 배전거리는 증가한다.
② 변전소의 수는 증가하고, 배전거리는 감소한다.
③ 변전소의 수는 감소하고, 배전거리도 감소한다.
④ 변전소의 수는 증가하고, 배전거리도 증가한다.

높은 전압일수록 전력손실 및 전압강하가 적다.

023

루프(loop) 배전의 이점은?

① 전선이 경제적이다.
② 증설이 용이하다.
③ 농촌에 적당하다.
④ 전압변동이 적다

배전방식
① 가지식 : 저렴,편리, 신뢰도 꽝
② 환상식(루프식) : 전압변동,전력손실이 적다(가지식보다)
③ 저압뱅킹방식 : 부하밀집지역, 캐스케이딩현상
④ 네트워크배전 : 무정전가능, 인축접지사고 및 사고시 역류가능성 있다.

024 ★

저압 뱅킹 배전방식에서 저압선의 고장에 의하여 건전한 변압기의 일부 또는 전부가 차단되는 현상은?

① 플리커(Flicker)
② 캐스캐이딩(Cascading)
③ 바랜서(Balancer)
④ 아킹(Arcing)

025

네트워크 배전방식의 장점이 아닌 것은?

① 사고시 정전범위를 축소시킬 수 있다.
② 전압변동이 적음
③ 인축의 접지사고가 적어짐
④ 부하의 증가에 대한 적용성이 큼

026

저압 단상3선식 배전방식의 가장 큰 단점이 될 수 있는 것은?

① 절연이 곤란하다.
② 설비 이용률이 나쁘다.
③ 2종의 전압을 얻는다.
④ 전압불평형이 생길 우려가 있다.

정답 020 ① 021 ② 022 ② 023 ④ 024 ② 025 ③ 026 ④

027 ★

150[kVA] 단상변압기 3대를 △−△ 결선으로 사용하다가 1대의 고장으로 $V-V$ 결선을 하여 사용하면 몇 [kVA] 부하까지 걸 수 있겠는가?

① 220
② 235
③ 245
④ 260

V결선 : 공급전력 = $\sqrt{3}$ × 변압기
1대용량 = $\sqrt{3}$ × 150[kVA] ≒ 260[kVA]

028 ★

우리나라의 배전방식으로 가장 많이 사용되고 있는 것은?

① 단상 2선식
② 3상 3선식
③ 3상 4선식
④ 단상 3선식

029 ★

설비용량이 3[kW]인 주택에서 최대사용전력이 1.8[kW]일 때의 수용률은 몇 [%]인가?

① 40
② 50
③ 60
④ 70

수용률 = $\dfrac{\text{최대전력}}{\text{설비용량}}$ × 100[%] = $\dfrac{1.8}{3}$ × 100[%]

030

부하율이란?

① $\dfrac{\text{최대전력}}{\text{평균전력}}$
② $\dfrac{\text{최대전력}}{\text{설비용량}}$
③ $\dfrac{\text{설비용량}}{\text{최대전력}}$
④ $\dfrac{\text{평균전력}}{\text{최대전력}}$

031

수전용량에 비해 첨두부하가 커지면 부하율은 그에 따라 어떻게 되는가?

① 낮아진다.
② 높아진다.
③ 변하지 않고 일정하다.
④ 부하의 종류에 따라 달라진다.

부하율 = 평균전력/최대전력에서 첨두부하가 커진다는 것은 최대전력이 커진다는 것으로 부하율은 낮아진다.

032

전력 소비기기가 동시에 사용되는 정도를 나타낸 것은?

① 부하율
② 수용률
③ 부등률
④ 보상률

부등률 = $\dfrac{\text{개개의 최대수용전력의 합}}{\text{합성 최대수용전력}}$ ≥ 1

033

연간 최대수용전력이 70[kW], 75[kW], 85[kW], 100[kW]인 4개의 수용가를 합성한 연간 최대수용전력이 250[kW]이다. 이 수용가의 부등률은 얼마인가?

① 1.11
② 1.32
③ 1.38
④ 1.43

부등률 = $\dfrac{(70+75+85+100)}{250}$ = 1.32

034 ★

설비용량 900[kW], 부등률 1.2, 수용율 50[%]일때의 합성 최대전력은 몇 [kW]인가?

① 300
② 375
③ 400
④ 415

변압기용량(≒합성 최대 수용전력을 기준으로 정함)

설비용량[kW] × $\dfrac{\text{수용률}}{\text{합성최대수용전력}}$

= 900[kW] × $\dfrac{0.5}{1.2}$ = 375[kW]

035 ★

어떤 고층건물의 부하의 총설비용량이 400[kW] 수용률 0.5일 때 이 건물의 변전 시설 용량의 최저값은 몇 [kVA]인가? (단, 부하의 역률은 0.8이다.)

① 150 ② 200
③ 250 ④ 300

변압기용량(≒합성 최대 수용전력)=400[kW] × $\dfrac{0.5}{0.8}$ =250[kVA]
여기서 유효전력[kW]/역률($\cos\theta$)=피상전력[kVA]이 됨

036

주상변압기의 고장보호를 위하여 그 1차측에 설치하는 기기는?

① OS 또는 AS ② COS
③ LS ④ Catch Holder

컷아웃 스위치(COS)는 주상변압기의 1차측, 캐치홀더는 2차측 보호장치

037

직류 2선식에서 배전선로의 끝에 부하가 집중되어 있는 경우 전선 1가닥의 저항을 $R[\Omega]$, 선로전류를 $I[A]$라 하면 이 배전선로의 전압강하 e는 몇 [V]인가?

① $e = \dfrac{1}{2}RI$ ② $e = RI$
③ $e = 2RI$ ④ $e = 3RI$

전압강하
단상2선식 : $e_{1\phi}=I(R\cos\theta+X\sin\theta)$
단, 1 가닥의 저항이 R이므로
∴ $e_{1\phi}=2I(R\cos\theta+X\sin\theta)$
3상 : $e_{3\phi}=\sqrt{3}I(R\cos\theta+X\sin\theta)$

038

늦은 역률의 부하를 갖는 단거리 송전선로의 전압 강하의 근사식은? (단, P는 3상부하전력[W], R은 선로저항 [Ω], X는 리액턴스[Ω], θ는 부하의 늦은 역률각이다.)

① $\dfrac{\sqrt{3}P}{E}(R+X\tan\theta)$

② $\dfrac{P}{\sqrt{3}E}(R+X\tan\theta)$

③ $\dfrac{P}{E}(R+X\tan\theta)$

④ $\dfrac{P}{\sqrt{3}E}(R\cos\theta+X\tan\theta)$

$\sqrt{3}\left(\dfrac{P}{\sqrt{3}V_R\cos\theta}\right)(R\cos\theta+X\sin\theta)=\dfrac{P}{V_R}(R+X\tan\theta)$
(∵ $V_R=E$)

039

3상 3선식의 배전선로가 있다. 이것에 역률이 0.8인 3상 평형 부하 20[kW]를 걸었을 때 배전선로 등의 전압강하는? (단, 부하의 전압은 200[V], 전선 1조의 저항은 0.02[Ω]이고 리액턴스는 무시한다.)

① 1[V] ② 2[V]
③ 3[V] ④ 4[V]

$e_{3\phi}=\sqrt{3}I(R\cos\theta+X\sin\theta)$
$=\dfrac{P}{V_R}(R+X\tan\theta)=\dfrac{20\times10^3}{200}\left(0.02+0\times\dfrac{0.6}{0.8}\right)=2$

040

불평형 부하에서 역률은?

① $\dfrac{\text{유효전력}}{\text{각 상의 피상전력의 산술합}}$

② $\dfrac{\text{유효전력}}{\text{각 상의 피상전력의 벡터합}}$

③ $\dfrac{\text{무효전력}}{\text{각 상의 피상전력의 산술합}}$

④ $\dfrac{\text{무효전력}}{\text{각 상의 피상전력의 벡터합}}$

정답 035 ③ 036 ② 037 ③ 038 ③ 039 ② 040 ②

041

전선의 중량은 전압과 역률과의 곱에 어떠한 관계에 있는가?

① 비례
② 반비례
③ 자승에 비례
④ 자승에 반비례

전선굵기, 전선중량, 전력손실, 전압강하율
전력손실율 $\propto \dfrac{1}{V^2} \propto \dfrac{1}{\cos^2\theta}$

042

선로의 부하가 균일하게 분포되어 있을 때의 배전선로의 전력손실은 이들의 전부하가 선로 말단에 집중되어 있을 때에 비하여 몇 배정도 되는가?

① $\dfrac{1}{2}$
② $\dfrac{1}{3}$
③ $\dfrac{1}{4}$
④ $\dfrac{1}{5}$

균등분포시 말단집중부하의 전압강하(1/2), 전력손실(1/3)

SECTION 04 선로정수

043

그림과 같이 D[m]의 간격으로 반경 r[m]의 두전선 a, b가 평행으로 전선설치되어 있는 경우 작용인덕턴스는 몇 [mH/km]인가?

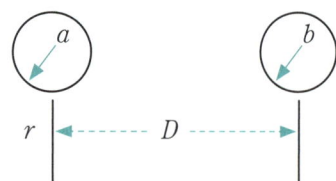

① $L = 0.05 + 0.4605 \log_{10} \dfrac{D}{r}$
② $L = 0.05 + 0.4605 \log_{10}(rD)$
③ $L = 0.05 + 0.4605 \log_{10} \dfrac{2D}{r}$
④ $L = 0.05 + 0.4605 \log_{10} \dfrac{1}{rD}$

인덕턴스 $L = 0.05 + 0.4605 \log_{10} \dfrac{D}{r}$ [mH/km]
정전용량 $C = \dfrac{0.02413}{\log_{10} \dfrac{D}{r}}$

D : 평균선간거리 3가닥($\sqrt[3]{D_1 D_2 D_3}$), 4가닥($\sqrt[6]{D_1 D_2 D_3 D_4 D_5 D_6}$)
r : 소도체 반지름 ➡ 지름 d가 주어지면 $r = d/2$

044 ★

지름이 d[m]이고 선간거리가 D[m]인 선로 한 가닥의 자기인덕턴스는 몇 [mH/km]인가? (단, 선로의 투자율은 1이라 한다)

① $L = 0.5 + 0.4605 \log_{10} \dfrac{D}{d}$
② $L = 0.05 + 0.4605 \log_{10} \dfrac{D}{d}$
③ $L = 0.5 + 0.4605 \log_{10} \dfrac{2D}{d}$
④ $L = 0.05 + 0.4605 \log_{10} \dfrac{2D}{d}$

$\log_{10} \dfrac{D}{r}$ 에서 소도체의 지름 $r = d/2$ ∴ $\log_{10} \dfrac{2D}{d}$

045

3상 3선식 송전로의 선간거리가 D_1, D_2, D_3 [m]이고, 전선의 지름이 d[m]로서 전선 위치 바뀐 경우라면 전선 1[km]의 인덕턴스는 몇 [mH]인가?

① $L = 0.05 + 0.4605 \log g_{10} \dfrac{\sqrt[3]{D_1 D_2 D_3}}{d}$
② $L = 0.05 + 0.4605 \log_{10} \dfrac{2\sqrt[3]{D_1 D_2 D_3}}{d}$
③ $L = 0.05 + 0.4605 \log_{10} \dfrac{d\sqrt[3]{D_1 D_2 D_3}}{2}$
④ $L = 0.05 + 0.4605 \log_{10} \dfrac{d}{\sqrt[3]{D_1 D_2 D_3}}$

$\log_{10} \dfrac{D}{r}$ 에서 소도체의 지름 $r = d/2$, 선간거리 $D = \sqrt[3]{D_1 D_2 D_3}$
∴ $\log_{10} \dfrac{2\sqrt[3]{D_1 D_2 D_3}}{d}$

046

전선 4개의 도체가 정사각형으로 배치되어 있을 때 각 도체간의 거리를 D라 하면 소도체간의 기하 평균 거리는?

① D
② $4D$
③ $\sqrt[3]{2}D$
④ $\sqrt[6]{2}D$

047

송전선로의 정전용량은 등가 선간거리 D가 증가하면 어떻게 되는가?

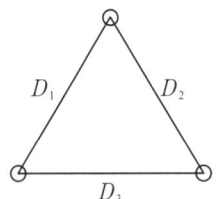

① 증가한다.
② 감소한다.
③ 변하지 않는다.
④ D^2에 반비례하여 감소한다.

⚡

정전용량 $C=\dfrac{0.02413}{\log_{10}\dfrac{D}{r}}$ 에서 분모가 커지면 전체값은 감소

∴ 반비례관계

048

단상 2선식 배전선로에서 대지 정전용량을 C_s, 선간 정전 용량을 C_m이라 할 때 작용정전용량 C_n은?

① $2C_s+C_m$
② C_s+2C_m
③ $3C_s+C_m$
④ C_s+3C_m

⚡

(1) 단상 2선식 $C=C_s+2C_m$ [μF/km]
(2) 3상 3선식 $C=C_s+3C_m$ [μF/km]
 : C_s(각선의 대지정전용량), C_m(선간정전용량)

049 ★★

3상 3선식 배치의 송전선로가 있다. 선로가 전선위치 바꿈되어 각 선간 정전용량은 0.009[μF/km], 각선의 대지 정전용량은 0.003[μF/km]라고 하면 1선의 작용 정전용량[μF/km]은?

① 0.03
② 0.021
③ 0.018
④ 0.012

⚡

3상 3선식 $C=C_s+3C_m$ [μF/km]=0.003+3×0.009=0.03

050

송배전선로의 작용 정전용량이 사용되는 계산은?

① 1선 지락고장시 고장전류 계산
② 정상 운전시 선로의 충전전류 및 조류 계산
③ 선간단락 고장시 고장전류 계산
④ 인접 통신선의 정전유도전압 계산

⚡

정전용량 : 페란티현상유발, 선로의 충전전류 및 조류계산시 사용

051

송전선로의 코로나 손실을 나타내는 $PEEK$식에서 E_0에 해당하는 것은?

(단, $Peek$식 $P=\dfrac{241}{\delta}(f+25)\sqrt{\dfrac{d}{2D}}(E-E_0)^2\times 10^{-5}$)

① 코로나 임계전압
② 전선에 감하는 대지전압
③ 송전단전압
④ 기준 충격절연 강도전압

⚡

E_0 : 코로나임계전압, δ : 상대공기밀도

정답 046 ④ 047 ② 048 ② 049 ① 050 ② 051 ①

052 ★

다음 송전선로의 코로나 발생 방지 대책으로 가장 효과적인 방법은?

① 전선의 선간거리를 증가시킨다.
② 선로의 대지 절연을 강화한다.
③ 철탑의 접지 저항을 낮게 한다.
④ 전선을 굵게하거나 복도체를 사용한다.

053

송전계통에 복도체가 사용되는 주된 목적은?

① 전력손실 경감
② 역률개선
③ 선로정수의 평형
④ 코로나 방지

054

3상 3선식 복도체방식 송전선로로 할 때를 3상 3선식 단도체방식 송전선로로 할 때와 비교하면?(단, 단도체의 단면적은 복도체방식 소선의 단면적의 합과 같은 것으로 한다.)

① 인덕턴스와 정전용량은 모두 감소한다.
② 인덕턴스와 정전용량은 모두 증가한다.
③ 인덕턴스는 감소하고 정전용량은 증가한다.
④ 인덕턴스는 증가하고 정전용량은 감소한다.

055

복도체에 대한 설명으로 옳지 않은 것은?

① 같은 단면적의 단도체에 비하여 인덕턴스는 감소하고 정전용량은 증가한다.
② 코로나 개시전압이 높고 코로나 손실이 적다.
③ 단락시 등의 대전류가 흐를 때 소도체간에 반발력이 생긴다.
④ 같은 전류용량에 대하여 단도체보다 단면적을 적게 할 수 있다.

복도체 사용시 소도체 간에 동일 방향의 전류가 흐르므로 흡인력 발생
∴ 스페이스 댐퍼 설치

056 ★

지중선 계통은 가공선 계통에 비하여 어떠한가?

① 인덕턴스, 정전용량이 모두 적다
② 인덕턴스, 정전용량이 모두 크다.
③ 인덕턴스는 적고 정전용량은 크다.
④ 인덕턴스는 크고 정전용량은 적다.

지중선은 가공선에 비해 선간거리가 가깝다. 따라서, L(인덕턴스)은 감소하고 C(정전용량)은 증가한다.

057 ★

송전선로를 전선위치 바꿈(연가)하는 목적은?

① 페란티 효과 방지
② 직격뢰 방지
③ 선로정수의 평형
④ 유도뢰의 방지

전선위치 바꿈 : 선로 길이를 3등분하여 선로의 평균 높이 일정하게 함
- 선로정수평형 (주된 목적)
- 각상 전압강하 동일(선간전압 동일)
- 통신선 유도장해 경감

058 ★★★

전선위치 바꿈을 하는 주된 목적은?

① 유도뢰를 방지하기 위하여
② 선로정수를 평형시키기 위하여
③ 직격뢰를 방지하기 위하여
④ 작용 정전용량을 감소시키기 위하여

연가
- 선로정수평형
- 각상 전압강하 동일(선간전압 동일)
- 통신선 유도장해 경감
- 소호 리액터 접지시 직렬 공진에 의한 이상전압 상승방지
- 등가 선간거리 동일

059 ★

전선위치 바꿈해도 효과가 없는 것은?

① 직렬공진의 방지
② 통신선의 유도장애의 감소
③ 대지 정전용량의 감소
④ 선로정수의 평형

SECTION 05 송전특성

060

장거리 송전선로의 특성은 무슨 회로로 나누는 것이 가장 좋은가?

① 특성임피던스회로
② 집중정수회로
③ 분포정수회로
④ 분산회로

단거리 송전선로(집중정수회로), 장거리 송전선로(분포정수회로)

061 ★★

π형 회로의 일반 회로정수에서 B의 값은?

① Y
② Z
③ $1+\dfrac{ZY}{2}$
④ $Y\left(1+\dfrac{ZY}{4}\right)$

062 ★

송전선로에서 4단자정수 A, B, C, D 사이의 관계는?

① $BC-AD=1$
② $AC-BD=1$
③ $AB-CD=1$
④ $AD-BC=1$

063 ★

그림과 같이 회로정수 A, B, C, D인 송전선로에 변압기 임피던스 Z_r를 수전단에 접속했을 때 변압기 임피던스 를 포함한 새로운 회로정수 D_0는? (단, 그림에서 E_R, I_R는 송전단 전압, 전류이고 는 수전단의 전압 전류이다.)

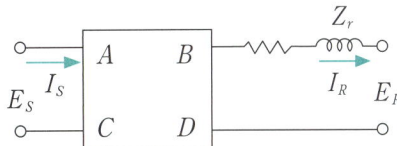

① $B+AZ_r$
② $B+CZ_r$
③ $D+AZ_r$
④ $D+CZ_r$

$\begin{vmatrix} A & B \\ C & D \end{vmatrix}\begin{vmatrix} 1 & Z_r \\ 0 & 1 \end{vmatrix}=\begin{vmatrix} A & B+AZ_r \\ C & D+CZ_r \end{vmatrix}$

cf 임피던스 $\dfrac{1}{Z_T}$ 변압기 접속시 D는 $D=\dfrac{C+DZ_T}{Z_T}$

064

그림과 같은 4단자 정수를 가진 2개의 회로가 직렬로 연결되어 있을때 합성 4단자 정수는?

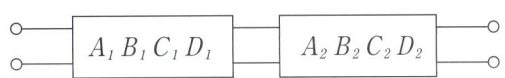

① $A=A_1A_2+B_1C_2$ $B=A_1B_2+B_1D_2$
   $C=A_2C_1+D_1C_2$ $D=B_2C_1+D_1D_2$
② $A=A_1A_2+B_1C_1$ $B=A_1B_2+B_1D_2$
   $C=A_2C_1+D_1C_2$ $D=B_1C_2+D_1D_2$
③ $A=A_1A_2+B_2C_1$ $B=A_1B_2+B_1D_2$
   $C=A_1C_2+D_1C_2$ $D=B_2C_1+D_1D_2$
④ $A=A_1A_2+B_1C_2$ $B=A_2B_1+B_1D_1$
   $C=A_1C_2+D_1D_2$ $D=B_1C_1+D_1D_2$

$\begin{vmatrix} A_1 & B_1 \\ C_1 & D_1 \end{vmatrix}\begin{vmatrix} A_2 & B_2 \\ C_2 & D_2 \end{vmatrix}=\begin{vmatrix} A_1A_2+B_1C_2 & A_1B_2+B_1D_2 \\ A_2C_1+C_2D_1 & B_2C_1+D_1D_2 \end{vmatrix}$

065

중거리 송전선로의 T형 회로에서 송전단전류 I_s는? (단, Z, Y는 선로의 직렬임피던스와 병렬 어드미턴스이고, E_r은 수전단전압, I_r은 수전단 전류이다.)

① $I_r\left(1+\dfrac{ZY}{2}\right)+YE_r$

② $E_r\left(1+\dfrac{ZY}{2}\right)+ZI_r\left(1+\dfrac{ZY}{4}\right)$

③ $E_r\left(1+\dfrac{ZY}{2}\right)+ZI_r$

④ $I_r\left(1+\dfrac{ZY}{2}\right)+E_rY\left(1+\dfrac{ZY}{4}\right)$

4단자 정수		T형	π형
A	$\left.\dfrac{V_S}{V_R}\right\|_{I_R=0}$	$A=1+\dfrac{ZY}{2}$	$A=1+\dfrac{ZY}{2}$
B	$\left.\dfrac{V_S}{I_R}\right\|_{V_R=0}$	$B=Z\left(1+\dfrac{ZY}{4}\right)$	$B=Z$
C	$\left.\dfrac{I_S}{V_R}\right\|_{I_R=0}$	$C=Y$	$C=Y\left(1+\dfrac{ZY}{4}\right)$
D	$\left.\dfrac{I_S}{I_R}\right\|_{V_R=0}$	$D=1+\dfrac{ZY}{2}$	$D=1+\dfrac{ZY}{2}$

• $Is=CEr+DIr$

066

송전선로의 수전단을 단락한 경우 송전단에서 본 임피던스는 300[Ω]이고, 수전단을 개방한 경우에는 1200[Ω]일 때 이 선로의 특성 임피던스는 몇 [Ω]인가?

① 600
② 50
③ 1000
④ 1200

특성 임피던스 $Z=\sqrt{Z_S Z_0}=\sqrt{300\times 1200}=600$

067

무효 전력 보상 설비(조상설비)라고 할 수 없는 것은?

① 분로리액터
② 동기 무효 전력 보상장치
③ 비동기 무효 전력 보상장치
④ 상순표시기

068

동기 무효 전력 보상 장치에 대한 다음 설명 중 옳지 않은 것은?

① 선로의 시충전이 불가능 하다.
② 중부하시에는 과여자로 운전하여 앞선 전류를 취한다.
③ 경부하시에는 부족여자로 운전하여 뒤진 전류를 취한다.
④ 전압 조정이 연속적이다.

069 ★

다음 중 배전계통에서 전력용 콘덴서를 설치하는 목적은?

① 기기의 보호
② 전력 손실의 감소
③ 이상전압 방지
④ 안정도 향상

전력용콘덴서 : 배전계통(전력손실감소), 수용가(역률개선)

070

안정권선(△권선)을 가지고 있는 대용량 고전압의 변압기가 있다. 무효 전력 보상장치, 전력용콘덴서는 주로 어디에 접속되는가?

① 주변압기의 1차
② 주변압기의 2차
③ 주변압기의 3차(안정권선)
④ 주변압기의 1차와 2차

071 ★★

조상설비가 있는 1차 변전소에서 주 변압기로 주로 사용되는 변압기는?

① 강압용변압기
② 3권선변압기
③ 단권변압기
④ 단상변압기

정답 065 ① 066 ① 067 ④ 068 ① 069 ② 070 ③ 071 ②

072 ★

전력용콘덴서에 직렬로 콘덴서용량의 5[%] 정도의 유도리액턴스를 삽입하는 목적은?

① 제3고조파 전류의 억제
② 제5고조파 전류의 억제
③ 이상전압 발생방지
④ 정전용량의 조절

직렬리액터(SR) : 역할) 5고조파 제거 목적) 파형개선

073

전력용 콘덴서 회로에 방전코일을 설치하는 주 목적은?

① 합성 역률의 개선
② 전원 개방시 잔류전하를 방전시켜 인체의 위험 방지
③ 콘덴서의 등가용량 증대
④ 전압의 개선

방전코일(DC) : 역할) 잔류전하방전 목적) 감전방지

074

변전소에 분로리액터를 설치하는 주된 목적은?

① 진상무효전력 보상   ② 전압강하 방지
③ 전력손실 경감   ④ 전류전하 방지

분로리액터 : C(정전용량) 성분 제거, 페란티 현상방지
C(정전용량)에서 발생하는 무효전력이 진상무효전력

075 ★

부하가 P[kW]이고, 그의 역률이 $\cos\theta_1$인 것을 $\cos\theta_2$로 개선하기 위하여는 전력용 콘덴서가 몇 [kVA] 필요한가?

① $P(\tan\theta_1 - \tan\theta_2)$
② $P\left(\dfrac{\cos\theta_1}{\sin\theta_1} - \dfrac{\cos\theta_2}{\sin\theta_2}\right)$
③ $\dfrac{P}{\tan\theta_1 - \tan\theta_2}$
④ $\dfrac{P}{\cos\theta_1 - \cos\theta_3}$

전력용콘덴서용량[kVA]
= 부하전력[kW]$(\tan\theta_1 - \tan\theta_2)$ = 부하전력[kW]$\times\left(\dfrac{\sin\theta_1}{\cos\theta_1} - \dfrac{\sin\theta_2}{\cos\theta_2}\right)$
= 부하피상[kVA]$\times$(개선전역률)$\times\left(\dfrac{\sqrt{1-\cos^2\theta_1}}{\cos\theta_1} - \dfrac{\sqrt{1-\cos^2\theta_2}}{\cos\theta_2}\right)$
여기서, $\sin\theta = \sqrt{1-\cos^2\theta}$

076

부하의 선간전압 3,300[V] 피상전력 330[kVA] 역률 0.7인 3상 부하가 있다. 부하가 역률을 0.85로 개선하는데 필요한 콘덴서의 용량은 몇 [kVA]인가?

① 63   ② 73
③ 83   ④ 93

전력용콘덴서용량[kVA]
= 부하전력[kW]$(\tan\theta_1 - \tan\theta_2)$ = 부하전력[kW]$\times\left(\dfrac{\sin\theta_1}{\cos\theta_1} - \dfrac{\sin\theta_2}{\cos\theta_2}\right)$
= $330 \times 0.7\left(\dfrac{\sqrt{1-0.7^2}}{0.7} - \dfrac{\sqrt{1-0.85^2}}{0.85}\right) = 92.546$[kVA]

077 ★

3상의 전원에 접속된 △결선의 콘덴서를 Y결선으로 바꾸면 진상 용량은 몇 배가 되는가?

① $\sqrt{3}$ ② 3
③ $\dfrac{1}{\sqrt{3}}$ ④ $\dfrac{1}{3}$

충전용량 $Q = 3\omega CE^2$, △결선에서는 선간전압과 상전압이 같아서 $Q = 3\omega CV^2$로 되나 Y결선일 경우 V(선간전압)$= \sqrt{3} \times E$(상전압)이므로 용량은 $\dfrac{1}{3}$로 줄어든다.

078

한류리액터의 사용 목적은?

① 충전전류의 제한   ② 접지전류의 제한
③ 누설전류의 제한   ④ 단락전류의 제한

정답 072 ② 073 ② 074 ① 075 ① 076 ④ 077 ④ 078 ④

리액터
- 한류 리액터 : 단락전류 제한, 차단기 용량 경감
- 분로(병렬)리액터 : 페란티 현상(이유 : 선로의 정전용량)방지
- 직렬 리액터 : 고조파(제5고조파)제거, 파형개선
- 소호 리액터 : 아크의 소호

079 ★
직렬축전기를 선로에 삽입할 때의 현상으로 옳은 것은?

① 장거리 선로의 인덕턴스를 보상하므로 전압강하가 많아진다.
② 부하의 역률이 나쁜 선로일수록 효과가 좋다.
③ 수전단의 전압 변동율을 증가시킨다.
④ 정태 안정도가 감소하여서 최대 송전 전력이 커진다.

콘덴서의 목적
- 직렬콘덴서 : 선로의 L성분감소, 선로 전압강하 보상(나쁠수록 효과적)
- 병렬콘덴서 : 부하의 L성분감소, 역률개선

080 ★★
수전단 전압이 송전단 전압보다 높아지는 현상을 무엇이라 하는가?

① 페란티효과 ② 표피효과
③ 근접효과 ④ 도플러효과

- 페란티 현상 : 선로충전 전류 때문에 수전단 전압이 송전단 전압보다 높아지는 현상
- 방지대책 : 분로(병렬)리액터를 초고압선로 1차 변전소에 설치

081 ★
페란티 현상이 발생하는 원인은?

① 선로의 과도한 저항 때문이다.
② 선로의 정전용량 때문이다.
③ 선로의 인덕턴스 때문이다.
④ 선로의 급격한 전압강하 때문이다.

082
충전전류는 일반적으로 어떤 전류를 말하는가?

① 앞선전류 ② 뒤진전류
③ 유효전류 ④ 누설전류

선로의 충전되는 전류가 용량성이므로 진상(앞선)전류가 흐른다.

083
초고압 장거리 송전선로에 접속되는 1차 변전소에 분로 리액터를 설치하는 목적은?

① 송전용량을 증가 ② 전력손실의 경감
③ 과도안정도의 증진 ④ 페란티 효과의 방지

084
계통내의 각 기기, 기구 및 애자 등의 상호간에 적절한 절연강도를 지니게 함으로서 계통 설계를 합리적으로 할 수 있게 한 것을 무엇이라 하는가?

① 기준충격절연강도 ② 보호계전방식
③ 절연계급 선정 ④ 절연협조

절연레벨
- 선로애자 > 차단기 > 변압기 > 피뢰기 순서로 협조하여야 됨
- 돈 많다고 피뢰기를 높게, 선로애자를 낮게 하면 사고시 애자파괴(전선낙하)로 사고 파급이 커짐

085
교류 송전에서는 송전거리가 멀어질수록 동일전압에서의 송전 가능전력이 적어진다. 그 이유는?

① 선로의 어드미턴스가 커지기 때문이다.
② 선로의 유도성 리액턴스가 커지기 때문이다.
③ 코로나 손실이 증가하기 때문이다.
④ 저항손실이 커지기 때문이다.

송전전력 $P = \dfrac{V_s V_r}{X} \sin \delta$ [MW]에서
송전선로의 리액턴스에 반비례함

정답 079 ② 080 ① 081 ② 082 ① 083 ④ 084 ④ 085 ②

086 ★

$E_S = AE_R + BI_R$, $I_S = CE_R + DI_R$의 전파 방정식을 만족하는 전력 원선도의 반경의 크기는 다음 중 어느 것인가?

① $\dfrac{E_S E_R}{D}$
② $\dfrac{E_S E_R}{C}$
③ $\dfrac{E_S E_R}{B}$
④ $\dfrac{E_S E_R}{A}$

전력 원선도 반지름 $\dfrac{V_S V_R}{B}$, 상차각 δ : 송전단, 수전단간의 위상차
V_S : 송전단 전압, V_R : 수전단 전압

087 ★

전력원선도의 가로축과 세로축은 각각 어느것을 나타내는가?

① 최대전력 – 피상전력
② 유효전력 – 무효전력
③ 조상용량 – 송전효율
④ 송전효율 – 코로나손실

• 가로축(실수축), 세로축(허수축) 이라고도 한다.

SECTION 06 중성점 접지방식

088 ★★★

송전선로의 중성점 접지의 주된 목적은?

① 단락전류 제한
② 송전용량의 극대화
③ 전압강하의 극소화
④ 이상 전압의 방지

중성점 접지 • 목적 : ① 이상전압방지(직접접지)
② 대지전압감소(직접접지)
③ 지락전류감소(소호리액터접지)
• 무관 : ① 코로나 ② 송전용량 ③ 차단기 용량증대

089 ★

송전선로의 중성점을 접지하는 목적과 관계 없는 것은?

① 이상 전압 발생의 억제
② 과도 안정도의 증진
③ 송전용량의 증대
④ 보호 계전기의 신속, 확실한 동작

①직접접지, ② 소호리액터 접지, ④ 직접접지

090

평형 3상 송전선에서 보통의 운전상태인 경우 중성점 전위는 항상 얼마인가?

① 0
② 1
③ 송전전압과 같다.
④ ∞(무한대)

091

저전압 단거리 송전선에 적당한 접지방식은?

① 직접접지방식
② 저항접지방식
③ 비접지방식
④ 소호리액터접지방식

비접지 : 저전압 · 단거리, △결선방식에 사용, 지락시 전위상승

092

송전계통에 있어서 지락 보호계전기의 동작이 가장 확실한 방식은?

① 비접지식
② 고저항접지식
③ 직접접지식
④ 소호리액터접지식

093

접지 고장시의 건전상의 이상 전압이 최저인 접지 방식은?

① 비접지식
② 직접접지식
③ 고저항접지식
④ 소호리액터접지식

094

중성점 접지방식에서 직접 접지방식에 대한 설명으로 틀린 것은?

① 보호계전기의 동작이 확실하여 신뢰도가 높다.
② 변압기의 저감절연이 가능하다.
③ 과도안정도가 대단히 높다.
④ 단선고장시의 이상전압이 최저이다.

095 ★

3상 3선식 송전 방식에서 1선 지락시의 지락전류가 가장 적은 접지 방식은?

① 직접접지
② 저항접지
③ 리액터접지
④ 소호리액터접지

지락시 충전전류간(선로의 정전용량때문 90도 앞선전류) 발생하는데 L(소호리액터)로 제거하여 사고전류를 최소로 하는 접지 → 소호리액터 접지방식

096

소호리액터 접지에 대하여 틀린 것은?

① 선택 지락계전기의 동작이 용이하다.
② 지락 전류가 적다.
③ 지락 중에도 송전이 계속 가능하다.
④ 전자유도 장애가 경감한다.

① 직접접지방식의 특징

097

다음 중성점 접지방식 중에서 단선고장일때 선로의 전압 상승이 최대이고 또한 통신장해가 최소인 것은?

① 비접지
② 직접접지
③ 저항접지
④ 소호리액터접지

098

송전계통 중 단선 고장시의 이상 전압이 최대인 것은?

① 비접지식
② 직접접지식
③ 고저항접지식
④ 소호리액터접지식

099

단선 고장시의 이상 전압이 가장 큰 접지 방식은? (단, 비공진 탭이나 2회선을 사용하지 않은 경우임)

① 비접지식
② 직접접지식
③ 소호리액터접지식
④ 고저항접지식

100

1선의 대지 정전 용량이 C_S인 3상 1회선 송전 선로의 1단에 소호리액터를 설치할 때 그 인덕턴스 L[H]은?

① $\dfrac{1}{\omega C_S}$
② $\dfrac{1}{\omega^2 C_S}$
③ $\dfrac{1}{3\omega C_S}$
④ $\dfrac{1}{3\omega^2 C_S}$

리액턴스 용량 $X_L = \omega L = \dfrac{1}{3\omega C_S}[\Omega]$,

인덕턴스 용량 $L = \dfrac{1}{3\omega^2 C_S}$[H]

정답 093 ② 094 ③ 095 ④ 096 ① 097 ④ 098 ④ 099 ③ 100 ④

101

송전선로의 접지에 대하여 기술하였다. 다음 중 옳은 것은?

① 소호리액터 접지방식은 선로의 정전용량과 직렬 공진을 이용한 것으로 지락전류가 타방식에 비해 좀 큰 편이다.
② 고저항 접지방식은 이중 고장을 발생시킬 확률이 거의 없으며 비접지식보다는 많은 편이다.
③ 직접 접지방식을 채용하는 경우 이상전압이 낮기 때문에 변압기 선정시 단절연이 가능하다.
④ 비접지방식을 택하는 경우 지락전류 차단이 용이하고 장거리 송전을 할 경우 이중 고장의 발생을 예방하기 좋다.

SECTION 07 고장계산

102

3상 변압기의 impedance가 $Z[\Omega]$이고, 선간 전압이 $V[kV]$, 정격 용량이 $P[kVA]$일 때 변압기의 퍼센트 임피던스는?

① $\dfrac{10PZ}{V}$
② $\dfrac{PZ}{10V^2}$
③ $\dfrac{PZ}{100V^2}$
④ $\dfrac{PZ}{V}$

백분율임피던스(%Z) : 기준용량(P_n)에 비례함

$\%Z = \dfrac{I_n Z}{E_n} \times 100 = \dfrac{P[VA] \times Z}{V[V]^2} \times 100 = \dfrac{P[kVA] \times Z[\Omega]}{10 \times (V[kV])^2}$

103

66[kV] 3상 1회선 송전선로의 1선의 리액턴스가 20[Ω], 전류가 350[A]일 때 %리액턴스는?

① 18.4
② 19.7
③ 23.2
④ 26.7

$\%Z = \dfrac{I_n Z}{E_n} \times 100 = \dfrac{350[A] \times 20[\Omega]}{66000/\sqrt{3}\,[V]} \times 100 = 18.4[\%]$

104

합성 임피던스 0.4[%](10000[kVA] 기준)인 개소에 설치하는 차단기의 필요 차단 용량은 몇 [MVA]인가?

① 40
② 250
③ 400
④ 2500

단락용량(P_S)[MVA] = $\dfrac{100}{\%Z} \times P_n$

(%Z=0.4, P_n=10,000[kVA]=10[MVA] 대입)

$\therefore P_S[MVA] = \dfrac{100}{0.4} \times 10[MVA] = 2500[MVA]$

105

그림과 같은 전선로의 단락용량은 약 몇 [MVA]인가? (단, 그림의 수치는 10,000[kVA]를 기준으로 한 %리액턴스를 나타낸다.)

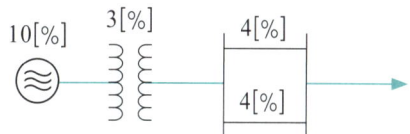

① 33.7
② 66.7
③ 99.7
④ 133.7

단락용량(P_S)[MVA] = $\dfrac{100}{\%Z} \times P_n$

(%Z = $10+3+\dfrac{4\times 4}{4+4}$, P_n=10,000[kVA]=10[MVA] 대입)

$\therefore P_S[MVA] = \dfrac{100}{15} \times 10[MVA] = 66.7[MVA]$

106

그림과 같은 3상 3선식 전선로의 단락점에 있어서의 3상 단락 전류는 몇 [A]인가? (단, 22[kV]에 대한 % 리액턴스는 4[%], 저항분은 무시한다.)

① 5550
② 6550
③ 7550
④ 8550

단락전류$(I_S) = \dfrac{100}{\%Z} I_n$

($\%Z = 4$, $I_n = \dfrac{P_n[\text{VA}]}{\sqrt{3} \times V[\text{V}]} = \dfrac{10000[\text{kVA}]}{\sqrt{3} \times 22[\text{kV}]} = 262$)

$\therefore I_S[\text{A}] = \dfrac{100}{4} \times 262 = 6550[\text{A}]$

107 ★★
한류리액터의 사용 목적은?

① 충전전류의 제한 ② 접지전류의 제한
③ 누설전류의 제한 ④ 단락전류의 제한

108
송전선로에서 가장 많이 발생되는 사고는?

① 단선사고 ② 단락사고
③ 지지물 전복사고 ④ 지락사고

109
전력 계통의 안정도 향상 대책으로 옳은 것은?

① 송전 계통의 전달리액턴스를 증가시킨다.
② 재폐로방식(reclosing method)를 채택한다.
③ 전원측 원동기용 조속기의 부동 시간을 크게 한다.
④ 고장을 줄이기 위하여 각 계통을 분리시킨다.

전력계통의 안정도 향상대책
• 직렬리액턴스를 적게 한다(직렬콘덴서 설치)
• 전압변동률을 줄임(중간조상방식채택)
• 계통이 충격을 줄임(고속도 재폐로 방식 채용. 계통연계)

110
송전 계통의 안정도를 증진시키는 방법은?

① 발전기와 변압기간의 직렬리액턴스를 가능한 크게 한다.
② 계통을 연계하지 않도록 한다.
③ 조속기의 동작을 느리게 한다.
④ 중간 조상 방식을 채용한다.

111
송전 계통의 안정도 증진 방법으로 틀린 것은?

① 고장시 발전기 입·출력의 불평형을 작게 한다.
② 전압 변동을 작게 한다.
③ 고장 전류를 줄이고 고장 구간을 신속하게 차단한다.
④ 직렬리액턴스를 크게 한다.

112
전력계통의 안정도 향상대책이라 볼 수 없는 것은?

① 직렬콘덴서 설치
② 병렬콘덴서 설치
③ 중간개폐소 설치
④ 고속차단, 재폐로방식채용

113 ★
전력계통의 안정도 향상대책으로 옳지 않은 것은?

① 계통의 직렬리액턴스를 낮게한다.
② 고속도 재·폐로방식을 채용한다.
③ 지락전류를 크게 하기 위하여 직접접지방식을 채용한다.
④ 고속도 차단방식을 채용한다.

SECTION 08 이상 전압과 방호대책

114 ★
뇌서지와 개폐서지의 파두장과 파미장에 대한 설명으로 옳은 것은?

① 파두장은 같고, 파미장이 다르다.
② 파두장은 다르고, 파미장은 같다.
③ 파두장과 파미장이 모두 다르다.
④ 파두장과 파미장이 모두 같다.

정답 107 ④ 108 ④ 109 ② 110 ④ 111 ④ 112 ② 113 ③ 114 ③

115 ★★

송전 선로에서 역섬락을 방지하는데 가장 필요한 것은?

① 피뢰기를 설치한다.
② 소호각을 설치한다.
③ 가공지선을 설치한다.
④ 탑각 접지 저항을 적게 한다.

116 ★

송전선로의 개폐조작시 발생하는 이상 전압에 관한 상황에서 옳은 것은?

① 개폐 이상 전압은 회로를 개방할 때 보다 폐로할 때 더 크다.
② 개폐 이상 전압은 무부하시 보다 전부하일 때 더 크다.
③ 가장 높은 이상 전압은 무부하 송전선의 충전 전류를 차단할 때이다.
④ 개폐 이상 전압은 상규대지 전압의 6배, 시간은 2~3초이다.

이상전압과 방호대책
- 직격뢰 : 가공지선
- 유도뢰 : 피뢰기 - 뇌해방지
- 개폐이상전압 : 무부하 충전전류 차단시 최대, 방지 : 개폐저항기 설치
- 역섬락 : 매설지선설치로 탑각접지 저항을 적게 한다.

117

차단기의 개폐에 의한 이상 전압의 크기는 대부분의 경우 송전선 대지전압의 최고 몇 배 정도인가?

① 2배　　② 3배
③ 4배　　④ 10배

118 ★★

가공지선을 설치하는 목적은?

① 뇌해 방지　　② 전선의 진동 방지
③ 철탑의 강도 보강　　④ 코로나의 발생 방지

119

철탑의 탑각 접지 저항이 커지면 어떤 문제점이 우려되는가?

① 속류 발생
② 역섬락 발생
③ 코로나의 증가
④ 가공지선의 차폐각의 증가

120 ★

뇌해 방지와 관계가 없는 것은?

① 댐퍼　　② 소호각
③ 가공지선　　④ 매설지선

① 댐퍼 : 전선의 진동방지
② 소호각 : 애자 보호(소호환, 아킹혼, 아킹링)
③ 가공지선 : 뇌해방지
④ 매설지선 : 역섬락 방지

121

아킹혼의 설치 목적은 무엇인가?

① 코로나 손의 방지
② 이상전압 제한
③ 지지물의 보호
④ 섬락 사고시 애자의 보호

122

임피던스 Z_1, Z_2 및 Z_3을 그림과 같이 접속한 선로의 A쪽에서 전압파 E가 진행해 왔을 때 접속점 B에서 무반사로 되기 위한 조건은 다음 중 어느 것인가?

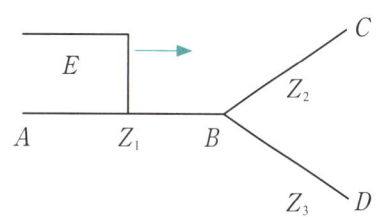

① $Z_1 = Z_2 + Z_3$ ② $\dfrac{1}{Z_3} = \dfrac{1}{Z_1} + \dfrac{1}{Z_2}$

③ $\dfrac{1}{Z_1} = \dfrac{1}{Z_2} + \dfrac{1}{Z_3}$ ④ $\dfrac{1}{Z_2} = \dfrac{1}{Z_1} + \dfrac{1}{Z_3}$

무반사 조건 : 접속면의 전.후 임피던스의 합이 같다
B점을 기준으로
　　좌측의 임피던스 Z_1
　　우측의 임피던스의 합성 $\dfrac{1}{Z_T} = \dfrac{1}{Z_2} + \dfrac{1}{Z_3}$ (병렬합성)
에서 Z_T의 값이 Z_1과 동일해야 됨

123

피뢰기의 구조는?

① 특성 요소와 소호리액터
② 특성 요소와 콘덴서
③ 소호리액터와 콘덴서
④ 특성 요소와 직렬갭(gap)

피뢰기 : LA
① 구성요소
　• 특성요소(뇌전류 방전)
　• 직렬갭(속류차단,
② 제한전압 : 방전중(충격파 전류 흐를때) 단자전압, 낮아야 됨
　정격전압(공칭전압) : 방전후(차단시) 최고전압, 높아야 됨
③ 절연레벨이 최저(파괴된다면 제일먼저), 절연협조의 기본

124

피뢰기의 정격 전압이란?

① 상용 주파수의 방전 개시 전압
② 속류 차단이 되는 최고의 교류 전압
③ 방전을 개시할 때의 단자 전압의 순시 값
④ 충격 방전 전류를 통하고 있을 때의 단자 전압

125

피뢰기가 구비해야 할 조건으로 잘못 설명된 것은?

① 속류의 차단 능력이 충분할 것
② 상용주파 방전 개시 전압이 높을 것
③ 방전 내량이 작으면서 제한 전압이 높을 것
④ 충격 방전 개시 전압이 낮을 것

피뢰기 구비조건
• 상용주파방전개시전압은 높고 충격방전개시전압은 낮아야 한다.
• 제한전압은 낮고 속류차단 능력이 우수해야 한다.
• 방전 내량이 커야 한다.

126 ★★

피뢰기의 제한 전압이란?

① 상용주파 전압에 대한 피뢰기의 충격 방전 개시 전압
② 충격파 침입시 피뢰기의 충격 방전 개시 전압
③ 피뢰기가 충격파 방전 종료 후 언제나 속류를 확실히 차단할 수 있는 상용주파 허용 단자 전압
④ 충격파 전류가 흐르고 있을 때의 피뢰기의 단자 전압

127

외뢰(外雷)에 대한 주보호장치로서 송전 계통의 절연 협조의 기본이 되는 것은?

① 선로
② 변압기
③ 피뢰기
④ 차단기

128 ★★

345[kV] 송전계통의 절연협조에서 충격절연내력의 크기순으로 나열한 것은?

① 선로애자 > 차단기 > 변압기 > 피뢰기
② 선로애자 > 변압기 > 차단기 > 피뢰기
③ 변압기 > 차단기 > 선로애자 > 피뢰기
④ 변압기 > 선로애자 > 차단기 > 피뢰기

절연레벨 : 선로애자 > 차단기 > 변압기 > 피뢰기 순서

129

계통내의 각 기기, 기구 및 애자 등의 상호간에 적절한 절연강도를 지니게 함으로서 계통 설계를 합리적으로 할 수 있게 한 것을 무엇이라 하는가?

① 기준충격절연강도
② 보호계전방식
③ 절연계급 선정
④ 절연협조

절연레벨 : 선로애자 > 차단기 > 변압기 > 피뢰기 순서

130 ★

송전선로에 근접한 통신선에 유도장해가 발생한다. 정전유도의 원인은?

① 영상전압
② 역상전압
③ 역상전류
④ 정상전류

유도장해 : 영상분에 의해서 발생됨

131

전력선 1의 대지전압 E, 통신선의 대지 정전용량을 C_b, 전력선과 통신선 사이에 상호 정전용량을 C_{ab}라고 하면 통신선의 정전유도전압은?

① $\dfrac{C_{ab}+C_b}{C_b}E$
② $\dfrac{C_{ab}+C_b}{C_{ab}}E$
③ $\dfrac{C_b}{C_{ab}+C_b}E$
④ $\dfrac{C_{ab}}{C_{ab}+C_b}E$

유도전압 $E_0 = \dfrac{C_m}{C_m + C_s}E$

(C_m : 전력선과 통신 선간의 상호정전 용량, C_s : 통신선의 대지 정전 용량, E : 전선의 전위)

132

송전선로에 근접한 통신선에서 발생하는 유도장해에 관한 설명으로 옳지 않은 것은?

① 정전유도의 원인은 전력선의 영상전압에 의해 발생한다.
② 전자유도의 원인은 전력선의 영상전류에 의해 발생한다.
③ 유도장해를 억제하기 위하여 송전선에 충분한 전선 위치 바꿈을 한다.
④ 유도되는 전압은 통신선의 길이에 비례한다.

	원인	관련식	길이관계
정전 유도 장해	영상전압, 상호정전용량	$E_0 = \dfrac{C_m}{C_m + C_s}E$	길이와 무관
전자 유도 장해	영상전류, 상호인덕턴스	$E_m = -j\omega Ml(I_a + I_b + I_c)$ $= -j\omega Ml \times 3I_0$	주파수, 길이에 비례

C_m : 전력선과 통신 선간의 정전 용량,
C_S : 통신선의 대지 정전 용량, E : 전선의 전위
I_a, I_b, I_c : 각 상의 불평형 전류
M : 전력선과 통신선의 상호 인덕턴스,
l : 통신선과 병행하는 거리(길이)[km]
I_0 : 지락전류

133 ★★★

전력선에 의한 통신선의 전자유도 장해의 주된 원인은?

① 전력선과 통신선 사이의 차폐효과 불충분
② 전력선의 전선 위치 바꿈 불충분
③ 영상전류가 흘러서
④ 전력선의 전압이 통신선보다 높기 때문

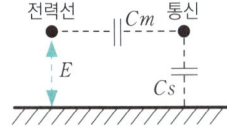

정답 129 ④ 130 ① 131 ④ 132 ④ 133 ③

134

통신선에 대한 유도장해의 방지방법으로 적당하지 않은 것은?

① 전력선과 통신선의 교차부분을 비스듬이 한다.
② 소호리액터 접지방법을 채용한다.
③ 통신선에 배류코일을 채용한다.
④ 통신선에 절연변압기를 채용한다..

유도장해방지(전력선 & 통신선) : 수직교차, 이격거리 크게, 차폐선 설치

SECTION 09 송전선로 보호방식

135 ★

보호계전기의 필요한 특성으로 옳지 않은 것은?

① 소비전력이 적고 내구성이 있을 것
② 고장구간의 선택차단을 정확히 행할 것
③ 적당한 후비보호 능력을 가질 것
④ 동작은 느리지만 강도가 확실할 것

- 보호계전기는 선택동작이 빠르고 확실해야 된다.
- 여자 돌입 전류에 동작하지 말 것

136

그림과 같은 특성을 갖는 계전기의 동작시간 특성은?

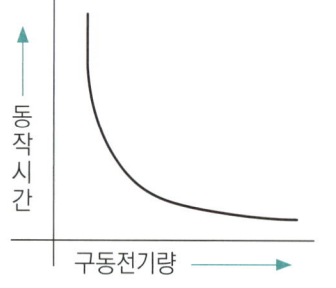

① 반한시특성
② 정한시특성
③ 비례한시 특성
④ 반환시 정산시특성

137 ★★★

동작 전류가 커질수록 동작 시간이 짧게 되는 특성을 가진 계전기는?

① 반한시 계전기
② 정한시 계전기
③ 순한시 계전기
④ Notting한시 계전기

- 반한시계전기 : 동작전류가 커질수록 동작시간이 짧게 되는 특성
- 정한시계전기 : 동작전류의 크기에 관계없이 일정한 시간에서 동작하는 것
- 정한시 반한시 계전기 : 동작전류가 적은 동안에는 반한시 특성으로 되고 그 이상에서는 정한시 특성
- 순시계전기 : 최소동작전류이상의 전류가 흐르는 즉시 동작 하는 것

138

동작전류의 크기에 관계없이 일정한 시간에 동작하는 한시특성을 갖는 계전기는?

① 순한시 계전기
② 정한시 계전기
③ 반한시 계전기
④ 반한시성 정한시 계전기

139

보호계전기에서 동작전류가 적은 동안에는 동작전류가 커질수록 동작시간이 짧게 되고, 어떤 전류가 이상이면 동작전류의 크기에 관계없이 일정한 시간에서 동작하는 특성은?

① 정한시성 특성
② 반한시성 특성
③ 순한시성 특성
④ 반한시 정한시성 특성

140 ★★

변압기의 보호방식에서 전류차동 계전기는 무엇에 의하여 동작하는가?

① 정상 전류와 영상 전류의 차로 동작한다.
② 1,2차 전류의 차로 동작한다.
③ 전압과 전류의 배수의 차로 동작한다.
④ 정상 전류와 역상 전류의 차로 동작한다.

보호계전기
- 과전류계전기(단락보호)
- 차동계전기(전류의 차로 변압기 및 발전기 내부고장)
- 거리계전기($V/I=Z$, 일명 임피던스 계전기, 단락사고 검출)
- 표시선계전기(전압, 전류, 방향)
- 반송계전기(복잡하다, 방향, 위상,전송)
- 파이럿계전기(양단,송, 수전단 고속차단,

141 ★

전력선 반송 보호 계전 방식의 장점이 아닌 것은?

① 저주파 반송전류를 중첩시켜 사용하므로 계통의 신뢰도가 높아진다.
② 고장 구간이 선택이 확실하다.
③ 동작이 예민하다.
④ 고장점이나 계통의 여하에 불구하고 선택 차단 개소를 동시에 고속도 차단 할 수 있다.

표시선 계전기 단점을 보완, 전력선에 반송파를 사용하거나, 별도의 통신수단을 이용한 것(장치복잡). 고주파 반송전류를 중첩시켜 사용

142 ★

선로의 단락 보호 또는 계통 탈조 사고의 검출용으로 사용되는 계전기는?

① 접지 계전기
② 역상 계전기
③ 재폐로 계전기
④ 거리 계전기

143

보호계전기의 보호방식 중 표시선 계전방식이 아닌 것은?

① 전압 방향 방식(opposed voltage system)
② 방향 비교 방식(directional comparison)
③ 전류 순환 방식(circulating current system)
④ 반송 계전 방식(carrier-pilot relaying)

종류 : 전류순환형, 전압방향방식, 방향비교방식

144

전력선 반송 보호 계전 방식의 종류가 아닌 것은?

① 방향 비교 방식
② 전압차동보호방식
③ 위상 비교 방식
④ 고속도 거리 계전기와 조합하는 방식

방향비교방식, 고속도거리+기타방식, 위상비교방식

145

파일럿 와이어(Pilot wire) 계전 방식에 해당되지 않는 것은?

① 고장점 위치에 관계 없이 양단을 동시에 고속 차단 할 수 있다.
② 송전선에 평행하도록 양단을 연락한다.
③ 고장시 장해를 받지 않게 하기 위하여 연피케이블을 사용한다.
④ 고장점 위치에 관계 없이 부하측 고장을 고속 차단한다.

고장점 위치와 관계없이 송·수전 양단을 고속 차단하는 계전기

정답 140 ② 141 ① 142 ④ 143 ④ 144 ② 145 ④

146 ★

발전기나 변압기의 내부 고장 검출에 주로 사용되는 계전기는?

① 비율차동 계전기 ② 역상 계전기
③ 과전류 계전기   ④ 과전압 계전기

⚡ 발전기나 변압기의 내부고장 검출 : 차동계전기(87번)

147

다음 중 변압기 보호에 쓰이지 않는 것은?

① 부흐홀쯔 계전기 ② 임피던스 계전기
③ 차동전류 계전기 ④ 비율차동 계전기

⚡ 임피던스 계전기 = 거리계전기(선로사고시 동작)

148

전력선 반송전화 장치를 송전선에 접속하는 장치로 사용되는 것은?

① 분로리액터   ② 분배기
③ 중계선륜   ④ 결합콘덴서

⚡ 한국전기설비규정(362.10) 전력선 반송통신용 결합 커패시터(고장점 표점장치 기타 이와 유사한 보호장치에 병용하는 것을 제외한다)에 접속하는 회로에는 보안장치를 설치해야 한다.

149

송전 선로의 보호 방식으로 지락에 대한 보호는 영상 전류를 이용하여 어떤 계전기를 동작시키는가?

① 차동 계전기   ② 전류 계전기
③ 방향 계전기   ④ 접지 계전기

⚡ 지락계전기는 기기의 내부나 회로에 지락이 발생하는 경우 영상전류를 검출해서 동작하게 하는 계전기이며 영상전류를 검출하는 ZCT와 조합하여 사용한다.

150

비접지 3상 3선식 배전 선로에서 선택 지락 보호를 하려고 한다. 필요치 않은 것은?

① DG ② CT
③ ZCT ④ GPT

⚡ DGR (지락방향계전기), ZCT(영상변류기), GPT(접지용 계기용변압기)

151

영상변류기(zero sequence C.T)를 사용하는 계전기는?

① 과전류 계전기
② 과전압 계전기
③ 접지 계전기
④ 차동 계전기

152

그림에서 계기 Ⓜ가 지시하는 것은?

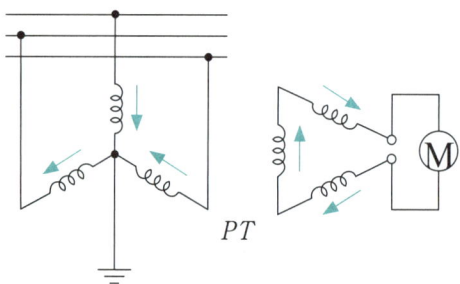

① 정상 전류
② 영상 전압
③ 역상 전압
④ 정상 전압

⚡ 비접지 계통 전력설비에서 1선 지락 사고시 지락전류의 귀로가 없어서 보호계전이 어려움으로 GPT를 사용하여 지락영상전압과 유효 지락전류를 발생시켜 지락을 검출한다.

정답 146 ① 147 ② 148 ④ 149 ④ 150 ② 151 ③ 152 ②

153

수전 설비와 병렬로 자가용 발전기가 설치된 회로에서 발전기 쪽으로 전류가 흐를 경우 동작하는 계전기를 자동제어 기구 번호로 나타내면 어느 것인가?

① 51
② 67
③ 89
④ 90

51 : 과전류계전기   67 : 방향성계전기
87 : 전류차동계전기 89 : 단로기   90 : 자동전압조정기

154 ★

변류기 개방시 2차측을 단락하는 이유는?

① 2차측 절연보호   ② 2차측 과전류 보호
③ 측정 오차 방지   ④ 1차측 과전류 방지

CT 2차측 개방시 유기기전력의 값이 크게 걸려 절연이 파괴되어 CT가 소손된다.

155

그림과 같이 200/5(CT) 1차측에 150[A]의 3상 평형 전류가 흐를 때 전류계 A_3에 흐르는 전류는 몇 [A]인가?

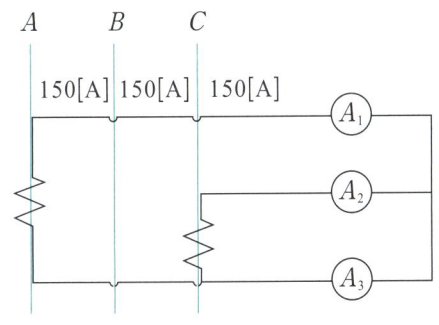

① 3.75
② 5.25
③ 6.25
④ 7.25

CT비 $= \dfrac{1차정격전류}{2차정격전류}$ ∴ 2차전류 $=$ 1차전류 $\times \dfrac{2차정격전류}{1차정격전류}$

2차전류 $=$ 1차전류 $\times 1/CT$비 $= 150[A] \times \dfrac{5[A]}{200[A]} = 3.75$

전류계 $A3$에 흐르는 전류
$A_3 = |A_1 + A_2| = \sqrt{A_1^2 + A_2^2 + 2A_1A_2\cos\theta}$
$= \sqrt{3.75^2 + 3.75^2 + 2 \times 3.75 \times 3.75 \times \cos 120°} = 3.75$

평형 3상에서 두상의 전류의 벡터합은 나머지 한상의 전류와 같다.

156

송전 계통의 안정도를 증진시키는 방법은?

① 발전기와 변압기간의 직렬리액턴스를 가능한 크게 한다.
② 계통을 연계하지 않도록 한다.
③ 조속기의 동작을 느리게 한다.
④ 중간 조상 방식을 채용한다.

157

송전선로의 단락보호를 위한 것이 아닌 것은?

① 과전류 계전방식   ② 방향단락 계전방식
③ 거리 계전방식   ④ 차동 계전방식

차동계전방식 : 발전기, 변압기 보호용

158

다음 중 부하 전류의 차단 능력이 없는 것은?

① 공기 차단기   ② 유입 차단기
③ 유입 개폐기   ④ 단로기

• 차단기 : 모든 종류(부하전류, 과부하전류, 단락전류를 개폐가능)
• 단로기 : 무부하 전류만 개폐가능
• 퓨 즈 : 단락전류시에만 동작함(단점, 과도 서지 전류에 융단)

159 ★

과부하 전류는 물론 사고 때의 대전류를 개폐할 수 있는 것은?

① 단로기   ② 나이프 스위치
③ 차단기   ④ 부하 개폐기

차단기 : 부하전류 및 단락전류 모두 개·폐 가능

160
전력용 퓨즈는 주로 어떤 전류의 차단 목적으로 사용하는가?

① 단락전류 ② 과부하전류
③ 충전전류 ④ 과도전류

161
변전소에서 수용가에 공급되는 전력을 끊고 소내 기기를 점검할 필요가 있을 경우와 점검이 끝난 후 차단기와 단로기를 개폐시키는 동작을 설명한 것이다. 옳은 것은?

① 점검 시에는 차단기로 부하회로를 끊고 단로기를 열어야 하며, 점검한 후 차단기로 부하회로를 연결한 후 다음 단로기를 넣어야 한다.
② 점검 시에는 단로기를 열고 난 후 차단기를 열어야 하며, 점검 후에는 단로기를 넣고 난 다음 차단기로 부하회로를 연결하여야 한다.
③ 점검 시에는 단로기를 열고 난 후 차단기를 열어야 하며, 점검이 끝난 경우 차단기를 부하에 연결한 다음 단로기를 넣어야 한다.
④ 점검 시에는 차단기로 부하회로를 끊고 난 다음 단로기를 열어야 하며, 점검 후에는 단로기를 넣은 후 차단기를 넣어야 한다.

단로기 조작순서 [개로] : CB(개로) ➡ DS(개로)
　　　　　　　　[폐로] : DS(폐로) ➡ CB(폐로)

162
과전류 계전기(OCR)의 탭 값을 옳게 설명한 것은?

① 계전기의 최대부하전류
② 계전기의 최소동작 전류
③ 계전기의 동작시한
④ 변류기의 권수비

163 ★
차단기의 정격 차단시간은?

① 고장발생부터 소호까지의 시간.
② 트립코일 여자부터 소호까지의 시간
③ 가동접촉자 시동부터 소호까지의 시간
④ 가동접촉자의 개극부터 소호까지의 시간

차단기의 정격차단시간 : 트립코일 여자로부터 아크 소호까지의 소요시간을 말하며 보통 3~8[Hz] 이다.

164
차단기의 차단시간에 대한 설명 중 가장 옳은 것은?

① 개극(開極)시간을 말하며 대개 3-8사이클이다.
② 개극시간과 아크시간을 합친 것을 말하며 3-8사이클이다.
③ 아크시간을 말하며 8사이클 이하이다.
④ 개극과 아크시간에 따라 3사이클 이하가 된다.

165 ★
재폐로 차단기에 대한 설명 중 옳은 것은?

① 배전선로용 고장 구간을 고속 차단하여 제거한 후 다시 수동조작에 의해 배전이 되도록 설계된 것이다.
② 재폐로 계전기와 같이 설치하여 계전기가 고장을 검출하여 이를 차단기에 통보 차단하도록 된 것이다.
③ 송전선로의 고장 구간을 고속 차단하고 재송전하는 조작을 자동적으로 시행하는 재폐로 차단기를 장비한 자동차단기이다.
④ 3상 재폐로 차단기는 1상의 차단이 가능하고 무전압 시간을 약 20~30초로 정하여 재폐로 하도록 되어 있다.

정답　160 ①　161 ④　162 ②　163 ②　164 ②　165 ③

166
초고압용 차단기에서 개폐저항을 사용하는 이유는?

① 차단용량 감소
② 이상전압 억제
③ 차단속도 증진
④ 차단전류의 역률 개선

167 ★★
차단기의 개방시 재점호를 일으키기 가장 쉬운 경우는?

① 1선 지락 전류인 경우
② 무부하 충전 전류인 경우
③ 무부하 변압기의 여자 전류인 경우
④ 3상 단락 전류인 경우

재점호 발생 빈번 : • 무부하 충전전류
 • C회로(진상전류) 차단시

168
차단기의 정격 투입 전류란 투입되는 전류의 최초 주파의 어느 값을 말하는가?

① 평균값
② 최대값
③ 실효값
④ 순시값

차단기의 역할은 이상발생시 회로를 차단하는 것
∴ 사고값(최대값) 차단

169 ★★
차단기에서 ○−1분−CO−3분−CO 부호인 것의 의미는?(단, ○ : 차단동작, C : 투입동작, CO : 투입 동작에 뒤따라서 곧 차단 동작)

① 일반 차단기의 표준 동작 책무
② 자동 재폐로용
③ 정격 차단 용량 50[mA] 미만의 것
④ 무전압 시간

170
유입 차단기에 대한 설명으로 옳지 않은 것은?

① 기름이 분해하여 발생되는 가스의 주성분은 수소 가스이다.
② 붓싱 변류기를 사용할 수 없다.
③ 기름이 분해하여 발생된 가스는 냉각 작용을 한다.
④ 보통 상태의 공기 중에서 보다 소호 능력이 크다.

유입차단기 : 기름분해시 수소가스 발생, 환기에 유의 할 것
 가장 큰 장점 : 붓싱 변류기 사용가능

171
다음은 자기 차단기의 특징들이다. 틀린 것은?

① 화재의 위험이 적다.
② 보수 점검이 비교적 쉽다.
③ 전류 절단에 의한 와전류가 발생하지 않는다.
④ 회로의 고유주파수에 차단 성능이 좌우된다.

자기차단기
• 소호방식 : 아아크 차단전류와 자계사이의 전자력으로 아이크를 소호실로 끌어넣어 소호
• 차단능력 : 전류차단에 의한 과전압이 발생하지 않고 회로의 주파수로 인하여 차단성능이 좌우되지 않는다. (직류 사용이 가능하지만 사용전압에 한계)
• 소음 : 차단기 투입 시 소음이 발생하지만 기기에 충격 가능성
• 보수 및 점검 : 기름을 사용하지 않으므로 화재의 위험성이 없고 소호실의 수명이 길고 또한 분해점검이 간편하므로 보수점검의 시간이 단축

172
투입과 차단을 다 같이 압축 공기의 힘으로 하는 것은?

① 유입 차단기
② 팽창 차단기
③ 제호 차단기
④ 임펄스 차단기

유충형(임펄스 차단기), 공기차단기 ➜ 차단과 투입을 공기 압축공기의 힘으로 하는 차단기

173 ★

SF_6 차단기에 관한 설명으로 옳지 않은 것은?

① SF_6 가스는 절연 내력이 공기의 2~3배 정도이고, 소호 능력이 공기의 100~200배 정도이다.
② 밀폐 구조이므로 소음이 없다.
③ 근거리 고장 등 가혹한 재기 전압에 대해서도 우수하다.
④ 아크에 의하여 SF_6 가스는 분해되어 유독가스를 발생시킨다.

소음최소 · 무색 · 무취 · 무해 · 가스성분표시기 불필요, 절연능력은 공기의 2~3배, 소호능력은 공기의 100배

174

수전용 변전설비의 1차측에 있어서의 차단기 용량은 주로 다음의 어느 것에 의하여 정하는가?

① 공급측의 전원의 크기
② 수전 계약 용량
③ 수전 전력과 부하율
④ 부하 설비 용량

차단기의 차단용량 = $\sqrt{3}$ × 정격전압 × 정격차단전류
∴ 차단기 용량은 전압이나 정격차단전류(≥단락전류)에 의해 결정

SECTION 10 수력발전

175 ★

양수발전의 주된 목적으로 옳은 것은?

① 연간 발전량을 증가시키기 위하여
② 연간 평균 손실 전력을 줄이기 위하여
③ 연간 발전비용을 감소시키기 위하여
④ 연간 수력발전량을 증가시키기 위하여

176

기초와 양안(兩岸)의 암반이 양호한 협곡에 적합한 댐은?

① 중력댐 ② 중공댐
③ 사력댐 ④ 아치댐

177

"수력발전용 중력댐의 설계에서 댐에 미치는 모든 힘의 합력이 댐 저부의 중압 $\frac{1}{3}$ 이내에 들어가야 한다."는 것은 다음의 무엇을 위한 조건인가?

① 댐의 각부에 장력이 생기지 않는 조건.
② 댐에 압궤되지 않는 조건
③ 댐이 전복되지 않는 조건
④ 댐이 활동하지 않는 조건

댐전체에 균일한 힘이 작용하기 위한 조건, 즉 일부분에 장력집중 방지

178

저수지의 이용 수심이 클 때 사용하면 유리한 조압수조는 어느 것인가?

① 차동 조압수조 ② 단동 조압수조
③ 수실 조압수조 ④ 제수공 조압수조

수조 : 압력제거(수격방지, 수로와 수압관 사이에 설치, 즉 수로끝에 설치)
수실조압수조 − 수심이 클 때, 차동조압수조 − 서이징의 주기 최대

179

조압수조 중 서어징의 주기가 가장 빠른 것은?

① 제수공 조압수조
② 수실 조압수조
③ 차동 조압수조
④ 단동 조압수조

정답 173 ④ 174 ① 175 ③ 176 ④ 177 ① 178 ③ 179 ③

180

수조에 대한 설명으로 옳은 것은?

① 무압수로의 종단에 있으면 조합수조, 압력수로의 종단에 있으면 헤드탱크라 한다.
② 헤드탱크의 용량은 최대 사용 수량의 1~2시간에 상당하는 크기로 설계 된다.
③ 조압수조는 부하변동에 의하여 생긴 압력 터널내의 수격조압이 압력 터널에 침입하는 것을 방지한다.
④ 헤드탱크는 수차의 부하가 급증할 때에는 물을 배제하는 기능을 가지고 있다.

조압수조(서지탱크) : 수격작용 흡수

181

조압수조의 설치목적에 해당되는 것은?

① 수압관의 보호　② 수차의 보호
③ 조속기의 보호　④ 여수의 처리

수조 : 압력제거(수격방지, 수로와 수압관 사이에 설치, 즉 수로끝에 설치, 수압제거로 수압관 보호)

182

수력발전소에서 조압수조를 설치하는 목적은?

① 부유물의 제거　② 수격작용의 완화
③ 유량의 조절　④ 토사의 제거

183

수차 속도조절기에서 수차 회전수의 변동을 검출하는 것은?

① 평속기　② 복원기구
③ 배압밸브　④ 서보모타

• 조속기 : 수차의 속도 일정유지(너무 예민하면 난조의 원인이 됨)
• 평속기 : 수차의 속도 검출

184

그림에서 A, B 두 지점의 단면적을 각각 $1.2[m^2]$, $0.4[m^2]$이라 하고 A에서의 유속 V_1을 $0.3[m/sec]$라 할 때 B에서의 유속 V_2는 몇 $[m/sec]$이겠는가?

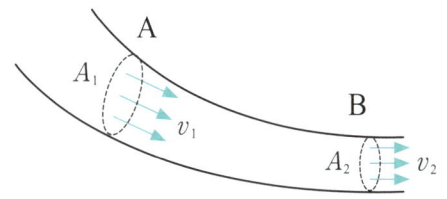

① 0.9　② 1.2
③ 3.6　④ 4.8

수로내 연속의 정리 : 동일관내의 단위시간당 이동한 유량은 일정하다
유량 = 단면적 × 유속 → $Q = A_1 V_1 = A_2 V_2$ → $1.2 \times 0.3 = 0.4 \times V_2$
∴ $V_2 = \dfrac{1.2 \times 0.3}{0.4} = 0.9$

185

수압관철관의 안지름이 $4[m]$인 곳에서의 유속이 $4[m/sec]$이었다. 안지름이 $3.5[m]$인 곳에서의 유속은 약 몇 $[m/sec]$인가?

① 4.2　② 5.2
③ 6.2　④ 7.2

$Q = A_1 V_1 = A_2 V_2$에서 단면적 $A = \dfrac{\pi D^2}{4}$이므로
$\dfrac{\pi \times 4^2}{4} \times 4 = \dfrac{\pi \times 3.5^2}{4} \times V_2$에서 $4^2 \times 4 = 3.5^2 \times V_2$
∴ $V_2 = \dfrac{4^2 \times 4}{3.5^2} = 5.2$

186

취수구에 제수문을 설치하는 목적은?

① 모래를 배사한다.　② 유량을 조정한다.
③ 낙차를 높인다.　④ 홍수위를 낮춘다.

여수토(수위조절), 홍수토(홍수기에 물의 범람방지), 제수문(유량조절 – 발전수량)

187

흡출관이 필요치 않은 수차는?

① 펠톤수차
② 프란시스수차
③ 카플란수차
④ 사류수차

수차의 종류 : • 충동식(펠턴수차, 디플렉터 필수)
     • 반동식(프란시스 수차가 대표, 흡출관 필수)

188

수차의 특유속도 N_S 표시하는 식은? (단, N은 수차의 정격회전수, H는 유효낙차 $[m]$, P는 유효낙차 H에 있어서의 최대출력$[kW]$)

① $\dfrac{NP^{\frac{1}{2}}}{H^{\frac{5}{4}}}$
② $\dfrac{NP^{\frac{1}{2}}}{H^{\frac{2}{3}}}$
③ $\dfrac{NP^{\frac{3}{2}}}{H^{\frac{3}{4}}}$
④ $\dfrac{NP}{H^{\frac{1}{2}}}$

발전기 회전수(N), 낙차(H), 발전기 출력(P), 발전기 특유속도(N_s)의 관계

$N \propto H^{\frac{1}{2}}$, $P \propto H^{\frac{3}{2}}$, $N_S = N\dfrac{P^{1/2}}{H^{5/4}}$

189

다음 그림 중 유황곡선 모양을 표시하는 것은? (단, 단위는 유량 : $[m^3/sec]$ 수량 : $[m^3]$임)

①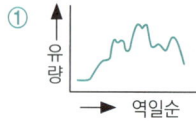
②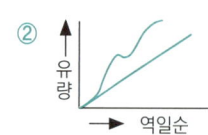
③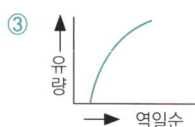
④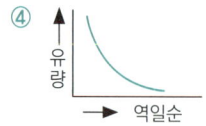

190

다음 중 수력발전소의 저수지용량 등을 결정하는데 사용되는 것으로 가장 적합한 것은?

① 적산유량곡선
② 수위유량곡선
③ 유황곡선
④ 유량도

저수지 용량결정시 : 적산유량곡선,
발전소(발전기 크기)설계시 : 유황곡선

191

수력발전소의 댐(dam)의 설계 및 저수지용량 등을 결정하는데 사용되는 가장 적합한 것은?

① 유량도
② 유황곡선
③ 수위유량곡선
④ 적산유량곡선

192

$1[kg/cm^2]$의 수압의 압력수두는 몇 $[m]$인가?

① 1
② 10
③ 100
④ 1,000

1) 수압$[kg/cm^2]$ = 수두$[m]$ ×0.1
 수압$[MPa]$ = 수두$[m]$ ×0.01
2) 수두$[m]$ = 수압$[kg/cm^2]$ ×10
 수두$[m]$ = 수압$[MPa]$ ×100

참고 $1[kg/cm^2] = 0.098[MPa]$(약 $0.1[MPa]$)

SECTION 11   화력발전

193

중유연소 기력발전소의 공기과잉율은 대량 얼마인가?

① 0.05
② 1.22
③ 2.38
④ 3.45

공기과잉률 = 실제공급공기량 ÷ 이론적소요공기량
• 미분탄 연소 장치 : 1.2~1.4 정도
• 중유 연소 장치 : 1.1~1.2

194

증기의 엔탈피(Enthaply)란?

① 증기 1[kg]의 잠열
② 증기 1[kg]의 보유열량
③ 증기 1[kg]의 기화열량
④ 증기 1[kg]의 증발열을 그 온도로 나눈 것

195

화력발전소에서 증기 및 급수가 흐르는 순서는?

① 절탄기-보일러-과열기-터빈-복수기
② 보일러-절탄기-과열기-터빈-복수기
③ 보일러-과열기-절탄기-터빈-복수기
④ 절탄기-과열기-보일러-터빈-복수기

보일러 - 과열기 - 터빈 - 복수기 - 급수펌프

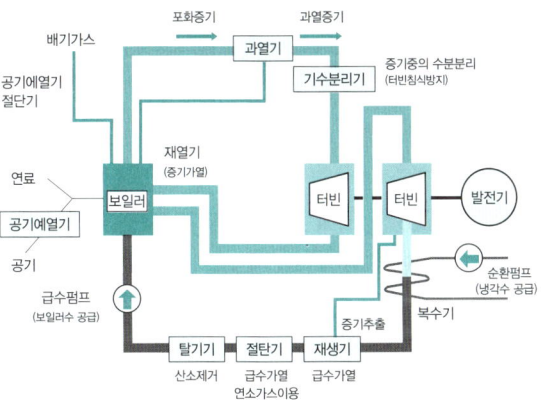

196

기력발전소의 열 사이클 과정 중 단열팽창과정에서 물 또는 증기의 상태변화를 옳게 표현한 것은?

① 습증기 → 포화액
② 포화액 → 압축액
③ 압축액 → 포화액 → 포화증기
④ 과열증기 → 습증기

- 등온팽창 : 외부에서 열에너지 공급 －온도상승없음 － 증기의 에너지 증가(보일러)
- 단열팽창 : 외부에서 열에너지 무공급 － 증기팽창 － 증기의 에너지 감소(터빈내)
∴ 터빈내에서는 과열증기가 습증기로 변화됨

197

고압터빈 내에서 습증기가 되기 전에 증기를 모두 추출하여 한번 더 보일러의 연소가스 또는 과열증기에 의하여 가열시키고, 다시 저압터빈에 넣어 팽창을 계속하여 열효율을 좋게 하는 사이클은?

① 랭킨 사이클 ② 재생 사이클
③ 2유체 사이클 ④ 재열 사이클

- 증기 재 가열 : 재열
- 급수 가열 : 재생

198 ★

화력발전소의 재열기(reheater)의 목적은?

① 급수를 가열한다. ② 석탄을 건조한다.
③ 공기를 예열한다. ④ 증기를 가열한다.

199

증기터빈의 팽창 도중에서 증기를 추출하는 형태의 터빈은?

① 복수터빈 ② 배압터빈
③ 추기터빈 ④ 배기터빈

증기팽창도중에 증기 추출 : 추기터빈.
터빈에서 사용한 증기 전부를 판매함 － 복수기 불필요함 : 배압터빈

200

복수기에 냉각수를 보내는 펌프는?

① 순환펌프 ② 급수펌프
③ 배출펌프 ④ 복수펌프

정답 194 ② 195 ① 196 ④ 197 ④ 198 ④ 199 ③ 200 ①

복수기 냉각수 공급 : 순환펌프, 보일러 급수 공급 : 급수펌프

201 ★★

탈기기의 설치 목적은?

① 산소의 분리
② 급수의 건조
③ 물때의 부착방지
④ 염류의 제거

탈기기 : 급수중 산소제거(관의 부식방지)

202

배압 터빈에 필요 없는 것은?

① 안전판
② 절탄기
③ 조속기
④ 복수기

배압터빈 : 터빈에서 사용한 증기를 모두 산업용 증기로 사용 (복수기 불필요)

203

급수의 엔탈피 130[kcal/kg], 보일러 출구 과열증기 엔탈피, 830[kcal/kg], 터빈 배기 엔탈피 550[kcal/kg]인 랭킨사이클의 열사이클 효율은?

① 0.2
② 0.4
③ 0.6
④ 0.8

랭킨 사이클의 열효율 $\eta = \dfrac{830-550}{830-130} = 0.4$

204

발전소 원동기로써 가스터빈의 특징을 증기터빈과 내연기관에 비교하였을 때 옳은 것은?

① 평균 효율이 증기터빈에 비하여 대단히 낮다.
② 기동 시간이 짧고 조작이 간단하므로 첨두부하 발전에 적당하다.
③ 냉각수가 비교적 많이 든다.
④ 설비가 복잡하며, 건설비 및 유지비가 많고 보수가 어렵다.

205

최대출력 5000[kW], 일부하율 60[%]로 운전하는 화력발전소가 있다. 5000[kcal/kg]의 석탄 4300[t]을 사용하여 50일간 운전하며 발전소의 종합 효율은 몇 [%]인가?

① 14.4
② 20.4
③ 30.4
④ 40.4

$\eta = \dfrac{860W}{mH} \times 100[\%]$

$= \dfrac{860 \times (5000 \times 50 \times 24 \times 0.6)}{(4300 \times 1000) \times 5000} \times 100 = 14.4[\%]$

206

열효율 35[%]의 화력발전소의 평균 발열량 6000[kcal/kg]의 석탄을 사용하면 1[kWh]를 발전하는데 필요한 석탄량은 약 몇 [kg]인가?

① 0.41
② 0.62
③ 0.71
④ 0.82

$\eta = \dfrac{860W}{mH} \times 100[\%]$ 에서 $m = \dfrac{860 \times 1}{6000 \times 0.35} = 0.41$

SECTION 12 원자력 발전

207

원자력발전소에서 감속재에 관한 설명으로 틀린 것은?

① 중성자 흡수단면적이 클 것
② 감속비가 클 것
③ 감속능력이 클 것
④ 경수, 중수, 흑연등이 사용됨

감속재 구비조건
• 중성자 흡수 능력이 적을 것(흡수 단면적이 작을 것)
• 중량이 가볍고 밀도가 큰 원소일 것

208

다음 중 감속재로 사용되지 않는 것은?

① 경수
② 중수
③ 흑연
④ 카드뮴

- 감속재(중성자 흡수가 적을 것, 고속 ➜ 열중성자) ➜ 속도만 제어
  ∴ 중성자의 흡수는 제어제에서만 한다. : 경수·중수·흑연·베릴륨
- 반사체(중성자 반사) : 경수·중수·베릴륨
- 냉각재(중성자 흡수가 적고, 열전달 양호) ➜ 열 에너지를 외부로 (물 ➜ 증기 : 보일러)로 전달한다. : 경수·중수
- 제어제(중성자 흡수가 크고, 열용량이 크다) : 카드뮴·하프늄·붕소

209

감속재의 온도계수란?

① 감속재의 시간에 대한 온도상승률
② 반응에 아무런 영향을 주지 않는 계수
③ 감속재의 온도 1[℃]변화에 대한 반응도의 변화
④ 열중성자로에의 양(+)의 값을 갖는 계수

210

원자로의 냉각재가 갖추어야 할 조건이 아닌 것은?

① 열용량이 작을 것
② 중성자의 흡수 단면적이 작을 것
③ 중성자와 흡수 단면적이 큰 불순물을 포함하지 않을 것
④ 냉각재와 접촉하는 재료를 부식하지 않을 것

냉각재의 구비조건
- 중성자 흡수 단면적이 적을 것
- 방사능을 띠기 어려울 것
- 비열, 열전도율이 클 것

211

경수형 원자로에 속하는 것은?

① 고속증식로
② 가압수형 원자로
③ 열중성자로
④ 흑연 속 가스냉각로

212

원자력발전에서 제어용 재료로 사용되는 것은?

① 하프늄
② 스테인레스강
③ 나트륨
④ 경수

213

원자력발전소와 화력발전소의 특징을 비교한 것 중 틀린 것은?

① 원자력발전소는 화력발전소의 보일러 대신 원자로와 열교환기를 사용한다.
② 원자력발전소의 단위 출력당 건설비는 화력발전소에 비하여 싸다.
③ 동일 출력일 경우 원자력발전소의 터빈이나 복수기가 화력발전소에 비하여 대형이다.
④ 원자력발전소는 방사능에 대한 차폐 시설물의 투자가 필요하다.

정답 208 ④ 209 ③ 210 ① 211 ② 212 ① 213 ②

전기기기

Electric **Machinery**

Section 01 직류기
Section 02 동기기
Section 03 변압기
Section 04 유도전동기
Section 05 전력변환

CHAPTER 03 전기기기

Electric **Machinery**

SECTION 01 직류기

1. 발전기의 원리 및 구조

(1) 직류발전기의 원리

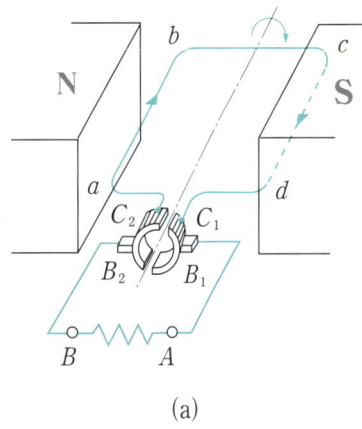

(a)

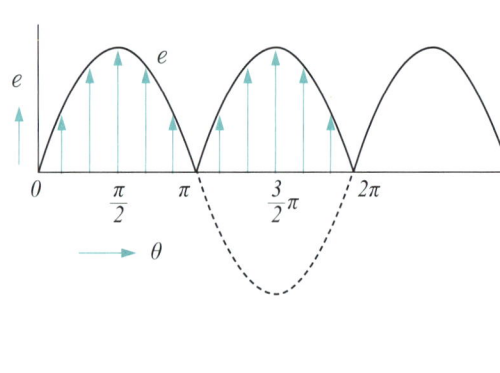

(b)

① 사각코일(abcd)에서 변ad와 변bc는 자속의 방향과 평행이므로 기전력이 발생하지 않는다. ($e=Blv\sin\theta$, $\theta=0$)
② 변ab와 변cd에 각각 $e=Blv\sin\theta$로 유도기전력이 발생 : 그림 (b)와 같은 기전력이 발생한다.

(2) 직류기의 구조

① 계자(계자철심 + 계자권선) : 자속 ϕ를 발생
② 전기자(전기자 철심 + 전기자 권선) : 자속 ϕ를 끊어 기전력 발생
③ 정류자 : 전기자에서 교류기전력을 직류로 변환시키는 부분
④ 브러시 : 정류자에서 변환된 직류기전력을 외부로 인출하기 위한 부분
- 브러시 압력 : 0.1~0.25[kg/cm²]
- 탄소질 브러시(접촉저항↑) : 저전류, 저속기
- 흑연질 브러시(접촉저항↓) : 대전류, 고속기

(3) 철손

① 히스테리시스손 : 어떠한 자성체를 자화시킬 때 자기적인 늦음 현상이 발생하면서 열로써 소비되는 에너지 손실

② 와류손(맴돌이 전류손) : 시간적으로 변화하는 자속 z가 도체의 단면을 통과할 때 도체 내부에 렌쯔의 법칙(Lenz's law)에 의한 방향으로 유도 전류가 흐르면서 발생하는 손실

> **직류기의 3요소**
> 계자, 전기자, 정류자

> **철손을 줄이기 위한 방법**
> - 전기자 철심을 규소 1~1.4[%] 함유된 강판으로 사용 : 히스테리시스손 감소
> - 전기자 철심을 두께 0.35~0.5[mm]의 규소 강판으로 성층 : 와류손 감소
>   ※ 철손 = 히스테리시스손 + 와류손

2. 유도기전력과 전기자 권선법

(1) **전기자 주변속도** : $v = r\omega = r2\pi n = 2\pi r \dfrac{N}{60} = \pi D \dfrac{N}{60}$[m/sec], 전기자지름(D)[m], 회전수(N)[rpm]

① 자속 밀도 : $B = \dfrac{\text{전체자속}}{\text{원통표면적}} = \dfrac{P\phi}{2\pi r\ell}$[Wb/m²]

② 유도기전력 · $E = \dfrac{PZ\phi N}{60a}$[V], 회전수에 비례한다. 여자전류(자속)에 비례한다.

- P(자극수), Z(총자속수)=2×권수×코일수, ϕ(자속), N(1분당 회전수), a(병렬회로수)

(2) **전기자 권선법** : 고상권 > 폐로권 > 2층권 > 중권 또는 파권

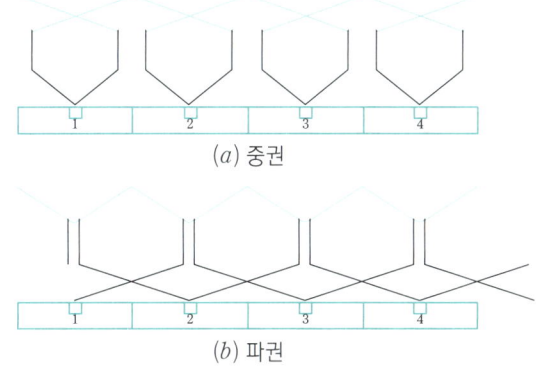

(a) 중권

(b) 파권

※ 중권과 파권의 비교

구분	중권(병렬권)	파권(직렬권)
전기자 병렬회로수	P (mp)	2 (2m)
브러시	P	2
균압접속	4극 이상	×
용도	저전압, 대전류에 적합	고전압, 소전류에 적합

※ 균압환 설치(4극 이상 중권) : 공극의 불균일에 의한 전압 불평형 발생시 흐르는 순환 전류의 방지

3. 전기자 반작용

전기자 도체의 전류에 의해 발생된 자속이 계자 자속에 영향을 주는 현상

(1) 원인 : 전기자 전류

(2) 결과
① 중성축이 이동(발전기는 회전 방향, 전동기는 회전 반대 방향)
② 주자속 감소(감자작용)
③ 자기적 중성축 이동으로 인한 브러시에서의 기전력 발생으로 정류자 편간 전압이 불균일하게 되어 브러시에서 불꽃 발생

(3) 작용
① 교차자화작용 : 불꽃이 발생(정류 불량)
② 감자작용
  • 발전기 : 유기기전력 감소
  • 전동기 : 토크감소, 속도증가

(4) 전기자 반작용 방지 대책
① 보상권선 설치 : 주자속 감소 방지(전기자 전류 방향과 반대로 한다.)
② 보극 설치 : 공극에서의 자속 밀도 균일화(주용도 : 양호한 정류를 얻기 위해 설치)
③ 브러시를 새로운 중성축으로 이동시킴

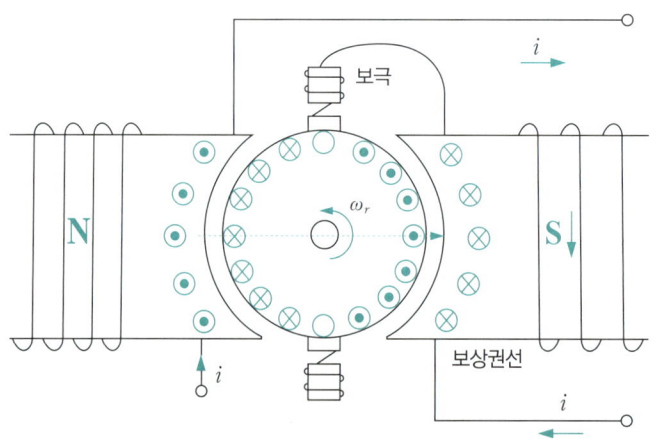

(5) 전기자 기자력
① 감자 기자력(주자속 감소) : $AT_d = \dfrac{I_a Z}{2aP} \cdot \dfrac{2\alpha}{\pi} = \dfrac{\alpha}{\pi} \cdot \dfrac{ZI_a}{aP}$ [AT/극]
② 교차 기자력(중성축 이동) : $AT_c = \dfrac{I_a Z}{2aP} \cdot \dfrac{\pi - 2\alpha}{\pi} = \dfrac{I_a Z}{2aP} \cdot \dfrac{\beta}{\pi}$ [AT/극]

4. 정류

(1) 리액턴스전압

$$e = -L\frac{di}{dt} \;\Rightarrow\; e_r = L\frac{di}{dt} = L\frac{2I_c}{T_c}\,[\text{V}]$$

(2) 정류곡선

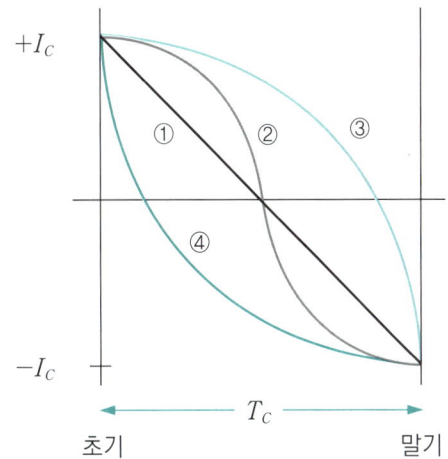

① 직선정류 : 이상적인 정류곡선
② 정현정류 : 양호한 정류곡선(보극이 적당한 경우)
③ 부족정류(L의 영향) : 정류말기에 브러시 후단부에서 불꽃 발생
④ 과정류 : 정류 초기에 브러시 전단부에서 불꽃 발생

(3) 양호한 정류를 얻는 조건

① 리액턴스전압을 작게 한다.
② 정류주기를 길게 한다.
③ 코일의 자기인덕턴스를 줄인다.(단절권)
④ 보극을 설치한다. (전압정류) : 코일의 인덕턴스에 의하여 발생한 리액턴스 전압 상쇄
⑤ 탄소브러시를 설치한다. (저항정류) : 접촉저항($0.15 \sim 0.25\,[\text{kg/cm}^2]$)이 클수록 정류 양호

5. 직류 발전기의 종류와 특성

(1) 발전기의 기본식 : $E = V + I_a R_a + e_a + e_b = V + I_a R_a\,[\text{V}]$ (e_a, e_b 생략) ; E(유도기전력) > V(단자전압)

(2) 발전기와 전동기의 비교

종류	발전기	전동기
타여자	• 잔류자기 없어도 발전가능 • 회전을 반대 하면 극성 바뀌어 발전	• 극성을 반대로 하면 : 회전 방향이 반대 • 정속도 전동기

종류	발전기	전동기
분권	• 잔류 자기 없으면 발전 불가능 • 회전 방향반대 : 발전불가능 • 운전 중 계자회로 개방 : 고압이 발생	• 정속도 전동기 • 운전 중 계자회로 개방 : 회전속도가 고속 • 극성을 반대로 하면 : 회전 방향 불변
직권	• 무부하 운전 불가능 • 회전 방향반대 : 발전불가능	• 가변속도 전동기 : 전차용 전동기 : $T \propto 1\dfrac{1}{N^2} \propto I^2$ • 무부하, 벨트운전 불가 : 갑자기 고속. • 극성을 반대로 하면 : 회전 방향 불변. • 용도 : 전차, 전철 등
복권	• 복권기를 직권기로 : 분권계자 개방 • 복권기를 분권기로 : 직권계자 단락 • 차동복권 : 용접기용 전원(수하특성)	

※ 직류기 여자방식에 따른 분류
- 타여자 : 발전기 외부의 다른 직류 전원에서 여자전류를 공급하여계자를 여자시키는 기기
- 자여자 : 발전기 자체에서 발생한 잔류기전력에 의한 계자를 여자시키는 기기

(3) **자여자 발전기의 전압확립 조건**

① 잔류자기가 있을 것
② 잔류자속과 계자전류에 의한 발생 자속 방향은 반드시 같을 것(잔류자기 소멸 방지 → 역회전 금지)
③ 임계저항 > 계자저항

(4) **전압변동률** : $\epsilon = \dfrac{V_0 - V_n}{V_n} \times 100 \, [\%]$, $V_0 = (1+\epsilon)V_n \, [\text{V}]$

ϵ : 전압 변동률, V_0 : 무부하 단자전압, V_n : 부하단자전압

> **발전기의 전압변동률과의 관계**
> - $\epsilon(+)$: 타여자, 분권, 부족복권 발전기
> - $\epsilon(0)$: 평복권 발전기
> - $\epsilon(-)$: 과복권 발전기

6. 직류 발전기의 병렬운전

(1) **병렬운전 조건**

① 단자전압이 동일
② 극성이 같을 것
③ 외부 특성곡선이 어느 정도 수하특성 일 것(외부 특성의 비가 같을 것)
 ※ 달라도 되는 것 : 절연저항, 손실, 용량, 유도기전력

(2) 부하의 분담

① 용량에 비례

② 유기기전력이 큰 쪽, 전기자 저항이 작은 쪽이 많이 분담

(3) 직권 계자권선이 있는 발전기의 병렬운전 : 균압선 접속(직권, 복권발전기)

(병렬운전을 안정하게 하기 위해서)

7. 직류 전동기의 구조 및 원리

VI(전기적 입력)=$\omega\tau$(기계적 출력)

(1) 토크(Torque)

① $\tau = \dfrac{P}{\omega} = \dfrac{PZ\phi I_a}{2\pi a} = K\phi I_a$ [N·m]

② $\tau = 9.55\dfrac{P}{N}$ [N·m]

③ $\tau = 0.975\dfrac{P}{N}$ [kg·m]

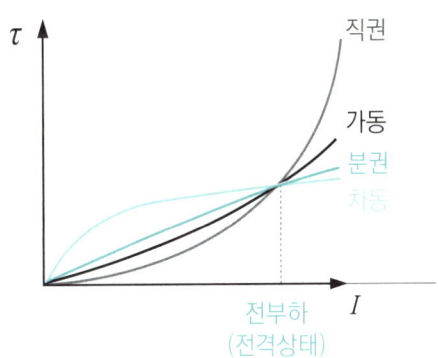

τ : 토크[N·m] 또는 [kg·m]
P : 출력[W]
Z : 전기자 도체수
ϕ : 자속[Wb]
a : 병렬 회로수
I_a : 전기자 전류[A]
ω : 각속도[rad/sec]
N : 회전수[rpm]

(2) 속도

$N = k\dfrac{V - I_a R_a}{\phi}$ [rpm] $= k\dfrac{E}{\phi}$

① 직권전동기의 속도 :

$N = k'\dfrac{V - I_a(R_f + R_a)}{I_a}$ [rps]

② 속도 변동이 심한 것 순서 :

직권 > 가동복권 > 분권 > 차동복권 (직·가·분·차)

(기동토크가 큰 순)

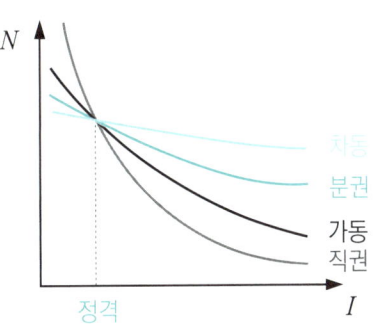

• V(단자전압) • I_a(전기자전류) • R_a(전기자 저항) • $R_f(R_s)$ (계자 저항) • E(역기전력)

(3) 분권전동기

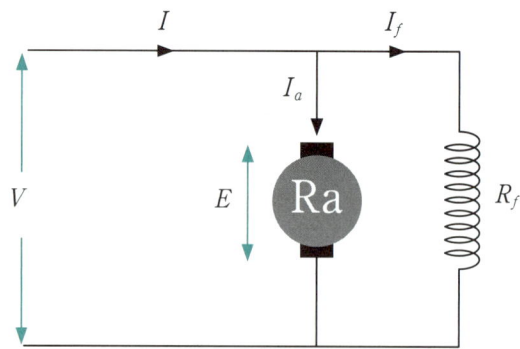

$V=I_f R_f$ 에서 $I_f=\dfrac{V}{R_f}$, $I=I_f+I_a \fallingdotseq I_a(I_f \ll I)$; 부하전류(I)=계자전류(I_f)+전기자전류(I_a)

① 전류 관계 : $I_a=I-I_f$
② 전압 관계 : $V=E+I_a R_a$ ➡ $E=V-I_a R_a$; E(역기전력) > V(단자전압)
③ 속도 특성 : $N=k\dfrac{V-I_a R_a}{\phi}$ [rpm]
④ 토크 특성 : $\tau=K\phi I_a$ [N·m], R_f 일정 I_f 일정 ϕ 일정, $\tau \propto I_a$ $(I_a \fallingdotseq I)$

$\therefore \tau \propto I$, $\tau \propto \dfrac{1}{N}$ $\left(\because I \propto \dfrac{1}{N}\right)$

⑤ 극성과 회전방향 : 일반적으로는 전기자의 접속을 바꾸어서 단자전압의 방향을 반대로 함
⑥ 위험상태(정격전압, 무여자)
 • 계자회로 단선 → $R_f=0$ "$N=\infty$"(위험 상태)

(4) 직권전동기

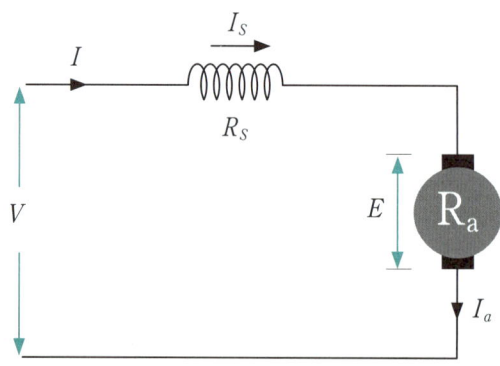

① 전류 관계 $I=I_s=I_a$: 부하전류(I_d)=계자전류(I_S)=전기자전류(I_a)
② 전압 관계 $E=V-I_a(R_a+R_s)$
③ 속도 특성 $N=k\dfrac{V-I(R_a+R_s)}{\phi}\bigg|_{\phi \propto I}$

$=k'\dfrac{V-I(R_a+R_s)}{I}$ [rpm]

$=k''\dfrac{V}{I}$ ($V \gg I(R_a+R_s)$)

④ 토크 특성 $\tau = k\phi I_a [\text{N} \cdot \text{m}]$

$\phi \propto I_a (I = I_s = I_a)$

$\tau \propto \phi I_a = I_a^2 = I^2$

$\therefore \tau \propto I^2,\ \tau \propto \dfrac{1}{N^2}\ \left(\because I \propto \dfrac{1}{N}\right)$

⑤ 정격전압, 무부하상태에서의 속도 특성 : $I = I_s = I_a = 0$ ➡ $N = \infty$(위험상태)

∴ 벨트 운전 금지(톱니바퀴 운전)

8. 직류전동기의 운전 및 제동

(1) 기동

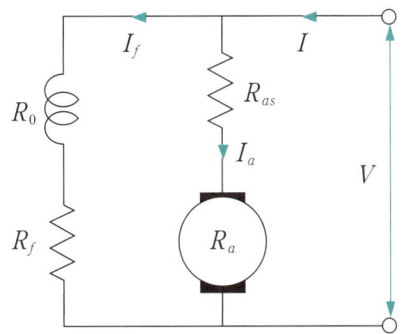

① 기동시 기동토크를 충분히 크게 할 것 : 계자저항기를 최소 위치에 놓고 기동

R_0 최소 ➡ I_f ➡ ϕ 최대 ➡ τ 최대

② 기동전류(I_s)의 크기를 정격전류(I_m)의 1.5~2배 이내로 제한

$I_s = \dfrac{V}{R_a + R_{as}}$ ➡ $I_s = (1.5 \sim 2)I_m$

(2) 속도제어 : $N = k\dfrac{E}{\phi} = k\dfrac{V - I_a R_a}{\phi}\ [\text{rpm}]$

※ 속도제어의 비교

전압제어 (V)	효율 좋다.	• 광범위 속도제어 : **정 토크 제어** • 일그너방식(부하가 급변) ➡ 플라이휠 부착 • 워드레오나드 방식(일반부하) • 주로 타여자에서 사용
계자제어 (ϕ)	효율 좋다.	• 속도조정범위 중간 : **정 출력 제어** • 세밀, 안정된 속도제어
저항제어 (R_a)	효율 나쁘다.	• 속도조정범위 좁다.

(3) 속도변동률 : $\epsilon = \dfrac{N_0 - N}{N} \times 100[\%],\ N_0 = (1 + \epsilon)N_n [\text{rpm}]$

(4) 제동

① 역전제동(플러깅 제동) : 전동기의 전원 접속을 바꾸어 역토크를 발생시켜 급정지시키는 방식

② 발전제동 : 전동기 전기자 회로의 전원을 끊고 전동기를 발전기로 동작시켜 운동에너지로 발생하는 전력을 그 단자에 접속한 저항에서 열로 소비시킴으로써 제동하는 방식

③ 회생제동 : 전동기의 전원을 접속한 상태에서 전동기에 유기되는 역기전력을 전원 전압보다 높게 하여 회전 운동에너지로 발생하는 전력을 전원측에 반환하여 제동하는 방식

9. 직류기의 손실 및 효율

(1) 손실

① 무부하손 : **철손** P_i(히스테리시스손 P_h, 맴돌이전류손 P_e)
  (고정손)   · 기계손 P_m(풍손, 마찰손)

② 부하손 : **동손** P_c(구리손, 저항손이라고 함)
  (가변손) · 표유부하손 : 부하손이지만 측정이 곤란

(2) 효율

① $\eta = \dfrac{출력}{입력} \times 100[\%]$: 실측효율

② $\eta_{전동기} = \dfrac{입력 - 손실}{입력} \times 100[\%]$: 전동기 규약효율

③ $\eta_{발전기} = \dfrac{출력}{출력 + 손실} \times 100[\%]$: 발전기 규약효율(변압기는 발전기와 동일)

(3) 최대효율 조건 : 무부하손(고정손) = 부하손(가변손)

10. 직류기의 시험 및 토크 측정

(1) 온도 시험법

① 실 부하법
  · 발전기 : 수저항, 전구
  · 전동기 : 전기동력계, 기계적 브레이크, 발전기

② 반환 부하법
  · 카프(전기적 손실)
  · 홉킨즈(기계적 손실)
  · 브론델 : 전기적 + 기계적 손실

(2) 전동기의 토크 측정

① 보조 발전기법
② 프로니 브레이크법
③ 전기 동력계법 : 원동기의 출력 측정

(3) **절연물의 허용온도**

Y	A	E	B	F	H	C
90℃	105℃	120℃	130℃	155℃	180℃	180℃ 초과

11. 특수 직류기

(1) **스테핑모터**

① 원리 : 펄스가 입력될 때마다, 일정한 각도씩 모터가 회전하도록 제어된다.(회전각=스텝각)
- 스텝각을 작게하면 모터의 위치를 결정하는 정밀도 향상
- 펄스 속도를 빠르게 하면 모터의 회전속도도 빨라짐

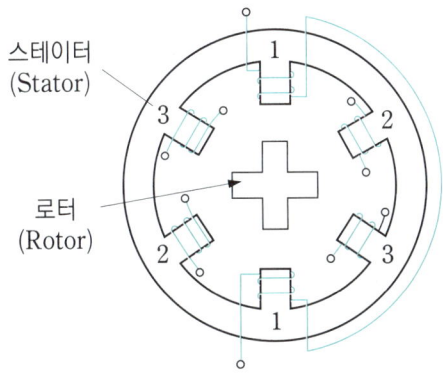

- 1상여자하면 로터(회전자)는 1극에서 정지
- 1,2,3순으로 여자하면 우회전(CW)
- 3,2,1순으로 여자하면 좌회전(CCW)

② 특징
- 간단한 개회로에서의 고정밀 위치제어가 가능
- 기동정지의 특성과 응답성이 좋음
- 정지시 각도오차는 누적되지 않음
- 정지상태에서 큰 자기유지력을 지님
- 저속시에는 높은 토크를 갖음
- 모터의 구조가 간단해서, 유지관리가 간단

③ 구동방식

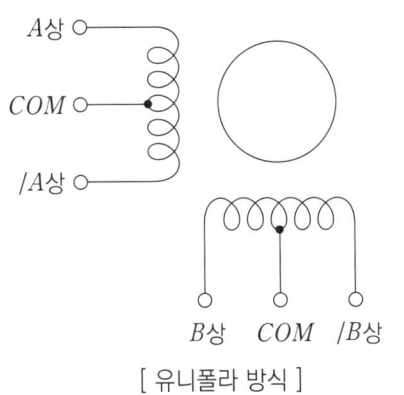

[유니폴라 방식]

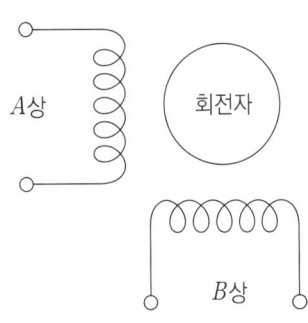

[바이폴라 방식]

- 유니폴라 구동방식 : 각 상의 권선에 흐르는 전류의 방향이 일정하게 되는 방식
- 바이폴라 구동방식 : 각 상의 권선에 흐르는 전류의 방향이 바뀌는 방식
- 상여자방식 : 1상여자방식, 2상여자방식, 1~2상여자방식

(2) **직류서보모터**

① 원리

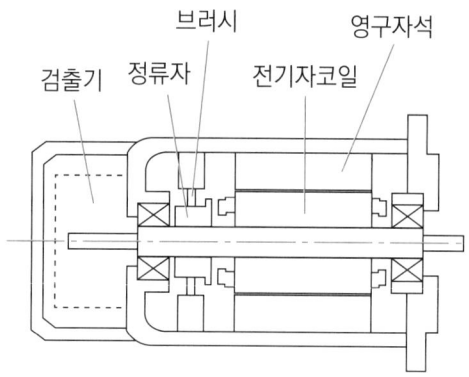

② 특징
- 기동토크가 크다.
- 크기에 비해 큰 토크가 발생한다.
- 효율이 높다.
- 제어성이 좋다.
- 속도제어 범위가 넓다.
- 비교적 가격이 싸다.
- 브러시 마찰로 기계적 손실이 크다.
- 브러시의 보수가 필요하다.
- 접촉부의 신뢰성이 떨어진다.
- 브러시에 의해 노이즈가 발생한다.
- 정류에 한계가 있다.
- 사용환경에 제한이 있다.
- 방열이 나쁘다.

(3) **선형 전동기**

전동기의 1차 측 및 2차 측을 축 방향으로 전개한 회전운동을 직선운동으로 변환한 전동기 (회전 운동을 직선으로 바꿔주는 부품이 필요없다.)

SECTION 02 동기기

동기기 : 속도(N_s)와 주파수(f)가 일정한 회전기

1. 동기발전기의 원리 및 구조

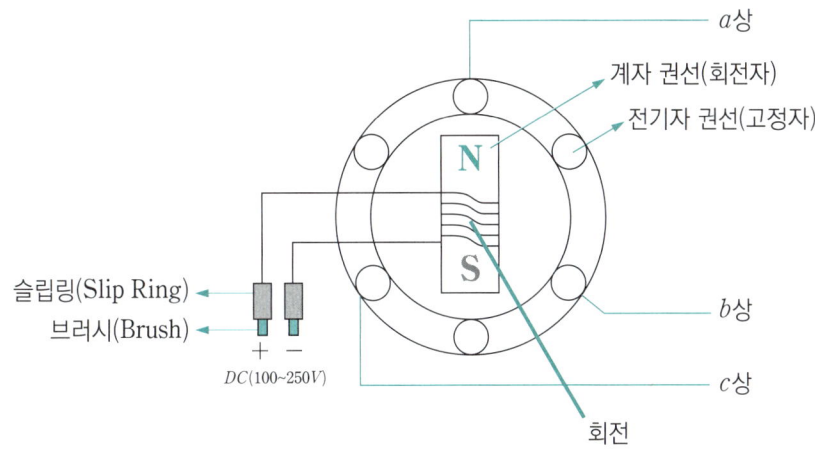

(1) **동기발전기를 회전계자형으로 하는 이유**

  ① 계자 : 기계적으로 튼튼하고, 소요전력이 작다. 절연이 용이(DC 110~250[V])
  ② 전기자 : 고압을 유기(3상 15~20[kV]), Y결선으로 복잡

(2) **동기 발전기를 Y결선으로 하는 이유**

  ① 중성점 접지로 이상전압의 대책이 용이
  ② 상 전압이 $1/\sqrt{3}$ 배로 감소하므로 절연 용이
  ③ 순환전류가 흐르지 않음

(3) **동기발전기의 구조**

  ① 고정자(전기자)
  ② 회전자(계자)
   ➡ 회전자 형태에 의한 분류
      ㉠ 돌극형(철극형)   • 공극이 불균일하다.
                         • 극수가 많다.
                         • 저속기(수차 발전기)
      ㉡ 비돌극형(원통형) • 공극이 균일하다.
                         • 극수가 적다.
                         • 고속기(터빈 발전기)
  ③ 여자기 : DC 100~250[V]의 직류전압 인가
  ④ 베어링 : 축받이

⑤ 냉각 장치 : 수소 냉각방식(공냉식)
- 공기보다 가벼워 풍손이 공기의 1/10로 감소된다.
- 절연물의 수명이 길어진다.
- 열전도가 좋고 비열이 커 냉각효과가 크다.
- 소음과 코로나 발생이 적다.
- 수소가스는 공기와 혼합하면 폭발한다.(단점)

2. 동기발전기의 이론

(1) **동기속도** : $N_s = \dfrac{120f}{P}$ [rpm]

(2) **코일의 유기기전력** : $E = 4.44 N f \phi K_w$ [V]

(N[T] : 한 상의 직렬권수, ϕ[Wb] : 매극 당 자속, K_w : 권선계수)

(3) **전기자 주변속도** : $v = \pi D \dfrac{N}{60}$ [m/sec]

3. 전기자 권선법 : 2층권(단층권), 중권(파권), 분포권(집중권), 단절권(전절권)

(1) **기전력을 정현파로 하기 위한 방법**
① 매극 매상의 슬롯수 q를 크게 한다.
② 단절권 및 분포권으로 한다.
③ 전기자철심을 스큐우 슬롯(사구)으로 한다.
④ 반폐 슬롯을 채용 한다.
⑤ 공극의 길이를 크게 한다.
⑥ Y결선으로 한다.

(2) **집중권과 분포권** : q가 1이면 집중권, 2 이상은 분포권임
① 분포권의 장점 및 단점
- 파형을 개선
- 냉각효과가 있음
- 누설리액턴스를 감소
- 기전력을 감소(단점)

② 분포권 계수 : $K_d = \dfrac{\sin \dfrac{\pi}{2m}}{q \sin \dfrac{\pi}{2mq}}$ (q : 매극 매상당 슬롯수 $= \dfrac{슬롯수}{극수 \times 상수}$, m : 상수)

(3) **전절권과 단절권** : 전절권(권선피치=자극피치), 단절권(권선피치<자극피치)
① 단절권의 장점 및 단점
- 파형을 개선
- 코일의 길이 동량이 절약
- 자기인덕턴스가 감소
- 기전력 감소(단점)

② 단절권 계수 : $K_p = \sin \dfrac{\beta \pi}{2}$ (여기서 $\beta = \dfrac{권선피치}{자극피치}$)

(4) **권선계수** $K_w = K_d \times K_p < 1$

4. 전기자 반작용 및 동기 임피던스

(1) 전기자 반작용

① 횡축 반작용(교차자화 작용) : R 부하인 경우(전압과 전류가 동상($I\cos\theta$))

② 직축 반작용($I\sin\theta$)
- 감자작용(직축반작용) : L부하인 경우(전기자 전류 I_a가 기전력 E보다 위상이 90° 늦은 경우)
- 증자작용(직축반작용) : C 부하인 경우(전기자 전류 I_a가 기전력 E보다 위상이 90° 앞선 경우)

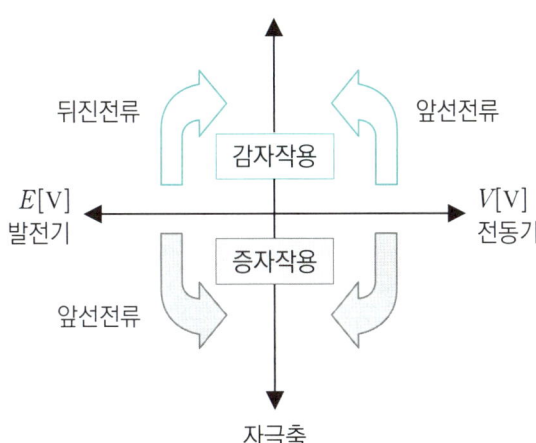

(2) 동기발전기의 출력

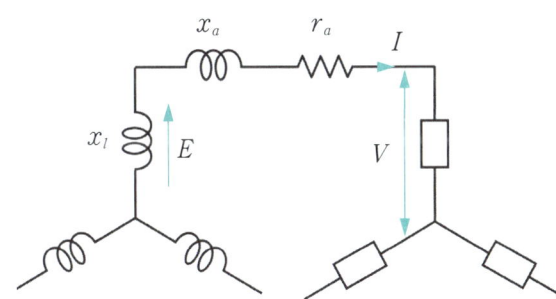

r_a : 전기자저항
x_l : 전기자 누설 리액턴스
x_a : 전기자 반작용 리액턴스

① 동기리액턴스 : $x_s = x_l + x_a$

② 동기임피던스 : $Z_s = r_a + jx_a + jx_l = r_a + j(x_a + x_l) = x_a + x_l \fallingdotseq x_s$

  ※ 동기임피던스는 실용상 동기리액턴스와 같다.

③ 비돌극형 발전기 출력 : $P = \dfrac{EV}{x_s}\sin\delta$ [W] : E(유도기전력), V(단자전압), δ(E, V위상차)

5. 동기발전기의 특성

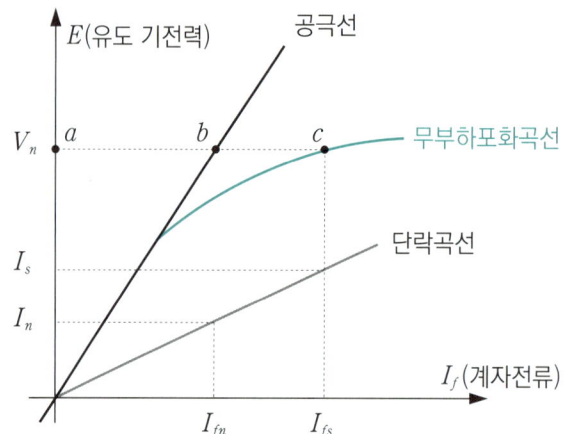

(1) **무부하포화곡선**($I_f - E$) : 포화율 $= \dfrac{bc}{ab}$

(2) **단락전류**

① 돌발단락전류 : $I_s = \dfrac{E}{x_l}$ [A]

② 지속단락전류 : $I_s = \dfrac{E}{x_a + x_l} = \dfrac{E}{x_s} ≒ \dfrac{E}{Z_s}$

(3) **%동기임피던스와 단락비**

① %동기임피던스 : $\%Z = \dfrac{IZ_s}{V_n} \times 100 = \dfrac{PZ_s}{10V_n^2}$ [%]

② 단락비 : $K_s = \dfrac{I_s}{I_n} = \dfrac{100}{\%Z} = \dfrac{1}{[PU]Z_S}$ ([PU]Z_s : %임피던스 PU값)

(4) **단락비가 큰 기계의 특징**

① 동기임피던스가 작아 전압변동률이 작으며 송전용량 충전용량이 증가한다.
② 기계의 형태 중량이 커지며 철손, 기계손이 증가하고 가격도 비싸다.
③ 과부하 내량이 크고 안정도도 좋다.
④ 철기계라 불린다.

> **동기발전기 시험**
>
> - 단락시험 : 동기임피던스, 동기리액턴스
> - 무부하시험 : 철손, 기계손
> - 3상단락시험＋무부하시험 : 단락비

(5) 동기발전기의 자기여자현상

① 동기발전기를 무부하 장거리 송전선에 접속할 때 정전용량 C가 상대적으로 커져 무여자라도 스스로 전압이 유기되어 C의 크기에 따라서 정격전압보다 큰 전압 상승을 하여 기기의 절연을 위협하는 것을 동기발전기의 자기여자현상이라 한다.

② 방지법
- 단락비가 큰 발전기 사용
- 발전기 병렬연결
- 변압기나 동기 무효 전력 보상 장치, 리액터를 접속

※ 단락비는 무조건 큰 것이 좋고, 리액턴스는 무조건 작은 것이 좋다.

6. 단락현상

(1) 단락현상

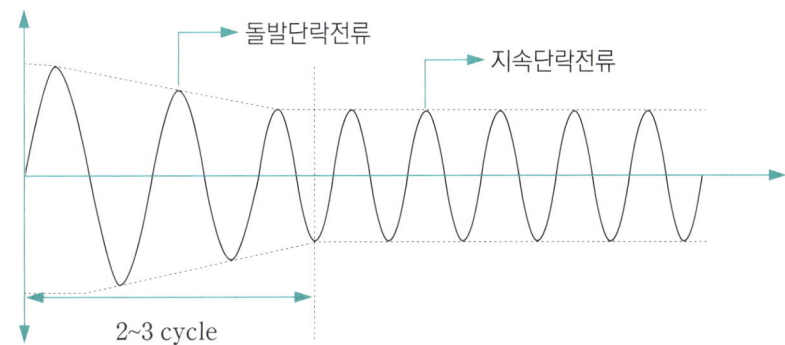

① 3상 동기발전기를 운전 중 갑자기 단락하면 전류는 처음은 크나 점차 감소한다.
② 돌발단락전류의 제한 ➡ 전기자 누설 리액턴스
③ 지속단락전류의 제한 ➡ 전기자 반작용 리액턴스

(2) 3상 단락곡선

① 단락곡선이 직선이 되는 이유 : 전기자 반작용 때문

② 단락비 $K_S = \dfrac{I_s}{I_n}$

(3) 단락전류 : $I_S = \dfrac{E}{Z_S} = \dfrac{100}{\%Z} I_n$ [A]

7. 동기발전기의 병렬운전

(1) 병렬운전 조건

조건	조건에 다를 경우	계산식	대책
기전력의 크기가 같을 것	무효순환전류 흐름	$I_C = \dfrac{E_A - E_B}{2Z_S}[A]$	계자전류 조정
기전력의 위상이 같을 것	동기화전류 흐름 수수전력 동기화력	수수전력 $P_s = \dfrac{E_A^2}{2Z_S}\sin\delta[W]$ 동기화력 : $P = \dfrac{E_A^2}{2Z_S}\cos\delta[W]$	원동기 출력조정
기전력의 파형이 같을 것	고주파 무효순환전류 흐름	-	발전기 개선
기전력의 주파수가 같을 것	난조발생	-	속도조정
기전력의 상회전방향이 같을 것(3상)	• 상회전 방향이 다를 경우 : 동기검정기의 램프 점등 • 상회전 방향이 같을 경우 : 동기검정기의 램프 소등		

※ E_A : A발전기의 유도기전력, E_B : B발전기의 유도기전력

(2) 부하의 분담

① 무효전력의 분담(계자전류 조정)
  • 여자가 증가되면(과여자) 뒤진 무효전류 흐름 : 역률이 저하된다.
  • A, B 2대의 동기발전기 병렬 운전 중 A기의 여자를 증가시키면 B기의 역률이 향상.
② 유효전력의 분담(조속기의 무부하속도 설정치 조정 = 원동기 출력 조정)
  • 원동기 출력이 증가하면 유효전력이 분담이 증가된다.

8. 안정도

(1) **난조** : 부하에 따른 속도변화 동기속도를 중심으로 진동

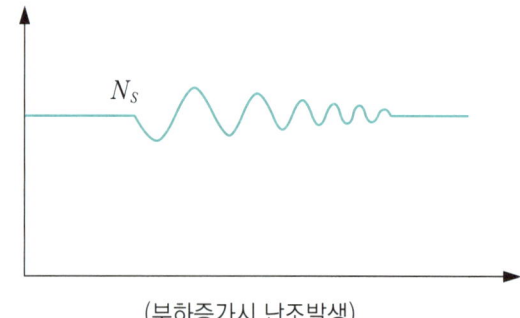

(부하증가시 난조발생)

① 원인
- 부하 급변
- 조속기가 너무 예민
- 전기자 저항이 너무 클 때
- 토크에 고조파 포함

② 방지책 : 제동권선 설치(자극면에 설치)
- 관성모멘트 크게 할 것(플라이휠 사용)
- 고조파제거(권선법 : 단절권, 분포권)

cf) 동기 전동기에서는 제동권선은 기동역할

(2) 안정도 향상대책
① 단락비를 크게 한다.
② 동기임피던스(리액턴스)를 작게 한다.
③ 회전자 관성를 크게 한다.(플라이휠 효과의 선정)
④ 속응 여자 방식을 채용한다.
⑤ 조속기 동작을 신속히 한다.

9. 동기전동기

(1) 동기전동기의 특성
① 항상 동기속도로 회전하는 전동기로 속도조정이 곤란하다.
② 동기속도 이외의 속도에서는 토크를 낼 수 없다.
③ 기동토크가 없다. — 기동장치 또는 기동법 필요해서 고가
④ 역률 1로 운전할 수 있으며 앞선 역률도 가능하다. — 동기 무효 전력 보상 장치로 사용
⑤ 저속도 대용량의 전동기 : 대형송풍기, 압축기, 압연기, 분쇄기

(2) 토크 :
① $\tau = 9.55 \dfrac{P}{N_s}$ [N·m]

② $\tau = 0.975 \dfrac{P}{N_s}$ [kg·m]

(3) 위상특성곡선(V곡선)
여자전류를 변환시키면 전기자 전류와 역률이 변한다.

(4) 동기 무효 전력 보상 장치
과여자(강여자) 운전하면 콘덴서 C로,
부족여자(약여자) 운전하면 리액터 L로 작용

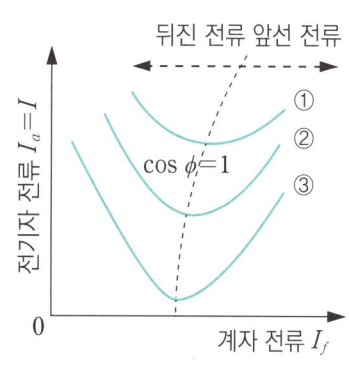

(5) 동기전동기의 운전

① 기동 토크가 0 이다.
② 인입 토크 : 동기속도에 95[%]에 들어가는 토크
③ 탈출 토크 : 전동기에 부하할 수 있는 최대 토크
④ 기동법
- 자기기동법(제동권선으로 토크발생) : 시동시 계자권선을 단락 ➡ 나중 계자권선 개방
- 기동전동기법 : 유도전동기를 사용(2극을 적게 하여 사용)

(6) 동기전동기의 전기자 반작용

① 교차 자화작용 : 전기자 전류가 유기기전력과 동상일 때
② 감자작용 : 전기자 전류가 유기기전력보다 위상이 90° 앞설 때(직축반작용, C 부하인 경우)
③ 증자작용 : 전기자 전류가 유기기전력보다 위상이 90° 늦을 때(직축반작용, L 부하인 경우)

(7) 동기 전동기의 난조 현상

부하의 급변에 따른 부하각의 진동현상

SECTION 03 변압기

1. 변압기의 원리 : 전자유도작용

(1) **유도기전력** : $E = 4.44Nf\phi$ [V] : E(유도기전력), N(권선수), f(주파수), ϕ(자속)

(2) 50[Hz]용 변압기를 60[Hz]에 사용하면

여자전류	자속	자속밀도	철손	리액턴스
반비례 5/6	반비례 5/6	반비례 5/6	반비례 5/6	비례 6/5

(3) **권수비** : $a = \dfrac{V_1}{V_2} = \dfrac{I_2}{I_1} = \dfrac{N_1}{N_2} = \sqrt{\dfrac{Z_1}{Z_2}}$

(4) **철손** $P_i = gV_1^2$ [W]

2. 변압기의 등가회로

(1) **변압기 등가회로 작성시 필요한 시험**

① 무부하시험
② 단락시험
③ 저항 측정

(2) **무부하시험(2차측 개방)** : 여자전류, 철손, 여자어드미턴스를 구할 수 있다.

$I_0 = \sqrt{I_\phi^2 + I_i^2}$ [A]

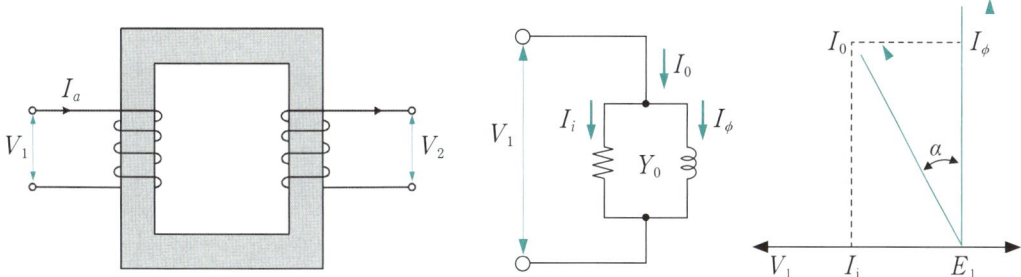

$\dot{I}_0 = \dot{I}_i + \dot{I}_\phi$ ➡ $I_0^2 = I_i^2 + I_\phi^2$

I_i (철손전류) : 철손 P_i 발생

I_ϕ (자화전류) : 자속 ϕ 발생

(3) **단락시험** : 임피던스 전압, 임피던스 와트, 동손, 전압변동률을 구할 수 있다.

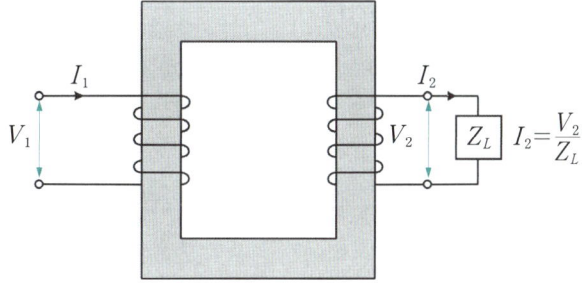

(4) **2차를 1차로 변환** : $Z_{12} = Z_1 + a^2 Z_2 = (r_1 + a^2 r_2) + j(x_1 + a^2 x_2)$

(5) **1차를 2차로 변환** : $Z_{21} = \dfrac{Z_1}{a^2} + Z_2 = \left(\dfrac{r_1}{a^2} + r_2\right) + j\left(\dfrac{x_1}{a^2} + x_2\right)$

> **변압기 여자전류**
>
> 무부하시 흐르는 전류로 제3고조파가 포함되어 있다.

3. 변압기의 구조

(1) **변압기유의 구비조건**

① 점도가 작고 비열이 커서 냉각효과가 클 것

② 절연내력이 클 것

③ 인화점이 높고, 응고점이 낮을 것

④ 고온에서 석출물이 생기지 말 것

⑤ 화학작용이 없을 것

⑥ 석출물이 없을 것

(2) 변압기유의 열화

① 원인 : 변압기 호흡작용
② 영향 : 절연내력 저하, 냉각효과 감소, 침식작용
③ 방지책
- 콘서베이터설치 — 설치위치 : 변압기상부
  — 내부 질소봉입 : 단열 및 공기와의 접촉방지
- 브리더(실리카겔) : 호흡작용시 공기 및 수분유입방지

(3) 변압기 내부고장 보호 : (비율)차동계전기, 부흐홀쯔 계전기(변압기와 콘서베이터 사이 설치)

(4) 권선의 누설리액턴스를 줄이는 효과적인 방법
권선을 분할 조립한다.

4. 백분율 전압강하와 전압변동률

(1) 임피던스 전압(V_s)과 임피던스 와트(P_s)

2차를 단락하고 1차 단락전류가 1차 정격전류와 같이 흐를 때 그 전압을 임피던스 전압($V_s = I_1 Z_{12}$: 내부전압강하)이라 하고, 그 때 입력을 임피던스 와트($P_s = I_1^2 r_{12}$: 동손)라 한다.

(2) 백분율 전압강하

① % 저항강하

$$p = \frac{I_{2n} r_2}{V_{2n}} \times 100 = \frac{I_{1n} r_{12}}{V_{1n}} \times 100 = \frac{I_{1n} r_{12} \times I_{1n}}{V_{1n} \times I_{1n}} \times 100 = \frac{P_s}{P_n} \times 100 \, [\%]$$

② %리액턴스

$$q = \frac{I_{2n} x_2}{V_{2n}} \times 100 = \frac{I_{1n} x_{12}}{V_{1n}} \times 100 \, [\%] = \frac{P \cdot X}{10 V^2} \, (P[kVA], \, V[kV], \, X[\Omega])$$

③ %임피던스강하

$$\%Z = \frac{I_{2n} Z_{21}}{V_{2n}} \times 100 = \frac{I_{1n} Z_{12}}{V_{1n}} \times 100 = \frac{V_s}{V_{1n}} \times 100 = \sqrt{p^2 + q^2} \, [\%]$$

$$\%Z = \frac{P Z_{12}}{10 V_1^2} (P[kVA], \, V_1[kV])$$

(I_{1n} : 1차 전류, I_{2n} : 2차 전류, V_{1n} : 1차 전압, V_{2n} : 2차 전압, r_2 : 2차저항, x_2 : 2차리액턴스, P_s : 임피던스와트, P_n : 정격용량, V_s : 임피던스전압)

(3) 전압 변동률 : 간이 변동률을 많이 사용

① 일반식 : $\epsilon = \dfrac{V_{20} - V_{2n}}{V_{2n}} \times 100 \, [\%]$ (V_{20} : 무부하 2차 전압)

② 간이 변동률 : $\epsilon = p \cos\theta + q \sin\theta$ (지상)

$\epsilon = p \cos\theta - q \sin\theta$ (진상)

(4) 최대전압 변동률과 그 때 역률

① $\epsilon_m = \sqrt{p^2+q^2}$

② $\cos\theta = \dfrac{p}{\sqrt{p^2+q^2}}$

5. 변압기의 손실

(1) 무부하손(무부하시험)

철손 = 와류손($P_e = KV^2$) + 히스테리시스손($P_h = K\dfrac{V^2}{f}$)

(2) 부하손(단락시험) : 동손(P_c) = 임피던스와트(P_s)

표유부하손(누설자속에 의한 손실로 예측과 측정 곤란)

(3) 주파수와 손실관계

히스테리시스손(P_h) $\propto \dfrac{E^2}{f}$, 와류손(P_e) $\propto E^2$ (와류손은 주파수와 무관)

① 주파수 증가 → 히스테리시스손 감소 → 철손감소 → 여자전류 감소, 리액턴스 증가
② 주파소 감소 → 히스테리시스손 증가 → 철손감소 → 여자전류 증가, 리액턴스 감소

6. 변압기의 규약효율 : 역률 100[%], 부하손은 주위온도 75℃ 기준 보정값

(1) 전부하 효율

$\eta = \dfrac{P\cos\theta}{P\cos\theta + P_i + P_c} \times 100$ [%] (P : 정격용량, P_i : 철손, P_c : 동손)

(2) $1/m$ 부하 시 효율

$\eta_{\frac{1}{m}} = \dfrac{\frac{1}{m}P\cos\theta}{\frac{1}{m}P\cos\theta + P_i + \left(\frac{1}{m}\right)^2 P_c} \times 100$ [%]

(3) 최대효율이 나타나는 부하

$P_i = \left(\dfrac{1}{m}\right)^2 P_c$ 에서 $\dfrac{1}{m} = \sqrt{\dfrac{P_i}{P_C}}$

(4) 전일효율

전 부하 시간일 짧을수록 전일효율을 작게 설계해야 전일효율이 좋아진다.

7. 단상 변압기의 3상 결선

(1) △−△결선
① 고조파 전류가 생기지 않는다.
② 중성점 접지를 할 수 없다.
③ 상 전류 $= \dfrac{\text{선전류}}{\sqrt{3}}$
④ 저전압 계통에 사용
⑤ 1대 고장시 2대로 V결선 송전가능

(2) $Y-Y$결선
① 중성점을 접지할 수 있다.
② 제3고조파가 발생하여 통신선 유도장해를 일으킨다.
③ 상 전압 $= \dfrac{\text{선간전압}}{\sqrt{3}}$ (∵ 절연이 용이하다.)

(3) △−Y결선, Y−△결선
① Y결선으로 중성점을 접지할 수 있다.
② △결선으로 제3고조파가 생기지 않는다.
③ △−Y는 송전단에 Y−△는 수전단에 설치한다.
④ 1차와 2차의 전압 사이에 30°의 위상차가 발생한다.

(4) $V-V$결선 : △−△결선에서 1대 고장 시
① 출력 $P_V = \sqrt{3}\,P_1$
② 이용률 $= \dfrac{\sqrt{3}\,VI}{2VI} = 0.866\,(86.6[\%])$
③ 출력비 $= \dfrac{P_V}{P_\Delta} = \dfrac{\sqrt{3}\,VI}{3VI} = 0.577\,(57.7[\%])$

8. 상수의 변환

부하의 종류에 따라서는 상수 변환이 필요한 곳이 있다.

(1) 3상에서 2상으로 변환 : 교류 전기철도는 부하의 불평형을 경감하기 위해 2상으로 변환하여 사용됨
- 스코트 결선 (T), 메이어 결선, 우드브리지 결선
- T결선 변압기의 T좌변압기 권수비 ➡ $a_T = a_M \times 0.866$

(2) 3상에서 6상으로 변환 : 정류기 전원용으로 효율 및 파형을 개선하기 위해 사용됨
- 2중 Y결선, 2중 △결선, 대각결선, 포크결선
- 포크결선은 수은정류기 부하에 많이 사용

9. 변압기의 병렬운전

(1) 변압기 병렬운전 조건

구 분	다르면
• 권수비 및 1, 2차 정격전압이 같을 것	• 순환전류가 흘러 권선이 가열된다.
• 극성이 일치할 것	• 큰 순환전류가 흘러 권선이 소손된다.
• 내부저항과 누설리액턴스비가 동일할 것	• 위상차가 생겨 동손이 증가한다.
• % 임피던스강하가 같을 것	• 부하분담의 균형을 이룰 수 없다.

※ 병렬운전이 불가능한 조합 : **Y 또는 Δ가 홀수**인 조합

(2) 부하 분담

① $\dfrac{P_A}{P_B} = \dfrac{\%Z_B \cdot P_A{'}}{\%Z_A \cdot P_B{'}}$: 부하분담은 % 임피던스강하에 반비례한다.

② 다른 식 : 용량비 $m = \dfrac{P_A}{P_B}$ 이고, (P_A, P_B : 각 변압기 용량, P : 부하용량)

- A변압기 분담 $P_a = \dfrac{m\%Z_B}{\%Z_A + m\%Z_B} \times P$,   • B변압기 분담 $P_b = \dfrac{\%Z_A}{\%Z_A + m\%Z_B} \times P$

10. 특수변압기

(1) 3상 변압기

① 사용 철량이 작아 철손이 작아지므로 효율이 좋다.
② 내철형 3상 변압기는 **독립된 자기회로가 없어** 단상 변압기로 사용할 수 없다.

(2) 3권선변압기($Y-Y-\Delta$)

① $Y-Y$결선에서 제3고조파를 제거하기 위해 권선을 하나 더 설치한다.
② 2종의 전원을 얻을 수 있어 발·변전소용 전원을 공급하는데 사용된다.

(3) 누설변압기 : 누설자속 통로가 있는 변압기로 수하특성을 가질 것

① 정전류 변압기로 전압변동이 심하다.
② 아크등, 아크용접기에 사용된다.

(4) 단권변압기

	1대	Y결선	△결선	V결선
$\dfrac{\text{자기용량}(\omega)}{\text{부하용량}(W)}$	$\dfrac{V_h - V_l}{V_h}$	$\dfrac{1}{3}\dfrac{V_h - V_l}{V_h}$	$\dfrac{V_h^2 - V_l^2}{\sqrt{3}\,V_h V_l}$	$\dfrac{2}{\sqrt{3}}\dfrac{V_h - V_l}{V_h}$

$$a = \dfrac{V_1}{V_2} = \dfrac{N_1}{N_1 + N_2}$$

단권변압기 용량(자기용량) $= (V_2 - V_1)I_2$

부하용량(2차 출력) $= V_2 I_2$

$$\therefore \dfrac{\text{자기용량}}{\text{부하용량}} = \dfrac{(V_2 - V_1)I_2}{V_2 I_2} = \dfrac{V_h - V_l}{V_h}$$

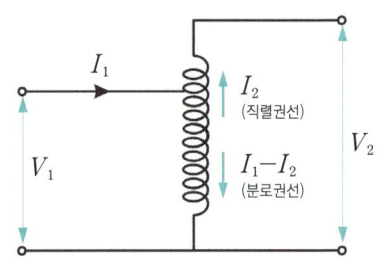

(5) 계기용 변성기(PCT, MOF)

① 고전압 대전류의 변성 : 전력량의 측정
② CT와 PT를 한 탱크 내에 수용한 것
③ CT(변류기) : 2차측 단락시킨 후 분리
④ PT(계기용 변압기)

> **CT개방시 문제점**
>
> CT 2차측을 개방하면 CT 1차측에 흐르는 부하 전류가 모두 여자전류가 되어 CT 2차측에 고전압이 유기되어 CT 권선의 소손 및 절연파괴는 현상이 발생하여 2차측 개방 불가함

11. 변압기의 시험

(1) 극성시험

① 감극성 : 1,2차 기전력이 서로 빼지는 극성(표준)
② 가극성 : 1,2차 기전력이 서로 합해지는 극성

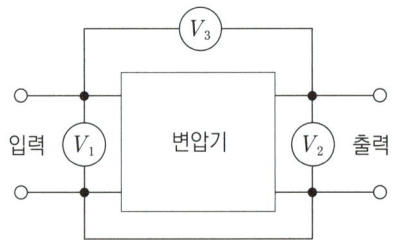

감극성 $V_3 = V_1 - V_2$
가극성 $V_3 = V_1 + V_2$

(2) 정수측정시험 (등가회로 작성시험)

권선의 저항측정, 무부하시험(여자전류), 단락시험(V_s, P_s, 동손 등 측정)

(3) 절연내력시험

가압시험, 유도시험, 충격전압시험

(4) **층간절연내력 시험** : 1단 접지 충격전압시험

(5) **변압기 내부고장 보호** : 차동 계전기, 비율차동 계전기, 부흐홀쯔 계전기

(6) **변압기 건조 상태 · 열화정도 측정** : $\tan \delta$ 법

SECTION 04 유도전동기

1. 유도전동기의 원리 : 회전자계

(1) **동기속도** : $N_s = \dfrac{120f}{P}$ [rpm], 전동기 회전속도 : $N = (1-s)N_s$

(2) **회전수와 슬립** $s = \dfrac{\text{동기속도} - \text{회전자속도}}{\text{동기속도}} = \dfrac{N_s - N}{N_s}$

　① 정지 상태 : $s = 1 (N=0)$
　② 동기속도 회전 : $s = 0 (N=N_s)$
　③ 전부하 운전 : $s = 2.5 \sim 5 [\%]$ 정도 ($\therefore$ 슬립의 범위 : $0 < s < 1$)
　④ 상대 속도 : $sN_s = N_s - N$
　⑤ 역회전시 슬립 : $s' = \dfrac{N_s - (-N)}{N_s}$ ($\therefore$ 제동기의 슬립 범위 : $1 < s < 2$)

　※ 2극(3600), 4극(1800), 6극(1200), 8극(900), 10극(720), 12극(600)

〈동기속도를 1로 했을 때 비〉

동기속도(N_s)	상대속도(N_s-N)	회전자 속도(N)
1	s	1-s

2. 유도전동기의 구조

(1) **농형 회전자와 권선형 회전자의 비교(회전자형에 의한 분류)**

농형	권선형
• 구조가 간단. 튼튼 • 취급, 보수 용이 · 효율 양호 • 속도조정 곤란 · 기동전류 과다 • 기동토크 작아 기동 곤란(대용량)	• 비례추이로 속도조정, 기동원활 • 중형과 대형에 많이 사용

(2) 유도전동기가 널리 사용되는 이유
   ① 전원을 쉽게 얻을 수 있다.
   ② 구조가 간단, 값이 싸며, 취급용이, 쉽게 운전, 튼튼하다.
   ③ 부하 변화에 대하여 거의 정속도 특성이다.

(3) **고정자** : 회전자계 발생

   회전자 : 토크 회전속도 발생

3. 유도기전력과 전류, 전력 및 토크

(1) 유도기전력

	정지시(s=1)	슬립 s로 회전시
주파수	$f=\dfrac{N_s P}{120}[\text{Hz}]$ $f_1 = f_2$	$f_2 = \dfrac{sN_s P}{120} = sf_1 [\text{Hz}]$
유도기전력	$E_2 = 4.44 K_w f N_2 \phi [\text{V}]$ $\alpha = \dfrac{E_1}{E_2} = \dfrac{K_{w1} N_1}{K_{w2} N_2}$	$E_{2s} = 4.44 K_w s f N_2 \phi = s E_2 [\text{V}]$ $\alpha' = \dfrac{E_1}{E_{2s}} = \dfrac{E_1}{sE_2} = \dfrac{\alpha}{s} = \dfrac{K_{w1} N_1}{s K_{w2} N_2}$
		외부 등가저항 $R = \left(\dfrac{1-s}{s}\right) r_2$

(2) 토크

① $\tau = 9.55 \dfrac{P_2}{N_S} [\text{N} \cdot \text{m}]$

② $\tau = 0.975 \dfrac{P_2}{N_S} [\text{kg} \cdot \text{m}]$

③ $\tau = \dfrac{60}{2\pi N_s} P_2 = \dfrac{60}{2\pi N_s} \times \dfrac{\dfrac{r_2'}{s} V_1^2}{\left(r_1 + \dfrac{r_2}{s}\right)^2 + (x_1 + x_2')^2} [\text{N} \cdot \text{m}]$

> **토크와 슬립과 전압과의 관계**
>
> $\tau \propto V^2, \; s \propto \dfrac{1}{V^2}$

(3) 최대 토크 슬립

$s_t = \dfrac{r_2'}{\sqrt{r_1^2 + (x_1 + x_2')^2}} \fallingdotseq \dfrac{r_2'}{x_2'} = \dfrac{r_2}{x_2}$ (최대토크의 크기는 2차 저항 r_2 및 슬립에 관계없이 일정하다.)

4. 3상유도전동기의 전력 변환

(1) 비례식

2차 입력(P_2)	2차 동손(P_{C2})	2차 출력(P_0)
1	s	1−s

(2) 2차 효율 $\eta_2 = \dfrac{P_0}{P_2} = 1 - s = \dfrac{N}{N_s}$

> **동기와트(Synchronous Watts)**
> 1 동기와트는 동기속도로 회전하는 회전자에 1[W]가 인가될 때 발생하는 토크이다.

5. 비례추이(권선형 유도전동기)

(1) 비례추이의 특징 (2차 저항 증가시)

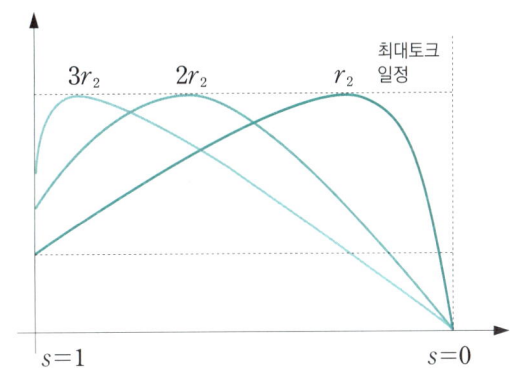

① 최대 토크는 불변, 최대 토크의 발생 슬립은 변화한다.
② 전부효율과 속도가 떨어진다.
③ 슬립이 증가한다.
④ 기동 전류는 감소하고, 기동 토크는 증가한다.

(2) 비례추이식

$$\dfrac{r_2'}{s} = \dfrac{mr_2'}{ms} = \dfrac{r_2' + R}{s'}$$

(3) 비례추이 할 수 없는 것

① 출력
② 2차 효율
③ 2차 동손

(4) 2차 삽입 저항의 크기 $R = \dfrac{1-s}{s} r_2$

> **원선도(Heyland) 작성 시험**
> - 저항 측정 시험 : 1차 동손
> - 무부하 시험 : 여자전류, 철손
> - 구속시험(단락시험) : 2차 동손

6. 유도전동기의 기동법

농형 유도전동기	권선형 유도전동기

• 전 전압 기동   : 5[kW] 이하 적용
• Y—△기동   : 5~15[kW], 전류, 토크 : 1/3배
• 리액터 기동법   : 5~15[kW], 기동정지 빈번한 곳
• 기동보상기법   : 15[kW] 초과
                  : 단권변압기(탭 : 50,65,80[%])
	• 2차 저항기동법
	  ➡ 비례추이 이용

7. 속도제어, 제동 및 이상 현상

(1) 속도제어

농형	권선형
• 주파수 제어법 • 전압 제어법(1차 전압 제어법) • 극수 제어법	• 2차 저항법(슬립제어) • 2차 여자법(슬립제어)

(2) 종속법 (권선형 + 농형)

① 직렬종속 ➡ $N_s = \dfrac{120f}{P_1 + P_2}$ [rpm]

② 차동종속 ➡ $N_s = \dfrac{120f}{P_1 - P_2}$ [rpm]

③ 병렬종속 ➡ $N_s = \dfrac{2 \times 120f}{P_1 + P_2}$ [rpm]

(3) 제동 : ① 발전제동   ② 역상제동(급정지)   ③ 회생제동(과속방지)   ④ 단상제동

(4) 이상 현상

① 크로우링(crawling)현상 : 차동기 운전이라 함
  • 원인 : 토크에 고조파가 포함

- 결과 : 저속에서 더 이상 속도가 가속 안 됨
- 대책 : 경사슬롯(사구 : skewed slot)을 채용

② 게르게스(Gorges)현상 : 권선형 유도전동기
- 원인 : 2차 회로에 1상이 결상
- 결과 : $s = 0.5$ 지점에서 더 이상 속도가 가속 안 됨
- 대책 : 2차회로 결상 해결

(5) 유도전동기의 역률제어

① 무부하에서 역률이 나쁘지만 부하를 증가하면 역률이 좋아지는 이유 : 전 전류에 대한 유효 전류가 증가하기 때문에(전류 증가)

② 역률개선용 콘덴서 용량의 크기

$$P_r = P[\text{kW}](\tan\theta_1 - \tan\theta_2) = P[\text{kW}]\left(\frac{\sin\theta_1}{\cos\theta_1} - \frac{\sin\theta_2}{\cos\theta_2}\right)[\text{kVA}]$$

8. 단상 유도전동기

(1) 종류 (기동토크가 큰 순서)

반발 기동형 ➡ 콘덴서 기동형 ➡ 분상 기동형 ➡ 셰이딩 코일형 (반 > 콘 > 분 > 셰 순)

(2) 단상 유도전동기의 특징

① 기동 시 기동 토크가 0 이라 기동장치가 필요하다.
② 슬립이 0 이 되기 전에 토크는 미리 0 이 된다.
③ 2차 저항이 증가하면 토크가 감소한다.(비례추이 안됨)
④ 2차 저항값이 어느 일정값 이상이 되면 토크는 부(-)가 된다.

9. 유도 전압 조정기

구 분	단상 유도 전압조정기	3상 유도 전압조정기
전압조정범위	$V_2 = V_1 \pm E_2 \cos\alpha$	$V_2 = \sqrt{3}(V_1 \pm E_2)$
조정정격용량	$P_2 = E_2 I_2 \times 10^{-3} [\text{kVA}]$	$P_2 = \sqrt{3} E_2 I_2 \times 10^{-3} [\text{kVA}]$
원리	교번자계 이용	회전자계 이용
위상차	없다	입·출력 간 위상차 있다
단락권선	필요(전압강하 방지)	불필요
단상과 3상 공통점	• 1차권선(분로권선)과 2차권선(직렬권선)이 분리되어 있다. • 회전자의 위상각으로 전압조정이 가능하다. • 전압조정이 쉽다.	

> **단락권선**
> - 설치 : 1차 권선에 직각방향으로 권선을 감는다.
> - 용도 : 직렬 권선에 부하 전류가 흐를 때 누설 리액턴스 때문에 발생하는 전압강하방지

> **유도전동기의 시험 및 보수**
> - 부하시험 : 다이나모 메터, 프로니 브레이크, 와전류 제동기
> - 슬립측정 : DC 밀리 볼트계법, 수화기법, 스트로보 스코프법

SECTION 05 전력변환

1. 회전 변류기(대전류용)

(1) 전압비 & 전류비

① 전압비 $\dfrac{E_a}{E_d} = \dfrac{1}{\sqrt{2}} \sin \dfrac{\pi}{m}$ (E_a : 교류전압, E_d : 직류전압, m : 상수)

② 전류비 $\dfrac{I_a}{I_d} = \dfrac{2\sqrt{2}}{m \cos\theta}$ (I_a : 교류전류, I_d : 직류전류, m : 상수)

(2) 회전변류기의 직류전압 조정법

① 직렬리액턴스에 의한 방법
② 유도전압조정기에 의한 방법
③ 부하 시 탭전환 변압기에 의한 방법
④ 동기 승압기에 의한 방법

(3) 회전변류기의 난조 원인

① 브러시의 위치가 중성점 보다 늦은 위치
② 부하의 급변
③ 주파수가 주기적으로 변동할 때
④ 역률이 나쁠 때
⑤ 저항이 리액턴스에 비해 클 때

(4) 난조방지법

① 제동권선을 설치한다.
② 전기자 저항보다 리액턴스를 크게 한다.
③ 전기각도와 기하각도의 차를 작게 한다.

(5) 직류전압조정법

① 직렬 리액터에 의한 방법
② 유도 전압조정기에 의한 방법
③ 동기 승압기에 의한 방법
④ 부하시 전압조정기를 사용하는 방법

2. 반도체 정류기

		반파정류	전파정류	PIV
다이오드	단상	$E_d = \dfrac{\sqrt{2}V}{\pi} = 0.45V$	$E_d = \dfrac{2\sqrt{2}V}{\pi} = 0.9V$	$PIV = E_d \times \pi$
	3상	$E_d = 1.17V$	$E_d = 1.35V$	
SCR		$E_d = \dfrac{\sqrt{2}V}{2\pi}(1+\cos\alpha)$	$E_d = \dfrac{\sqrt{2}V}{\pi}(1+\cos\alpha)$	

(1) 맥동률

① 맥동률 $= \sqrt{\dfrac{실효값^2 - 평균값^2}{평균값^2}} \times 100 = \dfrac{교류분}{직류분} \times 100 [\%]$

② 단상 전파 48[%], 3상 반파 17[%]

(2) SCR의 특징

① 아크가 없어 열의 발생이 적다.
② 과전압에 약하다.
③ 턴온 시간이 짧다.
④ 양극 전압강하가 작다.
⑤ 정류기능의 단방향성 3단자 소자이다.
⑥ 역률각 이하에서 제어가 안 된다.
⑦ 유지전류 ➡ 게이트를 개방한 후 도통 상태를 유지하기 위한 최소 순 전류
⑧ 래칭전류 ➡ 사이리스터가 턴온하기 시작하는 순 전류

(3) 전력변환

① 컨버터 : 교류를 직류로
② 인버터 : 직류를 교류로
③ 사이클로 컨버터 : AC 전력을 AC 전력
④ 쵸퍼 : DC 전력을 DC 전력

(4) 정류기의 종류

순서	기호	종류	내용
1	A ─▶|─ k	다이오드(정류소자)	교류를 직류로 변환
2	A ─▶|─ k (제너 기호)	제너 다이오드	정전압에 사용
3	A ─▶|─ k, G	SCR (역저지 3단자 사이리스터)	직류 및 교류 제어용 소자, 자기소호 능력 없음
4	T_2 ─▶◀─ T_1, G	TRIAC (쌍방향성 3단자 사이리스터)	교류전력 제어용, 기능상 2개의 SCR을 역병렬 접속
5	A ─N─ k	SSS(양방향성 2단자)	교류 제어용
6	A_2 ─◇─ A_1	SBS (양방향 3단자 스위치)	트리거 회로 및 과전압 보호회로 등에 사용
7	A ─▶|─ k, G	GTO (게이트 턴오프 스위치)	직류 및 교류 제어용 소자, 자기소호 능력 있음, 초퍼회로에 사용
8	G, C(D), E(S)	IGBT	트랜지스터와 MOSFET의 장점을 조합, 고속 고전압 대전류 제어
9	A ─▶|─ k, GA, GK	SCS (역저지 4단자 사이리스터)	광에 의한 스위치 제어
10	A ─▶◀─ k	DIAC (대칭형 3층 다이오드)	트리거 펄스 발생 소자 게이트없음(오버전압도달 도통된다.)

사이리스터 방향성에 따른 분류

- 단방향성 : SCR, GTO, SCS, LASCR
- 쌍방향성 : SSS, TRIAC, IGBT

반도체 기초사항

1. 불순물 반도체(4가 원소 Si, Ge)
    ① P형 : 4가 + 3가 불순물첨가, 다수반송자 : 정공
    ② N형 : 4가 + 5가 불순물첨가, 다수반송자 : 자유전자

2. 반도체 결합
    ① $P-N$ 결합 : 다이오드(정류작업)
    ② $P-N-P$, $N-P-N$: 트랜지스터
    ③ $P-N-P-N$, $N-P-N-P$: SCR 정류기

3. 수은정류기

(1) 수은정류기 특성
① 역호 ➡ 밸브작용이 상실되는 현상
② 실호 ➡ 아크를 점호하는 기능이 상실되어 양극의 점호에 실패하는 현상
③ 통호 ➡ 아크를 정지시키는 기능이 상실되어 억제할 때 방전하는 현상
④ 점호 ➡ 음극과 양극사이에 불꽃이 생기고 관내에 빛나는 수은 아크가 생기는 것
⑤ 고전압 대전력 정류기

(2) 수은정류기의 역호원인
① 내부 잔존가스의 압력 상승
② 화성의 불충분
③ 전류, 전압의 과대
④ 양극에 수은 부착

(3) 방지책
① 진공도를 높게 한다.
② 과열, 과냉을 피한다.
③ 과부하를 피한다.
④ 양극재료의 선택에 주의한다.

4. 교류정류자기

(1) 단상 직권 정류자 전동기
① 직류 교류 양용 만능전동기 ➡ 가정용미싱, 소형공구, 영상기, 믹서기
② 직권형, 보상직권형, 유도 보상직권형
③ 보상권선을 설치 ➡ 역률개선, 전기자 반작용 제거, 누설리액턴스 감소

④ 저항도선을 설치 ➡ 변압기 기전력에 의한 단락전류 감소(정류작용개선)

⑤ 속도기전력의 실효값 : $E = \dfrac{1}{\sqrt{2}} \dfrac{P}{a} Z \phi_m \dfrac{N}{60} \sin\theta$

(2) 3상 직권 정류자 전동기
① 회전자 전압을 정류작용에 알맞은 값으로 선정 가능
② 중간변압기의 권수비를 바꾸어 전동기 특성 조정
③ 경부하시 속도상승 억제
④ 실효권수비 조정

(3) 3상 분권 정류자 전동기
시라게(슈라게) 전동기 ➡ 브러시 이동으로 속도제어와 역률 개선을 할 수 있다.

Memo

03 전기기기

핵심문제 풀이

SECTION 01 직류기

001

직류기를 구성하고 있는 3요소는?

① 전기자, 계자, 슬립링
② 전기자, 계자, 정류자
③ 전기자, 정류자, 브러시
④ 전기자, 계자, 보상권선

⚡ 직류기의 3구성요소는 계자, 전기자, 정류자이며, 계자는 자속을 발생, 전기자는 자속을 끊어 기전력을 유기, 정류자는 AC를 DC로 변환하는 역할

002 ★

포화하고 있지 않은 직류발전기의 회전수가 1/2로 되었을 때 기전력을 전과 같은 값으로 하자면 여자전류는 몇 배로 하여야 하는가?

① 1/2배
② 1배
③ 2배
④ 4배

⚡ $E = \dfrac{PZ\phi N}{60a}$ 에서 N이 $\dfrac{1}{2}$로 되면, ϕ가 2배가 되어야 E가 일정하다.

003

25[kW], 125[V], 1200[rpm]의 직류 타여자 발전기가 있다. 전기자 저항(브러시 저항 포함)은 0.4[Ω]이다. 이 발전기를 정격상태에서 운전하고 있을 때 속도를 200[rpm] 저하시켰다면 발전기의 유도기전력은 어떻게 변화하겠는가?(단, 정상 상태에서 유기기전력을 E라 한다.)

① $\dfrac{1}{2}E$
② $\dfrac{1}{4}E$
③ $\dfrac{1}{6}E$
④ $\dfrac{1}{8}E$

⚡ 1200[rpm], 200[rpm]일 때의 유기 기전력을 E, E'라 하면
$E = \dfrac{PZ\phi N}{60a}$ 에서 $E \propto N$
∴ $E' = \dfrac{N'}{N} \times E = \dfrac{200}{1200} \times E = \dfrac{1}{6}E$

004

25[kW], 125[V], 1200[rpm]의 타여자 발전기가 있다. 전기자저항(브러시포함)은 0.04[Ω]이다. 정격상태에서 운전하고 있을 때 속도를 200[rpm]으로 늦추었을 경우 부하전류는 어떻게 변화하는가?(단, 전기자 반작용은 무시하고 전기자 및 부하저항 값은 변하지 않는다고 한다.)

① 33.3
② 200
③ 1200
④ 3125

⚡ $N=1200$[rpm], $N'=200$[rpm]일 때의 부하전류를 I, I'라 하면
$\dfrac{I'}{I} = \dfrac{N'}{N}$에서 $I' = I \times \dfrac{N'}{N} = \dfrac{25000}{125} \times \dfrac{200}{1200} = 33.3$

005

직류 분권 발전기에서 극수8, 전기자 총 도체수 240, 1극의 자속은 0.02[Wb]일 때 회전수가 1200[rpm]이라면 전기자에 유기되는 기전력은 몇 [V]인가?(단, 전기자 권선은 파권이다.)

① 110
② 220
③ 384
④ 440

정답 001 ② 002 ③ 003 ③ 004 ① 005 ③

파권 : $a=2$, $E=\dfrac{PZ\phi N}{60a}$ 에서
$$E=\dfrac{8\times 240\times 0.02\times 120}{60\times 2}=384$$

006

전기자 도체의 굵기, 권수, 극수가 모두 동일할 때 단중 파권은 단중중권에 비해 전류와 전압의 관계는?

① 소전류와 저전압이다
② 대전류와 저전압이다
③ 소전류와 고전압이다
④ 대전류와 고전압이다

(파권 : 직렬권, 병렬회로수=2, 고전압) : 소전류 고전압에 적합

007 ★

전기자 반작용이 직류발전기에 영향을 주는 것을 설명한 것이다. 틀린 설명은?

① 전기자 중성축을 이동시킨다.
② 자속을 감소시켜 부하 시 전압강하의 원인이 된다.
③ 정류자 편간전압이 불균일하게 되어 섬락의 원인이 된다.
④ 전류의 파형은 찌그러지나 출력에는 변화가 없다.

전기자 반작용 : 보상권선(전기자 전류와 반대로 :가장 유효)과 보극설치
- 발전기 : 감자작용(주 자속 감소 ➡ 유기기전력(출력)감소), 교차자화작용(중성축. 회전방향. 정류불량)
  ∴ 회전방향으로이동
- 전동기 : 감자작용(토크감소. 속도증가), 교차자화작용(중성축. 회전반대방향. 정류불량)
  ∴ 회전반대방향이동

008 ★

직류기의 전기자 반작용의 영향이 아닌 것은?

① 주자극의 자속이 감소한다.
② 정류자편 사이의 전압이 불균일하게 된다.
③ 국부적으로 전압이 높아져 섬락을 일으킨다.
④ 전기적 중성점이 전동기인 경우 회전방향으로 이동한다.

직류기에서 전기자 반작용으로 중성축이 발전기는 회전방향, 전동기는 회전 반대방향으로 이동한다.

009

부하 변동이 심한 부하에 직권 전동기를 사용할 때 전기자 반작용을 감소시키기 위해서 설치하는 것은?

① 계자 권선   ② 보상권선
③ 브러시   ④ 균압선

전기자반작용 : 보상권선, 정류작용 : 보극, 난조 방지 : 제동권선

010

전압 정류의 역할을 하는 것은?

① 탄소   ② 보상권선
③ 보극   ④ 리액턴스 코일

양호한 정류를 얻는 조건 $e=-L\dfrac{di}{dt} \rightarrow e_L=L\dfrac{2I_c}{T_c}[V]$
- 리액턴스전압을 작게 한다.
- 코일의 자기인덕턴스를 줄인다.(단절권)
- 정류주기를 길게 한다(회전속도를 적게 한다)
- 전압정류 - 보극설치
- 탄소브러시 설치. 접촉저항($0.15\sim 0.25[kg/cm^2]$)이 클수록 정류양호

011 ★★

직류기의 양호한 정류를 얻는 조건이 아닌 것은?

① 정류 주기를 크게 할 것
② 정류 코일의 인덕턴스를 작게 할 것
③ 리액턴스 전압을 작게 할 것
④ 브러시 접촉 저항을 작게 할 것

- 탄소브러시 설치. 접촉저항($0.15\sim 0.25[kg/cm^2]$)이 클수록 정류양호
- 정류 불량원인 : 코일의 인덕턴스에 의한 리액턴스 전압 때문

정답 006 ③ 007 ④ 008 ④ 009 ② 010 ③ 011 ④

012

브러시 홀더(brush holder)는 브러시를 정류자면의 적당한 위치에서 스프링에 의하여 항상 일정한 압력으로 정류자 면에 접촉하여야 한다. 가장 적당한 압력[kg/cm²]은?

① 1~2[kg/cm²] ② 0.5~1[kg/cm²]
③ 0.15~0.25[kg/cm²] ④ 0.01~0.15[kg/cm²]

접촉압력 0.15~0.25[kg/cm²]

013

가동 복권발전기의 내부결선을 바꾸어 분권발전기로 한다. 올바른 내부결선방법은?

① 내분권 복권형으로 해야 한다.
② 외분권 복권형으로 해야 한다.
③ 분권 계자를 단락 시킨다.
④ 직권 계자를 단락 시킨다.

복권을 직권으로 하려면 분권 계자권선(R_f) 개방, 분권으로 하려면 직권 계자권선 (R_s)단락
내분권 복권발전기 회로도

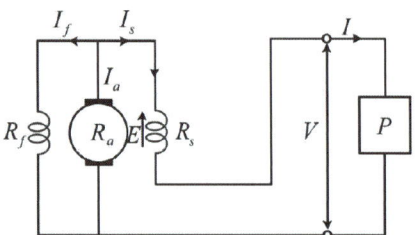

014

가동 복권발전기의 내부 결선을 바꾸어 직권발전기로 한다. 올바른 내부결선방법은?

① 직권계자를 단락시킨다.
② 분권계자를 개방시킨다.
③ 직권계자를 개방시킨다.
④ +, − 극성이 변함없다.

분권 계자 권선을 개방시킨다.
(외분권, 내분권들은 어느 것이나 복권 발전기의 일종이다.)

015

무부하전압 250[V], 정격전압 210[V]인 발전기의 전압변동률[%]은?

① 16 ② 17
③ 19 ④ 22

전압변동률 $\epsilon = \dfrac{V_0 - V_n}{V_n} \times 100\,[\%] = \dfrac{250-210}{210} \times 100 = 19\,[\%]$

016

직류기에서 전압 변동률이 (+)값으로 표시되는 발전기는?

① 과복권 발전기
② 직권 발전기
③ 분권 발전기
④ 평복권 발전기

분권(전압변동률 + 값, 병렬운전 시 균압모선이 불필요함)

017

직류 발전기의 외부 특성곡선의 관계로 옳은 것은?

① 계자 전류와 단자 전압
② 계자 전류와 부하 전류
③ 부하 전류와 유기 기전력
④ 부하 전류와 단자 전압

구분	횡축	종축	조건
(a) 무부하 포화 곡선	I_f	$V(=E)$	n=일정 $I=0$
(b) 부하 특성 곡선	I_f	V	n=일정 $I=0$
(c) 외부 특성 곡선	I	V	n=일정 I_f=일정

018

직류 발전기의 병렬 운전 조건 중 잘못된 것은?

① 단자 전압이 같을 것
② 외부 특성이 같을 것
③ 극성을 같게 할 것
④ 유도 기전력이 같을 것

병렬 운전 조건
- 단자 전압 및 극성이 같을 것
- 외부 특성 곡선이 어느 정도 수하 특성일 것
- 용량이 다를 경우 [%] 부하 전류로 나타낸 외부 특성 곡선이 거의 일치할 것

019

그림과 같이 전기자권선에 전류를 흘릴 때 회전방향을 알기 위한 법칙 및 회전 방향은?

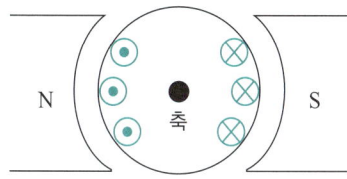

① 플레밍의 왼손법칙, 시계방향
② 플레밍의 오른손법칙, 시계방향
③ 플레밍의 왼손법칙, 반시계방향
④ 플레밍의 오른손법칙, 반시계방향

직류전동기의 회전방향을 알기위한 법칙은 플레밍의 왼손법칙이며, 그림은 시계방향으로 회전한다.

020 ★

단자전압 100[V], 전기자 전류 10[A], 전기자 회로의 저항 1[Ω], 정격속도 1800[rpm]으로 전 부하에서 운전하고 있는 직류 분권전동기의 토크는 약 몇 [N·m]인가?

① 2.8
② 3.0
③ 4.0
④ 4.8

직류전동기 토크공식 중 $\tau = 9.55\dfrac{P}{N}$ [N·m], $P = EI_a$, 이용

① 분권전동기에서

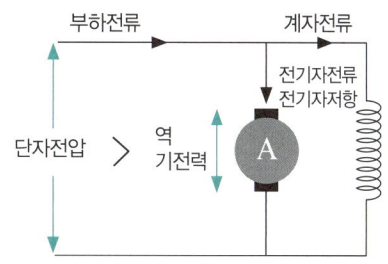

$E = V - I_a R_a = 100 - 10 \times 1 = 90$ [V]이므로

② $\tau = 9.55 \dfrac{P}{N}$ [N·m] $= 9.55 \dfrac{EI_a}{N} = 9.55 \dfrac{90 \times 10}{1800} = 4.8$ [N·m]

021 ★★

직류 직권전동기가 있다. 공급전압이 525[V] 전기자전류가 50[A]일 때 회전속도는 1,500[rpm]이라고 한다. 공급 전압을 400[V]로 낮추었을 때 같은 전기자 전류에 대한 회전속도를 구하라.(단, 전기자권선 및 계자권선의 전저항은 0.5[Ω]라 한다.)

① 1,000[rpm]
② 1,125[rpm]
③ 1,250[rpm]
④ 1,375[rpm]

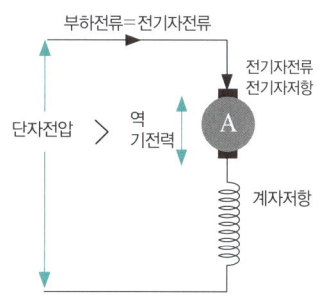

전압 525[V]시 $E = V - I_a(R_a + R^s) = 525 - 50 \times 0.5 = 500$ [V]
전압 400[V]시 $E' = V - I_a(R_a + R^s) = 400 - 50 \times 0.5 = 375$ [V]
비례식 이용
$\dfrac{E'}{E} = \dfrac{N'}{N}$, $N' = \dfrac{E'}{E} \times N = \dfrac{375}{500} \times 1500 = 1125$ [rpm]

[이해]
직류 전동기의 속도는 전압(역기전력)에 비례, 자속(계자)에 반비례

022

100[V], 10[kW], 1000[rpm]의 분권전동기를 부하 전류 102[A]의 정격 속도로 운전하고 있다. 지금 전기자에 직렬로 저항 0.4[Ω]을 접속하고, 전과 동일한 토크로 운전하면 약 몇 [rpm]으로 회전하겠는가?(단, 전기자 및 분권 계자회로의 저항은 각각 0.05[Ω]과 50[Ω]이다.)

① 560
② 570
③ 580
④ 590

분권전동기

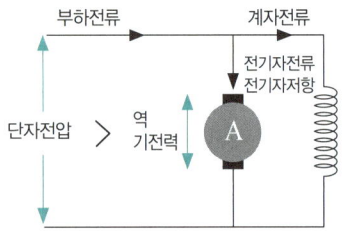

분권 전동기의 역기전력 = 단자전압 − 전기자전류 × 전기자저항
- $I_a = I - I_f = 102 - \frac{100}{50} = 100$ [A]
- 저항접속 전 $E = V - I_a R_a = 100 - 100 \times 0.05 = 95$ [V]
- 저항접속 후
  $E' = V - I_a R_a = 100 - 100 \times (0.05 + 0.4) = 55$ [V]
- 비례식에서
  $\frac{E'}{E} = \frac{N'}{N}$, $N' = \frac{E'}{E} \times N = \frac{55}{95} \times 1000 = 578$ [rpm]

023 ★★

직류 분권전동기의 계자저항을 운전 중에 증가하면?

① 전류는 일정
② 속도가 감소
③ 속도가 일정
④ 속도가 증가

$R_f \Uparrow \rightarrow I_f \Downarrow \rightarrow \phi \Downarrow \rightarrow N \Uparrow$

- $N = k \dfrac{V - I_a R_a}{\phi}$: 속도는 자속에 반비례

024 ★

부하가 변하면 심하게 속도가 변하는 직류 전동기는?

① 직권 전동기
② 분권 전동기
③ 차동 복권 전동기
④ 가동 복권 전동기

$n = K \dfrac{V - I_a r_a}{\phi}$ 직권 전동기에서

$I_a = I = I_f$ 이고, $I_f \propto \phi$ 이므로 $n = K' \dfrac{V - I r_a}{I}$ 가 된다. 직권전동기는 전기자 권선과 계자권선이 직렬로 되어 부하전류 I의 증감에 따라 자속 ϕ도 증감한다. 속도는 자속에 반비례하므로 부하전류가 변화하면 속도가 현저하게 변하는 특성이 있다.

025

다음 중 직류 전동기의 속도 제어법이 아닌 것은?

① 계자 제어법
② 전압 제어법
③ 저항 제어법
④ 주파수 제어법

직류전동기의 속도제어 $N = K \dfrac{E_c}{\phi} = K \dfrac{V - I_a R_a}{\phi}$ [rpm]에서

속도는 역기전력에 비례하고, 자속에 반비례 한다.
- 전압제어(정토크,광범위속도제어 · 워드레너드 · 일그너방식)
- 계자제어(정출력) : 출자계좌(정출력 계자제어)로 암기
- 저항제어(속도제어 범위가 좁고 효율이 좋지 못하다)

026

다음 중에서 직류 전동기의 속도 제어법이 아닌 것은?

① 계자 제어법
② 전압 제어법
③ 저항 제어법
④ 2차 여자법

직류 전동기의 속도 제어 $N = K' \dfrac{E_c}{\phi} = K' \dfrac{V - I_a R_a}{\phi}$ [rps]

정답 022 ③ 023 ④ 024 ① 025 ④ 026 ④

전압 제어(V)	효율이 좋다.	• 정토크 제어 • 광범위 속도 제어 • 일그너 방식(부하가 급변하는 곳) • 워드레너드 방식 • 직병렬 제어
계자 제어(ϕ)	효율이 좋다.	• 정출력 제어 • 세밀하고 안정된 속도 제어 • 속도 조정 범위 좁다.
저항 제어(R_a)	효율이 나쁘다.	• 속도 조정 범위 좁다.

027

직류기의 손실 중 기계손에 속하는 것은?

① 풍손
② 와전류손
③ 히스테리시스손
④ 브러시의 전기손

무부하손(고정손) :
철손(히스테리시스손, 와전류손), 기계손(풍손, 마찰손)

028

직류기의 효율이 최대가 되는 경우는 다음 중 어느 것인가?

① 고정손 = 부하손
② 기계손 = 전기자 동손
③ 와류손 = 히스테리시스손
④ 전부하 동손 = 철손

029

일정 전압으로 운전하는 직류 전동기의 손실이 $x+yI^2$으로 될 때 어떤 전류에서 효율이 최대가 되는가?(단, x, y는 정수이다)

① $I=\sqrt{\dfrac{x}{y}}$ ② $I=\sqrt{\dfrac{y}{x}}$
③ $I=\dfrac{x}{y}$ ④ $I=\dfrac{y}{x}$

x는 부하전류에 관계없는 고정손, yI^2은 전류의 제곱에 비례하는 가변손 최대 효율 조건은 고정손 = 가변손이므로 즉, $x=yI^2$이 되는 부하 전류 $I=\sqrt{\dfrac{x}{y}}$ 에서 최대 효율이 된다.

030

직류기의 특성 시험법 중 반환 부하법이 아닌 것은?

① Blondel법   ② Kapp법
③ Hopkinson법   ④ Meyer법

직류기의 온도시험법
① 실부하법
 • 발전기 ⇨ 수 저항 또는 전구
 • 전동기 ⇨ 전기동력계, 기계적 브레이크, 발전기
② 반환 부하법
 • 카프(Kapp)   ⇨ 전기적 손실공급
 • 홉킨즈(Hopkinson) ⇨ 기계적 손실
 • 브론델(Blondel) ⇨ 전기적 + 기계적 손실

031

대형 직류 전동기의 토크를 측정하는 데 가장 적당한 방법은?

① 와전류 제동기   ② 프로니 브레이크법
③ 전기 동력계   ④ 반환 부하법

와전류 제동기와 프로니 브레이크법은 소형의 전동기 토크를 측정하는 데 적합하고, 반환 부하법은 온도 시험을 하는 방법이다.

032

브러시리스 모터(BLDC)의 회전자 위치 검출을 위해 사용하는 것은?

① 홀(Hall)소자   ② 리니어 스케일
③ 회전형 앤코더   ④ 회전형 디코더

브러시리스 모터는 회전자 위치 검출을 위해 자기센서를 모터에 내장하여 회전자가 만드는 회전자계를 검출하여 고정자 코일에 전해 모터회전을 제어 하는데 자기센서로 홀소자를 사용한다.

033

스테핑 모터의 스텝각이 3°이고 스테핑주파수(pulse rate)가 1200[pps]이다. 이 스테핑 모터의 회전속도 [rps]는?

① 10
② 12
③ 14
④ 16

스테핑모터의 회전속도 공식
$n = \dfrac{\text{펄스속도(pps)}}{360/\text{스텝각}}[\text{rps}] = \dfrac{1200}{360/3} = 10[\text{rps}]$

034

스텝 모터(step motor)의 장점이 아닌 것은?

① 가속, 감속이 용이하며 정. 역전 및 변속이 쉽다.
② 위치제어를 할 때 각도오차가 있고 누적된다.
③ 피드백 루프가 필요 없이 오픈루프로 손쉽게 속도 및 위치제어를 할 수 있다.
④ 디지털 신호를 직접 제어할 수 있으므로 컴퓨터 등 다른 디지털 기기와 인터페이스가 쉽다.

특징
- 간단한 개회로에서의 고정밀 위치제어가 가능
- 기동정지의 특성과 응답성이 좋음
- 정지시 각도오차는 누적되지 않음
- 정지상태에서 큰 자기유지력을 지님
- 저속시에는 높은 토크를 갖음
- 모터의 구조가 간단해서, 유지관리가 간단

035

스테핑 모터의 여자방식이 아닌 것은?

① 2~4상 여자
② 1~2상 여자
③ 2상 여자
④ 1상 여자

스테핑모터의 여자방식은 1상 여자, 1~2상 여자, 2상 여자 3가지이다.

036

2상 서보모터의 제어방식이 아닌 것은?

① 온도제어
② 전압제어
③ 위상제어
④ 전압, 위상 혼합제어

2상 서보모터의 제어방식은 전압제어, 위상제어, 전압·위상 혼합제어 3가지이다.

SECTION 02 동기기

037

동기발전기에 회전계자형을 쓰는 경우가 많다. 그 이유에 적합하지 않은 것은?

① 전기자보다 계자극을 회전자로 하는 것이 기계적으로 튼튼하다.
② 기전력의 파형을 개선한다.
③ 전기자권선은 고전압으로 결선이 복잡하다.
④ 계자회로는 직류 저전압으로 소요전력이 적다.

동기발전기를 회전계자형으로 하는 이유
- 계자 : 기계적으로 튼튼하고, 소요전력이 작다, 절연이 용이 ($DC 110 \sim 250[V]$)
- 전기자 : 고압을 유기(3상 $15 \sim 20[kV]$), Y결선으로 복잡
※ 파형개선을 위하여 동기기는 분포권, 단절권, 2층권, 중권, 파권

038

3상 동기발전기의 전기자권선을 Y결선하는 이유로서 적당하지 않는 것은?

① 전기자 반작용이 감소한다.
② 고조파 순환전류가 흐르지 않는다.
③ 이상전압 방지의 대책이 용이하다.
④ 코일의 코로나 열화 등이 감소한다.

동기 발전기를 Y결선으로 하는 이유
- 중성점 접지로 이상전압의 대책이 용이
- 상 전압이 $1/\sqrt{3}$ 배로 감소하므로 절연용이
- 순환전류가 흐르지 않음

039

60[Hz] 12극 회전자 외경 2[m]의 동기 발전기에 있어서 자극면의 주변 속도[m/s]는?

① 32.5
② 43.8
③ 54.5
④ 62.8

$N_s = \dfrac{120f}{p} = \dfrac{120 \times 60}{12} = 600$

$\therefore v = \pi D \cdot \dfrac{N_s}{60} = \pi \times 2 \times \dfrac{600}{60} = 62.8 [m/s]$

040 ★

동기기의 전기자 권선법 중 단절권, 분포권으로 하는 이유 중 가장 중요한 목적은?

① 높은 전압을 얻기 위해서
② 일정한 주파수를 얻기 위해서
③ 좋은 파형을 얻기 위해서
④ 효율을 좋게하기 위해서

041 ★

교류 발전기의 고조파 발생을 방지하는 데 적합하지 않은 것은?

① 전기자 권선의 결선을 성형으로 한다.
② 전기자 권선을 단절권으로 감는다.
③ 전기자 반작용을 크게 한다.
④ 전기자 슬롯을 사구 슬롯으로 한다.

고조파 발생을 방지하기 위해서 전기자 반작용을 작게 하여야 한다.
∴ 단절권으로 감는다.

042 ★★

3상 동기발전기의 매극 매상의 슬롯수가 3이라고 하면 분포계수는?

① $\sin \dfrac{2\pi}{3}$
② $\sin \dfrac{3\pi}{2}$
③ $6 \sin \dfrac{\pi}{18}$
④ $\dfrac{1}{6 \sin \dfrac{\pi}{18}}$

분포권, 단절권의 장점(파형개선), 단점(기전력을 감소)

분포권계수 $K_d = \dfrac{\sin \dfrac{\pi}{2m}}{q \sin \dfrac{\pi}{2mq}} = \dfrac{\sin \dfrac{\pi}{2 \times 3}}{3 \sin \dfrac{\pi}{2 \times 3 \times 3}} = \dfrac{1}{6 \sin \dfrac{\pi}{18}}$

043

전기자 전류를 I, 역률이 $\cos\theta$인 철극형 동기 발전기에서 횡축 반작용을 하는 전류 성분은?

① $\dfrac{I}{\cos\theta}$
② $\dfrac{I}{\sin\theta}$
③ $I\cos\theta$
④ $I\sin\theta$

$I\cos\theta$는 기전력과 같은 위상의 전류성분으로서 횡축 반작용을 하며 무효분 $I\sin\theta$는 π/2[rad]만큼 뒤지거나 앞서기 때문에 직축 반작용을 한다.

044 ★

돌극형 동기 발전기에서 직축 리액턴스를 X_d, 횡축 리액턴스를 X_q라 하면 그 크기 사이에 어떤 관계가 있는가?

① $x_d = x_q$
② $x_d > x_q$
③ $x_d < x_q$
④ $2x_d = x_q$

돌극형(철극기)에서는 직축이 횡축에 비하여 공극(air gap)이 작으므로 직축 리액턴스 x_d가 횡축 리액턴스 x_q보다 크다. ($x_d > x_q$) 그러나, 비철극기에서는 공극이 일정하므로 $x_d = x_q = x_s$로 된다.

045

동기발전기의 단락시험, 무부하시험으로 구할 수 없는 것은?

① 철손
② 단락비
③ 전기자반작용
④ 동기임피던스

단락시험 : 동기임피던스, 동기리액턴스
무부하시험 : 철손, 기계손
3상단락시험과 무부하시험으로 단락비를 구한다.

046 ★

단락비가 큰 동기기는?

① 전기자 반작용이 크다
② 기계가 소형이다
③ 전압변동률이 크다
④ 안정도가 높다

단락비가 큰 기계의 특징
- 동기임피던스가 작아 전압변동률이 작으며 송전용량 충전용량이 증가한다.
- 기계의 형태 중량이 커지며 철손, 기계손이 증가하고 가격도 비싸다.
- 과부하 내량이 크고 안정도도 좋다.
- 철기계라 불린다.

047

동기기의 3상 단락곡선이 직선이 되는 이유는?

① 무부하 상태이므로
② 전기자 반작용 때문에
③ 자기포화가 있으므로
④ 누설리액턴스가 크므로

048

동기 발전기 단자 부근에서 단락이 일어났다고 하면 단락 전류는?

① 서서히 증가한다.
② 처음은 크나 점차로 감소한다.
③ 처음부터 일정한 큰 전류가 흐른다.
④ 발전기는 즉시 정지한다.

돌발단락전류(처음에 큰 전류 점차감소) 제한요소 ⇨ 누설리액턴스

049 ★★

동기발전기의 병렬운전에 필요한 조건이 아닌 것은?

① 유도기전력이 같을 것
② 위상이 같을 것
③ 주파수가 같을 것
④ 용량이 같을 것

동기발전기(기전력의 ① 크기, ② 위상, ③ 파형, ④ 주파수)

조건 : 기전력의 (　) 같을 것 다르면…		계산식
크기	원인 : 여자전류의 변화 결과 : 무효순환전류 흐름	$I_C = \dfrac{E_C}{2Z_S}$ [A]
위상	원인 : 원동기 출력의 변화 결과 : 동기화전류 흐름 (유효횡류)	수수전력: $P = \dfrac{E^2}{2Z_S}\sin\delta$ [W] 동기화력: $P = \dfrac{E^2}{2Z_S}\cos\delta$ [W]
파형	고주파 순환전류 흐름	–
주파수	고주파 무효횡류 흐름	–

이해
- 직류발전기 (① 단자전압과 극성, ② 외부부하특성)
  → 유도기전력과 용량은 무관
- 변압기 (① 권수비와 1,2차 정격전압, ② 극성, ③ 내부저항·누설리액턴스비, ④ %Z강하)

050

2대의 동기발전기가 병렬 운전하고 있을 때 동기화 전류가 흐르는 경우는?

① 부하분담의 차가 있을 때
② 기전력의 크기에 차가 있을 때
③ 기전력의 위상에 차가 있을 때
④ 기전력의 파형에 차가 있을 때

원동기의 출력이 변하면 발전기 유도기전력의 위상이 변하게 되어 두 발전기 사이에 동기화 전류가 흐르게 된다.

051

2대의 3상 동기 발전기가 무부하 병렬 운전하고 있을 때 대응하는 두 기전력 사이에 60°의 위상차가 있다면 한 쪽 발전기에서 다른 쪽 발전기에 공급되는 전력은 약 몇 [kW]인가?(단, 각 발전기의 기전력(선간)은 3300[V], 동기 리액턴스는 5[Ω]이고, 전기자 저항은 무시한다.)

① 181
② 314
③ 363
④ 720

수수전력 $P_s = \dfrac{E^2}{2X_s}\sin\delta$ 에서

$$P = \dfrac{\left(\dfrac{3300}{\sqrt{3}}\right)^2}{2\times 5}\sin 60°\times 10^{-3} = 314.37[\text{kW}]$$

052 ★★

병렬 운전 중의 A, B 두 동기 발전기 중 A 발전기의 여자를 B보다 강하게 하면 A 발전기는?

① 90° 진상전류가 흐른다.
② 90° 지상전류가 흐른다.
③ 동기화 전류가 흐른다.
④ 부하전류가 증가한다.

동기발전기 : 부족여자(진상전류 · 역률 향상),
　　　　　　과 여자(지상전류 · 역률저하)
동기전동기 : 부족여자(지상전류 · 리액터 작용),
　　　　　　과 여자(진상전류 · 콘덴서작용)
※동기 무효 전력 보상 장치 : 부족여자 운전 시 리액터로 작용

053

정전압 계통에 접속된 동기 발전기는 그 여자를 약하게 하면?

① 출력이 감소한다
② 전압이 강하한다
③ 앞선 무효 전류가 증가한다
④ 뒤진 무효 전류가 증가한다

동기발전기 : 부족여자(진상전류 · 역률 향상),
　　　　　　과 여자(지상전류 · 역률저하)
동기전동기 : 부족여자(지상전류, 리액터 작용),
　　　　　　과 여자(진상전류, 콘덴서작용)

이해 A, B 두 대의 동기 발전기 병렬운전 중 A기의 여자를 약하게 하면 A기의 유도기전력이 저하하고, A기에는 진상무효전류가 흐르게 되어 역률이 개선되고, B기에는 지상무효전류가 흐르게 되어 역률이 저하된다.

054 ★★★★

동기기의 난조 방지에 가장 적절한 대책은?

① 제동권선 설치
② 동기 리액턴스 증가
③ 회전자 관성 증가
④ 자극 수 증가

동기기의 제동권선 : 난조방지

055 ★★★

동기기의 과도안정도를 증가시키는 방법이 아닌 것은?

① 속응 여자 방식을 채용 한다.
② 동기 탈조 계전기를 사용할 것
③ 회전자의 플라이휠효과를 작게 한다.
④ 동기화 리액턴스를 작게 한다.

동기(전동)기 안정도 증진법은
• 단락비를 크게 한다.
• 동기임피던스(리액턴스)를 작게 한다.
• 회전자 관성을 크게 한다. (플라이휠 효과의 선정)
• 속응 여자 방식을 채용한다.
• 조속기 동작을 신속히 한다.

056

다음에서 동기 전동기와 구조가 동일한 것은?

① 직류 전동기
② 유도 전동기
③ 정류자 전동기
④ 교류 발전기

⚡

동기전동기 : 교류발전기와 구조 동일. 역률1로 운전가능

① 토크 $\tau = 0.975 \dfrac{P}{N}$ [kg·m], 1[kg·m]=9.8[N·m]

② 속도 $N_s = \dfrac{120f}{P}$ [rpm]

③ 동기 무효 전력 보상 장치 : 부족여자 운전 시 리액터로 작용

057

동기전동기에 관한 설명에서 잘못된 것은?

① 기동권선이 필요하다
② 난조가 발생하기 쉽다
③ 여자기가 필요하다
④ 역률을 조정할 수 없다

동기 전동기는 여자 전류의 크기를 조정함으로서 전기자 전류의 크기와 위상을 조정할 수 있다

058

동기전동기의 역률각이 90°늦을 때의 전기자 반작용은?

① 증자작용
② 편자작용
③ 감자작용
④ 교차작용

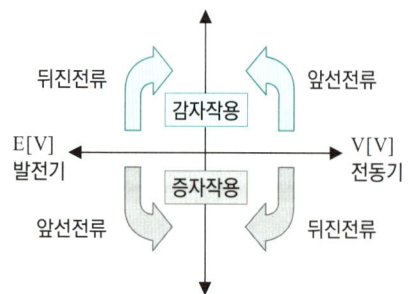

① 전류와 전압이 동상 : 횡축반작용(교차자화작용)
② 전류와 전압이 90°위상차 : 직축반작용
  (계자에 의한 주 자극과 전기자 전류에 의한 전기자 반작용 자속이 동일 선상에 존재)

059

동기 전동기에서 여자를 강화하면?

① 토크가 증가한다.
② 출력이 증가한다.
③ 전기자 전류의 위상이 진상이 된다.
④ 난조가 발생하기 쉽다.

⚡

동기전동기의 위상특성곡선(V곡선)
동기전동기의 여자전류를 조절하면 위상을 제어할 수 있는데 부족(약)여자 시 지상전류가 흐르면서 리액터로 작용하고, 과(강)여자 시 진상전류가 흐르며 콘덴서로 작용한다. 또한 적당한 여자를 하면 전기자 전류가 최소가 되면서 역률이 1이 되는 특성을 말한다.
※ 동기 무효 전력 보상 장치 : 위상특성곡선을 이용하여 위상을 조정하는 목적의 동기전동기

060 ★

동기 무효 전력 보상 장치를 부족 여자로 사용하면 다음 상수의 어떤 특성과 같은가?

① C
② R
③ L
④ 공진

⚡

동기 무효 전력 보상 장치 : 부족여자 운전 시 리액터로 작용

061

대용량 발전기 권선의 층간 단락보호에 가장 적합한 계전방식은?

① 과부하 계전기
② 접지 계전기
③ 차동 계전기
④ 온도 계전기

062

동기 발전기의 자기 여자작용은 부하전류의 위상이 다음 중 어느 때 일어나는가?

① 역률이 1일 때
② 느린 역률 0일 때
③ 빠른 역률 0일 때
④ 역률과 무관하다.

동기발전기의 자기여자작용은 무부하로 운전하는 동기 발전기에서 발생하는 현상으로 송전선로의 정전 용량 때문에 흐르는 진상전류에 의해 발전기가 스스로 여자되어 전압이 일시적으로 높아지는 현상이다. 무부하상태(역률 : 0), 진상전류(위상 : 빠름)

063

450[kVA], 역률 0.85, 효율 0.9인 동기 발전기 운전용 원동기의 입력은 500[kW]이다. 이 원동기의 효율은?

① 0.75
② 0.8
③ 0.85
④ 0.90

원동기의 출력이 발전기의 입력이다.
① 원동기 출력 $= \dfrac{P_a}{\eta} = \dfrac{450}{0.9} = 500$ [kVA]
② $P = P_a \cos\theta = 500 \times 0.85 = 425$ [kW]
③ ∴ $\eta = \dfrac{출력}{입력} = \dfrac{425}{500} = 0.85$

064

동기발전기의 부하가 불평형이 되어 발전기의 회전자가 과열 소손되는 것을 방지하기 위하여 설치하는 계전기는?

① 과전압 계전기
② 역상 과전류 계전기
③ 계자 상실 계전기
④ 부족전압 계전기

역상 과전류계전기는 동기발전기에 접속되어있는 계통에 불 평형 고장이 발생하면 발전기에 역상전류가 흘러 회전자와 반대방향의 회전자계를 만들어 회전자에 2배의 주파수(제2고조파)의 전류를 유도하여 회전자 표면에 맴돌이 전류가 발생, 그 끝 부분에서 국부과열이 일어나 기계적 강도를 위협하게 되므로 이를 방지하기 위하여 설치하는 것이다

065

3상 반작용 전동기(reaction motor)의 특성으로 가장 옳은 것은?

① 역률이 좋은 전동기
② 토크가 비교적 큰 전동기
③ 기동용 전동기가 필요한 전동기
④ 여자권선 없이 동기속도로 회전하는 전동기

동기전동기에서 여자를 약하게 하면 뒤진 전류가 흘러 전기자 반작용이 증자작용을 한다. 이런 경우에 여자기가 없어도 계자가 여자하기 때문에 계자권선이 없어도 된다. 이 원리를 이용한 전동기가 반작용 전동기이다.

SECTION 03 변압기

066

변압기의 원리는?

① 전자 유도 작용을 이용
② 정전 유도 작용을 이용
③ 자기 유도 작용을 이용
④ 플레밍의 오른손 법칙을 이용

변압기 원리 : 전자유도작용

067

1차 전압 3300[V], 권수비가 30인 단상 변압기로 전등 부하에 20[A]를 공급할 때의 입력은?

① 1.2[kW]
② 2.2[kW]
③ 3.2[kW]
④ 4.2[kW]

입력 = 출력 ($P_1 = P_2$) : 변압기 내부손실이 없을 때

권수비 $a = \dfrac{E_1}{E_2} = \dfrac{I_2}{I_1} = \dfrac{N_1}{N_2} = \sqrt{\dfrac{Z_1}{Z_2}}$ 에서

① $I_1 = \dfrac{I_2}{a} = \dfrac{20}{30} = \dfrac{2}{3}$,
② $P_1 = V_1 \times I_1 = 3300 \times \dfrac{2}{3} = 2200 = 2.2$ [kW]

068

변압기에서 2차를 1차로 환산한 등가회로의 부하 소비전력 P[W]는, 실제의 부하의 소비전력 P[W]에 대하여 어떠한가?(단, a는 변압비이다.)

① a배
② a^2배 승수
③ $1/a$배
④ 변함없다.

공급입력=공급출력 : 변압기 내부손실이 없을 때

069

단상변압기의 2차측 (105[V]단자)에 1[Ω]의 저항을 접속하고 1차 측에 1[A]의 전류를 흘렸을 때 1차 단자전압이 900[V]이었다. 1차측 탭 전압과 2차 전류는 얼마인가? (단, 이상적인 변압기로. V는 1차 탭 전압, I는 2차 전류를 표시함)

① $V = 3150[V]$, $I = 30[A]$
② $V = 900[V]$, $I = 30[A]$
③ $V = 900[V]$, $I = 1[A]$
④ $V = 3150[V]$, $I = 1[A]$

권수비 $a = \dfrac{E_1}{E_2} = \dfrac{I_2}{I_1} = \dfrac{N_1}{N_2} = \sqrt{\dfrac{Z_1}{Z_2}}$ 에서

권수비를 알려면 동일요소의 1차 측, 2차 측 값을 알아야 한다.
2차 측 저항 값이 주어졌고, 1차 측의 전압과 전류가 주어졌으므로

1차 측 저항 = $Z_1 = \dfrac{V_1}{I_1} = \dfrac{900}{1} = 900[\Omega]$,

2차 측 저항 $Z_2 = 1[\Omega]$

∴ $a = \sqrt{\dfrac{Z_1}{Z_2}} = \sqrt{\dfrac{900}{1}} = 30$

1차 전압: $V_1 = aE_2 = 30 \times 105 = 3150[V]$
2차 전류: $I_2 = aI_1 = 30 \times 1 = 30[A]$

070

부하에 관계없이 변압기에 흐르는 전류로서 자속만을 만드는 것은?

① 1차 전류
② 철손 전류
③ 여자 전류
④ 자화 전류

여자전류 : 자속을 발생하는 자화전류와 철손을 공급하는 철손전류의 벡터합

$I_0 = \sqrt{I_\phi^2 + I_i^2}\ [A]$ (I_0 : 여자전류, I_ϕ : 자화전류, I_i : 철손전류)

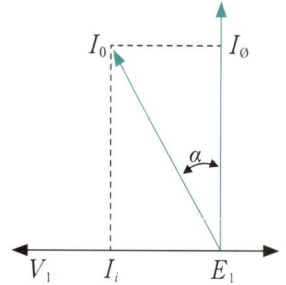

071

1차전압 6000[V], 권수비 20인 단상변압기로 전등부하에 10[A]를 공급할 때의 입력[kW]은? (단, 변압기의 손실은 무시한다.)

① 2
② 3
③ 4
④ 5

$a = \dfrac{I_2}{I_1},\ I_1 = \dfrac{I_2}{a} = \dfrac{10}{20} = 0.5[A]$

전등부하에서 역률은 1이므로
$P_1 = V_1 I_1 \cos\theta = 6000 \times 0.5 \times 1 = 3[kW]$

072

변압기의 등가회로를 그리기 위하여 다음과 같은 시험을 하였다고 한다. 필요 없는 시험은?

① 무부하시험
② 각 권선의 저항측정
③ 반환부하시험
④ 단락시험

반환부하시험 : 온도시험법

073

변압기에서 2차를 1차로 환산한 등가회로의 부하 소비전력 $P_s[W]$는, 실제의 부하의 소비전력 $P_2[W]$에 대하여 어떠한가? (단, a는 변압기이다.)

① a배
② a^2배
③ $\dfrac{1}{a}$
④ 변함없다

등가회로의 부하전력이나 실제의 부하전력에는 변함이 없다.

074

변압기의 2차를 단락한 경우에 1차 단락전류는?
(단, V_1 : 1차 단자전압, Z_1 : 1차 임피던스, Z_2 : 2차 임피던스, a : 권수비, Z : 부하 임피던스)

① $I_{s1} = \dfrac{V_1}{Z_1 + a^2 Z_2}$ ② $I_{s1} = \dfrac{V_1}{Z_1 + a Z_2}$

③ $I_{s1} = \dfrac{V_1}{Z_1 - a Z_2}$ ④ $I_{s1} = \dfrac{V_1}{Z_1 + Z_2 + Z}$

2차를 1차로 환산한 등가 임피던스 : $Z_{21} = a^2 Z_2$ 가 된다.
따라서, 임피던스는 $Z_1 + a^2 Z_2$ 임

075

변압기 철심이 갖추어야 할 조건으로 틀린 것은?

① 투자율이 클 것
② 전기저항이 작을 것
③ 성층철심으로 할 것
④ 히스테리시스손 계수가 작을 것

변압기 철심은 전기저항이 아니라 자기저항이 작아야한다.

076 ★★★

변압기 기름이 가져야 할 성능이 아닌 것은?

① 절연내력이 적을 것
② 인화점이 높고 응고점이 낮을 것
③ 점도가 낮을 것
④ 변질하지 말아야 한다.

절연유의 구비 조건
• 점도가 낮고, 비열이 커서 절연내력이 커야 한다.
• 인화점이 높고 응고점이 낮아야 한다.
• 고온에서 불용성 침전물이 생기지 말아야 한다.
• 냉각 효과가 커야 한다.
• 절연물고 화학 반응이 없어야 한다.

077

변압기 기름의 열화 영향에 속하지 않는 것은?

① 침식 작용
② 절연 내력의 저하
③ 냉각 효과의 감소
④ 공기 중 수분의 흡수

변압기 기름의 열화의 영향은
• 절연 내력의 저하 • 냉각 효과의 감소 • 침식 작용

078

변압기에서 콘서베이터의 용도는?

① 통풍장치   ② 변압유의 열화방지
③ 강제순환   ④ 코로나 방지

079 ★

변압기유의 열화 방지방법 중 틀린 것은?

① 개방형 콘서베이터
② 수소봉입 방식
③ 밀봉 방식
④ 흡착제 방식

변압기유의 열화   • 원인 : 변압기의 호흡작용(수분흡수)
              • 영향 : 절연저하
              • 방지 : 질소봉입

080

변압기의 누설 리액턴스를 줄이는 가장 효과적인 방법은?

① 권선을 분할하여 조립한다.
② 권선을 동심 배치한다.
③ 코일의 단면적을 크게 한다.
④ 철심의 단면적을 크게 한다.

변압기의 설계에서 권선을 분할하여 조립하면, 누설 리액턴스는 절반 이상 감소된다.

081

3300/210[V], 5[kVA]의 단상 변압기가 %저항강하 2.4[%] %리액턴스강하 1.8[%]이다. 임피던스 전압[V]은?

① 99
② 66
③ 33
④ 21

$V_s = I_1 Z_1$ 이용
① $\%Z = \sqrt{p^2 + q^2} = \sqrt{2.4^2 + 1.8^2} = 3[\%]$
② $\%Z = \dfrac{I_1 Z_1}{V_1} \times 100[\%]$ 에서
$\therefore I_1 Z_1 = \dfrac{\%Z \cdot V_1}{100} = \dfrac{3 \times 3300}{100} = 99$
③ $V_s = I_1 Z_1 = 99[V]$

082 ★

임피던스 강하가 5[%]인 변압기가 운전 중 단락되었을 때 단락전류는 정격전류의 몇 배가 되는가?

① 5
② 10
③ 15
④ 20

단락비 $K_s = \dfrac{I_s}{I_n} = \dfrac{100}{\%Z}$ 이용 $I_s = \dfrac{100}{\%Z} I_n = \dfrac{100}{5} I_n = 20 I_n$

083

어떤 변압기의 백분율 저항강하가 2[%] 백분율 리액턴스 강하가 3[%]라 한다. 이 변압기로 역률이 80[%]인 부하에 전력을 공급하고 있다. 이 변압기의 전압변동률 [%]은?

① 3.8
② 3.4
③ 2.4
④ 1.2

전압변동률
$\epsilon = p\cos\phi + q\sin\phi = 2 \times 0.8 + 3 \times 0.6 = 3.4[\%]$ (지상부하)

084

변압기의 정격전류에 대한 백분율 저항강하가 1.5[%], 백분율 리액턴스 강하는 4[%]이다 이 변압기에 정격전류를 통하여 전압변동률이 최대로 되는 부하 역률은 약 얼마인가?

① 0.15
② 0.28
③ 0.35
④ 0.68

최대 전압 변동률 $\epsilon_{\max} = \sqrt{p^2 + q^2} = \sqrt{1.5^2 + 4^2} = 4.27[\%]$
그때의 역률 $\cos\theta = \dfrac{p}{\sqrt{p^2 + q^2}} = \dfrac{1.5}{4.27} = 0.35$

085

다음 중 변압기의 무부하손에 해당되지 않는 것은?

① 히스테리시스손
② 와류손
③ 유전체손
④ 표유부하손

변압기의 손실과 효율(출력[kW]/(출력[kW]+손실(철손+부하율×동손)[kW])
① 무부하손(개방시험)
  ㉮ 철손(와전류·히스테리시스), 전압의 제곱에 비례. 주파수에 반비례
    ㉠ 와전류손 : 전압에 제곱에 비례. 주파수와 무관
    ㉡ 히스테르시스손 : 전압에 제곱에 비례, 주파수에 반비례
  ㉯ 유전체손
② 부하손(단락시험)
  ㉮ 동손
  ㉯ 표유부하손(누설자속에 의한 손실)

086 ★

변압기의 부하가 증가할 때의 현상으로서 틀린 것은?

① 동손이 증가
② 온도가 상승
③ 철손이 증가
④ 여자전류 변함없다.

변압기의 철손은 무부하손으로 부하에 관계없다.

087

변압기의 부하 전류 및 전압은 일정하고, 주파수가 낮아졌을 때 현상으로 옳은 것은?

① 철손 감소
② 철손 증가
③ 동손 감소
④ 동손 증가

철손(와전류·히스테리시스), 전압의 제곱에 비례, 주파수에 반비례
- 와전류손 : 전압에 제곱에 비례, 주파수와 무관
- 히스테르시스손 : 전압에 제곱에 비례, 주파수에 반비례

088

정격주파수 50[Hz]의 변압기를 일정전압 60[Hz]의 전원에 접속하여 사용했을 때 여자전류, 철손 및 리액턴스 강하는?

① 여자전류와 철손은 5/6감소, 리액턴스강하는 6/5증가
② 여자전류와 철손은 5/6감소, 리액턴스강하는 5/6감소
③ 여자전류와 철손은 6/5증가, 리액턴스강하는 6/5증가
④ 여자전류와 철손은 6/5증가, 리액턴스강하는 5/6감소

주파수 증가(전압일정 시) : 여자전류, 자속, 자속밀도, 철손은 반비례
리액턴스만 비례

089

변압기의 전부하 효율은?

① $\dfrac{출력}{입력+동손+철손}$
② $\dfrac{입력}{출력+동손+철손}$
③ $\dfrac{출력}{출력+동손+철손}$
④ $\dfrac{입력}{입력+동손+철손}$

전부하 효율 $\eta = \dfrac{P\cos\theta}{P\cos\theta + P_i + P_c} \times 100$ [%]

$1/m$ 부하시 효율 $\eta_{\frac{1}{m}} = \dfrac{\frac{1}{m}P\cos\theta}{\frac{1}{m}P\cos\theta + P_i + \left(\frac{1}{m}\right)^2 P_c} \times 100$ [%]

※ 최대효율이 나타나는부하 : (철손=동손)

$P_i = \left(\dfrac{1}{m}\right)^2 P_c$ 에서 $\dfrac{1}{m} = \sqrt{\dfrac{P_i}{P_c}}$

철손(와전류·히스테리시스) : 변압기 자체의 손실로 부하와 관계없다.
동손 : 부하전류에 의한 손실로 부하률의 제곱에 비례한다.

090 ★

변압기의 효율이 가장 좋을 때의 조건은?

① 철손=동손
② 철손=$\dfrac{1}{2}$동손
③ $\dfrac{1}{2}$철손=동손
④ 철손=$\dfrac{2}{3}$동손

최대 효율은 고정손인 철손과 가변손인 동손이 같게 될 때 발생한다.

091

전 부하에서 동손 100[W], 철손 50[W]인 변압기가 최대 효율을 나타내는 부하[%]는?

① 50
② 67
③ 70
④ 86

효율최대시 부하율=$\sqrt{(철손/동손)}$
∴ $\dfrac{1}{m} = \sqrt{\dfrac{P_i}{P_c}} = \sqrt{\dfrac{50}{100}} = 0.7 = 70$ [%]

092

사용시간이 짧을수록 변압기의 전일 효율을 좋게 하기 위해서는?

① 전부하 시간이 짧을수록 무부하손을 적게 한다.
② 전부하 시간이 짧을수록 철손을 크게 한다.
③ 부하시간에 관계없이 전부하동손과 철손을 같게 한다.
④ 전부하 시간이 길수록 철손을 적게한다.

$24P_i = T \times P_c$에서 철손(무부하손)이 적어야 사용시간이 짧을수록 전일효율이 좋게 된다. (여기서 T는 전부하시간)

정답 087 ② 088 ① 089 ③ 090 ① 091 ③ 092 ①

093

변압기 결선에서 제3고조파 전압이 발생하는 결선은?

① $Y-Y$
② $\triangle-\triangle$
③ $\triangle-Y$
④ $Y-\triangle$

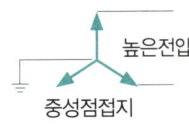

△결선일 경우 제3고조파 전류가 내부에 순환하므로 선간에 나타나지 않는다.

094

변압비 10:1의 단상변압기 3대를 $Y-\triangle$로 접속하여 2차 측에 200[V], 75[kVA]의 3상 평형부하를 걸었을 때 각 변압기의 1차권선의 전류 및 1차 선간전압을 구하시오. (단, 여자 전류와 임피던스는 무시한다.)

① 21.6[A], 2000[V]
② 12.5[A], 2000[V]
③ 21.6[A], 3464[V]
④ 12.5[A], 3464[V]

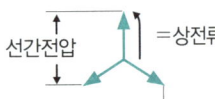
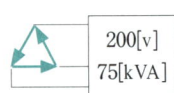

2차 △결선 선전류 $I_{2l}=\dfrac{P}{\sqrt{3}V_2}=\dfrac{75000}{\sqrt{3}\times 200}=216.5$[A]

2차 △결선 상전류 $I_{2p}=\dfrac{I_{2l}}{\sqrt{3}}=\dfrac{216.5}{\sqrt{3}}=125$[A]

1차 Y결선 상전류 $a=\dfrac{E_1}{E_2}=\dfrac{I_2}{I_1}=\dfrac{N_1}{N_2}$ 에서

$I_{1p}=\dfrac{I_{2p}}{a}=\dfrac{125}{10}=12.5$[A]

2차 △결선 상전압 200

1차 Y결선 상전압 $a=\dfrac{E_1}{E_2}=\dfrac{I_2}{I_1}=\dfrac{N_1}{N_2}$ 에서

$V_{1p}=aV_{2p}=10\times 200=2000$[V]

1차 Y결선 선간전압 $V_{1l}=\sqrt{3}V_{1p}=\sqrt{3}\times 2000=3464$[V]

095 ★

3상 전원에서 2상 전압을 얻고자 할 때 결선 중 틀린 것은?

① Meyer 결선
② Scott 결선
③ 우드브리지 결선
④ For$k$ 결선

상수변환
① 3상에서 2상(단상) : 우드브리지 결선, 스코트 결선(T결선), 메이어결선
② 3상에서 6상 : ㉮ 이중 Y결선 ㉯ 이중 △결선
　　　　　　　 ㉰ 대각결선   ㉱ $FORK$결선(수은정류)

096 ★★

단상변압기 2대를 사용하여 3150[V]의 평형 3상에서 210[V]의 평형 2상으로 변환하는 경우에 각 변압기의 1차 전압과 2차 전압은 얼마인가?

① 주좌 변압기 : 1차 3150 V, 2차 210 V
   T 좌 변압기 : 1차 3150 V, 2차 210 V

② 주좌 변압기 : 1차 3150 V, 2차 210 V
   T 좌 변압기 : 1차 $3150\times\dfrac{\sqrt{3}}{2}$ V, 2차 210 V

③ 주좌 변압기 : 1차 $3150\times\dfrac{\sqrt{3}}{2}$ V, 2차 210 V
   T 좌 변압기 : 1차 $3150\times\dfrac{\sqrt{3}}{2}$ V, 2차 210 V

④ 주좌 변압기 : 1차 $3150\times\dfrac{\sqrt{3}}{2}$ V, 2차 210 V
   T 좌 변압기 : 1차 3150 V, 2차 210 V

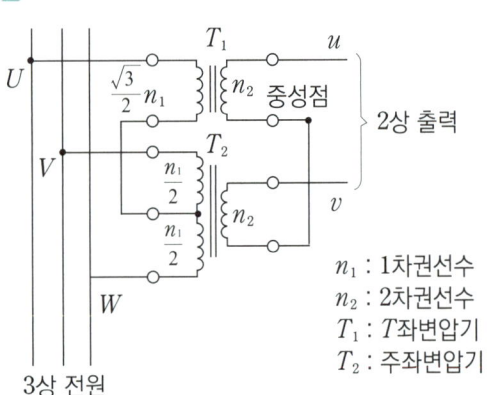

정답 093 ① 094 ④ 095 ④ 096 ②

T결선에서

주좌변압기의 권수비는 1차측 : E이고, 2차측 : $\dfrac{E}{a}$이며,

T좌변압기의 권수비는 1차측 : $\dfrac{\sqrt{3}}{2}E$ 이고, 2차측 : $\dfrac{E}{a}$이다.

097

변압기의 병렬 운전에 있어서 각 변압기가 그 용량에 비례해서 전류를 분담하고, 변압기 상호간에 순환전류가 흐르지 않도록 하기 위해서는 다음의 조건을 만족하여야 한다. 그중에서 합당하지 못한 것은?

① 권수비가 같을 것
② 각 변압기의 1차, 2차의 정격전압 및 극성이 같을 것
③ %저항강하 및 %리액턴스강하가 각 변압기의 용량에 반비례할 것
④ 3상식에서는 상 회전방향 및 위상변위가 같을 것

병렬 운전의 조건
- 각 변압기의 극성이 같을 것
- 각 변압기의 권수비가 같고, 1차와 2차의 정격 전압이 같을 것
- 각 변압기의 % 임피던스 강하가 같을 것
- 3상식에서는 위의 조건 외에 각 변압기의 상회전 방향 및 위상 변위가 같을 것

098

3상 변압기를 병렬 운전할 경우 조합 불가능한 것은?

① △-△와 △-△
② Y-△와 Y-△
③ △-△와 △-Y
④ △-Y와 Y-△

3상 변압기의 병렬 운전의 결선 조합

병렬 운전 가능	병렬 운전 불가능
△-△ 와 △-△	
Y-Y 와 Y-Y	
Y-△ 와 Y-△	△-△ 와 △-Y
△-Y 와 △-Y	△-Y 와 Y-Y
△-△ 와 Y-Y	
△-Y 와 Y-△	

※ △-△와 △-Y, △-Y와 Y-Y의 결선은 각 변위가 30°차가 있어 순환 전류가 흐르기 때문에 병렬 운전이 불가능하다. 짝수가능, 홀수 불가능

099

누설 변압기의 필요한 특성은 무엇인가?

① 정전압 특성
② 고저항 특성
③ 고임피던스 특성
④ 수하 특성

정전류 특성이 필요하며, 전류가 증가하면 전압이 저하하는 수하 특성이 필요하다
누설변압기 : 누설 자속 통로가 있는 변압기(누설리액턴스가 크다.), 수하특성을 가질 것, 2차 정전류 변압기 (전압변동이 심하다.), 아크등, 아크용접기에 사용

100

운전 중 계기용 변류기(CT)의 고장 발생으로 변류기를 개방시 2차 측을 단락하는 가장 큰 이유는?

① 1차 측의 과전류 방지
② 2차 측의 과전류 보호
③ 2차 측의 절연 보호
④ 계기의 측정 오차 방지

2차 측을 개방하면 1차 측의 부하 전류가 전부 여자 전류로 사용되어 2차측 고전압이 유기되어 절연이 파괴될 우려가 있다. 또, 철심 중의 자속이 급격히 증가하여 철손이 증가하므로 열이 발생하여 소손될 우려가 있다.

101

3300/210[V], 5[kVA]의 단상 주상변압기를 승압용 단권변압기로 접속하고 1차에 3000[V]를 가할 때의 전력[kVA]은?

① 약 69
② 약 76
③ 약 82
④ 약 83

$V_h = V_1\left(1+\dfrac{1}{a}\right) = 3000\left(1+\dfrac{1}{\frac{3300}{210}}\right) = 3190[V]$

$I_2 = \dfrac{P}{V_2} = \dfrac{5000}{210} = 23.8[A]$

$P = V_h I_2 = 3190 \times 23.8 \times 10^{-3} = 75.92[kVA]$

102

용량10[kVA]의 단권변압기를 그림과 같이 접속하면 역률 80[%]의 부하에 몇 [kW]의 전력을 공급할 수 있는가?

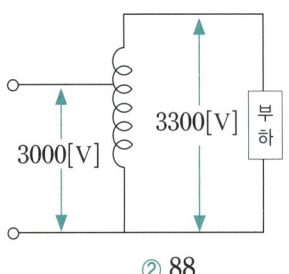

① 8.8
② 88
③ 110
④ 137.5

부하용량 = 자기용량 × $\dfrac{V_h}{V_h - V_l}$
= $10 \times \dfrac{3300}{3300 - 3000}$ = 110[kVA]

부하의 유효전력(kW) = 부하용량(kVA) × 역률
= 110[kVA] × 0.8 = 88[kW]

103

다음 중 변압기의 극성시험법이 아닌 것은?

① 직류전압계법
② 교류전압계법
③ 표준변압기법
④ 스코트법

변압기 극성 시험법 : ① 직류전압계법, ② 교류전압계법, ③ 표준변압기법
※ 스코트 결선 : 결선법(3상 ➔ 2상)

104

변압기의 등가회로를 그리기 위하여 다음과 같은 시험을 하였다고 한다. 필요 없는 시험은?

① 무부하 시험
② 각 권선의 저항 측정
③ 반환부하시험
④ 단락시험

정수측정시험 (등가회로 작성시험)
• 권선의 저항측정 시험
• 단락시험 ⇨ 임피던스 전압, 임피던스 와트(동손)측정, 전압변동률
• 무부하시험 ⇨ 여자전류(여자 어드미턴스), 무부하전류, 철손
따라서, 등가 회로 작성에는 권선의 저항을 알아야 하고, 철손을 측정하는 무부하시험, 동손을 측정하는 단락시험이 필요하다 반환부하법은 변압기의 온도상승 시험을 하는데 필요한 시험법이다

105

변압기의 단락 시험과 관계없는 것은?

① 누설 리액턴스
② 전압 변동률
③ 임피던스 와트
④ 여자 어드미턴스

• 단락시험 ⇨ 임피던스전압, 임피던스 와트(동손)측정, 전압변동률
• 무부하시험 ⇨ 여자전류(여자 어드미턴스), 무부하전류, 철손
따라서, 변압기의 단락 시험으로는 임피던스 와트, 임피던스 전압 및 입력 전류를 측정하여 누설 임피던스, 누설 리액턴스, 권선의 저항 등을 산출하고, 여자 어드미턴스는 무부하 시험으로 계산한다.

106 ★

아래 계전기 중 변압기의 보호에 사용되지 않는 계전기는?

① 비율차동계전기
② 차동전류계전기
③ 브흐홀쯔계전기
④ 임피던스계전기

변압기 내부고장 보호
• 전기적 : 차동계전기, (비율)차동계전기, (전류)차동계전기
• 기계적 : 브흐홀쯔계전기, 충격압력계전기
임피던스 계전기는 거리보호 계전기로 오류 지점과 계전기가 설치된 지점 사이의 임피던스에 따라 작동

107 ★★

전력용변압기의 내부고장을 보호하기 위하여 사용하는 계전기는?

① 접지계전기
② 차동계전기
③ 과전류계전기
④ 역상계전기

차동계전기 : 내부 고장 발생시 고저압측에 설치한 CT 2차 전류의 차에 의하여 계전기를 동작시키는 방식

108
브흐홀쯔 계전기로 보호되는 기기는?

① 변압기
② 발전기
③ 유도전동기
④ 회전변류기

브흐홀쯔 계전기는 변압기의 내부 고장으로 발생하는 기름의 분해 가스 증기 또는 유류를 이용하여 부저를 움직여 계전기의 접점을 닫는 것이므로 변압기의 주탱크와 콘서베이터와의 연결관 도중에 설치한다.

109 ★
변압기의 온도 시험을 하는 데 가장 좋은 방법은?

① 실 부하법
② 내전압법
③ 단락 시험법
④ 반환 부하법

실 부하법은 전력 손실이 크기 때문에 소 용량 이외에는 별로 적용되지 않는다. 반환 부하법은 동일 정격의 변압기가 2대 이상 있을 경우에 채용되며, 전력 소비가 철손과 동손을 따로 공급하는 것으로 현재 가장 많이 사용하고 있다

110
내철형 3상변압기를 단상변압기로 사용할 수 없는 이유는?

① 1차, 2차간의 각 변위가 있기 때문에
② 각 권선마다의 독립된 자기회로가 있기 때문에
③ 각 권선마다의 독립된 자기회로가 없기 때문에
④ 각 권선이 만든 자속이 $3\pi/2$ 위상차가 있기 때문에

111
평형 3상 3선식 전로에 2개의 PT와 3개의 전압계 V_1, V_2, V_3를 그림과 같이 접속하고 선간전압을 측정하고 있을 때 퓨우즈 F_B가 융단되었다고 하면 각 전압계 지시는 몇 [V]가 되는가? (단, 선간전압은 3000[V]이다.)

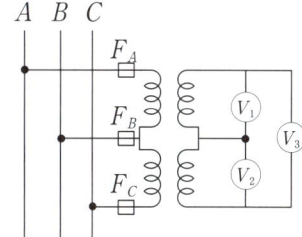

① $V_1 = V_2 = 3000[V]$, $V_3 = 6000[V]$
② $V_1 = V_2 = V_3 = 3000[V]$
③ $V_1 = V_2 = 1500[V]$, $V_3 = 3000[V]$
④ $V_1 = V_2 = V_3 = 1500[V]$

F_B가 융단되었으므로 $A-C$ 간에 단상 3000[V] 인가되어 전압이 분배된다.
$\therefore V_{AB} = V_{BC} = 3000/2 = 1500[V]$

112
평형 3상전류를 측정하려고 변류비 $60/5[A]$의 변류기 두 대를 그림과 같이 접속했더니 전류계에 $2.5[A]$가 흘렀다. 1차 전류는 몇 [A]인가?

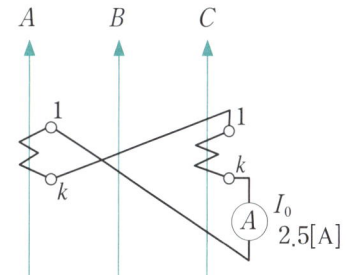

① 약 12.0
② 약 17.3
③ 약 30.0
④ 약 51.9

I_0 측정값은 CT 2차 전류의 합으로 CT 2차 전류측정
CT 1차 정격전류 = CT 2차 정격전류 × CT비
$= 2.5 \times 60/5 = 30[A]$

SECTION 04 유도전동기

113 ★

60[Hz]의 전원에 접속된 6극 3상 유도전동기의 슬립이 0.03일 때의 회전속도[rpm]는?

① 974
② 1058
③ 1164
④ 1354

$N=(1-s)N_s$ 에서
$N=(1-s)\dfrac{120f}{P}=(1-0.03)\dfrac{120\times 60}{6}=1164\,[\text{rpm}]$

114 ★

유도 전동기의 슬립(slip)의 s의 범위는?

① $1>s>0$
② $0>s>-1$
③ $2>s>1$
④ $-1<s<1$

유도 전동기의 동작 범위 $1>s>0$ (정지 시 $s=1$, 동기속도 회전 시 $s=0$)

115

다음은 3상 유도전동기의 슬립이 $s<0$인 경우를 설명한 것이다. 잘못된 것은?

① 동기속도 이상이다.
② 유도 발전기로 사용된다.
③ 유도전동기 단독으로 동작이 가능하다
④ 속도를 증가시키면 출력이 증가한다.

유도 발전기의 동작 범위 $s<0$
슬립 $s=\dfrac{n_s-n}{n_s}$ 에서 $n>n_s$인 경우 $s<0$이 된다.
여기서, n : 회전자의 회전 속도, n_s : 동기 속도
외부에서 유도 전동기의 회전자를 동기 속도 이상으로 회전시키면 유도 전동기는 유도 발전기로 동작되고 이것을 비동기 발전기라고 한다.

116

유도발전기에 대한 설명으로 틀린 것은?

① 공극이 크고 역률이 동기기에 비해 좋다.
② 병렬로 접속된 동기기에서 여자전류를 공급받아야 한다.
③ 농형회전자를 사용할 수 있으므로 구조가 간단하고 가격이 싸다.
④ 선로에 단락이 생기면 여자가 없어지므로 동기기에 비해 단락전류가 작다.

유도 발전기의 동작범위는 $s<0$이고, 공극이 좁아 운전 시 주의를 요하며, 역률이 낮다.

117

일반적인 농형 유도전동기에 관한 설명 중 틀린 것은?

① 2차 측을 개방할 수 없다.
② 2차 측의 전압을 측정할 수 있다.
③ 2차 저항제어 법으로 속도를 제어할 수 없다.
④ 1차 3선 중 2선을 바꾸면 회전방향을 바꿀 수 있다.

농형유도 전동기의 구조상 2차 측(회전자) 전압을 측정할 수 없다.

118

3상 유도전동기의 전원 주파수를 변화하여 속도를 제어하는 경우, 전동기의 출력 P와 주파수 f와의 관계는?

① $P \propto f$
② $P \propto \dfrac{1}{f}$
③ $P \propto f^2$
④ P는 f에 무관

유도 전동기의 기전력 $E_1=4.44f\omega_1\phi$에서 $E_1 \propto f\phi$,
전동기는 자속밀도가 $B=\phi/A$ 일정하므로 $E_1 \propto f$, $\tau \propto E$ 하므로
$\tau \propto f$, 출력 $P=\omega\tau$
$\therefore P \propto f$ 이다

정답 113 ③ 114 ① 115 ③ 116 ① 117 ② 118 ①

119

3300[V], 60[Hz]인 Y결선의 3상 유도전동기가 있다 철손을 1020[W]라 하면 1상의 여자 컨덕턴스[℧]는?

① 56.1×10^{-5}
② 18.7×10^{-5}
③ 9.37×10^{-5}
④ 6.12×10^{-5}

여자 컨덕턴스 g_0는
$$g_0 = \frac{P_i}{3E_1^2} = \frac{1020}{3 \times \left(\frac{3300}{\sqrt{3}}\right)^2} ≒ 9.37 \times 10^{-5} [℧]$$

120

극수 p 인 3상 유도전동기가 주파수 f[Hz], 토크 T[N·m]로 회전하고 있을 때 기계적 출력[W]은?

① $T \cdot \frac{4\pi f}{p}(1-s)$
② $T \cdot \frac{4pf}{\pi}(1-s)$
③ $T \cdot \frac{4\pi f}{p} s$
④ $T \cdot \frac{\pi f}{2p}(1-s)$

$P = T\omega$에서, $n = \frac{2f}{p}(1-s)$ [rps] (p는 극수)
$\omega = 2\pi n = \frac{4\pi f}{p}(1-s)$ [rad/s], ∴ $P = T\omega = T \cdot \frac{4\pi f}{p}(1-s)$ [W]

121 ★

100[kW], 4극, 3300[V], 주파수 60[Hz]의 3상 유도전동기의 효율이 92[%], 역률이 90[%]일 때 입력은 약 몇 [kVA]인가?

① 42.8
② 220.8
③ 21.1
④ 120.8

입력[kVA] = $\frac{\text{출력[kVA]}}{\text{효율}} = \frac{\frac{100}{0.9}}{0.92} = 120.77$ [kVA]

122

10[HP], 4극 60[Hz], 농형 3상 유도전동기의 전 전압 기동 토크가 전 부하 토크의 1/3일 때 탭 전압이 $1/\sqrt{3}$ 인 기동보상기로 기동하면 그 기동 토크는 전 부하 토크의 몇 배가 되겠는가?

① $\sqrt{3}$ 배
② 1/3배
③ 1/9배
④ $1/\sqrt{3}$ 배

유도전동기 : 토크는 전압의 제곱에 비례, 슬립은 전압의 제곱에 반비례
$T \propto V^2$, $\frac{T'}{T} = \left(\frac{V'}{V}\right)^2$, $T' = \left(\frac{1}{\sqrt{3}}\right)^2 \times \frac{T}{3} = \frac{T}{9}$

123

4극 60[Hz]의 유도 전동기가 슬립 5[%]로 전 부하 운전하고 있을 때 2차 권선의 손실이 94.25[W]라고 하면 토크[N·m]는?

① 1.02
② 2.04
③ 10.00
④ 20.00

토크 $T = 9.55 \frac{P_2}{N_s}$ [N·m],
① $N_s = \frac{120f}{P} = \frac{120 \times 60}{4} = 1800$
② $P_2 = \frac{P_c}{s} = \frac{94.25}{0.05} = 1885$ [W]
③ ∴ $T = 9.55 \frac{P_2}{N_s} = 9.55 \frac{1885}{1800} = 10$ [N·m]

124 ★

유도 전동기의 토크와 전동기에 가해지는 단자 전압과의 관계에서 가장 올바른 것은?

① 토크는 단자 전압에 비례한다.
② 토크는 단자 전압과 무관하다.
③ 토크는 단자 전압의 세제곱에 비례한다.
④ 토크는 단자 전압의 제곱에 비례한다.

토크는 전압의 제곱에 비례, 슬립은 전압의 제곱에 반비례

정답 119 ③ 120 ① 121 ④ 122 ③ 123 ③ 124 ④

125

$200[\text{V}]$, $7.5[\text{kW}]$, 6극 3상 유도전동기가 있다 정격 전압으로 기동할 때 기동 전류는 정격 전류의 $615[\%]$, 기동 토크는 전부하 토크의 $225[\%]$이다 지금 기동 토크를 전부하 토크의 1.5배로 하려면 기동 전압[V]은 얼마로 하면 되는가?

① 약 163
② 약 182
③ 약 193
④ 약 202

토크는 전압의 제곱에 비례. → 전압은 토크의 제곱근에 비례

$T \propto V^2$, $V' = \sqrt{\dfrac{T'}{T}} \times V = \sqrt{\dfrac{150}{225}} \times 200 = 163[\text{V}]$

126

3상 유도전동기의 토크와 출력을 설명하는 말 중 옳은 것은?

① 속도에 관계없다.
② 동일 속도에서 발생한다.
③ 최대 출력은 최대 토크보다 고속도에서 발생한다.
④ 최대 토크가 최대 출력보다 고속도에서 발생한다.

127

유도 전동기의 특성에서 토크와 2차 입력 및 동기속도의 관계는?

① 토크는 2차 입력과 동기속도의 곱에 비례
② 토크는 2차 입력에 반비례하고, 동기속도에 비례
③ 토크는 2차 입력에 비례하고, 동기속도에 반비례
④ 토크는 2차 입력의 자승에 비례하고, 동기속도의 자승에 반비례

$\tau = \dfrac{P}{\omega} = \dfrac{P_2}{2\pi n_s}$

128

유도 전동기의 동기 와트를 설명한 것은?

① 동기 속도 하에서 2차 입력을 말함
② 동기 속도 하에서 1차 입력을 말함
③ 동기 속도 하에서 2차 출력을 말함
④ 동기 속도 하에서 2차 동손을 말함

슬립 s, 토크 T를 발생하며 회전하는 유도 전동기가 같은 토크 T를 발생하며 동기속도로 회전하는 것으로 가정하는 때의 출력 P_2를 말한다.
2차 입력(동기 와트) P_2, 회전 각속도 ω, 동기 각속도 ω_s라 하면,
$T = \dfrac{P}{\omega} = \dfrac{P_2(1-s)}{\omega_s(1-s)} = \dfrac{P_2}{\omega_s}$ ∴ $P_2 = \omega_s T$ [동기와트]

129

동기 속도를 2배로 하였을 때 3상 유도 전동기의 동기 와트는 몇 배가 되는가?

① 1
② 2
③ 3
④ 4

$P_2 = 2\pi \dfrac{N_s}{60} T[\text{W}]$에서 $P_2 \propto N_s$이므로 N_s가 2배로 증가하면 P_2도 2배로 증가한다.

130

3상 유도기에서 출력의 변환식이 맞는 것은?

① $P_0 = P_2 - P_{2c} = P_2 - sP_2 = \dfrac{N}{N_s}P_2 = (1-s)P_2$

② $P_0 = P_2 - P_{2c} = P_2 + sP_2 = \dfrac{N_s}{N}P_2 = (1+s)P_2$

③ $P_0 = P_2 + P_{2c} = \dfrac{N}{N_s}P_2 = (1-s)P_2$

④ $(1-s)P_2 = \dfrac{N}{N_s}P_2 = P_0 - P_{2c} = P_0 - sP_2$

2차 출력 = 2차 입력 − 2차 손실이며, $P_{c2} = sP_2$, $1-s = \dfrac{N}{N_s}$이므로
∴ $P_0 = P_2 - P_{2c} = P_2 - sP_2 = (1-s)P_2 = \dfrac{N}{N_s}P_2$

정답 125 ① 126 ③ 127 ③ 128 ① 129 ② 130 ①

131

220[V] 60[Hz] 8극 15[kW]의 3상 유도전동기에서 전 부하 회전수가 864[rpm]이면 이 전동기의 2차 동손은 몇 [W] 인가?

① 435
② 537
③ 625
④ 723

위 표에서 $P_c = \frac{s}{1-s} P_0$에서

① $N_s = \frac{120f}{P} = 900$ [rpm]

② $s = \frac{N_s - N}{N_s} = \frac{900 - 864}{900} = 0.04$

③ $P_c = \frac{s}{1-s} P_0 = \frac{0.04}{1-0.04} \times 15000 = 625$ [W]

132

3상 유도전동기의 공급전압이 일정하고 주파수가 정격값보다 수[%] 감소할 때 다음 현상 중 옳지 않은 것은?

① 동기속도가 감소한다.
② 철손이 약간 증가한다.
③ 누설 리액턴스가 증가한다.
④ 역률이 나빠진다.

주파수가 감소하면(50/60)
- 감소 : 속도, 역률, 누설리액턴스
- 증가 : 철손, 여자전류, 기동전류, 최대토크, 온도

133

권선형 3상 유도전동기에서 2차 저항을 변화시켜 속도를 제어하는 경우 최대 토크는?

① 최대 토크가 생기는 점의 슬립에 비례한다.
② 최대 토크가 생기는 점의 슬립에 반비례한다.
③ 2차 저항에만 비례한다.
④ 항상 일정하다.

비례추이특징 : 최대토크는 불변, 기동전류는 감소하고, 기동토크 증가

134

3상 유도전동기에서 2차 측 저항을 2배로 하면 그 최대 토크는 몇 배로 되는가?

① 2배로 된다.
② 1/2로 줄어든다.
③ $\sqrt{2}$ 배가 된다.
④ 변하지 않는다.

최대토크는 2차 저항에 무관하며 최대토크를 발생하는 슬립만 2차 저항에 비례한다.

135

권선형 유도전동기의 기동 시 2차 저항을 넣는 이유는?

① 기동전류 감소
② 회전수 감소
③ 기동토크 감소
④ 기동전류 감소와 토크 증대

비례추이에 의해 기동전류는 줄이고 토크는 증가시킨다.

136

3상 유도전동기에서 비례추이를 하지 않는 것은?

① 효율
② 역률
③ 1차 전류
④ 동기 와트

- 비례추이 할 수 있는 것 : 동기 와트, 1차 전류, 2차 전류, 토크, 역률
- 비례추이 할 수 없는 것 : 출력, 2차 동손, 2차 효율

137

3상 권선형 유도 전동기의 전 부하 슬립이 5[%], 2차 1상의 저항이 0.5[Ω]이다. 이 전동기의 기동 토크를 전 부하 토크와 같도록 하려면 외부에서 2차에 삽입할 저항은 몇 [Ω]인가?

① 10
② 9.5
③ 9
④ 8.5

기동 시 $s'=1$에서 전 부하 토크를 발생시키는 데 필요한 외부저항
R은 $\frac{r_2}{s}=\frac{r_2+R}{s'}$, $\frac{0.5}{0.05}=\frac{0.5+R}{1}$
∴ $R=\frac{0.5}{0.05}-0.5=9.5[\Omega]$

138

1차(고정자 측) 1상당 저항이 $r_1[\Omega]$, 리액턴스 $x_1[\Omega]$이고 1차에 환산한 2차측(회전자 측) 1상당 저항은 $r_2'[\Omega]$, 리액턴스 $x_2'[\Omega]$이 되는 권선형 유도전동기가 있다. 2차 회로는 Y로 접속되어 있으며, 비례 추이를 이용하여 최대 토크로 기동시키려고 하면 2차에 1상당 얼마의 외부 저항(1차에 환산한 값)을 연결하면 되는가?

① $\frac{r_2'}{\sqrt{r_1^2+(x_1+x_2')^2}}$

② $\sqrt{r_1^2+(x_1+x_2')^2}-r_2'$

③ $\sqrt{(r_1+r_2')^2+(x_1+x_2')^2}$

④ $\sqrt{r_1^2+(x_1+x_2)^2}-r_2'$

$s_t=\frac{r_2'}{\sqrt{r_1^2+(x_1+x_2')^2}}$, $T_m=\frac{m_1V_1^2}{2r_1+\sqrt{r_1^2+(x_1+x_2')^2}}$
기동 시에는 $s=1$이므로, 기동 저항을 R_x'라고 하면
$\frac{r_2'}{s_t}=\frac{r_2'+R_s'}{s}$ ∴ $\frac{r_2'}{s_t}=\frac{r_2+R_s'}{1}$
$r_2'+R_s'=\sqrt{r_1^2+(x_1+x_2')^2}$ ∴ $R_s'=\sqrt{r_1^2+(x_1+x_2')^2}-r_2'$

139 ★★★★★

3상 유도전동기의 원선도를 그리는데 옳지 않은 시험은?

① 저항측정
② 무부하시험
③ 구속시험
④ 슬립측정

원선도 작성 시 필요사항 : 구속시험 · 저항측정 · 무부하시험

140

유도전동기의 원선도에서 원의 지름은?(단, E는 1차 전압, r은 1차로 환산한 저항, x는 1차로 환산한 누설리액턴스라 한다.)

① rE에 비례
② xE에 비례
③ E/r에 비례
④ E/x에 비례

유도전동기의 1차 부하전류는 부하의 증감에 따라 E/x를 지름으로 하는 반원주상에 그 궤적을 그린다. 이것을 원선도라 하며, 원선도 작성에 필요한 시험3가지는 : 저항측정, 무부하시험, 구속시험

141

농형 유도 전동기 기동법에 대한 설명 중 틀린 것은?

① 전 전압 기동법은 소용량에 적용된다.
② $Y-\triangle$ 기동법은 기동전압이 $\frac{1}{\sqrt{3}}$로 감소한다.
③ 리액터 기동법은 기동 후 리액터를 단락한다.
④ 기동보상기은 최종속도 도달 후에도 기동보상기가 필요하다.

기동 보상기를 사용한 기동법은 기동이 된 후에는 기동 보상기를 단락함

142

3상 유도전동기의 기동법 중 전전압기동에 대한 설명으로 틀린 것은?

① 소용량 농형전동기의 기동법이다.
② 기동시간이 긴 전동기에 적용한다.
③ 기동 전류는 정격 전류의 4~6배 정도이다.
④ 직접 정격전압을 가한다.

전 전압 기동법은 전동기에 별도의 기동장치를 두지 않고 정격전압을 가하여 기동하는 방식으로 기동시간이 짧고 용량이 적은 유도전동기에 적합하다. 기동전류는 정격전류의 4~6배 정도 흐르게 된다.

143

비례추이를 하는 전동기는?

① 단상 유도전동기
② 권선형 유도전동기
③ 동기 전동기
④ 정류자 전동기

권선형 유도전동기의 회전자 외부에 접속시킨 저항의 크기를 조정하면 토크는 그대로 유지하면서 저항에 비례하여 slip(속도)이 이동하게 되는 현상을 비례추이라 한다.

144

일정 토크 부하에 알맞은 유도전동기의 주파수제어에 의한 속도제어 방법을 사용할 때 공급전압과 주파수는 어떤 관계를 유지하여야 하는가?

① 공급전압이 항상 일정하여야 한다.
② 공급전압과 주파수는 반비례 되어야 한다.
③ 공급전압과 주파수는 비례되어야 한다.
④ 공급전압과 자승에 반비례하는 주파수를 공급하여야 한다.

주파수 속도 제어법 : 전압과 출력은 주파수에 비례
$E \propto f$, $P \propto f$

145

유도전동기 회전자에 2차 주파수와 같은 주파수 전압을 공급하여 속도를 제어하는 방법은?

① 전 전압제어
② 2차 저항법
③ 주파수 제어법
④ 2차 여자법

2차 주파수 sf와 같은 주파수의 전압을 발생시켜 슬립링을 통하여 회전자 권선에 공급하여, s를 변환시키는 방법이 2차 여자법이다.

146

3상 유도전동기의 속도제어 법 중 2차 저항제어와 관계가 없는 것은?

① 농형유도전동기에 이용
② 토크 속도특성의 비례추이를 응용
③ 2차 저항이 커져 효율이 낮아지는 단점
④ 조작이 간단하고 광범위한 속도제어

유도전동기의 속도제어 중 2차 저항제어는 권선형 유도전동기만 해당된다.

147 ★

8극과 4극 2개의 유도전동기를 직렬 종속법으로 속도제어를 할 때 전원 주파수가 60[Hz]인 경우 무부하 속도는 몇 [rpm]인가?

① 600
② 900
③ 1200
④ 1800

직렬 종속 $N = \dfrac{2f}{p_1 + p_2} [\text{rps}] = \dfrac{120f}{p_1 + p_2} [\text{rpm}]$에서
$N = \dfrac{120 \times 60}{8 + 4} = 600 [\text{rpm}]$

148

선박 추진용 및 전기 자동차용 구동전동기의 속도제어에 가장 알맞은 것은?

① 저항에 의한 제어
② 전압에 의한 제어
③ 극수변환에 의한 제어
④ 전원 주파수에 의한 제어

주파수 변환 속도제어는 선박추진용, 전기자동차용, 인견공장의 포토모터 등이다.

149

권선형 유도전동기의 회전자 권선의 접속을 원심력 개폐기에 의해서 직렬 또는 병렬로 바꾸어 속도를 제어하는 방법은?

① 게르게스법
② 2차 여자법
③ 2차 저항법
④ 주파수 변환법

권선형 유도전동기의 속도제어법
- 2차저항법 : 2차에 저항을 넣어 비례 추이를 이용하여 슬립 s를 바꾸는 방법
- 2차여자법 : 회전자에 슬립 주파수의 전압을 공급하여 속도제어

150

권선형 유도 전동기를 급격히 정지시키려 할 때 가장 적합한 방식은?

① 2차 저항법
② 역상제어법
③ 고정자 단상법
④ 불평형법

제동법 ① 발전제동 ② 역전제동 ③ 회생제동 ④ 단상제동
역상제동은 회전 중인 전동기의 1차권선 3단자 중 임의의 2단자의 접속을 바꾸면 상회전의 순서가 반대로 되어 회전자에 작용하는 토크의 방향이 역으로 되므로 전동기는 급제동 된다.

151

유도 전동기의 제동방법 중 슬립의 범위를 1~2 사이로 하여 3선중 2선의 접속을 바꾸어 제동하는 방법은?

① 역상제동
② 직류제동
③ 단상제동
④ 회생제동

152

유도 전동기의 역상제동의 상태를 크레인이나 권상기의 강하 시에 이용하고 속도제한의 목적에 사용되는 경우의 제동하는 방법은?

① 발전제동
② 유도제동
③ 회생제동
④ 단상제동

153 ★

3상 유도전동기의 전원 측에서 임의의 2선을 바꾸어 접속하여 운전하면?

① 회전 방향이 반대가 된다.
② 회전 방향은 불변이나 속도가 약간 떨어진다.
③ 즉각 정지된다.
④ 바꾸지 않았을 때와 동일하다.

3상 유도전동기의 경우 임의의 2선의 접속을 반대로 접속하여 역회전 운전한다. 이러한 특성을 이용하여 승강기 등의 왕복운동을 하는 부하에 사용한다.

154

소형 유도전동기의 슬롯이나 권선의 잘못된 제작으로 전동기를 기동할 때 발생되는 현상은?

① 토크 증가 현상
② 게르게스 현상
③ 크로우링 현상
④ 제동 토크의 증가 현상

균일하지 않은 슬롯 부분의 자기 저항 차이 때문에 공극의 임피던스가 일정하지 않고 위치에 따라 변하기 때문에 공극내 자속분포에는 많은 고조파 성분이 있으며 이로 인해 유도 전동기에 있어서 정지 상태로부터 동기 속도의 수분의 1인 저속도까지 가속하고, 그 이상은 가속하지 않는(안정하기는 하지만) 이상한 운전 상태가 발생될 수 있으며 이러한 현상을 크로우링 현상이라 한다.

155 ★★

유도 전동기에서 게르게스(Gorges) 현상이 생기는 슬립은 대략 얼마인가?

① 0.25
② 0.5
③ 0.7
④ 0.8

게르게스 현상이란 3상 유도전동기의 2차회로 중 1선이 단선된 경우에 약간의 과부하 상태에서도 슬립 $S=0.5$ 부근에서 가속되지 않는 현상을 말한다.

정답 149 ③ 150 ② 151 ① 152 ② 153 ① 154 ③ 155 ②

156

단상 유도전동기의 기동에 브러시를 필요로 하는 것은?

① 분상기동형
② 반발기동형
③ 콘덴서 분상기동형
④ 셰이딩 코일형

반발기동형
- 회전자 권선의 전부 혹은 일부를 브러시를 통해 단락시켜 기동하는 방식을 말한다.
- 기동토크가 가장 크다.
- 브러시의 위치를 변경하여 역회전시킬 수 있다.

157

단상 유도전동기의 특징이 아닌 것은?

① 기동토크가 없으므로 기동장치가 필요하다.
② 기계손이 없어도 무부하 속도는 동기속도 보다 적다.
③ 슬립이 2보다 작고 0이 되기 전에 토크가 0이 된다.
④ 권선형은 비례추이를 하며 최대토크는 변화한다.

단상유도 전동기
- 기동토크가 0 이므로 기동장치 필요
- 슬립이 0 되기 전에 토크 0

158

기동장치를 갖는 단상 유도전동기가 아닌 것은?

① 2중 농형
② 분상기동형
③ 반발기동형
④ 셰이딩코일형

2중 농형은 보통 농형보다 회전자 홈을 2중으로 만들어 기동특성을 보완한 특수 유도전동기의 일종이다.

159 ★

3상 유도전압 조정기의 동작원리는?

① 회전자계에 의한 유도 작용을 이용하여 2차 전압의 위상전압의 조정에 따라 변화한다.
② 교번자계의 전자유도작용을 이용한다.
③ 충전된 두 물체 사이에 적용하는 힘
④ 두 전류 사이에 적용하는 힘

유도전압조정기
- 단상 : 교번자계이용, 단락권선 필요, 입출력간의 위상차 없다.
- 3상 : 회전자계이용, 단락권선 불필요, 입출력간의 위상차 있다.

160

단상 유도전압조정기에 단락권선을 1차권선과 수직으로 놓는 이유는?

① 2차권선의 누설 리액턴스 강하를 방지
② 2차권선의 주파수를 변환시키는 작용
③ 2차 단자전압과 1차 전압과 위상을 같게 한다.
④ 부하시의 전압 조정을 용이하게 하기 위해서

단락권선 용도 : 2차 권선의 누설리액턴스 강하방지로 전압강하 방지

161

단상유도 전압조정기에서 단락권선의 성질이 아닌 것은?

① 회전자에 2차 권선과 직각으로 감는다.
② 2차 권선의 기자력 중 1차 권선으로 소거되지 않는 기자력 분을 소거한다.
③ 2차 권선의 리액턴스 전압강하를 감소시킨다.
④ 2차 철심의 철손 증가를 억제한다.

단락권선 설치 : 1차 권선에 직각방향으로 권선을 감는다.

162

단상 유도전압조정기의 1차 권선과 2차 권선의 축사이의 각도를 α라 하고 양 권선의 축이 일치할 때 2차 권선의 유기전압을 E, 전원전압을 V_1, 부하 측의 전압을 V_2라 하면 임의의 각 α일 때의 V_2는?

① $V_2 = V_1 + E_2 \cos \alpha$
② $V_2 = V_1 - E_2 \cos \alpha$
③ $V_2 = V_1 + E_2 \sin \alpha$
④ $V_2 = V_1 - E_2 \sin \alpha$

⚡ 유도전압조정기의 전압조정 범위
 • 단상: $V_2 = V_1 + E_2 \cos \alpha$, • 3상: $V_2 = \sqrt{3}(V_1 \pm E_2)$

163

$200 \pm 200[V]$, 자기용량 $3[kVA]$인 단상 유도전압조정기가 있다. 최대출력[kVA]은?

① 8 ② 6
③ 4 ④ 2

⚡ 단상유도전압 조정기의 부하용량과 자기용량의 관계에서
자기용량=부하용량 × $\frac{승압전압}{고압측전압}$ 에서 $V_2 = 200+200=400[V]$
부하용량=자기용량 × $\frac{고압측전압}{승압전압} = 3 \times \frac{400}{200} = 6[kVA]$

164

유도전동기의 실부하법에서 부하로 쓰이지 않는 것은?

① 전기동력계
② 프로니브레이크
③ 전동발전기
④ 와전류제동기

⚡ 유도전동기의 실 부하로 사용되는 것은 전기동력계, 프로니 브레이크, 와전류제동기 이다.

165

유도전동기의 슬립(slip)을 측정하려고 한다. 다음 중 슬립의 측정법은 어느 것인가?

① 직류 밀리볼트계 법
② 동력계법
③ 보조 발전기법
④ 프로니 브레이크 법

166

3상 유도전동기의 불평형 3상 전압을 가한 경우 다음 전동기 특성 중 옳은 것은?

① 영상전압은 거의 고려할 필요가 없다.
② 영상전압은 고려하여야 한다.
③ 정상전압과 역상전압에 의한 회전자계의 방향은 같다.
④ 직렬운전 상태에서 역상분은 제동작용을 하지 않는다.

167

3상유도전동기를 불평형 전압으로 운전하면 토크와 입력의 관계는?

① 토크는 증가하고 입력은 감소
② 토크도 증가하고 입력도 증가
③ 토크는 감소하고 입력은 증가
④ 토크도 감소하고 입력도 감소

168

$10[kW]$, 3상, $200[V]$ 유도전동기의 전 부하 전류[A]는?(단, 효율 및 역률 85[%])

① 60 ② 80
③ 40 ④ 20

⚡ 3상에서 $P_3 = \sqrt{3} VI \cos \theta \eta$ 에서 $I = \frac{P_3}{\sqrt{3} V \cos \theta \eta}$
$= \frac{10000}{\sqrt{3} \times 200 \times 0.85 \times 0.85} = 39.9[A]$

정답 162 ① 163 ② 164 ③ 165 ① 166 ① 167 ③ 168 ③

SECTION 05 정류기

169

회전 변류기의 직류측 전압을 조정하는 방법이 아닌 것은?

① 직렬 리액턴스에 의한 방법
② 부하 시 전압 조정 변압기를 사용하는 방법
③ 동기 승압기에 의한 방법
④ 여자 전류를 조정하는 방법

회전 변류기는 교류 측과 직류 측의 전압비가 일정하므로 직류 측 여자 전류를 가감하여 직류 전압을 조정할 수 없다. 따라서 직류 전압을 조정하기 위해서는 슬립링에 가해지는 교유 전압을 조정하여야 한다. 이 방법은 다음과 같다.
① 직렬 리액턴스에 의한 방법
② 유도 전압 조정기를 사용하는 방법
③ 부하 시 전압 조정 변압기를 사용하는 방법
④ 동기 승압기를 사용하는 방법

170

반도체 정류기에 적용된 소자 중 첨두 역방향 내전압이 가장 큰 것은?

① 셀렌 정류기
② 실리콘 정류기
③ 게르마늄 정류기
④ 아산화동 정류기

171

실리콘 다이오드의 특성에서 잘못된 것은?

① 전압강하가 크다.
② 정류비가 크다.
③ 허용온도가 높다.
④ 역내전압이 크다.

172

다이오드를 사용한 정류 회로에서 여러개를 직렬로 연결하여 사용할 경우 얻는 효과는?

① 다이오드를 과전류로부터 보호
② 다이오드를 과전압으로부터 보호
③ 부하 출력의 맥동률 감소
④ 전력 공급의 증대

- 다이오드 직렬 연결 : 과전압 방지
- 다이오드 병렬 연결 : 과전류 방지

173

그림의 단상 전파정류회로에서 교류 측 공급전압 $628\sin 314t[V]$ 직류 측 부하저항 $20[\Omega]$일 때의 직류 측 부하전류의 평균치 $I_d[A]$ 및 직류 측 부하전압의 평균치 $E_d[V]$는?

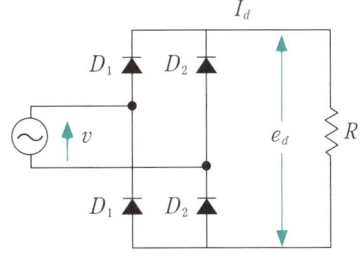

① $I_d=20[A]$, $E_d=400[V]$
② $I_d=10[A]$, $E_d=200[V]$
③ $I_d=14.1[A]$, $E_d=282[V]$
④ $I_d=28.2[A]$, $E_d=565[V]$

단상(반파:0.45, 전파 : 0.9), 삼상(반파 : 1.17, 전파 : 1.35)
직류전압 = 교류전압의 실효값 × 상수(0.9 : 단상전파)
$E_d=0.9E=0.9 \times 628/\sqrt{2}=400[V]$
직류전류 = 직류전압/저항 = 400/20 = 20[A]

174

다음은 무슨 회로인가?

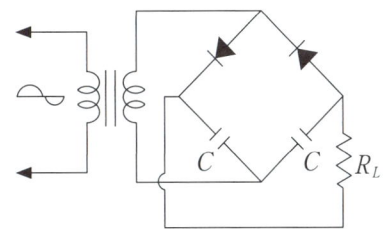

① 배전압 정류 회로
② 다이오드 특성 측정 회로
③ 전파 정류 회로
④ 반파 정류 회로

정답 169 ④ 170 ② 171 ① 172 ② 173 ① 174 ①

175

다음 정류방식 중 맥동률이 가장 작은 방식은?

① 단상 반파 정류
② 단상 전파 정류
③ 3상 반파 정류
④ 3상 전파 정류

즉 맥동률 : 교류분/직류분 (단상전파 48%, 3상전파 : 4%(최저))

176

그림과 같은 단상 전파 제어회로에서 부하 역률각이 60°의 유도부하 일 때 제어각 를 0°에서 180°까지 제어 하는 경우에 전압제어가 불가능한 범위는?

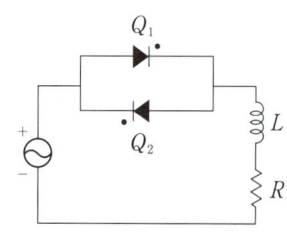

① 30° ② 60
③ 90° ④ 120°

역률각 이하에서는 제어가 되지 않음(제어각(위상각)>역률각)

177 ★

SCR(실리콘 정류 소자)의 특성이 아닌 것은?

① 아크가 생기지 않으므로 열의 발생이 적다.
② 과전압에 약하다.
③ 도통할 때까지의 시간이 짧다.
④ 전류가 흐르고 있을 때의 양극 전압 강하가 크다.

SCR의 순방향 전압 강하는 보통 1.5[V] 이하로 적다.

178

다음은 사이리스터의 래칭(latching) 전류에 관한 설명이다. 옳은 것은?

① 게이트를 개방한 상태에서 사이리스터 도통 상태를 유지하기 위한 최소 전류
② 게이트 전압을 인가한 후에 급히 제거한 상태에서 도통 상태가 유지되는 최소의 순전류
③ 사이리스터의 게이트를 개방한 상태에서 전압을 상승하면 급히 증가하게 되는 순전류
④ 사이리스터가 턴온하기 시작하는 순전류

179

반도체 사이리스터에 의한 속도 제어에서 제어되지 않는 것은?

① 토크
② 전압
③ 위상
④ 주파수

180

실리콘 제어정류기(SCR)의 설명 중 틀린 것은?

① $PNPN$ 구조로 되어 있다.
② 인버터 회로에 이용될 수 있다.
③ 고속도의 스위치 작용을 할 수 있다.
④ 게이트에 (+)와 (−)의 특성을 갖는 펄스를 인가하여 제어한다.

SCR는 게이트(+)의 트리거 펄스가 인가되면 통전 상태로 되어 정류 작용이 개시되고, 일단 통전이 시작되면 게이트 전류를 차단해도 주전류(애노드 전류)는 차단되지 않는다. 이때에 이를 차단하려면 애노드 전압을 (0) 또는 (−)로 해야 한다.

181
수은 정류기의 역호의 발생의 원인이 아닌 것은?

① 양극의 수은 부착
② 내부 잔존가스 압력의 상승
③ 전압의 과대
④ 주파수 상승

가장 큰 원인 : 과전류, 과전압

182
수은정류기의 전압과 효율과의 관계는?

① 전압과 효율은 전혀 관계없다.
② 전압이 높아짐에 따라 효율이 감소한다.
③ 전압이 높아짐에 따라 효율이 좋아진다.
④ 어느 전압이하에서는 전압에 관계없이 일정하다.

183 ★
교류 정류자전동기의 설명 중 틀린 것은?

① 높은 효율과 연속적인 속도제어가 가능하다.
② 회전자는 정류자를 갖고 고정자는 집중 또는 분포 권선이다.
③ 정류작용은 직류기와 같이 간단히 해결된다.
④ 기동시 브러시 이동만으로 큰 기동 토크를 얻는다.

184
직류 교류 양용에 사용되는 만능전동기는?

① 직권 정류자전동기
② 복권전동기
③ 유도전동기
④ 동기전동기

단상직권 정류자 전동기 :
가전제품등에 널리 사용, 직류 · 교류 양용, 보상권선(역률개선)

185
75[W] 이하의 소출력으로 소형공구, 영사기, 치과 의료용 등에 널리 이용되는 전동기는?

① 교류 서보 전동기
② 히스테리시스 전동기
③ 영구자석 스텝전동기
④ 단상 직권 정류자 전동기

186
단상 직권 정류자전동기의 회전속도를 높이는 이유는?

① 리액턴스강하를 크게 한다.
② 전기자에 유도되는 역기전력을 적게 한다.
③ 역률을 개선한다.
④ 토크를 증가한다.

단상 직권 정류자 전동기는 회전 속도에 비례하는 기전력이 전류와 동상으로 유기되어 속도가 증가 할수록 역률이 개선되므로 회전속도를 증가시킨다.

187 ★
단상 직권 정류자 전동기에서 보상 권선과 저항 도선의 작용을 설명한 것 중 옳지 않은 것은?

① 역률을 좋게 한다.
② 변압기의 기전력을 크게 한다.
③ 전기자 반작용을 제거해 준다.
④ 저항 도선은 변압기 기전력에 의한 단락 전류를 작게 한다.

저항 도선은 변압기 기전력에 의한 단락 전류를 작게 하여 정류를 좋게 하며, 또한 보상 권선은 전기자 반작용을 상쇄하여 역률을 개선한다.

정답 181 ④ 182 ③ 183 ③ 184 ① 185 ④ 186 ③ 187 ②

188 ★

속도변화에 편리한 교류 전동기는?

① 농형 전동기
② 2중 농형 전동기
③ 동기 전동기
④ 시라게 전동기

⚡
시라게 전동기는 브러시 이동으로 간단히 원활하게 속도 제어가 된다.

정답 188 ④

회로이론

Circuit **Theory**

Section 01 직류회로
Section 02 단상교류회로
Section 03 3상 교류회로
Section 04 비정현파 교류(외형파)
Section 05 기하학적 회로망
Section 06 단자망회로(2단자, 4단자)
Section 07 과도현상
Section 08 라플라스변환
Section 09 전달함수

CHAPTER 04 회로이론

Circuit **Theory**

SECTION 01 직류회로

1. 옴의 법칙(Ohm's law)

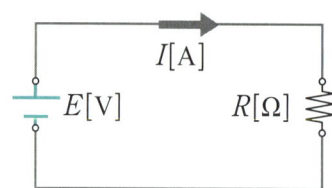
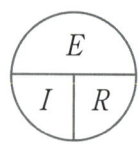

$I = \dfrac{E}{R}$ [A], $R = \dfrac{E}{I}$ [Ω], $E = RI$ [Ω]

여기서 I : 전류[A], E : 기전력[V], R : 저항[Ω]
전류는 저항에 반비례하고 전압(기전력)에 비례한다

① 전　류 I [A] : 단위시간당 전하의 이동량
② 기전력 E [V] : 전압을 발생하여 전류를 계속 흐르게 하는 전기적인 힘
③ 저　항 R [Ω] : 전류의 흐름을 방해하는 정도
　　　　　　　 (절연저항은 크고, 도선의 저항은 적고, 부하저항은 적당해야겠죠)
　　　　　　　 도선의 저항(小 은 ➡ 구리 ➡ 금 ➡ 알루미늄 大)
　　　　　　　 고유저항 : 연동선(1/58), 경동선(1/55), 알루미늄(1/33)

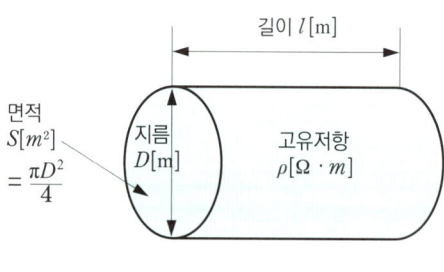

R [Ω] : 저항, ρ [Ω·m] : 고유저항
S [m²] : 면적, l [m] : 길이
G [℧] : 컨덕턴스 $= \dfrac{1}{R}$
σ [℧/m] : 도전률 $= \dfrac{1}{\rho}$

$R = \rho \dfrac{l}{S}$

2. 직교류회로

(1) **전류** [C/s], [A] : $I = \dfrac{Q}{t}$ (직류회로) $= \dfrac{dq}{dt}$ (교류회로)

여기서 Q : 전기량[C], t : 시간[sec]

(2) **전하량** [C] : $Q = I \cdot t$ (직류전류) $= \displaystyle\int_0^t i(t) \cdot dt$ (교류전류)

3. 저항의 합성

(1) **직렬접속(전류 일정)** $R_0 = R_1 + R_2 + R_3 + \cdots R_n [\Omega]$ ➡ $R = R_1 + R_2$ (증가)

(2) **병렬접속(전압 일정)** $R_0 = \dfrac{1}{\dfrac{1}{R_1} + \dfrac{1}{R_2} + \cdots \dfrac{1}{R_n}} = \dfrac{1}{\sum_{n=1}^{\infty} \dfrac{1}{R_n}} [\Omega]$ ➡ $R = \dfrac{R_1 \times R_2}{R_1 + R_2}$ (감소)

직렬, 병렬

부하(소자)				직렬연결	병렬연결
명칭	기호	단위	심벌		
저항	R	Ω		$R_0 = R_1 + R_2$	$R_0 = \dfrac{R_1 \cdot R_2}{R_1 + R_2}$
인덕턴스	L	H		$L_0 = L_1 + L_2$	$L_0 = \dfrac{L_1 \cdot L_2}{L_1 + L_2}$
정전용량	C	F		$C_0 = \dfrac{C_1 \cdot C_2}{C_1 + C_2}$	$C_0 = C_1 + C_2$
콘덕턴스	G	℧		$G_0 = \dfrac{G_1 \cdot G_2}{G_1 + G_2}$	$G_0 = G_1 + G_2$

저항의 직렬, 병렬

- 직렬 : 10[Ω], 2개 ➡ 10×2 = 20[Ω]

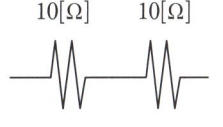

직렬합성

- 병렬 : 10[Ω], 2개 ➡ 10/2 = 5[Ω]

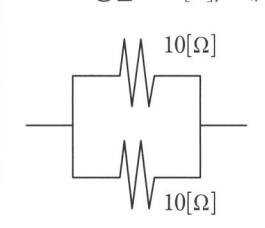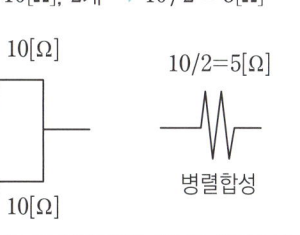

병렬합성

4. 전지의 직·병렬 접속

(1) 전압원의 직렬접속

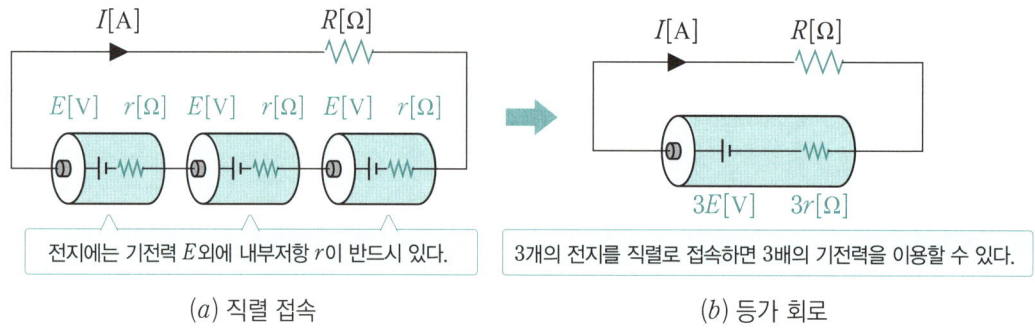

(a) 직렬 접속   (b) 등가 회로

(2) 전압원의 병렬접속

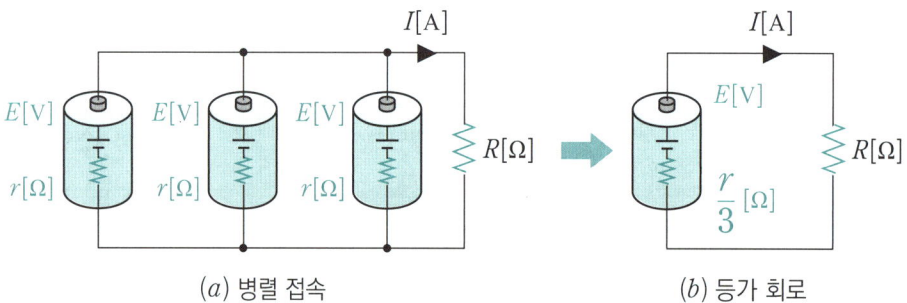

(a) 병렬 접속   (b) 등가 회로

전원의 연결	내부저항	단자전압	단자전류
직렬연결	n배 증가	n배 증가	일정
병렬연결	n배 감소	일정	n배 증가

5. 전압분배법칙, 전류분배법칙

(1) **전압분배법칙** : 전압은 저항에 비례(직렬회로, 전류일정)

$$V_1 = V \cdot \frac{R_1}{R_1 + R_2} [V] \qquad V_2 = V \cdot \frac{R_2}{R_1 + R_2} [V]$$

(2) **전류분배법칙** : 전류는 저항에 반비례(병렬회로, 전압일정)

$$I_1 = I \cdot \frac{R_2}{R_1 + R_2} [A] \qquad I_2 = I \cdot \frac{R_1}{R_1 + R_2} [A]$$

전압분배법칙, 전류분배법칙

• 전압분배법칙(직렬회로)

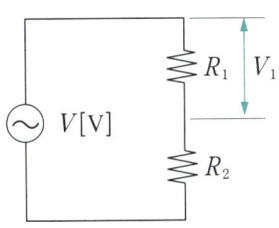

$$V_1 = V \cdot \frac{R_1}{R_1+R_2}$$

• 전류분배법칙(병렬회로)

$$I_1 = I \times \frac{R_2}{R_1+R_2}$$

합성저항(등가저항) 계산 및 전압, 전류분배법칙 이해

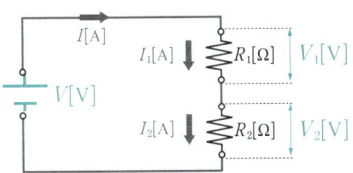

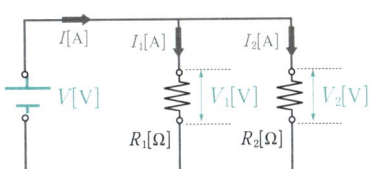

• 합성저항계산($V = V_1 + V_2$ 이용)

$V = V_1 + V_2$ ➡ $IR = I_1R_1 + I_2R_2$ 에서
$I = I_1 = I_2$ 대입 $R = R_1 + R_2$

• 전압분배법칙($I = I_1$ 이용)

$I = I_1$ ➡ (옴의 법칙) ➡ $\frac{V}{R} = \frac{V_1}{R_1}$ 에서

$V_1 = \frac{V}{R} \times R_1 = V\frac{R_1}{R} = V\frac{R_1}{R_1+R_2}$

• 합성저항계산($I = I_1 + I_2$ 이용)

$I = I_1 + I_2$ ➡ $\frac{V}{R} = \frac{V_1}{R_1} + \frac{V_2}{R_2}$ 에서

$V = V_1 = V_2$ 대입 $\frac{1}{R} = \frac{1}{R_1} + \frac{1}{R_2}$

• 전류분배법칙($V = V_1$ 이용)

$V = V_1$ ➡ (옴의 법칙) ➡ $IR = I_1R_1$ 에서

$I_1 = \frac{IR}{R_1} = I\frac{R}{R_1} = I\frac{\frac{R_1R_2}{R_1+R_2}}{R_1} = I\frac{R_2}{R_1+R_2}$

6. 전력(유효)

$$P = \frac{W}{t} = \frac{QE}{t} = E_R I_R = R \cdot I_R^2 (\text{직렬회로}) = \frac{E_R^2}{R} (\text{병렬회로}) [\text{W=J/sec}]$$

SECTION 02 단상교류회로

1. 정현파 교류의 순시치 표현

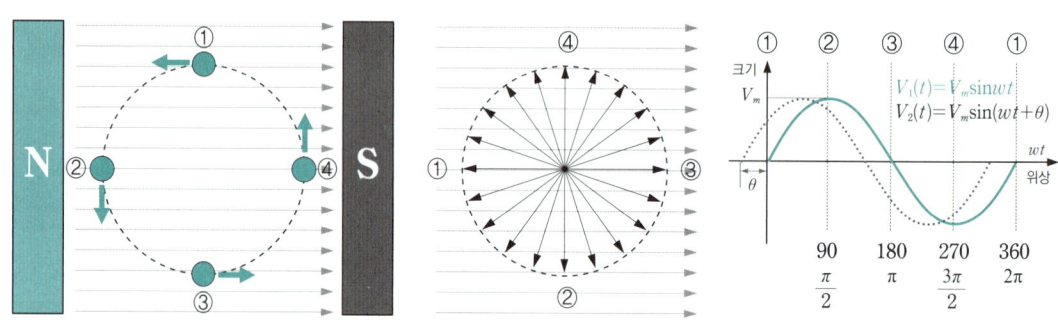

(1) **순시치** : $V(t) = V_m \sin(\omega t + \theta) = \sqrt{2} V \sin(\omega t + \theta)$ ∴ $\cos \omega t = \sin(\omega t + 90)$

V_m : 파형의 최대값[V], ω : 각주파수[rad/s], θ : 위상[도] 또는 [rad]

(2) **각속도=각주파수** : $\omega = 2\pi f = \dfrac{2\pi}{T}$

① 각속도 ω[rad/s] : 1초[sec]당 회전각($\omega = \theta/t$)으로 이때 각도는 호도법에 의한 라디안각임
　　　　　　　　　　(각도법 : $180°$[도] ⇔ 호도법 : π[rad] = 3.14[rad])
② 주파수 f [Hz] 　: 1초[sec]당 cycle 수
③ 주 　기 T [sec] : 1cycle 당 회전시간[sec]

2. 교류의 크기

(1) **최대값** I_{max} : 파형의 가장 높은 값

(2) **실효값** I_{rms} : (열선형계기로 측정) 직류와 같은 크기의 일(동일열량)을 한 크기

$$I_{rms} = \sqrt{\dfrac{1}{T} \int_0^T i^2(t)\,dt} = \sqrt{i^2 \text{의 1주기간의 평균값}}$$

> **실효값 이해**
>
> DC ———— 100[V]
>
> AC ～～ 141[V] / 100
>
> 질문 어느 커피포트가 빨리 온도가 올라갈까?

(3) **평균값** I_{av} : (가동코일형계기로 측정) : 교류를 직류로 변환시 크기(정류회로) - 직류전압계로 측정

$$I_{av} = \frac{1}{T}\int_0^T i(t)\,dt \quad \text{※ 단, 1주기 적분값이 0인 경우 반주기의 평균값 } I_{av} = \frac{2}{T}\int_0^{T/2} i(t)\,dt$$

(4) **파고율과 파형률** : 파의 날카로운 정도 표현(클수록 날카롭다.)

① 파고율 = $\dfrac{최대값}{실효값}$ ② 파형률 = $\dfrac{실효값}{평균값}$

(5) **파의 최대값 ≥ 실효값 ≥ 평균값, 파고율 ≥ 파형률**

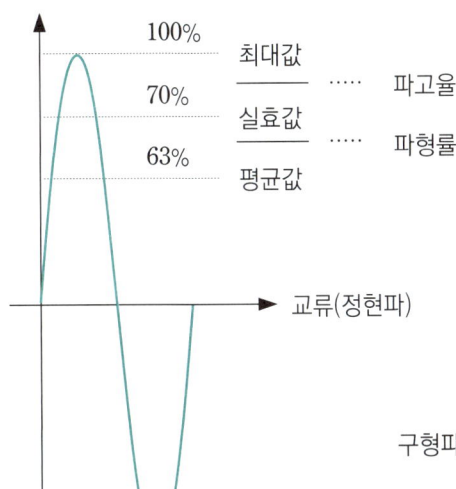

	구형파	정현파	삼각파	반파
파고율	1	$\sqrt{2}$	$\sqrt{3}$	전파의 $\sqrt{2}$
파형률	1	1.11	1.155	

구형파 = 직류, 정현파 = 교류, 삼각파 = 톱니파

(6) **각종 파형의 비교** V_m = **파형의 최대치** (아래 표는 참고용, 상단 값으로 암기)

파형		실효값	파고율	평균값	파형율
구형파	⊓⊔	V_m	1	V_m	1
정현파	∿	$\dfrac{V_m}{\sqrt{2}}=0.7V_m$	1.414	$\dfrac{2}{\pi}V_m=0.63V_m$	1.11
삼각파	△▽	$\dfrac{V_m}{\sqrt{3}}$	1.732	$\dfrac{V_m}{2}$	1.155
반파 구형파	⊓	$\dfrac{V_m}{\sqrt{2}}$	1.41	$\dfrac{V_m}{2}$	1.41
반파 정현파	⌒	$\dfrac{V_m}{2}$	2	$\dfrac{V_m}{\pi}$	1.57
반파 삼각파	△	$\dfrac{V_m}{\sqrt{6}}$	2.45	$\dfrac{V_m}{4}$	1.63

※구형파는 직류와 같이 취급됨

※반파의 실효값, 평균값은 전파 (실효값, 평균값)의 ($\frac{1}{\sqrt{2}}$, $\frac{1}{2}$)

※반파의 파고율, 파형률은 전파 (파고율, 파형률)의 $\sqrt{2}$

> **그냥 보고 지나가세요**
>
> $I(t)=I_m \sin \omega t$ 의 실효값과 평균값(반주기 평균이용)을 구해보자
>
> - 실효값 $I_{rms}=\sqrt{\frac{1}{T}\int_0^T i^2 dt}=\sqrt{\frac{1}{T}\int_0^T (I_m\sin\omega t)^2 d\omega t}$ 에서 $T=2\pi$, $\omega t=\theta$ 라 하면
> $=\sqrt{\frac{I_m^2}{2\pi}\int_0^{2\pi}\sin^2\theta d\theta}=\sqrt{\frac{I_m^2}{2\pi}\int_0^{2\pi}\frac{1}{2}(1-\cos 2\theta)d\theta}=\sqrt{\frac{I_m^2}{4\pi}\left[\theta-\frac{1}{2}\sin 2\theta\right]_0^{2\pi}}$
> $=\sqrt{\frac{I_m^2}{4\pi}(2\pi-0-0+0)}=\sqrt{\frac{I_m^2}{2}}=\frac{I_m}{\sqrt{2}}$
> - 평균값 $I_{av}=\frac{1}{T/2}\int_0^{T/2} i dt=\frac{1}{\pi}\int_0^{\pi}(I_m\sin\theta)d\theta=\frac{I_m}{\pi}[-\cos\theta]_0^{\pi}=\frac{I_m}{\pi}[1+1]=\frac{2}{\pi}I_m$

3. 벡터

(1) 순시치의 벡터표현

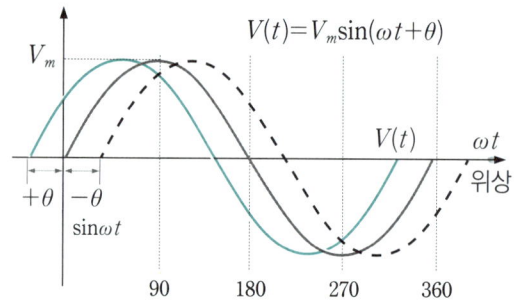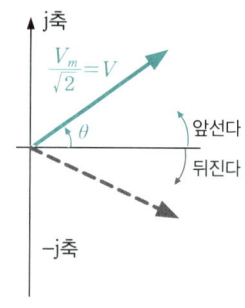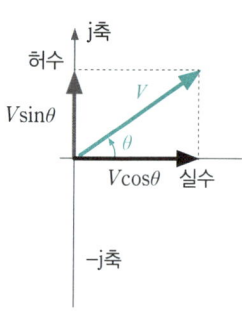

순시치표현	벡터표현	
$V[t]=V_m\sin\theta(\omega t+\theta)$ $\sqrt{2}V\sin\theta(\omega t+\theta)$	① 극좌표	$V[t]=V\angle\theta$
	② 삼각함수	$V[t]=V(\cos\theta+j\sin\theta)$
	③ 복소수	$V[t]=V\cdot\cos\theta+jV\cdot\sin\theta$

페이저 표시법

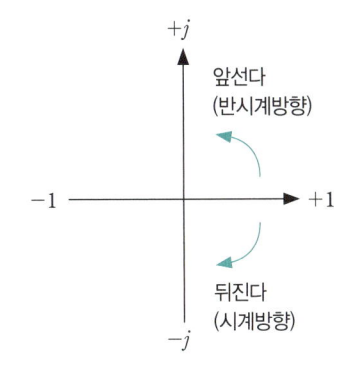

페이저(Phase) : 극좌표 형식으로 표현하며 정현파의 실효값과 위상을 각각 크기와 편각으로 하나의 복소수로 표현 j 는 회전연산자로써 복소수 벡터를 반시계방향으로 +90° 앞서게 이동시켜 주는 연산자
즉, $j = 1\angle 90°$ 로써

$$j^2 = 1\angle 180° = -1$$
$$j^3 = 1\angle 270° = -j$$
$$j^4 = 1\angle 360° = 1$$

예제

순시치표현

$$V[t] = 141\sin(\omega t + 60)$$
$$100\sqrt{2}\sin(\omega t + 60)$$

벡터표현

① 극좌표 $V[t] = 100\angle 60 = 100e^{j60}$
② 삼각함수 $V[t] = 100(\cos 60 + j\sin 60)$
③ 복소수 $V[t] = 100 \cdot \cos 60 + j100 \cdot \sin 60$
$\quad\quad\quad\quad = 50 + j50\sqrt{3}$

메모

1. 오일러 공식 : $e^{j\theta} = (\cos\theta + j\sin\theta)$ 이용
   극좌표 표현($A\angle\theta$)을 지수함수표현($Ae^{j\theta}$)로 바꾸어 표현 즉) $V(t) = V\angle\theta = Ve^{j\theta}$

2. 복소수를 다시 극좌표로 변경
   EX $50 + j50\sqrt{3}$ ➡ $\sqrt{(50)^2 + (50\sqrt{3})^2} \angle \tan^{-1}\left(\dfrac{50\sqrt{3}}{50}\right) = 100\angle 60$

삼각함수의 개념

- $\cos\theta = \dfrac{a}{c}$ ➡ $a = c \cdot \cos\theta$
- $\sin\theta = \dfrac{b}{c}$ ➡ $b = c \cdot \sin\theta$
- $\tan\theta = \dfrac{b}{a}$ ➡ $b = a \cdot \tan\theta$ (주로 각 계산 $\theta = \tan^{-1}\left(\dfrac{b}{a}\right)$)

※ $\sin^2 + \cos^2 = 1$ ∴ $\cos\theta = 0.8$ ➡ $\sin = ?\,(0.6)$
$\quad\quad\quad\quad\quad\quad\quad\quad\cos\theta = 0.6$ ➡ $\sin = ?\,(0.8)$

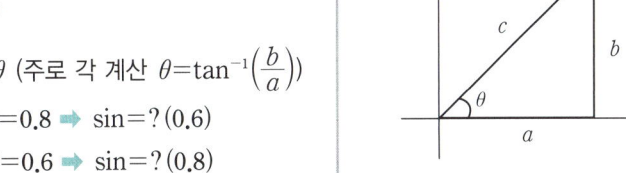

(2) **벡터의 계산**

	극좌표 ($\vec{A}=A\angle\theta_1, \vec{B}=B\angle\theta_2$)	복소수 ($\vec{A}=a+jb, \vec{B}=c+jd$)
가	벡터의 합의 형태로 구한다. $\sqrt{A^2+B^2+2AB\cos\theta}$ θ : A와 B 벡터의 위상차	실수끼리, 허수끼리의 합 $\vec{A}+\vec{B}=(a+c)+j(b+d)$
감	벡터의 차의 형태로 구한다. $\sqrt{A^2+B^2-2AB\cos\theta}$ $\sqrt{A^2+B^2+2AB\cos\theta'}$ θ' : A와 $-$B 벡터의 위상차	실수끼리, 허수끼리의 차 $\vec{A}-\vec{B}=(a-c)+j(b-d)$
승	크기는 곱하고, 위상은 더한다. $\vec{A}\times\vec{B}=(A\times B)\angle(\theta_1+\theta_2)$	전개 후 벡터의 합 $\vec{A}\times\vec{B}=(a\cdot c-b\cdot d)+j(a\cdot d+b\cdot c)$
제	크기는 나누고, 위상은 뺀다. $\dfrac{\vec{A}}{\vec{B}}=\left(\dfrac{A}{B}\right)\angle(\theta_1-\theta_2)$	분모 유리화 후 계산 $\dfrac{\vec{A}}{\vec{B}}=\dfrac{(ac+bd)+j(bc-ad)}{c^2+d^2}$

※ 복소수의 계산을 좀 더 자세히 이해 $\vec{A}=a+jb, \vec{B}=c+jd$

① 복소수의 **가** : $\vec{A}+\vec{B}=(a+jb)+(c+jd)=(a+c)+j(b+d)$

　　　　　극좌표 변환 $\vec{C}=C\angle\theta$, $C=\sqrt{(a+c)^2+(b+d)^2}$, $\theta=\tan^{-1}\left(\dfrac{b+d}{a+c}\right)$

② 복소수의 **감** : $\vec{A}-\vec{B}=(a+jb)-(c+jd)=(a-c)+j(b-d)$

　　　　　극좌표 변환 $\vec{C}=C\angle\theta$, $C=\sqrt{(a-c)^2+(b-d)^2}$, $\theta=\tan^{-1}\left(\dfrac{b-d}{a-c}\right)$

③ 복소수의 **승** : $\vec{A}\times\vec{B}=(a+jb)\times(c+jd)=ac+jad+jbc+j^2bd=(ac-bd)+j(ad+bc)$

　　　　　극좌표 변환 $\vec{C}=C\angle\theta$, $C=\sqrt{(ac-bd)^2+(ad+bc)^2}$, $\theta=\tan^{-1}\left(\dfrac{ad+bc}{ac-bd}\right)$

④ 복소수의 **제** : $\dfrac{\vec{A}}{\vec{B}}=\dfrac{a+jb}{c+jd}=\dfrac{(a+jb)(c-jd)}{(c+jd)(c-jd)}=\dfrac{ac-jad+jbc-j^2bd}{c^2+d^2}$

　　　　　$=\dfrac{(ac+bd)+j(bc-ad)}{c^2+d^2}$　($\because$ 허수 $j^2=-1$, $j^3=-j$)

> **Memo** 두 벡터의 합과 차는 작도법에 의해서도 계산할 수 있다.
>
>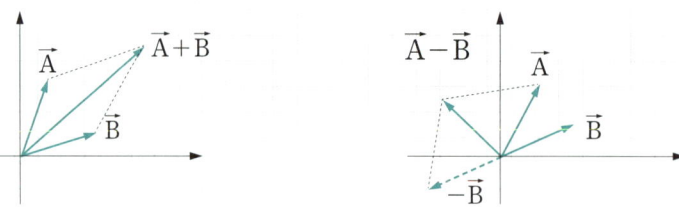

4. 단일소자회로(R, L, C 기본회로)의 특성

	R[Ω]	L[H]	C[F]
소자의 특성을 이해 하자	교류 전원 회로도, v·i 파형 (전류와 전압은 동상이다. v와 i파형은 최대값과 0[A], 0[V]에서 일치한다.)	회로도, v·i 파형 (전류 i는 전압 v보다 $\frac{\pi}{2}[rad]$ 뒤진다.)	회로도, v·i 파형 (전류 i는 전압 v보다 $\frac{\pi}{2}[rad]$ 위상이 앞선다.)
	동위상 R, V, I	L[H] : 코일 — I[A] 전류	C[F] : 콘덴서 — V[V] 전압
위상	전압, 전류 동위상	• 전류가 뒤진다(지상전류) : 90° 뒤진전류 • 전류급변불가	• 전압이 뒤진다(진상전류) : 90° 앞선전류 • 전압급변불가
명칭	R[Ω] : 저항	L[H] : 인덕턴스(코일)	C[F] : 정전용량(콘덴서)
임피던스	R[Ω] 순저항 ※주파수와 무관	$j\omega L = jX$ ($X_L = \omega L$) : (유도성)리액턴스	$\frac{1}{j\omega C} = -j\frac{1}{\omega C} = -jX$ ($X_C = \frac{1}{\omega C}$) : (용량성)리액턴스
		$\omega = 2\pi f$	
이해	저항은 전기적 에너지를 빛, 열 등의 다른 에너지로 변환시킨다.	코일은 전자석이 된다. $N\phi = LI$ $W_L = \frac{1}{2}LI^2$	콘덴서는 전하를 저장한다. $Q = CV$ $W_C = \frac{1}{2}CV^2$
전력	유효전력 (소비전력)	(유도성)무효전력	(용량성)무효전력
		"−" 무효전력 (전압기준)	"+" 무효전력 (전압기준)

j 의 의미

① $j=\sqrt{-1}$, $j^2=-1$, $j^3=-j$, $j^4=1$, $\dfrac{1}{j}=\dfrac{1\times j}{j\times j}=\dfrac{j}{-1}=-j$

② $j=1\angle 90°$, $j^2=1\angle 180°=-1$ (반대), $j^3=1\angle 270°$, $j^4=1\angle 360°$

j 의 재발견

① $A=jB$: 크기는 같고($|A|=|B|$) B 보다 90° 앞선 A

② L 만의 회로($Z=j\omega L$ 적용) $i(A)=\dfrac{V(t)}{Z[\Omega]}=\dfrac{V(t)}{j\omega L}=-j\dfrac{V(t)}{\omega L}$ ∴ 전압보다 90° 뒤진 전류

③ C 만의 회로($Z=\dfrac{1}{j\omega C}$ 적용) $i(A)=\dfrac{V(t)}{Z[\Omega]}=\dfrac{V(t)}{1/j\omega C}=j\omega CV(t)$ ∴ 전압보다 90° 앞선 전류

5. 합성회로(R, L, C의 합성)이해

(1) 임피던스의 직렬. 어드미턴스의 병렬회로

① 직렬회로(임피던스로 이해) $Z_T=Z_1+Z_2+Z_3+\cdots$ (실수는 실수, 허수는 허수끼리)

　　어드미턴스 $Y_T=\dfrac{1}{Z_T}$ 만 구함

② 병렬회로(어드미턴스로 이해) $Y_T=Y_1+Y_2+Y_3+\cdots$ (실수는 실수, 허수는 허수끼리)

　　임피던스 $Z_T=\dfrac{1}{Y_T}$ 또는 $\dfrac{1}{Z_T}=\dfrac{1}{Z_1}+\dfrac{1}{Z_2}+\cdots$ 로 계산함

$Z[\Omega] = R \ jX$

- $Z[\Omega]$: 임피던스
- $R[\Omega]$: 저항
- $X[\Omega]$:
  (유도성)리액턴스 $= j\omega L = jX$
  (용량성)리액턴스 $= -j\dfrac{1}{\omega C} = -jX$

$Y[℧] = G \ jB$

- $Y[℧]$: 어드미턴스
- $G[℧]$: 컨덕턴스 $= \dfrac{1}{R}$
- $B[℧]$:
  (유도성)서셉턴스 $= -j\dfrac{1}{\omega L} = -jB$
  (용량성)서셉턴스 $= j\omega C = jB$
  $[\Omega]$의 역수를 $[℧]$: 모(mho), $[s]$: 지멘스라 함

(2) 기본 합성교류회로

① $R-L$ 직렬회로(전류일정 : $I(=I_R=I_X)=\dfrac{V}{\sqrt{R^2+X^2}}$: 전체전류로 각 소자의 전류를 구하는 것이 편리)

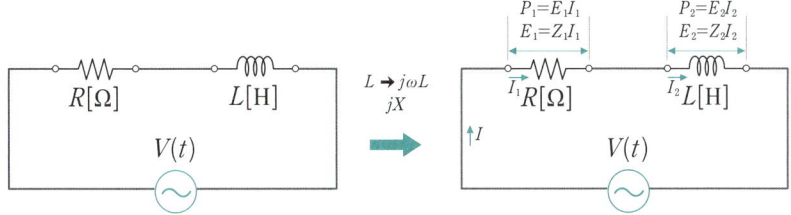

㉮ $Z[\Omega]$: 임피던스

$Z=Z_1+Z_2$ | $Z_1=R$
             | $Z_2=j\omega L=jX$

$|Z|=\sqrt{R^2+X^2}$

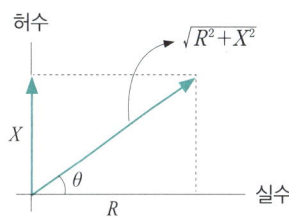

㉯ $V[V]$: 전압

$V=E_1+E_2$ | $E_1=Z_1 \cdot I_1 = R \cdot I$
             | $E_2=Z_2 \cdot I_2 = j\omega L \cdot I = jX \cdot I$

$|V|=\sqrt{E_1^2+E_2^2}$

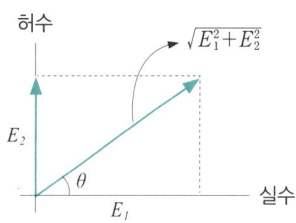

㉰ P_a : 전력(피상전력)

$P_a=P_1+P_2$ | $P_1=Z_1 \cdot I_1^2 = R \cdot I^2$
               | $P_2=Z_2 \cdot I_2^2 = j\omega L \cdot I^2 = jX \cdot I^2$

$|P_a|=\sqrt{P^2+P_r^2}$ ※ L은 뒤진(지상) 무효전력 (전압기준 $-j$)

㉱ $\cos\theta$: 역률

$\cos\theta = \dfrac{R}{\sqrt{R^2+X^2}} = \dfrac{E_1}{\sqrt{E_1^2+E_2^2}} = \dfrac{P}{\sqrt{P^2+P_r^2}}$

R-L 직렬회로

조건 $R=40[\Omega]$, $L=80[mH]$ $f=60[Hz]$, $V=100[V]$ 일 때 다음을 구하라?

먼저생각	$\cdot\ j\omega L = j(2\pi \cdot 60) \times (80 \times 10^{-3}) = j30[\Omega]$ $\quad\cdot$ 전류 $I = \dfrac{100[V]}{50[\Omega]} = 2[A]$

㉮ $Z[\Omega]$: 임피던스 $\quad Z_1=40[\Omega]$, $Z_2=j30[\Omega]$ $\qquad |Z|=\sqrt{40^2+30^2}=50[\Omega]$

㉯ $V[V]$: 전압 $\quad V_1=40\times 2=80[V], V_2=j30\times 2=j60[V]$ $\qquad |V|=\sqrt{80^2+60^2}=100[V]$

㉰ $P_a[VA]$: 피상전력 $\quad P_1=40\times 2^2=160[W], V_2=j30\times 2^2=j120[Var]$

$\qquad\qquad\qquad\qquad\qquad\qquad\qquad\qquad\qquad |P_a|=\sqrt{160^2+120^2}=200[VA]$

㉱ $\cos\theta$: 역률 $\quad \cos\theta=\dfrac{R}{\sqrt{R^2+X^2}}=\dfrac{E_1}{\sqrt{E_1^2+E_2^2}}=\dfrac{P}{\sqrt{P^2+P_r^2}}=\dfrac{40}{50}=\dfrac{80}{100}=\dfrac{160}{200}=0.8$

② $R-C$ 병렬회로(전압일정 : $V=V_R=V_X$)

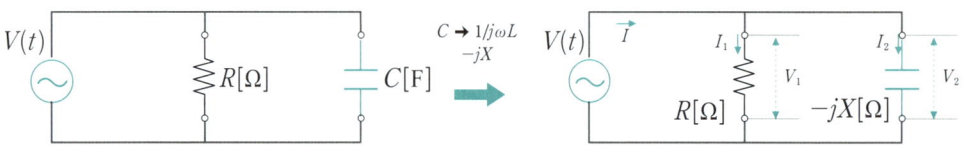

㉮ $Y[\mho]$: 어드미턴스

$Y=Y_1+Y_2$

$Y_1=\dfrac{1}{Z_1}=\dfrac{1}{R}$

$Y_2=\dfrac{1}{Z_2}=\dfrac{1}{-jX}=j\dfrac{1}{X}=j\omega C$

$|Y|=\sqrt{\left(\dfrac{1}{R}\right)^2+\left(\dfrac{1}{X}\right)^2}$

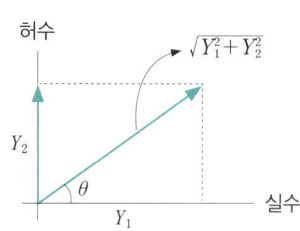

㉯ $I[A]$: 전류

$I=I_1+I_2$

$I_1=\dfrac{V_1}{Z_1}=V\cdot Y_1=\dfrac{V}{R}$

$I_2=\dfrac{V_2}{Z_2}=V\cdot Y_2=j\omega CV$

$|I|=\sqrt{I_1^2+I_2^2}$

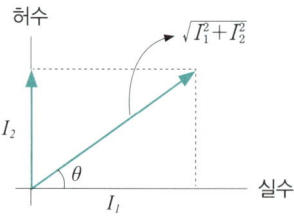

㉰ P_a : 전력(피상전력)

$$P_a = P_1 + P_2$$

$$P_1 = \frac{V_1^2}{Z_1} = V^2 \cdot Y_1 = \frac{V^2}{R}$$

$$P_2 = \frac{V_2^2}{Z_2} = V^2 \cdot Y_2 = \frac{V^2}{-jX}$$

$$|P_a| = \sqrt{P^2 + P_r^2}$$

※ C 은 앞선(진상) 무효전력
(전압기준 $+j$)

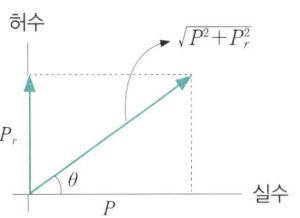

㉱ $\cos\theta$: 역률

$$\cos\theta = \frac{1/R}{\sqrt{(1/R)^2 + (\omega C)^2}} = \frac{X}{\sqrt{R^2 + X^2}} = \frac{I_1}{\sqrt{I_1^2 + I_2^2}} = \frac{P}{\sqrt{P^2 + P_r^2}}$$

R-C 병렬회로

조건 $R = 30[\Omega]$, $X_C = 40[\Omega]$ $V = 120[V]$ 일 때 다음을 구하라?

㉮ $Y[℧]$: 어드미턴스 $Y_1 = \frac{1}{Z_1} = \frac{1}{30}$, $Y_2 = \frac{1}{Z_2} = \frac{1}{-j40}$ $Y = \frac{1}{30} + j\frac{1}{40}$

㉯ $I[A]$: 전류 $I_1 = \frac{V}{Z_1} = \frac{120}{30}$, $I_2 = \frac{V}{Z_2} = \frac{120}{-j40}$ $I = 4 + j3$

㉰ $P_a[VA]$: 피상전력 $P_1 = \frac{V^2}{Z_1} = \frac{120^2}{30} = 480[W]$, $P_2 = \frac{V^2}{Z_2} = \frac{120^2}{-j40} = +j360[Var]$

$P_a = 480 + j360 [VA]$

㉱ $\cos\theta$: 역률 $\cos\theta = \frac{X}{\sqrt{R^2 + X^2}} = \frac{I_1}{\sqrt{I_1^2 + I_2^2}} = \frac{P}{\sqrt{P^2 + P_r^2}} = \frac{4}{5} = \frac{480}{600} = 0.8$

Memo

▶ YouTube^KR   전기야놀자이창우   ⌨ × 🔍

$https$: //youtu.be/ao1fdU4L__4 (전기야놀자이창우)

공학계산기를 이용한 벡터계산은 저자의 동영상강의 참고

(3) R, L, C 직·병렬 회로(인가전압 $v=V_m\sin\omega t$인 경우)

회로종류	전류	위상차	전압과 전류관계	역률
R만의 회로	$i=I_m\sin\omega t$	$\theta=0$: 동위상	$I=\dfrac{V}{R}$	$\cos\theta=1$ $\sin\theta=0$
L만의 회로	$i=I_m\sin\left(\omega t-\dfrac{\pi}{2}\right)$	$\theta=\dfrac{\pi}{2}$: 뒤진전류	$I=\dfrac{V}{\omega L}=\dfrac{V}{X_L}$	$\cos\theta=0$ $\sin\theta=1$
C만의 회로	$i=I_m\sin\left(\omega t+\dfrac{\pi}{2}\right)$	$\theta=\dfrac{\pi}{2}$: 앞선전류	$I=\omega CV=\dfrac{V}{X_C}$	$\cos\theta=0$ $\sin\theta=1$
R-L 직렬	$i=I_m\sin(\omega t-\theta)$	$\theta=\tan^{-1}\dfrac{\omega L}{R}$: 뒤진전류	$I=\dfrac{V}{Z}=\dfrac{V}{\sqrt{R^2+X_L^2}}$	$\cos\theta=\dfrac{R}{\sqrt{R^2+X_L^2}}$ $\sin\theta=\dfrac{X_L}{\sqrt{R^2+X_L^2}}$
R-C 직렬	$i=I_m\sin(\omega t+\theta)$	$\theta=\tan^{-1}\dfrac{1}{\omega CR}$: 앞선전류	$I=\dfrac{V}{Z}=\dfrac{V}{\sqrt{R^2+X_C^2}}$	$\cos\theta=\dfrac{R}{\sqrt{R^2+X_C^2}}$ $\sin\theta=\dfrac{X_C}{\sqrt{R^2+X_C^2}}$
R-L 병렬	$i=I_m\sin(\omega t-\theta)$	$\theta=\tan^{-1}\dfrac{R}{\omega L}$: 뒤진전류	$I=YV$ $=\sqrt{\left(\dfrac{1}{R}\right)^2+\left(\dfrac{1}{X_L}\right)^2}\cdot V$	$\cos\theta=\dfrac{X_L}{\sqrt{R^2+X_L^2}}$ $\sin\theta=\dfrac{R}{\sqrt{R^2+X_L^2}}$
R-C 병렬	$i=I_m\sin(\omega t+\theta)$	$\theta=\tan^{-1}\omega CR$: 앞선전류	$I=YV$ $=\sqrt{\left(\dfrac{1}{R}\right)^2+\left(\dfrac{1}{X_C}\right)^2}\cdot V$	$\cos\theta=\dfrac{X_C}{\sqrt{R^2+X_C^2}}$ $\sin\theta=\dfrac{R}{\sqrt{R^2+X_C^2}}$

※ 일반적인 회로는 전압과 전류중 전압이 기준이 된다.(∵우리는 전압원을 전력원으로)

그러므로, 전압을 기준으로 L를 포함한 회로는 뒤진전류(지상전류)가
　　　　　　　　　　　　　C를 포함한 회로는 앞선전류(진상전류)가 발생되고
전력도　전압을 기준으로 L의 전력을 뒤진전력("−" 무효전력)
　　　　　　　　　　　　 C의 전력을 앞선전력("+" 무효전력)이 발생된다.

(4) 단상회로의 교류전력(형태별) : V, I는 모두 실효값을 적용한다.

① $V[\text{V}]$전압과 $Z[\Omega]$임피던스가 주어진 경우

㉮ $R-L$ 직렬회로

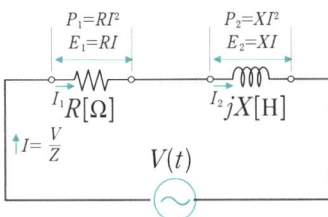

- 유효전력 $P=R \cdot I^2 = R \cdot \left(\dfrac{V}{\sqrt{R^2+X^2}}\right)^2 = R \cdot \dfrac{V^2}{R^2+X^2}$
- 무효전력 $P_r=X \cdot I^2 = X \cdot \left(\dfrac{V}{\sqrt{R^2+X^2}}\right)^2 = X \cdot \dfrac{V^2}{R^2+X^2}$
- 피상전력 $P_a=Z \cdot I^2 = \sqrt{(유효전력)^2+(무효전력)^2}$

㉯ $R-L$ 병렬회로

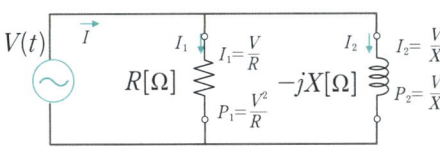

- 유효전력 $P=\dfrac{1}{R} \cdot V^2$
- 무효전력 $P_r=\dfrac{1}{X} \cdot V^2$
- 피상전력 $P_a=\dfrac{1}{Z} \cdot V^2$
  $=\sqrt{(유효전력)^2+(무효전력)^2}$

② $V[\text{V}]$전압과 $I[\text{A}]$전류, 위상차 θ이 주어진 경우($\cos\theta=$역률)

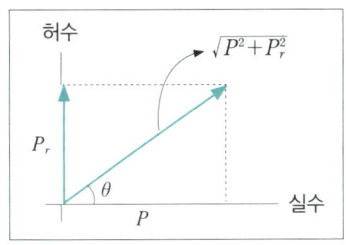

- 유효전력 $P=V \cdot I \cdot \cos\theta = P_a \times \cos\theta$
- 무효전력 $P_r=V \cdot I \cdot \sin\theta = P_a \times \sin\theta$
- 피상전력 $P_a=V \cdot I=\sqrt{(유효전력)^2+(무효전력)^2}$

※ $\cos$과 $\sin$의 의미, 관계 생각하라.

③ $V[\text{V}]$전압과 $I[\text{A}]$전류가 복소수로 주어진 경우(전압을 기준으로 한 것)

$P_a = \overline{V} \cdot I \, (V=a+jb, \, I=c+jd)$
$\quad =(a-jb) \times (c+jd)=(ac+bd)+j(ad-bc)$
$\quad =P \pm jP_r \quad P : (유효전력), \, P_r : (무효전력) \, (+j : 진상부하, \, -j : 지상부하)$

> **참고**
>
> - 유효전력 $P[\text{W}]$
>   ➡ 다른 에너지 (빛, 운동, 열, 기타)로 변환 즉 소비되는 전력 : R(저항)에서만 발생
> - 무효전력 $P_r[\text{Var}]$
>   ➡ 자계를 형성(L 부하)하거나 콘덴서에 축적(C 부하)되는 전력 : L(인덕턴스), C(정전용량)에서 발생
>   : 두 경우 다 소비되지 않음
> - 피상전력 $P_a[\text{VA}]$
>   ➡ 유효전력과 무효전력의 벡터합

> **벡터의 궤적 이해**

예 $R-L$ 직렬회로에서

(1) 임피던스($Z=R+j\omega L$)의 궤적은?

① $R=0\sim\infty\,[\Omega]$, $j\omega L$ 일정(주파수고정) 시
➡ 직선(1사분면)

② R 일정, $\omega L=0\sim\infty\,[\Omega]$ 변화시
➡ 직선(1사분면)

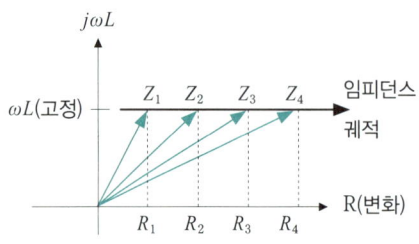

(2) 어드미턴스($Y=\dfrac{1}{R+j\omega L}$)의 궤적은?

① $R=0\sim\infty\,[\Omega]$, $j\omega L$ 일정(주파수고정) 시
➡ 반원(4사분면)

풀이 $R=0$, $Y=-j\dfrac{1}{\omega L}$
$R=\infty$, $Y=0$

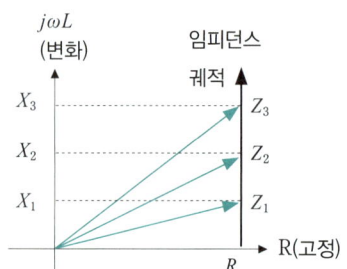

정리 직렬회로에서 임피던스, 전압의 궤적은 ➡ 직선(원점을 통과 안함)
어드미턴스, 전류의 궤적은 ➡ 반원(원점을 통과함)
병렬회로는 서로 반대임(즉, 병렬회로의 임피던스, 전압 궤적은 반원, 어드미턴스, 전류궤적은 직선)
∴ LC모두 존재시 반원이 아닌 원(원점 통과)의 형태가 된다.

6. 직렬·병렬 공진

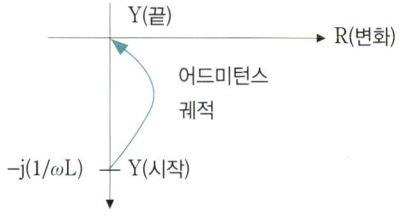

공진의 종류 구분	직렬공진	병렬공진	
회로의 Z, Y	$Z=R+j\left(\omega L-\dfrac{1}{\omega C}\right)$	$Y=\dfrac{1}{R}+j\left(\omega C-\dfrac{1}{\omega L}\right)$	허수저항이 "0"
공진시 Z_r, Y_r	$Z_0=R$(최소)	$Y_0=\dfrac{1}{R}$(최소)	
공진전류	$I=\dfrac{E}{Z_0}=\dfrac{E}{R}$(최대)	$I=Y_0 E=\dfrac{E}{R}$(최소)	
공진조건	$\omega L=\dfrac{1}{\omega C}$	$\omega C=\dfrac{1}{\omega L}$	

공진 각주파수	$\omega_0 = \dfrac{1}{\sqrt{LC}}$		$\omega_0 = \dfrac{1}{\sqrt{LC}}$	
공진 주파수	$f_0 = \dfrac{1}{2\pi\sqrt{LC}}$		$f_0 = \dfrac{1}{2\pi\sqrt{LC}}$	저항(R)과 무관
선택도	$Q = \dfrac{1}{R}\sqrt{\dfrac{L}{C}}$ ∝저항에 반비례		$Q = R\sqrt{\dfrac{C}{L}}$ ∝저항에 비례	직·병렬시 역수

공진의 종류 구분	직렬공진	병렬공진	
회로도	10 100 100 ─ R ─ L ─ C ─ 100[V] ⨀	100[V] ⨀ ─ 10 R ∥ 100 L ∥ 100 C	⨀ E 10[Ω] 100[V]
회로의 Z, Y	$Z = 10 + j100 - j100 = 10[\Omega]$ $Y = \dfrac{1}{Z} = \dfrac{1}{10}$	$Z = \dfrac{1}{\dfrac{1}{10} + \dfrac{1}{+j100} + \dfrac{1}{-j100}} = 10[\Omega]$ $Y = \dfrac{1}{10} - j\dfrac{1}{100} + j\dfrac{1}{100} = \dfrac{1}{10}$	
공진시 Z_r, Y_r	$Z_0 = 10[\Omega]$ (최소)	$Y_0 = \dfrac{1}{10}$ (최소) Z_0 (최대)	
공진전류	$I = \dfrac{100}{10} = 10[A]$ (최대)	$I = \dfrac{100}{10} = 10[A]$ (최소)	
공진조건	$100 = 100$	$\dfrac{1}{100} = \dfrac{1}{100}$	

공진시 역류 최대

- 직렬공진 : Z(임피던스) 최소, I(전류) 최대
- 병렬공진 : Z(임피던스) 최대, I(전류) 최소

선택도

- 에너지 소비능률과는 무관

질문 ①, ② 중 선택도가 좋은 회로는?

정답 ①

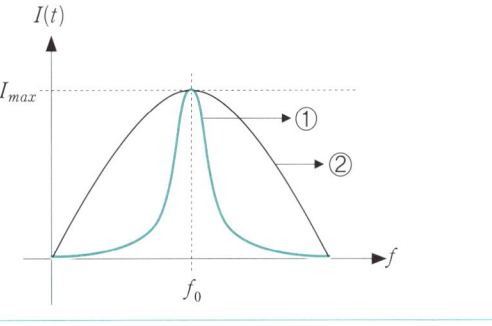

7. 최대전력 전달조건 : 외부임피던스와 내부임피던스의 공액복소수가 같을 때 외부임피던스로 최대전력이 전달됨

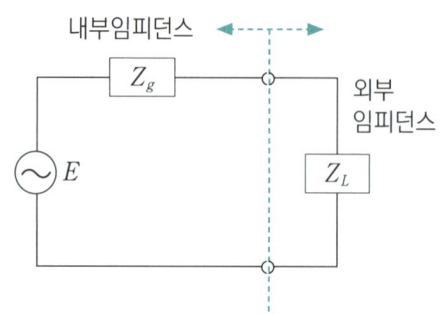

① $Z_g = R_g$ $Z_L = R_L$의 조건
  정답 $R_L = R_g$
② $Z_g = R_g + jX_g$ $Z_L = R_L$의 조건
  정답 $R_L = |Zg| = \sqrt{R_g^2 + X_g^2}$
③ $Z_g = R_g + jX_g$ $Z_L = R_L + jX_L$의 조건
  정답 $Z_L = \overline{Z_g} = R_g - jX_g$ (공액복소수)
  EX $Z_g = 3 + j4$, $Z_L =$ (복소수)$3 - j4$, (정수)5

※ 최대전력(외부임피던스) $P_L = I^2 Z_L = \left(\dfrac{E}{Z_g + Z_L}\right)^2 \times Z_L = \left(\dfrac{E}{Z_L + Z_L}\right)^2 \times Z_L = \dfrac{E^2}{4Z_L}$

> **최대전력 전달조건**
>
> 부하 임피던스 (PC용 스피커와 MYMY용 스피커가 같다?)
> 다르다면 그 이유는?
>   **정답** 내부저항이 다르므로 외부부하(스피크) 저항도 달라진다.

8. 브리지회로의 평형조건 : (휘트스톤 브리지회로)

브리지 평형조건 : 마주 보는 변의 임피던스의 곱이 같을 때 두 변 사이에는 전류가 흐르지 않음

- 조건 : $\dfrac{Z_1}{Z_2} = \dfrac{Z_3}{Z_4}$ 또는 $Z_1 Z_4 = Z_2 Z_3$
- 결과 : ($G = 0$, 전류가 흐르지 않는다.) 즉, 검류계 양단의 전위가 동일

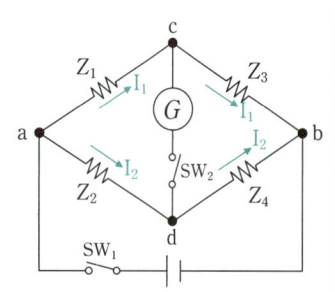

참고 우측에서
$Z_1 = 4$, $Z_2 = 6$, $Z_3 = 40$, $Z_4 = 60$
이고 $V = 100[V]$ 라면
$V_1 = 40$, $V_2 = 60$, $V_3 = 40$, $V_4 = 60$
그러므로
$G = V_2 - V_4 = 60 - 60 = 0$

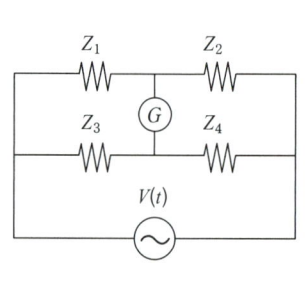

9. 결합회로

(1) **유도기전력** : 유도기전력(전압)이 전류보다 90° 늦다.

① 유도기전력

$e_1 = -L\dfrac{di_1}{dt}$: $L[\text{H}]$ 자기인덕턴스

$e_2 = -M\dfrac{di_1}{dt}$: $M[\text{H}]$ 상호인덕턴스

② 상호인덕턴스 $M = k\sqrt{L_1 L_2}\,[\text{H}]$

③ 결합계수 $k = \dfrac{M}{\sqrt{L_1 L_2}}\,(0 \leq k \leq 1)$

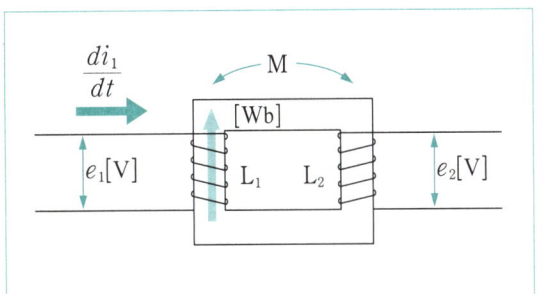

참고

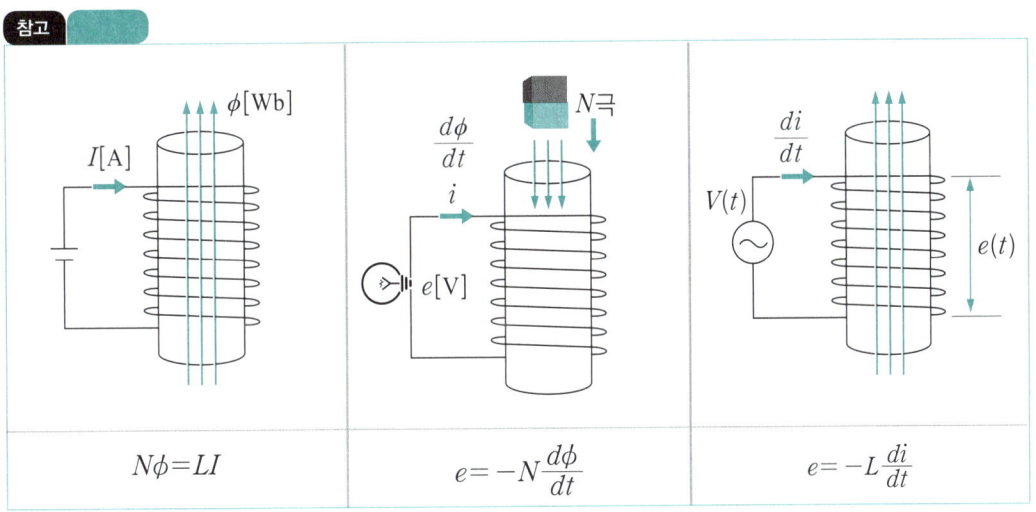

$N\phi = LI$ $e = -N\dfrac{d\phi}{dt}$ $e = -L\dfrac{di}{dt}$

(2) **인덕턴스의 접속**

① 직렬접속

㉮ 가동결합
$L_0 = L_1 + L_2 + 2M\,[\text{H}]$

㉯ 차동결합
$L_0 = L_1 + L_2 - 2M\,[\text{H}]$

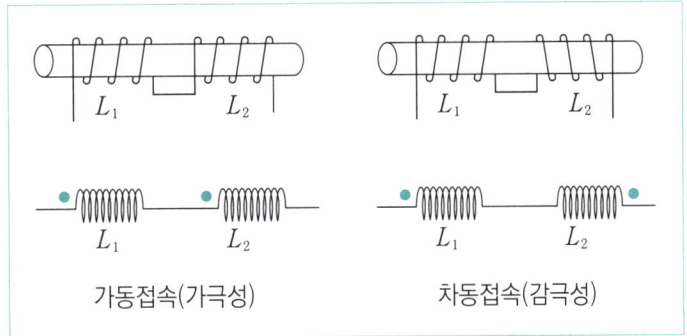

가동접속(가극성)   차동접속(감극성)

② 병렬접속

㉮ 가동결합

$$L_0 = \frac{L_1 L_2 - M^2}{L_1 + L_2 - 2M}$$

㉯ 차동결합

$$L_0 = \frac{L_1 L_2 - M^2}{L_1 + L_2 + 2M}$$

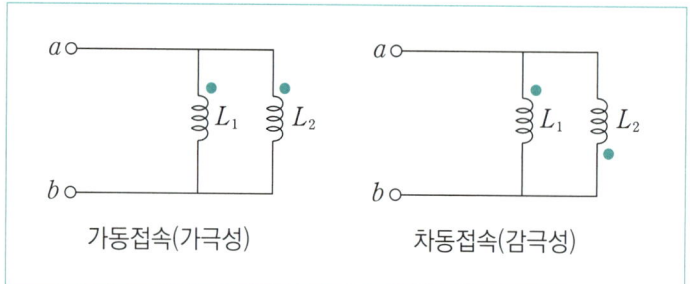

가동접속(가극성)　　　　차동접속(감극성)

가동결합 차동결합 이해하기

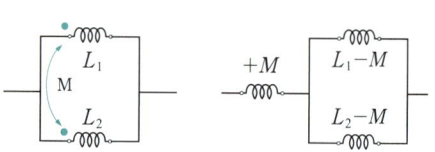

- 직렬 가동결합(가극성)
  $L_0 = (L_1 + M) + (L_2 + M) = L_1 + L_2 + 2M$

- 병렬 가동결합(가극성)
  $$L_0 = +M + \frac{(L_1 - M) \times (L_2 - M)}{(L_1 - M) + (L_2 - M)}$$
  $$= +M + \frac{(L_1 L_2 - ML_1 - ML_2 + M^2)}{L_1 + L_2 - 2M}$$
  $$= \frac{L_1 L_2 - M^2}{L_1 + L_2 - 2M}$$

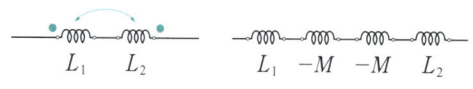

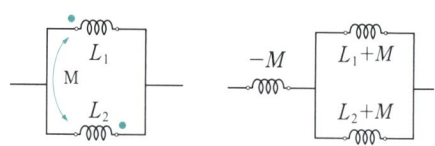

- 직렬 차동결합(감극성)
  $L_0 = (L_1 - M) + (L_2 - M) = L_1 + L_2 - 2M$

- 병렬 차동결합(감극성)
  $$L_0 = -M + \frac{(L_1 + M) \times (L_2 + M)}{(L_1 + M) + (L_2 + M)}$$
  $$= \frac{L_1 L_2 - M^2}{L_1 + L_2 + 2M}$$

SECTION 03 3상 교류회로

1. 변압기 결선(공급전력)

(1) **평형3상교류** : V결선공급방식은 뒤에서 학습

① Y 결선 : 성형결선, 스타결선

$V_l = \sqrt{3}\, V_P \angle 30$
$I_l = I_P$
선간전압이 크다.
(전류는 같다)

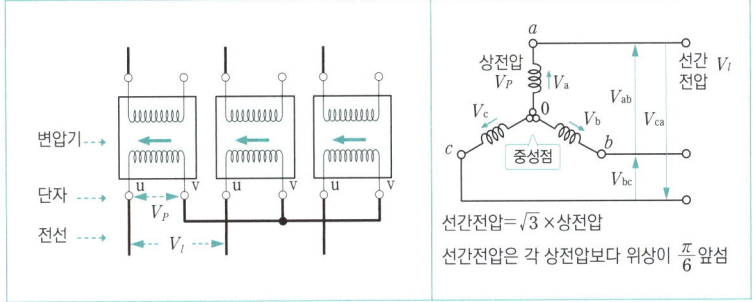

선간전압 $= \sqrt{3} \times$ 상전압
선간전압은 각 상전압보다 위상이 $\frac{\pi}{6}$ 앞섬

② Δ결선 : 환상결선, 델타결선

$V_l = V_P$
$I_l = \sqrt{3}\, I_P \angle -30$
선전류가 크다.
(전압은 같다)

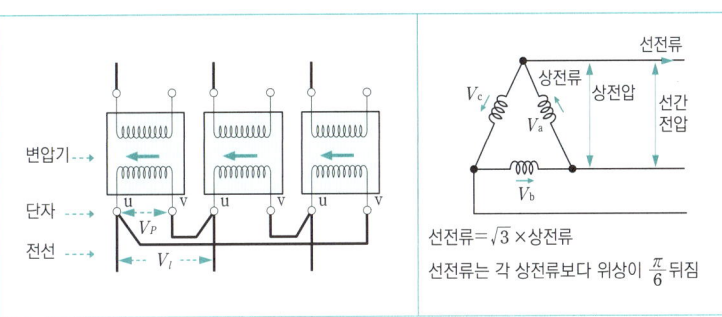

선전류 $= \sqrt{3} \times$ 상전류
선전류는 각 상전류보다 위상이 $\frac{\pi}{6}$ 뒤짐

Memo

https : //youtu.be/ao1fdU4L_4 (전기야놀자이창우)

공급전압을 이해하자

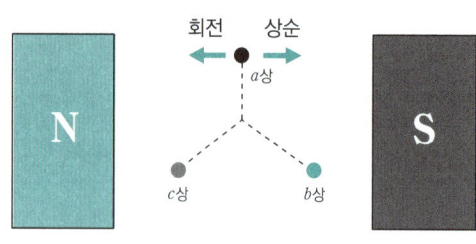

$V_a(t) = \sqrt{2} V \sin \omega t = v \angle 0$

$V_b(t) = \sqrt{2} V \sin(\omega t - 120) = v \angle -120 = a^2 V_a$

$V_c(t) = \sqrt{2} V \sin(\omega t - 240)$
$= v \angle -240 = v \angle +120 = a V_a$

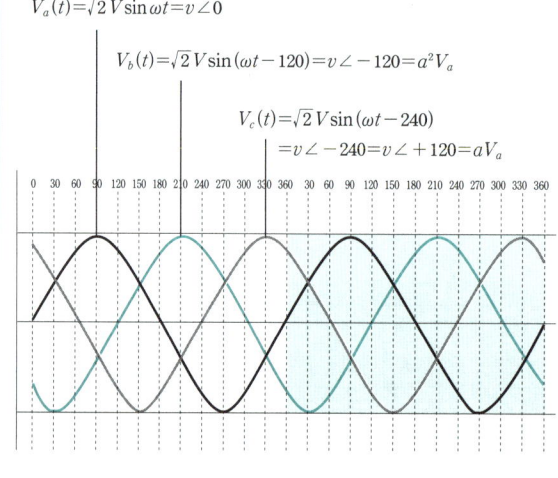

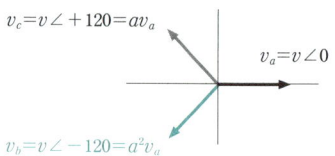

벡터연산자 a, a^2

$a = 1 \angle +120 = 1 \cos 120 + j \sin 120$
$= -\dfrac{1}{2} + j\dfrac{\sqrt{3}}{2}$

: 크기는 1이고 위상 120도 앞서게 함

$a^2 = 1 \angle +240 = 1 \cos 240 + j \sin 240$
$= -\dfrac{1}{2} - j\dfrac{\sqrt{3}}{2}$

: 크기는 1이고 위상을 240도 앞서게 (아니 120도 뒤지게) 한다.

3상의 합은 zero 즉, $a^2 + a + 1 = 0$

선간전압과 선전류를 구하자. 선전류는 키르히호프의 제1법칙 이용

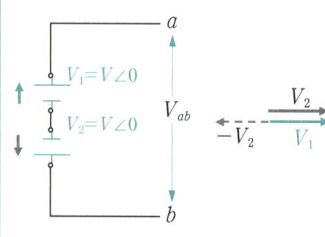

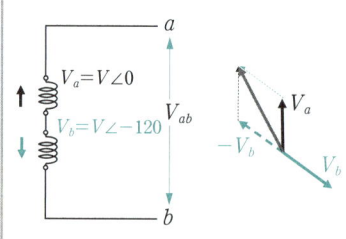

$V_{ab} = V_1 + (-V_2)$
$= \sqrt{V_1^2 + V_2^2 + 2V_1 V_2 \cos \theta'}$
$= \sqrt{V^2 + V^2 + 2VV \cos 180}$
$= \sqrt{V^2 + V^2 - 2V^2}$
$= 0$

또는 $V_{ab} = V_1 - V_2$
$= \sqrt{V^2 + V^2 - 2VV \cos 0}$

$V_{ab} = V_a + (-V_b)$
$= \sqrt{V_a^2 + V_b^2 + 2V_a V_b \cos \theta'}$
$= \sqrt{V^2 + V^2 + 2VV \cos 60}$
$= \sqrt{V^2 + V^2 + V^2}$
$= \sqrt{3} V$

또는 $V_{ab} = V_a - V_b$
$= \sqrt{V^2 + V^2 - 2VV \cos 120}$

교류도 극성이 있다.
u,v로 표시하며
간혹 +, −로도 표시한다.

(2) 다상교류

① 선, 상의 교류 전압 · 전류

결선 종류	3상	n상	6상 : 같다
Y 결선	$I_l = I_P$		
	$V_l = \sqrt{3} V_P \angle 30$	$V_l = 2\sin\dfrac{\pi}{n} V_P \angle \dfrac{\pi}{2}\left(1 - \dfrac{2}{n}\right)$	$V_l = V_P \angle 60$
△결선	$I_l = \sqrt{3} I_P \angle -30$	$I_l = 2\sin\dfrac{\pi}{n} I_P \angle -\dfrac{\pi}{2}\left(1 - \dfrac{2}{n}\right)$	$I_l = I_P \angle -60$
	$V_l = V_P$		

② n상의 회로의 유효전력 $P[W] = n V_P I_P \cos\theta = \dfrac{n}{2\sin\dfrac{\pi}{n}} V_l I_l \cos\theta$

> **참고**
>
> ※크기
>   3상 : 선간값 = $\sqrt{3}$ 상값
>   6상 : 선간값 = 상값
>
> ※ 위상차 (+, − 구분없음)
>   3상 : 30° 위상차 (전압+, 전류−)
>   4상 : 4?° 위상차(45°)
>   5상 : 5?° 위상차(54°)
>   6상 : 60° 위상차

(3) 회전자계의 형태

① 3상 대칭 : 원형 회전 자계
② 3상 비대칭 : 타원형 회전 자계

2. 3상 부하의 기본결선 : 항상 상의 크기를 먼저 구하고 선(간)은 환산하여 구한다.

(1) Y결선 : 성형결선, 스타결선

- 조건 : 선간전압 $V_l = 100\sqrt{3}\,[V]$, 임피던스 $Z = 8 + j6\,[\Omega]$
- 이해 : $Z = 8 + j6\,[\Omega]$은 $R = 8\,[\Omega]$과 $X(=\omega L) = 6\,[\Omega]$이 직렬연결
- 결과 : 모두 상값을 구한($V_P = Z_P I_P$) 다음, 선(간)값으로 환산
  $V_l = \sqrt{3} V_P \angle 30,\ I_l = I_P$

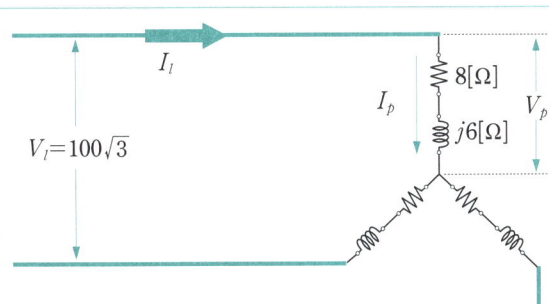

① $Z_p = \sqrt{8^2 + 6^2} = 10\,[\Omega]$

② $I_p = \dfrac{V_p}{Z_p} = \dfrac{100\sqrt{3}/\sqrt{3}}{10} = 10\,[A]$ ∴ $I_l = I_p = 10\,[A]$

③ $V_P = Z_p \cdot I_p = 10 \times 10 = 100\,[V]$ ∴ $V_l = \sqrt{3}\,V_p = \sqrt{3} \times 100\,[V]$

④ $P_a = \dot{P} + \dot{P}_r$ | $P = 3 \cdot R \cdot I_P^2 = 3 \times 8 \times 10^2 = 2400\,[W]$
　　　　　　　　　| $P_r = 3 \cdot X \cdot I_P^2 = 3 \times 6 \times 10^2 = 1800\,[Var]$
　　$= \sqrt{2400^2 + 1800^2}\,[VA] = 3000\,[VA]$

3상모터 단자표시법

3상 유도전동기는 일반적으로 내부 코일군이 3개이며 각 코일군의 시작과 끝 단자를
$(U-X,\ V-Y,\ W-Z)$ 또는 (①-④, ②-⑤, ③-⑥)으로 표시한다.

3상모터 코일단선 및 합선검사

각 단자간의 저항 측정 시 동일 코일만 같은 값의 저항측정되고, 나머지는 $\infty\,[\Omega]$
 ①코일과 나머지 코일의 저항측정 시 ④번 코일만 저항이 측정되고 나머지 코일은 $\infty\,[\Omega]$

(2) △**결선** : 환상결선, 델타결선

> **예제**
> • 조건 : 선간전압 $V_l = 100\sqrt{3}\,[V]$, 임피던스 $Z = 8 + j6\,[\Omega]$
> • 이해 : $Z = 8 + j6\,[\Omega]$은 $R = 8\,[\Omega]$과 $X(=\omega L) = 6\,[\Omega]$이 직렬연결
> • 결과 : 모두 상값을 구한($V_P = Z_P I_P$) 다음, 선(간)값으로 환산
> 　　　　$V_l = V_P$, $I_l = \sqrt{3} I_P \angle -30$

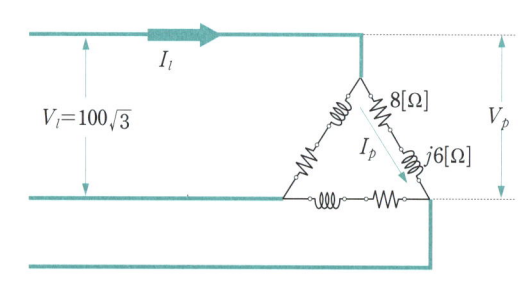

① $Z_p = \sqrt{8^2 + 6^2} = 10\,[\Omega]$

② $I_p = \dfrac{V_p}{Z_p} = \dfrac{100\sqrt{3}}{10} = 10\sqrt{3}\,[A]$ ∴ $I_l = \sqrt{3}\,I_p = 30\,[A]$

③ $V_P = Z_p \cdot I_p = 10 \times 10\sqrt{3} = 100\sqrt{3}\,[V]$ ∴ $V_l = V_p = 100\sqrt{3}\,[V]$

④ $P_a = \dot{P} + \dot{P}_r$ | $P = 3 \cdot R \cdot I_P^2 = 3 \times 8 \times (10\sqrt{3})^2 = 7200\,[W]$
　　　　　　　　　| $P_r = 3 \cdot X \cdot I_P^2 = 3 \times 6 \times (10\sqrt{3})^2 = 5400\,[Var]$
　　$= \sqrt{7200^2 + 5400^2}\,[VA] = 9000\,[VA]$

> **Memo**
>
> | | Y | △ | 와이델타 |
> |---|---|---|---|
> | | V | I | 전압전류 |
> | 크기는 선간위상 | 전압크다 앞선다 | 전류크다 뒤진다 | |
>
> 와이결선 $V_l = \sqrt{3}\,V_P \angle 30$
> 델타결선 $I_l = \sqrt{3}\,I_P \angle -30$

3. 3상회로의 전력 (단상회로의 3배로 이해)

① **유효전력** : $P = 3V_P I_P \cos\theta = \sqrt{3}\,V_l I_l \cos\theta = 3I_P^2 R\,[\text{W}]$

② **무효전력** : $P_r = 3V_P I_P \sin\theta = \sqrt{3}\,V_l I_l \sin\theta = 3I_P^2 X\,[\text{Var}]$

③ **피상전력** : $P_a = 3V_P I_P = \sqrt{3}\,V_l I_l = 3I_P^2 \cdot Z = 3 \cdot \dfrac{V_P^2}{Z}\,[\text{VA}]$

임피던스의 등가변환

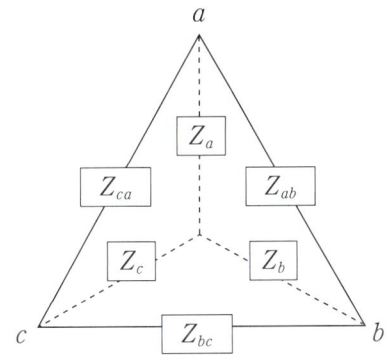

△ ➡ Y로 변환	Y ➡ △로 변환
$Z_a = \dfrac{Z_{ca} \cdot Z_{ab}}{Z_{ab} + Z_{bc} + Z_{ca}}$ $Z_b = \dfrac{Z_{ab} \cdot Z_{bc}}{Z_{ab} + Z_{bc} + Z_{ca}}$ $Z_c = \dfrac{Z_{bc} \cdot Z_{ca}}{Z_{ab} + Z_{bc} + Z_{ca}}$	$Z_{ab} = \dfrac{Z_a \cdot Z_b + Z_b \cdot Z_c + Z_c \cdot Z_a}{Z_c}$ $Z_{bc} = \dfrac{Z_a \cdot Z_b + Z_b \cdot Z_c + Z_c \cdot Z_a}{Z_a}$ $Z_{ca} = \dfrac{Z_a \cdot Z_b + Z_b \cdot Z_c + Z_c \cdot Z_a}{Z_b}$
△결선의 임피던스가 $Z_{ab} = Z_{bc} = Z_{ca} = Z_\triangle$ 인 경우, △결선에서 Y결선으로 환산한 임피던스 Z는 ∴ $Z_Y = \dfrac{1}{3} Z_\triangle$	Y임피던스가 $Z_a = Z_b = Z_c = Z_Y$ 인 경우, Y결선에서 △결선으로 환산한 임피던스 Z는 ∴ $Z_\triangle = 3 Z_Y$

➡ 공급전류, 소비전력, 토크 모두 △결선시가 3배 크다.
　(But 공급전류, 소비전력, 토크가 일정하기 위해서는) $Z_Y = \dfrac{1}{3} Z_\triangle$, $Z_\triangle = 3 Z_Y$ 등가저항이라 한다.

3상모터의 △ 결선법

1시 방향과 11시 방향 결선법이 있는데 1시 방향을
표준으로 한다
(①, ②, ③)과 (⑥, ④, ⑤)를 서로 연결한 후
(즉, ①-⑥, ②-④, ③-⑤)연결점에
(R.S.T)전원 공급함

4. 2전력계법 : 단상 전력계 2개로 3상 전력 측정

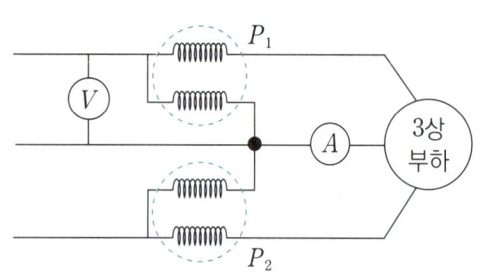

이해

$P_1 = V_{ab}I_a \cos(30+\theta), \quad P_2 = V_{cb}I_c \cos(30-\theta)$
$P = P_1 + P_2 = V_{ab}I_a \cos(30+\theta) + V_{cb}I_c \cos(30-\theta)$
$\quad = V_l I_l \cos(30+\theta) + V_l I_l \cos(30-\theta)$
$\quad = V_l I_l (\cos(30+\theta) + \cos(30-\theta))$
$\quad = V_l I_l (\sqrt{3} \cos\theta)$
$\quad = \sqrt{3} V_l I_l \cos\theta \qquad$ (유효전력 = $P_1 + P_2$)
$P = P_1 - P_2 = V_l I_l \sin\theta \quad \therefore$ (무효전력 $\sqrt{3}(P_1 - P_2)$)

① 3상 부하전력(유효) $P = P_1 + P_2 = \sqrt{3} VI \cos\theta$

② 3상 피상전력 $P_a[\text{VA}] = \sqrt{(P_1+P_2)^2 + (\sqrt{3}(P_1-P_2))^2} = 2\sqrt{P_1^2 + P_2^2 - P_1 P_2} = \sqrt{3} VI$

③ 역률 $\cos\theta = \dfrac{\text{유효전력}}{\text{피상전력}} = \dfrac{P_1 + P_2}{2\sqrt{P_1^2 + P_2^2 - P_1 P_2}} = \dfrac{P_1 + P_2}{\sqrt{3} VI}$

암기 $P_1 = P_2$ (평형부하) $\rightarrow \cos\theta = 1$

$P_1 = 2P_2 \rightarrow \cos\theta = 0.866$

P_1 또는 $P_2 = 0 \rightarrow \cos\theta = 0.5$

Memo

5. V결선 : 단상 변압기 2대로 3상 전력 공급

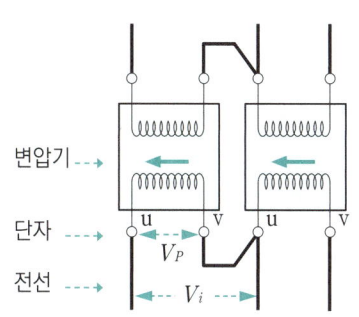

변압기 1대의 공급능력
: P[kVA]라 하면

변압기 1대의 용량을 P[KVA]라 하면

① 공급용량(출력)[kVA]= $\sqrt{3} \times P$[kVA]

② 변압기 이용률 = $\dfrac{\sqrt{3} \times P[\text{kVA}]}{2 \times P[\text{kVA}]} \times 100[\%] = 86.7[\%]$

③ 변압기 출력비 = $\dfrac{\sqrt{3} \times P[\text{kVA}]}{3 \times P[\text{kVA}]} \times 100[\%] = 57.7[\%]$

부하용량주고, 변압기 1대용량선정시

$\sqrt{3} \times$ 변압기 1대(부담)용량[kVA] $\geq$ 부하용량[kVA]

➡ 변압기 1대 (부담)용량[kVA] $\geq \dfrac{\text{부하용량}}{\sqrt{3}}$ [kVA]

동일 부하에 대한 △결선과 V결선 비교 : b상변압기 없는 만큼 두 대가 더 많은 일

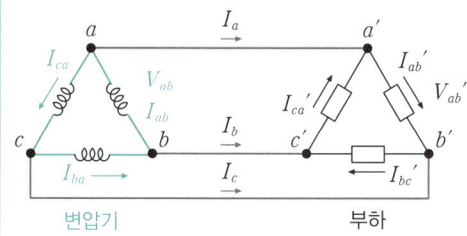

부하전력 $3V_pI_p = 3V_{ab'}I_{ab'}$

선간전력 $3V_l \dfrac{I_l}{\sqrt{3}} = 3V_l \dfrac{I_l}{\sqrt{3}} = \sqrt{3}V_lI_l$

공급전력 $\sqrt{3}V_lI_l = \sqrt{3}V_P(\sqrt{3}I_P) = 3V_PI_P$
즉, 공급전력은 $3V_{ab}I_{ab} = 3P_{1대}$

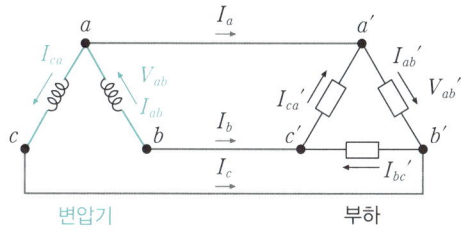

부하전력 $3V_pI_p = 3V_{ab'}I_{ab'}$

선간전력 $3V_l \dfrac{I_l}{\sqrt{3}} = 3V_l \dfrac{I_l}{\sqrt{3}} = \sqrt{3}V_lI_l$

공급전력 $\sqrt{3}V_lI_l = \sqrt{3}V_PI_P = \sqrt{3}V_PI_P$
즉, 공급전력은 $\sqrt{3}V_{ab}I_{ab} = \sqrt{3}P_{1대}$

6. 대칭 좌표법 : 전압, 전류, 임피던스 모두 동일함

비대칭인 기전력이나 전류를 대칭인 영상분, 정상분, 역상분의 3가지 성분으로 분해하여 해석하는(대칭 좌표법)을 이용하면 회로해석이 편리하다.

(1) **각상 성분 계산**

① A상 전압 : $E_a = E_0 + E_1 + E_2$ (기준)

② B상 전압 : $E_b = E_0 + a^2E_1 + aE_2$ (정상분은 기준정상분보다 120°뒤지고, 역상분은 120°앞선다)

③ C상 전압 : $E_c = E_0 + aE_1 + a^2E_2$ (정상분은 기준정상분보다 120°앞서고, 역상분은 120°뒤진다)

각상에 포함된 영상분, 정상분, 역상분 해석 1

$E_a = E_0 + E_1 + E_2$
$E_c = E_0 + aE_1 + a^2E_2$
$E_b = E_0 + a^2E_1 + aE_2$

정상회전시 발생
역상회전시 발생

$a = 1∠120$: 120도 앞선다.
$a^2 = 1∠240$: 240도 앞선다.
$= 1∠-120$: 120도 뒤진다.

각상에 포함된 영상분, 정상분, 역상분 해석 2

영상분 + 정상분 + 역상분 = 합성불평형전압

(2) 기본성분 산출(A상 기준 대칭분)

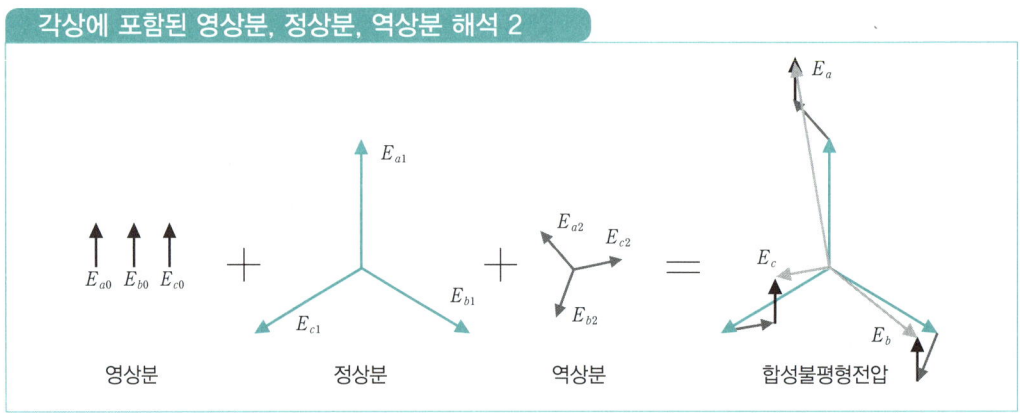

	기본 산출식	발생 조건	성	분	기 타
① 영상전압	$E_0 = \frac{1}{3}(E_a + E_b + E_c)[V]$	불평형 AND 접지식 회로	3n	(0),3,6	공통분
② 정상전압	$E_1 = \frac{1}{3}(E_a + aE_b + a^2E_c)[V]$	모든 회로	3n+1	(1),4,7	기본파
③ 역상전압	$E_2 = \frac{1}{3}(E_a + a^2E_b + aE_c)[V]$	불평형회로	3n-1	(2)5,8	

※ $a^2 + a + 1 = 0$: (평형)3상의 합은 "0"이다. $a = 1∠+120°$, $a^2 = 1∠-120°$

대칭좌표법에서 영상분 계산	
영상분	정상분
A상 전압 : $E_a = E_0 + E_1 + E_2$ B상 전압 : $E_b = E_0 + a^2 E_1 + a E_2$ C상 전압 : $E_c = E_0 + a E_1 + a^2 E_2$ 의 합 $E_a + E_b + E_c =$ $3E_0 + (1 + a^2 + a)E_1 + (1 + a + a^2)E_2$ 에서 $E_a + E_b + E_c = 3E_0$ $E_0 = \dfrac{1}{3}(E_a + E_b + E_c)$	A상 전압 : $E_a = E_0 + E_1 + E_2$ B상 전압 : $E_b = E_0 + a^2 E_1 + a E_2$ 에 a곱합 C상 전압 : $E_c = E_0 + a E_1 + a^2 E_2$ 에 a^2곱함 의 합 $E_a + aE_b + a^2 E_c =$ $(1 + a + a^2)E_0 + (1 + a^3 + a^3)E_1 + (1 + a^2 + a^4)E_2$ 에서 $E_a + aE_b + a^2 E_c = 3E_1$ $E_1 = \dfrac{1}{3}(E_a + aE_b + a^2 E_c)$

(3) 교류발전기의 기본식

① 영상전압 : $V_0 = -Z_0 I_0$

② 정상전압 : $V_1 = E_a - Z_1 I_1$

③ 역상전압 : $V_2 = -Z_2 I_2$

(4) 교류발전기의 고장계산

① 발전기 1선 지락고장시 흐르는 전류　　$I_0 = I_1 = I_2 \neq 0$ ∴ $I_g = 3I_0$ ➡ $I_g = \dfrac{3E_g}{Z_0 + Z_1 + Z_2}$

② 발전기 2선 지락고장시　　$V_0 = V_1 = V_2 \neq 0$ (0이 아니고 같다)

③ 발전기 2선 단락(선간 단락)시 흐르는 전류　　$I_0 = 0$, $V_0 = 0$, $I_1 = -I_2$, $V_1 = V_2$

$$I_g = \dfrac{(a^2 - a)E_g}{Z_1 + Z_2}$$

(5) 불평형률

① 발전기에서 만들어지는 전압은 정상분이고 계통에 불평형이 발생시 영상분과 역상분이 만들어진다. 그 중 정상분과 역상분의 비를 불평형률이라 한다.

공식 : $\dfrac{역상분}{정상분} \times 100[\%]$　(암기요령, 1, 3, 6, 9 의 조합(거의 13%))

② 불평형 대책 : 중성점 접지
③ 중성선 제거 조건 : 불평형이 발생하지 않으면 된다. 즉 역상분 $= I_a + I_b + I_c = 0$

파의 구성성분
① 정상상태에서는 당연히 정상분만 존재해야 됨 ② 불평형 회로에서도 대부분은 정상분의 크기임

(6) 대칭분에 의한 전력표시

$P_a = \overline{E}I = \overline{E_a}I_a + \overline{E_b}I_b + \overline{E_c}I_c$: a상, b상, c상 즉, 3상의 전력의 합

$= (\overline{E_0} + \overline{E_1} + \overline{E_2})I_a + (\overline{E_0} + a^2\overline{E_1} + a\overline{E_2})I_b + (\overline{E_0} + a\overline{E_1} + a^2\overline{E_2})I_c$

: a, b, c 상의 전압을 영상, 정상, 역상의 합으로 표현

$= \overline{E_0}(I_a + I_b + I_c) + \overline{E_1}(I_a + a^2I_b + aI_c) + \overline{E_2}(I_a + aI_b + a^2I_c)$

: 위 식을 전압의 영상, 정상, 역상으로 구분하여 묶어서 표현

$= \overline{E_0}(3\overline{I_0}) + \overline{E_1}(3\overline{I_1}) + \overline{E_2}(3\overline{I_2})$: $I_0 = \frac{1}{3}(I_a + I_b + I_c)$ 등을 이용

$= 3\overline{E_0 I_0} + 3\overline{E_1 I_1} + 3\overline{E_2 I_2}$ ※ 서로 같은 대칭분의 전압과 전류에 의해서만 전력 발생

> **Memo**
>
> 교류 공급전원은 a상을 기준으로 a상에 포함된 영상분(공통분)과 발전기가 정상회전시 공급되는 정상분, 그리고 발전기가 역회전시 발생되는 역상분의 합으로 표현되며, 정상상태에서는 발전기가 정상회전시 공급되는 정상분만이 존재한다.
> 공급되는 A상 전압 $E_a = E_0 + E_1 + E_2$ ➡ 정상시 $E_a = E_1$
> 그리고 B상, C상에 존재하는 정상분과 역상분은 A상과의 위상관계를 고려하여 위상을 보정해 주어야 한다.

SECTION 04 비정현파 교류(외형파)

1. 비정현파

정의 : 비정현파 = 직류분 + 기본파 + 고조파
= 여러 주파수의 파의 합 = 무수히 많은 주파수 성분의 합

(1) **비정현파의 구성 이해** : ① 직류분 ② 정현파(기본파·고조파)

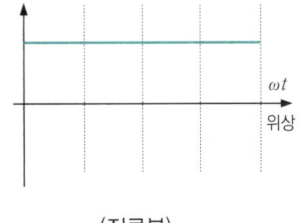

(직류분)

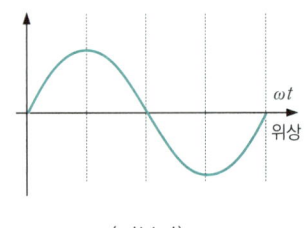

(기본파)

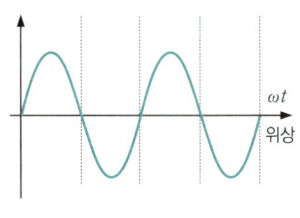

(2고조파)

(2) 정현파(sin, cos 파)

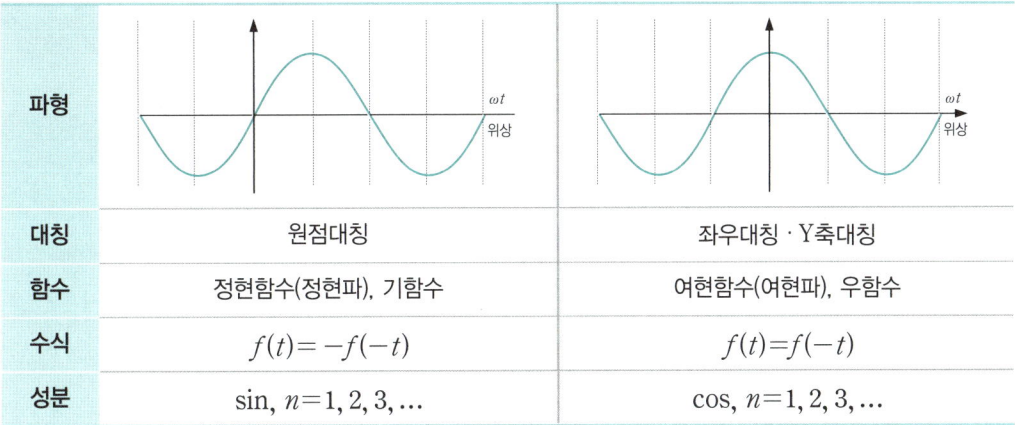

파형		
대칭	원점대칭	좌우대칭 · Y축대칭
함수	정현함수(정현파), 기함수	여현함수(여현파), 우함수
수식	$f(t)=-f(-t)$	$f(t)=f(-t)$
성분	sin, $n=1, 2, 3, …$	cos, $n=1, 2, 3, …$

(3) 비정현파의 푸리에(Fourier)의 급수에 의한 전개

$$f(x)=a_0(=b_0)+\sum_{n=1}^{\infty}a_n\cos nx+\sum_{n=1}^{\infty}b_n\sin nx$$
$$\text{직류분} \ + \ \text{cos성분} \ + \ \text{sin성분}$$

Fourier 급수의 계수

- $a_0, b_0 = \dfrac{1}{T}\displaystyle\int_0^t f(t)\,dt$: 직류분(평균값)
- $a_n = \dfrac{2}{T}\displaystyle\int_0^t f(t)\cos n\omega t\,dt$: cos 성분
- $b_n = \dfrac{2}{T}\displaystyle\int_0^t f(t)\sin n\omega t\,dt$: sin 성분

(4) 기본 비정현파

① 원점대칭

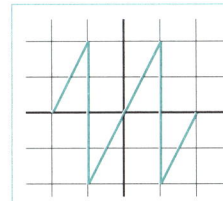

- 원점대칭
- 정현함수, 기함수
- $f(t)=-f(-t)$
- sin, $n=1, 2, 3, …$
  모든 주파수

② 좌우대칭(Y축대칭)

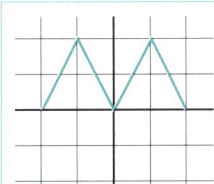

- 좌우대칭
- 여현함수, 우함수
- $f(t)=f(-t)$
- cos, $n=1, 2, 3, …$
  모든 주파수

③ 원점대칭+반파대칭

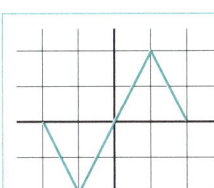

- 원점대칭, 반파대칭
- 정현함수. 기함수
- $f(t)=-f(-t),\ f(t)=-f\!\left(t\pm\dfrac{T}{2}\right)=-f(t\pm\pi)$
- sin, $n=1, 3, 5, …$ (홀수고조파 = 기수고조파)

※ 모든 반파대칭의 특징을 가지는 파는 직류분 $a_0(=b_0)=0$

(5) **기타의 비정현파** : 짝수(우수) 고조파만으로 구성된 파는 없다.

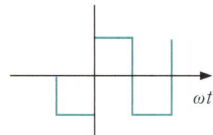
$i(t) = \frac{4I_n}{\pi}\left(\sin\omega t + \frac{1}{3}\sin 3\omega t + \frac{1}{5}\sin 5\omega t + \cdots\right)$
(원점대칭(sin파), 반파대칭($n = 1\omega t, 3\omega t, 5\omega t ...$)

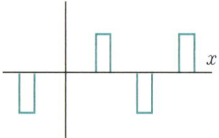
$y = \frac{4A}{\pi}\left(\cos a \sin x + \frac{1}{3}\cos a \sin 3x + \cdots\right)$
(원점대칭(sin파), 반파대칭($n = 1x, 3x, 5x, ...$)

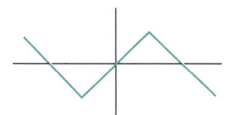
기수차(홀수)의 정현항 계수 존재
└ 반파대칭 └ 원점대칭(sin파)

2. 실효값

$$I = \sqrt{I_0^2 + I_1^2 + I_2^2 + \cdots + I_n^2} = \sqrt{I_0^2 + \left(\frac{I_{M1}}{\sqrt{2}}\right)^2 + \left(\frac{I_{M2}}{\sqrt{2}}\right)^2 + \cdots + \left(\frac{I_{Mn}}{\sqrt{2}}\right)^2}$$

➡ 비정현파 교류의 실효값 = 각 파의 실효값의 제곱의 합의 제곱근이다.

3. 전력 : 같은 주파수의 전압, 전류 사이에서만 전력이 소비됨

(1) **유효전력** : $P = V_0 I_0 + \sum_{n=1}^{\infty} V_n I_n \cos\theta_n \, [\text{W}]$: 같은 주파수 사이의 유효전력의 합

(2) **무효전력** : $P_r = \sum_{n=1}^{\infty} V_n I_n \sin\theta_n \, [\text{Var}]$: 같은 주파수 사이의 무효전력의 합

(3) **피상전력** : $P_a = VI \, [\text{VA}]$: 전압의 실효값과 전류의 실효값의 곱

$$= \sqrt{V_0^2 + V_1^2 + V_2^2 + \cdots + V_n^2} \times \sqrt{I_0^2 + I_1^2 + I_2^2 + \cdots + I_n^2} \, [\text{VA}]$$

4. 등가역률

$$\cos\theta = \frac{P}{P_a} = \frac{P}{VI}$$

$$= \frac{V_0 I_0 + V_1 I_1 \cos\theta_1 + V_2 I_2 \cos\theta_2 + \cdots + V_n I_n \cos\theta_n}{\sqrt{V_0^2 + V_1^2 + V_2^2 + \cdots + V_n^2} \times \sqrt{I_0^2 + I_1^2 + I_2^2 + \cdots + I_n^2}}$$

5. 왜형률

$$D = \frac{\text{전고조파 만의 실효값}}{\text{기본파의 실효값}} = \frac{\sqrt{I_2^2+I_3^2+\cdots+I_n^2}}{I_1} = \sqrt{\left(\frac{I_2}{I_1}\right)^2+\left(\frac{I_3}{I_1}\right)^2+\cdots+\left(\frac{I_n}{I_1}\right)^2}$$

6. n 고조파 공진 회로

(1) n **고조파의 R, L, C 직렬회로의 임피던스** $Z=R+j\left(n\omega L-\dfrac{1}{n\omega C}\right)$

(2) **공진조건** : $Z=R$ ∴ $n\omega L=\dfrac{1}{n\omega C}$ ➡ 공진주파수 $f=\dfrac{1}{2\pi n\sqrt{LC}}$

비정현파에 대한 임피던스의 크기의 변화 이해

EX $R = 8[\Omega]$, $\omega L = 2[\Omega]$
3고조파 전압=100[V]일 때 3고조파 전류는?

풀이 $i_3 = \dfrac{V_3}{Z_3} = \dfrac{100}{8+j6} = \dfrac{100}{\sqrt{8^2+6^2}}$
$= \dfrac{100}{10} = 10[A]$
(3고조파에 대한 L의 저항은
기본파 저항의 3배 증가)

정답 10[A]

명칭	R	L 인덕턴스 (코일)	C 정전용량 (콘덴서)
임피던스	R	$j\omega L$	$\dfrac{1}{j\omega C}$
직류(f=0)	R	0[Ω] 단락	∞[Ω] 개방
교류(f=∞)	R	∞[Ω] 개방	0[Ω] 단락
n 고조파	R	× n배	× (1/n)배
$\omega=2\pi f$			

고조파

- 고조파 발생원은 대부분 전력전자소자 등을 사용하는 기기, 전기로 등 비선형 부하기기 및 변압기 등 자기포화 특성 기기에서 발생한다.
- 기본파 $i=I_m\sin(\omega t \pm \theta)$ 3고조파 $i_3=\dfrac{I_m}{3}\sin 3(\omega t \pm \theta)$ 5고조파 $i_5=\dfrac{I_m}{5}\sin 5(\omega t \pm \theta)$
- 고조파의 차수가 클수록 파의 크기는 작아진다.

SECTION 05 기하학적 회로망

1. 기본 개념

(1) **전압원** : 내부저항 = 0 (단락상태)

(2) **전류원** : 내부저항 = ∞ (개방상태)

(3) **비선형소자** : 입력과 출력이 전혀 다른 파형 EX 철심이 있는 코일

2. 테브난(Thevenin's law) 정리

정의 : 하나의 전압원(단자 개방시 단자에 걸리는 단자전압)과
하나의 내부임피던스(전압원 : 단락, 전류원 : 개방 상태로 보고 계산한 합성저항)로 간략화함

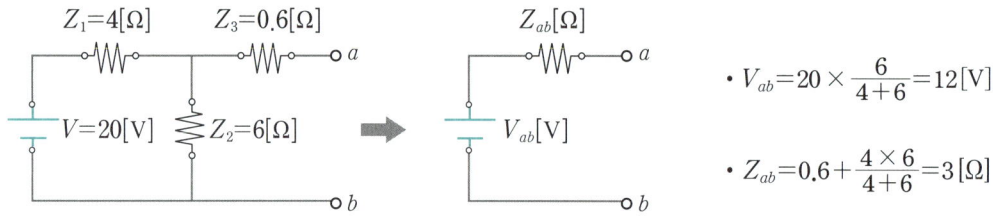

- $V_{ab} = 20 \times \dfrac{6}{4+6} = 12[\text{V}]$

- $Z_{ab} = 0.6 + \dfrac{4 \times 6}{4+6} = 3[\Omega]$

3. 노튼(Norton's law) 정리 ⇔ 테브난 정리와 쌍대적

정의 : 하나의 전류원(단자 단락시 단자로 유출되는 단자전류)과
하나의 내부임피던스(전압원 : 단락, 전류원 : 개방 상태로 보고 계산한 합성저항)로 간략화함

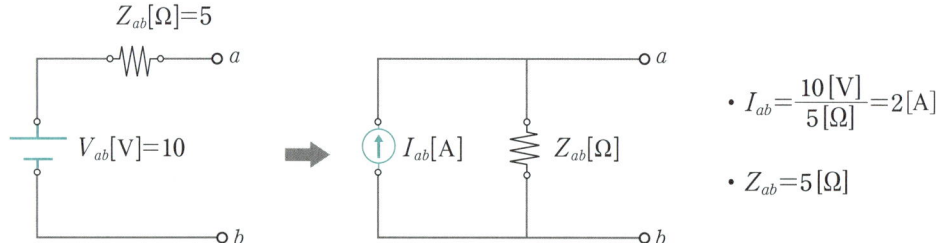

- $I_{ab} = \dfrac{10[\text{V}]}{5[\Omega]} = 2[\text{A}]$

- $Z_{ab} = 5[\Omega]$

4. 중첩의 원리(선형회로에만 적용)

정의 : 다수의 기전력을 포함하는 회로망에 있어서의 전류분포는
각 기전력이 단독으로 그 위치에 있을 때에 흐르는 전류의 총합과 같다.(다른 전압원은 단락, 전류원은 개방)

 예제 회로에서 저항 15[Ω]에 흐르는 전류는 몇[A]인가?

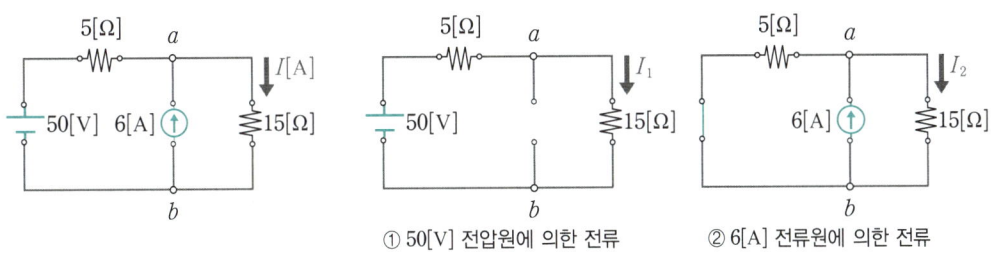

① 50[V] 전압원에 의한 전류   ② 6[A] 전류원에 의한 전류

① 50[V]에 의한 전류(6[A]의 저항=∞, 개방) $I_1 = \dfrac{V}{R} = \dfrac{50}{5+15} = 2.5[A]$

② 6[A]에 의한 전류(50[V]의 저항=0, 단락) $I_2 = 6[A] \times \dfrac{5}{5+15} = 1.5[A]$

∴ $I = I_1 + I_2 = 2.5 + 1.5 = 4[A]$

5. 밀만(Millman)의 정리

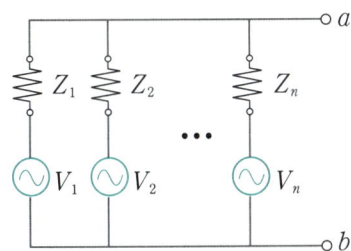

$$V_{ab} = \dfrac{\sum_{k=1}^{n} \dfrac{V_k}{Z_k}}{\sum_{k=1}^{n} \dfrac{1}{Z_k}} = \dfrac{\dfrac{V_1}{Z_1} + \dfrac{V_2}{Z_2} + \cdots \dfrac{V_n}{Z_n}}{\dfrac{1}{Z_1} + \dfrac{1}{Z_2} + \cdots \dfrac{1}{Z_n}} = \dfrac{Y_1 V_1 + Y_2 V_2 + \cdots Y_n V_n}{Y_1 + Y_2 + \cdots Y_n}$$

6. 키르히호프의 법칙

※ 키르히호프의 법칙은 모든 회로에 적용 가능

(시변, 시불변, 선형, 비선형 회로에 관계 없이 적용)

(1) **제 1 법칙(전류법칙)** : 하나의 절점을 기준으로 $\sum$ 유입전류 = $\sum$ 유출전류, $\sum I = 0$

(2) **제 2 법칙(전압법칙)** : 하나의 폐회로를 기준으로 $\sum$ 기전력 = $\sum$ 전압강하, $\sum_{k=1}^{n} V_k = \sum_{k=1}^{n} I_k Z_k$

기전력	전압강하
− ⊢⊢ + → i(전류)	+ ⊢⊢ − → i(전류)
− /\/\/\ + → i(전류)	+ /\/\/\ − → i(전류)
※전류의 방향이 기준이 됨	

7. 폐로 방정식과 절점 방정식

(1) **폐로 방정식** : 루프해석법, 망로해석법

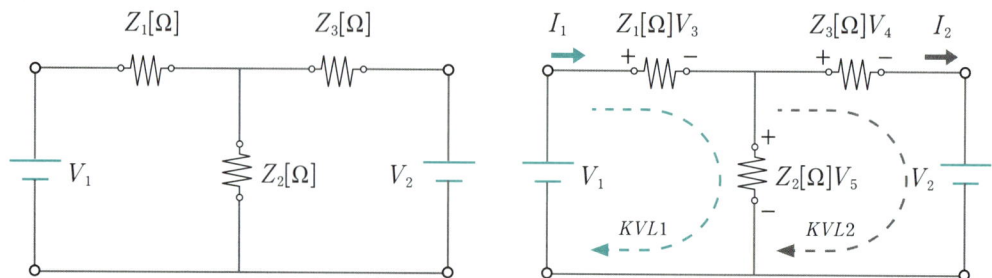

> 원칙

① 폐로의 메쉬 전류 선정 : 가능한 시계방향으로 적용(개별 전류적용도 가능하지만 복잡함)
② 소자의 특성식 작성(간단한 회로는 생략 가능) : 소자의 개수만큼($v=IZ$)
③ 폐로의 KVL 적용 : 독립루프의 개수만큼 독립방정식을 만든다.

> 적용

② V_1, V_2, $V_3=Z_1I_1$, $V_4=Z_3I_2$, $V_5=Z_2(I_1-I_2)$ 소자의 개수만큼의 특성식
③ KVL 적용 $V_1=V_3+V_5$, $V_2=V_5-V_4$ 에 ② 조건 대입

$V_1=V_3+V_5=Z_1I_1+Z_2(I_1-I_2)=(Z_1+Z_2)I_1-Z_2I_2$

$V_2=V_5-V_4=Z_2(I_1-I_2)-Z_3I_2=+Z_2I_1-(Z_2+Z_3)I_2$

(2) **절점 방정식** : 노드해석법

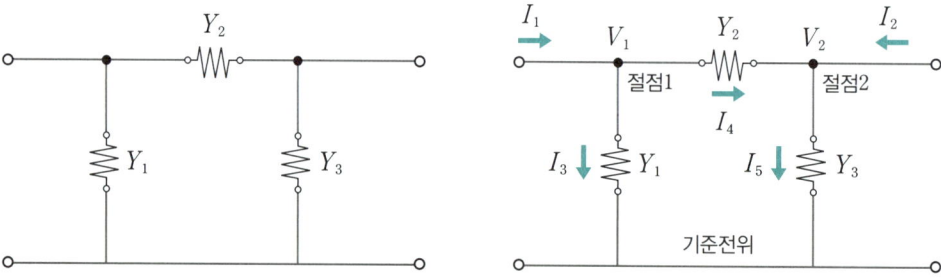

> 원칙

① 기준절점 및 기준전위 선정
② 소자의 특성식 작성(간단한 회로는 생략 가능) : 소자의 개수만큼($v=IZ$)
③ 절점의 KCL적용 : (절점갯수−1)개의 독립방정식이 만들어진다.

> 적용

② I_1, I_2, $I_3=Y_1V_1$, $I_4=Y_2(V_1-V_2)$, $I_5=Y_3V_2$ 소자의 개수만큼의 특성식
③ KCL 적용 $I_1=I_3+I_4$, $I_2=I_5-I_4$ 에 ② 조건 대입

$I_1=I_3+I_4=Y_1V_1+Y_2(V_1-V_2)=(Y_1+Y_2)V_1-Y_2I_2$

$I_2=I_5-I_4=Y_3V_2-Y_2(V_1-V_2)=-Y_2V_1+(Y_2+Y_3)V_2$

정 K 형 여파기

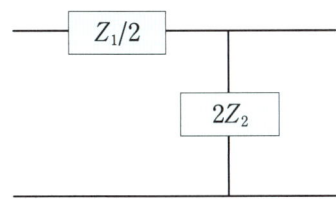

조건 K : 공칭임피던스[Ω]

$$\frac{Z_1}{2} \times 2Z_2 = Z_1 Z_2 = K^2$$

계산 $A = 1 + \frac{Z_1}{4Z_2}$, $B = \frac{Z_1}{2}$

$C = \frac{1}{2Z_2}$, $D = 1$

(1) 저역여파기(저역(직류)통과)

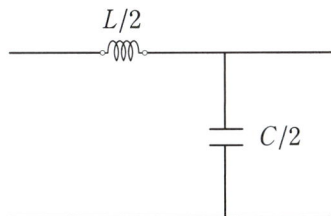

조건 K : 공칭임피던스[Ω]

$$Z_1 Z_2 = \frac{L}{C} = K^2$$

① 차단주파수 $fc = \frac{K}{\pi L}$

② 인덕턴스 $L = \frac{K}{\pi f_c}$ ③ 정전용량 $C = \frac{1}{\pi f_c K}$

(2) 고역여파기(고역(교류)통과)

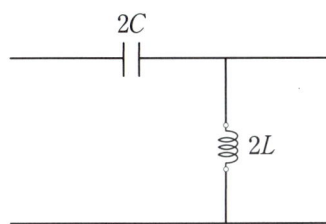

조건 K : 공칭임피던스[Ω]

$$Z_1 Z_2 = \frac{L}{C} = K^2$$

① 차단주파수 $fc = \frac{K}{4\pi L}$

② 인덕턴스 $L = \frac{K}{4\pi f_c}$ ③ 정전용량 $C = \frac{1}{4\pi f_c K}$

정리

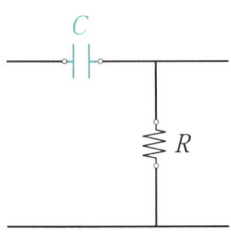

앞선다(입력보다 출력이) : L은 반대
미분기 : 변화시에만 값이 존재
고역필터 : 높은 주파수만 통과

뒤진다(입력보다 출력이) : L은 반대
적분기 : 0~값, 값이 합으로 존재
저역필터 : 낮은 주파수만 통과

보상회로의 입력, 출력 위상관계 및 미분, 적분회로 이해하기

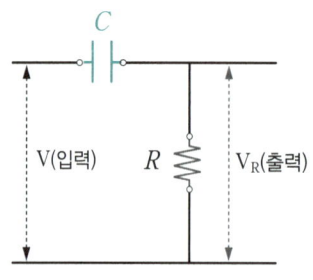 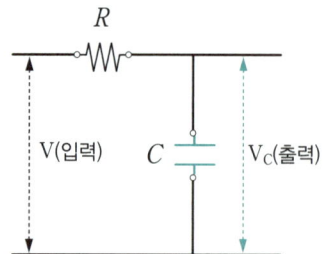

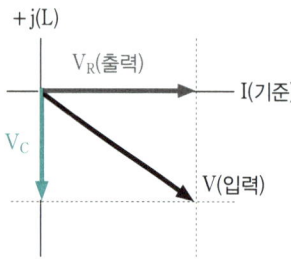 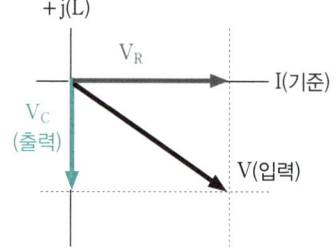

V_R(출력)이 앞서고 V(입력) 뒤짐 V_C(출력)이 뒤지고 V(입력) 앞섬

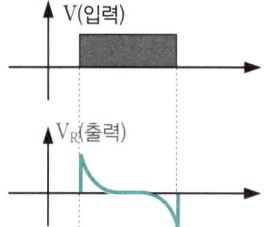 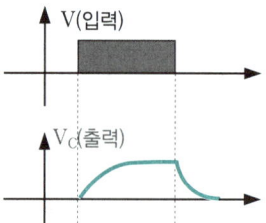

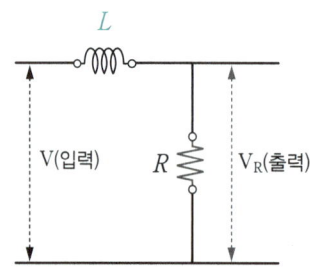 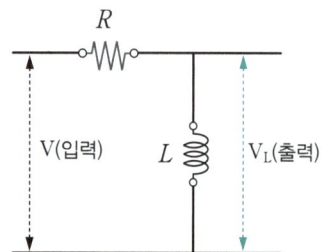

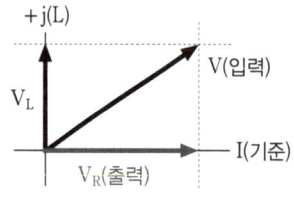 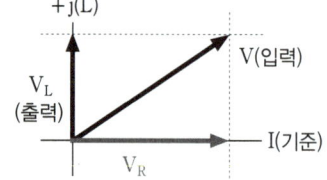

V_R(출력)이 뒤지고 V(입력) 앞섬 V_L(출력)이 앞서고 V(입력) 뒤짐

SECTION 06 단자망 회로(2단자, 4단자)

1. 2단자망 : 임의의 회로망에서 외부로 나온 단자가 2개인 회로망

(1) **일반화 임피던스(구동점 임피던스)**

① 임피던스를 구할 때 "$j\omega \Rightarrow S$"로 치환하여 구한다.

(즉, $R \Rightarrow R$, $j\omega L \Rightarrow LS$, $\dfrac{1}{j\omega C} \Rightarrow \dfrac{1}{CS}$)

ex 일반화 임피던스 $Z[S]$를 구하시오?

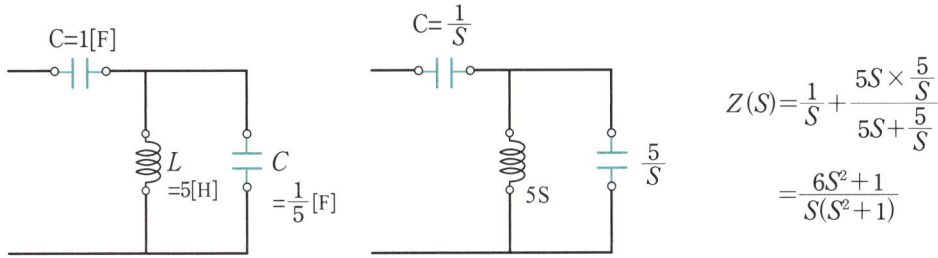

$$Z(S) = \dfrac{1}{S} + \dfrac{5S \times \dfrac{5}{S}}{5S + \dfrac{5}{S}}$$

$$= \dfrac{6S^2 + 1}{S(S^2 + 1)}$$

② 영점, 극점 : 파형의 크기에 의해 결정됨
 - 영점 : $Z(S) = 0[\Omega]$ (회로적으로 단락상태가 되는 S의 값) 즉 $Z[S]$의 분자 = 0
 - 극점 : $Z(S) = \infty[\Omega]$ (회로적으로 개방상태가 되는 S의 값) 즉 $Z[S]$의 분모 = 0

(2) **역회로(쌍대회로)**

① 정의 : $Z_1 \cdot Z_2 = Z_1' \cdot Z_2' = K^2$ (K 는 실정수) $\Rightarrow$ $L_1 C_1 = L_2 C_2$

 Z_1은 L_1의 임피던스, Z_2는 이의 역회로인 C_2 값, Z_1'는 C_1값, Z_2'는 이의 역회로인 L_2 값

② 내용 : 직렬 ⇔ 병렬, $L \Leftrightarrow C$, $R \Leftrightarrow G$

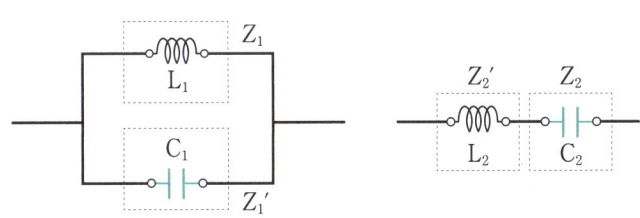

문제 $L_1 = 3[mH]$, $C_1 = 1[\mu F]$, $C_2 = 1.5[\mu F]$일 때 L_2는?

풀이 $3[mH] \times 1[\mu F]$
$= L_2[mH] \times 1.5[\mu F]$

정답 $2[mH]$

(3) 정저항회로

① 정의 : 주파수와 무관한 회로, 즉 공진회로(허수부 = 0)

② 조건 : $Z=R$ 전체의 저항이 R이 되는 조건, $\dfrac{Z_1 \times R}{Z_1+R}+\dfrac{Z_2 \times R}{Z_2+R}=R$ ➡ $Z_1Z_2=R^2$

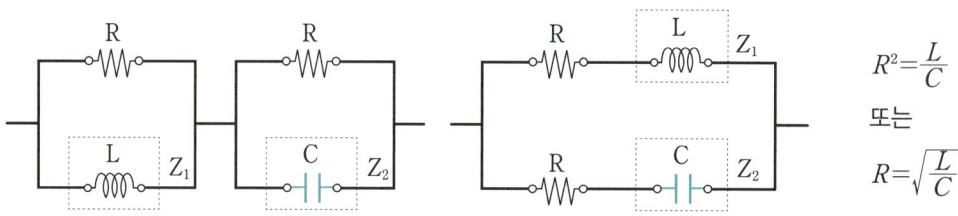

$R^2=\dfrac{L}{C}$

또는

$R=\sqrt{\dfrac{L}{C}}$

(4) 구동점 임피던스를 회로망으로 구성 : 분수식의 분자를 1로 구성

① $Z(s)$가 합으로 분리가 되면 직렬 연결, 분수식으로 만 존재시 병렬임

② 직렬연결시 $Z=Z_1+Z_2$, 병렬연결시 $Z=\dfrac{1}{\dfrac{1}{Z_1}+\dfrac{1}{Z_2}}$ 의 형태임

역회로 이해하기

회로	역회로	수식
L Z_1	C Z_2	$Z_1 \cdot Z_2 = K^2 \to j\omega L \times \dfrac{1}{j\omega C}=K^2 \to \dfrac{L}{C}=K^2$
L_1 C_2 (Z_1 Z_1')	L_2 Z_2' / C_1 Z_2	$Z_1 \cdot Z_2 = Z_1' \cdot Z_2' = K^2$ $j\omega L_1 \times \dfrac{1}{j\omega C_1}=\dfrac{1}{j\omega C_2}\times j\omega L_2=K^2$ $\dfrac{L_1}{C_1}=\dfrac{L_2}{C_2}=K^2 \to L_1C_2=L_2C_1$
L_1 L_2 Z_1' / C_3 Z_1'' (Z_1)	L_3 C_2 Z_2'' Z_2' / C_3 C_1 Z_2	$Z_1 \cdot Z_2 = Z_1' \cdot Z_2' = Z_1'' \cdot Z_2'' = K^2$ $j\omega L_1 \times \dfrac{1}{j\omega C_1}=\dfrac{1}{j\omega C_2}\times j\omega L_2$ $\quad =\dfrac{1}{j\omega C_3}\times j\omega L_3 = K^2$ $\dfrac{L_1}{C_1}=\dfrac{L_2}{C_2}=\dfrac{L_3}{C_3}=K^2$ $\to L_1C_2=L_2C_1, L_1C_3=L_3C_1$ 등

각각의 역회로의 임피던스의 곱이 실정수의 제곱을 항상 만족해야 역회로가 된다는 의미이다.
문제에서는 앞의 소자의 두 값의 곱이 역회로 두 소자의 곱과 같다는 것으로 출제된다.

정저항회로 이해 하기

$Z=R$ 전체의 저항이 R이 되는 조건, $\dfrac{Z_1 \times R}{Z_1+R} + \dfrac{Z_2 \times R}{Z_2+R} = R$ ➡ $Z_1 Z_2 = R^2$

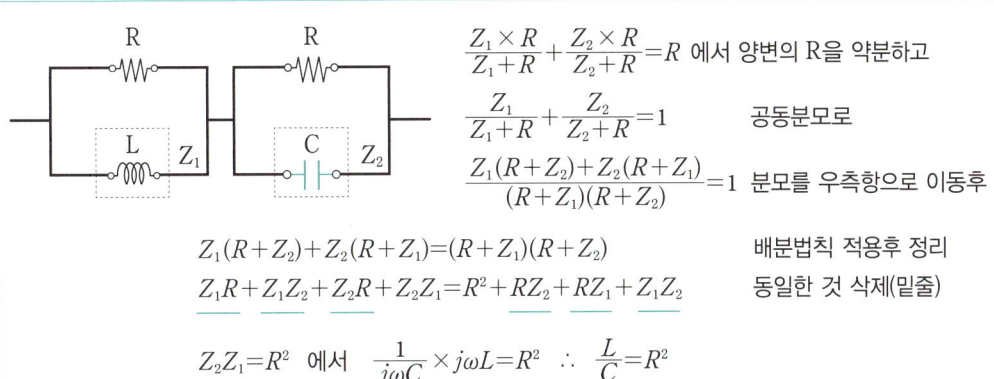

$\dfrac{Z_1 \times R}{Z_1+R} + \dfrac{Z_2 \times R}{Z_2+R} = R$ 에서 양변의 R을 약분하고

$\dfrac{Z_1}{Z_1+R} + \dfrac{Z_2}{Z_2+R} = 1$ 공통분모로

$\dfrac{Z_1(R+Z_2) + Z_2(R+Z_1)}{(R+Z_1)(R+Z_2)} = 1$ 분모를 우측항으로 이동후

$Z_1(R+Z_2) + Z_2(R+Z_1) = (R+Z_1)(R+Z_2)$ 배분법칙 적용후 정리

$\underline{Z_1 R} + Z_1 Z_2 + \underline{Z_2 R} + Z_2 Z_1 = R^2 + \underline{R Z_2} + \underline{R Z_1} + Z_1 Z_2$ 동일한 것 삭제(밑줄)

$Z_2 Z_1 = R^2$ 에서 $\dfrac{1}{j\omega C} \times j\omega L = R^2$ $\therefore \dfrac{L}{C} = R^2$

구동점 임피던스를 회로망으로 구성

Z_1 — Z_2 (직렬)	$Z_1 \parallel Z_2$ (병렬)	R	L	C
$Z = Z_1 + Z_2$	$Z = \dfrac{1}{\dfrac{1}{Z_1} + \dfrac{1}{Z_2}}$	R	$j\omega L = LS$	$\dfrac{1}{j\omega C} = \dfrac{1}{CS}$

2. 4단자망 : 임의의 회로망에서 외부로 나온 단자가 4개인 회로망

(1) Z - 파라미터(임피던스 파라미터)

① 임피던스 파라미터의 정의

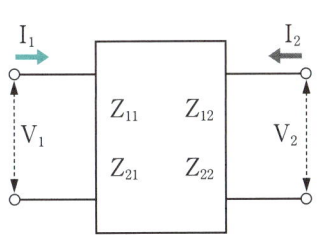

2단자망 $V = ZI$ ➡ 4단자망 $\begin{vmatrix} V_1 \\ V_2 \end{vmatrix} = \begin{vmatrix} Z_{11} & Z_{12} \\ Z_{21} & Z_{22} \end{vmatrix} \begin{vmatrix} I_1 \\ I_2 \end{vmatrix}$ 에서

$V_1 = Z_{11} I_1 + Z_{12} I_2$, $V_2 = Z_{21} I_1 + Z_{22} I_2$

- $Z_{11} = \dfrac{V_1}{I_1}\Big|_{I_2=0}$ 출력 개방 구동점 임피던스

- $Z_{12} = \dfrac{V_1}{I_2}\Big|_{I_1=0}$ 입력 개방 역방향 전달 임피던스

- $Z_{21} = \dfrac{V_2}{I_1}\Big|_{I_2=0}$ 출력 개방 순방향 전달 임피던스

- $Z_{22} = \dfrac{V_2}{I_2}\Big|_{I_1=0}$ 입력 개방 구동점 임피던스

② 예제(Z_{11} : 폐로 1의 저항, $Z_{12}=Z_{21}$: 폐로 1과 2 또는 2와 1사이의 저항, Z_{22} : 폐로 2의 저항)

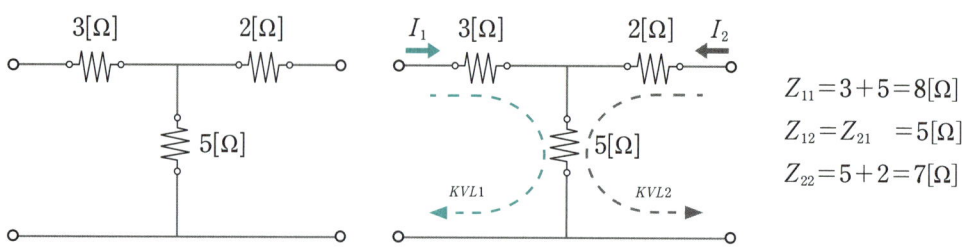

$Z_{11}=3+5=8[\Omega]$
$Z_{12}=Z_{21}=5[\Omega]$
$Z_{22}=5+2=7[\Omega]$

(2) $Y-$ 파라미터(어드미턴스 파라미터)

① 어드미턴스 파라미터의 정의

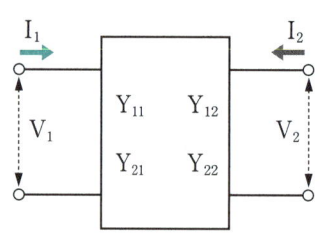

2단자망 $I=YV$ ➡ 4단자망 $\begin{vmatrix} I_1 \\ I_2 \end{vmatrix} = \begin{vmatrix} Y_{11} & Y_{12} \\ Y_{21} & Y_{22} \end{vmatrix} \cdot \begin{vmatrix} V_1 \\ V_2 \end{vmatrix}$ 에서

$I_1=Y_{11}V_1+Y_{12}V_2$, $I_2=Y_{21}V_1+Y_{22}V_2$

① $Y_{11}=\dfrac{I_1}{V_1}\big|_{V_2=0}$ 단락 구동점 어드미턴스

② $Y_{12}=\dfrac{I_1}{V_2}\big|_{V_1=0}$ 단락 전달 어드미턴스

③ $Y_{21}=\dfrac{I_2}{V_1}\big|_{V_2=0}$ 단락 전달 어드미턴스

④ $Y_{22}=\dfrac{I_2}{V_2}\big|_{V_1=0}$ 단락 구동점 어드미턴스

② 예제(Y_{11} : 절점 1의 어드미턴스, $Y_{12}=Y_{21}$: 절점 1과 2 또는 2와 1사이의, Y_{22} : 절점 2의 어드미턴스)

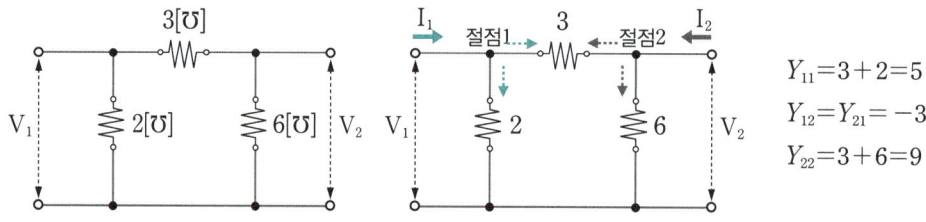

$Y_{11}=3+2=5$
$Y_{12}=Y_{21}=-3$
$Y_{22}=3+6=9$

③ T형 등가회로의 어드미턴스 파라미터 : π형 등가회로로 변경후 풀면되지만 아래처럼 바로암기

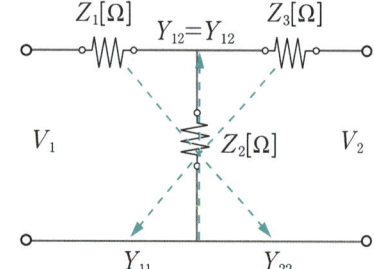

$Y_{11}=\dfrac{Z_2+Z_3}{\triangle}$, $Y_{12}=Y_{21}=-\dfrac{Z_2}{\triangle}$, $Y_{22}=\dfrac{Z_1+Z_2}{\triangle}$

(여기서 $\triangle=Z_1Z_2+Z_2Z_3+Z_3Z_1$)

(3) $ABCD$ - 파라미터 (4단자 정수) : $AD-BC=1$

① 4단자 정수의 정의

$$\begin{vmatrix} V_1 \\ I_1 \end{vmatrix} = \begin{vmatrix} A & B \\ C & D \end{vmatrix} \begin{vmatrix} V_2 \\ I_2 \end{vmatrix} \quad cf) \quad \begin{vmatrix} V_1 \\ I_2 \end{vmatrix} = \begin{vmatrix} H_{11} & H_{12} \\ H_{21} & H_{22} \end{vmatrix} \begin{vmatrix} I_1 \\ V_2 \end{vmatrix}$$ 하이브리드 파라미터(정답 H_{22})

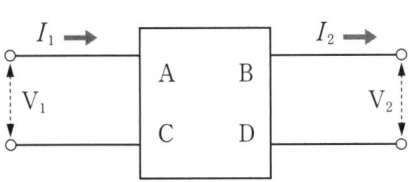

$A = \dfrac{V_1}{V_2} \bigg|_{I_2=0}$ $B = \dfrac{V_1}{I_2} \bigg|_{V_2=0}$

$C = \dfrac{I_1}{V_2} \bigg|_{I_2=0}$ $D = \dfrac{I_1}{I_2} \bigg|_{V_2=0}$

A : 전압비 B : 임피던스-직렬
C : 어드미턴스-병렬 D : 전류비

② 4단자 정수 기본회로

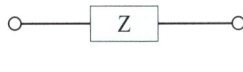 $\begin{vmatrix} 1 & Z \\ 0 & 1 \end{vmatrix}$ 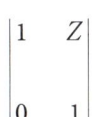 $\begin{vmatrix} 1 & 0 \\ Y & 1 \end{vmatrix}$

③ 4단자 정수 응용회로

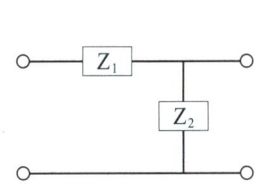   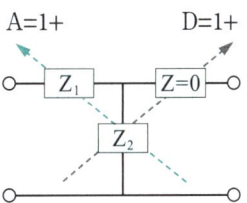

$A = 1 + \dfrac{Z_1}{Z_2}$ $B = Z_1$

$C = \dfrac{1}{Z_2}$ $D = 1 + \dfrac{0}{Z_2}$

④ 이상변압기의 4단자 정수

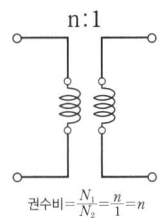

$A = n$ $B = 0$
$C = 0$ $D = \dfrac{1}{n}$

$a = \dfrac{n_1}{n_2} = \dfrac{V_1}{V_2} = \sqrt{\dfrac{Z_1}{Z_2}}$
$= \dfrac{I_2}{I_1}$

비고
이상적인 자이레이터 (발전기)의 4단자정수
$A = 0$ $B = a$
$C = 1/a$ $D = 0$

변압기 권수비

$n = \dfrac{n_1}{n_2} = \dfrac{V_1}{V_2} = \dfrac{\sqrt{Z_1}}{\sqrt{Z_2}} = \dfrac{I_2}{I_1}$ 에서 변압기 1차전력 = 2차전력, $P_1(=V_1 I_1) = P_2(=V_2 I_2)$

∴변압기에서 전력은 변성 안됨

다음의 A, B, C, D 값은?

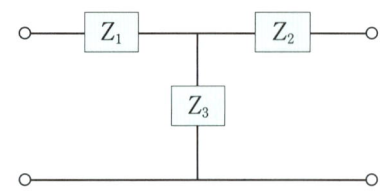

A =   B = 복잡하다.

C =   D =

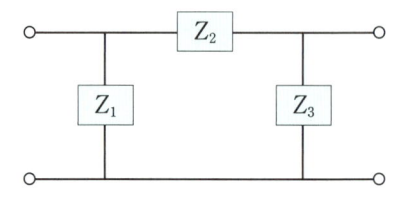

A =   B =

C = 복잡하다.   D =

행렬식 이란

행렬 : 수(혹은 함수)를 직사각형 모양으로 괄호 안에 배열한 것
행(Row): 수평선, 열(column) : 수직선
행렬은 굵은 대문자로 나태내고 첫 번째 아래 첨자는 행, 두 번째 아래 첨자는 열 번호임

$$\tilde{A} = \begin{vmatrix} a_{11} & a_{12} \\ a_{21} & a_{22} \end{vmatrix} \text{에서} \quad \begin{vmatrix} 1\ \text{행} \\ 2\ \text{행} \end{vmatrix} \quad \begin{vmatrix} 1 & 2 \\ \text{열} & \text{열} \end{vmatrix}$$

a_{11}(1행 1열의 자리), a_{12}(1행 2열의 자리), a_{21}(2행 1열의 자리), a_{22}(2행 2열의 자리)

행렬의 곱

예1 2행2열과 2행1열의 곱

$$\begin{vmatrix} 1 & 2 \\ 3 & 4 \end{vmatrix} \begin{vmatrix} A \\ B \end{vmatrix} = \begin{vmatrix} K_{11} \\ K_{21} \end{vmatrix} = \begin{vmatrix} 1A+2B \\ 3A+4B \end{vmatrix}$$

(2 × ②) (② × 1) ➡ (2 × 1) : 앞행렬식의 열 번호와 뒤행렬식의 행번호가 같아야 행렬을 곱할 수 있고 과정은 앞 행렬식의 행과 뒤 행렬식의 열을 곱하여 행렬 자리에 두고, 결과는 앞 행렬식의 행과 뒤 행렬식의 열 번호의 행렬식이 된다.

예2 2행2열과 2행2열의 곱

$$\begin{vmatrix} 1 & 2 \\ 3 & 4 \end{vmatrix} \begin{vmatrix} A & B \\ C & D \end{vmatrix} = \begin{vmatrix} K_{11} & K_{12} \\ K_{21} & K_{22} \end{vmatrix} = \begin{vmatrix} (1\text{행} \times 1\text{열}) & (1\text{행} \times 2\text{열}) \\ (2\text{행} \times 1\text{열}) & (2\text{행} \times 2\text{열}) \end{vmatrix} = \begin{vmatrix} (1A+2C) & (1B+2D) \\ (3A+4C) & (3B+4D) \end{vmatrix}$$

예3 $ABCD$ 파라미터

$$\begin{vmatrix} V_1 \\ I_1 \end{vmatrix} = \begin{vmatrix} A & B \\ C & D \end{vmatrix} \begin{vmatrix} V_2 \\ I_2 \end{vmatrix} = \begin{matrix} AV_2+BI_2 \\ CV_2+DI_2 \end{matrix} \Rightarrow \begin{matrix} V_1 = AV_2+BI_2 \\ I_1 = CV_2+DI_2 \end{matrix} \text{에서}$$

$A = \dfrac{V_1}{V_2}\bigg|_{I_2=0}$(전압비), $B = \dfrac{V_1}{I_2}\bigg|_{V_2=0}$(임피던스), $C = \dfrac{I_1}{V_2}\bigg|_{I_2=0}$(어드미턴스), $D = \dfrac{I_1}{I_2}\bigg|_{V_2=0}$(전류비)

3. 영상 파라미터 : 임피던스 정합과 필터설계

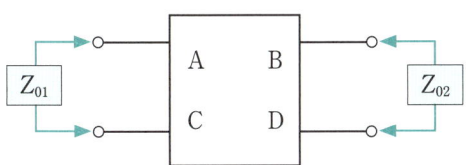

> **해석** 참고용으로만 보세요
>
> ① $Z_{01} = \dfrac{V_1}{I_1} = \dfrac{AV_2 + BI_2}{CV_2 + DI_2}$ 에 $Z_{02} = \dfrac{V_2}{I_2}$ 대입
>
> $CZ_{01}Z_{02} + DZ_{01} - AZ_{02} - B = 0$ ➡ Ⓐ
>
> ② $Z_{02} = \dfrac{V_2}{I_2} = \dfrac{DV_1 + BI_1}{CV_1 + AI_1}$ 에 $Z_{01} = \dfrac{V_1}{I_1}$ 대입
>
> $CZ_{01}Z_{02} + AZ_{02} - DZ_{01} - B = 0$ ➡ Ⓑ
>
> Ⓐ, Ⓑ 두 식을 이용 Ⓐ + Ⓑ ➡ $Z_{01}Z_{02} = \dfrac{B}{C}$ — Ⓒ
>
> Ⓐ − Ⓑ ➡ $\dfrac{Z_{01}}{Z_{02}} = \dfrac{A}{D}$ — Ⓓ
>
> Ⓒ, Ⓓ 두 식을 이용 $Z_{01} = \sqrt{\dfrac{AB}{CD}}$, $Z_{02} = \sqrt{\dfrac{BD}{AC}}$

(1) 입력단에서 본 영상 임피던스(1차 영상 임피던스)

$$Z_{01} = \sqrt{\dfrac{AB}{CD}}$$

(2) 출력단에서 본 영상 임피던스(2차 영상 임피던스)

$$Z_{02} = \sqrt{\dfrac{BD}{AC}}$$

(3) $A = D$ (대칭회로)에서 영상 임피던스

$$Z_0 = Z_{01} = Z_{02} = \sqrt{\dfrac{B}{C}}$$

(4) 전달함수 θ ($\alpha + j\beta$: α감쇠정수, β위상정수)

$$\theta = \log_e(\sqrt{AD} + \sqrt{BC})$$
$$= \cosh^{-1}\sqrt{AD} = \sinh^{-1}\sqrt{BC} = \tanh^{-1}\sqrt{\dfrac{BC}{AD}}$$

(5) 4단자 정수와 영상 파라미터의 관계

$$A = \sqrt{\dfrac{Z_{01}}{Z_{02}}} \cosh\theta \qquad B = \sqrt{Z_{01} \cdot Z_{02}} \sinh\theta$$

$$C = \dfrac{1}{\sqrt{Z_{01} \cdot Z_{02}}} \sinh\theta \qquad D = \sqrt{\dfrac{Z_{02}}{Z_{01}}} \cosh\theta$$

> **특성 임피던스**
>
> 영상 임피던스는 특성 임피던스와 같은 값이다.
>
> 특성 임피던스 $Z_0 = \sqrt{Z_{SS} \cdot Z_{SO}}$
>
> Z_{SS} : 수전단 단락 시 송전단에서 본 임피던스
> Z_{SO} : 수전단 개방 시 송전단에서 본 임피던스

> **응용**
>
> ① $Z_{01} \times Z_{02} = \dfrac{B}{C}$, $\dfrac{Z_{01}}{Z_{02}} = \dfrac{A}{D}$
> ② 전달정수 $\theta = 0$ 를 만족하면 ➡ $A \times D = 1$ (역수관계)
> ③ 전달정수 $\theta \fallingdotseq 1$에 가까운 것이 정답
> ④ BC ➡ sin, AD ➡ cos 와 같이 묶임

4. 분포정수 회로

(1) 특성 임피던스와 전파정수

① 특성 임피던스 $Z_0 = \sqrt{\dfrac{Z}{Y}} = \sqrt{\dfrac{R+j\omega L}{G+j\omega C}}$ [Ω]

② 전파정수 $\gamma = \sqrt{ZY} = \sqrt{(R+j\omega L)(G+j\omega C)} = \alpha + j\beta$

(여기서, α : 감쇠정수 β : 위상정수)

(2) 무손실(정저항)선로 및 무왜형선로

구분	무손실 선로	무왜형 선로
조건	$R=0$, $G=0$	$RC=LG$
특성 임피던스	$Z_C = \sqrt{\dfrac{L}{C}}$	$Z_C = \sqrt{\dfrac{L}{C}}$
전파정수	$\gamma = j\omega\sqrt{LC}\,(\alpha=0)$	$\gamma = \sqrt{RC} + j\omega\sqrt{LC}$
파장	$\lambda = \dfrac{2\pi}{\beta} = \dfrac{2\pi}{\omega\sqrt{LC}} = \dfrac{1}{f\sqrt{LC}}$	$\lambda = \dfrac{2\pi}{\beta} = \dfrac{2\pi}{\omega\sqrt{LC}} = \dfrac{1}{f\sqrt{LC}}$
전파속도	$v = \pi\lambda = \dfrac{2\pi f}{\beta} = \dfrac{\omega}{\beta} = \dfrac{1}{\sqrt{LC}}$	$v = \pi\lambda = \dfrac{2\pi f}{\beta} = \dfrac{\omega}{\beta} = \dfrac{1}{\sqrt{LC}}$

Memo

SECTION 07 과도현상

1. 기본개념 이해

(1) **정의** : 과도현상이란 한 정상상태에서 다른 정상상태로 전이하는 것 또는 그동안 경과하는 상태를 말한다.

(2) **전기소자 이해**

	임피던스 $Z[\Omega]$	주파수 n배 증가시	교류($f=\infty$)	직류($f=0$)	참고 (직류인가시)
$R[\Omega]$	$R[\Omega]$	임피던스 동일	임피던스 동일	임피던스 동일	
$L[H]$	$j\omega L = jX[\Omega]$	n 배 증가	$\infty[\Omega]$: 개방상태	$0[\Omega]$: 단락상태	통과
$C[F]$	$\dfrac{1}{j\omega C} = -jX[\Omega]$	$\dfrac{1}{n}$ 배 감소	$0[\Omega]$: 단락상태	$\infty[\Omega]$: 개방상태	차단

(3) **용어이해**

① 초기상태($t=0$) : 변화하기 전 상태

> **S/W (ON) 직류공급 회로에서는**
> 시간 $t=0$
> 파형 : 교류인가 ∴ L(개방상태), C(단락상태)

> **S/W (OFF) 직류차단 회로에서는**
> 시간 $t=0$
> 파형 : 직류인가 ∴ L(단락상태), C(개방상태)

② 정상상태($t=\infty$) 또는 최종상태 : 변화 후 회로가 안정화된 상태

> **S/W (ON) 직류공급 회로에서는**
> 시간 $t=\infty$
> 파형 : 직류인가 ∴ L(단락상태), C(개방상태)

> **S/W (OFF) 직류차단 회로에서는**
> 시간 $t=\infty$
> 파형 : 전원차단 ∴ 무조건 모든 값 $=0$

③ 시정수 $\Upsilon[Sec]$: 최종 변화량의 63.2[%](정상값의 63.2[%], 최종값이 0인 회로는 초기값의 36.8[%])에 도달하는 데 걸리는 시간

- $R-L$ 직렬회로($\dfrac{L}{R}$), $R-C$ 직렬회로(RC), $L-C$ 직렬회로($\sqrt{LC}$)

(4) 완전응답 즉, 전체값은 정상값과 과도값의 합으로 볼 수 있다. $i(t) = i_s + i_t$

이를 일반화 시키면 다음과 같다

완전응답 = 정상값 + (초기값 - 정상값) $e^{-\frac{1}{\tau}t}$ 즉, $i(t) = i(\infty) + [i(0) - i(\infty)]e^{-\frac{1}{\tau}t}$

※ 완전응답(전체값)을 구하는 방법은 여러 가지가 있다. 뒤편의 참고내용 참조바랍니다.

2. 기본회로의 과도현상

(1) $R-L$ 직렬회로($t=0$ 에서 $S/W=ON$)

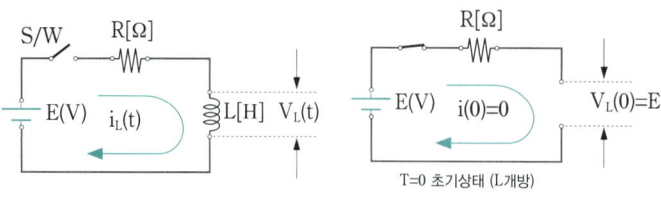
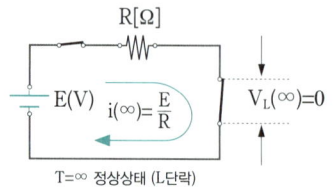

- $i(t) = i(\infty) + [i(0) - i(\infty)]e^{-\frac{1}{\tau}t}$
  $= \frac{E}{R}(1 - e^{-\frac{R}{L}t})$
➡ $i(0) = 0$, $i(\infty) = \frac{E}{R}$, $\tau = \frac{L}{R}$

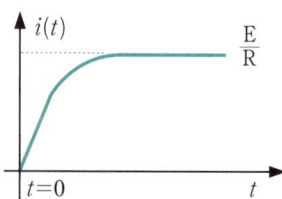

- $V_L(t) = V_L(\infty) + [V_L(0) - V_L(\infty)]e^{-\frac{1}{\tau}t}$
  $= Ee^{-\frac{R}{L}t}$
➡ $V_L(0) = E$, $V_L(\infty) = 0$, $\tau = \frac{L}{R}$

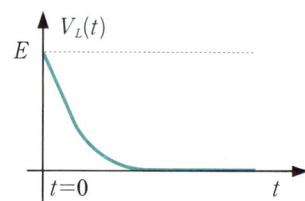

(2) $R-C$ 직렬회로($t=0$ 에서 $S/W=ON$)

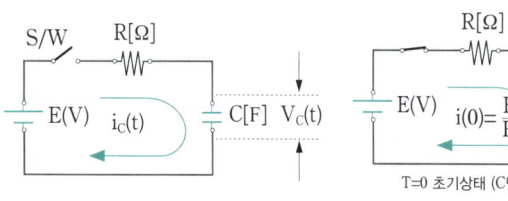
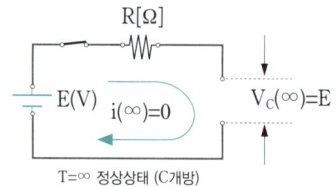

- $i(t) = i(\infty) + [i(0) - i(\infty)]e^{-\frac{1}{\tau}t}$
  $= \frac{E}{R}e^{-\frac{1}{RC}t}$
➡ $i(0) = \frac{E}{R}$, $i(\infty) = 0$, $\tau = RC$

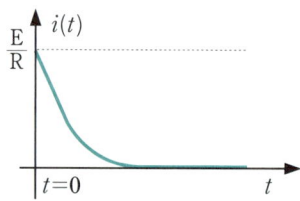

- $V_C(t) = V_C(\infty) + [V_C(0) - V_C(\infty)]e^{-\frac{1}{\tau}t}$
  $= E(1 - e^{-\frac{1}{RC}t})$
➡ $V_C(0) = 0$, $V_C(\infty) = E$, $\tau = RC$

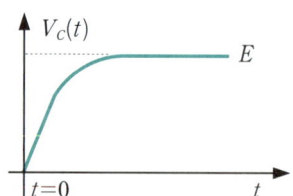

3. 과도현상 정리

(1) 완전응답

① 최종값 = 0 인 회로 (예, ㉮ 직렬회로에서 S/W=ON 시 $V_L(\infty)=0$, $i_C(\infty)=0$
㉯ 방전회로 (C 또는 L 충전전류를 R 부하로 방전 시)
㉰ S/W=Off 회로시 전류 $i(t)$

$$\text{완전응답} = \text{초기값} \, e^{-\frac{1}{\tau}t}$$

② 최종값 = 존재하는 회로 (예, ㉮ 직렬회로에서 S/W=ON 시 $V_C(\infty)=E$, $i_L(\infty)=\dfrac{E}{R}$

$$\text{완전응답} = \text{최종값}(1 - e^{-\frac{1}{\tau}t})$$

(2) 시정수 : t=0 에서 응답곡선에 접선을 그어 최종응답과 교차하는 점까지의 시간

① 시정수 ≒ 과도시간[sec]
② 시정수 : 회로 변화 후 소자의 값으로 결정

➡ $R-L$직렬회로($\dfrac{L}{R}$), $R-C$ 직렬회로(RC), $L-C$ 직렬회로($\sqrt{LC}$)

③ 시정수는 항상 (+)값, 특성근은 항상 (−)값

$|특성근| = \dfrac{1}{|시정수|}$: 특성근은 시정수의 역수의 절대값과 같다.

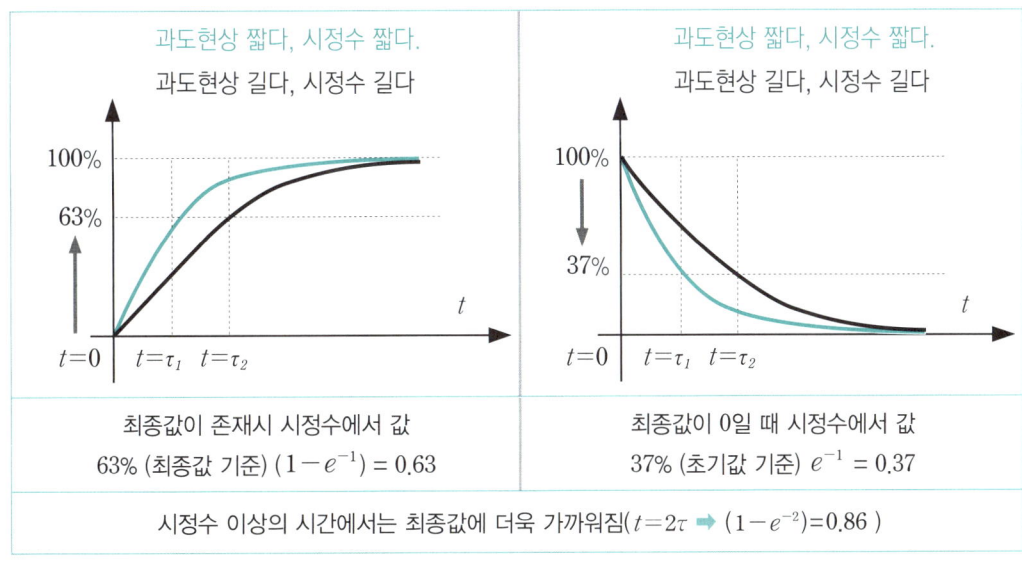

지수함수의 그래프 이해

$e = 2.718\ldots\ldots$

$e^{-1} = \dfrac{1}{e^1} = \dfrac{1}{2.718\ldots} = 0.36\ldots$

$e^{-2} = \dfrac{1}{e^2} = \dfrac{1}{2.718^2} = 0.13\ldots$

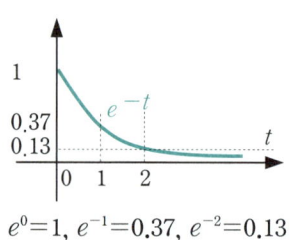

$e^0 = 1,\ e^{-1} = 0.37,\ e^{-2} = 0.13$

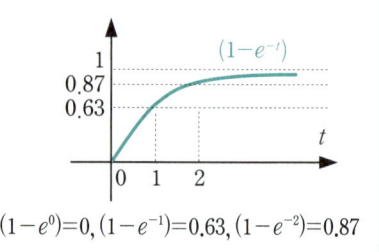

$(1-e^0) = 0,\ (1-e^{-1}) = 0.63,\ (1-e^{-2}) = 0.87$

4. R-L-C 회로의 과도현상(진동, 비진동, 임계진동 판정)

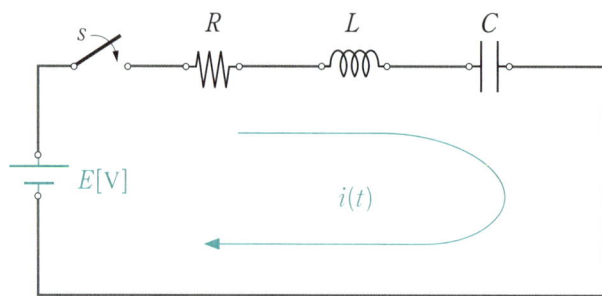

참고 회로내 전류를 구하여 보자

[KVL이용 미분방정식]

$$E[\text{V}] = Ri(t) + L\dfrac{d}{dt}i(t) + \dfrac{1}{C}\int i(t)dt$$ 에서 $i(t)$을 계산하기 위하여

[라플라스변환]

$$\dfrac{E}{S} = RI(s) + LSI(s) + \dfrac{1}{CS}I(s)$$ 에서 $I(s) = \dfrac{E}{LS^2 + RS + \dfrac{1}{C}} = \dfrac{\dfrac{E}{L}}{S^2 + \dfrac{R}{L}S + \dfrac{1}{LC}}$을

역라플라스 하기 위해 S의 완전제곱근의 형태로 변형

$$I(s) = \dfrac{\dfrac{E}{L}}{S^2 + \left(\dfrac{R}{L}\right)S + \left(\dfrac{R}{2L}\right)^2 - \left(\dfrac{R}{2L}\right)^2 + \dfrac{1}{LC}} = \dfrac{\dfrac{E}{L}}{\left(S + \left(\dfrac{R}{2L}\right)\right)^2 - \left(\dfrac{R}{2L}\right)^2 + \dfrac{1}{LC}}$$

[$\sinh \omega t = \dfrac{\omega}{s^2 - \omega^2}$ 이용] $\alpha = \dfrac{R}{2L},\ \beta = \sqrt{\left(\dfrac{R}{2L}\right)^2 - \dfrac{1}{LC}}$ 라두면

$$I(s) = \dfrac{\dfrac{E}{L}}{(S+\alpha)^2 - \beta^2}$$ 으로 변경 여기서 $\sqrt{\ }$ 안의 값이 음수이면 진동요소가 됨

(1) **직류전원의 과도현상**

① 비진동(과제동) : $R^2 - 4\dfrac{L}{C} > 0$ ② 임계진동 : $R^2 - 4\dfrac{L}{C} = 0$ ③ 진동(부족제동) : $R^2 - 4\dfrac{L}{C} < 0$

(2) **교류전원의 과도현상**

➡ 과도현상이 나타나지 않는 위상각 $\theta = tan^{-1}\left(\dfrac{\omega L}{R}\right)$

(3) **진동 시 표현함수** : 진동 시는 반드시 $\sin \omega t$, $\cos \omega t$ 를 포함한 함수로 표현된다.

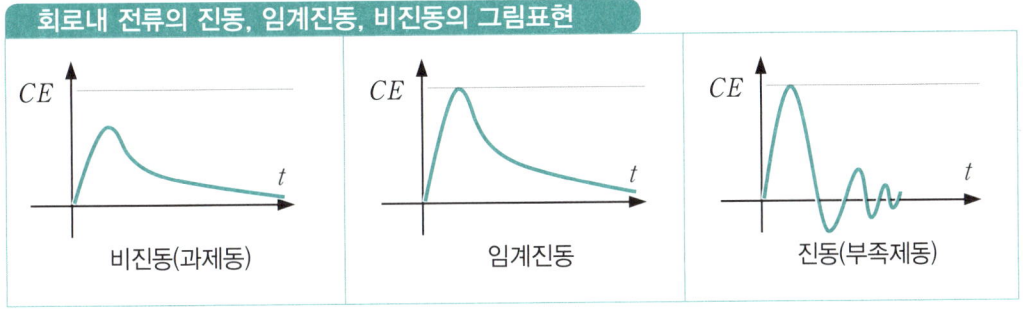

※ 회로내 충전전하량은 CE축을 기준으로 수렴한다.

5. L-C 회로의 과도현상

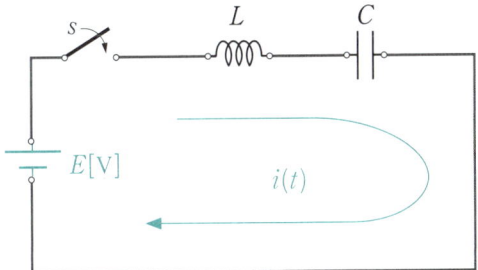

참고 회로내 전류를 구하여 보자

[KVL이용 미분방정식]

$$E[\text{V}] = L\dfrac{d}{dt}i(t) + \dfrac{1}{C}\int i(t)dt \text{ 에서 } i(t) \text{을 계산하기 위하여}$$

[라플라스변환]

$$\dfrac{E}{S} = LSI(s) + \dfrac{1}{CS}I(s) \text{ 에서 } I(s) = \dfrac{\dfrac{E}{L}}{S^2 + \dfrac{1}{LC}} \text{ 을}$$

$\sin \omega t \Leftrightarrow \dfrac{\omega}{s^2 + \omega^2}$ 관계식을 이용 역라플라스하면 $i(t) = E\sqrt{\dfrac{C}{L}}\sin\dfrac{1}{\sqrt{LC}}t$

(1) 방전전류는 감쇄되는 지수함수가 없는 $\sin$파 전류이므로 불변의 진동전류이다.

(2) C양간의 최대전압은 공급전압의 두배가 된다. $v_c = 2E$

※ 참고

항목	$R-L$ 직렬	$R-C$ 직렬
$t=0$ 초기상태	L : 개방상태	C : 단락상태
$t=\infty$ 정상상태	L : 단락상태	C : 개방상태
전원 투입 시 흐르는 전류 (최종직류에 대해 L통과 C차단)	$i(t)=\dfrac{E}{R}\left(1-e^{-\frac{R}{L}t}\right)$	$i(t)=\dfrac{dq}{dt}=\dfrac{E}{R}e^{-\frac{1}{RC}t}$
전원 개방 시 흐르는 전류	$i(t)=\dfrac{E}{R}e^{-\frac{R}{L}t}$	$i(t)=\dfrac{E}{R}e^{-\frac{1}{RC}t}$
전원 투입 시 충전되는 전하	—	$q=CV_c=CE\left(1-e^{-\frac{1}{RC}t}\right)$
전원 투입 시 L 및 C 양단의 전압 (최종직류에 대해 L단락 C개방)	$V_L=L\dfrac{di}{dt}=Ee^{-\frac{R}{L}t}$	$V_C=\dfrac{q}{C}=E\left(1-e^{-\frac{1}{RC}t}\right)$
시정수	$\tau=\dfrac{L}{R}$	$\tau=RC$
특성근	$-\dfrac{R}{L}$	$-\dfrac{1}{RC}$

RLC과도현상	진동	$R^2-4\dfrac{L}{C}<0$
	비진동	$R^2-4\dfrac{L}{C}>0$
	임계진동	$R^2-4\dfrac{L}{C}=0$ ➡ $i(t)=\dfrac{E}{L}te^{-\alpha t}$

과도상태가 나타나지 않는 위상각	$\theta=Tan^{-1}\left(\dfrac{\omega L}{R}\right)$
과도상태가 나타나지 않는 R값	$R=\sqrt{\dfrac{L}{C}}$: 정저항 회로, 주파수와 무관, 저항만의 회로

RL직렬회로에서 전류 (참고사항으로 무시해도 가능)

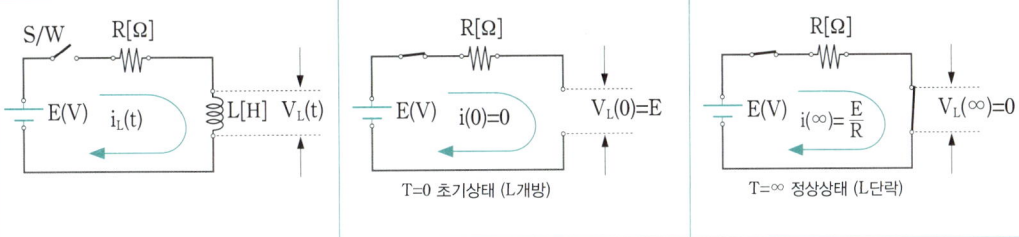

방법 1

$i(t)=i_s$(정상전류)$+i_t$(과도전류)로 풀어보자 K.V.L 적용 $Ri(t)+L\dfrac{d}{dt}i(t)=E$ 에서

- i_s(정상전류)는 직류 $E[V]$ 공급시 흐르는 전류이므로 $\dfrac{d}{dt}i(t)=0$ 적용 $Ri_s(t)=E$ ∴ $i_s(t)=\dfrac{E}{R}$

- i_t(과도전류)는 $E[V]=0$ 상태에서 흐르는 전류이므로 $E[V]=0$ 적용 $Ri(t)+L\dfrac{d}{dt}i(t)=0$

$L\dfrac{d}{dt}i(t)=-Ri(t)$ ➡ $\dfrac{d}{dt}i(t)=-\dfrac{R}{L}i(t)$ ➡ $i_t(t)=Ke^{-\frac{R}{L}t}$

∴ $i(t)=i_s$(정상전류)$+i_t$(과도전류)$=i(t)=\dfrac{E}{R}+Ke^{-\frac{R}{L}t}$ 에서 초기 $i(0)=0$ 대입 K구하면 $K=-\dfrac{E}{R}$

방법 2

미분방정식에서 $i(t)$ 계산 힘든 경우 ➡ $\mathcal{L}$ ➡ $I(s)$를 계산 ➡ $\mathcal{L}^{-1}$ ➡ $i(t)$ 계산
그리고 $i(t)$에서 초기값 $i(0)$과 최종값 $i(\infty)$을 $I(s)$ 계산과정에서도 구할 수 있다.

[KVL이용 미분방정식] $E[V]=Ri(t)+L\dfrac{d}{dt}i(t)$에서 $i(t)$을 계산하기 위하여

[라플라스변환] $\dfrac{E}{S}=RI(s)+LSI(s)$ 에서 $I(s)=\dfrac{E}{S}\times\dfrac{1}{R+LS}$ 을

역라플라스 하기 위해 부분분수로 정리(S 계수 앞 1, 분자 1)

$I(s)=\dfrac{E}{S}\times\dfrac{1}{LS+R}=\dfrac{E}{S}\times\dfrac{(1)\times 1/L}{(LS+R)\times 1/L}=\dfrac{E}{S}\times\dfrac{1/L}{S+R/L}$

$=\dfrac{E}{L}\left(\dfrac{1}{S}\times\dfrac{1}{S+R/L}\right)=\dfrac{E}{L}\left(\dfrac{K_1}{S}+\dfrac{K_2}{S+R/L}\right)$ 에서 $K_1=\dfrac{L}{R}$, $K_1=-\dfrac{L}{R}$

$=\dfrac{E}{R}\left(\dfrac{1}{S}-\dfrac{1}{S+R/L}\right)$

[역라플라스변환] $I(s)=\dfrac{E}{R}\left(\dfrac{1}{S}-\dfrac{1}{S+R/L}\right)$ ➡ $i(t)=\dfrac{E}{R}(1-e^{-\frac{R}{L}t})$

방법 3

KVL(키르히호프의 전압법칙 : 기전력의 합=전압강하의 합) $E[V]=L\dfrac{d}{dt}i(t)+Ri(t)$

$i(t)=i$로 표현하고 $\dfrac{di}{dt}$ 에 대하여 정리하면 $\dfrac{di}{dt}=\dfrac{(E-iR)}{L}$ 좌항 di 우항 dt로 변수분리정리하면

$\dfrac{1}{(E-iR)}di=\dfrac{1}{L}dt$ 양변적분 $\int\dfrac{1}{(E-iR)}di=\dfrac{1}{L}\int dt$ ➡ $-\dfrac{1}{R}\ln(E-iR)=\dfrac{1}{L}t+C'$

$\ln(E-iR)=-\dfrac{R}{L}t+C''$ ➡ (초기값 $t=0$, $i=0$대입 $\ln(E-0R)=-\dfrac{R}{L}0+C''$ → $\ln(E)=C''$

$\ln(E-iR)=-\dfrac{R}{L}t+\ln(E)$ ➡ $\ln\dfrac{(E-iR)}{(E)}=-\dfrac{R}{L}t$ ➡ $\dfrac{(E-iR)}{(E)}=e^{-\frac{R}{L}t}$ ➡ $E-iR=Ee^{-\frac{R}{L}t}$

$E-Ee^{-\frac{R}{L}t}=iR$ ➡ $E(1-e^{-\frac{R}{L}t})=iR$ ➡ $\dfrac{E}{R}(1-e^{-\frac{R}{L}t})=i$

SECTION 08 라플라스 변환

1. 시간함수 f(t)의 라프라스 변환 $\mathcal{L}f(t)=F(s)=\int_0^\infty f(t)e^{-st}$

시간함수를 주파수 함수로 변환시키는 것, L과 C가 포함된 방정식은 미분방식으로 표현되는데 이것을 라플라스변환시키면 대수방정식(연립방정식)으로 풀수 있다.
이 결과를 다시 역 라플라스 변환하여 원하는 시간함수를 구하기 위한 변환법이다.

[라플라스 변환표]

종류	$f(t)$: 시간함수	$F(S)$: 주파수함수	비고
임펄스 함수 충격 함수	$\delta(t)$	1	면적이 1이고 지속시간이 짧은 펄스함수
인디셜 함수 단위 계단함수	$u(t), 1$	$\dfrac{1}{s}$	
단위 램프함수 경사함수	t	$\dfrac{1}{s^2}$	
n차 램프 함수	t^n	$\dfrac{n!}{s^{n+1}}$	
삼각 함수	$\sin\omega t$	$\dfrac{\omega}{s^2+\omega^2}$	$\sinh\omega t = \dfrac{\omega}{s^2-\omega^2}$
	$\cos\omega t$	$\dfrac{s}{s^2+\omega^2}$	$\cosh\omega t = \dfrac{s}{s^2-\omega^2}$
지수 감쇠함수	e^{-at}	$\dfrac{1}{s+a}$	E T : 부호가 반대가 됨
지수 감쇠램프 함수 복소추이	$t^n \cdot e^{-at}$	$\dfrac{n!}{(s+a)^{n+1}}$	
정현파 램프함수	$t \cdot \sin\omega t$	$\dfrac{2\omega s}{(s^2+\omega^2)^2}$	$-\dfrac{d}{ds}\left(\dfrac{\omega}{S^2+\omega^2}\right)$
	$t \cdot \cos\omega t$	$\dfrac{s^2-\omega^2}{(s^2+\omega^2)^2}$	$-\dfrac{d}{ds}\left(\dfrac{S}{S^2+\omega^2}\right)$
지수 감쇠 정현파 함수	$e^{-at} \cdot \sin\omega t$	$\dfrac{\omega}{(s+a)^2+\omega^2}$	
	$e^{-at} \cdot \cos\omega t$	$\dfrac{s+a}{(s+a)^2+\omega^2}$	

2. 라플라스 변환의 주요공식(증명은 생략)

1) 선형성의 정리	합이나 차는..	$\mathcal{L}[af_1(t)\pm bf_2(t)]=aF_1(s)\pm bF_2(s)$
2) 시간추이(이동) 정리	시간 지연을..	$\mathcal{L}[f(t-a)u(t-a)]=e^{-as}F(s)$
3) 복소추이(이동) 정리	주파수 지연을..	$\mathcal{L}[e^{-at}f(t)]=F(s+a)$
4) 실미분 정리	미분을..	$\mathcal{L}\left[\dfrac{d}{dt}f(t)\right]=SF(s)-f(0\_),\ (f(0\_):\text{초기값})$ $\mathcal{L}\dfrac{d^2}{dt^2}f(t)=S^2F(s)-Sf(0)-f'(0)$
5) 실적분 정리	적분을..	$\mathcal{L}\left[\int f(t)dt\right]=\dfrac{1}{S}F(s)$
6) 복소 미분 정리	주파수에서 미분	$\mathcal{L}[t^n f(t)]=(-1)^n \dfrac{d^n}{ds^n}F(S)$
7) 복소 적분 정리	주파수에서 적분	$\mathcal{L}\left[\dfrac{f(t)}{t}\right]=\int_s^\infty F(S)ds$
8) 상사 정리	시험에 안나옴	$\mathcal{L}\left[f\left(\dfrac{t}{a}\right)\right]=aF(aS),\ \mathcal{L}[f(at)]=\dfrac{1}{a}F\left(\dfrac{S}{a}\right)$

(1) **선형성의 정리** : $af_1(t)\pm bf_2(t)\ \Rightarrow\ aF_1(S)\pm bF_2(S)$

　　ex $\sin t+2\cos t\ \Rightarrow\ \dfrac{1}{S^2+1}+2\times\dfrac{S}{S^2+1}=\dfrac{1+2S}{S^2+1}$

(2) **복소추이, 시간추이, 복소 미분 정리** : 약속함수로 보고 계산

　① 지수함수(복소추이 정리에서) : $e^{at}f(t)\ \Rightarrow\ F(S)|_{(s=>s-a)}$

　　　　ex $e^{at}\cos\omega t\ \Rightarrow\ \dfrac{S}{S^2+\omega^2}|_{(s\Rightarrow s-a)}=\dfrac{(S-a)}{(S-a)^2+\omega^2}e^{at}$

　② 단위계단함수(시간추이 정리에서) : $u(t-a)f(t)\ \Rightarrow\ F(S)\times e^{-as}$

　　　　ex $e^{-2(t-3)}=e^{-2t}u(t-3)\ \Rightarrow\ \dfrac{1}{S+2}e^{-3s}$

　③ 경사함수(복소 미분정리에서) : $tf(t)\ \Rightarrow\ -\dfrac{d}{ds}F(S)$

　　　　ex $t\sin\omega t\ \Rightarrow\ \dfrac{2\omega S}{(S^2+\omega^2)^2}$

분수의 미분 [잊어버리세요]

$F(s)=\dfrac{F_1(s)}{F_2(s)}$ 의 미분 결과는 $\dfrac{\dfrac{d}{ds}[F_1(s)]\cdot F_2(s)-F_1(s)\dfrac{d}{ds}[F_2(s)]}{[F_2(s)]^2}$

예 $-\dfrac{d}{ds}=\left(\dfrac{\omega}{S^2+\omega^2}\right)=-\dfrac{\dfrac{d}{ds}[\omega]\cdot(S^2+\omega^2)-\omega\cdot\dfrac{d}{ds}[(S^2+\omega^2)]}{[(S^2+\omega^2)]^2}=\dfrac{0\cdot(S^2+\omega^2)-\omega\cdot(2S+0)}{[(S^2+\omega^2)]^2}$

3. 역라플라스 변환표

(1) (분모가)인수분해 되는 경우

$$F(s)=\frac{2S+3}{S^2+3S+2}=\frac{2S+3}{(S+1)(S+2)}=\frac{A}{(S+1)}+\frac{B}{(S+2)}$$ 에서

$$A=\frac{2S+3}{(S+2)}|_{S=-1}=1$$

$$B=\frac{2S+3}{(S+1)}|_{S=-2}=1$$

➡ $f(t)=e^{-t}+e^{-2t}$

부분분수의 분자찾기 [반드시 이해]

$F(s)=\frac{2S+3}{(S+1)(S+2)}=\frac{A}{(S+1)}+\frac{B}{(S+2)}=\frac{A(S+2)+B(S+1)}{(S+1)(S+2)}$ 에서 AS+BS=2S, 2A+B=3에서

① A+B=2, ② 2A+B=3 (②-①에서 A=1), (2×①-②에서 B=1)를 구해도 된다.

(2) (분모가)인수분해 되지 않는 경우 (암기 ○ $\frac{숫자}{S^2+...}$ ➡ $\sin t$ ○ $\frac{S}{S^2+...}$ ➡ $\cos t$)

$$F(s)=\frac{1}{S^2+6S+10}=\frac{1}{(S^2+6S+9)+1}=\frac{1}{(S+3)^2+1}$$

➡ $f(t)=e^{-3t}\sin t$

4. 초기값, 최종값

(1) **초기값** : 초기치 정리 : $\lim_{t\to 0}f(t)=\lim_{S\to\infty}SF(s)$ ex $\frac{12(s+8)}{4s(s+6)}=\frac{12s+96}{4s^2+24s}$

(2) **최종값** : 최종치 정리 : $\lim_{t\to\infty}f(t)=\lim_{S\to 0}SF(s)$ ∴ 초기값= $\frac{12}{4}=3$, 최종값= $\frac{96}{24}=4$

5. 기타

(1) **계단 함수**

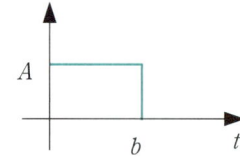

$f(t)=Au(t)-Au(t-b)$

$F(s)=A\cdot\frac{1}{S}(1-e^{-bs})$ = 높이 × $\frac{1}{S}$ (○ - ○)

(2) **경사 함수**

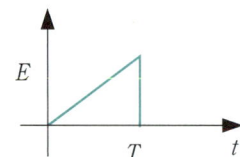

$f(t)=\frac{E}{T}t-\frac{E}{T}(t-T)-Eu(t-T)$

$F(s)=\frac{E}{T}\cdot\frac{1}{S^2}(1-e^{-Ts}-Tse^{-Ts})$ = 기울기 × $\frac{1}{S^2}$ (○ - ○ - ○)

(3) 미분방정식 $f(t) \leftrightarrow F(S)$, $af(t) \leftrightarrow aF(s)$, $a \leftrightarrow \dfrac{a}{S}$, $\dfrac{d}{dt} \leftrightarrow S$, $\int dt \leftrightarrow \dfrac{1}{S}$

ex $2\dfrac{d}{dt}b(t) + 3b(t) = 2a(t)$의 전달함수 $\dfrac{B(S)}{A(S)} = ?$

풀이 $2SB(S) + 3B(S) = 2A(S) \rightarrow (2S+3) \times B(S) = 2A(S)$

$\therefore \dfrac{B(S)}{A(S)} = \dfrac{2}{2S+3}$

ex $\dfrac{B(S)}{A(S)} = \dfrac{2}{(2S+3)}$의 미분방정식은?

풀이 $B(S)(2S+3) = 2A(S) \rightarrow 2SB(S) + 3B(S) = 2A(S)$

$\therefore 2\dfrac{d}{dt}b(t) + 3b(t) = 2a(t)$

미분공식

① 기본미분 $\dfrac{d}{dt}t^n = nt^{(n-1)}$ ② 지수미분법 $\dfrac{d}{dt}e^{-st}dt \Rightarrow \dfrac{d}{dt}(-st) \times e^{-st}$

③ $\dfrac{d}{dt}(f_1(t) \cdot f_2(t)) = f_1'(t) \cdot f_2(t) + f_1(t) \cdot f_2'(t)$

적분공식

① 기본적분 $\int t^n dt = \left(\dfrac{1}{n+1}\right)t^{n+1}$ 구간적분 $\int_a^b t^n dt = \left[\dfrac{1}{n+1}t^{n+1}\right]_a^b = \left(\dfrac{1}{n+1}b^{n+1}\right) - \left(\dfrac{1}{n+1}a^{n+1}\right)$

② 지수적분법 $\int e^{-st}dt \Rightarrow \dfrac{1}{(-st)'}e^{-st} = \dfrac{e^{-st}}{-s}$

③ 부분적분법 $\int UV' = UV - \int U'V$

임펄스 함수(충격함수, Delta function(델타평션)) : 특이함수

$f(t) = \delta(t) \begin{vmatrix} t=0, \delta(t)=1 \\ t \neq 0, \delta(t)=0 \end{vmatrix}$

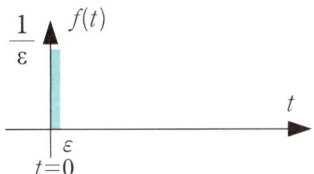

참고 $\delta(t) = \dfrac{d}{dt}u(t)$로써 폭이 , 높이 $1/\varepsilon$로써 면적이 1이 되는 함수이다.

$\mathcal{L}\delta(t) = \int_0^\infty \delta(t)e^{-st} \cdot dt$: $\delta(t=0) = 1$

$\quad\quad = \int_0^\infty \delta(0)e^{-s \cdot 0} \cdot dt$: $e^0 = 1$

$\quad\quad = 1 \cdot 1$

$\quad\quad = 1$

인디셜 함수(계단함수) : 특이함수

$f(t) = u(t) \begin{vmatrix} t \geq 0,\ u(t)=1 \\ t < 0,\ u(t)=0 \end{vmatrix}$

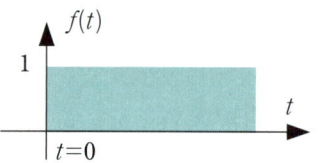

$\mathcal{L}u(t) = \int_0^\infty u(t)e^{-st}dt$: $u(t)=1$

$\quad = \int_0^\infty 1 e^{-st}dt$: ② 지수적분법 $\int e^{-st}dt \Rightarrow \dfrac{1}{(-st)'}e^{-st} = \dfrac{e^{-st}}{-s}$

$\quad = \left[\dfrac{e^{-st}}{-s}\right]_0^\infty$: $\left[\dfrac{e^{-st}}{-s}\right]^{t=\infty} - \left[\dfrac{e^{-st}}{-s}\right]_{t=0}$

$\quad = (\ 0\ ) - (\dfrac{1}{-s}) = \dfrac{1}{s}$: $e^{-\infty}=0,\ e^0=1$

인디셜 함수의 시간추이

$f(t) = u(t-2) \begin{vmatrix} t \geq 2,\ u(t-2)=1 \\ t < 2,\ u(t-2)=0 \end{vmatrix}$

즉, $u(t)$함수의 ( )안이 음수면 0

$\mathcal{L}u(t-a) = \int_0^\infty u(t-a)e^{-st}dt$: $\int_0^a 0 e^{-st}dt = 0$ ← $u(t-a)=0$

$\qquad\qquad\qquad\qquad\qquad\qquad \int_a^\infty 1 e^{-st}dt$ ← $u(t-a)=1$

$\quad = \int_a^\infty 1 e^{-st}dt$: ② 지수적분법 $\int e^{-st}dt \Rightarrow \dfrac{1}{(-st)'}e^{-st} = \dfrac{e^{-st}}{-s}$

$\quad = \left[\dfrac{e^{-st}}{-s}\right]_a^\infty$: $\left[\dfrac{e^{-st}}{-s}\right]^{t=\infty} - \left[\dfrac{e^{-st}}{-s}\right]_{t=a}$

$\quad = (\ 0\ ) - (\dfrac{e^{-as}}{-s}) = \dfrac{1}{s}e^{-as}$: $e^{-\infty}=0$

Memo

램프함수(경사함수) Ramp function ; 특이함수

$f(t) = tu(t)$ $\quad | t \geq 0,\ tu(t) = t$
$\quad = t$ $\quad\quad | t < 0,\ tu(t) = 0$

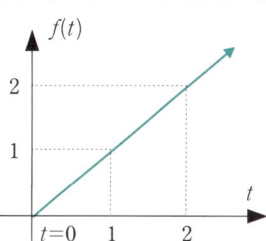

램프함수 $r(t) = \int_{-\infty}^{t} u(t)dt = \int_{-\infty}^{0} u(t)dt + \int_{0}^{t} u(t)dt = 0 + \int_{0}^{t} 1 dt = t$

$\mathcal{L} tu(t) = \int_{0}^{\infty} tu(t) e^{-st} dt$ $\quad\quad : u(t) = 1$

③ 부분적분법 $\int UV' = UV - \int U'V$

$U = t,\ V' = e^{-st} \rightarrow U' = 1,\ V = \dfrac{e^{-st}}{-s}$

$= \left[t \dfrac{e^{-st}}{-S} \right]_{0}^{\infty} - \int_{0}^{\infty} \dfrac{e^{-st}}{-s} dt$ $\quad : \int_{0}^{\infty} \dfrac{e^{-st}}{-s} dt = \dfrac{e^{-st}}{-s} \times \dfrac{1}{-s} = \dfrac{e^{-st}}{s^2}$

$= \left[t \dfrac{e^{-st}}{-s} \right]_{0}^{\infty} - \left[\dfrac{e^{-st}}{s^2} \right]_{0}^{\infty}$ $\quad : \left[t \dfrac{e^{-st}}{-s} \right]_{0}^{\infty} = (0-0),\ \left[\dfrac{e^{-st}}{s^2} \right]_{0}^{\infty} = (0 - \dfrac{1}{s^2})$

$= (0-0) - (0 - \dfrac{1}{s^2}) = \dfrac{1}{s^2}$

지수함수

$f(t) = e^{-t} u(t)$ $\quad | t=0,\ e^0 = 1$
$\quad = e^{-t}$ $\quad\quad | t=1,\ e^{-1} = 0.37$
$\quad\quad\quad\quad\quad | t=2,\ e^{-2} = 0.13$

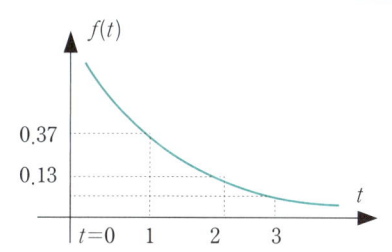

참고 지수 $e = 2.71...$ 의 무한상수이며 $e^{-2} = \dfrac{1}{e^2} = \dfrac{1}{2.71..^2} = 0.13...$

$\mathcal{L} e^{-at} = \int_{0}^{\infty} e^{-at} e^{-st} dt$

$= \int_{0}^{\infty} e^{-(a+s)t} dt$ $\quad : ②$ 지수적분법 $\int e^{-(s+a)t} dt \Rightarrow \dfrac{1}{(-(s+a)t)'},\ e^{-(s+a)t} = \dfrac{e^{-(s+a)t}}{-(s+a)}$

$= \left[\dfrac{e^{-(s+a)t}}{-(s+a)} \right]_{0}^{\infty}$ $\quad : \left[\dfrac{e^{-(s+a)t}}{-(s+a)} \right]^{t=\infty} = 0 \quad \left[\dfrac{e^{-(s+a)t}}{-(s+a)} \right]_{t=0} = \dfrac{1}{-(s+a)}$

$= (0) - (\dfrac{1}{-(s+a)}) = \dfrac{1}{s+a}$

삼각함수(정현함수)

$f(t) = \sin\omega t$
- $\omega t = 0, \sin 0 = 0$
- $\omega t = \pi/2, \sin 90 = 1$
- $\omega t = \pi, \sin 180 = 0$

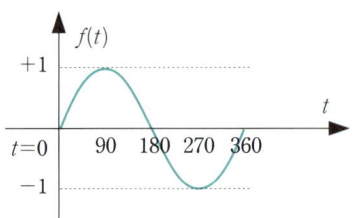

$$\mathcal{L}\sin\omega t = \int_0^\infty \sin\omega t\, e^{-st} dt \qquad : \sin wt = \frac{1}{2j}(e^{j\omega t} - e^{-j\omega t})$$

$$= \int_0^\infty \frac{1}{2j}(e^{j\omega t} - e^{-j\omega t}) e^{-st} dt \qquad :$$

$$= \frac{1}{j2}\int_0^\infty (e^{-(s-j\omega)t} - e^{-(s+j\omega)t}) dt \qquad : ② \int e^{-(s-j\omega)t} dt \Rightarrow \frac{1}{(-(s-j\omega)t)'} e^{-(s-j\omega)t}$$

$$= \frac{e^{-(s-j\omega)t}}{-(s-j\omega a)}$$

$$= \frac{1}{j2}\left\{\left[\frac{e^{-(s-j\omega)t}}{-(s-j\omega)}\right]_0^\infty - \left[\frac{e^{-(s+j\omega)t}}{-(s+j\omega)}\right]_0^\infty\right\} : \left[\frac{e^{-(s-j\omega)t}}{-(s-j\omega)}\right]_0^\infty = \frac{1}{s-j\omega}$$

$$\left[\frac{e^{-(s+j\omega)t}}{-(s+j\omega)}\right]_0^\infty = \frac{1}{s+j\omega}$$

$$= \frac{1}{j2}\left\{\frac{1}{s-j\omega} - \frac{1}{s+j\omega}\right\} = (분모유리화) = \frac{1}{j2}\left\{\frac{s+j\omega}{s^2+\omega^2} - \frac{s-j\omega}{s^2+\omega^2}\right\} = \frac{\omega}{s^2+\omega^2}$$

삼각함수(여현함수)

$f(t) = \cos\omega t$
- $\omega t = 0, \cos 0 = 1$
- $\omega t = \pi/2, \cos 90 = 0$
- $\omega t = \pi, \cos 180 = -1$

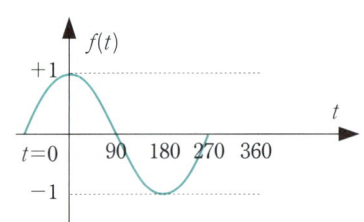

$$\mathcal{L}\cos\omega t = \int_0^\infty \cos\omega t\, e^{-st} dt \qquad : \cos\omega t = \frac{1}{2}(e^{j\omega t} + e^{-j\omega t})$$

$$= \int_0^\infty \frac{1}{2}(e^{j\omega t} + e^{-j\omega t}) e^{-st} dt \qquad :$$

$$= \frac{1}{2}\int_0^\infty (e^{-(s-j\omega)t} + e^{-(s+j\omega)t}) dt \qquad : ② \int e^{-(s-j\omega)t} dt \Rightarrow \frac{1}{(-(s-j\omega)t)'} e^{-(s-j\omega)t}$$

$$= \frac{e^{-(s-j\omega)t}}{-(s-j\omega a)}$$

$$= \frac{1}{2}\left\{\left[\frac{e^{-(s-j\omega)t}}{-(s-j\omega)}\right]_0^\infty + \left[\frac{e^{-(s+j\omega)t}}{-(s+j\omega)}\right]_0^\infty\right\} : \left[\frac{e^{-(s-j\omega)t}}{-(s-j\omega)}\right]_0^\infty = \frac{1}{s-j\omega}$$

$$\left[\frac{e^{-(s+j\omega)t}}{-(s+j\omega)}\right]_0^\infty = \frac{1}{s+j\omega}$$

$$= \frac{1}{2}\left\{\frac{1}{s-j\omega} + \frac{1}{s+j\omega}\right\} = (분모유리화) = \frac{1}{2}\left\{\frac{s+j\omega}{s^2+\omega^2} + \frac{s-j\omega}{s^2+\omega^2}\right\} = \frac{s}{s^2+\omega^2}$$

계단함수

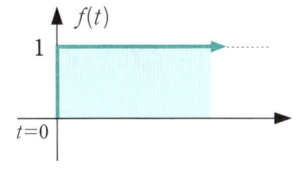

$f_1(t) = u(t)$

$F_1(s) = \dfrac{1}{s}$

$f_2(t) = u(t-a)$

$F_2(s) = \dfrac{1}{s}e^{-as}$

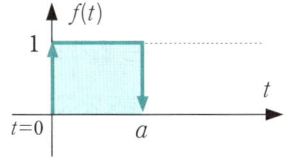

$f(t) = u(t) - u(t-a)$

$F(s) = \dfrac{1}{s}(1 - e^{-as})$

경사함수

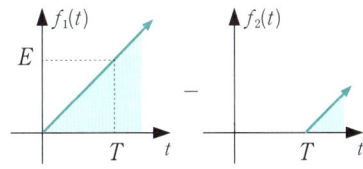 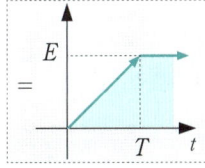 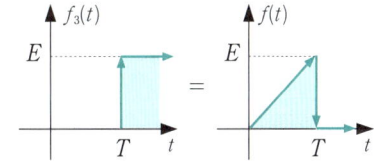

$f_1(t) = \dfrac{E}{T}tu(t)$

$F_1(s) = \dfrac{E}{T}\dfrac{1}{s^2}$

$f_2(t) = \dfrac{E}{T}(t-T)u(t-T)$

$F_2(s) = \dfrac{E}{T}\dfrac{1}{s^2}e^{-Ts}$

$f_3(t) = Eu(t-T)$

$F_3(s) = E\dfrac{1}{s}e^{-Ts}$

$f(t) = f_1(t) - f_2(t) - f_3(t) = \dfrac{E}{T}tu(t) - \dfrac{E}{T}(t-T)u(t-T) - Eu(t-T)$

$F(s) = F_1(s) - F_2(s) - F_3(s) = \dfrac{E}{T}\dfrac{1}{s^2} - \dfrac{E}{T}\dfrac{1}{s^2}e^{-Ts} - E\dfrac{1}{s}e^{-Ts} = \dfrac{E}{T}\dfrac{1}{s^2}(1 - e^{-Ts} - Tse^{-Ts})$

Memo

SECTION 09 전달함수

전달함수는 모든 초기 조건을 0으로 했을 경우 입력에 대한 출력의 비(라플라스 변환 후)를 말한다.

※ 전달함수의 분모를 "0"으로 하면 특성방정식이 된다.

$$G(s) = \frac{출력}{입력} = \frac{L[y(t)]}{L[x(t)]} = \frac{Y(s)}{X(s)}$$

$R \to R$, $L \to Ls$, $C \to \dfrac{1}{Cs}$ 로 변환 후 계산

전달함수 이해

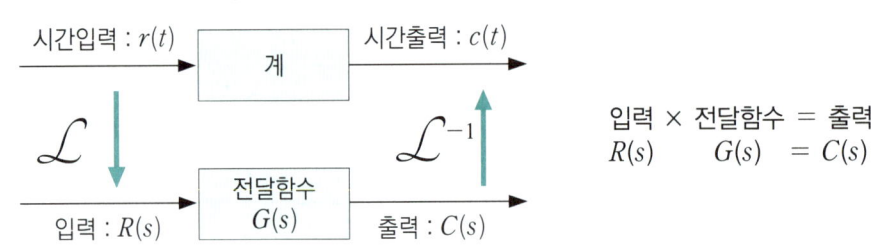

에서
입력함수가 단위임펄스 $\delta(t)$일 때 $R(s)(=\mathcal{L}[r(t)] = \mathcal{L}[\delta(t)]) = 1$ 이므로 $G(s) = C(s)$
즉, 전달함수는 단위임펄스 함수를 입력으로 했을때의 출력을 라플라스 변환한 것과 같다.

1. 전기회로의 전달함수

(1) **전압비 전달함수** $G(s) = \dfrac{V_2(s) : 출력}{V_1(s) : 입력} = \dfrac{Z_2(s) : 출력}{Z_1(s) : 입력} = \dfrac{Ls}{R+Ls}$ ← 출력 저항
← 입력(전체) 저항

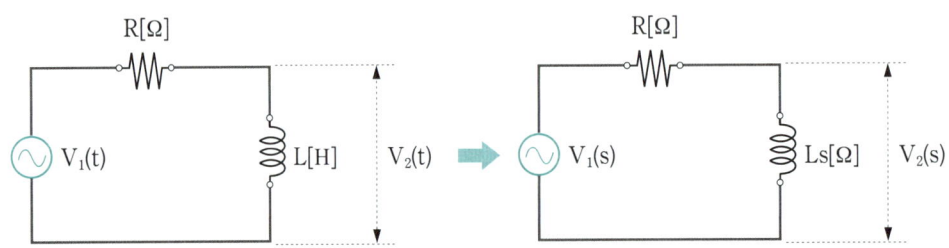

(2) **임피던스 전달함수** $G(s) = \dfrac{V_0(s) : 출력}{I(s) : 입력} = Z(s) = \dfrac{1}{Cs}$ ← 전체 임피던스

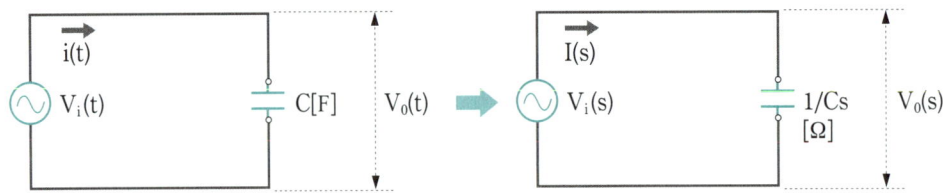

(3) 어드미턴스 전달함수 $G(s) = \dfrac{I(s) : 출력}{V_i(s) : 입력} = \dfrac{1}{Z(s)} = Cs$ ← 전체 임피던스의 역수

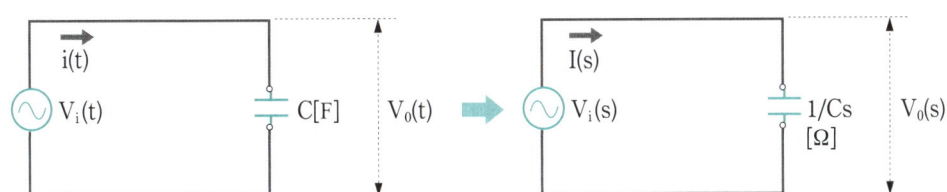

2. 제어요소의 전달함수

① 비례요소 : K
② 미분요소 : KS
③ 적분요소 : $\dfrac{K}{S}$
④ 부동작시간요소 : Ke^{-LS}
⑤ 1차지연요소 : $\dfrac{K}{Ts+1}$
⑥ 2차지연요소 : $\dfrac{a_0}{b_2S^2+b_1S+b_0}$

제어요소의 전달함수 [$x(t)$입력, $y(t)$출력]

1) 비례요소 $y(t)=Kx(t)$ ➡ $Y(s)=KX(s)$ ∴ $\dfrac{Y(s)}{X(s)}=K$

2) 미분요소 $y(t)=K\dfrac{d}{dt}x(t)$ ➡ $Y(s)=KsX(s)$ ∴ $\dfrac{Y(s)}{X(s)}=Ks$

3) 적분요소 $y(t)=K\int x(t)dt$ ➡ $Y(s)=K\dfrac{1}{s}X(s)$ ∴ $\dfrac{Y(s)}{X(s)}=\dfrac{K}{s}$

4) 부동작시간요소 $y(t)=Kx(t-L)dt$ ➡ $Y(s)=Ke^{-Ls}X(s)$ ∴ $\dfrac{Y(s)}{X(s)}=Ke^{-Ls}$

5) 1차지연요소 $b_1\dfrac{d}{dt}y(t)+b_0y(t)=a_0x(t)$

   ➡ $b_1sY(s)+b_0Y(s)=a_0X(s)$ ∴ $\dfrac{Y(s)}{X(s)}=\dfrac{a_0}{b_1s+b_0}$

6) 2차지연요소 $b_2\dfrac{d^2}{dt^2}y(t)+b_1\dfrac{d}{dt}y(t)+b_0y(t)=a_0x(t)$

   ➡ $b_2s^2Y(s)+b_1sY(s)+b_0Y(s)=a_0X(s)$ ∴ $\dfrac{Y(s)}{X(s)}=\dfrac{a_0}{b_2s^2+b_1s+b_0}$

3. 물리계의 전달함수

(1) 직선운동계(스프링에 의한 탄성력 등)의 전달함수

(2) 회전운동계(관성모멘트에 의한 토크 등)의 전달함수 $\dfrac{1}{s^2}\ldots\ldots$

4. 미분방정식에 의한 전달함수

미분방정식 전달함수의 초기값이 0이므로 실미분정리와 실적분정리등을 이용하여 전달함수를 구함

$$\left(f(t) \leftrightarrow F(s),\ af(t) \leftrightarrow aF(s),\ a \leftrightarrow \frac{a}{s},\ \frac{d}{dt} \leftrightarrow s,\ \int dt \leftrightarrow \frac{1}{s}\right)$$

ex $2\dfrac{d}{dt}b(t)+3b(t)=2a(t)$ 의 전달함수 $\dfrac{B(s)}{A(s)}=?$

풀이 $2sB(s)+3B(s)=2A(s) \rightarrow (2s+3) \times B(s)=2A(s)$ $\therefore \dfrac{B(s)}{A(s)}=\dfrac{2}{2s+3}$

ex $\dfrac{B(s)}{A(s)}=\dfrac{2}{(2s+3)}$ 의 미분방정식은?

풀이 $B(s)(2s+3)=2A(s) \rightarrow 2sB(s)+3B(s)=2A(s)$ $\therefore 2\dfrac{d}{dt}b(t)+3b(t)=2a(t)$

5. 블록선도(Block Diagram)의 전달함수

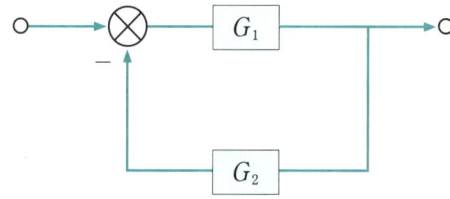

$$G(s)=\frac{경로이득의\ 합}{1-루프이득곱의\ 합}$$

$$=\frac{G_1}{1-(-G_1 \cdot G_2)}=\frac{G_1}{1+G_1G_2}$$

※ 각 요소를 전달함수로 표시하고 신호의 전달경로를 화살표로 표시한다.

Memo

라플라스 방정식 개념

미분방정식에서 $i(t)$ 계산 불가 ➡ $\mathcal{L}$ ➡ $I(s)$를 계산 ➡ $\mathcal{L}^{-1}$ ➡ $i(t)$ 계산
그리고 $i(t)$ 에서의 초기값 $i(0)$과 최종값 $i(\infty)$을 $I(s)$ 계산과정에서도 구할수 있다.

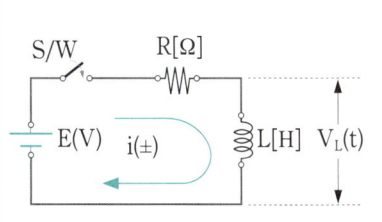
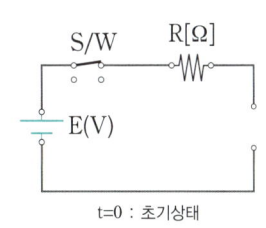
t=0 : 초기상태
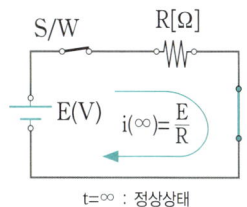
t=∞ : 정상상태

[KVL이용 미분방정식] $E[V] = Ri(t) + L\dfrac{d}{dt}i(t)$ 에서 $i(t)$을 계산하기 위하여

[라플라스변환] $\dfrac{E}{s} = RI(s) + LsI(s)$ 에서 $I(s) = \dfrac{E}{s} \times \dfrac{1}{R+Ls}$ 을

역라플라스 하기 위해 부분분수로 정리(S 계수 앞 1, 분자 1)

$$I(s) = \dfrac{E}{s} \times \dfrac{1}{Ls+R} = \dfrac{E}{s} \times \dfrac{(1) \times 1/L}{(Ls+R) \times 1/L} = \dfrac{E}{s} \times \dfrac{1/L}{s+R/L}$$

$$= \dfrac{E}{L}\left(\dfrac{1}{s} \times \dfrac{1}{s+R/L}\right) = \dfrac{E}{L}\left(\dfrac{K_1}{s} + \dfrac{K_2}{s+R/L}\right) \text{ 에서 } K_1 = \dfrac{L}{R}, \ K_1 = -\dfrac{L}{R}$$

$$= \dfrac{E}{R}\left(\dfrac{1}{s} - \dfrac{1}{s+R/L}\right)$$

[역라플라스변환] $I(s) = \dfrac{E}{R}\left(\dfrac{1}{s} - \dfrac{1}{s+R/L}\right)$ ➡ $i(t) = \dfrac{E}{R}(1 - e^{-\frac{R}{L}t})$

[초기값, 최종값]

① 초기값 : 초기치정리 : $\lim_{t \to 0} f(t) = \lim_{S \to \infty} sF(s)$

$$\lim_{t \to 0} f(t) = \lim_{t \to 0} i(t) = \dfrac{E}{R}(1 - e^{-\frac{R}{L}0}) = \dfrac{E}{R}(1-1) = 0$$

$$\lim_{S \to \infty} sF(s) = \lim_{s \to \infty} s\dfrac{E}{R}\left(\dfrac{1}{s} - \dfrac{1}{s+R/L}\right) = \lim_{s \to \infty} \dfrac{E}{R}\left(\dfrac{s}{s} - \dfrac{s}{s+R/L}\right)$$

$$= \lim_{s \to \infty} \dfrac{E}{R}\left(1 - \dfrac{1}{1+\dfrac{1}{s}R/L}\right) = \lim_{s \to \infty} \dfrac{E}{R}\left(1 - \dfrac{1}{1+0}\right)$$

$$= \dfrac{E}{R}(1-1) = 0$$

② 최종값 : 최종치 정리 : $\lim_{t \to \infty} f(t) = \lim_{S \to 0} sF(s)$

$$\lim_{t \to \infty} f(t) = \lim_{t \to \infty} i(t) = \dfrac{E}{R}(1 - e^{-\frac{R}{L}\infty}) = \dfrac{E}{R}(1-0) = \dfrac{E}{R}$$

$$\lim_{S \to 0} sF(s) = \lim_{S \to 0} sI(s) = \lim_{s \to 0} s\dfrac{E}{R}\left(\dfrac{1}{s} - \dfrac{1}{s+R/L}\right)$$

$$= \lim_{s \to 0} \dfrac{E}{R}\left(\dfrac{s}{s} - \dfrac{s}{s+R/L}\right) = \lim_{s \to 0} \dfrac{E}{R}\left(1 - \dfrac{s}{s+R/L}\right)$$

$$= \lim_{s \to 0} \dfrac{E}{R}\left(1 - \dfrac{s}{s+R/L}\right) = \dfrac{E}{R}\left(1 - \dfrac{0}{0+R/L}\right) = \dfrac{E}{R}$$

04 회로이론

핵심문제 풀이

SECTION 01 직류회로

001

옴의 법칙은 저항에 흐르는 전류와 전압의 관계를 나타낸 것이다. 회로의 저항이 일정할 때 전류는?

① 전압에 비례한다.
② 전압에 반비례한다.
③ 전압의 제곱에 비례한다.
④ 전압의 제곱에 반비례한다.

$I = \dfrac{V}{R}$ 전류는 • 전압에 비례(저항일정시)
• 저항에 반비례(전압일정시)

002

전기량(전하)의 단위로 알맞은 것은?

① [C]   ② [mA]
③ [nW] ④ [μF]

② 전류단위, ③ 유효전력단위 ④ 정전용량단위

003

일정 전압의 직류 전원에 저항을 접속하고 전류를 흘릴 때 이 전류값을 20[%] 증가시키기 위해서는 저항값을 몇배로 하여야 하는가?

① 1.25배   ② 1.20배
③ 0.83배   ④ 0.80배

오옴의 법칙 $R = \dfrac{V}{I}$ → $R' = \dfrac{V}{1.2I} = \dfrac{1}{1.2} \times \dfrac{V}{I} = 0.83 \times R$

004 ★

그림과 같은 회로에서 a, b 단자에서 본 합성저항은 몇 [Ω]인가?

① 6
② 6.3
③ 8.3
④ 8

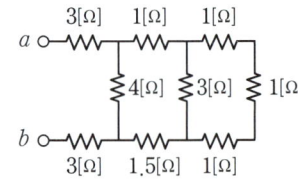

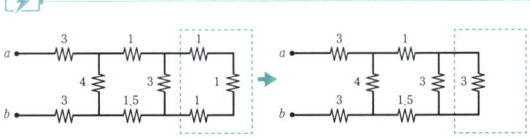

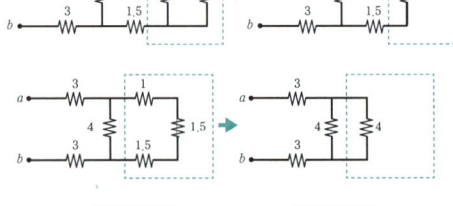

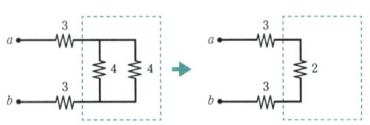

꼬리부터의 합성저항을 구하고
동일저항 두 개일때 병렬합성 값은 한 개값/2 등을 이용하여 풀면
3+2+3=8

정답 001 ① 002 ① 003 ③ 004 ④

005 ★★★

그림과 같은 회로에서 a, b 단자 사이의 합성 저항은 몇 [Ω]인가?

① 1
② 2
③ 3
④ 4

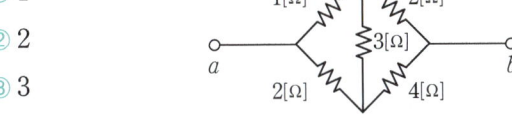

⚡ 브리지 평형조건 (마주 보는 변의 임피던스의 곱이 같을 것)
$1 \times 4 = 2 \times 2$
결과 : 사이 저항으로는 전류=0, 즉 저항(3[Ω])은 무시
$(1+2)=3[Ω]$ 과 $(2+4)=6[Ω]$ 이 병렬로 구성 ∴ $\frac{3 \times 6}{3+6} = \frac{18}{9} = 2$

006

단자 a와 b 사이에 전압 30[V]를 가했을 때 전류 I가 3[A] 흘렀다고 한다. 저항 $r[Ω]$은 얼마인가?

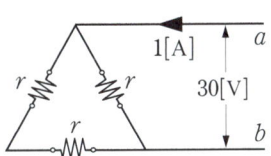

① 5
② 10
③ 15
④ 20

⚡ $R = \frac{V}{I}$ 에서 $V=30[V], I=3[A], R = \frac{r \times 2r}{r+2r} = \frac{2}{3}r$ 대입

$R = \frac{V}{I} \rightarrow \frac{2}{3}r = \frac{30}{3}$ ∴ $r = \frac{30}{3} \times \frac{3}{2} = 15$

007

그림과 같은 회로에서 $R_2[Ω]$ 양단의 전압강하 $E_2[V]$는?

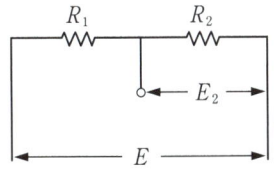

① $\frac{R_1}{R_1+R_2}E$
② $\frac{R_2}{R_1+R_2}E$
③ $\frac{R_1 R_2}{R_1+R_2}E$
④ $\frac{R_1+R_2}{R_1 R_2}E$

⚡ 저항(임피던스)에서의 전압분배법칙(자기것), 전류분배법칙(남의것)
단, 컨덕턴스(어드미턴스)에서의 전압분배 및 전류분배법칙은 반대로 됨

008

그림과 같은 회로에서 $G_2[℧]$ 양단의 전압강하 $E_2[V]$는?

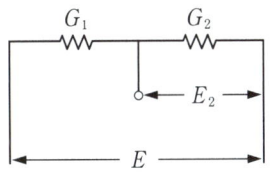

① $\frac{G_2}{G_1+G_2}E$
② $\frac{G_1}{G_1+G_2}E$
③ $\frac{G_1 G_2}{G_1+G_2}E$
④ $\frac{G_1+G_2}{G_1+G_2}E$

⚡ 저항(임피던스)에서의 전압분배법칙(자기것), 전류분배법칙(남의것)
단, 컨덕턴스(어드미턴스)에서의 전압분배 및 전류분배법칙은 반대로 됨

009

다음과 같은 회로에서 a, b의 단자전압 V_{ab}를 구하면?

① 3[V]
② 6[V]
③ 12[V]
④ 24[V]

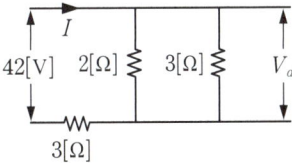

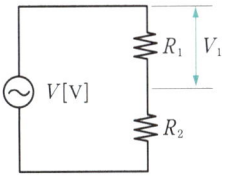

⚡ 전압분배법칙적용 $E_1 = E \cdot \frac{R_1}{R_1+R_2}$[V] 자기것.

R_1에 해당하는 저항은 2[Ω]과 3[Ω]의 병렬합성값 $=\frac{2\times 3}{2+3}=1.2$

R_2에 해당하는 저항은 3[Ω]

$\therefore V_{ab}=42[V]\times\frac{1.2}{1.2+3}=12[V]$

010 ★

그림에서 직류전압계를 그림과 같은 극성으로 연결할 때 전압계의 지시값[V]은?

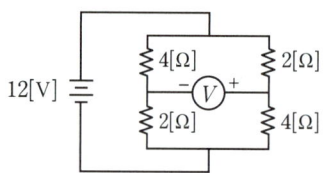

① 4
② -4
③ 8
④ -8

⚡

왼쪽가지와 오른쪽가지 전체는 병렬연결이므로 전압일정 12[V] 인가

왼쪽가지중 2[Ω]에 걸리는 전압은 $V_{ab}=12[V]\times\frac{2}{4+2}=4[V]$

오른쪽가지중 4[Ω]에 걸리는 전압은 $V_{ab}=12[V]\times\frac{4}{4+2}=8[V]$

오른쪽가지의 전위가 + 이며, 두 점의 전위차=(8-4)=4[V]

$\therefore +4[V]$

011 ★

그림에서 a, b 단자에 200[V]를 가할 때 저항 2[Ω]에 흐르는 전류 I_1[A]는?

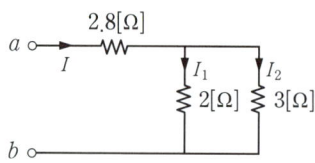

① 40
② 30
③ 20
④ 10

⚡

전류 분배법칙 적용 $I_1=I\cdot\frac{R_2}{R_1+R_2}$ (남의것)

에서 전체전류 = $\frac{전체전압}{전체저항}$ → $I=\frac{200}{\left(2.8+\frac{2\times 3}{2+3}\right)}=50[A]$

$\therefore I_1=50[A]\times\frac{3}{2+3}=30$

SECTION 02 단상교류회로

012

$v=141\sin 377t[V]$인 정현파 전압의 주파수[c/s]는?

① 40
② 50
③ 55
④ 60

⚡

순시치 $V(t)=V_m\sin(\omega t+\theta)$

V_m : 파형의 최대값[V], ω : 각주파수[rad/s], θ : 위상[rad]

여기서 각속도(=각주파수) $\omega=2\pi f$

$\therefore \omega(=2\pi f)=377$ → $f=\frac{377}{2\pi}=60$

013

$i=10\sin\left(\omega t-\frac{\pi}{3}\right)$[A]로 표시되는 전류파형 보다 위상 30°만큼 앞서고 최대치가 100[V]되는 전압파형 V를 식으로 나타내면 어떤 것인가?

① $v=100\sin\left(\omega t-\frac{\pi}{3}\right)$
② $v=100\sqrt{2}\sin\left(\omega t-\frac{\pi}{6}\right)$
③ $v=100\sin\left(\omega t-\frac{\pi}{6}\right)$
④ $v=100\sqrt{2}\sin\left(\omega t-\frac{\pi}{6}\right)$

⚡

순시치 $V(t)=V_m\sin(\omega t+\theta)$

V_m : 파형의 최대값[V]=100[V]

θ : 위상[도] 또는[rad]는 전류의 파형보다 30° 앞서므로

$\sin\left(\omega t-\frac{\pi}{3}+30\right)=\sin(\omega t-60+30)=\sin(\omega t-30)$

$v(t)=100\sin(\omega t-30)=100\sin\left(\omega t-\frac{\pi}{6}\right)$

014

$e=E_m\cos\left(100\pi t-\frac{\pi}{3}\right)$ 와 $i=I_m\sin\left(100\pi t+\frac{\pi}{4}\right)$

의 위상차를 시간으로 나타내면 약 몇 초 인가?

① 3.33×10^{-4}
② 4.33×10^{-4}
③ 6.33×10^{-4}
④ 8.33×10^{-4}

정답 010 ① 011 ② 012 ④ 013 ③ 014 ④

먼저 동일파형으로 변경 위상차를 구함
$e = E_m \sin(\omega t - 60° + 90°)$
$\therefore e = E_m \sin(\omega t + 30°)$와 $i = I_m \sin(\omega t + 45°)$의 위상차
$\theta = (30) - (45) = 15$
$\omega t = \theta$ 에서 $100\pi t = 15 \times \frac{\pi}{180}$(라디안으로 변환)에서
$t = 8.33 \times 10^{-4}$

015

$i = I_m \sin(\omega t - 15°)$[A]인 **정현파**에 있어서 ωt가 다음 중 어느 값일 때 순시값이 실효값과 같은가?

① 30°   ② 45°
③ 60°   ④ 90°

$i(t) = I_m \sin(\omega t - 15°) = \frac{I_m}{\sqrt{2}}$ 에서 $\sin(\omega t - 15°) = \frac{1}{\sqrt{2}}$

$\therefore (\omega t - 15°) = \sin^{-1}\left(\frac{1}{\sqrt{2}}\right) \rightarrow (\omega t - 15°) = 45° \rightarrow \omega t = 60°$

016 ★

정현파 교류회로의 실효치를 계산하는 식은?

① $I = \sqrt{\frac{1}{T^2}\int_0^T i^2 dt}$ ② $I^2 = \frac{2}{T}\int_0^T i\, dt$
③ $I^2 = \frac{1}{T}\int_0^T i^2 dt$ ④ $I = \sqrt{\frac{2}{T}\int_0^T i^2 dt}$

실효값 I_{rms} : (열선형계기로 측정) 직류와 같은 크기의 일을 한 크기
$I_{rms} = \sqrt{\frac{1}{T}\int_0^T i^2(t)\, dt} = \sqrt{i^2}$의 1주기간의 평균값

017

정현파 교류의 실효 값을 구하는 식이 잘못된 것은?

① 실효치 $= \sqrt{\frac{1}{T}\int_0^T i^2 dt}$

② 실효치 $=$ 파고율×평균치

③ 실효치 $=$ 최대치$/\sqrt{2}$

④ 실효치 $= \frac{\pi}{2\sqrt{2}} \times$ 평균치

실효값 I_{rms} : (열선형계기로 측정) 직류와 같은 크기의 일을 한 크기
$I_{rms} = \sqrt{\frac{1}{T}\int_0^T i^2(t)\, dt} = \sqrt{i^2}$의 1주기간의 평균값

최대값/파고율 = 실효값, 실효값/파형율 = 평균값
최대값 = 실효값 × 파고율, 실효값=평균값 × 파형율
최대값 ≧ 실효값 ≧ 평균값 관계를 이해하고 그사이에 파고율, 파형율

이해 최대값 ≧ 실효값 ≧ 평균값 관계를 이해하고 그사이에 파고율, 파형율이 존재하며 즉, 최대값 (파고율) 실효값 (파형률) 평균값이 존재하며 우측으로 올때는 그 값을 나누어 주고, 좌측으로 갈때는 그 값을 곱하여 준다.

018

정현파 교류의 실효치는 최대치와 어떠한 관계가 있는가?

① $\sqrt{2}$ 배   ② $1/\sqrt{2}$ 배
③ π ④ $2/\pi$ 배

정현파 실효치 = 최대치$/\sqrt{2}$

019 ★

어떤 정현파 전압의 평균값이 191[V]이면 최대값은?

① 약150   ② 약250
③ 약300   ④ 약400

정현파 최대값 = 평균값×1.11×1.414
 = 191[V]×1.11×1.414 = 297

020

정현파 교류의 평균치에 어떠한 수를 곱하여 실효치 값을 얻을 수 있는가?

① $\frac{\pi}{2\sqrt{2}}$ ② $\frac{2}{\sqrt{3}}$
③ $\frac{\sqrt{3}}{2}$ ④ $\frac{2\sqrt{2}}{\pi}$

정현파의 평균치×1.11 = 실효치   답) 1.11
① 1.11   ② 1.154   ③ 0.86   ④ 0.9

정답 015 ③ 016 ③ 017 ② 018 ② 019 ③ 020 ①

021 ★

어떤 교류전압의 실효 값이 314[V]일 때 평균값[V]는?

① 약 142   ② 약 283
③ 약 365   ④ 약 382

정현파 평균치 = 실효치/1.11 = 314/1.11 = 283

022

그림과 같이 횡축에 대칭인 삼각파 교류전압의 평균치는?

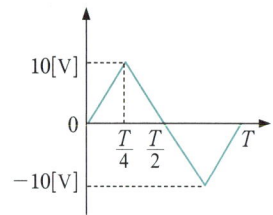

① 8   ② 5
③ 10 ④ 6

삼각파 톱니파의 평균값 = 최대값/2 = 10/2 = 5[V]
또는 평균값 = $\dfrac{최대값}{파고율 \times 파형률} = \dfrac{10}{\sqrt{3} \times 1.155} ÷ 5$

023

그림과 같은 톱니파형의 실효치는?

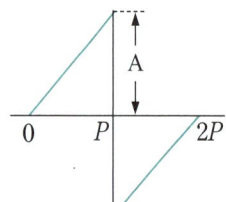

① $\dfrac{A}{\sqrt{3}}$ ② $\dfrac{A}{\sqrt{2}}$
③ $\dfrac{A}{3}$ ④ $\dfrac{A}{2}$

삼각파 톱니파의 실효값 = 최대값/$\sqrt{3}$

024

그림과 같은 $e = E_m \sin\omega t$인 정현파 교류의 반파정류파형 실효 값은?

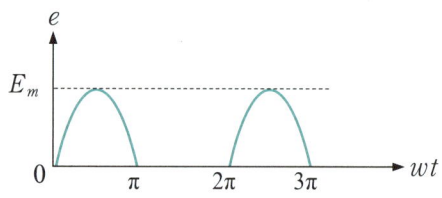

① E_m ② $\dfrac{E_m}{\sqrt{2}}$
③ $\dfrac{E_m}{2}$ ④ $\dfrac{E_m}{\sqrt{3}}$

• 실효치 = $\dfrac{최대값}{파고율}$ — 정현파의 파고율 = $\sqrt{2}$
— 반파정현파의 파고율 = $\sqrt{2} \times \sqrt{2} = 2$
∴ 반파정현파 실효치 = $\dfrac{E_m}{2}$

025

그림과 같은 전류 파형에 있어서 0으로부터 π까지의 사이는 $i = I_m \sin\omega t$로 π에서부터 2π까지는 $-\dfrac{I_m}{2}$로 주어진다. $I_m = 5[A]$라 할 때 전류의 평균치는?

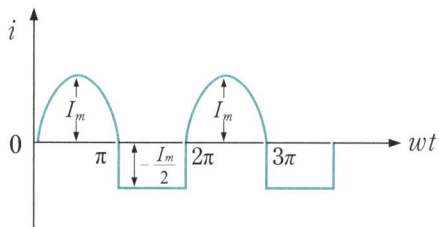

① 0.234[A]   ② 0.342[A]
③ 0.432[A]   ④ 0.5[A]

각파의 평균의 평균치(정현파와 구형파가 조합됨)
$I_{av} = \dfrac{1}{T}\int_0^T i(t)\,dt$
① 정현파 평균 $I_1 = 5[A]/(1.414 \times 1.11) = 3.18[A]$
② 구형파 평균 $I_2 = -\dfrac{5}{2} = -2.5[A]$
∴ 전체의 평균 $I = \dfrac{I_1 + I_2}{2} = \dfrac{3.18 - 2.5}{2} = 0.342[A]$

정답 021 ② 022 ② 023 ① 024 ③ 025 ②

026

그림과 같은 제형파의 평균값은 얼마인가?

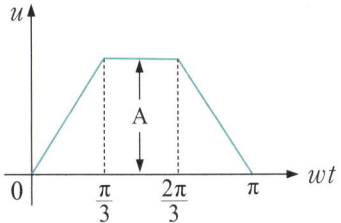

① $\frac{2}{3}A$ ② $\frac{3}{2}A$

③ $\frac{A}{3}$ ④ $\frac{A}{2}$

각파의 평균의 평균치(삼각파 구형파가 조합됨)
① 삼각파 평균 $\frac{A}{2}$ ② 구형파 평균 A

∴ 전체의 평균 $\frac{\frac{A}{2}+A+\frac{A}{2}}{3}=\frac{2A}{3}$

027

그림과 같은 전압의 실효값은 몇 [V]인가?

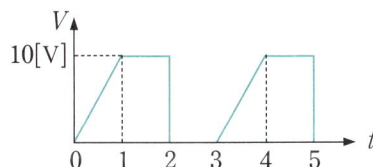

① 5.67
② 6.67
③ 7.57
④ 8.57

각파의 실효값의 실효값(삼각파와 구형파와 "0"이 조합됨)
$I_{rms}=\sqrt{\frac{1}{T}\int_0^T i^2(t)dt}=\sqrt{i^2\text{의 1주기간의 평균값}}$
① 삼각파 실효값 $V_1=10[V]/\sqrt{3}=5.77[V]$
② 구형파 실효값 $V_2=10[V]$
③ 공간의 실효값 $V_3=0[V]$

∴ 전체의 실효값(rms) $V=\sqrt{\frac{(5.77)^2+10^2+0^2}{3}}=6.67[V]$

028

그림과 같은 파형의 맥동전류를 열선형계기로 측정한 결과 10[A]이였다. 이를 가동 코일형 계기로 측정할 때 전류의 값은 몇 [A]인가?

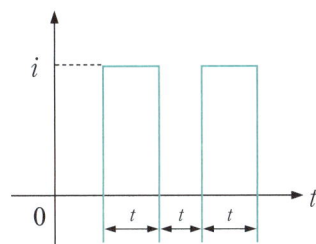

① 7.07 ② 10
③ 14.14 ④ 17.32

• 평균값(가동코일형 계기) = $\frac{\text{실효값(열선형 계기)}}{\text{파형률}}$
 – 구형파의 파형률 = 1, 반파규형파의 파형률 = $1\times\sqrt{2}=\sqrt{2}$

∴ 평균값 = $\frac{10[A]}{\sqrt{2}}$ = 7.07[A]

이해
최대값 ≥ 실효값(열선형 계기=10[A]) ≥ 평균값(가동코일형 계기)
가동코일형 계기측정값은 10보다 적어야 한다.

029 ★★

교류의 파고율이란?

① $\frac{\text{최대값}}{\text{실효값}}$ ② $\frac{\text{실효값}}{\text{최대값}}$

③ $\frac{\text{최대값}}{\text{평균값}}$ ④ $\frac{\text{실효값}}{\text{평균값}}$

• 파고율 = $\frac{\text{최대값}}{\text{실효값}}$ • 파형률 = $\frac{\text{실효값}}{\text{평균값}}$

030 ★

파형의 파형율 값이 잘못된 것은?

① 정형파의 파형율은 1.414 이다.
② 톱니파의 파형율은 1.155 이다.
③ 전파 정류파의 파형율은 1.11 이다.
④ 반파 정류파의 파형율은 1.571 이다.

정현파의 파고율 1.414, 파형률 1.11 단, 반파는 각각 $\sqrt{2}$배 크다.
① 정형파의 파형율은 1.110이다.

031

$i=\sqrt{32}\sin\left(\omega t+\dfrac{\pi}{6}\right)$[A]를 복소수로 나타내면?

① 약 $2(\sqrt{3}+j1)$
② 약 $2(\sqrt{6}+j\sqrt{2})$
③ 약 $2(1+j\sqrt{3})$
④ 약 $2(\sqrt{2}+j\sqrt{6})$

순시치 $V(t)=\sqrt{32}\sin(\omega t+\dfrac{\pi}{6})$를

극좌표 : 실효값 ∠ 위상 : $V[t]=\dfrac{\sqrt{32}}{\sqrt{2}}\angle 30 = 4\angle 30$

복소수 : 실수값 + j 허수값 : $V[t]=4\cdot\cos 30+j4\cdot\sin 30$
$= 3.48+j2 = 2\sqrt{3}+j2$

032

$\mathring{A}_1=20\left(\cos\dfrac{\pi}{3}+j\sin\dfrac{\pi}{3}\right)$,
$\mathring{A}_2=5\left(\cos\dfrac{\pi}{6}+j\sin\dfrac{\pi}{6}\right)$로 표시되는 두 벡터가 있다.
$\mathring{A}_3=\mathring{A}_1/\mathring{A}_2$의 값은 얼마인가?

① $\mathring{A}_3=10\left(\cos\dfrac{\pi}{3}+j\sin\dfrac{\pi}{3}\right)$[A]
② $\mathring{A}_3=10\left(\cos\dfrac{\pi}{3}-j\sin\dfrac{\pi}{3}\right)$[A]
③ $\mathring{A}_3=4\left(\cos\dfrac{\pi}{3}+j\sin\dfrac{\pi}{3}\right)$[A]
④ $\mathring{A}_3=4\left(\cos\dfrac{\pi}{6}+j\sin\dfrac{\pi}{6}\right)$[A]

극좌표(삼각함수)의 나눗셈 : 크기는 나눗셈, 위상은 뺄셈
극좌표 $A\angle\theta$ 삼각함수 $A(\cos\theta+j\sin\theta)$로 표현됨을 이해하자.
$A=\dfrac{A_1}{A_2}=\dfrac{20\angle 60}{5\angle 30}=\dfrac{20}{5}\angle(60-30)=4\angle 30$

∴ $4(\cos 30+j\sin 30)=4\left(\cos\dfrac{\pi}{6}+j\sin\dfrac{\pi}{6}\right)$

033

저항과 리액턴스의 직렬 회로에 $E=14+j38$[V]인 교류 전압을 가하니 $i=6+j2$[A]의 전류가 흐른다. 이 회로의 저항과 리액턴스는 얼마인가?

① $R=4[\Omega]$, $X_L=5[\Omega]$ ② $R=5[\Omega]$, $X_L=4[\Omega]$
③ $R=6[\Omega]$, $X_L=3[\Omega]$ ④ $R=7[\Omega]$, $X_L=2[\Omega]$

$Z=\dfrac{E}{i}=\dfrac{14+j38}{6+j2}$ (분모유리화 : $6-j2$를 분모와 분자에 곱한후 정리

$Z=\dfrac{(14+j38)(6-j2)}{(6+j2)(6-j2)}$
$=\dfrac{(14\times 6)+(14\times -j2)+(j38\times 6)+(-j^238\times 2)}{6^2+2^2}$

$Z=\dfrac{(160)+j(200)}{40}=4+j5$

(실수는 R의 저항, $+j$값은 L의 저항 X_L임)

034

$e_1=6\sqrt{2}\sin\omega t$[V], $e_2=4\sqrt{2}\sin(\omega t-60°)$[V]일 때, e_1-e_2의 실효값[V]은?

① $\sqrt{2}$ ② 4
③ $2\sqrt{7}$ ④ $2\sqrt{3}$

극좌표로 변환 $e_1=6\angle 0°$, $e_2=4\angle -60°$
$e_1-e_2=\sqrt{e_1+e_2-2e_1 e_2\cos\theta}=\sqrt{6^2+4^2-2\times 6\times 4\times\cos(60)}$
$=5.29=(S\rightleftarrows D)=2\sqrt{7}$

035

인덕턴스에서 급격히 변할 수 없는 것은?

① 전압
② 전류
③ 전압과 전류
④ 정답이 없다.

$V=Z_L I=j\omega L I=L\dfrac{d}{dt}i(t)$ 전류가 급변하면 과전압이 유기됨

이해 LI(인덕턴스는 전류가 뒤진다. 전류급변 불가)

정답 031 ① 032 ④ 033 ① 034 ③ 035 ②

036

정전용량계 C에 관한 설명으로 잘못된 것은?

① C의 단위에는 F, μF, pF등이 사용된다.
② 정전용량의 역(逆)을 엘라스턴스(elastance)라고 한다.
③ 엘라스턴스의 단위에는 Daraf가 사용된다.
④ 정전용량계 C의 단자전압은 순간적으로 변화시킬 수 있다.

$I=\dfrac{V}{Z_c}=j\omega CV=C\dfrac{d}{dt}v(t)$ 전압이 급변하면 과전류가 유기됨

이해 CV(정전용량은 전압이 뒤진다. 전압급변 불가)

037 ★

60[Hz]에서 리액턴스 값이 10[Ω]일 경우 인덕턴스 값 [mH]과 정전용량 [μF]은?

① 26.53, 295.37
② 18.37, 265.25
③ 18.37, 295.37
④ 26.53, 265.25

부하의 저항은 R(순저항), $j\omega L$(유도리액턴스) $\dfrac{1}{j\omega C}$(용량리액턴스)

에서 $X_L=\omega L$ ➡ $X_L=(2\pi f)L$
➡ $L=\dfrac{X_L}{2\pi f}=\dfrac{10}{2\times 3.14\times 60}=0.026=26\times 10^{-3}$

에서 $X_C=\dfrac{1}{\omega C}$ ➡ $X_C=\dfrac{1}{2\pi fc}$
➡ $C=\dfrac{1}{2\pi f\times X_C}=\dfrac{1}{2\times 3.14\times 60\times 10}$
$=2.65\times 10^{-4}=265\times 10^{-6}$

038

정전용량 $C[F]$의 회로에 기전력 $e=E_m\sin\omega t[V]$를 가할 때 흐르는 전류 $i[A]$는?

① $i=\dfrac{E_m}{\omega C}\sin(\omega t+90°)$
② $i=\dfrac{E_m}{\omega C}\sin(\omega t-90°)$
③ $i=\omega CE_m\sin(\omega t+90°)$
④ $i=\omega CE_m\cos(\omega t+90°)$

전류 $I=\dfrac{V}{Z_C}=\dfrac{E_m\sin(\omega t)[V]}{1/j\omega C[\Omega]}=j\omega CE_m\sin(\omega t)$
$=\omega CE_m\sin(\omega t+90°)$

에서 $j\sin(\omega t)=\sin(\omega t+90°)$: 즉 90°앞선다.

039

정전용량 C만의 회로에 100[V], 60[Hz]의 교류를 가하니 60[mA]의 전류가 흐른다. C는 얼마인가?

① 5.26[μF]
② 4.32[μF]
③ 3.59[μF]
④ 1.59[μF]

$\left(X=\dfrac{1}{\omega C}=\dfrac{1}{2\pi fC}\right)=\dfrac{V}{1}$에서 $\dfrac{1}{2\times\pi\times 60\times C}=\dfrac{100}{60\times 10^{-3}}$

$\dfrac{60\times 10^{-3}}{2\times\pi\times 60\times 100}=\dfrac{C}{1}$에서 $C=1.59\times 10^{-6}$

이해 단위무시하면 $C\fallingdotseq\dfrac{6}{2\times 3.14\times 6}=0.159$

040

$C[F]$인 콘덴서에 $q[C]$의 전하를 충전하였더니 C의 양단 전압이 $e[V]$이었다. C에 저장된 에너지는 몇 [J]인가?

① qe
② Ce
③ $\dfrac{1}{2}Cq^2$
④ $\dfrac{1}{2}Ce^2$

전자에너지 $W_L=\dfrac{1}{2}LI^2$, 정전에너지 $W_L=\dfrac{1}{2}CV^2$: $V=e$대입

041 ★

그림과 같이 저항 $R=3[\Omega]$과 용량 리액턴스 $\dfrac{1}{\omega C}=4[\Omega]$인 콘덴서가 병렬로 연결된 회로에 100[V]의 교류 전압을 인가할 때, 합성 임피던스 $Z[\Omega]$는?

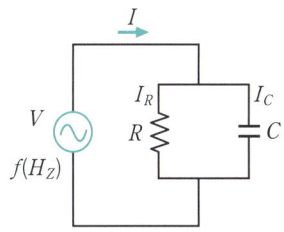

① 1.2 ② 1.8
③ 2.2 ④ 2.4

병렬회로의 합성임피던스
$Z=\dfrac{Z_1 \times Z_2}{Z_1+Z_2}=\dfrac{3\times(-j4)}{3+(-j4)}$ 에서 복소수로 계산시는 분모유리화 하지만 크기만을 물어 볼때는
$Z=\dfrac{3\times(-j4)}{3+(-j4)}=\dfrac{3\times(4)}{\sqrt{3^2+4^2}}=\dfrac{12}{5}=2.4$

042

저항 $\dfrac{1}{3}[\Omega]$, 유도리액턴스 $\dfrac{1}{4}[\Omega]$인 $R-L$ 병렬회로의 합성 어드미턴스[℧]는?

① $3+j4$ ② $3-j4$
③ $\dfrac{1}{3}+j\dfrac{1}{4}$ ④ $\dfrac{1}{3}-j\dfrac{1}{4}$

임피던스와 어드미턴스는 반대의 개념이다.
병렬회로의 어드미턴스의 합성 $Y_T=Y_1+Y_2$: (임피던스의 직렬과 같음)
$Y_T=Y_1+Y_2$ 에서 $Y_1=\dfrac{1}{Z_1}=\dfrac{1}{R}=\dfrac{1}{\frac{1}{3}}=3$,
$Y_2=\dfrac{1}{Z_2}=\dfrac{1}{j\omega L}=\dfrac{1}{j\frac{1}{4}}=-j4$ ∴ $Y=3-j4$

043

다음 회로의 총 어드미턴스 값은 몇 [℧]인가?

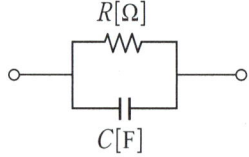

① $\dfrac{1}{R}(1+j\omega CR)$ ② $j=\dfrac{R}{\omega CR-j}$
③ $\dfrac{1}{R}-j\dfrac{1}{\omega C}$ ④ $\dfrac{1}{R}+j\dfrac{1}{\omega C}$

임피던스와 어드미턴스는 반대의 개념이다.
병렬회로의 어드미턴스의 합성 $Y_T=Y_1+Y_2$: (임피던스의 직렬과 같음)
$Y_T=Y_1+Y_2$ 에서 $Y_1=\dfrac{1}{Z_1}=\dfrac{1}{R}$, $Y_2=\dfrac{1}{Z_2}=\dfrac{1}{1/j\omega C}=j\omega C$
$Y_T=\dfrac{1}{R}+j\omega C$

044

저항 $8[\Omega]$과 용량 리액턴스 $X_C[\Omega]$이 직렬로 접속된 회로에 $100[V]$, $60[Hz]$의 교류를 가하니 $10[A]$의 전류가 흐른다. 이때 $X_C[\Omega]$의 값은?

① 10 ② 8
③ 6 ④ 4

임피던스 $Z=\dfrac{V}{I}=\sqrt{R^2+X^2}$ 에서 $Z=\dfrac{100}{10}=\sqrt{8^2+X^2}$
∴ $X=\sqrt{Z^2-R^2}=\sqrt{10^2-8^2}=6$

045

저항 $R=3[\Omega]$과 유도리액턴스 $X_L=4[\Omega]$이 직렬로 연결된 회로에 $e=100\sqrt{2}\sin\omega t[V]$인 전압을 가하였다. 이 회로에서 소비되는 전력[kW]은 얼마인가?

① 1.2 ② 2.2
③ 3.5 ④ 4.2

$P[W]=I^2R=20^2\times 3=1{,}200[W]$
$I=\dfrac{V}{Z}=\dfrac{V}{\sqrt{R^2+X^2}}=\dfrac{100}{\sqrt{3^2+4^2}}=\dfrac{100}{5}=20[A]$, $R=3[\Omega]$ 대입

046

저항 $40[\Omega]$의 임피던스 $50[\Omega]$직렬 유도부하에 소비되는 무효전력[Var]는 얼마인가?(단, 인가전압은 $100[V]$이다.)

① 120 ② 180
③ 200 ④ 250

무효전력 $P_r[Var]=I^2X$ 에서
$I=\dfrac{V}{Z}=\dfrac{100}{50}=2[A]$, $X=\sqrt{Z^2-R^2}=\sqrt{50^2-40^2}=30$ 적용
$P_r[Var]=I^2X=2^2\times 30=120[Var]$

정답 042 ② 043 ① 044 ③ 045 ① 046 ①

047

저항 $R=60[\Omega]$과 유도리액턴스 $\omega L=80[\Omega]$인 코일이 직렬로 연결된 회로에 $200[V]$의 전압을 인가할 때 전압과 전류의 위상차는?

① $48.17°$ ② $50.23°$
③ $53.13°$ ④ $55.27°$

1) 직렬회로 역률 $\cos\theta = \dfrac{R}{\sqrt{R^2+X^2}} = \dfrac{60}{\sqrt{60^2+80^2}} = 0.6$ 에서
$\theta = \cos^{-1}(0.6) = 53.13$
2) $R-L$직렬 : $\theta = \tan^{-1}\left(\dfrac{X}{R}\right) = \tan^{-1}\left(\dfrac{80}{60}\right) = 53.13°$

048

저항 R, 리액턴스 X와의 직렬회로에 있어서 $\dfrac{X}{R} = \dfrac{1}{\sqrt{2}}$ 일 때 회로의 역률은?

① 12 ② $\dfrac{1}{\sqrt{3}}$
③ $\dfrac{\sqrt{2}}{\sqrt{3}}$ ④ $\dfrac{\sqrt{3}}{2}$

직렬회로에서 $\cos\theta = \dfrac{R}{\sqrt{R^2+X^2}}$
$\dfrac{X}{R} = \dfrac{1}{\sqrt{2}}$ 의 내용을 $R=\sqrt{2}[\Omega], X=1[\Omega]$로 두고 계산
$\therefore \cos\theta = \dfrac{R}{\sqrt{R^2+X^2}} = \dfrac{\sqrt{2}}{\sqrt{(\sqrt{2})^2+(1)^2}} = \dfrac{\sqrt{2}}{\sqrt{3}}$

049

저항 $30[\Omega]$, 용량성 리액턴스 $40[\Omega]$의 병렬회로에 $120[V]$의 정현파 교번전압을 가할 때 전 전류[A]는?

① 3 ② 4
③ 5 ④ 6

벡터합고려 $\vec{I_T} = \vec{I_R} + \vec{I_C}$
$I_R = \dfrac{V}{R} = \dfrac{120}{30} = 4$ $I_C = \dfrac{V}{-jX_C} = \dfrac{120}{-j40} = j3$ 을 적용
$I_T = 4+j3 = \sqrt{4^2+3^2} = 5$

050

$R-L$ 병렬회로의 양단에 $e=E_m\sin(\omega t+\theta)[V]$의 전압이 가해졌을 때 소비되는 유효전력[W]은?

① $\dfrac{E_m^2}{2R}$ ② $\dfrac{E^2}{2R}$
③ $\dfrac{E_m^2}{\sqrt{2}R}$ ④ $\dfrac{E^2}{\sqrt{2}R}$

단상전력 : 직렬회로 I^2R, 병렬회로 : $\dfrac{V^2}{R}$ 에서 입력값은 실효값
병렬회로이므로 $P[W] = \dfrac{(E_m/\sqrt{2})^2}{R} = \dfrac{E_m^2}{2R}$

051

어떤 회로에 $e(t)=E_m\cos(\omega t+\theta)[V]$전압를 가했더니 전류 $i(t)=I_m\cos(\omega t+\theta+\phi)[V]$가 흘렀다. 이 때에 회로에 유입하는 평균전력[W]은?

① $\dfrac{1}{4}E_m I_m \cos\phi$
② $\dfrac{1}{2}E_m I_m \cos\phi$
③ $\dfrac{E_m I_m}{\sqrt{2}}\sin\phi$
④ $E_m I_m \sin\phi$

유효전력 $= \dfrac{1}{2} \times (E_m \times I_m) \times \cos(\phi)$
(최대전압과 최대전류로 계산시 이용)
위상차는 동일 파형에서 위상의 차를 읽는다. $\theta = ((\theta+\phi)-(\theta)) = \phi$

052

어느 회로에 전압과 전류의 실효값이 각각 $50[V]$, $10[A]$이고 역률이 0.8이다. 무효전력[Var]은?

① 300 ② 400
③ 500 ④ 600

무효전력 $P_r = VI\sin\theta = \dfrac{1}{2}V_m I_m \sin\theta$ 에서 $P_r = VI\sin\theta$ 이용
$V=50, I=10, \sin\theta = \sqrt{1-\cos\theta^2} = \sqrt{1-0.8^2} = 0.6$
$P_r = VI\sin\theta = 50 \times 10 \times 0.6 = 300$

정답 047 ③ 048 ③ 049 ③ 050 ① 051 ② 052 ①

053 ★

역률 60[%] 부하의 유효전력이 120[kW]이면 무효전력은 몇 [kVar]인가?

① 40
② 80
③ 120
④ 160

⚡

유효, 무효, 피상 중 한개의 값고 역률만 알면 나머지 전력을 구할수 있다.

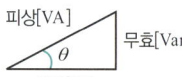

피상전력 = 유효전력/$\cos\theta$ = 120/0.6
피상전력 = 무효전력/$\sin\theta$
$\sin\theta = \sqrt{1-\cos^2\theta} = \sqrt{1-0.6^2} = 0.8$

∴ 무효전력 = 피상전력 × $\sin\theta = \dfrac{120}{0.6} \times 0.8 = 160$

054 ★

$V = 50\sqrt{3} + j50[V]$, $I = 15\sqrt{3} - j15[A]$일 때 유효전력[W]과 무효전력[Var]은?

① $\begin{cases}3000\\1500\end{cases}$
② $\begin{cases}1500\\1500\sqrt{3}\end{cases}$
③ $\begin{cases}750\\750\sqrt{3}\end{cases}$
④ $\begin{cases}2250\\1500\sqrt{3}\end{cases}$

⚡

$P_a[VA] = \overline{V} \cdot I = P[W] \pm jP_r[Var]$:(+j진상,−j지상)부하
에서 $P_a[VA] = \overline{V} \cdot I = (50\sqrt{3}-j50)(15\sqrt{3}-j15)$
$= 1500 - j1500\sqrt{3}$

055

어떤 회로에 $E = 100\angle\dfrac{\pi}{3}[V]$의 전압을 가하니 $I = 10\sqrt{3} + j10[A]$의 전류가 흘렀다. 이 회로의 무효전력[Var]은?

① 0
② 1000
③ 1732
④ 2000

⚡

무효전력 $P_r = VI\sin\theta$
$V = 100\angle 60°$, I와 위상치를 구하기 위해 전류 I를 극좌표로 변환
$I = 10\sqrt{3} + j10\sqrt{(10\sqrt{3})^2 + 10^2} \angle \tan^{-1}\dfrac{10}{10\sqrt{3}} = 20\angle 30$

∴ $V = 100$, $I = 20$, 위상차 $\theta = \left(\dfrac{\pi}{3} - 30\right) = 30$
$P_r = VI\sin\theta = 100 \times 20 \times \sin(30) = 1000$

056

[Var]는 무엇의 단위인가?

① 효율
② 유효전력
③ 피상전력
④ 무효전력

⚡

전력: 유효전력[W](R에서), 무효전력[Var](X에서), 피상전력[VA](Z에서)

057

0.2[H]의 인덕터와 150[Ω]의 저항을 직렬로 접속하고 220[V] 상용교류를 인가하였다. 1시간 동안 소비된 전력량은 약 몇 [Wh]인가?

① 209.6
② 226.4
③ 257.6
④ 286.9

⚡

전력량[Wh] = 사용전력[W] × 사용시간[h]이므로
사용전력 $P = I^2 R$ 에서 $I = \dfrac{V}{Z} = \dfrac{V}{\sqrt{R^2+X^2}}$
$= \dfrac{220}{\sqrt{150^2 + 75.4^2}} = 1.31$

※ $X = \omega L = 2\pi f L = 2\pi \times 60 \times 0.2 = 75.4$, $R = 150$ 대입
사용시간 $t[h] = 1$
∴ 전력량 [Wh] = $I^2 Rt = 1.31^2 \times 150 \times 1 = 257.4$

058

임피던스 궤적이 직선일 때 이의 역수인 어드미턴스 궤적은?

① 원점을 통하는 직선
② 원점을 통하지 않는 직선
③ 원점을 통하는 원
④ 원점을 통하지 않는 반원

⚡

원점을 통하지 않는 직선과 원점을 통하는 (반)원은 역수 관계

정답 053 ④ 054 ② 055 ② 056 ④ 057 ③ 058 ③

059

RLC 직렬회로에서 각주파수 ω를 변화시켰을 때 어드미턴스의 궤적은?

① 원점을 지나는 원
② 원점을 지나는 반원
③ 원점을 지나지 않는 원
④ 원점을 지나지 않는 직선

- 원점을 통하는 (반)원 : 직렬회로 (전류,어드미턴스 궤적)에서 L과 C 하나만 존재시 반원, L과 C가 동시에 존재시에는 원이 된다.

이해 (반)원은 원점을 무조건 통과, 직선은 원점을 통하지 않는다.

060

RLC 직렬회로에서 공진 시의 전류는 공급전압에 대하여 어떤 위상차를 갖는가?

① $0°$ ② $90°$
③ $180°$ ④ $270°$

공진조건(직렬) : $Z=R+j(X_L-X_C)=R$ 에서 $X_L=X_C$
∴ 공진시 저항만의 회로가 되어 전압과 전류가 동위상이 된다.

061

그림과 같은 주파수 $f[\text{Hz}]$인 교류회로에 있어서 전류 I와 I_R이 같은 값으로 되는 조건은?(단, R은 저항[Ω], C는 정전용량[F], L은 인덕턴스[H]로 된다)

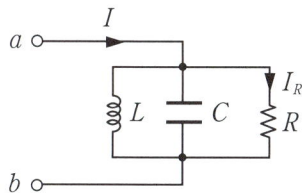

① $f=\dfrac{1}{\sqrt{LC}}$ ② $f=\dfrac{2\pi}{\sqrt{LC}}$
③ $f=\dfrac{1}{2\pi\sqrt{LC}}$ ④ $f=2\pi(LC)^2$

공진조건(직렬) : $Z=R+j(X_L-X_C)=R$ 에서 $X_L=X_C$
공진조건(병렬) : $Y=G+j(B_C-B_L)=G$ 에서 $B_L=B_C$

∴ $B_L=B_C \rightarrow \dfrac{1}{B_L}=\dfrac{1}{B_C} \rightarrow X_L=X_C \rightarrow \omega L=\dfrac{1}{\omega C}$

$\omega^2=\dfrac{1}{LC} \rightarrow \omega=\dfrac{1}{\sqrt{LC}} \rightarrow 2\pi f=\dfrac{1}{\sqrt{LC}} \rightarrow f=\dfrac{1}{2\pi\sqrt{LC}}$

062

직렬 공진회로에서 Q가 갖는 물리적 의미와 무관한 것은?

① 공진회로에서 에너지 소비능률
② 공진시의 전압상승비
③ 공진 곡선의 첨예도
④ 공진회로의 저항에 대한 리액턴스

직렬공진회로의 선택도는 공진곡선의 첨예도를 의미하며 공진시 전압확대비, 공진시 저항에 대한 리액턴스의 비를 의미한다.

063

그림과 같은 회로에서 일정전압 E_0에 대하여 최대전력을 공급할 수 있는 조건은?

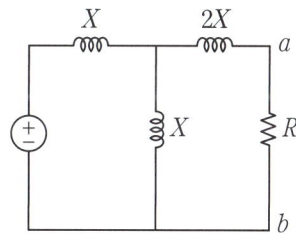

① $2X$ ② $\dfrac{3}{2}X$
③ $3X$ ④ $\dfrac{5}{2}X$

최대전력 전달조건 :
외부임피던스가 내부임피던스의 공액복소수가 같을때 외부임피던스로 최대전력이 전달됨
∴ ab단을 기준으로 외부저항 (R) = 내부저항
$2X+\dfrac{X \cdot X}{X+X}=\dfrac{5}{2}X$

정답 059 ① 060 ① 061 ③ 062 ① 063 ④

064

$R-L-C$ 직렬회로에서 일정 각주파수의 전압을 가하여 R만을 변화시켰을 때 R의 어떤 값에서 소비전력이 최대가 되는가?

① $\dfrac{V^2R}{R^2+X^2}$ ② $\dfrac{V^2X}{R^2+X^2}$

③ $\omega L+\dfrac{1}{\omega C}$ ④ $\omega L-\dfrac{1}{\omega C}$

최대전력 전달조건 :
외부임피던스가 내부임피던스의 공액복소수가 같을 때
R를 제외한 내부저항은 $j\omega L-j\dfrac{1}{\omega C}=j\left(\omega L-\dfrac{1}{\omega C}\right)$ 이므로
$R=-j\left(\omega L-\dfrac{1}{\omega C}\right)=\left(\omega L-\dfrac{1}{\omega C}\right)$ 허수만의 크기이므로 $\sqrt{\ }$ 로 계산안함

065

회로에서 저항 R을 흐르는 전류가 0이 되는 조건은?

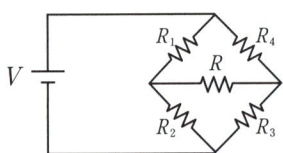

① $R_1R_4=R_2R_3$ ② $R_1R_3=2R_2R_4$
③ $R_1R_2=R_3R_4$ ④ $R_1R_3=R_2R_4$

브리지 평형조건 : 마주보는 변의 임피던스의 곱이 같은 것
$R_1R_3=R_2R_4$

066 ★

그림과 같은 회로에서 스위치 S를 $t=0$에서 닫았을 때 $(V_L)_{t=0}=60[V]$, $\left(\dfrac{di}{dt}\right)_{t=0}=30[A/S]$이다. L의 값은 얼마인가?

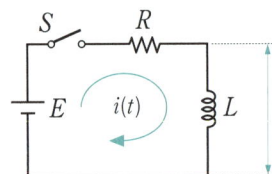

① $0.5[H]$ ② $1.0[H]$
③ $1.25[H]$ ④ $2.0[H]$

$e_1=-L\dfrac{di_1}{dt}$ ➜ $60=L\dfrac{30}{1}$ ∴ $L=2$

067

그림과 같은 회로에서 $i_1=I_m\sin\omega t$일때 개방된 2차 단자에 나타나는 유기 기전력 e_2는 몇 [V]인가?

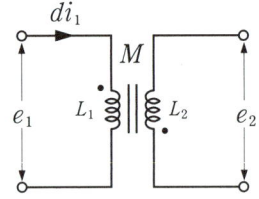

① $\omega MI_m\sin(\omega t-90°)$
② $\omega MI_m\cos(\omega t-90°)$
③ $-\omega M\cos\omega t$
④ $-\omega M\cos\omega t$

$e_2=-M\dfrac{di_1}{dt}$: $M[H]$ 상호인덕턴스
$e_2=-M\dfrac{d}{dt}I_m\sin\omega t$
$\quad=-M\omega I_m\cos\omega t=M\omega I_m\sin(\omega t-90°)$

이해 2차 유도기전력은 1차 전류의 변화보다 90도 늦다

068

두 코일의 자기인덕턴스가 L_1, L_2이고 상호인덕턴스가 M일 때 결합계수 K는?

① $\dfrac{\sqrt{L_1,L_2}}{M}$ ② $\dfrac{M}{\sqrt{L_1,L_2}}$

③ $\dfrac{M^2}{\sqrt{L_1,L_2}}$ ④ $\dfrac{L_1,L_2}{M^2}$

상호인덕턴스 $M=K\sqrt{L_1,L_2}$ 에서 결합계수 $k=\dfrac{M}{\sqrt{L_1L_2}}(0\leq k\leq 1)$

정답 064 ④ 065 ④ 066 ④ 067 ① 068 ②

069 ★

그림과 같은 회로의 합성 인덕턴스는?

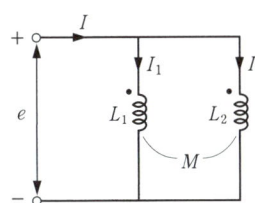

① $\dfrac{L_1L_2-M^2}{L_1+L_2-2M}$ ② $\dfrac{L_1L_2+M^2}{L_1+L_2-2M}$

③ $\dfrac{L_{12}-M^2}{L_1+L_2+2M}$ ④ $\dfrac{L_1L_2+M^2}{L_1+L_2+2M}$

병렬합성 인덕턴스 : ①번은 가극성, ③번은 감극성 일 때의 값

070

그림과 같은 브리지가 평형되어 있다. 미지 코일의 저항 R_4 및 인덕턴스 L_4의 값은 얼마인가?

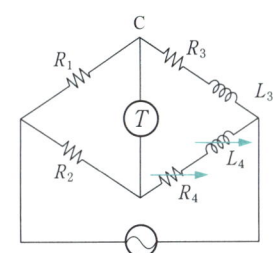

① $R_4=\dfrac{R_1}{R_2}R_3,\ L_4=\dfrac{R_1}{R_2}R_3$

② $R_4=\dfrac{R_1}{R_2}R_3,\ L_4=\dfrac{R_1R_2}{L_3}$

③ $R_4=R_1R_2R_3,\ L_4=R_1R_2L_3$

④ $R_4=\dfrac{R_2}{R_1}R_3,\ L_4=\dfrac{R_2}{R_1}L_3$

브리지 평형조건 : 마주보는 변의 임피던스의 곱이 같은 것
$R_1\times(R_4+j\omega L_4)=R_2\times(R_3+j\omega L_3)$를 만족하여야 한다.
$R_1R_4+j\omega L_4R_1=R_2R_3+j\omega L_3R_2$ 에서 실수끼리, 허수끼리 같아야
하므로 $R_1R_4=R_2R_3$ 그리고 $j\omega L_4R_1=j\omega L_3R_2$ 에서
$R_4=\dfrac{R_2}{R_1}R_3$ 그리고 $L_4=\dfrac{R_2}{R_1}L_3$

[암기] 그냥 저항만으로 생각하자(L은 제외하고 생각)
$R_1\cdot R_4=R_2\cdot R_3$에서 $R_4=(R_2\cdot R_3)/R_1$

SECTION 03 교류회로

071

Y결선의 전원에서 각 상전압이 $100[V]$일 때 선간전압은?

① 14.3 ② 151
③ 173 ④ 193

3상 교류회로에서
Y결선시 $V_l=\sqrt{3}\,V_P\angle+30,\ I_l=I_P$
△결선시 $V_l=V_P,\ I_l=\sqrt{3}\,I_P\angle-30$
∴ Y결선시 $V_l=\sqrt{3}\,V_P=\sqrt{3}\times100=173$

[이해] ※크기 3상 : 선간값=$\sqrt{3}$상값 6상 : 선간값=상값

072 ★

대칭6상식의 성형결선의 전원이 있다. 상전압이 $100[V]$이면 선간전압[V]은?

① 600 ② 300
③ 220 ④ 100

n상 교류회로 Y결선시 $V_l=2\sin\dfrac{\pi}{n}V_P\angle\dfrac{\pi}{2}\left(1-\dfrac{2}{n}\right),\ I_l=I_P$

∴ $V_l=2\sin\dfrac{\pi}{6}V_P=2\sin30\times100=100$

[이해] ※크기 3상 : 선간값=$\sqrt{3}$상값 6상 : 선간값=상값

073

대칭 n상 성상 결선에서 선간전압의 크기는 성상 전압의 몇 배인가?

① $\sin\dfrac{\pi}{n}$ ② $\cos\dfrac{\pi}{n}$

③ $2\sin\dfrac{\pi}{n}$ ④ $2\cos\dfrac{\pi}{n}$

n상 교류회로 Y결선시
$V_l=2\sin\dfrac{\pi}{n}V_P\angle\dfrac{\pi}{2}\left(1-\dfrac{2}{n}\right),\ I_l=I_P$

[이해] $n=3$ 대입시 (① 0.86 ② 0.5 ③ 1.73 ④ 1)에서 $\sqrt{3}=1.73$

정답 069 ① 070 ④ 071 ③ 072 ④ 073 ③

074

대칭6상 기전력의 선간전압과 상기전력의 위상차는?

① 120° ② 60°
③ 30°   ④ 15°

n상 교류회로의 선간과 상사이의 위상차 $\theta = \dfrac{\pi}{2}\left(1-\dfrac{2}{n}\right)$

$\therefore \theta = \dfrac{\pi}{2}\left(1-\dfrac{2}{6}\right) = \dfrac{\pi}{3} = 60°$

이해 ※위상 3상 : 30° 4상 : 45° 5상 : 54° 6상 : 60° 위상차

075

대칭 n상 환상결선에서 선전류와 환상전류사이의 위상차는 어떻게 되는가?

① $\dfrac{\pi}{2}\left(1-\dfrac{2}{n}\right)$ ② $2\left(1-\dfrac{2}{n}\right)$
③ $\dfrac{n}{2}\left(1-\dfrac{\pi}{2}\right)$ ④ $\dfrac{\pi}{2}\left(1-\dfrac{n}{2}\right)$

n상 교류회로의 선간과상사이의 위상차 $\theta = \dfrac{\pi}{2}\left(1-\dfrac{2}{n}\right)$

이해 $n=3$ 대입시 ① $\dfrac{\pi}{6} = 30°$ ② $2 \times \dfrac{1}{3}$
③ $\dfrac{3}{2}\left(1-\dfrac{\pi}{2}\right)$ ④ $\dfrac{\pi}{2} \times \dfrac{-1}{2} = \dfrac{-\pi}{4}$

076

평형 3상 3선식 회로가 있다. 부하는 Y결선이고, $V_{AB}=100\sqrt{3}\angle 0°$ [V]일 때 $I_A=20\angle -120°$ [A]이었다. Y결선된 부하 한 상의 임피던스는 몇 [Ω]가?

① $5\angle 60°$ ② $5\sqrt{3}\angle 60°$
③ $5\angle 90°$ ④ $5\sqrt{3}\angle 90°$

$Z_P = \dfrac{V_P}{I_P}$ 에 상전압과 상전류를 대입

Y결선시 $V_l = \sqrt{3}V_P \angle +30$, $I_l = I_P$ 을 상으로 환산하면

$V_P = \dfrac{1}{\sqrt{3}}V_l \angle -30$, $I_P = I_l \to V_P = \dfrac{1}{\sqrt{3}}100\sqrt{3}\angle -30$, $I_P = 20\angle -120$

$Z_P = \dfrac{V_P}{I_P} = \dfrac{100\angle -30}{20\angle -120} = \dfrac{100}{20}\angle(-30)-(-120) = 5\angle +90$

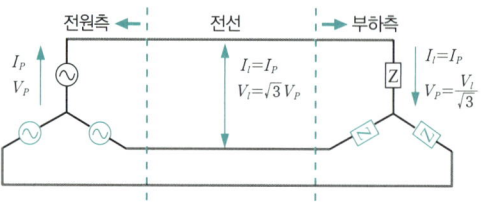

077 ★

대칭 3상 Y결선에서 선간전압이 $100\sqrt{3}$ [V]이고, 각 상의 임피던스 $Z=30+j40$ [Ω]의 평형 부하일 때 선전류 [A]는?

① 2   ② $2\sqrt{3}$
③ 5   ④ $5\sqrt{3}$

Y결선시 $V_l = \sqrt{3}V_P \angle +30$, $I_l = I_P$
먼저 상값을 계산 선간으로 환산

$I_P = \dfrac{V_P}{Z_P} = \dfrac{100\sqrt{3}/\sqrt{3}}{30+j40} = \dfrac{100}{50} = 2$[A]

$\therefore I_l = I_P$ 이므로 답 2[A]

078

그림과 같은 평형 Y형 결선에 각상이 8[Ω]의 저항과 6[Ω]의 리액턴스가 직렬로 접속된 부하에 걸린 $100\sqrt{3}$ [V]선간전압이 이다. 이 때 선전류는 몇 [A]인가?

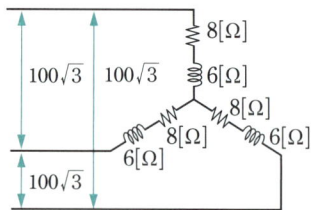

① 5   ② 10
③ 15   ④ 20

Y결선시 $V_l = \sqrt{3}V_P \angle +30$, $I_l = I_P$
상값을 계산 선간으로 환산

$I_P = \dfrac{V_P}{Z_P} = \dfrac{100\sqrt{3}/\sqrt{3}}{8+j6} = \dfrac{100}{10} = 10$[A]

$\therefore I_l = I_P$ 이므로 답 10[A]

정답 074 ② 075 ① 076 ③ 077 ① 078 ②

079 ★

대칭 3상 부하에서 Y결선 회로에서 각 상의 임피던스가 $Z=3+j4[\Omega]$이고 부하전류가 20[A]일 때 이 부하의 선간전압[V]은 얼마인가?

① 226
② 173
③ 192
④ 164

Y결선시 $V_l=\sqrt{3}V_P\angle+30$, $I_l=I_P$ 관계 이용
상값을 계산 선간으로 환산
$V_P=I_P\cdot Z_P=20\times(3+j4)=20\times 5=100[V]$
∴ $V_l=\sqrt{3}V_P$ 이므로 $100\sqrt{3}=173[V]$

080 ★★

다음 그림의 3상 Y결선회로에서 소비하는 전력[W]은?

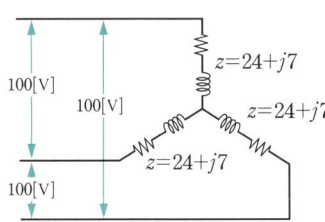

① 약 3072[W]
② 약 1536[W]
③ 약 768[W]
④ 약 381[W]

$P=3\cdot I_P^2\cdot R$ 을 이용
$I_P=\dfrac{V_P}{Z_P}=\dfrac{100/\sqrt{3}}{24+j7}=\dfrac{100/\sqrt{3}}{\sqrt{(24)^2+(7)^2}}=2.3[A]$, $R=24[\Omega]$ 대입
$P=3\times 2.3^2\times 24=380.8$

081

그림과 같이 △로 접속된 부하에서 각 선로에서 저항은 $r=1[\Omega]$이고 부하의 임피던스는 $Z=6+j12[\Omega]$이다. 단자 a,b,c 간에 200[V]의 평형 3상전압을 가할 때 부하의 상전류[A]는?

① 23.09
② 40.26
③ 13.33
④ 69.28

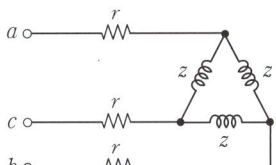

△결선시 $V_l=V_P$, $I_l=\sqrt{3}I_P\angle-30$ 관계 이용
$I_P=\dfrac{V_P}{Z_P}$ 에서 V_P 를 구할 수 없으므로 △를 Y로 환산한 상태에서 I_P를 구한 후 이 값은 Y결선 상태에서 값으로 $I_l=I_P$로 이 선간값을 △상값으로 환산하면 된다.

$I_P=\dfrac{V_P}{Z_P}$ 에 $V_P=\dfrac{V_l}{\sqrt{3}}=\dfrac{200}{\sqrt{3}}$

Z_P 는 △를 Y로 등가변환하면 $Z_Y=\dfrac{1}{3}Z_\triangle=\dfrac{1}{3}(6+j12)=2+j4$
여기에 선의 저항을 더하면
$Z_P=Z_l'+\dfrac{1}{3}Z_\triangle=1+2+j4=3+j4$
Y환상 상태에서 $I_P=\dfrac{V_P}{Z_P}=\dfrac{200/\sqrt{3}}{3+j4}=23.09[A]$
이 값은 Y선간값과 동일하고 △선간값과도 같다.
∴ △는 상전류=선전류/$\sqrt{3}$
∴ $I_P=\dfrac{23.09}{\sqrt{3}}=13.33$

이해 선 자체의 저항을 무시하면
$I_P=\dfrac{V_P}{Z_P}=\dfrac{200}{6+j12}=\dfrac{200}{\sqrt{(6)^2+(12)^2}}=14.9[A]$ 보다 조금 적다.

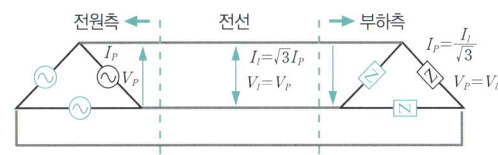

082 ★

△결선인 평형 순저항부하를 사용하는 경우 선간전압이 220[V] 환상전류가 7.33[A]일 때 부하 저항[Ω]은?

① 80
② 60
③ 45
④ 30

△결선시 $V_l=V_P$, $I_l=\sqrt{3}I_P\angle-30$ 관계 이용
$Z_P=\dfrac{V_P}{I_P}=\dfrac{220}{7.33}=30[\Omega]$

083 ★

전원과 부하가 △-△결선인 평형 3상 회로의 선간전압이 220[V], 선전류가 30[A]이었다면 부하 1상의 임피던스[Ω]는?

① 9.7
② 10.7
③ 11.7
④ 12.7

△결선시 $V_l=V_P$, $I_l=\sqrt{3}I_P\angle-30$ 관계 이용
$Z_P=\dfrac{V_P}{I_P}=\dfrac{220}{30/\sqrt{3}}=12.7[\Omega]$

084 ★★★★

1상의 직렬 임피던스가 $R=6[\Omega]$, $X_L=8[\Omega]$인 △결선 평형부하가 있다. 여기에 선간전압 100[V]인 대칭 3상 전압을 가하면 선전류는 몇 [A]인가?

① 3
② $3\sqrt{3}$
③ 10
④ $10\sqrt{3}$

△결선시 $V_l=V_P$, $I_l=\sqrt{3}I_P\angle-30$ 관계 이용
상값을 먼저 계산하고 이것을 선간으로 환산
$I_P=\dfrac{V_P}{Z_P}=\dfrac{100}{6+j8}=\dfrac{100}{\sqrt{(6)^2+(8)^2}}=\dfrac{100}{10}=10[A]$
$I_l=\sqrt{3}I_P=\sqrt{3}\times10$

085

그림과 같이 접속된 회로에 평형 3상 전압 E를 가할 때의 전류 I_1[A] 및 I_2[A]는?

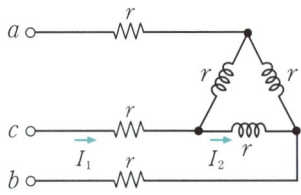

① $I_1=\dfrac{\sqrt{3}}{4E}$, $I_2=\dfrac{rE}{4}$

② $I_1=\dfrac{4E}{\sqrt{3}}$, $I_2=\dfrac{4r}{E}$

③ $I_1=\dfrac{\sqrt{3}E}{4}$, $I_2=\dfrac{E}{4r}$

④ $I_1=\dfrac{\sqrt{3}E}{4r}$, $I_2=\dfrac{E}{4r}$

△ → Y로 변환 $r\to\dfrac{r}{3}$ 그리고 선저항을 합하면
$r+\dfrac{r}{3}=\dfrac{4r}{3}$ (Y변환시)
Y변환상태에서 $I_P=I_\ell=I_1=\dfrac{V_P}{Z_P}=\dfrac{E/\sqrt{3}}{4r/3}=\dfrac{\sqrt{3}E}{4r}$

이것을 다시 △로 변환시 선전류는 동일하지만 상전류는 선전류의 $1/\sqrt{3}$ 배
$I_1=\dfrac{\sqrt{3}E}{4r}$, $I_2=\dfrac{I_1}{\sqrt{3}}=\dfrac{E}{4r}$

이해 △결선시, $I_l=\sqrt{3}I_P$ 선전류(I_1)가 상전류(I_2)보다 크다.
∴ $I_1=\sqrt{3}I_2$ 관계를 만족하는 것은 라번 뿐이다.

086

대칭 3상 △부하에서 각 상의 임피던스가 $Z=3+j4[\Omega]$이고 부하전류가 20[A]일 때 피상전력[VA]는?

① 1800
② 2000
③ 2400
④ 2800

3상 피상전력 $P=3\cdot I_P^2\cdot Z$, $P=3\cdot\dfrac{V_P^2}{Z}$ 중
$P=3\cdot I_P^2\cdot Z$ 이용 $I_P=\dfrac{I_l}{\sqrt{3}}=\dfrac{20}{\sqrt{3}}$, $Z=3+j4=5$ 대입
$P=3\cdot I_P^2\cdot Z=3\times\left(\dfrac{20}{\sqrt{3}}\right)^2\times\sqrt{3^2+4^2}=3\times\left(\dfrac{20^2}{\sqrt{3}^2}\right)\times5=2000$

087 ★

1상의 임피던스 $Z_P=12+j9[\Omega]$인 평형 △부하에 평형 3상 전압 208[V]가 인가되어 있다. 이 회로의 피상전력 [VA]는 약 얼마인가?

① 8652
② 7640
③ 6672
④ 5340

3상 피상전력 $P=3\cdot I_P^2\cdot Z$, $P=3\cdot\dfrac{V_P^2}{Z}$ 중
$P=3\cdot\dfrac{V_P^2}{Z}$ 이용 $V_P=208$, $Z_P=12+j9=\sqrt{12^2+9^2}$ 대입
$=3\times\dfrac{(208)^2}{\sqrt{12^2+9^2}}=8,652$

088 ★★

3상 유도 전동기의 출력이 5[HP], 전압 200[V], 효율 90[%], 역률 85[%]일 때, 이 전동기에 유입되는 선전류는 약 몇 [A]인가?

① 4
② 6
③ 8
④ 14

$P=\sqrt{3}V_l I_l \cos\theta\eta$ 에서
$P=5\times 746[W]$, $V_l=200$, $\cos\theta=0.85$, $\eta=0.9$ 적용
$(5\times 746[W])=\sqrt{3}\times 200\times I_l\times(0.9\times 0.85)$
$\therefore I_l=\dfrac{(5\times 746)[W]}{\sqrt{3}\times 200\times 0.9\times 0.85}=14$

089

$10[\Omega]$의 저항 3개를 Y로 결선한 것을 등가 △결선으로 환산한 저항의 크기 $[\Omega]$는?

① 20 ② 30
③ 40 ④ 50

저항을 $Y-\triangle$ 변환시는 저항, 전력, 전류 모두 △가 3배 크다.
동일전류가 흐르기 위해서 저항은 3배, 동일저항시 전류(전력)는 3배로 증가한다는 의미이며 따라서 $Y \to \triangle$ 변환시 동일전류가 흐르기 위해서는 저항이 3배 증가해야 한다.

이해 $Y(1) \to \triangle(3)$으로 생각
  $10[\Omega]$인 $Y(1)$를 → △(3)로 변환시 저항은 $30[\Omega]$

090

그림과 같은 순저항만의 회로에 대칭 3상전압을 가했을 때 각 선에 흐르는 전류가 같게 될 R의 값은?

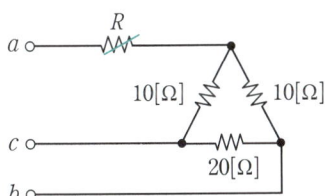

① $2.5[\Omega]$ ② $5[\Omega]$
③ $7.5[\Omega]$ ④ $10[\Omega]$

동일 전류가 흐르기 위해서는 각선의 임피던스가 동일 하여야 하므로 △를 Y로 변환후 각선의 저항이 같기 위한 저항 R 값을 구한다
$Z_a=\dfrac{Z_{ca}\cdot Z_{ab}}{Z_{ab}+Z_{bc}+Z_{ca}}$ 에서
$10[\Omega]$, $10[\Omega]$ 사이 저항 $R_a=\dfrac{10\times 10}{10+10+20}=2.5[\Omega]$,
$10[\Omega]$, $20[\Omega]$ 사이 저항 $R_b=R_c=\dfrac{10\times 20}{10+10+20}=5[\Omega]$
$\therefore R_a=R_b=R_c \Rightarrow (R+2.5)=5=5 \therefore R=2.5$

091

$r[\Omega]$인 6개의 저항을 그림과 같이 접속하고 평형 3상 전압 E를 가했을 때 전류 I는 몇 $[A]$인가?(단, $r=3[\Omega]$, $E=60[V]$ 이다.)

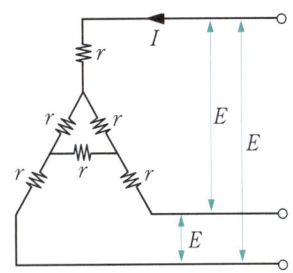

① 8.66 ② 9.56
③ 10.8 ④ 12.6

등가합성저항으로 변경하여 구함, △를 Y로 변환후 각선의 저항을 구하면
$r+\dfrac{r}{3}=\dfrac{4r}{3}$ 이되므로 $I_P=\dfrac{V_P}{Z_P}$ 에서 (Y결선상태에서 해석함)
$V_P=\dfrac{V_l}{\sqrt{3}}=\dfrac{60}{\sqrt{3}}$, $Z_P=\dfrac{4r}{3}$ 대입하면 $I_P(=I_l)=\dfrac{60/\sqrt{3}}{\frac{4\times 3}{3}}=8.66$

092

평형 3상 회로에서 임피던스를 Y결선에서 △결선으로 하면 소비전력은 몇 배가 되는가?

① 3배 ② $\sqrt{3}$ 배
③ $\dfrac{1}{\sqrt{3}}$ 배 ④ $\dfrac{1}{3}$ 배

$Y(1)$, △(3)으로 생각 Y결선에서 △결선으로 하면 $\dfrac{\triangle(3)}{Y(1)}=3$

093 ★

$R[\Omega]$인 3개의 저항을 같은 전원에 △결선에 접속시킬 때와 Y결선으로 접속시킬 때, 선전류의 크기 비$(I_\triangle/I_Y)$는?

① $1/3$ ② $\sqrt{6}$
③ $\sqrt{3}$ ④ 3

정답 089 ② 090 ① 091 ① 092 ① 093 ④

$Y(1)$, $\triangle(3)$으로 생각 Y결선에서 $\triangle$결선으로 하면 $\frac{\triangle(3)}{Y(1)}=3$

094

다음과 같은 Y결선회로와 등가인 $\triangle$결선회로의 A, B, C 값은 몇 $[\Omega]$인가?

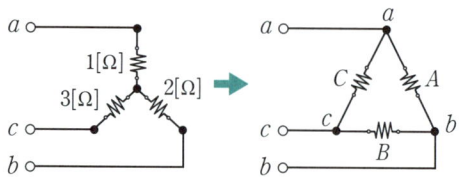

① $A=\frac{7}{3}$, $B=7$, $C=\frac{7}{3}$

② $A=7$, $B=\frac{7}{2}$, $C=\frac{7}{3}$

③ $A=11$, $B=\frac{11}{2}$, $C=\frac{11}{3}$

④ $A=\frac{11}{3}$, $B=11$, $C=\frac{11}{2}$

$R_A = \frac{1\times 2 + 2\times 3 + 3\times 1}{3} = \frac{11}{3}$,

$R_B = \frac{1\times 2 + 2\times 3 + 3\times 1}{1} = \frac{11}{1}$

$R_C = \frac{1\times 2 + 2\times 3 + 3\times 1}{2} = \frac{11}{2}$

※ 분모에는 마주보는 변의 저항값이 들어 간다.

095

2전력계법을 써서 대칭 평형 3상전력을 측정하였더니 각 전력계가 $+500[W]$, $+300[W]$를 지시하였다. 전체 전력은 얼마인가?(단, 부하의 위상각은 60°보다 크며 90°보다 적다고 한다.)

① $200[W]$ ② $300[W]$
③ $500[W]$ ④ $800[W]$

2전력계법 : 단상 전력계 2개로 3상 전력측정.
3상 부하전력(유효) $P=P_1+P_2$, 평형부하일때 $P_1=P_2$
에서 3상 부하전력(유효) $P=P_1+P_2=500+300=800$

096

평형 3상 저항 부하가 3상 4선식 회로에 접속되어 있을 때 단상 전력계를 그림과 같이 접속하였더니 그 지시 값이 $W[W]$이였다. 이 부하의 3상 전력[W]은?

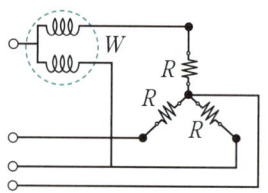

① $\sqrt{2}W$
② $2W$
③ $\sqrt{3}W$
④ $3W$

평형부하이므로 한편의 단상전력이 W라면 다른편에 전력계를 부착시 동일한 전력 W가 측정됨
2전력계법에 의하여 $W_T = W_1 + W_2$ 에서 $W_1 = W_2 = W$
∴ $W_T = W + W = 2W$

097 ★

그림은 평형 3상 회로에서 운전하고 있는 유도전동기의 결선도이다. 각 계기의 지시가 $W_1=2.36[kW]$, $W_2=5.95[kW]$, $V=200[V]$, $I=30[A]$일 때, 이 유도전동기의 역률은 약 몇 [%]인가?

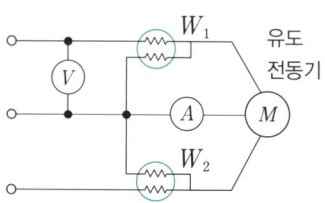

① 80
② 76
③ 70
④ 66

역률 $= \frac{\text{유효전력}}{\text{피상전력}} = \frac{W_1+W_2}{\sqrt{3}VI} = \frac{(2.36+5.95)\times 1000}{\sqrt{3}\times 200\times 30} = 0.8$

정답 094 ④ 095 ④ 096 ② 097 ①

098 ★★

△결선변압기의 1대가 고장으로 제거되어 V결선으로 할 때 공급할 수 있는 전력과 고장전 전력에 대한 비는 몇 [%]가 되는가?

① 81.6
② 75
③ 66.7
④ 57.7

V결선의 출력비(57.7[%]), 이용률(86.6[%])
단상변압기 용량 1대의 용량을 P[kVA]라 하면
3대로 3상전력 공급시 $3 \times P$[kVA],
2대로 3상전력 공급시 $\sqrt{3} \times P$[kVA]

∴ 출력비 $= \dfrac{2대로\ V결선}{3대로\ 공급} = \dfrac{\sqrt{3} \times P}{3 \times P} = 0.577$ ∴ 57.7[%]

099

비대칭 다상교류가 만드는 회전자계는?

① 교번자계
② 타원 회전자계
③ 원형 회전자계
④ 포물선 회전자계

대칭 = 원형 회전자계, 비대칭 = 타원형 회전자계

100

$a + a^2$의 값은?(단, $a = \epsilon^{j120}$)

① 0
② -1
③ 1
④ a^3

평형 3상의 합은 "0" 이다. $a^2 + a + 1 = 0$

101 ★

대칭좌표법에 관한 설명 중 잘못된 것은?

① 불평형 3상 회로 비접지식 회로에서는 영상분이 존재한다.
② 대칭 3상 전압에서 영상분은 0이 된다.
③ 대칭 3상 전압에서 정상분은 존재한다.
④ 불평형 3상 회로의 접지식 회로에서는 영상분이 존재한다.

영상분의 발생조건은 (불평형 AND 접지식(3상4선식))을 만족해야 하므로
비접지식에서는 $E_0 = \dfrac{1}{3}(E_a + E_b + E_c) = 0$ 즉, 영상분은 존재안함

102

비접지 3상 Y부하에서 각 선전류를 I_a, I_b, I_c라 할 때 전류의 영상분 I_0는 얼마인가?

① $I_a + I_b$
② $I_b + I_c$
③ $I_c + I_a$
④ 0

영상분의 발생조건은(불평형 AND 접지식(3상4선식))을 만족해야 하므로
비접지식에서는 $E_0 = \dfrac{1}{3}(E_a + E_b + E_c) = 0$ 즉, 영상분은 존재안함

103

3상 불평형 전압을 V_a, V_b, V_c라고 할 때, 영상전압 V_0는 얼마인가?

① $\dfrac{1}{3}(V_a + aV_b + a^2V_c)$
② $\dfrac{1}{3}(V_a + a^2V_b + aV_c)$
③ $\dfrac{1}{3}(V_a + V_b + V_c)$
④ $V_a + V_b + V_c$

① 정상분(V_1) ② 역상분(V_2) ③ 영상분(V_0)

104 ★

각상의 전류 I_a, I_b, I_c가 다음 식으로 표시될 때 영상 대칭분 전류[A]를 나타낸 것은 어느 것인가? $I_a = 60\sin\omega t$, $I_b = 60\sin(\omega t - 90°)$, $I_c = 60\sin(\omega t + 90°)$[A] 이다.

① $10\sin\omega t$[A]
② $20\sin\omega t$[A]
③ $30\sin\omega t$[A]
④ $60\sin\omega t$[A]

영상분 $I_0 = \dfrac{1}{3}(I_a + I_b + I_c)$ 에 각 값을 대입

주어진 크기를 복소수 형태로 변형하면 (편의상 최대크기로 표기함)
$I_a = 60\sin\omega t = 60\angle 0 = 60\cos 0 + j60\sin 0 = 60$
$I_b = 60\sin(\omega t - 90) = 60\angle -90$
$\quad = 60\cos(-90) + j60\sin(-90) = -j60$
$I_c = 60\sin(\omega t + 90) = 60\angle +90$
$\quad = 60\cos(+90) + j60\sin(+90) = +j60$
$I_0 = \frac{1}{3}(60 - j60 + j60) = 20$ 다시 순시치로 표현 $I_0 = 20\sin\omega t$

105

3상 3선식 회로에서 $V_a = -j6[V]$, $V_b = -8 + j6[V]$ $V_c = 8[V]$일 때 정상분 전압 [V]은?

① $7.81/77°$ ② $2.37/43°$
③ $0.33/37°$ ④ 0

정상분 $V_1 = \frac{1}{3}(V_a + aV_b + a^2V_c)$ 에서
$a = -\frac{1}{2} + j\frac{\sqrt{3}}{2}$, $a^2 = -\frac{1}{2} - j\frac{\sqrt{3}}{2}$ 를 적용하면
$V_1 = \frac{1}{3}\left((-j6) + \left(-\frac{1}{2} + j\frac{\sqrt{3}}{2}\right)(-8+j6) + \left(-\frac{1}{2} - j\frac{\sqrt{3}}{2}\right)(8)\right)$
$= \frac{1}{3}(-3\sqrt{3} - j22.8) = -1.73 - j7.61$ 극좌표로 변환
$\rightarrow \sqrt{1.73^2 + 7.61^2}\angle \tan^{-1}\left(\frac{7.61}{1.73}\right) = 7.8\angle 77°$

이해 각 상전압 $V_a = 6$, $V_v = 10$, $V_c = 8$ 그러므로 평균은 8

106

어느 3상회로의 선간전압을 측정하였더니 $120[V]$, $100[V]$ 및 $100[V]$이었다. 이때의 역상전압 V_2의 값은 약 몇 [V]인가?

① 9.8 ② 13.8
③ 96.2 ④ 106.2

3상의 합은 "0"(영상분 존재시는 영상분의 합이 검출)

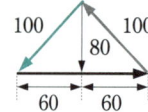

이조건을 만족하는 $V_a = 120$, $V_b = -60 - j80$, $V_c = -60 + j80$
그리고 $a = -\frac{1}{2} + j\frac{\sqrt{3}}{2}$, $a^2 = -\frac{1}{2} - j\frac{\sqrt{3}}{2}$ 를
역상분 $V_2 = \frac{1}{3}(V_a + a^2V_b + aV_c)$ 에 대입

$V_2 = \frac{1}{3}\left((120) + \left(-\frac{1}{2} - j\frac{\sqrt{3}}{2}\right)(-60 - j80)\right.$
$\left. + \left(-\frac{1}{2} + j\frac{\sqrt{3}}{2}\right)(-60 + j80)\right)$
$= \frac{1}{3}(41.4 + j0) = 13.8$

이해 역상분은 노이즈 개념으로 각상 크기의 적은 부분차지 (최고 적은 것 다음)

107

3상 교류의 선간 전압을 측정하였더니 $120[V]$, $100[V]$, $100[V]$이었다. 선간 전압의 불평형률을 구하면?

① 약 $13[\%]$
② 약 $15[\%]$
③ 약 $17[\%]$
④ 약 $19[\%]$

불평형율$= \frac{역상분(V_2)}{정상분(V_1)}$ 에서 $a = -\frac{1}{2} + j\frac{\sqrt{3}}{2}$, $a^2 = -\frac{1}{2} - j\frac{\sqrt{3}}{2}$ 이용

3상의 합은 "0"(영상분 존재시는 영상분의 합이 검출)

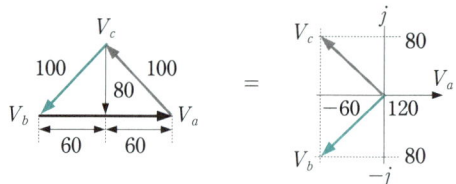

이조건을 만족하는 $V_a = 120$, $V_b = -60 - j80$,
$\qquad V_c = -60 + j80$를 대입
정상분 $V_1 = \frac{1}{3}(V_a + aV_b + a^2V_c)$ 에서
$= \frac{1}{3}\left((120) + \left(-\frac{1}{2} + j\frac{\sqrt{3}}{2}\right)(-60 - j80)\right.$
$\left. + \left(-\frac{1}{2} - j\frac{\sqrt{3}}{2}\right)(-60 + j80)\right)$
$= \frac{1}{3}(318 + j0) = 106[V]$

역상분 $V_2 = \frac{1}{3}(V_a + a^2V_b + aV_c)$ 에서
$= \frac{1}{3}\left((120) + \left(-\frac{1}{2} - j\frac{\sqrt{3}}{2}\right)(-60 - j80)\right.$
$\left. + \left(-\frac{1}{2} + j\frac{\sqrt{3}}{2}\right)(-60 + j80)\right)$
$= \frac{1}{3}(41.43 + j0) = 13.8[V]$

$\therefore$ 불평형율$= \frac{역상분(V_2)}{정상분(V_1)} \times 100 = \frac{13.8}{106} \times 100 = 13[\%]$

이해 불평형률 : 1,3,6,9 의 조합으로 암기

정답 105 ① 106 ② 107 ①

SECTION 04 비정현파 교류

108

비정현파를 여러 개의 정현파의 합으로 표시하는 방법은?

① Kirchhoff의 법칙 ② Norton의 정리
③ Fourier분석 ④ Tayloy의 분석

푸리에 분석(Fouier 분석) : 비정현파=직류분 + 기본파 + 고조파
즉, 무수히 많은 주파수 성분의 합이다.

109

다음의 비정현 주기파 중 고조파의 감소율이 가장 적은 것은?(단, 정류파는 정현파의 정류파를 뜻한다.)

① 구형파 ② 삼각파
③ 반파 정류파 ④ 전파 정류파

고조파는 파형이 급격히 변화할수록 높은 주파수(고조파) 많이 포함되고 완만하게 변할수록 높은 주파수(고조파)가 적게 포함된 것이다.

110

비정현파에 있어서 정현 대칭의 조건은 어느 것인가?

① $f(t)=f(-t)$
② $f(t)=-f(t)$
③ $f(t)=-f(-t)$
④ $f(t)=-f\left(t+\dfrac{T}{2}\right)$

① 여현대칭(cos파) ③ 정현대칭(sin파) ④ 반파대칭

111 ★★

주기함수의 Fourier 급수에 의한 전개에서 옳게 전개한 $f(t)$는?

① $f(t)=\sum\limits_{n=1}^{\infty} a_n \sin n\omega t + \sum\limits_{n=1}^{\infty} b_n \sin n\omega t$

② $f(t)=b_0 + \sum\limits_{n=1}^{\infty} a_n \sin n\omega t + \sum\limits_{n=1}^{\infty} b_n \cos n\omega t$

③ $f(t)=a_0 + \sum\limits_{n=1}^{\infty} a_n \cos n\omega t + \sum\limits_{n=1}^{\infty} b_n \sin n\omega t$

④ $f(t)=\sum\limits_{n=1}^{\infty} a_n \cos n\omega t + \sum\limits_{n=1}^{\infty} b_n \cos n\omega t$

비정현파의 푸리에(Fourier)의 급수에 의한 전개 (직류분＋기본파＋고조파)
$f(t)=a_0(=b_0)+\sum\limits_{n=1}^{\infty} a_n \cos n\omega t + \sum\limits_{n=1}^{\infty} b_n \sin n\omega t$ (a, b, cos, sin)
이해: ac, bs 가 같이 묶임

112

푸리에 급수에서 직류항은?

① 우함수이다.
② 기함수이다.
③ 우함수＋기함수이다.
④ 우함수×기함수이다.

직류는 좌·우 대칭(여현대칭)의 특징을 가지므로 우함수이다.

113

다음과 같은 톱니파에 대한 서술 중 잘못된 것은?

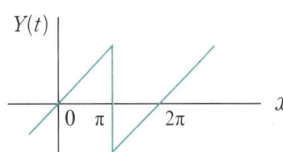

① 기함수파이다.
② 퓨리에 급수로 전개하면 $y(x)=\dfrac{2A}{\pi}\left(\sin x - \dfrac{1}{2}\sin 2x + \dfrac{1}{3}\sin 3x - \dfrac{1}{4}\sin 4x + ...\right)$
③ $f(x)=-f(-x)$을 만족하는 함수이다.
④ $f(x)=f(2\pi-x)$을 만족하는 함수이다.

원점대칭의 특징만 가지는 파로 sin함수로 구성되어 있으며 정현함수, 기함수라고 하며 $f(t)=-f(-t)$를 만족하는 함수이다.

정답 108 ③ 109 ① 110 ③ 111 ③ 112 ① 113 ④

114

$i(t) = \dfrac{4I_m}{\pi}(\sin\omega t + \dfrac{1}{3}\sin 3\omega t + \dfrac{1}{5}\sin 5\omega t + ...)$를 표시하는 파형은?

①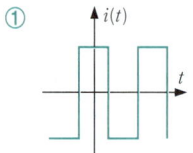
②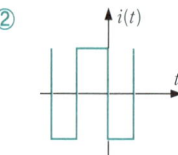
③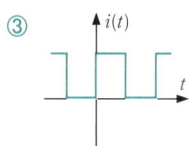
④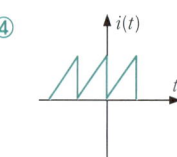

sin 함수는 원점대칭과 홀수 고조파로 반파대칭의 특징을 가지는 파

115

다음과 같은 파형을 프리에 급수로 전개하면?

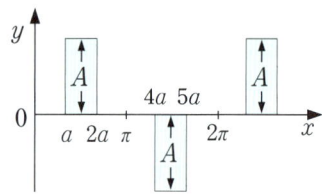

① $y = \dfrac{A}{\pi} + \dfrac{\sin 2x}{2} + \dfrac{\sin 4x}{4} + \dfrac{\sin 6x}{6}$
  $+ \dfrac{\sin 8x}{8} + ...$

② $y = \dfrac{4A}{\pi}(\sin a \sin x + \dfrac{1}{9}\sin 3a \sin 3x$
  $+ \dfrac{1}{25}\sin 5a \sin 5x + ...)$

③ $y = \dfrac{4A}{\pi}(\cos a \sin x + \dfrac{1}{3}\cos 3a \sin 3x$
  $+ \dfrac{1}{5}\cos 5a \sin 5x + ...)$

④ $y = \dfrac{4A}{\pi}(\dfrac{\cos 2x}{1 \cdot 3} + \dfrac{\cos 4x}{3 \cdot 5} + \dfrac{\cos 6x}{5 \cdot 7}$
  $+ \dfrac{\cos 8x}{7 \cdot 9} + ...)$

원점대칭의 특징을 가지므로 sin함수($\sin x$)로 구성되며 반파대칭의 특징을 가지므로 주파수가 기수(홀수)($x, 3x, 5x$)로 구성 일반적으로 파형앞의 값은 위상의 역수와 같은 값으로 이루어진다.
$(ex, \dfrac{1}{3}\sin 3x, \dfrac{1}{5}\sin 5x)$

116

그림과 같은 비정현파의 실효값[V]은?

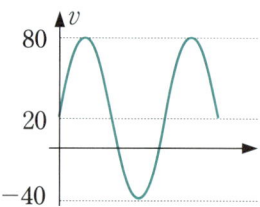

① 46.9
② 51.6
③ 56.6
④ 63.3

비정현파의 실효치 : 각파의 실효값의 제곱의 합의 제곱근이다.
$V_s = \sqrt{V_0^2 + V_1^2} = \sqrt{(20)^2 + \left(\dfrac{60}{\sqrt{2}}\right)^2} = 46.9$

이해 $V(t) = 20 + 60\sin\omega t$

117 ★

다음과 같은 왜형파 전압 및 전류에 의한 전력[W]은?
$v = 80\sin(\omega t + 30) - 50\sin(3\omega t + 60) + 25\sin 5\omega t$ [V]
$i = 16\sin(\omega t - 30) + 15\sin(3\omega t + 30) + 10\cos(5\omega t - 60)$ [V]

① 67
② 103.5
③ 536.5
④ 753

유효전력 $P[W] = V_1 I_1 \cos\theta_1 + V_3 I_3 \cos\theta_3 + V_5 I_5 \cos\theta_5$ 에서
전류의 5고조파인 cos파를 sin파로 변환
$\cos(5\omega t - 60) = \sin(5\omega t - 60 + 90) = \sin(5\omega t + 30)$
$P[W] = \dfrac{1}{2} \times 80 \times 16 \times \cos[30 - (-30)] + \dfrac{1}{2} \times (-50) \times 15$
$\times \cos(60 - 30) + \dfrac{1}{2} \times 25 \times 10 \times \cos(0 - 30)$
$= 320 - 324.7 + 108.2 = 103.5$

이해 1. 유효전력 : 동일주파수끼리의 유효전력의 합으로 구하되, 위상차 계산시 동일 파형으로 변환하여 계산하는 것이 유리함

정답 114 ② 115 ③ 116 ① 117 ②

∴전류의 5고조파를 sin파로 변환
$\cos(\omega t+\theta)=\sin(\omega t+\theta+90)$의 관계식을 이용한다.

2. $P[W]=V_{rms}I_{rms}\cos\theta=\frac{1}{2}V_{max}I_{max,5}\cos\theta$

∴ $n\omega L=\frac{1}{n\omega C}$ 에서

$\omega^2=\frac{1}{n^2 LC} \to \omega=\frac{1}{n\sqrt{LC}} \to f=\frac{1}{2\pi n\sqrt{LC}}$

118

그림과 같은 파형의 교류전압 V와 전류 I간의 등가역률은?(단, $v=v_m\sin\omega t$, $i=i_m(\sin\omega t-\frac{1}{\sqrt{3}}\sin 3\omega t)$이다.)

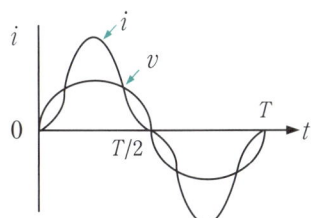

① $\frac{\sqrt{3}}{2}$ ② $\frac{\sqrt{4}}{2}$
③ 0.8 ④ 0.9

⚡

역률 = $\frac{유효전력}{피상전력}$ 에 아래값 대입

유효전력 $P[W]=V_1 i_1 \cos\theta_1 = \frac{1}{2}V_m i_m \cos 0 = \frac{1}{2}V_m i_m$

피상전력 $P_a[VA]=V_{rms}I_{rms}=\left(\frac{V_m}{\sqrt{2}}\right)\left(\sqrt{\left(\frac{i_m}{\sqrt{2}}\right)^2+\left(\frac{i_m/\sqrt{3}}{\sqrt{2}}\right)^2}\right)$

$=\left(\frac{V_m}{\sqrt{2}}\right)\left(\frac{\sqrt{2}i_m}{\sqrt{3}}\right)=\left(\frac{V_m i_m}{\sqrt{3}}\right)$

역률 = $\frac{\frac{1}{2}V_m i_m}{\frac{1}{\sqrt{3}}V_m i_m}=\frac{\sqrt{3}}{2}$

119

RLC 직렬회로에서 제 n고조파의 공진주파수 $f[Hz]$는?

① $\frac{1}{2\pi\sqrt{LC}}$ ② $\frac{1}{2\pi\sqrt{nLC}}$
③ $\frac{1}{2\pi n\sqrt{LC}}$ ④ $\frac{1}{2\pi n^2\sqrt{LC}}$

⚡

공진은 L과 C의 저항이 같은 상태로 $\omega L=\frac{1}{\omega C}$ 이다. 여기서 n고주파시 $\omega(=2\pi f)$가 n배 증가한다. 즉 $\omega \to n\omega$ 로 변한다.

120 ★

대칭 3상 전압이 있을 때 한상의 Y전압의 순시치 $v=1000\sqrt{2}\sin\omega t+500\sqrt{2}\sin(3\omega t+20°)+100\sqrt{2}\sin(5\omega t+30°)$이면 선간전압에 대한 상전압의 실효치 비율[%]은?

① 약65 ② 약85
③ 약95 ④ 약55

⚡

상전압의 실효치
$V_P=\sqrt{V_1^2+V_3^2+V_5^2}=\sqrt{1000^2+500^2+100^2}=1122$

선간전압에는 3고조파가 포함이 안되며, 상전압보다 $\sqrt{3}$ 배 커진다.

선간전압의 실효치
$V_l=\sqrt{3}\times\sqrt{V_1^2+V_5^2}=\sqrt{3}\times\sqrt{1000^2+100^2}=1740$

∴ $\frac{상전압}{선간전압}\times 100=\frac{1122}{1740}\times 100=64.48[\%]$

SECTION 05 기하학적 회로망

121

이상적인 전압 전원과 전류 전원의 내부저항은?

① 0, 0
② ∞, 0
③ ∞, ∞
④ 0, ∞

⚡

이상적인 전압원의 내부저항은 "0": 내부에 걸리는 전압강하가 적어짐
이상적인 전류원의 내부저항은 "∞": 내부로 흐르는 분로전류가 적어짐

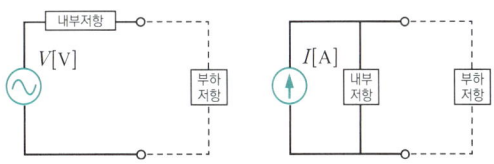

122

선형 회로망 소자가 아닌 것은?

① 철심이 있는 코일 ② 철심이 없는 코일
③ 저항기 ④ 콘덴서

⚡
비선형소자 - 입력과 출력이 전혀 다른소자 (철심이 있는 코일, Tr 등)

123

전류가 전압에 비례한다는 것을 가장 잘 나타낸것은?

① 테브낭의 정리 ② 상반의 정리
③ 밀만의 정리 ④ 중첩의 원리

⚡
테브난정리는 하나의 전압원과 내부저항으로 회로를 단순화
∴ $I = \dfrac{V}{Z_i + Z_L}$

124

몇 개의 전압원과 전류원이 동시에 존재하는 회로망에 있어서 회로 전류는 각 전압원이나 전류원이 각각 단독으로 가해졌을 때 흐르는 전류를 합한 것과 같다는 것은?

① 노튼의 정리 ② 중첩의 원리
③ 키르히호프 법칙 ④ 테브난의 정리

⚡
중첩의 원리에 대한 설명으로 선형회로에서만 적용

125

a, b 단자의 전압이 $50\angle 0°$, a, b에서 본 능동회로망 N의 임피던스가 $Z = 6 + j8[\Omega]$일때, 단자 a, b에 $Z' = 2 - j2[\Omega]$을 접속하면 이 임피던스에 흐르는 전류[A]는?

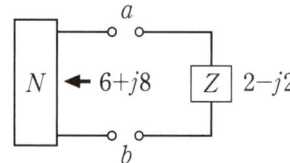

① $3 - j4$ ② $3 + j4$
③ $4 - j3$ ④ $4 + j3$

⚡
테브난 등가회로를 이용하여

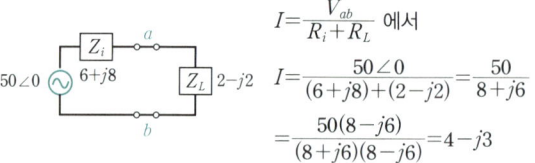

$I = \dfrac{V_{ab}}{R_i + R_L}$ 에서

$I = \dfrac{50\angle 0}{(6+j8)+(2-j2)} = \dfrac{50}{8+j6}$

$= \dfrac{50(8-j6)}{(8+j6)(8-j6)} = 4 - j3$

126

그림과 같은 회로에서 단자 a, b 간의 전압 $V_{ab}[V]$는?

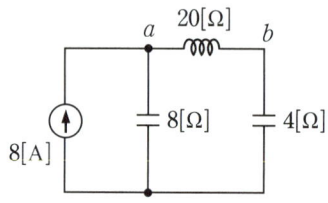

① $-j160$ ② 40
③ $j160$ ④ 80

⚡
오옴의 법칙과 전류분배법칙을 적용하여
$V_{ab} = R_{ab} I_{ab}$ 에서 $R_{ab} = j20[\Omega]$,

$I_{ab} = 8 \times \dfrac{-j8}{(-j8)+(+j20-j4)} = -8$

$= j20 \times (-8) = -j160$

127

회로 $(a), (b)$가 등가할 때 I_0, R_S의 값은 각각 얼마인가?
(단, $V = 10[V], R = 5[\Omega]$)

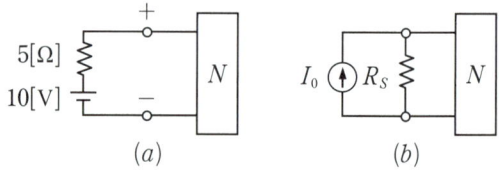

① $2[A], \dfrac{1}{5}[\Omega]$ ② $2[A], 5[\Omega]$
③ $10[A], 5[\Omega]$ ④ $5[A], 10[\Omega]$

⚡
노튼의 정리 $I_0 = \dfrac{V}{R} = \dfrac{10}{5} = 2[A]$, 노튼의 저항 = 테브난 저항

128

그림에서 저항 2.6[Ω]에 흐르는 전류는 몇 [A]인가?

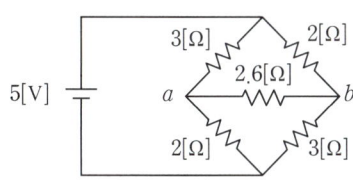

① 0.2
② 0.4
③ 0.6
④ 1.0

a, b 양단을 기준으로 인가전압과 합성저항으로 테브난 등회로 작성

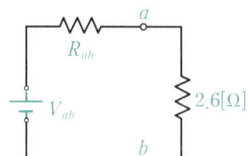

$I = \dfrac{V_{ab}}{R_{ab}+2.6}$ 에서

테브난 전압 $V_{ab}=1[V]$
테브난 저항 $Z_{ab}=2.4[Ω]$

$I = \dfrac{1}{2.4+2.6} = 0.2[A]$

아래 좌측 그림을 참고하여 테브난 전압을 구하면

$V_{ab} = V_{aN} - V_{bN} = 5 \times \dfrac{2}{3+2} - 5 \times \dfrac{3}{2+3} = -1$ 즉 1[V]

아래 우측 그림을 참고하여 테브난 합성저항을 구하면

$R_{ab} = \dfrac{3 \times 2}{3+2} + \dfrac{2 \times 3}{2+3} = 2.4[Ω]$

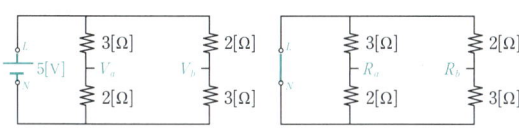

암기 그림에서 2라는 수가 제일 많다.   답) 0.2

129 ★

그림의 회로에서 단자 a, b에 걸리는 전압 V_{ab}는 몇 [V]인가?

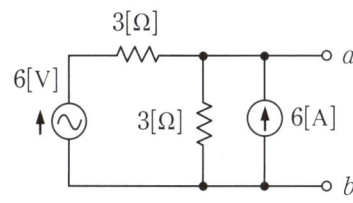

① 12
② 18
③ 24
④ 36

중첩의 원리를 적용
① 6[V]에 의한 전압(6[A] 내부저항 =∞, 개방)

$V_1 = V \times \dfrac{R_1}{R_1+R_2}$: (전압분배) ∴ $V_1 = 6 \times \dfrac{3}{3+3} = 3[V]$

② 6[A]에 의한 전류(6[V] 내부 = 0,단락)

$V_2 = I_2 \cdot R_2, \quad I_2 = I \times \dfrac{R_1}{R_1+R_2}$

∴ $V_2 = \left(6 \times \dfrac{3}{3+3}\right) \times 3 = 9[V]$

∴ $V = V_1 + V_2 = 3 + 9 = 12[V]$ (V_1, V_2 전류의 방향에 조심)

이해 V_{ab} 양단전압은 병렬로 구성된 3[Ω]에 걸리는 전압

130 ★

그림에서 10[Ω]의 저항에 흐르는 전류는 몇 [A]인가?

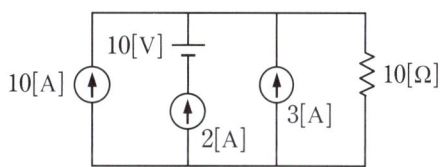

① 16
② 15
③ 14
④ 13

중첩의 원리를 적용
① 10[V]에 의한 전류(10[A], 2[A], 3[A] 내부저항 =∞, 개방)

$I_1 = \dfrac{V}{R} = \dfrac{10}{\infty} = 0$

② 10[A]에 의한 전류(10[V] 내부저항=0, 단락,
     2[A], 3[A] 내부저항 =∞, 개방) $I_2 = 10[A]$
③ 2[A]에 의한 전류(10[V] 내부저항=0, 단락,
     10[A], 3[A] 내부저항 =∞, 개방) $I_3 = 2[A]$
④ 3[A]에 의한 전류(10[V] 내부저항=0, 단락,
     10[A], 2[A] 내부저항 =∞, 개방) $I_4 = 3[A]$

∴ $I = I_1 + I_2 + I_3 + I_4 = 0 + 10 + 2 + 3 = 15[A]$

131 ★

그림에서 단자 $a-b$에 나타나는 전압은 몇 [V]인가?

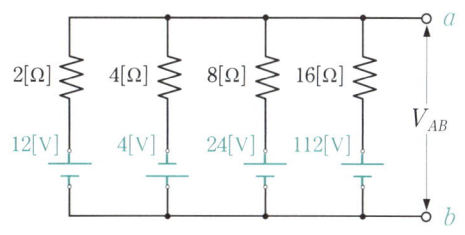

① 10[V]
② 12[V]
③ 14[V]
④ 16[V]

밀만에 정리에 의하여

$$V_{ab} = \frac{\frac{V_1}{R_1}+\frac{V_2}{R_2}+\frac{V_3}{R_3}+\frac{V_4}{R_4}}{\frac{1}{R_1}+\frac{1}{R_2}+\frac{1}{R_3}+\frac{1}{R_4}}$$ 에서 $V_2=-4$

$$\therefore V_{ab} = \frac{\frac{V_1}{R_1}+\frac{V_2}{R_2}+\frac{V_3}{R_3}+\frac{V_4}{R_4}}{\frac{1}{R_1}+\frac{1}{R_2}+\frac{1}{R_3}+\frac{1}{R_4}} = \frac{\frac{12}{2}+\frac{-4}{4}+\frac{24}{8}+\frac{112}{16}}{\frac{1}{2}+\frac{1}{4}+\frac{1}{8}+\frac{1}{16}} = 16$$

132

그림의 회로에서 전류 I는 약 몇 [A]인가?(단, 저항의 단위는 [Ω]이다.)

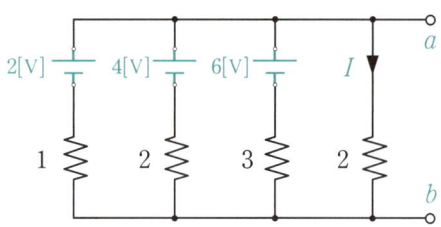

① 1.125
② 1.29
③ 6
④ 7

$I = \frac{V_{ab}}{R}$ 에서 $R=2$, V_{ab}는 밀만의 정리에 의하여

$$V_{ab} = \frac{\frac{V_1}{R_1}+\frac{V_2}{R_2}+\frac{V_3}{R_3}+\frac{V_4}{R_4}}{\frac{1}{R_1}+\frac{1}{R_2}+\frac{1}{R_3}+\frac{1}{R_4}}$$ 에서 $V_4=0$ 대입

$$V_{ab} = \frac{\frac{2}{1}+\frac{4}{2}+\frac{6}{3}+\frac{0}{2}}{\frac{1}{1}+\frac{1}{2}+\frac{1}{3}+\frac{1}{2}} = 2.57$$ 대입

$$\therefore I = \frac{V_{ab}}{R} = \frac{2.57}{2} = 1.29$$

133

회로의 V_{30}과 V_{15}는 얼마인가?

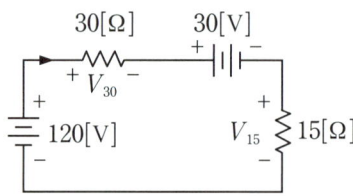

① 60[V], 30[V]
② 70[V], 40[V]
③ 80[V], 50[V]
④ 50[V], 40[V]

키르히호프의 제2법칙과 전압분배법칙으로 구함
키르히호프의 법칙에 의해 회로의 기전력은 $(120-30) = 90[V]$
전압분배법칙에 의해

$$V_{30} = V \times \frac{R_{30}}{R_{30} \times R_{15}} = 90 \times \frac{30}{30+15} = 60[V]$$

$$V_{15} = V - V_{30} = 90 - 60 = 30[V]$$

134

그림과 같은 회로는?

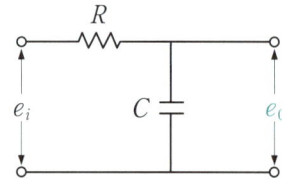

① 가산회로
② 승산회로
③ 미분회로
④ 적분회로

C의 위치로써 이해한다. (위상은 입력에 대한 **출력**의 위상을 의미)
C가 앞에(입력) 있으면 진상보상기, 위상(앞선다), 미분회로, 고역필터
C가 뒤에(출력) 있으면 지상보상기, 위상(뒤진다), <u>적분회로</u>, 저역필터

정답 132 ② 133 ① 134 ④

SECTION 06 | 단자망회로(2단자, 4단자)

135

구동점 임피던스 함수 $Z(S)$에서 영점(zero)은?

① 회로가 개방된 상태
② 회로의 상태와 관계 없다.
③ 회로가 파괴된 상태
④ 단락회로 상태

일반화 임피던스 : $Z(S)=0$(회로가 단락상태) 인 S값을 영점
$Z(S)=\infty$(회로가 개방상태) 인 S값을 극점

136

2단자 임피던스 함수 $Z(s)=\dfrac{(s+2)(s+3)}{(s+4)(s+5)}$ 일 때 극점(pole)은?

① $-2, -3$
② $-3, -4$
③ $-2, -4$
④ $-4, -5$

일반화 임피던스에서 영점은 분자=0, 극점은 분모=0
∴ 극점은 $-4, -5$

137

그림과 같은 2 단자망에서 구동점 임피던스를 구하면?

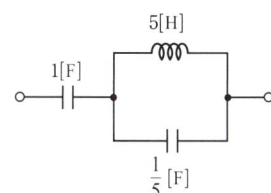

① $\dfrac{6s^2+1}{s(s^2+1)}$
② $\dfrac{6s+1}{6s^2+1}$
③ $\dfrac{6s^2+1}{(s+1)(s+2)}$
④ $\dfrac{s+2}{6s(s+1)}$

일반화 임피던스
각소자의 값을 $(C=1[F], L=5[H], C=\frac{1}{5}[F])$을 $\left(\dfrac{1}{SC}, LS, \dfrac{1}{SC}\right)$

즉, $\left(\dfrac{1}{S}, 5S, \dfrac{1}{S\frac{1}{5}}\right)$ → $\left(\dfrac{1}{S}, 5S, \dfrac{5}{S}\right)$로 변경후 합성한다.

$Z(S)=\dfrac{1}{S}+\dfrac{5S\times\frac{5}{S}}{5S+\frac{5}{S}}=\dfrac{1}{S}+\dfrac{5\times 5}{5\left(S+\frac{1}{S}\right)}=\dfrac{1}{S}+\dfrac{5}{(S^2+1)}$

이해 $\dfrac{1}{S}$와 $\dfrac{5S}{(S^2+1)}$의 공통 분모는 $\dfrac{K}{S(S^2+1)}$ 이다.

138

그림(a)와 그림(b)가 역회로 관계에 있으려면 L의 값 [mH]은? (단, $K=2000$이다.)

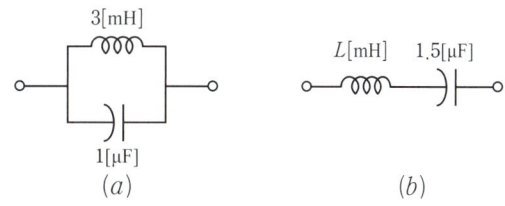

① 1.5×10^2
② 2×10^2
③ 3
④ 2

역회로 : $L_1 C_1 = L_2 C_2$에서 $3\times 1 = L\times 1.5$ ∴ $L=2$

139

임피던스 함수 $Z(S)=\dfrac{4S+2}{S}$로 표시되는 2단자 회로망은 다음 중 어느 것인가?(단, $S=jw$이다.)

① 4 —WW— 2 —⌒⌒—
② 4 —WW— 1/2 —||—
③ 4 —WW— 1/2 —||—
④ 4 —WW— 2 —⌒⌒— 1/2 —||—

회로구성 : 직렬의 합성 $Z=Z_1+Z_2$ 병렬의 합성 $Z=\dfrac{1}{\frac{1}{Z_1}+\frac{1}{Z_2}}$

에서 $Z(S)=\dfrac{4S+2}{S}=\dfrac{4S}{S}+\dfrac{2}{S}=4+\dfrac{1}{S\times\frac{1}{2}}$

$4 \rightarrow R$, $\dfrac{1}{S\times\frac{1}{2}} \rightarrow \dfrac{1}{CS}$ 에서 $R=4, C=\dfrac{1}{2}$ 직렬구성

140

T형 4단자 회로의 임피던스 파라미터 중 Z_{22}는 무엇인가?

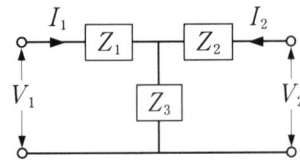

① Z_1+Z_2
② Z_2+Z_3
③ Z_1+Z_3
④ $-Z_3$

$V_1=Z_{11}I_1+Z_{12}I_2$, $V_2=Z_{21}I_1+Z_{22}I_2$ 에서
$Z_{22}=\dfrac{V_2}{I_2}|_{I_1=0}$: 1차측 개방시 2차측에서 본 임피던스
$=\dfrac{Z_2I_2+Z_3I_2}{I_2}=Z_2+Z_3$

이해 Z 파라멘트 Z_{22} : 폐로2(2차측)에 연결된 임피던스의 합
$Z_{11}=Z_1+Z_2$, $Z_{12}=Z_{21}=+Z_3$(전류방향 동일), $Z_{22}=Z_2+Z_3$

141 ★

그림의 4단자 회로에서 단자 ab에서 본 구동점 임피던스 $\dot{Z}_{11}[\Omega]$과 구동점 어드미턴스 $\dot{Y}_{11}[S]$는?

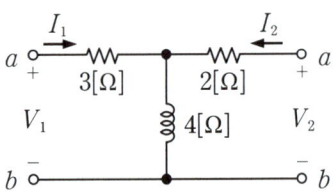

① $3+j4$, $\dfrac{1}{4.6+j0.8}$
② $3+j4$, $2.11+j0.037$
③ $2+j4$, $\dfrac{1}{4.6+j0.8}$
④ $2+j4$, $0.21+j0.037$

$Z_{11}=\dfrac{V_1}{I_1}|_{I_2=0}$: 2차측 개방시 ∴ $Z_{11}=\dfrac{3I_1+j4I_1}{I_1}=3+j4$

$Y_{11}=\dfrac{I_1}{V_1}|_{V_2=0}$: 2차측 단락시 ∴ $Y_{11}=\dfrac{V_1/\left(3+\dfrac{2\times j4}{2+j4}\right)}{V_1}$

$Y_{11}=\dfrac{1}{3+\dfrac{2\times j4}{2+j4}}$(분모유리화)$=\dfrac{1}{3+\dfrac{32+j16}{20}}$

∴ $Y_{11}=\dfrac{1}{4.6+j0.8}$

이해 Z 파라멘트 Z_{11} : 폐로1의 임피던스 $=3+j4$

142 ★★

그림과 같은 L형 회로의 4단자 정수는 어떻게 되는가?

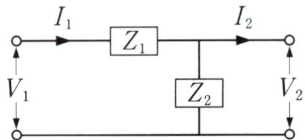

① $A=Z_1$, $B=1+\dfrac{Z_1}{Z_2}$, $C=\dfrac{1}{Z_2}$, $D=1$
② $A=1$, $B=\dfrac{1}{Z_2}$, $C=1+\dfrac{1}{Z_2}$, $D=Z_1$
③ $A=1+\dfrac{Z_1}{Z_2}$, $B=Z_1$, $C=\dfrac{1}{Z_2}$, $D=1$
④ $A=\dfrac{1}{Z_2}$, $B=1$, $C=Z_1$, $D=1+\dfrac{Z_1}{Z_2}$

1 $A=\dfrac{V_1}{V_2}|_{I_2=0}$ 2차개방시 1차 전압에 대한 2차측전압의 비로 계산
$=\dfrac{V_1}{V_2}|_{I_2=0}=\dfrac{V_1}{V_1\times\dfrac{Z_2}{Z_1+Z_2}}=\dfrac{Z_1+Z_2}{Z_2}=\dfrac{Z_1}{Z_2}+1$

2 기본소자에 의한 4단자정수의 행렬의 곱으로 전체의 4단자 정수를 구함

$\begin{vmatrix}A & B\\C & D\end{vmatrix}=\begin{vmatrix}1 & Z_1\\0 & 1\end{vmatrix}\begin{vmatrix}1 & 0\\1/Z_2 & 1\end{vmatrix}$

$=\begin{vmatrix}1\times 1+Z_1\times(1/Z_2) & 1\times 0+Z_1\times 1\\0\times 1+1\times 1/Z_2 & 0\times 0+1\times 1\end{vmatrix}$

이해 A(전압비) : 왼쪽 대각선, D(전류비) : 오른쪽 대각선
→ 둘다 (1+?의 형태)
B(직렬의 임피던스), C(병렬의 어드미턴스 = 병렬의 임피던스의 역수)

정답 140 ② 141 ① 142 ③

143 ★

그림과 같이 T형 4단자 회로망의 A, B, C, D 파라미터 중에 B 값은?

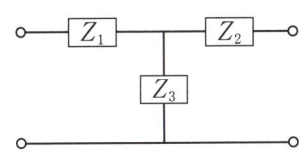

① $1+\dfrac{Z_1}{Z_3}$ ② $\dfrac{1}{Z_3}$

③ $\dfrac{Z_3+Z_2}{Z_3}$ ④ $\dfrac{Z_1Z_2+Z_2Z_3+Z_3Z_1}{Z_3}$

$B=\dfrac{V_1}{I_2}\bigg|_{V_2=0}$ 2차단락시 1차 전압에 대한 2차측전류의 비로 계산

$B=\dfrac{V_1}{I_2}\bigg|_{V_2=0}=\dfrac{V_1}{I_1\times\dfrac{Z_3}{Z_2+Z_3}}$ 에서

$I_1=\dfrac{V_1}{Z}=\dfrac{V_1}{Z_1+\dfrac{Z_3\times Z_2}{Z_3+Z_2}}$ 를 대입

$B=\dfrac{V_1}{\dfrac{V_1}{Z_1+\dfrac{Z_3\times Z_2}{Z_3+Z_2}}\times\dfrac{Z_3}{Z_2+Z_3}}=\dfrac{\left(Z_1+\dfrac{Z_3\times Z_2}{Z_3+Z_2}\right)\times(Z_2+Z_3)}{Z_3}$

$=\dfrac{(Z_1\times(Z_2+Z_3))+\left(\dfrac{Z_3\times Z_2}{Z_3+Z_2}\right)\times(Z_2+Z_3)}{Z_3}$

$=\dfrac{Z_1Z_2+Z_1Z_3+Z_3Z_2}{Z_3}$

이해 B(직렬의 임피던스), C(병렬의 어드미턴스 = 병렬의 임피던스의 역수)에서 B(직렬의 임피던스는 못 구함 두개이므로, 복잡다.)

144

4단자회로에서 4단자정수를 A, B, C, D라 하면 영상임피던스 Z_{01}, Z_{02}는?

① $Z_{01}=\sqrt{AB/CD},\ Z_{02}=\sqrt{BD/AC}$
② $Z_{01}=\sqrt{AB},\ Z_{02}=\sqrt{CD}$
③ $Z_{01}=\sqrt{CD/AB},\ Z_{02}=\sqrt{BD/AC}$
④ $Z_{01}=\sqrt{BD/AC},\ Z_{02}=\sqrt{ABCD}$

$Z_{01}=\sqrt{\dfrac{AB}{CD}}\quad Z_{02}=\sqrt{\dfrac{BD}{AC}}$

145

L형 4단자 회로망에서 4단자 정수가 $B=\dfrac{5}{3}, C=1$ 이고, 영상임피던스 $Z_{01}=\dfrac{20}{3}[\Omega]$일때 영상임피던스 Z_{02}의 값은?

① $\dfrac{1}{4}$ ② $\dfrac{100}{9}$

③ 4 ④ $\dfrac{9}{100}$

영상파라미터에서 $Z_{01}\times Z_{02}=\dfrac{B}{C},\ \dfrac{Z_{01}}{Z_{02}}=\dfrac{A}{D}$

$\therefore Z_{01}\times Z_{02}=\dfrac{B}{C}$ 에서 $\dfrac{20}{3}\times Z_{02}=\dfrac{5/3}{1}\rightarrow Z_{02}=\dfrac{5}{3}\times\dfrac{3}{20}=\dfrac{1}{4}$

146

T형 4단자 회로망에서 영상임피던스가 $Z_{01}=50[\Omega]$, $Z_{02}=2[\Omega]$이고, 전달정수가 0일때 이 회로의 4단자 정수 D의 값은?

① 10 ② 5
③ 0.2 ④ 0.1

$\dfrac{Z_{01}}{Z_{02}}=\dfrac{A}{D}$ 에서 전달정수=0 이면 $A=\dfrac{1}{D}$로 서로 역수관계

$\dfrac{Z_{01}}{Z_{02}}=A\times\dfrac{1}{D}=\dfrac{1}{D}\times\dfrac{1}{D}=\dfrac{1}{D^2}\rightarrow\dfrac{Z_{01}}{Z_{02}}=\dfrac{1}{D^2}\rightarrow D^2=\dfrac{Z_{02}}{Z_{01}}$

$D=\sqrt{\left(\dfrac{Z_{02}}{Z_{01}}\right)}=\sqrt{\dfrac{2}{50}}=0.2$

147

4단자회로에서 4단자정수 중 A, B, C, D라 할 때 전달정수 θ는 어떻게 되는가?

① $\log_e(\sqrt{AB}+\sqrt{CD})$ ② $\log_e(\sqrt{AB}-\sqrt{CD})$
③ $\log_e(\sqrt{AD}+\sqrt{BC})$ ④ $\log_e(\sqrt{AD}-\sqrt{BC})$

4단자 정수 $AD-BC=1$, 전달정수 $\theta=\log_e(\sqrt{AD}+\sqrt{BC})$ 혼돈 하지 말자.

정답 143 ④ 144 ① 145 ① 146 ③ 147 ③

148

그림과 같은 회로의 영상 전달 정수 θ를 $\cosh^{-1}$로 표시하면?

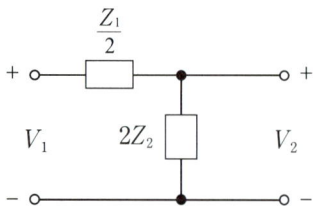

① $\cosh^{-1}\sqrt{1-\dfrac{Z_1}{4Z_2}}$ ② $\cosh^{-1}\sqrt{1+\dfrac{Z_1}{4Z_2}}$

③ $\cosh^{-1}\sqrt{\dfrac{Z_1}{4Z_2}-1}$ ④ $\cosh^{-1}\sqrt{\dfrac{Z_1}{Z_2}+1}$

영상전달정수 $\theta=\cosh^{-1}\sqrt{AD}$ 에서
$A=1+\dfrac{Z_1/2}{2Z_2}=1+\dfrac{Z_1}{4Z_2}$, $D=1$ 를 대입
$\theta=\cosh^{-1}\sqrt{\left(1+\dfrac{Z_1}{4Z_2}\right)\times 1}$

149 ★

그림과 같은 T형 회로의 영상 파라미터 θ는?

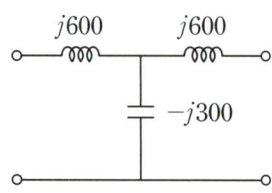

① 0 ② $+1$
③ -3 ④ -1

영상전달정수 $\theta=\ln(\sqrt{AD}+\sqrt{BC})=\cosh^{-1}\sqrt{AD}=\sinh^{-1}\sqrt{BC}$
이것 중 구하기 쉬운 A, D 두 개로 계산 가능한 $\theta=\cosh^{-1}\sqrt{AD}$ 선정
$A=D=1+\dfrac{j600}{-j300}=-1$ $\therefore \theta=\cosh^{-1}\sqrt{AD}=\cosh^{-1}(1)=0$

150

전달정수 θ가 4단자 정수 A, B, C, D로 표시할 때 올바르게 표시된 것은?

① $\cosh\theta=\sqrt{BD}$
② $\sinh\theta=\sqrt{BC}$
③ $\cosh\theta=\sqrt{\dfrac{AD}{BC}}$
④ $\sinh\theta=\sqrt{AD}$

영상전달정수 $\theta=\ln(\sqrt{AD}+\sqrt{BC})=\cosh^{-1}\sqrt{AD}=\sinh^{-1}\sqrt{BC}$

이해 B와 C가 묶여 다니고, 항상 $\sin$과 연관됨 (B C 카드 사인(sin)함) A와 D가 묶여 다니고, 항상 $\cos$과 연관됨

SECTION 07 과도현상

151

$R-C$ 직렬회로의 시정수는 $R \cdot C$이다. 시정수의 단위는?

① $[\Omega \cdot F]$ ② $[\Omega \cdot \mu F]$
③ $[\sec]$ ④ $[VF]$

시정수란 정상값의 $63[\%]$에 도달하기까지의 시간$[\sec]$ ≒ 과도시간$[\sec]$

152

시간$[\sec]$의 차원을 갖지 않은 것은 어느 것인가?
(단, R는 저항, L는 인덕턴스, C는 커패시턴스이다.)

① RL ② RC
③ $\dfrac{L}{R}$ ④ $\sqrt{LC}$

시정수 : $R-L$직렬회로($\dfrac{L}{R}$), $R-C$ 직렬회로(RC), $L-C$직렬회로($\sqrt{LC}$)

153

저항 R_1, R_2 및 인덕턴스 L의 직렬회로가 있다. 이 회로의 시정수는?

① $-(R_1+R_2)/L$ ② $(R_1+R_2)/L$
③ $-L/(R_1+R_2)$ ④ $L/(R_1+R_2)$

시정수 : $R-L$직렬회로($\frac{L}{R}$) 여기에 R_1과 R_2의
직렬합성값 R_1+R_2 대입

154

그림의 회로에서 스위치 S를 갑자기 닫은 후 회로에 흐르는 전류 $i(t)$의 시정수는? (단, C에 초기 전하는 없었다.)

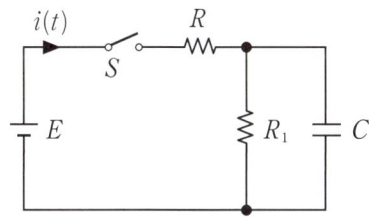

① $\dfrac{RR_1C}{R+R_1}$ ② $\dfrac{R+R_1}{RR_1C}$
③ $(RR_1+R_1)C$ ④ $\dfrac{C}{RR_1+R_1}$

시정수 : $R-C$ 직렬회로
→ $R_0C = \dfrac{R \cdot R_1}{R+R_1}C$ (C와 R, R_1 관계는 병렬)

155 ★★★

$R-L-C$ 직렬회로에서 시정수의 값이 작을수록 과도현상이 소멸되는 시간은 어떻게 되는가?

① 짧아진다. ② 관계없다.
③ 길어진다. ④ 과도상태가 없다.

① 시정수 ≒ 과도시간[sec]
∴ 시정수의 값이 작을수록 과도현상이 소멸되는 시간은?
→ 과도시간이 작을수록 과도현상이 소멸되는 시간은 (짧아, 길어)진다.

156 ★

코일의 권수 $N=1000$[회], 저항 $R=10[\Omega]$이다. 전류 $I=10$[A]를 흘릴 때 자속 $\phi=3\times 10^{-2}$[Wb] 이라면 이 회로의 시정수[s]는?

① 0.3 ② 0.4
③ 3.0 ④ 4.0

시정수 $\tau = \dfrac{L}{R}$ 에서
$R=10$
L은 $N\phi=LI$ 에서 $1000 \times 3 \times 10^{-2} = L \times 10$
∴ $L=3$ 대입 $\tau = \dfrac{L}{R} = \dfrac{3}{10} = 0.3$

157 ★★

다음 회로에서 회로의 시정수 및 회로의 정상 전류는 몇 [A]인가? (단, $E=40$[V]이다.)

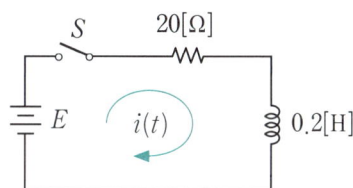

① ㉠ 0.01[sec] ㉡ 2[A]
② ㉠ 0.01[sec] ㉡ 1[A]
③ ㉠ 0.02[sec] ㉡ 1[A]
④ ㉠ 1[sec] ㉡ 3[A]

시정수 $= \dfrac{L}{R} = \dfrac{0.2}{20} = 0.01$[sec]
정상전류(직류인가상태, L은 단락상태로 해석)
$i(\infty) = \dfrac{E}{R} = \dfrac{40}{20} = 2$[A]

158

$Ri(t) + L\dfrac{di(t)}{dt} = E$ 의 계통 방정식에서 정상전류는?

① 0 ② $\dfrac{E}{RL}$
③ $\dfrac{E}{R}$ ④ E

직류 인가시 정상값은 L 회로는 단락상태, C 회로는 개방상태로 해석함

즉 직류에 대한 L은 단락 상태이므로 $I_L = \dfrac{E}{R}$ [A], $V_L = 0$ [V]

이해 최종 전류 또는 초기 전류는 항상 옴의 법칙에서 $I = \dfrac{E}{R}$

159

$R-L$ 직렬회로에 V인 직류전압원을 갑자기 연결하였을 때 $t=0$인 순간 이 회로에 흐르는 회로전류에 대하여 바르게 표현된 것은?

① 이 회로에는 전류가 흐르지 않는다.
② 이 회로에는 V/R 크기의 전류가 흐른다.
③ 이 회로에는 무한대의 전류가 흐른다.
④ 이 회로에는 $\dfrac{E}{R+j\omega L}$의 전류가 흐른다.

직류인가시 초기값(교류인가 상태가 됨) ➔ L 개방상태, C 단락상태로 해석
즉 교류에 대한 L은 개방 상태이므로
$i_L(t=0) = 0$ [A], $V_L(t=0) = V$ [V]
즉, 초기에는 전류가 흐르지 않는다.

160

$R-L$ 직렬회로에서 스위치 S를 닫아 직류전압 E[V]를 회로 양단에 급히 가한 후 $\dfrac{L}{R}$(초)후의 전류 $i(t)$값은?

① $0.632 \dfrac{E}{R}$ ② $0.5 \dfrac{E}{R}$
③ $0.368 \dfrac{E}{R}$ ④ $\dfrac{E}{R}$

$R-L$ 직렬회로에서 스위치 투입시 $i(t) = \dfrac{E}{R}(1-e^{-\frac{R}{L}t})$ 이므로
$t = \dfrac{L}{R}$ 대입
$i(t) = \dfrac{E}{R}(1 - e^{-\frac{R}{L} \times \frac{L}{R}}) = \dfrac{E}{R}(1 - 0.367) = \dfrac{E}{R} \times 0.632$

이해 시정수는 최종변화분의 63[%]에 이르는 시간
① 최종값 = 0 인 회로의 완전응답
= 초기값 $e^{-\frac{1}{\tau}t}$ 인 회로에서는 초기값 × 0.37
② 최종값=有 인 회로의 완전응답
= 최종값$(1-e^{-\frac{1}{\tau}t})$인 회로에서는 **최종값×0.63**

$R-L$직렬회로에서 스위치 투입시 회로에 흐르는 최종전류는 존재함 ∴ 0.632

161

$R-L$ 직렬회로에서 그 양단에 직류전압 E[V]를 연결한 후 스위치 S를 개방하면 $\dfrac{L}{R}$[초] 후의 전류값은 몇 [A]인가?

① $\dfrac{E}{R}$ ② $0.368 \dfrac{E}{R}$
③ $0.5 \dfrac{E}{R}$ ④ $0.632 \dfrac{E}{R}$

$R-L$직렬회로에서 스위치 개방시 $i(t) = \dfrac{E}{R}e^{-\frac{R}{L}t}$ 이므로 $t = \dfrac{L}{R}$ 대입
$i(t) = \dfrac{E}{R}e^{-\frac{R}{L} \times \frac{L}{R}} = \dfrac{E}{R} \times 0.368 = \dfrac{E}{R} \times 0.368$

이해 최종값=0 인 회로의 완전응답 = 초기값 $e^{-\frac{1}{\tau}t}$인 회로에서 시정수에서 회로의 값은 **초기값**×0.37
(무조건 개방 회로는 최종값 = 0)

162

그림과 같은 $R-L$ 회로에서 스위치 S를 열 때 흐르는 전류 I[A]는 어느 것인가?

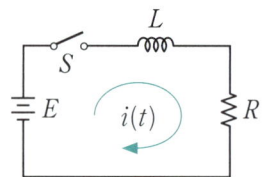

① $\dfrac{E}{R}\epsilon^{\frac{R}{L}t}$ ② $\dfrac{E}{R}(1-\epsilon^{\frac{R}{L}t})$
③ $\dfrac{E}{R}\epsilon^{-\frac{R}{L}t}$ ④ $\dfrac{E}{R}(1-\epsilon^{-\frac{R}{L}t})$

$i(t) = i(\infty) + [i(0) - i(\infty)]e^{-\frac{1}{\tau}t}$
초기상태($t=0$, DC인가, L은 단락상태) $i(t=0) = \dfrac{E}{R}$
정상상태($t=\infty$, 개방회로, 모든값0) $i(t=\infty) = 0$
시정수 : $R-L$ 직렬회로 $\tau = \dfrac{L}{R}$ 대입
$i(t) = 0 + [\dfrac{E}{R} - 0]e^{-\frac{R}{L}t} = \dfrac{E}{R}e^{-\frac{R}{L}t}$

이해 지수가 음수는 ③, ④ 번중에서 정답.
개방회로는 최종값 = "0" ∴ 완전응답 = 초기값 $e^{-\frac{1}{\tau}t}$

163

그림과 같은 회로에서 스위치 S를 닫았을 때 L에 가해지는 전압을 구하면?

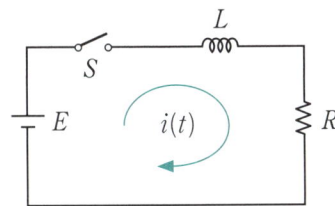

① $\dfrac{E}{R}e^{-\frac{R}{L}t}$ ② $\dfrac{E}{R}e^{\frac{R}{L}t}$

③ $Ee^{-\frac{R}{L}t}$ ④ $Ee^{\frac{R}{L}t}$

⚡
$V(t)=V(\infty)+[V(0)-V(\infty)]e^{-\frac{1}{\tau}t}$
  초기상태($t=0$, AC인가, L은 개방상태) $V_L(t=0)=E$
  정상상태($t=\infty$, DC인가, L은 단락상태) $V_L(t=\infty)=0$
  시정수 : $R-L$ 직렬회로 $\tau=\dfrac{L}{R}$ 대입

$V(t)=0+[E-0]e^{-\frac{R}{L}t}=Ee^{-\frac{R}{L}t}$

이해 과도현상에서 완전응답은 2가지만 체크하자
① 지수의 표현 $e^{-\frac{1}{\tau}t}$에서 $e^{-\frac{R}{L}t}$, $e^{-\frac{1}{RC}t}$, $e^{-\frac{1}{\sqrt{LC}}t}$ 모두 음수
  시정수 (τ) : $R-L$직렬회로($\dfrac{L}{R}$), $R-C$ 직렬회로(RC),
  $L-C$직렬회로($\sqrt{LC}$)
② 최종값이 존재하는지
  최종값 = 0 인 회로 ➔ 초기값 $e^{-\frac{1}{\tau}t}$
  최종값 = 宥 인 회로 ➔ 최종값 $(1-e^{-\frac{1}{\tau}t})$

164

회로에서 스위치를 닫을 때 콘덴서의 초기전하를 무시하고 회로에 흐르는 전류를 구하시오.

① $\dfrac{E}{R}e^{\frac{C}{R}t}$

② $\dfrac{E}{R}e^{\frac{R}{C}t}$

③ $-\dfrac{E}{R}e^{-\frac{1}{CR}t}$

④ $\dfrac{E}{R}e^{-\frac{1}{CR}t}$

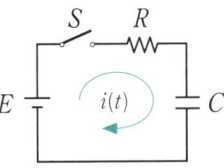

165

그림과 같은 $R-C$ 회로의 입력단자에 계단전압을 인가하면 출력전압은?

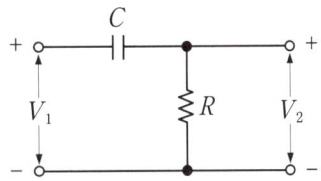

① 0부터 지수적으로 증가한다.
② 처음부터 입력과 같이 변했다가 지수적으로 감쇠한다.
③ 같은 모양의 계단전압이 나타난다
④ 아무것도 나타나지 않는다.

⚡
$V(t)=V(\infty)+[V(0)-V(\infty)]e^{-\frac{1}{\tau}t}$
  초기상태($t=0$, AC인가, C는 단락상태) $V_R(t=0)=V$
  정상상태($t=\infty$, DC인가, C는 개방상태) $V_R(t=\infty)=0$
  시정수 : $R-C$ 직렬회로 $\tau=RC$ 대입
$V_R(t)=0+[V-0]e^{-\frac{1}{RC}t}=Ve^{-\frac{1}{RC}t}$ ∴ 지수적으로 감쇠한다.

이해 초기치는 교류에 대한 작용으로 C는 단락 모든 전압이 R 양단에 인가되지만 최종치인 직류에 대한 C는 개방작용을 하므로 모든 전압은 C 양단에 인가 되어 $V_R=0$이 된다.
즉, $V_R(0)=V$, $V_R(\infty)=0$

166

그림과 같은 회로에서 $t=0$에서 스위치를 닫았다. $V_C(0)$의 값은 얼마인가?

① 0 ② E

③ $\dfrac{E}{CR}e^{-\frac{1}{CR}t}$ ④ $\dfrac{E}{R}e^{-\frac{1}{CR}t}$

지수는 "$-$"부호를 가지고 전류의 방향은 전압에 대한 전류의 방향이 맞으므로 "$+$" 값 ∴ $+\dfrac{E}{R}\rho^{-\frac{1}{\tau}t}$

정답 163 ③ 164 ④ 165 ② 166 ①

직류인가시 초기값(교류인가 상태가 됨) → C 단락상태로 해석
$i_c(t=0)=\frac{E}{R}$ [A], $V_c(t=0)=0$ [V]
즉, 단락된 단자에서 전압이 인가되지 않는다.

167

다음 회로에서 $t=0$ 일 때 스위치 K를 닫았다.
$i_1(0_+)$, $i_2(0_+)$의 값은?
(단, $t<0$에서 C전압과 L전압은 각각 0[V] 이다.)

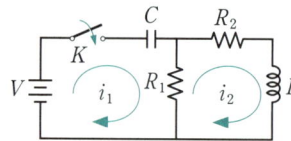

① $\frac{V}{R_1}$, 0   ② 0, $\frac{V}{R_2}$

③ 0, 0   ④ $-\frac{V}{R_1}$, 0

$i(0_+)$는 스위치 닫는 순간으로 교류전원에 대하여 회로해석
즉, C는 단락상태, L은 개방상태로 보고 회로해석
$i_1(0_+)=\frac{V}{R_1}$, $i_2(0_+)=0$

168

그림과 같은 회로에서 $t=0$일 때 스위치 K를 닫을 때 과도전류 $i(t)$는 어떻게 표시되는가?

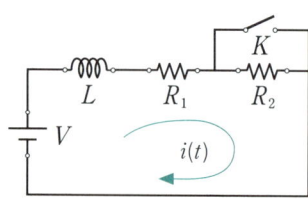

① $i(t)=\frac{V}{R_1}\left(1-\frac{R_2}{R_1+R_2}e^{-\frac{R_1}{L}t}\right)$

② $i(t)=\frac{V}{R_1+R_2}\left(1+\frac{R_2}{R_1}e^{-\frac{(R_1+R_2)}{L}t}\right)$

③ $i(t)=\frac{V}{R_1}\left(1+\frac{R_2}{R_1}e^{-\frac{R_2}{L}t}\right)$

④ $i(t)=\frac{R_1V}{R_1+R_2}\left(1+\frac{R_2}{R_2+R_1}e^{-\frac{(R_1+R_2)}{L}t}\right)$

$i(t)=i(\infty)+[i(0)-i(\infty)]e^{-\frac{1}{\tau}t}$
초기상태($t=0$, K개방, L단락상태) $i(t=0)=\frac{V}{R_1+R_2}$
정상상태($t=\infty$, K단락, L단락상태) $i(t=\infty)=\frac{V}{R_1}$
시정수 : $R-L$ 직렬회로 $\tau=\frac{L}{R_1}$: 최종상태에서의 소자상태 :
(여기서 답나옴)
$\therefore i(t)=\frac{V}{R_1}+[\frac{V}{R_1+R_2}-\frac{V}{R_1}]e^{-\frac{R_1}{L}t}=\frac{V}{R_1}\left(1-\frac{R_2}{R_1+R_2}e^{-\frac{R_1}{L}t}\right)$

169 ★

함수 $f(t)=Ae^{-\frac{t}{\tau}}$ 에서 시정수는 A의 몇 [%]가 되기까지의 시간인가?

① 37[%]   ② 63[%]
③ 85[%]   ④ 95[%]

$f(t)=Ae^{-\frac{t}{\tau}}$ 에서 $t=\tau$ 를 대입
$f(t=\tau)=Ae^{-\frac{\tau}{\tau}}=Ae^{-1}=A\times 0.37$

170 ★★★★

$R-L-C$ 직렬회로에 직류전압을 갑자기 인가할 때 회로에 흐르는 전류가 비진동적이 될 조건은?

① $R^2>\frac{1}{LC}$ ② $R^2=\frac{4L}{C}$

③ $R^2>\frac{4L}{C}$ ④ $R^2<\frac{4L}{C}$

$R-L-C$ 회로의 과도현상에서 진동, 비진동, 임계진동 조건
① 진동 : $R^2-4\frac{L}{C}<0$ ② 비진동 : $R^2-4\frac{L}{C}>0$
③ 임계 : $R^2-4\frac{L}{C}=0$

171

RLC직렬 회로에서 $L=5\times 10^{-3}$[H], $R=100$[Ω], $C=2\times 10^{-6}$[F]일 때, 이 회로는 어떻게 되는가?

① 진동적이다.   ② 임계진동이다.
③ 비진동이다.   ④ 정현파로 진동이다.

정답 167 ① 168 ① 169 ① 170 ③ 171 ②

$R^2=(100)^2=10,000$ 와 $4\frac{L}{C}\left(=\left(4\times\frac{5\times10^{-3}}{2\times10^{-6}}\right)=10,000\right)$

$R^2=4\frac{L}{C}$ 임계진동

172

R.L.C 직렬회로에서 부족제동인 경우 감쇠 진동의 고유 주파수(f)는?

① 공진 주파수 보다 작다.
② 공진주파수 보다 크다.
③ 공진 주파수에 관계없이 일정하다.
④ 공진 주파수와 같이 증가한다.

부족제동 = 작다

173

그림과 같은 RLC 직렬회로에서 $R=100[\Omega]$, $L=0.1[mH]$, $C=0.1[\mu F]$일 때, 이 회로의 전류 $i(t)$가 그림 중 가장 적당한 파형은?

①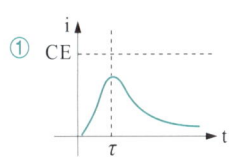
②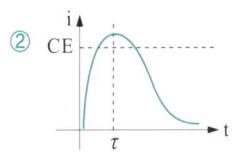
③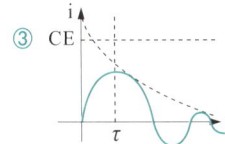
④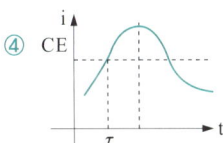

$R^2(=(100)^2=10,000)$ 와 $4\frac{L}{C}\left(=4\times\frac{0.1\times10^{-3}}{0.1\times10^{-6}}=4,000\right)$

$R^2>4\frac{L}{C}$ 비진동이므로 정답은 ①번

174 ★

그림과 같은 회로에서 정전용량 $C[F]$를 충전한 후 스위치 S를 닫아서 이것을 방전할 때 과도전류는?(단, 회로에는 저항이 없다.)

① 주파수가 다른 전류
② 크기가 일정하지 않은 전류
③ 증가 후 감쇠하는 전류
④ 불변의 진동전류

저항성분이 없으므로 전력소모가 없어 불변의 진동전류가 흐른다.

SECTION 08 라플라스변환

175

함수 $f(t)$의 라플라스 변환은 어떤 식으로 정의되는가?

① $\int_{-\infty}^{\infty}f(t)e^{-st}dt 0$
② $\int_{0}^{\infty}f(-t)e^{st}dt$
③ $\int_{0}^{\infty}f(t)e^{-st}dt$
④ $\int_{0}^{\infty}f(t)e^{st}dt$

라플라스 변환공식 $\mathcal{L}[f(t)]=F(S)=\int_{0}^{\infty}f(t)e^{-st}dt$

라플라스 역변환공식 $\mathcal{L}^{-1}[F(S)]=f(t)=\frac{1}{2\pi j}\int_{c}F(S)e^{st}ds$

176

그림과 같은 단위 임펄스의 Laplace 변환식은?

① 1
② $\frac{1}{S}$
③ $\frac{1}{S^2}$
④ ϵ^{-5}

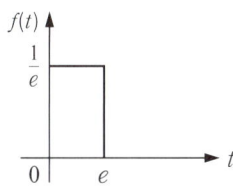

라플라스변환 : 임펄스, 충격함수 $\mathcal{L}\delta(t)\Rightarrow 1$

177

$f(t)=1$의 Laplace 변환은?

① $\dfrac{1}{s}$ ② 1

③ $\dfrac{1}{s^2}$ ④ s

라플라스변환 : 인디션, 계단함수 $u(t)$ 또는 '1' ➡ $\dfrac{1}{s}$

178 ★★

$\sin t + 2\cos t$를 라플라스 변환하면?

① $\dfrac{2s}{s^2+1}$ ② $\dfrac{2s+1}{(s+1)^2}$

③ $\dfrac{2s+1}{s^2+1}$ ④ $\dfrac{2s}{(s+1)^2}$

라플라스 변환 공식(선형성 정리)
$af_1(t) \pm bf_2(t) ➡ aF_1(s) \pm bF_2(s)$에서
$f(t)=\sin t + 2\cos t ➡ F(s) = \dfrac{1}{s^2+1^2} + 2\dfrac{s}{s^2+1^2} = \dfrac{1+2s}{s^2+1}$

179

$f(t) = \delta(t) - be^{-bt}$의 라플라스 변환은? (단, $\delta(t)$는 임펄스 함수이다.)

① $\dfrac{b}{s+b}$

② $\dfrac{s}{s+b}$

③ $\dfrac{b}{s(s+b)}$

④ $\dfrac{s(1-b)+5}{s(s+b)}$

라플라스 변환 공식(선형성 정리)
$af_1(t) \pm bf_2(t) ➡ aF_1(s) \pm bF_2(s)$에서
$\delta(t) - be^{-bt} ➡ 1 - b\dfrac{1}{s+b} = \dfrac{s+b}{s+b} - \dfrac{b}{s+b} = \dfrac{s}{s+b}$

180

$e^{-at}\sin\omega t$의 라플라스 변환은?

① $\dfrac{s+a}{(s+a)^2+\omega^2}$ ② $\dfrac{s-a}{(s+a)^2+\omega^2}$

③ $\dfrac{\omega}{(s+a)^2+\omega^2}$ ④ $\dfrac{2\omega(s-a)}{[(s+a)^2+\omega^2]^2}$

라플라스 변환 공식(복소추이 정리) : $e^{\mp at}f(t) \Rightarrow F(s \pm a)$에서
$e^{-at}\sin\omega t \Rightarrow \dfrac{\omega}{s^2+\omega^2}|_{s=s+a} = \dfrac{\omega}{(s+a)^2+\omega^2}$

이해 1) e^{-at} 이므로 답$(+a)$, 2) $\sin\omega t$ 이므로 답$(\dfrac{\omega}{……})$

181

$f(t)=e^{-2(t-3)}$의 Laplace 변환식을 구하면?(단, $t<3$에서 $f(t)=0$ 이다.)

① $\dfrac{e^{-3S}}{S-2}$ ② $\dfrac{1}{S+2}$

③ $\dfrac{e^{3S}}{S+2}$ ④ $\dfrac{e^{-3S}}{S+2}$

라플라스 변환 공식(시간추이 정리) : $f(t \pm a) \Rightarrow F(s) \times e^{\pm as}$에서
$f(t)=e^{-2t} \Rightarrow \dfrac{1}{s+2}$ ∴ $f(t)=e^{-2(t-3)} ➡ \dfrac{1}{s+2} \times e^{-3s}$

이해 1) e^{-2t} 이므로 답$(+2)$, 2) $(t-3)$ 이므로 답(e^{-3s}) 부호조심

182

$t\sin\omega t$의 라플라스 변환은?

① $\dfrac{\omega}{(s^2+\omega^2)^2}$ ② $\dfrac{\omega s}{(s^2+\omega^2)^2}$

③ $\dfrac{\omega^2}{(s^2+\omega^2)^2}$ ④ $\dfrac{2\omega s}{(s^2+\omega^2)^2}$

라플라스 변환 공식(복소미분 정리) :
$t^n f(t) ➡ (-1)^n \dfrac{d^n}{ds^n}F(s)$ 에서
$t\sin\omega t ➡ -\dfrac{d}{ds} \times \dfrac{\omega}{s^2+\omega^2} = -\dfrac{(\omega)'(s^2+\omega^2)-(\omega)(s^2+\omega^2)'}{(s^2+\omega^2)^2}$
$= -\dfrac{0 \times (s^2+\omega^2)-(\omega)(2s)}{(s^2+\omega^2)^2} = \dfrac{2\omega s}{(s^2+\omega^2)^2}$

정답 177 ① 178 ③ 179 ② 180 ③ 181 ④ 182 ④

183 ★

$F(s) = \dfrac{2s+3}{s^2+3s+2}$ 의 라플라스 함수를 시간 함수로 고치면?

① $f(t) = e^{-t} - 2e^{-2t}$
② $f(t) = e^{-t} + te^{-2t}$
③ $f(t) = e^{-t} + e^{-2t}$
④ $f(t) = 2t + e^{-t}$

⚡ 역 라플라스 변환 1)(분모가)인수분해 되는 경우 → 부분 분수로 전개

$\dfrac{2s+3}{(s^2+3s+2)} = \dfrac{2s+3}{(s+1)(s+2)} \dfrac{1}{(s+1)} + \dfrac{1}{(s+2)}$

$\therefore \dfrac{1}{(s+1)} + \dfrac{1}{(s+2)} \Rightarrow e^{-t} + e^{-2t}$

이해 분모를 인수분해 하면 $s^2+3s+2 = (s+2)(s+1)$이므로
1) $\dfrac{1}{s+2}$ 이므로 답 (e^{-2t}), 2) $\left(\dfrac{1}{s+1}\right)$ 이므로 답 (e^{-1t})

184

$F(s) = \dfrac{s}{s^2+\pi^2} e^{-2s}$ 함수를 시간추이정리에 의하여 역 변환하면?

① $\sin\pi(t-2)u(t-2)$
② $\sin\pi(t-a)u(t-a)$
③ $\cos\pi(t-2)u(t-2)$
④ $\cos\pi(t-a)u(t-a)$

⚡ 역 라플라스 변환

라플라스변환 : 삼각함수 $\cos\omega t \rightarrow \dfrac{s}{s^2+\omega^2}$

라플라스 변환 공식(시간추이 정리) : $f(t \pm a) \Rightarrow F(s) \times e^{\pm as}$

두가지를 응용하면 $\dfrac{s}{s^2+\pi^2} e^{-2s} \Rightarrow \cos\pi(t-2)$

이해 ① e^{-2s} 이므로 답 (-2), ② $\left(\dfrac{s}{s^2+\pi^2}\right)$ 이므로 답 $(\cos)$

185 ★

$F(s) = \dfrac{s^2+s+3}{s^3+2s^2+5s}$ 일 때 $f(t)$의 초기값은 얼마인가?

① 1
② 2
③ 3
④ 5

⚡ 초기값 정리 $\lim_{t \to 0} f(t) = \lim_{s \to \infty} sF(s)$

$\lim_{s \to \infty} s \times \dfrac{s^2+s+3}{s^3+2s^2+5s} = \lim_{s \to \infty} \dfrac{s^3/s^3+s^2/s^3+3s/s^3}{s^3/s^3+2s^2/s^3+5s/s^3}$

에서 분모분자를 s의 최고차수(s^3) 으로 나누고 $s \to \infty$ 대입

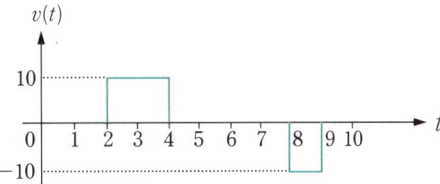

이해 초기값(분모 분자의 차수가 가장 높은것끼리) $\dfrac{1}{1} = 1$,
단, 분모, 분자의 차수가 2차이상시 "0"
최종값(분모 분자의 차수가 가장 낮은것끼리) $\dfrac{3}{5}$

186

다음과 같은 파형을 단위 계단함수로 표시하면 파형 $v(t)$는 어떻게 되는가?

① $10u(t-2) + 10u(t-4) + 10u(t-8) + 10u(t-9)$
② $10u(t-2) - 10u(t-4) + 10u(t-8) + 10u(t-9)$
③ $10u(t-2) - 10u(t-4) - 10u(t-8) + 10u(t-9)$
④ $10u(t-2) - 10u(t-4) + 10u(t-8) - 10u(t-9)$

⚡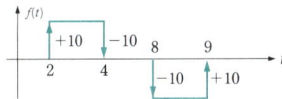

계단함수로서 시간함수 표현법은 $f(t) =$ 높이$u(t-$지연시간$)$
$f(t) = +10u(t-2) - 10u(t-4) - 10u(t-8) + 10u(t-9)$

187 ★

시간함수 $e_i(t) = Ri(t) + L\dfrac{di(t)}{dt} + \dfrac{1}{c}\int i(t)dt$ 에서 모든 초기값을 0으로 하고 라플라스 변환하였을 때 옳은 것은?

① $I(s) = \dfrac{1}{LCs^2+RCs+1} E_i(s)$
② $I(s) = \dfrac{C}{LCs^2+RCs+1} E_i(s)$
③ $I(s) = \dfrac{Cs}{LCs^2+RCs+1} E_i(s)$
④ $I(s) = \dfrac{LCs}{LCs^2+RCs+1} E_i(s)$

함수의 라플라스 변환 $(f(t) \leftrightarrow F(s), \dfrac{d}{dt} \leftrightarrow s, \int dt \leftrightarrow \dfrac{1}{s})$

$e_i(t) = Ri(t) + L\dfrac{di(t)}{dt} + \dfrac{1}{c}\int i(t)dt$

→ $E_i(S) = RI(S) + LSI(S) + \dfrac{1}{C} \times \dfrac{1}{S}I(S)$ 를 간단히 하면됨

188

$\dfrac{B(s)}{A(s)} = \dfrac{2}{2s+3}$ 의 전달함수를 미분방정식으로 표시하면?

① $2\dfrac{d}{dt}b(t) + 3b(t) = a(t)$

② $\dfrac{d}{dt}b(t) + b(t) = a(t)$

③ $2\dfrac{d}{dt}b(t) + 3b(t) = 2a(t)$

④ $3\dfrac{d}{dt}b(t) + b(t) = 2b(t)$

함수의 라플라스 변환 $(f(t) \leftrightarrow F(s), \dfrac{d}{dt} \leftrightarrow s, \int dt \leftrightarrow \dfrac{1}{s})$

$\dfrac{B(s)}{A(s)} = \dfrac{2}{2s+3}$ 를 전개한 후 $B(s)(2s+3) = 2A(s)$

$2sB(s) + 3B(s) = 2A(s)$ 를 역으로 변환함

→ $2\dfrac{d}{dt}b(t) + 3b(t) = 2a(t)$

SECTION 09 전달함수

189

전달함수의 성질 중 틀린 것은?

① 어떤 계의 전달함수는 그 계에 대한 임펄스 응답의 Laplace 변환과 같다.
② 전달함수 $P[s]$인 계의 입력이 임펄스 함수(δ함수)이고 모든 초기치가 0이면 그 계의 출력변환은 $P(s)$와 같다.
③ 계의 전달함수는 계의 미분방정식을 Laplace 변환하고 초기치에 의하여 생긴 항을 무시하면 $P(s) = L^{-1}\left[\dfrac{Y^2}{X^2}\right]$와 같이 얻어진다.

④ 어떤 계의 전달함수의 분모를 0 으로 놓으면 이것이 곧 특성방정식이 된다.

정의 : $C(S) = G(S) \cdot R(S)$: 주파수출력 = 전달함수 · 주파수 입력 에서 입력함수가 임펄스 함수 $r(t) = \delta(t)$라면 주파수 입력 $R(S) = 1$이므로 $C(S) = R(S)$, 즉 출력함수의 라플라스변환이 전달함수와 같다.

190

모든 초기값을 0으로 할 때, 출력과 입력의 비를 무엇이라 하는가?

① 전달 함수 ② 충격 함수
③ 경사 함수 ④ 포물선 함수

191

$G(S) = (S+1)/(S^2+2S-3)$의 특성 방정식의 근은?

① $S = -2, 3$
② $S = 1, -3$
③ $S = 1, 2$
④ $S = 1$

전달함수의 분모를 0으로 만드는 것을 특성 방정식이라한다.
$S^2 + 2S - 3 = 0$ 에서 인수분해하면 $(S-1)(S+3) = 0$
∴ $S = 1, -3$

192 ★

$C(S) = G(S)R(S)$ 전달함수 에서 입력함수를 단위 임펄스 즉 $\delta(t)$로 가할 때 계의 응답은?

① $C(S) = G(S)\delta(S)$
② $C(S) = \dfrac{G(S)}{\delta(S)}$
③ $C(S) = \dfrac{G(S)}{S}$
④ $C(S) = G(S)$

입력함수가 $r(t) = \delta(t)$ 임펄스 함수라면 주파수 입력 $R(S) = 1$이므로 $C(S) = G(S)$, 즉 출력함수의 라플라스변환이 전달함수와 같다.

정답 188 ③ 189 ③ 190 ① 191 ② 192 ④

193

어떤 제어계의 임펄스응답이 $\sin\omega t$일 때의 계의 전달함수는?

① $\dfrac{\omega}{S+\omega}$ ② $\dfrac{\omega^2}{S^2+\omega^2}$

③ $\dfrac{\omega}{S^2+\omega^2}$ ④ $\dfrac{\omega^2}{S^2+\omega}$

임펄스응답의 라플라스 변환값 이 전달함수와 같다.

∴ 전달함수 $=\mathcal{L}\sin\omega t=\dfrac{\omega}{s^2+\omega^2}$

194 ★

그림과 같은 회로의 전달함수는?(단, e_i는 입력, e_0는 출력신호이다.)

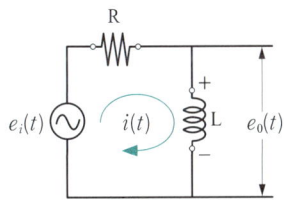

① $\dfrac{L}{R+LS}$ ② $\dfrac{LS}{R+LS}$

③ $\dfrac{RS}{R+LS}$ ④ $\dfrac{RLS}{R+LS}$

전압비 전달함수 : $\dfrac{출력전압 V_2(S)}{입력전압 V_1(S)} = \dfrac{출력단임피던스 Z_2(S)}{전체임피던스 Z_1(S)}$

에서 전압비 전달함수 $= \dfrac{출력단임피던스 Z_2(S)}{전체임피던스 Z_1(S)} = \dfrac{LS}{R+LS}$

195 ★

회로의 전달함수는? (단, $\dfrac{L}{R}=T$: 시정수이다.)

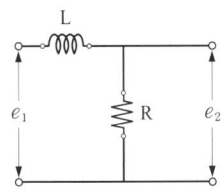

① $\dfrac{1}{TS^2+1}$ ② $\dfrac{1}{TS+1}$

③ TS^2+1 ④ $TS+1$

전압비 전달함수 $= \dfrac{R}{LS+R}$ 에서

$$\dfrac{(R)\times\dfrac{1}{R}}{(LS+R)\times\dfrac{1}{R}}=\dfrac{1}{\dfrac{L}{R}S+1}=\dfrac{1}{TS+1}$$

196

그림과 같은 회로의 전달 함수는 어느 것인가?

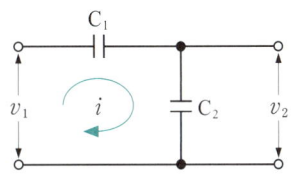

① C_1+C_2 ② $\dfrac{C_2}{C_1}$

③ $\dfrac{C_1}{C_1+C_2}$ ④ $\dfrac{C_2}{C_1+C_2}$

전압비 전달함수 $= \dfrac{\dfrac{1}{C_2S}}{\dfrac{1}{C_1S}+\dfrac{1}{C_2S}}$ 에서

$$\dfrac{\left(\dfrac{1}{C_2S}\right)C_1C_2S}{\left(\dfrac{1}{C_1S}+\dfrac{1}{C_2S}\right)C_1C_2S}=\dfrac{C_1}{C_1+C_2}$$

197 ★

다음 그림과 같은 전기회로의 입력을 e_i, 출력을 e_0라고 할 때 전달함수는?

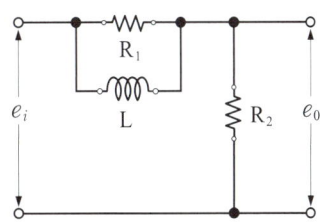

① $\dfrac{R_2(1+R_1Ls)}{R_1+R_2+R_1R_2Ls}$ ② $\dfrac{1+R_2Ls}{1+(R_1+R_2)Ls}$

③ $\dfrac{R_2(R_1+Ls)}{R_1R_2+R_1Ls+R_2Ls}$ ④ $\dfrac{R_2+\dfrac{1}{Ls}}{R_1+R_2+\dfrac{1}{Ls}}$

전압비 전달함수 $G(s) = \dfrac{\text{출력단임피던스}}{\text{전체임피던스}}$

$G(s) = \dfrac{R_2}{\dfrac{R_1 \times Ls}{R_1 + Ls} + R_2} = \dfrac{R_2}{\left(\dfrac{R_1 \times Ls}{R_1 + Ls} + R_2\right)} \times \dfrac{(R_1 + Ls)}{(R_1 + Ls)}$

$G(s) = \dfrac{R_2(R_1 + Ls)}{R_1 Ls + R_1 R_2 + R_2 Ls}$

198

그림과 같은 회로의 전달함수 $\dfrac{E_0(S)}{I(S)}$?

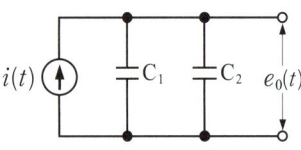

① $\dfrac{1}{S(C_1 + C_2)}$ ② $\dfrac{C_1 C_2}{(C_1 + C_2)}$

③ $\dfrac{C_1}{S(C_1 + C_2)}$ ④ $\dfrac{C_2}{S(C_1 + C_2)}$

임피던스 전달함수 : $G(S) = Z(S) = \dfrac{\dfrac{1}{C_1 S} \times \dfrac{1}{C_2 S}}{\dfrac{1}{C_1 S} + \dfrac{1}{C_2 S}}$

$= \dfrac{\left(\dfrac{1}{C_1 S} \times \dfrac{1}{C_2 S}\right) \times C_1 C_2 S^2}{\left(\dfrac{1}{C_1 S} + \dfrac{1}{C_2 S}\right) C_1 C_2 S^2} = \dfrac{1}{C_2 S + C_1 S} = \dfrac{1}{(C_2 + C_1)S}$

199

그림과 같은 액면계에서 $q(t)$를 입력, $h(t)$를 출력으로 본 전달함수는?

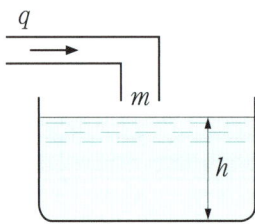

① $\dfrac{K}{S}$ ② KS

③ $1 + KS$ ④ $\dfrac{K}{1+S}$

탱크의 단면적을 A라 하면

탱크의 수위는 $h(t) = \dfrac{1}{A} \int q(t)dt \to \mathcal{L} \to H(s) = \dfrac{1}{A}\dfrac{1}{s}Q(s)$

전달함수 $= \dfrac{\text{출력}(H(s))}{\text{입력}(Q(s))} = \dfrac{1}{As}$

이해 그림은 적분요소를 의미함(나가는 구멍이 없다. 쌓인다.)

200

그림과 같은 기계적인 병진운동계에서 $f(t)$힘 를 입력으로 변위 $y(t)$를 출력으로 하였을 때의 전달함수는?

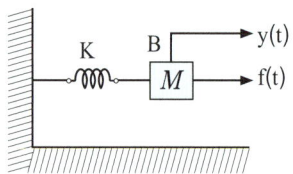

① $MS^2 + BS + K$ ② $\dfrac{1}{MS^2 + BS + K}$

③ $\dfrac{S}{MS^2 + BS + K}$ ④ $\dfrac{MS}{MS^2 + BS + K}$

뉴턴의 운동법칙에서

$f(t) = M\dfrac{d^2}{dt^2}y(t) + B\dfrac{d}{dt}y(t) + Ky(t)$: 운동방정식

$F(s) = Ms^2 Y(s) + BsY(s) + KY(s)$

$\dfrac{\text{출력}(Y(s))}{\text{입력}(F(s))} = \dfrac{1}{Ms^2 + Bs + K}$

이해 힘에 의한 전달함수는 모두 $\dfrac{1}{S^2 \cdots}$ 으로 분자는 1이고 분모는 S^2

201

일정한 질량 M을 가진 이동하는 물체의 위치 y는 이 물체에 가해지는 외력이 f일 때 이 운동계는 마찰 등의 반저항력을 무시하면 $M\dfrac{d^2y}{dt^2} = f$의 미분방정식으로 표시된다. 위치에 관계되는 전달함수를 구하시오.

① $\dfrac{Y(S)}{F(S)} = \dfrac{1}{MS^2}$ ② $\dfrac{F(S)}{Y(S)} = \dfrac{S^2}{M}$

③ $\dfrac{F(S)}{Y(S)} = \dfrac{S}{M^2}$ ④ $\dfrac{Y(S)}{F(S)} = \dfrac{1}{MS}$

정답 198 ① 199 ① 200 ② 201 ①

뉴턴의 운동법칙에서 $f=M\dfrac{d^2y}{dt^2}$ 이므로 $F[s]=Ms^2Y(s)$

∴ 전달함수 $=\dfrac{출력(위치)}{입력(힘)}=\dfrac{Y(s)}{F(s)}=\dfrac{1}{Ms^2}$

이해 힘에 의한 전달함수는 모두 $\dfrac{1}{S^2 \cdots\cdots}$ 으로 분자는 1이고 분모는 S^2

202

그림과 같은 회로에서 전달함수 $\dfrac{E_0(S)}{I(S)}$ 는 얼마인가? (단, 초기조건은 모두 0으로 한다.)

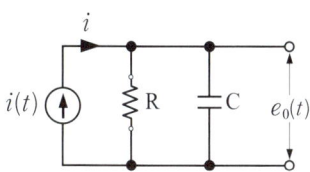

① $\dfrac{1}{RCS+1}$

② $\dfrac{R}{RCS+1}$

③ $\dfrac{C}{RCS+1}$

④ $\dfrac{RCS}{RCS+1}$

임피던스 전달함수 : $G(S)=Z(S)=\dfrac{R\times\dfrac{1}{CS}}{R+\dfrac{1}{CS}}$

$=\dfrac{\left(R\times\dfrac{1}{CS}\right)\times CS}{\left(R+\dfrac{1}{CS}\right)\times CS}=\dfrac{R}{RCS+1}$

203

힘 f 에 의해 움직이고 있는 질량 M인 물체의 좌표를 y 라 할때 가한 힘에 대한 전달함수는?

① MS
② MS^2
③ $\dfrac{1}{MS}$
④ $\dfrac{1}{MS^2}$

뉴턴의 운동법칙에서
$f=Ma=M\dfrac{dv}{dt}=M\dfrac{d^2y}{dt^2}$ 이므로 $F[s]=Ms^2Y(s)$

∴ 전달함수 $=\dfrac{출력(좌표)}{입력(힘)}=\dfrac{Y(s)}{F(s)}=\dfrac{1}{Ms^2}$

이해 힘에 의한 전달함수는 모두 $\dfrac{1}{S^2 \cdots\cdots}$ 으로 분자는 1이고 분모는 S^2

204

그림과 같은 기계적인 회전 운동계에서 토오크 $T(t)$를 입력으로 변위 $\theta(t)$를 출력으로 하였을 때의 전달함수는?

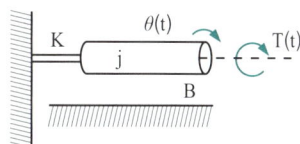

① $\dfrac{1}{Js^2+Bs+k}$

② Js^2+Bs+k

③ $\dfrac{s}{Js^2+Bs+k}$

④ $\dfrac{Js^2+Bs+k}{s}$

토크 $T(t)$와 관성모멘트 J 마찰계수 B 뒤틀림 탄성계수 K 와의 관계식에서

$T(t)=J\dfrac{d^2}{dt^2}\theta(t)+B\dfrac{d}{dt}\theta(t)+K\theta(t)$

$T(s)=Js^2\theta(s)+Bs\theta(s)+K\theta(s)$ $\dfrac{출력(\theta(s))}{입력(T(s))}=\dfrac{1}{Js^2+Bs+K}$

이해 힘에 의한 전달함수는 모두 $\dfrac{1}{S^2 \cdots\cdots}$ 으로 분자는 1이고 분모는 S^2

05

Korea **Electro-technical Code**

전기설비기술기준

Section 01 총칙
Section 02 저압 전기설비
Section 03 고압 · 특고압 전기설비
Section 04 전선로
Section 05 발전소, 변전소, 개폐소 또는
이에 준하는 곳의 시설
Section 06 전력보안 통신설비
Section 07 전기사용 장소시설
Section 08 전기철도설비
Section 09 분산형 전원설비

CHAPTER 05 전기설비기술기준 및 한국전기설비규정

Korea **Electro-technical Code**

SECTION 01 총칙

1. 기술기준 총칙 및 KEC 총칙에 관한 사항

(1) 목적

한국전기설비규정 (Korea Electro-technical Code, KEC)은 전기설비기술기준 고시(이하 "기술기준"이라 한다.)에서 정하는 전기설비("발전·송전·변전·배전 또는 전기사용을 위하여 설치하는 기계·기구·댐·수로·저수지·전선로·보안통신선로 및 그밖의 설비를 말한다)의 안전성능과 기술적요구 사항을 구체적으로 정하는 것을 목적으로 한다.

2. 일반사항

(1) 전압의 구분 (KEC 111.1) (★★★)

구분	교류(AC)	직류(DC)
저압	1000[V] 이하	1500[V] 이하
고압	1000[V] 초과 7000[V] 이하	1500[V] 초과 7000[V] 이하
특고압	7000[V] 초과	

(2) 용어정의(KEC 112) (★★★)

① 발전소 : 전기를 생산(전기를 발생시키는 것과 양수발전, 전기저장장치와 같이 전기를 다른 에너지로 변환하여 저장 후 전기를 공급하는 것) 하는 곳을 말한다.
② 변전소 : 변전소의 밖으로부터 전송받은 전기를 변전소 안에 시설한 변압기등에 의하여 변성하는 곳으로서 변성한 전기를 다시 변전소 밖으로 전송하는 곳을 말한다.(50,000[V] 이상을 변성)
③ 개폐소 : 개폐소 안에 시설한 개폐기 및 기타 장치에 의하여 전로를 개폐하는 곳으로서 발전소, 변전소 및 수용장소 이외의 곳을 말한다.(50,000[V] 이상 개·폐)
④ 급전소 : 전력계통의 운영에 관한 지시 및 급전 조작을 하는 곳
⑤ 무효 전력 보상
  ㉮ 무효전력 조정하는 전기기계 기구
  ㉯ 동기 무효 전력 보상 장치(진·지상), 분로 리액터(지상), 전력용 콘덴서(진상)
⑥ 지지물 : 목주, 철주, 철근콘크리트주(배전용), 철탑(송전용)

⑦ 가섭선 : 지지물에 가설되는 모든 선류
⑧ 전로 : 통상의 사용 상태에서 전기가 통하고 있는 곳을 말한다.
⑨ 인입선 : 수용장소의 붙임점에 이르는 전선
⑩ 이웃 연결 인입선(★★) : 가공전선로의 지지물로부터 다른 지지물을 거치지 아니하고 수용장소의 붙임점에 이르는 가공전선을 말한다.
⑪ 연접인입선 : 한 수용장소의 인입선에서 분기하여 지지물을 거치지 아니하고 다른 수용 장소의 인입구에 이르는 부분의 전선을 말한다.(분기점에서 반경 100[m] 초과 금지, 옥내관통금지, 도로 폭 5[m] 초과금지, 고압은 이웃 연결 인입선 금지)
⑫ 지중관로 : 지중전선로·지중약전류전선로·지중광섬유케이블선로·지중에 시설하는 수관 및 가스관과 이와 유사한 것 및 이들에 부속하는 지중함 등을 말한다.
⑬ 전기철도용 급전선 : 전기철도용 변전소로부터 다른 전기철도용 변전소 또는 전차선에 이르는 전선
⑭ 접근상태(★★★)
  ㉮ 1차 접근 상태 : 지지물의 높이와 같은 거리
  ㉯ 2차 접근 상태 : 지지물과 3[m] 미만 거리(1차 접근 상태보다 더 위험)
⑮ 관등회로 : 방전등용 안정기 또는 방전등용 변압기로부터 방전관까지의 전로를 말한다.
⑯ 단독운전 : 전력계통의 일부가 전력계통의 전원과 전기적으로 분리된 상태에서 분산형전원에 의해서만 가압되는 상태를 말한다.
⑰ 분산형전원 : 중앙급전 전원과 구분되는 것으로서 전력소비지역 부근에 분산 하여 배치 가능한 전원을 말한다. 상용전원의 정전시에만 사용하는 비상용 예비전원은 제외하며, 신 재생에너지 발전설비, 전기저장장치 등을 포함한다.
⑱ 리플프리직류(★) : 교류를 직류로 변환할 때 리플성분의 실효값이 10[%] 이하로 포함된 직류를 말한다.
⑲ 계통 접지 : 전력계통에서 돌발적으로 발생하는 이상 현상에 대비하여 대지와 계통을 연결하는 것으로 중성점을 대지에 접속하는 것
⑳ 접지시스템 : 기기나 계통을 개별적 또는 공통적으로 접지하기 위하여 필요한 접속 및 장치로 구성된 설비
㉑ 등전위 본딩 : 등전위를 형성하기 위해 도전부 상호간을 전기적으로 연결하는 것
㉒ 피뢰시스템 : 구조물 뇌격으로 인한 물리적 손상을 줄이기 위해 사용되는 전체시스템을 말하며, 외부피뢰시스템과 내부피뢰시스템으로 구성된다.
㉓ 인하도선시스템(Down-conductor System) : 뇌전류를 수뢰시스템에서 접지극으로 흘리기 위한 외부 피뢰시스템의 일부를 말한다.

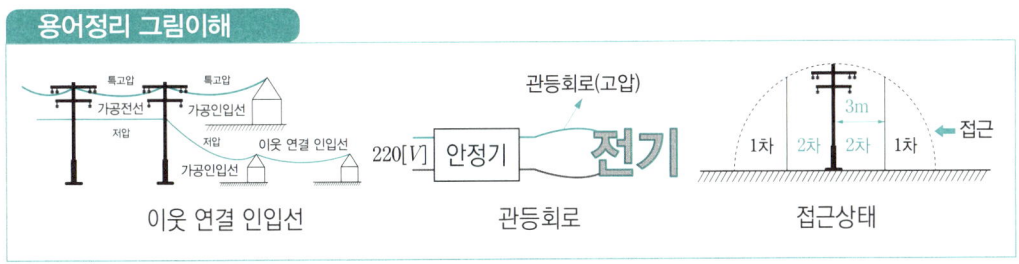

용어정리 그림이해

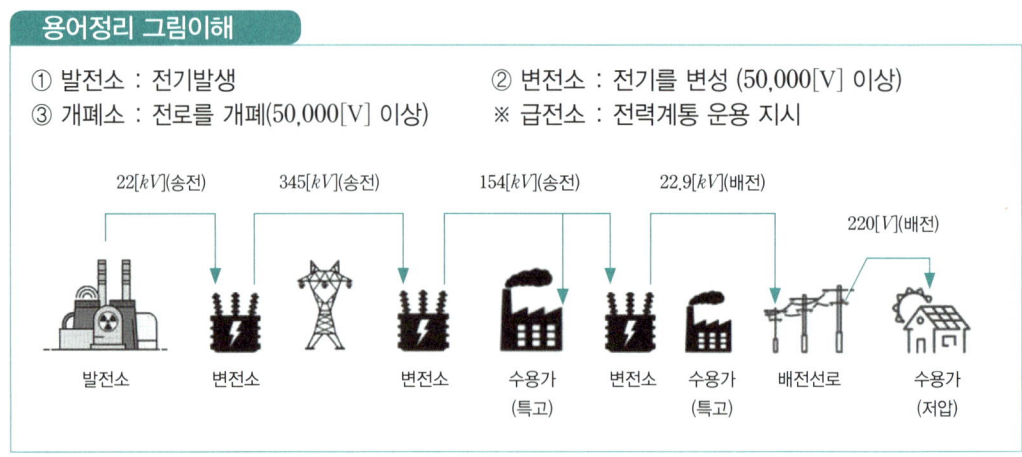

(3) 안전을 위한 보호(KEC 113)

① 감전에 대한 보호 (★★★)
  ㉮ 기본보호 : 직접 접촉을 방지하는 것으로, 전기설비의 충전부에 인축이 접촉위험으로부터 보호
    • 인축의 몸을 통해 전류가 흐르는 것을 방지
    • 인축의 몸에 흐르는 전류를 위험하지 않는 값 이하로 제한
  ㉯ 고장 보호 : 기본절연의 고장에 의한 간접접촉을 방지
    • 인축의 몸을 통해 고장전류가 흐르는 것을 방지
    • 인축의 몸에 흐르는 고장전류를 위험하지 않는 값 이하로 제한
    • 인축의 몸에 흐르는 고장전류의 지속시간을 위험하지 않은 시간까지로 제한
② 열 영향에 대한 보호
  고온 또는 전기 아크로 인해 가연물이 발화 또는 손상되지 않도록 전기설비를 설치하여야 한다. 또한 정상적으로 전기기기가 작동할 때 인축이 화상을 입지 않도록 하여야 한다.
③ 과전류에 대한 보호
  ㉮ 도체에서 발생할 수 있는 과전류에 의한 과열 또는 전기·기계적 응력에 의한 위험으로부터 인축의 상해를 방지하고 재산을 보호하여야 한다.
  ㉯ 과전류에 대한 보호는 과전류가 흐르는 것을 방지하거나 과전류의 지속시간을 위험하지 않는 시간까지로 제한함으로써 보호할 수 있다.
④ 고장전류에 대한 보호
  ㉮ 고장전류가 흐르는 도체 및 다른 부분은 고장전류로 인해 허용온도 상송 한계에 도달하지 않도록 하여야 한다. 도체를 포함한 전기설비는 인축의 상해 또는 재산의 손실을 방지하기 위하여 보호장치가 구비 되어야 한다.
  ㉯ 도체는 113.4(과전류에 대한 보호)에 따라 고장으로 인해 발생하는 과전류에 대하여 보호되어야 한다.
⑤ 과전압 및 전자기 장애에 대한 대책
  ㉮ 회로의 충전부 사이의 결함으로 발생한 전압에 의한 고장으로 인한 인축의 상해가 없도록 보호하여야 하며, 유해한 영향으로부터 재산을 보호하여야 한다

㉮ 저전압과 뒤이은 전압 회복의 영향으로 발생하는 상해로부터 인축을 보호하여야 하며, 손상에 대해 재산을 보호하여야 한다
㉯ 설비는 규정된 환경에서 그 기능을 제대로 수행하기 위해 전자기 장애로부터 적절한 수준의 내성을 가져야 한다. 설비를 설계할 때는 설비 또는 설치 기기에서 발생되는 전자기 방사량이 설비 내의 전기사용기기와 상호 연결 기기들이 함께 사용되는 데 적합한지를 고려하여야 한다.
⑥ 전원공급 중단에 대한 보호
전원공급 중단으로 인해 위험과 피해가 예상되면 설비 또는 설치기기에 적절한 보호장치를 구비하여야 한다.

3. 전선(KEC 120)

(1) 전선의 선정 및 식별

① 전선 요구사항 및 선정
㉮ 전선은 통상 사용 상태에서의 온도에 견디는 것이어야 한다.
㉯ 전선은 설치장소의 환경조건에 적절하고 발생할 수 있는 전기·기계적 응력에 견디는 능력이 있는 것을 선정하여야 한다.
㉰ 전선은 「전기용품 및 생활용품 안전관리법」의 적용을 받는 것 이외에는 한국산업표준(이하 "KS"라 한다)에 적합한 것을 사용하여야 한다.
② 전선의 식별(KEC 121.2) (★★★)

상(문자)	색상	구 규정
L1	갈색	R (흑)
L2	흑색	S (적)
L3	회색	T (청)
N	청색	N (백색. 회색)
보호도체(PE)	녹색-노란색	E (녹색)

※ 나도체 : 전선 종단부에 색상이 반영구적으로 유지될 수 있게할 것(도색, 밴드, 색 테이프 등)

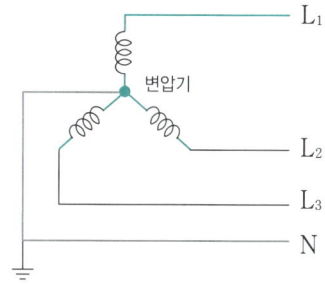

(2) 전선의 종류(KEC 122)

절연전선, 코드선, 캡타이어케이블, 저압케이블, 고압 및 특고압케이블, 나전선등으로 구분하며 세부사항은 아래와 같다.

① 저압절연전선
  ㉮ 450/750[V] 비닐절연전선
  ㉯ 450/750[V] 저독난연 폴리올레핀 절연전선
  ㉰ 450/750[V] 고무절연전선

② 저압케이블
  ㉮ 0.6/1[kV] 연피(鉛皮)케이블
  ㉯ 클로로프렌외장(外裝)케이블
  ㉰ 비닐외장케이블
  ㉱ 폴리에틸렌외장케이블
  ㉲ 무기물절연케이블
  ㉳ 금속외장케이블
  ㉴ 유선텔레비전용 급전겸용 동축 케이블(그 외부도체를 접지하여 사용하는 것)

③ 고압케이블
  ㉮ 클로로프렌외장케이블
  ㉯ 비닐외장케이블
  ㉰ 폴리에틸렌외장케이블
  ㉱ 콤바인 덕트 케이블

④ 특고압케이블(사용전압이 특고압인 전로에 전선으로 사용하는 케이블) (★★★)
  ㉮ 절연체가 에틸렌 프로필렌고무혼합물 또는 가교폴리에틸렌 혼합물인 케이블로서 선심위에 금속제의 전기적 차폐층을 설치한 것
  ㉯ 파이프형 압력 케이블
  ㉰ 그 밖의 금속피복을 한 케이블

⑤ 특고압케이블(특고압 전로의 다중접지 지중 배전계통에 사용하는 동심중성선 전력케이블)
  ㉮ 최고전압은 25.8[kV] 이하일 것
  ㉯ 도체는 연동선 또는 알루미늄선을 소선으로 구성한 원형 압축연선으로 할 것
  ㉰ 절연체는 동심원상으로 동시압출(3중 동시압출)한 내부 반도전층, 절연층 및 외부 반도체층으로 구성하여야 하며, 건식방식으로 가교할것
  ㉱ 중성선 수밀층은 물이 침투하면 자기부풀음성을 갖는 부풀음 테이프를 사용할 것
  ㉲ 중성선은 반도전성 부풀음 테이프 위에 형성하여야 하며, 꼬임방향은 Z 또는 $S-Z$꼬임으로 할 것

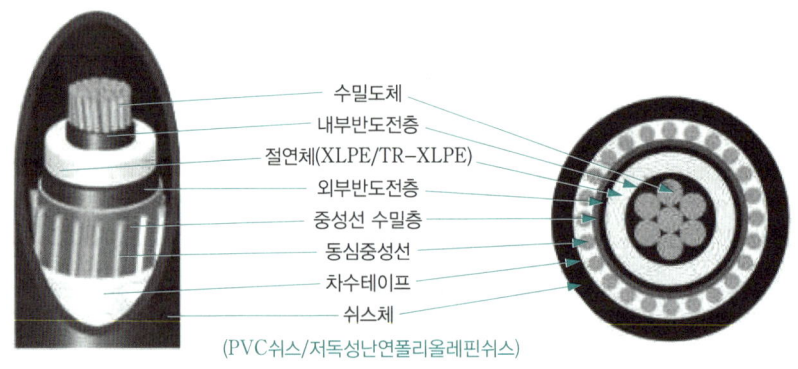

동심중성선 전력케이블(수밀형)

(3) **전선의 접속**(KEC 123)

전선접속예 : 6[mm²] 이하 단선의 트위스트 접속

① 나전선 상호 또는 나전선과 절연전선 또는 캡타이어 케이블과 접속하는 경우에는 다음에 의할 것
  ㉮ 전선의 세기[인장하중(引張荷重)]를 20[%] 이상 감소시키지 아니할 것(80[%] 이상 유지할 것)
  ㉯ 접속부분은 접속관 기타의 기구를 사용할 것. 다만, 가공전선 상호, 전차선 상호 또는 광산의 갱도 안에서 전선 상호를 접속하는 경우에 기술상 곤란할 때에는 적용하지 않는다.

② 절연전선 상호 · 절연전선과 코드 캡타이어 케이블과 접속하는 경우에는 접속부분을 그 부분의 절연전선의 절연물과 동등 이상의 절연효력이 있는 것으로 충분히 피복할 것

③ 코드 상호, 캡타이어 케이블 상호 또는 이들 상호를 접속하는 경우에는 코드접속기 · 접속함 기타의 기구를 사용할 것 다만 공칭 단면적이 10[mm²] 이상인 캡타이어 케이블 상호를 접속하는 경우에는 접속부분을 ①, ②의 규정에 준하여 접속할 것

④ 도체에 알루미늄을 사용하는 전선과 동을 사용하는 전선을 접속하는 등 전기 화학적 성질이 다른 도체를 접속하는 경우에는 접속부분에 전기적 부식(電氣的腐蝕)이 생기지 않도록 할 것

⑤ 두 개 이상의 전선을 병렬로 사용하는 경우에는 다음에 의하여 시설할 것
  ㉮ 전선의 굵기는 동선 50[mm²] 이상 또는 알루미늄 70[mm²] 이상으로 하고, 전선은 같은 도체, 같은 재료, 같은 길이 및 같은 굵기의 것을 사용할 것
  ㉯ 같은 극의 각 전선은 통일한 터미널러그에 완전히 접속할 것
  ㉰ 같은 극인 각 전선의 터미널러그는 동일한 도체에 2개 이상의 리벳 또는 2개 이상의 나사로 접속할 것
  ㉱ 병렬로 사용하는 전선에는 각각에 퓨즈를 설치하지 말 것
  ㉲ 교류회로에서 병렬로 사용하는 전선은 금속관 안에 전자적 불평형이 생기지 않도록 시설할 것

> **전선의 접속핵심 (★★★)**
> - 전선의 세기를 20[%] 이상 감소시키지 말 것(80[%] 이상 유지), 전기저항을 증가시키지 말 것
> - 병렬로 사용하는 경우
>   - 굵기 : 동 50[mm²], 알루미늄 70[mm²] 이상
>   - 병렬로 사용하는 전선 각각에 퓨즈 삽입 금지
>   - 금속관 안에 전자적 불평형이 생기지 않도록 시설

4. 전로의 절연(KEC 130)

(1) 전로의 절연 제외 장소 (★★★)
① 8가지 경우(계기용변성기 2차측전로 접지 등)의 접지공사를 하는 경우의 접지점
② 시험용 변압기, 전력선 반송용 결합 리액터, 전기 울타리용 전원장치, 엑스선 발생장치, 전기부식 방지용 양극, 단선식 전기철도의 귀선 등 전로의 일부를 대지로부터 절연하지 아니하고 전기를 사용하는 것이 부득이한 것
③ 전기욕기 · 전기로 · 전기보일러 · 전해조 등 대지로부터 절연하는 것이 기술상 곤란한 것

(2) 저압전로의 절연저항 (★★★★)
전기사용 장소의 사용전압이 저압인 전로의 전선 상호간 및 전로와 대지 사이의 절연저항은 개폐기 또는 과전류 차단기로 구분할 수 있는 전로마다 다음 표에서 정한 값 이상이어야 한다. 다만, 전선 상호간의 절연저항은 기계기구를 쉽게 분리가 곤란한 분기회로의 경우 기기 접속 전에 측정할 수 있다. 또한, 측정 시 영향을 주거나 손상을 받을 수 있는 SPD 또는 기타 기기 등은 측정 전에 분리시켜야 하고, 부득이하게 분리가 어려운 경우에는 시험전압을 250[V] DC로 낮추어 측정할 수 있지만 절연저항 값은 1[MΩ] 이상이어야 한다.

전로의 사용전압[V]	DC 시험전압[V]	절연저항[MΩ]
SELV 및 PELV	250	0.5
FELV, 500[V] 이하	500	1.0
500[V] 초과	1,000	1.0

☞ 특별저압(extra low voltage : 2차 전압이 AC 50[V], DC 120[V] 이하)으로 SELV(비접지회로 구성) 및 PELV(접지회로 구성)은 1차와 2차가 전기적으로 절연된 회로, FELV는 1차와 2차가 전기적으로 절연되지 않은 회로

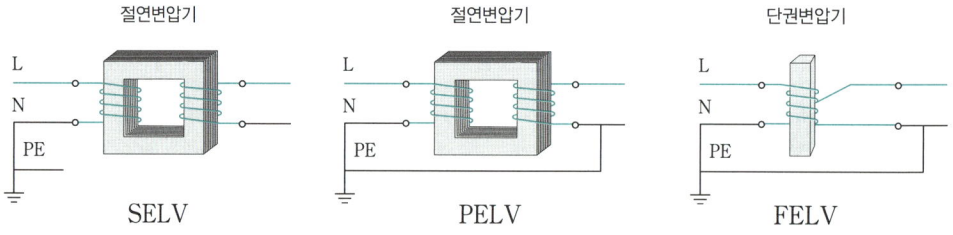

절연변압기 SELV   절연변압기 PELV   단권변압기 FELV

(3) 누설전류의 제한(KEC 132) (★★★)
① 사용전압이 저압인 전로에서 정전이 어려운 경우 등 절연저항 측정이 곤란한 경우에는 누설전류(저항성)를 1[mA] 이하로 유지하여야 한다.
② 누설전류(I_g) ≤ 최대공급전류(I_m) × $\dfrac{1}{2000}$

(4) 절연내력시험(KEC 132~136) (★★★)

① 전로(고압 및 특고압의 전로)(KEC 132)
  ㉮ 방법 : 전로와 대지간(다심케이블은 심선 상호간 및 심선과 대지간)에 연속하여 10분간
    직류 시험전압 ➡ 교류절연내력 시험전압의 2배
  ㉯ 시험 전압 (★★★★★)

최대사용전압		시험전압	최저시험전압	비고
7,000[V] 이하		1.5 배		
7,000[V] ~ 60[kV] 이하		1.25배	10,500[V]	22[kV]중성점 비접지
60[kV] 초과	중성점 비접지	1.25배		
	중성점 접지	1.1 배	75,000[V]	66[kV] 중성점 접지
	중성점 직접접지	0.72배		154[kV]
170[kV] 초과 중성점 직접접지		0.64배		345[kV]
60[kV] 초과하는 정류기에 접속되고 있는 전로		1.1배		교류측 및 직류 고압측에 접속된 전로

• 최대사용전압 7000[V] 초과 25,000[V] 이하 중성점(선) 다중접지인 경우 0.92배

> **절연내력시험 암기**
> • 7[kV] 이하   : 1.5배
> • 7[kV] 초과   : 1.25배
> • 60[kV] 초과   − 비접지 : 1.25배
>   − 중성점접지(소호리액터접지) : 1.1배
>   − 직접접지 : 0.72배
> • 170[kV] 초과 : 0.64배
> ※ 중성점다중접지 : 0.92배

② 회전기의 절연내력시험(발전기·전동기·무효 전력 보상 장치·기타회전기))(KEC 133)
  ㉮ 방법 : 권선과 대지간에 연속하여 10분간 가한다.
  ㉯ 시험 전압
    • 최대사용전압이 7,000[V] 이하인 것 : 최대사용전압의 1.5배의 전압(최소 500[V])
    • 최대사용전압이 7,000[V] 넘는 것 : 최대사용전압의 1.25배의 전압(최소 10,500[V])
     단, 회전변류기   : 직류측의 최대사용전압의 1배의 교류전압(최소 500[V])
③ 정류기(SCR)의 절연내력시험(KEC 133)
  ㉮ 방법 : 연속하여 10분간 가한다.
  ㉯ 시험 전압 (최소 500[V])
    • 최대사용전압이 60[kV] 이하 : 직류측의 최대사용전압의 1배의 교류 전압 (시험 : 충전부분과 외함)

- 최대사용전압이 60[kV] 초과 : 교류측의 최대사용전압의 1.1배의 교류 전압 또는 직류측 최대사용전압의 1.1배의 직류 전압

  (시험 : 교류측 및 직류고전압측 단자와 대지간)

④ 연료전지및 태양전지모듈의 절연내력시험(KEC 134) (★)

  ㉮ 방법 : 충전부분과 대지간 연속하여 10분간 가한다.

  ㉯ 시험 전압 : 최대사용전압의 1.5배의 직류전압 또는 1배의 교류전압(최저 500[V])

⑤ 전로(변압기 전로)의 절연내력(KEC 135) (★★★★★)

  ㉮ 방법 : 시험되는 권선과 다른권선, 철심 및 외함 간에 연속하여 10분간

  ㉯ 시험 전압 : ① 전로의 절연내력 시험과 거의 동일

    단, 최대사용전압 7[kV] 이하 또는 중성점 다중접지된 계통의 전로인 경우는 시험전압이 500[V] 미만인 경우는 500[V]로 시험전압 인가한다.

⑥ 전로(기구 등의 전로)의 절연내력(KEC 136)

  ㉮ 방법 : 충전부위와 대지 사이(다심 케이블은 심선 상호간 및 심선과 대지 사이) 연속하여 10분간

  ㉯ 시험 전압 : ① 전로의 절연내력 시험과 거의 동일

    단, 최대사용전압 7[kV] 이하인 전로의 시험전압이 500[V] 미만인 경우는 500[V]로 시험전압 인가한다.

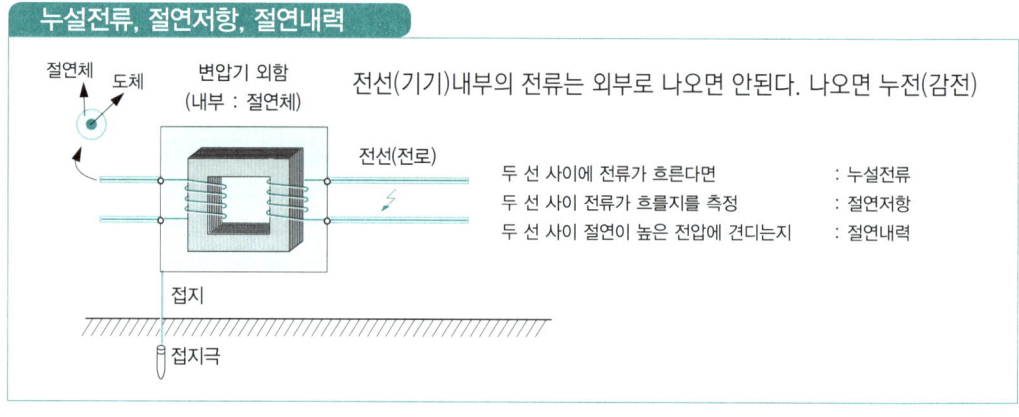

5. 접지시스템(KEC 140)

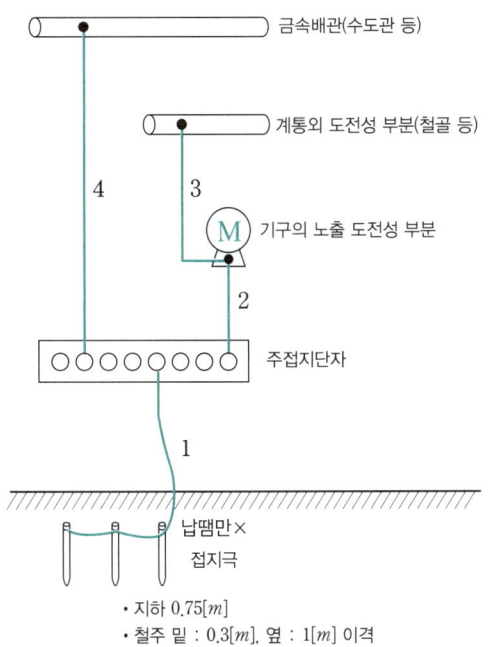

4. 주 등전위 본딩도체
- 감전보호용 등전위 본딩 도체 굵기
  가장 큰 접지도체의 1/2 이상 구리(6), 알루(16), 강철(50)

3. 보조 등전위 본딩도체
- 노출도전부와 계통외 도전성부 접속
  가장 큰 접지도체의 1/2 이상 보호됨 구리(2.5), 알루(16)
  보호안됨 구리(4.), 알루(16)

2. 보호도체
- 단면적 단독 : 보호됨 구리(2.5), 알루(16)
  보호안됨 구리(4.0), 알루(16)
  상도체(S)와 같이 S 16 이하 : S동일
  S 35 이하 : 16
  S 35 초과 : S/2

1. 접지도체
- 단면적 일반 : 구리(6), 철제(50)
  피뢰 : 구리(16), 철제(50)
  (특)고압 설비(6), 중성점 접지용(16) 단, (6)
  이동용 : 특, 고(10), 저압(1.5), 다심(0.75)
- 보호 : 2[m], 75[cm] 부분 2[mm] 이상 합성수지관

- 지하 0.75[m]
- 철주 밑 : 0.3[m], 옆 : 1[m] 이격
- 수3, 철2, 추3 단, 수 75[mm] 미만, 분기 5[m] 초과 2[Ω]

[접지이해하기 (★★★★★)]

(1) 접지시스템의 구분 및 종류

① 구분 : 계통접지, 보호접지, 피뢰시스템 접지
② 종류 : 단독접지, 공통접지, 통합접지
③ 구성요소 : ㉮ 접지극, ㉯ 접지도체, ㉰ 보호도체, ㉱ 기타설비 (★★★ 그림으로 이해)
   (접지극은 접지도체를 사용하여 주접지단자에 연결)

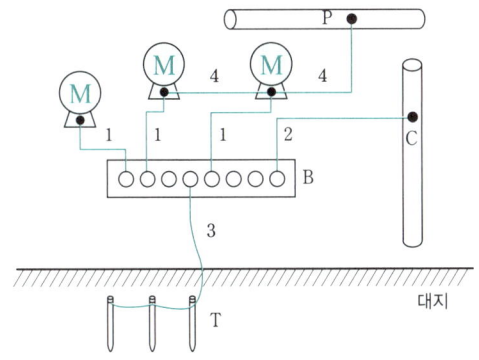

1 보호도체(PE)
2 주 등전위 본딩용 도체
3 접지도체
4 보조 등전위 본딩용 도체
T 접지극
B 주 접지단자
M 전기기구의 노출 도전성부분
C 계통외 도전성부분(철골, 금속닥트 등)
P 금속배관(수도관, 가스관 등)

접지 시스템의 구성(★★★★★)

(2) 접지극의 시설 및 접지저항(KEC 142.2)

① 접지극 시설
   ㉮ 콘크리트에 매입 된 기초 접지극
   ㉯ 토양에 매설된 기초 접지극
   ㉰ 토양에 수직 또는 수명으로 직접 매설된 금속전극(봉, 전선, 테이프, 배관, 판 등)
   ㉱ 케이블의 금속외장 및 그 밖에 금속피복
   ㉲ 지중 금속구조물(배관 등)
   ㉳ 대지에 매설된 철근콘크리트의 용접된 금속 보강재. 다만, 강화 콘크리트는 제외한다.

② 접지극의 매설
   ㉮ 접지극은 매설하는 토양을 오염시키지 않아야 하며 가능한 다습한 부분에 설치한다.
   ㉯ 접지극은 지표면으로부터 지하 0.75[m] 이상으로 하되 동결 깊이를 감안하여 매설 깊이를 정해야 한다.
   ㉰ 접지도체를 철주 기타의 금속체를 따라서 시설하는 경우에는 접지극을 철주의 밑면으로부터 0.3[m] 이상의 깊이에 매설하는 경우 이외에는 접지극을 지중에서 그 금속체로부터 1[m] 이상 떼어 매설하여야 한다.
   ㉱ 접지도체 – 절연전선(옥외용 비닐절연전선제외), 케이블(통신용 케이블 제외)
   단, 접지도체를 철주 기타의 금속체를 따라서 시설하는 경우 이외의 경우에는 접지도체의 지표상 0.6[m]를 초과하는 부분에 대하여는 절연전선을 사용하지 않을 수 있다.
   ㉲ 접지도체는 지하 75[cm]~지표 2[m] 이상까지 합성수지관 두께 2[mm] 이상으로 덮을 것 또는 몰드처리한다. (★)

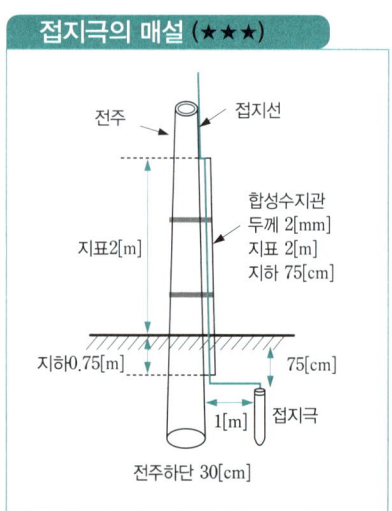

접지극의 매설 (★★★)

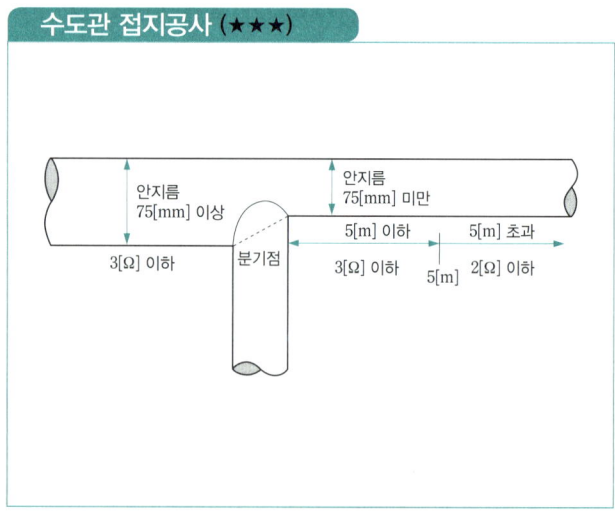

수도관 접지공사 (★★★)

③ 접지시스템 부식에 대한 고려
   ㉮ 접지극에 부식을 일으킬 수 있는 폐기물 집하장 및 변화한 장소에 접지극 설치는 피해야 한다.
   ㉯ 서로 다른 재질의 접지극을 연결할 경우 전기부식을 고려하여야 한다.
   ㉰ 콘크리트 기초접지극에 접속하는 접지도체가 용융아연도금강제인 경우 접속부를 토양에 직접 매설해서는 안 된다.

④ 접지극을 접속하는 경우에는 발열성 용접, 압착접속, 클램프 또는 그 밖의 적절한 기계적 접속장치로 접속하여야 한다.
⑤ 가연성 액체나 가스를 운반하는 금속제 배관은 접지설비의 접지극으로 사용 할 수 없다. 다만, 보호등전위본딩은 예외로 한다
⑥ 수도관 등을 접지극으로 사용하는 경우
  ㉮ 수도관 접지극 (★★)
    - 지중에 매설되어 있고 대지와의 전기저항 값이 3[Ω] 이하
    - 굵은관(75[mm])과 얇은관의 분기점으로부터 5[m] 이내 설치 단, 수도관의 접지 저항이 2[Ω] 이하시 5[m] 초과 가능
    - 접지도체와 금속제 수도관로의 접속부를 수도계량기로부터 수도 수용가측에 설치하는 경우에는 수도계량기를 사이에 두고 양측 수도관로를 등전위본딩 하여야 한다.
  ㉯ 건물의 철골, 기타의 금속체
    - 전기저항 값이 2[Ω] 이하인 경우

> **수도관 및 건물철골 접지저항 이용 및 인입구 추가접지 (★★★)**
> - 수3, 철2 (수도관 3[Ω], 철골 2[Ω])
> - 추3, (인입구 추가접지 : 수도관. 철골 3[Ω] 이하, 접지선굵기 6[mm²])
>   ➡ (5) 전기수용가 접지(KEC 142.4)

(3) 접지도체(KEC 142.3.1)

① 접지도체의 단면적[mm²](★★★)

접지도체의 종류	접지도체에 큰 고장전류가 흐르지 않는 경우	접지도체에 피뢰시스템이 접속된 경우
구리(동)	6	16
철제	50	50

② 접지도체와 접지극의 접속
  ㉮ 접속은 견고하고 전기적인 연속성이 보장되도록, 접속부는 발열성 용접, 압착접속, 클램프 또는 그밖에 적절한 기계적 접속장치에 의해야 한다 다만, 기계적인 접속장치는 제작자의 지침에 따라 설치하여야 한다.
  ㉯ 클램프를 사용하는 경우, 접지극 또는 접지도체를 손상시키지 않아야 한다 납땜에만 의존하는 접속은 사용해서는 안 된다.

Memo

③ 접지도체의 굵기(① 접지도체의 단면적 규정에 의한 것 이외) (★★★)

장소		접지도체의 단면적	예외
특고압 · 고압 전기설비용		6[mm²]	
중성점 접지용		16[mm²]	6[mm²] 7[kV] 이하의 전로 또는 25[kV] 이하인 특고압 가공전선로 2초 이내 차단시
이동용 전기 기계기구 외함	특고압 · 고압 전기설비용 또는 중성점 접지용	10[mm²]	
	저압 전기설비용	1.5[mm²]	0.75[mm²] 다심코드 또는 다심 캡타이어케이블

㉮ 특고압 · 고압 전기설비용 접지도체 : 단면적 6[mm²] 이상의 연동선
㉯ 중성점 접지용 접지도체 : 공칭단면적 16 [mm²] 이상의 연동선
  • 다만, 다음의 경우에는 공칭단면적 6[mm²] 이상의 연동선 사용가능
    – 7[kV] 이하의 전로
    – 사용전압이 25[kV] 이하인 특고압 가공전선로. 다만, 중성선 다중접지식의 것으로서 전로에 지락이 생겼을 때 2초 이내에 자동으로 차단될 것
㉰ 이동하여 사용하는 전기기계기구의 금속제 외함 등의 접지시스템
  • 특고압 · 고압 전기설비용 접지 도체 및 중성점 접지용 접지도체는 10[mm²] 이상인 것을 사용
    – 클로로프렌 캡타이어케이블(3종 및 4종)
    – 클로로설포네이트폴리에틸렌 캡타이어 케이블(3종 및 4종)의 1개 도체
    – 다심 캡타이어케이블의 차폐 또는 기타의 금속체
  • 저압 전기설비용 접지도체는 다심 코드 또는 다심 캡타이어케이블의 1개 도체의 단면적이 0.75[mm²] 이상인 것을 사용한다. 다만, 기타 유연성이 있는 연동연선은 1개 도체의 단면적이 1.5[mm²] 이상인 것을 사용한다.

(4) **보호도체**(KEC 142.3.2) : PROTECTOR(PE)
  ① 보호도체의 최소 단면적
    ㉮ 보호도체의 최소단면적[mm²] (★★)

상도체의 단면적 S(mm², 구리)	보호도체의 최소 단면적(mm², 구리)	
	보호도체의 재질	
	상도체와 같은 경우	상도체와 다른 경우
S ≤16	S	(K₁ / K₂)×S
16 < S ≤35	16 #1	(K₁ / K₂)×16
35 < S	S/2 #1	(K₁ / K₂)×(S/2)

※ #1 *PEN* 도체의 최소단면적은 중성선과 동일하게 적용한다.

④ 보호도체의 단면적은 다음 계산값 이상으로 한다(차단시간이 5초 이하인 경우)

$$S=\frac{\sqrt{I^2 t}}{k}$$

S : 단면적[mm²]
I : 보호장치를 통해 흐를 수 있는 예상 고장전류 실효값(A)
t : 자동차단을 위한 보호장치의 동작시간(sec)
k : 보호도체, 절연, 기타부위의 재질 및 초기온도와 최종온도에 따라 정해지는 계수

㉰ 보호도체가 케이블의 일부가 아니거나 상도체와 동일 외함에 설치되지 않은 경우

구분	구리[mm²]	알루미늄[mm²]
기계적 손상에 대해 보호되는 경우	2.5	16
기계적 손상에 대해 보호되지 않는 경우	4.0	16

- 기계적 손상에 대해 보호가 되는 경우는 구리 2.5[mm²], 알루미늄 16[mm²] 이상
- 기계적 손상에 대해 보호가 되지 않는 경우는 구리 4[mm²], 알루미늄 16[mm²] 이상
- 케이블의 일부가 아니라도 전선관 및 트렁킹 내부에 설치되거나, 이와 유사한 방법으로 보호되는 경우 기계적으로 보호되는 것으로 간주한다.

㉱ 보호도체의 단면적 보강(★★)
- 보호도체는 정상 운전상태에서 전류의 전도성 경로(전기자기간섭 보호용 필터의 접속 등으로 인한)로 사용되지 않아야 한다.
- 전기설비의 정상 운전상태에서 보호도체에 10[mA]를 초과하는 전류가 흐르는 경우, 다음에 의해 보호 도체를 증강하여 사용하여야 한다
  - 보호도체가 하나인 경우 보호도체의 단면적은 전 구간에 구리 10[mm²] 이상 또는 알루미늄 16[mm²]며 이상으로 하여야 한다.
  - 추가로 보호도체를 위한 별도의 단자가 구비된 경우, 최소한 고장 보호에 요구되는 보호도체의 단면적은 구리 10[mm²], 알루미늄 16[mm²] 이상으로 한다.

㉲ 보호도체가 두 개 이상의 회로에 공통으로 사용되는 경우
- 회로 중 가장 부담이 큰 것으로 예상되는 고장전류 및 동작시간을 고려하여 ㉮ 또는 ㉯에 따라 선정한다
- 회로 중 가장 큰 상도체의 단면적을 기준으로 ㉮에 따라 선정한다

② 보호도체의 종류
㉮ 다심케이블의 도체
㉯ 충전도체와 같은 트렁킹에 수납된 절연도체 또는 나도체
㉰ 고정된 절연도체 또는 나도체
㉱ 전기적 연속성 및 도전성을 만족하는 금속케이블 외장, 케이블차폐, 케이블외장, 전선묶음(편조전선). 동심도체, 금속관

③ 보호도체 또는 보호본딩도체로 사용금지 (★★★★★)
㉮ 금속 수도관
㉯ 가스·액체·분말과 같은 잠재적인 인화성 물질을 포함하는 금속관
㉰ 상시 기계적 응력을 받는 지지 구조물 일부

- ㉣ 가요성 금속배관. 다만, 보호도체의 목적으로 설계된 경우는 예외로 한다.
- ㉤ 가요성 금속전선관
- ㉥ 지지선, 케이블트레이 및 이와 비슷한 것

④ 보호도체의 보호(전기적 연속성) (★★)
- ㉮ 기계적인 손상, 화학적·전기화학적 열화, 전기역학적·열역학적 힘에 대해 보호되어야 한다.
- ㉯ 나사접속·클램프접속 등 보호도체 사이 또는 보호 도체와 타기기 사이의 접속은 전기적연속성 보장 및 충분한 기계적 강도와 보호를 구비하여야 한다.
- ㉰ 보호도체를 접속하는 나사는 다른 목적으로 겸용해서는 안 된다.
- ㉱ 접속부는 납땜(soldering)으로 접속해서는 안 된다.

⑤ 보호도체에는 어떠한 개폐장치를 연결해서는 안 된다. 다만, 시험목적으로 공구를 이용하여 보호도체를 분리할 수 있는 접속점을 만들 수 있다.

⑥ 접지에 대한 전기적 감시를 위한 전용장치(동작센서, 코일, 변류기 등)를 설치하는 경우, 보호도체 경로에 직렬로 접속하면 안된다.

⑦ 보호도체(PE)와 계통도체(L,M,N) 겸용 (★★★★)
- ㉮ 보호도체와 계통도체를 겸용하는 겸용도체(중성선과 겸용(PEN), 상도체와 겸용(PEL), 중간도체(PEM)와 겸용 등)는 해당하는 계통의 기능에 대한 조건을 만족하여야 한다. (★★)
- ㉯ 겸용도체는 고정된 전기설비에서 만 사용할 수 있으며 다음에 의한다. (★★)
  - 단면적은 구리 10[mm^2]며 또는 알루미늄 16[mm^2] 이상이어야 한다.
  - 중성선과 보호도체의 겸용도체는 전기설비의 부하 측으로 시설하여서는 안 된다.
  - 폭발성 분위기 장소는 보호도체를 전용으로 하여야 한다.
- ㉰ 겸용도체의 성능은 다음에 의한다.
  - 공칭전압과 같거나 높은 절연성능을 가져야 한다.
  - 배선설비의 금속 외함은 겸용도체로 사용해서는 안 된다.
- ㉱ 겸용도체는 다음 사항을 준수하여야 한다.
  - 전기설비의 일부에서 중성선(N)·중간도체(M)·상도체(L) 및 보호 도체(PE)가 별도로 배선되는 경우, 중성선·중간도체·상도체를 전기설비의 다른 접지된 부분에 접속해서는 안 된다. 다만, 겸용도체에서 각각의 중성선·중간도체·상도체와 보호도체를 구성하는 것은 허용한다.
  - 겸용도체는 보호도체용 단자 또는 바에 접속되어야 한다.
  - 계통외도전부는 겸용도체로 사용해서는 안 된다.

⑧ 보호접지 및 기능접지의 겸용도체
- ㉮ 보호접지와 기능접지 도체를 겸용하여 사용할 경우 보호도체에 대한 조건과 감전보호용 등전위본딩 및 피뢰시스템 등전위본딩의 조건에도 적합하여야 한다.
- ㉯ 전자통신기기에 전원공급을 위한 직류귀환 도체는 겸용도체(PEL 또는 PEM)로 사용 가능하고, 기능접지도체와 보호도체를 겸용할수있다

⑨ 감전보호에 따른 보호도체
과전류보호장치를 감전에 대한 보호용으로 사용하는 경우, 보호도체는 충전도체와 같은 배선설비에 병합시키거나 근접한 경로로 설치하여야 한다.

⑩ 주접지단자

㉮ 접지시스템은 주 접지단자를 설치하고, 다음의 도체들을 접속하여야 한다. (★★★)
- 등전위본딩도체
- 접지도체
- 보호도체
- 기능성 접지도체

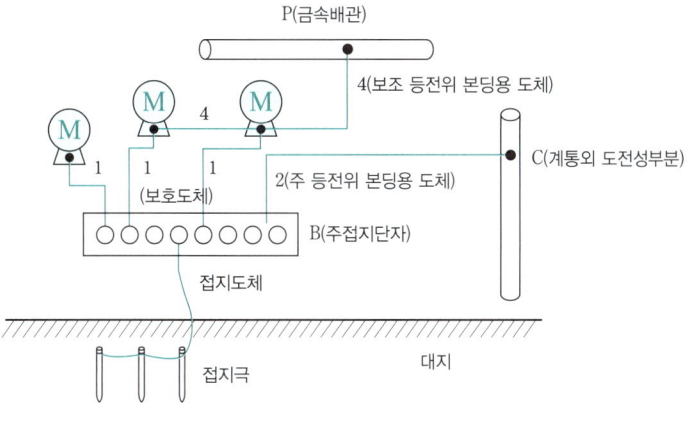

[접지시스템]

㉯ 여러 개의 접지단자가 있는 장소는 접지단자를 상호 접속하여야 한다.
㉰ 주 접지단자에 접속하는 각 접지도체는 개별적으로 분리할 수 있어야 하며, 접지저항을 편리하게 측정할 수 있어야 한다. 다만, 접속은 견고해야 하며 공구에 의해서만 분리되는 방법으로 하여야 한다.

(5) 전기수용가 접지(KEC 142.4)

① 저압수용가 인입구 접지(★★)
  ㉮ 수용장소 인입구 부근에서 다음의 것을 접지극으로 사용하여 변압기 중성점 접지를 한 저압전선로의 중성선 또는 접지측 전선에 추가로 접지공사를 할 수 있다.
   - 지중에 매설되어 있고 대지와의 전기저항 값이 3[Ω] 이하의 값을 유지하고 있는 금속제 수도 관로
   - 대지 사이의 전기저항 값이 3[Ω] 이하 값을 유지하는 건물의 철골
  ㉯ 접지도체는 공칭단면적 6[mm^2] 이상의 연동선

> **인입구 추가접지 (★★★)**
> - 추3, (인입구 추가접지 : 수도관. 철골 3[Ω] 이하, 접지선 굵기 6[mm^2])

② 주택 등 저압수용장소 접지
  ㉮ 저압수용장소에서 계통접지가 $TN-C-S$ 방식인 경우에 보호도체는 다음에 따라 시설하여야 한다.
   - 보호도체의 최소 단면적은 "보호도체의 최소단면적[mm^2]"의한 값 이상으로 한다.
   - 중성선 겸용 보호도체(PEN)는 고정 전기설비에만 사용할 수 있고, 그 도체의 단면적이 구리는 10[mm^2] 이상, 알루미늄은 16[mm^2] 이상이어야 하며, 그계통의 최고전압에 대하여 절연되어야 한다.

> **주택 등 저압수용장소 접지 (★★)**
> - 구리 10[mm²] 이상, 알루미늄 16[mm²] 이상

④ 보호도체는 감전보호용 등전위본딩을 하여야 한다. 다만, 이조건을 충족시키지 못하는 경우에 중성선 겸용 보호도체를 수용장소의 인입구 부근에 추가로 접지하여야 하며, 그 접지 저항값은 접촉전압을 허용접촉전압 범위내로 제한하는 값 이하로 하여야 한다.

(6) 변압기 중성점 접지(KEC 142.5)

① 중성점 접지 저항 값(변압기의 중성점접지 저항 값은 다음에 의한다.)
  ㉮ 일반적으로 변압기의 고압·특고압측 전로 1선지락전류로 150을 나눈 값과 같은 저항값 이하
  ㉯ 변압기의 고압·특고압측 전로 또는 사용전압이 35[kV] 이하의 특고압 전로가 저압측 전로와 혼촉하고 저압전로의 대지전압이 150[V]를 초과하는 경우는 저항값은 다음에 의한다.
    - 1초 초과 2초 이내에 고압·특고압전로를 자동으로 차단하는 장치를 설치할 때는 300을 나눈 값 이하
    - 1초 이내에 고압·특고압전로를 자동으로 차단하는 장치를 설치할때는 600을 나눈 값 이하
  ㉰ 전로의 1선 지락전류는 실측값에 의한다. 다만 실측이 곤란한 경우에는 선로정수 등으로 계산한 값에 의한다.

> **중성점 접지저항값 (★★)**
> - $\dfrac{150}{I_g}$, (① $\dfrac{300}{I_g}$, ② $\dfrac{600}{I_g}$)
> - 별도의 차단장치 ① 2초 이내에 차단 ② 1초 이내 차단
> I_g = 변압기의 고압측 또는 특별고압측의 전로의 1선 지락전류의 암페어수

② 공통접지 및 통합접지
  ㉮ 공통 접지시스템 : 고압 및 특고압과 저압 전기설비의 접지극이 서로 근접하여 시설되어 있는 변전소 또는 이와 유사한 곳에서는 다음과 같이 공통 접지시스템으로 할 수 있다.
    - 저압 전기설비의 접지극이 고압 및 특고압 접지극의 접지저항 형성영역에 완전히 포함되어 있다면 위험전압이 발생하지 않도록 이들 접지극을 상호 접속하여야 한다.
    - 접지시스템에서 고압 및 특고압 계통의 지락사고 시 저압계통에 가해지는 상용주파 과전압은 아래표에서 정한 값을 초과해서는 안 된다. (★★)

고압계통에서 지락고장시간 (초)	저압설비 허용 상용주파 과전압 [V]	비고
> 5 (초과)	U_0 + 250	중성선 도체가 없는 계통에서 U_0는 선간전압을 말한다.
≤ 5 (이하)	U_0 + 1,200	

비고
1. 순시 상용주파 과전압에 대한 저압기기의 절연 설계기준과 관련된다.
2. 중성선이 변전소 변압기의 접지계통에 접속된 계통에서, 건축물외부에 설치한 외함이 접지되지 않은 기기의 절연에는 일시적 상용주파 과전압이 나타날 수 있다.

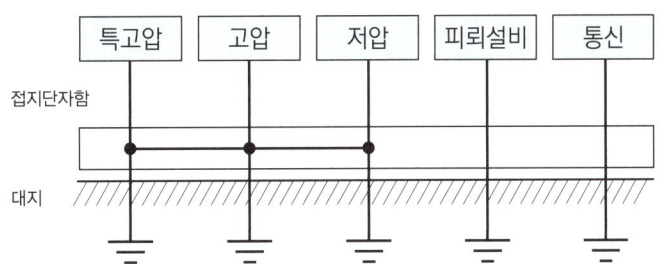

④ 통합접지시스템 : 전기설비의 접지계통·건축물의 피뢰설비·전자통신설비등의 접지극을 공용하는 통합접지시스템으로 하는 경우 다음과 같이 하여야 한다. (★★)
- 낙뢰에 의한 과전압 등으로부터 전기전자기기 등을 보호하기 위해 153.1의 규정에 따라 서지보호장치(S P D)를 설치하여야 한다.

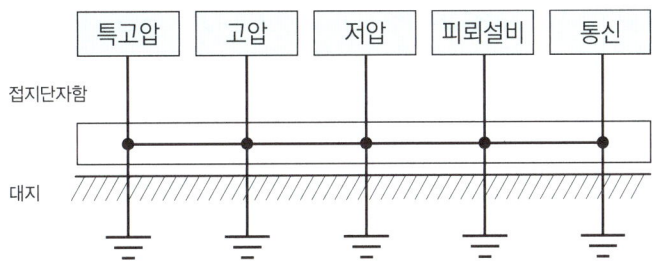

(7) 감전보호용 등전위 본딩

① 등전위본딩의 적용
  ㉮ 건축물·구조물에서 접지도체, 주접지단자와 다음의 도전성부분은 등전위본딩 하여야 한다.
  - 수도관·가스관등 외부에서 내부로 인입되는 금속배관
  - 건축물·구조물의 철근, 철골등 금속 보강재
  - 일상생활에서 접촉이 가능한 금속제 난방배관 및 공조설비 등 계통외 도전부
  ㉯ 주 접지단자에 보호등전위본딩 도체, 접지도체, 보호도체, 기능성 접지도체를 접속하여야 한다.

② 등전위본딩 시설
  ㉮ 보호등전위본딩(주 등전위 본딩) (★★)
  - 건축물·구조물의 외부에서 내부로 들어오는 각종 금속제 배관은 다음과 같이 하여야 한다.
    - 1개소에 집중하여 인입하고, 인입구 부근에서 서로 접속하여 등전위본딩바에 접속하여야 한다.
    - 대형건축물 등으로 1개소에 집중하여 인입하기 어려운 경우에는 본딩도체를 1개의 본딩바에 연결한다.
  - 수도관·가스관의 경우 내부로 인입된 최초의 밸브 후단에서 등전위본딩을 하여야 한다.
  - 건축물·구조물의 철근, 철골 등 금속보강재는 등전위본딩을 하여야 한다
  - 보호등전위본딩 도체 굵기
    - 주접지단자에 접속하기 위한 등전위본딩 도체는 설비 내에 있는 가장 큰 보호접지도체 단면의 1/2 이상의 단면적을 가져야 하고 다음의 단면적 이상이어야 하며, 구리도체

6[mm²], 알루미늄 도체 16[mm²], 강철 도체 50[mm²] 이상이어야 한다.
- 주접지단자에 접속하기 위한 보호본딩도체의 단면적은 구리도체 25[mm²] 또는 다른 재질의 동등 단면적을 초과할 필요는 없다.

> **감전보호용 등전위 본딩 도체 굵기 (★★)**
> • 설비 내 가장 큰 보호접지도체의 1/2이상, 구리 6[mm²], 알루미늄 16[mm²], 강철 50 [mm²] 이상

㉯ 보조 보호등전위본딩
- 보조 보호등전위본딩의 대상은 전원자동차단에 의한 감전보호방식에서 고장시 자동차단시간이 고장 시 자동차단에서 요구하는 계통별 최대차단시간을 초과하는 경우이다.
- 차단시간을 초과하고 2.5[m] 이내에 설치된 고정기기의 노출도전부와 계통외 도전부는 보조 보호등전위본딩을 하여야 한다. 다만, 보조 보호등전위본딩의 유효성에 관해 의문이 생길 경우 동시에 접근 가능한 노출도전부와 계통외도전부 사이의 저항값(R)이 다음의 조건을 충족하는지 확인하여야 한다.

노출 도전부와 계통외 도전부 사이의 저항 값[Ω]	교류계통	직류계통
	$R \leq \dfrac{50V}{I_a}$	$R \leq \dfrac{120V}{I_a}$

I_a : 보호장치의 동작전류[A]
(누전차단기의 경우 1_n(정격감도전류), 과전류보호장치의경우 5초 이내 동작전류)

- 보조 보호등전위본딩 도체 굵기
  - 두 개의 노출도전부를 접속하는 경우 도전성은 노출도전부에 접속된 더 작은 보호도체의 도전성보다 커야 한다.
  - 노출도전부를 계통외 도전부에 접속하는 경우 도전성은 같은 단면적을 갖는 보호도체의 1/2 이상이어야 한다.
  - 케이블의 일부가 아닌 경우 또는 선로도체와 함께 수납되지 않은 본딩도체는
    기계적 보호가 된 것은 구리도체 2.5[mm²] 이상, 알루미늄 도체 16[mm²] 이상
    기계적 보호가 없는 것은 구리도체 4[mm²] 이상, 알루미늄 도체 16[mm²] 이상

㉰ 비접지 국부등전위본딩
- 절연성 바닥으로 된 비접지 장소에서 다음의 경우 국부등전위 본딩을 하여야 한다.
  - 전기설비 상호 간이 2.5[m] 이내인 경우
  - 전기설비와 이를 지지하는 금속체 사이
- 전기설비 또는 계통외 도전부를 통해 대지에 접촉하지 않아야 한다.

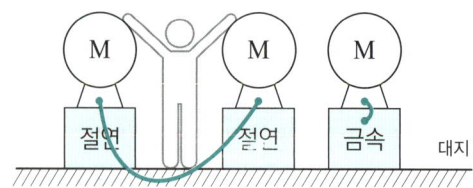

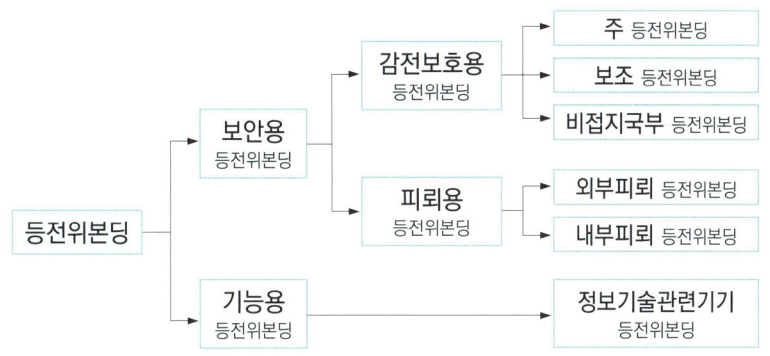

[등전위본딩의 구분]

6. 피뢰시스템(KEC 150)

(1) 피뢰접지시스템의 적용범위 및 구성

① 적용범위 (★★★)
  ㉮ 전기전자설비가 설치된 건축물·구조물로서 낙뢰로부터 보호가 필요한 것 또는 지상으로부터 높이가 20[m] 이상인 것
  ㉯ 저압전기전자설비
  ㉰ 고압 및 특고압 전기설비
② 피뢰시스템의 구성
  ㉮ 직격뢰로 부터 대상물을 보호하기 위한 외부피뢰시스템
  ㉯ 간접뢰 및 유도뢰로부터 대상물을 보호하기 위한 내부피뢰시스템
③ 피뢰시스템 등급선정
  피뢰시스템 등급은 대상물의 특성에 따라, 피뢰레벨(Ⅰ Ⅱ Ⅲ Ⅳ)에 따라 선정한다. 다만 위험물의 제조소·저장소및 처리장에 설치하는 피뢰시스템은 Ⅱ 등급 이상으로 하여야 한다.

(2) 외부피뢰시스템(전기설비 보호를 위한 건축물·구조물 피뢰시스템) : 수뢰부, 인하도선, 접지극 시스템

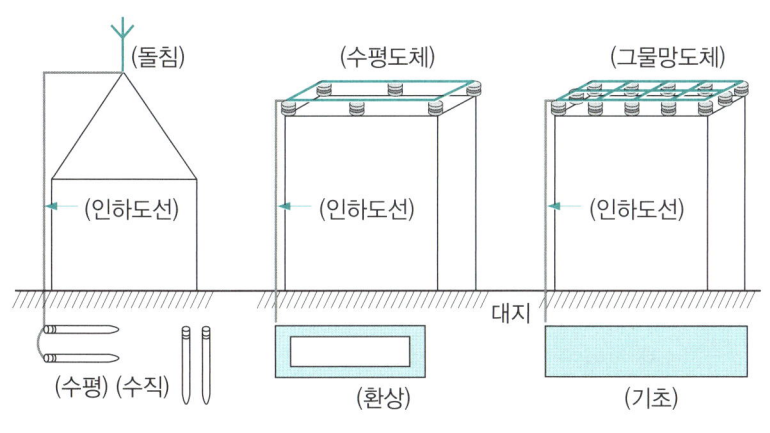

외부피뢰시스템(★★★★★)

수뢰부
가연성 0.1[m] 이격,
초가지붕 0.15[m] 이격
불연성 : 표면부착

인하도선
가연성 0.1[m] 이격
또는 100[mm²] 이상
2조 이상(10,10,15,20[m] 이격)
수뢰부-0.2[Ω] 이하-접지극

접지극
지표면 0.75[m] 이상
그물망접지망 : 5[m] 이내
접지저항 : 10[Ω] 이하시
최소길이

① 수뢰부시스템 : 강재는 사용하지 않음(뇌전류를 흡수)
　㉮ 형식 : 돌침, 수평도체, 그물망도체 (★★)
　㉯ 수뢰부시스템의 배치
　　• 보호각법, 회전구체법, 그물망법 중 하나 또는 조합된 방법으로 배치하여야 한다.
　　• 건축물·구조물의 뾰족한 부분, 모서리 등에 우선하여 배치한다.
　㉰ 높이 60[m]를 초과하는 건축물·구조물의 측격뢰 보호용 수뢰부시스템
　　• 상층부와 이 부분에 설치한 설비를 보호할 수 있도록 시설한다. 다만, 상층부의 높이가 60[m]를 넘는 경우는 최상부로부터 전체높이의 20[%] 부분에 한한다. (★★)
　　• 코너, 모서리, 중요한 돌출부 등에 우선배치하고, 피뢰시스템등급 Ⅳ(4) 이상으로 하여야 한다.
　　• 수뢰부는 구조물의 철골 프레임 또는 전기적으로 연결된 철골 콘크리트의 금속과 같은 자연부재 인하도선에 접속 또는 인하도선을 설치한다.
　㉱ 건축물·구조물과 분리되지 않은 수뢰부 시스템
　　• 지붕 마감재가 불연성 재료로 된 경우 지붕표면에 시설할 수 있다.
　　• 지붕 마감재가 높은 가연성 재료로 된 경우 지붕재료와 다음과 같이 이격하여 시설한다.
　　　- 초가지붕 또는 이와 유사한 경우 0.15[m] 이상
　　　- 다른 재료의 가연성 재료인 경우 0.1[m] 이상

② 인하도선(수뢰부시스템과 접지시스템을 연결하는 것)
　㉮ 구성 (★★)
　　• 복수의 인하도선을 병렬로 구성해야 한다. 다만, 건축물·구조물과 분리된 피뢰시스템인 경우 예외로 한다.
　　• 경로의 길이가 최소가 되도록 한다.
　㉯ 배치방법
　　• 건축물·구조물과 분리된 피뢰시스템인 경우
　　　- 뇌전류의 경로가 보호 대상물에 접촉하지 않도록 하여야 한다.
　　　- 별개의 지주에 설치되어 있는 경우 각 지주 마다 1조 이상의 인하도선을 시설한다.
　　　- 수평도체 또는 그물망도체인 경우 지지 구조물 마다 1조 이상의 인하도선을 시설한다.
　　• 건축물·구조물과 분리되지 않은 피뢰시스템인 경우
　　　- 벽이 불연성 재료로 된 경우에는 벽의 표면 또는 내부에 시설할 수 있다. 다만, 벽이 가연성 재료인 경우에는 0.1[m] 이상 이격하고, 이격이 불가능한 경우에는 도체의 단면적을 100[mm²] 이상으로 한다.
　　　- 인하도선의 수는 2조 이상으로 한다.
　　　- 보호대상 건축물·구조물의 투영에 다른 둘레에 가능한 한 균등한 간격으로 배치한다. 다만, 노출된 모서리부분에 우선하여 설치한다.
　　　- 병렬 인하도선의 최대 간격은 피뢰시스템 등급에 따라 Ⅰ·Ⅱ 등급은 10[m], Ⅲ 등급은 15[m], Ⅳ 등급은 20[m]로 한다. (★★)
　㉰ 수뢰부시스템과 접지극시스템 사이에 전기적 연속성이 형성
　　• 경로는 가능한 한 최단거리로 곧게 수직으로 시설하되 루프 형성이 되지 않아야 하며, 처마 또는 수직으로 설치된 홈통 내부에 시설하지 않아야 한다.
　　• 자연적 구성부재를 사용하는 경우에는 전기적 연속성이 보장되어야 한다. 다만, 전기적 연속

성 적합성은 해당하는 금속부재의 최상단부와 지표레벨사이의 직류전기저항을 $0.2[\Omega]$ 이하로 한다. (★★)
- 시험용 접속점을 접지극시스템과 가까운 인하도선과 접지극시스템의 연결부분에 시설하고, 이 접속점은 항상 폐로되어야 하며 측정시에 공구 등으로만 개방할 수 있어야 한다. 다만 자연적 구성부재를 이용하는 경우는 제외한다.

㉣ 인하도선으로 사용하는 자연적 구성부재
- 각 부분의 전기적 연속성과 내구성이 확실하고, 인하도선으로 규정된 값 이상인 것
- 전기적 연속성이 있는 구조물 등의 금속제 구조체(철골, 철근 등)
- 구조물 등의 상호 접속된 강제 구조체
- 장식벽재, 측면레일 및 금속제 장식벽의 보조재로서, 치수가 인하도선에 대한 요구조건에 적합하거나 두께가 $0.5[mm]$ 이상인 금속관. 다만, 수직방향 전기적연속성이 유지되도록 접속한다.
- 구조물 등의 상호 접속된 철근·철골 등을 인하도선으로 이용하는 경우 수평환상도체는 설치하지 않아도 된다.

③ 접지극시스템(뇌전류를 대지로 방류)

㉮ 구성 (★★)
- 수평 또는 수직접지극(A형) 또는 환상도체접지극 또는 기초접지극(B형) 중 하나 또는 조합한 시설

㉯ 배치
- 수평 또는 수직 접지극(A형)은 최소 2개 이상을 동일 간격으로 배치해야 하고, 접지극의 최소길이에 의한 피뢰시스템 등급별로 대지저항률에 따른 최소길이 이상으로 한다.
- 환상도체접지극 또는 기초접지극(B형)은 접지극 면적을 환산한 평균반지름이 접지극의 최소길이에 의한 최소길이 이상으로 하여야 하며, 평균반지름이 최소길이 미만인 경우에는 해당하는 길이의 수평 또는 수직매설 접지극을 추가로 시설하여야 한다. 다만 추가하는 수평 또는 수직매설 접지극의 수는 최소 2개 이상으로 한다.
- 접지극시스템의 접지저항이 $10[\Omega]$ 이하인 경우 최소 길이 이하로 할 수 있다. (★★)

㉰ 접지극 시설
- 지표면에서 $0.75[m]$ 이상 깊이로 매설 하여야 한다. 다만, 필요시는 해당지역의 동결심도를 고려한 깊이로 할 수 있다.
- 대지가 암반지역으로 대지저항이 높거나 건축물·구조물이 전자통신 시스템을 많이 사용하는 시설의 경우에는 환상도체접지극 또는 기초접지극으로 한다.
- 접지극 재료는 대지에 환경오염 및 부식의 문제가 없어야 한다.
- 철근콘크리트 기초 내부의 상호 접속된 철근 또는 금속제 지하구조물 등 자연적 구성부재는 접지극으로 사용할 수 있다. (★★)

(3) 내부 피뢰시스템

① 전기전자설비 보호용 피뢰시스템(KEC 153.1)

㉮ 뇌서지에 대한 보호 방법 (★★)
- 접지·본딩

- 자기차폐와 서지유입경로 차폐
- 서지보호장치 설치
- 절연인터페이스 구성

④ 전기전자설비의 접지·본딩으로보호
- 뇌서지 전류를 대지로 방류시키기 위한 접지를 시설하여야 한다.
- 전위차를 해소하고 자계를 감소시키기 위한 본딩을 구성하여야 한다. (★★)

⑤ 접지극
- 전자·통신설비 또는 이와 유사한 것 의 접지는 환상도체접지극 또는 기초접지극으로 한다.
- 접지를 환상도체접지극 또는 기초접지극으로 시설하는 경우, 그물망 접지망을 5[m] 이내의 간격으로 시설하여야 한다. 다만, 기초철근콘크리트바닥이 상호 잘 접속되어 철근 등이 그물망을 형성되거나 접지극에 5[m] 이내마다 연결되는 경우는 접지극으로 본다. (★★)
- 복수의 건축물·구조물 등 을 각각 접지를 구성하고, 각각의 부분을 연결하는 콘크리트덕트·금속제배관의 내부에 케이블 또는 같은 경로로 배치된 복수의 케이블이 있는 경우 각각의 접지 상호 간은 병행 설치된 도체로 연결하여야 한다. 다만, 차폐 케이블인 경우는 차폐선을 양끝에서 각각의 접지시스템에 등전위본딩하는 것으로 한다.

⑥ 등전위본딩망(전자·통신설비 또는 이와 유사한 것에서 위험한 전위차를 해소하고 자계를 감소)
- 등전위본딩망은 건축물·구조물의 도전성부분 또는 내부설비 일부분을 통합하여 시설한다.
- 등전위본딩망은 그물망 폭이 5[m] 이내가 되도록 하여 시설하고 구조물과 구조물 내부의 금속부분은 다중으로 접속한다. 다만, 금속부분이나 도전성설비가 피뢰구역의 경계를 지나가는 경우에는 직접 또는 서지보호장치를 통하여 본딩 한다.
- 도전성 부분의 등전위본딩은 방사형, 그물망형 또는 이들의 조합형으로 한다

⑦ 전기전자설비 보호를 위한 서지보호장치 시설
- 건축물·구조물은 하나 이상의 피뢰구역을 설정하고 각 피뢰구역의 인입선로에는 전기선, 통신선 등에는 서지보호장치를 설치한다. (★★)
- 서지보호장치의 선정은 다음에 의한다.
  - 전기설비의 보호는 저전압 서지보호장치, 저전압 배전 계통에 접속한 서지보호 장치, 저압 전력 계통의 저압 서지보호장치에 의한 제품을 사용한다.
  - 전자·통신설비 또는 이와 유사한 것의 보호는 저전압 서지보호장치, 통신망 접속용 서지보호장치 적용에 따른다.
- 지중 저압수전의 경우, 내부에 설치하는 전기전자기기의 과전압 범주별 임펄스내전압이 규정값에 충족하는 경우는 서지보호장치를 생략 할 수 있다.

② 피뢰시스템 등전위본딩 (KEC 153.2)
  ㉮ 외부피뢰시스템의 도체부분은 다음의 금속성 부분과 등전위본딩을 하여야 한다. (★★)
  - 금속제 설비
  - 구조물에 접속된 외부 도전성 부분
  - 내부피뢰시스템

  ㉯ 등전위본딩의 상호 접속은 다음에 의한다.
  - 자연적 구성부재로 인한 본딩으로 전기적 연속성을 확보할 수 없는 장소는 본딩도체로 연결한다.
  - 본딩도체로 직접 접속이 적합하지 않거나 허용되지 않는 장소는 서지보호장치로 연결한다.

㉰ 금속제 설비의 등전위본딩
- 외부피뢰시스템이 보호대상 건축물·구조물에서 분리된 독립형인 경우, 등전위본딩은 지표레벨 부근에서 시설하여야 한다.
- 외부피뢰시스템이 보호대상 건축물·구조물에 접속된 경우 등전위본딩은 다음의 위치에서 접속하여야 한다.
  - 기초부분 또는 지표레벨 부근 위치에서 하여야 하며, 동전위 본딩도체는 등전위본딩 바에 접속하고, 등전위본딩바는 접지시스템에 접속하여야 하며, 쉽게점검할 수 있도록 하여야 한다.
  - 절연 요구조건에 따른 안전 이격거리를 확보할 수 없는 경우에는 피뢰시스템과 건축물·구조물 또는 내부설비의 도전성부분은 등전위본딩 하여야 하며, 직접 접속하거나 충전부인 경우는 서지보호장치를 경유하여 접속하여야 한다. 다만, 서지보호장치를 사용하는 경우 보호레벨은 보호구간기기의 임펄스 내전압보다 작아야 한다.
- 건축물·구조물의 등전위본딩은 다음과 같이하여야 한다
  - 높이가 20[m] 이상인 경우, 지표면 및 높이 20[m] 부분에는 환상형 등전위본딩 바를 설치하거나 두 개 이상의 등전위본딩 바를 충분히 이격하여 설치하고 서로 접속한다.
  - 높이가 30[m] 이상인 경우 지표면 및 높이 20[m]의 지점과 그 이상 20[m] 높이 마다 등전위본딩을 반복적으로 환상형 등전위본딩 바를 설치하거나 두 개 이상의 등전위본딩 바를 충분히 이격하여 설치하고 서로 접속한다.
- 등전위본딩 연결은 가능한 한 직선으로 하여야 한다.

㉱ 인입설비의 등전위본딩
- 건축물·구조물의 외부에서 내부로 인입되는 설비의 도전부에 대한 등전위본딩은 다음에 의한다.
  - 인입구 부근에서 143.1.1(금속배관, 금속보강재, 계통외 도전부)에 의한 감전보호용 등전위본딩 한다.
  - 전원선은 서지보호장치를 경유하여 등전위본딩 한다.
  - 통신 및 제어선은 내부와의 위험한 전위차 발생을 방지하기 위해 직접 또는 서지보호장치를 통해 등전위본딩 한다. (★★)
- 저압수전하는 경우 인입용 배전반 또는 분전함 가까운 지점에서 등전위본딩을 하여야 하며, 본딩바는 짧은경로의 본딩용도체로 접지에 접속하여야 한다
- 가스관 또는 수도관의 연결부가 절연체인 경우 해당설비 공급사업자의 동의를 받아 적절한 공법(절연방전캡 등 사용)으로 등전위본딩 하여야 한다.
- 저압 접지계통이 TN계통인 경우, 보호도체 또는 중성선 겸용 보호도체는 직접 또는 서지보호장치를 통하여 본딩 바에 접속하여야 한다. 다만, 전원선 또는 통신선이 차폐되었거나 금속관 내에 배선되어 있으면, 차폐층 또는 금속관을 본딩하여야 한다.

㉲ 등전위본딩 바
- 설치위치는 짧은 경로로 접지시스템에 접속할 수 있는 위치로 하여야 하며, 저압수전계통인 경우 주 배전반에 가까운 지표면 근방 내부 벽면에 설치한다.
- 접지시스템(환상접지전극, 기초접지전극, 구조물의 접지보강재 등)에 짧은 경로로 접속하여야 한다.

- 외부 도전성 부분, 전원선과 통신선의 인입점이 다른 경우 여러개의 등전위본딩바를 설치할 수 있다.
- 건축물·구조물이 낮은 레벨의 서지내전압이 요구되는 전자·통신설비(또는 유사한 것)용인 경우 시설하는 내부 환상도체는 5[m] 마다 보강재에 접속하여야 한다.

SECTION 02 저압 전기설비

1. 통칙

(1) 계통접지의 방식(KEC 203)

① 저압전로의 보호도체 및 중성선 접속 방식에 따른 접지계통의 분류
㉮ TN 계통, ㉯ TT 계통, ㉰ IT 계통 (분류 아닌 것 : TC, TM 등)

구분	관계·상태	기호	내용
제1문자	1. 전력계통과 대지와의 관계 2. 전원측 변압기의 접지상태	T	대지에 직접 접지
		I	비접지(절연) 또는 임피던스 접지
제2문자	1. 설비의 노출 도전성 부분과 대지와의 관계 2. 설비의 접지상태	T	노출 도전부(외함)를 직접 접지, 전원계통 접지와 무관
		N	전력계통의 중성점(접지점)에 접속
제3문자	중성선 및 보호도체의 접속	S	중성선과 보호도체를 분리
		C	중성선과 보호도체를 겸용(PEN선)

※ T(Terra), I(Insulation or impedance), N(Neutral), S(Separator), C(Combine)

기호설명	
─────•──	중성선(N), 중간도체(M)
─────/──	보호도체(PE)
────/•──	중성선과 보호도체 겸용(PEN)

[계통에서 사용하는 기호]

② TN 계통(KEC 203.2) : 전원측의 한 점을 직접 접지하고 설비의 노출도전부를 보호도체로 접속
㉮ $TN-S$: 계통 전체에 대해 별도의 중성선 또는 PE 도체를 사용(3가지 유형이 있음)
(이해 : 계통의 중성점 접지와 노출도전부 접지를 분리)

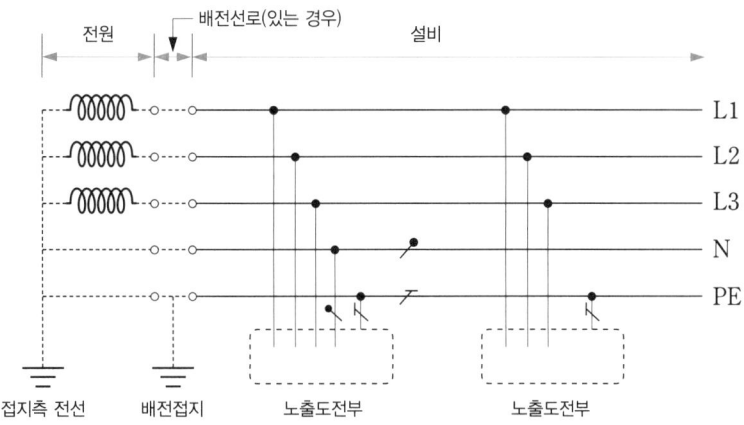

[계통 내에서 별도의 중성선과 보호도체가 있는 계통]

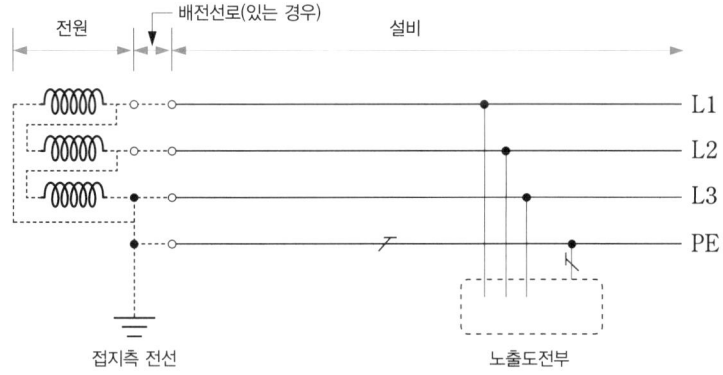

[계통 내에서 별도의 접지된 선도체와 보호도체가 있는 계통]

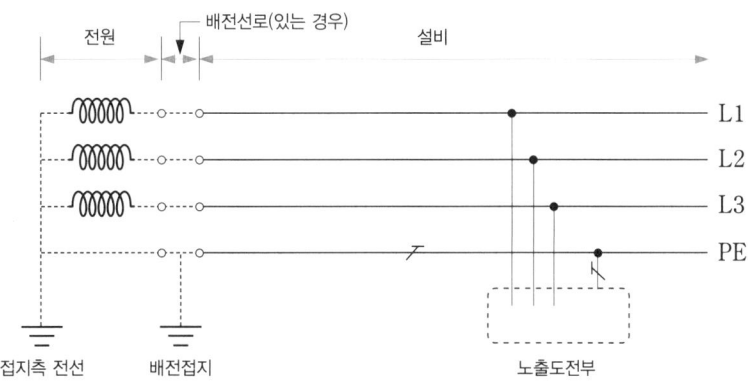

[계통 내에서 접지된 보호도체는 있으나 중성선이 없는 계통]

㈏ $TN-C$: 계통 전체에 대해 중성선과 보호도체의 기능을 동일도체로 겸용한 PEN 도체를 사용

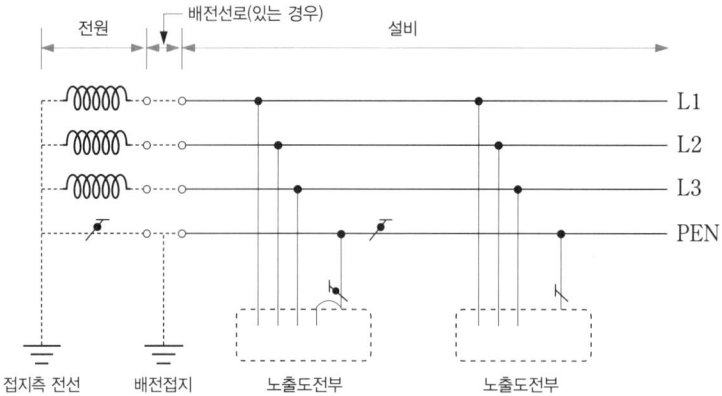

㈐ $TN-C-S$: 계통의 일부분에서 PEN 도체를 사용, 중성선과 별도의 PE 도체를 사용
  배전계통에서 PEN 도체와 PE 도체를 추가로 접지 가능

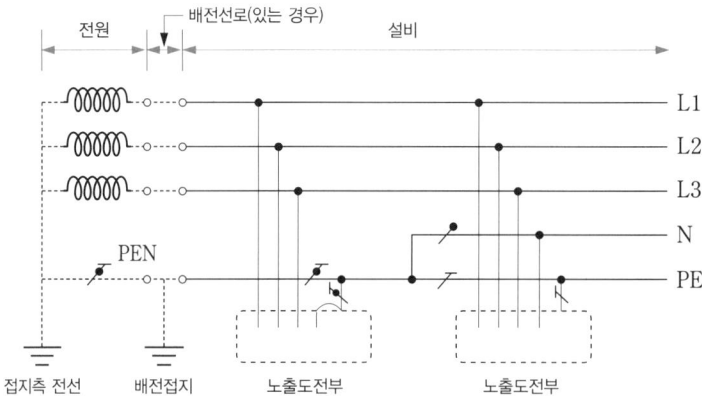

② TT 계통(KEC 203.3)
  ㈎ 전원의 한 점을 직접 접지, 설비의 노출 도전부는 전원계통 접지극과 독립 접지
  ㈏ 우리나라 수용가에 적용(반드시 누전차단기 설치)

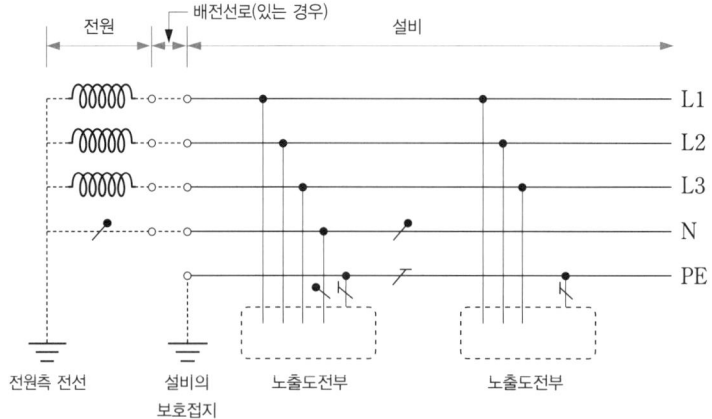

[설비 전체에서 별도의 중성선과 보호도체가 있는 계통]

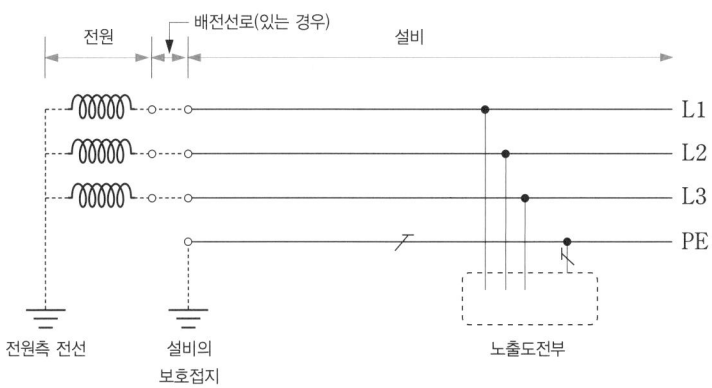

[설비 전체에서 접지된 보호도체가 있으나 배전용 중성선이 없는 계통]

③ IT 계통(KEC 203.4)
  ㉮ 충전부 전체를 대지 절연시키거나, 한 점을 임피던스를 통해 접속
  ㉯ 전원이 차단되어서는 안되는 곳에 적용

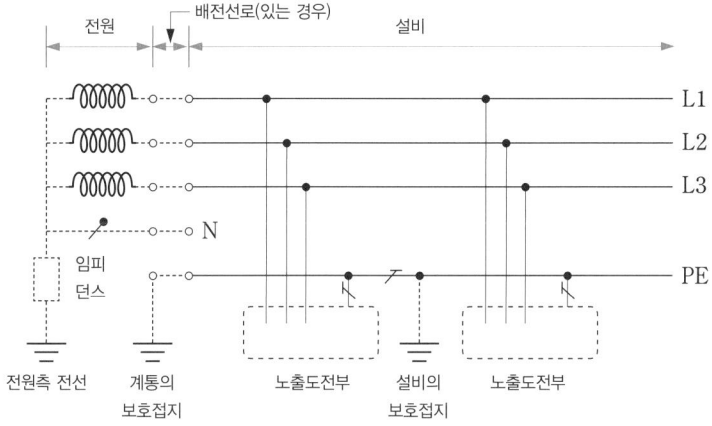

[계통내의 모든 노출도전부가 보호도체에 의해 접속되어 일괄 접지된 계통]

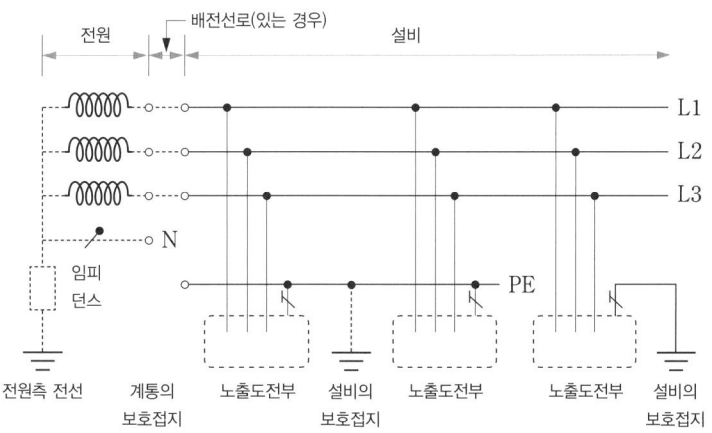

[계통내의 노출도전부가 조합으로 또는 개별로 접지된 계통]

2. 안전을 위한 보호

※ 안전을 위한 보호 종류
① 감전 ② 과전류 ③ 과전압 ④ 열 영향(에 대한 보호)

(1) 감전에 대한 보호(KEC 211)
① 안전을 위한 보호에서 전압규정
  ㉮ 교류전압 : 실효값
  ㉯ 직류전압 : 리플프리(직류의 맥동성분이 10[%] 이하의 직류성분)
② 전원의 자동차단에 의한 보호대책
  ㉮ 고장시의 자동차단

[32[A] 이하 분기회로의 최대 차단시간]

계통	50[V] < U_0 ≤ 120[V]		120[V] < U_0 ≤ 230[V]		230[V] < U_0 ≤ 400[V]		U_0 > 400[V]	
	교류	직류	교류	직류	교류	직류	교류	직류
TN	0.8	–	0.4	5	0.2	0.4	0.1	0.1
TT	0.3	–	0.2	0.4	0.07	0.2	0.04	0.1

※ U_0 : 대지에서 공칭 교류전압 또는 직류 선간 전압

  ㉯ 누전차단기 시설(KEC 211.2.4)
    • 금속제 외함을 가지는 50[V] 초과 저압 기계기구
    • 주택의 인입구 등 누전차단기 설치 요구하는 전로
    • 고압, 특고압 전로 또는 저압전로와 변압기에 의하여 결합되는 사용전압 400[V] 초과 저압전로
    • 발전기에서 공급하는 사용전압 400[V] 초과의 저압전로
  ㉰ 누전차단기 시설 생략
    • 기계기구를 발·변전소, 개폐소에 시설하는 경우
    • 기계기구를 건조한 곳에 시설하는 경우
    • 대지전압이 150[V] 이하인 기계기구를 물기가 있는 곳 이외 장소
    • 전로의 전원 측에 절연변압기(2차 전압이 300[V] 이하인 경우)를 시설하고 또한 그 절연변압기의 부하측의 전로에 접지하지 아니하는 경우
  ㉱ 1차 고장이 지속되는 동안 작동되어야 하는 감시·보호 장치(IT계통)
    • 절연 감시장치   • 누설전류 감시장치
    • 절연고장검출장치   • 과전류 보호장치
  ㉲ 특별저압 계통 전원(SELV와 PELV용 전원)
    • 안전절연변압기
    • 안전절연변압기 및 이와 동등한 절연의 전원
    • 축전지 및 디젤발전기 등과 같은 독립전원
    • 안전절연변압기, 전동발전기 등 저압으로 공급되는 이중 또는 강화 절연된 이동용 전원

(2) 과전류에 대한 보호(KEC 212) : 과전류 = 과부하전류 + 단락전류

① 과부하 전류에 대한 보호

㉮ 도체와 과부하 보호장치 사이의 협조(KEC 212.4.1)

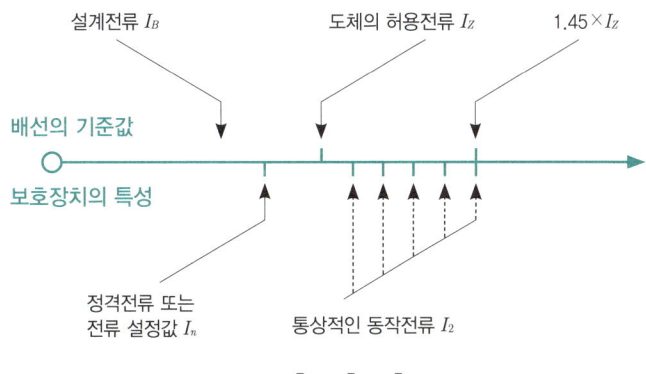

$$I_B \leq I_n \leq I_Z$$

(단, I_B : 회로의 설계전류, I_n : 보호장치의 정격전류, I_Z : 케이블의 허용전류)

㉯ 과부하 보호장치의 설치 위치(KEC 212.4.2) : 단락전류 보호장치는 분기점에 설치해야 한다. 분기회로의 단락보호 장치 설치점과 분기점 사이에 다른 분기회로 또는 콘센트의 접속이 없고 단락, 화재 및 인체에 대한 위험이 최소화 될 경우, 분기회로의 단락 보호장치는 분기점으로부터 3[m]까지 이동설치 할 수 있다.(단, S_2 도체가 P_1에 의하여 단락보호가 되는 경우는 P_2의 설치거리는 제한이 없다) (★★)

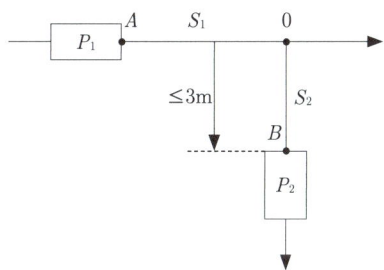

[분기회로(S_2)의 분기점(O)에서 3[m] 이내에 설치된 과부하 보호 장치(P_2)]

㉰ 과부하 보호장치 생략(KEC 212.4.3)
- 회전기의 여자회로
- 전자석 크레인의 전원회로
- 전류변성기의 2차회로
- 소방설비의 전원회로
- 안전설비(주거침입경보, 가스누출경보 등)의 전원회로

② 단락 전류에 대한 보호

㉮ 케이블 등의 단락전류에 의한 전선의 단면적 계산

(5초 이하)단락전류에 의해 절연체의 허용온도에 도달하는 시간(KEC 212.5.5)에 의해 계산

$$t=\left(\frac{kS}{I}\right)^2 [초] \quad \therefore S=\frac{\sqrt{t}}{k}I \ [mm^2]$$

(단, t : 단락전류 지속시간[초], S : 도체의 단면적[mm²], I : 유효단락전류(실효값)[A],
  k : 도체재료의 저항률, 온도계수, 열용량, 해당 초기온도와 최종온도를 고려한 계수)

③ 저압 전로 중의 과전류차단기의 시설(KEC 212.3.4)
  ㉮ 과전류차단기로 저압전로에 사용하는 저압퓨즈의 용단특성

정격전류의 구분	시간	정격전류의 배수	
		불용단 전류	용단전류
4[A] 이하	60분	1.5배	2.1배
4[A] 초과 16[A] 미만	60분	1.5배	1.9배
16[A] 이상 63[A] 이하	60분	1.25배	1.6배
63[A] 초과 160[A] 이하	120분	1.25배	1.6배
160[A] 초과 400[A] 이하	180분	1.25배	1.6배
400[A] 초과	240분	1.25배	1.6배

  ㉯ 산업용 배선용 차단기의 과전류 트립 동작시간 및 특성

정격전류의 구분	시간	정격전류의 배수	
		부동작 전류	동작전류
63[A] 이하	60분	1.05배	1.3배
63[A] 초과	120분	1.05배	1.3배

  ㉰ 주택용 배선용 차단기의 과전류 트립 동작시간 및 특성

정격전류의 구분	시간	정격전류의 배수	
		불용단 전류	용단전류
63[A] 이하	60분	1.13배	1.45배
63[A] 초과	120분	1.13배	1.45배

  ㉱ 주택용 배선용 차단기의 순시트립에 따른 구분

형	순시트립 범위
B	3In 초과 ~ 5In 이하
C	5In 초과 ~ 10In 이하
D	10In 초과 ~ 20In 이하

  ※ 1. B, C, D : 순시트립 전류에 따른 차단기 분류
    2. In: 차단기 정격전류

> **차단기의 동작특성 (★★★)**
>
> • 산업용 배선용차단기 • 저압퓨즈 • 비포장(고압퓨즈) • 포장(고압퓨즈)
>
> 동작시간 : 63[A] 이하 60분, 초과 120분 (고압은 각각 2분 120분)
> 불용단전류와 용단전류 순서대로 (1.05/1.3) (1.25/1.6) (1.25/2) (1.3/2)

④ 저압전로 중의 전동기 보호용 과전류보호장치의 시설(KEC 212.6.3) (★★★)
  ㉮ 과부하보호장치와 단락보호 전용 차단기 또는 단락보호 전용 퓨즈를 하나의 전용함속에 넣어 시설
  ㉯ 저압전로 중의 전동기 보호용 과전류 보호 장치의 시설 생략(KEC 212.6.3)
   • 정격 출력이 0.2[kW] 이하인 전동기
   • 전동기를 운전 중 상시 취급자가 감시 할 수 있는 위치 시설 경우
   • 전동기의 구조나 부하의 성질로 보아 전동기가 소손할 수 있는 과전류가 생길 우려가 없는 경우
   • 단상전동기로서 그 전원측 전로에 시설하는 과전류차단기의 정격전류가 16[A](배선용차단기는 20[A])이하인 경우

⑤ 간선의 허용전류 : 간선의 굵기를 결정하는 값 (★★★)

  ※ 간선의 허용전류$(Ia) \geq K \times \sum I_M + \sum I_H$

  $\sum I_M$ = 전동기의 정격전류 합계
  $\sum I_H$ = 전등.전열기의 정격전류의 합계
  K = 여유계수(1배, 1.1배, 1.25배)
    = 1 $\sum I_M < \sum I_H$
    = 1.1 $\sum I_M \geq \sum I_H$ AND $\sum I_M > 50[A]$
    = 1.25 $\sum I_M \geq \sum I_H$ AND $\sum I_M \leq 50[A]$

> **간선 및 분기회로 참고 그림**
>
>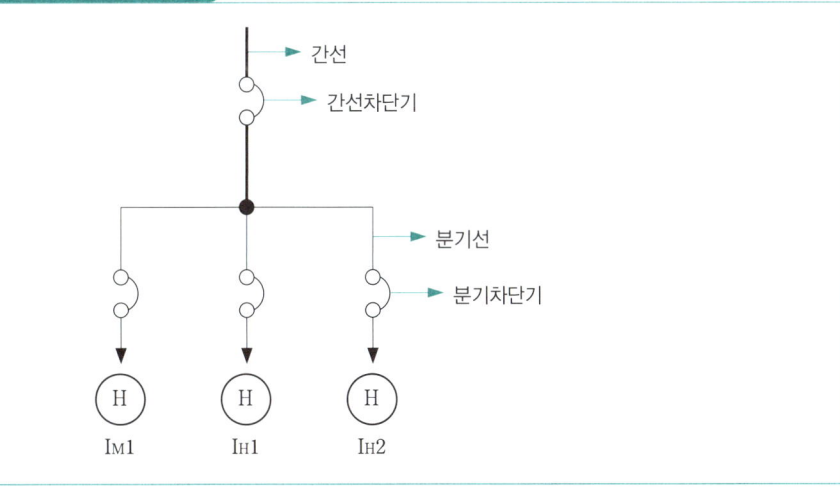

(3) 과전압에 대한 보호(KEC 213)

① 고압계통의 지락고장으로 인한 저압설비 보호

㉮ 변전소에서 고압측 지락고장의 경우 저압설비에 영향을 미치는 전압
- 상용주파 고장전압(U_f)
- 상용주파 스트레스 전압(U_1 및 U_2)

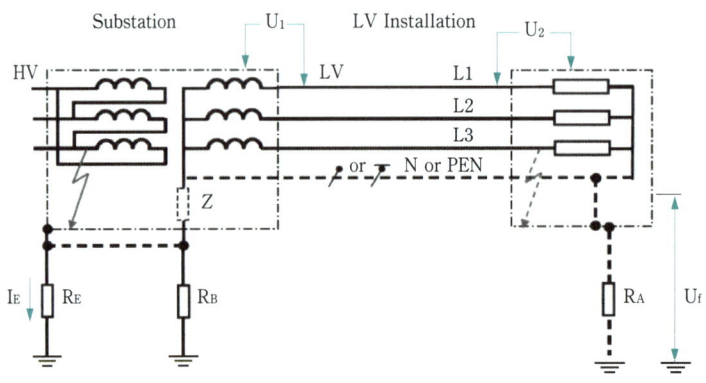

[고압계통의 지락고장 시 저압계통에서의 과전압 발생도]

㉯ 과전압에 대한 보호 : 고압계통에서 지락으로 인한 저압설비 내의 저압기기의 상용주파 스트레스 전압의 크기와 지속 시간

고압계통에서 지락고장시간[초]	저압설비 허용 상용주파 과전압[V]	비고
t > 5 (초과)	$U_0 + 250$	중성선 도체가 없는 계통에서 U_0는 선간전압
t ≤ 5 (이하)	$U_0 + 1,200$	

(4) 열 영향에 대한 보호

① 전기기기에 의한 화재방지
② 전기기기에 의한 화상방지(KEC 214.2.2)

접촉할 가능성이 있는 부분	접촉할 가능성이 있는 표면의 재료	최고 표면 온도[℃]
손으로 잡고 조작시키는 것	금속 비금속	55 65
손으로 잡지 않지만 접촉하는 부분	금속 비금속	70 80
통상 조작 시 접촉할 필요가 없는 부분	금속 비금속	80 90

③ 과열에 대한 보호(대상)(KEC 214.3)
  ㉮ 강제 공기난방시스템   ㉯ 온수기 또는 증기발생기   ㉰ 공기난방설비

SECTION 03 고압·특고압 전기설비

1. 통칙

(1) 중성점 접지방법 선정시 고려사항(KEC 302.2)

- 전원공급의 연속성 요구사항
- 고장부위의 선택적 차단(일괄 차단금지)
- 접촉 및 보폭전압
- 운전 및 유지보수 측면
- 지락고장에 의한 기기의 손상제한
- 고장위치의 감지
- 유도성 간섭

(2) 고압 및 특고압 전기설비에서 기계적 요구사항(KEC 302.3)

- 기기 및 지지구조물
- 빙설하중
- 개폐전자기력
- 도체 인장력의 상실
- 인장하중
- 풍압하중(풍력하중 ×)
- 단락전자기력
- 지진하중

2. 안전을 위한 보호

고압 및 특고압 전기설비에서 안전을 위한 보호(KEC 311)

- 직접 접촉에 대한 보호
- 아크 고장에 대한 보호(열 영향 ×)
- 화재에 대한 보호
- 육불화황(SF_6)의 누설에 대한 보호
- 간접 접촉에 대한 보호
- 직격뢰에 대한 보호
- 절연유 누설에 대한 보호

3. 접지설비

(1) 고압·특고압 접지계통(KEC 321.2)

(접지전위상승 제한 값에 의한) 고압 또는 특고압 및 저압 접지시스템의 상호접속의 최소요건

저압계통의 형태		대지전위상승(EPR) 요건		
		접촉전압	스트레스 전압	
			고장지속시간 $t_f \leq 5[s]$	고장지속시간 $t_f > 5[s]$
TT		해당 없음	$EPR \leq 1,200[V]$	$EPR \leq 250[V]$
TN		$EPR \leq F \cdot U_{Tp}$	$EPR \leq 1,200[V]$	$EPR \leq 250[V]$
IT	보호도체 있음	TN 계통에 따름	$EPR \leq 1,200[V]$	$EPR \leq 250[V]$
	보호도체 없음	해당 없음	$EPR \leq 1,200[V]$	$EPR \leq 250[V]$

(2) 혼촉에 의한 위험방지 시설(KEC 322) (★★★)

① 특고압(또는 고압)과 저압의 혼촉에 의한 위험방지 시설(KEC 322.1)
  ㉮ 고압전로 또는 특고압전로와 저압전로를 결합하는 변압기의 저압측의 중성점 접지공사
    • 변압기 시설장소마다 접지시공(하기 어려운 경우 가공공동지선 사용)
    • 계산된 접지저항값이 10[Ω]을 넘을 때는 10[Ω] 이하(저압측의 중성점(Y결선) 또는 300[V] 이하 변압기의 중성점에 하기 어려울 때는 저압 측의 1단자(△결선))
    • 접지공사는 변압기 시설장소마다 시행하여야 하나, 토지의 상황 등 변압기의 시설 장소에서 접지저항값을 얻기 어려운 경우 변압기 시설장소로부터 200[m]까지 떼어 놓을 수 있다.
  ㉯ 위 규정에 하기 어려울 때 가공공동지선을 설치하여 2 이상의 시설 장소에 공통의 접지공사 시행
    • 가공공동지선 5.26[kN] 이상 또는 4[mm] 이상 경동선 사용
    • 변압기 중심 400[m] 이내 접지공사
    • 대지 사이의 합성 전기저항 값은 1[km]를 지름으로 하는 지역 안마다 규정된 접지저항값 이하
    • 각 접지도체를 가공 공동 지선으로부터 분리하였을 경우의 각 접지도체와 대지사이의 전기저항값은 300[Ω] 이하

② 혼촉방지판이 있는 변압기에 접속하는 저압 옥외전선의 시설(KEC 322.2)
  고압전로(특고압전로)와 저압전로 간에 혼촉방지판이 있는 변압기의 혼촉방지판에 중성점 접지공사 (10[Ω] 이하) 시설 조건
  ㉮ 저압전선은 1구내만 시설
  ㉯ 저압 가공전선로 또는 저압 옥상전선로의 전선은 케이블일 것
  ㉰ 병가금지(단, (특)고압 전선이 케이블 사용 시 허용)
    (병가 : 저압 가공전선과 고압 또는 특고압의 가공전선을 동일 지지물에 시설)

③ 특고압과 고압의 혼촉 등에 의한 위험방지 시설(KEC 322.3)
  고압측에 사용전압 3배 이하 전압 가하여진 경우 방전하는 장치 설치(변압기 단자에 가까운 1극에)
  단, ㉮ 피뢰기를 고압측 모선 시설 (사용전압 3배 이하 전압 가하여진 경우 방전) 하거나
      ㉯ 특고압, 고압간에 혼촉방지판을 설치하여 접지저항값 10[Ω]이하인 경우 생략 가능

④ 전로의 중성점 접지
  ㉮ 목적 : 전로의 보호장치의 확실한 동작을 확보, 이상전압의 억제 및 대지전압의 저하가 목적
  ㉯ 접지공사
  ㉮ 접지도체 16[mm²] 이상의 연동선, 금속선(단, 저압전로의 중성점에 시설시 6[mm²] 이상)
  ㉯ 변압기의 안정권선이나 유휴권선 또는 전압조정기의 내장권선을 이상전압으로부터 보호필요시 권선에 접지공사

4. 고압 및 특고압 옥내 설비의 시설

(1) 고압 옥내배선 등의 시설(KEC 342.1)
① 공사방법 : 애자사용배선(건조, 전개된 장소), 케이블배선, 케이블트레이배선
② 애자사용배선 시설기준
  ㉮ 전선 굵기 : 6[mm²]이상의 연동선 또는 고압 및 특고압 절연전선, 인하용 고압절연전선

㉯ 지지거리 : 6[m] 이하(전선 조영재 면을 따라 붙이는 경우 : 2[m] 이하)
　　　㉰ 이격거리 : 전선 상호간 8[cm] 이상, 전선과 조영재간 : 5[cm] 이상
　③ 이격거리
　　　㉮ 0.6[m] : 가스계량기, 가스관의 이름부, 전력량계, 개폐기
　　　㉯ 0.3[m] : 저압 옥내전선이 나전선
　　　㉰ 0.15[m] : 고압 옥내배선이 다른 고압 옥내배선·저압 옥내전선·관등회로의 배선·약전류 전선 등 또는 수관·가스관이나 이와 유사한 것과 접근하거나 교차하는 경우에는 고압 옥내 배선과 다른 고압 옥내배선·저압 옥내전선·관등회로의 배선·약전류 전선 등 또는 수관·가스관이나 이와 유사한 것 사이

(2) 옥내 고압용 이동전선의 시설(KEC 342.2)
　① 전선은 고압용의 캡타이어 케이블
　② 물기가 많은 장소: 캡타이어 케이블 또는 방습코드
　③ 옥내 시설 : 캡타이어 케이블 사용(단, 비닐 캡타이어케이블 제외)

(3) 특고압 옥내 전기설비의 시설(KEC 342.4)
　① 특고압 옥내배선의 사용전압 : 100[kV] 이하
　② 케이블트레이공사 시설하는 경우 : 35[kV] 이하
　③ 특고압 옥내배선과 저·고압 옥내배선, 관등회로의 배선 또는 고압 옥내전선·약전류 전선 등 또는 수관·가스관 이격거리 : 0.6[m] 이상(단, 상호 간에 견고한 내화성 격벽 시설할 경우 제외)

SECTION 04 전선로

1. 종류

가공, 옥상(특고압 사용불가), 옥측(2.0[mm] 이상), 터널내, 지중, 수상, 수저 (아닌 것 : 산간, 해저, 철도)
(가·옥·터　지·수) (★★★)

2. 가공전선로의 지지물(★★★)

지지물이란 전주 및 철탑과 이와 유사한 시설물로서 전선류를 지지하는 것을 목적으로 하는 것
① 목주(시가지에 설치 불가)
② 철주
③ 철근콘크리트주
④ 철탑(임시 가공전선로에 사용시 6개월 이내 것에 한함)
　※ 지지선은 지지물이 아님

3. 지지물 구성 재료 : 강판 · 형강 · 평강 · 봉강 · 강관 (아닌 것 : 단강)

4. 특별고압 가공전선로의 철주 · 철근콘크리트주 또는 철탑의 종류(KEC 333.11)

- 직선형 : 전선로의 직선부분(3° 이하인 수평각도)에 사용하는 것
- 각도형 : 전선로중 3°를 초과하는 수평각도를 이루는 곳에 사용하는 것
- 인류형 : 전가섭선을 인류하는 곳에 사용하는 것(한쪽에만 힘 받는 곳)
- 내장형 : 전선로의 지지물 양쪽의 지지물 간 거리의 차가 큰 곳에 사용하는 것(최대장력 1/3의 불평형장력 고려)
- 보강형 : 전선로의 직선부분에 그 보강을 위하여 사용하는 것(최대장력 1/6의 불평형장력 고려)
- ※ 10기 이하마다 내장형의 철주 또는 철근콘크리트주 1기를 시설하거나 5기 이하마다 보강형의 철주 또는 철근콘크리트주 1기를 시설

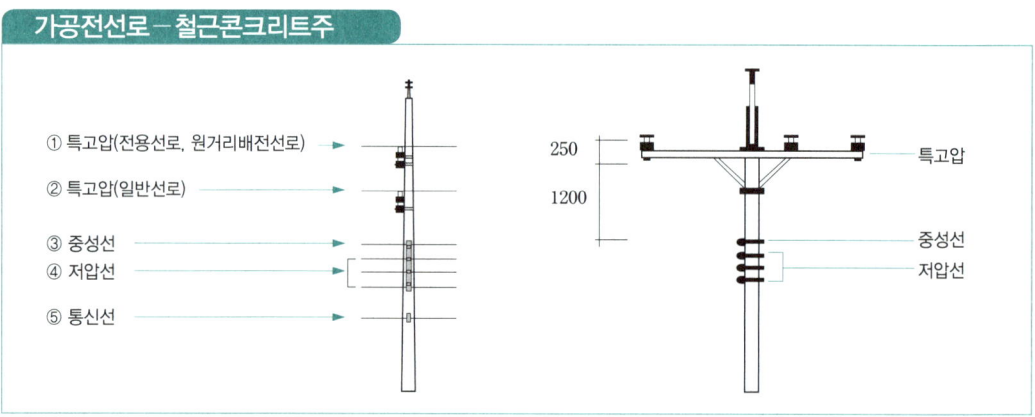

5. 지지물 승주 방지

- 발판용 볼트는 지표상 1.8[m] 이상 (★★)
- 발판 볼트의 설치 간격 : 500[mm] (50[cm], 0.5[m])

6. 풍압하중 : 가공전선로에 사용하는 지지물의 강도 계산에 적용하는 풍압하중(KEC 331.6)

(1) 종류 (KEC 331.6)

① 갑종풍압하중 : 구성재의 수직 투영면적 1[m²]에 대한 풍압을 기초로 하여 계산한 것(기준값) (★★★)

풍압을 받는 구분				구성재의 수직 투영면적 1[m²]에 대한 풍압
목주				588[Pa]
지지물	철주	원형의 것		588[Pa]
		삼각형 또는 마름모형의 것		1,412[Pa]
		강관에 의하여 구성되는 4각형의 것		1,117[Pa]
		기타의 것		복재(腹材)가 전·후면에 겹치는 경우에는 1,627[Pa], 기타의 경우에는 1,784[Pa]
	철근콘크리트주	원형의 것		588[Pa]
		기타의 것		882[Pa]
	철탑	단주(완철류는 제외함)	원형의 것	588[Pa]
			기타의 것	1,117[Pa]
		강관으로 구성되는 것(단주는 제외함)		1,255[Pa]
		기타의 것		2,157[Pa]
전선 기타 가섭선	다도체(구성하는 전선이 2가닥마다 수평으로 배열되고 또한 그 전선 상호 간의 거리가 전선의 바깥지름의 20배 이하인 것에 한한다.)를 구성하는 전선			666[Pa]
	기타의 것			745[Pa]
애자장치(특고압 전선용의 것에 한한다.)				1,039[Pa]
목주·철주(원형의 것에 한한다. 및 철근콘크리트주의 완금류(특고압 전선로용의 것에 한한다.)				단일재로서 사용하는 경우에는 1,196[Pa], 기타의 경우에는 1,627[Pa]

② 을종 풍압하중
전선 기타의 가섭선(架涉線) 주위에 두께 6[mm], 비중 0.9의 빙설이 부착된 상태에서 수직 투영면적 372[Pa](다도체를 구성하는 전선은 333[Pa]), 그 이외의 것은 갑종풍압하중의 2분의 1을 기초로 하여 계산한 것

③ 병종 풍압하중(★★★)
㉮ 갑종풍압하중의 풍압의 2분의 1을 기초로 하여 계산한 것
㉯ 빙설이 적은 저온계의 인가가 많이 연접된 장소로써 병종풍압하중을 적용할 수 있는 경우

- 저압 또는 고압 가공전선로의 지지물 또는 가섭선
- 사용전압이 35[kV] 이하의 전선에 특고압 절연전선 또는 케이블을 사용하는 특고압 가공전선로의 지지물, 가섭선 및 특고압 가공전선을 지지하는 애자장치 및 완금류

> **갑종풍압하중 암기법 (★★★)**
> - 588 기본(원형)
> - 666 다도체
> - 745 단도체
> - 1039 애자
> - 1117 강관(철주)
> - 1255 강관(철탑)

(2) 적용

	고온계절	저온계절
빙설 많은 지역	갑종	을종
빙설 적은 지역	갑종	병종

> **풍압하중 적용범위 암기 (★★★)**
> 고갑많을 : 고온계는 갑종, 많은 장소는 을종, 적은 장소는 병종
>   (빙설이 많은 지역) (빙설이 적은 지역)

7. 지지물 기초(KEC 331.7)

(1) **기초 안전율 − 2.0 이상(★★★)**

① 목주의 안전율 − 저압(1.2 이상), 고압(1.3 이상), 특별고압(1.5 이상)
　　　　　　　　　보안공사 − 저압(1.5 이상), 고압(1.5 이상), 특별고압(2 이상)
② 이상시 상정 하중(수직하중: 풍압이 전선로에 직각방향으로 가해지는 하중, 수평 횡하중·수평 종하중 : 전선로의 방향으로 가하여지는 하중)에 대한 철탑 기초 안전율 1.33 이상
③ 특고압 가공전선로의 지지물로 사용하는 철탑은 어느 계절에서도 상시 상정하중 또는 이상 시 상정하중의 3분의 2배(완금류에 대하여는 1배)의 하중 중 큰 것에 견디는 강도

(2) **전주의 근입깊이(철주 또는 철근콘크리트주)**

① 그 전체길이가 16[m] 이하, 설계하중이 6.8[kN] 이하인 것 또는 목주를 다음에 의하여 시설하는 경우
　㉮ 전체의 길이가 15[m] 이하인 경우는 땅에 묻히는 깊이를 전체길이의 6분의 1이상으로 할 것
　㉯ 전체의 길이가 15[m]를 초과하는 경우는 땅에 묻히는 깊이를 2.5[m] 이상으로 할 것.
② 철근콘크리트주로서 그 전체의 길이가 16[m] 초과 20[m] 이하이고, 설계하중이 6.8[kN] 이하의 것을 논이나 그 밖의 지반이 연약한 곳 이외에 그 묻히는 깊이를 2.8[m] 이상으로 시설하는 경우
③ 철근콘크리트주로서 전체의 길이가 14[m] 이상 20[m] 이하이고, 설계하중이 **6.8[kN] 초과 9.8[kN] 이하**의 것을 논이나 그 밖의 지반이 연약한 곳. 이외에 시설하는 경우 그 묻히는 깊이는 ①에 의한 기준보다 30[cm]를 가산하여 시설하는 경우

④ 철근콘크리트주로서 그 전체의 길이가 14[m] 이상 20[m] 이하이고, 설계하중이 9.81[kN] 초과 14.72[kN] 이하의 것을 논이나 그 밖의 지반이 연약한 곳 이외에 다음과 같이 시설하는 경우
  ㉮ 전체의 길이가 15[m] 이하인 경우에는 그 묻는 깊이를 ①의 ㉮항에 규정한 기준보다 50[cm]를 더한 값 이상
  ㉯ 전체의 길이가 15[m] 초과 18[m] 이하인 경우에는 그 묻히는 깊이를 3[m] 이상
  ㉰ 전체의 길이가 18[m]을 초과하는 경우에는 그 묻히는 깊이를 3.2[m] 이상

설계하중	6.8[kN] 이하 (★★★)	6.8[kN] 이하	9.8[kN] 이하	14.72[kN] 이하
지지물	목주, 철주, 철근콘크리트주 (A종)	철주, 철근콘크리트주	철주, 철근콘크리트주	철주, 철근콘크리트주
길이	16[m] 이하	16[m] 초과~20[m] 이하	14[m] 초과~20[m] 이하	14[m] 초과~20[m] 이하
매설깊이	①15[m] 이하 ×1/6 ②15[m] 초과 : 2.5[m]	2.8[m]	①+0.3[m] ②+0.3[m]	• 15[m] 이하 : ①+0.5[m] • 18[m] 이하 : 3[m] 이상 • 20[m] 이하 : 3.2[m] 이상

8. 지지선

지지물의 강도를 보강하고 전선로의 안전성을 증가시키며, 불평형 장력을 줄임

(1) 시설할 곳

① 수평각도 5° 넘는 곳
② 인류된 곳 (어느 한쪽으로만 힘 받음)
③ 지지물 차 큰 곳
④ 보강이 필요한 곳
  단, 철탑은 지지선을 사용하여 그 강도를 분담시켜서는 아니 된다.(철탑에는 지지선 사용 못함) (★★★)

(2) 시방세목 (★★★★)

① 소선지름 2.6[mm] 이상의 금속선 또는
  소선지름 2[mm] 이상인 아연도강연선(亞鉛鍍鋼然線)으로 소선의 인장강도 0.68[kN/mm²] 이상
② 3가닥 이상
③ 허용 인장하중의 최저값 : 4.31[kN](440[kg]) 이상
④ 지지선의 안전율 2.5 이상(단, 목주, A종은 1.5 이상)
⑤ 지중부분 및 지표상 30[cm]까지 내식성 또는 아연도금 철봉 사용
⑥ 도로 횡단시 : 지지선의 높이는 지표상 5[m] 이상
  단, 교통에 지장이 없는 곳 : 4.5[m] 이상, 보도의 경우 2.5[m] 이상

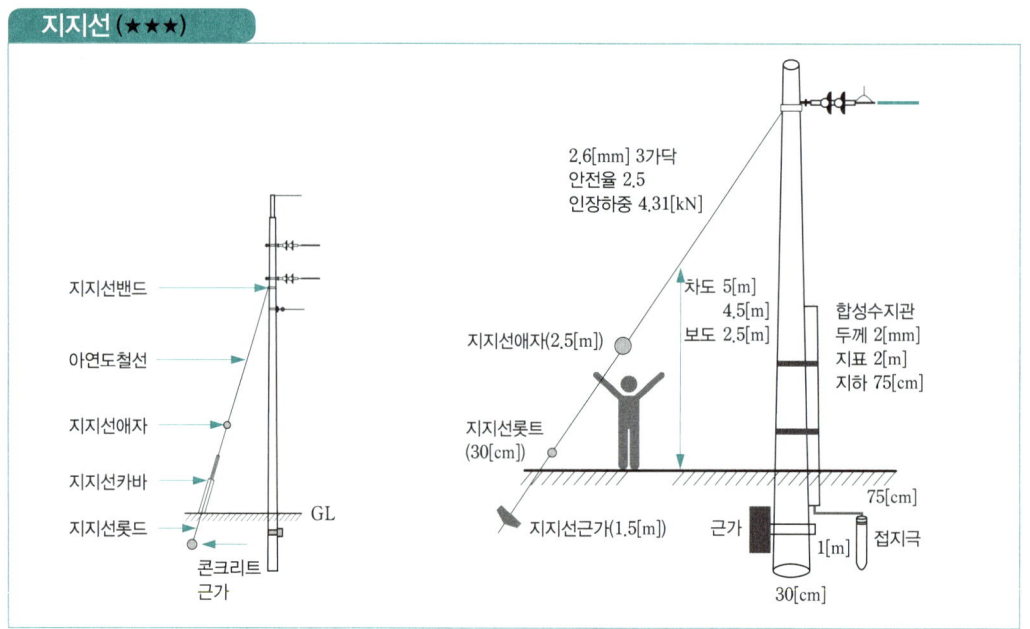

(3) 지지선의 종류

① 보통지선　　② 공동지선　　③ 수평지선　　④ Y지선　　⑤ 궁지선

9. 가공전선

(1) 가공케이블(저압, 고압, 특고압)(KEC 332.2) (★★★)

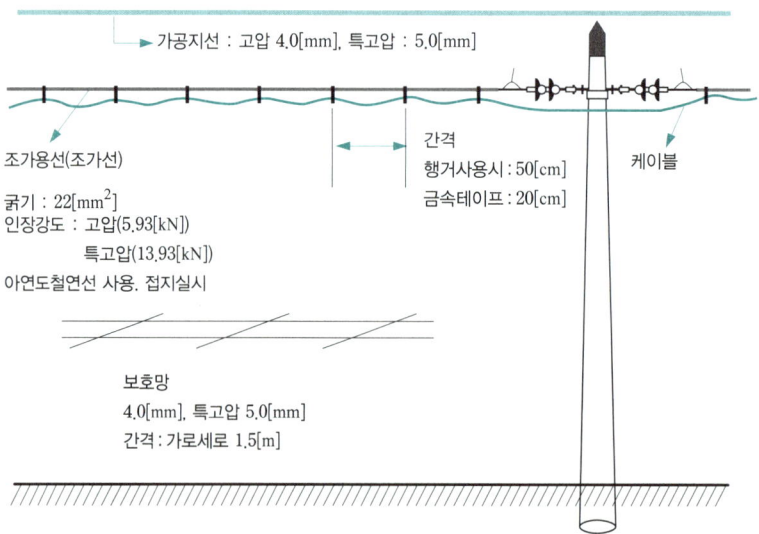

(2) 가공전선의 종류 및 굵기 종류 (★★★)

① 종류
　㉮ 저압　　→ 절연전선, 다심형 전선, 케이블, 나전선(중성선 또는 접지측 전선에 한함)
　㉯ 고압, 특고압 → (특)고압절연전선, 케이블

② 전선 굵기
   ㉮ 400[V] 미만(시가지·시가지외 동일) :
      경동선 지름 3.2[mm] 이상 (400[V] 미만 저압보안공사 : 4[mm] 경동선 이상)
         (절연전선인 경우 2.6[mm] 이상으로 낮추는게 가능)
   ㉯ 400[V] 이상 저압 및 고압 :
      • 경동선 4.0[mm] 이상 (3.5[mm] 동복강선) → 시가지외
      • 경동선 5.0[mm] 이상 (3.5[mm] 동복강선) → 시가지 또는 400[V] 이상 저압보안공사, 고압보안공사
   ㉰ 특별 고압 : 단면적 22[mm²] 이상 경동 연선 사용
      • 시가지 (100[kV] 미만 55[mm²] , 100[kV] 이상 150[mm²])
      • 제1종 특별고압 보안공사(100[kV] 미만 55[mm²], 300[kV] 미만 150[mm²], 300[kV] 이상 200[mm²])

[가공전선의 굵기] 경동(연)선 기준 (★★★)

전압	표준	예외	시가지	보안공사
400[V] 미만	3.2[mm]	절연전선 2.6[mm]		4.0[mm]
400[V] 이상 및 고압	4.0[mm]		5.0[mm]	5.0[mm]
특별고압	22[mm²]		22.9[kV] : 55[mm²] 154[kV] : 150[mm²] 345[kV] : 150[mm²]	22.9[kV] : 55[mm²] 154[kV] : 150[mm²] 345[kV] : 200[mm²]

단, 22.9[kV]−Y 시가지내 : 22[mm²]의 경동연선

(3) 가공전선의 안전율
   ① 경동선, 내열 동합금선 : 2.2 이상
   ② 그외(ACSR, AI)   : 2.5 이상

안전율 (★★★)
• 지지물 : 2 (기본)   철탑 : 1.33
               목주(저 : 1.2, 고압 1.3, 특고 : 1.5)   보안공사시 : (저·고압 : 1.5 , 특고압 : 2)
• 전   선 : 2.2(경동선), 2.5($ACSR$)
• 지   선 : 2.5

(4) 가공지선
   ① 고압가공지선 → 4.0[mm] 이상 나경동선
   ② 특고압가공지선 → 5.0[mm] 이상 나경동선(22[mm²] 이상 나경동연선 또는 아연도강연선)

(5) **보호망**(KEC 333.26)
  ① 지름 4.0[mm] 경동선(특고압선 바로 아래설치시 5.0[mm] 경동선, 그 외 4.0[mm] 경동선)
  ② 간격 : 가로세로 1.5[m]

10. 이격거리

(1) **특별고압 가공전선 이격거리**(KEC 333.7)
  ① 전선 지표상 높이 → (장소별 전압별 높이는 '18. 가공전선의 높이' 참고)
    ㉮ 일반도로, 평지 등의 지표상 높이
      • 35[kV] 이하   : 5[m] 이상
      • 35[kV]~160[kV]   : 6[m] 이상
      • 160[kV] 이상   : 6[m]+0.12N
    ㉯ 횡단보도교횡단, 도로횡단, 철도횡단시 지표상높이는 18번 항목참고
    ㉰ 시가지   35[kV] 이하   : 10[m] 이상 (단, 절연전선인 경우 8[m])
              35[kV] 이상   : 10[m]+0.12N
    ㉱ 산악지   160[kV] 이하 : 5[m]
              160[kV] 이상 : 5[m]+0.12N

> **N 처리방법** 전기설비기술기준 내용 중 N은 아래 예시처럼 계산한다
>
> **예시** 345[kV] 가공전선의 경우: 6[m] + 0.12[N]
>
> **풀이** 6+0.12×19=8.28[m] ← $N = \dfrac{(345-160)[\text{kV}]}{10[\text{kV}]} = 18.5(\text{절상}) = 19$

  ② 특고압 가공전선과 건조물의 접근(KEC 333.23) 및 특고압 가공전선과 도로 등의 접근 또는 교차 (KEC 333.24)
    ㉮ 상부조영재(지붕·차양·옷말리는 곳 기타 사람이 올라갈 우려가 있는 조영재)와의 이격거리
      • 35[kV] 이하 가공전선 → 위쪽 3[m] 이상 (단, 절연전선 2.5[m], 케이블 1.2[m])
                             옆, 아래 3[m] 이상 (단, 절연전선 1.5[m](쉽게접촉×1[m]), 케이블 0.5[m])
        ※ 25[kV] 중성점 다중접지의 경우 옆, 아래가 차이가 있음
      • 35[kV] 초과 가공전선 → 표준이격거리+0.15N (N=(전압[kV]−35[kV])/10[kV] : 절상)

접근·교차	구분	가공전선		절연전선(케이블)
		35[kV] 이하	35[kV] 넘는것	35[kV] 이하
상부조영재	위쪽	3[m] 이상	표준거리+0.15N	2.5[m] 이상(1.2[m])
	옆·아래쪽			1.5[m] 이상(0.5[m])
도로		상동		상동(수평 1.2[m])

  ※ 400[kV] 이상(765[kV])특고압 가공전선이 2차접근상태로 건조물과 접근시 수직거리 28[m] 이상 이격

④ 기타 조영재는 상부조영재의 옆·아래쪽 이격거리를 따른다.
③ 특고압 가공전선과 삭도(케이블카, 리프트)의 접근 또는 교차(KEC 333.25)

사용전압의 구분	가공전선	절연전선(케이블)
35[kV] 이하	2[m] 이상	1[m](0.5[m])
35[kV] 초과 60[kV] 이하	2[m] 이상	
60[kV] 초과	2[m]+0.12N	

※ 특고압 가공전선과 삭도가 제1차 접근상태 : 제3종 특고압 보안공사, 특고압 가공전선과 삭도가 제2차 접근상태 : 제2종 특고압 보안공사

④ 특고압 가공전선과 저·고압 가공전선 등의 접근 또는 교차(KEC 333.26)

사용전압의 구분	가공전선	비고
60[kV] 이하	2[m] 이상	
60[kV] 초과	2[m]+0.12N	

단, 특고압 절연전선 또는 케이블을 사용하는 사용전압이 35[kV] 이하인 특고압 가공 전선과 저고압 가공전선 등 또는 이들의 지지물이나 지주 사이의 이격거리는 아래 표에 따름

구분 접근·교차	특고압 절연전선 35[kV] 이하	케이블 35[kV] 이하	기타
저압가공전선 저·고압 전차선	1.5[m] (1[m])	1.2[m] (0.5[m])	
고압가공전선 가공 약전류선 저·고압 가동전선등의 지지물	1[m]	0.5[m]	
저압가공전선이 절연전선 또는 케이블인 경우 ( )안의 값			

⑤ 특고압 가공전선 상호 간의 접근 또는 교차(KEC 333.27)
  ㉮ 제3종 특별고압 보안공사
  ㉯ 이격거리(단위[m])

사용전압의 구분	가공전선	케이블
35[kV] 이하	1[m] 이상	0.5[m]
35[kV] 초과 60[kV] 이하	2[m] 이상	
60[kV] 초과	2[m]+0.12N	

⑥ 특고압 가공전선과 **다른 시설물**의 접근 또는 교차(KEC 333.28)
  다른시설물 : 건조물, 도로, 횡단보도교, 철도, 궤도, 삭도, 가공약전류전선로등, 저압 또는 고압의 가공 전선로, 저압 또는 고압의 전차선로 및 다른 특고압가공전선로 이외의 시설물

접근 · 교차	구분	가공전선 35[kV] 이하	케이블 35[kV] 이하
조영물의 상부조영재	위쪽	2[m]	1.2[m]
	옆 · 아래쪽	1[m]	0.5[m]
조영물의 상부조영재 이외 또는 조영물 이외		1[m]	0.5[m]

⑦ 식물(KEC 333.30 − 기본은 K 333.26와 동일)

60[kV] 이하 2[m], 60[kV] 초과 : 2[m]+0.12N

단, 35[kV] 이하의 특고압가공전선으로 고압 절연전선을 사용하는 경우는 0.5[m] 이상
특고압 절연전선 또는 케이블을 사용하는 특고압 가공전선과 식물이 접촉하지 않도록 시공

특별고압 가공전선의 이격거리의 기본개념 (★★★)

- 상부조영재(건조물) : 35[kV] 기준 (이하 : 3[m], 초과 : 3[m]+0.15N
- 기타시설물(식물, 약전선, 안테나, 삭도(리프트), 고저압 상호간 등)
  : 60[kV] 기준 (이하 : 2[m], 초과 : 2[m]+0.12N

⑧ 특고압 가공전선과 지지물 등의 이격거리(KEC 333.5)

특고압 가공전선 과 그 지지물 · 완금류 · 지주 또는 지지선 사이의 이격거리

사 용 전 압	이격거리(cm)
15[kV] 미만	15
15[kV] 이상 25[kV] 미만	20
25[kV] 이상 35[kV] 미만	25
35[kV] 이상 50[kV] 미만	30
50[kV] 이상 60[kV] 미만	35
60[kV] 이상 70[kV] 미만	40
70[kV] 이상 80[kV] 미만	45
80[kV] 이상 130[kV] 미만	65
130[kV] 이상 160[kV] 미만	90
160[kV] 이상 200[kV] 미만	110
200[kV] 이상 230[kV] 미만	130
230[kV] 이상	160

전압에 따른 가공전선로의 애자갯수와 지지물과의 이격거리 (★★★)

- 22.9[kV] : 2개, 20[cm]
- 66[kV] : 4개, 40[cm]
- 154[kV] : 9개, 90[cm]

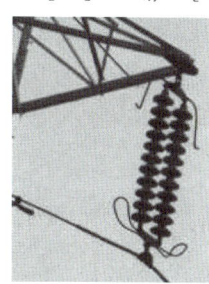

(2) 저·고압 가공전선 이격거리(KEC 222.11)(KEC332.11) (★★★)

① 전선 지표상 높이 ➡ 5[m] 이상(단, 교통에 지장 없으면 4[m])
② 저·고압가공전선과 건조물, 도로등 접근(KEC 332.11)
  ㉮ 상부조영재 ➡ 위쪽 2[m] 이상 (단, 절연전선, 케이블 1[m] 이상)
       옆·아래 1.2[m] 이상(사람이 쉽게 접촉할 우려없을 때 0.8[m], 절연전선 또는 케이블 0.4[m])
  ㉯ 기타 조영재는 상부조영재의 옆.아래쪽 이격거리를 따른다.
  ㉰ 도로 ➡ 3[m] 이상
  ㉱ 수평이격 ➡ 저압 1[m], 고압 1.2[m]
③ 저·고압가공전선과 식물의 접근(KEC 332.19)
  ㉮ 상시 불고 있는 바람 등에 의하여 식물에 접촉하지 않도록 시설하여야 한다.
④ 저·고압가공전선과 안테나의 접근 또는 교차(KEC 332.14)
  ㉮ 저압은 60[cm](전선이 고압절연전선, 특별고압절연전선 또는 케이블인 경우에는 30[cm]) 이상
  ㉯ 고압은 80[cm](전선이 케이블인 경우에는 40[cm]) 이상
⑤ 저·고압가공전선과 교류전차선 등의 접근 또는 교차(KEC 332.15)
  ㉮ 저·고압 가공전선이 교류 전차선 위쪽에 접근하는 경우 가공전선이 교류 전차선의 위쪽에 시설하면 안됨 단, 가공전선과 교류 전차선등 사이의 수평 이격거리 3[m] 이상시 가능
  ㉯ 저·고압 가공전선이 전차선과 교차하는 경우에 가공전선이 전차선 위에 설치시(KEC 332.15)
    • 전선 : 38[mm²] 이상의 경동선(단, 케이블은 38[mm²] 이상의 강연선으로 조가하여 시설할 것)
    • 고압 가공전선 상호간 거리 65[cm] 이상(단, 케이블은 제외)
    • 목주의 풍압하중에 대한 안전율 : 2.0 이상
    • 가공전선로의 경간 : 목주·A종 60[m] 이하, B종 120[m] 이하
    • 고압 가공전선로의 완금류 및 금속체는 접지공사를 한다.
    • 가공전선로의 전선, 완금류, 지지물, 지지선, 또는 지주와 교류 전차선의 이격거리 : 2[m] 이상
⑥ 저·고압가공전선과 기타전선(가공약전류 전선, 고압가공전선등과 저압가공전선등의 접근 교차시) (KEC 332.13)(KEC 332.16)(KEC 332.17)
  ㉮ 저압 60[cm] 이상 이격 (절연전선 또는 케이블인 경우 : 30[cm])
  ㉯ 고압 80[cm] 이상 이격 (케이블인 경우 : 40[cm])

(3) 가공전선과 기타 시설물 사이의 이격거리

이격거리	저압	고압	35[kV] 이하	35[kV] 초과 60[kV] 이하	60[kV] 초과
도로·횡단보도교 ·철도·궤도	3[m] 수평이격:1[m]	3[m] 수평이격:1.2[m]	3[m] 수평이격:1.2[m]	3[m]+0.15N	–
삭도·지주· 저압전차선	0.6[m] 절연전선 또는 케이블:0.3[m]	0.8[m] 절연전선 또는 케이블:0.4[m]	2[m] 절연전선:1[m] 케이블:0.5[m]	2[m]	2[m]+0.12N
저압전차선의 지지물	0.3[m]	0.6[m] 케이블:0.3[m]	–	2[m]	2[m]+0.12N

(4) 동일 지지물에 전압이 다른 전선 시설

① 시설 방법(★★★)
  ㉮ 고압은 위로 저압측은 하부에 시설
  ㉯ 별개의 완금
  ㉰ 완금은 접지공사
② 병가 : 두 개의 다른 전압(전력선)이 동일 지지물에 가설(KEC 332.8, 333.17)
  ㉠ 사용전압 35[kV]를 초과하고 100[kV] 미만 특별고압 가공전선과 저고압 가공전선의 병가는 제2종 특별고압 보안 공사
  ㉡ 100[kV] 이상인 특고압 가공전선과 저, 고압 가공전선은 동일지지물에 시설하면 안됨
  ㉢ 특고압 가공전선과 저고압 가공전선의 병가시 전선의 굵기
    35[kV] 이하인 가공전선로의 경간이 50[m] 이하인 경우 지름 4[mm] 이상의 경동선
             가공전선로의 경간이 50[m]를 초과하는 경우 지름 5[mm] 이상의 경동선
    35[kV]를 초과 100[kV] 미만인 경우 단면적이 50[mm^2] 이상인 경동연선
  ㉣ 병가시 가공전선 상호간 이격거리

병가		표준	고압 케이블사용	특별고압 : 케이블 저·고압 : 절연전선, 또는 케이블
고압가공전선과 저압가공전선(KEC 332.8)	저·고압 병가	0.5[m]	0.3[m]	–
특별고압가공전선과 저압 또는 고압가공전선 (KEC 333.17)	35[kV] 이하	1.2[m]	–	0.5[m]
	60[kV] 이하	2[m]	–	1[m]
	60[kV] 초과	2[m]+0.12N	–	1[m]+0.12N
특별고압가공전선과 저고압 전차선의 병가	35[kV] 이하	1.2[m] (22.9[kV] 1[m])	0.5[m]	–
	35[kV] 초과	2[m]	1[m]	–

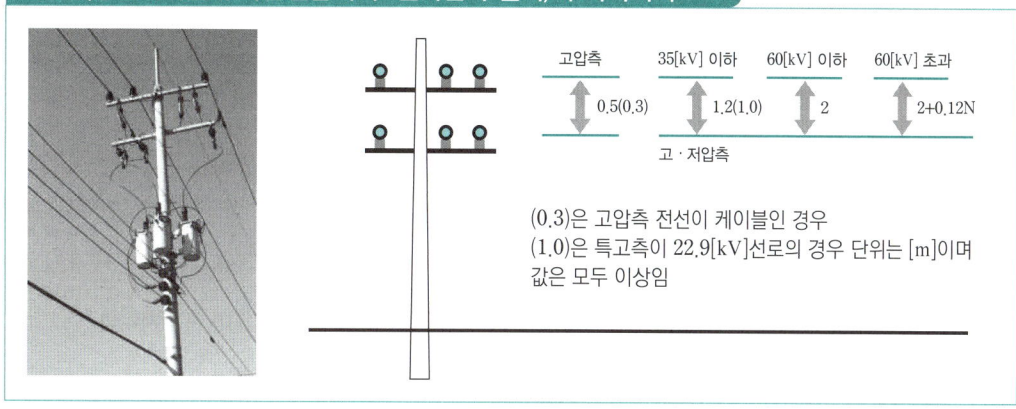

③ 공가(공동시설) : 저압 가공전선 또는 고압 가공전선과 가공 약전류전선(통신선, 인터넷, 전화선 등) (전력보안 통신용의 가공 약전류전선을 제외)이 동일 지지물에 가설(KEC 333.19)
㉮ 35[kV]를 초과하는 특고압 가공전선과 가공약전류전선 등은 동일 지지물에 시설하여서는 아니된다
㉯ 특고압 가공전선로는 제2종 특고압 보안공사에 의할 것
㉰ 특고압 가공전선은 가공약전류전선 등의 위로하고 별개의 완금류에 시설
㉱ 특고압 가공전선에 경동연선 사용시 인장강도 21.67[kN] 이상의 연선 또는 단면적이 50[mm^2] 이상일 것
㉲ 전선로의 지지물로서 사용하는 목주의 풍압 하중에 대한 안전율은 1.5 이상일 것
㉳ 저·고압, 특별고압 가공전선과 가공약전류 전선등의 공가시 이격거리

공가	저압	고압	특별고압(35[kV]이하)
약전류 전선	75[cm] 케이블 : 30[cm]	1.5[m] 케이블 : 0.5[m]	2[m] 케이블 : 0.5[m]
공가 조건	목주안전율1.5 가공전선이 상부(별도완금)		제2종특별고압보안공사. 55[mm^2] 이상 경동연선

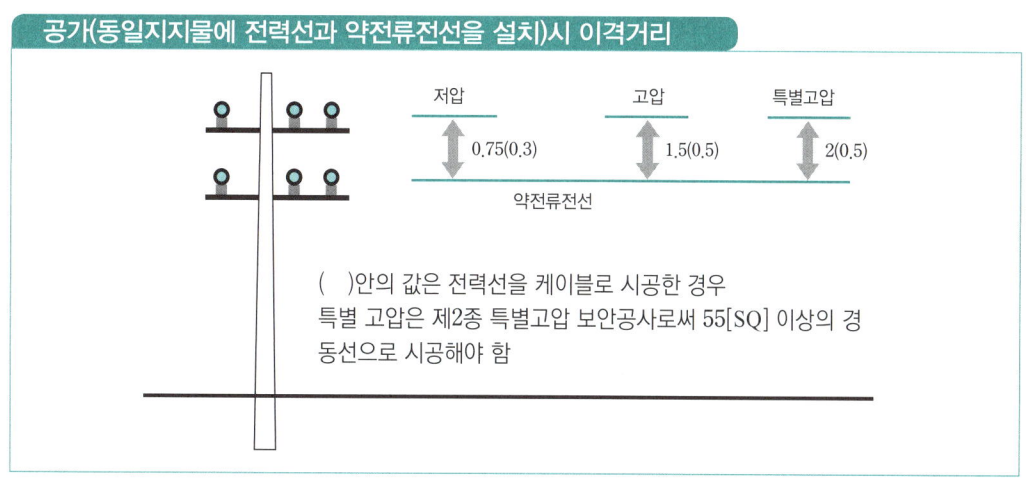

④ 첨가(첨부가설) : 가공전선로의 지지물에 시설하는 통신선

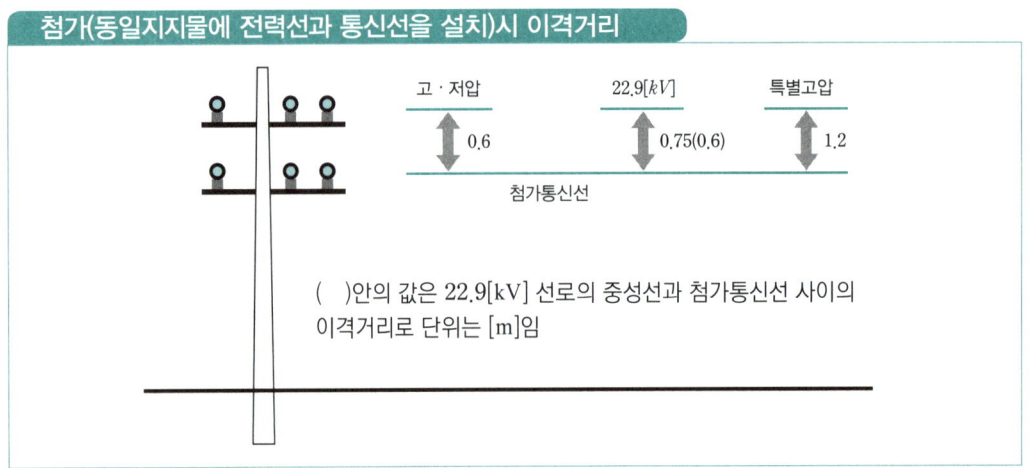

11. 경간(지지물과 지지물 사이의 수평거리)(KEC 222.10)(KEC332.10)(KEC 333.22)

(단위[m])

종류	표준	표준경간 전선의 굵기 고압:22[mm²] 특고압:55[mm²] 이상시	저·고압 보안공사 기본	저·고압 보안공사 저압보안공사 :22[mm²] 이상 고압보안공사 :38[mm²] 이상	특별고압 보안공사(1종,2종,3종) 1종 150[mm²] 미만 인 경우 (이상시 예외)	특별고압 보안공사 2종, 3종 95[mm²] 미만 인 경우 (이상시 예외)	특별고압 보안공사 3종이며 목주, A종 :38[mm²] 이상 B종·철탑 :55[mm²] 이상
목주, A종	150	300	100	표준경간	불가	100	150
B종	250	500	150	표준경간	150	200	250
철탑	600	제한없음	400	표준경간	400 (단주 : 300)	400 (단주 : 300)	600

경간에 대한 기본 개념 (★★★)

- 표준경간   (목주·A종 : 150[m], B종 : 250[m],   철탑 :   600[m])
- 보안, 시가지   (목주·A종 : 75~150[m], B종 : 150~250[m], 철탑 : 300~600[m])
- 보안공사 적용시 : 경간이 좁아짐, 굵은 전선 적용시 : 경간이 늘어남

- 경간 30[m] 이하 : KEC 222.23(구내에 시설하는 저압 가공전선로)−400[V] 미만인 저압 가공전선로
  KEC 222.22(농사용 저압 가공전선로의 시설)

12. 보안공사

(1) 저·고압 보안공사(KEC 222.10)(KEC 332.10)

① 전선굵기 : 400[V] 미만 : 4.0[mm] 이상 경동선
　　　　　　400[V] 이상 저압·고압 : 5.0[mm] 이상 경동선
② 경간　 : 보안공사 경간(11. 표 참고)
③ 목주　 : 위쪽 끝지름 12[cm] 이상, 풍압하중에 대한 안전율 1.5 이상

(2) 특별 고압 보안 공사의 주요내용(KEC 333.22)

	제1종 특별고압 보안공사	제2종 특별고압 보안공사	제3종 특별고압 보안공사
사용범위	• 35[kV] 넘고 2차 접근상태	• 35[kV] 이하 2차 접근상태 • 병가 공가	• 1차 접근 상태 (전압관계없음)
지지물사용	• 목주, A종 철근콘크리트주는 사용불가	• 목주의 안전율 : 2이상	
사용전선	• 케이블 • 경동연선의 경우 100[kV] 미만 : 55[mm²] 이상 300[kV] 미만 : 150[mm²] 이상 300[kV] 이상 : 200[mm²] 이상	• 특별고압 가공전선 : 연선	• 특별고압 가공전선 : 연선
지락사고시	• 3초 이내 차단 단, 100[kV] 이상시 2초 이내 차단		

> **지락차단장치 구분(1종특별고압 보안공사/특별고압 시가지 시설)**
>
> • 1종특별고압보안공사 시 지락차단장치
> 　2초 이내 차단(단, 100[kV] 이하 : 3초 이내 차단)　EX 154[kV] : 2초 이내 차단
> • 시가지 지락차단장치
> 　1초 이내 차단(단, 100[kV] 이하 : 2초 이내 차단)
> 　EX 154[kV] : 1초 이내 차단, 22.9[kV] : 2초 이내 차단

13. 시가지 등에서 특고압 가공전선로의 시설(KEC 333.1) (★★★★★)

(1) 지지물 ➡ 철주·철근콘크리트주 또는 철탑(170[kV] 초과시)을 사용할 것(목주는 안됨)

(2) 전선 굵기 ➡ 100[kV] 미만 : 55° 이상
　　　　　　　　100[kV] 이상 : 150° 이상
　　　　　　　　단, 170[kV] 초과하는 전선로 240[mm²] 이상의 강심알루미늄선 또는 연선(撚線)을 사용

(3) 경간 ➡ A종 : 75[m] 이하(목주제외)
　　　　　　B종 : 150[m] 이하
　　　　　　철탑 : 400[m] 이하 － 170[kV] 초과하는 전선로 경간 거리는 600[m] 이하일 것
　　　　　　　　　　　　　　　　－ 단주인 경우 300[m] 이하
　　　　　　　　　　　　　　　　－ 전선이 수평배치이고 그 간격이 4[m] 미만이면 경간은 250[m] 이하

(4) 사용전압이 100[kV]를 초과하는 특고압 가공전선에 지락 또는 단락발생시 1초 이내에 자동전로 차단 (이하인 경우는 2초 이내 전로 차단으로 해석)

(5) 전선지표상 높이
　① 35[kV] 이하 : 10[m] 이상 (절연전선 사용시 8[m])
　② 35[kV] 초과시 : 10[m] + 0.12N

(6) 특고압 가공전선을 지지하는 애자장치는 50[%] 충격불꽃 방전전압 값이 그 전선의 근접한 다른 부분을 지지하는 애자장치 값의 110[%](사용전압이 130[kV]를 초과하는 경우는 105[%]) 이상일 것

14. 구분개폐기 － 선로길이 2[km] 마다 시설

시가지의 고압 가공전선로에는 그 선로 길이 2[km] 이하마다 개폐기를 시설하여야 한다.

15. 농사용(KEC 222.22), 구내용 (★★★)

(1) 저압사용
(2) 전선 ➡ 지름 2.0[mm] 이상 또는 인장강도 1.38[kN] 이상 경동선
(3) 경간 ➡ 30[m] 이하

16. 25[kV] 이하인 특고압 가공전선로의 시설 (KEC 333.32)

(1) 지기 및 단락시 2초 이내 전로차단
(2) 중성점(선)다중 접지
　① 접지(★★★)
　　㉮ 접지점 간격 : 15[kV] 이하 300[m] 이하, 15[kV]~25[kV] 이하 150[m] 이하
　　㉯ 접지선 굵기 : 6[mm²] 이상
　　㉰ 다중접지를 한 중성선은 저압가공전선의 규정에 준하여 시설할 것
　　㉱ 접지저항값 : 각 접지선을 중성선으로부터 분리하였을 경우

	각 접지점의 대지 저항값	1[km] 마다의 합성 저항값
15[kV] 이하	300[Ω] 이하	30[Ω] 이하
25[kV] 이하	300[Ω] 이하	15[Ω] 이하

② 경간 (15[kV] 초과 25[kV] 이하)
   ㉮ A종 : 100[m]   B종 : 150[m]   철탑 : 400[m]
   ㉯ 단, 특고압 가공전선의 단면적이 38[mm²] 이상인 경동연선인 경우 : A종 150[m], B종 250[m], 철탑 600[m]
③ 특고압 가공전선과 건조물의 조영재 사이의 이격거리(25[kV] 이하인 특고압 가공전선로의 시설)
   ㉮ 상부조영재 ➡ 위쪽   3[m] 이상(단, 절연전선 2.5[m], 케이블 1.2[m])
   ㉯ 상부조영재 ➡ 옆·아래 1.5[m] 이상(단, 절연전선 1.0[m], 케이블 0.5[m])
   ㉰ 기타조영재 ➡ 옆·아래 1.5[m] 이상(단, 절연전선 1.0[m], 케이블 0.5[m])
④ 특고압 가공전선이 도로 등(도로, 횡단보도교, 철도, 궤도)과 근접 시설하는 경우 상호 간의 이격거리 (15[kV] 초과 25[kV] 이하인 특고압 가공전선로의 시설)

	도로등과 접근상태	도로등의 아래쪽에서 접근
나전선	3[m]	1.5[m]
특고압 절연전선	1.5[m]	1.0[m]
케이블	1.2[m]	0.5[m]

⑤ 특고압 가공전선이 가공약전류전선 등, 저압 또는 고압의 전선, 안테나, 저압 또는 고압의 전차선과 접근 또는 교차하는 경우 이격거리
   ㉮ 2[m](단, 특고압 절연전선 1.5[m], 케이블 0.5[m])
⑥ 특고압 가공전선이 교류 전차선과 접근교차
   ㉮ 특고압 가공전선이 교류 전차선 위쪽에 접근하는 경우
     • 가공전선이 교류 전차선의 위쪽에 시설하면 안됨
       단, 특고압가공전선과 교류 전차선등 사이의 수평 이격거리 3[m] 이상시 가능
   ㉯ 특고압 가공전선이 교류 전차선 옆쪽 또는 아래쪽에 접근하는 경우 :
     교류 전차선 지지물의 지표상 높이에 상당하는 거리이내 시설하면 안됨, 다음경우는 예외임
     • 수평이격거리 3[m] 이상 경간 60[m] 이하, 접촉 우려가 없는 경우
     • 수평이격거리 2[m] 이상 3[m] 미만, 경간 60[m] 이하, 지지선 설치 또는 지지물 기초 안전율 2이상
   ㉰ 특고압 가공전선이 전차선과 교차하는 경우에 특고압 가공전선이 전차선 위에 설치시(KEC 332.15)
     • 전선 : 38[mm²] 이상의 경동선(단, 케이블은 38[mm²] 이상의 강연선으로 조가하여 시설할 것)
     • 특고압 가공전선 상호간 거리 65[cm] 이상(단, 케이블은 제외)
     • 목주의 풍압하중에 대한 안전율 : 2.0 이상
     • 특고압 가공전선로의 경간 : 목주·A종 : 60[m] 이하, B종 : 120[m] 이하

- 특고압 가공전선로의 완금류 및 금속체는 접지공사를 한다
- 특고압 가공전선로의 전선, 완금류, 지지물, 지지선, 또는 지주와 교류 전차선의 이격거리 : 2.5[m] 이상

⑦ 특고압 가공전선로가 상호 간 접근 또는 교차하는 경우

　1.5[m] (양쪽이 특고압 절연전선인 경우 1.0[m], 한쪽이 케이블이고 다른쪽이 케이블이나 절연전선 0.5[m])

⑧ 특고압 가공전선과 식물사이의 이격거리

　1.5[m] (단, 특고압 절연전선이나 케이블인 경우 식물에 접촉하지 아니하면 된다.)

22.9[kV] 가공전선로의 지표상 높이 및 이격거리

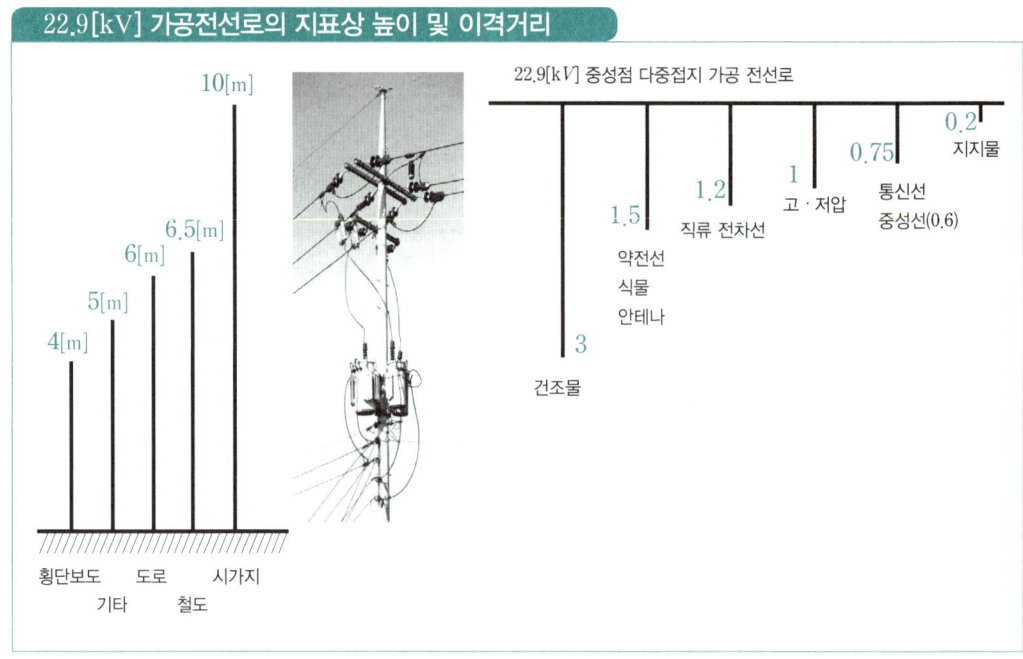

17. 가공 인입선

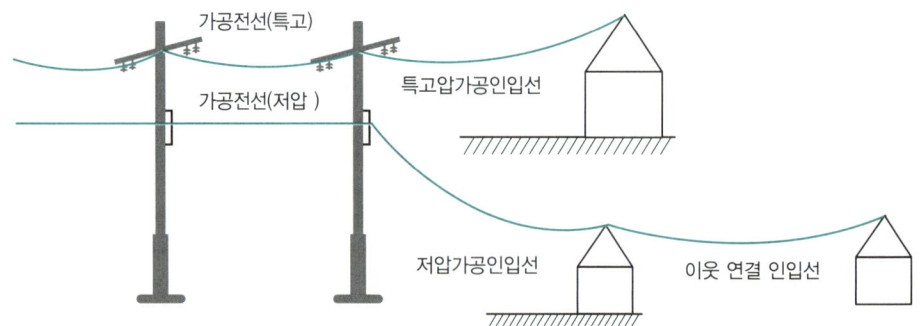

가공 인입선 단위 : [m]	저압 (KEC 221.1.1)	고압 (KEC 331.12.1)	특고압(KEC 331.12.2)		
			35[kV] 이하	35[kV] 초과 160[kV] 이하	160[kV] 초과
전선굵기	2.6[mm] 이상 인입용 절연전선	5.0[mm] 이상 경동선			
철도횡단(궤조면상)	6.5	6.5	6.5	6.5	6.5+0.12N
도로횡단(노면상)	5 교통지장無 : 3	6	6	6	
기타 (지표면상)	4 교통지장無 : 2.5	5 위험표지:3.5	5 케이블:4	6 산지: 5	6+0.12N
횡단보도교(노면상)	3	3.5 케이블:3	4	5	–
비고	코드선 및 나전선 사용금지				산지: 5+0.12N

(1) 저압 가공 인입선 시설(KEC 221.1.1)

전선 : 절연전선, 케이블, 2.3[kN] 또는 2.6[mm] 이상의 인입용 비닐절연전선(경간 15[m] 이하시 2[mm] 이상) 나전선 및 코드선 사용금지

(2) 고압 가공 인입선 시설(KEC 331.12.1)

① 전선 : 5[mm] 이상의 경동선의 고압 절연전선, 특고압절연전선
② 위험표시 : 3.5[m]로 감할수 있음

(3) 특고압 가공 인입선 시설(KEC 331.12.2)

사용전압 100[kV] 이하, 케이블 사용

※ 고압 및 특고압 인입선은 고압 및 특고압 가공전선로의 이격높이가 표준값은 동일 (예외규정차이)

※ 이웃 연결 인입선(저압에서만 사용함)(KEC 221.1.2) (★★★★★)

① 인입선에서 분기하는 점으로부터 100[m]를 넘는 지역에 미치지 아니할 것
② 폭 5[m]를 넘는 도로를 횡단하지 아니할 것
③ 옥내를 통과하지 아니할 것
④ 고압 및 특고압 이웃 연결 인입선은 시설금지

18. 가공전선의 높이

가공 전선 단위 : [m]	저·고압가공전선로 (KEC 222.7, 332.5)	특고압 가공전선로(KEC 333.7)		
		35[kV] 이하	160[kV] 이하	160[kV] 초과
철도횡단 (궤조면상)	6.5	6.5	6.5	6.5+0.12N ex 345[kV] : 8.78
도로횡단 (노면상)	6	6	6	6+0.12N ex 345[kV] : 8.28
기타(도로, 평지) (지표면상)	5 교통지장無 : 4	5(기본높이)	6(기본높이)	6+0.12N ex 345[kV] : 8.28
횡단보도교 위에 시설 (노면상)	3.5 단, 저압으로 절연전선, 케이블 : 3	5 특고압절연전선 또는 케이블 : 4	6 특고케이블 : 5	6+0.12N ex 345[kV] : 8.28
산지			쉽게 접근없는 곳 5	쉽게 접근없는 곳 5+0.12N

19. 지중전선로(KEC 334)

(1) 전선 : 케이블

(2) 구분 : 직접매설식(트라프 설치 또는 콤바인덕트 케이블 사용), 관로식, 암거식

(3) 매설깊이 : 직접매설식, 관로식의 경우 차량 등 중량을 받을 우려가 있는 곳 1.0[m] 이상, 중량물의 압력이 없는 경우 0.6[m] 이상 (★★★)

(4) 지중함의 시설(KEC 334.2) (★★★)
① 지중함은 견고하고 차량 기타 중량물의 압력에 견디는 구조일 것
② 지중함은 그 안의 고인 물을 제거할 수 있는 구조로 되어 있을 것
③ 폭발성 또는 연소성의 가스가 침입할 우려가 있는 지중함으로서 크기가 1[m^3] 이상인 것에는 통풍장치 기타 가스를 방산시키기 위한 적당한 장치를 시설할 것
④ 지중함의 뚜껑은 시설자 이외의 자가 쉽게 열 수 없도록 시설할 것

(5) 지중전선과 지중 약전류전선 등 또는 관과의 접근 또는 교차(KEC 334.6)시 이격거리
① 약전선 - 저·고압 : 30[cm] 이상(이하일 경우 내화성 격벽 설치)
② 약전선 - 특고압 : 60[cm] 이상
③ 특고압 지중전선이 가연성이나 유독성의 유체(流體)를 내포하는 관과 접근하거나 교차하는 경우에 상호 간의 이격거리가 1[m] 이하(단, 사용전압 25[kV] 이하인 다중접지방식 지중전선로인 경우에는 50[cm] 이하)인 경우 내화성 격벽시설 이외 불연성 또는 난연성 보호 조치요

(6) **지중전선 상호 간의 접근 또는 교차**(KEC 334.7)

① 고압지중전선과 저압지중전선간의 이격거리 : 15[cm] 이상
② 특고압 지중전선과 저압이나 고압의 지중전선간의 이격거리 : 30[cm] 이상
③ 사용전압이 25[kV] 이하 다중접지방식 지중전선로를 관로식 또는 직접매설식 시공 시 이격거리 10[cm] 이상

(7) **특별 고압 지중전선과 가스관 또는 유독성 유체관** : 1[m] 이상

(8) **지중약전류전선의 유도장해의 방지**(KEC 334.5) (★★★)

지중전선로는 기설 지중 약전류 전선로에 대하여 (누설전류) 또는 (유도작용)에 의하여 통신상의 장해를 주지 아니하도록 기설 약전류 전선로로부터 충분히 이격시키거나 기타 적당한 방법으로 시설하여야 한다.

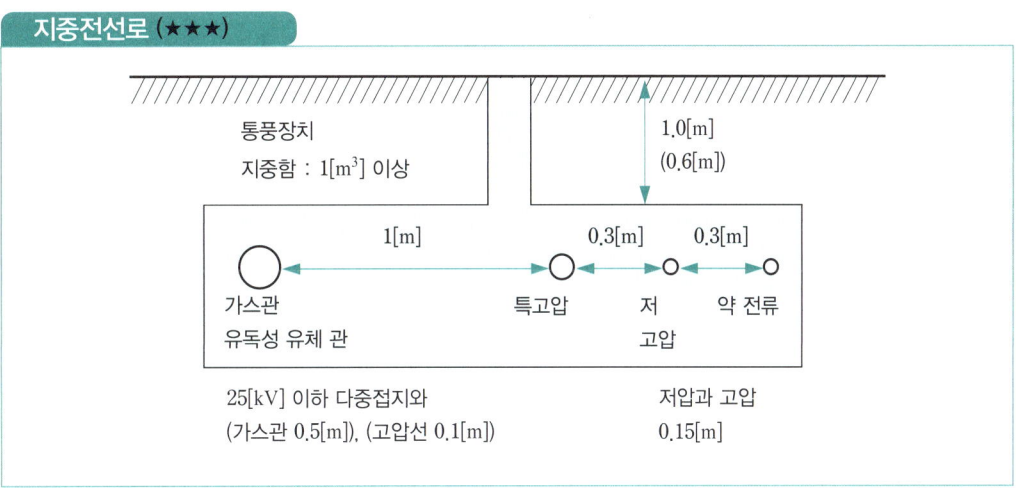

20. 터널 안 전선로의 시설(KEC 335.1)

터널 안 전선로 : 철도·궤도 또는 자동차도 전용터널안의 전선로 또는 사람이 상시 통행하는 터널 안의 전선로

구분	전선	레일면상 또는 노면상 높이	약전선, 수관, 가스관과의 이격거리	사용공사의 종류
저압	2.6[mm] 이상	2.5[m] 이상	10[cm] 이상	케이블, 금속관, 합성수지관, 가요전선관, 애자사용공사
고압	4.0[mm] 이상	3[m] 이상	15[cm] 이상	애자사용공사

21. 수상전선로(KEC 335.3)

(1) 수상전선로를 시설하는 경우에는 그 사용전압은 저압 또는 고압인 것에 한함

① 전선은 저압인 경우에는 클로로프렌 캡타이어 케이블, 고압인 경우에는 캡타이어 케이블일 것
② 수상전선로의 전선을 가공전선로의 전선과 접속하는 경우에는 그 부분의 전선은 접속점으로부터 전선의 절연 피복 안에 물이 스며들지 아니하도록 시설하고 또한 전선의 접속점의 높이는 다음과 같다.
　㉮ 접속점이 육상에 있는 경우에는 지표상 5[m] 이상
　　다만, 수상전선로의 사용전압이 저압인 경우에 도로상 이외의 곳에 있을 때에는 지표상 4[m] 이상
　㉯ 접속점이 수면상에 있는 경우에는 수상전선로의 사용전압이
　　저압인 경우에는 수면상 4[m] 이상, 고압인 경우에는 수면상 5[m] 이상
③ 수상전선로에 사용하는 부대(浮臺)는 쇠사슬 등으로 견고하게 연결한 것일 것
④ 수상전선로의 전선은 부대의 위에 지지하여 시설하고 또한 그 절연피복을 손상하지 아니하도록 시설

(2) 수상전선로에는 이와 접속하는 가공전선로에 전용개폐기 및 과전류 차단기를 각 극(중성극을 제외)에 시설하고 또한 수상전선로의 사용전압이 고압인 경우에는 전로에 지락이 생겼을 때에 자동적으로 전로를 차단하기 위한 장치를 시설하여야 한다.

22. 옥측 전선로(KEC 221.2)

(1) 공사방법

　㉮ 애자공사(전개된 장소에 한함)
　㉯ 합성수지관공사
　㉰ 금속관공사(목조 이외의 조영물에 시설하는 경우에 한함)
　㉱ 버스덕트공사[목조 이외의 조영물(점검할 수 없는 은폐된 장소는 제외함)에 시설하는 경우에 한함]
　㉲ 케이블공사(목조 이외의 조영물에 시설하는 경우에 한함)

(2) 애자공사에 의한 저압 옥측 전선로 시공방법

　㉮ 전선은 4[mm²] 이상의 연동 절연전선(옥외용 비닐절연전선 및 인입용 절연전선은 제외)일 것
　㉯ 전선의 지지점 간의 거리는 2[m] 이하

23. 저압 옥상전선로(KEC 221.3)

(1) 저압 옥상전선로는 전개된 장소에 다음에 따르고 또한 위험의 우려가 없도록 시설

① 전선은 인장강도 2.30[kN] 이상의 것 또는 지름 2.6[mm] 이상의 경동선을 사용할 것
② 전선은 절연전선(OW전선을 포함한다) 또는 이와 동등 이상의 절연성능이 있는 것을 사용할 것
③ 전선은 조영재에 견고하게 붙인 지지주 또는 지지대에 절연성·난연성 및 내수성이 있는 애자를 사용하여 지지하고 또한 그 지지점 간의 거리는 15[m] 이하일 것
④ 전선과 그 저압 옥상 전선로를 시설하는 조영재와의 이격거리는 2[m](전선이 고압 절연전선, 특고압 절연전선 또는 케이블인 경우에는 1[m]) 이상일 것

(2) 저압 옥상전선로의 전선은 상시 부는 바람 등에 의하여 식물에 접촉하지 아니하도록 시설하여야 한다.

24. 유도 장해(KEC 332.1)

(1) **고 · 저압인 경우** : 약전류 전선과 2[m] 이상 이격

(2) **특고압인 경우** ➡ **약전류 전선의 유도전류 제한**

　① 60[kV] 이하 ➡ 전화선로길이 12[km] 마다 유도전류 2[μA] 이하

　② 60[kV] 초과 ➡ 전화선로길이 40[km] 마다 유도전류 3[μA] 이하

(3) **차폐선** : 3.5[mm] 동복강연선, 4[mm] 경동선 두가닥 이상

유도전류 제한 암기 (★★★)

```
    1    2   3   4
   12[km]    40[km]
         2   3
```

전선로 정리편

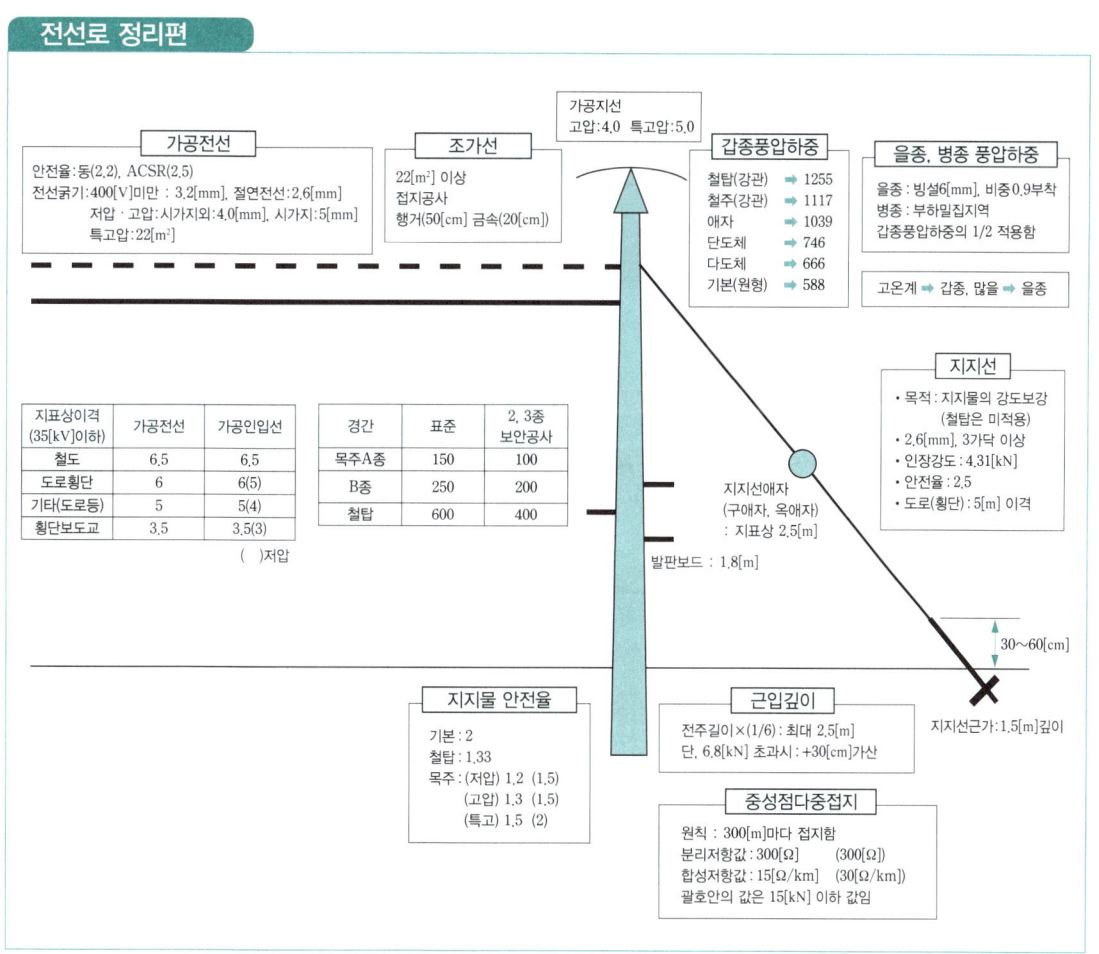

SECTION 05 발전소, 변전소, 개폐소 또는 이에 준하는 곳의 시설

1. 특별 고압용 기계 기구의 시설(KEC 341) (★★★★★)

(1) 특고압 배전용 변압기의 시설(KEC 341.2)
① 변압기의 1차 전압은 **35,000[V] 이하**, 2차 전압은 저압 또는 고압일 것
② 변압기의 특별고압측에 개폐기 및 과전류차단기를 시설할 것
③ 변압기의 2차 전압이 고압인 경우에는 고압측에 개폐기를 시설하고 또한 쉽게 개폐할 수 있게 시설

(2) 특고압을 직접 저압으로 변성하는 변압기의 시설 (KEC 341.3)
① 전기로 등 전류가 큰 전기를 소비하기 위한 변압기
② 발전소 · 변전소 · 개폐소 또는 이에 준하는 곳의 소내용 변압기
③ 특고압 전선로에 접속하는 변압기
④ 사용전압이 35[kV] 이하인 변압기로서 그 특고압측 권선과 저압측 권선이 혼촉한 경우에 자동적으로 변압기를 전로로부터 차단하기 위한 장치를 설치한 것
⑤ 사용전압이 100[kV] 이하인 변압기로서 그 특고압측 권선과 저압측 권선사이에 접지공사(접지 저항 값이 10[Ω] 이하인 것에 한한다)를 한 금속제의 혼촉방지판이 있는 것
⑥ 교류식 전기철도용 신호회로에 전기를 공급하기 위한 변압기

(3) 울타리 높이와 울타리로부터 충전부와의 거리
(KEC 341.4)

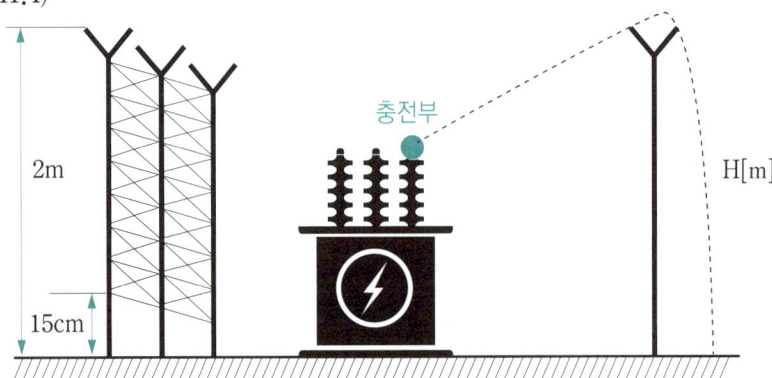

① 고압 : 4[m] 이상(시가지 4.5[m])
② 35[kV] 이하 : 5[m] 이상
③ 35[kV] 초과 160[kV] 이하 : 6[m] 이상
④ 160[kV] 초과 : 6[m]+0.12N

> **N 처리방법** 전기설비 기술기준 내용 중 N 은 아래예시처럼 계산한다.
>
> **예시** 345[kV] 충전부의 경우 : 6[m] + 0.12[N]
>
> **풀이** 6+0.12×19=8.25[m]
> ➡ $N = \dfrac{(345-160)\,[kV]}{10\,[kV]} = 18.5(절상) = 19$

울타리 · 담 (k351.1)

- 높이 : 2[m] 이상
- 지표면과 울타리사이 : 15[cm] 이하

충전부와의 거리 : 참고

- 22.9[kV]   : 5[m] 이상
- 66[kV], 154[kV] : 6[m] 이상
- 345[kV]   : 8.28[m] 이상

(4) 고압용 기계기구 지표상의 높이(KEC 341.9)

① 시가지 경우   : 지표상 4.5[m] 이상
② 시가지가 아닌 경우 : 지표상 4[m] 이상

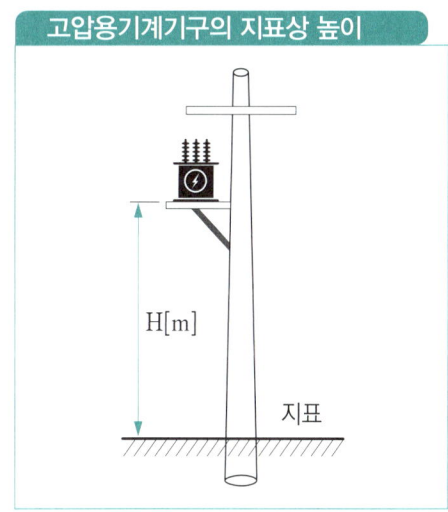

고압용기계기구의 지표상 높이

(5) 개폐기의 시설(KEC 341.10)

① 각 극에 시설(중성선 제외)
② 고압용 또는 특고압용 개폐기의 개폐 상태 확인(ON/OFF 상태 확인 가능)
③ 자물쇠장치 − 중력 등에 의한 자연동작 방지
④ 부하전류를 차단하기 위한 것이 아닌 개폐기(단로기)는 통전시 개로할 수 없도록 시설
  ㉮ 차단기와 연계(부하전류가 통하는 경우 개로 불가)
  ㉯ 부하전류 유무 표시 장치 할 것
  ㉰ 전화기 기타의 지령장치 시설
  ㉱ 터블렛 사용 (부하전류가 통하고 있을 때에 개로 조작을 방지하기 위한 조치)

(6) **고압 및 특고압 전로 중의 과전류차단기의 시설** : 목적(기계기구 및 전선을 보호)(KEC 341.10)

종류		용단전류	용단 시간
비포장 퓨즈	1.25배 견딤	2배의 전류에 용단	2분
포장 퓨즈	1.3배 견딤	2배의 전류에 용단	120분

(7) **과전류차단기의 시설제한 장소**(KEC 341.11) : 접지도체, 다선식 전로의 중성선, 가공선로의 접지측 전선
  ① 접지공사의 접지도체
  ② 접지공사를 한 저압 가공 전로의 접지측 전선
  ③ 다선식 전로의 중성선

(8) **아크를 발생하는 기구의 시설**(KEC 341.8)

기구 등의 구분	이격거리
고압용의 것	1[m] 이상
특고압용의 것	2[m] 이상 (단, 35,000[V] 이하 화재발생 우려 없는 경우 1[m] 이상)

2. 특고압 전로의 상 및 접속 상태의 표시(KEC 351.2)

발 · 변전소 또는 이에 준하는 곳의 특고압 전로(7000[V] 초과)에 접속상태를 모의모선의 사용 기타 방법에 의하여 표시하여야 함
단, 회선수가 2 이하이고, 특고압의 모선이 단일모선인 경우 제외

3. 기기의 보호

(1) **발전기의 보호**(KEC 351.3) ➡ 차단 장치

  ① 과전류가 생길 때
  ② 100[kVA] 이상 ➡ 풍차 발전기의 유압장치의 유압, 압축공기장치의 공기압 또는 전동식 브레이드 제어장치의 전압이 저하될 때
  ③ 500[kVA] 이상 ➡ 수차 발전기의 유압장치의 유압, 전동식 제어장치의 전원전압이 저하될 때
  ④ 2,000[kVA] 이상 ➡ 수차 발전기 베어링 온도가 상승할 때
  ⑤ 10,000[kVA] 이상 ➡ 발전기 내부에 고장이 생길 때
  ⑥ 10,000[kVA] 초과 ➡ 증기터빈 발전기의 베어링 온도 상승할 때

(2) **변압기 보호**(KEC 351.4)
  ① 경보장치 － 타냉식 변압기　　　　　　　　　　　: 온도 상승 (송풍기등 냉각장치 고장)
　　　　　　 － 뱅크용량 5,000[kVA] ~ 10,000[kVA] 미만 : 내부 고장
  ② 차단 장치 ➡ 뱅크 용량 10,000[kVA] 이상　　　　: 내부 고장

(3) 조상 설비 보호(KEC 351.5) ➡ 차단 장치

① 전력용 콘덴서, 분로리액터
  ㉮ 500[kVA] ~ 15,000[kVA] 미만 : 내부고장, 과전류,
  ㉯ 15,000[kVA] 이상   : 내부고장, 과전류, 과전압
② 무효 전력 보상 장치
   15,000[kVA] 이상   : 내부고장

> **기기보호 : 기준암기 (★★★★★)**
> - 풍차(바람개비) : 100원
> - 수차(온도상승) : 2,000원
> - 역률보상(무효 전력 보상 장치) : 만오천원
> - 수차(냉차) : 500원
> - 변압기 : 만원

> **상주감시를 하지 않는 발전소의 발전기를 자동차단(KEC 351.8)**
> - 발전기에 과전류 발생시
> - 용량 2,000[kVA]이상의 발전기 내부 고장시

4. 계측장치(KEC 351.6)

(1) 발전소
① 발전기 · 연료전지 또는 태양전지 모듈의 전압 및 전류 또는 전력
② 발전기의 베이링(수중 메탈을 제외한다) 및 고정자(固定子)의 온도
③ 발전기(정격출력이 10,000[kW]를 넘는 증기터빈에 접속하는 것에 한한다)의 진동의 진폭
④ 주요 변압기의 전압 및 전류 또는 전력
⑤ 특별고압용 변압기의 온도

(2) 변전소
① 주요 변압기의 전압 및 전류 또는 전력
② 특별고압용 변압기의 온도

(3) 동기조상기
① 동기 무효 전력 보상 장치의 전압 및 전류 또는 전력
② 동기 무효 전력 보상 장치의 베어링 및 고정자의 온도

(4) 동기발전기
- 동기검정장치시설

(5) 태양광 설비
- 전압과 전류 또는 전압과 전력

> **계측장치 핵심 (★★★)**
> - 반드시 필요한 계측장치 : 전압, 전류, 전력 및 온도 (단, 모선에는 측정하지 않음)
> - 필요없는 계측장치 : 역률계, 유량계

5. 수소냉각식 발전기 등의 시설(KEC 351.9)

(1) **의미** : 수소냉각식의 발전기 · 무효 전력 보상 장치 또는 이에 부속하는 수소 냉각장치

(2) **경보장치**
① 발전기안 또는 무효 전력 보상 장치안의 수소의 순도가 85% 이하로 저하한 경우 (★★★)
② 발전기안 또는 무효 전력 보상 장치안의 수소의 압력을 계측하는 장치 및 그 압력이 현저히 변동한 경우에 이를 경보하는 장치를 시설할 것 (온도도 계측 해야됨)

6. 압축공기 장치(KEC 341.16)

(1) **탱크내 공기량** : 개폐기 또는 차단기의 투입 및 차단을 최소 1회 이상 사용 가능

(2) **압력계 눈금** : 사용압력의 1.5배 이상 3배 이하의 최고눈금

(3) **강도 시험** : 최대사용압력의 수압 1.5배(기압 1.25배)에 10분간 견디어야 한다. (★★★)

7. 피뢰기 시설(KEC 341.14) (★★★)

(1) **시설장소**
① 발 · 변전소의 가공 전선 인입구 및 인출구
② 가공전선로에 접속하는 배전용 변압기의 고압측 및 특별고압측
③ 고압 및 특별고압 가공전선로로부터 공급받는 수용가의 인입구(용량과 무관)
④ 가공 전선로와 지중 전선로가 접속되는 곳

(2) **접지** : 고압 및 특고압의 전로에 시설하는 피뢰기 접지저항값 10[Ω] 이하
단, 전용의 접지도체 또는 중성점 접지용 접지극으로부터 1[m] 이상 이격시 저항값 30[Ω] 이하

8. 변전소 감시시설(KEC 351.9)

(1) **변전소 감시** : 50,000[V] 넘는 특별고압의 전기를 변성하기 위한 변전소

(2) **무인설비**(운전에 필요한 지식 및 기능을 가진자가 그 변전소에 상시 감시를 하지 아니해도 된다)
① 사용전압이 170[kV] 이하의 변압기를 시설하는 변전소로서 기술원이 수시로 순회 하거나 그 변전소를 원격감시 제어하는 제어소("변전제어소")에서 상시 감시하는 경우
② 사용전압이 170[kV]를 초과하는 변압기를 시설하는 변전소로서 변전제어소에서 상시 감시하는 경우

Memo
※ 태양전지 모듈 : 전선 2.5[mm²] , 병렬로 모듈 접속시 단락 보호용 과전류 차단기 설비

SECTION 06 전력보안 통신설비

1. 전력보안 통신설비의 시설(KEC 362)

(1) 전력보안통신설비의 시설 요구사항(KEC 362.1) (★★★)

① 원격감시제어가 되지 아니하는 발·변전소, 개폐소, 전선로 및 이를 운용하는 급전소 및 급전분소 간
② 2 이상의 급전소 상호간과 이들을 통합 운용하는 급전소 간
③ 발·변전소 및 개폐소와 기술원 주재소 간
　단, 다음 항목에 적합하고 또한 휴대용이거나 이동형 전력보안통신설비에 의하여 연락이 확보된 경우 제외
　㉮ 발전소로서 전기의 공급에 지장을 미치지 않는 곳
　㉯ 상주감시를 하지 않는 변전소(사용전압 35[kV] 이하)로서 그 변전소에 접속되는 전선로가 동일 기술원 주재소에 의하여 운용되는 곳

(2) 첨가 통신선(가공전선로의 지지물에 시설하는 통신선)(KEC 362.5)

① 사용전선 : 절연전선 4[mm], 경동선 5[mm]
② 이격거리(KEC 362.2) - 제4장 전선로, '첨가' 부분 참조
　㉮ 저·고압선 및 특고압 가공전선로의 다중접지 한 중성선: 60[cm] 이상
　　(다만, 저압가공전선이 절연전선 또는 케이블이고 통신선이 절연전선 성능 이상인 경우 30[cm]이상)
　㉯ 22.9[kV] : 75[cm] 이상
　㉰ 특별고압 : 1.2[m] 이상
　　(단, 특고압전선이 케이블이고 통신선이 절연전선 성능 이상인 경우 30[cm] 이상)
③ 지표상 높이 - 다음 페이지의 표 참조
④ 특고압 가공전선로 첨가설치 통신선의 시가지 인입제한 (KEC 362.5)
　㉮ 시가지에 시설하는 통신선은 특고압 가공전선로의 지지물에 시설하여서는 안된다.
　　다만 다음의 경우에는 예외로 한다.
　　　• 특고압용 제1종 보안장치, 특고압용 제2종 보안장치를 시설하고 또한 그 중계선륜(中繼線輪) 또는 배류 중계선륜(排流中繼線輪)의 2차측에 시가지의 통신선을 접속하는 경우
　　　• 시가지의 통신선이 절연전선과 동등 이상의 절연성능이 있는 것
　㉯ 보안장치에 사용되는 피뢰기의 동작전압은 1[kV] 이하일 것
　㉰ 보안장치의 표준

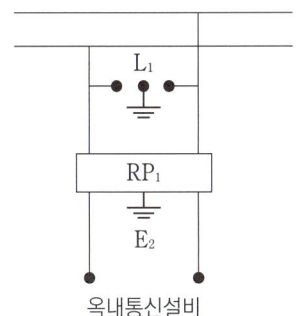

옥내통신설비

RP_1: 교류 300[V] 이하에서 동작하고, 최소 감도 전류가 3[A] 이하로서 최소 감도전류 때의 응동시간이 1사이클 이하이고 또한 전류 용량이 50[A], 20초 이상인 자동 복구성이 있는 릴레이 보안기
L_1 : 교류 1[kV] 이하에서 동작하는 피뢰기
E_1 및 E_2: 접지

(3) 가공통신선

① 통신선을 조가선으로 조가할 것. 단 2.6[mm] 경동선 사용시 예외
② 조가용 선은 금속으로 된 연선일 것
③ 지표상 높이 - 아래 표 참조

통신선의 지표상 높이 (★★★) (단위 [m])

첨가통신선(주1)			가공통신선		
횡단보교도위	5(주2)	(주3)	횡단보교도위	3	
기타	5		기타	3.5	
도로	6	교통無 5	도로	5	교통無 4.5
철도	6.5		철도	6.5	

(주1) 가공전선로의 지지물에 시설하는 통신선 또는 이에 직접 접속하는 가공통신선
(주2) 횡단보교교의 위에 시설하는 경우에는 노면상 5[m](기본)
(주3) • 저압 또는 고압의 가공전선로의 지지물에 시설하는 통신선 또는 이에 직접 접속하는 가공통신선을 노면상 3.5[m](통신선이 절연전선과 동등 이상의 절연효력이 있는 것인 경우 3[m])이상으로 하는 경우
  • 특고압 전선로의 지지물에 시설하는 통신선 또는 이에 직접 접속하는 가공통신선으로서 광섬유 케이블을 사용하는 것을 그 노면상 4[m]

(4) 전력 보안 통신 설비의 무선용 안테나 등을 지지하는 목주, 철주, 철근콘크리트주 또는 **철탑의 기초 안전율** : 1.5 이상

2. 보안장치 : 통신선에 직접 접속하는 옥내통신 설비를 시설하는 곳에는 보안장치를 사용한다.

(1) **1종 보안장치** ➡ **첨가통신용 제 1종 케이블 사용**
(2) **2종 보안장치** ➡ **첨가통신용 제 2종 케이블 사용**
(3) 전력선 반송 통신용 결합장치의 보안장치

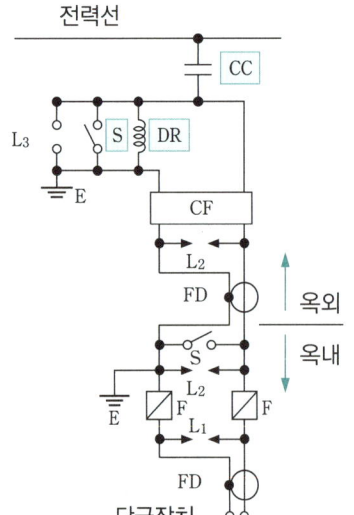

FD : 동축케이블
F : 정격전류 10[A] 이하의 포장 퓨즈
DR : 전류 용량 2[A] 이상의 배류 선륜
L_1 : 교류 300[V] 이하에서 동작하는 피뢰기
L_2 : 동작 전압이 교류 1.3[kV]를 초과하고 1.6[kV] 이하로 조정된 방전갭
L_3 : 동작 전압이 교류 2[kV]를 초과하고 3[kV] 이하로 조정된 구상 방전갭
S : 접지용 개폐기
CF : 결합 필타
CC : 결합 커패시터(결합 안테나를 포함한다.)
E : 접지

3. 기타내용

- 무선용 안테나 등을 지지하는 목주.철주.철근콘크리트주.철탑의 기초 안전율 1.5 이상 (KEC 364.1)
- 무선용 안테나 등은 전선로 주위상태를 감시할 목적으로 시설하는 것 이외에는 가공전선로의 지지물에 시설하여서는 아니된다.
- 전력보안 통신설비는 가공전선로로부터 어떤작용(정전유도작용 및 전자유도작용 등)에 의하여 사람에게 위험을 줄 우려가 없도록 시설하여야 한다.(★★★)
- 시가지에 시설하는 통신선은 특고압 가공 전선로의 지지물에 시설하여서는 아니된다.
  단, 4[mm]이상의 절연전선 또는 광섬유 케이블은 예외

SECTION 07 전기사용 장소시설

1. 옥내의 일반사항

(1) 저압 옥내배선의 사용전선(KEC 231.3.1) (★★★★★)

① 단면적 2.5[mm^2] 이상의 연동선, 1[mm^2] 이상의 미네럴인슈레이션 케이블(MI)
② 사용전압이 400[V] 이하인 경우
　㉮ 전광표시장치, 출퇴표시등 또는 제어회로 : 1.5[mm^2] 이상의 연동선
　　　　　　　　　　　　　　　　　　　　　0.75[mm^2] 이상의 다심케이블 또는 다심캡타이어 케이블
　㉯ 진열창안 : 0.75[mm^2] 이상의 코드 또는 캡타이어 케이블 사용
③ 조명용 전원코드 및 이동전선 : 0.75[mm^2] 이상의 코드 또는 캡타이어 케이블(KEC 234.3)

(2) 저압 옥내배선의 중성선의 단면적(KEC 231.3.2)

다음의 경우 중성선의 단면적은 최소한 선도체 단면적 이상
① 2선식 단상회로인 경우
② 선도체의 단면적이 16[mm^2] 이하인 다상 회로 구리선인 경우
③ 선도체의 단면적이 25[mm^2] 이하인 다상 회로 알루미늄선인 경우

(3) 나전선 사용 가능장소(KEC 231.4) (★★★★★)

① 애자사용공사
　㉮ 전기로용 전선
　㉯ 전선 피복절연물이 부식하는 장소에 시설하는 전선
　㉰ 취급자 이외에 사람 출입 금지된 곳
② 버스덕트 공사
③ 라이팅덕트 공사
④ 저압접촉 전선(이동하여 사용하는 기계에 전기공급)

(4) 고주파 전류에 의한 장해의 방지(KEC 231.5)
① 형광등에 콘덴서를 병렬로 접속 : 0.006[μF] 이상 ~ 0.5[μF] 이하
② 글로우램프에 콘덴서를 병렬로 접속(예열 시동식) : 0.006[μF] ~ 0.01[μF] 이하

(5) 옥내전로의 대지 전압의 제한(KEC 231.6) (★★★★★)
① 대지전압 300[V] 이하 (사람 접촉 우려 있으면 150[V] 이하)
② 사용전압 400[V] 미만 (교통신호등 300[V] 이하, 전기울타리 250[V] 이하)
   단, 출퇴표시, 전광표시, 자동제어, 소세력회로 절연변압기의 1차전압 300[V], 2차사용전압 60[V])
③ 주택의 전로 인입구에는 감전보호용 누전차단기를 시설할 것
   다만, 3[kVA] 이하인 절연변압기(1차 저압, 2차 300[V] 이하인 것)를 사람이 쉽게 접촉할 우려가 없도록 설치하고 부하측 전로를 접지하지 않은 경우는 예외

(6) 배선설비와 다른 공급설비와의 접근(KEC 232.3.7, 331.13, 342.4)
① 약전류전선 등 또는 수관·가스관이나 이와 유사한 것과 접근하거나 교차하는 경우
   ㉮ 저압 : 0.1[m](나전선 0.3[m]) 이상
   ㉯ 고압 : 0.15[m] 이상
   ㉰ 특고압 : 접촉하지 말 것
② 다른 저압 옥내배선 또는 관등회로의 배선과 접근하거나 교차
   ㉮ 저압 : 0.1[m](나전선 0.3[m]) 이상
   ㉯ 고압 : 0.15[m] 이상
   ㉰ 애자사용공사에 의한 저압 옥내배선이 나전선인 경우 : 0.3[m] 이상
   ㉱ 가스계량기 및 가스관의 이음부와 전력량계 및 개폐기 : 0.6[m] 이상
   ㉲ 가스관의 이음부와 점멸기 및 접속기의 이격거리 : 0.15[m] 이상
   ㉳ 특고압 : 0.6[m] 이상

(7) 고압 옥내배선 등의 시설(KEC 342.1)
① 애자사용배선(건조한 장소로서 전개된 장소에 한한다)
② 케이블배선
③ 케이블트레이배선
④ 고압옥내 이동전선의 조건
   • 고압용 캡타이어 케이블 사용
   • 지락 발생시 전로 차단
   • 전로에는 전용 개폐기 및 과전류 차단기 설치(중성극 제외)

(8) 특별고압 옥내 전기설비의 시설
① 사용전압 : 100,000[V] 이하, 단, 케이블 트레이 공사시 35,000[V] 이하
② 전선은 케이블 일것

2. 옥내배선(배관) 공사

[TIP] 반드시는 아니지만 대부분 (★★★)

- 옥외용 비닐 절연전선 : 옥내 사용 금지
- 시설가능 : 금속관, 케이블
  시설불가 : 가요전선관(단, 굴곡개소는 사용), 애자사용(단, 건조한 고압옥내 배선에 사용)
- 절연변압기 2차 : 접지하지 않는다.

[참고] 배선설비 공사방법의 분류

- 전선관 시스템 : 금속관공사, 합성수지관공사, 가요전선관공사
- 케이블 트렁킹 시스템 : 합성수지몰드공사, 금속몰드공사, 금속덕트공사(트렁킹), 케이블트렌치공사
- 케이블덕팅 시스템 : 금속덕트공사(덕팅), 플로어덕트공사, 셀룰러덕트공사.
- 그 외, 케이블트레이시스템, 케이블공사, 애자공사, 버스바트렁킹시스템(버스덕트), 파워트랙시스템(라이팅덕트공사)

(1) 애자공사(KEC 232.56)

① 사용전선
  ㉮ 저압 : 절연전선 사용(옥외용 비닐절연전선 및 인입용 비닐절연전선 제외)
  ㉯ 고압 : 6[mm²]이상 연동선 이와 동등 이상의 세기 및 굵기의 고압 절연전선이나 특고압 절연전선
② 애자공사에 사용하는 애자는 절연성, 난연성 및 내수성의 것
③ 사용전압에 따른 분류

구분	사용전압		고압
	저압		
	400[V] 이하	400[V] 초과	
전선 상호 간의 간격	6[cm]이상		8[cm] 이상
전선과 조영재 사이의 이격거리	2.5[cm] 이상	4.5[cm] 이상 (건조한 장소: 2.5[cm] 이상)	5[cm] 이상
지지점간의 거리 (애자 간격)	2[m] 이하	6[m] 이하	6[m] 이하
	조영재의 윗면 또는 옆면에 따라 붙일 경우 : 2[m] 이하		

설명그림 - 애자사용 공사 (★★★)

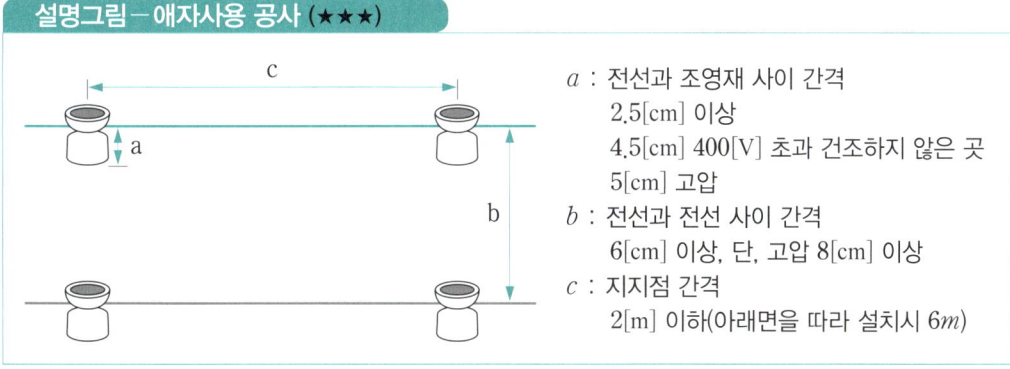

a : 전선과 조영재 사이 간격
  2.5[cm] 이상
  4.5[cm] 400[V] 초과 건조하지 않은 곳
  5[cm] 고압
b : 전선과 전선 사이 간격
  6[cm] 이상, 단, 고압 8[cm] 이상
c : 지지점 간격
  2[m] 이하(아래면을 따라 설치시 6m)

(2) 관공사(KEC 232.11, 232.12, 232.13)

① 공통 내용
  ㉮ 절연전선(옥외용 비닐절연전선 제외)일 것
  ㉯ 전선은 연선일 것
  ㉰ 단선을 사용할 경우: 단면적 10[mm²](알루미늄선은 16[mm²]) 이하의 것
  ㉱ 관 안에서 접속점이 없도록 할 것
  ㉲ 습기가 많은 장소 또는 물기가 있는 장소: 방습 장치를 할 것
  ㉳ 금속제 부분은 접지공사를 할 것.
    다만, 저압 옥내배선의 사용전압이 400[V] 미만인 경우로써 다음 중 하나에 해당하는 경우 생략 가능
    • 관의 길이(2개 이상의 관을 접속하여 사용하는 경우에는 그 전체의 길이를 말한다)가 4[m] 이하인 것을 건조한 장소에 시설하는 경우
    • 옥내배선의 사용전압이 직류 300[V] 또는 교류 대지전압 150[V] 이하인 경우에 그 전선을 넣는 관의 길이가 8[m] 이하인 것을 사람이 쉽게 접촉할 우려가 없도록 시설하는 때 또는 건조한 장소
  ㉴ 금속제 부분이외는 접지를 할 필요가 없다. 누전시 누전전류 발생안됨

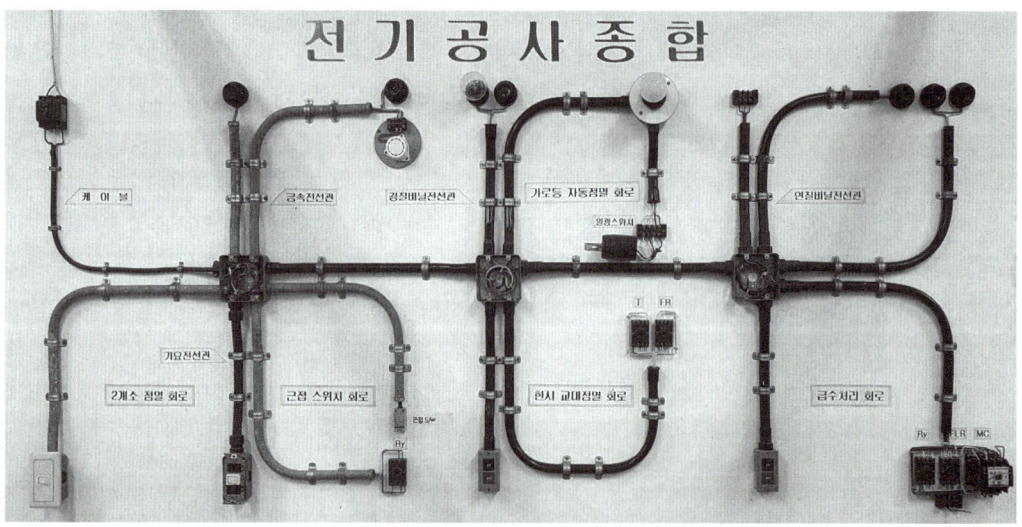

② 전선관 시스템 (★★★)

합성수지관 공사 (KEC 232.11)	• 지지간격 : 1.5[m] 이하 • 1본의 길이 : 4[m] • 관 두께 : 2[mm] 이상 • 관 상호간 및 박스와는 관을 삽입하는 깊이 – 관의 바깥지름의 1.2배(접착제 사용 시 0.8배) 이상

금속관 공사 (KEC 232.12)	: 폭연성 먼지 또는 화약류의 분말이 존재하는 공간에는 반드시 실시 • 지지간격 : 2[m] 이하 • 1본의 길이 : 3.6[m] • 관 두께 　- 콘크리트 매설 : 1.2[mm] 이상(매설 외 : 1[mm]이상) 　- 이음매가 없고 길이 4[m] 이하인 것을 건조하고 전개된 곳에 시설 : 　　0.5[mm] 이상 • 부싱 : 전선 피복 손상 방지
금속제 가요전선관 공사 (KEC 232.13)	소맥분 전분 기타의 가연성 먼지가 존재하는 곳에는 부적당 • 지지간격 : 1[m] 이하 • 2종 금속제 가요전선관일 것 (단, 전개 또는 점검가능은폐장소 1종) • 관 두께 : 0.8[mm] 이상(1종 금속제 가요전선관)

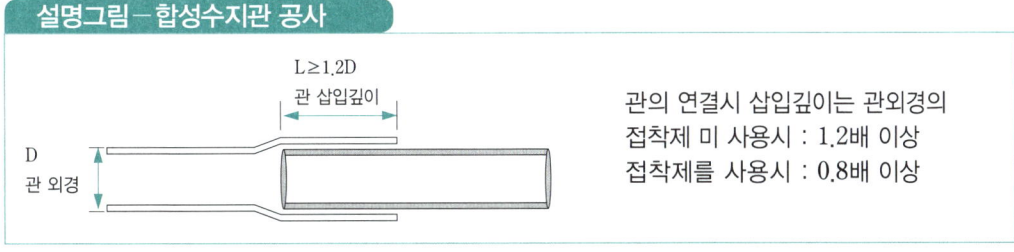

설명그림 – 합성수지관 공사

관의 연결시 삽입깊이는 관외경의
접착제 미 사용시 : 1.2배 이상
접착제를 사용시 : 0.8배 이상

(3) 몰드공사(케이블 트렁킹 시스템)(KEC 232.21, 232.22)

① 공통 내용
　㉮ 절연전선(옥외용 비닐절연전선 제외)
　㉯ 몰드 안에는 접속점이 없도록 할 것

② 차이점
　㉮ 합성수지 몰드공사(KEC 232.21)
　　• 홈의 폭 및 깊이: 3.5[cm] 이하, 두께: 2[mm] 이상
　　　(다만, 사람이 쉽게 접촉할 우려가 없도록 시설하는 경우, 폭: 5[cm] 이하, 두께: 1[mm] 이상)
　　• 조영재 부착 시 40~50[cm] 간격 고정
　㉯ 금속 몰드공사(232.22)
　　• 황동제 또는 동제 몰드의 폭 : 5[cm] 이하, 두께: 0.5[mm] 이상
　　• 금속몰드는 접지공사를 할 것
　　• 전선 수(삽입단면적) : 1종몰드 10본 이하, 2종몰드 20[%] 이하
　　• 400[V]이하 건조한 장소로 전개 또는 점검 할 수 있는 은폐 장소 시공

(4) 덕트공사(KEC 232.9, 232.10, 232.11, 232.12, 232.13) : 케이블덕팅 시스템

① 공통 내용
　㉮ 전선
　　• 절연전선(옥외용 비닐절연전선 제외)
　　• 나전선 사용가능 : 버스덕트공사, 라이팅덕트공사

㉯ 덕트 끝부분은 막을 것
㉰ 덕트 내부에 먼지가 침입하지 아니하도록 할 것
㉱ 덕트 안에는 접속점이 없도록 할 것
(다만, 전선을 분기하는 경우에는 접속점을 쉽게 점검할 수 있는 경우 제외)
㉲ 덕트는 접지공사를 할 것

② 차이점 (★★★★★)

금속덕트공사 (k 232.30)	• 지지간격: 3[m] 이하(수직 6[m] 이하) • 덕트 내부 단면적 : 덕트 내부 단면적의 20[%] 　(전광표시 장치ㆍ제어회로 등의 배선만을 넣는 경우 50[%]) • 폭이 4[cm] 이상, 두께 1.2[mm] 이상 • 나전선 사용불가 • 물기가 많고 전개된 장소에서 440[V] 옥내배선에 사용불가
버스덕트공사	• 지지간격 : 3[m] 이하(수직 6[m] 이하) • 사용도체 : 나도체 • 목조 외의 조영물(점검할수 없는 은폐장소를 제외)에 사용할 것 • 종류 : 피더 버스 덕트, 플러그인 버스 덕트, 트롤리 버스 덕트
라이팅덕트공사 (k232.71) : 파워트랙 시스템	• 지지간격 : 2[m] 이하 • 덕트의 개구부는 아래로 향하여 시설할 것 • 덕트의 조영재에 견고하게 부착, 조영재를 관통하면 안됨
플로어덕트공사, (k 232.32) 셀룰러덕트공사	• 전선은 연선일 것 • 단선을 사용할 경우 : 10[mm^2](알루미늄 16[mm^2]) 이하 • 두께 2[mm] 이상인 강판, 박스 및 인출구는 마루 위로 돌출 안되게 함

설명그림 – 금속덕트

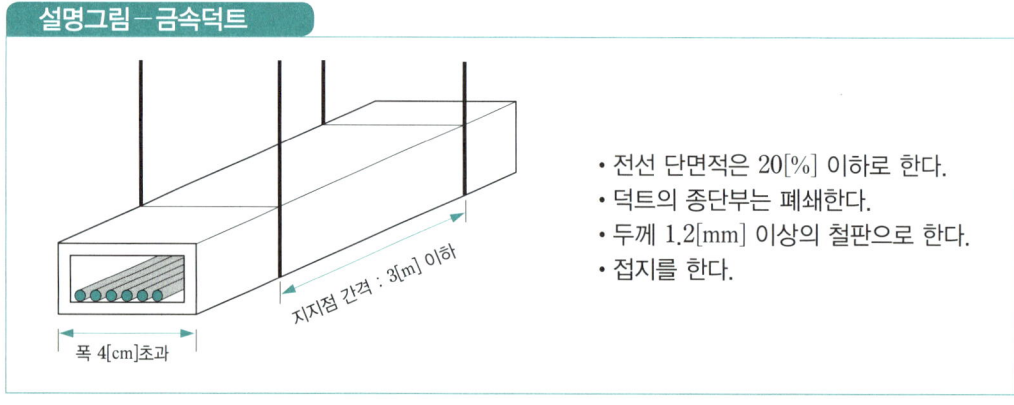

• 전선 단면적은 20[%] 이하로 한다.
• 덕트의 종단부는 폐쇄한다.
• 두께 1.2[mm] 이상의 철판으로 한다.
• 접지를 한다.

설명그림 – 버스 덕트

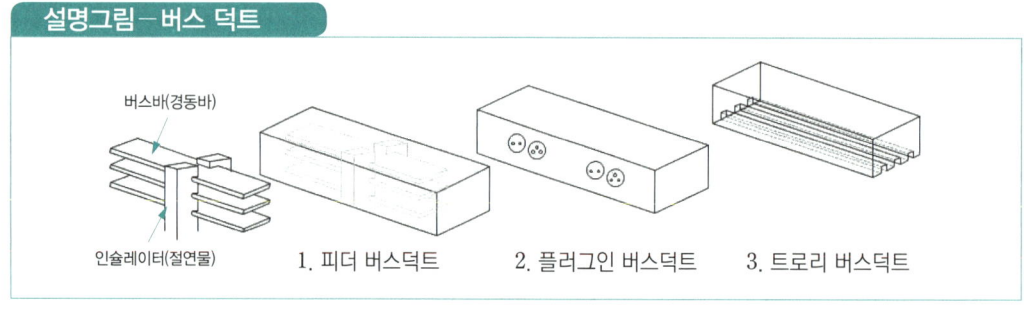

(5) 케이블공사(KEC 232.14)

① 전선 : 케이블 및 캡타이어케이블

직접매설가능(직접 콘크리트에 매입 시설가능) : MI, 콘크리트 직매용 케이블(저압용)

② 지지간격

㉮ 조영재의 아랫면 또는 옆면에 따라 붙이는 경우: 2[m] 이하(수직 : 6[m] 이하)

㉯ 캡타이어 케이블: 1[m] 이하

③ 접지공사

관 기타의 전선을 넣는 방호 장치의 금속제 부분·금속제의 전선 접속함 및 전선의 피복에 사용하는 금속체에는 접지공사를 할 것. 다만, 사용전압이 400[V]이하로서 다음 중 하나에 해당할 경우 생략

㉮ 방호장치의 금속제 부분의 길이가 4[m] 이하인 것을 건조한 곳에 시설하는 경우

㉯ 옥내배선의 사용전압이 직류 300[V] 또는 교류 대지전압 150[V] 이하로서 방호장치의 금속제 부분의 길이가 8[m]이하인 것을 사람이 쉽게 접촉할 우려가 없도록 시설하는 경우 또는 건조한 것에 시설하는 경우

※ 고압 옥내 배선에 적당(★★★)

(6) 케이블트레이공사(KEC 232.41)

① 내부깊이 150[mm] 이하, 덕트 내부 단면적의 50[%] 이하 사용

② 기초 안전율 1.5 이상

③ 옥내최대사용전압 : 35,000[V] 이하

④ 종류 : 사다리형, 펀칭형, 통풍채널형(그물망형), 바닥밀폐형

⑤ 선정기준 : 비금속제 케이블 트레이는 난연성 재료의 것이어야 한다.

(7) 옥내에 시설하는 저압 접촉전선 배선(KEC 232.81)

: 이동기중기, 자동청소기 등 이동 전기기계기구의 전기 공급위한 접촉전선 규정

① 전선 높이: 3.5[m] 이상

② 전선 굵기: 지름 6[mm]의 경동선으로 단면적 28[mm²] 이상

(사용전압 400[V] 이하인 경우 지름 3.2[mm] 이상의 경동선으로 단면적 8[mm²] 이상)

③ 지지간격: 6[m] 이하

④ 전선 상호간격 : 전선을 수평으로 배열하는 경우: 0.14[m] 이상(기타의 경우: 0.2[m] 이상)

(8) 작업선 등의 실내 배선(KEC 232.82)

선박용 케이블의 정격전압 : 600[V]

(9) 옥내에 시설하는 저압용 배전반 등의 시설(KEC 232.84)

① 취급자 이외의 사람이 쉽게 출입 할 수 없도록 시설할 것

② 한 개의 분전반에는 한 가지 전원만 공급할 것

③ 주택용 분전반은 노출된 장소에 시설할 것
④ 옥내에 설치하는 배전반 및 분전반은 불연성 또는 난연성이 있도록 할 것

지지점 간격 (★★★)

지지점 간격	시공방법
3[M]	덕트
2[M]	금속관, 케이블, 애자사용, 라이팅덕트
1.5[M]	합성수지관
1[M]	(금속제)가요전선관, 캡타이어 케이블

3. 조명설비

(1) 코드의 사용 (KEC 234.2)

① 사용전압 : 400[V]이하
② 코드는 조명용 전원코드 및 이동전선으로만 사용할 것
   옥내에서 조명용 전원코드 또는 이동전선을 습기가 많은 장소 또는 수분이 있는 장소에 시설할 경우
   ㉮ 고무코드
   ㉯ 0.6/1[kV] EP 고무 절연 클로로프렌 캡타이어케이블 0.75[mm²] 이상
③ 내부를 건조한 상태로 사용하는 진열장 등의 내부에 배선할 경우 고정 배선으로 사용 가능

(2) 콘센트의 시설 (KEC 234.5)

① 욕조나 샤워시설이 있는 욕실 또는 화장실 등 인체가 물에 젖어 있는 상태에서 전기를 사용하는 장소
   ㉮ 인체감전보호용 누전차단기(정격감도전류 15[mA] 이하, 동작시간 0.03초 이하의 전류동작형)
      또는 절연변압기(3[kVA]이하)로 보호된 전로에 접속하거나, 인체감전보호용 누전차단기가
      부착된 콘센트를 시설
   ㉯ 콘센트는 접지극이 있는 방적형 콘센트를 사용하여 접지할 것
② 주택의 옥내전로에는 접지극이 있는 콘센트를 사용하여 접지
③ 병원, 진료소에 시설하는 콘센트는 기준접지 바에 직접 접속

(3) 점멸기의 시설 (KEC 234.6) (★★★)

① 전원측에 시설
   점멸기는 전로의 비접지측에 시설하고 분기개폐기에 배선용차단기를 사용하는 경우 점멸기로 대용
   가능
② 욕실 내는 점멸기 시설하지 말 것
③ 가정용 전등은 매 등기구마다 점멸이 가능하도록 할 것
④ 센서등(타임스위치 포함)의 시설

⑦ 여관, 호텔 : 1분 이내 소등
⑭ 주택, 아파트 : 3분 이내 소등

(4) 진열장 또는 이와 유사한 것의 내부 배선(KEC 234.8)
전선 : 0.75[mm²] 이상의 코드 또는 캡타이어케이블

(5) 옥외등(KEC 234.9)
① 대지전압 : 300[V]이하
② 옥외등 또는 그의 점멸기에 이르는 인하선
  ⑦ 애자공사(지표상 2[m]이상의 높이에 노출된 장소에 한 한다.)
  ⑭ 금속관 공사
  ⑮ 합성수지관공사
  ⑯ 케이블공사

(6) 전주외등(KEC 234.10)
① 대지전압 : 300[V]이하
② 조명기구 및 부착금구 : 기구의 인출선은 0.75[mm²]이상일 것
③ 배선 : 2.5[mm²]이상의 절연전선
④ 공사방법
  ⑦ 케이블공사
  ⑭ 합성수지관공사
  ⑮ 금속관 공사
⑤ 누전차단기 : 가로등, 보안등, 조경등 등으로 시설하는 방전등 사용전압이 150[V]초과 하는 경우 시설

(7) 1[kV] 이하 방전등(KEC 234.11)
① 대지전압 300[V] 이하 단, 사용전압이 400[V] 이상시 방전등용변압기(절연변압기) 사용
② 배선
  ⑦ 2.5[mm²] 연동선, 절연전선(옥외용, 인입용 비닐절연전선 제외)
  ⑭ 전개되고 점검할 수 있는 은폐장소로써 애자사용배선 그리고 건조한 장소는 합성수지몰드배선 또는 금속몰드배선
③ 애자사용배선시
  ⑦ 전선상호간의 거리 : 6[cm] 이상
  ⑭ 전선과 조영재간 거리 : 2.5[cm] 이상, 단, 습기가 많은 장소 : 4.5[cm]
  ⑮ 전선 지지점간의 거리 : 2[m] 이하, 단, 관등회로 전압이 600[V] 초과 1[kV] 이하 : 1[m]
④ 진열장 또는 이와 유사한 것의 내부 관등회로 배선
  ⑦ 전선 : 0.75[mm²] 이상의 코드 또는 캡타이어 케이블
  ⑭ 전선의 지지점간의 거리 : 1[m] 이하

⑤ 관등회로의 접지공사 생략
  ㉮ 대지전압 150[V] 이하의 것을 건조한 장소에서 시공할 경우
  ㉯ 관등회로의 사용전압이 400[V] 미만의 것을 사람이 쉽게 접촉될 우려가 없는 건조한 장소에서 시설할 경우로 그 안정기의 외함 및 조명기구의 금속제부분이 금속제의 조영재와 전기적으로 접속되지 않도록 시설할 경우
  ㉰ 관등회로의 사용전압이 400[V] 미만 또는 변압기의 정격 2차 단락전류 혹은 회로의 동작전류가 50[mA] 이하의 것으로 안정기를 외함에 넣고, 이것을 조명기구와 전기적으로 접속되지 않도록 시설할 경우 (★★★)
  ㉱ 건조한 장소에 시설하는 목제의 진열장속에 안정기의 외함 및 이것과 전기적으로 접속하는 금속제부분을 사람이 쉽게 접촉되지 않도록 시설할 경우

(8) **네온방전등**(KEC 234.12)
  ① 대지전압 : 300[V] 이하
  ② 관등회로
    ㉮ 배선 : 애자공사 시설
    ㉯ 전선 : 네온관용 전선
    ㉰ 지지점간 거리 : 1[m] 이하
    ㉱ 전선 상호간격 : 6[cm] 이상
    ㉲ 전선과 조영재 사이의 노출장소에서 이격거리 : 단, 점검할수 있는 은폐장소 6[cm]

사용전압의 구분	이격거리
6[kV] 이하	20[mm] 이상
6[kV] 초과 9[kV] 이하	30[mm] 이상
9[kV] 초과	40[mm] 이상

(9) **수중조명등의 시설**(KEC 234.14)
  ① 절연변압기사용 : 1차측 사용전압 400[V] 미만, 2차측 사용전압 150[V] 이하
    ➡ (2차 전로는 접지 안함, 2차측 배선은 금속관공사) (★★★)
  ② 절연변압기의 2차측 전로의 사용전압이 30[V] 이하는 1차와 2차 사이에 금속체 혼촉 방지판 시설 : 접지공사 실시 (★★★)
  ③ 절연변압기의 2차측 전로의 사용전압이 30[V] 초과시에는 자동적으로 차단되는 누전 차단기(정격 감도전류 30[mA] 이하) 시설
  ④ 조명등의 용기의 금속제 부분 또는 개폐기 및 과전류 차단기를 각 극에 시설

(10) 교통신호등의 시설(KEC 234.15)

① 사용전압 : 300[V] 이하 (★★★)
② 전선 : 2.5[mm²] 연동선,
   450/750[V] 일반용 단심 비닐절연전선 또는 450/750[V] 내열성에틸렌아세테이트 고무 절연전선
③ 교통신호등의 인하선 : 전선의 지표상의 높이는 2.5[m] 이상
④ 교통신호등의 제어장치 전원측 : 전용 개폐기 및 과전류차단기를 각 극에 시설
⑤ 사용전압 150[V] 초과 : 누전차단기 설치

4. 특수설비

(1) 전기울타리(KEC 241.1) (★★★)

① 사용전압 : 250[V] 미만
② 사용전선 : 2[mm] 이상 전선 (인장강도 1.38[kN] 이상)
③ 이격거리 : 전선과 이를 지지하는 기둥 사이 ➡ 2.5[cm]
   　　　　　 전선과 수목 사이　　　　　　　　➡ 30[cm]

(2) 전기욕기의 시설(KEC 241.2) (★★★)

① 사용전압 : 전원 변압기의 2차측 전로의 사용전압이 10[V] 이하
② 절연저항 : 전기욕기용 전원장치로부터 욕탕 안의 전극까지의 전선 상호간 및 전선과 대지 사이의 절연저항치는 1[mΩ] 이상일 것
③ 이격거리 : 욕탕 안의 전극간의 거리는 1[m] 이상일 것

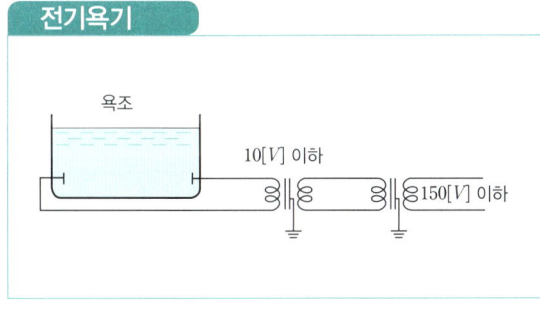
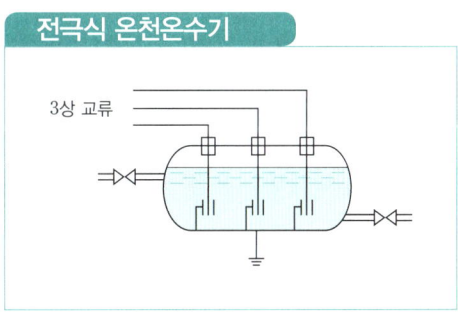

(3) 전극식 온천온수기의 시설(KEC 241.4)

① 사용전압 : 사용전압이 400[V] 미만인 절연변압기
② 개폐기 및 과전류차단기 : 절연변압기 1차측 전로에는 개폐기 및 과전류 차단기를 각극에 설치
③ 절연내력 : 절연변압기는 교류 2,000[V]의 시험전압을 하나의 권선과 다른 권선, 철심 및 외함과의 사이에 연속하여 1분간 가하여 절연내력을 시험

(4) 전기온상 등의 시설(KEC 241.5)

전기온상 즉, 식물의 재배 또는 양잠·부화·육추 등의 용도로 사용하는 전열장치
① 사용전압 : 대지전압 300[V] 이하
② 발열선 : 80[°C] 넘지 않을 것 (★★★)

(5) 전격살충기의 시설(KEC 241.7)

① 설치높이 : 지표 또는 바닥에서 3.5[m]이상(자동차단보호장치 설치 시 : 1.8[m])
② 전격격자와 다른 시설물 또는 식물 사이의 이격거리 : 0.3[m]이상

(6) 놀이용 전차의 시설(KEC 241.8)

유원지·유회장 등의 구내에서 놀이용으로 시설하는 것
① 전원장치 : 2차측 단자의 최대사용전압 직류 60[V], 교류 40[V]
② 변압기는 절연변압기로써 1차 400[V] 미만, 2차 150[V] 이하
③ 전로의 절연 :
  ㉮ 전차와 대지간 : 1[km] 마다 100[mA] 넘지 않을 것
  ㉯ 전로와 대지간 : 누설전류가 규정 전류의 5,000분의 1 넘지 않을 것

(7) 전기 집진장치 등의 시설(KEC 241.9)

① 전선은 케이블일 것
② 전기집진 응용장치의 금속제 외함 또는 케이블을 넣은 방호장치의 금속제 부분 및 방식케이블 이외의 케이블의 피복에 사용하는 금속체에는 접지공사를 할 것

(8) 아크 용접기의 시설(KEC 241.10)

건축현장, 조선소등에서 사용하는 가반형 용접전극을 사용하는 아아크용접기
① 절연변압기 : 1차측 대지전압 300[V] 이하로서 개폐기가 있을 것
② 금속체부분(용접기 외함 및 피용접재등) : 접지공사

(9) 도로 등의 전열장치의 시설(KEC 241.12)

① 전로의 대지전압 : 300[V] 이하
② 발열선의 허용온도 : 80[°C] 이하 (도로, 옥외 주차장 120[°C] 이하)
③ 발열선에 접지공사

(10) 소세력 회로의 시설(KEC 241.14)

전자 개폐기의 조작회로 또는 초인벨·경보벨 등에 접속하는 전로로서 최대 사용전압이 60[V] 이하인 것
① 절연변압기 사용, 절연변압기의 사용전압은 대지전압 300[V] 이하
② 최대사용전압 : 60[V] 이하 (★★★)

③ 전선 : 1.0[mm²]이상의 연동선, 가공으로 시설시 1.2[mm] 경동선
④ 절연변압기의 2차측 과전류차단기의 정격전류와 소세력 최대사용전압의 구분

소세력 회로의 최대 사용전압의 구분	과전류 차단기의 정격전류
15[V] 이하	5[A]
15[V] 초과 30[V] 이하	3[A]
30[V] 초과 60[V] 이하	1.5[A]

(11) 전기부식방지 시설(KEC 241.16)

지중 또는 수중에 시설되는 금속체의 부식을 방지하기 위하여 지중 또는 수중에 시설하는 양극과 피방식체간에 방식 전류를 통하여 시설
① 전기 방식회로의 사용전압 : 직류 60[V] 이하일 것 (★★★)
② 지중에 매설하는 양극의 매설깊이는 75[cm] 이상일 것
③ 수중에 시설하는 양극과 그 주위 1[m] 이내의 거리에 있는 임의점 사이의 전위차는 10[V]를 넘지 말 것
④ 지표 또는 수중에서 1[m] 간격의 임의의 2점 간의 전위차가 5[V]를 넘지 아니할 것

(12) 위험장소에서의 시설(KEC 242.2, 242.3, 242.4)

장소	합성수지관 공사	금속관 공사	케이블 공사	금속제 가요전선관공사
폭연성 먼지 (마그네슘 · 알루미늄 · 지르코늄 등의 먼지)	×	○	○	×
가연성 먼지 (소맥분 · 전분 · 유황 · 기타 가연성 먼지)	○	○	○	×
가연성 가스 등이 있는 곳	×	○	○	×
위험물 (셀룰로이드, 성냥, 석유류, 기타 타기 쉬운 위험한 물질)	○	○	○	×

(13) 화약류 저장소 등의 위험장소(KEC 242.5)

① 대지전압은 300[V] 이하
② 전기기계기구는 전폐형의 것일 것
③ 케이블을 전기기계기구에 인입할 때에는 인입구에서 케이블이 손상될 우려가 없도록 시설할 것
  (해설 : 케이블 사용 지중매설배선으로 시설할 것)
④ 화약류 저장소 안의 전기설비에 전기를 공급하는 전로에는 화약류 저장소 이외의 곳에 전용 개폐기 및 과전류차단기를 각 극에 취급자 이외의 자가 쉽게 조작할 수 없도록 시설
⑤ 전로에 지락이 생겼을 때 자동적으로 전로를 차단하거나 경보하는 장치를 시설

(14) 전시회, 쇼 및 공연장의 전기설비(KEC 242.6)
① 무대 · 무대마루 밑 · 오케스트라 박스 · 영사실 등 사람 접촉 우려 있는 장소 사용전압: 400[V]이하
② 배선용 케이블 : 최소 $1.5[mm^2]$인 구리 도체
③ 무대마루 밑에 시설하는 전구선은 300/300[V] 편조 고무코드 또는 0.6/1[kV] EP 고무절연 클로로프렌 캡타이어케이블

(15) 진열장 또는 이와 유사한 것의 내부배선(KEC 234.8)
① 전선 : $0.75[mm^2]$ 이상인 코드 또는 캡타이어 케이블
② 전선의 붙임점간의 거리 : 1[m] 이하

(16) 엑스선 발생장치
- 제1종 엑스선 발생장치에서 전선의 바닥에서의 높이 : 2.5[m] 단, 100[kV] 초과시 10[kV]마다 0.02[m]가산

(17) 출퇴근 표시등(★★★)
사용전압 : 1차측 전로의 대지전압이 300[V] 이하
2차측 전로의 사용전압이 60[V] 이하인 절연변압기일 것

(18) 전기자동차 전원 설비(KEC 241.17)
전력계통으로부터 교류의 전원을 입력받아 전기자동차에 전원을 공급하기 위한 분전반, 배선(전로), 충전장치 및 충전케이블 등의 전기자동차 충전설비
① 전기자동차의 충전장치는 부착된 충전 케이블을 거치할 수 있는 거치대 또는 충분한 수납공간(옥내 0.45[m] 이상, 옥외 0.6[m] 이상)을 갖는 구조이며, 충전 케이블은 반드시 거치할 것
② 충전장치의 충전 케이블 인출부는 옥내용의 경우 지면으로부터 0.45[m] 이상 1.2[m] 이내에, 옥외용의 경우 지면으로부터 0.6[m] 이상에 위치할 것
③ 충전부분이 노출되지 않도록 시설하고, 외함의 접지를 할것
④ 충전장치와 전기자동차의 접속에는 연장코드를 사용하지 말 것

(19) 터널, 갱도 기타 이와 유사한 장소(KEC 242.7)
① 사람이 상시 통행하는 터널 안의 배선의 시설(KEC 242.7.1)
  ㉮ 전선 : $2.5[mm^2]$ 이상 연동선(옥외용 비닐절연전선 제외)
  ㉯ 설치높이 : 2.5[m] 이상
  ㉰ 애자공사에 의해 시설할 것
  ㉱ 터널 입구 가까운 곳에 전용 개폐기 시설
② 광산 기타 갱도 안의 시설(KEC 242.7.2)
  ㉮ 사용전압 : 저압 또는 고압
  ㉯ 케이블 공사에 의해 시설할 것

㈐ 전선 : 2.5[mm²] 이상 연동선(옥외용 비닐절연전선, 인입용 비닐절연전선 제외)
　　㈑ 갱 입구 가까운 곳에 전용 개폐기 시설
　③ 터널 등의 전구선 또는 이동전선 등의 시설(KEC 242.7.4)
　　㈎ 400[V]이하의 경우 : 0.75[mm²] 이상의 300/300[V] 편조 고무코드 또는 0.6/1[kV] 고무절연 클로로프렌 캡타이어케이블
　　㈏ 사람이 접촉할 우려가 없는 경우 : 0.75[mm²] 이상의 연동선을 사용하는 450/750[V]내열성 에틸렌아세테이트 고무절연전선

(20) 의료장소의 안전을 위한 보호 설비(KEC 242.10)

① 의료장소별 계통접지
　㈎ 그룹 0 : TT계통 또는 TN계통
　㈏ 그룹 1 : TT계통 또는 TN계통
　　(중대한 지장을 초래할 우려가 있는 의료용 전기기기를 사용하는 회로에는 의료 IT계통 적용)
　㈐ 그룹 2 : 의료 IT계통 (5[kVA] 이상인 대형기기용 회로 등에는 TT계통 또는 TN계통 적용)
② 의료장소마다 그 내부 또는 근처에 등전위본딩 바를 설치할 것
　다만, 인접하는 의료장소와의 바닥 면적 합계가 50[m²] 이하인 경우에는 등전위본딩 바를 공용 가능
③ 절연변압기의 2차 정격전압 : AC 250[V] 이하, 공급방식 : 단상 2선식, 정격출력 10[kVA] 이하, 의료용 절연변압기의 2차측전로는 접지하지 말 것
④ 의료 IT계통의 절연상태를 지속적으로 계측, 감시하는 장치를 설치하고, 절연저항이 50[kΩ] 이하 시 경보
⑤ 의료장소의 전로에는 정격 감도전류 30[mA] 이하, 동작시간 0.03초 이내의 누전차단기를 설치 할 것

SECTION 08 전기철도설비

1. 통칙

전기철도의 용어 정의(KEC 402)

① 전기철도설비 : 전철 변전설비, 급전설비, 부하설비(전기철도차량 설비)로 구성
② 궤도 : 레일·침목 및 도상(선로에서 노반과 침목 사이에 끼워진 부분)과 이들의 부속품으로 구성된 시설
③ 급전선 : 전기철도차량에 사용할 전기를 변전소로부터 전차선에 공급하는 전선
④ 합성전차선 : 전기철도 차량에 전력을 공급하기 위하여 설치하는 전차선, 조가선, 행어이어, 드로퍼 등으로 구성된 가공전선

2. 전기철도의 전기방식

전력수급조건 고려사항(KEC 411.1) : 부하의 크기 및 특성, 지리적 조건, 환경적 조건, 전력조류, 전압강하, 수전 안정도, 회로의 공진 및 운용의 합리성, 장래의 수송수요, 전기사업자 협의 등

전력수급을 고려한 공칭전압 : 22.9[kV], 154[kV], 345[kV]

3. 전기철도의 변전방식

변전소 설비(KEC 421.4)에서 급전용 변압기 종류

① 직류 전기철도 : 3상 정류기용 변압기
② 교류 전기철도 : 3상 스코트 결선 변압기

4. 전기철도의 전차선로

(1) **전차선 전선 설치방식(KEC 431.1)** : 가공방식, 강체방식, 제3레일 방식
(2) **전차선로의 충전부와 차량 간의 절연이격(KEC 431.3)**

[전차선과 차량 간의 최소 절연이격거리]

시스템 종류	공칭전압[V]	동적[mm]	정적[mm]
직류	750	25	25
	1,500	100	150
단상교류	25,000	170	270

(3) 전차선 및 급전선 높이(KEC 431.6)

[전차선 및 급전선의 최소 높이]

시스템 종류	공칭전압[V]	동적[mm]	정적[mm]
직류	750	4,800	4,400
	1,500	4,800	4,400
단상교류	25,000	4,800	4,570

(4) 전차선의 편위(KEC 431.8)

전차선의 편위는 오버랩이나 분기 구간 등 특수 구간을 제외하고 레일면에 수직인 궤도 중심선으로부터 좌우로 각각 200[mm]를 표준으로 한다.

(5) 전차선로 지지물 설계 시 고려하여야 하는 하중(KEC 431.9)

① 전선 중량, 브래킷, 빔 기타 중량, 작업원 중량
② 풍압하중, 전선의 횡장력, 지지물이 특수한 사용조건에 따라 일어날 수 있는 모든 하중 고려
③ 지지물 및 기초, 지지선 기초에는 지진 하중 고려

(6) 전차선로 설비의 안전율(KEC 431.10)

① 합금전차선 2.0
② 경동선 2.2
③ 조가선 및 조가선 장력을 지탱하는 부품 2.5
④ 복합체 자재 2.5
⑤ 지지물 기초 2.0
⑥ 장력조정장치 2.0
⑦ 빔 및 브래킷 1.0
⑧ 철주 1.0
⑨ 브래킷 애자 2.5
⑩ 지지선 - 선형 : 2.5, 강봉형 : 1.0

(7) 전차선 등과 식물사이의 이격거리(KEC 431.11)

식물사이 이격거리 : 5[m] 이상 (다만, 방호벽 등 안전조치 시 예외)

(8) 누설 전류 간섭에 대한 방지(KEC 461.5)

매설 배관 또는 케이블과 직류 전기철도 시스템의 주행레일간 이격거리 : 1[m] 이상

5. 전기철도의 전기철도차량 설비

(1) 전기철도차량의 회생제동(KEC 441.5)

전기철도차량의 회생제동 사용 중단 조건
① 전차 선로 지락이 발생한 경우
② 전차 선로에서 전력을 받을 수 없는 경우
③ 선로 전압이 장기 과전압보다 높은 경우

(2) **절연구간(교류-교류)**
　① 역행운전방식
　② 타행운전방식
　③ 변압기 무부하 전류방식
　④ 전력소비 없이 통과하는 방식

(3) **전기철도차량 전기설비의 전기위험방지 보호대책으로 최대 임피던스**(KEC 441.6)
　① 기관차, 객차 : $0.05[\Omega]$
　② 화차 : $0.15[\Omega]$

6. 전기철도의 설비를 위한 보호

보호협조(KEC 451.1)
가공선로 측에서 발생한 지락 및 사고전류의 파급을 방지하기 위하여 피뢰기 설치

7. 전기철도의 안전을 위한 보호

(1) **레일 전위의 접촉전압 감소 방법**(KEC 461.3)
　① 접지극 추가 사용
　② 등전위본딩
　③ 전자기적 커플링을 고려한 귀선로의 강화
　④ 전압제한소자 적용(아닌 것 : 전류제한소자 사용)
　⑤ 보행 표면의 절연

(2) **전기부식 방지대책**(KEC 461.4)
　① 전기철도 측의 전기부식 방지 또는 전기부식 예방을 위한 방법으로 고려사항
　　(아닌 것 : 귀선을 양(+)극성으로 한다.)
　　㉮ 변전소간 간격 축소
　　㉯ 레일본드의 양호한 시공
　　㉰ 장대레일 채택
　　㉱ 절연도상 및 레일과 침목사이 절연층 설치
　② 매설금속체 측의 전기부식방지 또는 전기부식예방
　　㉮ 배류장치 설치
　　㉯ 절연코팅
　　㉰ 매설금속체 접속부 절연

SECTION 09 분산형 전원설비

1. 통칙

(1) 분산형 전원계통 연계설비의 시설(KEC 503)

계통연계의 범위(KEC 503.1)
분산형 전원설비 등을 전력계통에 연계하는 경우에 적용하며 여기서 전력계통이라 함은 전력판매사업자의 계통, 구내계통 및 독립전원계통을 말한다.

(2) 시설기준(KEC 503.2)

분산형 전원설비 사업자의 한 사업장의 설비용량의 합계가 250[kVA] 이상일 경우에는 송·배전계통과 연계 지점의 연결 상태를 감시 또는 유효전력, 무효전력 및 전압을 측정할 수 있는 장치 시설할 것

(3) 저압계통 연계 시 직류유출방지 변압기의 시설(KEC 503.2.2)

분산형 전원설비를 인버터를 이용하여 전기판매사업자의 저압 전력계통에 연계하는 경우 인버터로부터 직류가 계통으로 유출되는 것을 방지하기 위하여 접속점과 인버터 사이에 상용 주파수 변압기를 시설하여야 한다.

(4) 계통 연계용 보호장치의 시설(KEC 503.2.4)

① 분산형 전원설비를 전력계통으로 자동적으로 분리하는 조건
  ㉮ 분산형 전원설비의 이상 또는 고장
  ㉯ 연계한 전력계통의 이상 또는 고장
  ㉰ 단독운전 상태(아닌 것 : 수동운전 상태)
② 단순 병렬운전 분산형 전원설비의 경우 역전력 계전기를 설치한다.
  단, 전기를 생산하는 합계용량 50[kW] 이하의 소규모 분산형 전원은 생략 가능

2. 전기저장장치

(1) 전기저장장치 시설장소의 요구사항(KEC 511.1)

① 기기 등을 조작 또는 보수·점검할 수 있는 충분한 공간을 확보하고 조명설비를 설치할 것
② 폭발성 가스의 축적을 방지하기 위한 환기시설을 갖추고 제조사가 권장하는 온도·습도·수분·먼지 등 적정 운영환경을 상시 유지할 것
③ 침수의 우려가 없도록 시설할 것
④ 외벽 등 확인하기 쉬운 위치에 "전기저장장치 시설장소" 표지를 하고, 일반인의 출입을 통제하기 위한 잠금장치 등을 설치할 것
⑤ 충전부분은 노출되지 않도록 시설할 것

(2) 옥내전로의 대지전압의 제한(KEC 511.3)

주택의 전기저장장치의 축전지에 접속하는 부하측 옥내배선에 지락이 생겼을 때 자동적으로 전로를 차단하는 장치를 시설한 경우 대지전압은 600[V]까지 적용할 수 있다.

(3) 전기저장장치의 시설(KEC 512.1)

① 공사방법 : 합성수지관공사, 금속관공사, 금속제 가요전선관공사 또는 케이블공사
② 전선 : 공칭단면적 2.5[mm²] 이상의 연동선 또는 이와 동등 이상의 세기 및 굵기
③ 단자를 체결 또는 잠글 때 너트나 나사는 풀림방지 기능이 있는 것을 사용

(4) 전기저장장치의 제어 및 보호장치(KEC 512.2)

① 이차전지 자동 차단 조건
  ㉮ 과전압 또는 과전류가 발생한 경우
  ㉯ 제어장치에 이상이 발생한 경우
  ㉰ 이차전지 모듈의 내부 온도가 급격히 상승할 경우
② 전기저장장치의 계측장치(아닌 것 : 온도)
  ㉮ 축전지 출력 단자의 전압, 전류, 전력
  ㉯ 축전지의 충·방전 상태
  ㉰ 주요 변압기의 전압, 전류 및 전력

3. 태양광발전설비

(1) 태양광 설비의 간선의 시설기준(KEC 522.1)

① 모듈 및 기타 기구에 전선을 접속하는 경우는 나사로 조이고, 기타 이와 동등 이상의 효력이 있는 방법으로 기계적·전기적으로 안전하게 접속하고, 접속점에 장력이 가해지지 않도록 할 것
② 배선시스템은 바람, 결빙, 온도, 태양방사와 같이 예상되는 외부 영향을 견디도록 시설할 것
③ 모듈의 출력배선은 극성별로 확인할 수 있도록 표시할 것
④ 직렬 연결된 태양전지모듈의 배선은 과도과전압의 유도에 의한 영향을 줄이기 위하여 스트링 양극 간의 배선간격이 최소가 되도록 배치할 것
⑤ 전기배선
  ㉮ 공사방법 : 합성수지관공사, 금속관공사, 금속제 가요전선관공사 또는 케이블공사
  ㉯ 전선 : 공칭단면적 2.5[mm²] 이상의 연동선 또는 이와 동등 이상의 세기 및 굵기
  ㉰ 체결 또는 잠글 때 너트나 나사는 풀림방지 기능이 있는 것을 사용

(2) 태양광설비의 전력변환장치 시설(KEC 522.2)

① 인버터는 실내·실외용으로 구분할 것
② 각 직렬군의 태양전지 개방전압은 인버터 입력전압 범위 이내일 것
③ 옥외에 시설하는 경우 방수등급은 IPX4 이상일 것

4. 풍력발전설비

(1) 풍력설비의 제어 및 보호장치(KEC 532.3)

풍력설비의 제어장치가 보유하는 기능(아닌 것 : 습도에 따른 출력 조절)
① 풍속에 따른 출력
② 출력제한
③ 회전속도제어
④ 계통과의 연계
⑤ 기동 및 정지
⑥ 계통정전 또는 부하의 손실에 의한 정지
⑦ 요잉에 의한 케이블 꼬임 제한

(2) 풍력설비의 계측장치(KEC 532.3.7)

(아닌 것 : 습도계, 전력계, 조도계)
① 회전속도계
② 나셀(Nacelle)내의 진동을 감시하기 위한 진동계
③ 풍속계
④ 압력계
⑤ 온도계

5. 연료전지설비

연료전지설비의 접지설비(KEC 542.2.5)에서 접지도체 : 16[mm^2] 이상의 연동선(저압 전로의 중성점에 시설하는 것은 6[mm^2] 이상의 연동선)

05 전기설비기준

핵심문제 풀이

SECTION 01 절연과 접지

001

구내에 시설한 개폐기 기타의 장치에 의하여 전로를 개폐하는 곳으로서 발전소, 변전소 및 수용장소 이외의 곳을 무엇이라 하는가?

① 급전소 ② 송전소
③ 개폐소 ④ 배전소

전기설비기술기준 제3조
"개폐소"란 개폐소 안에 시설한 개폐기 및 기타 장치에 의하여 전로를 개폐하는 곳으로서 발전소, 변전소 및 수용장소 이외의 곳을 말한다.
참고(배전선로전압 $22.9KV$ 선로의 전압을 개폐하는 장치는 개폐소가 아님)

002

"전력 계통의 운용에 관한 지시를 하는 곳"은?

① 발전소 ② 변전소
③ 개폐소 ④ 급전소

전기설비기술기준 제3조
"급전소"란 전력계통의 운용에 관한 지시 및 급전조작을 하는 곳을 말한다.

003

전로에 대한 설명 중 옳은 것은?

① 통상의 사용 상태에서 전기를 절연한 것
② 통상의 사용 상태에서 전기를 접지한 것
③ 통상의 사용 상태에서 전기가 통하고 있는 곳
④ 통상의 사용 상태에서 전기가 통하고 있지 않는 곳

전기설비기술기준 제3조
"전로"란 통상의 사용 상태에서 전기가 통하고 있는 곳을 말한다.

004 ★

수용 장소의 인입구에서 분기하여 지지물을 거치지 않고 다른 수용 장소의 인입구에 이르는 부분을 무엇이라 하는가?

① 가공인입선 ② 이웃 연결 인입선
③ 옥측인입선 ④ 연측인입선

전기설비기술기준 제3조
"이웃 연결 인입선"이란 한 수용장소의 인입선에서 분기하여 지지물을 거치지 아니하고 다른 수용 장소의 인입구에 이르는 부분의 전선을 말한다

005

"지중관로"에 대한 정의로 옳은 것은?

① 지중전선로, 지중 약전류 전선로와 지중 매설지선 등을 말한다.
② 지중 전선로, 지중 약전류 전선로, 지중 광섬유 케이블 선로, 지중에 시설하는 수관 및 가스관과 기타 이와 유사한 것 및 이들에 부속하는 지중함 등을 말한다.
③ 지중 전선로, 지중 약전류 전선로, 지중에 시설하는 수관 및 가스관과 지중 매설지선을 말한다.
④ 지중 전선로, 지중 약전류 전선로와 복합 케이블 선로, 기타 이와 유사한 것 및 이들에 부속하는 지중함을 말한다.

정답 001 ③ 002 ④ 003 ③ 004 ② 005 ②

용어정리(K 112)
지중관로 : 지중전선로 · 지중약전류전선로 · 지중광섬유케이블선로 · 지중에 시설하는 수관 및 가스관과 이와 유사한 것 및 이들에 부속하는 지중함 등을 말한다.

006 ★

"지중관로"에 포함되지 않는 것은?

① 지중 전선로
② 지중 레일 선로
③ 지중 약전류 전선로
④ 지중 광섬유 케이블 선로

용어정리(K 112)
지중관로 : 지중전선로 · 지중약전류전선로 · 지중광섬유케이블선로 · 지중에 시설하는 수관 및 가스관과 이와 유사한 것 및 이들에 부속하는 지중함 등을 말한다.

007 ★

"다음 (　)의 Ⓐ, Ⓑ 에 들어갈 내용으로 옳은 것은?

> "전기철도용 급전선"이란 전기철도용 (Ⓐ)로부터 다른 전기철도용 (Ⓐ)또는 (Ⓑ) 에 이르는 전선 을 말한다.

① Ⓐ 급전소, Ⓑ 개폐소
② Ⓐ 궤전선, Ⓑ 변전소
③ Ⓐ 변전소, Ⓑ 전차선
④ Ⓐ 전차선, Ⓑ 급전소

용어정리(K 112)
전기철도용 급전선 : 전기철도용 변전소로부터 다른 전기철도용 변전소 또는 전차선에 이르는 전선

008 ★

다음 중 "2차 접근상태"를 바르게 설명한 것은?

① 가공선로 중 제1차 접근 시설로 접근할 수 없는 시설로서 제2차 보호조치가 안전시설을 하여야 접근할 수 있는 상태의 시설
② 가공전선이 다른 공작물과 접근하는 경우에 가공전선이 다른 공작물의 상방 또는 측방에서 수평 거리로 3[m] 이상에 시설되는 것
③ 가공전선이 다른 공작물과 접근하는 경우에 가공전선이 다른 공작물의 상방 또는 측방에서 수평 거리로 3[m] 미만에 시설되는 것
④ 가공전선이 전선의 절단 또는 지지물의 절단이 되는 경우 당해 전선이 다른 공작물에 접속될 우려가 있는 상태를 말한다

용어정리(K 112)
제2차접근상태 : 가공전선이 다른 시설물과 접근하는 경우에 그 가공전선이 다른 시설물의 위쪽 또는 옆쪽에서 수평 거리로 3[m] 미만인 곳에 시설되는 상태를 말한다

009 ★

관등회로의 의미로 옳은 것은?

① 분기점으로부터 안정기까지의 전로
② 방전등용 안정기로부터 방전관까지의 전로
③ 스위치로부터 방전등까지의 전로
④ 분기점으로부터 방전관까지의 전로

용어정리(K 112)
관등회로 : 방전등용 안정기 또는 방전등용 변압기로부터 방전관까지의 전로를 말한다

010

전력계통의 일부가 전력계통의 전원과 전기적으로 분리된 상태에서 분산형 전원에 의해서만 가압되는 상태를 무엇이라 하는가?

① 계통연계　② 단독운전
③ 접속설비　④ 병렬운전

용어정리(K 112)
단독운전 : 전력계통의 일부가 전력계통의 전원과 전기적으로 분리된 상태에서 분산형전원에 의해서만 가압되는 상태를 말한다.

011 ★

리플프리직류라는 것은 교류를 직류로 변환할 때 리플성분의 실효값이 몇 [%] 이하로 포함된 직류를 말하는가?

① 3[%]
② 5[%]
③ 10[%]
④ 20[%]

용어정리(K 112)
리플프리직류 : 교류를 직류로 변환할 때 리플성분의 실효값이 10[%] 이하로 포함된 직류를 말한다.

012

인체의 감전에 대한 보호의 내용 중 고장보호는 기본절연의 고장에 의한 간접접촉을 방지하는 것이다. 이에 해당하지 않는 것은?

① 인축의 몸에 흐르는 고장전류의 지속시간을 위험하지 않은 시간까지로 제한
② 인축의 몸에 흐르는 고장전류를 위험하지 않는 값 이하로 제한
③ 인축의 몸을 통해 고장전류가 흐르는 것을 방지
④ 인축의 몸을 통해 전류가 흐르는 것을 방지

안전을 위한 보호(K 113)
감전에 대한 보호(★★★)
(1) 기본보호 : 직접 접촉을 방지하는 것
　① 인축의 몸을 통해 전류가 흐르는 것을 방지
　② 인축의 몸에 흐르는 전류를 위험하지 않는 값 이하로 제한
(2) 고장 보호 : 기본절연의 고장에 의한 간접접촉을 방지
　① 인축의 몸을 통해 고장전류가 흐르는 것을 방지
　② 인축의 몸에 흐르는 고장전류를 위험하지 않는 값 이하로 제한
　③ 인축의 몸에 흐르는 고장전류의 지속시간을 위험하지 않은 시간까지로 제한
이해 고장보호는 전류자체가 고장전류에 의한 위해 방지임

013

전선의 식별에 따른 색상에 포함되지 않는 것은?

① 갈색
② 흑색
③ 회색
④ 적색

전선의 식별(K 121.2)

L1	L2	L3	N	보호도체
갈색	흑색	회색	청색	녹색-노란색

암기 갈, 치(흑), 회, 푸르다(청) : 싱싱한 갈치회는 푸른색을 띤다.

014

다음 각 케이블 중 특히 특고압 전선로용으로만 사용할 수 있는 것은?

① 용접용 케이블
② MI 케이블
③ CD 케이블
④ 파이프형 압력 케이블

특고압케이블(사용전압이 특고압인 전로에 전선으로 사용하는 케이블)
① 절연체가 에틸렌 프로필렌고무혼합물 또는 가교폴리에틸렌 혼합물인 케이블로서 선심위에 금속제의 전기적 차폐층을 설치한 것
② 파이프형 압력 케이블 ③ 그 밖의 금속피복을 한 케이블

015

전선을 접속한 경우 전선의 세기를 최소 몇 [%] 이상 감소시키지 않아야 하는가?

① 10
② 15
③ 20
④ 25

전선의 접속(K 123):
• 전선의 세기를 20[%] 이상 감소시키지 말 것(80%이상 유지)
• 병렬로 사용하는 경우
　- 굵기 : 동 50[mm^2], 알루미늄 70[mm^2]이상
　- 병렬로 사용하는 전선 각각에 퓨즈 삽입 금지
　- 금속관 안에 전자적 불평형이 생기지 않도록 시설

016

두 개 이상의 전선을 병렬로 사용하는 경우에서 틀린 것은?

① 동선 50[mm^2]이상 또는 알루미늄 70[mm^2]이상으로 하고, 전선은 같은 도체, 같은 재료, 같은 길이 및 같은 굵기의 것을 사용할 것
② 같은 극의 각 전선은 동일한 터미널러그에 완전히 접속할 것

정답 011 ③ 012 ④ 013 ④ 014 ④ 015 ③ 016 ③

③ 병렬로 사용하는 전선에는 반드시 각각에 퓨즈를 설치할 것
④ 교류회로에서 병렬로 사용하는 전선을 금속관 안에 전자적 불평형이 생기지 않도록 시설할 것

전선의 접속(K 123) 시 병렬로 사용하는 경우
- 굵기 : 동 50[mm²], 알루미늄 70[mm²]이상
- 병렬로 사용하는 전선 각각에 퓨즈 삽입 금지
- 금속관 안에 전자적 불평형이 생기지 않도록 시설

017

전로의 절연 원칙에 따라 반드시 절연하여야 하는 것은?

① 전로의 중성점에 접지공사를 하는 경우의 접지점
② 계기용 변성기의 2차측 전로의 접지점
③ 저압 가공 전선로의 접지 측 전선
④ 22.9[kV] 중성선의 다중 접지의 접지점

전로의 절연(K 130) : 전로의 절연 제외 장소
① 8가지 경우(계기용변성기 2차측전로 접지 등)의 접지공사를 하는 경우의 접지점
② 시험용 변압기, 전력선 반송용 결합 리액터, 전기 울타리용 전원장치, 엑스선 발생장치 ,전기부식방지용 양극, 단선식 전기철도의 귀선 등 전로의 일부를 대지로부터 절연하지 아니하고 전기를 사용하는 것이 부득이한 것.
③ 전기욕기ㆍ전기로ㆍ전기보일러ㆍ전해조 등 대지로부터 절연하는 것이 기술상 곤란한 것

018

전로의 사용전압이 $SELV$ 및 $PELV$인 경우 전로 대지 간의 절연저항은 몇 [MΩ] 이상 이어야 하는가?

① 0.1 ② 0.3
③ 0.5 ④ 1

전로의 절연(K 130) : 저압전로의 절연저항

전로의 사용전압[V]	DC 시험전압[V]	절연저항[MΩ]
$SELV$ 및 $PELV$	250	0.5
$FELV$, 500[V] 이하	500	1.0
500[V] 초과	1,000	1.0

[주] 특별저압(extra low voltage : 2차 전압이 AC 50V, DC 120V 이하)으로 $SELV$(비접지회로 구성) 및 $PELV$(접지회로 구성)은 1차와 2차가 전기적으로 절연된 회로, $FELV$는 1차와 2차가 전기적으로 절연되지 않은 회로

019

특별저압(ELV, Extra Low Voltage)은 인체에 위험을 초래하지 않을 정도의 저압으로 2차전압이 직류와 교류에서 전압의 한계는 얼마인가?

① AC 30[V]이하, DC 80[V]이하
② AC 50[V]이하, DC 100[V]이하
③ AC 50[V]이하, DC 120[V]이하
④ AC 100[V]이하, DC 150[V]이하

특별저압(교류AC 50[V], 직류DC 120[V])

020

380[V] 저압전로의 전선 상호 간 및 전로와 대지 간의 직류 250[V] 절연저항계로 측정한다면 절연저항[MΩ]은 얼마 이상인가?(단, SPD가 분리가 안 된 상태이다.)

① 0.1 ② 0.5
③ 1.0 ④ 5.0

전로의 절연(K 130) : 저압전로의 절연저항
측정 시 영향을 주거나 손상을 받을 수 있는 SPD 또는 기타 기기 등은 측정 전에 분리시켜야 하고, 부득이하게 분리가 어려운 경우에는 시험전압을 250V DC로 낮추어 측정할 수 있지만 절연저항 값은 1$M\Omega$ 이상이어야 한다.

 DC 250[V]는 시험전압입니다. 사용전압이 아닙니다.

021

1차전압 22.9[kV], 2차전압 100[V], 용량 15[kVA]인 변압기에서 저압측의 허용 누설전류는 몇 [mA]를 넘지 않도록 유지하여야 하는가?

① 35 ② 50
③ 75 ④ 100

누설전류(적을수록 좋다.)
= 최대공급전류의 1/2000 이하유지
최대공급전류는(단상 : 용량[VA]/사용전압[V] = 15,000[VA]/100[V]=150[A])   ∴150[A]/2,000= 0.075[A]

022

고압 및 특별고압 전로의 절연내력시험을 하는 경우 시험전압에 몇 분간 견디어야 하는가?

① 1분
② 3분
③ 5분
④ 10분

절연내력시험(K 132~136)
① 시험시간 : 10분
② 방법 :
  • 다심케이블 : 심선상호간 및 심선과 대지간,
  • 회전기 : 권선과대지간
  • 연료전지,태양전지모듈 : 충전부와 대지
  • 변압기 : 권선과 다른권선, 철심과 외함
③ 시험전압 : 교류 : 최대사용전압의 배수를 곱하여
           직류 : 교류시험전압의 2배
※ 배수는 시험대상물마다 다르나 기본적으로 케이블, 변압기, 기구의 전로 중 다수 출제된 내용은 아래와 같다.
  배수 : 7[kV]이하(1.5배), 7[kV]초과(1.25배),
  중성점 다중접지(0.92배)
  중성점접지(60[kV]초과 – 1.1배),
  중성점 직접접지(60[kV]초과 - 0.72배) (170[kV]초과 – 0.64배)

023 ★★

6.6[kV] 지중전선로의 케이블을 직류전원으로 절연내력시험을 하자면 시험전압을 직류 몇 [V]인가?

① 9,900[V]
② 14,420[V]
③ 16,500[V]
④ 19,800[V]

전선의 케이블 교류 절연내력 시험전압은 7[kV]이하시 최대사용전압의 1.5배이며 직류시험전압 시 교류시험전압의 2배의 전압을 인가하므로
∴ (6.6[kV] ×1.5) ×2 = 19.8[kV]

024 ★★

전압이 22.9[kV]로서 중성선 다중접지하는 전선로의 절연내력 시험전압은 최대 사용전압의 몇 배인가?

① 0.72
② 0.92
③ 1.1
④ 1.25

절연내력시험(K 132~136) : 전로(고압 및 특고압의 전로)
최대사용전압 7,000[V]초과 25,000[V]이하 중성점(선) 다중접지인 경우 → 최대사용전압의 0.92배

025

최대사용전압이 154,000[V]인 중성점 직접 접지식 전로의 절연내력 시험전압은 몇 [V]인가?

① 110,800[V]
② 141,680[V]
③ 169,400[V]
④ 192,500[V]

절연내력시험(K 132~136) : 전로(고압 및 특고압의 전로)
최대사용전압 60[V]초과 중성점 직접접지 : 0.72배
∴ 154,000[V] × 0.72 = 110,880[V]

026

2개의 단상변압기($\frac{200}{6,000}$[V])를 그림과 같이 연결하여 최대 사용전압 6,600[V]의 고압전동기의 권선과 대지 사이의 절연내역시험을 하는 경우 전압계의 전압[V]과 시험전압[E]의 값으로 옳은 것은?

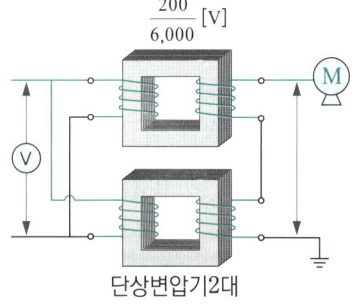

단상변압기2대

① $V=82.5$[V], $E=8,250$[V]
② $V=165$[V], $E=13,200$[V]
③ $V=165$[V], $E=9,900$[V]
④ $V=200$[V], $E=12,000$[V]

회전기의 절연내력시험(발전기·전동기·무효 전력 보상 장치·기타회전기)
시험전압은 7[kV]이하(1.5배) 초과(1.25배)이므로
∴ 절연내력시험전압 = 6,600×1.5 = 9,900[V] (시험전압 E)
  시험전압을 1차측 인가전압으로 환산하면
$(9,900/2) \times \dfrac{200}{6,000} = 165[V]$

27

고압용 수은 정류기의 절연내력시험을 직류측 최대사용 전압의 몇 배의 교류전압을 음극 및 외함과 대지간에 연속하여 10분간 가하여 이에 견디어야 하는가?

① 1배
② 1.1배
③ 1.25배
④ 1.5배

정류기(SCR)의 절연내력시험
① 방법 : 연속하여 10분간 가한다.
② 시험 전압 (최소 500[V])
  • 최대사용전압이 60[kV]이하 : 직류측의 최대사용전압의 1배의 교류 전압 (시험 : 충전부분과 외함)
  • 최대사용전압이 60[kV]초과 : 교류측의 최대사용전압의 1.1배의 교류 전압 또는 직류측 최대사용전압의 1.1배의 직류 전압 (시험 : 교류측 및 직류고전압측 단자와 대지간)
   ※ 고압용은 7[kV]이하이므로 60[kV]이하에 해당

28 ★

1차측 3,300[V], 2차측 200[V]의 비접지식 변압기 내압시험은 어느 것에서 10분간 견디어야 하는가?

① 1차측 4,500[V], 2차측 300[V]
② 1차측 4,950[V], 2차측 500[V]
③ 1차측 4,500[V], 2차측 400[V]
④ 1차측 3,300[V], 2차측 200[V]

변압기 전로의 절연내력
배수 : 7[kV]이하(1.5배, 최저500[V])
1차측 3,300[V]×1.5=4,950[V]
2차측 200[V]×1.5=300[V](최저500[V])

29

최대사용 전압이 1차 22,000[V], 2차 6,600[V]의 권선으로서 중성점 비접지식 전로에 접속하는 변압기의 특별고압측의 절연내력 시험전압은 몇 [V]인가?

① 44,000[V]
② 33,000[V]
③ 27,500[V]
④ 24,000[V]

변압기 전로의 절연내력
배수 : 7[kV]이하(1.5배, 최저500[V]), 7[kV]초과(1.25배, 최저 10.5[kV]), 중성점 다중접지(0.92배)
  중성점접지(60[kV]초과 - 1.1배(최저 75[kV]),
  중성점 직접접지(60[kV]초과 - 0.72배)
           (170[kV]초과 - 0.64배)
∴ 1.25배의 시험전압인가 22,000[V]×1.25=27,5000[V]

30

접지시스템의 구성요소에 해당되지 않는 것은?

① 접지극
② 접지도체
③ 보호도체
④ 접지대상도체

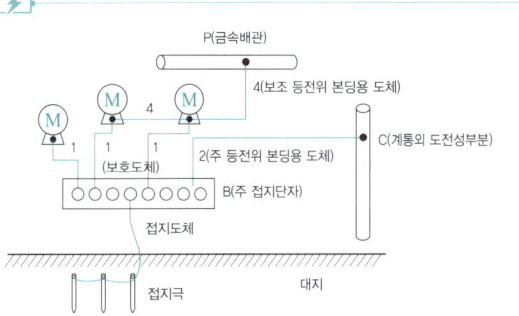

31

접지시스템의 구성에서 접지극과 주 접지단자에 연결하는 도체는?

① 보호도체
② 주 등전위본딩용 도체
③ 접지도체
④ 보조 등전위본딩용 도체

⚡
사고전류의 흐름
전기기구의 노출 도전부 ➔ 보호도체 ➔ 주접지단자 ➔ 접지도체 ➔ 접지극

032 ★

접지공사에 사용하는 접지도체를 사람이 접촉할 우려가 있는 곳에 철주 기타의 금속체를 따라서 시설하는 경우에는 접지극을 그 금속체로부터 지중에서 몇 [m] 이상 이격시켜야 하는가?(단, 접지극을 철주의 밑면으로부터 0.3[m] 이상의 깊이에 매설하는 경우는 제외한다.)

① 1
② 2
③ 3
④ 4

⚡
접지극의 매설(K 142.2)
① 접지극은 매설하는 토양을 오염시키지 않아야 하며 가능한 다습한 부분에 설치한다.
② 접지극은 지표면으로부터 지하 0.75[m] 이상으로 하되 동결 깊이를 감안하여 매설 깊이를 정해야 한다.
③ 접지도체를 철주 기타의 금속체를 따라서 시설하는 경우에는 접지극을 철주의 밑면으로부터 0.3[m] 이상의 깊이에 매설하는 경우 이외에는 접지극을 지중에서 그 금속체로부터 1[m] 이상 떼어 매설하여야 한다.
④ 접지도체 - 절연전선(옥외용 비닐절연전선제외), 케이블(통신용 케이블 제외) 사용
단, 접지도체를 철주 기타의 금속체를 따라서 시설하는 경우 이외의 경우에는 접지도체의 지표상 0.6[m]를 초과하는 부분에 대하여는 절연전선을 사용하지 않을 수 있다.
⑤ 접지도체는 지하 75[cm]~지표 2[m] 이상까지 합성수지관 두께 2[mm] 이상으로 덮을 것 또는 몰드처리한다.

033

접지도체에 사람이 닿을 우려가 있으므로 접지도체를 합성수지관 또는 이와 동등 이상의 절연효력 및 강도를 갖는 몰드를 했어야 하는데 그 부분은 어떻게 규정되어 있는가?

① 지하 30[cm]- 지표상 1[m]
② 지하 50[cm]- 지표상 1.2[m]
③ 지하 60[cm]- 지표상 1.8[m]
④ 지하 75[cm]- 지표상 2[m]

⚡
접지극의 매설(K 142.2)
접지도체는 지하 75[cm]~지표 2[m] 이상까지 합성수지관 두께 2[mm] 이상으로 덮을 것 또는 몰드처리한다.

034

지중에 매설된 금속제 수도관로를 접지공사의 접지극으로 사용하려고 할 경우로 틀린 것은?

① 대지와의 전기저항 값이 3[Ω]이하로 유지되는 금속제 수도관로는 접지공사의 접지극으로 사용할 수 있다.
② 접지도체와 금속제 수도관로의 접속부를 사람이 접촉할 우려가 있는 곳에 설치하는 경우에는 손상을 방지하도록 방호장치를 설치하여야 한다.
③ 대지와의 사이에 전기저항 값이 3[Ω]이하를 유지하는 건물의 철골은 경우에 따라 접지공사 접지극으로 사용할 수 있다.
④ 접지도체와 금속제 수도관로의 접속부를 수도계량기로부터 수도 수용가측에 설치하는 경우에는 수도계량기를 사이에 두고 양측 수도관로를 전기적으로 확실하게 연결해야 한다.

⚡
접지극으로 활용가능 : 수도관 3[Ω], 철골 2[Ω] (암기, 수3 철2)
추가접지 : 수도관, 철골 모두 3[Ω]

035

접지도체의 선정 시에 특고압·고압 전기 설비용 접지도체의 최소 단면적은 얼마인가?

① 2.5[mm²]
② 6[mm²]
③ 10[mm²]
④ 16[mm²]

⚡

장소	접지도체의 단면적	예외
특고압·고압 전기설비용	6[mm²]	
중성점 접지용	16[mm²]	6[mm²] : 저압, 다중

정답 032 ① 033 ④ 034 ③ 035 ②

이용 전기 기계기구 외함	특고압·고압 전기 설비용 또는 중성점 접지용	10[mm²]	
	저압 전기설비용	1.5[mm²]	0.75[mm²] : 다심

036

이동하여 사용하는 저압 전기기계기구의 금속제 외함 등에 접지공사를 하는 경우의 접지선으로 연동연선을 사용할 때 접지선의 최소 굵기는 몇 [mm²]인가?

① 1.5[mm²]
② 4.0[mm²]
③ 2.5[mm²]
④ 6[mm²]

이용 전기 기계기구 외함	특고압·고압 전기설비용 또는 중성점 접지용	10[mm²]	
	저압 전기설비용	1.5[mm²]	0.75[mm²] 다심코드 또는 캡타이어케이블

037

보호도체가 케이블의 일부가 아니거나 상도체와 동일 외함에 설치되지 않고 기계적 손상에 대한 보호가 되지 않는 경우 구리(동)도체의 단면적은 얼마 이상으로 하는가?

① 2.5[mm²]
② 4[mm²]
③ 6[mm²]
④ 16[mm²]

보호도체가 케이블의 일부가 아니거나 상도체와 동일 외함에 설치되지 않은 경우
- 기계적 손상에 보호 되는 경우 구리 2.5 [mm²], 알루미늄16 [mm²]이상
- 기계적 손상에 보호 되지 않는 경우 구리 4 [mm²], 알루미늄16 [mm²] 이상

038

보호도체의 단면적을 기존의 단면적에서 보강하여야 하는 경우는 전기설비의 정상 운전 상태에서 보호도체에 몇 [mA]가 초과된 전류가 흐르는 경우인가?

① 5[mA]
② 10[mA]
③ 100[mA]
④ 200[mA]

보호도체의 단면적 보강(K 142.3.3)
전기설비의 정상 운전상태에서 보호도체에 10[mA]를 초과하는 전류가 흐르는 경우 보호도체의 단면적은 구리 10[mm²]이상, 알루미늄 16[mm²]이상

039

보호도체의 전기적 연속성을 같게 하기 위해 다음과 같이 보호해야 한다. 틀린 것은?

① 기계적인 손상, 화학적·전기화학적 열화, 전기 역학적·열역학적 힘에 대해 보호되어야 한다.
② 나사접속·클램프접속 등 보호도체 사이 또는 보호도체와 타기기 사이의 접속은 전기적연속성 보장 및 충분한 기계적 강도와 보호를 구비하여야 한다.
③ 보호도체를 접속하는 나사는 다른 목적으로 겸용해서는 안 된다.
④ 접속부는 납땜(soldering)으로 접속해야 된다.

보호도체의 보호(K 142.3.2의 3) 접속부는 납땜(soldering)으로 접속해서는 안 된다.

040

보호도체와 계통도체 겸용을 하는 데 해당되지 않는 것은?

① 중성선과 겸용(PEN)
② 상도체와 겸용(PEL)
③ 중간도체와 겸용(PEM)
④ 접지도체와 겸용(PEE)

보호도체(PE)와 계통도체(L, M, N) 겸용(K 142.3,4)
- 보호도체와 계통도체를 겸용하는 겸용도체(중성선과 겸용(PEN), 상도체와 겸용(PEL), 중간도체(PEM)와 겸용 등)는 해당하는 계통의 기능에 대한 조건을 만족하여야 한다.

041

보호도체와 겸용도체의 시설기준으로 틀린 것은?

① 겸용도체는 고정된 전기설비에서만 사용할 수 있다.
② 단면적 구리10[mm²] 또는 알루미늄 25[mm²]이상
③ 중성선과 보호도체의 겸용도체는 전기설비의 부하 측으로 시설하면 안 됨
④ 폭발성 먼지 장소는 보호도체를 전용으로 사용

보호도체와 겸용도체의 시설기준 : 단면적 구리10[mm²], 알루미늄 16[mm²]

042

주 접지시스템에 주 접지단자를 설치하고 연결해야 할 도체로 잘못된 것은?

① 등전위본딩도체　② 접지도체
③ 보호도체　　　　④ 보조등전위 도체

접지시스템에서 주 접지단자에 연결하는 도체
- 등전위본딩도체 ・ 접지도체 ・ 보호도체 ・ 기능성 접지도체

043

저압전선로의 중성선 또는 접지 측 전선에 추가 접지 공사를 할 때 접지도체의 단면적은 몇 [mm²] 이상인가?

① 6[mm²]　　　　② 10[mm²]
③ 16[mm²]　　　 ④ 25[mm²]

- 추3,(인입구 추가접지 : 수도관. 철골 3[Ω]이하, 접지선굵기 6[mm²])

044 ★

변압기 고압측 전로의 1선 지락전류가 5[A]일 때 접지 저항값의 최대값은 일반적인 경우 몇 [Ω]인가?

① 10　　　　② 20
③ 30　　　　④ 40

변압기 중성점 접지(K 142.5)
- 변압기 중성점 접지저항값 $= \frac{150}{I_g}$, (① $\frac{300}{I_g}$, ② $\frac{600}{I_g}$)
- 별도의 차단장치 ① 2초이내에 차단 ② 1초 이내 차단
  I_g = 변압기의 고압측 또는 특별고압측의 전로의 1선 지락전류의 암페어수
∴변압기 중성점 접지저항값 $= \frac{150}{I_g}$ 이므로 $\frac{150}{5} = 30$

045

고압 및 특고압과 저압 전기설비의 접지극이 서로 근접하여 시설되어 있는 변전소 또는 이와 유사한 곳에 시설하는 접지방식은?

① 단독접지　　　② 공용접지
③ 통합접지　　　④ 공통접지

고압 및 특고압과 저압 전기설비의 접지극이 서로 근접하여 시설되어 있는 변전소 또는 이와 유사한 곳에서는 공통 접지시스템으로 할 수 있다.

046

공통접지시스템을 적용하는 경우 고압 및 특고압 계통의 지락사고 시 저압계통에 가해지는 상용주파 과전압은 지락고장 시간이 5초를 초과하는 경우 얼마 이하이어야 하는가?(여기서, U_0는 중선선 도체가 없는 계통에서 선간전압을 말한다.)

① $U_0 + 150$　　② $U_0 + 250$
③ $U_0 + 1,000$　④ $U_0 + 1,200$

- 지락고장시간 5초 이하 : $U_0 + 1,200$
- 지락고장시간 5초 초과 : $U_0 + 250$

정답　041 ②　042 ④　043 ①　044 ③　045 ④　046 ②

047

전기설비의 접지설비·건축물의 피뢰설비·전기통신설비 등의 접지극을 공용하는 접지시스템을 무엇이라 하는가?

① 단독접지
② 공용접지
③ 통합접지
④ 공통접지

⚡
통합접지시스템 : 전기설비의 접지계통·건축물의 피뢰설비·전자통신설비 등의 접지극을 공용하는 접지시스템

048

접지 방식 중 전기설비의 접지설비·건축물의 피뢰설비·전기통신설비 등의 접지극을 공용하는 통합접지공사를 하는 경우 낙뢰 등 과전압으로부터 전기전자기기 등을 보호하기 위하여 서지보호장치를 설치하여야 하는 접지방식은?

① 보호도체
② 주 등전위본딩용 도체
③ 접지도체
④ 보조 등전위본딩용 도체

⚡
접지도체방식임

049

등전위 본딩을 시설하여야 하는 장소가 아닌것은?

① 건축물·구조물의 외부에서 내부로 들어오는 각종 금속제 배관
② 수도관·가스관의 경우 내부로 인입된 최초의 밸브 후단
③ 건축물·구조물의 철근, 철골 등 금속보강재
④ 일상생활에서 접촉이 되지 않는 금속제 난방배관 및 공조 설비등 계통외 도전부

⚡
등전위본딩의 적용
• 수도관·가스관등 외부에서 내부로 인입되는 금속배관
• 건축물·구조물의철근, 철골등 금속 보강재
• 일상생활에서 접촉이 가능한 금속제 난방배관 및 공조설비 등 계통외 도전부

050

전기설비 보호를 위한 외부피뢰시스템을 구성하는 요소에 포함되지 않는 것은?

① 수뢰부시스템
② 인하도선시스템
③ 접지극시스템
④ 등전위본딩시스템

⚡
외부피뢰시스템(전기설비 보호를 위한 건축물·구조물 피뢰시스템) : 수뢰부, 인하도선, 접지극 시스템으로 구성됨

051

외부 피뢰 시스템을 구성하는 수뢰부 시스템 형식이 아닌 것은?

① 돌침
② 수평도체
③ 그물망도체
④ 접지도체

⚡
수뢰부시스템 형식 : 돌침, 수평도체, 그물망도체

052

인하도선시스템에서 수뢰부시스템과 접지시스템을 연결하는 방법으로 틀린 것은?

① 복수의 인하도선을 병렬로 구성해야 한다.
② 건축물·구조물과 분리된 피뢰시스템인 경우는 병렬구성을 예외로 할 수 있다.
③ 경로의 길이가 최소가 되도록 한다.
④ 인하도선은 보호도체선과 연결하여 접지한다.

⚡
인화도선(수뢰부시스템과 접지시스템을 연결하는 것)구성 :
• 복수의 인하도선을 병렬로 구성해야 한다. 다만, 건축물·구조물과 분리된 피뢰시스템인 경우 예외로 한다.
• 경로의 길이가 최소가 되도록 한다.

053

인하도선은 수뢰부 시스템과 접지극시스템 사이에 전기적 연속성이 형성되도록 수직으로 시설하며 전기적 연속성의 적합성 판단기준은 해당하는 금속부재의 최상단부와 지표레벨 사이의 직류전기저항이 몇 [Ω] 이하인 경우로 하는가?

① 0.1
② 0.2
③ 0.5
④ 1.0

수뢰부시스템과 접지극시스템 사이에 전기적 연속성이 형성 : 금속부재의 최상단부와 지표레벨사이의 직류전기저항을 0.2[Ω] 이하

054

전기전자설비를 보호하는 접지·본딩에 대한 설명으로 틀린 것은?

① 뇌서지 전류를 대지로 방류시키기 위한 접지를 시설하여야 한다.
② 전위차를 해소하고 자계를 감소시키기 위한 본딩을 구성하여야 한다.
③ 전자·통신설비 또는 이와 유사한 것 의 접지는 환상도체접지극 또는 기초접지극으로 한다.
④ 접지를 환상도체접지극 또는 기초접지극으로 시설하는 경우, 그물망 접지망을 10[m]이내의 간격으로 시설하여야 한다.

전기전자설비 보호용 피뢰시스템(K 153.1)
① 전기전자설비의 접지·본딩으로보호
 • 뇌서지 전류를 대지로 방류시키기 위한 접지를 시설하여야 한다.
 • 전위차를 해소하고 자계를 감소시키기 위한 본딩을 구성하여야 한다.
② 접지극
 • 전자·통신설비 또는 이와 유사한 것 의 접지는 환상도체접지극 또는 기초접지극으로 한다.
 • 접지를 환상도체접지극 또는 기초접지극으로 시설하는 경우, 그물망 접지망을 5[m]이내의 간격으로 시설하여야 한다.

055

외부 피뢰시스템 접지극의 종류에 해당하지 않는 것은?

① 수평 접지극
② 기초 접지극
③ 환상도체 접지극
④ 매설도체 접지극

접지극시스템(뇌전류를 대지로 방류)구성 :
 • 수평 또는 수직접지극(A형) 또는 환상도체접지극 또는 기초접지극(B형)

056

피뢰시스템의 접지극 시스템의 배치방식에서 접지저항이 몇 [Ω] 이하인 경우는 최소 길이 이하로 사용 가능한가?

① 3[Ω]
② 5[Ω]
③ 10[Ω]
④ 15[Ω]

접지극시스템의 접지저항이 10[Ω] 이하인 경우 최소 길이 이하로 할 수 있다.

057

접지극시스템의 접지극 설치에 따른 설명으로 틀린 것은?

① 지표면에서 0.75[m]이상 깊이로 매설하여야 한다. 다만, 필요시는 해당 지역의 동결심도를 고려한 깊이로 할 수 있다.
② 대지가 암반지역으로 대지저항이 높거나 건축물·구조물이 전자통신 시스템을 많이 사용하는 시설의 경우에는 환상도체접지극 또는 기초접지극으로 한다.
③ 접지극 재료는 대지에 환경오염 및 부식의 문제가 없어야 한다.
④ 철근콘크리트 기초 내부의 상호 접속된 철근 또는 금속제 지하구조물 등 자연적 구성부재는 접지극으로 사용할 수 없다.

정답 053 ② 054 ④ 055 ④ 056 ③ 057 ④

⚡

피뢰설비의 접지극 시설
철근콘크리트 기초 내부의 상호 접속된 철근 또는 금속제 지하구조물 등 자연적 구성부재는 접지극으로 사용할 수 있다.

058

내부 피뢰 시스템을 구성하는 뇌서지에 대한 보호 형식이 아닌 것은?

① 접지 · 본딩
② 정전차폐
③ 서지보호장치 설치
④ 절연인터페이스 구성

⚡

내부 피뢰시스템(전기전자설비의 뇌서지 보호용 피뢰시스템)
• 접지 · 본딩
• 자기차폐와 서지유입경로 차폐
• 서지보호장치 설치
• 절연인터페이스 구성

059

내부피뢰시스템 중 전기전자설비 보호용 피뢰시스템의 경우 전위차를 해소하고 자계를 감소시키기 위한 설비는 무엇인가?

① 접지
② 본딩
③ 절연
④ 차폐선

⚡

내부 피뢰시스템 (전기전자설비의 접지 · 본딩으로 보호)
• 뇌서지 전류를 대지로 방류시키기 위한 접지를 시설하여야 한다.
• 전위차를 해소하고 자계를 감소시키기 위한 본딩을 구성하여야 한다.

060

피뢰시스템의 인입설비 등전위본딩은 건축물 · 구조물의 외부에서 내부로 인입되는 설비의 도전부에 대한 부분에 시행한다. 등전위본딩의 위치에 대한 설명 중 틀린 것은?

① 인입구 부근 : 감전보호용 등전위 본딩
② 전원선 : 서지보호장치를 경유하여 등전위본딩
③ 통신선 : 내부와의 위험한 전위차 발생을 방지하기 위해 직접 또는 서지 보호장치를 통해 등전위본딩
④ 제어선 : 내부와의 위험한 전위차 발생이 적으므로 간접(다른 시설물 이용) 등전위 본딩

⚡

통신 및 제어선은 내부와의 위험한 전위차 발생을 방지하기 위해 직접 또는 서지보호장치를 통해 등전위본딩 한다.

SECTION 02 저압 전기설비

061 ★

저압전로의 보호도체 및 중성선의 접속 방식에 따른 분류에 해당되지 않는 것은?

① TN계통
② TC계통
③ IT계통
④ TT계통

⚡

계통접지의 방식(K 203)
저압전로의 보호도체 및 중성선 접속 방식에 따른 접지계통의 분류
① TN 계통, ② TT 계통, ③ IT 계통 (분류 아닌 것 : TC, TM 등)

062

저압전로의 보호도체 및 중성선의 접속 방식에 따른 분류에 사용되는 기호 중 다음의 기호의 의미는?

① 중성선(N)
② 중간도체(M)
③ 보호도체(PE)
④ 중성선과 보호도체겸용(PEN)

⚡

기호설명	
	중성선(N), 중간도체(M)
	보호도체(PE)
	중성선과 보호도체 겸용(PEN)

정답 058 ② 059 ② 060 ④ 061 ② 062 ③

063

저압전로의 보호도체 및 중성선의 접속 방식에 따른 분류 중 다음의 접지 방식은 어느 것인가?

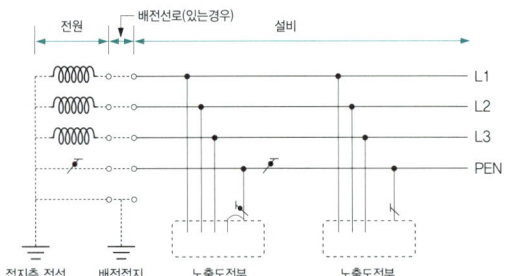

① TN계통
② $TN-C$계통
③ IT계통
④ TT계통

$TN-C$: 계통 전체에 대해 중성선과 보호도체의 기능을 동일도체로 겸용한 PEN 도체를 사용

064

저압전로의 보호도체 및 중성선의 접속 방식에 따른 분류 중 다음의 접지 방식은 어느 것인가?

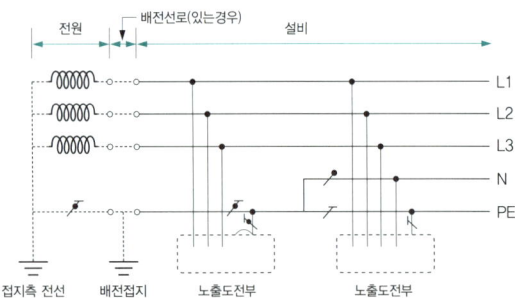

① TN 계통
② $TN-C$ 계통
③ $TN-S$ 계통
④ $TN-C-S$ 계통

$TN-C-S$: 계통의 일부분에서 PEN 도체를 사용, 중성선과 별도의 PE 도체를 사용, 배전계통에서 PEN 도체와 PE 도체를 추가로 접지 가능

065

$KS\ C\ IEC$ 60364에서 전원의 한 점을 직접 접지하고, 설비의 노출 도전성 부분을 전원 계통의 접지극과 별도로 전기적으로 독립하여 접지하는 방식은?

① TT 계통
② $TN-C$ 계통
③ $TN-S$ 계통
④ $TN-C-S$ 계통

TT 계통(K 203.3)
① 전원의 한 점을 직접 접지, 설비의 노출 도전부는 전원계통 접지극과 독립 접지 ② 우리나라 수용가에 적용(반드시 누전차단기 설치)

066

금속제 외함을 가진 저압의 기계기구로서 사람이 쉽게 접촉할 우려가 있는 곳에 시설하는 경우, 전로에 접지가 생길 때 자동적으로 사용전압이 최소 몇 [V]를 넘는 전로를 차단하는 장치를 시설하여야 하는가?

① 30   ② 50
③ 150   ④ 130

누전차단기 시설(K 211.2.4)
• 금속제 외함을 가지는 50[V]초과 저압 기계기구
• 주택의 인입구 등 누전차단기 설치 요구하는 전로
• 고압, 특고압 전로 또는 저압전로와 변압기에 의하여 결합되는 사용전압 400[V]초과 저압전로
• 발전기에서 공급하는 사용전압 400[V]초과의 저압전로

067

과부하 보호장치의 설치위치는 전로 중 도체의 허용전류 값이 줄어드는 곳으로 보통 어느 곳을 말하는가?

① 인입구   ② 분기점
③ 전원측   ④ 부하말단

과부하 보호장치의 설치위치(K 212.4.2) : 전로 중 도체의 허용전류 값이 줄어드는 곳(이하 분기점)에 설치

정답 063 ② 064 ④ 065 ① 066 ② 067 ②

068

과부하보호장치를 생략할 수 있는 경우가 아닌 것은?

① 통신회로용, 제어회로용, 신호회로용 및 이와 유사한 설비
② 회전기의 여자회로
③ 안전설비(주거침입경보, 가스누출경보 등)의 전원회로
④ 전류변성기의 1차 회로

과부하 보호장치 생략 (K 212.4.3)
- 회전기의 여자회로
- 전자석 크레인의 전원회로
- 전류변성기의 2차회로
- 소방설비의 전원회로
- 안전설비(주거침입경보, 가스누출경보 등)의 전원회로

069

과전류 차단기로서 저압 전로에 사용하는 100[A] 퓨즈는 수평으로 붙여서 시험할 때 1.6배의 전류를 통하는 경우는 몇 분 안에 용단되어야 하는가?

① 30
② 60
③ 120
④ 150

저압 전로 중의 과전류차단기의 시설 (K 212.3.4)
과전류차단기로 저압전로에 사용하는 퓨즈의 용단특성

정격전류의 구분	시간	정격전류의 배수	
		불용단 전류	용단전류
4[A]이하	60분	1.5배	2.1배
4[A]초과 16[A]미만	60분	1.5배	1.9배
16[A]이상 63[A]이하	60분	1.25배	1.6배
63[A]초과 160[A]이하	120분	1.25배	1.6배
160[A]초과 400[A]이하	180분	1.25배	1.6배
400[A]초과	240분	1.25배	1.6배

 암기 • 산업용 배선용차단기 • 저압퓨즈
           • 비포장퓨즈(고압)   • 포장퓨즈(고압)
동작시간 : 63[A]이하 60분, 초과 120분 (고압은 각각 2분 120분)
불용단전류와 용단전류 순서대로 (1.05/1.3)(1.25/1.6)(1.25/2)(1.3/2)

070

주택용으로 사용하는 정격전류 100[A]인 배선차단기에 정격전류의 1.45배 전류가 흘렀을 경우 몇 분 안에 동작 하여야 하는가?

① 40
② 60
③ 100
④ 120

저압 전로 중의 과전류차단기의 시설 (K 212.3.4)
③ 주택용 배선용 차단기의 과전류 트립 동작시간 및 특성

정격전류의 구분	시간	정격전류의 배수	
		불용단 전류	용단전류
63[A]이하	60분	1.13배	1.45배
63[A]초과	120분	1.13배	1.45배

암기 • 산업용 배선용차단기 • 저압퓨즈
    • 비포장퓨즈(고압)   • 포장퓨즈(고압)
동작시간 : 63[A]이하 60분, 초과120분 (고압은 각각 2분 120분)
불용단전류와 용단전류 순서대로 (1.05/1.3)(1.25/1.6)(1.25/2)(1.3/2)

071

옥내에 시설하는 전동기가 과전류로 소손될 우려가 있을 경우 자동적으로 이를 저지하거나 경보하는 장치를 하여야 한다. 정격출력이 몇 [kW] 이하인 전동기에는 이와 같은 과부하 보호장치를 시설하지 않아도 되는가?

① 0.2
② 0.75
③ 3
④ 5

저압전로 중의 전동기 보호용 과전류 보호 장치의 시설 생략 (K 212.6.3)
- 정격 출력이 0.2[kW] 이하인 전동기
- 전동기를 운전 중 상시 취급자가 감시 할 수 있는 위치 시설 경우
- 전동기의 구조나 부하의 성질로 보아 전동기가 소손될 수 있는 과전류가 생길 우려가 없는 경우
- 단상전동기로서 그 전원측 전로에 시설하는 과전류차단기의 정격전류가 16[A](배선용차단기는 20[A])이하인 경우

정답 068 ④ 069 ③ 070 ④ 071 ①

SECTION 03 고압·특고압 전기설비

072

고·저압 혼촉에 의한 위험을 방지하려고 시행하는 접지공사에 대한 기준으로 틀린 것은?

① 접지공사는 변압기의 시설장소마다 시행하여야 한다.
② 토지의 상황에 의하여 접지저항 값을 얻기 어려운 경우, 가공 접지도체를 사용하여 접지극을 100[m]까지 떼어 놓을 수 있다.
③ 가공 공동지선을 설치하여 접지공사를 하는 경우, 각 변압기를 중심으로 지름 400[m]이내의 지역에 접지를 하여야 한다.
④ 저압 전로의 사용전압이 300[V]이하인 경우, 그 접지공사를 중성점에 하기 어려우면 저압측의 1단자에 시행할 수 있다.

⚡
고압전로 또는 특고압전로와 저압 전로를 결합하는 변압기의 저압측의 중성점 접지공사
• 접지공사는 변압기 시설장소마다 시행하여야 하나, 토지의 상황 등 변압기의 시설 장소에서 접지저항값을 얻기 어려운 경우 변압기 시설장소로부터 200[m]까지 떼어 놓을 수 있다.

[해석] ② 200[m]까지 떼어 놓을수 있다.

073

고·저압 혼촉 사고 시에 대비하여 시설한 접지 공사로서 가공 공동 지선에 경동선을 쓰는 경우에 그 지름 [mm]은 얼마 이상인가?

① 2.6
② 3.2
③ 4
④ 6

⚡
고압전로 또는 특고압전로와 저압전로를 결합하는 변압기의 저압측의 중성점 접지공사시 변압기 시설장소마다 접지시공을 원칙으로 하나 하기 : 어려운 경우 가공공동지선 사용하여 다음에 따라 시행한다.
㉠ 가공공동지선 5.26[kN]이상 또는 4[mm]이상 경동선 사용
㉡ 변압기 중심 400[m]이내 접지공사
㉢ 대지 사이의 합성 전기저항 값은 1[km]를 지름으로 하는 지역 안마다 규정된 접지저항값 이하.
㉣ 각 접지도체를 가공 공동 지선으로부터 분리하였을 경우의 각 접지도체와 대지사이의 전기저항값은 300[Ω]이하

074

가공 공동 지선에 의한 접지공사에서 각 변압기의 양측에 있도록 시설되어야 하는 지역의 지름[m]은?

① 800
② 400
③ 200
④ 600

⚡
변압기의 저압측의 중성점 접지공사에 가공공동지선을 설치 접지공사시 변압기 중심 400[m]이내 접지공사

075

1[km]를 지름으로 하는 지역 내에 있어서 도면과 같이 가공 공동 지선으로 다른 접지도체와 접속되어 있다. 계산된 1선 지락전류의 값이 5[A]일 경우 각 접지 도체를 가공 공동지선으로부터 분리 하였다면 각 접지 도체와 대지 간 접지저항의 최댓값[Ω]은?

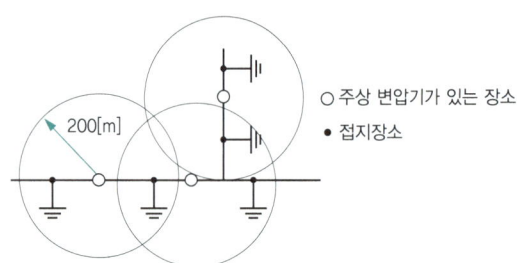

① 300
② 150
③ 60
④ 30

⚡
중성점 접지저항값 = $150/I_g[\Omega], 300/I_g$(2초이내차단), $600/I_g$(1초이내차단).
여기서 I_g는 1선 지락전류(소수점이하의 절상, 2 미만시 2)
∴ $R = \frac{150}{I_g} = \frac{150}{5} = 30[\Omega]$ 이라고 실수하기 좋은 문제로써 직접적인 접지저항값을 물어 본 것이 아니라 가공 공동지선과 연결되는 접지도체의 저항값의 최댓값을 물어본 것으로 300[Ω]

정답 072 ② 073 ③ 074 ② 075 ①

076

접지공사를 한 혼촉방지판이 설치된 변압기로써 고압전로 또는 특별고압전로와 저압전로를 결합하는 변압기 2차측 저압전로를 옥외에 시설하는 경우 기술기준에 부합되지 않는 것은 다음 중 어느 것인가?

① 저압선 가공전선로 또는 저압옥상전선로의 전선은 케이블일 것
② 저압전선은 1구내에만 시설할 것
③ 저압전선이 구외로의 연장범위는 200[m]이하일 것
④ 저압 가공전선과 또는 특별고압의 가공전선은 동일 지지물에 시설하지 말 것

혼촉방지판이 있는 변압기에 접속하는 저압 옥외전선의 시설(K 322.2)
고압전로(특고압전로)와 저압전로 간에 혼촉방지판이 있는 변압기의 혼촉 방지판에 중성점 접지공사(10[Ω]이하) 시설 조건
① 저압전선은 1구내만 시설
② 저압 가공전선로 또는 저압 옥상전선로의 전선은 케이블일 것
③ 병가금지(단, (특)고압 전선이 케이블 사용 시 허용)
(병가 : 저압 가공전선과 고압 또는 특고압의 가공전선을 동일 지지물에 시설)

077 ★★★

변압기에 의하여 특고압 전로에 결합되는 고압 전로에는 어느 전압의 3배 이하에서 방전하는 장치를 변압기의 단자에 가까운 1극에 시설하여야 하는가?

① 최대전압   ② 최저전압
③ 정격전압   ④ 사용전압

특고압과 고압의 혼촉 등에 의한 위험방지 시설(K 322.3)
고압측에 사용전압 3배 이하 전압 가하여진 경우 방전하는 장치 설치
(변압기 단자에 가까운 1극에)
• 사용 전압의 3배 이하에서 방전

078

154/3.3[kV]의 변압기를 시설할 때 고압 측에 방전기를 시설하고자 한다. 몇 [kV] 이하에서 방전하는 것이 규정에 적합한가?

① 4.125[kV]   ② 4.95[kV]
③ 6.6[kV]   ④ 9.9[kV]

특고압과 고압의 혼촉 등에 의한 위험방지 시설(K 322.3)
고압측에 사용전압 3배 이하 전압 가하여진 경우 방전하는 장치 설치
∴ 3.3[kV]×3배 =9.9[kV]

079

애자 사용 배선에 의한 고압 옥내 배선시 연동선의 최소 굵기 [mm²]는?

① 2.5   ② 4.0
③ 6.0   ④ 10

고압 옥내배선 등의 시설(K 342.1) 공사방법 :
애자사용배선 시설기준
• 전선 굵기 : 6[mm²]이상의 연동선 또는 고압 및 특고압 절연전선, 인하용 고압절연전선
• 지지거리 : 6[m]이하(전선 조영재 면을 따라 붙이는 경우 : 2[m]이하)
• 이격거리 : 전선 상호간 8[cm]이상, 전선과 조영재간 : 5[cm]이상

080

고압 옥내배선을 애자 사용 배선에 의하여 가공으로 시설하는 경우, 전선 상호의 간격은 몇 [m] 이상인가?

① 0.02   ② 0.015
③ 0.06   ④ 0.08

고압 옥내배선 등의 시설(K 342.1)중 애자사용배선 시설기준
• 이격거리 : 전선 상호간 8[cm]이상, 전선과 조영재간 : 5[cm]이상

081

옥내에 시설하는 고압의 이동전선은?

① 나전선
② 비닐 캡타이어 케이블
③ 고압용 캡타이어 케이블
④ 600[V] 고무 절연전선

옥내 고압용 이동전선의 시설(K 342.2)
① 전선은 고압용의 캡타이어 케이블
② 물기가 많은 장소 : 캡타이어 케이블 또는 방습코드
③ 옥내 시설 : 캡타이어 케이블 사용(단, 비닐 캡타이어케이블 제외)

정답 076 ③ 077 ④ 078 ④ 079 ③ 080 ④ 081 ③

082

특고압선을 옥내에 시설하는 경우 그 사용전압의 최대 한도는?

① 100[kV]
② 170[kV]
③ 220[kV]
④ 350[kV]

특고압 옥내 전기설비의 시설(K 342.4)
① 특고압 옥내배선의 사용전압 : 100[kV]이하
② 케이블트레이공사 시설하는 경우 : 35[kV]이하
③ 특고압 옥내배선과 저·고압 옥내배선, 관등회로의 배선 또는 고압 옥내전선·약전류 전선 등 또는 수관·가스관 이격거리 : 0.6[m] 이상 (단, 상호 간에 견고한 내화성 격벽 시설할 경우 제외)

SECTION 04 전선로

083

전선로의 종류가 아닌 것은?

① 산간 전선로
② 수상 전선로
③ 수저 전선로
④ 터널내 전선로

전선로의 종류 : 가공, 옥상(특고압사용불가), 옥측(2.0[mm]이상), 터널, 지중, 수상, 수저
(아닌 것 : 산간, 해저, 철도)

084

특고압으로 사용할 수 없는 전선로는?

① 지중전선로
② 옥상전선로
③ 가공전선로
④ 수중전선로

전선로의 종류 : 가공, 옥상(특고압사용불가), 옥측(2.0mm 이상), 터널, 지중, 수상, 수저 (아닌 것 : 산간, 해저, 철도)

085 ★★★★★

특별고압 가공전선로의 지지물로 사용하는 B종 철주, B종 철근콘크리트주 또는 철탑의 종류에서 전선로의 지지물의 양측의 지지물 간 거리의 차가 큰 곳에 사용하는 것은 어느 것인가?

① 각도형
② 인류형
③ 내장형
④ 보강형

내장형 : 지지물 간 거리차가 큰 곳 (최대 장력의 33%의 불평형 장력)
※ 10기 이하마다 내장형의 철주 또는 철근콘크리트주 1기를 시설

086 ★★

가공 전선로의 지지물에 취급자가 오르고 내리는데 사용하는 발판 못 등은 지표상 몇 [m] 미만에 시설하여서는 아니 되는가?

① 1.2
② 1.8
③ 2.2
④ 2.5

지지물 승주 방지 : 발판용 볼트는 지표상 1.8[m]이상에 설치

087

가공전선로에 사용하는 지지물의 강도 계산에 적용하는 풍압하중의 종류는?

① 갑종, 을종, 병종
② A종, B종, C종
③ 1종, 2종, 3종
④ 수평, 수직, 각도

풍압하중의 종류 : 갑종, 을종, 병종

088 ★★

가공전선로에 사용하는 지지물의 강도 계산에 적용하는 갑종 풍압하중을 계산할 때 구성재의 수직 투영면적 1[m²]에 대한 풍압의 기준이 잘못된 것은?

① 목주 : 588[Pa]
② 원형 철주 : 588[Pa]
③ 원형 철근콘크리트주 : 882[Pa]
④ 강관으로 구성(단주는 제외)된 철탑 : 1,255[Pa]

정답 082 ① 083 ① 084 ② 085 ③ 086 ② 087 ① 088 ③

갑종풍압하중을 기본으로 하고 을종과 병종은 갑종의 1/2를 적용한다. k331.6 규정에 의거한다.

이해 갑종 풍압하중
- 기　본 : 588
- 다도체 : 666(많다)
- 단도체 : 745(765말고)
- 애　자 : 1,039
- 강관철주 : 1,117
- 강관철탑 : 1,255

089

전선 기타의 가섭선 주위에 두께 6[mm], 비중 0.9의 빙설이 부착된 상태에서 을종풍압하중은 구성재의 수직 투영면적 1[m²]당 몇 [Pa]을 기초로 하여 계산하는가? (단, 다도체를 구성하는 전선이 아니라고 한다.)

① 333　　② 372
③ 588　　④ 666

갑종 풍압하중 · 단도체 : 745(765말고)에서
을종 풍압하중은 갑종풍압하중의 1/2 이므로 745/2 = 372 Pa

090

빙설이 많지 않은 지방의 저온계절에는 어떤 종류의 풍합하중을 적용하는가?

① 갑종풍압하중
② 을종풍압하중
③ 병종풍압하중
④ 갑종풍압하중과 을종풍압하중

	고온계절	저온계절
빙설 많은 지역	갑종	을종
빙설 적은 지역	갑종	병종

이해 풍압하중 적용 : 고 갑 많 을
고온계는 갑종, 많은 장소는 을종, 적은 장소는 병종
　　　　　(빙설이 많은 지역) (빙설이 적은 지역)

091

가공전선로의 지지물에 하중이 가하여지는 경우에 그 하중을 받는 지지물의 기초의 안전율은 얼마 이상이어야 하는가?

① 0.5　　② 1
③ 1.5　　④ 2

안전율 적용(K 331.7)
- 지지물 : 2 (기본)　철탑 : 1.33　목주(저 : 1.2, 고압 1.3, 특고 : 1.5)
  보안공사시(저, 고압 : 1.5, 특고압 : 2)
- 전선 : 2.2(경동선)　2.5($ACSR$ 강심알루미늄 연선)
- 지지선 : 2.5

092 ★

지지선을 사용하여 그 강도의 일부를 분담시켜서는 안 되는 것은?

① 목주　　② 철주
③ 철탑　　④ 철근콘크리트주

지지선 : 철탑에는 설치 못함
- 안전율 : 2.5　· 지름 2.6[mm]이상 3조 이상
- 인장하중 440[kg] = 4.31[kN]

093 ★★★★★

다음 중 가공전선로의 지지물로 사용하는 지지선에 대한 설명으로 옳지 않은 것은?

① 지지선의 안전율은 2.5 이상이며, 허용 인장하중의 최저는 4.31[kN]으로 한다.
② 지지선에 연선을 사용할 경우 소선(素線) 4가닥 이상의 연선이어야 한다.
③ 도로를 횡단하는 경우 지지선의 높이는 기술상 부득이한 경우 등을 제외하고 지표상 5[m] 이상으로 하여야 한다.
④ 지중부분 및 지표상 30[cm]까지의 부분에는 내식성이 있는 것을 사용한다.

지지선 : 철탑에는 설치 못함
- 안전율 : 2.5
- 지름 2.6[mm]이상 3조이상
- 인장하중 440[kg] = 4.31[kN]
- 지중부분 및 지표상 30[cm]까지 내식성 또는 아연도금 철봉 사용
- 도로 횡단시 : 지지선의 높이는 지표상 5[m] 이상
  단, 교통에 지장이 없는 곳 : 4.5[m] 이상, 보도의 경우 2.5[m] 이상

094

특별 고압 가공 전선로를 가공 케이블로 시설하는 경우 잘못된 것은?

① 조가선에 행거의 간격은 1[m]로 시설하였다.
② 조가선을 케이블의 외장에 견고하게 붙여 시설하였다.
③ 조가선은 단면적 22[mm²]의 아연도강연선을 사용하였다.
④ 조가선에 접촉시켜 금속 테이프를 간격 20[cm]이하의 간격을 유지시켜 나선형으로 감아 붙였다.

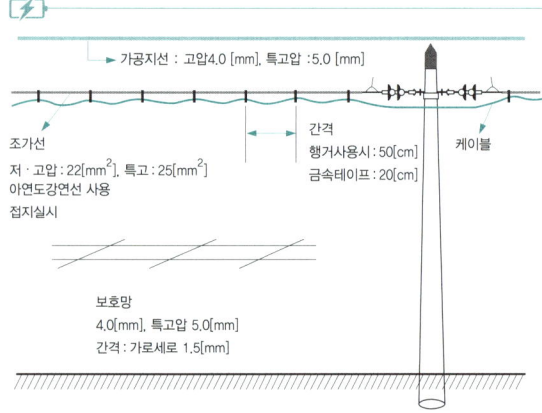

095 ★

사용전압이 400[V]미만인 저압 가공전선은 케이블이나 절연전선인 경우를 제외하고는 지름 몇 [mm]의 경동선 또는 이와 동등 이상의 세기 및 굵기이어야 하는가?

① 1.2   ② 2.6
③ 3.2   ④ 4.0

가공전선의 굵기
400[v]미만   : 3.2[mm] 단, 절연전선 2.6[mm]
                  단, 보안공사 4.0[mm]
400[v]이상,고압 : 4.0[mm], 단, 시가지, 보안공사 5.0[mm]
특고압   : 22[mm²]이상 단, 시가지, 보안공사는 예외규정

096

특고압 가공전선은 케이블인 경우 이외에는 단면적이 몇 [mm²] 이상의 경동연선이어야 하는가?

① 8   ② 14
③ 22   ④ 30

가공전선의 굵기
특별 고압 : 단면적 22[mm²] 이상 경동 연선 사용

097 ★★★

고압 가공전선로의 전선에 사용한 경동선의 이도계산에 사용하는 안전율은 얼마 이상이어야 하는가?

① 2.0   ② 2.2
③ 2.5   ④ 3.0

전선의 안전율 적용 : 2.2(경동선) 2.5 (ACSR 강심알루미늄 연선) ★

098

건조한 장소에 시설하는 애자공사로서 사용전압이 440[V]인 경우 전선과 조영재와의 이격거리는 최소 몇 [cm] 이상이어야 하는가?

① 2.5   ② 3.5
③ 4.5   ④ 5.5

애자공사 (K 232.56) 전선과 조영재와 이격거리
전선과 조영재 사이의 간격은 사용전압이 400[V] 이하인 경우에는 25[mm] 이상, 400[V] 초과인 경우에는 45[mm](건조한 장소에 시설하는 경우에는 25[mm]) 이상

099 ★

특고압 가공전선이 도로 등과 교차하는 경우에 특고압 가공전선이 도로 등의 위에 시설되는 때에 설치하는 보호망에 대한 설명으로 옳은 것은?

① 보호망은 접지공사를 생략한다.
② 보호망을 구성하는 금속선의 인장강도는 6[kN] 이상으로 한다.
③ 보호망을 구성하는 금속선은 지름 1.0[mm]이상의 경동선을 사용한다.
④ 보호망을 구성하는 금속선 상호의 간격은 가로, 세로 각각 1.5[m]이하로 한다.

⚡

보호망
• 지름 4.0[mm] 경동선 (특고압시 5.0[mm] 경동선)
• 간격: 가로세로 1.5[m]
① 접지공사를 한다. ② 3.64[kN]이상 ③ 5.0[mm]이상

100

나전선을 사용한 69,000[V] 가공전선이 삭도와 제1차 접근상태에 시설되는 경우 전선과 삭도와의 최소 이격거리는?

① 2.12[m] ② 2.24[m]
③ 2.36[m] ④ 2.48[m]

⚡

특고압 가공전선과 삭도(케이블카, 리프트)의 접근 또는 교차 (K 333.25)
60[kV]이하 가공전선 → 2[m] 이상
60[kV]초과 가공전선 → 2[m] + 0.12 N
(N=(전압[kV]−60[kV])/10[kV] : 절상)
(N=(69[kV]−60[kV])/10[kV] = 0.9 = 1 : 절상)
∴ 2 + 0.12×1 = 2.12 [m]

101 ★

특고압 가공전선이 가공약전류 전선 등 저압 또는 고압의 가공전선이나 저압 또는 고압의 전차선과 제1차 접근상태로 시설되는 경우 60[kV] 이하 가공전선과 저고압 가공전선 등 또는 이들의 지지물이나 지주 사이의 이격거리는 몇 [m] 이상인가?

① 1.2 ② 2
③ 2.6 ④ 3.2

⚡

특고압 가공전선과 저·고압 가공전선 등의 접근 또는 교차(K 333.26)
60[kV]이하 가공전선 → 2[m] 이상
60[kV]초과 가공전선 → 2[m] + 0.12 N

102 ★

345[kV] 가공전선이 154[kV] 가공전선과 교차하는 경우 이들 양 전선 상호간의 이격거리는 몇 [m] 이상인가?

① 4.48
② 4.96
③ 5.48
④ 5.82

⚡

특고압 가공전선 상호 간의 접근 또는 교차(K 333.27)
35[kV]이하   → 1[m] 이상
35[kV]초과 60[kV]이하   → 2[m] 이상
60[kV]초과 가공전선   → 2[m] + 0.12 N
  (N=(전압[kV]−60[kV])/10[kV] : 절상)
  (N=(345[kV]−60[kV])/10[kV] = 28.5 = 29 : 절상)
∴ 2 + 0.12×29 = 5.48 [m]

103 ★

사용전압 154[kV]의 가공전선과 식물 사이의 이격거리는 최소 몇 [m] 이상이어야 하는가?

① 2
② 2.6
③ 3.2
④ 3.8

⚡

특고압 가공전선과 식물(K 333.30)의 이격거리 - 기본은 (K 333.26)와 동일
60[kV]이하 가공전선 → 2[m] 이상
60[kV]초과 가공전선 → 2[m] + 0.12 N
(N=(전압[kV]−60[kV])/10[kV] : 절상)
(N=(154[kV]−60[kV])/10[kV] =9.4 = 10 : 절상)
∴ 2 + 0.12×10 = 3.2 [m]

정답 099 ④ 100 ① 101 ② 102 ③ 103 ③

104 ★★

22.9[kV] 특고압 가공전선과 그 지지물·완금류·지주 또는 지지선 사이의 이격거리는 몇 [m] 이상이어야 하는가?

① 0.15
② 0.2
③ 0.25
④ 0.3

특고압 가공전선과 지지물 등의 이격거리(K 333.5)
특고압 가공전선 과 그 지지물·완금류·지주 또는 지지선 사이의 이격거리
- 22.9[kV] : 2개, 20[cm]
- 66[kV] : 4개, 40[cm]
- 154[kV] : 9개, 90[cm]

105

600[V] 비닐절연전선을 사용한 저압 가공전선이 위쪽에서 상부 조영재와 접근하는 경우의 전선과 상부 조영재간의 이격거리는 최소 몇 [m]인가?

① 1
② 1.5
③ 2
④ 2.5

저·고압 가공전선과 건조물 접근시 이격거리 (K 222.11)
- 상부조영재 → 위쪽 2[m] 이상 (단, 절연전선, 케이블 1[m]이상)
  옆, 아래 1.2[m]이상(사람이 쉽게 접촉할 우려없을 때 0.8[m], 절연전선또는케이블 0.4[m])
※ 절연전선은 고압·특고압용 절연전선을 의미함

106

저압 가공전선과 식물이 상호 접촉되지 않도록 이격시키는 기준으로 옳은 것은?

① 이격거리는 최소 50[cm] 이상 떨어져 시설하여야 한다.
② 상시 불고있는 바람 등에 의하여 접촉하지 않도록 시설하여야 한다.
③ 저압 가공전선은 반드시 방호구에 넣어 시설하여야 한다.
④ 트리와이어(Treewire)를 사용하여 시설하여야 한다.

저·고압 가공전선과 식물과 접근시 이격거리 (K 332.19)
- 상시 불고 있는 바람 등에 의하여 식물에 접촉하지 않도록 시설하여야 한다.

107

고압 가공전선이 안테나와 접근상태로 시설되는 경우에 가공전선과 안테나 사이의 수평 이격거리는 최소 몇 [cm] 이상이어야 하는가?(단, 가공전선으로는 절연전선을 사용한다고 한다.)

① 60
② 80
③ 100
④ 120

가공전선과 안테나의 접근 또는 교차시 이격거리 (K332.14)
특고 : 2[m], 22.9[kV] : 1.5[m],
고압 : 80[cm](단, 케이블40[cm],
저압 : 60[cm](단, 고압절연전선, 케이블30[cm])

108 ★

고압 가공전선이 교류전차선의 상방에서 교류 전차선과 교차하는 경우 고압 가공전선로에 사용하는 경동연선의 최소 굵기는?

① 14[mm²]
② 22[mm²]
③ 30[mm²]
④ 38[mm²]

교류전차선과 고·저압 가공전선이 교차 : 전선굵기 38[mm²]
지지물간 거리(목주, A종 : 60[m], B종 : 120[m])

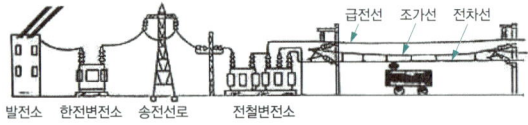

암기
누가 전차를 타지. 386세대 지나서 60세에서 120세까지

109 ★★

동일 지지물에 고·저압을 병가할 때 저압 가공전선은 어느 위치에 시설하여야 하는가?

① 고압 가공전선의 상부에 시설
② 동일완금에 고압전선과 평행되게 시설
③ 고압 가공전선의 하부에 시설
④ 고압전선의 측면으로 평행되게 시설

동일 지지물에 전압이 다른 전선 시설 방법
- 고압은 위로 저압측은 하부에 시설
- 별개의 완금
- 완금은 접지공사

110

66,000[V] 가공전선과 6,000[V] 가공전선을 동일 지지물에 병행설치 하는 경우, 특고압 가공전선으로 사용하는 경동연선의 굵기는 몇 [mm^2] 이상이어야 하는가?

① 22
② 38
③ 50
④ 100

병가 : 두개의 다른 전압(전력선)이 동일 지지물에 가설 (K 332.8, 333.17)
- 100[kV]이상인 특고압 가공전선은 병가금지
- 특고압 가공전선과 저고압 가공전선의 병가시 전선의 굵기
  35[kV] 이하인 가공전선로의 지지물 간 거리가 50[m] 이하
    : 지름 4[mm] 이상의 경동선
  가공전선로의 지지물 간 거리가 50[m] 초과
    : 지름 5[mm] 이상의 경동선
- 35[kV]를 초과 100[KV] 미만 인 경우 단면적이 50[mm^2] 이상인 경동연선

111

특고압 가공전선과 저압 가공전선을 동일 지지물에 병행 설치하는 경우 이격거리는 몇 [m] 이상이어야 하는가?

① 1.2
② 2
③ 3
④ 4

병가시 특별고압가공전선과 저압또는고압 가공전선의 이격거리(K 333.17)
- 35[kV]이하 : 1.2[m]
(단, 특고는 케이블, 저·고압은 절연 또는 케이블 사용시 : 0.5[m])

112

저고압 가공전선과 가공약전류 전선 등을 동일 지지물에 시설하는 기준으로 틀린 것은?

① 가공전선을 가공약전류전선 등의 위로하고 별개의 완금류에 시설할 것
② 전선로의 지지물로서 사용하는 목주의 풍압하중에 대한 안전율은 1.5 이상일 것
③ 가공전선과 가공약전류전선 등 사이의 이격거리는 저압과 고압 모두 0.75[m]이상일 것
④ 가공전선이 가공약전류전선에 대하여 유도작용에 의한 통신상의 장해를 줄 우려가 있는 경우에는 가공전선을 적당한 거리에서 전선 위치 바꿈 할 것

공가 (공동시설) : 저압 가공전선 또는 고압 가공전선과 가공 약전류전선(통신선,인터넷,전화선등)이 동일 지지물에 가설
- 35[kV]를 초과하는 특고압 가공전선은 공가금지
- 특고압 가공전선로는 제2종 특고압 보안공사에 의할 것
- 특고압 가공전선은 가공약전류전선 등의 위로하고 별개의 완금류에 시설
- 특고압 가공전선에 경동연선 사용시 21.67[kN] 또는 50[mm^2] 이상 사용
- 전선로의 지지물로서 목주의 풍압 하중에 대한 안전율은 1.5 이상일 것
- 약전류 전선과 이격거리 : 저압(75[cm]), 고압(1.5[m]), 특고압(2[m])

이해 ③ 저압시 0.75[m] 고압시 1.5[m] 특고시 2[m]의 이격거리를 둔다.

113

사용전압이 몇 [V]를 초과하는 특고압 가공전선과 가공약전류 전선 등은 동일 지지물에 시설하여서는 안되나?

① 6,600
② 22,900
③ 30,000
④ 35,000

공가 (공동시설) : 저압 가공전선 또는 고압 가공전선과 가공 약전류전선(통신선,인터넷,전화선등)이 동일 지지물에 가설
- 사용전압이 35[kV]를 초과하는 특고압 가공전선과 가공약전류 전선 등은 동일 지지물에 시설하여서는 아니 된다.

정답 109 ③ 110 ③ 111 ① 112 ③ 113 ④

114 ★★★

고압 가공 전선로의 지지물 간 거리는 지지물이 목주일 경우에는 몇 [m] 이하이여야 하는가?

① 150[m] ② 200[m]
③ 250[m] ④ 300[m]

⚡
지지물 간 거리 : 지지물과 지지물 사이의 수평이격 거리
표준지지물 간 거리
(목주·A종 : 150[m], B종 : 250[m], 철탑 : 600[m])
보안, 시가지
(목주·A종 : 75~150[m]이하, B종:150~250[m], 철탑:300~600[m])

115

고압 보안공사에 의하여 시설하는 A종 철근콘크리트주를 지지물로 사용하는 고압 가공전선로의 지지물 간 거리의 최대 한도는?

① 100[m] ② 200[m]
③ 250[m] ④ 400[m]

⚡
지지물 간 거리 : 지지물과 지지물 사이의 수평이격 거리
보안, 시가지(목주·A종 : 75~150[m]이하, B종 : 150~250[m], 철탑 : 300~600[m])

116

사용전압이 35,000[V] 이하인 특별고압 가공전선과 가공약전류전선 등을 동일 지지물에 시설하는 경우, 특별고압 가공전선로는 어떤 종류의 보안공사를 하여야 하는가?

① 제1종 특별고압 보안공사
② 제2종 특별고압 보안공사
③ 제3종 특별고압 보안공사
④ 고압 보안공사

⚡
특고압 보안공사(K 333.22) : 제2종 특별고압 보안공사 조건
• 35[kV]이하 2차 접근상태
• 병가 또는 공가
• 목주의 안전율 : 2이상
• 특별고압 가공전선 : 연선

[이해] 특별고압보안공사(1종,2종,3종)중 1종이 제일 강화된 것, 즉 안전고려(위험)
35[kV]이상 2차접근상태 : 1종,
35[kV]이하 2차접근상태 : 2종,
접근상태 : 3종

117

제2종 특고압 보안공사의 기준으로 틀린 것은?

① 특고압 가공전선은 연선일 것
② 지지물이 목주일 경우 그 지지물 간 거리는 100[m] 이하 일 것
③ 지지물이 A종 철주일 경우 그 지지물 간 거리는 150[m]이하일 것
④ 지지물로 사용하는 목주의 풍압하중에 대한 안전율은 2 이상일것

⚡
특고압 보안공사(K 333.22) : 제2종,3종 특고압 보안공사시 지지물 간 거리
목주, A종 : 100[m], B종 : 200[m], 철탑 : 400[m]

118

중성점 접지식 22.9[kV] 특별고압 가공전선을 A종 철근 콘크리이트주를 사용하여 시가지에 시설하는 경우 반드시 지키지 않아도 되는 것은?

① 전선로의 지지물 간 거리는 75[m]이하로 할 것
② 전선의 단면적은 55[mm]경동연선 또는 이와 동등 이상의 세기 및 굵기의 것일 것
③ 전선이 특별고압 절연전선인 경우 지표상의 높이는 8[m]이상일 것
④ 전로에 지기가 생긴 경우 또는 단락한 경우에 1초 안에 자동차단하는 장치를 시설할 것

⚡
시가지 등에서 특고압 가공전선로의 시설(K 333.1)
사용전압이 100[kV]를 초과하는 특고압 가공전선에 지락 또는 단락 발생시 1초 이내에 자동전로 차단 (이하시는 2초이내 전로 차단으로 해석)
[이해] 지락차단장치 : 22.9[kV] : 2초이내차단, 154[kV] : 1초이내 전로 자동 차단

정답 114 ① 115 ① 116 ② 117 ③ 118 ④

119

농사용 저압 가공전선로의 시설 기준으로 틀린 것은?

① 사용전압이 저압일 것
② 전선로의 지지물 간 거리는 40[m]이하일 것
③ 저압 가공전선의 인장강도는 1.38[kN]이상일 것
④ 저압 가공전선의 지표상 높이는 3.5[m]이상일 것

농사용(K 222.22), 구내용
- 저압사용
- 전선 → 지름 2.0[mm] 이상 또는 인장강도 1.38[kN] 이상 경동선
- 지지물 간 거리 → 30[m] 이하

120

22.9[kV] 특고압 가공전선로의 시설에 있어서 중성선을 다중 접지하는 경우에 각각 접지한 곳 상호간의 거리는 전선로에 따라 몇 [m] 이하이어야 하는가?

① 150   ② 300
③ 400   ④ 500

25[kV]이하인 특고압 가공전선로의 시설(K 333.32)의 중성점 다중접지
- 지기 및 단락시 2초이내 전로차단
- 중성점(선)다중 접지
- 접지점 간격 : (15[kV]이하 300[m]이하)
   (15[kV]~25[kV]이하 150[m]이하)
- 접지선 굵기 : 6[mm^2]이상
- 각접지점의 대지 저항값 300[Ω], 1[km]마다 합성(30[Ω]또는 15[Ω])

[이해] 150[m] 이하마다 접지 대상은 15[Ω], 300[m] 이하마다 접지 대상은 30[Ω]

121

사용전압 15[kV] 이하인 특고압 가공전선로의 중성선 다중접지식에 사용되는 접지도체의 공칭단면적은 몇 [mm^2]의 연동선 또는 이와 동등 이상의 굵기로서 고장전류를 안전하게 통할 수 있는 것이어야 하는가?(단, 전로에 지락이 생긴 경우 2초 이내에 전로로부터 자동 차단하는 장치를 하였다.)

① 2.5[mm^2]   ② 6[mm^2]
③ 8[mm^2]   ④ 16[mm^2]

25[kV]이하인 특고압 가공전선로의 시설(K 333.32)의 중성점 다중접지
- 접지점 간격 : (15[kV]이하 300[m]이하)
   (15[kV]~25[kV]이하 150[m]이하)
- 접지선 굵기 : 6[mm^2]이상

122 ★

중성선 다중 접지식의 것으로 전로에 지락이 생겼을 때에 2초 이내에 자동적으로 이를 전로로부터 차단하는 장치가 되어 있는 22.9[kV]가공전선로를 상부 조영재의 위쪽에서 접근상태로 시설하는 경우, 가공전선과 건조물과의 이격거리는 몇 [m] 이상이어야 하는가?(단, 전선으로는 나전선을 사용한다고 한다.)

① 1.2   ② 1.5
③ 2.5   ④ 3.0

25[kV]이하인 특고압 가공전선로의 시설(K 333.32)
특고압 가공전선과 건조물의 조영재 사이의 이격거리는
- 상부조영재 → 위쪽 3[m] 이상 (단, 절연전선2.5[m], 케이블1.2[m])
- 상부조영재 → 옆,아래 1.5[m] 이상 (단, 절연전선1.0[m], 케이블 0.5[m])
- 기타조영재 → 옆,아래 1.5[m] 이상 (단, 절연전선1.0[m], 케이블 0.5[m])

123

특별고압 절연전선을 사용한 22,900[V] 가공전선과 안테나와의 최소 이격거리는 몇 [m]인가?(단, 중성선 다중접지식의 것으로 전로에 지기가 생겼을 때 2초 이내에 전로로부터 차단하는 장치가 되어 있음)

① 1.0   ② 1.2
③ 1.5   ④ 2.0

25[kV]이하 특고압 가공전선로(22.9[kV] 중성점 다중접지)
특고압 가공전선이 가공약전류전선 등, 저압 또는 고압의 전선, 안테나, 저압 또는 고압의 전차선과 접근 또는 교차하는 경우 이격거리
- 3[m] (단, 특고압 절연전선 1.5[m], 케이블 0.5[m])

124

중성선 다중접지식의 것으로서 전로에 지기가 생겼을 때 2초이내에 자동적으로 이를 전로로부터 차단하는 장치가 되어있는 22.9[kV] 가공전선과 식물과의 이격거리는 특별한 경우를 제외하고 몇 [m] 이상으로 하여야 하는가?

① 1.5
② 2.0
③ 2.5
④ 3.0

⚡
25[kV]이하 특고압 가공전선로(22.9[kV] 중성점 다중접지)
특고압 가공전선과 식물사이의 이격거리
- 1.5[m] (단, 특고압 절연전선이나 케이블인 경우 식물에 접촉 안하면 됨)

125

인입용 비닐절연전선을 사용한 저압 가공전선은 횡단보도교 위에 시설하는 경우 노면상의 높이는 몇 [m] 이상으로 하여야 하는가?

① 3
② 3.5
③ 4
④ 4.5

⚡
저압가공의 지표상의 높이(K 222.7)
횡단보도교(3.5[m], 절연전선·케이블 3[m])
지표면상(5[m], 교통지장無 4[m]),
도로횡단(6[m]), 철도횡단 (6.5[m])

126

저압 가공인입선 시설 시 사용할 수 없는 전선은?

① 절연전선, 다심형 전선, 케이블
② 지름 2.6[mm]이상의 인입용 비닐절연전선
③ 인장강도 1.2[kN]이상의 인입용 비닐절연전선
④ 사람의 접촉 우려가 없도록 시설하는 경우 옥외용 비닐절연전선

⚡
저압 가공 인입선 시설(K 221.1.1)
전선 : 절연전선, 케이블, 2.3[kN]또는 2.6[mm] 이상의 인입용 비닐절연전선 사용
나전선 및 코드선 사용금지

해설 ③ 인장강도 2.3[kN]이상의 인입용 비닐절연전선 사용

127

저압 이웃 연결인입선은 인입선에서 분기하는 점으로부터 몇 [m]를 넘는 지역에 미치지 아니하여야 하는가?

① 60
② 80
③ 100
④ 120

⚡
이웃 연결인입선(저압에서만 사용함)(K 221.1.2)
① 인입선에서 분기하는 점으로부터 100[m]를 넘는 지역에 미치지 아니할 것
② 폭 5[m]를 넘는 도로를 횡단하지 아니할 것
③ 옥내를 통과하지 아니할 것
④ 고압 및 특고압 이웃 연결인입선은 시설금지

128 ★

저압 및 고압 가공전선의 높이에 대한 기준으로 틀린 것은?

① 철도를 횡단하는 경우는 레일면상 6.5[m]이상이다.
② 횡단 보도교 위에 시설하는 경우 저압 가공전선은 노면 상에서 3[m]이상이다.
③ 횡단 보도교 위에 시설하는 경우 고압 가공전선은 노면 상에서 3.5[m]이상이다.
④ 다리의 하부 기타 이와 유사한 장소에 시설하는 저압의 전기철도용 급전선은 지표상 3.5[m]까지로 감할 수 있다.

⚡
저·고압 가공전선 시설(K 222.7, K 332.5)
- 횡단보도교 : 3.5[m] 단, 저압으로 절연전선, 케이블 : 3[m]
- 기타(도로,평지) : 5[m] 단, 교통에 지장없는 곳 : 4[m]
- 도로횡단 : 6[m]
- 철도횡단 : 6.5[m]

129

특별한 경우를 제외하고 저압 가공전선이 도로를 횡단하는 경우의 지표상의 높이는 얼마 이상으로 시설해야 하는가?

① 4.5[m]
② 5[m]
③ 5.5[m]
④ 6[m]

정답 124 ① 125 ① 126 ③ 127 ③ 128 ② 129 ④

가공전선의 높이(K 222.7)
- 도로를 횡단하는 경우는 노면상 6[m] 이상
  (160[kV] 초과시 $6 + 0.12 N$ ex. 345[kV] : 8.28)

130 ★★

지중전선로의 시설방식이 아닌 것은?

① 관로식   ② 압착식
③ 암거식   ④ 직접매설식

지중전선로(K 334)
- 전선 : 케이블
- 구분 : 직접매설식(트라프 설치 또는 콤바인덕트 케이블사용), 관로식, 암거식

131 ★

고압 지중 케이블로서 직접 매설식에 의하여 콘크리트제, 기타 견고한 관 또는 트라프에 넣지 않고 부설할 수 있는 케이블은?

① 비닐 외장 케이블
② 콤바인 덕트 케이블
③ 클로프르렌 외장 케이블
④ 고무 외장 케이블

지중전선로(K 334)
- 전선 : 케이블
- 구분 : 직접매설식(트라프 설치 또는 콤바인덕트 케이블사용), 관로식, 암거식

132 ★★

지중 전선로를 차도에 시설하는 경우 직접 매설식으로 하면 깊이 몇 [m] 이상 매설 하는가?

① 1.0   ② 1.2
③ 1.5   ④ 2.0

지중전선로(K 334) 매설깊이
- 직접매설식, 관로식의 차량 등 중량을 받을 우려가 있는 곳 1.0[m] 이상, 중량물의 압력이 없는 경우 0.6[m]이상

133 ★

지중전선로에 사용하는 지중함의 시설 기준이 아닌 것은?

① 견고하고 차량 기타 중량물의 압력에 견딜 수 있을 것
② 그 안의 고인물을 제거할 수 있는 구조일 것
③ 뚜껑은 시설자 이외의 자가 쉽게 열 수 없도록 할 것
④ 조명 및 세척이 가능한 장치를 하도록 할 것

지중전선로의 지중함의 시설(K 334.2)
① 지중함은 견고하고 차량 기타 중량물의 압력에 견디는 구조일 것
② 지중함은 그 안의 고인 물을 제거할 수 있는 구조로 되어 있을 것
③ 폭발성 또는 연소성의 가스가 침입할 우려가 있는 지중함으로서 크기가 1[m³] 이상인 것에는 통풍장치 기타 가스를 방산시키기 위한 적당한 장치를 시설할 것
④ 지중함의 뚜껑은 시설자 이외의 자가 쉽게 열 수 없도록 시설할 것

134

지중 전선로에 있어서 폭발성 가스가 침입할 우려가 있는 장소에 시설하는 지중함은 크기가 몇 [m³] 이상일 때 가스를 방산시키기 위한 장치를 시설하여야 하는가?

① 0.25   ② 0.5
③ 0.75   ④ 1.0

지중전선로의 지중함의 시설(K 334.2)
- 폭발성 또는 연소성의 가스가 침입할 우려가 있는 지중함으로서 크기가 1[m³] 이상인 것에는 통풍장치 기타 가스를 방산시키기 위한 적당한 장치를 시설할 것

135 ★

지중전선이 지중 약전류 전선등과 접근하거나 교차하는 경우에 상호 간의 이격거리가 저압 또는 고압의 지중전선이 몇 [m] 이하일 때, 지중전선과 지중 약전류 전선 사이에 견고한 내화성의 격벽을 설치하여야 하는가?

① 0.1   ② 0.2
③ 0.3   ④ 0.6

지중전선과 지중 약전류전선 등 또는 관과의 접근 또는 교차(K 334.6)
① 저·고압의 지중전선과 이격거리 : 30[cm] 이상(이하일 경우 내화성 격벽 설치)
② 특고압 지중전선과 이격거리 : 60[cm] 이상
③ 특고압 지중전선이 가연성이나 유독성의 유체(流體)를 내포하는 관과 접근하거나 교차하는 경우에 상호 간의 이격거리가 1[m] 이하(단, 사용전압 25[kV] 이하인 다중접지방식 지중전선로인 경우에는 50[cm] 이하)인 경우 내화성 격벽시설 이외 불연성 또는 난연성 보호 조치요

136 ★

"지중전선로는 기설 지중 약 전류 전선로에 대하여 (①) 또는 (②)에 대하여 통신상의 장해를 주지 않도록 기설 약 전류 전선로로부터 충분히 이격시키거나 적당한 방법으로 시설하여야 한다)"①, ②에 알맞은 말은?

① ① 정전용량 ② 표피작용
② ① 정전용량 ② 유도작용
③ ① 누설전류 ② 표피작용
④ ① 누설전류 ② 유도작용

지중약전류전선의 유도장해의 방지 (K 334.5)
지중전선로는 기설 지중 약전류 전선로에 대하여 (누설전류) 또는 (유도작용)에 의하여 통신상의 장해를 주지 아니하도록 기설 약전류 전선로로부터 충분히 이격시키거나 기타 적당한 방법으로 시설하여야 하다

이해 전류에 의한유도 ➔ 전자유도, 전압에 의한 유도 ➔ 정전유도

137

철도·궤도 또는 자동차도 전용터널 안 전선로에 경동선을 저압 및 고압 전선으로 사용하는 경우 경동선의 지름은 몇 [mm]인가?

① 저압 : 2.6[mm]이상, 고압 : 3.2[mm]이상
② 저압 : 2.6[mm]이상, 고압 : 4[mm]이상
③ 저압 : 3.2[mm]이상, 고압 : 4[mm]이상
④ 저압 : 3.2[mm]이상, 고압 : 4.5[mm]이상

터널 안 전선로의 시설(K 335.1)
터널내 전선로 : 철도·궤도 또는 자동차도 전용터널안의 전선로 또는 사람이 상시 통행하는 터널안의 전선로

구분	전선	레일면상 또는 노면상 높이	약전선, 수관과의 이격거리	사용공사의 종류
저압	2.6 [mm]	2.5[m] 이상	10[cm] 이상	케이블, 금속관, 합성수지관, 가요전선관, 애자사용공사
고압	4.0 [mm]	3[m] 이상	15[cm] 이상	애자사용공사

138

터널 등에 시설하는 고압배선이 그 터널 등에 시설하는 다른 고압배선, 저압배선, 약전류전선 등 또는 수관·가스관이나 이와 유사한 것과 접근하거나 교차하는 경우에는 몇 [cm] 이상 이격하여야 하는가?

① 10   ② 15
③ 20   ④ 25

지중전선로 와 터널내 시설을 혼돈 하지 말 것
고압과 약전류선 사이 이격 (지중전선로 30[cm], 터널내 15[cm] 이상 이격)

139 ★

수상 전선로를 시설기준으로 옳은 것은?

① 사용전압이 고압인 경우에는 클로로프렌 캡타이어 케이블을 사용한다.
② 수상전선로에 사용한 부대(浮臺)는 쇠사슬 등으로 견고하게 연결한다.
③ 고압 수상전선로에 지락이 생길 때를 대비하여 전로를 수동으로 차단하는 장치를 시설한다.
④ 수상전선로의 전선을 부대의 아래에 지지하여 시설하고 또한 그 절연피복을 손상하지 아니하도록 시설한다.

수상전선로(K 335.3)의 시설기준

① 전선은 저압인 경우에는 클로로프렌 캡타이어 케이블, 고압인 경우에는 캡타이어 케이블일 것.
② 수상전선로의 전선을 가공전선로의 전선과 접속하는 경우에는 그 부분의 전선은 접속점으로부터 전선의 절연 피복 안에 물이 스며들지 아니하도록 시설하고 또한 전선의 접속점의 높이는 다음과 같다.
 • 접속점이 육상에 있는 경우에는 지표상 5[m] 이상. 다만, 수상전선로의 사용전압이 저압인 경우에 도로상 이외의 곳에 있을 때에는 지표상 4[m] 이상
 • 접속점이 수면상에 있는 경우에는 수상전선로의 사용전압이 저압인 경우에 는 수면상 4[m] 이상, 고압인 경우에는 수면상 5[m] 이상
③ 수상전선로에 사용하는 부대(浮臺)는 쇠사슬 등으로 견고하게 연결한 것일 것.
④ 수상전선로의 전선은 부대의 위에 지지하여 시설하고 또한 그 절연피복을 손상하지 아니하도록 시설

이해
① 고압인 경우는 캡타이어 케이블 사용
③ 사용접압이 고압인 경우 지락시 자동으로 전로를 차단하는 장치 시설
④ 수상전선로의 전선은 부대의 위에 지지하여 시설

140

저압 옥상전선로의 시설에 대한 설명으로 틀린 것은?

① 전선은 절연 전선을 사용하였다.
② 전선은 지름 2.6[mm]이상의 경동선을 사용하였다.
③ 전선과 옥상전선로를 시설하는 조영재와의 이격거리를 0.5[m]로 한다.
④ 전선은 상시 부는 바람등에 의하여 식물에 접촉하지 않도록 시설한다.

저압 옥상전선로(K 221.3)
① 전선은 인장강도 2.30[kN] 이상의 것 또는 지름 2.6[mm] 이상의 경동선 사용
② 전선은 절연전선(OW전선을 포함한다.)또는 이와 동등 이상의 전선 사용
③ 전선은 조영재에 견고하게 붙인 지지주 또는 지지대에 절연성·난연성 및 내수성이 있는 애자를 사용하여 지지하고 또한 그 지지점 간의 거리는 15[m] 이하일 것.
④ 전선과 그 저압 옥상 전선로를 시설하는 조영재와의 이격거리는 2[m](전선이 고압 절연전선, 특고압 절연전선 또는 케이블인 경우에는 1[m]) 이상
⑤ 저압 옥상전선로의 전선은 상시 부는 바람 등에 의하여 식물에 접촉하지 아니하도록 시설하여야 한다.

이해 전선과 옥상전선로를 시설하는 조영재와의 이격거리는 2[m]로 한다.

141

저압 가공전선로 또는 고압 가공전선로와 기설 가공 약전류 전선로가 병행하는 경우에는 유도작용에 의한 통신상의 장해가 생기지 아니하도록 전선과 기설 약전류 전선간의 이격거리는 몇 [m] 이상이어야 하는가?(단, 전기철도용 급전선로는 제외한다.)

① 2
② 4
③ 6
④ 8

유도 장해(K 332.1)
① 고·저압인 경우 : 약전류 전선과 2[m] 이상 이격
② 특고압인 경우 → 약전류 전선의 유도전류 제한
  60[kV] 이하 → 전화선로길이 12[km] 마다 유도전류 2[μA]이하
  60[kV] 초과 → 전화선로길이 40[km] 마다 유도전류 3[μA]이하
③ 차폐선 : 3.5[mm] 동복강연선, 4[mm] 경동선 두가닥 이상

142

가공전화선로에 유도장해를 방지하기 위한 특별고압 가공 전선로의 유도전류 제한사항으로 옳은 것은?

① 사용전압이 60000[V] 이하인 경우에는 전화선로의 길이 12[km] 마다 유도전류가 1[mA]를 넘지 않도록 할 것
② 사용전압이 60000[V] 이하인 경우에는 전화선로의 길이 12[km] 마다 유도전류가 1.5[mA]를 넘지 않도록 할 것
③ 사용전압이 60000[V] 넘는 경우에는 전화선로의 길이 40[km] 마다 유도전류가 1[μA]를 넘지 않도록 할 것
④ 사용전압이 60000[V] 넘는 경우에는 전화선로의 길이 40[km] 마다 유도전류가 3[μA]를 넘지 않도록 할 것

특고압인 경우 → 약전류 전선의 유도전류 제한
60[kV] 이하 → 전화선로길이 12[km] 마다 유도전류 2[μA]이하
60[kV] 초과 → 전화선로길이 40[km] 마다 유도전류 3[μA]이하

암기 $\dfrac{1\ 2}{12[km]}\ \dfrac{3\ 4}{40[km]}$
                  2   3

정답 140 ③ 141 ① 142 ④

SECTION 05 발전소, 변전소, 개폐소 또는 이에 준하는 시설

143

특고압 전선로에 접속하는 배전용변압기의 1차 및 2차 전압은?

① 1차 : 35[kV]이하, 2차 : 저압 또는 고압
② 1차 : 50[kV]이하, 2차 : 저압 또는 고압
③ 1차 : 35[kV]이하, 2차 : 특고압 또는 고압
④ 1차 : 50[kV]이하, 2차 : 특고압 또는 고압

특별고압 배전용 변압기의 시설(K 341.2)
- 변압기의 1차 전압은 35,000[V] 이하, 2차 전압은 저압 또는 고압일 것
- 변압기의 특별고압측에 개폐기 및 과전류차단기를 시설할 것.

144

특별고압 배전용변압기의 특별고압측에 반드시 시설하여야 하는 것은?

① 변성기 및 변류기
② 변류기 및 무효 전력 보상 장치
③ 개폐기 및 리액터
④ 개폐기 및 과전류차단기

특별고압 배전용 변압기의 시설(K 341.2)
- 변압기의 특별고압측에 개폐기 및 과전류차단기를 시설할 것

145

특고압을 직접 저압으로 변성하는 변압기를 시설하여서는 아니 되는 것은?

① 광산에서 물을 양수하기 위한 양수기용 변압기
② 전기로 등 전류가 큰 전기를 소비하기 위한 변압기
③ 교류식 전기철도용 신호회로에 전기를 공급하기 위한 변압기
④ 발전소 · 변전소 · 개폐소 또는 이에 준하는 곳의 소내용 변압기

특고압을 직접 저압으로 변성하는 변압기의 시설(K 341.3)
① 전기로 등 전류가 큰 전기를 소비하기 위한 변압기
② 발전소 · 변전소 · 개폐소 또는 이에 준하는 곳의 소내용 변압기
③ 특고압 전선로에 접속하는 변압기
④ 사용전압이 35[kV] 이하인 변압기로서 그 특고압측 권선과 저압측 권선이 혼촉한 경우에 자동적으로 변압기를 전로로부터 차단하기 위한 장치를 설치한 것.
⑤ 사용전압이 100[kV] 이하인 변압기로서 그 특고압측 권선과 저압측 권선사이에 접지공사(접지저항 값이 10[Ω] 이하인 것에 한한다.)를 한 금속제의 혼촉방지판이 있는 것.
⑥ 교류식 전기철도용 신호회로에 전기를 공급하기 위한 변압기

146 ★

20[kV]전로에 접속한 전력용 콘덴서 장치에 울타리를 하고자 한다. 울타리의 높이를 2[m]로 하면 울타리로부터 콘덴서 장치의 최단 충전부까지의 거리는 몇 [m] 이상이어야 하는가?

① 1
② 2
③ 3
④ 4

고압.특고압용 기계기구의 시설
울타리 높이와 울타리로부터 충전부와의 거리 (K 341.4.1)
- 고압 : 4[m]이상(시가지 4.5[m])
- 35[kV] 이하 : 5[m] 이상
- 35[kV]~160[kV] 이하 : 6[m] 이상
- 160[kV] 넘는 것 : 6[m]+0.12N
∴ 5[m] = 2 + x 에서 x = 3[m]

147 ★★

"고압 또는 특별고압의 기계기구 모선을 옥외에 시설하는 발전소, 변전소, 개폐소 또는 이에 준하는 곳에 시설하는 울타리, 담 등의 높이는 (①)[m] 이상으로 하고, 지표면과 울타리, 담 등의 하단사이의 간격은 (②)[cm] 이하로 하여야 한다"에서 ①, ②에 알맞은 것은?

① ① 3 ② 15
② ① 2 ② 15
③ ① 3 ② 25
④ ① 2 ② 25

발전소 등의 울타리 · 담등의시설
- 높이 : 2[m] 이상
- 지표면과 울타리사이 : 15[cm] 이하

148

농촌지역에서 고압 가공전선로에 접속되는 배전용변압기를 시설하는 경우, 지표상의 높이는 몇 [m] 이상이어야 하는가?

① 3.5
② 4
③ 4.5
④ 5

고압용 기계기구 지표상의 높이 (K 341.9)
• 시가지 경우 : 지표상 4.5[m] 이상
• 시가지가 아닌 경우 : 지표상 4[m] 이상

149

고압용 또는 특별고압용 개폐기를 시설할 때 반드시 조치하지 않아도 되는 것은?

① 작동시에 개폐상태가 쉽게 확인될 수 없는 경우에는 개폐상태를 표시하는 장치
② 중력 등에 의하여 자연히 작동할 우려가 있는 것은 자물쇠장치 기타 이를 방지하는 장치
③ 고압용 또는 특별고압용이라는 위험 표시
④ 부하전류의 차단용이 아닌 것은 부하전류가 통하고 있을 경우 개로할 수 없도록 시설

개폐기의 시설(K 341.10)
① 각 극에 시설(중성선 제외)
② 고압용 또는 특고압용 개폐기의 개폐 상태 확인(ON/OFF상태 확인가능)
③ 자물쇠장치 – 중력 등에 의한 자연동작 방지
④ 부하전류를 차단하기 위한 것이 아닌 개폐기(단로기)는 통전시 개로할 수 없도록 시설

150

고압용 또는 특고압용 단로기로서 부하전류의 차단을 방지하기 위한 조치가 아닌 것은?

① 단로기의 조작 위치에 부하전류 유무 표시
② 단로기 설치 위치의 1차 측에 방전 장치 시설
③ 단로기의 조작 위치에 전화기 기타의 지령 장치 시설
④ 터블렛 등을 사용함으로써 부하전류가 통하고 있을 때에 개로 조작을 방지하기 위한 조치

부하전류를 차단하기 위한 것이 아닌 개폐기(단로기)
① 차단기와 연계(부하전류가 통하는 경우 개로 불가)
② 부하전류 유무 표시 장치 할 것
③ 전화기 기타의 지령장치 시설
④ 터블렛 사용 (부하전류가 통하고 있을 때에 개로 조작을 방지하기 위한 조치)

151

고압 또는 특고압 전로중 기계기구 및 전선을 보호하기 위하여 필요한 곳에는 무엇을 시설하여야 하는가?

① 영상 변류기
② 과전류 차단기
③ 콘덴서형 변성기
④ 지락 차단기

고압 및 특고압 전로 중의 과전류차단기의 시설 (K 341.11)
목적 : 기계기구 및 전선을 보호

152 ★★

과전류차단기로 시설하는 퓨즈용 고압전로에 사용하는 비포장퓨즈는 정격전류의 몇 배의 전류에 견디어야 하는가?

① 1.1
② 1.25
③ 1.3
④ 2.0

고압 및 특고압 전로 중의 과전류차단기의 시설 :
목적(기계기구 및 전선을 보호)(K 341.11)

종류	용단전류		용단 시간
비포장 퓨즈	1.25배 견딤	2배의 전류에 용단	2분
포장 퓨즈	1.3배 견딤	2배의 전류에 용단	120분

암기
• 산업용 배선용차단기 • 저압퓨즈
• 비포장퓨즈(고압) • 포장퓨즈(고압)

동작시간 : 63[A]이하 60분, 초과120분 (고압은 각각 2분 120분)
불용단전류와 용단전류 순서대로 (1.05/1.3)(1.25/1.6)(1.25/2)(1.3/2)

정답 148 ② 149 ③ 150 ② 151 ② 152 ②

153

과전류차단기로 시설하는 퓨즈 중 고압전로에 사용하는 비포장 퓨즈는 정격전류 2배 전류 시 몇 분 안에 용단되어야 하는가?

① 1분　　② 2분
③ 5분　　④ 10분

고압 및 특고압 전로 중의 과전류차단기의 시설:
목적(기계기구 및 전선을 보호)(K 341.11)

종류		용단전류	용단 시간
비포장 퓨즈	1.25배 견딤	2배의 전류에 용단	2분
포장 퓨즈	1.3배 견딤	2배의 전류에 용단	120분

암기　• 산업용 배선용차단기　• 저압퓨즈
　　　• 비포장퓨즈(고압)　• 포장퓨즈(고압)

동작시간: 63[A]이하 60분, 초과120분 (고압은 각각 2분 120분)
불용단전류와 용단전류 순서대로 (1.05/1.3)(1.25/1.6)(1.25/2)(1.3/2)

154 ★

과전류차단기로 시설하는 퓨즈 중 고압전로에 사용하는 포장퓨즈는 정격전류의 몇 배의 전류에 견디어야 하는가?

① 1.1　　② 1.3
③ 1.5　　④ 2.0

고압 및 특고압 전로 중의 과전류차단기의 시설(K 341.11)
포장퓨즈는 1.3배에 견디고 2배의 전류에 120분 이내에 용단됨

155

과전류 차단기로 시설하는 퓨즈 중 고압전로에 사용하는 포장퓨즈는 정격전류의 2배의 전류를 계속 흘렸을 때에 몇 분 안에 용단되어야 하는가?

① 2　　② 20
③ 60　　④ 120

고압 및 특고압 전로 중의 과전류차단기의 시설(K 341.11)
포장퓨즈는 1.3배에 견디고 2배의 전류에 120분 이내에 용단됨

156 ★★

전로 중에 기계기구 및 전선을 보호하기 위하여 필요한 곳에는 과전류 차단기를 시설하여야 한다. 다음 중 과전류 차단기를 시설하여도 되는 곳은?

① 접지공사의 접지도체
② 다선식 전로의 중성선
③ 방전장치를 시설한 고압전로의 전선
④ 전로의 일부에 접지공사를 한 저압 가공전선로의 접지측 전선

과전류차단기의 시설제한 장소(K 341.11)
• 접지공사의 접지도체
• 접지공사를 한 저압 가공 전로의 접지측 전선
• 다선식 전로의 중성선

157

기계기구 및 전선을 보호하기 위한 과전류차단기를 전로 중에 시설할 수 있는 곳은?

① 다선식 전로의 중성선
② 접지공사의 접지선
③ 전로의 일부에 접지공사를 한 저압 가공전선로의 접지측 전선
④ 저압 옥내배선의 전원선

과전류차단기의 시설제한 장소(K 341.12):
접지도체, 다선식 전로의 중성선, 가공선로의 접지측 전선

158

그림에서 1,2,3,4의 ×표시중 과전류 차단기를 시설할 수 있는 장소로 틀린 것은?

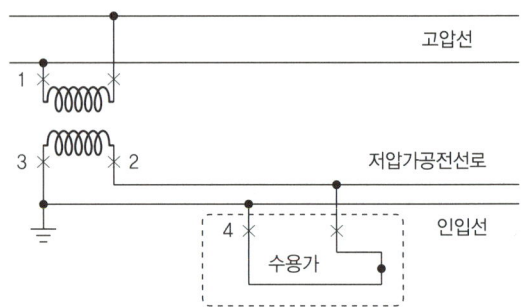

정답　153 ②　154 ②　155 ④　156 ③　157 ④　158 ③

① 1　　　　　　② 2
③ 3　　　　　　④ 4

⚡ 과전류차단기의 시설제한 장소(K 341.11)
접지도체, 다선식 전로의 중성선, 가공선로의 접지측 전선

159

고압용 개폐기, 차단기, 피뢰기 기타 이와 유사한 기구로서 동작시에 아크가 생기는 것은 목재의 벽 또는 천장 기타의 가연성 물체로부터 몇 [m] 이상 떼어 놓아야 하는가?

① 1　　　　　　② 0.8
③ 0.5　　　　　④ 0.3

⚡ 아크 발생하는 기계기구와 가연성 물체의 이격거리(K 341.8)
고압 : 1[m], 특고압 : 2[m] 단,35[kV]이하 화재방생 우려 없는 경우 1[m]

160 ★

발전소·변전소 또는 이에 준하는 곳의 최소 몇 [V]를 초과하는 전로에는 그의 보기 쉬운 곳에 상별 표시를 하여야 하는가?

① 7,000　　　　② 13,200
③ 22,900　　　④ 35,000

⚡ 특고압 전로의 상 및 접속 상태의 표시(K 351.2)
발전소·변전소 또는 이에 준하는 곳의 특고압 전로(7000[V] 초과)에 접속상태를 모의모선의 사용 기타 방법에 의하여 표시하여야 함

161 ★★

다음 중 발전기를 전로로부터 자동적으로 차단하는 장치를 시설하여야 하는 경우에 해당되지 않는 것은?

① 발전기에 과전류가 생긴 경우
② 용량이 500[kVA] 이상의 발전기를 구동하는 수차의 압유 장치의 유압이 현저히 저하한 경우
③ 용량이 100[kVA] 이상의 발전기를 구동하는 풍차의 압유 장치의 유압, 압축공기장치의 공기압이 현저히 저하한 경우
④ 용량이 5000[kVA] 이상인 발전기의 내부에 고장이 생긴 경우

⚡ 발전기의 보호(K 351.3) → 차단 장치
10,000[kVA] 이상의 발전기 내부에 고장이 생길 때는 차단장치 설치

162

송유풍냉식 특별고압용 변압기의 송풍기가 고장이 생길 경우를 대비하기 위한 장치는?

① 경보장치　　　② 자동 차단장치
③ 압축 공기장치　④ 속도 조정장치

⚡ 변압기 보호(K 351.4)
경보장치 - 타냉식 변압기의 온도 상승 (송풍기등 냉각장치 고장)
　　　　　- 뱅크용량 5,000[kVA]~10,000[kVA] 변압기의 내부고장

163

내부고장이 발생하는 경우에 대비하여 경보장치만을 시설할 수 있는 특별고압용 변압기의 뱅크용량의 범위는?

① 5000[kVA] 미만
② 5000[kVA] 이상 10000[kVA] 미만
③ 10000[kVA] 이상 15000[kVA] 미만
④ 15000[kVA] 이상 20000[kVA] 미만

⚡ 변압기 보호(K 351.4)
경보장치 - 타냉식 변압기의 온도 상승 (송풍기등 냉각장치 고장)
　　　　　- 뱅크용량 5,000[kVA]~10,000[kVA] 변압기의 내부고장

164 ★

일반 변전소 또는 이에 준하는 곳의 주요 변압기에 시설하여야 하는 계측장치로 옳은 것은?

① 전류, 전력 및 주파수
② 전압, 주파수 및 역률
③ 전압 및 전류 또는 전력
④ 전력, 역률 또는 주파수

정답　159 ①　160 ①　161 ④　162 ①　163 ②　164 ③

계측장치 : 전기적인 이상유무 확인을 위한 계측장치를 주요 설비에 설치함
단, 모선(즉, 전선)에는 설치가 불가능하죠
- 주요계측장치 : 전압, 전류, 전력, 온도(전기고장시 온도상승)

165

수소냉각식 발전기의 경보장치는 발전기내 수소의 순도가 몇 [%] 이하로 저하한 경우에 이를 경보하는 장치를 시설하여야 하는가?

① 75
② 80
③ 85
④ 90

수소냉각식 발전기 등의 시설(K 351.9)
① 의미 : 수소냉각식의 발전기ㆍ무효 전력 보상 장치 또는 이에 부속하는 수소 냉각장치
② 경보장치 :
- 발전기안 또는 무효 전력 보상 장치안의 수소의 순도가 85[%] 이하로 저하한 경우
- 발전기안 또는 무효 전력 보상 장치안의 수소의 압력을 계측하는 장치 및 그 압력이 현저히 변동한 경우에 이를 경보하는 장치를 시설할 것

이해 수소냉각장치 : 풍압냉각장치보다 손실이 적다 왜)가벼우니깐
- 수소순도 85[%] 이하로 저하시 경보 장치를 설치하라 왜)위험하니깐

166

발전소, 변전소, 개폐소 또는 이에 준하는 곳에서 차단기에 사용하는 압축공기장치는 사용압력의 몇 배의 수압으로 몇 분간 연속하여 가했을 때 이에 견디고 새지 않아야 하는가?

① 1.25배, 15분
② 1.25배, 10분
③ 1.5배, 15분
④ 1.5배, 10분

압축공기 장치(K 341.16)
강도 시험 : 최대 사용 압력의 수압 1.5배(기압 1.25배)에 10분간 견디고 새지 않을 것

167 ★

발전소의 개폐기 또는 차단기에 사용하는 압축공기장치의 주 공기탱크에 시설하는 압력계의 최고 눈금의 범위로 옳은 것은?

① 사용압력의 1배 이상 2배 이하
② 사용압력의 1.15배 이상 2배 이하
③ 사용압력의 1.5배 이상 3배 이하
④ 사용압력의 2배 이상 3배 이하

압축공기 장치(K 341.16)
압력계 눈금 : 사용압력의 1.5배 이상 3배 이하의 최고눈금

168

고압 가공전선로로부터 공급을 받는 수용가 인입구에 피뢰기를 시설하여야 하는 수전전력의 용량은 최저 몇 [kW]인가?

① 용량에 관계 없다.
② 100
③ 500
④ 1000

피뢰기 시설(K 341.14)
- 목적 : 낙뢰로부터 전선로나 기계기구를 보호
- 시설
  - 발ㆍ변전소의 가공 전선 인입구 및 인출구
  - 가공전선로에 접속하는 배전용 변압기의 고압측 및 특별고압측
  - 고압 및 특별고압 가공전선로로부터 공급받는 수용가의 인입구 (용량과 무관)
  - 가공 전선로와 지중 전선로가 접속되는 곳

169

피뢰기를 반드시 시설하지 않아도 되는 곳은?

① 고압전선로에 접속되는 단권변압기의 고압측
② 가공전선로와 지중전선로가 접속되는 곳
③ 고압 가공전선로로부터 공급을 받는 수용장소의 인입구
④ 특별고압 가공전선로로부터 공급을 받는 수용장소의 인입구

정답 165 ③ 166 ④ 167 ③ 168 ① 169 ①

피뢰기 시설(K 341.14)
- 목적: 낙뢰로부터 전선로나 기계기구를 보호
- 시설
  - 발·변전소의 가공 전선 인입구 및 인출구
  - 가공전선로에 접속하는 배전용 변압기의 고압측 및 특별고압측
  - 고압 및 특별고압 가공전선로로부터 공급받는 수용가의 인입구(용량과 무관)
  - 가공 전선로와 지중 전선로가 접속되는 곳

170 ★

단락전류에 의하여 생기는 기계적 충격에 견디는 것을 요구하지 않는 것은?

① 애자
② 변압기
③ 무효 전력 보상 장치
④ 접지도체

발전기 등의 기계적강도
발전기, 변압기, 무효 전력 보상 장치, 모선 또는 이를 지지하는 애자는 단락전류에 의하여 생기는 기계적 충격에 견디는 강도를 가져야 한다.(특히 애자)

SECTION 06 전력보안 통신설비

171 ★★

전력보안 통신용 전화설비를 반드시 시설하여야 하는 곳은?

① 원격감시제어가 되는 변전소
② 화력발전소와 수력발전소 상호간
③ 원격감시제어가 되는 발전소
④ 2 이상의 급전소 상호간

전력보안통신설비의 시설 요구사항(K 362.1)
① 원격감시제어가 되지 아니하는 발·변전소, 개폐소, 전선로 및 이를 운용하는 급전소 및 급전분소 간
② 2 이상의 급전소 상호간과 이들을 통합 운용하는 급전소 간
③ 발·변전소 및 개폐소와 기술원 주재소 간
   단, 다음 항목에 적합하고 또한 휴대용이거나 이동형 전력보안

통신설비에 의하여 연락이 확보된 경우 제외
- 발전소로서 전기의 공급에 지장을 미치지 않는 곳
- 상주감시를 하지 않는 변전소(사용전압 35[kV]이하)로서 그 변전소에 접속되는 전선로가 동일 기술원 주재소에 의하여 운용되는 곳

172 ★

특고압 가공전선로의 지지물에 시설하는 통신선 또는 이것에 직접 접속하는 통신선일 경우에 설치하여야 할 보안장치로서 모두 옳은 것은?

① 특고압용 제2종 보안장치, 고압용 제2종 보안장치
② 특고압용 제1종 보안장치, 특고압용 제3종 보안장치
③ 특고압용 제2종 보안장치, 특고압용 제3종 보안장치
④ 특고압용 제1종 보안장치, 특고압용 제2종 보안장치

특고압 가공전선로 첨가설치 통신선의 시가지 인입제한(K 362.5)
- 시가지에 시설하는 통신선은 특고압 가공전선로의 지지물에 시설하여서는 안된다. 다만 다음경우에는 예외로 한다.
  - 특고압용 제1종 보안장치, 특고압용 제2종 보안장치를 시설하고 또한 그 중계선륜(中繼線輪) 또는 배류 중계선륜(排流中繼線輪)의 2차측에 시가지의 통신선을 접속하는 경우
  - 시가지의 통신선이 절연전선과 동등 이상의 절연성능이 있는 것
- 보안장치에 사용되는 피뢰기의 동작전압은 1[kV]이하일 것

이해 첨가 통신선(가공전선로의 지지물에 시설하는 통신선)(K 362.5)의 시가지 인입 : 제한규정에 예외규정으로 특고압용1종또는 특고압용2종보안장치를 하면가능

173

특고압 가공전선로의 지지물에 첨가하는 통신선 보안장치에 사용되는 피뢰기의 동작전압은 교류 몇 [V] 이하인가?

① 300
② 600
③ 1000
④ 1500

특고압 가공전선로 첨가설치 통신선의 시가지 인입제한(K 362.5)
- 시가지에 시설하는 통신선은 특고압 가공전선로의 지지물에 시설하여서는 안된다.
- 보안장치에 사용되는 피뢰기의 동작전압은 1[kV] 이하일 것

정답 170 ④ 171 ④ 172 ④ 173 ③

174 ★

아래 그림은 전력보안통신설비의 보안장치이다. RP_1에 대한 설명으로 틀린 것은?

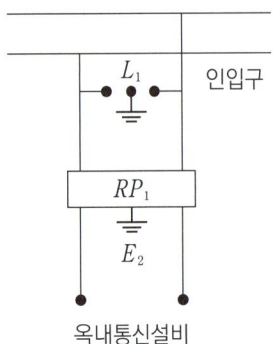

① 전류용량은 50[A]이다.
② 자동 복구성이 없는 릴레이 보안기이다.
③ 최소 감도전류 때의 응동시간이 1사이클 이하이다.
④ 교류 300[V]이하에서 동작하고, 최소 감도전류가 3[A]이다.

특고압 가공전선로 첨가설치 통신선의 시가지 인입제한 (K 362.5) 보안장치의 표준

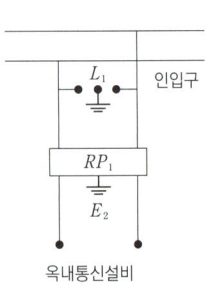

RP_1 : 교류 300[V] 이하에서 동작하고, 최소 감도 전류가 3[A] 이하로서 최소 감도전류 때의 응동시간이 1사이클 이하이고 또한 전류 용량이 50[A], 20초 이상인 자동 복구성이 있는 릴레이 보안기
L_1 : 교류 1[kV] 이하에서 동작하는 피뢰기
E_1 및 E_2 : 접지

175

고압 가공 전선로의 지지물에 시설하는 통신선 또는 이에 직접 접속하는 가공 통신선의 높이는 횡단 보도교의 위에 시설하는 경우에는 그 노면상 최소 몇 [m] 이상으로 시설하면 되는가?

① 3.5 ② 4
③ 4.5 ④ 5

첨가 통신선(가공전선로의 지지물에 시설하는 통신선) 지표상 높이

첨가통신선(주1)		
횡단보교도위	5(주2)	(주3)
기타	5	
도로	6	교통無 5
철도	6.5	

(주2) 횡단보도교의 위에 시설하는 경우에는 노면상 5[m](기본)
(주3) • 저압 또는 고압의 가공전선로의 지지물에 시설하는 통신선 또는 이에 직접 접속하는 가공통신선을 노면상 3.5[m](통신선이 절연전선과 동등 이상의 절연효력이 있는 것인 경우 3[m])이상으로 하는 경우
• 특고압 전선로의 지지물에 시설하는 통신선 또는 이에 직접 접속하는 가공통신선으로서 광섬유 케이블을 사용하는 것은 그 노면상 4[m]

176 ★

전력보안 가공통신선을 도로 위, 철도 또는 궤도, 횡단 보도 교 위 등이 아닌 일반적인 장소에 시설하는 경우에는 지표상 몇 [m] 이상으로 시설하여야 하는가?

① 3.5
② 4
③ 4.5
④ 5

가공통신선 지표상 높이 : 표준 3.5[m]

177

전력보안 가공 통신선(광섬유 케이블은 제외)을 조가 할 경우 조가선은?

① 금속으로 된 단선
② 강심 알루미늄 연선
③ 금속선으로 된 연선
④ 알루미늄으로 된 단선

가공통신선
• 통신선을 조가선으로 조가할 것. 단 2.6[mm] 경동선 사용시 예외.
• 조가용 선은 금속으로 된 연선일 것

정답 174 ② 175 ① 176 ① 177 ③

178

그림은 전력선 반송통신용 결합장치의 보안장치이다. S는 어떤 용도의 개폐기인가?

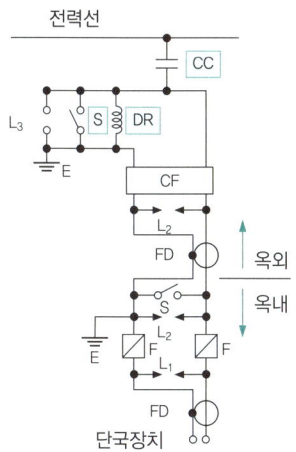

① 단락용
② 접지용
③ 소호용
④ 통신용

암기 S : 개폐기(뒤단에 접지표시 ∴ 접지용)
CC : 결합기(결합용 콘덴서) : Couple Condenser
CF : 결합필터
DR : 배류선륜
FD : 동축케이블

179

전력보안 통신설비는 가공전선로로 부터의 어떤 작용에 의하여 사람에게 위험을 줄 우려가 없도록 시설하여야 하는가?

① 정전유도작용 및 표피작용
② 정자유도작용 및 표피작용
③ 정전유도작용 및 전자유도작용
④ 전자유도작용 및 페란티작용

전력보안 통신설비는 가공전선로로부터 어떤작용(정전유도작용 및 전자유도작용 등)에 의하여 사람에게 위험을 줄 우려가 없도록 시설 하여야 한다.

이해 유도전류에 의한 유도작용 : 전자유도, 유도전압에 의한 유도 작용 : 정전유도

SECTION 07 전기사용 장소 시설

180

저압 옥내배선공사에 사용할 수 있는 연동선은 $2.5[\text{mm}^2]$ 이상이어야 한다. 미네럴인슈레이션 케이블을 사용한다면 몇 $[\text{mm}^2]$ 이상의 것을 사용하여야 하는가?

① 0.75
② 1
③ 1.2
④ 1.25

저압 옥내배선의 사용전선(K 231.3.1)
단면적 $2.5[\text{mm}^2]$이상의 연동선, $1[\text{mm}^2]$이상의 미네럴인슈레이션 케이블(MI)

181

저압 옥내배선과 옥내 저압용의 전구선의 시설방법으로 틀린 것은?

① 쇼케이스 내의 배선에 $0.75[\text{mm}^2]$의 캡타이어 케이블을 사용하였다.
② 출퇴 표시등용 전선으로 $1.0[\text{mm}^2]$의 연동선을 사용하여 금속관에 넣어 시설하였다.
③ 전광표시장치의 배선으로 $1.5[\text{mm}^2]$의 연동선을 사용하고 합성수지관에 넣어 시설하였다.
④ 조영물에 고정시키지 아니하고 백열전등에 이르는 전구선으로 $0.75[\text{mm}^2]$의 케이블을 사용하였다.

저압 옥내배선의 사용전선(K 231.3.1)
전광표시장치 기타 이와 유사한 장치 또는 제어 회로 등에 사용하는 배선에 단면적 $1.5[\text{mm}^2]$ 이상의 연동선 사용

182

옥내에 시설하는 저압전선으로 나전선을 사용하고 공사방법으로 애자사용배선에 의하여 전개된 곳에 시설하는 방법이 아닌 것은?

① 전기로용 전선
② 금속덕트용 전선
③ 전선의 피복 절연물이 부식하는 장소에 시설하는 전선
④ 취급자 이외의 자가 출입할 수 없도록 설비한 장소에 시설하는 전선

⚡

나전선 사용 가능장소(K 231.4)
① 애자사용공사
 • 전기로용 전선
 • 전선 피복절연물이 부식하는 장소에 시설하는 전선
 • 취급자 이외에 사람 출입 금지된 곳
② 버스덕트 공사
③ 라이팅덕트 공사
④ 저압접촉 전선

183 ★★

저압옥내 배선공사를 할 때 반드시 절연전선이 아니라도 상관없는 공사는?

① 합성수지관공사
② 금속관공사
③ 버스덕트공사
④ 플로어덕트공사

⚡

나전선 사용 가능장소(K 231.4)
① 애자사용공사 (조건3가지 만족시)
② 버스덕트 공사
③ 라이팅덕트 공사
④ 저압접촉 전선

이해 나전선 사용 가능장소(K 231.4)
• 버스(Bus) 덕트 : 내부에 도체인 부스바로 전력공급 (나전선 사용 가능)
• 금속 덕트 : 일반 금속관과 같은 형태로 큰 사각형 금속제
 ∴ 나전선 절대 불가

184 ★

백열전등 또는 방전등에 전기를 공급하는 옥내전로의 대지전압을 몇 [V] 이하이어야 하는가?

① 100   ② 150
③ 200   ④ 300

⚡

옥내전로의 대지 전압의 제한(K 231.6)
① 대지전압 300[V] 이하 (사람 접촉 우려 있으면 150[V] 이하)
② 사용전압 400[V] 미만 (교통신호등 300[V]이하, 전기울타리 250[V]이하)
단, 출퇴표시, 전광표시, 자동제어, 소세력회로 절연변압기의 1차전압 300[V], 2차사용전압 60[V]

185

저압 옥내배선공사의 종류 중 전선관시스템에 의한 배선방법의 종류가 아닌 것은?

① 합성수지관배선
② 금속관배선
③ 가요전선관배선
④ 합성수지몰드배선

⚡

전선관시스템 : 합성수지관배선, 금속관배선, 가요전선관배선

186 ★★★

건조한 장소로서 전개된 장소에 고압 옥내배선을 할 수 있는 것은?

① 애자사용 공사
② 합성수지관 공사
③ 금속관 공사
④ 가요전선관 공사

⚡

고압 옥내배선 등의 시설(K 342.1)
① 애자사용배선(건조한 장소로서 전개된 장소에 한한다.)
② 케이블배선
③ 케이블트레이배선

정답 182 ② 183 ③ 184 ④ 185 ④ 186 ①

187

고압 옥내배선의 시설 공사로 할 수 없는 것은?

① 케이블배선
② 가요전선관 배선
③ 케이블 트레이 배선
④ 애자사용배선(건조장소)

고압 옥내배선 등의 시설(K 342.1)
① 애자사용배선(건조한 장소로서 전개된 장소에 한한다.)
② 케이블배선
③ 케이블트레이배선

188

특고압을 옥내에 시설하는 경우 그 사용전압의 최대 한도는 몇 [kV] 이하인가?

① 25
② 80
③ 100
④ 160

특별고압 옥내 전기설비의 시설
① 사용전압 : 100,000[V]이하, 단, 케이블 트레이 공사시 35,000[V]이하
② 전선은 케이블 일 것

189

석유류를 저장하는 장소의 저압 전등배선에서 사용할 수 없는 공사 방법은?

① 합성수지관 공사
② 케이블 공사
③ 금속관 공사
④ 애자사용 공사

애자사용공사는 대부분의 공사에 부적절
단, 고압, 저압 옥내배선에서 건조하고 전개된 장소에는 사용가능

190

사용전압이 380[V]인 옥내배선을 애자사용공사로 시설할 때 전선과 조영재사이의 이격거리는 몇 [cm] 이상이어야 하는가?

① 2
② 2.5
③ 4.5
④ 6

애자공사(K 232.56) 전선과 조영재와의 이격거리
2.5[cm]이상,
400[V]초과시 4.5[cm]이상(단, 건조한 장소 : 2.5[cm]이상)
고압 5[cm]이상

191 ★★

애자사용 배선에 의한 저압 옥내배선 시설중 틀린 것은?

① 전선은 인입용 비닐 절연전선일 것
② 전선 상호간의 간격은 0.06[m] 이상일 것
③ 전선의 지지점 간의 거리는 전선을 조영재의 윗면에 따라 붙일 경우에는 2[m] 이하일 것
④ 전선과 조영재 사이의 이격거리는 사용전압이 400[V] 미만일 경우에는 25[mm] 이상일 것

애자공사(K 232.56) 사용전선
① 저압 : 절연전선 사용
   (옥외용 비닐절연전선 및 인입용 비닐절연전선 제외)
② 고압 : 6[mm^2]이상 연동선의 고압 절연전선이나 특고압 절연전선

192

저압 옥내배선의 공사방법에 따른 사용전선과의 조합이 옳지 않은 것은?

① 애자사용 은폐공사 - 600[V] 고무절연전선
② 가요전선관공사 - 600[V] 비닐절연전선
③ 금속관공사 - 600[V] 불소수지절연전선
④ 합성수지관공사 - 옥외용 비닐절연전선

관공사(K 232.11, 232.12, 232.13)
공통 내용
① 절연전선(옥외용 비닐절연전선 제외)일 것
② 전선은 연선일 것
③ 단선을 사용할 경우 : 단면적 10[mm^2](알루미늄선은 16[mm^2])이하의 것
④ 관 안에서 접속점이 없도록 할 것
⑤ 습기가 많은 장소 또는 물기가 있는 장소 : 방습 장치를 할 것
⑥ 금속제 부분은 접지공사를 할 것.
⑦ 금속제 부분이외는 접지를 할 필요가 없다. 누전시 누전전류 발생 안됨

정답 187 ② 188 ③ 189 ④ 190 ② 191 ① 192 ④

193 ★

저압 옥내배선을 가요전선관 배선에 의해 시공하고자 한다. 이 가요전선관에 설치하는 전선으로 단선을 사용할 경우 그 단면적은 최대 몇 [mm^2] 이하이어야 하는가? (단, 알루미늄선은 제외한다.)

① 2.5
② 4
③ 6
④ 10

관공사(K 232.11, 232.12, 232.13) 공통 내용
① 절연전선(옥외용 비닐절연전선 제외)일 것
② 전선은 연선일 것
③ 단선을 사용할 경우 : 단면적 10[mm^2](알루미늄선은 16[mm^2]) 이하의 것
④ 관 안에서 접속점이 없도록 할 것
⑤ 습기가 많은 장소 또는 물기가 있는 장소 : 방습 장치를 할 것
⑥ 금속제 부분은 접지공사를 할 것.
⑦ 금속제 부분이외는 접지를 할 필요가 없다. 누전시 누전전류 발생 안됨

194

합성수지관배선 시에 관의 지지점 간의 거리는 몇 [m] 이하로 하는가?

① 1.0
② 1.5
③ 2.0
④ 2.5

지지점 간격	시공방법
3[M]	덕트
2[M]	금속관, 케이블, 애자사용, 라이팅덕트
1.5[M]	합성수지관
1[M]	(금속제)가요전선관, 캡타이어 케이블

195

일반주택의 저압 옥내배선을 점검한 결과 시공이 잘못되었다고 판단되는 것은?

① 욕실의 전등으로 방습 형광등이 시설되어 있다.
② 단상3선식 인입개폐기의 중성선에 동판 접속되어 있다.
③ 합성수지관공사의 지지점간의 거리가 2.0[m]로 되어있다.
④ 금속관공사로 시공되었고 IV 전선이 사용되어 있다.

합성수지관공사(K 232.11) 시설조건
① 지지간격 : 1.5[m]이하
② 1본의 길이 : 4[m]
③ 관 두께 : 2[mm]이상
④ 관 상호간 및 박스와는 관을 삽입하는 깊이가 관의 바깥지름의 1.2배 (접착제 사용 시 0.8배)이상

[이해] ③ 합성수지관공사의 지지점간의 거리는 1.5[m]

196

합성수지관 공사시 관 상호간 및 박스와의 접속은 관에 삽입 하는 깊이를 관 바깥지름의 몇 배 이상으로 하여야 하는가?(단, 접착제를 사용하지 않는 경우이다.)

① 0.5배
② 0.8배
③ 1.2배
④ 1.5배

합성수지관공사(K 232.11) 시설조건 : 관 상호간 및 박스와 관 삽입 깊이
관의 바깥지름의 1.2배 (접착제 사용 시 0.8배)이상

197 ★

금속관 배선에 의한 저압 옥내배선 시설에 대한 설명으로 틀린 것은?

① 인입용 비닐절연전선을 사용했다.
② 옥외용 비닐절연전선을 사용했다.
③ 짧고 가는 금속관에 연선을 사용했다.
④ 단면적 10[mm^2]이하의 단선을 사용했다.

금속관공사(K 232.12) 시설규정
① 절연전선(옥외용 비닐절연전선 제외)일 것
② 전선은 연선일 것
③ 단선을 사용할 경우 : 단면적 10[mm^2](알루미늄선은 16[mm^2]) 이하의 것
④ 관 안에서 접속점이 없도록 할 것
⑤ 관 두께 : 콘크리트 매설시 1.2[mm]이상(매설 외 : 1[mm]이상)
⑥ 금속제 부분은 접지공사를 할 것.

정답 193 ④ 194 ② 195 ③ 196 ③ 197 ②

198

금속관에 의한 저압옥내배선에서 금속관을 콘크리트에 매설한다면 관두께와 사용전압의 종류로 적합한 것은?

① 관 두께: 1.0[mm] 이상, 전선: 옥외용 비닐절연전선
② 관 두께: 1.2[mm] 이상, 전선: 600[V] 비닐절연전선
③ 관 두께: 1.0[mm] 이상, 전선: 600[V] 비닐절연전선
④ 관 두께: 1.2[mm] 이상, 전선: 옥외용 비닐절연전선

금속관공사(K 232.12)시 관 두께
콘크리트에 매입시 1.2[mm] 이상, 그 외 1.0[mm] 이상
다만, 이음매가 없는 길이 4[m] 이하인 것으로 건조, 전개된 곳 사용시 0.5[mm]

199 ★

가요전선관 공사에 의한 저압옥내배선을 다음과 같이 시행하였다. 옳은 것은?

① 옥외용 비닐절연전선을 사용하였다.
② 단면적 14[mm²]의 단선을 사용하였다.
③ 2종 금속제 가요전선관을 사용하였다.
④ 가요전선관에 접지공사를 하지 않는다.

금속제 가요전선관(K 232.13)시설조건
① 소맥분 전분 기타의 가연성 먼지가 존재하는 곳에는 부적당
② 지지간격: 1[m]이하
③ 2종 금속제 가요전선관일 것 (단, 전개 또는 점검가능 은폐장소 1종)
④ 관 두께: 0.8[mm]이상(1종 금속제 가요전선관)
이해 ① 옥외용 전선 사용불가, ② 최대10[mm²]
④ 접지공사를 한다.

200

합성수지몰드공사에 의한 저압 옥내배선의 시설방법으로 옳은 것은?

① 전선으로는 단선만을 사용하고 연선을 사용하여서는 아니 된다.
② 전선으로 옥외용 비닐 절연전선을 사용하였다.
③ 합성수지몰드안에 전선의 접속점을 두기 위하여 합성수지제의 조인트 박스를 사용하였다.
④ 합성수지몰드안에는 전선의 접속점을 최소 2개소 두어야 한다.

몰드공사(K 232.21, 232.22) 공통 내용
• 절연전선(옥외용 비닐절연전선 제외)
• 몰드 안에는 접속점이 없도록 할 것

201

합성수지몰드배선에 의한 저압 옥내배선에서 합성수지 몰드이홈의 폭 및 깊이는 몇 [mm] 이하이어야 하는가?(단, 사람이 자주 왕래하는 곳이다.)

① 8
② 15
③ 25
④ 35

합성수지 몰드공사: 홈의 폭 및 깊이: 3.5[cm]이하, 두께: 2[mm]이하
(다만, 쉽게 접촉할 우려가 없는 경우, 폭: 5[cm]이하, 두께: 1[mm] 이상)

202

금속 덕트공사에 의한 저압 옥내배선공사 중 시설기준에 적합하지 않은 것은?

① 금속덕트에 넣은 전선의 단면적의 합계가 내부 단면적의 20[%]이하가 되게 하였다.
② 덕트상호 및 덕트와 금속관과는 전기적으로 완전하게 접속했다.
③ 덕트를 조영재에 붙이는 경우 덕트의 지지점간의 거리를 4[m]이하로 견고하게 붙였다.
④ 덕트는 접지공사를 하였다.

덕트공사(K 232.9, 232.10, 232.11, 232.12, 232.13) 공통 내용
① 전선
• 절연전선(옥외용 비닐절연전선 제외)
• 나전선 사용가능: 버스덕트공사, 라이팅덕트공사

정답 198 ② 199 ③ 200 ③ 201 ④ 202 ③

② 덕트 끝부분은 막을 것
③ 덕트 내부에 먼지가 침입하지 아니하도록 할 것
④ 덕트 안에는 접속점이 없도록 할 것
⑤ 덕트는 접지공사를 할 것

금속덕트공사(K 232.30)
① 지지간격 : 3[m]이하(수직 6[m]이하)
② 덕트 내부 단면적 : 덕트 내부 단면적의 20[%]
(전광표시 장치·제어회로 등의 배선만을 넣는 경우 50[%])
③ 폭이 4[cm]이상, 두께 1.2[mm]이상

203

라이팅 덕트배선에 의한 저압 옥내배선 공사 시설 기준으로 틀린 것은?

① 덕트의 끝부분은 막을 것
② 덕트는 조영재에 견고하게 붙일 것
③ 덕트는 조영재를 관통하여 시설 할 것
④ 덕트의 지지점 간의 거리는 2[m]이하로 할 것

라이팅덕트공사(K 232.70) 시설조건
- 지지간격 : 2[m]이하
- 덕트의 개구부는 아래로 향하여 시설할 것
- 덕트의 조영재에 견고하게 부착, 조영재를 관통하면 안됨

204

플로어 덕트 공사에 사용되는 금속제 박스는 강판을 몇 [mm] 이상 되는 것으로 사용하여야 하는가?

① 1.0
② 1.2
③ 2.0
④ 2.5

플로어덕트공사(K 232.32) 시설조건
- 전선은 연선일 것
- 단선을 사용할 경우 : 10[mm²](알루미늄 16[mm²])이하
- 두께 2[mm] 이상인 강판, 박스 및 인출구는 마루 위로 돌출안되게함

205

케이블 배선에 의한 저압 옥내배선의 시설방법에 대한 설명으로 틀린 것은?

① 전선은 케이블 및 캡타이어 케이블로 한다.
② 콘크리트 안에는 전선에 접속점을 만들지 아니한다.
③ 400[V] 미만인 경우 전선을 넣는 방호장치의 금속제 부분에는 접지공사를 한다.
④ 전선을 조영재의 옆면에 따라 붙이는 경우 전선의 지지점 간의 거리를 케이블은 3[m] 이하로 한다.

케이블공사(K 232.14)
① 전선 : 케이블 및 캡타이어케이블
직접매설가능(직접 콘크리트에 매입 시설가능) : MI(저압용)
② 지지간격
- 조영재의 아랫면 또는 옆면에 따라 붙이는 경우 : 2[m]이하(수직 6[m]이하)
- 캡타이어 케이블 : 1[m]이하

이해 케이블 배선시 조영재 옆면에 따라붙이는 경우 지지점 간격은 2[m]이하

206

고압 옥측전선로의 전선으로 사용할 수 있는 것은?

① 케이블
② 절연전선
③ 다심형 전선
④ 나경동선

고압 옥측전선로(K 331.13.1)의 시설
- 전선은 케이블일 것
- 케이블은 견고한 관 또는 트라프에 넣거나 접촉우려가 없도록 시설
- 조영재의 옆면 또는 아랫면에 따라 붙일 때 2[m](수직 6[m]) 이하 지지

207 ★

케이블을 지지하기 위하여 사용하는 금속제 케이블 트레이의 종류가 아닌 것은?

① 사다리형
② 통풍 밀폐형
③ 통풍 채널형
④ 바닥 밀폐형

케이블트레이공사(K 232.41)
① 내부깊이 150[mm]이하, 덕트 내부 단면적의 50%이하 사용
② 기초 안전율 1.5 이상
③ 옥내최대사용전압 : 35,000[V]이하
④ 종류 : 사다리형, 펀칭형, 통풍채널형(그물망형), 바닥밀폐형
④ 선정기준 : 비금속제 케이블 트레이는 난연성 재료의 것이어야 한다.

정답 203 ③ 204 ③ 205 ④ 206 ① 207 ②

208

케이블 트레이 배선에 사용하는 케이블 트레이에 적합하지 않은 것은?

① 비금속제 케이블 트레이는 난연성 재료가 아니어도 된다.
② 금속재의 것은 적절한 방식 처리를 한 것이거나 내식성 재료의 것이어야 한다.
③ 금속제 케이블 트레이 계통은 기계적 및 전기적으로 완전하게 접속하여야 한다.
④ 케이블 트레이가 방화구획의 벽 등을 관통하는 경우에 관통부는 불연성의 물질로 충전하여야 한다.

케이블트레이공사(K 232.41)
① 내부깊이 150[mm]이하, 덕트 내부 단면적의 50%이하 사용
② 기초 안전율 1.5 이상
③ 옥내최대사용전압 : 35,000[V]이하
④ 종류 : 사다리형, 펀칭형, 통풍채널형, 바닥밀폐형
④ 선정기준 : 비금속제 케이블 트레이는 난연성 재료의 것이어야 한다.

209 ★

욕조나 샤워시설이 있는 욕실 또는 화장실등 인체가 물에 젖어 있는 상태에서 전기를 사용하는 장소에 콘센트를 시설하는 경우에 적합한 누전차단기는?

① 정격감도전류 15[mA]이하, 동작시간 0.03초 이하의 전류동작형 누전차단기
② 정격감도전류 15[mA]이하, 동작시간 0.03초 이하의 전압동작형 누전차단기
③ 정격감도전류 20[mA]이하, 동작시간 0.3초 이하의 전류동작형 누전차단기
④ 정격감도전류 20[mA]이하, 동작시간 0.3초 이하의 전압동작형 누전차단기

콘센트의 시설(K 234.5)
욕조나 샤워시설이 있는 욕실 또는 화장실 등 인체가 물에 젖어 있는 상태에서 전기를 사용하는 장소
• 인체감전보호용 누전차단기(정격감도전류 15[mA]이하, 동작시간 0.03초 이하의 전류동작형) 또는 절연변압기(3[kVA]이하)로 보호된 전로에 접속하거나, 인체감전보호용 누전차단기가 부착된 콘센트를 시설

210 ★★

일반 주택 및 아파트 각 호실의 현관등과 같은 조명용 백열전등을 설치할 때에는 타임스위치를 시설하여야 한다. 몇 분 이내에 소등되는 것이어야 하는가?

① 1
② 3
③ 5
④ 7

점멸기의 시설(K 234.6)중 센서등(타임스위치 포함)의 시설
• 여관, 호텔 : 1분 이내 소등
• 주택, 아파트 : 3분 이내 소등

211

가로등, 경기장, 공장, 아파트단지 등의 일반조명을 위하여 시설하는 고압전등은 그 효율이 몇 [lm/W] 이상의 것이어야 하는가?

① 30
② 50
③ 70
④ 100

가로등, 경기장, 공장, 아파트 등의 고압 방전등 : 효율 70[lm/W]이상

212

옥외 백열전등의 인하선으로 지표상의 높이 2[m] 미만의 부분에 사용되는 전선은 지름 몇 [mm]의 연동선과 동등 이상의 세기 및 굵기의 절연전선을 사용하여야 하는가?

① 2.5[mm^2]
② 6[mm^2]
③ 10[mm^2]
④ 16[mm^2]

옥외등(K 234.9) 시설조건
① 대지전압 : 300[V]이하
② 옥외등 또는 그의 점멸기에 이르는 인하선
  • 애자공사(지표상 2[m]이상의 높이에 노출된 장소), 금속관, 합성수지관
  • 2[m]미만의 부분은 2.5[mm^2]이상의 연동선 사용

정답 208 ① 209 ① 210 ② 211 ③ 212 ①

213

1[kV] 이하 방전등을 옥내에 시설하는 경우 점검할 수 있는 은폐장소의 배선방식으로 적당하지 않는 것은?(단, 건조한 장소임)

① 애자사용배선
② 합성수지몰드배선
③ 금속몰드배선
④ 금속덕트배선

1[kV]이하 방전등(K 234.11)
① 대지전압 300[V]이하
　단, 사용전압이 400[v]이상시 방전등용변압기(절연변압기) 사용
② 배선
・2.5[mm²] 연동선, 절연전선(옥외용, 인입용 비닐절연전선 제외)
・전개되고 점검할 수 있는 은폐장소로써 애자사용배선, 그리고 건조한 장소는 합성수지몰드배선 또는 금속몰드배선

214

방전등용 변압기의 2차 단락전류나 관등회로의 동작전류가 몇 [mA] 이하인 방전등을 시설하는 경우, 방전등용 안정기의 외함 및 방전등용 전등기구의 금속제 부분에 옥내방전등 공사의 접지공사를 하지 않아도 되는가? (단, 방전등용 안정기를 외함에 넣고 또한 그 외함과 방전등용 안정기를 넣을 방전등용 전등기구를 전기적으로 접속하지 않도록 시설한다고 한다.)

① 25
② 50
③ 75
④ 100

1[kV]이하 방전등(K 234.11) 관등회로의 접지공사 생략 시설규정
・대지전압 150[V] 이하의 것을 건조한 장소에서 시공할 경우
・관등회로의 사용전압이 400[V] 미만의 것을 사람이 쉽게 접촉될 우려가 없고 건조한곳
・관등회로의 사용전압이 400[V] 미만 또는 변압기의 정격 2차 단락전류 혹은 회로의 동작전류가 50[mA]이하의 것으로 안정기를 외함에 넣고, 이것을 조명기구 와 전기적으로 접속되지 않도록 시설할 경우

215 ★★

옥내의 네온 방전등 공사 방법으로 옳은 것은?

① 전선 상호 간의 간격은 50[mm]이상일 것
② 관등회로의 배선은 애자사용배선에 의할 것
③ 전선의 지지점간의 거리는 2[m]이하로 할 것
④ 관등회로의 배선은 점검할 수 없는 은폐된 장소에 시설할 것

네온방전등(K 234.12)
① 대지전압 : 300[V]이하
② 관등회로
　・배선 : 애자공사 시설
　・전선 : 네온관용 전선
　・지지점간 거리 : 1[m]이하
　・전선 상호간격 : 6[cm]이상
　・전선과 조영재 사이의 이격거리 : 점검할 수 있는 은폐장소 6[cm]
[이해] ① 전선 상호간의 간격 : 60[mm]이상일 것
③ 전선의 지지점간의 거리는 1[m]이하일 것
④ 관등회로는 노출장소 또는 점검할 수 있은 은폐 장소에서 실시

216 ★

풀용 수중 조명등에 전기를 공급하는 절연 변압기의 시설에 관한 사항 중 틀린 것은?

① 절연 변압기의 2차측 전로는 접지하지 않는다.
② 2차측 전로의 사용전압이 30[V] 이하인 경우에는 1차 및 2차 권선 사이에 금속제의 혼촉 방지판을 설치한다
③ 1차와 2차 권선사이에 설치하는 금속제의 혼촉 방지판은 접지공사를 한다.
④ 2차측 전로의 전압이 150[V] 이하인 경우에만 혼촉 방지판을 설치한다

수중조명등의 시설(K 234.14) 규정
① 절연변압기사용 : 1차측 전압 400[V] 미만 , 2차측 사용전압 150[V] 이하
　→ (2차 전로는 접지 안함, 2차측 배선은 금속관공사)
② 절연변압기의 2차측 전로의 사용전압이 30[V] 이하는 1차와 2차 사이에 금속체 혼촉 방지판 시설 : 접지공사 실시

정답 213 ④ 214 ② 215 ② 216 ④

③ 절연변압기의 2차측 전로의 사용전압이 30[V] 초과시에는 자동적으로 차단되는 누전 차단기(정격감도전류 30[mA]이하) 시설
④ 조명등의 용기의 금속제 부분 또는 개폐기 및 과전류 차단기를 각 극에 시설
이해 ④ 2차측 전로의 사용전압이 30[V] 이하는 1차와 2차 사이에 금속체 혼촉 방지판 시설

217 ★★

교통신호등의 시설기준에 관한 내용으로 틀린 것은?

① 제어장치의 금속제 외함에는 접지공사를 한다.
② 교통신호등 회로의 사용전압은 300[V]이하로 한다.
③ 교통신호등 회로의 인하선은 지표상 2[m]이상으로 시설한다.
④ LED를 광원으로 사용하는 교통신호등의 설치는 KS C 7528 "LED 교통 신호등"에 적합한 것을 사용한다.

교통신호등의 시설(K 234.15) 시설규정
① 사용전압 : 300[V] 이하
② 전선 : 2.5[mm²] 연동선,
  450/750[V] 일반용 단심 비닐절연전선 또는
  450/750[V] 내열성에틸렌아세테이트 고무 절연전선
③ 교통신호등의 인하선 : 전선의 지표상의 높이는 2.5[m]이상
④ 교통신호등의 제어장치 전원측 : 전용 개폐기 및 과전류차단기를 각 극에 시설
⑤ 사용전압 150[V] 초과 : 누전차단기 설치
이해 ③ 교통신호등 인하선은 지표상 2.5[m] 이상에 시설

218 ★

다음 중 전기울타리의 시설에 관한 사항으로 옳지 않은 것은?

① 전원 장치에 전기를 공급하는 전로의 사용전압은 600[V] 이하일 것
② 사람이 쉽게 출입하지 아니하는 곳에 시설할 것
③ 전선은 인장강도 1.38[kN] 이상의 것 또는 지름 2[mm] 이상의 경동선일 것
④ 전선과 수목 사이의 이격거리는 30[cm] 이상일 것

전기울타리(K 241.1) 시설규정
① 사용전압 : 250[V] 미만
② 사용전선 : 2[mm]이상전선 (인장강도 1.38[kN]이상)
③ 이격거리 : 전선과 이를 지지하는 기둥사이 → 2.5[cm]
  전선과 수목사이 → 30[cm]

219

전격살충기의 시설방법으로 틀린 것은?

① 전기용품안전 관리법의 적용을 받은 것을 설치한다.
② 전용개폐기를 가까운 곳에 쉽게 개폐할 수 있게 시설한다.
③ 전격격자가 지표상 3.5[m]이상의 높이가 되도록 시설한다.
④ 전격격자와 다른 시설물 사이의 이격거리는 0.5[m] 이상으로 한다.

전격살충기의 시설(K 241.7)
① 설치높이 : 지표 또는 바닥에서 3.5[m]이상(자동차단보호장치 설치시 : 1.8[m])
② 전격격자와 다른 시설물 또는 식물 사이의 이격거리 : 0.3[m]이상

220

놀이용 전차의 시설방법으로 틀린 것은?

① 놀이용 전차에 전기를 공급하는 전로에는 전용 개폐기를 시설할 것
② 유의용 전차에 전기를 공급하기 위하여 사용하는 접촉전선은 제3레일 방식에 의하여 시설할 것
③ 놀이용 전차에 전기를 공급하는 전로의 사용전압은 직류의 경우는 60[V]이하, 교류의 경우는 40[V]이하일 것
④ 놀이용 전차 안에 승압용 변압기를 시설하는 경우 그 변압기의 2차 전압은 300[V]이하일 것

놀이용 전차의 시설(K 241.8)의 변압기
절연변압기로써 1차 400[V]미만, 2차 150[V]이하

정답 217 ③ 218 ① 219 ④ 220 ④

221 ★

아크 용접장치의 시설에서 잘못된 것은?

① 용접변압기의 1차측 전로의 대지전압은 400[V] 이상
② 용접변압기는 절연변압기 일 것
③ 용접변압기의 1차측 전로에는 용접변압기에 가까운 곳에 쉽게 개폐할 수 있는 개폐기를 시설
④ 피용접재 또는 이와 전기적으로 접속되는 기구, 정반 등의 금속제에는 접지공사 실시

🔋─────

아크 용접기의 시설(K 241.10)
건축현장, 조선소등에서 사용하는 가반형 용접전극을 사용하는 아크 용접기
① 절연변압기 : 1차측 대지전압 300[V]이하로서 개폐기가 있을 것
② 금속체부분 (용접기 외함 및 피용접재등) : 접지공사

222 ★

최대 사용전압이 30[V]를 넘고 60[V] 이하인 소세력 회로에 사용하는 절연변압기의 2차 단락전류값이 제한을 받지 않을 경우는 2차 측에 시설하는 과전류 차단기의 용량이 몇 [A] 이하일 경우인가?

① 0.5　　　　② 1.5
③ 3　　　　　④ 5

🔋─────

소세력 회로의 시설(K 241.14)
전자 개폐기의 조작회로 또는 초인벨·경보벨 등에 접속하는 전로로서 최대 사용전압 이 60[V] 이하인 것
① 절연변압기 사용, 절연변압기의 사용전압은 대지전압 300[V] 이하
② 최대사용전압 : 60[V]이하
③ 전선 : 1.0[mm²]이상의 연동선, 가공으로 시설시 1.2[mm] 경동선
④ 절연변압기의 2차측 과전류차단기의 정격전류와 소세력 최대사용전압의 구분

소세력 회로의 최대 사용전압의 구분	과전류 차단기의 정격전류
15[V] 이하	5[A]
15[V] 초과 30[V] 이하	3[A]
30[V] 초과 60[V] 이하	1.5[A]

223 ★★★★

전기방식(防蝕) 시설을 할 때 전기방식용 전원장치로부터 양극 및 피방식체까지의 전로에 사용되는 전기방식 회로의 사용전압은 직류 몇 [V] 이하이어야 하는가?

① 20　　　　② 40
③ 60　　　　④ 80

🔋─────

전기부식방지 시설(K 241.16)
지중 또는 수중에 시설되는 금속체의 부식을 방지하기 위하여 지중 또는 수중에 시설하는 양극과 피방식체간에 방식 전류를 통하여 시설
① 전기 방식회로의 사용전압 : 직류 60[V] 이하일 것
② 지중에 매설하는 양극의 매설깊이는 75[cm] 이상일 것
③ 수중에 시설하는 양극과 그 주위 1[m] 이내의 거리에 있는 임의점 사이의 전위차는 10[V]를 넘지 말 것.
④ 지표 또는 수중에서 1[m]간격의 임의의 2점 간의 전위차가 5[V]를 넘지 아니할 것.

224

쇼윈도우 안의 저압 배선공사에 옳지 않은 것은?

① 건조한 상태에서 시설할 것
② 전선은 단면적이 0.75[mm²] 이상인 코드 또는 캡타이어 케이블일 것
③ 코드선이 지지점간의 간격은 2[m]로 할 것
④ 전선은 전조한 목재, 콘크리이트, 석재 등의 조영재에 그 피복을 손상하지 아니하도록 적당한 기구로 붙일 것

🔋─────

쇼윈도우 또는 쇼케이스 안의 배선
① 전선 : 0.75[mm²] 이상인 코드 또는 캡타이어 케이블
② 전선의 붙임점간의 거리 : 1[m]이하

225

전기자동차의 충전장치 시설에 관한 사항 중 잘못된 것은?

① 충전부분이 노출되지 않도록 시설할 것
② 부착된 충전 케이블을 거치할 수 있는 거치대를 시설할 것

정답 221 ① 222 ② 223 ③ 224 ③ 225 ④

③ 쉽게 열 수 없는 구조일 것
④ 수납공간은 옥내 0.45[m]이상, 옥외 0.8[m]이상을 갖는 구조일 것

⚡

전기자동차 전원 설비(K 241.17)
① 전기자동차의 충전장치는 부착된 충전 케이블을 거치할 수 있는 거치대 또는 충분한 수납공간 (옥내 0.45[m] 이상, 옥외 0.6[m] 이상)을 갖는 구조이며, 충전 케이블은 반드시 거치할 것
② 충전장치의 충전 케이블 인출부는 옥내용의 경우 지면으로부터 0.45[m] 이상 1.2[m] 이내에, 옥외용의 경우 지면으로부터 0.6[m] 이상에 위치할 것
③ 충전부분이 노출되지 않도록 시설하고, 외함의 접지를 할것
④ 충전장치와 전기자동차의 접속에는 연장코드를 사용하지 말 것
이해 수납공간은(옥내 0.45[m] 이상, 옥외 0.6[m] 이상)

226

전기자동차 충전설비 시설에 대한 설명 중 틀린 것은?

① 과전류 차단기를 각 극에 설치한다.
② 충전장치와 전기자동차의 접속에는 연장코드를 사용한다.
③ 전로의 지락이 생겼을 때 자동으로 그 전로를 차단하는 장치를 시설한다.
④ 커플러의 접지극은 투입 시 먼저 접속되고 차단 시 나중에 분리되는 구조로 한다.

⚡

전기자동차 전원 설비(K 241.17)
충전장치와 전기자동차의 접속에는 연장코드를 사용하지 말 것

227 ★

의료장소 중 그룹1 및 그룹 2의 의료 IT 계통에 시설되는 전기설비의 시설기준으로 틀린 것은?

① 의료용 절연변압기의 정격출력은 10[kVA]이하로 한다.
② 의료용 절연변압기의 2차측 정격전압은 교류 250[V]이하로 한다.
③ 전원측에 강하절연을 한 의료용 절연변압기를 설치하고 그 2차측 전로를 접지한다.
④ 절연감시장치를 설치하여 절연저항이 50[kΩ]까지 감소하면 표시설비 및 음향설비로 경보를 발하도록 한다.

⚡

의료장소의 안전을 위한 보호 설비(K 242.10)
(1) 절연변압기의 2차 정격전압 : AC 250[V]이하, 공급방식 : 단상 2선식, 정격출력 10[kVA]이하, 의료용 절연변압기의 2차측전로는 접지하지 말 것
(2) 의료 IT계통의 절연상태를 지속적으로 계측, 감시하는 장치를 설치하고, 절연저항이 50[kΩ]이하시 경보
(3) 의료장소의 전로에는 정격 감도전류 30[mA]이하, 동작시간 0.03초 이내의 누전차단기를 설치 할 것
이해 ③ 전원측에 2중 또는 강하절연을 한 의료용 절연변압기는 2차측 비접지

SECTION 08 전기철도설비

228

궤도를 구성하는 3요소가 아닌 것은?

① 레일
② 침목
③ 복진지
④ 도상

⚡

전기철도의 용어 정의(K 402)
① 전기철도설비 : 전철 변전설비, 급전설비, 부하설비(전기철도차량설비)로 구성
② 궤도 : 레일·침목 및 도상(선로에서 노반과 침목 사이에 끼워진 부분)과 이들의 부속품으로 구성된 시설
③ 합성전차선 : 전기철도 차량에 전력을 공급하기 위하여 설치하는 전차선, 조가선, 행어이어, 드로퍼 등으로 구성된 가공전선

229

전기철도용 변전소에 수급되는 전원으로 3상의 수전전압이 아닌 것은?

① 22.9[kV]
② 154[kV]
③ 345[kV]
④ 765[kV]

⚡

전력수급조건(K 411.1)
전력수급을 고려한 공칭전압 : 22.9[kV], 154[kV], 345[kV]

정답 226 ② 227 ③ 228 ③ 229 ④

230

다음의 변압기 중 교류 전기철도 급전용으로 사용되는 변압기는 무엇인가?

① 승압용 변압기
② 강압용 변압기
③ 3상 스코트 결선변압기
④ 3상 정류기용 변압기

⚡

변전소 설비(K 421.4)에서 급전용 변압기 종류
- 직류 전기철도 : 3상 정류기용 변압기
- 교류 전기철도 : 3상 스코트 결선 변압기

231

전기철도차량에 전력을 공급하는 전차선의 전선설치 방식으로 맞지 않는 것은?

① 가공식   ② 강체식
③ 제3궤도식 ④ 병합식

⚡

전차선 전선설치방식(K 431.1) : 가공방식, 강체방식, 제3레일 방식

232

다음의 전압 중 교류 방식의 전차선로 전압은 얼마인가?

① 10,000[V]
② 15,000[V]
③ 20,000[V]
④ 25,000[V]

⚡

전차선 및 급전선 높이(K 431.6)

시스템 종류	공칭전압[V]	동적[mm]	정적[mm]
직류	750	4,800	4,400
	1,500	4,800	4,400
단상교류	25,000	4,800	4,570

233

다음의 전차선 및 급전선의 최소 높이 중 단상교류 25,000[V]이고 동적인 경우 몇 [mm]의 높이를 유지해야 하는가?

① 4,400   ② 4,500
③ 4,570   ④ 4,800

⚡

전차선 및 급전선 높이(K 431.6)

시스템 종류	공칭전압[V]	동적[mm]	정적[mm]
직류	750	4,800	4,400
	1,500	4,800	4,400
단상교류	25,000	4,800	4,570

234

전차선로 설비의 안전율은 합금 전차선의 경우 얼마 이상으로 하는가?

① 1.5   ② 2.0
③ 2.2   ④ 2.5

⚡

전차선로 설비의 안전율(K 431.10)
① 합금전차선 2.0
② 경동선 2.2
③ 조가선 및 조가선 장력을 지탱하는 부품 2.5
④ 복합체 자재 2.5
⑤ 지지물 기초 2.0
⑥ 장력조정장치 2.0
⑦ 빔 및 브래킷 1.0
⑧ 철주 1.0
⑨ 브래킷 애자 2.5
⑩ 지지선 - 선형 : 2.5, 강봉형 : 1.0

235

전기철도차량 전기설비의 전기위험방지를 위한 보호대책으로 객차의 최대 임피던스[Ω]는 얼마로 하는가?

① 0.05   ② 0.1
③ 0.15   ④ 0.2

전기철도차량 전기설비의 전기위험방지 보호대책으로 최대 임피던스
- 기관차, 객차 : 0.05[Ω]
- 화차 : 0.15[Ω]

236
전기철도 측의 전기부식방식 또는 전기부식예방을 위한 조치가 아닌 것은?

① 변전소 간 간격 축소
② 레일본드의 양호한 시공
③ 장대레일채택
④ 배류장치 설치

전기부식방지대책(K 461.4)
① 전기철도 측의 전기부식 방지 또는 전기부식 예방을 위한 방법으로 고려사항
 (아닌 것 : 귀선을 양(+)극성으로 한다.)
  - 변전소간 간격 축소
  - 레일본드의 양호한 시공
  - 장대레일 채택
  - 절연도상 및 레일과 침목사이 절연층 설치
② 매설금속체 측의 전기부식방지 또는 전기부식예방
  - 배류장치 설치
  - 절연코팅
  - 매설금속체 접속부 절연

SECTION 09 분산형 전원설비

237
분산형전원설비 사업자의 한 사업장의 설비용량 합계가 250[kVA] 이상일 경우에는 송·배전계통과 연계지점의 연결상태를 감시하거나 측정할 수 있는 장치를 시설해야 한다. 다음 중 해당 사항이 없는 것은?

① 무효전력
② 전류
③ 유효전력
④ 전압

시설기준(K 503.2) :
분산형 전원설비 사업자의 한 사업장의 설비용량의 합계가 250[kVA] 이상일 경우에는 송·배전계통과 연계 지점의 연결 상태를 감시 또는 유효전력, 무효전력 및 전압을 측정할 수 있는 장치 시설할 것

238
분산형전원설비를 인버터를 이용하여 전력판매사업자의 저압 전력계통에 연계하는 경우 인버터로부터 직류가 계통으로 유출되는 것을 방지하기 위하여 접속점과 인버터 사이에 설치해야 하는 것은?

① 상용주파수 변압기
② 차단기
③ 부하개폐기
④ 전환개폐기

저압계통 연계 시 직류유출방지 변압기의 시설(K 503.2.2) :
분산형 전원설비를 인버터를 이용하여 전기판매사업자의 저압 전력계통에 연계하는 경우 인버터로부터 직류가 계통으로 유출되는 것을 방지하기 위하여 접속점과 인버터 사이에 상용 주파수 변압기를 시설하여야 한다.

239 ★
계통 연계하는 분산형전원설비를 설치하는 경우 특정한 이상 또는 고장 발생 시 자동적으로 분산형전원설비를 전력계통으로부터 분리하기 위한 장치 시설 및 해당 계통과의 보호협조를 실시하여야 한다. 해당되지 않는 것은?

① 분산형전원설비의 이상 또는 고장
② 연계한 전력계통의 이상 또는 고장
③ 단독운전 상태
④ 분산형 전력계통에서 출력이 일정치 않은 경우

계통 연계용 보호장치의 시설(K 503.2.4)
① 분산형 전원설비를 전력계통으로 자동적으로 분리하는 조건
  - 분산형 전원설비의 이상 또는 고장
  - 연계한 전력계통의 이상 또는 고장
  - 단독운전 상태(아닌 것 : 수동운전 상태)
② 단순 병렬운전 분산형 전원설비의 경우 역전력 계전기를 설치한다.

정답 236 ④ 237 ② 238 ① 239 ④

240

이차전지를 이용한 전기저장장치의 이차전지를 자동으로 전로로부터 차단하는 장치가 동작해야 하는 경우가 아닌 것은?

① 과전압 또는 과전류가 발생한 경우
② 제어 장치에 이상이 발생한 경우
③ 침수의 우려가 있는 경우
④ 이차전지 모듈의 내부 온도가 급격히 상승할 경우

전기저장장치의 제어 및 보호장치(K 512.2)
이차전지 자동 차단 조건
- 과전압 또는 과전류가 발생한 경우
- 제어장치에 이상이 발생한 경우
- 이차전지 모듈의 내부 온도가 급격히 상승할 경우

241 ★

태양전지 모듈 시설에 대한 설명 중 옳은 것은?

① 충전부분은 노출하여 시설할 것
② 출력배선은 극성별로 확인 가능토록 표시할 것
③ 전선은 공칭 단면적 $1.5[mm^2]$ 이상의 연동선을 사용할 것
④ 전선을 옥내에 시설할 경우에는 애자사용 배선에 준하여 시설할 것

태양광 설비의 간선의 시설기준(K 522.1)
① 모듈 및 기타 기구에 전선을 접속하는 경우는 나사로 조이고, 기타 이와 동등 이상의 효력이 있는 방법으로 기계적·전기적으로 안전하게 접속하고, 접속점에 장력이 가해지지 않도록 할 것
② 배선시스템은 바람, 결빙, 온도, 태양방사와 같이 예상되는 외부 영향을 견디도록 시설할 것
③ 모듈의 출력배선은 극성별로 확인할 수 있도록 표시할 것
④ 직렬 연결된 태양전지모듈의 배선은 과도과전압의 유도에 의한 영향을 줄이기 위하여 스트링 양극간의 배선간격이 최소가 되도록 배치할 것
⑤ 전기배선
- 공사방법 : 합성수지관공사, 금속관공사, 금속제 가요전선관 공사 또는 케이블공사
- 전선 : 공칭단면적 $2.5[mm^2]$ 이상의 연동선
- 단자를 체결 또는 잠글 때 너트나 나사는 풀림방지 기능 있을것

이해
① 노출되지 아니하도록 시설
③ $2.5[mm^2]$ 이상
④ 합성수지관, 금속관, 가요전선관 또는 케이블배선에 준하여 시설

242

태양전지 발전소에 시설하는 태양전지 모듈, 전선 및 개폐기의 시설에 대한 설명으로 틀린 것은?

① 전선은 공칭단면적 $2.5[mm^2]$ 이상의 연동선을 사용할것
② 태양전지 모듈에 접속하는 부하측 전로에는 개폐기를 시설할 것
③ 태양전지 모듈을 병렬로 접속하는 전로에 과전류 차단기를 시설할 것
④ 옥측에 시설하는 경우 금속관 배선, 합성수지관 배선, 애자사용배선으로 배선할 것

태양광 설비의 간선의 시설기준(K 522.1)
- 공사방법 : 합성수지관공사, 금속관공사, 금속제 가요전선관공사 또는 케이블공사

243 ★

풍력설비의 계측 장치로 필요치 않은 것은?

① 회전속도계
② 풍속계
③ 전력계
④ 온도계

풍력설비의 계측장치(K 532.3.7)(아닌 것 : 습도계, 전력계)
① 회전속도계
② 나셀($Nacelle$)내의 진동을 감시하기 위한 진동계
③ 풍속계
④ 압력계
⑤ 온도계

244

연료전지의 접지설비에서 접지도체는 몇 $[mm^2]$ 이상의 연동선을 사용하는가?

① 2.5
② 6
③ 16
④ 25

⚡

연료전지설비의 접지설비(K 542.2.5)에서 접지도체 : 16$[mm^2]$ 이상의 연동선
(저압 전로의 중성점에 시설하는 것은 6$[mm^2]$ 이상의 연동선)

245

계통 연계하는 분산형전원설비를 설치하는 경우에 이상 또는 고장 발생 시 자동적으로 분산형 전원을 전력계통으로부터 분리하기 위한 장치를 시설해야 하는 경우가 아닌 것은?

① 역률저하상태
② 단독운전 상태
③ 분산형전원의 이상 또는 고장
④ 연계한 전력계통의 이상 또는 고장

⚡

계통 연계용 보호장치의 시설(K 503.2.4)
분산형 전원설비를 전력계통으로 자동적으로 분리하는 조건
- 분산형 전원설비의 이상 또는 고장
- 연계한 전력계통의 이상 또는 고장
- 단독운전 상태(아닌 것 : 수동운전 상태)

246 ★

태양전지발전소에 태양전지 모듈 등을 시설할 경우 사용 전선(연동선)의 공칭 단면적은 몇 $[mm^2]$ 이상인가?

① 1.6
② 2.5
③ 5
④ 10

⚡

태양광 설비의 간선의 시설기준(K 522.1)
전선은 공칭 단면적 2.5$[mm^2]$ 이상의 연동선을 사용할 것

정답 244 ③ 245 ① 246 ②

06

Industrial Engineer **Electricity**

CBT 복원문제

01 CBT 복원문제 1회
02 CBT 복원문제 2회
03 CBT 복원문제 3회
04 CBT 복원문제 4회
05 CBT 복원문제 5회
06 CBT 복원문제 6회
07 CBT 복원문제 7회

01 CBT 복원문제

QUESTIONS FROM PREVIOUS TESTS

제 01 과목 전기자기학

001

자계가 비보존적인 경우를 나타내는 것은?
(단, j는 공간상에 0이 아닌 전류 밀도를 의미한다.)

① $\nabla \cdot B = j$ ② $\nabla \cdot B = 0$
③ $\nabla \times H = 0$ ④ $\nabla \times H = j$

$\nabla \times H = j$ (비보존적), $\nabla \times H = 0$ (보존적)

002

어느 점 전하에 의하여 생기는 전위를 처음 전위의 $\frac{1}{2}$이 되게 하려면 전하로부터의 거리를 어떻게 해야 하는가?

① $\frac{1}{2}$로 감소시킨다.   ② 2배 증가시킨다.
③ $\frac{1}{\sqrt{2}}$로 감소시킨다.   ④ $\sqrt{2}$배 증가시킨다.

전위 $V = \left(\frac{1}{4\pi\epsilon}\right)\frac{Q}{r}$ 에서 전위는 거리에 반비례하므로 거리는 2배 증가된 것

003

반지름 a[m]인 도체구에 전하 Q[C]을 주었을 때, 구 중심에서 r[m] 떨어진 구 밖($r > a$)의 전속밀도 D[C/m²]은?

① $\dfrac{Q}{2\pi\epsilon r}$ ② $\dfrac{Q}{4\pi r^2}$
③ $\dfrac{Q}{4\pi\epsilon a^2}$ ④ $\dfrac{Q}{4\pi\epsilon r^2}$

힘 $F[N] = \dfrac{Q_1 Q_2}{4\pi\epsilon r^2}$ 전계 $E = \dfrac{Q}{4\pi\epsilon r^2}$ 전위 $V = \dfrac{Q}{4\pi\epsilon r}$
전속밀도 $D = \dfrac{Q}{4\pi r^2}$

004

도체계에서 각 도체의 전위를 V_1, V_2 …으로 하기 위한 각 도체의 유도계수와 용량계수에 대한 설명으로 옳은 것은?

① q_{11}, q_{22}, q_{33} 등을 유도계수라 한다.
② q_{21}, q_{31}, q_{41} 등을 용량계수라 한다.
③ 일반적으로 '유도계수 ≤ 0'이다.
④ 용량계수와 유도계수의 단위는 모두 [V/C]이다.

---

① 용량계수라고 한다.
② 유도계수라고 한다.
④ [C/V]이다

005

반지름 a[m]의 구도체에 전하 Q[C]가 주어질 때 구도체 표면에 작용하는 정전응력은 몇 [N/m²]인가?

① $\dfrac{Q^2}{32\pi^2\epsilon_0 a^4}$ ② $\dfrac{Q^2}{16\pi^2\epsilon_0 a^4}$
③ $\dfrac{9Q^2}{32\pi^2\epsilon_0 a^6}$ ④ $\dfrac{9Q^2}{16\pi^2\epsilon_0 a^6}$

단위면적당 작용력(정전응력), 단위체적당 축적되는 에너지

$F[N/m^2][J/m^3] = \dfrac{1}{2}ED = \dfrac{1}{2}\epsilon_0 E^2 = \dfrac{D^2}{2\epsilon_0}$ 에서

$F = \dfrac{1}{2}\epsilon_0 E^2$ 에 $E = \dfrac{Q}{4\pi\epsilon_0 a^2}$ 대입   ∴ $F = \dfrac{1}{2}\epsilon_0 \left(\dfrac{Q}{4\pi\epsilon_0 a^2}\right)^2$

006

콘덴서를 그림과 같이 접속했을 때 Cx의 정전용량은 몇 [μF]인가?(단, $C_1=C_2=C_3=3[μF]$이고, $a-b$ 사이의 합성정전용량은 $5[μF]$이다.)

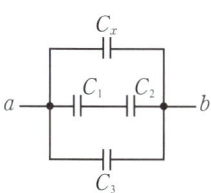

① 0.5 ② 1 ③ 2 ④ 4

C_x와(C_1C_2직렬합성) 그리고 C_3 세소자의 병렬합성

$C_{ab}=C_x+\left(\dfrac{C_1C_2}{C_1+C_2}\right)+C_3$ 에서 $5=C_x+(3/2)+3$ ∴ $C_x=0.5$

참고 C병렬 n개 합성용량 → $G_T=C\times n$

007

비유전율이 2.4인 유전체 내의 전계의 세기가 $100[mV/m]$이다. 유전체에 축적되는 단위체적당 정전에너지는 몇 $[J/m^3]$인가?

① 1.06×10^{-13} ② 1.77×10^{-13}
③ 2.32×10^{-13} ④ 2.32×10^{-11}

정전에너지 $W[J/m^3]=\dfrac{1}{2}\epsilon E^2$ 에서

$\epsilon=\epsilon_s\epsilon_o=2.4\times 8.855\times 10^{-12}[F/m]$
$E=100\times 10^{-3}=0.1[V/m]$ 적용
$W=\dfrac{1}{2}\times(2.4\times 8.855\times 10^{-12})\times(0.1)^2=1.06\times 10^{-13}$

008

진공 중에 있는 두 대전체 사이에 작용하는 힘이 $0.5[N]$이었다. 두 점전하 사이에 종이를 넣었더니 작용하는 힘이 $0.2[N]$이 되었다면 종이의 비유전율은?

① 0.1 ② 0.4
③ 2.5 ④ 6.25

$F'=\dfrac{F_o}{\epsilon_s}$ 에서 $F_o=0.5$, $F'=0.2$ 대입 $0.2=\dfrac{0.5}{\epsilon_s}$ ∴ $\epsilon_s=2.5$

009

그림과 같은 전기력선의 분포에서 ϵ_1과 ϵ_2의 관계는? (구내부 ϵ_2 구외부 ϵ_1)

① $\epsilon_1 > \epsilon_2$
② $\epsilon_2 > \epsilon_1$
③ $\epsilon_1 = \epsilon_2$
④ $\epsilon_2 \leq \epsilon_1$

유전율(ϵ)과 전기력선(전계 E)는 반비례한다.
즉 전기력선은 유전율이 적은쪽으로 모인다.(유전율은 내부가 적다.)
∴ $E_1 < E_2 \Rightarrow \epsilon_1 > \epsilon_2$

010

압전기 현상에서 전기 분극이 기계적 응력에 수직한 방향으로 발생하는 현상은?

① 종효과 ② 횡효과
③ 역효과 ④ 직접효과

• 종효과 : 힘을 가하는 방향과 전위 차 발생방향이 서로 같은 압전현상
• 횡효과 : 힘을 가하는 방향과 전위 차 발생방향이 서로 수직인 압전현상

암기 종으로 서면 나와 같은 방향으로,
횡으로 서면 나와는 수직방향으로

011

저항 $10[\Omega]$인 구리선과 $30[\Omega]$인 망간선을 직렬접속하면 합성저항 온도계수는 몇 [%]인가?(단, 구리선의 저항온도계수는 $0.4[\%]$, 망간선은 0이다.)

① 0.1 ② 0.2
③ 0.3 ④ 0.4

합성온도계수 $\alpha=\dfrac{\alpha_1 R_1+\alpha_2 R_2}{R_1+R_2}$ 에서
α_1, R_1는 (0.4, 10) 그리고 α_2, R_2는 (0, 30)을 대입
∴ $\alpha=\dfrac{0.4\times 10+0\times 30}{10+30}=0.1$

012

그림과 같이 평행한 두 개의 무한 직선 도선에 전류가 각각 I, $2I$인 전류가 흐른다. 두 도선 사이의 점 P에서 자계의 세기가 0이다. 이때 $\dfrac{a}{b}$는?

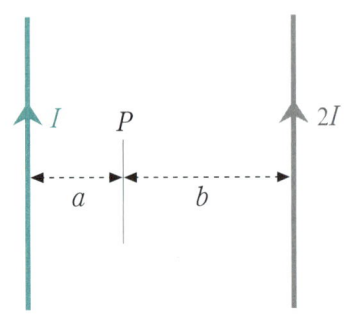

① 4
② 2
③ $\dfrac{1}{2}$
④ $\dfrac{1}{4}$

직선전류에 의한 자계의 크기는 $H = \dfrac{NI}{2\pi r}$ 이므로

P점에서 '자계=0' 조건은

좌측전류의 자계=우측전류의 자계 즉, $\dfrac{I}{2\pi a} = \dfrac{2I}{2\pi b} \rightarrow b = 2a$

이것을 $\dfrac{a}{b}$에 대입 $\therefore \dfrac{a}{2a} = \dfrac{1}{2}$

013

그림과 같이 도선에 전류 $I[A]$를 흘릴 때 도선의 바로 밑에 자침이 이 도선과 나란히 놓여 있다고 하면 자침의 N극의 회전력의 방향은?

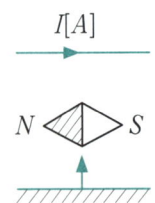

① 지면을 뚫고 나오는 방향이다.
② 지면을 뚫고 들어가는 방향이다.
③ 좌측에서 우측으로 향하는 방향이다.
④ 우측에서 좌측으로 향하는 방향이다.

직선도선 전류에 의한 자계는 자석의 위치에서 앞쪽에서 안으로 향하므로 앞쪽이 N극 뒤쪽이 S극이 형성됨
∴ 자석의 N극은 뒤편으로 들어가는 방향으로 이동

014

전류와 자계 사이의 힘의 효과를 이용한 것으로 자유로이 구부릴 수 있는 도선에 대전류를 통하면 도선 상호간에 반발력에 의하여 도선이 원을 형성하는데 이와 같은 현상은?

① 스트레치 효과
② 핀치효과
③ 홀 효과
④ 스킨효과

도선 상호간의 반발력 작용 때문에 발생됨 : 스트레치 효과

015

히스테리시스손은 최대 자속밀도의 몇 승에 비례하는가?

① 1.6
② 2
③ 2.6
④ 3.2

$P_h = \eta f B_m^{1.6 \sim 2}$ 히스테리시스손은 주파수에 비례하고 최대자속밀도의 1.6승에서 2승에 비례한다.

최대자속밀도 $B_m \geq 1$, 즉 1보다크면 $P_h \propto B_m^2$,
$B_m < 1$, 즉 1보다 적으면 $P_h \propto B_m^{1.6}$

조건이 없으므로 $B_m < 1$으로 보고 판단한다. ∴ 1.6승에 비례한다.

이해 전계나 자계에서 힘과 에너지는 모두 제곱에 비례한다.
(∴ 포물선)

016

어떤 막대 철심이 있다. 단면적이 $0.4[m^2]$이고, 길이가 $0.8[m]$, 비투자율이 20이다. 이 철심의 자기 저항은 약 몇 $[AT/Wb]$인가?

① $3.86 \times 10^4 [AT/Wb]$
② $3.86 \times 10^5 [AT/Wb]$
③ $7.96 \times 10^4 [AT/Wb]$
④ $7.96 \times 10^5 [AT/Wb]$

$$R_m = \frac{\ell}{\mu_0\mu_s S} = \frac{0.8}{(4\pi \times 10^{-7} \times 20) \times 0.4} \approx 7.96 \times 10^4 [\text{AT/Wb}]$$

17

코일의 면적을 2배로 하고 자속밀도의 주파수를 2배로 높이면 유기기전력의 최대값은 어떻게 되는가?

① 1/4로 된다.
② 1/2로 된다.
③ 2배로 된다.
④ 4배로 된다.

$e_m = \omega N\phi_m$ 여기서 ($\omega = 2\pi f$, $\phi = BS$) 대입
$\therefore e_m = 2\pi f NBS$ 이므로 $e_m \propto f \times S \to (2f) \times (2S)$ 4배 증가함

18

반지름 a[m], 선간거리 d[m]의 평행 왕복 도선간의 자기인덕턴스는 다음 중 어떤 값에 비례하는가?

① $\dfrac{\pi\mu_0}{\ln\dfrac{d}{a}}$
② $\dfrac{\pi\mu_0}{\ln\dfrac{a}{d}}$
③ $\dfrac{\mu_0}{2\pi}\ln\dfrac{a}{d}$
④ $\dfrac{\mu_0}{\pi}\ln\dfrac{d}{a}$

평행도선에서 자기인덕턴스 $L = \dfrac{\mu\ell}{\pi}\ln\left(\dfrac{b}{a}\right)$(외부) $+ \dfrac{\mu\ell}{4\pi}$(내부)

19

자기인덕턴스 L_1, L_2[H], 상호인덕턴스 M[H]인 두 회로에 자속을 돕는 방향으로 각각 I_1, I_2,[A]의 전류가 흘렀을 때 저장되는 자계의 에너지는 몇 [J]인가?

① $\dfrac{1}{2}(L_1 I_1^2 + L_2 I_2^2)$
② $\dfrac{1}{2}(L_1 I_1 + L_2 I_2)^2$
③ $\dfrac{1}{2}(L_1 I_1^2 + L_2 I_2^2 + 2M I_1 I_2)$
④ $\dfrac{1}{2}(L_1 I_1^2 + L_2 I_2^2 + M I_1 I_2)$

자기에너지 $W_L = \dfrac{1}{2}LI^2$에서 $L = L_1 + L_2 + 2M$에 대한 에너지
각각은 $W_{L1} = \dfrac{1}{2}L_1 I_1^2$, $W_{L2} = \dfrac{1}{2}L_2 I_2^2$, $W_M = \dfrac{1}{2}2MI_1I_2$
$\therefore W = W_{L1} + W_{L2} + W_M = \dfrac{1}{2}(L_1 I_1^2 + L_2 I_2^2 + 2M I_1 I_2)$

20

변위 전류에 의하여 전자파가 발생되었을 때 전자파의 위상은?

① 변위전류보다 90° 늦다
② 변위전류보다 90° 빠르다
③ 변위전류보다 30° 빠르다
④ 변위전류보다 30° 늦다

변위 전류밀도 $I_d[\text{A/m}^2] = \dfrac{\partial D}{\partial t} = \dfrac{\partial \epsilon E}{\partial t} = \epsilon\dfrac{\partial E}{\partial t}$

$I_d[\text{A/m}^2] = \epsilon\dfrac{\partial E}{\partial t} = \epsilon\dfrac{\partial(E_m \sin\omega t)}{\partial t} = \epsilon E_m \sin\omega t$

그러므로 변위전류가 90° 빠르다. $\cos\omega t = \sin\left(\omega t + \dfrac{\pi}{2}\right)$

제 02 과목 전력공학

21

다음 식은 무엇을 결정할 때 사용되는 식인가?

식 : $E = 5.5\sqrt{0.6l + \dfrac{p}{100}}$

(단, l는 송전거리[km]이고, P는 송전전력[kW]이다.)

① 송전전압
② 송전선의 굵기
③ 역률개선시 콘덴서의 용량
④ 발전소의 발전전압

- 경제적인 송전전압 : still 식
- 경제적인 전선굵기 : 캘빈의 법칙(허용전류, 전압강하, 기계적강도 중점으로 경제적인 전선굵기 선정)

022

복도체를 사용한 가공 송전 방식을 같은 단면적의 단도체를 사용하는 경우와 비교할 때 틀린 것은?

① 송전 용량을 증대시킬 수 있다.
② 코로나 개시 전압이 높아지므로 코로나 손실을 줄일 수 있다.
③ 안정도를 증대시킬 수 있다.
④ 인덕턴스는 증가하고, 정전 용량은 감소한다.

- 복도체를 사용하면 코로나 현상을 방지(주된 목적)
- 인덕턴스는 감소하고, 정전용량은 증가하여 송전 용량이 증대된다.

023

송전선의 댐퍼(damper)를 다는 이유는?

① 전선의 진동방지
② 전자유도감소
③ 코로나의 방지
④ 현수애자의 경사방지

전선의 진동방지 : 댐퍼(damper)를 사용 진동방지

024

그림과 같은 단상3선식 회로의 중성선 P점에서 단선되었다면 백열등 $A[100W]$와 $B[400W]$에 걸리는 단자전압은 각각 몇 [V]인가?

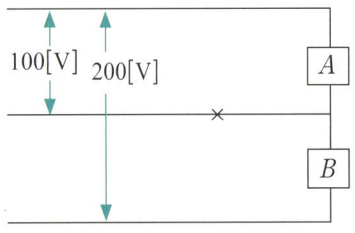

① $V_A=160[V]$, $V_B=40[V]$
② $V_A=120[V]$, $V_B=80[V]$
③ $V_A=40[V]$, $V_B=160[V]$
④ $V_A=80[V]$, $V_B=120[V]$

$P=\dfrac{V^2}{R}$, $R_A=\dfrac{V^2}{P}=\dfrac{100^2}{100}=100[\Omega]$, $R_B=\dfrac{V^2}{P}=\dfrac{100^2}{400}=25[\Omega]$,

전압분배에 따라

$V_A=\dfrac{100}{25+100}\times 200=160[V]$, $V_B=\dfrac{25}{25+100}\times 200=40[V]$

025

단일 부하 선로에서 부하율 50[%], $\alpha=0.2$ 인 배전선의 손실계수는?

① 0.05
② 0.15
③ 0.25
④ 0.30

손실계수 $H=\alpha F+(1-\alpha)F^2$ 에서
$H=0.2\times 0.5+(1-0.2)0.5^2=0.32$
$0\leq F^2\leq H\leq F\angle 1$ 에서 F : 부하율 H : 손실계수
$0.25\leq H\leq 0.5$에서 손실계수는 0.3이 적당

026

배전선의 전압을 조정하는 방법은?

① 병렬콘덴서 사용
② 중성점 접지
③ 영상변류기 설치
④ 주상변압기 탭 전환

배전선의 전압조정 : 승압기, 유도전압조정기(SVR), TAP(ULTC, OLTC)

027

선간거리가 $2D[m]$이고 선로 도선의 지름이 $d[m]$인 선로의 단위 길이당 정전용량은 몇 [μF/km]인가?

① $C=\dfrac{0.02413}{\log_{10}\dfrac{4D}{d}}$
② $C=\dfrac{0.02413}{\log_{10}\dfrac{2D}{d}}$
③ $C=\dfrac{0.02413}{\log_{10}\dfrac{D}{d}}$
④ $C=\dfrac{0.02413}{\log_{10}\dfrac{3D}{d}}$

$C = \dfrac{0.02413}{\log_{10}\dfrac{D}{r}}$ [μF/km], $r = d/2$,

$D' = 2D$ 이므로 $C = \dfrac{0.02413}{\log_{10}\dfrac{4D}{d}}$

028

T형 회로에서 4단자 정수 A는?

① $Z\left(1+\dfrac{ZY}{4}\right)$ ② Y

③ $1+\dfrac{ZY}{2}$ ④ Z

4단자 정수		T형	π형
A	$\left.\dfrac{V_S}{V_R}\right|_{I_R=0}$	$A=1+\dfrac{ZY}{2}$	$A=1+\dfrac{ZY}{2}$
B	$\left.\dfrac{V_S}{I_R}\right|_{V_R=0}$	$B=Z\left(1+\dfrac{ZY}{4}\right)$	$B=Z$
C	$\left.\dfrac{I_S}{V_R}\right|_{I_R=0}$	$C=Y$	$C=Y\left(1+\dfrac{ZY}{4}\right)$
D	$\left.\dfrac{I_S}{I_R}\right|_{V_R=0}$	$D=1+\dfrac{ZY}{2}$	$D=1+\dfrac{ZY}{2}$

029

역률 80%, 10000[kVA]의 부하를 갖는 변전소에 2000[kVA]의 콘덴서를 설치하여 역률을 개선하면 변압기에 걸리는 부하는 몇 [kVA]정도 되는가?

① 8000 ② 8500
③ 9000 ④ 9500

개선전 부하의 유효전력 = 피상전력 × $\cos\theta$
= 10000[kVA] × 0.8 = 8000[kW]

무효전력 = 유효전력 × $\dfrac{\sin\theta}{\cos\theta}$
= $8000 \times \dfrac{\sqrt{1-0.8^2}}{0.8}$ = 6000[kvar]

개선후 부하의 유효전력 = 개선전과 동일 = 8000[kW]
　　　　　무효전력 = 개선전무효전력 − 콘덴서용량
　　　　　　　　= 6000 − 2000 = 4000[kvar]

∴ 역률개선후 피상전력
= $\sqrt{(개선후\ 유효전력)^2 + (개선후\ 무효전력)^2}$
= $\sqrt{8000^2 + 4000^2}$ = 8944

030

송전계통의 중성점을 접지하는 목적으로 옳지 않은 것은?

① 전선로의 대지전위의 상승을 억제하고 전선로와 기기의 절연을 경감시킨다.
② 소호리액터 접지방식에서는 1선지락시 지락점 아크를 빨리 소멸시킨다.
③ 차단기의 차단용량의 절연을 경감시킨다.
④ 지락고장에 대한 계전기의 동작을 확실하게 하여 신속하게 사고 차단을 한다.

① 직접접지, ② 소호리액터 접지, ④ 직접접지
③ 한류리액터를 선로중간에 연결하여 단락전류 제한으로 차단용량 경감

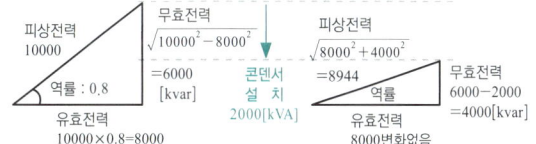

031

송전선의 특성 임피던스를 Z_0, 전파 속도를 V라 할 때, 이 송전선의 단위 길이에 대한 인덕턴스 L은?

① $L = \dfrac{V}{Z_0}$ ② $L = \dfrac{Z_0}{V}$

③ $L = \dfrac{Z_0^2}{V}$ ④ $L = \sqrt{Z_0}\ V$

파동(특성)임피던스 $Z_0 = \sqrt{\dfrac{Z}{Y}} = \sqrt{\dfrac{L}{C}}$

전파속도 $V = \dfrac{1}{\sqrt{LC}}$ ∴ $Z_0 \times \dfrac{1}{V} = \sqrt{\dfrac{L}{C}} \times \sqrt{LC} = L$

032

선로의 작용 정전용량 0.008[μF/km], 선로 길이 100[km], 상전압 37,000[V]이고 주파수가 60[Hz]일 때 한 상에 흐르는 충전 전류는 약 몇 [A]인가?

① 6.7 ② 8.7
③ 11.2 ④ 14.2

충전전류(C에 흐르는 전류) $I_c = \dfrac{V}{Z_c} = j\omega CV = \omega CV$에서
$\omega = 2\pi f = 2\pi \times 60$, $C = 0.008 \times 10^{-6} \times 100$[F], $V = 37,000$[V] 대입

033

1상의 대지 정전 용량이 0.5[μF]이고, 주파수 60[Hz]의 3상 송전선 소호 리액터의 인덕턴스는 몇 [H]인가?

① 2.69
② 3.69
③ 4.69
④ 5.69

$\omega L = \dfrac{1}{3\omega C}$ 에서 $L = \dfrac{1}{3\omega^2 C} = \dfrac{1}{3 \times (2\pi \times 60)^2 \times 0.5 \times 10^{-6}} = 4.69$

034

3상 3선식 송전 선로에서 정격 전압이 66[kV]이고, 1선당 리액턴스가 10[Ω]일 때, 100[MVA]기준의 % 리액턴스는 약 얼마인가?

① 17[%]
② 23[%]
③ 52[%]
④ 69[%]

$\%X = \dfrac{P_n X}{10V^2}$ 에서 $P_n = 100 \times 1000$[kVA], $X = 10$[Ω], $V = 66$[kV] 대입

$\%X = \dfrac{P_n X}{10V^2} = \dfrac{100,000 \times 10}{10 \times 66^2} = 22.9$[%]

035

피뢰기에 대한 설명으로 틀린 것은?

① 송전 계통의 절연 보호 레벨 중 가장 낮다.
② 제한전압은 피뢰기 동작 중 단자 전압의 파고치이다.
③ 정격 전압은 속류를 차단할 수 있는 교류 최대 전압이다.
④ 상용 주파 방전 개시 전압은 낮아야 한다.

절연레벨
- 선로애자 > 차단기 > 변압기 > 피뢰기 순서로 협조하여야 됨
- 상용주파수(뇌전압이 아닌 사용전압)는 방전되면 안 된다. 즉, 방전 개시 전압은 높아야 됨

036

변전소에서 비접지 선로의 접지 보호용으로 사용되는 계전기에 영상 전류를 공급하는 계전기는?

① CT
② GPT
③ ZCT
④ PT

- 영상전류 공급 : ZCT(영상변류기)
- 영상전압 공급 : GPT(접지형 계기용 변압기)

037

댐 이외에 하천 하류의 구배를 이용할 수 있도록 수로를 설치하여 낙차를 얻는 발전 방식은?

① 유역변경식
② 댐식
③ 수로식
④ 댐수로식

수력발전 : 댐수로식(댐+수로),
　　　　　양수식(첨두부하 대비, 발전비용 감소시킴)

038

유효낙차 $H=75$[m], 최대사용수량 $Q=200$[m³/sec]인 수력발전소의 이론 출력은 몇 [MW]인가?

① 147
② 157
③ 167
④ 177

수력발전의 발전기 출력 $P = 9.8QH = 9.8QH\eta_t\eta_g$
P[kW] : (발전량), Q[m³/s] : (유량), H[m] : (낙차), $\eta_t\eta_g$: (효율),
∴ $P = 9.8QH = 9.8 \times 200 \times 75 = 147,000$[kW]

39

조력발전소에 대한 설명으로 옳은 것은?

① 간만의 차가 작은 해안에 설치한다.
② 완만한 해안선을 이루고 있는 지점에 설치한다.
③ 만조로 되는 동안 바닷물을 받아들여 발전한다.
④ 지형적 조건에 따라 수로식과 양수식이 있다.

조력발전소 : 밀물과 썰물의 차를 이용. 조수간만의 차가 큰 지역에 설치, 저낙차에 사용되는 튜블러 수차를 사용한다.

40

화력발전소에서 1[ton]의 석탄으로 발생시킬 수 있는 전력량은 약 몇 [kWh]인가? (단, 석탄 1[kg]의 발열량 5000[kcal], 효율은 20[%]이다.)

① 960
② 1060
③ 1160
④ 1260

$\eta = \frac{860W}{mH} \times 100[\%]$ 에서

$W = \frac{(1 \times 1000) \times 5000 \times 0.2}{860} = 1163 [kWh]$

제 03 과목 전기기기

41

직류기에서 계자 자속을 만들기 위하여 전자석의 권선에 전류를 흘리는 것을 무엇이라고 하는가?

① 보극
② 여자
③ 보상권선
④ 자화작용

자속을 만들기 위하여 전자석의 권선에 전류를 흘리는 것을 여자라고 한다.

42

직류 분권 발전기를 역회전하면?

① 발전되지 않는다.
② 정회전 때와 마찬가지이다
③ 과대전압이 유기된다.
④ 섬락이 일어난다.

전압확립조건을 살펴보면 자여자 발전기는 잔류자속과 계자전류로 발생된 자속이 반드시 같은 방향이어야 한다. 따라서, 운전 중 회전방향이 반대면 발전이 불가능하다.

43

직류전동기가 부하전류 100[A]일 때 1000[rpm]으로 12[kg·m]의 토크를 발생하고 있다. 부하를 감소시켜 60[A]로 되었을 때 토크[kg·m]는 얼마인가?(단, 직류전동기는 직권이다.)

① 4.32
② 7.2
③ 20.07
④ 33.3

$\tau = 0.975 \frac{P}{N} [kg \cdot m]$에서, $\tau \propto I^2$, $\tau \propto \frac{1}{N^2}$ $\left(\because I \propto \frac{1}{N}\right)$

비례식 이용 $\frac{\tau'}{\tau} = \left(\frac{I_a'}{I_a}\right)^2$, $\tau' = \left(\frac{I_a'}{I_a}\right)^2 \times \tau = \frac{60^2}{100^2} \times 12 = 4.32$

44

220[V], 50[kW]인 직류 직권 전동기를 운전하는데 전기자 저항(브러시의 접촉 저항 포함)이 0.05[Ω]이고 기계적 손실이 1.7[kW], 표유손이 출력의 1[%]이다. 부하 전류가 100[A]일 때의 출력[kW]은?

① 약 19.6[kW]
② 약 18.2[kW]
③ 약 16.7[kW]
④ 약 14.5[kW]

045

3상 동기 발전기에서 권선 피치와 자극 피치의 비를 $\frac{13}{15}$의 단절권으로 하였을 때의 단절권 계수는?

① $\sin\frac{13}{15}\pi$
② $\sin\frac{13}{30}\pi$
③ $\sin\frac{15}{26}\pi$
④ $\sin\frac{15}{13}\pi$

단절권 계수: $K_p = \sin\frac{\beta\pi}{2}$ ($\beta = \frac{코일간격}{극간격} = \frac{권선피치}{자극피치}$)

$K_p = \sin\frac{\beta\pi}{2} = \sin(\frac{13}{15} \times \frac{\pi}{2}) = \sin\frac{13}{30}\pi$

046

단락비가 1.2인 발전기의 퍼센트 동기 임피던스[%]는 약 얼마인가?

① 100
② 83
③ 60
④ 45

$K_s = \frac{I_s}{I_n} = \frac{100}{\%Z_s}$ ($\%Z_s = \frac{P_n Z}{10V^2}$, 단위를 [kV], [kVA]로 준 경우)

∴ $\%Z = \frac{100}{1.2} = 83$

047

동기발전기의 안정도를 증진시키기 위하여 설계상 고려할 점으로 틀린 것은?

① 속응 여자 방식을 채용한다.
② 단락비를 작게 한다.
③ 회전부의 관성을 크게 한다.
④ 영상 및 역상 임피던스를 크게 한다.

안정도 증진법
- 동기화 리액턴스를 작게 하고, 단락비를 크게 한다.
- 영상 임피던스와 역상 임피던스를 크게 한다.
- 회전자 관성을 크게 한다. (플라이휠 효과)
- 속응 여자 방식을 채용한다.
- 조속기 동작을 신속히 한다.

048

정격 6,600/220[V]인 변압기의 1차 측에 6,600[V]를 가하고 2차 측에 순저항 부하를 접속하였더니 1차에 2[A]의 전류가 흘렀다. 이때 2차 출력[kVA]은?

① 19.8
② 15.4
③ 13.2
④ 9.7

입력 = 출력 ($P_1 = P_2$)($V_1 I_1 = V_2 I_2$) : 변압기 내부손실이 없을 때
$P_1 = V_1 \times I_1 = 6600 \times 2 = 13200[VA] = 13.2[kVA]$

049

75[kVA], 6000/200[V]의 단상변압기의 %임피던스 강하가 4[%]이다. 1차 단락전류[A]는?

① 512.5
② 412.5
③ 312.5
④ 212.5

$I_{S1} = \frac{100}{\%Z_s} I_1$ 에서 %Z = 4[%],

기준전류 = $\frac{기준용량}{공칭전압} = \frac{75 \times 10^3[VA]}{6000[V]}$

∴ $I_{S1} = \frac{100}{4} \times \frac{75 \times 10^3}{6000} = 312.5[A]$

050

변압기의 규약효율 산출에 필요한 기본 요건이 아닌 것은?

① 파형은 정현파를 기준으로 한다.
② 별도의 지정이 없는 경우 역률은 100% 기준이다.
③ 부하손은 40[°C]를 기준으로 보정한 값을 사용한다.
④ 손실은 각 권선에 대한 부하손과 무부하손의 합이다.

변압기의 규약 효율은 역률 100%, 부하손을 주위온도 75°C를 기준으로 보정한 값을 사용한다.

051

변압기 결선 방식에서 △−△ 결선 방식의 특성이 아닌 것은?

① 중성점 접지를 할 수 없다.
② 110[kV] 이상되는 계통에서 많이 사용되고 있다.
③ 외부에 고조파 전압이 나오지 않으므로 통신 장해의 염려가 없다.
④ 단상 변압기 3대 중 1대의 고장이 생겼을 때 2대로 V 결선하여 송전할 수 있다.

△결선 : 저전압 계통에 적용된다.

052

T 결선에 의하여 3,300[V]의 3상으로부터 200[V], 40[kVA]의 전력을 얻는 경우 T좌 변압기의 권수비는 약 얼마인가?

① 16.5
② 14.3
③ 11.7
④ 10.2

T결선에서 T좌 변압기의 권수비는

1차측 : $\frac{\sqrt{3}}{2}E$이고, 2차측 : $\frac{E}{a}$이다.

$\therefore$ T좌 변압기 권수비 $= \frac{1차측}{2차측} = \frac{\frac{\sqrt{3}}{2}E}{\frac{E}{a}} = a \times \frac{\sqrt{3}}{2}$

053

Y결선한 변압기의 2차측에 다이오드 6개로 3상 전파의 정류회로를 구성하고 저항 R을 걸었을 때의 3상 전파직류전류의 평균치 $I[A]$는?(단, E는 교류측의 선간전압이다.)

① $\frac{6\sqrt{2}}{2\pi}\frac{E}{R}$
② $\frac{3\sqrt{2}}{2\pi}\frac{E}{R}$
③ $\frac{3\sqrt{2}}{\pi}\frac{E}{R}$
④ $\frac{6\sqrt{2}}{\pi}\frac{E}{R}$

$I = \frac{E_d}{R}$, 3상 전파정류 $E_d = 1.35E_\text{선} = \frac{3\sqrt{2}}{\pi}E_\text{선} = \frac{6\sqrt{2}}{2\pi}E_\text{선}$

3상 전파 = 1.35 $\therefore$ ① 1.32 ② 1.16 ③ 2.33 ④ 2.7

054

8극, 100[kW], 3000[V], 60[Hz]의 3상 유도전동기의 전부하 2차 동손이 3[kW], 기계손이 2[kW]라면 회전수는 몇 [rpm]인가?

① 876
② 873
③ 874
④ 872

동기속도 $N_s = \frac{120f}{p} = 900[rpm]$ 실제속도 $N = N_s(1-S)$ 에서

슬립 $= \frac{2차동손}{2차입력}$, $S = \frac{P_{c2}}{P_2} = \frac{P_{c2}}{P_{c2}+P+기계손} = \frac{3}{3+100+2} = 0.028$

$\therefore N = N_s(1-S) = 900(1-0.028) = 874[rpm]$

055

전부하로 운전하고 있는 60[Hz], 4극 권선형 유도전동기의 전부하 속도는 1,728[rpm], 2차 1상의 저항은 0.02[Ω]이다. 2차 회로의 저항을 3배로 할 때의 회전수[rpm]는?

① 1,264
② 1,356
③ 1,584
④ 1,765

동기속도 $N_s = \frac{120f}{p} = \frac{120 \times 60}{4} = 1800[rpm]$

정격속도 1728[rpm] 시 슬립 $S = \frac{N_s - N}{N_s} = \frac{1800 - 1728}{1800} = 0.04$

2차 저항에 따른 슬립의 변화식 $\frac{r_2}{S} = \frac{mr_2}{mS} = \frac{r_2+R}{S'}$,

저항을 3배로 하면 슬립도 3배. $\therefore S' = 0.04 \times 3 = 0.12$
실제속도 $N = (1-s)N_s = (1-0.12) \times 1800 = 1,584[rpm]$

056

농형 유도전동기의 속도제어법이 아닌 것은?

① 극수변환
② 1차 저항변환
③ 전원전압변환
④ 전원주파수변환

농형 유도 전동기의 속도 제어법 : 극수 변환법, 주파수 제어법, 전원 제어법(1차 전압 제어법)

057

명판(Name plate)에 정격 전압 220[V], 정격 전류 14.4[A], 출력 3.7[kW]로 기재되어 있는 3상 유도 전동기가 있다. 이 전동기의 역률을 84[%]라 할 때 이 전동기의 효율은?

① 78.25　　② 78.84
③ 79.15　　④ 80.27

3상에서 $P_3 = \sqrt{3}\,VI\cos\theta\eta$ 에서 $\eta = \dfrac{P_3}{\sqrt{3}\,VI\cos\theta}$

$\therefore \eta = \dfrac{3{,}700}{\sqrt{3} \times 220 \times 14.4 \times 0.84} = 0.8027$

058

단상 정류자 전동기에 보상권선을 사용하는 가장 큰 이유는?

① 정류개선　　② 속도제어
③ 기동토크 조절　　④ 역률개선

단상직권 정류자 전동기 : 가전제품 등에 널리 사용, 직류 및 교류 양용 만능, 보상권선(역률개선)

059

3상 직권 정류자 전동기의 중간 변압기는 고정자 권선과 회전자 권선 사이에 직렬로 접속되는데, 이 중간 변압기를 사용하는 중요한 이유는?

① 경부하시 속도의 급상승 방지를 위하여
② 주파수 변동으로 속도를 조정하기 위하여
③ 회전자 상수를 감소하기 위하여
④ 역회전을 방지하기 위하여

중간(직렬) 변압기 사용 이유
- 실효권수비 조정, 전동기 특성 조정, 정류전압 조정
- 경부하시 속도상승 방지

060

3상 직권 정류자 전동기에 있어서 중간 변압기를 사용하는 주된 목적은?

① 역회전의 방지를 위하여
② 역회전을 하기 위하여
③ 권수비를 바꾸어서 전동기의 특성을 조정하기 위하여
④ 분권 특성을 얻기 위하여

중간 변압기를 사용하는 이유
- 실효 권선비를 조정하여 전동기의 특성을 조정하고 정류 전압 조정을 한다.
- 직권 특성이기 때문에 경부하 시 속도 상승이 우려되나 중간 변압기를 사용하여 철심을 포화하면 속도 상승을 제한할 수 있다.

제 04 과목　회로이론

061

$i = 2t^2 + 8t$ [A]로 표시되는 전류가 도선에 3[sec]동안 흘렸을 때 통과한 전 전기량은 몇 [C]인가?

① 18　　② 48
③ 54　　④ 61

전하량 $Q = I \cdot t$(직류전류) $= \displaystyle\int_0^t i(t) \cdot dt$ (교류전류) [C]

$Q = \displaystyle\int_0^3 (2t^2 + 8t) \cdot dt = \left(2 \times \dfrac{t^{2+1}}{2+1} + 8 \times \dfrac{t^{1+1}}{1+1} \right) \Big|_0^3$

$Q = \left(2 \times \dfrac{3^3}{3} + 8 \times \dfrac{3^2}{2} \right) - \left(2 \times \dfrac{0^3}{3} + 8 \times \dfrac{0^2}{2} \right) = 54 - 0 = 54$

062

파형률과 파고율이 모두 1인 파형은?

① 고조파　　② 삼각파
③ 구형파　　④ 사인파

구형파는 최대값 = 실효값 = 평균값 (즉, 직류와 같이 취급)
∴ 구형파의 파고율과 파형률은 모두 1이다.

063
정현파 교류 $i=10\sqrt{2}\sin\left(\omega t+\dfrac{\pi}{3}\right)$[A]를 복소수의 극좌표 형식으로 표시하면 어느 것인가?

① $10\sqrt{2}\angle\dfrac{\pi}{3}$ ② $10\angle 0$

③ $10\angle\dfrac{\pi}{3}$ ④ $10\angle -\dfrac{\pi}{3}$

순시치 $V(t)=10\sqrt{2}\sin(\omega t+60)$를
극좌표 : 실효값 ∠ 위상 : $V[t]=10\angle 60$
복소수 : 실수값 $+j$ 허수값 : $V[t]=10\cdot\cos 60+j10\cdot\sin 60$
∴ $10\angle\dfrac{\pi}{3}$

064
$R=10[\Omega]$, $L=0.045[H]$의 직렬 회로에 실효값 140[V], 주파수 25[Hz]의 정현파 교류전압을 가했을 때 임피던스[Ω]의 크기는 얼마인가?

① 17.25 ② 15.31
③ 12.25 ④ 10.41

임피던스 $Z=R+jX=\sqrt{R^2+X^2}=\sqrt{10^2+7.066^2}=12.25$
$R=10$, $X_L=\omega L=2\pi fL=2\pi\times 25\times 0.045=7.065$ 대입

065
어떤 회로에 , $e=50\sin\omega t$[V]를 가할 때 $i=4\sin(\omega t-30°)$ [A] 가 흘렀다면 유효전력은 몇 [W]인가?

① 173.2 ② 122.5
③ 86.6 ④ 61.2

유효전력 $P=VI\cos\theta=\dfrac{50}{\sqrt{2}}\times\dfrac{4}{\sqrt{2}}\times\cos[(0)-(-30)]=50\sqrt{3}$

066
$R-L-C$ 직렬회로에서 L 및 C의 값을 고정시켜 놓고 저항 R의 값만 큰 값으로 변화시킬 때 옳게 설명한 것은?

① 공진 주파수는 커진다.
② 공진 주파수는 작아진다.
③ 공진 주파수는 변화하지 않는다.
④ 이 회로의 Q(선택도)는 커진다.

공진주파수($f=\dfrac{1}{2\pi\sqrt{LC}}$) 는 L,C 값에 의해서만 결정됨

067
평형 3상 Y결선의 부하에서 상전압과 선전류의 실효값이 각각 60[V], 10[A]이고, 부하의 역률이 0.8일 때 무효전력[var]은?

① 624 ② 1,440
③ 821 ④ 1,080

$P_r=\sqrt{3}V_\ell I_\ell\sin\theta=\sqrt{3}\times(60\sqrt{3})\times(10)\times 0.6=1,080$
또는 $P_r=3V_P I_P\sin\theta=3\times(60)\times(10)\times 0.6=1,080$
단, 역률 $\cos\theta=0.8$ ➡ $\sin\theta=0.6$ 적용

068
대칭 3상 교류에서 각 상의 전압이 v_a, v_b, v_c 일 때 3상 전압의 합은?

① 0 ② $0.3v_a$
③ $0.5v_a$ ④ $3v_a$

평형 3상의 합은 "0" 이다. $v_a+v_b+v_c=0$

069
단상 변압기 3대(50[kVA]×3)를 △결선으로 운전중 단상변압기 1대가 고장이 생겨 V결선한 경우의 출력은 몇 [kVA]인가?

① $30\sqrt{3}$ ② $50\sqrt{3}$
③ $100\sqrt{3}$ ④ $200\sqrt{3}$

공급용량(출력)[kVA] $=\sqrt{3}\times P$[kVA] ≥ 부하부담 용량
∴ 공급전력[kVA] $=\sqrt{3}\times 50=50\sqrt{3}$

070

일반적으로 대칭3상 회로의 전압, 전류에 포함되는 전압, 전류의 고조파는 n을 임의의 정수로 하여 $(3n+1)$일때의 상회전은?

① 정지상태
② 각상 동위상
③ 상회전은 기본파의 반대
④ 상회전은 기본파와 동일

정상분 : 발생조건(모든회로), 기본파, $3n+1$
∴ $3n+1$ 고조파는 정상분을 의미하고 상회전이 기본파와 동일하다.

071

다음은 비정현파의 성분을 표시한 것이다. 가장 맞는 것은?

① 직류분 + 고조파
② 교류분 + 고조파
③ 직류분 + 고조파 + 기본파
④ 교류분 + 고조파 + 기본파

퓨리에 분석(Fouier 분석) : 비정현파=직류분 + 기본파 + 고조파
즉, 무수히 많은 주파수 성분의 합이다.

072

가정용 전원의 기본파가 $100[V]$이고 제 7고조파가 기본파의 $4[\%]$, 제11고조파가 기본파의 $3[\%]$이었다면 이 전원의 일그러짐율은 몇 $[\%]$인가?

① 11
② 10
③ 7
④ 5

왜형률 = $\dfrac{\text{전고조파의 실효값의 합}}{\text{기본파의 실효값}}$ 에서 기본파를 $100[A]$라 두면

왜형률 = $\dfrac{\sqrt{V_7^2+V_{11}^2}}{V_1} \times 100 = \dfrac{\sqrt{4^2+3^2}}{100} = 0.05$

이해 왜형률 = $\sqrt{4^2+3^2} = 5[\%]$

073

그림과 같은 (a)의 회로를 그림 (b)와 같은 등가회로로 구성하고자 한다. 이때 V 및 R의 값은?

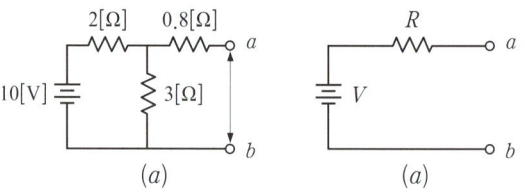

① $2[V]$, $3[\Omega]$
② $3[V]$, $2[\Omega]$
③ $6[V]$, $2[\Omega]$
④ $2[V]$, $6[\Omega]$

테브난 정리 $V_{ab} = 10 \times \dfrac{3}{2+3} = 6[V]$ $Z_{ab} = 0.8 \times \dfrac{2 \times 3}{2+3} = 2[\Omega]$

074

그림과 같은 회로의 출력전압 $e_o(t)$의 위상은 입력전압 $e_i(t)$의 위상보다 어떻게 되는가?

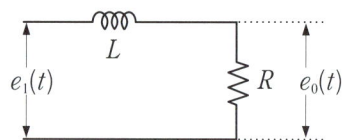

① 앞선다
② 뒤진다
③ 같다
④ 앞설 수도 있고, 뒤질수도 있다.

C의 위치로써 이해한다.(위상은 입력에 대한 출력의 위상을 의미)
C가 앞에(입력) 있으면 진상보상기, 위상(앞선다), 미분회로, 고역필터
C가 뒤에(출력) 있으면 지상보상기, 위상(뒤진다), 적분회로, 저역필터
단, L을 사용한 회로는 정반대로 해석하면 된다.

075

4단자 정수 A, B, C, D 중에서 전압 이득의 자원을 가진 정수는?

① D
② C
③ B
④ A

$V_1 = AV_2 + BI_2$, $I_1 = CV_2 + DI_2$에서
$A = \frac{V_1}{V_2}|_{I_2=0}$, $B = \frac{V_1}{I_2}|_{V_2=0}$, $C = \frac{I_1}{V_2}|_{I_2=0}$, $D = \frac{I_1}{I_2}|_{V_2=0}$

이해 A:전압비, B:임피던스(직렬), C:어드미턴스(병렬), D:전류비

076
내부 임피던스가 순저항 $6[\Omega]$인 전원과 $120[\Omega]$의 순저항 부하 사이에 임피던스 정합을 위한 이상변압기의 권수비는?

① $\frac{1}{\sqrt{20}}$ ② $\frac{1}{\sqrt{2}}$
③ $\frac{1}{20}$ ④ $\frac{1}{2}$

변압기의 권수비 $a = \frac{n_1}{n_2} = \frac{V_1}{V_2} = \sqrt{\frac{Z_1}{Z_2}} = \frac{I_2}{I_1}$: 전류비만 반대
$a = \sqrt{\frac{Z_1}{Z_2}} = \sqrt{\frac{6}{120}} = \frac{1}{\sqrt{20}}$

077
$R = 1[M\Omega]$, $C = 1[\mu F]$의 직렬회로에 직류 $100[V]$를 가했다. 시정수 $T[\sec]$와 전류의 초기값 $[A]$를 구하면?

① $5[\sec]$, $10^{-4}[A]$ ② $4[\sec]$, $10^{-3}[A]$
③ $1[\sec]$, $10^{-4}[A]$ ④ $2[\sec]$, $10^{-3}[A]$

시정수 : $R-C$ 직렬회로 $\tau = RC$ 대입 $\tau = (1 \times 10^6) \times (1 \times 10^{-6}) = 1$
초기상태($t=0$, AC인가, C는 단락상태)
$i(t=0) = \frac{E}{R} = \frac{100}{1 \times 10^6} = 10^{-4}$

078
$10t^3$의 라플라스 변환은?

① $\frac{60}{s^4}$ ② $\frac{30}{s^4}$
③ $\frac{10}{s^4}$ ④ $\frac{80}{s^4}$

라플라스변환 : $t^n \to \frac{n!}{s^{n+1}}$ 에서
$10t^3 \to 10\frac{3!}{s^{3+1}} = 10\frac{3 \times 2 \times 1}{s^4} = 10\frac{6}{s^4}$

079
다음 라플라스 변환 중 틀린 것은?

① $\mathcal{L}[\sigma(t-a)] = e^{-as}$
② $\mathcal{L}[u(t-a)] = \frac{1}{s}e^{-at}$
③ $\mathcal{L}[t^n] = \frac{n!}{s^{n+1}}$
④ $\mathcal{L}[e^{-at}] = \frac{1}{s+a}$

② 시간추이정리 $\mathcal{L}[u(t-a)] = \frac{1}{s}e^{-as}$

080
그림과 같은 $R-L$회로에서 전달함수를 구하면?

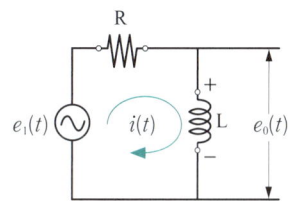

① $\frac{L}{R+LS}$ ② $\frac{1}{S+\frac{R}{L}}$
③ $\frac{1}{R+LS}$ ④ $\frac{S}{S+\frac{R}{L}}$

전압비 전달함수 $= \frac{LS}{R+LS}$ 에서
① 처럼 분자를 L 로 만든다.
$\frac{(LS) \times (\frac{1}{S})}{(R+LS) \times (\frac{1}{S})} = \frac{L}{\frac{R}{S}+L}$ 답 아님

②, ③ 처럼 분자를 1로 만든다.
$\frac{(LS) \times (\frac{1}{LS})}{(R+LS) \times (\frac{1}{LS})} = \frac{1}{\frac{R}{LS}+L}$ 답 아님

④ 처럼 분자를 S 로 만든다.
$\frac{(LS) \times (\frac{1}{L})}{(R+LS) \times (\frac{1}{L})} = \frac{S}{\frac{R}{L}+S}$ 정답

즉, 분자를 보기의 분자로 만든후 분모를 비교하여 답을 찾는다.

제 05 과목 전기설비기술기준

081
고압에 해당하는 전압은?

① 직류에 있어서 1[kV], 교류에 있어서는 1.5[kV] 이상으로 7[kV] 미만인 것
② 직류 교류 600[V]이상, 7[kV] 이하인 것
③ 직류에 있어서 1.5[kV], 교류에 있어서는 1[kV] 이상으로 7[kV] 이하인 것
④ 7,000[V] 넘는것

전압의 구분(K 111.1)

구분	교류	직류
저압	1,000[V]이하	1,500[V]이하
고압	저압초과 7,000[V]이하	
특고압	7,000[V]초과	

082
중앙급전 전원과 구분되는 것으로서 전력소비지역 부근에 분산하여 배치 가능한 전원을 무엇이라 하는가?

① 임시전력원
② 분산형전원
③ 분전반전원
④ 계통연계전원

용어정리(K 112)
분산형전원: 중앙급전 전원과 구분되는 것으로서 전력소비지역 부근에 분산하여 배치 가능한 전원

083
사용전압이 저압인 전로에서 절연저항 측정이 곤란한 경우에는 누설전류는 몇 [mA] 이하로 유지하여야 하는가?

① 0.1
② 0.5
③ 1.0
④ 1.5

누설전류의 제한(K 132조)
사용전압이 저압인 전로에서 정전이 어려운 경우 등 절연저항 측정이 곤란한 경우에는 누설전류를 1[mA] 이하로 유지하여야 한다

084
저압전로에 사용하는 주택용 배선차단기의 정격전류가 63[A] 초과인 경우, 과전류트립 동작전류는 정격전류의 몇 배로 하여야 하는가?

① 1.3
② 1.25
③ 1.45
④ 1.6

저압 전로중의 과전류차단기의 시설(K 212.3.4)
• 산업용 배선차단기 63[A] 이하, 60분, 부동작:1.05배, 동작:1.3배
  산업용 배선차단기 63[A] 초과,120분, 부동작:1.05배, 동작:1.3배
• 주택용 배선차단기 63[A] 이하, 60분, 부동작:1.13배, 동작:1.45배
  주택용 배선차단기 63[A] 초과, 120분, 부동작:1.13배, 동작:1.45배

085
상도체의 단면적이 16[mm^2]이다. 보호도체의 재질이 상도체와 같은 경우 보호도체의 최소 굵기는 얼마인가?

① 10[mm^2]
② 16[mm^2]
③ 25[mm^2]
④ 50[mm^2]

$S \leq 16$ (S), $16 < S \leq 35$ (16), $35 < S$ $(S/2)$
S는 상도체 단면적, ( )안은 보호도체 단면적

086
다음 중 감전보호용 등전위본딩에 사용되는 도체의 굵기를 정하는 기준은 얼마인가?

① 설비 내에 있는 가장 큰 보호접지도체 단면적의 1/2 이상
② 설비 내에 있는 가장 큰 보호접지도체 단면적의 1/3 이상
③ 설비 내에 있는 가장 큰 보호접지도체 단면적의 1/4 이상
④ 설비 내에 있는 가장 큰 보호접지도체 단면적의 1/5 이상

감전보호용 등전위 본딩 도체 굵기
- 설비 내에 있는 가장 큰 보호접지도체 단면적의 1/2 이상
- 구리 6[mm²], 알루미늄 16[mm²], 강철 50[mm²] 이상

087

저압 가공전선이 건조물의 상부 조영재 옆쪽으로 접근하는 경우 저압 가공전선과 건조물의 조영재 사이의 간격(이격거리)는 몇 [m] 이상이어야 하는가?(단, 전선에 사람이 쉽게 접촉할 우려가 없도록 시설한 경우와 전선이 고압절연전선, 특고압절연전선 또는 케이블인 경우는 제외한다.)

① 0.6 ② 0.8
③ 1.2 ④ 2.0

저·고압 가공전선과 건조물 접근시 간격(이격거리) (K 332.11)
- 상부조영재 → 위쪽 2[m] 이상 (단, 절연전선,케이블 1[m]이상)
  옆,아래 1.2[m]이상(사람이 쉽게 접촉할 우려없을 때 0.8[m],절연전선 또는 케이블 0.4[m])

088

저압 가공전선과 고압 가공전선을 동일 지지물에 시설하는 경우 간격(이격거리)는 몇 [m] 이상이어야 하는가?(단, 각도주, 분기주 등에서 혼촉의 우려가 없도록 시설하는 경우는 제외한다.)

① 0.5 ② 0.6
③ 0.7 ④ 0.8

병가시 고압가공전선과 저압가공전선의 간격(이격거리)(K 332.8)
- 0.5[m] (단 고압케이블 사용시 : 0.3[m])

089

철탑의 강도 계산을 할 때 이상 시 상정하중이 가하여지는 경우 철탑의 기초에 대한 안전율은 얼마 이상이어야 하는가?

① 1.33 ② 1.83
③ 2.25 ④ 2.75

- 이상시 상정 하중(수직하중 : 풍압이 전선로에 직각방향으로 가하여지는 하중, 수평 횡하중, 수평 종하중 : 전선로의 방향으로 가하여지는 하중)에 대한 철탑 기초 안전율 1.33 이상

090

사용전압이 35[kV] 이하인 특고압 가공전선과 저압 또는 고압의 전차선을 동일 지지물에 병가할 때 상호 간의 간격(이격거리)는 몇 [m] 이상인가?

① 1.0 ② 1.2
③ 1.5 ④ 2.0

병가시 특별고압가공전선과 저압 또는고압 가공전선의 간격(이격거리) (K 333.17)
  (특고압 가공전선과 저고압 전차선의 병가도 이에 준한다.
- 35[kV] 이하 : 1.2[m]
  (단, 특고는 케이블, 저·고압은 절연 또는 케이블 사용시 : 0.5[m])

091

특고압 가공전선이 저고압 가공전선 등과 제2차 접근상태로 시설되는 경우에 특고압 가공전선로는 어떤 보안공사에 의하여야 하는가?(단, 특고압 가공전선과 저고압 가공전선 등 사이에 보호망을 시설하는 경우가 아니다.)

① 제1종 특별고압 보안공사
② 제2종 특별고압 보안공사
③ 제3종 특별고압 보안공사
④ 고압 보안공사

특별고압보안공사(1종,2종,3종)중 1종이 제일 강화된 것. 즉, 안전고려(위험)
- 35[kV] 이상 2차 접근상태 : 1종
- 35[kV] 이하 2차 접근상태 : 2종
- 전압무관 1차 접근상태 : 3종

092

가공 약전류전선을 사용전압이 22.9[kV]인 특고압 가공전선과 동일 지지물에 공용 설치하고자 할 때 가공전선으로 경동연선을 사용한다면 단면적이 몇 [mm²] 이상인가?

① 22 ② 38
③ 50 ④ 55

공가 (공동시설) : 저압 가공전선 또는 고압 가공전선과 가공 약전류 전선(통신선, 인터넷, 전화선등)이 동일 지지물에 가설
• 특고압 가공전선에 경동연선 사용시 21.67[kN] 또는 50[mm²] 이상 사용

093

사용전압 154,000[V]의 가공전선을 시가지에 시설하는 경우 전선의 지표상의 높이는 최소 몇 [m] 이상이어야 하는가?(단, 발전소·변전소 또는 이에 준하는 곳의 구내와 구외를 연결하는 1경간 가공전선은 제외한다.)

① 7.44[m] ② 9.44[m]
③ 11.44[m] ④ 13.44[m]

시가지 등에서 특고압 가공전선로의 시설(K 333.1)
전선지표상 높이
• 35[kV] 이하 10[m] 이상 (절연전선 사용시 8m)
• 35[kV] 초과시 10[m] + 0.12N
 (N = (154[kV] − 35[kV])/10[kV] = 11.9 = 12 : 절상)
∴ 10 + 0.12 × 12 = 11.44[m]

094

사람이 상시 통행하는 터널 안의 배선을 애자공사에 의하여 시설하는 경우 설치 높이는 노면상 몇 [m] 이상인가?

① 1.5 ② 2.0
③ 2.5 ④ 3.0

터널 안 전선로의 시설(K 335.1) : 사람이 상시 통행하는 터널안의 전선로
• 저압전선 : 2.6mm 이상 경동선, 애자사용공사, 노면상 2.5m 이상
• 고압전선 : 4.0mm 이상 경동선, 애자사용공사, 노면상 3m 이상

095

내부에 고장이 생긴 경우에 자동적으로 전로로부터 차단하는 장치가 반드시 필요한 것은?

① 뱅크용량 1,000[kVA]인 변압기
② 뱅크용량 10,000[kVA]인 무효 전력 보상 장치 (조상기)
③ 뱅크용량 300[kVA]인 분로리액터
④ 뱅크용량 10,000[kVA]인 전력용 커패시터

조상 설비 보호(K 351.5) ➡ 차단 장치
• 전력용 콘덴서, 분로리액터
 − 500[kVA] ~ 15,000[kVA] 미만 : 내부고장, 과전류
 − 15,000[kVA] 이상 : 내부고장, 과전류, 과전압
• 무효 전력 보상 장치(조상기)
 − 15,000[kVA] 이상 : 내부고장

096

대양광설비의 계측장치로 알맞은 것은?

① 역률을 계측하는 장치
② 습도를 계측하는 장치
③ 주파수를 계측하는 장치
④ 전압과 전력을 계측하는 장치

태양광설비의 계측장치(K 522.3.6)
전압과 전류 또는 전압과 전력을 계측하는 장치를 시설하여야 한다.

097

그림은 전력선 반송통신용 결합장치의 보안장치이다. F는 무엇인가?

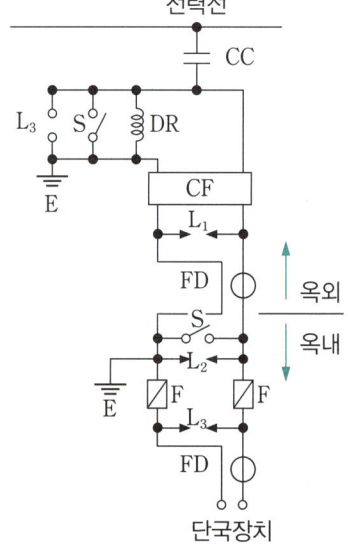

① 방전캡 ② 퓨즈
③ 배류선륜 ④ 접지형개폐기

- S : 개폐기(뒷단에 접지표시 ∴접지용)
- CC : 결합기(결합용 콘덴서) : Couple Condenser
- CF : 결합필터
- DR : 배류선륜
- FD : 동축케이블
- F : 포장퓨즈(정격전류 10[A] 이하)

098

저압 옥측전선로에서 목조의 조영물에 시설할 수 있는 공사 방법은?

① 금속관공사
② 버스덕트공사
③ 합성수지관공사
④ 연피 또는 알루미늄 케이블 공사

저압 옥측전선로는 다음의 공사방법에 의할 것(K 232.11)
- 애자공사(전개된 장소에 한한다.)
- 합성수지관공사
- 금속관공사(목조 이외의 조영물에 시설하는 경우에 한한다.)
- 버스덕트공사[목조 이외의 조영물(점검할 수 없는 은폐된 장소는 제외한다.)에 시설하는 경우에 한한다]
- 케이블공사[연피 케이블, 알루미늄피 케이블 또는 무기물절연(MI) 케이블을 사용하는 경우에는 목조 이외의 조영물에 시설하는 경우에 한한다.]

099

전기온상의 발열선의 온도는 몇 [℃]를 넘지 않도록 시설하여야 하는가?

① 70
② 80
③ 90
④ 100

전기온상 등의 시설(K 241.5)
식물의 재배 또는 양잠·부화·육추 등의 용도로 사용하는 전열장치
- 사용전압 : 대지전압 300[V] 이하
- 발열선 : 80[℃]넘지 않을 것

100

의료장소에서 인접하는 의료장소와의 바닥면적 합계가 몇 [mm²] 이하인 경우 기준접지 바를 공용으로 할 수 있는가?

① 30
② 50
③ 80
④ 100

의료장소의 안전을 위한 보호 설비(K 242.10)
의료장소마다 그 내부 또는 근처에 등전위본딩 바를 설치할 것. 다만, 인접하는 의료장소와의 바닥 면적 합계가 50[m²] 이하인 경우에는 등전위본딩 바를 공용 가능

정답 01회 CBT 복원문제

01 ④	02 ②	03 ②	04 ③	05 ①
06 ①	07 ①	08 ③	09 ①	10 ②
11 ①	12 ③	13 ②	14 ①	15 ①
16 ③	17 ④	18 ④	19 ③	20 ①
21 ①	22 ④	23 ①	24 ①	25 ④
26 ④	27 ①	28 ③	29 ③	30 ③
31 ②	32 ③	33 ③	34 ②	35 ④
36 ③	37 ④	38 ①	39 ③	40 ③
41 ②	42 ①	43 ①	44 ①	45 ②
46 ②	47 ②	48 ③	49 ③	50 ③
51 ②	52 ②	53 ①	54 ③	55 ③
56 ②	57 ④	58 ④	59 ①	60 ③
61 ②	62 ③	63 ③	64 ③	65 ③
66 ③	67 ④	68 ③	69 ②	70 ④
71 ③	72 ④	73 ③	74 ②	75 ④
76 ①	77 ③	78 ①	79 ③	80 ④
81 ③	82 ②	83 ③	84 ③	85 ②
86 ①	87 ③	88 ①	89 ①	90 ②
91 ②	92 ③	93 ③	94 ③	95 ④
96 ④	97 ①	98 ③	99 ②	100 ②

02 CBT 복원문제

QUESTIONS FROM PREVIOUS TESTS

제 01 과목 전기자기학

001

비유전율 ϵ_s에 대한 설명으로 옳은 것은?

① 진공의 비유전율은 0이고, 공기의 비유전율은 1이다.
② ϵ_s는 항상 1보다 작은 값이다.
③ ϵ_s는 절연물의 종류에 따라 다르다.
④ ϵ_s의 단위는 [C/m]이다.

① 진공, 공기 모두 비유전율 1
② 비유전율은 항상 1보다 크거나 같다.
④ 비유전율의 단위는 없다.(배수를 의미함)

002

구의 전하가 5×10^{-6}[C]일 때 3[m] 떨어진 점에서의 전위를 구하면 몇 [V]인가?(단, $\epsilon_s = 1$이다.)

① 10×10^3
② 15×10^3
③ 20×10^3
④ 25×10^3

전위 $V = (\frac{1}{4\pi\epsilon})\frac{Q}{r}$에서 $Q = 5 \times 10^{-6}$[C], $r = 3$[m] 대입

$V = (\frac{1}{4\pi\epsilon})\frac{Q}{r} = 9 \times 10^9 \times \frac{Q}{r} = 9 \times 10^9 \times \frac{5 \times 10^{-6}}{3} = 15 \times 10^3$

003

합성수지의 절연체에 5×10[V/m]의 전계를 가했을 때 이 때의 전속밀도를 구하면 약 몇 [C/m²]이 되는가?
(단, 이 절연체의 비유전율은 10으로 한다.)

① 40.28×10^{-6}
② 41.28×10^{-8}
③ 43.52×10^{-4}
④ 44.28×10^{-10}

전속밀도 $D = \epsilon E$ 적용
$\epsilon = \epsilon_s \epsilon_o = 10 \times 8.855 \times 10^{-12}$, $E = 5 \times 10$ 대입
∴ $D = \epsilon E = \epsilon_s \epsilon_o E = (10 \times 8.855 \times 10^{-12}) \times (5 \times 10)$
$= 44.28 \times 10^{-10}$

004

동심구에서 내부 도체의 반지름이 a, 절연체의 반지름이 b, 외부 도체의 반지름이 c이다. 내부 도체에만 전하 Q를 주었을 때 내부 도체의 전위는?(단, 절연체의 유전율은 ϵ_0이다.)

① $\frac{Q}{4\pi\epsilon_0 a}(\frac{1}{a} + \frac{1}{b})$
② $\frac{Q}{4\pi\epsilon_0}(\frac{1}{a} - \frac{1}{b})$
③ $\frac{Q}{4\pi\epsilon_0}(\frac{1}{a} - \frac{1}{b} - \frac{1}{c})$
④ $\frac{Q}{4\pi\epsilon_0}(\frac{1}{a} - \frac{1}{b} + \frac{1}{c})$

내부 도체에 $+Q$를 준 경우 외부 도체는 내부에는 $-Q$, 외부에는 $+Q$ 유도 그리고 도체 내부에는 전계가 없으므로 전위차가 없다.
$V = V_{c\infty} + V_{bc}(=0) + V_{ab} + V_{0a}(=0) = V_{c\infty} + V_{ab}$
$V = (-\int_\infty^c E \cdot d\ell) + (-\int_b^a E \cdot d\ell)$
$= \frac{1}{4\pi\epsilon_0}(\frac{1}{c} - \frac{1}{\infty}) + \frac{1}{4\pi\epsilon_0}(\frac{1}{a} - \frac{1}{b})$

005

면전하 밀도가 σ[c/m²]인 대전도체가 진공중에 놓여 있을때 도체 표면에 작용하는 정전력은 몇 [N/m²]인가?

① σ^2에 비례한다.
② σ에 비례한다.
③ σ^2에 반비례한다.
④ σ에 반비례한다.

정전력 에너지 $F[N/m^2] = \frac{1}{2}ED = \frac{1}{2}\epsilon E^2 = \frac{D^2}{2\epsilon}$ ∴ $F = \propto D^2$

006

두 콘덴서 $C_1 = 5 \times 10^{-6}$ [F] 과 $C_2 = 7 \times 10^{-6}$ [F]를 각각 100[V]와 200[V]로 충전한 후 극성이 같게 병렬 접속할 때 양단 전압은 몇 [V]로 되는가?(단, 이같은 과정에서 손실되는 전하는 무시한다.)

① 약100
② 약150
③ 약200
④ 약300

공동전위 $V = \dfrac{C_1 V_1 + C_2 V_2}{C_1 + C_2} = \dfrac{5 \times 100 + 7 \times 200}{5 + 7} = 158[V]$

007

무한히 넓은 2개의 평행 도체판의 간격이 d[m]이며 그 전위차는 V[V]이다. 도체판의 단위 면적에 작용하는 힘은 몇 [N/m²] 인가?(단, 유전율은 ϵ_0이다.)

① $\epsilon_0 \left(\dfrac{V}{d}\right)^2$
② $\dfrac{1}{2} \epsilon_0 \left(\dfrac{V}{d}\right)^2$
③ $\dfrac{1}{2} \epsilon_0 \left(\dfrac{V}{d}\right)$
④ $\epsilon_0 \left(\dfrac{V}{d}\right)$

정전력 $F[N/m^2] = \dfrac{1}{2} ED = \dfrac{1}{2} \epsilon E^2 = \dfrac{D^2}{2\epsilon}$ 에서 2번째 것 이용
$F[N/m^2] = \dfrac{1}{2} \epsilon E^2$ 에 $E = \dfrac{V}{d}$ 를 대입 $F[N/m^2] = \dfrac{1}{2} \epsilon \left(\dfrac{V}{d}\right)^2$

008

비유전율 $\epsilon_r = 3$인 유전체내의 한 점의 전장이 3×10^5 [V/m]일 때 이점의 분극의 세기는 몇 [C/m²]인가?

① 1.77×10^{-6}
② 5.31×10^{-6}
③ 7.08×10^{-6}
④ 8.85×10^{-6}

$P = \epsilon_o(\epsilon_r - 1)E$ 에서 $\epsilon_o = 8.855 \times 10^{-12}$, $\epsilon_r = 3$, $E = 3 \times 10^5$ 대입
$P = 8.855 \times 10^{-12}(3 - 1) \times 3 \times 10^5 = 5.31 \times 10^{-6}$

009

유전률이 각각 다른 두 유전체의 경계면에 전계가 수직으로 입사하였을 때, 옳은 것은?($\theta_1 = \theta_2 = 0$ 일 때)

① 전계는 연속적이다.
② 전속밀도가 달라진다.
③ 유전률이 같아진다.
④ 전력선은 굴절하지 않는다.

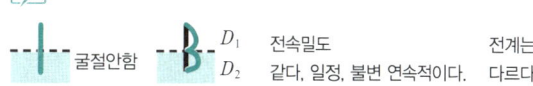

이해 ① 전계는 불연속이다.
② 전속밀도는 연속적이다.
③ 유전률은 변함이 없다.

010

전계의 세기를 주는 대전체 중 거리 r에 반비례하는 것은?

① 구전하에 의한 전계
② 점전하에 의한 전계
③ 선전하에 의한 전계
④ 전기 쌍극자에 의한 전계

전하에 의한 전계의 세기(가우스의 정리) 4가지
구전하($\dfrac{Q}{4\pi\epsilon r^2}$), 선전하($\dfrac{\lambda}{2\pi\epsilon r}$),
도체면전하($\dfrac{D}{\epsilon} = \dfrac{\rho}{\epsilon}$), 전기쌍극자($\propto \dfrac{1}{r^3}$)

011

20[℃]에서 저항 온도계수가 0.004인 동선의 저항이 100[Ω]이었다. 이 동선의 온도가 80[℃]일 때 저항은?

① 24[Ω]
② 48[Ω]
③ 72[Ω]
④ 124[Ω]

$R_t = R_0(1 + \alpha_0(t - t_0))$ 에서

$R_o=100$, $\alpha_o=0.004$, $t_o=20$, $t=80$ 대입
∴ $R_t=100(1+0.004(80-20))=124$

012

그림과 같은 동축원통의 왕복 전류회로가 있다. 도체 단면에 고르게 퍼진 일정 크기의 전류가 내부 도체로 흘러 들어가고 외부 도체로 흘러나올 때 전류에 의하여 생기는 자계에 대하여 옳지 않은 설명은?

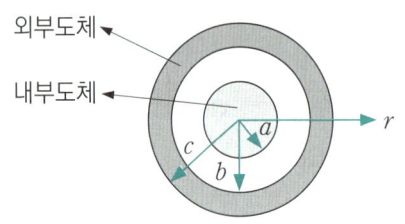

① 내부 도체 내($r<a$)에 생기는 자계의 크기는 중심으로부터 거리에 비례한다.
② 두 도체 사이(내부공간)($a<r<b$)에 생기는 자계의 크기는 중심으로부터 거리에 반비례한다.
③ 외부 도체 내 ($b<r<c$)에 생기는 자계의 크기는 중심으로부터 거리에 관계 없이 일정하다.
④ 외부공간($r>c$)의 자계는 영(0)이다.

⚡

($r<a$) : $H=\dfrac{Ir}{2\pi a^2}$: 거리에 비례

($a<r<b$) : $H=\dfrac{I}{2\pi r}$: 거리에 반비례

($b<r<c$) : $H=\dfrac{I}{2\pi r}(1-\dfrac{r^2-b^2}{c^2-b^2})$: 거리에 반비례

($r>c$) : $H=0$

013

플레밍의 왼손법칙에서 왼손의 엄지, 검지, 중지의 방향에 해당되지 않는 것은?

① 전압   ② 전류
③ 자속밀도 ④ 힘

⚡

자계 내 선전류가 받는 힘 $F=(I\times B)\cdot \ell=BI\ell\sin\theta$에서 F(힘), B(자계, 자속밀도), I(전류)의 방향을 의미한다.

014

전전류 I[A] 가 반경 a[m]의 원주를 흐를 때 원주 내부 중심에서 r[m] 떨어진 원주내부의 자계의 세기는 몇 [AT/m]인가?

① $\dfrac{rI}{2\pi a^2}$

② $\dfrac{I}{2\pi a^2}$

③ $\dfrac{rI}{\pi a^2}$

④ $\dfrac{I}{\pi a^2}$

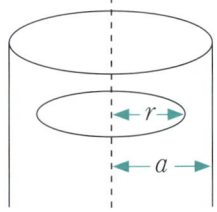

⚡

직선전류 외부 $H=\dfrac{NI}{2\pi r}$

직선전류 내부 : 표면전류 $H=0$,

균일전류 $H=\dfrac{rI}{2\pi a^2}$ 중에서 $H=\dfrac{rI}{2\pi a^2}$ 선택

내부에서 자계의 세기중 조건이 없고 균일전류 조건의 경우만 보기에 있음

015

자계의 세기에 관계없이 급격히 자성을 잃는 점을 자기임계온도 또는 퀴리점(curie point)이라고 한다. 순철의 경우 이 온도는 약 몇 [℃]인가?

① 약 0 [℃]   ② 약 370 [℃]
③ 약 570 [℃]   ④ 약 770 [℃]

⚡

순철의 퀴리점 : 770[℃]

016

자기회로에 대한 설명으로 틀린 것은?(단, S는 자기회로의 단면적이다.)

① 자기저항의 단위는 [H](Henry)의 역수이다.
② 자기저항의 역수를 퍼미언스(permeance)라고 한다.
③ '전기저항=(자기회로의 단면을 통과하는 자속)/(자기회로의 총 기자력)'이다.

④ 자속밀도 B가 모든 단면에 걸쳐 균일하다면 자기회로의 자속은 BS이다.

자기회로 $F[AT] = \phi \cdot R_m$ 에서 $R_m = \dfrac{F(기자력)}{\phi(자속)}$

017

저항 $24[\Omega]$의 코일을 지나는 자속이 $0.3\cos 800t[\text{Wb}]$일 때 코일에 흐르는 전류의 최대값은 몇 $[\text{A}]$인가?

① 10 ② 20
③ 30 ④ 40

전류 $I_{\max} = \dfrac{e_{\max}}{R}$ 에서
$e_m = \omega N \phi_m$ ($\omega = 800$, $N = 1$, $\phi_m = 0.3$), $R = 24$ 대입
∴ $I_{\max} = \dfrac{e_{\max}}{R} = \dfrac{800 \times 1 \times 0.3}{24} = 10$

018

자기인덕턴스가 L_1, L_2이고 상호 인덕턴스가 M인 두 회로의 결합계수가 1일 때, 성립되는 식은?

① $L_1 \cdot L_2 = M$
② $L_1 \cdot L_2 < M^2$
③ $L_1 \cdot L_2 > M^2$
④ $L_1 \cdot L_2 = M^2$

상호인덕턴스 $M = K\sqrt{L_1 L_2}$ 에서 $K = 1$ 대입
∴ $M^2 = L_1 L_2$

019

전계 $E = \sqrt{2} E_e \sin w\left(t - \dfrac{z}{v}\right)[\text{V/m}]$의 평면 전자파가 있다. 진공중에서의 자계의 실효값은 몇 $[\text{AT/m}]$인가?

① $2.65 \times 10^{-1} E_e$
② $2.65 \times 10^{-2} E_e$
③ $2.65 \times 10^{-3} E_e$
④ $2.65 \times 10^{-4} E_e$

Z_0(공기중) $= \dfrac{E}{H} = 377[\Omega]$ → $H = \dfrac{E}{377}$ ∴ $H = 2.65 \times 10^{-3} E$

020

유전체 중을 흐르는 전도전류 i_σ와 변위전류 i_d를 같게 하는 주파수를 임계주파수 f_c, 임의의 주파수를 f라 할 때 유전손실 $\tan\delta$는?

① $\dfrac{f_c}{2f}$ ② $\dfrac{f}{2f_c}$
③ $\dfrac{f_c}{f}$ ④ $\dfrac{f}{f_c}$

변위전류 $i_d = 2\pi f \epsilon E[\text{A/m}^2]$, 전도전류 $i_\sigma = \sigma E[\text{A/m}^2]$
$\tan\delta = \dfrac{i_\sigma}{i_d} = \dfrac{\sigma E}{2\pi f \epsilon E} = \dfrac{\sigma}{2\pi f \epsilon}$ 에서 변위전류 = 전도전류이므로
임계주파수 $2\pi f_c \epsilon E = \sigma E \rightarrow f_c = \dfrac{\sigma}{2\pi \epsilon}$ 를 대입
$\tan\delta = \dfrac{\sigma}{2\pi f \epsilon} = \dfrac{f_c}{f}$

제 02 과목 전력공학

021

인장강도는 작으나 도전율이 높아 옥내 배선용으로 주로 사용되는 전선은?

① 규동선 ② 연동선
③ 경동선 ④ 동복강선

연동선 고유저항(1/58), 경동선 고유저항(1/55)

022

지지물 간 거리 $200[\text{m}]$, 전선장력 $1000[\text{kg}]$, 전선의 중량이 $2[\text{kg/m}]$인 전선로의 딥은 몇 $[\text{m}]$인가? (단, 전선 지지점에 고저차가 없다고 한다.)

① 7 ② 8
③ 9 ④ 10

이도 $D = \dfrac{WS^2}{8T} = \dfrac{2 \times 200^2}{8 \times 1000} = 10$
W(하중) $= 2[\text{kg/m}]$, S(지지물 간 거리) $= 200[\text{m}]$,
T(수평하중) $= 1000[\text{kg}]$

023

3상 수직 배치인 선로에서 오프-셋트(off-set)를 설치하는 이유는?

① 전선의 진동억제 ② 단락 방지
③ 철탑 중량 감소 ④ 전선의 풍압 감소

오프셋(offset) : 피빙도약에 의한 전선의 단락사고 방지

024

동일한 2대의 단상변압기를 V 결선하여 3상 전력을 $100[\text{kVA}]$까지 배전할 수 있다면 똑같은 단상변압기 1대를 더 추가하여 △ 결선하면 3상 전력을 약 몇 $[\text{kVA}]$까지 배전할 수 있겠는가?

① 57.7 ② 70.5
③ 141.4 ④ 173.2

V결선 : 공급전력=$\sqrt{3}$ × 변압기 1대용량=$100[\text{kVA}]$에서
변압기 용량=$100/\sqrt{3}[\text{kVA}]$
△결선:공급전력=3 × 변압기 1대용량= $3 \times \dfrac{100}{\sqrt{3}}=173.2[\text{kVA}]$

025

설비 A의 설비용량이 $150[\text{kW}]$, 설비 B의 설비용량이 $350[\text{kW}]$일 때 수용률이 각각 0.6 및 0.7일 경우 합성 최대전력이 $279[\text{kW}]$이면 부등률은 약 얼마인가?

① 1.2 ② 1.3
③ 1.4 ④ 1.5

부등률 = $\dfrac{(150 \times 0.6 + 350 \times 0.7)}{279} = 1.2$

026

부하에 따라 전압 변동이 심한 급전선을 가진 배전변전소의 전압 조정 장치는?

① 단권변압기 ② 전력용콘덴서
③ 유도전압조정기 ④ 직렬리액터

부하변동이 심한 경우 탭 절환방식을 채용할 수 없다. 유도전압조정기가 많이 채용된다.

027

3상 3선식 1회선의 가공전선에 있어서 D를 선간거리 $r[\text{m}]$를 전선 반지름이라 하면 전선 1선당의 정전용량은?

① $\log \dfrac{D}{r}$에 비례 ② $\log \dfrac{D}{r}$에 반비례
③ $\log \dfrac{r}{D}$에 비례 ④ $\log \dfrac{r}{D}$에 반비례

인덕턴스 $L=0.05+0.4605\log_{10}\dfrac{D}{r}[\text{mH/km}]$
정전용량 $C=\dfrac{0.02413}{\log_{10}\dfrac{D}{r}}[\mu\text{F/km}]$
인덕턴스는 $\log_{10}\dfrac{D}{r}$에 비례하고
정전용량은 $\log_{10}\dfrac{D}{r}$에 반비례함

028

선로의 특성임피던스($Z_0=\sqrt{\dfrac{Z}{Y}}$)는?

① 선로의 길이에 비례
② 선로의 길이에 반비례
③ 선로의 길이보다 부하에 따라 변화
④ 선로의 길이에 관계없이 일정

- 파동임피던스 $Z=\sqrt{\dfrac{Z}{Y}}=\sqrt{\dfrac{L}{C}}$
- 전파정수 $r=\sqrt{ZY}=\alpha+j\beta$ (α:감쇄정수, β:위상정수)
- 전파속도 $v=\dfrac{1}{\sqrt{LC}}$

029

그림과 같이 반지름 $r[\text{m}]$인 세 개의 도체가 선간 거리 $D[\text{m}]$로 수평배치하였을 때 A 도체의 인덕턴스는 몇 $[\text{mH/km}]$인가?

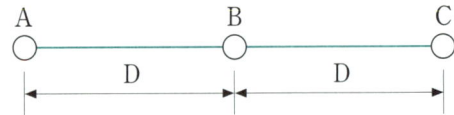

① $L=0.05+0.4605\log_{10}\dfrac{D}{r}$

② $L=0.05+0.4605\log_{10}\dfrac{2D}{r}$

③ $L=0.05+0.4605\log_{10}\dfrac{\sqrt[3]{2}D}{r}$

④ $L=0.05+0.4605\log_{10}\dfrac{\sqrt{2}D}{r}$

인덕턴스
D : 평균선간거리 3가닥 $\sqrt[3]{D_1 D_2 D_3} = \sqrt[3]{DD2D} = \sqrt[3]{2}D$
r : 소도체 반지름 → 지름 d가 주어지면 $r = d/2$

030

비접지식 송전선로에 있어서 1선 지락고장이 생겼을 경우 지락점에 흐르는 전류는?

① 직류 전류이다.
② 고장상의 전압보다 90도 늦은 전류이다.
③ 고장상의 전압보다 90도 빠른 전류이다.
④ 고장상의 전압과 동상의 전류이다.

비접지식 : 지락시 충전전류(선로의 정전용량때문 90도 앞선전류)발생

031

배전 선로의 역률 개선에 따른 효과로 적합하지 않는 것은?

① 전원 측 설비의 이용률 향상
② 선로 절연의 비용 절감
③ 전압 강하 감소
④ 선로의 전력 손실 경감

역률 개선 효과
• 전력손실 감소, 전압강하 및 전압 변동률 감소, 전원 설비 이용률 향상
• 선로 절연은 사용전압의 크기에 따라 결정된다.

032

3상 1회선과 대지 간의 충전 전류가 1[km]당 0.25[A]일 때 길이가 18[km]인 선로의 충전 전류는 몇 [A]인가?

① 1.5
② 4.5
③ 13.5
④ 40.5

충전전류는 길이에 비례하므로 $I_c = 0.25[\text{A/km}] \times 18[\text{km}] = 4.5[\text{A}]$

033

66[kV], 60[Hz] 3상 3선식 선로에서 중성점을 소호리액터 접지하여 완전 공진상태로 되었을 때 중성점에 흐르는 전류는 몇 [A]인가?(단, 소호리액터를 포함한 영상회로의 등가 저항은 200[Ω], 중성점 잔류 전압은 4,400[V]라고 한다.)

① 11
② 22
③ 33
④ 44

소호리액터 접지에서 완전 공진상태가 되면 회로는 저항만의 회로가 된다.
$\therefore I_g = \dfrac{E}{R} = \dfrac{4,400[\text{V}]}{200[\Omega]} = 22$

034

100[MVA]의 3상 변압기 2뱅크를 가지고 있는 배전용 2차 측의 배전선에 시설할 차단기 용량[MVA]은?(단, 변압기는 병렬로 운전되며, 각각의 %Z는 20[%]이고, 전원의 임피던스는 무시한다.)

① 1,000
② 2,000
③ 3,000
④ 4,000

단락용량(P_s)[MVA] = $\dfrac{100}{\%Z} \times P_n$

($P_n = 100[\text{MVA}]$, $\%Z = \dfrac{20 \times 20}{20+20} = 10[\%]$)

$\therefore P_s = \dfrac{100}{10} \times 100[\text{MVA}] = 1000[\text{MVA}]$

035

전압이 일정값 이하로 되었을 때 동작하는 것으로서 단락 시 고장 검출용으로도 사용되는 계전기는?

① OVR
② OVGR
③ NSR
④ UVR

보호계전기
① 과전압 계전기
② 지락과전압 계전기
③ 역상과전류 계전기
④ 부족전압 계전기

036

그림의 X 부분에 흐르는 전류는 어떤 전류인가?

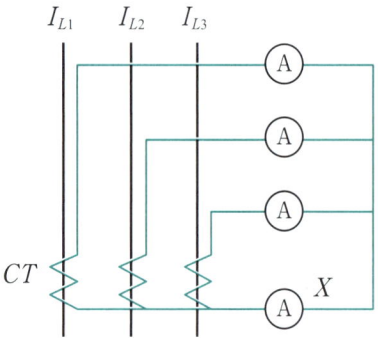

① L_2 상 전류
② 정상전류
③ 역상전류
④ 영상전류

X에는 3상 전류의 합이 흐른다. 이때 3상 전류의 정상, 역상전류의 합은 0이 되고, 영상전류만 흐르게 된다.

037

첨두부하에 전력을 공급하는데 적당한 수력발전소 방식은?

① 양수식
② 수로식
③ 댐식
④ 유역변경식

전력의 생산은 기저부하를 담당하는 발전원과 첨두부하를 담당하는 발전원으로 크게 분류되며 기저부하를 담당하는 발전원은 가동율(이용율)이 높게 나타나고 첨두부하를 담당하는 발전원은 가동율이 낮다. 따라서, 잉여전력으로 첨두부하를 담당하는 발전원은 양수식 발전이다.

038

낙차 350[m]에서, 회전수 600[rpm]인 수차를 325[m]의 낙차에서 사용 할 때의 회전수는 약 몇 [rpm]인가?

① 500
② 560
③ 578
④ 600

발전기 회전수(N)는 낙차(H)의 제곱근에 비례한다.

$N \propto H^{\frac{1}{2}} = 600 \times \left(\frac{325}{350}\right)^{\frac{1}{2}} = 600 \times \sqrt{\frac{325}{350}} = 578$

039

공기 예열기를 설치하는 효과로 볼 수 없는 것은?

① 화로의 온도가 높아져 보일러의 증발량이 증가한다.
② 매연의 발생이 적어진다.
③ 보일러 효율이 높아진다.
④ 연소율이 감소한다.

보일러 연소용 공기를 가열, 공기 연소가 잘되어 연소율이 증가한다.

040

우라늄 235(U^{235}) 1[g]에서 얻을 수 있는 에너지는 석탄 몇 톤[ton]정도에서 얻을 수 있는 에너지에 상당하는가?

① 0.3
② 0.5
③ 1
④ 3

우라늄 235(U^{235}) 1[g]에서 얻을 수 있는 에너지는 2×10^7[kcal]
석탄의 발열량은 종류에 따라 다르지만 약 4000~8000 [kcal/kg]

석탄량은 $\therefore \frac{2 \times 10^7}{6000} = 3333$ [kg]

제 03 과목 전기기기

041

직류발전기의 단자 전압을 조정하려면 어느 것을 조정하여야 하는가?

① 기동 저항   ② 계자 저항
③ 방전 저항   ④ 전기자 저항

직류 발전기는 계자 저항을 조정하여 계자 전류를 조절한다. 이 계자 전류는 발전기의 단자 전압을 조정한다.

042

단자전압 $220[V]$, 부하전류 $50[A]$인 분권 발전기의 유기기전력은?(단, 여기서 전기자 저항은 $0.2[\Omega]$이며 계자전류 및 전기자 반작용은 무시한다)

① $210[V]$ ② $215[V]$
③ $225[V]$ ④ $230[V]$

분권발전기에서 전기자 전류가 계자전류 보다 매우 크므로 부하전류 ≒ 전기자전류

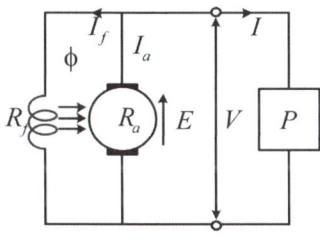

$E = V + R_a I_a + e_a + e_b = V + R_a I_a$

유도기전력은 단자전압＋전기자전압＋전기자반작용＋브러시의 접촉저항에 따른 전압강하의 합이다.
∴ $E = V + I_a R_a = 220 + 50 \times 0.2 = 230[V]$

043

전기자의 도체수 360, 6극 중권의 직류전동기가 있다. 전기자 전류가 $60[A]$일 때, 발생 토크는 몇 $[kg \cdot m]$인가?(단, 1극 당 자속수는 $0.06[Wb]$이다.)

① 12.3   ② 21.1
③ 32.5   ④ 43.2

직류 전동기의 토크공식 중
$\tau = \dfrac{PZ}{2\pi a}\phi I_a [N \cdot m] = \dfrac{6 \times 360 \times 0.06 \times 60}{2 \times 3.14 \times 6} = 206.4[N \cdot m]$
문제에서 단위가 $[kg \cdot m]$이므로 9.8을 나누어야 한다.
∴ $\tau = \dfrac{206.4}{9.8} = 21.1[kg \cdot m]$ 여기서 병렬회로 수 a는 파권＝2이다.

044

직류 전동기의 규약 효율은 어떤 식으로 표시된 식에 의하여 구하여진 값인가?

① $\eta = \dfrac{출력}{입력} \times 100[\%]$

② $\eta = \dfrac{출력}{출력＋손실} \times 100[\%]$

③ $\eta = \dfrac{입력－손실}{입력} \times 100[\%]$

④ $\eta = \dfrac{입력}{출력＋손실} \times 100[\%]$

③번 : 전동기의 규약효율, ②번 : 발전기나 변압기의 규약효율

045

20극, $360[rpm]$의 3상 동기발전기가 있다. 전 슬롯수 180, 2층권 각 코일의 권수 4, 전기자 권선은 성형으로 단자전압 $6600[V]$인 경우 1극의 자속$[Wb]$은 얼마인가?(단, 권선계수는 0.9라 한다.)

① 0.0597   ② 0.0662
③ 0.0883   ④ 0.1147

• 동기속도 : $N_s = \dfrac{120f}{P}[rpm]$: 분당회전수
• 유도기전력 : $E = 4.44 K_w f \phi N$ (ϕ : 1극당 자속)
• 전기자 주변속도 : $v = \pi D \dfrac{N}{60}[m/sec]$
 $E = 4.44 K_w f \phi N$ 에서 $\phi = \dfrac{E}{4.44 N f K_w}$ 이다.
• 1상의 권수 $N = \dfrac{홈수(코일수) \times 권수}{상수} = \dfrac{180 \times 4}{3} = 240$회
• 주파수 $f = \dfrac{N_s P}{120} \left(N_s = \dfrac{120f}{P} 에서\right) = \dfrac{360 \times 20}{120} = 60[Hz]$
• $\phi = \dfrac{E}{4.44 N f K_w} = \dfrac{6600/\sqrt{3}}{4.44 \times 240 \times 60 \times 0.9} = 0.0662[Wb]$

046

정격 전압 6000[V], 용량 4000[kVA]의 3상 동기 발전기가 있다. 여자 전류 200[A]에서의 무부하 단자전압 6000[V], 단락 전류 500[A]일 때, 이 발전기의 단락비는?

① 1.3
② 1.25
③ 1.20
④ 1.77

$K_s = \dfrac{If_s}{If_n} = \dfrac{I_s}{I_n}$ 에서, ① $I_n = \dfrac{P}{\sqrt{3}V} = \dfrac{4000000}{\sqrt{3} \times 6000} = 385[A]$

② $\therefore K_s = \dfrac{I_s}{I_n} = \dfrac{500}{385} = 1.3$

047

동기전동기의 자체 기동법에서 계자권선을 단락하는 이유는?

① 기동이 쉽다.
② 기동권선으로 이용
③ 고전압 유도를 방지
④ 전기자 반작용 방지

동기전동기에서 제동권선은 난조방지와 자체기동 역할을 하며 계자권선은 권선수가 많아 기동 시 단락하지 않으면 고전압이 유도되어 절연파괴의 우려가 있다.

048

$E_1 = 2,000[V]$, $E_2 = 100[V]$의 변압기에서 $r_1 = 0.2[\Omega]$, $r_2 = 0.0005[\Omega]$, $x_1 = 0.2[\Omega]$, $x_2 = 0.005[\Omega]$이다. 권수비 a는?

① 60
② 30
③ 20
④ 10

권수비 $a = \dfrac{E_1}{E_2} = \dfrac{I_2}{I_1} = \dfrac{N_1}{N_2} = \sqrt{\dfrac{Z_1}{Z_2}}$

$\therefore a = \dfrac{E_1}{E_2} = \dfrac{2000}{100} = 20$

049

어떤 변압기의 단락 시험에서 %저항 강하 1.5[%]와 %리액턴스 강하 3[%]를 얻었다. 부하 역률이 80[%] 앞선 경우의 전압 변동률[%]?

① -0.6
② 0.6
③ -3.0
④ 3.0

전압변동률
$\epsilon = p\cos\phi + q\sin\phi = 1.5 \times 0.8 + 3 \times 0.6 = 3[\%]$ (지상부하)
$\epsilon = p\cos\phi - q\sin\phi = 1.5 \times 0.8 - 3 \times 0.6 = -0.6[\%]$ (진상부하)

050

3상 동기 발전기를 병렬 운전하는 도중 여자 전류를 증가시킨 발전기에서 일어나는 현상은?

① 무효 전류가 증가한다.
② 역률이 좋아진다.
③ 전압이 높아진다.
④ 출력이 커진다.

동기발전기
• 부족여자(진상전류, 역률향상), 과여자(지상전류, 역률저하)
• A기의 여자 전류를 증대하면 A기는 역률저하, B기는 역률향상

051

T 결선에 의하여 3,300[V]의 3상으로부터 200[V], 40[kVA]의 전력을 얻는 경우 T좌 변압기의 권수비는 약 얼마인가?

① 16.5
② 14.3
③ 11.7
④ 10.2

T결선에서 T좌 변압기의 권수비는

1차측 : $\dfrac{\sqrt{3}}{2}E$이고, 2차측 : $\dfrac{E}{a}$ 이다.

$\therefore$ T좌 변압기 권수비 $= \dfrac{1차측}{2차측} = \dfrac{\dfrac{\sqrt{3}}{2}E}{\dfrac{E}{a}} = a \times \dfrac{\sqrt{3}}{2}$

$= \dfrac{3,300}{200} \times \dfrac{\sqrt{3}}{2} = 14.3$

052

단상변압기를 병렬운전하는 경우 부하전류의 분담은 무엇에 관계되는가?

① 누설리액턴스에 비례한다.
② 누설리액턴스 2승에 반비례한다.
③ 누설임피던스에 비례한다.
④ 누설임피던스에 반비례한다.

분담전류 : $\dfrac{I_A}{I_B} = \dfrac{\%Z_B}{\%Z_A} \times \dfrac{P_A}{P_B}$: %임피던스 강하에 반비례한다.

053

60[Hz] 4극 3상 유도 전동기가 1620[rpm]으로 운전하고 있다. 이 전동기의 슬립은?

① 1
② 0.5
③ 0.1
④ 0.15

$S = \dfrac{N_s - N}{N_s}$ 에서 동기속도 $N_s = \dfrac{120f}{p} = 1800$[rpm],

$N = 1620$[rpm] ∴ $S = \dfrac{N_s - N}{N_s} = \dfrac{1800 - 1620}{1800} = 0.1$

054

3상 권선형 유도전동기의 2차 회로에 저항을 삽입하는 목적이 아닌 것은?

① 속도는 줄지만 최대 토크를 크게하기 위하여
② 속도제어를 하기 위하여
③ 기동 토크를 크게 하기 위하여
④ 기동 전류를 줄이기 위하여

비례추이 : 권선형 유도전동기의 2차 저항을 삽입하여 속도와 슬립 토크를 제어하는 방식. 단, 최대토크는 변하지 않는다.

055

8극, 50[kW], 3300[V], 60[Hz]인 3상 권선형 유도전동기의 전부하 슬립이 4[%]라고 한다. 이 전동기의 슬립링 사이에 0.16[Ω]의 저항 3개를 Y로 삽입하면 전부하 토크를 발생할 때의 회전수[rpm]는?(단, 2차 각 상의 저항은 0.04[Ω]이고, Y접속이다.)

① 660
② 720
③ 750
④ 880

$N = \dfrac{120f}{p}(1-s)$[rpm] 에서 $f = 60$[Hz], $p = 8$극

비례추이시 슬립 : $\dfrac{r_2}{s} = \dfrac{r_2 + R}{s'}$ ➡ $\dfrac{0.04}{s = 0.04} = \dfrac{0.04 + 0.16}{s'}$

∴ $s' = 0.2$

$N = \dfrac{120f}{p}(1-s)$[rpm] $= \dfrac{120 \times 60}{8} \times (1-0.2) = 720$[rpm]

056

분로분권 및 직렬권선 1상에 유도되는 기전력을 각각 E_1, E_2[V]라 할 때 회전자를 0°에서 180°까지 변화시킬 때 3상 유도전압조정기의 출력측 선간전압의 조정 범위는?

① $(E_1 \pm E_2)/\sqrt{3}$
② $\sqrt{3}(E_1 \pm E_2)$
③ $\sqrt{3}(E_1 - E_2)$
④ $\sqrt{3}(E_1 + E_2)$

유도전압조정기의 전압 조정범위
• 단상 : $V_2 = V_1 + E_2 \cos \alpha$
• 3상 : $V_2 = \sqrt{3}(V_1 \pm E_2)$

057

단상 전파 정류의 맥동률은?

① 0.17
② 0.34
③ 0.48
④ 0.86

맥동률 : 교류분/직류분
단상전파 48%, 단상반파 121%, 3상전파 4%(최저), 3상반파 18%

058

직류에서 교류로 변환하는 기기는?

① 인버터
② 사이클로 컨버터
③ 초퍼
④ 회전 변류기

- 전력변환의 종류
  ① $AC \to DC$: 컨버터(정류기)
  ② $DC \to AC$: 인버터
  ③ $AC \to AC$: 사이클로 컨버터(주파수 변환기)
  ④ $DC \to DC$: 초퍼
- 인버터는 직류를 교류로 변환하는 역변환 장치이다.

059

정류기의 단상 전파정류에 있어서 직류전압 100[V]를 얻는데 필요한 2차 상 전압을 구하시오.(단, 부하는 순 저항으로 하고 변압기내의 전압강하는 무시하며 리액턴스 전압강하를 15[V]로 한다.)

① 약 94.4[V]
② 약 128[V]
③ 약 181[V]
④ 약 225[V]

단상(반파 : 0.45, 전파 : 0.9), 삼상(반파 : 1.17, 전파 : 1.35)
교류전압 = 직류/상수(=0.9 : 단상전파)
 = (부하직류+정류기내전압강하)/0.9
 = (100+15)[V]/0.9 = 127.77[V]

060

다음 사이리스터 중 3단자 사이리스터가 아닌 것은?

① SCS
② SCR
③ GTO
④ TRIAC

SCR(1방향 3단자), SCS(1방향 4단자)
SSS(2방향 2단자), SBS(2방향3단자), TRIAC(2방향3단자)

제 04 과목 회로이론

061

배전선의 전류를 3배로 하여도 선로 저항에 의한 전압 강하가 변하지 않으려면 전선의 지름은 몇 배로 하여야 하는가?

① $\dfrac{1}{\sqrt{3}}$
② $\dfrac{1}{3}$
③ $\sqrt{3}$
④ 3

오옴의 법칙에서 $V=IR$에서 전압이 일정하면
전류가 3배증가시 저항은 1/3배
$R = \rho \dfrac{l}{S} \to R' = \rho \dfrac{l}{3S} = \dfrac{1}{3} \times \rho \dfrac{l}{S} = \dfrac{1}{3}R$ 이므로 단면적은 3배증가
∴ 면적 $\left(S = \dfrac{\pi D^2}{4}\right)$에서 지름은 $\sqrt{3}$ 배증가

062

그림과 같은 최대값 E_m 정현파 교류를 다이오드 1개로 반파 정류하여 순 저항 부하에 가하고, 직류 전압계로 전압을 측정할 때 전압계의 지시 값은 몇 [V]인가?

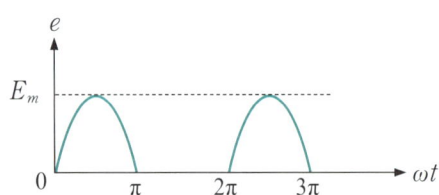

① πE_m
② $\dfrac{E_m}{\pi}$
③ $\dfrac{\sqrt{2}}{\pi} E_m$
④ $\dfrac{2}{\pi} E_m$

평균값 = $\dfrac{최대값}{파고율 \times 파형률}$

정현파의 파고율($\sqrt{2}$), 파형률(1.11)
반파정현파의 파고율($\sqrt{2} \times \sqrt{2}$), 파형률($1.11 \times \sqrt{2}$)

평균값 = $\dfrac{E_m}{(\sqrt{2} \times \sqrt{2}) \times (1.11 \times \sqrt{2})} = 0.31 E_m$

① 3.14 ② 0.31 ③ 0.45 ④ 0.63 ∴ ② 정답

063

$e^{j\frac{2}{3}\pi}$와 같은 것은?

① $\frac{1}{2} - j\frac{\sqrt{3}}{2}$　　② $-\frac{1}{2} - j\frac{\sqrt{3}}{2}$

③ $-\frac{1}{2} + j\frac{\sqrt{3}}{2}$　　④ $\cos\frac{2}{3}\pi + \sin\frac{2}{3}\pi$

$e^{j\frac{2}{3}\pi} = 1\angle\frac{2}{3}\pi = 1(\cos 120° + j\sin 120°) = -\frac{1}{2} + j\frac{\sqrt{3}}{2}$: $\frac{2}{3}\pi = 120°$

064

저항 R, 리액턴스 X의 직렬회로에 단상 교류전압 V를 가했을 때 소비되는 전력은?

① $\frac{V^2 R}{\sqrt{R^2 + X^2}}$　　② $\frac{V}{\sqrt{R^2 + X^2}}$

③ $\frac{V^2 R}{R^2 + X^2}$　　④ $\frac{X}{R^2 + X^2}$

유효전력 1) 직렬회로 $I^2 R$, 2) 병렬회로 : $\frac{V^2}{R}$ 에서 1)식 선택

전류 $I = \frac{V}{\sqrt{R^2 + X^2}}$ 를 대입 $I^2 R = \left(\frac{V}{\sqrt{R^2 + X^2}}\right)^2 \times R$

065

$E = 40 + j30$[V]의 전압을 가하면 $I = 30 + j10$[A]의 전류가 흐른다. 이회로의 역률은?

① 0.456　　② 0.567

③ 0.854　　④ 0.949

$P_a[VA] = \overline{V} \cdot I = P[W] \pm jP_r[Var]$: ($+j$:진상, $-j$:지상)부하

에서 $P_a = \overline{V} \cdot I = (40 - j30) \cdot (30 + j10) = 1,500 - j500$

$\therefore \cos\theta = \frac{P}{P_a} = \frac{1500}{\sqrt{1500^2 + 500^2}} = 0.949$

066

코일에 단상 100[V]의 전압을 가하면 30[A]의 전류가 흐르고 1.8[kW]의 전력을 소비한다고 한다. 이 코일과 병렬로 콘덴서를 접속하여 회로의 합성 역률을 100[%]로 하기 위한 용량 리액턴스는 대략 몇 [Ω]이어야 하는가?

① 1　　② 2

③ 3　　④ 4

역률개선용 콘덴서의 용량을 의미하는 문제

개선전 무효전력 $= \sqrt{(\text{피상전력})^2 - (\text{유효전력})^2}$
$= \sqrt{(100 \times 30)^2 - (1800)^2} = 2400$[Kvar]

콘덴서의 전력 (병렬) : $P_r = \frac{V^2}{X_C}$ → $2400 = \frac{100^2}{X_C}$ 에서 $X_C = 4.17$

067

△결선된 부하를 Y결선으로 바꾸면, 소비전력은 어떻게 되겠는가?(단, 선간전압은 일정하다.)

① $\frac{1}{3}$배　　② $\frac{1}{9}$배

③ 9배　　④ 3배

$Y(1)$, △(3)으로 생각 △결선를 Y결선으로 바꾸면 $\frac{Y(1)}{\Delta(3)} = \frac{1}{3}$

068

불평형 3상 전류가 $I_a = 15 + j2$[A], $I_b = -20 - j14$[A], $I_c = -3 + j10$[A]일 때, 정상분 전류 I[A]는?

① $1.91 + j6.24$

② $-2.67 - j0.67$

③ $15.7 - j3.57$

④ $18.4 + j12.3$

정상분 $I_1 = \frac{1}{3}(I_a + aI_b + a^2 I_c)$ 에서

$a = -\frac{1}{2} + j\frac{\sqrt{3}}{2}$, $a^2 = -\frac{1}{2} - j\frac{\sqrt{3}}{2}$ 를 적용하면

$I_1 = \frac{1}{3}((15 + j2) + (-\frac{1}{2} + j\frac{\sqrt{3}}{2})(-20 - j14)$
$+ (-\frac{1}{2} - j\frac{\sqrt{3}}{2})(-3 - j10))$
$= \frac{1}{3}(47.28 + j10.72) = 15.7 - j3.57$

참고 $a = 1\angle 120$, $a^2 = 1\angle 240$ 대입 후 계산기로 계산해도 됩니다.

별해 각 상전압 $Va = 15$, $Vb = 24$, $Vc = 10$ 그러므로 평균은 16

③ 16　④ 18.5　∴ 정답 ③

069

용량 30[kVA]의 단상변압기 2대를 V결선하여 역률 0.8, 전력 20[kW]의 평형 3상부하에 전력을 공급할 때 변압기 1대가 분담하는 피상전력은 얼마인가?

① 14.4[kVA] ② 15[kVA]
③ 20[kVA]   ④ 30[kVA]

공급용량(출력)[kVA] $= \sqrt{3} \times P[kVA] \geq$ 부하부담 용량
∴ $\sqrt{3} \times P[kVA] \geq \frac{20[kW]}{0.8}[kVA]$ 에서 $P[kVA]=14.4$

조심 좌측항과 후측항이 동일단위로 되어야 함.

070

$V_a=3[V]$, $V_b=2-j3[V]$, $V_c=4+j3[V]$를 3상 불평형 전압이라고 할때 영상전압은?

① 3   ② 9
③ 27 ④ 0

영상분 크기 : $E_0 = \frac{1}{3}(E_a+E_b+E_c)$: 실수는 실수, 허수는 허수끼리
∴ $E_0 = \frac{1}{3}(3+2-j3+4+j3) = \frac{1}{3}(9) = 3$

071

다음 중 푸리에(Fourier)급수로 비정현파 교류를 해석하는데 적당치 않는 것은?

① 반파대칭인 경우 직류분은 없다.
② 우함수인 비정현파에서는 싸인(Sin)항이 없다.
③ 기함수인 경우 싸인(Sin)항을 구할 때 반주기만 적분하여 2배한다.
④ 반파대칭에서 반주기마다 동일한 파형이 반복되나 부호가 변화없다.

비정현파의 기본특징
• 반파대칭 : 반주기 이동후 부호를 반대로
$f(t) = -f\left(t+\frac{T}{2}\right)$,n=1.3.5
평균값은 "0"으로 직류분이 없다.
• 좌우대칭 : cos파로 구성, 여현함수, 우함수, $f(t)=f(-t)$
• 원점대칭 : sin파로 구성, 정현함수, 기함수, $f(t)=-f(-t)$

072

비정현파전압
$v=100\sqrt{2}\sin\omega t+50\sqrt{2}\sin2\omega t+30\sqrt{2}\sin3\omega t$의 왜형률은 약 얼마인가?

① 0.36 ② 0.58
③ 0.87 ④ 1.41

왜형률 $= \frac{\text{전고조파의 실효값의 합}}{\text{기본파의 실효값}}$ 에서 $V_1=100$, $V_2=50$, $V_3=30$

왜형률 $= \frac{\sqrt{V_2^2+V_3^2}}{V_1} \times 100 = \frac{\sqrt{50^2+30^2}}{100} = 0.58$

073

그림과 같은 회로에서 a, b단자의 전압은 몇 [V]인가?

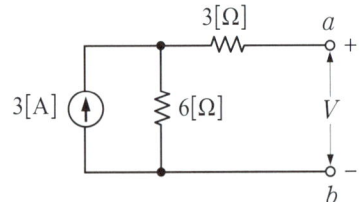

① 9   ② 12
③ 15 ④ 18

테브난 등가회로 이용 $V = I \cdot R = 3 \times 6 = 18[V]$

074

어떤 회로망 함수가 $Z(S)$로 표시될 때 0점은 무엇을 결정하는가?

① 크기   ② 주파수
③ 파형   ④ 파형의 크기

2단자망회로
일반화 임피던스 $\left(R, j\omega L, \frac{1}{j\omega C}\right)$를 각각 $\left(R, LS, \frac{1}{CS}\right)$로 보고 합성값을 구함
$Z(S)=0$ 의 S값을 영점이라고 하고 하며 파형의 크기에 의해서 결정

075

4단자 정수를 구하는 식에서 틀린 것은 어느 것인가?

① $A = \frac{V_1}{V_2}\big|_{I_2=0}$ ② $B = \frac{V_2}{I_2}\big|_{V_2=0}$

③ $C = \frac{I_1}{V_2}\big|_{I_2=0}$ ④ $D = \frac{I_1}{I_2}\big|_{V_2=0}$

$V_1 = AV_2 + BI_2$, $I_1 = CV_2 + DI_2$ 에서
$A = \frac{V_1}{V_2}\big|_{I_2=0}$, $B = \frac{V_1}{I_2}\big|_{V_2=0}$, $C = \frac{I_1}{V_2}\big|_{I_2=0}$, $D = \frac{I_1}{I_2}\big|_{V_2=0}$

이해 A, B, C, D : 모두 1차/2차로 구성됨

076

회로의 영상임피던스 Z_{01}과 Z_{02}는 각각 몇 [Ω]인가?

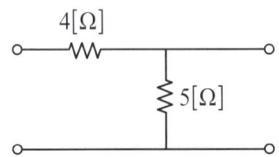

① 6, 5   ② 4, 5
③ 6, 3.33   ④ 4, 3.33

$Z_{01} = \sqrt{\frac{AB}{CD}}$ $Z_{02} = \sqrt{\frac{BD}{AC}}$

A(전압비) : 왼쪽 대각선($1 + \frac{4}{5} = \frac{9}{5}$), ∴ $A = \frac{9}{5}$

D(전류비) : 오른쪽 대각선($1 + \frac{0}{5}$) ∴ $D = 1$

B(직렬의 임피던스(4)), ∴ $B = 4$

C(병렬의 어드미턴스=병렬의 임피던스(5)의 역수) ∴ $C = \frac{1}{5}$

$Z_{01} = \sqrt{\frac{AB}{CD}} = \sqrt{\frac{\frac{9}{5} \times 4}{\frac{1}{5} \times 1}} = 6$, $Z_{02} = \sqrt{\frac{BD}{AC}} = \sqrt{\frac{4 \times 1}{\frac{9}{5} \times \frac{1}{5}}} = 3.33$

077

다음 회로에 대한 설명으로 옳은 것은?

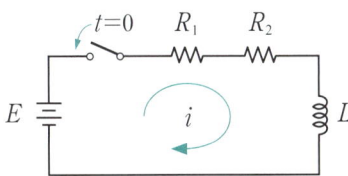

① 이 회로의 시정수는 $\frac{L}{R_1 + R_2}$이다.

② 이 회로의 특성근은 $\frac{R_1 + R_2}{L}$이다.

③ 정상전류의 값은 $\frac{E}{R_2}$이다.

④ 이 회로의 전류값은 $i(t) = \frac{E}{R_1 + R_2}(1 - e^{-\frac{L}{R_1+R_2}t})$이다.

① $R - L$회로 시정수 $\tau = \frac{L}{R} = \frac{L}{R_1 + R_2}$, 정답

② 특성근은 $-\frac{1}{\tau} = -\frac{R}{L} = -\frac{R_1 + R_2}{L}$

③ 정상값 $i(t = \infty) = \frac{E}{R_1 + R_2}$

③ 완전응답 $i(t) = \frac{E}{R_1 + R_2}(1 - e^{-\frac{1}{\tau}t}) = \frac{E}{R_1 + R_2}(1 - e^{-\frac{R_1+R_2}{L}t})$

078

$f(t) = \sin t \cos t$를 라플라스 변환하면?

① $\frac{1}{s^2 + 4}$ ② $\frac{1}{s^2 + 2}$

③ $\frac{1}{(s^2)^2}$ ④ $\frac{1}{(s^2 + 4)^2}$

삼각함수의 배각의 정리에서 $\sin 2t = 2\sin t \cdot \cos t$

∴ $\sin t \cdot \cos t = \frac{1}{2}\sin 2t$ ➡ $F(s) = \frac{1}{2} \times \frac{2}{s^2 + 2^2} = \frac{1}{s^2 + 4}$

079

$\mathcal{L}^{-1}\left[\frac{\omega}{s(s^2 + \omega^2)}\right]$ 은?

① $\frac{1}{\omega}(1 - \sin\omega t)$ ② $\frac{1}{\omega}(1 - \cos\omega t)$

③ $\frac{1}{s}(1 - \sin\omega t)$ ④ $\frac{1}{s}(1 - \cos\omega t)$

역라플라스 변환 공식 : 부분분수로 전개(한쪽이 이차방정식시 적용)

$\frac{\omega}{s(s^2 + \omega^2)} = \frac{k_1}{s} + \frac{k_2 s + k_3}{s^2 + \omega^2}$ 에서 양변에 $s(s^2 + \omega^2)$를 곱한 후

$\omega = k_1 \times (s^2 + \omega^2) + (k_2 s + k_3) \times s$ ➡ $\omega = (k_1 + k_2)s^2 + k_3 s + k_1 \omega^2$

에서 $k_1 = \frac{1}{\omega}$, $k_2 = -\frac{1}{\omega}$, $k_3 = 0$ 을 구한 후 첫 번째 식에 대입

$$F(s) = \frac{\frac{1}{\omega}}{s} + \frac{(-\frac{1}{\omega})s}{s^2 + \omega^2} = \frac{1}{\omega}(\frac{1}{s} - \frac{s}{s^2 + \omega^2}) \Rightarrow f(t) = \frac{1}{\omega}(1 - \cos\omega t)$$

080

다음 사항을 옳게 표현된 것은?

① 비례요소의 전달함수는 $\frac{1}{TS}$이다

② 미분요소의 전달함수는 K이다.

③ 적분요소의 전달함수는 TS이다.

④ 1차 지연요소의 전달함수는 $\frac{K}{TS+1}$이다.

① 적분요소 ② 비례요소 ③ 미분요소

제 05 과목 전기설비기술기준

081

"개폐소"라 함은 발전소 상호간, 변전소 상호간 또는 발전소와 변전소간의 전압 몇 [V] 이상의 송전선로를 연결 또는 차단하기 위한 전기설비를 말하는가?

① 7,000 ② 11,000
③ 23,000 ④ 50,000

전기설비기술기준 제3조 개폐소란 50,000[V]이상의 송전선로에 적용됨

082

다음의 접지방식 중 전력계통에서 돌발적으로 발생하는 이상 현상에 대비하여 접지와 계통을 연결하는 것으로, 중성점을 대지에 접속하는 접지방식은 어느 것인가?

① 계통연계
② 계통접지
③ 보호접지
④ 피뢰시스템 접지

용어정리(K 112)
계통접지(System Earthing) : 전력계통에서 돌발적으로 발생하는 이상현상에 대비하여 대지와 계통을 연결하는 것으로, 중성점을 대지에 접속하는 것을 말한다

083

과전류차단기로 저압전로에 사용하는 범용의 퓨즈(『전기용품 및 생활용품 안전관리법』에서 규정하는 것을 제외한다)의 정격전류가 16[A]인 경우 용단전류는 정격전류의 몇 배인가?(단, 퓨즈(gG)인 경우이다.)

① 1.25 ② 1.5
③ 1.6 ④ 1.9

저압 전로중의 과전류차단기의 시설(K 212.3.4)
• 저압퓨즈 16[A] 이상 63[A] 이하 :
  동작시간 60분, 불용단전류 1.25배, 용단전류 1.6배

084

전로의 중성점을 접지하는 목적에 해당되지 않는 것은?

① 보호장치의 확실한 동작 확보
② 부하 전류의 일부를 대지로 흐르게 하여 전선절약
③ 이상 전압의 억제
④ 대지 전압의 억제

전로의 중성점의 접지(K 322.5)
전로의 보호장치의 확실한 동작의 확보, 이상 전압의 억제 및 대지 전압의 저하를 위하여 중성점 접지공사를 한다.

085

보호도체의 단면적 계산식은?(단, 차단이 5초 이하인 경우에 한함)

① $S = \frac{\sqrt{I^2 t}}{k}$ ② $S = \frac{\sqrt{It}}{k}$

③ $S = \frac{\sqrt{kt}}{I^2}$ ④ $S = \frac{\sqrt{k^2 t}}{I}$

S : 단면적 [mm²]
I : 보호장치를 통해 흐를 수 있는 예상 고장전류 실효값[A]
t : 자동차단을 위한 보호장치의 동작시간 [sec]
k : 보호도체, 절연 기타부위의 재질 및 초기온도와 최종온도에 따라 정해지는 계수

086

피뢰시스템의 적용범위에 해당되지 않는 것은?

① 전기전자설비가 설치된 건축물 · 구조물로서 낙뢰로부터 보호가 필요한 것 또는 지상으로부터 높이가 20[m]이상인 것
② 전기설비 중 낙뢰로부터 보호가 필요한 설비
③ 전자설비 중 낙뢰로부터 보호가 필요한 설비
④ 수도관, 가스관 등 배관설비

피뢰접지시스템의 적용범위
① 전기전자설비가 설치된 건축물 · 구조물로서 낙뢰로부터 보호가 필요한 것 또는 지상으로부터 높이가 20[m] 이상인 것
② 저압전기전자설비   ③ 고압 및 특고압 전기설비

087

고압 가공전선과 건조물의 상부조영재와의 옆쪽 이격거리는 몇 [m] 이상인가?(단, 전선에 사람이 쉽게 접촉할 우려가 있고 케이블이 아닌 경우이다.)

① 1.0
② 1.2
③ 1.5
④ 2.0

저 · 고압 가공전선과 건조물 접근시 간격(이격거리) (K 332.11)
• 상부조영재 → 위쪽 2[m] 이상 (단, 절연전선,케이블 1[m] 이상)
  옆, 아래 1.2[m] 이상(사람이 쉽게 접촉 우려없을 때 0.8[m], 절연전선 또는 케이블 0.4[m])

088

정격 전류 100[A]인 산업용 배선용 차단기에 정격 전류의 1.3배 전류가 흘렀을 경우, 몇 분 안에 동작하여야 하는가?

① 50
② 60
③ 100
④ 120

저압 전로 중의 과전류차단기의 시설 (K 212.3.4)
산업용 배선용 차단기의 과전류 트립 동작시간 및 특성

정격전류의 구분	시간	정격전류의 배수	
		부동작 전류	동작전류
63[A]이하	60분	1.05배	1.3배
63[A]초과	120분	1.05배	1.3배

암기 동작시간 : 63[A]이하 60분, 초과 120분 (고압은 각각 2분, 120분)

089

고압전선로의 지지물로써 길이 9[m]의 A종 철근 콘크리트주를 시설할 때 땅에 묻히는 깊이는 몇 [m] 이상으로 하여야 하는가?

① 1.2
② 1.5
③ 2
④ 2.5

근입깊이 : 전주길이의 1/6 ≤ 2.5[m] ∴ 9/6=1.5

090

고압 가공전선과 가공 약전류 전선을 동일 지지물에 시설하는 경우에 전선 상호간의 최소 이격거리는 일반적으로 몇 [m] 이상이어야 하는가?(단, 고압 가공 전선은 절연전선이라고 한다.)

① 0.75
② 1.0
③ 1.2
④ 1.5

공가 : 가공전선과 가공약전류전선 등의 공용설치(K 333.19)(K 332.21)
• 35[kV] 이하 특고압전선 : 2.0[m] (단, 특고압 가공전선이 케이블 : 0.5[m])
• 고압전선 : 1.5[m] (단, 고압 가공전선이 케이블 : 0.5[m])
• 저압전선 : 0.75[m] (단, 저압전선이 케이블 : 0.3[m])

091

345[kV] 전선로를 제1종 특별고압 보안공사로 시설할 경우에 사용하는 경동연선의 굵기는 몇 [mm²] 이상이어야 하는가?

① 100
② 200
③ 250
④ 300

제1종 특고압 보안공사
- 100[kV] 미만 : 55[mm²] 이상
- 300[kV] 미만 : 150[mm²] 이상
- 300[kV] 이상 : 200[mm²] 이상

092

전선의 단면적 55[mm²]인 경동연선을 사용하는 경우 특고압 가공전선로 지지물 간 거리의 최대한도는 몇 [m]인가?(단, 지지물은 목주 또는 A종 철주이다.)

① 150　　② 250
③ 300　　④ 500

지지물 간 거리 : 지지물과 지지물 사이의 수평 이격거리
표준지지물 간 거리
(목주·A종 : 150[m], B종 : 250[m], 철탑 : 600[m])
단, 고압전선로는 22[mm²]이상, 특고압전선로는 55[mm²]이상시 지지물 간 거리는(목주·A종 : 300[m], B종 : 500[m], 철탑 : 제한없음)

093

시가지또는 그 밖에 인가가 밀집한 지역에 154[kV] 가공 전선로의 전선을 케이블로 시설하고자 한다. 이때 가공전선을 지지하는 애자장치의 50[%] 충격섬락전압 값이 그 전선의 근접한 다른 부분을 지지하는 애자장치 값의 몇 [%] 이상이어야 하는가?

① 75　　② 100
③ 105　　④ 110

시가지 등에서 특고압 가공전선로의 시설(K 333.1)
특고압 가공전선을 지지하는 애자장치는 50% 충격섬락전압 값이 그 전선의 근접한 다른 부분을 지지하는 애자장치 값의 110%(사용전압이 130[kV]를 초과하는 경우는 105%) 이상일 것

094

저압 옥측전선로에서 목조의 조영물에 시설할 수 있는 공사 방법은?

① 금속관공사
② 버스덕트공사
③ 합성수지관공사
④ 연피 또는 알루미늄 케이블 공사

저압 옥측전선로는 다음의 공사방법에 의할 것(K 232.11)
- 애자공사(전개된 장소에 한한다.)
- 합성수지관공사
- 금속관공사(목조 이외의 조영물에 시설하는 경우에 한한다.)
- 버스덕트공사 [목조 이외의 조영물(점검할 수 없는 은폐된 장소는 제외한다.)에 시설하는 경우에 한한다]
- 케이블공사(연피 케이블, 알루미늄피 케이블 또는 무기물절연(MI) 케이블을 사용하는 경우에는 목조 이외의 조영물에 시설하는 경우에 한한다.)

095

발전기의 보호장치에 있어서 과전류, 압유장치의 유압 저하 및 베어링의 온도가 현저히 상승한 경우 자동적으로 이를 전로로부터 차단하는 장치를 시설하여야 한다. 해당되지 않는 것은?

① 발전기에 과전류가 생긴 경우
② 용량 10,000[kVA]이상인 발전기의 내부에 고장이 생긴경우
③ 원자력발전소에 시설하는 비상용 예비발전기에 있어서 비상용 노심 냉각장치가 작동한 경우
④ 용량 100[kVA]이상의 발전기를 구동하는 풍차의 압유장치의 유압, 압축공기장치의 공기압이 현저히 저하한 경우

발전기의 보호(K 351.3) ➡ 차단 장치
- 발전기에 과전류나 과전압이 생긴 경우
- 100[kVA] 이상의 발전기를 구동하는 풍차의 압유장치의 유압등이 저하
- 10,000[kVA] 이상의 발전기 내부에 고장이 생길 때는 차단장치 설치

096

수소 냉각식 발전기·무효 전력 보상 장치(조상기)에 부속하는 수소냉각 장치에서 필요 없는 장치는?

① 수소의 압력을 계측하는 장치
② 수소의 온도를 계측하는 장치
③ 수소의 유량를 계측하는 장치
④ 수소의 순도 저하를 경보하는 장치

수소냉각식 발전기 등의 시설(K 351.9) : 경보장치
- 발전기안 또는 무효 전력 보상 장치(조상기)안의 수소의 순도가 85% 이하로 저하한 경우
- 발전기안 또는 무효 전력 보상 장치(조상기)안의 수소의 압력을 계측하는 장치 및 그 압력이 현저히 변동한 경우에 이를 경보하는 장치를 시설할 것
- 발전기안 또는 무효 전력 보상 장치(조상기) 내부의 수소의 온도를 계측하는 장치를 시설할 것.

097

전력보안 통신설비로 무선용 안테나 등의 시설에 관한 설명으로 옳은 것은?

① 항상 가공전선로의 지지물에 시설한다.
② 피뢰침 설비가 불가능한 개소에 시설한다.
③ 접지와 공용으로 사용할 수 있도록 시설한다.
④ 전선로의 주위 상태를 감시할 목적으로 시설한다.

무선용 안테나 등의 시설제한(K 364.2)
무선용 안테나 등은 전선로의 주위 상태를 감시하거나 배전자동화, 원격검침 등 지능형전력망을 목적으로 시설하는 것 이외에는 가공전선로의 지지물에 시설하여서는 아니 된다.

098

케이블 트레이 공사에 사용하는 케이블 트레이의 최소 안전율은?

① 1.5
② 1.8
③ 2.0
④ 3.0

케이블트레이공사(K 232.41)
- 내부깊이 150[mm] 이하, 덕트 내부 단면적의 50[%] 이하 사용
- 기초 안전율 1.5 이상
- 옥내최대사용전압 : 35,000[V] 이하
- 종류 : 사다리형, 펀칭형, 통풍채널형, 바닥밀폐형
- 선정기준 : 비금속제 케이블 트레이는 난연성 재료의 것이어야 한다.

099

출퇴근표시등 회로에 전기를 공급하기 위한 변압기는 1차측 전로의 대지전압이 300[V] 이하이고, 2차측 전로의 사용전압이 몇 [V] 이하인 절연변압기이어야 하는가?

① 40
② 60
③ 100
④ 150

소세력 회로의 시설(K 241.14)
전자 개폐기의 조작회로 또는 초인벨·경보벨 등에 접속하는 전로로서 최대 사용전압이 60[V] 이하인 것

이해 출퇴근 표시등 : 2차측 사용전압 60[V]
교류전차선 : 전선굵기 38[mm²]
지지물 간 거리(목주, A종 : 60[m], B종 : 120[m])
전기방식시설 : 사용전압 60[V]
소세력(초인종등) : 최대사용전압 60[V]

100

전기철도차량의 집전장치와 접촉하여 전력을 공급하기 위한 전선을 무엇이라 하는가?

① 전차선
② 급전선
③ 귀선
④ 수전선

전기철도의 용어 정의(K 402)
전기철도 차량에 전력을 공급하기 위하여 설치하는 전차선

정답 02회 CBT 복원문제

01 ③	02 ②	03 ④	04 ④	05 ①
06 ②	07 ②	08 ②	09 ④	10 ③
11 ④	12 ③	13 ①	14 ①	15 ④
16 ③	17 ①	18 ④	19 ③	20 ③
21 ②	22 ④	23 ②	24 ④	25 ①
26 ③	27 ②	28 ④	29 ③	30 ③
31 ②	32 ②	33 ②	34 ①	35 ④
36 ④	37 ①	38 ③	39 ④	40 ④
41 ②	42 ④	43 ②	44 ③	45 ②
46 ①	47 ③	48 ③	49 ①	50 ①
51 ②	52 ④	53 ③	54 ①	55 ②
56 ②	57 ③	58 ①	59 ②	60 ①
61 ②	62 ②	63 ②	64 ①	65 ①
66 ④	67 ②	68 ③	69 ①	70 ①
71 ④	72 ②	73 ④	74 ④	75 ②
76 ③	77 ①	78 ①	79 ②	80 ④
81 ③	82 ②	83 ②	84 ②	85 ①
86 ④	87 ②	88 ④	89 ②	90 ④
91 ②	92 ②	93 ②	94 ②	95 ③
96 ③	97 ④	98 ①	99 ②	100 ①

03 CBT 복원문제

QUESTIONS FROM PREVIOUS TESTS

제 01 과목 | 전기자기학

001

MKS 단위계에서 진공 유전율 값은?

① $4\pi \times 10^{-7}$ [H/m]
② $\dfrac{1}{9 \times 10^9}$ [F/m]
③ $\dfrac{1}{4\pi \times 9 \times 10^9}$ [F/m]
④ 6.33×10^{-7} [H/m]

진공의 유전율 $\epsilon_0 = 8.855 \times 10^{-12}$ [F/m]
① 1.2×10^{-6} ② 1.1×10^{-10} ③ 8.85×10^{-12}

002

전하 Q_1, Q_2 간의 작용력이 F_1이고 이 근처에 전하 Q_3를 놓았을 경우의 Q_1 과 Q_2 간의 전기력을 F_2라 하면 F_1과 F_2의 관계는 어떻게 되는가?

① $F_1 > F_2$
② $F_1 = F_2$
③ $F_1 < F_2$
④ Q_3의 크기에 따라 다르다

두 전하 사이 힘 F_1[N] $= F_2$[N] $= \dfrac{Q_1 Q_2}{4\pi \epsilon r^2}$ 로써 Q_3와는 무관하다.

003

반지름 a[m]의 도체구와 내외 반지름이 각각 b[m], c[m]인 도체구가 동심으로 되어 있다. 두 도체구 사이에 비유전율 ϵ_s인 유전체를 채웠을 경우의 정전용량[F]은?

① $\dfrac{1}{9 \times 10^9} \times \dfrac{abc}{a-b+c}$
② $9 \times 10^9 \times \dfrac{bc}{b-c}$
③ $\dfrac{\epsilon_s}{9 \times 10^9} \times \dfrac{ac}{c-a}$
④ $\dfrac{\epsilon_s}{9 \times 10^9} \times \dfrac{ab}{b-a}$

$C = \dfrac{4\pi\epsilon}{\left(\dfrac{1}{a} - \dfrac{1}{b}\right)}$ 에서 분모를 단순화

$C = \dfrac{4\pi\epsilon}{\left(\dfrac{1}{a} - \dfrac{1}{b}\right)} \times \dfrac{ab}{ab} = 4\pi\epsilon_0\epsilon_s \dfrac{ab}{b-a}$

여기에 $\dfrac{1}{4\pi\epsilon_0} = 9 \times 10^9 \rightarrow 4\pi\epsilon_0 = \dfrac{1}{9 \times 10^9}$ 을 적용

∴ $C = \dfrac{\epsilon_s}{9 \times 10^9} \times \dfrac{ab}{b-a}$

004

Q_1으로 대전된 용량 C_1의 콘덴서에 용량 C_2를 병렬 연결한 경우 C_2가 분배 받는 전기량은?(여기서 V_1는 콘덴서 C_1에 Q_1으로 충전되었을 때의 C_1양단전압이다.)

① $Q_2 = \dfrac{C_1 + C_2}{C_2} V_1$
② $Q_2 = \dfrac{C_2}{C_1 + C_2} V_1$
③ $Q_2 = \dfrac{C_1}{C_1 + C_2} V_1$
④ $Q_2 = \dfrac{C_1 C_2}{C_1 + C_2} V_1$

C_2가 분배 받는 전기량 : $Q_2 = C_2 V_2$ 에서 $Q_2 = C_2 \times \dfrac{C_1 V_1}{C_1 + C_2}$
$(C_1, Q_1, V_1) + (C_2, 0, 0) = (C_1 + C_2, Q_1, V_1)$

$V_2 = \dfrac{C_1 V_1 + C_2 \times 0}{C_1 + C_2}$

005

10^6[cal]의 열량은 약 몇 [kWh]의 전력량인가?

① 0.06
② 1.16
③ 2.27
④ 4.14

$1[kWh] = 860[kcal]$ 를 적용

$$10^6[cal] \times \frac{1[kWh]}{860 \times 10^3[cal]} = 1.16[kWh]$$

006

전압 V로 충전된 용량 C의 콘덴서에 용량 $2C$의 콘덴서를 병렬 연결한 후의 단자 전압은?

① $1V$
② $2V$
③ $V/2$
④ $V/3$

$V' = \frac{C_1V_1 + C_2V_2}{C_1 + C_2}$ 에서 $C_1=C$, $V_1=V$, $C_2=2C$, $V_2=0$ 대입

$V' = \frac{CV + 2C \times 0}{C + 2C} = \frac{CV}{3C} = \frac{V}{3}$

007

질량이 $m[kg]$인 작은 물체가 전하 $Q[C]$를 가지고 중력방향과 직각인 무한도체평면 아래쪽 $d[m]$의 거리에 놓여 있다. 정전력이 중력과 같게 되는데 $Q[C]$의 크기는?

① $d\sqrt{\pi\epsilon_0 mg}$
② $\frac{d}{2}\sqrt{\pi\epsilon_0 mg}$
③ $2d\sqrt{\pi\epsilon_0 mg}$
④ $4d\sqrt{\pi\epsilon_0 mg}$

정전력(작용력) $F = \frac{Q_1(-Q_2)}{4\pi\epsilon r^2} = -\frac{Q^2}{16\pi\epsilon d^2} (r=2d)$

중력 $F = mg(g=9.8[m/sec^2])$

$F = \frac{Q^2}{16\pi\epsilon_0 d^2} = mg$ 에서 $Q^2 = 16\pi\epsilon_0 d^2 mg$

∴ $Q = 4d\sqrt{\pi\epsilon_0 mg}$ [C]

008

그림과 같은 정전용량이 $C_0[F]$가 되는 평행판 공기콘덴서가 있다. 이 콘덴서의 판면적의 $2/3$가 되는 공간에 비유전율 ϵ_s인 유전체를 채우면 콘덴서의 정전용량[F]은?

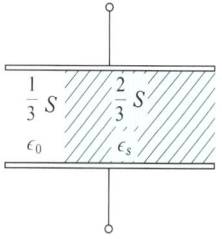

① $\frac{2\epsilon_s}{3}C_0$
② $\frac{3}{1+2\epsilon_s}C_0$
③ $\frac{1+\epsilon_s}{3}C_0$
④ $\frac{1+2\epsilon_s}{3}C_0$

원래 $C_0 = \frac{\epsilon_0 S}{d}$ 에서 유전체 삽입시 두 개의 콘덴서로 해석

두 개의 콘덴서가 병렬연결 $C = C_1 + C_2$

여기에 $C_1 = \frac{\epsilon_0 (\frac{1}{3}S)}{d} = \frac{1}{3}C_0$ $C_2 = \frac{\epsilon_s \epsilon_0 (\frac{2}{3}S)}{d} = \frac{2\epsilon_s}{3}C_0$

∴ $C = C_1 + C_2 = \frac{1}{3}C_0 + \frac{2\epsilon_s}{3}C_0 = \frac{1+2\epsilon_s}{3}C_0$

009

액체 유전체를 넣은 콘덴서의 용량이 $30[\mu F]$이다. 여기에 $500[V]$의 전압을 가했을 때 누설전류는 몇 [mA]가 되는가? (단, 유전체의 고유저항은 $10^{11}[\Omega \cdot m]$, 비유전율은 2.2이다.)

① 5.1
② 7.7
③ 10.2
④ 15.4

$I = \frac{V}{R}$, 누설전류 $= \frac{전압}{절연저항}$ 에서 $V = 500[V]$,

$R = \frac{\rho\epsilon}{C}$ 여기에 ρ(고유저항) $= 10^{11}$, $\epsilon = 2.2 \times 8.855 \times 10^{-12}$, $C = 30 \times 10^{-6}$

$= \frac{\rho\epsilon}{C} = \frac{10^{11} \times (2.2 \times 8.855 \times 10^{-12})}{30 \times 10^{-6}} = 64937$

∴ $I = \frac{V}{R} = \frac{500}{64937} = 7.7 \times 10^{-3}$

비고 $C = 20[\mu F]$으로 주어지고 나머지 조건은 동일 (답) $5.13[A]$

010

대기중의 두 전극 사이에 있는 어떤 점의 전계의 세기가 $E=3.5[V/cm]$, 지면의 도전율이 $k=10^{-4}[℧/m]$일 때, 이 점의 전류밀도$[A/m^2]$는?

① 1.5×10^{-2} ② 2.5×10^{-2}
③ 3.5×10^{-2} ④ 4.5×10^{-2}

전류밀도 $i[A/m^2]=kE$ 에서 $k=10^{-4}[℧/m]$,
$E=3.5[V/10^{-2}m]$
∴ $i[A/m^2]=(10^{-4})\times(3.5\times\frac{1}{10^{-2}})=3.5\times10^{-2}$

011

서로다른 두 종류의 금속 또는 반도체를 폐회로를 만들어 전류를 통하면 한쪽에서 열의 흡수, 다른쪽에서는 열의 발생이 일어나는 현상은?

① 톰슨효과 ② 제벡효과
③ 펠티어 효과 ④ 핀치 효과

• 두금속의 접합면에서,
 전자냉장고(전류 인가시 ➡ 접합면에 흡열·발열)
  : 펠티어(Peltier) 효과
 전자온도계(접합면에 온도 ➡ 비례하여 전류의 흐른다.)
  : 제벡(Seeback)효과
• 동일 금속의 접합면에서도 흡열·발열 발생 : 톰슨효과

012

정사각형의 면적을 3배로, 흐르는 전류를 2배로 증가시키면 정사각형의 중심에서의 자계의 세기는 약 몇 [%]가 되는가?

① 47 ② 115
③ 150 ④ 225

정사각형 중심 $H=\frac{2\sqrt{2}}{\pi}\times\frac{I}{\ell}≒0.9\frac{I}{\ell}$ 에서
$I'=2I, \ell'=\sqrt{3}\ell$ 대입
∴ $H'\propto\frac{2I}{\sqrt{3}\ell}\propto\frac{2}{\sqrt{3}}H\propto1.15H$

013

평행하게 왕복되는 두 선간에 흐르는 전류간의 전자력은?(단, 두 도선간의 거리를 r[m]라 한다.)

① $\frac{1}{r}$ 에 비례하며, 반발력이다.
② r 에 비례하며, 흡인력이다.
③ $\frac{1}{r^2}$ 에 비례하며, 반발력이다.
④ r^2 에 비례하며, 흡인력이다.

평행 도선 사이 전자력 $F_0[N/m]=\frac{2I_1I_2}{r}\times10^{-7}$ 에서 $F_0\propto\frac{1}{r}$
여기서 전자력은 r에 반비례한다라고 말할 수 있다.
동일 방향 − 흡인력, 다른 방향 − 반발력
∴ 다른 방향의 전류이므로 반발력

014

자속밀도 $B[Wb/m^2]$내에서 전류 $I[A]$가 흐르는 도선이 받는 힘[N]을 바르게 표시한 것은?

① $F=IdL\times B$ ② $F=IB/dL$
③ $F=IdL\cdot B$ ④ $F=IB/dL$

자계내 선전류가 받는 힘 $F=(I\times B)\cdot l=BIl\sin\theta$

015

주파수의 증가에 대하여 가장 급속히 증가하는 것은?

① 표피효과의 두께의 역수
② 히스테리시스 손실
③ 교번 자속에 의한 기전력
④ 와전류 손실

• 표피효과의 두께의 역수 $\frac{1}{\delta}=\sqrt{\pi\mu fk}$
  ∴ 주파수의 제곱근에 비례
• 히스테리시스 손실 $P_h=kfB_m^{1.6\sim2}$
  ∴ 주파수에 비례
• 교번 자속에 의한 기전력 $e_{max}=\omega n\phi_{max}$
  ∴ 주파수에 비례

- 와전류손실 $P_c = (fB_m t)^2$
  ∴ 주파수의 제곱에 비례

16

철심이 든 환상 솔레노이드에서 2000[AT]의 기자력에 의해 철심내에 4×10^{-5}[Wb]의 자속이 통할 때 이 철심의 자기저항은 몇 [AT/Wb]인가?

① 2×10^7 ② 3×10^7
③ 4×10^7 ④ 5×10^7

$F = \phi R_m \rightarrow R_m = \dfrac{F}{\phi}$ 에서 $F = 2000$, $\phi = 4 \times 10^{-5}$ 대입

∴ $R_m = \dfrac{2000}{4 \times 10^{-5}} = 5 \times 10^7$

17

$\ell_1 = \infty$[m], $\ell_2 = 1$[m]의 두 직선 도선을 $d = 50$[cm]의 간격으로 평행하게 놓고 ℓ_1을 중심축으로 하여 ℓ_2를 속도 100[m/sec]로 회전시키면 ℓ_2에 유기되는 전압은 몇 [V]인가?(단, ℓ_1에 흘러주는 전류 $I_1 = 50$[mA]이다.)

① 0 ② 5
③ 2×10^{-6} ④ 3×10^{-6}

자계내 운동하는 도체에 유도되는 유도기전력의 크기 : $e = BV\ell \sin\theta$ 에서 자계와 동일 방향으로 운동시 ($\sin 0 = 0$) 유도기전력 발생안됨

18

두 개의 코일에서 각각의 자기 인덕턴스가 $L_1 = 0.35$[H], $L_2 = 0.5$[H]이고, 상호 인덕턴스는 $M = 0.1$[H]이라고 하면 이때 코일의 결합 계수는 약 얼마인가?

① 0.175 ② 0.239
③ 0.392 ④ 0.586

상호인덕턴스 $M = K\sqrt{L_1 L_2}$ 에서 $K = \dfrac{M}{\sqrt{L_1 L_2}} = \dfrac{0.1}{\sqrt{0.35 \times 0.5}}$

19

권선수가 N회인 코일에 전류 I[A]를 흘릴 경우, 코일에 ϕ[Wb]의 자속이 지나간다면 이 코일에 저장된 자계에너지[J]는?

① $\dfrac{1}{2} N\phi^2 I$ ② $\dfrac{1}{2} N\phi I$
③ $\dfrac{1}{2} N^2 \phi I$ ④ $\dfrac{1}{2} N\phi I^2$

자계에너지 $W[J] = \dfrac{1}{2} LI^2$ 에서 $N\phi = LI$ 대입

$W[J] = \dfrac{1}{2} LII = \dfrac{1}{2} N\phi I$

20

100[kW]의 전력이 안테나에서 사방으로 균일하게 방사될 때 안테나에서 1[km] 거리에 있는 점의 전계의 실효치는?(단, 공기의 유전율은 $\epsilon_0 = \dfrac{10^{-9}}{36\pi}$[F/m]이다.)

① 1.73[V/m] ② 2.45[V/m]
③ 3.73[V/m] ④ 6[V/m]

P_0(공기중) $= EH = 377 H^2 = \dfrac{E^2}{377}$ [W/m²]에서 $E = \sqrt{377 P}$

여기서 $P[\text{W/m}^2] = \dfrac{p[\text{W}]}{S[\text{m}^2]} = \dfrac{100 \times 10^3}{4\pi \times (1000)^2}$ 대입

∴ $E = \sqrt{377 \times \left(\dfrac{100 \times 10^3}{4\pi \times (1000)^2}\right)} = 1.73$

제 02 과목 | 전력공학

21

$ACSR$은 동일한 길이에서 동일한 전기저항을 갖는 경동연선에 비하여 어떠한가?

① 바깥지름과 중량이 모두 크다.
② 바깥지름은 크고 중량은 작다.
③ 바깥지름은 작고 중량은 크다.
④ 바깥지름과 중량이 모두 작다.

ACSR 전선은 강심 알루미늄 전선으로 가벼워서 직경을 크게 (코로나 방지) 하여도 중량은 경동연선에 비하여 적다.

022

단면적 330[mm²]의 강심알루미늄을 지지물 간 거리가 300[m]이고 지지점의 높이가 같은 철탑사이에 가설하였다. 전선의 이도가 7.4[m]이면 전선의 실제 길이는 몇 [m]인가?(단, 풍압, 온도 등의 영향은 무시한다.)

① 300.282 ② 300.487
③ 300.685 ④ 300.875

전선의 실제길이 $L=S+\dfrac{8D^2}{3S}$ 에서 $L=300+\dfrac{8\times 7.4^2}{3\times 300}=300.487$
전선의 실제길이는 지지물 간 거리보다 약 0.0015배 더 길다.
$300\times 0.0015 =0.45[m]$

023

345[kV] 초고압 송전선로에 사용되는 현수애자는 1연 현수인 경우 대략 몇 개 정도 사용되는가?

① 6~8 ② 12~14
③ 18~20 ④ 28~38

현수애자의 개수 :
22.9[kV](2), 154[kV](10), 345[kV](20), 759[kV](40)

024

배전선로의 전기방식중 전선의 중량(전선비용)이 가장 적게 소요되는 전기방식은?(단, 배전전압, 거리, 전력 및 선로 손실 등을 같다고 한다.)

① 단상2선식 ② 단상3선식
③ 3상3선식 ④ 3상4선식

	단상 2선식	단상 3선식	3상 3선식	3상 4선식
소요전선량 전력손실비	24	9	18	8

025

송전단 전압이 6600[V], 수전단전압은 6100[V]이다. 수전단의 부하를 끊는 경우 수전단전압이 6300[V]라면 이 회로의 전압강하율과 전압변동율은 각각 몇 [%]인가?

① 3.28, 8.2 ② 8.2, 3.28
③ 4.14, 6.8 ④ 6.8, 4.14

전압강하율=$\dfrac{V_S-V_R}{V_R}\times 100[\%]$

전압변동률=$\dfrac{V_{R0}-V_R}{V_R}\times 100[\%]$

여기서 V_S : 송전단전압 V_R : 수전단전압 V_{R0} : 무부하수전단전압

전압강하율=$\dfrac{6600-6100}{6100}\times 100[\%]=8.19$

전압변동률=$\dfrac{6300-6100}{6100}\times 100[\%]=3.28$

026

주상변압기의 고장이 배전 선로에 파급되는 것을 방지하고 변압기의 과부하 소손을 예방하기 위하여 사용되는 개폐기는?

① 리클로저
② 부하 개폐기
③ 컷아웃 스위치
④ 섹셔널라이저

027

지상부하를 가진 3상 3선식 배전선 또는 단거리 송전선에서 선간 전압 강하를 나타낸 식은?(단, I, R, X, θ는 각각 수전단전류, 선로저항, 리액턴스 및 수전단 전류의 위상각이다.)

① $I(R\cos\theta+X\sin\theta)$
② $2I(R\cos\theta+X\sin\theta)$
③ $\sqrt{3}I(R\cos\theta+X\sin\theta)$
④ $3I(R\cos\theta+X\sin\theta)$

28

장거리 송전선에서 단위길이당 임피던스 $Z=r+j\omega L[\Omega/\text{km}]$, 어드미턴스 $Y=g+j\omega L[\mho/\text{km}]$라 할 때 저항과 누설 컨덕턴스를 무시하는 경우 특성 임피던스의 값은?

① $\sqrt{\dfrac{L}{C}}$
② $\sqrt{\dfrac{C}{L}}$
③ $\dfrac{L}{C}$
④ $\dfrac{C}{L}$

29

지름 5[mm]의 경동선을 간격 1[m]로 정삼각형 배치를 한 가공전선 1선의 작용 인덕턴스는 약 몇 [mH/km]인가?(단, 송전선은 평형 3상 회로이다.)

① 1.13
② 1.25
③ 1.42
④ 1.55

인덕턴스 $L = 0.05 + 0.4605\log_{10}\dfrac{D}{r}$ [mH/km]

$D = \sqrt[3]{D_1 D_2 D_3} = \sqrt[3]{1\times1\times1} = 1$[m], $r = \dfrac{1}{2}\times 5\times10^{-3}$[m] 대입

30

3상 1회선 송전선로의 소호리액터의 용량은?

① 선로 충전용량과 같다.
② 3선 일괄의 대지충전용량과 같다.
③ 선간 충전용량의 1/2이다.
④ 1선과 중성점 사이의 충전용량과 같다.

소호리액터 접지 접지방식
3상 1회선 소호리액터의 용량은 3선 일괄의 대지 충전용량과 같다.
$= 6\pi fCE^2\times 10^{-3}$[kVA] $= 2\pi fCV^2\times 10^{-3}$[kVA]
(E : 상전압, V : 선간전압(공칭전압))

31

어느 변전 설비의 역률을 60[%]에서 80[%]로 개선하는데 2,800[kVA]의 전력용 커패시터가 필요하였다. 이 변전 설비의 용량은 몇 [kW]인가?

① 4,800
② 5,000
③ 5,400
④ 5,800

역률개선용 콘덴서 용량
Q[kVA] $= P$[kW]$\left(\dfrac{\sqrt{1-\cos^2\theta_1}}{\cos\theta_1} - \dfrac{\sqrt{1-\cos^2\theta_2}}{\cos\theta_2}\right)$
$2,800 = P\left(\dfrac{0.8}{0.6} - \dfrac{0.6}{0.8}\right)$에서 $P = 4,800$[kW]

32

무손실 송전 선로에서 송전할 수 있는 송전용량은?(단, E_s : 송전단 전압, E_R : 수전단 전압, X : 송전선로의 리액턴스, Y : 송전선로의 어드미턴스, δ : 부하각이다.)

① $\dfrac{E_S E_R}{X}\sin\delta$
② $\dfrac{E_S E_R}{R}\sin\delta$
③ $\dfrac{E_S E_R}{Y}\cos\delta$
④ $\dfrac{E_S E_R}{X}\cos\delta$

송전전력 $P = \dfrac{V_s V_r}{X}\sin\delta$ [MW]
여기서, V_s, V_r : 송·수전단 전압 [kV]
δ : 송수전단 전압의 위상차
X : 선로의 리액턴스[Ω]

33

역상 전류가 각 상전류에 의하여 바르게 표시된 것은?

① $I_2 = I_a + I_b + I_c$
② $I_2 = 3(I_a + aI_b + a^2 I_c)$
③ $I_2 = aI_a + I_b + a^2 I_c$
④ $I_2 = \dfrac{1}{3}(I_a + a^2 I_b + aI_c)$

$I_0 = \dfrac{1}{3}(I_a + I_b + I_c)$
$I_1 = \dfrac{1}{3}(I_a + aI_b + a^2 I_c)$,
$I_2 = \dfrac{1}{3}(I_a + a^2 I_b + aI_c)$

034

그림과 같은 선로에서 A점의 차단기 용량은 몇 [MVA]가 적당한가?

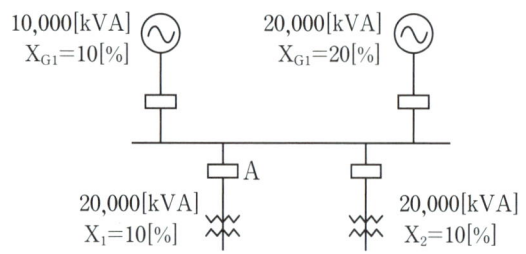

① 50
② 100
③ 150
④ 200

단락용량(P_s)[MVA] $= \dfrac{100}{\%Z} \times P_n$

($P_n = 10,000$[kVA] $= 10$[MVA] 으로 잡고)

$X_{G1} = 10[\%]$, $X_{G2} = 20 \dfrac{10,000[\text{kVA}] : 기준용량}{20,000[\text{kVA}] : 자기용량} = 10[\%]$

A점 기준 전원측 합성 임피던스, $\%Z = \dfrac{10 \times 10}{10 + 10} = 5[\%]$

$\therefore P_s = \dfrac{100}{5} \times 10[\text{MVA}] = 200[\text{MVA}]$

035

중성점 저항 접지방식의 2회선 선로의 지락 사고시 사용되는 계전기는?

① 거리 계전기
② 과전류 계전기
③ 역상 계전기
④ 선택 접지 계전기

선택접지계전기(SGR)는 병행 2회선에서 어느 1회선 지락 사고시 해당 회선의 선택 차단을 위해 사용됨

036

그림과 같은 배전 선로에서 부하의 급전 시와 차단 시에 조작 방법 중 옳은 것은?

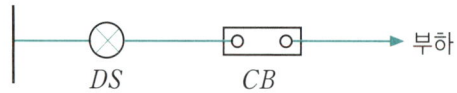

① 급전 시는 DS, CB 순이고, 차단 시는 CB, DS 순이다.
② 급전 시는 CB, DS 순이고, 차단 시는 DS, CB 순이다.
③ 급전 및 차단 시 모두 DS, CB 순이다.
④ 급전 및 차단 시 모두 CB, DS 순이다.

- 단로기는 무부하시에만 개폐 가능
- 급전시는 먼저 단로기(DS) 투입, 나중에 차단기(CB) 투입으로 전력공급
- 차단시는 차단기(CB)로 먼저 전력차단 후, 단로기(DS) 차단

037

유효낙차 200[m]인 펠톤수차의 노즐에서 분사되는 물의 속도는 약 몇 [m/s]인가?

① 44.2
② 53.66
③ 62.6
④ 76.2

분출되는 물의 속도 : $V = \sqrt{2gH}$
$V = \sqrt{2gH} = \sqrt{2 \times 9.8 \times 200} = 62.6$

038

특유속도를 선정할 때 그 한계를 표시하는 식으로 $N_S \leq \dfrac{13000}{H+20} + 50$ 이 사용되는 수차는?

① 펠턴수차
② 프란시스수차
③ 프로펠러수차
④ 카플란수차

수차의 특유속도 및 적용 낙차

종류	특유속도	적용 낙차[m]
펠턴	$12 \leq N_s \leq 23$	300이상
프란시스	$N_s \leq \dfrac{13000}{H+20} + 50$	30 ~ 400
사류	$N_s \leq \dfrac{20000}{H+20} + 20$	40 ~ 180
프로펠러	$N_s \leq \dfrac{20000}{H+20} + 50$	5 ~ 180
카플란	$N_s \leq \dfrac{20000}{H+20} + 50$	5 ~ 30

039

보일러 절탄기(Economizer)의 용도는?

① 증기를 과열한다.
② 공기를 예열한다.
③ 석탄을 건조한다.
④ 보일러 급수를 예열한다.

절탄기 : 폐연소가스를 이용하여 급수를 가열

040

핵연료가 가져야 할 일반적인 특성이 아닌 것은?

① 낮은 열전도율을 가져야한다.
② 높은 융점을 가져야 한다.
③ 방사선에 안정하여야 한다.
④ 부식에 강해야 한다.

핵연료의 구비조건
- 중성자를 빨리 감속시킬 수 있을 것.
- 중성자 흡수 단면적이 작을 것.
- 열전도율이 높고 내부식성, 내방사성이 우수할 것
- 가볍고 밀도가 클것

제 03 과목 전기기기

041

전기기계에 있어서 히스테리시스손을 감소시키기 위하여 어떻게 하는 것이 좋은가?

① 성층 철심 사용
② 규소 강판 사용
③ 보극 설치
④ 보상 권선 설치

전기 기계에 있어 규소강판을 사용하는 이유는 규소를 넣으면 자기 저항이 크게 되어 히스테리시스손이 감소하게 된다. 철심을 성층하는 이유는 맴돌이전류(와전류)손을 감소하기 위한 것이다.
성층(와전류손 감소), 규소(히스테리시스손 감소)

042

정격속도로 회전하고 있는 무부하 분권 발전기가 있다. 계자권선의 저항은 50[Ω], 계자전류 2[A], 전기자저항 1.5[Ω]이다. 이 때 유기 기전력은?

① 97
② 100
③ 103
④ 106

무부하시(분권) 전기자전류와 계자전류는 같게 되고($I_a = I_f$), 단자전압과 계자전압($V = V_f$)이 같게 된다.
$E = V + I_a R_a = I_f R_f + I_a R_a = 2 \times 50 + 2 \times 1.5 = 103[V]$

043

직류 분권전동기의 전체 도체수는 100이고 단중 중권이며 자극수는 4, 자속수는 극당 0.628[Wb]이다. 부하를 걸어 전기자에 5[A]가 흐르고 있을 때의 토크는 약 몇 [N·m]인가?

① 12.5
② 25
③ 50
④ 100

$T = \dfrac{pZ\phi I}{2\pi a}[N \cdot m] = \dfrac{4 \times 100 \times 0.628 \times 5}{2\pi \times 4} = 50[N \cdot m]$

044

2대의 같은 정격의 타 여자 발전기가 있다. 출력 10[kW], 전압 100[V], 회전속도 1500[rpm] 이다. 이 2대를 카프법에 의해서 반환부하 시험을 하니 전원에서 흐르는 전류는 22[A] 이었다. 이 결과에서 발전기 효율은 약 몇 [%]인가?(단, 각 기의 계자저항손은 각 200[W]라고 한다.)

① 88.5
② 87
③ 80.6
④ 76

카프법에 의해
부하손 : $100 \times 22 = 2200[W]$이므로 1대 부하손은 1100[W]
계자저항손은 부하에 관계없는 무부하 손으로 200[W]이다.
$\eta = \dfrac{출력}{출력 + 손실} \times 100 = \dfrac{10}{10 + 0.2 + 1.1} \times 100 = 88.5$

045

60[Hz], 12극의 동기 전동기 회전 자계의 주변 속도[m/s]는?(단, 회전 자계의 극 간격은 1[m]이다.)

① 31.4
② 10
③ 377
④ 120

전기자 주변속도 : $v = \pi D \cdot \frac{N_s}{60}$ 이고, $N_s = \frac{120f}{p}$ 이다.

- 회전자 둘레 πD 또는 극수 × 극 간격(12극 × 1[m/극] = 12[m])
- $N_s = \frac{120f}{p} = \frac{120 \times 60}{12} = 600$ [rpm]
- $v = \pi D \cdot \frac{N_s}{60} = 12 \times \frac{600}{60} = 120$ [m/s]

046

4500[kVA], 정격전압 3000[V]의 3상 교류 발전기의 %동기임피던스가 80[%]일 때 이 발전기의 동기 임피던스 Z_s[Ω]와 단락비 K_s는?

① 1.6[Ω], 1.25
② 1.65[Ω], 1.2
③ 1.7[Ω], 1.25
④ 1.55[Ω], 1.25

$\%Z = \frac{PZ}{10V^2}$ 에서 $Z = \frac{10V^2}{P} \times \%Z = \frac{10 \times 3^2}{4500} \times 80 = 1.6$ [Ω]

$K_s = \frac{100}{\%Z} = \frac{100}{80} = 1.25$

047

3상 송전선의 수전단에서 전압 3300[V], 전류 800[A], 역률 0.8의 지상 전력을 수전하는 경우 동기 무효 전력 보상 장치를 사용해서 역률을 100[%]로 개선하고자 한다. 필요한 동기 무효 전력 보상 장치의 용량[kVA]은?

① 1452
② 1584
③ 2743
④ 3200

역률개선 공식 Q_c[kVA] = P[kW]$(\tan\theta_1 - \tan\theta_2)$ 에서
$P = \sqrt{3} VI\cos\theta = \sqrt{3} \times 3300 \times 800 \times 0.8 = 3658$ [kW]
$Q_c = 3658 \times \left(\frac{0.6}{0.8} - \frac{0}{1}\right) = 2743$ [kVA]

048

단상 50[kVA] 1차 3300[V], 2차 210[V], 60[Hz], 1차 권회수 550, 철심의 유효단면적 150[cm²]의 변압기 철심의 자속밀도[Wb/m²]는?

① 약 2.0
② 약 1.5
③ 약 1.2
④ 약 1.0

$\phi_m = \frac{E_1}{4.44fN_1} = \frac{3300}{4.44 \times 60 \times 550} = 0.02252$ [Wb]

∴ $B = \frac{\phi}{S} = \frac{225 \times 10^{-4}}{150 \times 10^{-4}} = 1.5$ [Wb/m²]

049

변압기의 임피던스 전압이란?

① 정격전류가 흐를 때의 변압기내의 전압강하
② 여자전류가 흐를 때의 2차 측의 단자전압
③ 정격전류가 흐를 때의 2차 측의 단자전압
④ 2차 단락전류가 흐를 때의 변압기내의 전압강하

- 임피던스전압과 임피던스 와트[W] : 변압기내 전압강하와 동손을 나타냄.
- 변압기 2차를 단락하고 1차에 저전압을 가하여 1차 단락전류가 1차 정격 전류와 같이 흐를 때 그 때 전압을 임피던스 전압이라 하고, 그 때 1차 입력을 임피던스 와트라 한다.

050

3300[V], 60[Hz]용 변압기의 와류손이 720[W]이다. 이 변압기를 2750[V], 50[Hz]의 주파수에서 사용할 때 와류손은 얼마인가?

① 250[W]
② 350[W]
③ 425[W]
④ 500[W]

와류손 : 전압의 제곱에 비례, 주파수와 무관

$\frac{P_e{'}}{P_e} = \left(\frac{V'}{V}\right)^2$ 에서 $P_e{'} = \left(\frac{V'}{V}\right)^2 \times P_e = \left(\frac{2750}{3300}\right)^2 \times 720 = 500$ [W]

ex) 와전류손 50[W], 3300[V] → 3000[V]시 와류손 = 41[W]

051

2대의 변압기로 V결선하여 3상 변압하는 경우 변압기 이용률은 약 몇 [%]인가?

① 57.8
② 66.6
③ 86.6
④ 100

변압기 이용률 $= \dfrac{\sqrt{3}P_1}{2P_1} = \dfrac{\sqrt{3}}{2} = 0.866$

052

단상 단권 변압기 2대를 V결선으로 해서 3상 전압 3,000[V]를 3,300[V]로 승압하고, 150[kVA]를 송전하려고 한다. 이 경우 단상 변압기 1대분의 자기 용량 [kVA]은 약 얼마인가?

① 15.74
② 13.62
③ 7.87
④ 4.54

$\dfrac{\text{자기용량}}{\text{부하용량}} = \dfrac{2}{\sqrt{3}} \times \dfrac{V_h - V_\ell}{V_h} = \dfrac{2}{\sqrt{3}} \times \dfrac{3300-3000}{3300}$

∴ 자기용량 $= 150[\text{kVA}] \times \dfrac{2}{\sqrt{3}} \times \dfrac{3300-3000}{3300} = 15.75[\text{kVA}]$

053

유도 발전기의 슬립(slip) 범위에 속하는 것은?

① $0 < s < 1$
② $s = 0$
③ $s = 1$
④ $-1 < s < 0$

유도 전동기의 동작 특성에서 슬립의 영역은
- 유도 전동기의 동작 범위 $1 > s > 0$ (정지 시 $s=1$, 동기속도 회전 시 $s=0$)
- 유도 제동기의 동작 범위 $s > 1$
- 유도 발전기의 동작 범위 $s < 0$

054

$P[\text{kW}]$, $N[\text{rpm}]$인 전동기의 토크$[\text{kg} \cdot \text{m}]$는?

① $716 \dfrac{P}{N}$
② $956 \dfrac{P}{N}$
③ $975 \dfrac{P}{N}$
④ $0.01625 \dfrac{P}{N}$

토크 $T = 0.975 \dfrac{P}{N} [\text{kg} \cdot \text{m}]$ 문제에서 P단위가 kW이므로 W로 바꾸면

$T = 0.975 \dfrac{P[\text{W}] \times 1000}{N} = 975 \dfrac{P}{N} [\text{kg} \cdot \text{m}]$

055

15[kW]의 3상 유도전동기의 기계손이 350[W], 전 부하 슬립이 3[%]인 3상 유도전동기의 전부하시의 2차 동손은?

① 약 475[W]
② 약 460.5[W]
③ 약 453[W]
④ 약 439.5[W]

기계적 출력
$P_0 = \text{기계손} + \text{전동기출력} = 350 + 15000 = 15350[\text{W}]$
$P_{c2} = \dfrac{s}{1-s} P_0 = \dfrac{0.03}{1-0.03} \times 15350 = 475[\text{W}]$

056

3상 유도전동기의 전원주파수를 변화하여 속도를 제어하는 경우 전동기의 출력 P와 주파수 f와의 관계는?

① $P \propto f$
② $P \propto \dfrac{1}{f}$
③ $P \propto f^2$
④ P는 f에 무관

주파수 속도 제어법 : 전압과 출력은 주파수에 비례

참고 유도전동기의 속도제어법

농형	권선형
• 주파수 제어법 : 전원의 주파수를 변환하여 속도를 조정(전압∝주파수)	• 2차저항법 : 2차에 저항을 넣어 비례 추이를 이용 하여 슬립 S를 바꾸는 방법
• 극수제어법 : 권선 접속을 바꿔 극수를 2가지로 변환	• 2차여자법 : 회전자에 슬립 주파수의 전압을 공급 하여 속도제어

057
SCR에 관한 설명으로 틀린 것은?

① 3단자 소자이다.
② 전류는 애노드에서 캐소드로 흐른다.
③ 소형의 전력을 다루고 고주파 스위칭을 요구하는 응용분야에 주로 사용된다.
④ 도통 상태에서 순방향 애노드전류가 유지전류 이하로 되면 SCR은 차단상태로 된다.

SCR : 대전력제어, 대전류 고전압 제어 스위칭소자

058
사이클로 컨버터를 가장 올바르게 설명한 것은?

① 게이트 제어 소자이다.
② 교류 제어 소자이다.
③ 교류 전력의 주파수를 변환하는 장치이다.
④ 실리콘 단방향성 소자이다.

사이클로 컨버터란 정지 사이리스터 회로에 의해 전원 주파수와 다른 주파수의 전력으로 변환시키는 직접 회로장치이다.

059
상전압 200[V]인 3상 반파 정류 회로에 SCR을 사용하여 위상 제어를 할 때 제어각이 60°이면 직류 출력 전압은 약 몇 [V]인가?

① 117
② 187
③ 216
④ 234

$E_d = \frac{3\sqrt{6}}{2\pi} V \cos\theta = 1.17 V \cos\theta = 1.17 \times 200 \times \frac{1}{2} = 117[V]$

060
트라이액(triac)에 대한 설명으로 틀린 것은?

① 쌍방향성 3단자 사이리스터이다.
② 턴오프 시간이 SCR보다 짧으며 급격한 전압변동에 강하다.
③ SCR 2개를 역 병렬 연결하여 양방향 전류제어가 가능하다.
④ 게이트에 전류를 흘리면 어느 방향이든 전압이 높은 쪽에서 낮은 쪽으로 도통한다.

triac은 사이리스터 종류로 급격한 전압변동에 약하다.

제 04 과목 회로이론

061
정전용량이 같은 콘덴서 2개를 병렬로 연결했을 때 합성 용량은 이들을 직렬로 연결했을 때의 몇 배인가?

① 2
② 4
③ 6
④ 8

콘덴서 2개 병렬 연결시 합성값 $2C$
콘덴서 2개 직렬 연결시 합성값 $C/2$
∴ (병렬합성값)/(직렬합성값) = $2C/(C/2)$ = 4

062
다음 파형률 중에서 틀린 것은?

① 정현파 : 1.11
② 전파정현파 : 1.414
③ 반파정현파 : 1.57
④ 구형파 : 1

정현파와 전파정현파는 동일한 파형의 교류로 파형률은 1.11이다.

063
어떤 회로의 전압 및 전류의 순시치가 $e = 200\sin 314t$ [V], $i = 10\sin\left(314t - \frac{\pi}{6}\right)$[A]일 때 이 회로의 임피던스를 복소수로 표시하면 어떻게 되는가?

① 약 $17.32 + j12[\Omega]$
② 약 $16.30 + j11[\Omega]$
③ 약 $17.32 + j10[\Omega]$
④ 약 $18.30 + j9[\Omega]$

극좌표의 나눗셈 : 크기는 나눗셈, 위상은 뺄셈

$Z[\Omega] = \dfrac{E[V]}{I[V]} = \dfrac{200/\sqrt{2} \angle 0°}{10/\sqrt{2} \angle -30°} = 20 \angle ((0)-(-30)) = 20 \angle 30$

$Z[\Omega] = 20(\cos 30 + j\sin 30) = 20 \cdot \cos 30 + j20 \cdot \sin 30 = 17.3 + j10$

064

$R=4[\Omega]$과 $X_C=3[\Omega]$이 직렬로 접속된 회로에 $I=10[A]$의 전류를 통할 때의 교류전력은?

① $400+j300$ ② $460+j320$
③ $400-j300$ ④ $360+j420$

$P[W] = I^2 R = 10^2 \times 4 = 400[W]$

$P_r[Var] = I^2 X = 10^2 \times 3 = 300[Var]$: C (진상부하) 이므로 $+j$를 취함

065

$R=100[\Omega]$, $L=16[mH]$, $C=40[pF]$인 RLC 직렬회로에서 공진 시 첨예도는?

① 100 ② 200
③ 300 ④ 400

직렬회로 $Q = \dfrac{1}{R}\sqrt{\dfrac{L}{C}}$ $\therefore \dfrac{1}{100}\sqrt{\dfrac{16 \times 10^{-3}}{40 \times 10^{-12}}} = 200$

참고 병렬회로 첨예도는 정반대 $Q = R\sqrt{\dfrac{C}{L}}$

066

전원의 내부 임피던스가 순저항 R과 리액턴스 X로 구성되고 외부에 부하저항 R_L을 연결하여 최대전력을 소모시키려면 이때의 R_L의 값은?

① $R_L = R$ ② $R_L = R+X$
③ $R_L = \sqrt{R^2-X^2}$ ④ $R_L = \sqrt{R^2+X^2}$

최대전력 전달조건 :
외부임피던스가 내부임피던스의 공액복소수가 같을 때 R_L를 제외한 내부저항은 $R+jX$ 이므로 부하저항 $R_L = R-jX = \sqrt{R^2+X^2}$

067

$R[\Omega]$의 저항 3개를 Y로 접속하고 이것을 200[V]의 평형 3상 교류 전원에 연결할 때 선전류가 20[A] 흘렀다. 이 3개의 저항을 △로 접속하고 동일 전원에 연결하였을 때의 선전류는 몇 [A]인가?

① 30 ② 40
③ 50 ④ 60

$Y(1)$, △(3)으로 생각 Y결선에서 △결선으로 20[A]가 60[A]로

068

단자전압의 각 대칭분 V_0, V_1, V_2가 0 이 아니면서 서로 같게 되는 고장의 종류는?

① 1선지락 ② 선간단락
③ 2선지락 ④ 3선단락

1선지락은 $I_0 = I_1 = I_2 \neq 0$, 2선지락은 $V_0 = V_1 = V_2 \neq 0$

069

3상 회로에 있어서 대칭분 전압이 $V_0 = -8+j3[V]$, $V_1 = 6-j8[V]$, $V_2 = 8+j12[V]$일 때 a상의 전압[V]은?

① $6+j7$ ② $-32.3+j2.73$
③ $2.3+j0.73$ ④ $2.3-j0.73$

a상 전압 $V_1 = V_0 + V_1 + V_2$ 에서
$V_a = (-8+j3)+(6-j8)+(8+j12) = (-8+6+8)+j(3-8+12)$
$= 6+j7$

070

3상 부하가 △결선으로 되어 있다. 컨덕턴스가 a상에 0.3[℧], b상에 0.3[℧]이고, 유도서셉턴스가 c상에 0.3[℧]가 연결되어 있을때 이 부하의 영상 어드미턴스는 몇 [℧]인가?

① $0.2-j0.1$ ② $0.2+j0.1$
③ $0.6-j0.3$ ④ $0.6+j0.3$

영상분 $Y_0=\frac{1}{3}(Y_a+Y_b+Y_c)$에 $Y_a=0.3$, $Y_b=0.3$, $Y_c=-j0.3$ 대입

$Y_0=\frac{1}{3}(0.3+0.3-j0.3)=0.2-j0.1$

이해 임피던스 ➡ 저항(R), 유도리액턴스(jX), 용량리액턴스($-jX$)
어드미턴스 ➡ 컨덕턴스(G), 유도서셉턴스($-jB$), 용량서셉턴스(jB)

071

반파대칭 및 정현대칭인 왜형파의 푸리에 급수의 전개에서 옳게 표현된 것은?

(단, $f(t)=a_o+\sum_{n=1}^{\infty}a_n\cos n\omega t+\sum_{n=1}^{\infty}b_n\sin n\omega t$ 임)

① a_n의 우수항만 존재한다.
② a_n의 기수항만 존재한다.
③ b_n의 우수항만 존재한다.
④ b_n의 기수항만 존재한다.

반파대칭(홀수항(기수항)만 존재), 정현대칭(b_n항, sin항만 존재)

072

왜형파 전압
$e=100\sqrt{2}\sin\omega t+75\sqrt{2}\sin 3\omega t+20\sqrt{2}\sin 5\omega t$
[V]를 $R-L$직렬 회로에 인가할 때에 제3고조파 전류의 실효값은 얼마인가?(단, $R=4[\Omega]$, $\omega L=1[\Omega]$이다.)

① 75[A] ② 20[A]
③ 4[A]   ④ 15[A]

$I_3(\text{실효값})=\frac{V_3}{Z_3}$에서 $V_3(\text{실효값})=75[V]$

$Z_3(3고조파저항)=R+j3\omega L=4+j3\times 1=5$

$I_3(\text{실효값})=\frac{75}{5}=15$

이해 n 고조파에 대한 임피던스의 변화는 유도성리액턴스(ωL)은 n배 증가($n\omega L$), 용량성리액턴스($1/\omega C$)는 n배 감소($1/n\omega C$)

073

회로에서 저항 15[Ω]에 흐르는 전류는 몇 [A]인가?

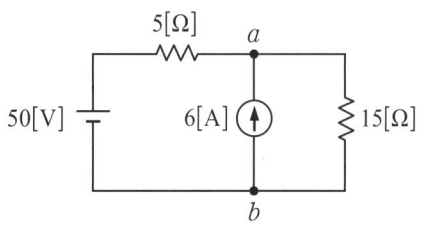

① 0.5   ② 2
③ 4   ④ 6

중첩의 원리를 적용
① 50[V]에 의한 전류(6[A] 내부저항 $=\infty$, 개방)
$I_1=\frac{V}{R}=\frac{50}{5+15}=2.5[A]$
② 6[A]에 의한 전류(50[V] 내부 $=0$,단락)
$I_2=6[A]\times\frac{5}{5+15}=1.5[A]$
$\therefore I=I_1+I_2=2.5+1.5=4[A]$ (I_1, I_2 전류의 방향에 조심)

074

임피던스 함수 $Z(s)=\frac{S+50}{S^2+3S+2}[\Omega]$으로 주어지는 2단자 회로망에 100[V]의 직류 전압을 가했다면 회로의 전류는 몇 [A]인가?

① 4   ② 6
③ 8   ④ 10

$I=\frac{V}{Z}$에서

$V=100[V]$, $Z(S=j\omega=j2\pi f=0)=\frac{0+50}{0^2+3\times 0+2}=25$

$=\frac{100}{25}=4$

075

그림과 같은 4단자 회로망에서 출력 측을 개방하니 $V_1=12$, $I_1=2$, $V_2=4$ 이고 출력측을 단락하니 $V_1=16$, $I_1=4$, $I_2=2$ 였다. A,B,C,D는 얼마인가?

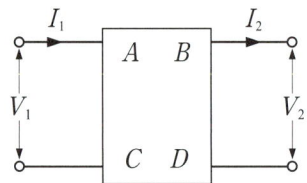

① 3, 8, 0.5, 2
② 8, 0.5, 2, 3
③ 0.5, 2, 3, 8
④ 2, 3, 8, 0.5

$A = \frac{V_1}{V_2}\big|_{I_2=0}$, $B = \frac{V_1}{I_2}\big|_{V_2=0}$, $C = \frac{I_1}{V_2}\big|_{I_2=0}$, $D = \frac{I_1}{I_2}\big|_{V_2=0}$ 에서

$A = \frac{V_1}{V_2}\big|_{2차개방}$ ∴ $A = \frac{12}{4} = 3$, $B = \frac{V_1}{I_2}\big|_{2차단락}$ ∴ $B = \frac{16}{2} = 8$

이해 $I_2 = 0$ 는 2차 단자에 전류가 흐르지 않는다는 의미로
　　　　2차단자 개방의미
$V_2 = 0$ 는 2차 단자에 전압이 걸리지 않는다는 의미로
　　　　2차단자 단락의미

076

다음 보기와 같이 2개의 배터리를 전구에 연결했을 때, L이 점등되지 않는 것은?

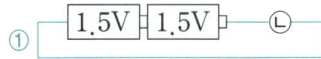

키르히호프의 제 2법칙에 의하여 폐로 상의 기전력은 각각
① 3[V], ② 6[V], ③ −1.5[V], ④ 0[V]
∴ ①, ②는 시간방향의 전류에 의한 점등, ③은 반시계방향 전류에 의한 점등, ④는 기전력이 0으로 전류가 흐르지 않아 점등되지 않는다.

077

$R = 1[kΩ]$, $C = 1[μF]$가 직렬접속된 회로에 스텝(구형파) 전압 10[V]를 인가하는 순간에 커패시터 C에 걸리는 최대전압[V]은?

① 0
② 3.72
③ 6.32
④ 10

$i(0_+)$는 스위치 닫는 순간으로 교류전원에 대하여 회로해석
즉, C는 단락상태, L은 개방상태로 보고 회로해석
∴ 단락 단자에는 전압이 인가되지 않는다.

078

$f(t) = te^{-at}$일때 라플라스 변환할 때의 $F(s)$의 값은?

① $\frac{2}{(s-a)^2}$
② $\frac{1}{s(s+a)}$
③ $\frac{1}{(s+a)^2}$
④ $\frac{1}{s+a}$

라플라스 변환 공식(복소추이 정리) : $e^{\mp at}f(t) \Rightarrow F(s \pm a)$ 에서
$te^{-at} \Rightarrow \frac{1}{s^2}\big|_{s=s+a} = \frac{1}{(s+a)^2}$

이해 1) e^{-at} 이므로 답(+a), 2) t이므로 답($\frac{1}{s^2}$)

079

$f(t) = u(t-a) - u(t-b)$식으로 표시되는 4각파의 라플라스 변환은?

① $\frac{1}{s}(e^{-as} - e^{-bs})$
② $\frac{1}{s}(e^{as} + e^{bs})$
③ $\frac{1}{s^2}(e^{-as} - e^{-bs})$
④ $\frac{1}{s^2}(e^{as} + e^{bs})$

라플라스 변환 공식(시간추이 정리) : $f(t \pm a) \Rightarrow F(s) \times e^{\pm as}$ 에서
$\mathcal{L}\, u(t) = \frac{1}{s}$ 적용 ∴ $F(S) = \frac{1}{S}e^{-as} - \frac{1}{S}e^{-bs} = \frac{1}{S}(e^{-as} - e^{-bs})$

080

자동제어의 각 요소를 블록선도로 표시할 때 각 요소는 전달함수로 표시하고, 신호의 전달경로는 무엇으로 표시하는가?

① 전달함수
② 단자
③ 화살표
④ 출력

자동제어계의 각 요소를 블록선도로 표시할 때에 각 요소를 전달함수로 표시하고, 신호의 전달 경로는 화살표로 나타낸다.

제 05 과목 전기설비기술기준

081
"조상설비"에 대한 용어의 정의로 옳은 것은?

① 전압을 조정하는 설비를 말한다.
② 전류를 조정하는 설비를 말한다.
③ 유효전력을 조정하는 전기기계기구를 말한다.
④ 무효전력을 조정하는 전기기계기구를 말한다.

전기설비기술기준 제3조
"무효 전력 보상 설비"란 무효전력 조정하는 전기기계 기구
종류 : 동기무효 전력 보상 장치(진·지상), 분로 리액터(지상), 전력용 콘덴서(진상)

082
전류를 수뢰시스템에서 접지극으로 흘리기 위한 외부 피뢰시스템의 일부를 말하는 것으로 옳은 것은?

① 인하도선시스템
② 접지극시스템
③ 등전위시스템
④ 접속시스템

용어정리(K 112)
인하도선시스템(Down-conductor System) : 뇌전류를 수뢰시스템에서 접지극으로 흘리기 위한 외부 피뢰시스템의 일부를 말한다.

083
저압전로에 사용하는 배선용 차단기의 경우 산업용일 경우 63[A] 이하일 때 동작 전류는 몇 배 인가?

① 1.05
② 1.13
③ 1.3
④ 1.45

저압 전로중의 과전류차단기의 시설(K 212.3.4)
- 산업용 배선차단기 63[A] 이하, 60분, 부동작:1.05배, 동작:1.3배
  산업용 배선차단기 63[A] 초과, 120분, 부동작:1.05배, 동작:1.3배
- 주택용 배선차단기 63[A] 이하, 60분, 부동작:1.13배, 동작:1.45배
  주택용 배선차단기 63[A] 초과, 120분, 부동작:1.13배, 동작:1.45배

084
다음 중 전로의 중성점 접지의 목적으로 거리가 먼 것은?

① 대지 전압의 저하
② 이상 전압의 억제
③ 손실 전력의 감소
④ 보호장치의 확실한 동작 확보

전로의 중성점의 접지(K 322.5)
전로의 보호장치의 확실한 동작의 확보, 이상 전압의 억제 및 대지 전압의 저하를 위하여 중성점 접지공사를 한다.

085
보호도체의 종류에 해당하지 않는 것은?

① 다심 케이블 도체
② 충전도체와 같은 트렁킹에 수납된 절연도체 또는 나도체
③ 수도관, 가스관
④ 고정된 절연도체 또는 나도체

보호도체의 종류
- 다심케이블의 도체
- 충전도체와 같은 트렁킹에 수납된 절연도체 또는 나도체
- 고정된 절연도체 또는 나도체
- 전기적 연속성 및 도전성을 만족하는 금속케이블 외장, 케이블차폐, 케이블외장, 전선묶음(편조전선). 동심도체, 금속관

086
높이 60[m]를 초과하는 건축물·구조물의 측격뢰 보호용 수뢰부 시스템은 최상부로부터 전체 높이의 몇 [%] 부분에 대하여 보호하는가?

① 10[%]
② 20[%]
③ 30[%]
④ 40[%]

높이 60[m]를 초과하는 건축물·구조물의 측격뢰 보호용 수뢰부 시스템 : 최상부로부터 전체높이의 20[%] 부분에 한한다.

087

고압 가공전선 상호간의 접근 또는 교차하여 시설되는 경우, 고압 가공전선 상호 간의 간격(이격거리)는 몇 [m]이상이어야 하는가?(단, 고압 가공전선은 모두 케이블이 아니라고 한다.)

① 0.5
② 0.6
③ 0.7
④ 0.8

고압 가공전선 상호간의 접근 또는 교차시 간격(K 332.17)
• 고압전선 상호간 간격 0.8[m](한쪽전선 케이블 : 0.4[m])

088

저압 옥내간선은 특별한 경우를 제외하고 다음 중 어느 것에 의하여 그 굵기가 결정되는가?

① 변압기 용량
② 전기방식
③ 부하의 종류
④ 허용전류

간선의 허용전류 : 간선의 굵기를 결정하는 값 (K 212.18.6)
※ 간선의 허용전류(Ia) = $K \times \sum I_M + \sum I_H$

089

철근콘크리트주로서 전장이 15[m]이고, 설계하중이 8.2[kN]이다. 이 지지물의 논이나 기타 지반이 연약한 곳 이외에 기초 안전율의 고려 없이 시설하는 경우 그 묻히는 깊이는 기준보다 몇 [m]를 가산하여 시설하여야 하는가?

① 0.1
② 0.3
③ 0.5
④ 0.7

전주의 근입깊이(철주또는 철근콘크리트주)
철근콘크리트주로서 전체의 길이가 14[m] 이상 20[m] 이하이고, 설계하중이 6.8[kN] 초과 9.8[kN] 이하의 것을 논이나 그 밖의 지반이 연약한 곳. 이외에 시설하는 경우 그 묻히는 깊이는 ①에 의한 기준(전주길이의 1/6 ≤ 2.5[m])보다 30[cm]를 가산하여 시설

090

고압 가공전선로의 지지물 간 거리(경간)는 지지물이 B종 철주로서 일반적인 경우 몇 [m]로 하여야 하는가?

① 150
② 200
③ 250
④ 300

• 경간 : 지지물과 지지물 사이의 수평이격 거리
• 표준경간 : (목주 · A종 : 150[m], B종 : 250[m], 철탑 : 600[m])
• 고압보안공사 : (목주 · A종 : 100[m], B종 : 150[m], 철탑 : 400[m])

091

154[kV] 전선로를 제1종 특별고압 보안공사로 시설할 경우 경동선의 최소 굵기는 몇 [mm^2] 이상인가?

① 100
② 125
③ 150
④ 200

154[kV] 전선로 1종 특별 고압보안공사시 : 150[mm^2] 이상

092

사용전압이 400[V]미만인 경우의 저압 보안공사에 전선으로 경동선을 사용할 경우 몇 [mm]의 것을 사용하여야 하는가?

① 1.2
② 2.6
③ 3.5
④ 4

저 · 고압 보안공사(제77조, 제78조)
전선굵기 : 400[V] 미만　　　　: 4.0[mm] 이상 경동선
　　　　　400[V] 이상 저압 · 고압 : 5.0[mm] 이상 경동선

093

중성선 다중접지식의 것으로서 전로에 지기가 생겼을 때 2초이내에 자동적으로 이를 전로로부터 차단하는 장치가 되어있는 22.9[kV] 가공전선이 다른 특고압 가공전선과 접근하는 경우 간격(이격거리)는 몇 [m] 이상으로 하여야 하는가?(단, 양쪽이 나전선인 경우이다.)

① 0.5
② 1.0
③ 1.5
④ 2.0

25[kV] 이하인 특고압 가공전선로의 시설(K 333.32)
특고압 가공전선이 다른 특고압 가공전선과 접근 또는 교차시 간격
1.5(나전선), 1.0[m](양쪽이 절연전선), 0.5[m](한쪽이 케이블, 다른쪽은 케이블또는 특고압절연전선)

094

저압 옥상전선로의 시설기준으로 틀린 것은?

① 전개된 장소에 위험의 우려가 없도록 시설할 것
② 전선은 지름 2.6mm 이상의 경동선을 사용할 것
③ 전선은 절연전선(옥외용 비닐절연전선은 제외)을 사용할 것
④ 전선은 상시 부는 바람 등에 의하여 식물에 접촉하지 아니하도록 시설하여야 한다.

저압 옥상전선로(K 221.3) : 전선은 절연전선(OW포함) 사용한다.

095

내부고장이 발생하는 경우를 대비하여 차단장치를 시설하여야 하는 특고압용 변압기의 뱅크 용량의 구분으로 알맞은 것은?

① 5000[kVA] 미만
② 5000[kVA] 이상 10000[kVA] 미만
③ 10000[kVA] 이상
④ 15000[kVA] 이상

특고압용 변압기의 보호장치 (K 351.4)
• 경보장치 : 타냉식변압기의 냉각장치 고장
• 경보, 또는 차단장치 : 뱅크용량 5,000[kVA] 이상 10,000[kVA] 미만 변압기 내부고장
• 차단장치 : 뱅크용량 10,000[kVA] 이상 변압기 내부고장

096

수소 냉각식 발전기 등의 시설기준을 잘못 설명한 것은?

① 발전기는 기밀구조의 것이고, 또한 수소가 대기압에서 폭발하는 경우에 생기는 압력에 견디는 강도를 가지는 것일 것
② 발전기안의 수소온도를 계측하는 장치를 시설할 것
③ 발전기 안의 수소의 압력을 계측하는 장치 및 그 압력이 현저히 변동한 경우에 이를 경보하는 장치를 시설할 것
④ 발전기 안의 수소의 순도가 85[%] 이상으로 상승하는 경우는 자동차단하는 장치를 시설할 것

연소의 3요소 : 연료(가연물, 여기서는 수소), 산소, 열(점화원)
산소가 없는 수소만 있는 밀폐공간은 연소가 안됨

097

옥내에 시설하는 사용전압이 400[V] 이상인 저압의 이동전선은 0.6/1[kV]인 고무 절연 클로로프렌캡타이어케이블로서 단면적이 몇 [mm²] 이상이어야 하는가?

① 0.5
② 0.75
③ 1.25
④ 1.4

저압 옥내배선의 사용전선(K 231.3.1)
• 2.5[mm²] 이상의 연동선, 1[mm²] 이상의 미네랄인슈레이션 케이블(MI)
• 사용전압이 400[V] 이하인 경우
 - 전광표시장치, 출퇴표시등 또는 제어회로 : 1.5[mm²] 이상의 연동선 0.75[mm²] 이상의 다심케이블 또는 다심캡타이어 케이블
 - 진열창안 : 0.75[mm²] 이상의 코드 또는 캡타이어 케이블 사용
• 조명용 전원코드 및 이동전선 : 0.75[mm²] 이상의 코드 또는 캡타이어 케이블 (K 234.3)

098

발열선을 도로, 주차장 또는 조영물의 조영재에 고정시켜 시설하는 경우, 발열선에 전기를 공급하는 전로의 대지 전압은 몇 [V] 이하이어야 하는가?

① 220
② 300
③ 380
④ 600

도로 등의 전열장치(K 241.12): 전기온상 시설과 값은 유사
식물의 재배 또는 양잠·부화·육추 등의 용도로 사용하는 전열장치
- 대지전압 300[V] 이하
- 발열선 : 80[°C] 넘지 않을 것

099

소맥분, 전분 기타의 가연성 먼지가 존재하는 곳의 저압 옥내배선으로 적합하지 않은 공사방법은?

① 합성수지관공사
② 가요전선관공사
③ 금속관공사
④ 케이블공사

가연성 먼지위험장소(K 242.2.2): 소맥분, 전분, 유황 기타 가연성 먼지가 폭발할 우려있는장소의 공사방법
- 합성수지관공사(두께 2[mm] 미만 제외한다.)
- 금속관공사 또는 케이블공사

100

화약류 저장소에서의 전기설비 시설기준으로 틀린 것은?

① 전용개폐기 및 과전류 차단기는 화약류 저장장소 이외의 곳에 둔다.
② 전기기계기구는 반폐형의 것을 사용한다.
③ 전로의 대지전압은 300[V] 이하이어야 한다.
④ 케이블을 전기기계기구에 인입할 때에는 인입구에서 케이블이 손상될 우려가 없도록 시설하여야 한다.

화약류 저장소 등의 위험장소(K 242.5)
- 대지전압은 300[V] 이하 (보기 ③)

- 전기기계기구는 전폐형의 것일 것 (보기 ②)
- 케이블을 전기기계기구에 인입할 때에는 인입구에서 케이블이 손상될 우려가 없도록 시설할 것 (보기 ④)
  (해설 : 케이블 사용 지중매설배선으로 시설할 것)
- 화약류 저장소 안의 전기설비에 전기를 공급하는 전로에는 화약류 저장소 이외의 곳에 전용 개폐기 및 과전류차단기를 각 극에 취급자 이외의 자가 쉽게 조작할 수 없도록 시설 (보기 ①)
- 전로에 지락이 생겼을 때 자동적으로 전로를 차단하거나 경보하는 장치를 시설

정답 03회 CBT 복원문제

01 ③	02 ②	03 ④	04 ③	05 ②
06 ④	07 ④	08 ④	09 ②	10 ③
11 ③	12 ②	13 ①	14 ①	15 ④
16 ④	17 ①	18 ②	19 ②	20 ①
21 ②	22 ②	23 ③	24 ④	25 ②
26 ③	27 ①	28 ①	29 ②	30 ②
31 ①	32 ①	33 ④	34 ④	35 ④
36 ①	37 ①	38 ②	39 ④	40 ①
41 ②	42 ③	43 ①	44 ①	45 ④
46 ①	47 ③	48 ②	49 ①	50 ④
51 ③	52 ①	53 ④	54 ③	55 ①
56 ①	57 ③	58 ④	59 ①	60 ②
61 ②	62 ②	63 ③	64 ①	65 ②
66 ④	67 ②	68 ③	69 ①	70 ①
71 ④	72 ④	73 ②	74 ①	75 ①
76 ④	77 ①	78 ③	79 ①	80 ②
81 ④	82 ①	83 ②	84 ③	85 ②
86 ②	87 ④	88 ④	89 ②	90 ④
91 ③	92 ④	93 ③	94 ③	95 ③
96 ④	97 ②	98 ②	99 ②	100 ②

04 CBT 복원문제

제 01 과목 전기자기학

001
패러데이관의 밀도와 전속밀도는 어떠한 관계인가?

① 동일하다.
② 패러데이관의 밀도가 항상 높다
③ 전속 밀도가 항상 높다
④ 항상 틀리다.

패러데이관의 밀도는 전속 밀도와 같다.

002
한변의 길이가 $2[m]$되는 정 3각형의 3정점 A, B, C에 $10^{-4}[C]$의 점전하가 있다. 점 B에 작용하는 힘은 몇 $[N]$인가?

① 29 ② 39
③ 45 ④ 49

$F_{AB}[N](=F_{BC}) = 9 \times 10^9 \dfrac{Q_A Q_B}{r^2}$
$= 9 \times 10^9 \dfrac{(10^{-4}) \times (10^{-4})}{2^2} = 22.5$
$F[N] = \sqrt{3} F_{AB}[N] = \sqrt{3} \times 22.5 = 38.9$ (같은 크기 사이각 60도 ∴ $\sqrt{3}$ 배)

003
내구의 반지름이 $6[cm]$, 외구의 반지름이 $8[cm]$인 동심구 콘덴서의 외구를 접지하고 내구에 전위 $1,800[V]$를 가했을 경우 내구에 충전된 전기량은 몇 $[C]$인가?

① 2.8×10^{-8} ② 3.8×10^{-8}
③ 4.8×10^{-8} ④ 5.8×10^{-8}

전기량: $Q = C_{ab}V_{ab}$ 에서 $C_{ab} = \dfrac{4\pi\epsilon_0 ab}{b-a}$, $V_{ab} = 1,800[V]$ 대입
$Q = C_{ab}V_{ab} = \dfrac{4\pi \times 8.855 \times 10^{-12} \times 0.06 \times 0.08}{0.08 - 0.06} \times 1800$

004
두 도체 사이에 $100[V]$의 전위를 가하는 순간 $700[\mu C]$의 전하가 축적되었을 때 이 두 도체 사이의 정전용량은 몇 $[\mu F]$인가?

① 4 ② 5
③ 6 ④ 7

$Q = CV$ 에서 $C = \dfrac{Q}{V} = \dfrac{700 \times 10^{-6}}{100} = 7 \times 10^{-6} = 7[\mu F]$

005
면적이 $S[m^2]$, 극사이의 거리가 $d[m]$, 유전체의 비유전율이 ϵ_s인 평판 콘덴서의 정전용량은 몇 $[F]$인가?

① $\dfrac{\epsilon_o S}{d}$ ② $\dfrac{\epsilon_o \epsilon_s S}{d}$
③ $\dfrac{\epsilon_o d}{S}$ ④ $\dfrac{\epsilon_o \epsilon_s d}{S}$

평판콘덴서 $C = \dfrac{\epsilon S}{d}$; 조건에 비유전율 ϵ_s 주어짐
∴ $C = \dfrac{\epsilon_s \epsilon_0 S}{d}$

006
비유전율 $\epsilon_s = 5$인 유전체 내의 분극률은 몇 $[F/m]$인가?

① $\dfrac{10^{-8}}{9\pi}$ ② $\dfrac{10^9}{9\pi}$
③ $\dfrac{10^{-9}}{9\pi}$ ④ $\dfrac{10^8}{9\pi}$

분극률 $\chi = \epsilon_0(\epsilon_s - 1)$에서 $\dfrac{1}{4\pi\epsilon_0} = 9 \times 10^9$과 $\epsilon_s = 5$ 적용

007

접지된 직교 도체 평면과 점 전하 사이에는 몇 개의 영상 전하가 존재하는가?

① 1
② 2
③ 3
④ 4

3개

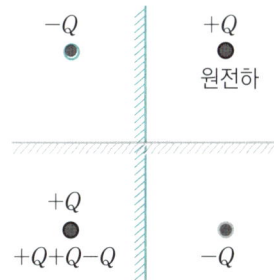

008

유전율이 각각 $\epsilon_1 = 1$, $\epsilon_2 = \sqrt{3}$인 두 유전체가 그림과 같이 접해있는 경우, 경계면에서 전기력선의 입사각 $\theta_1 = 45°$이였다. 굴절각 θ_2는 몇 도인가?

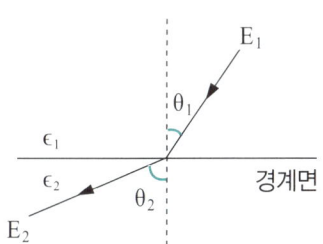

① 20
② 30
③ 45
④ 60

$\dfrac{\tan\theta_1}{\tan\theta_2} = \dfrac{\epsilon_1}{\epsilon_2}$ 에서 $\epsilon_1 = 1$, $\epsilon_2 = \sqrt{3}$, $\theta_1 = 45$ 대입

$\dfrac{\tan 45}{\tan\theta_2} = \dfrac{1}{\sqrt{3}}$ → $\tan\theta_2 = \sqrt{3}\tan 45°$

$\therefore \theta_2 = \tan^{-1}(\sqrt{3}\tan 45°) = 60°$

이해 유전율(ϵ)과 굴절각(θ), 전속선(전속밀도 D)는 비례
$\epsilon_1 < \epsilon_2 \Rightarrow \theta_1 < \theta_2$ ∴ $\epsilon_1(=1) < \epsilon_2(=\sqrt{3}) \Rightarrow \theta_1(=45) < \theta_2$

009

표피 깊이 δ를 나타내는 식은?(단, k[S/m] : 도전율, f[Hz] : 주파수, μ[H/m] : 투자율이다.)

① $\dfrac{1}{\pi f \mu k}$
② $\sqrt{\pi f \mu k}$
③ $\dfrac{1}{\sqrt{\pi f \mu k}}$
④ $\pi f \mu k$

표피효과는 온도와 반비례(높을수록 적다.)
나머지(주파수, 투자율, 도전율)에는 비례(즉 클수록 표피깊이 적다.)

010

내외 반지름이 각각 a, b이고 길이가 l인 동축원통도체 사이에 도전율 σ, 유전율 ϵ일 때 여기서 V[V] 전압을 인가시 누설전류는?

① $\dfrac{2\pi lV}{\sigma \ln\dfrac{b}{a}}$
② $\dfrac{\pi\sigma lV}{\ln\dfrac{b}{a}}$
③ $\dfrac{2\pi\sigma lV}{\ln\dfrac{b}{a}}$
④ $\dfrac{4\pi\sigma lV}{\ln\dfrac{b}{a}}$

$I = \dfrac{V}{R}\left(\text{누설전류} = \dfrac{\text{전압}}{\text{절연저항}}\right)$, 에서

$V = V$[V], $R = \dfrac{\rho\epsilon}{C}$ 여기에 $\rho = \dfrac{1}{\sigma}$(도전율), ϵ(유전율),

$C = \dfrac{2\pi\epsilon l}{\ln\dfrac{b}{a}}$ (동축원통)대입

$\therefore I = \dfrac{V}{R} = \dfrac{V}{\dfrac{\ln\dfrac{b}{a}}{2\pi\sigma l}} = \dfrac{2\pi\sigma lV}{\ln\dfrac{b}{a}}$

이해 구도체 $C = 4\pi\epsilon$, 원주도체 $C = 2\pi\epsilon$, 평형도체 $C = \pi\epsilon$를 포함한다

011

전자석의 흡인력은 공극의 자속밀도를 B라 할 때 다음 중 무엇에 비례하는가?

① B
② $B^{0.5}$
③ $B^{1.5}$
④ B^2

전계나 자계에서 힘과 에너지는 모두 제곱에 비례한다. (∴ 포물선)
$F[\text{J/m}^3][\text{N/m}^2] = \frac{1}{2}BH = \frac{1}{2}\mu H^2 = \frac{B^2}{2\mu}$ 에서
3번째 공식 $F \propto B^2$

012
그림과 같이 반지름 $r[m]$인 원의 임의의 2점 a, b(각 θ) 사이에 전류 $I[A]$가 흐른다. 원의 중심 0의 자계의 세기는 몇 $[A/m]$인가?

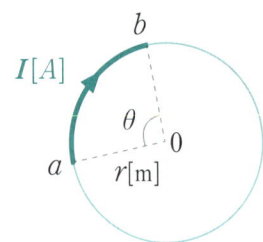

① $\dfrac{I\theta}{4\pi r^2}$ ② $\dfrac{I\theta}{4\pi r}$

③ $\dfrac{I\theta}{2\pi r^2}$ ④ $\dfrac{I\theta}{2\pi r}$

원형전류 중심 $H = \dfrac{NI}{2r} = \dfrac{I'}{2r}$ 에서 전류 $I' \to I \times \dfrac{\theta}{2\pi}$
∴ $H = \dfrac{1}{2r} \times I \times \dfrac{\theta}{2\pi} = \dfrac{I\theta}{4\pi r}$

013
무한장 직선도체에 선밀도 $\lambda[C/m]$의 전하가 분포되어 있는 경우 이 직선도체를 축으로 하는 반경 r의 원통 면상의 전계는 몇 $[V/m]$인가?

① $\dfrac{1}{2\pi\epsilon_0}\dfrac{\lambda}{r^2}$ ② $\dfrac{1}{2\pi\epsilon_0}\dfrac{\lambda}{r}$

③ $\dfrac{1}{4\pi\epsilon_0}\dfrac{\lambda}{r}$ ④ $\dfrac{1}{\pi\epsilon_0}\dfrac{\lambda}{r}$

원주(선)전하 : $\rho_l[C/m]$, $\lambda[C/m]$
전계 $E[V/m] = \dfrac{\lambda}{2\pi\epsilon r}$: 거리에 반비례

014
자극의 세기가 $4 \times 10^{-6}[Wb]$, 길이가 $20[cm]$인 막대자석을 $150[A/m]$의 평등 자계내에 자계와 60도의 각으로 놓았을 때 자석이 받는 회전력은 몇 $[N \cdot m]$인가?

① $3\sqrt{3} \times 10^{-4}$ ② $6\sqrt{3} \times 10^{-5}$

③ $3\sqrt{3} \times 10^{-5}$ ④ $6\sqrt{3} \times 10^{-4}$

자계 내 막대자석에 의한 회전력
$T[N \cdot m] = M \times H = mlH\sin\theta$ 에서
$m = 4 \times 10^{-6}$, $l = 0.2$, $H = 150$, $\theta = 60°$ 대입
∴ $T[N \cdot m] = mlH\sin\theta = 4 \times 10^{-6} \times 0.2 \times 150 \times \sin 60$
$= 1.0 \times 10^{-4} = (S \rightleftarrows D) = 6\sqrt{3} \times 10^{-5}$

015
역자성체 내에서 비투자율 μ_s는?

① $\mu_s \gg 1$ ② $\mu_s > 1$

③ $\mu_s < 1$ ④ $\mu_s = 1$

① 강자성체   ② 상자성체   ③ 반(역)자성체

016
자기저항의 역수를 무엇이라고 하는가?

① conductance   ② permeance

③ elastance   ④ impedance

자기저항(R_m)의 역수는 Permeance(퍼미언스)
전기저항(R)의 역수는 Conductance(컨덕턴스)

017
표의 ㉠, ㉡과 같은 단위로 옳게 나열된 것은?

㉠	$[\Omega \cdot s]$
㉡	$[s/\Omega]$

① ㉠$[H]$, ㉡$[F]$ ② ㉠$[H/m]$, ㉡$[F/m]$

③ ㉠$[F]$, ㉡$[H]$ ④ ㉠$[F/m]$, ㉡$[H/m]$

유도기전력 $e = -L\dfrac{di}{dt}$ 에서 $L[H] = e \times \dfrac{dt}{di} = \dfrac{e}{di} \times dt = [\Omega \cdot sec]$

변위전류 $i = \dfrac{v(t)}{\dfrac{1}{j\omega c}} = j\omega c v(t) = \dfrac{d}{dt}cv(t) = c\dfrac{d}{dt}v(t)$ 에서

$$c[F] = \dfrac{dt}{dv(t)} \times i = dt \times \dfrac{i}{dv(t)} = [sec \times \dfrac{1}{\Omega}]$$

18

단면적 $S[m^2]$, 자로의 $l[m]$길이, 투자율 $\mu[H/m]$의 환상 철심에 1[m]당 N회의 코일을 균등하게 감았을 때 자기인덕턴스는 몇 [H] 인가?

① $\mu N^2 l S$
② $\mu N l S$
③ $\dfrac{\mu N^2 S}{l}$
④ $\dfrac{\mu N^2 l}{S}$

코일 자기인덕턴스 $L = \dfrac{\mu S N^2}{l}$ 또는 $\mu S N^2 l$ 또는 $\mu S n^2 l$

첫항 N : 전체감긴횟수, 둘째항 N : 1[m]당 감긴횟수(보통 n),
셋째항 n : 1[m]당 감긴횟수
N은 1[m]당 감긴횟수 이므로 $L = \mu S N^2 l$
조심하자. 이 문제에서는 N이 사실은 n의 의미로 사용됨

19

전계 $E[V/m]$ 및 자계 $H[AT/m]$의 에너지가 자유공간 중을 $C[m/sec]$의 속도로 전파될 때 단위시간당 단위면적을 지 나가는 에너지는 몇 $[W/m^2]$인가?

① $\sqrt{\epsilon\mu}EH$
② EH
③ $\dfrac{EH}{\sqrt{\epsilon}}\mu$
④ $\dfrac{1}{2}(\epsilon E^2 + \mu H^2)$

포인팅벡터에너지
$P = E \times H = EH\sin\theta = EH$: θ는 E, H가 이루는 각 90°

20

간격 $d[m]$인 두 개의 평행판 전극 사이에 유전율 ϵ의 유전체가 있을때 전극 사이에 전압 $v = V_m \sin\omega t$를 가하면 변위 전류 밀도 $[A/m^2]$는?

① $\dfrac{\epsilon}{d}V_m \cos\omega t$
② $\dfrac{\epsilon}{d}\omega V_m \cos\omega t$
③ $\dfrac{\epsilon}{d}\omega V_m \sin\omega t$
④ $-\dfrac{\epsilon}{d}V_m \cos\omega t$

변위전류 $I_d[A] = \dfrac{V}{Z_c} = \dfrac{V}{1/j\omega c} = j\omega c V$ 에서

$C = \dfrac{\epsilon S}{d}$, $v = V_m \sin\omega t$ 대입

$I_d[A] = j\omega cV = j\omega\dfrac{\epsilon S}{d}V_m \sin\omega t = \omega\dfrac{\epsilon S}{d}V_m \cos\omega t$:

∴ 변위전류밀도
$i_d[A/m^2] = \dfrac{I_d}{S} = \dfrac{\omega\dfrac{\epsilon S}{d}V_m\cos\omega t}{S} = \omega\dfrac{\epsilon}{d}V_m\cos\omega t$

제 02 과목 전력공학

21

62,000[kW] 전력을 60[km] 떨어진 지점에 송전하려면 전압은 약 몇 [kV]로 하면 좋은가?(단, Still식을 사용한다.)

① 66
② 110
③ 140
④ 154

Still 식

$E = 5.5\sqrt{0.6\ell + \dfrac{P}{100}} = 5.5\sqrt{0.6 \times 60 + \dfrac{62,000}{100}} = 140.86$

22

송전선 현수 애자련의 연면 섬락과 가장 관계가 없는 것은?

① 철탑 접지 저항
② 현수 애자련의 개수
③ 현수 애자련의 오손
④ 가공지선

- 애자련의 연면 섬락 : 절연체의 표면을 따라서 발생하는 코로나
- 애자의 오손방지, 애자련의 개수를 증가 저항값 확보, 탑각 접지저항 감소로 역섬락 방지 등의 대책이 있다.

023

다음 중 송·배전 선로의 진동 방지 대책에 사용되지 않는 기구는?

① 댐퍼
② 조임쇠
③ 클램프
④ 아머로드

⚡ 전선의 진동원인 : 가벼워서 (특별한 경우 ACSR(강심 알루미늄연선)을 사용하는 경우는 댐퍼나 아머로드를 달아서 진동방지)

024

10[kVA] 변압기 2대로 공급할 수 있는 최대 3상 전력은 약 몇 [kVA]인가?

① 20
② 17.3
③ 14.1
④ 10

⚡ V결선 : 공급전력 $= \sqrt{3} \times$ 변압기 1대용량 $= \sqrt{3} \times 10$[kVA]

025

고압 배전선로의 선간 전압을 3300[V]에서 5700[V]로 높이는 경우에 같은 전선으로 전력 손실을 같게 한다면 몇 배의 전력을 공급할 수 있겠는가?

① 1.5배
② 2배
③ 3배
④ 4배

⚡ 공급전력 $\propto V^2$ 에서 전압배수(5700/3300)의 제곱에 비례
$\propto (5700/3300)^2 = 2.98$

026

주상변압기의 2차측 접지는 다음 중 어느 것에 대한 보호를 목적으로 하는가?

① 1차측의 단락
② 2차측의 단락
③ 2차측의 전압강하
④ 1차측과 2차측의 혼촉

⚡ 변압기 2차측 접지는 1차측과 2차측의 혼촉으로 인한 2차측 전위 상승억제가 목적이다.

027

다음 송전선의 전압 변동률 식에서 V_{R1}은 무엇을 의미하는가?

$$e = \frac{V_{R1} - V_{R2}}{V_{R2}} \times 100[\%]$$

① 부하 시 송전단 전압
② 무부하 시 송전단 전압
③ 전부하 시 수전단 전압
④ 무부하 시 수전단 전압

⚡ 전압강하율 $= \frac{V_S - V_R}{V_R} \times 100[\%]$, 전압변동률 $= \frac{V_{R0} - V_R}{V_R} \times 100[\%]$

여기서 V_S : 송전단전압, V_R : 전부하수전단전압,
V_{R0} : 무부하수전단전압

028

가공송전선의 인덕턴스가 1.3[mH/km]이고, 정전용량이 0.009[μF/km]일 때 파동 임피던스는 몇 [Ω]인가?

① 350
② 380
③ 400
④ 420

⚡ 파동 임피던스 $Z = \sqrt{\frac{Z}{Y}} = \sqrt{\frac{L}{C}} = \sqrt{\frac{1.3 \times 10^{-3}}{0.009 \times 10^{-6}}} = 380$

029

정삼각형 배치의 선간 거리가 5[m]이고, 전선의 지름이 1[cm]인 3상 가공 송전선의 1선의 정전용량은 약 몇 [μF]인가?

① 0.008
② 0.016
③ 0.024
④ 0.032

⚡ 정전용량 $C[\mu F] = \dfrac{0.02413}{\log_{10} \dfrac{D}{r}}$

$D=5$, $r=0.5\times 10^{-2}$ (지름일 때 1×10^{-2}) 대입

$$C = \frac{0.02413}{\log_{10}\frac{D}{r}} = \frac{0.02413}{\log_{10}\frac{5}{0.5\times 10^{-2}}} = 8\times 10^{-3}[\mu F] = 0.008[\mu F]$$

030

3상 3선식 소호리액터 접지 방식에서 1선의 대지 정전용량을 $C[\mu F]$, 상전압 $E[kV]$, 주파수 $f[Hz]$라 하면, 소호리액터의 용량은 몇 $[kVA]$인가?

① $\pi f C E^2 \times 10^{-3}$
② $2\pi f C E^2 \times 10^{-3}$
③ $3\pi f C E^2 \times 10^{-3}$
④ $6\pi f C E^2 \times 10^{-3}$

소호리액터 용량$[kVA] = 6\pi f C E^2 \times 10^{-3}[kVA]$
$= 2\pi f C V^2 \times 10^{-3}[kVA]$

031

역률 0.8인 부하 480[kW]를 공급하는 변전소에 전력용 콘덴서 220[kVA]를 설치하면 역률은 몇 [%]로 개선할 수 있는가?

① 94
② 96
③ 98
④ 99

개선전 부하의 유효전력 = 480[kW]

무효전력 = 유효전력 × $\frac{\sin\theta}{\cos\theta}$ = $480 \times \frac{0.6}{0.8} = 360$

개선후 부하의 유효전력 = 개선전과 동일 = 480[kW]
무효전력 = 개선전 무효전력 − 콘덴서용량
= 360 − 220 = 140

∴ 개선된 역률 = 개선후 유효전력 / 개선후 피상전력
$= \frac{480}{\sqrt{480^2 + 140^2}} = 0.96$

032

단거리 송전 선로에서 정상 상태 유효 전력의 크기는?

① 선로 리액턴스 및 전압 위상차에 비례한다.
② 선로 리액턴스 및 전압 위상차에 반비례한다.
③ 선로 리액턴스에 반비례하고 상차각에 비례한다.
④ 선로 리액턴스에 비례하고 상차각에 반비례한다.

정상상태 유효전력 $P = \frac{V_s V_r}{X}\sin\delta$ [W]에서

선로 리액턴스에 반비례하고 상차각에 비례한다.

033

3상 송전 선로의 선간 전압을 100[kV], 3상 기준용량을 10,000[kVA]로 할 때, 선로 리액턴스(1선당) 100[Ω]을 % 임피던스로 환산하면 약 몇 [%]인가?

① 0.33
② 3.33
③ 10
④ 1

$\%X = \frac{P_n X}{10V^2}$ 에서 $P_n = 10,000[kVA]$,
$X = 100[\Omega]$, $V = 100[kV]$ 대입

$\%X = \frac{P_n X}{10V^2} = \frac{10,000\times 100}{10\times 100^2} = 10[\%]$

034

그림과 같은 3상 송전 계통의 송전 전압은 22[kV]이다. 한 점 P에서 3상 단락했을 때 발전기에 흐르는 단락 전류는 약 몇 [A]인가?

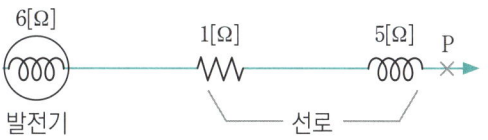

① 725
② 1,150
③ 1,990
④ 3,725

단락전류 $I_s = \frac{E[V]}{Z[\Omega]} = \frac{100}{\%Z}I_n$ 에서 첫 번째 공식 이용

$E[V] = 22\times 10^3[V]/\sqrt{3}$, $Z[\Omega] = 1+j(6+5) = \sqrt{1^2+11^2} = 11.05$ 대입

∴ $I_s = \frac{E[V]}{Z[\Omega]} = \frac{22\times 10^3/\sqrt{3}}{11.05} = 1,149[A]$

035

부하 전류가 흐르는 전로는 개폐할 수 없으나 기기의 점검이나 수리를 위하여 회로를 분리하거나 계통의 접속을 바꾸는 데 사용하는 것은?

① 차단기
② 단로기
③ 전력퓨즈
④ 부하 개폐기

단로기는 무부하시에만 개폐 가능, 아크 소호능력이 없다.

036

단로기에 대한 다음 설명 중 옳지 않은 것은?

① 소호 장치가 있어서 아크를 소멸시킨다.
② 회로를 분리하거나, 계통의 접속을 바꿀 때 사용한다.
③ 고장 전류는 물론 부하 전류의 개폐에도 사용할 수 없다.
④ 배전용의 단로기는 보통 디스커넥팅바로 개폐한다.

단로기는 무부하시에만 개폐 가능, 아크 소호능력이 없다.

037

발전소의 발전기 정격전압[kV]으로 사용되는 것은?

① 6.6
② 33
③ 66
④ 154

발전소의 발전기 정격전압으로 사용되는 것은 6.6~23[kV]이다.

038

수차 발전기가 난조를 일으키는 원인은?

① 수차의 조속기가 예민하다.
② 수차의 속도 변동률이 적다.
③ 발전기의 관성 모멘트가 크다.
④ 발전기의 자극에 제동권선이 있다.

- 수차의 속도 일정유지 : 조속기(예민하면 난조 원인)
- 속도검출 : 평속기

039

가스터빈의 장점이 아닌 것은?

① 구조가 간단해서 운전에 대한 신뢰가 높다.
② 기동, 정지가 용이하다.
③ 냉각수를 다량으로 필요하지 않는다.
④ 화력 발전소보다 열효율이 높다.

가스터빈은 화력발전소보다 열효율이 낮다. (가스자동차를 생각해보자)

040

PWR형 발전용 원자로에서 감속제, 냉각제 및 반사체로서의 구실을 겸하는 주로 사용되고 있는 것은?

① 경수(H_2O)
② 중수(D_2O)
③ 흑연
④ 액체금속(Na)

PWR 원자로(가압경수로)
- 연 료 : 저농축우라늄 (3~5[%])
- 냉각재 : 물(경수, H_2O)
- 감속재 : 물(경수, H_2O)

제 03 과목 | 전기기기

041

전기자 지름 0.2[m]의 직류 발전기가 1.5[kW]의 출력에서 1800[rpm]으로 회전하고 있을 때 전기자 주변속도[m/sec]는?

① 15.32
② 17.01
③ 18.84
④ 20.25

$V = \pi D \dfrac{N}{60} = 3.14 \times 0.2 \times \dfrac{1800}{60} = 18.84 [m/s]$

042

무부하전압 213[V], 단자전압 200[V], 정격출력 80[kW]의 분권발전기가 있다. 계자저항이 20[Ω], 전부하시의 전기자반작용에 의한 전압강하가 4.8[V]라면 그 전기자 회로의 저항[Ω]은?

① 0.02
② 0.05
③ 0.08
④ 0.1

$E = V + R_a I_a + e_a + e_b = V + R_a I_a + e_a$

유도기전력은 단자전압+전기자전압+전기자반작용 의한 전압강하의 합이다.

$I_f = \dfrac{200}{20} = 10[A], \ I = \dfrac{P}{V} = \dfrac{80000}{200} = 400[A],$
$\therefore I_a = I + I_f = 400 + 10 = 410$

$R_a = \dfrac{E - V - e_a}{I_a} = \dfrac{213 - 200 - 4.8}{410} = 0.02[\Omega]$

043

직류 전동기의 회전수를 1/2로 줄이려면, 계자 자속을 몇 배로 하여야 하는가?(단, 전압과 전류 등은 일정하다.)

① 1   ② 2
③ 3   ④ 4

직권 전동기에서 $N = k \dfrac{V - I_a R_a}{\phi}$

자속에 반비례하므로 자속을 2배로 하면 회전수는 1/2이 된다.

044

전기기기에서 절연의 종류 중 B종 절연물의 최고 허용 온도는 몇 [℃]인가?

① 90   ② 105
③ 120   ④ 130

절연물의 종류	최고 허용 온도[℃]	절연물의 종류	최고 허용 온도[℃]
Y	90	F	155
A	105	H	180
E	120	C	180 이상
B	130		

Y A E B F H C
90 105 120 130 155 180 이상
   15 15 10 25 25

045

슬롯수가 48인 고정자가 있다 여기에 3상 4극의 2층권을 시행할 때에 매극 매상의 슬롯수와 총 코일수는?

① 4, 48
② 12, 48
③ 12, 24
④ 9, 24

매극매상슬롯수 $= \dfrac{총슬롯수}{상수 \times 극수} = \dfrac{48}{3 \times 4} = 4$

코일수 $= \dfrac{총슬롯수 \times 층수}{2} = \dfrac{48 \times 2}{2} = 48$

046

동기 발전기의 단자 부근에서 단락사고가 발생했다. 이 때 단락 전류에 대한 설명으로 가장 옳은 것은?

① 서서히 증가해서 일정한 전류가 된다.
② 급격히 증가한 후 일정한 전류로 감소한다.
③ 서서히 감소해서 일정한 전류가 된다.
④ 서서히 감소하다가 다시 일정 전류 이상으로 증가한다.

동기발전기의 단자를 갑자기 단락하면 단락 초기에는 전기자 반작용이 순간적으로 나타나지 않기 때문에 막대한 과도 전류가 흐르고, 수 초 후에는 전기자 반작용 리액턴스에 의해 단락 전류는 점차 감소되어 영구 단락전류 값에 이르게 된다.

047

화학공장에서 선로의 역률은 앞선 역률 0.7이었다. 이 선로에 동기 무효 전력 보상 장치를 병렬로 연결해서 과여자로 하면 선로의 역률은 어떻게 되는가?

① 뒤진 역률이며, 역률이 더욱 나빠진다.
② 뒤진 역률이며, 역률이 더욱 좋아진다.
③ 앞선 역률이며, 역률이 더욱 좋아진다.
④ 앞선 역률이며, 역률이 더욱 나빠진다.

동기 무효 전력 보상 장치 :
부족여자 운전 시 리액터로 작용, 과 여자 운전 시 콘덴서로 작용

048

권수비 $a=6600/220$, $60[Hz]$, 변압기의 철심 단면적 $0.02[m^2]$, 최대자속밀도 $1.2[Wb/m^2]$일 때 1차 유기기전력은 약 몇 [V]인가?

① 1407[V]
② 3521[V]
③ 42198[V]
④ 49814[V]

$E_1 = 4.44 N_1 f\phi = 4.44 \times 6600 \times 60 \times 1.2 \times 0.02 = 42197.76[V]$

049

$10[kVA]$, $2000/100[V]$ 변압기의 1차 환산 등가임피던스가 $6+j8[\Omega]$일 때 %리액턴스 강하는?

① 1.5
② 2
③ 5
④ 10

%리액턴스 강하 $\%x = \dfrac{I_1 x_1}{V_1} \times 100[\%]$ 이용

$I_1 = \dfrac{P}{V_1} = \dfrac{10000}{2000} = 5[A]$

$\%x = \dfrac{I_1 x_1}{V_1} \times 100 = \dfrac{5 \times 8}{2000} \times 100 = 2[\%]$

050

용량 $10[kVA]$, 철손 $120[W]$, 전 부하 동손 $200[W]$인 단상 변압기 2대를 V결선하여 부하를 걸었을 때, 전 부하 효율은 몇 [%]인가?(단, 부하의 역률은 $\sqrt{3}/2$이라한다.)

① 98.3
② 97.9
③ 99.2
④ 96.8

전 부하 효율 이란 변압기 용량만큼 부하를 사용 시 발생되는 효율
여기서 단상변압기 2대를 V 결선 하였으므로
$P_v = \sqrt{3} VI \cos\theta = \sqrt{3} \times 10 \times \sqrt{3}/2 = 15[kW]$

$\eta = \dfrac{출력}{출력+철손+동손} \times 100$

$= \dfrac{15}{15+0.12+0.2} \times 100 = 97.9$

051

3상 배전선에 접속된 V결선의 변압기에서 전부하시의 출력을 $P[kVA]$라 하면, 같은 변압기 한 대를 증설하여 △결선하였을 때의 정격출력[kVA]는?

① $\dfrac{3}{2}P$
② $\dfrac{2}{\sqrt{3}}P$
③ $\sqrt{3}P$
④ $2P$

V결선 출력 $P_v = \sqrt{3} VI$, △결선 출력 $P_\triangle = 3VI$, ∴ $P_\triangle = \sqrt{3} P_v$

052

변압기 권선의 층간절연시험은?

① 가압시험
② 유도시험
③ 충격시험
④ 단락시험

변압기 절연내력시험
• 가압시험 : 충전부분과 대지사이 또는 충전부분 상호간의 절연강도를 보증
• 유도시험 : 변압기나 그 외의 기기의 층간절연을 시험
• 충격전압시험 : 번개와 같은 충격전압에 의한 절연 파괴 시험

053

6극 60[Hz], 200[V], 7.5[kW]의 3상 유도전동기가 960[rpm]으로 회전하고 있을 때 회전자 전류의 주파수 [Hz]는?

① 8
② 10
③ 12
④ 14

⚡
$s = \dfrac{N_s - N}{N_s}$ 에서 동기속도

$N_s = \dfrac{120f}{P} = \dfrac{120 \times 60}{6} = 1200\,[\text{rpm}]$

$s = \dfrac{N_s - N}{N_s} = \dfrac{1200 - 960}{1200} = 0.2,\ f_{2s} = sf_1 = 0.2 \times 60 = 12\,[\text{Hz}]$

054

4극, 60[Hz]인 3상 유도전동기를 입력 100[kW], 효율 90[%]로 정격 운전할 때의 토크 [kg·m]는?

① 46.7
② 48.75
③ 97.5
④ 146.25

⚡
토크 $T = 0.975 \dfrac{P_2}{N_s}\,[\text{kg}\cdot\text{m}] = 0.975 \dfrac{100000 \times 0.9}{1800} = 48.75$

1차 출력=2차 입력이고 $N_s = \dfrac{120f}{P} = \dfrac{120 \times 60}{4} = 1800$

055

유도전동기의 토크 속도 곡선이 비례추이(proportional shifting)한다는 것은 그 곡선이 무엇에 비례해서 이동하는 것을 말하는가?

① 슬립
② 회전수
③ 공급전압
④ 2차 합성저항

⚡
비례추이(권선형 유도전동기) : 기동 시 외부저항최대
- 특징 : 최대토크는 불변, 기동전류는 감소하고, 기동토크 증가
- 비례추이 할 수 있는 것 : 동기 와트 1차 전류, 2차 전류, 토크, 역률
- 비례추이 할 수 없는 것 : 출력, 2차 동손, 2차 효율
※ 기동 시 외부저항최대(속도 최소) ⇨ 서서히 외부저항 감소(속도 증가)

056

3상 유도전동기의 회전자에 슬립 주파수의 전압을 공급하여 속도 제어를 하는 방법은?

① 2차 저항법
② 직류 여자법
③ 주파수 변환법
④ 2차 여자법

⚡
$I_2 = \dfrac{sE_2 \pm E_c}{r_2}$ 에서 정 토크 부하의 경우 I_2는 일정하므로 $slip$ 주파수의 전압 E_c의 크기에 따라 s가 변하게 되고 속도가 변하게 된다. 이와 같은 속도제어 방법을 2차 여자법이라 한다.

057

단상 유도전동기의 기동법 중에서 기동 토크가 가장 적은 것은?

① 분상기동형
② 반발기동형
③ 콘덴서 기동형
④ 반발유도형

⚡
기동토크가 큰 순서 : (반 콘 분 세)
반발 기동형 ⇨ 반발 유도형 ⇨ 콘덴서 기동형 ⇨ 콘덴서 운전형 ⇨ 분상 기동형 ⇨ 세이딩코일형 ⇨ 모노사이클릭형

058

다음 중 교류를 직류로 변환하는 전기 기기가 아닌 것은?

① 전동 발전기
② 회전 변류기
③ 단극 발전기
④ 수은 정류기

⚡
- 단극 발전기는 직류발전기의 일종으로 저전압 대전류 용으로 사용된다.
- 정류기의 종류
  - 회전변류기(유도전압조정기·동기 승압기·탭전환)
  - 반도체 정류기(SCR)
  - 수은정류기
  - 교류정류자기

059

단상 반파 정류로 직류 전압 100[V]를 얻으려고 한다. 최대 역전압(peak inverse voltage : PIV), 즉 PIV는 몇 [V] 이상의 다이오드를 사용하여야 하는가?

① 100　　② 156
③ 223　　④ 314

첨두역전압(PIV)= 직류값 × π
정류기 1차전압= 정류기 2차전압(공급전압)= 100[V]
∴ 첨두역전압= 100 × 3.14 = 314[V]

060

수은정류기에 있어서 정류기의 밸브작용이 상실되는 현상을 무엇이라고 하는가?

① 통호　　② 실호
③ 역호　　④ 점호

수은정류기 : 역호(밸브작용상실)
- 방지책 : 과열, 과냉, 과부하를 피한다.

제 04 과목　회로이론

061

그림과 같은 회로에서 R의 값은?

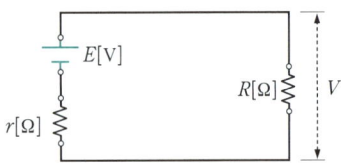

① $\dfrac{E}{E-V} \cdot r$　　② $\dfrac{V}{E-V} \cdot r$

③ $\dfrac{E-V}{E} \cdot r$　　④ $\dfrac{E-V}{V} \cdot r$

전압 분배법칙 적용 $V = E \times \dfrac{R}{R+r}$ (자기것) 에서

$V(R+r) = E \times R \rightarrow VR + Vr = ER$
$\rightarrow Vr = (E-V)R \rightarrow \dfrac{Vr}{(E-V)} = R$

062

1000[Hz]인 정현파 교류에서 5[mH]인 유도리액턴스와 같은 용량리액턴스를 갖는 C의 크기는 몇 [μF]인가?

① 5.07　　② 4.07
③ 3.07　　④ 2.07

부하의 저항은 R(순저항), $j\omega L$(유도리액턴스) $\dfrac{1}{j\omega C}$ (용량리액턴스)

에서 $X_L = X_C$ ➡ $\omega L = \dfrac{1}{\omega C}$ ➡ $C = \dfrac{1}{\omega^2 L}$

$C = \dfrac{1}{(2 \times 3.14 \times 1000)^2 \times (5 \times 10^{-3})} = 5.07 \times 10^{-6}$

별해 단위 무시하여 풀면 $C = \dfrac{1}{(2 \times 3.14)^2 \times (5)} = 5.07 \times 10^{-3}$

063

전류의 크기가 $i_1 = 30\sqrt{2} \sin \omega t$ [A], $i_2 = 40\sqrt{2} \sin\left(\omega t + \dfrac{\pi}{2}\right)$[A]일 때 $i_1 + i_2$ 의 실효값은 몇 [A]인가?

① 50　　② $50\sqrt{2}$
③ 70　　④ $70\sqrt{2}$

순시치를 극좌표 또는 직각좌표로 변환후 계산
$i_1 = 30 \angle 0 = 30(\cos 0 + j\sin 0) = 30$,
$i_2 = 40 \angle 90 = 40(\cos 90 + j\sin 90) = j40$

1) 복소수 형태에서 계산 : 실수는 실수끼리, 허수는 허수끼리 계산
$\vec{A} + \vec{B} = (a+jb) + (c+jd) = (a+c) + j(b+d) = 30 + j40$
$|\vec{A} + \vec{B}| = \sqrt{(a+c)^2 + (b+d)^2} = \sqrt{(30)^2 + (40)^2} = 50$

2) 극좌표 형태에서 크기와 위상으로 벡터의 크기를 구한다.
$|\vec{A} + \vec{B}| = \sqrt{A^2 + B^2 + 2AB\cos\theta}$
$= \sqrt{30^2 + 40^2 + 2 \times 30 \times 40 \times \cos 90} = 50$

064

저항 1[Ω]과 인덕턴스 1[H]를 직렬로 연결한 후 60[Hz], 100[V]의 전압을 인가할 때 흐르는 전류의 위상은 전압의 위상보다 어떻게 되는가?

① 뒤지지만 90°이하이다.
② 90°늦다.
③ 앞서지만 90°이하이다.
④ 90°빠르다.

순저항은 동위상.
인덕턴스(유도성리액턴스)는 전류 90°가 뒤지고,
정전용량(용량성리액턴스)는 전류가 90° 앞선다.
인덕턴스이므로 전류가 90° 뒤져야 되지만 저항성분 때문에 90°보다 적다.

065

두 코일을 직렬로 연결하고 합성인덕턴스를 구하면 합성인덕턴스가 119[H]이고 극성을 반대로 하였더니 합성인덕턴스가 11[H]였다. 이때 결합계수는 얼마인가 (단, $L_1=20$[H]이다.)

① 0.6　　　　② 0.7
③ 0.8　　　　④ 0.9

직렬접속　가동결합(가극성) $L_T=L_1+L_2+2M=119$
　　　　　차동결합(감극성) $L_T=L_1+L_2-2M=11$
에서 두 식의 차를 구하면 $4M=108 \to M=27$,
첫 번째 식에 대입 $119=20+L_2+2\times 27$ 에서 $L_2=45$ 구하여
$M=K\sqrt{L_1L_2}$ 에 대입 $27=K\sqrt{20\times 45}$ ∴ $K=0.9$

066

다음 회로에서 부하 R_L에 최대 전력이 공급될 때의 전력 값이 5[W]라고 하면 R_L+R_i의 값은 몇 [Ω]인가? (단, R_i는 전원의 내부저항이다.)

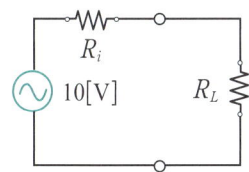

① 5　　　　② 10
③ 15　　　　④ 20

최대전력 전송조건 $R_L=R_i$ 에서 부하에서 발생하는 (최대)전력
$P_L=\dfrac{V_L^2}{R_L}=\dfrac{\left(\dfrac{V}{2}\right)^2}{R_L}=\dfrac{V^2}{4R_L}$ 에서 $P_L=5$, $V=10$ 대입
$R_L=\dfrac{V^2}{4P_L}=\dfrac{10^2}{4\times 5}=5$
∴ $R_L=R_i$ 조건에서 $R_L+R_i=5+5=10$

067

9[Ω]과 3[Ω]인 저항 6개를 그림과 같이 연결하였을 때, a와 b 사이의 합성 저항[Ω]은?

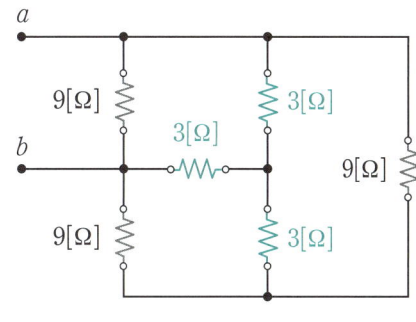

① 9　　　　② 4
③ 3　　　　④ 2

중심부분의 3[Ω]인 Y결선을 등가의 △ 결선으로 변경하면 9[Ω]이 되므로 이것을 기존의 9[Ω]과 병렬로 합성하면 4.5[Ω]이 되며 이것으로 합성값을 구하면 3[Ω]이 된다.

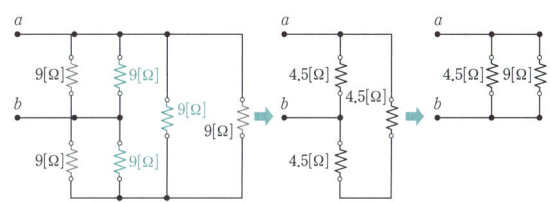

068

불평형 Y결선의 부하 회로에 평형 3상 전압을 가할 경우 중성점의 전위 $V_{n'n}$[V]는? (단, Z_1, Z_2, Z_3는 각 상의 임피던스[Ω]이고 Y_1, Y_2, Y_3는 각 상의 임피던스에 대한 어드미턴스[℧] 이다.)

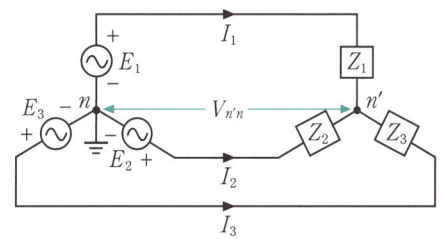

① $\dfrac{E_1+E_2+E_3}{Z_1+Z_2+Z_3}$　　② $\dfrac{Z_1E_1+Z_2E_2+Z_3E_3}{Z_1+Z_2+Z_3}$

③ $\dfrac{E_1+E_2+E_3}{Y_1+Y_2+Y_3}$　　④ $\dfrac{Y_1E_1+Y_2E_2+Y_3E_3}{Y_1+Y_2+Y_3}$

밀만에 정리에 의하여

$$V_{ab} = \dfrac{\dfrac{V_1}{Z_1}+\dfrac{V_2}{Z_2}+\dfrac{V_3}{Z_3}}{\dfrac{1}{Z_1}+\dfrac{1}{Z_2}+\dfrac{1}{Z_3}} = \dfrac{Y_1E_1+Y_2E_2+Y_3E_3}{Y_1+Y_2+Y_3}$$

069

3상대칭분을 I_0, I_1, I_2 라 하고 선전류를 I_a, I_b, I_c 라 할 때 I_b는?

① $I_0+a^2I_1+aI_2$ ② $\dfrac{1}{3}(I_0+I_1+I_2)$

③ $I_0+I_1+I_2$ ④ $I_0+aI_1+a^2I_2$

① b상 전원의 크기 ③ a상 전원의 크기 ④ c상 전원의 크기
각 상 전원에는 영상분, 정상분, 역상분의 합이 존재한다.
주어진 영상, 정상, 역상분은 a상에 포함된 성분이므로 b, c상을 계산시에는 그 위상에 맞는 위상으로 변경하여 계산한다.

070

단자전압의 각 대칭분 V_0, V_1, V_2가 0이 아니고 같게 되는 고장의 종류는?

① 1선지락   ② 선간단락
③ 2선지락   ④ 3선단락

1선지락은 $I_0=I_1=I_2\neq 0$, 2선지락은 $V_0=V_1=V_2\neq 0$

071

i가 0에서 1까지는 $i=20[A]$, 1에서 2까지는 $i=0[A]$ 인 파형을 푸리에급수로 전개할 때 a_0는?

① 7.07   ② 5
③ 10   ④ 14.14

a_0 는 파의 직류분을 구하는 계수로 파의 평균값이 된다.
$$a_0 (\text{평균값}) = \dfrac{1}{T}\int f(t)dt = \dfrac{1}{2}\int_0^1 20\,dt$$
$$= \dfrac{1}{2}|20\times t|_0^1 = \dfrac{1}{2}(20-0) = 10$$

072

비선형 저항에서 단자전압의 파형과 여기에 흐르는 전류의 파형은 일반적으로 어떠한가?

① 동일하다.
② 전혀 다르다
③ 닮은꼴이다.
④ 파형은 같으나 위상차가 있다.

비선형소자 – 입력과 출력이 전혀 다른소자 (철심이 있는 코일, Tr 등)

073

그림과 같은 회로의 컨덕턴스 G_2에 흐르는 전류[A]는?

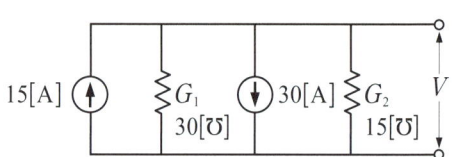

① 3
② 5
③ 10
④ 15

중첩의 원리를 적용
1) 15[A]에 의한 전류(30[A] 내부저항 $=\infty$, 개방)
$$I_1 = 15\times\dfrac{15}{30+15}=5[A]$$
2) 30[A]에 의한 전류(15[A] 내부저항 $=\infty$, 개방)
$$I_2 = 30[A]\times\dfrac{15}{15+30}=10[A]$$
$\therefore I=I_1+I_2=5+(-10)=-5[A]$ (I_1, I_2 전류의 방향에 조심)

이해 기준방향의 전류를 "+", 로 보면, 반대방향은 전류는 "-" 로 본다.
이유는 전류가 벡터량이므로 반대 방향시에는 "차"로 구해진다.

074

L 및 C를 직렬로 접속한 임피던스가 있다. 지금 그림과 같이 L 및 C의 각각에 동일한 저항 R를 병렬로 접속하여 이 합성회로가 주파수에 무관하게 되는 R의 값은?

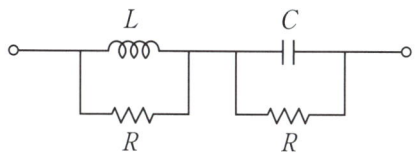

① $R^2 = \dfrac{L}{C}$ ② $R^2 = \dfrac{C}{L}$

③ $R^2 = CL$ ④ $R^2 = \dfrac{1}{LC}$

정저항 회로 : 저항만의 회로(주파수와 무관), $R^2 = \dfrac{L}{C}$ 즉, $R = \sqrt{\dfrac{L}{C}}$

075

A, B, C, D 4단자 정수를 올바르게 쓴 것은?

① $AD + BD = 1$ ② $AB - CD = 1$
③ $AB + CD = 1$ ④ $AD - BC = 1$

4단자망의 선형조건 정수 $AD - BC = 1$
전달정수 $\theta = \log_e(\sqrt{AD} + \sqrt{BC})$ 혼동하지 말자.

076

다음과 같은 회로가 정저항 회로가 되기 위한 $R[\Omega]$의 값은?

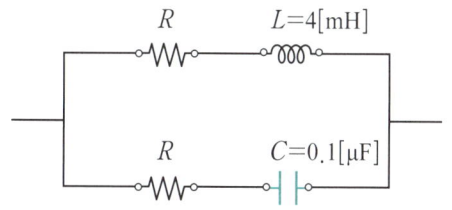

① $200[\Omega]$ ② $2[\Omega]$
③ $2 \times 10^{-2}[\Omega]$ ④ $2 \times 10^{-4}[\Omega]$

정저항 회로 : $R^2 = \dfrac{L}{C}$ 에서 $R = \sqrt{\dfrac{L}{C}} = \sqrt{\dfrac{4 \times 10^{-3}}{0.1 \times 10^{-6}}} = 200$

077

그림의 회로에서, S를 닫은 후 $t = 2$[초] 일 때 회로에 흐르는 전류는 몇 [A]인가?

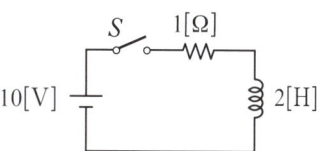

① 약 3.2   ② 약 4.6
③ 약 5.2   ④ 약 6.3

$R-L$직렬회로에서 스위치 투입시 $i(t) = \dfrac{E}{R}(1 - e^{-\frac{R}{L}t})$이므로

$E = 10[V]$, $R = 1[\Omega]$, $L = 2[H]$, $t = 2$ 대입

$i(t) = \dfrac{10}{1}(1 - e^{-\frac{1}{2} \times 2}) = \dfrac{10}{1}(1 - 0.367) = \dfrac{10}{1} \times 0.632 = 6.32$

별해 $R-L$직렬회로에서 스위치 투입시 정상전류 $I = \dfrac{E}{R} = \dfrac{10}{1} = 10[A]$

∴ 시정수에서 회로의 값 = 최종값 $\times 0.63 = 10 \times 0.63 = 6.3[A]$

078

$\left[\dfrac{d}{dt}\sin \omega t\right]$의 라플라스 값은?

① $\dfrac{s^2}{s^2 + \omega^2}$ ② $\dfrac{-s^2}{s^2 + \omega^2}$

③ $\dfrac{\omega s}{s^2 + \omega^2}$ ④ $\dfrac{\omega}{s^2 + \omega^2}$

라플라스 변환 공식(실미분 정리) : $\dfrac{d}{dt}f(t) \rightarrow sF(s) - f(0_-)$ 에서

$s \times \dfrac{\omega}{s^2 + \omega^2} - \sin(\omega \cdot 0) = \dfrac{s\omega}{s^2 + \omega^2} - 0 = \dfrac{s\omega}{s^2 + \omega^2}$

079

$\dfrac{dx(t)}{dx} + x(t) = 1$의 라플라스 변환의 값은?
(단, $x(0) = 0$ 이다.)

① $s + 1$ ② $s(s + 1)$

③ $\dfrac{1}{s}(s + 1)$ ④ $\dfrac{1}{s(s + 1)}$

함수의 라플라스 변환 ($f(t) \leftrightarrow F(S)$, $\dfrac{d}{dt} \leftrightarrow S$, $\int dt \leftrightarrow \dfrac{1}{S}$)

단) 상수 $1 \leftrightarrow \dfrac{1}{S}$ 로, $(x(t) \leftrightarrow X(s)$로 변환됨

$\dfrac{dx(t)}{dt} + x(t) = 1 \Rightarrow sX(s) + X(s) = \dfrac{1}{s}$를 간단히 하면됨

080

그림과 같은 궤환회로의 종합 전달함수는?

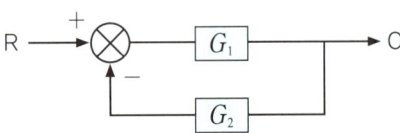

① $\dfrac{1}{G_1} + \dfrac{1}{G_2}$

② $\dfrac{G_1}{1 - G_1 G_2}$

③ $\dfrac{G_1}{1 + G_1 G_2}$

④ $\dfrac{G_1 G_2}{1 + G_1 G_2}$

신호흐름 선도 전달함수

$G(S) = \dfrac{경로이득의\ 합}{1 - 루프이득의\ 합} = \dfrac{G_1}{1 - (-G_1 G_2)}$

제 05 과목 · 전기설비기술기준

081

가공인입선 및 수용장소의 조영물의 옆면 등에 시설하는 전선으로서 그 수용장소의 인입구에 이르는 부분의 전선을 무엇이라고 하는가?

① 인입선　　② 옥외배선
③ 옥측배선　④ 배전간선

인입선 : 수용장소의 붙임점에 이르는 전선

082

저압 전로의 사용전압이 500[V] 초과인 전로와 대지 사이의 절연저항 값은 몇 [MΩ] 이상인가?

① 0.2　　② 0.5
③ 1　　　④ 2

전로의 절연(K 130조): 저압전로의 절연저항

전로의 사용전압[V]	DC 시험전압[V]	절연저항[MΩ]
SELV 및 PELV	250	0.5
FELV, 500V 이하	500	1.0
500V 초과	1,000	1.0

083

최대사용전압이 69[kV]인 중성점 비접지식 선로의 절연내력 시험전압은 몇 [kV]인가?

① 63.48　　② 75.9
③ 86.25　　④ 103.5

절연내력시험(K 132~136) : 전로(고압 및 특고압의 전로)
60[kV]초과 중성점 비접지 : 1.25배
∴ 69[kV] ×1.25 = 86.25[kV]

084

지중에 매설된 금속제 수도관로는 각종 접지 공사의 접지극으로 사용할 수 있다. 다음 중에서 접지극으로 사용할 수 없는 것은?

① 안지름 75[mm]에서 분기한 안지름 50[mm]의 수도관으로 길이가 6[m]이고, 전기저항 값이 3[Ω]이하인 것
② 안지름 75[mm]이상이고 전기저항 값이 3[Ω]이하인 것
③ 안지름 75[mm]이상이고 전기저항 값이 2[Ω]이하인 것
④ 안지름 75[mm]에서 분기한 안지름 50[mm]의 수도관으로 길이가 5[m]이고, 전기저항 값이 3[Ω]이하인 것

수도관을 접지극으로 활용(K 142.2)
- 지중에 매설되어 있고 대지와의 전기저항 값이 3 [Ω] 이하
- 굵은관(75[mm])과 얇은관의 분기점으로부터 5[m]이내 설치
단, 수도관의 접지 저항이 2[Ω]이하시 5[m] 초과 가능

085

변압기로서 특고압과 결합되는 고압 전로의 혼촉에 의한 위험 방지 시설은?

① 프라이머리 컷 아웃 스위치
② 라인 포스트 애자
③ 퓨즈
④ 사용전압의 3배의 전압에서 방전하는 방전장치

특고압과 고압의 혼촉 등에 의한 위험방지 시설(K 322.3)
사용전압 3배 이하인 전압이 가하여진 경우 방전하는 장치 설치

086

피뢰시스템의 Ⅰ, Ⅱ, Ⅲ, Ⅳ의 등급별 인하도선의 간격은 각각 몇 [m]인가?

① 10, 10, 15, 20
② 10, 15, 15, 20
③ 10, 15, 20, 20
④ 10, 10, 10, 20

병렬 인하도선의 최대 간격은 피뢰시스템 등급에 따라
Ⅰ, Ⅱ 등급은 10[m], Ⅲ 등급은 15[m], Ⅳ등급은 20[m] 로 한다.

087

고압 가공전선과 가공약전류 전선 등과 접근하는 경우에 고압 가공전선과 가공약전류전선 사이의 간격(이격거리)는 몇 [m] 이상이어야 하는가?(단, 전선이 케이블인 경우)?

① 0.2
② 0.3
③ 0.4
④ 0.5

고압 가공전선과 가공 약 전류전선 간격(이격거리)(K 332.13)
저압 가공전선 또는 고압 가공전선이 가공 약 전류 전선과 접근시
- 저압 60[cm] 이상 이격 (케이블인 경우 : 30[cm])
- 고압 80[cm] 이상 이격 (케이블인 경우 : 40[cm])

088

정격전류 20[A]와 40[A]인 전동기와 정격전류 10[A]인 전열기 5대에 전기를 공급하는 단상 220[V] 저압 간선이 있다. 간선의 최소 허용 전류[A]는?

① 100
② 116
③ 130
④ 146

간선의 허용전류 : 간선의 굵기를 결정하는 값 (K 212.18.6)
간선의 허용전류 $(Ia) = K \times \sum |_M + \sum |_H$
여기서 $\sum |_M$ 전동기 전류의 합계, $\sum |_H$: 그 외 전류합계
$K(\sum |_M \leq 50[A]$ 1.25 적용, $\sum |_M > 50[A]$ 1.1)
∴ 허용전류 $= 1.1 \times (20+40) + (10 \times 5) = 116[A]$

089

35,000[V] 이하의 특별고압 가공전선이 건조물과 제1차 접근상태로 시설되는 경우의 이격거리는 일반적인 경우 몇 [m] 이상이어야 하는가?

① 3
② 3.5
③ 4
④ 4.5

특별고압 가공전선과 건조물의 이격거리
35[kV]이하 가공전선 → 3[m] 이상
35[kV]초과 가공전선 → 표준이격거리+0.15[N]
(N=(전압[kV]−35[kV])/10[kV] : 절상)

090

고압 보안공사에 철탑을 지지물로 사용하는 경우 경간은 몇 [m] 이하이어야 하는가?

① 100
② 150
③ 400
④ 600

- 경간 : 지지물과 지지물 사이의 수평이격 거리
- 표준경간 : (목주·A종 : 150[m], B종 : 250[m], 철탑 : 600[m])
- 고압보안공사 : (목주·A종 : 100[m], B종 : 150[m], 철탑 : 400[m])

091

다음 중에서 목주, A종 철주 또는 A종 철근 콘크리트주를 전선로의 지지물로 사용할 수 없는 보안공사는?

① 고압 보안공사
② 제 1종 특고압 보안공사
③ 제 2종 특고압 보안공사
④ 제 3종 특고압 보안공사

⚡
- 1종 특별고압 보안공사시 목주와 A종은 사용불가
- 시가지에 사용할 수 없는 지지물 : 목주

092

22.9[kV] 전선로를 제1종 특별고압 보안공사로 시설할 경우에 사용 경우 경동연선을 사용한다면 그 단면적은 몇 [mm^2] 이상의 것을 사용하여야 하는가?

① 38
② 55
③ 80
④ 100

⚡
특별 고압 보안 공사(K 333.22)
제1종 특고압 보안공사
- 100[kV] 미만 : 55[mm^2]이상 (ex. 22.9[kV])
- 300[kV] 미만 : 150[mm^2]이상 (ex. 154[kV])
- 300[kV] 이상 : 200[mm^2]이상 (ex. 345[kV])

093

저압 가공인입선 시설 시 도로를 횡단하여 시설하는 경우 노면상 높이는 몇 [m] 이상으로 하여야 하는가?

① 4
② 4.5
③ 5
④ 5.5

⚡
저압가공인입선의 지표상의 높이(K 221.1.1)
횡단보도교(3m), 지표면상(4m 교통지장無 2.5m),
도로횡단(5m 교통지장無 3m), 철도횡단(6.5m)

094

발전소등의 울타리·담 등을 시설할 때 사용전압이 154[kV]인 경우 울타리·담 등의 높이와 울타리·담 등으로부터 충전부분까지의 거리의 합계는 몇 [m]이상이어야 하는가?

① 5
② 6
③ 8
④ 10

⚡
고압.특고압용 기계기구의 시설
울타리 높이와 울타리로부터 충전부와의 거리 (K 341.4.1)
- 35[kV] 이하   : 5[m] 이상
- 35[kV]~160[kV] 이하 : 6[m] 이상
- 160[kV] 초과   : 6[m]+0.12N 이상

095

전력용 커패시터의 내부에 고장이 생긴 경우 및 과전류 또는 과전압이 생긴 경우에 자동적으로 전로로부터 차단하는 장치가 필요한 뱅크용량은 몇 [kVA] 이상인 것인가?

① 1,000
② 5,000
③ 10,000
④ 15,000

⚡
조상 설비 보호(K 351.5) ➡ 차단 장치
- 전력용 콘덴서, 분로리액터
  - 500[kVA] ~ 15,000[kVA] 미만 : 내부고장, 과전류
  - 15,000[kVA] 이상 : 내부고장, 과전류, 과전압
- 무효 전력 보상 장치(조상기)
  - 15,000[kVA] 이상 : 내부고장

096

전력보안 통신용 전화설비를 시설하지 않아도 되는 곳은?

① 수력설비의 강수량 관측소와 수력발전소 간
② 동일 수계에 속한 수력 발전소 상호 간
③ 발전제어소와 기상대
④ 휴대용 전화설비를 갖춘 22.9[kV] 변전소와 기술원 주재소

전력보안통신설비의 시설 요구사항(K 362.1)
발전소, 변전소 및 변환소로써
- 원격감시제어가 되지 아니하는 발전소 · 원격 감시제어가 되지 아니하는 변전소(이에 준하는 곳으로서 특고압의 전기를 변성하기 위한 곳을 포함한다.) · 개폐소, 전선로 및 이를 운용하는 급전소 및 급전분소 간
- 2개 이상의 급전소(분소) 상호 간과 이들을 통합 운용하는 급전소(분소) 간
- 수력설비 중 필요한 곳, 수력설비의 안전상 필요한 양수소(量水所) 및 강수량 관측소와 수력발전소 간
- 동일 수계에 속하고 안전상 긴급 연락의 필요가 있는 수력발전소 상호 간
- 동일 전력계통에 속하고 또한 안전상 긴급연락의 필요가 있는 발전소 · 변전소(이에 준하는 곳으로서 특고압의 전기를 변성하기 위한 곳을 포함한다.) 및 개폐소 상호 간
- 발전소 · 변전소 및 개폐소와 기술원 주재소 간. 다만, 다음 어느 항목에 적합하고 또한 휴대용이거나 이동형 전력보안통신설비에 의하여 연락이 확보된 경우에는 그러하지 아니하다.
  - 발전소로서 전기의 공급에 지장을 미치지 않는 곳
  - 상주감시를 하지 않는 변전소(사용전압이 35[kV] 이하의 것에 한한다.)로서 그 변전소에 접속되는 전선로가 동일 기술원 주재소에 의하여 운용되는 곳
- 발전소 · 변전소(이에 준하는 곳으로서 특고압의 전기를 변성하기 위한 곳을 포함한다.) · 개폐소 · 급전소 및 기술원 주재소와 전기 설비의 안전상 긴급 연락의 필요가 있는 기상대 · 측후소 · 소방서 및 방사선 감시계측 시설물 등의 사이

097

저압 옥내배선의 사용전압이 220[V]인 전광표시장치 제어 회로를 금속관 공사에 의하여 시공하였다. 여기에 사용되는 배선은 단면적이 몇 [mm²] 이상의 연동선을 사용하여도 되는가?

① 1.5
② 2.0
③ 2.5
④ 3.0

저압 옥내배선의 사용전선(K 231.3.1)
사용전압이 400[V] 이하인 경우
- 전광표시장치, 출퇴표시등 또는 제어회로 : 1.5[mm²] 이상의 연동선 0.75[mm²] 이상의 다심케이블 또는 다심캡타이어 케이블

098

전자개폐기의 조작회로 또는 초인벨, 경보벨 등에 접속하는 전로로서 최대사용전압이 60[V] 이하인 것으로 대지전압이 몇 [V] 이하인 강전류 전기의 전송에 사용하는 전로와 변압기로 결합되는 것을 소세력회로라 하는가?

① 100
② 150
③ 300
④ 600

소세력 회로의 시설(K 241.14)
절연변압기 사용, 절연변압기의 사용전압은 대지전압 300[V] 이하

099

전용 개폐기 또는 과전류차단기에서 화약류 저장소의 인입구까지의 배선은 어떻게 시설하는가?

① 애자사용배선에 의하여 시설한다.
② 케이블을 사용하여 지중으로 시설한다.
③ 케이블을 사용하여 가공으로 시설한다.
④ 합성수지관배선에 의하여 가공으로 시설한다.

화약류 저장소 등의 위험장소(K 242.5)
- 대지전압은 300[V]이하
- 전기기계기구는 전폐형의 것일 것
- 케이블을 전기기계기구에 인입할 때에는 인입구에서 케이블이 손상될 우려가 없도록 시설할 것.
  (해설 : 케이블 사용 지중매설배선으로 시설할 것.)
- 화약류 저장소 안의 전기설비에 전기를 공급하는 전로에는 화약류 저장소 이외의 곳에 전용 개폐기 및 과전류차단기를 각 극에 취급자 이외의 자가 쉽게 조작할 수 없도록 시설
- 전로에 지락이 생겼을 때 자동적으로 전로를 차단하거나 경보하는 장치를 시설

100

화약류 저장소에서의 전기설비 시설기준으로 틀린 것은?

① 전기기계기구는 전폐형으로 시설한다.
② 케이블이 손상될 우려가 없도록 시설한다.
③ 전용 개폐기 및 과전류 차단기는 화약류 저장소 안에 둔다.
④ 과전류 차단기에서 저장소 입구까지의 배선에는 케이블을 사용한다.

화약류 저장소 등의 위험장소(K 242.5)
- 대지전압은 300[V] 이하
- 전기기계기구는 전폐형의 것일 것 (보기 ①)
- 케이블을 전기기계기구에 인입할 때에는 인입구에서 케이블이 손상될 우려가 없도록 시설할 것 (보기 ②)
  (해설 : 케이블 사용 지중매설배선으로 시설할 것)
- 화약류 저장소 안의 전기설비에 전기를 공급하는 전로에는 화약류 저장소 이외의 곳에 전용 개폐기 및 과전류차단기를 각 극에 취급자 이외의 자가 쉽게 조작할 수 없도록 시설 (보기 ③)
- 전로에 지락이 생겼을 때 자동적으로 전로를 차단하거나 경보하는 장치를 시설

정답 04회 CBT 복원문제

01 ①	02 ②	03 ③	04 ④	05 ②
06 ③	07 ③	08 ④	09 ③	10 ③
11 ④	12 ②	13 ②	14 ②	15 ③
16 ②	17 ①	18 ①	19 ②	20 ②
21 ③	22 ④	23 ②	24 ②	25 ③
26 ④	27 ④	28 ②	29 ①	30 ④
31 ②	32 ③	33 ③	34 ②	35 ②
36 ①	37 ①	38 ①	39 ④	40 ①
41 ③	42 ①	43 ②	44 ④	45 ①
46 ②	47 ④	48 ③	49 ②	50 ②
51 ③	52 ②	53 ③	54 ②	55 ④
56 ④	57 ①	58 ③	59 ④	60 ③
61 ②	62 ①	63 ②	64 ①	65 ④
66 ②	67 ③	68 ④	69 ①	70 ③
71 ③	72 ②	73 ②	74 ①	75 ④
76 ①	77 ④	78 ③	79 ④	80 ③
81 ①	82 ③	83 ③	84 ①	85 ④
86 ①	87 ③	88 ②	89 ①	90 ③
91 ②	92 ③	93 ③	94 ②	95 ④
96 ④	97 ①	98 ③	99 ②	100 ③

05 CBT 복원문제

Industrial Engineer Electricity

QUESTIONS FROM PREVIOUS TESTS

제 01 과목 전기자기학

001

공기 중 전계 $E=3\hat{x}+4\hat{y}$[V/m]내 수직으로 놓인 도체 표면의 전하밀도는 몇 [C/m²]인가?

① 0.78×10^{-9}
② 0.61×10^{-9}
③ 0.44×10^{-10}
④ 0.23×10^{-10}

면전하밀도 : $\rho_s=D=\epsilon_0 E=8.855\times10^{-12}\times\sqrt{3^2+4^2}$

002

진공중에 놓인 1[μC]의 점전하에서 3[m]되는 점의 전계는 몇 [V/m]인가?

① 10
② 100
③ 1000
④ 10000

전계의 세기 $E=\dfrac{Q}{4\pi\epsilon r^2}=9\times10^9\dfrac{Q}{r^2}$ 에서
$Q=1\times10^{-6}[c]$, $r=3$[m]대입
$E=9\times10^9\dfrac{1\times10^{-6}}{3^2}=10^{(9)+(-6)}=10^3$

003

전위 분포가 $V=6x+3$ [V]로 주어졌을 때 점(12,0)[m]에서의 전계의 크기는 몇 [V/m]이며 그 방향은 어떻게 되는가?

① $6a_x$
② $-6a_x$
③ $3a_x$
④ $-3a_x$

$E=-\nabla V=-\text{grad}V=-\left(\dfrac{\partial V}{\partial x}i+\dfrac{\partial V}{\partial y}j+\dfrac{\partial V}{\partial z}k\right)$
$=-\left(\dfrac{\partial}{\partial x}(6x+3)i+\dfrac{\partial}{\partial y}(6x+3)j+\dfrac{\partial}{\partial z}(6x+3)k\right)$
$=-6i=-6a_x$

004

동심구형 콘덴서의 내외반지름을 각각 5배로 증가시키면 정전용량은 몇 배가 되는가?

① 2
② $\sqrt{2}$
③ 5
④ $\sqrt{5}$

도체구(동심) $C=\dfrac{4\pi\epsilon}{\left(\dfrac{1}{a}-\dfrac{1}{b}\right)}$ 에서 $a'=5a$, $b'=5b$ 대입

$C'=\dfrac{4\pi\epsilon}{\left(\dfrac{1}{a'}-\dfrac{1}{b'}\right)}=\dfrac{4\pi\epsilon}{\left(\dfrac{1}{5a}-\dfrac{1}{5b}\right)}=\dfrac{1}{5}\dfrac{4\pi\epsilon}{\left(\dfrac{1}{a}-\dfrac{1}{b}\right)}=5C$

005

Q와 $-Q$로 대전된 두 도체 n과 r사이의 전위차를 전위계수로 표시하면?

① $(P_{nn}-2P_{nr}+P_{rr})Q$
② $(P_{nn}+2P_{nr}+P_{rr})Q$
③ $(P_{nn}-P_{nr}+P_{rr})Q$
④ $(P_{nn}+P_{nr}+P_{rr})Q$

$V_1=P_{11}Q_1+P_{12}Q_2$, $V_2=P_{21}Q_1+P_{22}Q_2$ 에서
$Q_1=+Q$, $Q_2=-Q$ 대입
$V_1-V_2=(P_{11}Q-P_{12}Q)-(P_{21}Q-P_{22}Q)$: $P_{12}=P_{21}$이므로
전위차 $V=V_1-V_2=(P_{11}-2P_{12}+P_{22})Q$
$n=1$, $r=2$로 생각하면 됨

006

비유전율이 10인 유전체를 5[V/m]인 전계 내에 놓을 때 유전체의 표면 전하밀도는 몇 [C/m²]인가?(단, 유전체의 표면과 전계는 직각이다.)

① $45\epsilon_0$
② $55\epsilon_0$
③ $65\epsilon_0$
④ $75\epsilon_0$

분극의 세기
$P = D - \epsilon_0 E = \epsilon_0(\epsilon_s - 1)E = \epsilon_0(10-1) \times 5 = 45\epsilon_0$

007

진공 중에 무한 평면도체와 $d[m]$ 만큼 떨어진 곳에 선전하밀도 $\lambda[C/m]$의 무한 직선도체가 평행하게 놓여있는 경우 직선도체의 단위 길이당 받는 힘은 몇 [N/m]인가?

① $\dfrac{\lambda^2}{\pi\epsilon_0 d}$
② $\dfrac{\lambda^2}{4\pi\epsilon_0 d}$
③ $\dfrac{\lambda^2}{2\pi\epsilon_0 d}$
④ $\dfrac{\lambda^2}{16\pi\epsilon_0 d}$

전기영상법에 의한 무한평면도체와 선전하 사이의 힘 $F = \lambda E$에서
$E = \dfrac{-\lambda}{2\pi\epsilon r} = \dfrac{-\lambda}{2\pi\epsilon(2d)}$ 대입 $\therefore F = \lambda E = \lambda \dfrac{-\lambda}{4\pi\epsilon d} = \dfrac{-\lambda^2}{4\pi\epsilon d}$

008

전류 $+I[A]$와 전하 $+Q[C]$이 무한히 긴 직선상의 도체에 각각 주어졌고 이들 도체는 진공 속에서 각각 투자율과 유전율이 무한대인 물질로 된 무한평면과 평행하게 놓여 있다. 이 경우 영상법에 의한 영상 전류와 영상 전하는?(단, 전류는 직류이다.)

① $-I[A], -Q[C]$
② $-I[A], +Q[C]$
③ $+I[A], -Q[C]$
④ $+I[A], +Q[C]$

영상법에 의한 영상전류와 영상전하는 흡인력이 작용하는 방향으로 형성
∴ 전류는 같은 방향, 전하는 반대극성으로 형성됨

009

무한 평면도체로부터 거리 $a[m]$의 곳에 점전하 $Q[C]$가 있을때 점전하와 평면도체간의 작용력은 몇 [N]인가?

① $\dfrac{Q^2}{2\pi\epsilon a^2}$
② $-\dfrac{Q^2}{4\pi\epsilon a^2}$
③ $\dfrac{Q^2}{8\pi\epsilon a^2}$
④ $-\dfrac{Q^2}{16\pi\epsilon a^2}$

무한평면 도체와 점전하사이 작용력은 영상전하와 점전하사이로 계산
두전하사이의 작용력 $F = \dfrac{Q_1 Q_2}{4\pi\epsilon r^2}$에 $Q_1 = Q, Q_2 = -Q, r = 2a$ 대입
$F = \dfrac{Q_1 Q_2}{4\pi\epsilon r^2} = \dfrac{Q \times (-Q)}{4\pi\epsilon(2a)^2} = \dfrac{-Q^2}{16\pi\epsilon a^2}$

010

온도 0℃에서 저항이 $R_1[\Omega], R_2[\Omega]$, 저항 온도계수가 $\alpha_1, \alpha_2[\Omega/℃]$인 두 개의 저항선을 직렬로 접속하는 경우, 그 합성저항 온도계수는 몇 [Ω/℃]인가?

① $\dfrac{\alpha_1 R_2}{R_1 + R_2}$
② $\dfrac{\alpha_1 R_1 + \alpha_2 R_2}{R_1 + R_2}$
③ $\dfrac{\alpha_1 R_1 - \alpha_2 R_2}{R_1 + R_2}$
④ $\dfrac{\alpha_1 R_2 + \alpha_2 R_1}{R_1 + R_2}$

합성온도계수 $\alpha = \dfrac{\alpha_1 R_1 + \alpha_2 R_2}{R_1 + R_2}$

011

직선전류에 의해서 그 주위에 생기는 환상의 자계의 방향은?

① 전류의 방향
② 전류와 반대방향
③ 오른나사의 진행방향
④ 오른나사의 회전방향

전류에 의한 자계의 방향 : Ampere(암페어)의 오른손, 오른나사의 법칙
엄지방향 직선전류(나사진행방향), 나머지 손 회전자계(나사회전방향)

012

그림과 같이 전류 I[A]가 흐르는 반지름 a[m]인 원형 코일의 중심으로부터 x[m]인 점 P의 자계의 세기는 몇 [AT/m]인가?(단, θ는 각 APO라 한다.)

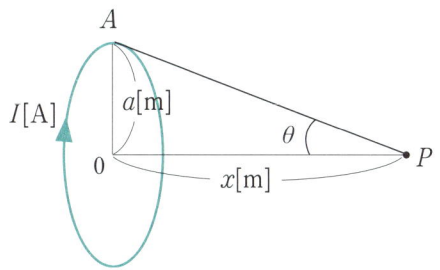

① $\dfrac{I}{2a}\cos^2\theta$ ② $\dfrac{I}{2a}\sin^3\theta$

③ $\dfrac{I}{2a}\cos^3\theta$ ④ $\dfrac{I}{2a}\sin^2\theta$

$H = \dfrac{1}{2a}\dfrac{a^3}{(a^2+x^2)^{3/2}} = \dfrac{1}{2a}\left(\dfrac{a}{\sqrt{(a^2+x^2)}}\right)^3 = \dfrac{1}{2a}\sin^3\theta$

013

자극의 크기 $m=4$[Wb]의 점자극으로부터 $r=4$[m] 떨어진 점의 자계의 세기[AT/m]를 구하면?

① 7.9×10^3 ② 6.3×10^4
③ 1.6×10^4 ④ 1.3×10^3

자계 : $H_o = \dfrac{m}{4\pi\mu_o r^2} = 6.33 \times 10^4 \dfrac{m}{r^2}$ 에서 $m=4, r=4$ 대입

∴ $H_o = 6.33 \times 10^4 \dfrac{m}{r^2} = 6.33 \times 10^4 \dfrac{4}{4^2} = 15825 ≒ 1.58 \times 10^4$

014

반지름 50[cm]의 서로 나란한 두 원형 코일을 5[mm] 간격으로 동축상에 배치한 후 각 코일에 100[A]의 전류가 같은 방향으로 흐를 때 코일 상호간에 작용하는 인력은 몇 [N] 정도 되는가?

① 1.26   ② 3.14
③ 6.28   ④ 31.4

단위길이당 평행 도선 사이 전자력 F_0[N/m] $= \dfrac{2I_1 I_2}{r} \times 10^{-7}$

F[N] $= \dfrac{2I_1 I_2}{r} \times 10^{-7}$ [N/m] $\times \ell$[m]

$= \dfrac{2 \times 100 \times 100}{5 \times 10^{-3}} \times 10^{-7}$ [N/m] $\times (2\pi \times 0.5$[m]$) = 1.256$

015

반자성체의 투자율과 진공의 투자율의 관계는?

① 투자율 ≪ 진공 투자율
② 투자율 < 진공 투자율
③ 투자율 > 진공 투자율
④ 투자율 ≫ 진공 투자율

• 반(역)자성체 : $\mu_s < 1$, ∴ $\mu(\mu_0\mu_s) < \mu_0$(투자율 < 진공투자율)
• 상자성체 : $\mu_s > 1$, ∴ $\mu(\mu_0\mu_s) > \mu_0$(투자율 > 진공투자율)

016

1권선의 코일에 5[Wb]의 자속이 쇄교하고 있을 때 $t=\dfrac{1}{100}$초 사이에 이 자속을 0으로 했다면 이때 코일에 유도되는 기전력은 몇 [V]이겠는가?

① 100   ② 250
③ 500   ④ 700

유도기전력 $e = -N\dfrac{d\phi}{dt}$ 에서

$d\phi = (0-5) = -5, dt = \dfrac{1}{100}, N=1$ 대입

∴ $e = -1\dfrac{-5}{\dfrac{1}{100}} = 500$

017

환상 솔레노이드의 자기인덕턴스[H]와 반비례하는 것은?

① 철심의 투자율   ② 철심의 길이
③ 철심의 단면적   ④ 코일의 권수

코일 자기인덕턴스 $L = \dfrac{\mu S N^2}{\ell}$: 코일의 길이와는 반비례함

018

그림과 같은 1[m]당 권선수 n, 반지름 a[m]의 무한장 솔레노이드에서 자기인덕턴스는 n과 a 사이에 어떤 관계가 있는가?

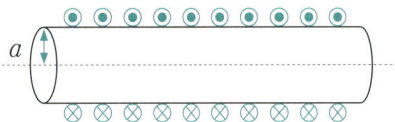

① a와는 상관없고 n^2에 비례한다.
② a와 n의 곱에 비례한다.
③ a^2와 n^2의 곱에 비례한다.
④ a^2에 반비례하고 n^2에 비례한다.

코일 자기인덕턴스 $L = \dfrac{\mu S N^2}{l}$ 또는 $\mu S N^2 l$ 또는 $\mu S n^2 l$ 에서
$L \propto S N^2$ 에서 $S = \pi a^2$ 대입 $L \propto (\pi a^2)N^2 \propto a^2 N^2$

019

유전체에서의 변위전류에 대한 설명으로 틀린 것은?

① 변위 전류가 주변에 자계를 발생시킨다.
② 변위 전류의 크기는 유전율에 반비례한다.
③ 전속 밀도의 시간적 변화가 변위전류를 발생시킨다.
④ 유전체 중의 변위전류는 진공 중의 전계 변화에 의한 변위 전류와 구속 전자의 변위에 의한 분극 전류와의 합이다.

• 변위전류 $I_d[\text{A}] = \dfrac{\partial Q}{\partial t} = \dfrac{\partial DS}{\partial t} = \dfrac{\partial (\epsilon E)S}{\partial t}$
: 전하(전속)밀도의 시간적변화에 의해 발생하며 유전율, 정전용량에 비례

020

맥스웰은 전극간의 유전체를 통하여 흐르는 전류를 (㉠)라 하고, 이것은 (㉡)를 발생한다고 가정하였다. ①, ②에 알맞은 것은?

① ㉠-와전류   ㉡-자계
② ㉠-변위전류   ㉡-자계
③ ㉠-와전류   ㉡-전류
④ ㉠-변위전류   ㉡-전계

MAXWELL방정식
$\operatorname{rot} H = KE + \dfrac{\partial D}{\partial t}$: 전도전류나 변위전류 모두 자계발생

제 02 과목 | 전력공학

021

3상 송배전 선로의 공칭 전압이란?

① 그 전선로를 대표하는 최고전압
② 그 전선로를 대표하는 평균전압
③ 그 전선로를 대표하는 선간전압
④ 그 전선로를 대표하는 상전압

공칭전압이란 송·배전선로가 전부하 상태일 때 송전단에서의 선간 전압

022

송전 선로에 복도체를 사용하는 가장 주된 목적은?

① 건설비를 절감하기 위하여
② 진동을 방지하기 위하여
③ 전선의 처짐정도(이도)를 주기 위하여
④ 코로나를 방지하기 위하여

복도체의 특성 : 선로의 인덕턴스 감소, 정전용량 증가, 코로나 발생 방지

023

저압 뱅킹 방식에 대한 설명으로 틀린 것은?

① 전압 동요가 적다
② 캐스케이딩 현상에 의해 고장 확대가 축소된다.
③ 부하 증가에 대해 융통성이 좋다.

④ 고장 보호 방식이 적당할 때 공급 신뢰도는 향상된다.

⚡ 캐스케이딩 현상은 저압 뱅킹 방식의 최대의 단점으로 사고가 확대됨

24

전등 설비 150[W], 전열설비 200[W], 전동기 설비 800[W], 기타 250[W]인 수용가가 있다. 이 수용가의 최대 수용전력이 910[W]이면 수용률[%]은?

① 65 ② 60
③ 55 ④ 70

⚡ 수용률 = $\frac{\text{최대수용전력[W]}}{\text{수용설비용량[W]}} \times 100[\%]$
= $\frac{910}{(150+200+800+250)} \times 100[\%]$

25

전압과 역률이 일정할 때 전력을 몇 [%] 증가시키면 전력 손실이 2배로 되는가?

① 31 ② 41
③ 51 ④ 61

⚡ $P_{3\phi} = 3I^2R = 3\left(\frac{P}{\sqrt{3}V\cos\theta}\right)^2 R = \frac{P^2R}{V^2\cos^2\theta}$ 이므로
전압과 전력이 일정하면 $P^{3l} \propto P^2$ 하므로 $\sqrt{2} = 1.41$
41% 증가시키면 전력손실이 2배가 된다.

26

배전 선로 개폐기 중 반드시 차단 기능이 있는 후비 보호 장치와 직렬로 설치하여 고장 구간을 분리시키는 개폐기는?

① 컷아웃 스위치
② 부하 개폐기
③ 리클로저
④ 섹셔널라이저

⚡ 배전설로 보호장치 설치순서
리클로저 → 섹셔널라이저 → 라인퓨즈
섹셔널라이즈는 차단기능이 없어 리클로저와 직렬로 설치하며 부하 쪽에 설치

27

다음 ( )에 알맞은 내용으로 옳은 것은?(단, 공급 전력과 선로 손실률은 동일하다.)

선로의 전압을 2배로 승압할 경우, 공급 전력은 승압전의 (㉮)로 되고 선로 손실은 승압 전의 (㉯)로 된다.

① ㉮ $\frac{1}{4}$ ㉯ 2배
② ㉮ $\frac{1}{4}$ ㉯ 4배
③ ㉮ 2배 ㉯ $\frac{1}{4}$
④ ㉮ 4배 ㉯ $\frac{1}{4}$

⚡ 전압강하 $\propto \frac{1}{V}$
전압강하율, 전력손실, 전력손실률 $\propto \frac{1}{V^2}$
전력손실이 같다면 공급전력 $\propto V^2$

28

1상당의 용량 150[kVA]인 전력용콘덴서에 제 5고조파를 억제시키기 위해 필요한 직렬리액터의 기본파에 대한 용량은 몇 [kVA]정도가 필요한가?

① 1.5 ② 3 ③ 4.5 ④ 6

⚡ $2\pi(5f_0)L = \frac{1}{2\pi(5f_0)C}$, $2\pi f_0 L = \frac{1}{2\pi 5^2 f_0 C} = \frac{1}{2\pi f_0 C} \times 0.04$
(이론적 콘덴서용량의 4[%], 실제 6[%])
∴ 직렬리액터 = 150[kVA] × 0.04 = 6[kVA]

29

송전전압 161[kV], 수전단 전압이 154[kV], 상차각 60° 리액턴스가 45[Ω]일 때 선로손실을 무시하면 전송전력[MW]은 얼마인가?

① 397 ② 477
③ 563 ④ 621

송전전력 $P = \dfrac{V_s V_r}{X} \sin \delta$ [MW]

$= \dfrac{161 \times 154 \times \sin(60)}{45} = 477$ [MW]

여기서, V_s, V_r : 송·수전단 전압 [kV] δ : 송수전단 전압의 위상차
X : 선로의 리액턴스[Ω]

030

가공 송전선의 코로나를 고려할 때 표준 상태에서 공기의 절연 내력이 파괴되는 최소 전위 경도는 정현파 교류의 실효값으로 약 몇 [kV/cm] 정도인가?

① 6   ② 11
③ 21   ④ 31

공기 절연 파괴전압 : 직류(30[kV/cm]), 교류(21[kV/cm])

031

주파수 60[Hz], 정전용량 $\dfrac{1}{6\pi}$[μF]의 콘덴서를 △결선해서 3상 전압 20,000[V]를 가했을 때의 충전 용량은 몇 [kVA]인가

① 12   ② 24
③ 48   ④ 50

3상 충전용량 $Q = 3\dfrac{E^2}{Z_c} = 3\omega C E^2$ 에서

△이므로 $E = V$, $\omega = 2\pi f$ 대입

$Q[\text{kVA}] = 6\pi f C V^2 = 6\pi \times 60 \times \dfrac{1}{6\pi}[\mu F] \times 20[kV]^2 \times 10^{-3} = 24[\text{kVA}]$

032

전력원선도에서 구할 수 없는 것은?

① 조상용량
② 송전손실
③ 정태안정 극한전력
④ 과도안정 극한전력

전력 원선도로 구할 수 없는 것 : 과도안정 극한전력, 코로나 손실

033

3상 결선된 발전기가 무부하 상태로 운전 중 3상 단락 고장이 발생하였을 때 나타나는 현상으로 틀린 것은?

① 영상분 전류는 흐르지 않는다.
② 역상분 전류는 흐르지 않는다.
③ 3상 단락 전류는 정상분 전류의 3배가 흐른다.
④ 정상분 전류는 영상분 및 역상분 임피던스에 무관하고 정상분 임피던스에 반비례한다.

• 1선 지락 : 영상분 + 정상분 + 역상분 모두 존재
• 선간 단락 : 정상분 + 역상분 존재(영상분은 존재 안함)
• 3상 단락 : 정상분 존재(영상분, 역상분은 존재 안함)

034

송전 선로에서 매설 지선을 사용하는 주된 목적은?

① 코로나 전압을 저감 시키기 위하여
② 뇌해를 방지하기 위하여
③ 탑각 접지 저항을 줄여서 역섬락을 방지하기 위하여
④ 인축의 감전 사고를 막기 위하여

매설지선 : 탑각의 접지저항을 적게 하여 역섬락 방지

035

접촉자가 외기로부터 격리되어 있어 아크에 의한 화재의 염려가 없으며 소형, 경량으로 구조가 간단하고 보수가 용이하여 진공 중의 아크 소호 능력을 이용하는 차단기는?

① 유입차단기
② 진공차단기
③ 공기차단기
④ 가스차단기

진공차단기(VCB) : 진공상태에서 아크 소호

036

3상으로 표준전압 3[kV], 600[kW]를 역률 0.85로 수전하는 공장의 수전회로에 시설할 계기용 변류기의 변류비로 정하려고 한다. 가장 적당한 것은? (단, 변류기의 2차 전류는 5[A]임)

① 5
② 10
③ 20
④ 40

$CT비 = \dfrac{1차정격전류}{2차정격전류} = \dfrac{200[A]}{5[A]} = 40$

여기서 1차정격전류=부하전류×(1.25~1.5), 2차정격은 항상 5[A]

1차정격= $\dfrac{600[kW]}{\sqrt{3} \times 3[kV] \times 0.85} \times (1.25 \sim 1.5) = 169 \sim 255$

∴ 200[A]

037

어떤 수력 발전소의 수압관에서 분출되는 물의 속도와 직접적인 관련이 없는 것은?

① 수면에서의 연직거리
② 관의 경사
③ 관의 길이
④ 유량

물의 속도 $v = \sqrt{2gH}$ 에서
유효낙차 H는 수면의 연직거리, 관의 경사, 유량에 의해 좌우됨

038

유효낙차 50[m], 최대사용수량 20[m³/sec], 수차효율 87[%], 발전기 효율 97[%]인 수력발전소의 최대 출력은 몇 [kW]인가?

① 7,570
② 8,070
③ 8,270
④ 8,500

수력발전의 발전기 출력 $P = 9.8 QH\eta_t \eta_g$
∴ $P = 9.8 \times (20[m^3/s]) \times (50[m]) \times (0.87 \times 0.97) = 8270.22[kW]$

039

( )안에 들어갈 알맞은 내용은?

"화력 발전소의 (㉠)은 발생 (㉡)을 열량으로 환산한 값과 이것을 발생하기 위하여 소비된 (㉢)의 보유 열량 (㉣)를 말한다."

① ㉠ 손실률, ㉡ 발열량, ㉢ 물, ㉣ 차
② ㉠ 열효율, ㉡ 전력량, ㉢ 연료, ㉣ 비
③ ㉠ 발전량, ㉡ 증기량, ㉢ 연료, ㉣ 결과
④ ㉠ 연료 소비율, ㉡ 증기량, ㉢ 물, ㉣ 차

040

원자로에서 카드뮴(cd) 막대가 하는 일을 옳게 설명한 것은?

① 원자로내에 중성자를 공급한다.
② 원자로내에 중성자 운동을 느리게 한다.
③ 원자로내의 핵분열을 일으킨다.
④ 원자로내에 중성자수를 감소시켜 핵분열의 연쇄반응을 제어한다.

제어제(중성자 흡수가 크고, 열용량이 크다)
• 중성자 수를 제어
• 중성자 흡수가 크고, 열용량이 크다.
• 카드뮴(Cd), 하프늄(Hf)

제 03 과목   전기기기

041

직류기의 전기자에 사용되는 권선법은?

① 단층권
② 2층권
③ 환상권
④ 개로권

(환상권, 고상권) → (개로권, 폐로권) → (1층권, 2층권) → (중권, 파권)

042

직류 분권 발전기의 무부하 포화 곡선이 $V=\dfrac{940I_f}{33+I_f}$ 이고, I_f는 계자 전류[A], V는 무부하 전압[V]으로 주어질 때 계자 회로의 저항이 20[Ω]이면 몇 [V]의 전압이 유기되는가?

① 140
② 160
③ 280
④ 300

$V=\dfrac{940I_f}{33+I_f}$ 에서 무부하시 계자전압강하와 무부하 단자전압이 같다.

계자 권선의 저항이 20[Ω]이므로 $V=I_f R_f=20I_f$ ∴ $I_f=\dfrac{V}{20}$

이 식을 윗식에 대입하면

$V=\dfrac{940\cdot\dfrac{V}{20}}{33+\dfrac{V}{20}}$, $33V+\dfrac{V^2}{20}=940\times\dfrac{V}{20}$, $33+\dfrac{V}{20}=47$

∴ $V=280[V]$

043

직류 전동기에 대한 설명으로 옳은 것은?

① 전동차용 전동기는 차동 복권전동기이다.
② 직권전동기가 운전 중 무부하로 되면 위험속도가 된다.
③ 부하 변동에 대하여 속도 변동이 가장 큰 직류 전동기는 분권전동기이다.
④ 직류 직권 전동기는 속도 조정이 어렵다

직류전동기의 종류
※ 속도·토크 :
  변동이 심한 것 순서(직권 > 가동(복권) > 분권 > 차동(복권))
- 타여자 : 극성(+, -)반대로 하면 회전방향 반대. 직권과 분권은 불변이다.
- 직권 : 무부하시 ➡ 위험속도(벨트운전불가), 직류전차용 전동기
- 분권 : 계자권선단선 ➡ 고속운전, 정속도 특성.
  (계자저항증가 ⇨ 속도증가)
  ∴기동시 계자저항 최소(계자회로 단락, 계자전류최대)
  ➡ 회전속도 최소, 기동토크 최대가 됨

이해
계자 저항을 증가하는 것은 계자 코일과 직렬로 접속되어 있는 속도 조정기의 저항을 증가시킨다는 뜻이다. 그러면 공급 전압을 이것으로 나눈 여자 전류가 감소하고 따라서 계자 자속도 감소한다. 그러므로, $n=\dfrac{V-I_a P_a}{\phi}$ 에서 자속 ϕ가 감소(여자전류감소)하면 회전속도 n은 증가하게 된다)

이해
$n=K\dfrac{V-I_a r_a}{\phi}$ 에서 직권 전동기는 $I_a=I=I_f$이고, $I_f\propto\phi$하므로 무부하 상태 ($I=0$)에서는 전동기의 속도는 위험 속도가 된다.

044

다음 중 직류 전동기의 속도 제어 방법에서 광범위한 속도 제어가 가능하며, 운전 효율이 가장 좋은 방법은?

① 계자 제어
② 직렬 저항 제어
③ 병렬 저항 제어
④ 전압 제어

$N=k\dfrac{V-I_a R_a}{\phi}$[rpm]

- 효율이 좋은 순서 : 전압제어 > 저항제어 > 계자제어

045

3상 6극 슬롯수 54의 동기발전기가 있다. 어떤 전기자 코일의 두변이 제1슬롯과 제8슬롯에 들어있다면 기본파에 대한 단절권 계수는 얼마인가?

① 0.9983
② 0.9948
③ 0.9749
④ 0.9397

단절권계수 $K_p=\sin\dfrac{n\beta\pi}{2}$ 에서

① 자극피치=54/6=9 ② 코일피치=8-1=7 ③ ∴ $\beta=\dfrac{7}{9}$

∴ $\beta=\dfrac{7}{9}$, $K_p=\sin\dfrac{\dfrac{7}{9}\pi}{2}=\sin\dfrac{7\pi}{18}=0.9396$

이해 3상 4극 유도전동기 제작하기 (24슬롯)

상층 코일	20	21	22	23	24	1	2	3	4	5	6	7	8	9	10	11	12	13	14	15	16	17	18	19
하층 코일	1	2	3	4	5	6	7	8	9	10	11	12	13	14	15	16	17	18	19	20	21	22	23	24
극당 상수	A1		B1		C1		A2		B2		C2		A3		B3		C3		A4		B4		C4	
극수 번호	1						2						3						4					

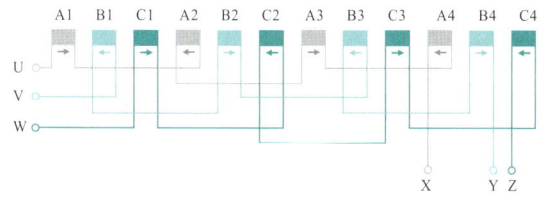

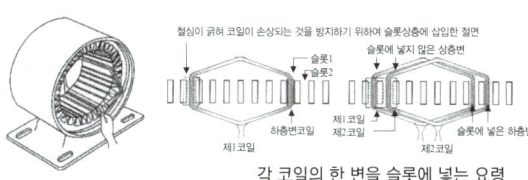

각 코일의 한 변을 슬롯에 넣는 요령

46

동기발전기의 돌발 단락전류를 주로 제한하는 것은?

① 동기 리액턴스
② 누설 리액턴스
③ 권선저항
④ 동기 임피던스

동기기에서 저항은 누설 리액턴스에 비하여 작으며 전기자 반작용은 단락 전류가 흐른 뒤에 작용하므로 돌발 단락 전류를 제한하는 것은 누설 리액턴스이다 역상 리액턴스는 역상전류에 대응하는 것으로 3상평형 단락이 되면 역상 전류는 흐르지 않는다.
동기 리액턴스 = 누설 리액턴스 + 전기자반작용 리액턴스

47

450[kVA], 역률 0.85, 효율 0.9되는 동기 발전기 운전용 원동기의 입력[kW]은?(단, 원동기의 효율은 0.85이다.)

① 450
② 500
③ 550
④ 600

발전기의 입력은 $P_G = \dfrac{450 \times 0.85}{0.9} = 425[kW]$

이것은 원동기의 출력이므로 원동기의 효율을 0.85로 하면 원동기의 입력은 ∴ $P = \dfrac{P_G}{0.85} = \dfrac{425}{0.85} = 500[kW]$

48

1차 전압이 2200[V], 무부하 전류가 0.088[A], 철손이 110[W]인 단상 변압기의 자화 전류[A]는?

① 0.05
② 0.038
③ 0.072
④ 0.088

$I_0 = \sqrt{I_\phi^2 + I_i^2}$ 에서 $I_\phi = \sqrt{I_0^2 - I_i^2}$ 이용

$P_i = V_1 I_i$ 에서 $I_i = \dfrac{P_i}{V_1} = \dfrac{110}{2200} = 0.05[A]$

$I_\phi = \sqrt{I_0^2 - I_i^2} = \sqrt{0.088^2 - 0.05^2} = 0.072[A]$

49

20[kVA], 6300/210[V] 단상변압기 1차 저항과 리액턴스가 각각 15.2[Ω]과 21.6[Ω]이고, 2차 저항과 리액턴스가 각각 0.019[Ω]과 0.028[Ω]이다. 백분율 임피던스는 약 몇 [%]인가?

① 1.86
② 2.86
③ 3.86
④ 4.86

$\%Z = \dfrac{PZ_{12}}{10V_1^2}(P[kVA], V_1[kV])$ 에서

$a = \dfrac{V_1}{V_2} = \dfrac{6300}{210} = 30$

$Z_{12} = r_1 + a^2 r_2 + j(x_1 + a^2 x_2)$
$= 15.2 + 30^2 \times 0.019 + j(21.6 + 30^2 \times 0.028) = 56.8[\Omega]$

∴ $\%Z = \dfrac{20 \times 56.8}{10 \times 6.3^2} = 2.86[\%]$

50

정격 150[kVA], 철손 1[kW], 전부하 동손이 4[kW]인 단상 변압기의 최대 효율[%]과 최대 효율시의 부하[kVA]를 구하면?

① 96.8[%], 125[kVA]
② 97.4[%], 75[kVA]
③ 97[%], 50[kVA]
④ 97.2[%], 100[kVA]

변압기 효율최대 시 부하율 $= \sqrt{(철손/동손)} \ \dfrac{1}{m} = \sqrt{\dfrac{1}{4}} = \dfrac{1}{2}$

따라서 $150 \times \dfrac{1}{2} = 75[kVA]$에서 최대 효율이 된다.

$\eta = \dfrac{P}{P + P_i + P_c} \times 100 = \dfrac{75}{75 + 1 + \left(\dfrac{1}{2}\right)^2 \times 4} \times 100 = 97.4$

051

1차 및 2차 정격전압이 같은 2대의 변압기가 있다. 그 용량 및 임피던스 강하가 A 변압기는 $5[kVA]$, $3[\%]$, B 변압기는 $20[kVA]$, $2[\%]$ 일 때 이것을 병렬 운전 하는 경우 부하를 분담하는 비($A:B$)는?

① $1:4$
② $1:6$
③ $2:3$
④ $3:2$

$$\frac{P_A}{P_B} = \frac{\%Z_B \cdot P_A{'}}{\%Z_A \cdot P_B{'}} = \frac{2 \cdot 5}{3 \cdot 20} = \frac{1}{6}$$

052

발전기 또는 주변압기의 내부고장 보호용으로 가장 널리 쓰이는 계전기는?

① 거리계전기
② 비율차동계전기
③ 과전류계전기
④ 방향 단락계전기

내부고장 발생시 고저압 측에 설치한 CT 2차측의 억제 코일에 흐르는 전류차가 일정 비율 이상이 되었을 때 계전기가 동작하는 방식

053

권선형 유도전동기가 기동하면서 동기속도 이하까지 회전속도가 증가하면 회전자의 전압은?

① 증가한다.
② 감소한다.
③ 변함없다.
④ 0이 된다.

유도전동기가 슬립 s로 회전하면 2차 전압 $E_2{'} = sE_2$이므로 슬립에 비례

054

$200[V]$, 3상 유도전동기의 전 부하 슬립이 $4[\%]$이다. 공급전압이 $10[\%]$저하된 경우의 전 부하 슬립은 어떻게 되는가?

① $3[\%]$
② $4[\%]$
③ $5[\%]$
④ $6[\%]$

토크는 전압의 제곱에 비례, 슬립은 전압의 제곱에 반비례

$$s \propto \frac{1}{V^2},\ s{'} = \left(\frac{V}{V{'}}\right)^2 \times s = \left(\frac{1}{0.9}\right)^2 \times 4 ≒ 5[\%]$$

055

$60[Hz]$, 4극, 정격속도 $1720[rpm]$의 권선형 3상 유도전동기가 있다. 전 부하운전 중에 2차회로의 저항을 4배로 하면 속도[rpm]은?

① 약 962
② 약 1215
③ 약 1483
④ 약 1656

동기속도 $N_s = \frac{120f}{P} = \frac{120 \times 60}{4} = 1800[rpm]$

정격속도 $1720[rpm]$ 시 슬립 $s = \frac{N_s - N}{N_s} = \frac{1800 - 1720}{1800} = 0.044$

2차 저항에 따른 슬립의 변화식 $\frac{r_2}{s} = \frac{mr_2}{ms} = \frac{r_2 + R}{s{'}}$

저항을 4배로 하면 슬립도 4배
비례추이로 ∴ $s{'} = 0.0044 \times 4 = 0.176$
실제속도 $N = (1-s)N_s = (1-0.176) \times 1800 = 1483[rpm]$

056

sE_2는 권선형 유도전동기의 2차 유기전압이고, E_C는 외부에서 2차 회로에 가하는 2차 주파수와 같은 전압이다. E_C가 sE_2와 반대 위상일 경우 E_C를 크게 하면 속도는 어떻게 되는가?(단, $sE_2 - E_C$는 일정하다.)

① 속도가 증가
② 속도가 감소
③ 속도에 관계없다
④ 난조현상 발생

$sE_2 - E_C = $ 일정의 조건에서 E_C를 크게 하면 sE_2도 커져야 한다. E_2는 정해져 있으므로 s가 증가해 속도는 감소하게 된다.

057

단상 유도전압 조정기의 1차 전압 $100[V]$ 2차 전압 $100 \pm 30[V]$, 2차전류는 $50[A]$이다. 이 전압 조정기의 정격용량은?

① $1.5[kVA]$
② $2.6[kVA]$
③ $6.5[kVA]$
④ $5[kVA]$

단상유도전압조정기의 정격용량 $P=E_2I_2$ 에서
$P=E_2I_2=30\times50=1500[\text{VA}]=1.5[\text{kVA}]$

058

6상 회전변류기의 직류측 선전류가 600[A]일 때 교류측 선전류의 크기는?(단, 역률 및 효율은 모두 100[%]이다.)

① $300\sqrt{2}[\text{A}]$
② $200\sqrt{2}[\text{A}]$
③ $150\sqrt{2}[\text{A}]$
④ $100\sqrt{2}[\text{A}]$

$\dfrac{I_a}{I_d}=\dfrac{2\sqrt{2}}{m\cos\theta}$: I_a : 교류전류 I_d : 직류전류 m : 상수

$I_a=I_d\times\dfrac{2\sqrt{2}}{m\cos\theta}=600\times\dfrac{2\sqrt{2}}{6\times1}=200\sqrt{2}$

059

피크 역 전압 5000[V]에 견딜 수 있는 정류 회로 소자를 이용하여 얻어지는 무부하 직류 전압(평균치)은 3상 브리지 정류일 때 약 몇 [V]인가?

① 2388
② 3183
③ 4775
④ 1591

$PIV=\sqrt{2}E=5000$

3상 전파정류의 평균값 $=\dfrac{3\sqrt{2}}{\pi}E=1.35E$
$=1.35\times\dfrac{5000}{\sqrt{2}}\fallingdotseq4773[\text{V}]$

060

3상 수은 정류기의 직류 평균 부하전류가 50[A]가 되는 1상 양극 전류 실효값은 약 몇 [A]인가?

① 9.6
② 17
③ 29
④ 87

1상의 양극전류는 $\dfrac{2\pi}{3}$ 주기동안에만 흐르고 $\dfrac{4\pi}{3}$는 흐르지 않는다.

따라서, $I_{실효치}=\sqrt{\dfrac{1}{T}\int_0^T I^2(t)dt}=\sqrt{\dfrac{50^2\times\dfrac{2\pi}{3}}{2\pi}}=\dfrac{50}{\sqrt{3}}=28.88[\text{A}]$

제 04 과목 | 회로이론

061

20[Ω]과 30[Ω]의 병렬회로에서 20[Ω]에 흐르는 전류가 6[A]이라면 전체 전류[A]는?

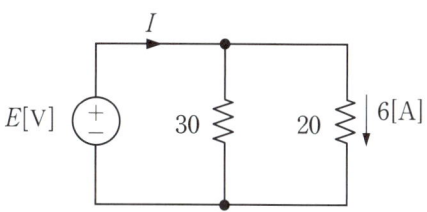

① 3
② 4
③ 9
④ 10

전류 분배법칙 적용 $I_1=I\cdot\dfrac{R_2}{R_1+R_2}$ (남의것)

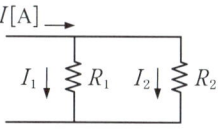

$I_1=I\times\dfrac{R_2}{R_1+R_2}$ 적용

$6[\text{A}]=I\times\dfrac{30}{30+20}$ 에서 $6[\text{A}]\times\dfrac{30+20}{30}=I$

062

3[μF]인 커패시턴스를 50[Ω]의 용량리액턴스로 사용하면 주파수는 약 몇 [Hz]인가?

① 1.06×10^3
② 2.06×10^3
③ 3.06×10^3
④ 4.06×10^3

부하의 저항은 R(순저항), $j\omega L$(유도리액턴스) $\dfrac{1}{j\omega C}$ (용량리액턴스)

에서 $X_C=\dfrac{1}{\omega C}$ ➡ $X_C=\dfrac{1}{2\pi fC}$

$f=\dfrac{1}{2\pi C\times X_c}=\dfrac{1}{2\pi\times(3\times10^{-6})\times(50)}=1.06\times10^3$

063

어느 소자에 전압 $e=128\sin 377t[V]$를 가했을 때 전류 $i=50\cos 377t[A]$가 흘렀다. 이 회로의 소자는 어떤 종류인가?

① 순저항
② 용량 리액턴스
③ 유도 리액턴스
④ 저항과 유도 리액턴스

부하의 종류는 R(순저항), L(인덕턴스) C(정전용량)에서
순저항은 전압과 전류가 동위상.
인덕턴스(유도성리액턴스)는 전류가 90° 뒤지고,
정전용량(용량성리액턴스)는 전류가 90° 앞선다.
현재는 전류가 정확히 90° 앞선다 ∴저항이 포함안된 용량 리액턴스다.

064

교류회로에서 역률이란 무엇인가?

① 전압과 전류의 위상차의 정현
② 전압과 전류의 위상차의 여현
③ 임피던스와 리액턴스의 위상차의 정현
④ 임피던스와 저항의 위상차의 정현

역율이란 전압과 전류의 위상차를 cos(여현)으로 취한 것을 말한다.

065

부하에 $100\angle 30°[V]$의 전압을 가하였을 때 $10\angle 60°[A]$의 전류가 흘렀다. 부하에 소비되는 유효전력[W], 무효전력[Var]은 각각 얼마인가?

① $P=800$, $Q=866$
② $P=866$, $Q=500$
③ $P=680$, $Q=400$
④ $P=400$, $Q=680$

단상유효전력 = 전압×전류×역률 = $V \cdot I \cdot \cos\theta$
∴ 유효전력 = $100 \times 10 \times \cos(60-30) = 866$
  무효전력 = $100 \times 10 \times \sin(60-30) = 500$

066

두 코일이 있다. 한 코일의 전류가 매초 20[A]의 비율로 변화할 때 다른 코일에는 10[V]의 기전력이 발생하였다면 두 코일의 상호인덕턴스[H]는 얼마인가?

① 0.25
② 0.5
③ 0.75
④ 1.25

$e_2 = -M\dfrac{di_1}{dt}$ → $10 = M \times \dfrac{20}{1}$ ∴$M = 0.5$

067

저항만으로 구성된 그림의 회로에 평형3상 전압을 가했을 때 각선에 흐르는 선전류가 모두 같게 되기 위한 R의 값은?

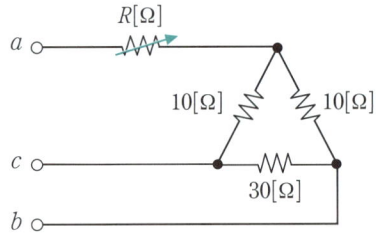

① 2[Ω]
② 4[Ω]
③ 6[Ω]
④ 8[Ω]

동일 전류가 흐르기 위해서는 각 선의 임피던스가 동일하여야 하므로 Δ를 Y로 변환 후 각 선의 저항이 같기 위한 저항 R 값을 구한다

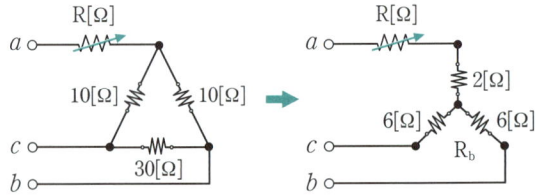

$R_a = \dfrac{R_{ac} \cdot R_{ab}}{R_{ac}+R_{ab}+R_{bc}} = \dfrac{10 \times 10}{10+10+30} = 2$

$R_b = \dfrac{R_{ab} \cdot R_{bc}}{R_{ab}+R_{bc}+R_{ac}} = \dfrac{10 \times 30}{10+30+10} = 6$

$R_c = \dfrac{R_{ac} \cdot R_{bc}}{R_{ac}+R_{bc}+R_{ab}} = \dfrac{10 \times 30}{10+30+10} = 6$ ∴R의 크기는 4[Ω]

068

3상 평형부하의 전압이 100[V]이고 전류가 10[A]이다. 이때 소비전력[W]은?(단, 역율은 0.8이다.)

① 1385 ② 1732
③ 2405 ④ 2800

$P=\sqrt{3}\,V_l I_l \cos\theta=\sqrt{3}\times 100\times 10\times 0.8=1,386[W]$

069

3상 교류 대칭 전압에 포함되는 고조파 중에서 상회전이 기본파에 대하여 반대인 것은?

① 제 3 고조파 ② 제 5 고조파
③ 제 7 고조파 ④ 제 9 고조파

대칭좌표법 : 공급전원=영상분$(3n)$+정상분$(3n+1)$+역상분$(3n-1)$
정상분을 기본파라고 하고, 역상분은 이와 반대로 회전하는 성분이다.
∴ 상회전이 기본파와 반대인파는 역상분이므로 $(3n-1)$
즉, 5,8,11 고조파 성분을 말한다.

070

3상 불평형 전압에서 역상전압이 10[V], 정상전압이 50[V], 영상전압이 200[V]이라고 한다. 전압의 불평형률은 얼마인가?

① 0.1 ② 0.05
③ 0.2 ④ 0.5

불평형율 = 역상전압/정상전압 = 10/50 = 0.2

071

어떤 회로에 가한 전압이
$v=3+10\sqrt{2}\sin\omega t+5\sqrt{2}\sin\left(3\omega t-\dfrac{\pi}{3}\right)[V]$일 때
실효치는?

① 약 11.5 ② 약 10.5
③ 약 9.5   ④ 약 8.5

비정현파의 실효치 : 각파의 실효값의 제곱의 합의 제곱근이다.
$V_s=\sqrt{V_0^2+V_1^2+V_3^2}=\sqrt{3^2+10^2+5^2}=11.5$

072

다음 중 테브난의 정리와 쌍대의 관계가 있는 것은?

① 밀만의 정리 ② 중첩의 원리
③ 노튼의 정리 ④ 보상의 정리

테브난의 정리는 하나의 전압원과 내부저항으로 회로를 단순화
노튼의 정리는 하나의 전류원과 내부저항으로 회로를 단순화

이해 각종정리
- 테브난의 정리 - 단자전압과 합성저항으로 회로를 단순화
- 노튼의 정리 - 테브난 정리와 쌍대
- 중첩의 원리 - 선형회로에서만 적용, 다수의 기전력의 합
- 밀만의 정리 - 다수의 전압원에 의한 단자전압
- 키르히호프의 법칙 - 모든 회로에 적용, 제1(전류), 제2(전압)

073

i_5의 전류의 크기는?

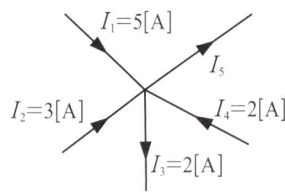

① 3[A]   ② 5[A]
③ 8[A]   ④ 12[A]

키르히호프의 제1법칙 : $(5+3+2)=(2+I_5)$ ∴ $I_5=8$

074

그림의 회로가 주파수에 관계없이 일정한 임피던스를 갖도록 C의 값을 결정하면?

① 20[μF]
② 10[μF]
③ 2.45[μF]
④ 0.24[μF]

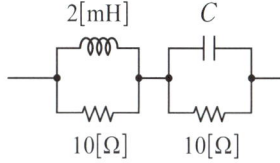

정저항 회로 : $R^2 = \dfrac{L}{C}$ 에서 $C = \dfrac{L}{R^2} = \dfrac{2 \times 10^{-3}}{(10)^2} = 2 \times 10^{-5}$

075

그림과 같은 L형 회로의 4단자 A, B, C, D 정수 중 A는?

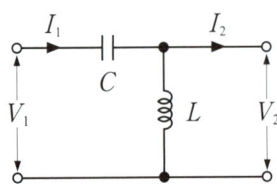

① $1 + \dfrac{1}{\omega LC}$ ② $1 - \dfrac{1}{\omega^2 LC}$

③ $1 + \dfrac{1}{j\omega L}$ ④ $\dfrac{1}{2\sqrt{LC}}$

$A = \dfrac{V_1}{V_2}\Big|_{I_2=0}$ 2차개방시 1차 전압에 대한 2차측전압의 비로 계산

$= \dfrac{V_1}{V_2}\Big|_{I_2=0} = \dfrac{V_1}{V_1 \times \dfrac{Z_2}{Z_1 + Z_2}} = \dfrac{Z_1 + Z_2}{Z_2} = 1 + \dfrac{Z_1}{Z_2}$

여기에 $Z_1 = \dfrac{1}{j\omega C}$, $Z_2 = j\omega L$ 를 대입한다.

$\therefore A = 1 + \dfrac{Z_1}{Z_2} = 1 + \dfrac{\dfrac{1}{j\omega C}}{j\omega L} = 1 + \dfrac{1}{j^2 \omega^2 LC} = 1 - \dfrac{1}{\omega^2 LC}$

이해 A(전압비) : 왼쪽대각선, D(전류비)오른쪽대각선
→ 둘다 (1+?의 형태)
B(직렬의 임피던스), C(병렬의 어드미턴스 = 병렬의 임피던스의 역수)

076

그림에서 4단자망의 개방 순방향 전달 임피던스 Z_{21}과 단락 순방향 전달 어드미턴스 Y_{21}은?

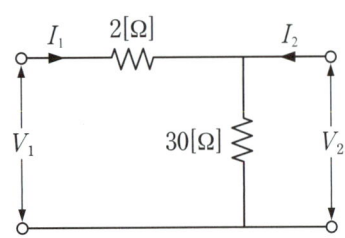

① $Z_{21} = 3[\Omega]$ $Y_{21} = -\dfrac{1}{2}[\mho]$

② $Z_{21} = 3[\Omega]$ $Y_{21} = \dfrac{1}{3}[\mho]$

③ $Z_{21} = 5[\Omega]$ $Y_{21} = \dfrac{1}{2}[\mho]$

④ $Z_{21} = 5[\Omega]$ $Y_{21} = -\dfrac{5}{6}[\mho]$

$Z_{21} = \dfrac{V_2}{I_1}\Big|_{I_2=0}$: 2차측 개방시 $\therefore Z_{21} = \dfrac{3I_1}{I_1} = 3$

$Y_{21} = \dfrac{I_2}{V_1}\Big|_{V_2=0}$: 2차측 단락시 $\therefore Y_{21} = \dfrac{-V_1/2[\Omega]}{V_1} = -\dfrac{1}{2}$
표기된 전류와 방향이 반대

별해 Z 파라메트 Z_{12} : 폐로 1과 폐로 2 사이의 임피던스 = 3[Ω]
Y 파라메트 Y_{12} : 절점 1과 절점 2 사이의 어드미턴스 : − 값
입니다.(방향)

077

정상상태에서 시간 $t=0$ 일 때 스위치 S를 열면 흐르는 전류 $i(t)$는?

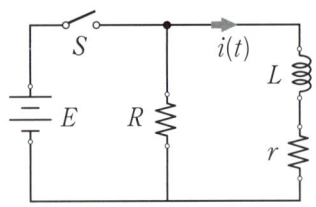

① $\dfrac{E}{R} e^{-\dfrac{R+r}{L}t}$ ② $\dfrac{E}{r} e^{-\dfrac{R+r}{L}t}$

③ $\dfrac{E}{r} e^{-\dfrac{L}{R+r}t}$ ④ $\dfrac{E}{R} e^{-\dfrac{L}{R+r}t}$

$i(t) = i(\infty) + [i(0) - i(\infty)]e^{-\dfrac{1}{\tau}t}$

초기상태(닫힌상태에서 정상전류) $i(t=0) = \dfrac{E}{r}$

정상상태($t=\infty$, 개방회로, 모든값0) $i(t=\infty) = 0$

시정수 : $R-L$ 직렬회로 $\tau = \dfrac{L}{R+r}$ 대입

$i(t) = 0 + \left[\dfrac{E}{r} - 0\right]e^{-\dfrac{R+r}{L}t} = \dfrac{E}{r} e^{-\dfrac{R+r}{L}t}$

별해 $e^{-\dfrac{1}{\tau}t}$ 에서 지수함수에 들어가는 시정수 $\tau = \dfrac{L}{R+r}$

∴ ①, ② 중 정답

078

$\left[\dfrac{d}{dt}\cos\omega t\right]$의 라플라스 값은?

① $\dfrac{s^2}{s^2+\omega^2}$ ② $\dfrac{-s^2}{s^2+\omega^2}$

③ $\dfrac{s}{s^2+\omega^2}$ ④ $\dfrac{-\omega^2}{s^2+\omega^2}$

라플라스 변환 공식(실미분 정리) : $\dfrac{d}{dt}f(t)$ ➔ $sF(s)-f(0\_)$ 에서

$s\times\dfrac{\omega}{s^2+\omega^2}-\cos(\omega\cdot 0)=\dfrac{s\omega}{s^2+\omega^2}-1$
$=\dfrac{s^2}{s^2+\omega^2}-\dfrac{s^2+\omega^2}{s^2+\omega^2}$
$=\dfrac{s^2-s^2-\omega^2}{s^2+\omega^2}=\dfrac{-\omega^2}{s^2+\omega^2}$

079

출력이 $F(s)=\dfrac{3s+2}{s(s^2+2s+6)}$로 표시되는 제어계가 있다. 이 계의 시간 함수 $f(t)$의 정상값은?

① 3 ② 2
③ $\dfrac{1}{3}$ ④ $\dfrac{1}{6}$

초기값 정리 $\lim\limits_{t\to 0}f(t)=\lim\limits_{s\to\infty}sF(s)$

$\lim\limits_{s\to 0}s\times\dfrac{3s+2}{s(s^2+2s+6)}=\lim\limits_{s\to 0}\dfrac{3s^2+2s}{s^3+2s^2+6s}$

에서 분모분자를 약분하고 $s\to 0$ 대입

$\lim\limits_{s\to 0}\dfrac{3s+2}{s^2+2s+6}=\lim\limits_{s\to 0}\dfrac{0+2}{0+0+6}=\dfrac{2}{6}=\dfrac{1}{3}$

이해 초기값(분모분자의 차수가 가장 높은것끼리) $\dfrac{3}{1}$ 아님.
단, 분모, 분자의 차수가 2차이상시 "0"
최종값(분모분자의 차수가 가장 낮은것끼리) $\dfrac{2}{6}$

080

다음 미분 방정식으로 표시되는 계에 대한 전달함수는?
$\dfrac{d^2y}{dt^2}+3\dfrac{dy}{dt}+2y=x+\dfrac{dx}{dt}$
(단, y는 출력, x는 입력을 나타낸다.)

① $F(S)=\dfrac{S+1}{S^2+3S+2}$ ② $F(S)=\dfrac{S-1}{2S^2+3S+1}$

③ $F(S)=\dfrac{S+1}{3S^2+S+1}$ ④ $F(S)=\dfrac{S-2}{S^2+3S+2}$

함수의 라플라스 변환 $\left(f(t)\leftrightarrow F(S),\ \dfrac{d}{dt}\leftrightarrow S,\ \int dt\leftrightarrow\dfrac{1}{S}\right)$

$\dfrac{d^2y}{dt^2}+3\dfrac{dy}{dt}+2y=x+\dfrac{dx}{dt}$

➔ $S^2Y(S)+3SY(S)+2Y(S)=X(S)+SX(S)$ 를 간단히 하면됨
➔ $(S^2+3S+2)Y(S)=X(s)(1+s)$

$\dfrac{Y(S)}{X(S)}=\dfrac{S+1}{S^2+3S+2}$

제 05 과목 전기설비기술기준

081

저압 이웃 연결 입입선(연접인입선)은 폭 몇 [m]를 초과하는 도로를 횡단하지 아니하는가?

① 5 ② 6
③ 7 ④ 8

이웃 연결 입입선(연접인입선)(저압에서만 사용함)(K 221.1.2)
• 입입선에서 분기하는 점으로부터 100m를 넘는 지역에 미치지 아니할 것
• 폭 5m를 넘는 도로를 횡단하지 아니할 것
• 옥내를 통과하지 아니할 것
• 고압 및 특고압 이웃 연결 입입선(연접인입선)은 시설금지

082

최대사용전압이 7,200[V]인 중성점 비접지식 변압기 권선의 절연내력 시험전압은?

① 20,500 ② 9,000
③ 12,500 ④ 10,500

절연내력시험
7[kV] 이하 : 1.5배
7[kV] 초과 : 1.25배(최저10,500[V])
60[kV] 초과 : 비접지(1.25배), 중성점접지(소호리액터접지)(1.1배)
  직접접지(0.72배)
170[kV] : 중성점 직접접지(0.64배)
7[kV] 초과 25[kV] 이하 중성점(선) 다중접지 : 0.95배
∴ 7,200[V]×1.25 = 9,000[V] 최저 10,500[V]

083

발전기, 전동기, 무효 전력 보상 장치, 기타 회전기(회전변류기 제외)의 절연 내력 시험 시 시험전압은 어느 곳에 가하면 되는가?

① 권선과 대지
② 외함과 전선
③ 외함과 대지
④ 회전자와 고정자

회전기의 절연내력시험(발전기·전동기·무효 전력 보상 장치·기타회전기)(K 133)
방 법 : 권선과 대지간에 연속하여 10분간 가한다.

084

수용장소의 인입구 부근에 금속제 수도관로가 있는 경우 대지간의 전기저항치가 몇 [Ω] 이하인 값을 유지하는 건물의 철골이 있는 경우에 이것을 접지극으로 사용하여 저압 전선로의 접지측 전선에 추가 접지할 수 있는가?

① 1
② 2
③ 3
④ 10

접지극으로 활용가능 : 수도관 3[Ω], 철골 2[Ω] (암기, 수3 철2)
추가접지 : 수도관, 철골 모두 3[Ω]

085

특별 고압 전선로에 사용되는 특별 고압 전선로용의 애자 장치에 대한 갑종 풍압 하중은 그 구성재의 수직 투영 면적 1[m²]에 대하여 몇 [Pa]을 기초로 하여 계산하여야 하는가?

① 588
② 745
③ 1117
④ 1039

풍압하중 : 가공전선로의 지지물 강도 계산에 적용하는 풍압하중(K 331.6)
애   자 : 1,039[Pa]

086

시가지에 시설하는 고압 가공전선으로 경동선을 사용하려면 그 굵기는 최소 몇 [mm]이어야 하는가?

① 2.6
② 3.2
③ 4
④ 5

가공전선의 굵기
400[V] 이상, 고압 : 4.0[mm], 단) 시가지, 보안공사 5.0[mm]

087

KSC IEC 60364에서 충전부 전체를 대지로부터 절연시키거나 한 점에 임피던스를 삽입하여 대지에 접속시키고, 전기기기의 노출 도전성 부분 단독 또는 일괄적으로 접지하거나 또는 계통접지로 접속하는 접지계통을 무엇이라 하는가?

① TT 계통
② IT 계통
③ TN–C 계통
④ TN–S 계통

IT 계통(K 203.4)
• 충전부 전체를 대지 절연시키거나, 한 점을 임피던스를 통해 접속
• 전원이 차단되어서는 안 되는 곳에 적용

088

11,000[V]전로와 100[V] 전로를 결합한 변압기의 100[V] 측 1단자 접지저항 최댓값은 얼마로 하여야 하는가?

① 2[Ω]
② 5[Ω]
③ 10[Ω]
④ 15[Ω]

고압전로 또는 특고압전로와 저압전로를 결합하는 변압기의 저압측의 중성점 접지공사
• 변압기 시설장소마다 접지시공(하기 어려운 경우 가공공동지선 사용)
• 계산된 접지저항값이 10[Ω]을 넘을 때는 10[Ω]이하 (저압측의 중성점(Y결선) 또는 300[V]이하 변압기의 중성점에 하기 어려울 때는 저압 측의 1단자(Δ결선))
• 접지공사는 변압기 시설장소마다 시행하여야 하나, 토지의 상황 등 변압기의 시설 장소에서 접지저항값을 얻기 어려운 경우 변압기 시설장소로부터 200[m]까지 떼어 놓을 수 있다.

89

765[kV]가공전선 시설 시 2차 접근 상태에서 건조물을 시설하는 경우 건조물 상부와 가공전선 사이의 수직거리는 몇 [m] 이상인가? 단, 전선의 높이가 최저상태로 사람이 올라갈 우려가 있는 개소를 말한다.

① 15
② 20
③ 25
④ 28

특고압 가공전선과 건조물의 접근(K 333.23)시 이격거리
- 400[kV] 이상 특고압 가공전선이 2차접근상태로 건조물과 접근 시 수직거리 28[m] 이상 이격

90

제2종 특고압 보안공사에 있어서 B종 철근콘크리트주에 사용하는 경우에 최대 지지물간 거리(경간)는 몇 [m]인가?

① 100
② 150
③ 200
④ 400

- 경간 : 지지물과 지지물 사이의 수평이격 거리
- 표준경간 : (목주,A종 : 150[m], B종 : 250[m], 철탑 : 600[m])
- 2종 특고압보안공사 :
 (목주,A종 : 100[m], B종 : 200[m], 철탑 : 400[m])

91

제1종 특별고압 보안공사로 시설하는 전선로의 지지물로 사용할 수 없는 것은?

① 목주
② 철탑
③ B종 철주
④ B종 철근콘크리트주

- 1종 특별고압 보안공사시 목주와 A종은 사용불가
- 시가지에 사용할 수 없는 지지물 : 목주

92

시가지의 고압 가공전선로에는 그 선로길이 몇 [km] 이하마다 개폐기를 시설하여야 하는가?

① 2
② 3
③ 4
④ 5

구분개폐기
시가지의 고압 가공전선로에는 그 선로 길이 2[km] 이하마다 개폐기를 시설

93

저고압 가공전선이 도로를 횡단할 때 지표상의 높이는 몇 [m] 이상으로 하여야 하는가?(교통이 번잡하지 않은 도로는 제외)

① 5
② 4
③ 6
④ 3.5

저압 가공전선의 높이(K 222.7) : 도로횡단 6[m]

94

고압용 기계기구를 시설하여서는 안 되는 경우는

① 발전소,변전소,개폐소 또는 이에 준하는 곳에 시설하는 경우
② 시가지 외로서 지표상 3[m]인 경우
③ 공장 등의 구내에서 기계기구의 주위에 사람이 쉽게 접촉할 우려가 없도록 적당한 울타리를 설치하는 경우
④ 옥내에 설치한 기계기구를 취급자 이외의 사람이 출입할 수 없도록 설치한 곳에 시설하는 경우

고압용 기계기구 지표상의 높이 (K 341.8)
- 시가지 경우 : 지표상 4.5[m] 이상
- 시가지가 아닌 경우 : 지표상 4[m] 이상

095

뱅크용량 15,000[kVA]이상인 분로리액터에서 자동적으로 전로로부터 차단하는 장치가 동작하는 경우가 아닌것은?

① 내부 고장시
② 과전류 발생시
③ 과전압 발생시
④ 온도가 현저히 상승시

조상 설비 보호(K 351.5) ➡ 차단 장치
- 전력용 콘덴서, 분로리액터
  - 500[kVA] ~ 15,000[kVA] 미만 : 내부고장, 과전류
  - 15,000[kVA] 이상 : 내부고장, 과전류, 과전압
- 무효 전력 보상 장치(조상기)
  - 15,000[kVA] 이상 : 내부고장

096

저압 가공전선로의 지지물에 시설하는 통신선 또는 이에 직접접속하는 가공통신선이 도로를 횡단하는 경우 일반적으로 지표상 몇 [m] 이상의 높이로 시설하여야 하는가?

① 6.0
② 4.0
③ 5.0
④ 3.0

(첨가통신선) 가공전선로의 지지물에 시설하는 통신선 또는 이에 직접 접속하는 가공 통신선의 높이는 다음에 따라야 한다.
- 도로를 횡단하는 경우에는 지표상 6[m] 이상 (교통지장 無 5[m])
- 철도 또는 궤도를 횡단하는 경우에는 레일면상 6.5[m] 이상
- 횡단보도교의 위에 시설하는 경우에는 그 노면상 5[m] 이상 (예외 많음)
- 기타 지표상 5[m] 이상

097

교류 전차선 등 충전부와 식물 사이의 간격(이격거리)는 몇 [m] 이상이어야 하는가?(단, 현장여건을 고려한 방호벽 등의 안전조치를 하지 않은 경우이다.)

① 1
② 3
③ 5
④ 10

전차선 등과 식물사이의 간격(K 431.11)
교류 전차선 등 충전부와 식물사이의 간격은 5[m] 이상이어야 한다. 다만, 5[m] 이상 확보하기 곤란한 경우에는 현장여건을 고려하여 방호벽 등 안전조치를 하여야한다.

098

전기방식(防蝕) 시설은 지표 또는 수중에서 1[m] 간격의 임의의 2점(양극의 주위 1[m] 이내의 거리에 있는 점 및 울타리의 내부점을 제외한다.)간의 전위차가 몇 [V]를 넘으면 안되는가?

① 5
② 10
③ 25
④ 30

전기부식방지 시설(K 241.16)
지중 또는 수중에 시설되는 금속체의 부식을 방지하기 위하여 지중 또는 수중에 시설하는 양극과 피방식체간에 방식 전류를 통하여 시설
- 전기 방식회로의 사용전압 : 직류 60[V] 이하일 것
- 지중에 매설하는 양극의 매설깊이는 75[cm] 이상일 것
- 수중에 시설하는 양극과 그 주위 1[m] 이내의 거리에 있는 임의점 사이의 전위차는 10[V]를 넘지 말 것.
- 지표 또는 수중에서 1[m]간격의 임의의 2점 간의 전위차가 5[V]를 넘지 아니할 것

099

흥행장의 저압 전기설비공사로 무대, 무대마루 밑, 오케스트라박스, 영사실 기타 사람이나 무대도구가 접촉할 우려가 있는 곳에 시설하는 저압 옥내배선, 전구선 또는 이동전선은 사용전압이 몇 [V] 미만이어야 하는가?

① 100
② 200
③ 300
④ 400

전시회, 쇼 및 공연장의 전기설비(K 242.6)
- 무대·무대마루 밑·오케스트라 박스·영사실 등 사람 접촉 우려 있는 장소 사용전압 : 400[V]이하
- 배선용 케이블 : 최소 1.5[mm²]인 구리 도체
- 무대마루 밑에 시설하는 전구선은 300/300[V] 편조 고무코드 또는 0.6/1[kV] EP 고무절연 클로로프렌 캡타이어케이블

100

직류 전기철도 시스템이 매설 배관 또는 케이블과 인접할 경우 누설전류를 피하기 위해 최대한 이격시켜야 하며, 주행레일과 최소 몇 [m]이상 거리를 유지하여야 하는가?

① 5
② 2
③ 1
④ 0.5

전기철도, 누설전류 간섭에 대한 방지(K 461.5)
직류 전기철도 시스템이 매설 배관 또는 케이블과 인접할 경우 누설전류를 피하기 위해 최대한 이격시켜야 하며, 주행레일과 최소 1[m] 이상의 거리를 유지하여야 한다.

정답 05회 CBT 복원문제

01 ③	02 ③	03 ②	04 ③	05 ①
06 ①	07 ②	08 ③	09 ④	10 ②
11 ④	12 ②	13 ③	14 ①	15 ②
16 ③	17 ②	18 ③	19 ②	20 ②
21 ③	22 ④	23 ②	24 ①	25 ②
26 ④	27 ④	28 ④	29 ②	30 ③
31 ②	32 ④	33 ②	34 ③	35 ②
36 ④	37 ③	38 ③	39 ②	40 ④
41 ②	42 ③	43 ②	44 ④	45 ④
46 ②	47 ②	48 ③	49 ②	50 ②
51 ②	52 ②	53 ②	54 ③	55 ③
56 ②	57 ①	58 ②	59 ③	60 ③
61 ④	62 ①	63 ②	64 ②	65 ②
66 ②	67 ②	68 ①	69 ②	70 ③
71 ①	72 ③	73 ③	74 ①	75 ②
76 ①	77 ②	78 ④	79 ③	80 ①
81 ①	82 ④	83 ①	84 ③	85 ④
86 ④	87 ②	88 ③	89 ④	90 ③
91 ①	92 ①	93 ③	94 ②	95 ④
96 ①	97 ③	98 ①	99 ④	100 ③

06 CBT 복원문제

QUESTIONS FROM PREVIOUS TESTS

Industrial Engineer Electricity

제 01 과목　전기자기학

001

전위함수가 $V=x^2+y^2$[V]인 자유공간 내의 전하밀도는 몇 [C/m³]인가?

① -12.5×10^{-12} ② -22.4×10^{-12}
③ -35.4×10^{-12} ④ -70.8×10^{-12}

포아송 방정식 $\nabla^2 V = -\dfrac{\rho_v}{\epsilon_0}$ 에서 $2+2+0 = -\dfrac{\rho_v}{\epsilon_0}$

$\rho_v = -4\epsilon_0 = -4 \times 8.855 \times 10^{-12} = -35.4 \times 10^{-12}$

002

그림과 같이 도체구 내부 공동의 중심에 점전하 Q[C]이 있을 때 도체구의 외부로 발산되어 나오는 전기력선의 수는 몇 개인가?(단, 도체내외의 공간은 진공이라 함)

① 4π
② $\dfrac{Q}{\epsilon_0}$
③ Q
④ $\dfrac{Q}{\epsilon_0 \epsilon_s}$

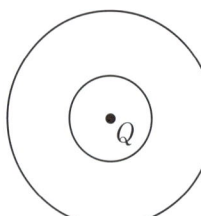

전하 Q[C], 유전율 ϵ :

전기력선의 수$(\dfrac{Q}{\epsilon})$, 전속 = 페러데이관수 = Q

※ 조심 : 조건이 진공(공기)중이면 $\dfrac{Q}{\epsilon_0}$, 조건이 없으면 $\dfrac{Q}{\epsilon_0 \epsilon_s}$

003

점전하에 의한 전계내의 한점 P에서 전위의 기울기가 180[V/m] 전위가 900[V]일 때 이 점전하의 크기는 몇 [μC] 인가?

① 0.1 ② 0.5
③ 0.8 ④ 1.0

전계 $E = 9 \times 10^9 \dfrac{Q}{r^2} = 180$ ─① 　전위 $V = 9 \times 10^9 \dfrac{Q}{r} = 900$ ─②

$V = E \cdot r$ 에서 $900 = 180 \times r$ ∴ $r=5$를 ②식에 대입

$V = 9 \times 10^9 \dfrac{Q}{5} = 900$ ∴ $Q = 0.5 \times 10^{-6}$

004

극판의 면적 $S=10$[cm²], 간격 $d=1$[mm]인 평행판 콘덴서에 비유전율 $\epsilon_s=3$ 인 유전체를 채웠을 때 전압 100[V]를 인가하면 축적되는 에너지는 약 몇 [V]인가?

① 0.3×10^{-7} ② 0.6×10^{-7}
③ 1.3×10^{-7} ④ 2.1×10^{-7}

콘덴서에 축적되는 에너지 $W = \dfrac{1}{2}CV^2$, 평판콘덴서 $C = \dfrac{\epsilon S}{d}$ 에서

$C = \dfrac{(3 \times 8.855 \times 10^{-12})(10 \times 10^{-4})}{(1 \times 10^{-3})} = 2.6 \times 10^{-11}$, $V=100$ 대입

∴ $W = \dfrac{1}{2}CV^2 = \dfrac{1}{2} \times (2.6 \times 10^{-11}) \times (100)^2 = 1.3 \times 10^{-7}$

005

2개의 도체를 $+Q$와 $-Q$로 대전 했을 때 이 도체간의 정전 용량을 전위계수로 표시하였을 때 옳은 것은?(단, 두 도체의 전위를 V_1, V_2로 하고 다른 모든 도체의 전하는 0이다.)

① $C = \dfrac{1}{P_{11}+2P_{12}+P_{22}}$　② $C = \dfrac{1}{P_{11}-2P_{12}+P_{22}}$
③ $C = \dfrac{1}{P_{11}-2P_{12}-P_{22}}$　④ $C = \dfrac{1}{P_{11}+2P_{12}-P_{22}}$

$$C = \frac{Q}{V} = \frac{Q}{V_1 - V_2}$$ 에서 전위차 $V = V_1 - V_2 = (P_{11} - 2P_{12} + P_{22})Q$ 대입

$$\therefore C = \frac{Q}{(P_{11} - 2P_{12} + P_{22})Q} = \frac{(P_{11} - P_{12})}{(P_{11} - 2P_{12} + P_{22})}$$

참고 $Q_2 = \frac{(P_{11} - P_{12})}{P_{11} - 2P_{12} + P_{22}} Q$

006

비유전율 ϵ_r인 유전체의 판을 E_0인 평등전계 내에 전계와 수직으로 놓았을 때 유전체 내의 전계 E는?

① $E = \frac{E_0}{\epsilon_r}$　　② $E = E_0 \epsilon_r$

③ $E = E_0$　　④ $E = \epsilon_r^2 E_0$

경계면에 수직으로 전계입사시 전하밀도는 일정 : $D_0 = D_r$

$\epsilon_0 E_0 = \epsilon E = \epsilon_0 \epsilon_r E$ 에서 유전체 내 전계 $E = \frac{\epsilon_0 E_0}{\epsilon_0 \epsilon_r} = \frac{E_0}{\epsilon_r}$

007

지면에 평행으로 높이 $h[\mathrm{m}]$에 가설된 반지름 $a[\mathrm{m}]$인 가공 직선 도체의 대지 간 정전용량은 몇 [F/m]인가?(단, $h \gg a$ 이다.)

① $\frac{\pi \epsilon}{\ln \frac{2h}{a}}$　　② $\frac{2\pi \epsilon}{\ln \frac{2h}{a}}$

③ $\frac{\pi \epsilon}{\ln \frac{a}{2h}}$　　④ $\frac{2\pi \epsilon}{\ln \frac{a}{2h}}$

전기영상법에 의한 두 평행 도선 간 정전용량 $C = \frac{\pi \epsilon}{\ln \frac{2h}{a}}$ 에서

도선과 대지 사이의 정전용량(C')은 거리가 $\frac{1}{2}$이므로 $C' = 2C$

$$\therefore C' = \frac{2\pi \epsilon}{\ln \frac{2h}{a}}$$

별해 $\ln(\frac{큰값}{작은값})$ $\therefore \ln(\frac{h}{a})$

why) $\ln(\ )$에서 ( )안의 값이 1미만시 음수

008

내구의 반지름 $a[\mathrm{m}]$, 외구의 반지름 $b[\mathrm{m}]$인 동심 구도체간에 도전율이 $k[\mathrm{S/m}]$인 저항 물질이 채워져 있을 때의 내외 구간의 합성저항[Ω]은?

① $\frac{1}{8\pi k}(\frac{1}{a} - \frac{1}{b})$　　② $\frac{1}{4\pi k}(\frac{1}{a} - \frac{1}{b})$

③ $\frac{1}{2\pi k}(\frac{1}{a} - \frac{1}{b})$　　④ $\frac{1}{\pi k}(\frac{1}{a} - \frac{1}{b})$

$RC = \rho \epsilon \rightarrow R = \frac{\rho \epsilon}{C}$ 에서 $C = \frac{4\pi \epsilon}{(\frac{1}{a} - \frac{1}{b})}$, $\rho = \frac{1}{k}$ 대입

$$\therefore R = \frac{1}{4\pi k}(\frac{1}{a} - \frac{1}{b})$$

조심 구도체 $C = 4\pi \epsilon a$, 반구도체 $C = 2\pi \epsilon a$,
반구도체 2개 $C = 2\pi \epsilon a \times 2$

009

반지름 a인 접지도체구의 중심에서 $d(>a)$되는 곳에 점전하 Q가 있다. 구도체에 유기되는 영상전하 및 그 위치(중심에서의 거리)는 각각 얼마인가?

① $+\frac{a}{d}Q, \frac{a^2}{d}$　　② $-\frac{a}{d}Q, \frac{a^2}{d}$

③ $+\frac{d}{a}Q, \frac{a^2}{d}$　　④ $-\frac{d}{a}Q, \frac{d^2}{a}$

접지도체구의 영상전하크기와 위치 $(-\frac{a}{d}Q, \frac{a^2}{d})$

즉, 크기는 주어진 전하보다 적고, 위치는 구내부 중심 가까운 곳

010

다음 관계식 중 성립될 수 없는 것은?(단, μ : 투자율, μ_0 : 진공의 투자율, χ : 자화율, μ_s : 비투자율, B : 자속밀도, J : 자화의 세기, H : 자계의 세기)

① $\mu = \mu_0 + \chi$　　② $\mu_s = 1 + \frac{\chi}{\mu_0}$

③ $B = \mu H$　　④ $J = \chi B$

자화의 세기 $J[\text{Wb/m}^2]=(1-\dfrac{1}{\mu_s})B=\mu_0(\mu_s-1)H=\chi H$

011

자계의 세기를 표시하는 단위가 아닌 것은?

① [A/m]
② [Wb/m]
③ [N/Wb]
④ [AT/m]

전류에 의한자계 $H=\dfrac{NI}{2\pi\ell}=[\dfrac{\text{AT}}{\text{m}}]$

자계 내에 자속이 받는 힘 $F=mH$ 에서 $H=\dfrac{F}{m}=[\dfrac{\text{N}}{\text{Wb}}]$

012

폐곡면을 통하는 전속과 폐곡면 내부의 전하와의 상관관계를 나타내는 법칙은?

① 가우스의 법칙
② 쿨롱의 법칙
③ 포아송의 법칙
④ 라플라스의 법칙

가우스의 법칙
- 임의의 폐곡면상의 전계의 총합은 폐곡면을 통과하는 전기력선의 총합과 같다.(전하에 의한 전계 계산)
- 전기력선의 밀도를 이용한 정전계의 세기 계산

013

자계의 세기 $1500[\text{AT/m}]$되는 점의 자속밀도가 $2.8[\text{Wb/m}^2]$이다. 이 공간의 비투자율은 약 얼마인가?

① 1.86×10^{-3}
② 1.86×10^{-2}
③ 1.48×10^{3}
④ 1.48×10^{2}

$B=\mu H=\mu_s\mu_o H$ → $\mu_s=\dfrac{B}{\mu_o H}$ 에서

$H=1500,\ B=2.8,\ \mu_o=4\pi\times 10^{-7}$ 대입

$\therefore \mu_s=\dfrac{B}{\mu_o H}=\dfrac{2.8}{4\pi\times 10^{-7}\times 1500}=1486\fallingdotseq 1.48\times 10^3$

014

$-1.2C$의 점전하가 $5a_x+2a_y-3a_z[\text{m/s}]$인 속도로 운동한다. 이 전하가 $B=-4a_x+4a_y+3a_z[\text{Wb/m}^2]$인 자계에서 운동하고 있을 때 이 전하에 작용하는 힘은 약 몇 [N]인가?(단, a_x, a_y, a_z는 단위 벡터이다.)

① 10
② 20
③ 30
④ 40

자계 및 전계 내 전하가 받는 힘
(자계) $F=QVB\sin\theta$ (전계) $F=QE$
$\therefore$ 자계 $F=Q(V\times B)$
$\quad =(-1.2)\times(5a_x+2a_y-3a_z)\times(-4a_x+4a_y+3a_z)$
$\quad =-1.2\times(18a_x-3a_y+28a_z)$
$\quad =-1.2\times\sqrt{18^2+3^2+28^2}=40$

015

강자성체의 설명 중 맞는 것은?

① 기자력과 자속 사이에는 선형 특성을 갖고 있다.
② 와전류 특성이 있어야 한다.
③ 자화된 강자성체에 온도를 증가시키면 자성이 약해진다.
④ 자화 시 잔류자기밀도가 크고 보자력은 작아야 한다.

자화된 강자성체에 온도를 증가시키면 자성이 약해진다.

016

자속 $\phi[\text{Wb}]$가 주파수 $f[\text{Hz}]$로 $\phi=\phi_m\sin 2\pi ft\ [\text{Wb}]$일 때 이 자속과 쇄교하는 권수 N회인 코일에 발생하는 기전력은 몇 [V]인가?

① $-2\pi fN\phi_m\cos 2\pi ft$
② $-2\pi fN\phi_m\sin 2\pi ft$
③ $2\pi fN\phi_m\tan 2\pi ft$
④ $2\pi fN\phi_m\sin 2\pi ft$

$e = -N\dfrac{d\phi}{dt}$ 에서 $\phi = \phi_m \sin\omega t$ 대입(θ는 평판과 자계 사이의 각도)

$= -N\dfrac{d}{dt}(\phi_m \sin\omega t) = -N\phi_m(\omega\cos\omega t) = -\omega N\phi_m \cos\omega t$

$\therefore e = -\omega N\phi_m \cos\omega t$ 여기서 $\omega = 2\pi f$ 대입 $e = -2\pi f N\phi_m \cos 2\pi f t$

017

인덕턴스의 단위에서 1[H]는?

① 1[A]의 전류에 대한 자속이 1[wb]인 경우이다.
② 1[A]의 전류에 대한 유전율이 1[F/m]인 경우이다.
③ 1[A]의 전류가 1초간에 변화하는 양이다.
④ 1[A]의 전류에 대한 자계가 1[AT/m]인 경우이다.

$N\phi = LI$ 에서 $L = \dfrac{N\phi}{I}$ 이므로 1[A]에 1[wb] 자속이 발생시 1[H]

018

그림과 같이 단면적 $S[m^2]$, 평균자로 길이 $l[m]$, 투자율 $\mu[H/m]$인 철심에 L_1, L_2 권선을 감은 무한 솔레노이드가 있다. 누설자속을 무시할 때 권선의 상호인덕턴스는 몇 [H]가 되는가?

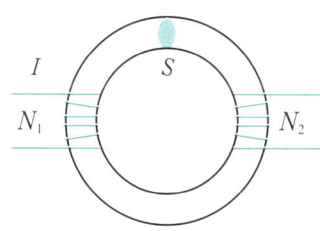

① $M = \dfrac{\mu N_1 N_2 S}{l^2}$

② $M = \dfrac{\mu N_1 N_2 S}{l}$

③ $M = \dfrac{\mu N_1^2 N_2^2 S}{l}$

④ $M = \dfrac{\mu N_1 N_2 S^2}{l}$

코일 상호인덕턴스 $M = \dfrac{\mu S N_1 N_2}{l}$

019

공기 중에서 전계의 진행파 전력이 10[mV/m]일 때 자계의 진행파 전력은 몇 [AT/m]인가?

① 26.5×10^{-4}
② 26.5×10^{-3}
③ 26.5×10^{-5}
④ 26.5×10^{-6}

Z_0(공기중)$= \dfrac{E}{H} = 377[\Omega] \rightarrow H = \dfrac{E}{377}$ 에서 $E = 10 \times 10^{-3}$ 대입

$\therefore H = 2.65 \times 10^{-5} = 26.5 \times 10^{-6}$

020

다음 식에서 관계 없는 것은?

$$\oint_C Hd\ell = \int_S Jds = \int_S (\nabla \times H)ds = I$$

① 맥스웰의 방정식
② 암페어의 주회 법칙
③ 스토크스의 정리
④ 패러데이의 법칙

$\int_S (\nabla \times H)ds = I$: 맥스웰의 방정식

$\oint_C Hd\ell = I$: 암페어의 주회 적분

$\oint_C Hd\ell = \int_S (\nabla \times H)ds$: 스토크스의 정리

제 **02** 과목 **전력공학**

021

다음 중 코로나 방지 대책으로 적당하지 않는 것은?

① 복도체를 사용한다.
② 가선 금구를 개량한다.
③ 선간 거리를 감소시킨다.
④ 가선시 전선 표면이 금구를 손상하지 않게 한다.

- 코로나 방지책은 전선을 굵게하거나 복도체 또는 다도체화하는 것이 가장 효과적
- 선간 거리를 감소시키면 코로나 임계전압(발생전압)이 낮아져 더욱 발생

022
아킹혼의 설치 목적은 무엇인가?

① 코로나손의 방지
② 이상전압 제한
③ 지지물의 보호
④ 섬락사고 시 애자의 보호

초호환, 초호각, 아킹혼 · 아킹링 : 애자보호

023
교류 저압 배전 방식에서 밸런서를 필요로 하는 방식은?

① 단상 2선식
② 단상 3선식
③ 3상 3선식
④ 3상 4선식

단상 3선식의 장점 및 단점
• 장점 : 2종류 전압가능, 전선절약
• 단점 : 전압불평형(밸런서 설치요망)

024
전력 사용의 변동 상태를 알아보기 위한 것으로 가장 적당한 것은?

① 수용률
② 부등률
③ 부하율
④ 역률

부하율 : 일정 기간 전력 사용의 변동정도를 나타내는 계수
$= \dfrac{\text{평균수용전력[kW]}}{\text{합성최대수용전력[kW]}} \times 100[\%]$

025
배전선로에서 부하율이 F일 때 손실계수 H는?

① $H = F$
② $H = \dfrac{1}{F}$
③ $H \leq F^2$
④ $0 \leq F^2 \leq H \leq F \leq 1$

026
단상 2선식의 교류 배전선이 있다. 전선 1가닥의 저항은 0.15[Ω], 리액턴스는 0.25[Ω]이다. 부하는 무유도성으로서 100[V], 3[kW]일 때 급전점은 몇 [V]인가?

① 105
② 110
③ 115
④ 120

1가닥의 저항시 전압강하 $e_{1\phi} = 2I(R\cos\theta + X\sin\theta)$ 이므로
$I = \dfrac{P}{V\cos\theta} = \dfrac{3 \times 10^3}{100 \times 1} = 30$,
$R = 0.15$, $\cos\theta = 1$, $X = 0.25$, $\sin\theta = 0$ 대입
$e_{1\phi} = 2 \times 30(0.15 \times 1 + 0.25 \times 0) = 9$
$\therefore V_s = V_r + e = 100 + 9 = 109[V]$

027
동일한 부하 전력에 대하여 전압을 2배로 승압하면 전압 강하, 전압 강하율, 전력 손실률은 각각 어떻게 되는지 순서대로 나열한 것은?

① $\dfrac{1}{2}, \dfrac{1}{2}, \dfrac{1}{2}$
② $\dfrac{1}{2}, \dfrac{1}{2}, \dfrac{1}{4}$
③ $\dfrac{1}{2}, \dfrac{1}{4}, \dfrac{1}{4}$
④ $\dfrac{1}{4}, \dfrac{1}{4}, \dfrac{1}{4}$

전압강하 $\propto \dfrac{1}{V}$
전압강하율, 전력손실, 전력손실률 $\propto \dfrac{1}{V^2}$

028
주상변압기의 고압 측 및 저압 측에 설치되는 보호 장치가 아닌 것은?

① 피뢰기
② 1차 컷아웃 스위치
③ 캐치 홀더
④ 케이블 헤드

①, ② 변압기 1차측 보호장치
③ 변압기 2차측 보호장치

29

페란티 현상이 발생하는 원인은?

① 선로의 과도한 저항 때문이다.
② 선로의 정전용량 때문이다.
③ 선로의 인덕턴스 때문이다.
④ 선로의 급격한 전압강하 때문이다.

30

일반 회로 정수가 A, B, C, D 이고 송전단 상전압이 E_s 인 경우, 무부하 시의 충전 전류(송전단 전류)는?

① CE_s
② CAE_s
③ $\dfrac{C}{A}E_s$
④ $\dfrac{A}{C}E_s$

$\begin{bmatrix} V_s \\ I_s \end{bmatrix} = \begin{bmatrix} A & B \\ C & D \end{bmatrix} \begin{bmatrix} V_r \\ I_r \end{bmatrix}$

$V_s = AV_r + BI_r$, $I_s = CV_r + DI_r$ 에서 $I_r = 0$ (무부하이므로)

$V_s = AV_r$, $I_s = CV_r$ 에서 $V_r = \dfrac{1}{A}V_s$ 대입 $I_s = \dfrac{C}{A}V_s$

31

배전계통에서 콘덴서를 설치하는 주된 목적과 관계가 없는 것은?

① 송전 용량 증가
② 기기의 보호
③ 전력 손실 감소
④ 전압강하 보상

전력용콘덴서 : 배전계통(전력손실감소), 수용가(역률개선)

32

발전기의 정태안정 극한전력이란?

① 부하가 서서히 증가할 때의 극한전력
② 부하가 갑자기 크게 변동할 때의 극한전력
③ 부하가 갑자기 사고가 났을 때의 극한전력
④ 부하가 변하지 않을 때의 극한전력

정태안정극한전력 : 서서히 증가하는 부하에 대하여 계속적으로 공급할 수 있는 극한전력

33

A, B 및 C상의 전류를 각각 I_a, I_b, I_c라 할 때, $I_x = \dfrac{1}{3}(I_a + aI_b + a^2 I_c)$ 이고, $a = -\dfrac{1}{2} + j\dfrac{\sqrt{3}}{2}$ 이다. I_x는 어떤 전류인가?

① 정상 전류
② 역상 전류
③ 영상 전류
④ 무효 전류

$I_0 = \dfrac{1}{3}(I_a + I_b + I_c) \rightarrow$ 영상 전류

$I_1 = \dfrac{1}{3}(I_a + aI_b + a^2 I_c) \rightarrow$ 정상 전류

$I_2 = \dfrac{1}{3}(I_a + a^2 I_b + aI_c) \rightarrow$ 역상 전류

34

송전 선로에 낙뢰를 방지하기 위하여 설치하는 것은?

① 댐퍼
② 초호환
③ 가공지선
④ 애자

① 댐퍼 : 전선의 진동방지
② 초호환 : 애자 보호(소호환, 아킹혼, 아킹링)
③ 가공지선 : 뇌해방지
④ 애자 : 전기 절연물체

35

3상으로 표준 전압 3[kV], 용량 600[kW], 역률 0.85로 수전하는 공장의 수전 회로에 시설할 계기용 변류기의 변류비로 적당한 것은?(단, 변류기의 2차 전류는 5[A] 이며, 여유율은 1.5배로 한다.)

① 10
② 20
③ 30
④ 40

변류비 $= \dfrac{1차\ 정격전류}{2차\ 정격전류}$ 로써 $200/5 = 40$

1차 정격전류는 부하전류×여유율, 2차 정격전류는 5[A]

∴1차 정격전류 = $\dfrac{600 \times 10^3[W]}{\sqrt{3} \times (3 \times 10^3)[V] \times 0.85} \times 1.5 = 203.77[A]$

∴200[A]

036

다음 차단기들의 소호 매질이 적합지 않게 결합된 것은?

① 공기차단기 - 압축 공기
② 가스차단기 - 가스
③ 자기차단기 - 진공
④ 유입차단기 - 절연유

차단기의 종류(소호 매질에 따른 분류)
- ABB(공기차단기-압축공기),
- GCB(가스차단기-SF_6,육불화유황)
- OCB(유입차단기-절연유),
- MBB(자기차단기-전자력)
- VCB(진공차단기-진공)

저압용 차단기로써 ACB(기중차단기-자연공기), $MCCB(=NFB$,배선용차단기)

037

반동 수차의 일종으로 주요 부분은 러너, 안내날개, 스피드링 및 흡출관 등으로 되어 있으며 50~500[m] 정도의 중낙차 발전소에 사용되는 수차는?

① 카플란 수차
② 프란시스 수차
③ 펠턴 수차
④ 튜블러 수차

프란시스 수차는 반동수차로써 중낙차 발전소에 사용된다.

038

수차의 특유 속도 크기를 바르게 나열한 것은?

① 펠턴 수차 < 카플란 수차 < 프란시스 수차
② 펠턴 수차 < 프란시스 수차 < 카플란 수차
③ 프란시스 수차 < 카플란 수차 < 펠턴 수차
④ 카플란 수차 < 펠턴 수차 < 프란시스 수차

낙차가 낮은 수차일수록 특유 속도가 크다.
펠턴 수차 < 카플란 수차 < 프란시스 수차 < 프로펠러 수차

039

화력발전소에서 발전효율을 저하시키는 원인으로 가장 큰 손실은?

① 연돌 배출가스 손실
② 복수기 냉각수 손실
③ 소내용 동력
④ 터빈 및 발전기의 손실

- 발전소 전체에서 가장 큰 손실 : 복수기의 냉각수 손실
- 보일러내의 손실중 가장 큰 손실 : 수냉벽

040

원자로 내에서 발생한 열에너지를 외부로 끄집어내기 위한 열 매체를 무엇이라고 하는가?

① 반사체
② 감속재
③ 냉각재
④ 제어봉

냉각재(경수·중수) : 열 에너지를 외부로(물 → 증기 : 보일러)로 전달, 제어재에서 중성자의 수를 제어(중성자를 흡수)

제 03 과목 **전기기기**

041

직류기의 권선을 단중 파권으로 감으면?

① 내부 병렬회로수가 극수만큼 생긴다.
② 균압환을 연결해야한다
③ 저압 대 전류용이다
④ 내부 병렬 회로수가 극수에 관계없이 언제나 2이다

중권과 파권의 비교

구분	중권(병렬권)	파권(직렬권)
전기자 병렬회로 수(a)	$a=p=mp$	$a=2=2m$
브러시 수(b)	$b=p$	$b=2$
용도	저전압, 대전류	고전압, 소전류
균압접속	4극 이상	필요 없음

42

직류 복권 발전기를 병렬 운전할 때 반드시 필요한 것은?

① 과부하 계전기
② 균압모선
③ 용량이 같을 것
④ 외부 특성 곡선이 일치할 것

- 복권발전기는 직권계자권선이 있으므로 균압선 없이는 안정된 병렬 운전을 할 수 없다.
- 분권 발전기 병렬 운전시에는 균압모선 불필요

43

정격 속도에 비하여 기동 회전력이 가장 큰 전동기는?

① 타여자기　② 직권기
③ 분권기　　④ 복권기

직류전동기의 종류
※ 속도·토크 : 변동이 심한 것 순서
　직권 > 가동(복권) > 분권 > 차동(복권)

44

정격속도 1,732[rpm]의 직류 직권전동기의 부하 토크가 3/4으로 감소하였을 때 회수[rpm]는 대략 얼마인가?(단, 자기포화는 무시한다.)

① 1,155　② 1,550
③ 1,750　④ 2,000

직류전동기의 토크 : 직권은 I_a^2에 비례, N^2에 반비례, 분권(I_a에 비례)

비례식 이용 $\dfrac{T'}{T}=(\dfrac{N}{N'})^2$,

$N'=\sqrt{\dfrac{T}{T'}}\times N=\sqrt{\dfrac{1}{3/4}}\times 1732=2,000$

45

동기 발전기에서 유기 기전력과 전기자 전류가 동상인 경우의 전기자 반작용은?

① 교차 자화 작용
② 증자 작용
③ 감자 작용
④ 직축 반작용

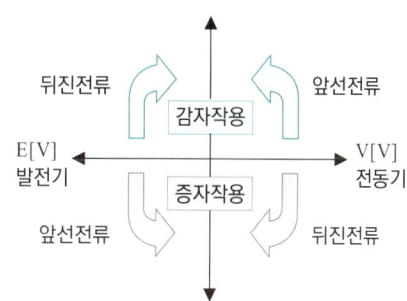

① 전류와 전압이 동상 : 횡축반작용(교차자화작용)
② 전류와 전압이 90°위상차 : 직축반작용
　(계자에 의한 주 자극과 전기자 전류에 의한 전기자 반작용 자속이 동일 선상에 존재)

46

극수 6, 회전수 1200[rpm]의 교류발전기와 병렬운전하는 극수 8의 교류발전기의 회전수는 몇 [rpm]이어야 하는가?

① 800　② 900
③ 1050　④ 1100

병렬운전 조건중 주파수가 동일해야 하므로
$N_s=\dfrac{120f}{p}$ 에서 주파수를 구하면 $1200=\dfrac{120f}{6}$

∴ $f=\dfrac{1200\times 6}{120}=60[Hz]$, ∴ $N=\dfrac{120\times 60}{8}=900[rpm]$

047

단락비가 1.3인 어떤 3상 동기 발전기가 역률 90[%]에서 정격 전류가 50[A], 정격 전압이 1000[V]라 한다. 이 발전기의 정격 출력을 구하면 다음 어느 것인가?

① 75.6[kW] ② 77.9[kW]
③ 85.7[kW] ④ 93.8[kW]

$P = \sqrt{3}\,VI\cos\theta = \sqrt{3} \times 1000 \times 50 \times 0.9 = 77942.3 = 77.9[kW]$

048

3300/220[V], 5[kVA] 단상 변압기의 1차 및 2차 저항이 25[Ω]과 0.12[Ω], 리액턴스가 50[Ω]과 0.24[Ω]일 때 1차로 환산한 모든 임피던스는?

① 116.3 ② 121.4
③ 129   ④ 132.6

권수비
$a = \dfrac{3300}{220} = 15$
$r' = r_1 + r_2' = r_1 + a^2 r_2 = 25 + 0.12 \times 15^2 = 52[\Omega]$
$x' = x_1 + x_2' = x_1 + a^2 x_2 = 50 + 0.24 \times 15^2 = 104[\Omega]$
$\therefore Z' = r' + x' = 52 + j104 = \sqrt{(52)^2 + (104)^2} = 116.27[\Omega]$

049

단상변압기가 있다. 전 부하에서 2차 전압은 115[V]이고 전압변동률은 2[%]이다. 1차 단자전압은?(단, 1차, 2차 권선비는 20:1 이다)

① 2346[V] ② 2326[V]
③ 2356[V] ④ 2336[V]

전압변동률 $\epsilon = \dfrac{V_{20} - V_2}{V_2} \times 100[\%]$, $V_{20} = (1+\epsilon)V_2$
$V_{20} = (1+\epsilon)V_2 = (1+0.02) \times 115 = 117.3[V]$
$\therefore V_1 = aV_2 = 20 \times 117.3 = 2346[V]$

전부하시 부하전류에 의한 내부 전압강하가 발생하므로 부하전류에 비례하여 단자전압이 감소됨

050

변압기의 손실비와 최대효율을 나타내는 부하전류와 관계는?

① 손실비가 커지면 부하전류가 적어진다.
② 손실비가 커지면 부하전류가 많아진다.
③ 손실비가 커지면 그 제곱에 비례하여 부하전류가 커진다.
④ 부하전류를 손실비에 관계없다.

손실비($\dfrac{동손}{철손}$), 효율최대시 부하율 = $\sqrt{(철손/동손)}$

손실비가 크면 동손(P_c)이 상대적으로 크다는 것을 의미하므로 부하율(≒부하전류)이 적을수록 최대효율에 가까워진다.

051

2대의 정격이 같은 1000[kVA]의 단상변압기의 임피던스 전압이 8[%]와 7[%]이다. 이것을 병렬로 하면 몇 [kVA]의 부하를 걸 수가 있겠는가?

① 2000 ② 1875
③ 1850 ④ 1825

부하분담 용량 ← 변압기 용량

$\begin{pmatrix} P_A \\ P_B \end{pmatrix} = \begin{matrix} \%Z_B \cdot \\ \%Z_A \cdot \end{matrix} \begin{pmatrix} P_A' \\ P_B' \end{pmatrix}$

⇨ 부하분담 용량은 변압기 용량에 비례하고 %임피던스 강하에 반비례에서 %Z가 작은쪽을 공식에 대입할 것

$P_b = \dfrac{\%Z_a}{\%Z_a + m\%Z_b} \times P$ 에서
$P = \dfrac{\%Z_a + m\%Z_b}{\%Z_a} P_b = \dfrac{8+7}{8} \cdot 1000 = 1875$

052

단상 100[kVA] 13200/200[V]변압기의 저압 측 선전류의 유효분[A]는?(단, 역률 0.8 지상이다.)

① 300 ② 400
③ 500 ④ 700

단상변압기의 저압측 선전류 $I_2=\dfrac{P}{V_2}=\dfrac{100000}{200}=500[A]$

∴ 유효분 $I_2\cos\theta=500\times 0.8=400[A]$

53

10극, 3상 유도전동기가 있다 회전자도 3상이고, 정지 시의 2차 1상의 전압이 150[V]이다 이 회전자를 회전 자계와 반대 방향으로 400[rpm] 회전시키면 2차 전압 [V]은 약 얼마인가?(단, 1차 전원 주파수는 50[Hz] 이다.)

① 150
② 200
③ 250
④ 300

동기속도 $N_s=\dfrac{120f}{P}=\dfrac{120\times 50}{10}=600[rpm]$

$s=\dfrac{N_s-N}{N_s}=\dfrac{600-(-400)}{600}=1.667$

$E_2'=sE_2=1.667\times 150=250[V]$

54

정격 출력이 7.5[kW]의 3상 유도전동기가 전 부하 운전에서 2차 저항손이 300[W]이다. 슬립은 약 몇 [%] 인가?

① 9.42
② 7.51
③ 4.61
④ 3.85

2차입력(P_2) = 2차출력(P_0) + 2차동손(P_c)

2차입력	2차출력	2차동손
P_2	P_0	P_C
1	$1-s$	s

$P_2=P+P_{c2}=7.5+0.3=7.8$

$s=\dfrac{P_{c2}}{P_2}\times 100=\dfrac{0.3}{7.8}\times 100=3.85[\%]$

55

8극 50[Hz]의 3상 유도전동기가 있다. 매분 600회전으로 최대 토크를 발생한다고 한다. 최대 토크로 기동시키기 위해서는 회전자 각상 저항의 몇 배의 저항을 삽입하면 좋은가?(단, 여기서 회전자는 Y결선이다)

① 2
② 3
③ 4
④ 5

$N_s=\dfrac{120\times 50}{8}=750$, 슬립 $s=\dfrac{750-600}{750}=0.2$

∴ $R=\dfrac{1-s}{s}r_2=\dfrac{1-0.2}{0.2}r_2=4r_2$, 즉 4배

56

3상 유도전동기가 경 부하로 운전 중 1선의 퓨즈가 끊어지면 어떻게 되는가?

① 전류가 증가하고 회전은 계속한다.
② 슬립은 감소하고 회전수는 증가한다.
③ 슬립은 증가하고 회전수는 증가한다.
④ 계속 운전하여도 열손실이 발생하지 않는다.

3상 유도전동기의 경우 1선이 단선되어 단상이 되면 전류가 증가하면서 회전은 계속하지만 슬립이 증가하여 회전수가 감소하고 소음과 함께 열손실이 발생한다.

57

선로용량 6600[kVA]의 회로에 사용하는 6600±660[V]의 3상 유도전압 조정기의 정격용량[kVA]는 얼마인가?

① 300
② 600
③ 900
④ 1200

3상유도전압조정기의 정격용량 $P=\sqrt{3}E_2I_2$ 에서

$I_2=\dfrac{P}{\sqrt{3}V_2}=\dfrac{6600000}{\sqrt{3}\times(6600+660)}=525[A]$

$P=\sqrt{3}E_2I_2=\sqrt{3}\times 660\times 525=600138[VA]=600[kVA]$

058

일반적으로 반파정류일 경우 정류 변압기 2차 전압의 실효값을 $E[V]$라 할 때 직류 전류 평균값은?(단, 정류기의 전압강하는 무시한다.)

① $\dfrac{\sqrt{2}E}{\pi R}$ ② $\dfrac{2\sqrt{2}E}{\pi R}$

③ $\dfrac{1}{2}\dfrac{E}{R}$ ④ $\dfrac{E}{R}$

단상 반파 정류시 직류 전압 $E_d = \dfrac{\sqrt{2}}{\pi}E = 0.45E$

직류 전류 $I_d = \dfrac{E_d}{R} = \dfrac{\sqrt{2}E}{\pi R}$

이해 단상 전파 정류시 직류 전압 $E_d = \dfrac{2\sqrt{2}}{\pi}E = 0.9E$

059

그림과 같은 단상 전파 제어 회로의 전원 전압의 최대값이 2300[V]이다. 저항 2.3[Ω], 유도 리액턴스가 2.3[Ω]인 부하에 전력을 공급하고자 한다. 제어 범위는?

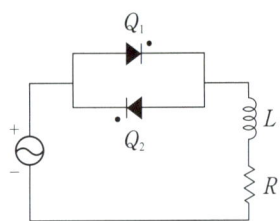

① $0 \le a \le \dfrac{\pi}{2}$ ② $\dfrac{\pi}{2} \le a \le \pi$

③ $0 \le a \le \pi$ ④ $\dfrac{\pi}{4} \le a \le \pi$

부하각 $\phi \le$ 제어범위각 $\le \pi$

$\phi = \tan^{-1}\dfrac{\omega L}{R} = \tan^{-1}\dfrac{2.3}{2.3} = 45°$ ∴ $\dfrac{\pi}{4} \le a \le \pi$

060

교류 직류 양용 전동기(Universal motor) 또는 만능 전동기라고 하는 전동기는?

① 단상 반발 전동기
② 3상 직권 전동기
③ 단상 직권 정류자 전동기
④ 3상 분리 정류자 전동기

단상 직권 정류자 전동기를 직교양용전동기(만능전동기)라하며, 소형공구, 믹스기, 치과 의료용 등에 사용한다.

제 04 과목 회로이론

061

저항 R인 검류계 G에 그림과 같이 r_1인 저항을 병렬로, r_2인 저항을 직렬로 접속하고, a, b 단자 사이의 저항을 R과 같게 하고, 또한 G에 흐르는 전류를 전 전류의 $\dfrac{1}{n}$로 하기 위한 r_1의 값은?

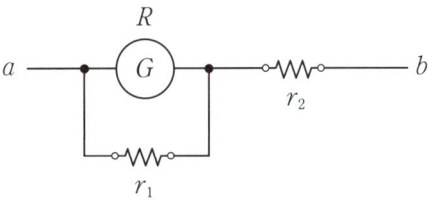

① $R\left(1 - \dfrac{1}{n}\right)$ ② $\dfrac{n-1}{R}$

③ $\dfrac{R}{n-1}$ ④ $R\left(1 + \dfrac{1}{n}\right)$

전류 분배법칙 적용 $I_G\left(=\dfrac{1}{n}I\right) = I \times \dfrac{r_1}{R+r_1}$ (남의것)에서

$\dfrac{1}{n}I = I \times \dfrac{r_1}{R+r_1}$ → $\dfrac{1}{n} = \dfrac{r_1}{R+r_1}$ → $R+r_1 = nr_1$

→ $R = (n-1)r_1$ ∴ $r_1 = \dfrac{R}{n-1}$

062

저항 8[Ω]과 용량리액턴스 6[Ω]이 직렬로 접속된 회로에 $E = 28 - j4$[V]인 전압을 가했을 때 흐르는 전류는 몇 [A]인가?

① $3.5 - j0.5$ ② $2.48 + j1.36$
③ $2.8 - j0.4$ ④ $5.3 - j2.21$

임피던스 $I = \dfrac{E}{Z} = \dfrac{28-j4}{8-j6} = 2.48 + j1.36$: 계산기로 계산

063

314[mH]의 자기 인덕턴스에 120[V], 60[Hz]의 교류 전압을 가하였을 때 흐르는 전류[A]는?

① 10
② 8
③ 1
④ 0.5

전류 $I = \dfrac{V}{X_L} = \dfrac{120[V]}{118[\Omega]} ≒ 1$

부하의 저항은 R(순저항), $j\omega L$(유도리액턴스) $\dfrac{1}{j\omega C}$ (용량리액턴스)

에서 $X_L = \omega L = (2\pi f)L = (2 \times 3.14 \times 60) \times (314 \times 10^{-3}) = 118[\Omega]$

064

피상전력이 20[kVA], 유효전력이 8.08[kW]이면 역률은?

① 1.414
② 1
③ 0.707
④ 0.404

역률 $\cos\theta = \dfrac{\text{유효전력}}{\text{피상전력}} = \dfrac{\text{유효전력}}{\sqrt{\text{유효전력}^2 + \text{무효전력}^2}}$

∴ 역률 $= \dfrac{8.08[kW]}{20[kVA]} = 0.404$

065

어느 회로의 전압과 전류가 각각 $e = 50\sin(\omega t + \theta)[V]$, $i = 4\sin(\omega t + \theta - 30°)[A]$일 때 무효전력[Var]은?

① 100
② 86.6
③ 70.7
④ 50

무효전력 $P_r = VI\sin\theta = \dfrac{1}{2}V_m I_m \sin\theta$

∴ $P_r = \dfrac{1}{2} \times 50 \times 4 \times \sin 30 = 50$

066

그림과 같은 회로의 단자 a, b에서 본 합성 임피던스는 얼마인가?

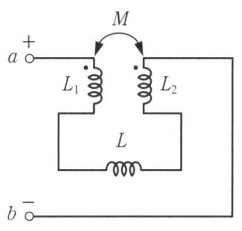

① $L_0 = L_1 + L_2 + 2M$ [H]
② $L_0 = L_1 + L_2 - 2M$ [H]
③ $L_0 = L + L_1 + L_2 + 2M$ [H]
④ $L_0 = L + L_1 + L_2 - 2M$ [H]

직렬접속 ㉮ 가동결합(가극성) $L_0 = L_1 + L_2 + 2M$ [H]
　　　　　㉯ 차동결합(감극성) $L_0 = L_1 + L_2 - 2M$ [H]
에서 차동결합이므로 $L_0 = L_1 + L_2 - 2M$

이해 가극성·감극성은 건전지 연결(점이 +극)으로 생각하자.

067

두 대의 전력계를 사용하여 3상 평형 부하의 역률을 측정하려고 한다. 전력계의 지시가 각각 $P_1[W]$, $P_2[W]$라 할 때 이 회로의 역률은?

① $\dfrac{\sqrt{P_1 + P_2}}{P_1 + P_2}$
② $\dfrac{P_1 + P_2}{P_1^2 + P_2^2 - P_1 P_2}$
③ $\dfrac{3(P_1 + P_2)}{\sqrt{P_1^2 + P_2^2 - P_1 P_2}}$
④ $\dfrac{P_1 + P_2}{2\sqrt{P_1^2 + P_2^2 - P_1 P_2}}$

$\cos\theta = \dfrac{\text{유효전력}}{\text{피상전력}} = \dfrac{P_1 + P_2}{2\sqrt{P_1^2 + P_2^2 - P_1 P_2}}$

068

선간전압이 200[V]인 10[kW]의 3상 대칭부하에 3상 전력을 공급하는 선로 임피던스가 $4 + j3[\Omega]$일때 부하가 뒤 진역률 80[%]이면 선전류는 몇 [A]인가?

① $18.8 - j21.5$
② $28.8 - j21.6$
③ $35.7 - j4.3$
④ $14.1 - j33.1$

$I_l = \dfrac{(10 \times 1000)[W]}{\sqrt{3} \times 200 \times 0.8} = 36[A]$ 에서 유효분, 무효분으로 구분하면

$I_l = I_l \cos\theta - jI_l \sin\theta = 36 \times 0.8 - j36 \times 0.6 = 28.8 - j21.6$

이해 역률 80[%] → 유효분 80[%], 무효분 60[%] ∴ ②번이 답

069

불평형 회로에서 영상분이 존재하는 3상 회로 구성은?

① △-△결선의 3상 3선식
② △-Y결선의 3상 3선식
③ Y-Y결선의 3상 3선식
④ Y-Y결선의 3상 4선식

영상분의 발생조건은 (불평형 AND 접지식(3상4선식))을 만족해야 하므로
∴ 3상4선식 Y-Y결선회로에 불평형 발생시 영상분이 존재한다.

070

어느 3상 회로의 선간전압을 측정하니, $V_a=120[V]$, $V_b=-60-j80[V]$, $V_c=-60+j80[V]$이었다. 불평형률[%]은?

① 13
② 27
③ 34
④ 41

불평형율 = $\dfrac{\text{역상분}(V_2)}{\text{정상분}(V_1)}$ 에서

$a=-\dfrac{1}{2}+j\dfrac{\sqrt{3}}{2}$, $a^2=-\dfrac{1}{2}-j\dfrac{\sqrt{3}}{2}$ 이용

정상분 $V_1=\dfrac{1}{3}(V_a+aV_b+a^2V_c)$ 에서

$=\dfrac{1}{3}\Big((120)+\Big(-\dfrac{1}{2}+j\dfrac{\sqrt{3}}{2}\Big)(-60-j80)$
$\quad+\Big(-\dfrac{1}{2}-j\dfrac{\sqrt{3}}{2}\Big)(-60+j80)\Big)$
$=\dfrac{1}{3}(318+j0)=106[V]$

역상분 $V_2=\dfrac{1}{3}(V_a+a^2V_b+aV_c)$ 에서

$=\dfrac{1}{3}\Big((120)+\Big(-\dfrac{1}{2}-j\dfrac{\sqrt{3}}{2}\Big)(-60-j80)$
$\quad+\Big(-\dfrac{1}{2}+j\dfrac{\sqrt{3}}{2}\Big)(-60+j80)\Big)$
$=\dfrac{1}{3}(41.43+j0)=13.8[V]$

∴ 불평형율 = $\dfrac{\text{역상분}(V_2)}{\text{정상분}(V_1)}\times 100=\dfrac{13.8}{106}\times 100 = 13[\%]$

이해 불평형율 이란 정상분에 대한 역상분의 크기로써 정상분, 역상분을 구하기 까다로울 때는 1,3,6,9 의 조합으로 암기

071

어느 저항에 $v_1=220\sqrt{2}\sin(2\pi\cdot 60t-30°)[V]$와 $v_2=100\sqrt{2}\sin(3\cdot 2\pi\cdot 60t-30°)[V]$의 전압이 각각 걸릴때의 설명으로 옳은 것은?

① v_1이 v_2보다 위상이 15°앞선다.
② v_1이 v_2보다 위상이 15°뒤진다.
③ v_1이 v_2보다 위상이 75°앞선다.
④ v_1과 v_2의 위상관계는 의미가 없다.

다른 주파수 사이의 전압, 전류는 유효, 무효전력을 발생하지 않는다.
∴ 다른 주파수 사이에는 위상관계를 논할 수 없다.

072

선형회로에 가장 관계가 있는 것은?

① 키르히호프의 법칙
② 중첩의 원리
③ $V=RI$
④ 패러데이의 전자유도 법칙

중첩의 원리는 선형회로에서만 성립한다.

073

그림의 회로에서 I_1과 I_2는 몇 [A]인가?

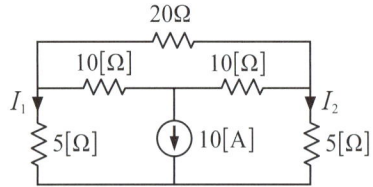

① $I_1=5[A]$ $\quad I_2=5[A]$
② $I_1=10[A]$ $\quad I_2=10[A]$
③ $I_1=5[A]$ $\quad I_2=10[A]$
④ $I_1=10[A]$ $\quad I_2=5[A]$

△결선을 Y결선으로 변형하여 전류 분배 법칙으로 풀어야 되나 좌, 우 대칭이므로 절반씩 흐르게 된다.

074

리액턴스 함수가 $Z(\lambda)=\dfrac{3\lambda}{\lambda^2+15}$ 표시되는 리액턴스 2단자망은 어느 것인가?

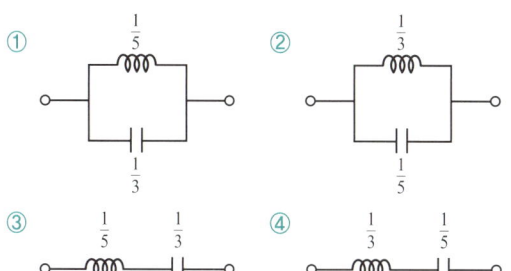

🔋 회로구성 : 직렬의 합성 $Z=Z_1+Z_2$ 병렬의 합성 $Z=\dfrac{1}{\dfrac{1}{Z_1}+\dfrac{1}{Z_2}}$

에서 $Z(S)=\dfrac{3S}{S^2+15}=\dfrac{1}{\dfrac{S}{3}+\dfrac{5}{S}}=\dfrac{1}{\dfrac{1}{3\times\dfrac{1}{S}}+\dfrac{1}{S\times\dfrac{1}{5}}}$

$Z_1=\dfrac{3}{S}$, $Z_2=S\times\dfrac{1}{5}$ 에서 $(R, LS, \dfrac{1}{CS})$ 과 값을 비교

$Z_1=\dfrac{1}{SC}=\dfrac{3}{S}$ → $C=\dfrac{1}{3}$, $Z_2=S\times\dfrac{1}{5}=LS$ → $L=\dfrac{1}{5}$

075

그림과 같이 π형 회로에서 Z_3를 4단자 정수로 표시한 것은?

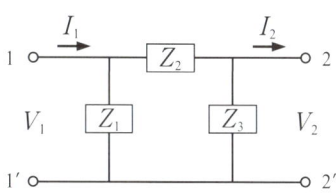

① $\dfrac{A}{1-B}$ ② $\dfrac{B}{1-A}$

③ $\dfrac{A}{B-1}$ ④ $\dfrac{B}{A-1}$

🔋 회로의 4단자 정수 $A=1+\dfrac{Z_2}{Z_3}$, $B=Z_2$, 에서 A식에 $B=Z_2$ 대입

$A=1+\dfrac{B}{Z_3}$ 에서 $Z_3=\dfrac{B}{A-1}$

076

어드미턴스 $Y[\mho]$로 표현된 4단자 회로망에서 4단자 정수 행렬 T는?(단, $\begin{bmatrix}V_1\\I_1\end{bmatrix}=T\begin{bmatrix}V_2\\I_2\end{bmatrix}$, $T=\begin{vmatrix}A&B\\C&D\end{vmatrix}$)

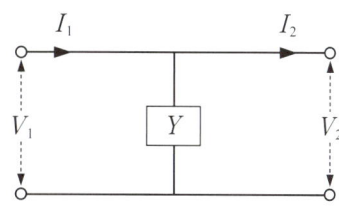

① $\begin{vmatrix}1&0\\Y&1\end{vmatrix}$ ② $\begin{vmatrix}1&Y\\0&1\end{vmatrix}$

③ $\begin{vmatrix}1&0\\1/Y&1\end{vmatrix}$ ④ $\begin{vmatrix}Y&1\\1&0\end{vmatrix}$

🔋 $A=\dfrac{V_1}{V_2}|_{I_2=0}$, $B=\dfrac{V_1}{I_2}|_{V_2=0}$, $C=\dfrac{I_1}{V_2}|_{I_2=0}$, $D=\dfrac{I_1}{I_2}|_{V_2=0}$ 에서

그림(1)에서 $A=\dfrac{V_1}{V_2}=\dfrac{V_1}{V_1}=1$, 그림(2)에서 $B=\dfrac{V_1}{I_2}=\dfrac{V}{I}=0$

그림(1)에서 $C=\dfrac{I_1}{V_2}=\dfrac{I}{V}=Y$, 그림(2)에서 $D=\dfrac{I_1}{I_2}=\dfrac{I}{I}=1$

별해 A : 전압비, B : 임피던스(직렬), C : 어드미턴스(병렬), D : 전류비 중에서 기본회로는 A, D 모두 "1"이다. B(직렬), C(병렬)만 생각하자.

077

그림의 회로에서 스위치 S를 닫을 때의 전류 $i(t)[A]$는?

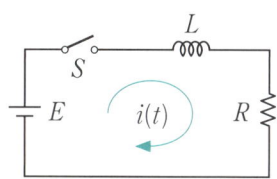

① $\dfrac{E}{R}e^{-\frac{R}{L}t}$ ② $\dfrac{E}{R}(1-e^{-\frac{R}{L}t})$

③ $\dfrac{E}{R}e^{-\frac{L}{R}t}$ ④ $\dfrac{E}{R}(1-e^{-\frac{L}{R}t})$

$i(t)=i(\infty)+[i(0)-i(\infty)]e^{-\frac{1}{\tau}t}$

초기상태($t=0$, AC인가, L은 개방상태) $i(t=0)=0$

정상상태($t=\infty$, DC인가, L은 단락상태) $i(t=\infty)=\dfrac{E}{R}$

시정수 : $R-C$ 직렬회로 $\tau=\dfrac{L}{R}$ 대입

$i(t)=\dfrac{E}{R}+[0-\dfrac{E}{R}]e^{-\frac{R}{L}t}=\dfrac{E}{R}(1-e^{-\frac{R}{L}t})$

별해 과도현상에서 완전응답은 2가지만 체크하자.

① 지수의 표현 $e^{-\frac{1}{\tau}t}$ 에서 $e^{-\frac{R}{L}t}$, $e^{-\frac{1}{RC}t}$, $e^{-\frac{1}{\sqrt{LC}}t}$ 모두 음수

  시정수 (τ) : $R-L$직렬회로($\dfrac{L}{R}$), $R-C$ 직렬회로(RC),

  $L-C$직렬회로($\sqrt{LC}$)

② 최종값이 존재하는지

  최종값=0 인 회로 ➡ 초기값 $e^{-\frac{1}{\tau}t}$

  최종값=有 인 회로 ➡ 최종값($1-e^{-\frac{1}{\tau}t}$)

078

$F(s)=\dfrac{s}{(s+1)(s+2)}$ 일때 $f(t)$를 구하라?

① $1-2e^{-2t}+e^{-t}$ ② $e^{-2t}-2e^{-t}$
③ $2e^{-2t}+e^{-t}$ ④ $2e^{-2t}-e^{-t}$

역 라플라스 변환 1)(분모가)인수분해 되는 경우 ➡ 부분 분수로 전개

$\dfrac{s}{(s+1)(s+2)}=\dfrac{-1}{(s+1)}+\dfrac{2}{(s+2)}$

$\therefore \dfrac{-1}{(s+1)}+\dfrac{2}{(s+2)} \rightarrow -e^{-t}+2e^{-2t}$

이해 부분분수로 전개 : $\dfrac{s}{(s+1)(s+2)}=\dfrac{k_1}{s+1}+\dfrac{k_2}{s+2}$ 에서

$k_1=(s+1)F(s)|_{s=-1}=\dfrac{s}{s+2}|_{s=-1}=-1$

$k_2=(s+2)F(s)|_{s=-2}=\dfrac{s}{s+1}|_{s=-2}=+2$

079

그림과 같은 파의 Laplace 변환식은 어느것인가?

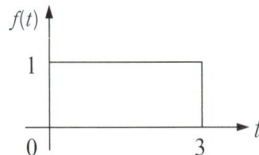

① $\dfrac{1}{s}(1+e^{-3s})$ ② $\dfrac{1}{s}(1-e^{-3s})$
③ $\dfrac{3}{s}(1+e^{-3s})$ ④ $\dfrac{3}{s}(1-e^{-3s})$

계단함수로서 시간함수 표현법은 $f(t)$=높이$u(t-$지연시간$)$
$f(t)=+1u(t-0)-1u(t-3)=u(t)-u(t-3)$ 에서
$F(s)=\dfrac{1}{s}-\dfrac{1}{s}e^{-3s}=\dfrac{1}{s}(1-e^{-3s})$

080

전달함수 $G(s)=\dfrac{20}{3+2s}$을 갖는 요소가 있다.

이 요소에 $\omega=2[\mathrm{rad/sec}]$인 정현파를 주었을 때 $|G(j\omega)|$를 구하면?

① 8 ② 6
③ 4 ④ 2

$S=j\omega=j2$ 대입 $G=\dfrac{20}{3+2s}=\dfrac{20}{3+j4}=\dfrac{20}{\sqrt{3^2+4^2}}=\dfrac{20}{5}=4$

제 05 과목 전기설비기술기준

081

한국전기설비규정에 따른 상별 전선의 색상으로 맞는 것은?

① L1 : 백색 ② L2 : 파란색
③ L3 : 회색 ④ N : 녹색

전선의 식별(K 121.2)
$L1, L2, L3, N$상은 각각 갈, 치(흑), 회, 푸르다(청)

082

22.9[kV-Y] 특별고압전선로와 저압전선로를 결합한 주상 변압기의 2차 측 접지도체의 최소 굵기의 한도는 다음의 어느 것으로 규정하고 있는가?(단, 특고압 가공 전선로는 중성선 다중접지식의 것은 제외한다.)

① 4[mm^2] ② 6[mm^2]
③ 10[mm^2] ④ 16[mm^2]

중성점 접지용 접지도체 : 공칭단면적 16 [mm^2] 이상의 연동선
다만, 7[kV] 이하, 다중접지(25[kV] 이하)로 2초 이내에 차단시 6[mm^2] 이상

083

최대 사용전압 220[V]인 전동기의 절연내력시험 전압은?

① 300[V]
② 330[V]
③ 450[V]
④ 500[V]

회전기의 절연내력시험(발전기·전동기·무효 전력 보상 장치·기타회전기)
시험전압은 7[kV]이하(1.5배 최소 500[V])
　　　　　　초과(1.25배, 최소 10,500[V])
∴ 절연내력시험전압 = 220×1.5 = 330[V] (최소 500[V])

084

접지도체의 선정 시에 큰 고장전류가 접지도체를 통하여 흐르지 않는 경우 접지도체는 구리(동)도체의 경우 최소 단면적은 얼마인가?

① 2.5[mm^2]
② 6[mm^2]
③ 10[mm^2]
④ 16[mm^2]

접지도체의 단면적[mm^2](K 142.3.1)

접지도체의 종류	접지도체에 큰 고장전류가 흐르지 않는 경우	접지도체에 피뢰시스템이 접속된 경우
구리(동)	6	16
철제	50	50

085

고압 보안 공사 시 목주의 풍압하중에 대한 안전율은 얼마인가?

① 1.2
② 1.3
③ 1.5
④ 2.0

안전율 적용
• 지지물 : 2 (기본) 철탑 : 1.33
• 목주(가공전선로의 지지물) : 저압 1.2, 고압 1.3, 특고압 1.5
• 목주(보안공사) : 저·고압 1.5, 특고압 2

086

$ACSR$전선을 사용전압 직류 1500[V]의 가공급전선으로 사용할 경우 안전율은 얼마 이상이 되는 처짐정도(이도)로 시설하여야 하는가?

① 2.0
② 2.1
③ 2.2
④ 2.5

안전율 적용
• 지지물 : 기본(2) 철탑(1.33) 목주(저 : 1.2, 고압1.3, 특고 : 1.5)
• 전선 : 경동선(2.2), $ACSR$(2.5)
• 지선 : 2.5

087

누전 차단기를 시설하지 않아도 되는 경우가 아닌 것은?

① 기계기구를 건조한 장소에 시설하는 경우
② 기계기구를 발전소, 변전소 또는 개폐소나 이에 준 하는 곳에 시설하는 경우
③ 기계기구가 유도전동기의 2차 측 전로에 접속되는 경우
④ 금속제 외함으로 50[V]를 넘는 저압의 기계기구에 사람의 접촉 우려가 있는 경우

누전차단기 시설 생략
• 기계기구를 발·변전소, 개폐소에 시설하는 경우
• 기계기구를 건조한 곳에 시설하는 경우
• 대지전압이 150[V]이하인 기계기구를 물기가 있는 곳 이외 장소
• 전로의 전원 측에 절연변압기(2차 전압이 300[V]이하인 경우)를 시설하고 또한 그 절연변압기의 부하측의 전로에 접지하지 아니하는 경우

088

고압전로 또는 특고압전로와 저압전로를 결합하는 변압기의 저압측의 중성점에 접지를 한 경우, 가공 공동 지선과 대지 간의 합성 전기저항 값은 몇 [m]를 지름으로 하는 지역마다 규정하는 접지저항 값을 가지는 것으로 하여야 하는가?

① 400
② 600
③ 800
④ 1,000

변압기의 저압측의 중성점 접지공사에 가공공동지선을 설치 접지공사시 대지 사이의 합성 전기저항 값은 1[km]를 지름으로 하는 지역 안마다 규정된 접지저항값 이하.

089

특고압 가공전선이 삭도와 제2차 접근상태로 시설할 경우에 특고압 가공전선로의 보안공사는?

① 고압보안공사
② 제1종 특고압 보안공사
③ 제2종 특고압 보안공사
④ 제3종 특고압 보안공사

특고압 가공전선과 삭도(케이블카, 리프트)의 접근 또는 교차(K 333.25)
60[kV]이하 가공전선 → 2[m] 이상
60[kV]초과 가공전선 → 2[m] + 0.12 N
• 특고압 가공전선과 삭도가 제1차 접근상태 : 제3종 특고압 보안공사,
• 특고압 가공전선과 삭도가 제2차 접근상태 : 제2종 특고압 보안공사,

090

제1종 특고압 보안공사에 의해서 시설하는 전선로의 지지물로 사용할 수 없는 것은?

① 철탑
② B종 철주
③ B종 철근 콘크리트주
④ A종 철근 콘크리트주

KEC 333.22 특고압 보안공사
제1종 특고압 보안공사시 전선로의 지지물은 B종 철주, B종 철근콘크리트주 또는 철탑을 사용할 것

091

154[kV] 가공 전선로를 1종 특고압 보안공사에 의하여 시설하는 경우 사용 전선은 단면적 몇 [mm²] 이상의 경동선이어야 하는가?

① 55
② 150
③ 38
④ 200

특별 고압 보안공사(K 333.22)
제1종 특고압 보안공사
• 100[kV] 미만 : 55[mm²] 이상
• 300[kV] 미만 : 150[mm²] 이상
• 300[kV] 이상 : 300[mm²] 이상

092

방직공장의 구내 도로에 220[V] 조명등용 가공전선로를 시설하고자 한다. 전선로의 지지물 간 거리는 몇 [m] 이하이어야 하는가?

① 20
② 30
③ 40
④ 50

농사용. 구내용 : • 전선 ⇒ 지름 2.0[mm] 이상
• 지지물 간 거리 ⇒ 30[m] 이하

093

345,000[V]의 송전선을 사람이 쉽게 들어갈 수 없는 산지에 시설하는 경우 전선의 지표상 높이는 최소 몇 [m] 이상이어야 하는가?

① 7.28
② 7.85
③ 8.28
④ 8.85

가공전선의 높이(K 333.7)
• 산지 등에서 사람이 쉽게 들어갈 수 없는 장소 5m 이상
160[kV] 초과시 5 + 0.12 N

$(N = (전압[kV] - 35[kV])/10[kV]$: 절상)
$(N = (345[kV] - 160[kV])/10[kV] = 18.5 = 19$: 절상)
∴ $5 + 0.12 \times 19 = 7.28$

094

발전소·변전소 또는 이에 준하는 곳의 특고압 전로에는 그의 보기 쉬운 곳에 어떤 표시를 반드시 하여야 하는가?

① 모선표시
② 상별표시
③ 차단위험표시
④ 수전위험표시

특고압 전로의 상 및 접속 상태의 표시(K 351.2)
발·변전소 또는 이에 준하는 곳의 특고압 전로(7000[V] 초과)에 접속상태를 모의모선의 사용 기타 방법에 의하여 표시하여야 함
단, 회선수가 2이하이고, 특고압의 모선이 단일모선인 경우 제외

095

무효 전력 보상 장치(조상기)의 보호장치에서 용량이 몇 [kVA] 이상의 무효 전력 보상 장치(조상기)에는 그 내부에 고장이 생긴 경우에 자동적으로 이를 전로로부터 차단하는 장치를 하여야 하는가?

① 1,000
② 1,500
③ 10,000
④ 15,000

조상 설비 보호(K 351.5) ➡ 차단 장치
15,000[kVA] 이상 무효 전력 보상 장치(조상기)의 내부고장시 차단 장치를 할 것

096

전력보안 통신설비인 무선통신용 안테나를 지지하는 목주의 풍압하중에 대한 안전율은 얼마 이상으로 해야 하는가?

① 0.5
② 0.9
③ 1.2
④ 1.5

무선용 안테나등를 지지하는 철탑등의 시설(K 364.1)
무선용 안테나 등을 지지하는 목주(풍압하중). 철주. 철근콘크리트주. 철탑의 기초 안전율 1.5 이상

097

옥내 고압용 이동전선의 시설기준에 적합하지 않은 것은?

① 전선은 고압용의 캡타이어 케이블을 사용하였다.
② 전로에 지락이 생겼을 때에 자동적으로 전로를 차단하는 장치를 시설하였다.
③ 이동전선과 전기사용기계기구와는 볼트 조임 기타의 방법에 의하여 견고하게 접속하였다.
④ 이동전선에 전기를 공급하는 전로의 중성극에 전용 개폐기 및 과전류 차단기를 시설하였다.

옥내 고압용 이동전선의 시설(K 342.2)
• 전선은 고압용의 캡타이어 케이블일 것
• 이동전선과 전기사용기계기구와는 볼트 조임 기타의 방법에 의하여 견고하게 접속할 것
• 이동전선에 전기를 공급하는 전로(유도 전동기의 2차측 전로를 제외한다.)에는 전용 개폐기 및 과전류 차단기를 각극(과전류 차단기는 다선식 전로의 중성극을 제외한다.)에 시설하고, 또한 전로에 지락이 생겼을 때에 자동적으로 전로를 차단하는 장치를 시설할 것

098

폭연성 분진이 많은 장소의 저압 옥내배선에 적합한 배선공사 방법은?

① 금속관 공사
② 애자사용공사
③ 합성수지관공사
④ 가요전선관공사

폭연성 먼지 위험장소(K 242.2.1)
금속관공사 또는 케이블공사(캡타이어케이블을 사용하는 것을 제외한다.)

099

사람이 상시 통행하는 터널 안의 배선을 애자사용 배선에 의하여 시설하는 경우 설치 높이는 노면상 몇 [m] 이상이어야 하는가?

① 1.5
② 2.0
③ 2.5
④ 3.0

터널, 갱도 기타 이와 유사한 장소(K 242.7)
사람이 상시 통행하는 터널 안의 배선의 시설(K 242.7.1)
- 전선 : 2.5[mm²]이상 연동선(옥외용 비닐절연전선 제외)
- 설치높이 : 2.5[m]이상
- 애자공사에 의해 시설할 것
- 터널 입구 가까운 곳에 전용 개폐기 시설

100

계통 연계용 보호장치의 시설에 대한 내용이다. 다음 ( )에 들어갈 내용으로 옳은 것은?

[신·재생에너지를 이용하여 동일 전기사용장소에서 전기를 생산하는 합계 용량이 ( ) [kW] 이하의 소규모 분산형전원(단, 해당 구내계통 내의 전기사용 부하의 수전계약전력이 분산형 전원 용량을 초과하는 경우에 한한다. 으로서 단독운전 방지기능을 가진 것을 단순 병렬로 연계하는 경우에는 역전력계전기 설치를 생략할 수 있다.]

① 30
② 50
③ 100
④ 200

계통 연계용 보호장치의 시설(K 503.2.4)
단순 병렬운전 분산형전원설비의 경우에는 역전력 계전기를 설치한다. 단, 신·재생에너지를 이용하여 동일 전기사용장소에서 전기를 생산하는 합계 용량이 50[kW] 이하의 소규모 분산형전원으로서 단독운전 방지기능을 가진 것을 단순 병렬로 연계하는 경우에는 역전력계전기 설치를 생략할 수 있다.

정답 06회 CBT 복원문제

01 ③	02 ②	03 ②	04 ③	05 ②
06 ①	07 ②	08 ②	09 ②	10 ④
11 ②	12 ①	13 ②	14 ④	15 ③
16 ①	17 ①	18 ②	19 ④	20 ④
21 ④	22 ④	23 ②	24 ③	25 ④
26 ②	27 ③	28 ④	29 ②	30 ③
31 ②	32 ①	33 ①	34 ③	35 ④
36 ③	37 ②	38 ①	39 ②	40 ③
41 ④	42 ②	43 ②	44 ④	45 ①
46 ②	47 ②	48 ①	49 ①	50 ①
51 ②	52 ②	53 ②	54 ④	55 ③
56 ①	57 ②	58 ①	59 ④	60 ③
61 ③	62 ②	63 ②	64 ④	65 ③
66 ④	67 ④	68 ②	69 ④	70 ①
71 ④	72 ②	73 ①	74 ①	75 ④
76 ①	77 ②	78 ④	79 ②	80 ③
81 ③	82 ④	83 ④	84 ②	85 ③
86 ④	87 ④	88 ④	89 ③	90 ④
91 ②	92 ②	93 ②	94 ②	95 ④
96 ④	97 ④	98 ①	99 ③	100 ②

07 CBT 복원문제

QUESTIONS FROM PREVIOUS TESTS

제 01 과목 전기자기학

001

비유전율이 9인 유전체 중에 1[cm]의 거리를 두고 1[μC]과 2[μC]의 두 점전하가 있을 때 서로 작용하는 힘은 몇 [N]인가?

① 18
② 20
③ 180
④ 200

평판콘덴서 $C = \dfrac{\epsilon S}{d}$ 에서 $d' = 2d$ 대입

$F_0[\text{N}] = 9 \times 10^9 \dfrac{Q_1 Q_2}{r^2}$, $F = \dfrac{F_0}{\epsilon_s}$ 에서 먼저 진공에서의 힘

$F_0[\text{N}] = 9 \times 10^9 \dfrac{Q_1 Q_2}{r^2}$ 에서

$Q_1 = 1 \times 10^{-6}$, $Q_2 = 2 \times 10^{-6}$, $r = 0.01$ 대입

$= 9 \times 10^9 \dfrac{(1 \times 10^{-6}) \times (2 \times 10^{-6})}{0.01^2} = 180$ ∴ $F = \dfrac{F_0}{\epsilon_s} = \dfrac{180}{9} = 20$

002

전계의 세기가 5×10^2[V/m]인 전계 중에 8×10^{-8}[C] 전하가 놓일 때 전하가 받는 힘은 몇 [N]인가?

① 4×10^{-2}
② 4×10^{-3}
③ 4×10^{-4}
④ 4×10^{-5}

$F = QE$ ∴ $F = (8 \times 10^{-8})(5 \times 10^2) = 4 \times 10^{-5}$

003

원형도체판 2매를 사용하여 콘덴서를 만들 경우 양 극판간의 간격을 2배로 할 때 정전용량이 처음과 같도록 하기 위해서는 도체판의 반경을 몇 배로 하면 되는가?

① 2
② 3
③ $\sqrt{2}$
④ $\sqrt{3}$

평판콘덴서 $C = \dfrac{\epsilon S}{d}$ 에서 $d' = 2d$ 대입

$C' = \dfrac{\epsilon S'}{d'} = \dfrac{\epsilon S'}{2d} = $ (처음과 동일) $= \dfrac{\epsilon S}{d}$ ∴ $S' = 2S$

원형도체판의 면적($S = \pi r^2$)이 2배가 되기 위한 반경은 $\sqrt{2}$ 배

004

반지름이 9[cm]인 도체구 A에 8[C]의 전하가 균일하게 분포되어 있다. 이 도체구에 반지름 3[cm]인 도체구 B를 접촉시켰을 때 도체구 B로 이동한 전하는 몇 [C]인가?

① 1
② 2
③ 3
④ 4

접촉 전후의 전체적인 전하량은 일정하고 병렬연결시 분배받는 전하량은 정전용량의 크기(구도체 정전용량은 반지름에 비례)에 비례한다.

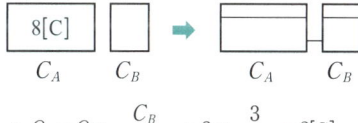

∴ $Q_B = Q \times \dfrac{C_B}{C_A + C_B} = 8 \times \dfrac{3}{9+3} = 2[\text{C}]$

005

도체계에서 임의의 도체를 일정전위의 도체로 완전 포위하면 내외공간의 전계를 완전 차단할 수 있다. 이것을 무엇이라 하는가?

① 전자차폐
② 정전차폐
③ 홀(hall)효과
④ 핀치(pinch)효과

전계차단 ➡ 정전차폐(전기차단 ➡ 정전), 자계차단 ➡ 전자차폐

006

공기 중에서 무한 평면 도체 표면 아래의 1[m] 떨어진 곳에 1[C]의 점전하가 있다. 전하가 받는 힘의 크기는 몇 [N]인가?

① 9×10^9
② $\dfrac{9}{2} \times 10^9$
③ $\dfrac{9}{4} \times 10^9$
④ $\dfrac{9}{16} \times 10^9$

무한평면 도체와 점전하 사이 작용력은 영상전하와 점전하 사이로 계산

두 전하 사이의 작용력 $F = \dfrac{Q_1 Q_2}{4\pi\epsilon_0 r^2}$ 에 $Q_1 = Q_2 = 1[C]$

$r = 1[m] \times 2$ 그리고 $\dfrac{1}{4\pi\epsilon_0} = 9 \times 10^9$

$F = \dfrac{Q_1 Q_2}{4\pi\epsilon_0 r^2} = 9 \times 10^9 \dfrac{(1)^2}{(2)^2} = \dfrac{9}{4} \times 10^9$

007

1.2[kW]의 전열기를 45분간 사용할 대 발생한 열량 [kcal]은?

① 471
② 572
③ 673
④ 774

사용전력량을 열량으로 변환
사용전력량 = 전력 × 사용시간

$= 1.2[kW] \times 45[min] \times \dfrac{1[h]}{60[min]} = 0.9[kWh]$

$1[kWh] = 860[kcal]$ 이므로

$\therefore 0.9[kWh] \times \dfrac{860[kcal]}{1[kWh]} = 774[kcal]$

008

$\nabla \cdot i = 0$에 대한 설명이 아닌 것은?

① 도체 내에 흐르는 전류는 연속이다.
② 도체 내에 흐르는 전류는 일정하다.
③ 단위 시간당 전하의 변화가 없다.
④ 도체 내에 전류가 흐르지 않는다.

키르히호프의 제1법칙
하나의 절점을 기준으로 유입전류와 유출전류의 합은 같다.

009

그림과 같이 무한 도체판에 반지름 $a[m]$인 반구가 돌출되어 있다. 점 P에 $Q[C]$의 전하가 놓여있을 때 그림 $Q[C]$의 전하에 의하여 생기는 영상전하의 수는?

① 0
② 1
③ 2
④ 3

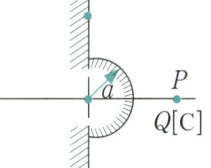

구도체 내부 1개. 도체판 대칭점 1개. 구도체의 내부 영상전하가 다시 도체판에 대칭되어 1개 ∴3개

010

자성체에 대한 자화의 세기를 정의한 것으로 틀린 것은?

① 자성체의 단위 체적당 자기모멘트
② 자성체의 단위 면적당 자화된 자하량
③ 자성체의 단위 면적당 자화선의 밀도
④ 자성체의 단위 면적당 자기력선의 밀도

자화의 세기 $J = \dfrac{\text{자화된 자하량}(m)}{\text{자성체의 면적}(S)} = \dfrac{\text{자기모멘트}(M)}{\text{자성체의 체적}(V)}$

: $M = m \cdot \ell$
자하량 ≒ 자화선의 밀도, 자계의 세기 ≒ 자기력선의 밀도

011

6.28[A]가 흐르는 무한장 직선 도선상에서 1[m] 떨어진 점의 자계의 세기[AT/m]는?

① 0.5
② 1
③ 2
④ 3

직선전류에 의한 자계의 크기 $H = \dfrac{NI}{2\pi r}$ 에서 $I = 6.28, r = 1$ 적용

$\therefore H = \dfrac{NI}{2\pi r} = \dfrac{6.28}{2\pi \times 1} = 1$

012

반지름이 a[m]되는 구도체에 Q[C]의 전하가 주어졌을 때 이 구의 중심에서 $5a$[m]되는 점의 전위는 몇 [V]인가?

① $\dfrac{Q}{4\pi\varepsilon_0 a}$ ② $\dfrac{Q}{4\pi\varepsilon_0 a^2}$

③ $\dfrac{Q}{20\pi\varepsilon_0 a}$ ④ $\dfrac{Q}{20\pi\varepsilon_0 a^2}$

구(점)전하에 의한 외부에서 전위 V[V]$=\dfrac{Q}{4\pi\epsilon r}$ 에서 $r=5a$ 대입

∴ $\dfrac{Q}{4\pi\epsilon(5a)}=\dfrac{Q}{20\pi\epsilon a}$

013

1000[AT/m]의 자계중에 어떤 자극을 놓았을 때 3×10^2[N]의 힘을 받는다고 한다. 자극의 세기는 몇 [Wb]인가?

① 0.1 ② 0.2
③ 0.3 ④ 0.4

$F=mH$ ➡ $m=\dfrac{F}{H}$ 에서 $H=1000$, $F=3\times10^2$ 대입

∴ $m=\dfrac{F}{H}=\dfrac{3\times10^2}{1000}=0.3$

014

권선수가 400회, 면적이 9π[cm^2]인 장방형 코일에 1[A]의 직류가 흐르고 있다. 코일의 장방형 면과 평행한 방향으로 자속밀도가 0.8[Wb/m^2]인 균일한 자계가 가해져 있다. 코일의 평행한 두 변의 중심을 연결하는 선을 축으로 할 때 이 코일에 작용하는 회전력은 약 몇 [N·m]인가?

① 0.3 ② 0.5
③ 0.7 ④ 0.9

평판코일에 의한 회전력(전동기) T[N·m]
$T=NBSI\cos\theta$(평판과 이루는각), $T=NBSI\sin\theta$(법선과 이루는각)
에서 $T=NBSI\cos\theta$ 선택
$N=400$, $B=0.8$, $S=9\pi\times10^{-4}$, $I=1$, $\theta=0$
∴ $T=400\times0.8\times(9\pi\times10^{-4})\times1\times\cos0=0.9$

015

단면적 S, 길이 l, 투자율 μ인 자성체의 자기회로에 권선을 N회 감아서 I의 전류를 흐르게 할 때 자속은?

① $\dfrac{\mu SI}{Nl}$ ② $\dfrac{\mu NI}{Sl}$ ③ $\dfrac{lNI}{\mu S}$ ④ $\dfrac{NI\mu S}{l}$

$F=\varnothing R_m$ ➡ $\varnothing=\dfrac{F}{R_m}$ 에서 $F=NI$, $R_m=\dfrac{\ell}{\mu S}$ 대입

∴ $\varnothing=\dfrac{NI}{\dfrac{\ell}{\mu S}}=\dfrac{NI\mu S}{\ell}$

016

자속밀도 B[Wb/m^2]가 도체 중에서 f[Hz]로 변화할 때 도체 중에 유기되는 기전력 e는 무엇에 비례하는가?

① $e\propto Bf$ ② $e\propto\dfrac{B}{f}$

③ $e\propto\dfrac{B^2}{f}$ ④ $e\propto\dfrac{f}{B}$

$e_m=\omega N\phi_m$ 여기서 ($\omega=2\pi f$, $\phi=BS$)
∴ $e_m=2\pi fNBS$ 이므로 $e_m\propto f\times B$

017

환상 솔레노이드 코일에 흐르는 전류가 2[A]일 때 자로의 자속이 1×10^{-2}[Wb]라고 한다. 코일의 권수를 500회라 할 때 이 코일의 자기 인덕턴스는 몇 [H]인가?

① 2.5 ② 3.5
③ 4.5 ④ 5.5

$N\phi=LI$ ➡ $L=\dfrac{N\phi}{I}$ 에서 $N=500$, $\phi=1\times10^{-2}$, $I=2$ 대입

∴ $L=\dfrac{N\phi}{I}=\dfrac{500\times1\times10^{-2}}{2}=2.5$

018

자기인덕턴스가 각각 L_1, L_2인 두 코일을 서로 간섭이 없도록 병렬로 연결했을 때 그 합성 인덕턴스는?

① $L=L_1+L_2$ ② $L=L_1-L_2$

③ $L=\dfrac{L_1+L_2}{L_1L_2}$ ④ $L=\dfrac{L_1L_2}{L_1+L_2}$

인덕턴스의 병렬연결 ➔ 저항의 병렬과 유사

• 가극성 $L=\dfrac{L_1L_2-M^2}{L_1+L_2-2M}$ • 감극성 $L=\dfrac{L_1L_2-M^2}{L_1+L_2+2M}$

간섭이 없으므로 $M=0$ ∴ $L=\dfrac{L_1L_2}{L_1+L_2}$ (가극성, 감극성 동일)

019

비유전율 4, 비투자율 1인 공간에서 전자파의 전파속도는 몇 [m/sec]인가?

① 0.5×10^8
② 1.0×10^8
③ 1.5×10^8
④ 2.0×10^8

전자파의 속도 $V=\dfrac{1}{\sqrt{\mu\epsilon}}=3\times 10^8 \dfrac{1}{\sqrt{\mu_s\epsilon_s}}$ 에서 $\epsilon_s=4, \mu_s=1$ 대입

∴ $V=3\times 10^8 \dfrac{1}{\sqrt{\mu_s\epsilon_s}}=3\times 10^8 \dfrac{1}{\sqrt{1\times 4}}=1.5\times 10^8$

020

다음 중 맥스웰의 방정식으로 틀린 것은?

① $\text{rot}H=i+\dfrac{\partial D}{\partial t}$
② $\text{rot}E=-\dfrac{\partial B}{\partial t}$
③ $\text{div}D=\rho$
④ $\text{div}B=\phi$

$\text{div}B=0$, 고립된 자극은 없다.(자속은 연속적이다.)

제 02 과목 전력공학

021

복도체를 사용한 가공 송전 방식을 같은 단면적의 단도체를 사용하는 경우와 비교할 때 틀린 것은?

① 송전 용량을 증대시킬 수 있다.
② 코로나 개시 전압이 높아지므로 코로나 손실을 줄일 수 있다.
③ 안정도를 증대시킬 수 있다.
④ 인덕턴스는 증가하고, 정전 용량은 감소한다.

• 복도체를 사용하면 코로나 현상을 방지(주된 목적)
• 인덕턴스는 감소하고, 정전용량은 증가하여 송전 용량이 증대된다.

022

뇌해 방지와 관계가 없는 것은?

① 댐퍼
② 소호각
③ 가공지선
④ 매설지선

① 댐퍼 : 전선의 진동방지
② 소호각 : 애자 보호(소호환, 아킹혼, 아킹링)
③ 가공지선 : 뇌해방지
④ 매설지선 : 역섬락 방지

023

단상 3선식 배전 방식을 교류 단상 2선식에 비교하면?

① 전압 강하는 크고, 효율이 낮다.
② 전압 강하는 작고, 효율이 높다.
③ 전압 강하는 작고, 효율이 낮다.
④ 전압 강하는 크고, 효율이 높다.

024

최대 수용 전력의 합계와 합성 최대 수용 전력의 비를 나타내는 계수는?

① 부하율
② 수용률
③ 부등률
④ 보상률

부등률 = $\dfrac{\text{개개의 최대수용전력의 합}}{\text{합성최대수용전력}} \geq 1$

025

배전선의 전압조정 방법이 아닌 것은?

① 승압기 사용
② 유도전압 조정기 사용
③ 주상변압기 탭 전환
④ 병렬콘덴서 사용

병렬콘덴서 : 역률 개선

026

저항 10[Ω], 리액턴스 15[Ω]인 3상 송전선로가 있다. 수전단 전압이 60[kV], 부하 역률이 0.8, 전류가 100[A]라 할 때 송전단 전압은 약 몇 [kV]인가?

① 33　　② 58　　③ 42　　④ 63

$e_{3\phi} = \sqrt{3}\,I(R\cos\theta + X\sin\theta)$
$\quad = \sqrt{3} \times 100(10 \times 0.8 + 15 \times 0.6) = 2944[V]$
$\therefore V_s = V_r + e = 60[kV] + 2.9[kV] = 62.9[kV]$

027

동일한 전압에 동일한 전력을 송전할 때 역률을 0.8에서 0.9로 개선하면 전력손실은 몇 [%]정도 감소하는가?

① 5　　② 10　　③ 21　　④ 40

전력손실 $\propto \dfrac{1}{\cos^2\theta}$: 역률의 제곱에 반비례하므로 개선시 손실감소

전력손실 $\propto \dfrac{1}{(0.9/0.8)^2} = 0.79$

즉, 역률개선전 100% 손실, 개선후 79% 손실
∴ 역률개선시 21%의 전력손실이 감소됨

028

그림과 같이 부하가 균일한 밀도로 도중에서 분기되어 선로 전류가 송전단에 이를수록 직선적으로 증가할 경우 선로의 전압 강하는 이 송전단 전류와 같은 전류의 부하가 선로의 말단에만 집중되어 있을 경우의 전압 강하보다 대략 어떻게 되는가?(단, 부하 역률은 모두 같다고 한다.)

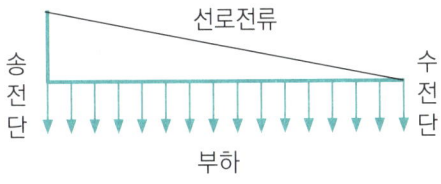

① $\dfrac{1}{3}$로 된다.　　② $\dfrac{1}{2}$로 된다.

③ 동일하다　　④ $\dfrac{1}{4}$로 된다.

균등 분포시 말단 집중부하의 전압강하(1/2), 전력손실(1/3)

029

다음 사항 중 가공 송전 선로의 코로나 손실과 관계가 없는 사항은?

① 전원 주파수　　② 전선의 연가
③ 상대 공기 밀도　　④ 선간거리

코로나 손실

$P = \dfrac{241}{\delta}(f+25)\sqrt{\dfrac{d}{2D}}(E-E_0)^2 \times 10^{-5}[kW/km/wire]$

δ : 공기상대밀도, f : 주파수, d : 도선의 지름, D : 선간거리,
E : 대지전압, E_0 : 코로나 임계전압

030

어떤 가공선의 인덕턴스가 1.6[mH/km]이고, 정전용량이 0.008[μF/km]일 때 특성 임피던스는 약 몇 [Ω]인가?

① 128　　② 224
③ 345　　④ 447

특성 임피던스

$Z_0 = \sqrt{\dfrac{Z}{Y}} = \sqrt{\dfrac{R+j\omega L}{G+j\omega L}} \approx \sqrt{\dfrac{L}{C}}$: (조건) $R, G \ll C, L$

$\therefore Z_0 = \sqrt{\dfrac{L}{C}} = \sqrt{\dfrac{1.6 \times 10^{-3}}{0.008 \times 10^{-6}}} = 447$

031

60[Hz], 154[kV], 길이 200[km]인 3상 송전 선로에서 대지 정전용량 $C_s=0.008[μF/km]$, 선간 정전용량 $C_m=0.0018[μF/km]$일 때 1선에 흐르는 충전 전류는 약 몇 [A]인가?

① 68.9　　② 78.9
③ 89.8　　④ 97.6

3상 3선식
$C = C_s + 3C_m [μF/km] = 0.008 + 3 \times 0.0018 = 0.0134[μF/km]$
$I_c = \dfrac{V}{Z_c} = j\omega CV = (2\pi \times 60) \times (0.0134 \times 10^{-6} \times 200) \times \left(\dfrac{154 \times 10^3}{\sqrt{3}}\right)$

032

일반적인 비접지 3상 송전 선로의 1선 지락 고장 발생시 각 상의 전압은 어떻게 되는가?

① 고장 상의 전압은 떨어지고, 나머지 두 상의 전압은 변동되지 않는다.
② 고장 상의 전압은 떨어지고, 나머지 두 상의 전압은 상승한다.
③ 고장 상의 전압은 떨어지고, 나머지 상의 전압도 떨어진다.
④ 고장 상의 전압이 상승한다.

비접지 계통에서 1선 지락시 지락이 발생한 상은 0[V], 나머지 두 상 $\sqrt{3}$ 배

033

중성점 저항 접지방식에서 1선 지락 시의 영상 전류를 I_0라고 할 때, 접지 저항으로 흐르는 전류는?

① $\frac{1}{3}I_0$
② $\sqrt{3}I_0$
③ $3I_0$
④ $6I_0$

접지에 흐르는 전류 $I_g = (I_a + I_b + I_c)$ 에서 $I_0 = \frac{1}{3}(I_a + I_b + I_c)$ 대입
$I_g = 3I_0$

034

파동 임피던스가 Z_1, Z_2 인 두 선로가 접속되었을 때 전압파의 반사 계수는?

① $\frac{2Z_2}{Z_1+Z_2}$
② $\frac{Z_2-Z_1}{Z_1+Z_2}$
③ $\frac{2Z_1}{Z_1+Z_2}$
④ $\frac{Z_1-Z_2}{Z_1+Z_2}$

반사파 $\frac{Z_2-Z_1}{Z_1+Z_2}$, 투과파 $\frac{2Z_2}{Z_1+Z_2}$

035

변류기 개방시 2차측을 단락하는 이유는?

① 2차측 절연보호
② 2차측 과전류 보호
③ 측정 오차 방지
④ 1차측 과전류 방지

전류원이므로 일정 전류 공급
∴개방(2차저항 ∞)시
$V = I(일정) \times Z(\infty) = \infty$ 즉, 2차측 전압이 높아짐

036

정격전압 7.2[kV] 정격차단용량 250[MVA]인 3상용 차단기의 정격차단전류는 약 몇 [kA]정도인가?

① 10
② 20
③ 30
④ 40

차단기의 차단용량 $= \sqrt{3} \times 정격전압 \times 정격차단전류$
∴ 정격차단전류[kA] $= \frac{정격차단용량[MVA]}{\sqrt{3} \times 정격전압[kV]}$
$= \frac{250}{\sqrt{3} \times 7.5} \fallingdotseq 20[kA]$

037

전력 계통의 경부하 시나 또는 다른 발전소의 발전 전력에 여유가 있을 때, 이 잉여 전력을 이용하여 전동기로 펌프를 돌려서 물을 상부의 저수지에 저장하였다가 필요에 따라 이 물을 이용해서 발전하는 발전소는?

① 양수식
② 수로식
③ 댐식
④ 유역변경식

수력발전 : 댐수로식(댐＋수로), 양수식(첨두부하 대비. 발전비용 감소시킴)

038

반동 수차의 일종으로 주요 부분은 러너, 안내날개, 스피드링 및 흡출관 등으로 되어 있으며 50~500[m] 정도의 중낙차 발전소에 사용되는 수차는?

① 카플란 수차
② 프란시스 수차
③ 펠턴 수차
④ 튜블러 수차

프란시스 수차는 반동수차로써 중낙차 발전소에 사용된다.

039

발열량 5500[kcal/kg]의 석탄 10[ton]을 사용하여 24000[kWh]의 전력을 발생하는 화력발전소의 열효율은 몇 [%]인가?

① 37.5 ② 32.5
③ 34.4 ④ 29.4

$\eta = \dfrac{860W}{mH} \times 100[\%] = \dfrac{860 \times 24000}{10 \times 1000 \times 5500} = 0.375$

040

다음 중 원자로에서 독작용을 설명한 것으로 가장 알맞은 것은?

① 열중성자가 독성을 받는 것을 말한다.
② $_{54}Xe^{135}$와 $_{62}Sm^{149}$가 인체에 독성을 주는 작용이다.
③ 열중성자 이용률이 저하되고 반응도가 감소되는 작용을 말한다.
④ 방사성 물질이 생체에 유해 작용을 하는 것을 말한다.

원자로의 독작용 : 원자로 운전중 열중성자에 대한 흡수 단면적이 큰 물질이 생성되는데, 이것이 열중성자를 쉽게 흡수하여 핵 반응을 감소시키는 현상

제 03 과목 전기기기

041

무부하에서 자기 여자로서 전압을 확립하지 못하는 직류발전기는?

① 타여자 발전기 ② 직권 발전기
③ 분권 발전기 ④ 차동 복권 발전기

직권발전기는 무부하상태일 경우 $I=I_s=I_a=0$ 이므로 여자전류가 흐르지 못해 전압이 확립되지 않는다.

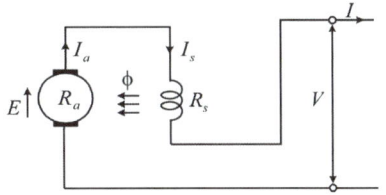

042

전기자 저항이 각각 $R_A=0.1[\Omega]$과 $R_B=0.2[\Omega]$인 100[V], 10[kW]의 두 분권발전기의 유기기전력을 같게 해서 병렬 운전하여 정격전압으로 135[A]의 부하전류를 공급할 때 각 기기의 분담전류는 몇 [A]인가?

① $I_A=80$, $I_B=55$ ② $I_A=90$, $I_B=45$
③ $I_A=100$, $I_B=35$ ④ $I_A=110$, $I_B=25$

부하분담은
① 용량에 비례, ② 유도기전력에 비례, ③ 전기자저항에 반비례 함
$G_A = \dfrac{0.2}{0.1+0.2} \times 135 = 90[A]$, $G_B = \dfrac{0.1}{0.1+0.2} \times 135 = 45[A]$

043

10[kW], 200[V], 전기자 저항 0.15[Ω]의 분권 발전기를 전동기로 사용하여 발전기의 경우와 같은 전류를 흘렸을 때 단자 전압은 몇 [V]로 하면 되는가?(단, 여기서 전기자 반작용은 무시하고 회전수는 같도록 한다.)

① 200 ② 207.5
③ 215 ④ 225.5

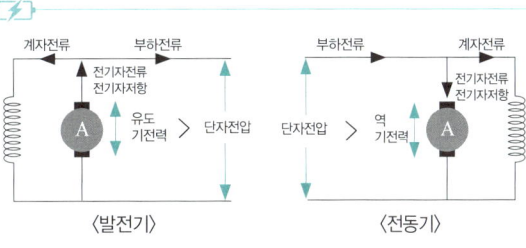

$I = \dfrac{P}{V} = \dfrac{10 \times 10^3}{200} = 50[A]$
발전기 역기전력 : $E = V + R_a I_a = 200 + 0.15 \times 50 = 207.5[V]$
전동기 단자전압 : $V = E_c + R_a I_a = 207.5 + 0.15 \times 50 = 215[V]$
회전수가 같고 타여자이고 자속도 같으므로
전동기의 역기전력 E_c는 발전기의 유기기전력 E 와 같게 된다.
분권전동기의 역기전력 = 단자전압 − 전기자전류 × 전기자저항

044

코일피치와 자극피치의 비를 β라 하면 기본파 기전력에 대한 단절계수는?

① $\sin\beta\pi$
② $\cos\beta\pi$
③ $\sin\dfrac{\beta\pi}{2}$
④ $\cos\dfrac{\beta\pi}{2}$

단절권계수 $K_p = \sin\dfrac{n\beta\pi}{2}$, 분포권계수 $K_d = \dfrac{\sin\dfrac{\pi}{2m}}{q\sin\dfrac{\pi}{2mq}}$ 에서

$\beta = \dfrac{권선피치}{자극피치}$, n = 고조파(여기서는 기본파이므로 1)

045

3상 동기발전기의 여자전류 5[A]에 대한 1상의 유기기전력이 600[V]이고 그 3상 단락전류는 30[A]이다. 이 발전기의 동기 임피던스는 몇 [Ω]인가?

① 10
② 20
③ 30
④ 40

단락전류 $I_s = \dfrac{E}{Z_s}$ 에서 $Z_s = \dfrac{E}{I_s} = \dfrac{600}{30} = 20[\Omega]$

046

무부하로 병렬 운전하는 동일정격의 두 3상 동기발전기에 대응하는 두 기전력 사이에 30°의 위상차가 있을 때 한쪽 발전기에서 다른 발전기에 공급되는 (1상의) 유효전력은 몇 [kW]인가?(단, 각 발전기의 (1상의) 기전력은 1000[V], 동기 리액턴스는 4[Ω]이고, 전기자저항은 무시한다.)

① 62.5
② 125.5
③ 152.5
④ 200

$P = \dfrac{E^2}{2Z_s}\sin\delta = \dfrac{1000^2}{2\times 4}\times \sin 30° \times 10^{-3} = 62.5[kW]$

047

송전 선로에 접속된 동기 조상기의 설명으로 옳은 것은?

① 과여자로 해서 운전하면 앞선 전류가 흐르므로 리액터 역할을 한다.
② 과여자로 해서 운전하면 뒤진 전류가 흐르므로 콘덴서 역할을 한다.
③ 부족 여자로 해서 운전하면 앞선 전류가 흐르므로 리액터 역할을 한다.
④ 부족 여자로 해서 운전하면 송전 선로의 자기 여자 작용에 의한 전압 상승을 방지한다.

동기 조상기 : 부족여자 운전 시 리액터로 작용, 과여자 운전 시 콘덴서로 작용한다.

048

정격 출력 2[kVA], 200/100[V], 50[Hz]인 변압기의 2차 단락 시험 결과 임피던스 전압 6.8[V], 임피던스 와트 60[W]를 얻었다 이 변압기의 2차를 1차로 환산한 저항과 리액턴스는?

① $r_{21}=0.68[\Omega]$, $x_{21}=0.65[\Omega]$
② $r_{21}=0.5[\Omega]$, $x_{21}=0.32[\Omega]$
③ $r_{21}=0.6[\Omega]$, $x_{21}=0.32[\Omega]$
④ $r_{21}=0.6[\Omega]$, $x_{21}=0.4[\Omega]$

변압기 1차 임피던스 전압과 임피던스 와트를 알고 있으므로
$V_s = Z_1 I_1$(임피던스 전압), $P_s = I_1^2 r_1$(임피던스 와트)

① $I_1 = \dfrac{P}{V_1} = \dfrac{2000}{200} = 10[A]$
② $Z_1 = \dfrac{V_s}{I_1} = \dfrac{6.8}{10} = 0.68[\Omega]$, ③ $r_1 = \dfrac{P_s}{I_1^2} = \dfrac{60}{10^2} = 0.6[\Omega]$
④ $x_1 = \sqrt{Z_1^2 - r_1^2} = \sqrt{0.68^2 - 0.6^2} = 0.32[\Omega]$

049

전압비가 무부하에서는 15:1, 정격부하에서는 15.5:1인 변압기의 전압변동률[%]은?

① 2.2
② 2.6
③ 3.3
④ 3.5

무부하에서 1:1/15
→ 0.0666, 정격부하에서 1:1/15.5 → 0.0645 이므로
전압변동률
$\epsilon = \frac{V_{20} - V_2}{V_2} \times 100[\%]$ 에서
$= \frac{0.0666 - 0.0645}{0.0645} \times 100 = 3.26[\%]$

050

△결선 변압기의 1대가 고장으로 제거되어 V결선으로 할 때 공급할 수 있는 전력과 고장 전 전력에 대한 비는 몇 [%]가 되는가?

① 81.6
② 75
③ 66.7
④ 57.7

$V-V$결선 : 단상변압기 2대를 이용한 3상 공급
- 출력 $P_V = \sqrt{3} P_1$
- 이용률 86.6[%]
- 출력비 57.7[%]

051

200[V]의 배전선 전압은 220[V]로 승압하여 30[kVA]의 부하에 전력을 공급하는 단권변압기가 있다. 이 단권변압기의 자기용량[kVA]는?

① 2.72
② 3.5
③ 4.26
④ 5.2

$\frac{자기용량}{부하용량} = \frac{(V_2 - V_1)I_2}{V_2 I_2} = \frac{V_h - V_l}{V_h}$

자기용량 $= 30 \times \frac{(220 - 200)}{220} = 2.72[kVA]$

052

$Y-\triangle$ 결선의 3상 변압기군 A와 $\triangle-Y$ 결선의 3상 변압기군 B를 병렬로 사용할 때 A군의 변압기 권수비가 30이라면 B군의 변압기의 권수비는?

① 30
② 60
③ 90
④ 120

A군의 2차측 선간전압이 1로 볼 때

- 2차측 상전압은 선간전압과 같으므로 1, 1차측 상전압=30, 1차측 선간전압=$30\sqrt{3}$

B군의 선간전압은 병렬운전이므로 A군의 1차측 선간전압과 같다.
 - 1차측 상전압=1차측 선간전압=$30\sqrt{3}$

B군의 단자전압이 1이므로 2차측 상전압=$\frac{1}{\sqrt{3}}$

∴따라서, B군의 권수비=$\frac{1차상전압}{2차상전압} = \frac{30\sqrt{3}}{\frac{1}{\sqrt{3}}} = 90$

053

2차 1상의 저항 0.02[Ω], $s=1$에서 2차 리액턴스 0.05[Ω]인 3상 유도전동기가 있다. 이 전동기의 슬립이 5[%]일 때 1차 부하전류가 12[A]라 하면 그 기계적 출력은 몇 [kW]인가?(단, 권수비 $a=10$, 상수비 $m=1$이다.)

① 5.28
② 5.47
③ 5.65
④ 5.96

R은 기계적 출력을 발생하는 등가저항으로
$R = \left(\frac{1-s}{s}\right)r_2[\Omega]$이며, $I_2 = aI_1$
$P_0 = I_2^2 R = I_2^2 \left(\frac{1-s}{s}\right)r_2 = (12 \times 10)^2 \left(\frac{1-0.05}{0.05}\right) \times 0.02 = 5472[W]$

054

15[kW], 380[V], 60[Hz]의 3상 유도전동기가 있다. 이 전동기의 전 부하 때의 2차 입력은 15.5[kW]라 한다. 이 경우의 2차 효율[%]은?

① 약 94.5
② 약 95.2
③ 약 96.8
④ 약 97.3

2차효율 : $\eta_2 = 1-s$, 2차 출력 $P_0 = (1-s)P_2$에서
$(1-s) = \frac{P_0}{P_2} = \frac{15}{15.5} = 0.9678$ ∴ 96.8[%]

055

3상 농형 유도 전동기 기동법 중 옳은 것은?

① $Y-\triangle$ 기동을 한다.
② 콘덴서를 이용하여 기동한다.
③ 2차 회로에 저항을 넣어 기동한다.
④ 기동저항기법을 사용한다.

유도 전동기의 기동법
- 전 전압 기동기(5[kW] 이하의 소형)
- $Y-\triangle$(5~15[kW] 정도)
- 리액터 기동(기동 전류를 제한하고자 할 때)
- 기동 보상기(15[kW] 이상)

056

소형 유도전동기의 슬롯을 사구(skew slot)로 하는 이유는?

① 토크 증가
② 게르게스 증가
③ 크로우링 현상의 방지
④ 제동 토크의 증가

유도전동기의 이상 현상
- 크로우링 현상
  - 원인 : 고정자 슬롯과 회전자 슬롯의 수에 대한 상대적 관계(제작 불량)
  - 결과 : 일정한 슬립에서 안정이 되어 그 이상 가속이 안 됨
  - 대책 : 비뚤어진 홈(사구, Skewed Slot) 적용
- 게르게스 현상 : 1개가 단선 → 50[%]에서 속도유지
  - 원인 : 3상 권선형 유도전동기의 2차회로가 한개 단선된 경우
  - 결과 : $s=0.5$(슬립 50[%])지점에서 더 이상 가속되지 않는다.

057

3상 유도전동기에 직결된 펌프가 있다. 펌프 출력은 100[HP], 효율 74.6[%] 전동기의 효율과 역률은 94[%]와 90[%]라고 하면 전동기의 입력 [kVA]는 얼마인가?

① 95.74[kVA]
② 104.4[kVA]
③ 111.1[kVA]
④ 118.2[kVA]

펌프출력 = 펌프입력 × 효율, 전동기 출력 = 전동기 입력 × 효율
에서 전동기 출력이 펌프 입력이 되므로
전동기 입력 = 전동기 출력/효율 = (펌프출력/효율)/효율
전동기 입력
$= \dfrac{100[HP] \times 746}{0.746 \times 0.94} = 106380[W] = 106.38[kW]$
전동기 입력[kVA] = 전동기입력[kW]/역률
$= \dfrac{106.38}{0.9} = 118.2[kVA]$

058

단상 반파정류로 직류전압 150[V]를 얻으려면 변압기 2차 권선의 상 전압 V를 얼마로 결정하면 되는가?(단, 부하는 무유도 저항이고, 정류회로 및 변압기내의 전압 강하는 무시한다.)

① 약 150[V]
② 약 200[V]
③ 약 333[V]
④ 약 472[V]

단상(반파 : 0.45, 전파 : 0.9), 삼상(반파 : 1.17, 전파 : 1.35)
교류 = 150/0.45(단상 반파) = 333.33[V]

이해 교류(× 상수) → 직류 : 상수를 곱한다.
직류(/ 상수) → 교류 : 상수로 나눈다.

059

사이리스터의 게이트 신호 제어는 무엇을 변화시키는 것인가?

① 전압
② 전류
③ 주파수
④ 위상각

$I_d = \dfrac{E_d}{R} = \dfrac{\sqrt{2}V}{2\pi R}(1+\cos a)$

따라서, 점호각 a를 조정하여 E_d를 가감할 수 있고 이와 같은 제어를 위상제어(Phase control)라고 한다.

060

3상 직권 정류자 전동기에 있어서 직렬 변압기의 권수비 조정으로 할 수 없는 것은?

① 정역회전을 할 수 있다.
② 회전자의 전압을 자유로이 선택할 수 있기 때문에 정류가 용이하다.
③ 속도 조정이 편리하다.
④ 경부하시에 속도의 급상승을 방지할 수 있다.

3상 직권 정류자 전동기의 직렬 변압기(중간변압기)는 고정자 권선과 회전자 권선 사이에 직렬로 접속되며 이 직렬 변압기를 사용하는 주요한 이유는 다음과 같다.
- 정류자 전압의 조정
  : 전원 전압의 크기에 관계없이 정류에 알맞은 회전자 전압을 선택

- 실효 권수비 선정 조정
  : 중간 변압기의 권수비를 바꾸어 전동기의 특성을 조정할 수 있다.
- 경 부하 때 속도의 이상 상승 방지
  : 직권 특성이기 때문에 경 부하에서는 속도가 매우 상승하나 중간 변압기를 사용, 그 철심을 포화하도록 하면 그 속도 상승을 제한할 수 있다.

제 04 과목 회로이론

061

그림 a, b간에 40[V]의 전압을 가할 때 10[A]의 전류가 흐른다. r_1 및 r_2의 저항 [Ω]은 각각 얼마인가? (단 전류비 1 : 2)

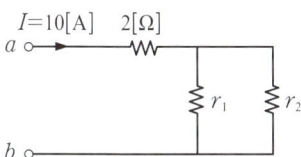

① $r_1=6$, $r_2=3$ ② $r_1=3$, $r_2=6$
③ $r_1=4$, $r_2=2$ ④ $r_1=2$, $r_2=4$

전체저항이 $R=\dfrac{V}{I}=\dfrac{40}{10}=4$이므로
r_1, r_2의 병렬합성저항은 $4-2=2[Ω]$
병렬회로에서 전류는 저항에 반비례하므로 저항비 $r_1:r_2=2:1$을 만족하면서 병렬합성값이 2[Ω]을 만족하는 것은 r_1, r_2은 각각 6, 3

062

저항 $R=60[Ω]$과 유도리액턴스 $\omega L=80[Ω]$인 코일이 직렬로 연결된 회로에 200[V]의 전압을 인가할 때 전압과 전류의 위상차는?

① $48.17°$ ② $50.23°$
③ $53.13°$ ④ $55.27°$

직렬회로 역률 $\cos\theta=\dfrac{R}{\sqrt{R^2+X^2}}=\dfrac{60}{\sqrt{60^2+80^2}}=0.6$ 에서
$\theta=\cos^{-1}(0.6)=53.13$

063

$L=20[mH]$에 실효값 $E=50[V]$, $f=50[Hz]$인 정현파 전압을 가했을 때 축적되는 평균 자기에너지는 몇 [J]인가?

① 3.634   ② 2.634
③ 1.634   ④ 0.634

$W_L=\dfrac{1}{2}LI^2$ 에서 $W_L=\dfrac{1}{2}\times 20\times 10^{-3}\times 7.9^2=0.624[J]$
- $L=20\times 10^{-3}$
- $I=\dfrac{V}{X_L}=\dfrac{50}{6.28}≒7.9$
  $V=50[V]$
  $X_L=\omega L=2\pi fL=2\pi\times 50\times 20\times 10^{-3}=6.28$

064

저항 R과 유도리액턴스 X_L이 병렬로 연결된 회로의 역률은?

① $\dfrac{\sqrt{R^2+X_L}}{R}$ ② $\dfrac{\sqrt{R^2+X_L^2}}{X_L}$

③ $\dfrac{R}{\sqrt{R^2+X_L^2}}$ ④ $\dfrac{X_L}{\sqrt{R^2+X_L^2}}$

직렬연결시 $\dfrac{R}{\sqrt{R^2+X^2}}$ 병렬연결시 $\dfrac{X_L}{\sqrt{R^2+X^2}}$

065

그림과 같은 R 과 C 의 병렬회로에서 주파수가 일정하고 C가 0에서 ∞까지 변할 때 합성 임피던스 Z의 궤적은 어떻게 되는가?

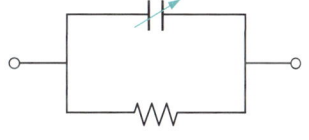

① 원점을 지나는 반직선이다.
② 원점을 지나지 않고 실수축에 평행인 반직선이다.
③ 원점을 지나는 반원이다.
④ 원점을 지나지 않는 반원이다.

궤적 (원점을 통하지 않는 직선과 원점을 통하는 (반)원은 역수관계)
- 원점을 통하지않는 직선 : 직렬회로(전압, 임피던스궤적)
  병렬회로(전류, 어드미턴스궤적)
- 원점을 통하는 (반)원 : 직렬회로 (전류, 어드미턴스 궤적)
  병렬회로(전압, 임피던스 궤적)

존재하는 분면(L I, C V)그래프로 이해

이해 (반)원은 원점을 무조건 통과, 직선은 원점을 통하지 않는다.

066

20[mH]와 60[mH]의 두 인덕턴스가 병렬로 연결되어 있다. 합성인덕턴스의 값[mH]은?(단, 상호인덕턴스는 없는 것으로 한다.)

① 15
② 20
③ 50
④ 75

병렬합성 인덕턴스 $L=\dfrac{L_1L_2-M^2}{L_1+L_2\mp 2M}(-가극성,+감극성)$ 에서 $M=0$

∴ $L=\dfrac{L_1L_2}{L_1+L_2}=\dfrac{20\times 60}{20+60}=15$

067

상순이 $a-b-c$인 3상 회로에 있어서 대칭분 전압이 각각 $V_0=8.54\angle 159°$, $V_1=10\angle -53°$, $V_2=14.42\angle 56°$일 때 a상의 전압 V_a는 약 몇 [V]인가?(단, V_0는 영상분 전압이고, V_1은 정상분 전압이고, V_2는 역상분 전압이다.)

① $9.22\angle 49°$
② $9.22\angle 40°$
③ $2.24\angle -107°$
④ $2.24\angle -17°$

a상 전압 $V_a=V_0+V_1+V_2$ 에서
$V_a=(8.54\angle 159°)+(10\angle -53°)+(14.42\angle 56°)$: 계산기로 계산
$=6.1+j7.0=9.31\angle 49$

068

단상 전력계 2개로 평형3상 부하의 전력을 측정하였더니 각 각 300[W]와 600[W]를 나타내었다. 부하 역률은 얼마인가?

① 0.5
② 0.577
③ 0.637
④ 0.866

$\cos\theta=\dfrac{P_1+P_2}{2\sqrt{P_1^2+P_2^2-P_1P_2}}=\dfrac{300+600}{2\sqrt{300^2+600^2-300\times 600}}=0.866$

이해 역률 : $P_1=P_2\rightarrow \cos\theta=1$, $P_1=2P_2\rightarrow \cos\theta=0.87$
$P_1=0\rightarrow \cos\theta=0.5$

069

대칭좌표법에서 사용되는 용어중 공통인 성분을 표시하는것은?

① 영상분
② 정상분
③ 역상분
④ 공통분

영상분 : 발생조건 (불평형 AND 접지식(3상4선식)), 공통분으로 $3n$ 고조파, 영상분은 각상에 발생하는 영상분의 위상이 동위상으로 동일하므로 공통분이라고 한다. (정상분 또는 역상분의 각상의 위상차 120°)

070

3상4선식에서 중성선이 필요하지 않아서 중성선을 제거하여 3상3선식을 만들기 위한 중성선에서의 조건식은 어떻게 되는가?(단, I_a, I_b, I_c는 각상의 전류이다.)

① 불평형 3상 $I_a+I_b+I_c=1$
② 불평형 3상 $I_a+I_b+I_c=\sqrt{3}$
③ 불평형 3상 $I_a+I_b+I_c=3$
④ 평형 3상 $I_a+I_b+I_c=0$

중성선에는 정상분, 역상분의 합이 "0"이고 영상분 크기만 나타나므로 영상분=0 이면 중성선을 제거할 수 있다.

∴ $I_0=\dfrac{1}{3}(I_a+I_b+I_c)=0$ 즉 $I_a+I_b+I_c=0$

071

비정현파의 일그러짐의 정도를 표시하는 양으로서 왜형률이란 무엇인가?

① 평균치/실효치
② 실효치/최대치
③ 고조파만의 실효치/기본파의 실효치
④ 기본파의 실효치/고조파만의 실효치

왜형률 $=\dfrac{\text{전고조파의 실효값의 합}}{\text{기본파의 실효값}}$

072

키르히호프의 전압법칙의 적용에 대한 서술중 잘못된 것은?

① 이 법칙은 집중 정수회로에 적용된다.
② 이 법칙은 회로소자의 선형, 비선형성에는 관계받지 않고 적용된다.
③ 이 법칙은 회로소자의 시변, 시불변성에 구애받지 아니한다.
④ 이 법칙은 선형소자로만 이루어진 회로에 적용된다.

키르히호프의 법칙은 집중 정수회로에서 선형, 비선행 및 시변, 시불변에 무관하게 항상 성립된다.

073

그림과 같은 회로의 출력 전압의 위상은 입력 전압의 위상보다 어떻게 되는가?

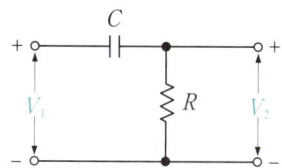

① 앞선다.
② 뒤진다.
③ 같다.
④ 앞설수도 있고 뒤질수도 있다.

C의 위치로써 이해한다.(위상은 입력에 대한 출력의 위상을 의미)
C가 앞에(입력) 있으면 진상보상기, 위상(앞선다), 미분회로, 고역필터
C가 뒤에(출력) 있으면 지상보상기, 위상(뒤진다), 적분회로, 저역필터

074

그림과 같은 π형 4단자 회로의 어드미턴스 상수 중 Y_{22}는?

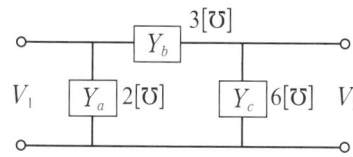

① 5[℧]
② 6[℧]
③ 9[℧]
④ 11[℧]

$I_1 = Y_{11}V_1 + Y_{12}V_2$, $I_2 = Y_{21}V_1 + Y_{22}V_2$ 에서
$Y_{22} = \dfrac{I_2}{V_2}\big|_{V_1=0}$: 1차측 단락 시 2차측에서 본 어드미턴스
$= \dfrac{Y_b V_2 + Y_c V_2}{V_2} = Y_b + Y_c = 3 + 6 = 9$

이해 Y 파라메터 Y_{22} : 절점2(2차측)에 연결된 어드미턴스의 합 $= 3 + 6 = 9$

075

그림과 같은 이상적인 변압기로 구성된 4단자 회로에서 정수 A와 C는 어떻게 되는가?

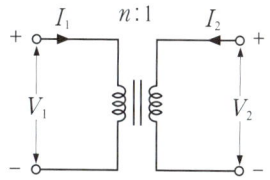

① $A=1$, $C=n$
② $A=0$, $C=\dfrac{1}{n}$
③ $A=n$, $C=0$
④ $A=\dfrac{1}{n}$, $C=0$

이상변압기는 손실이 없으므로 $B=C=0$ 가 되고
변압기의 권수비 $n = \dfrac{n_1}{n_2} = \dfrac{V_1}{V_2} = \sqrt{\dfrac{Z_1}{Z_2}} = \dfrac{I_2}{I_1}$ 고려하면 다음의 관계를 가진다
$A = \dfrac{V_1}{V_2} = n$ $B = 0$ $C = 0$ $D = \dfrac{I_1}{I_2} = \dfrac{1}{n}$ 여기서 n은 권수비를 의미함

076

그림과 같은 4단자망의 영상 전달정수 θ는?

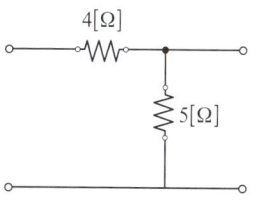

① $\sqrt{5}$
② $\log_e \sqrt{5}$
③ $\log_e \dfrac{1}{\sqrt{5}}$
④ $5\log_e \sqrt{5}$

영상 전달정수 $\theta = \log(\sqrt{AD} + \sqrt{BC})$ 에서
$A=1+\dfrac{4}{5}=\dfrac{9}{5}$, $B=4$, $C=\dfrac{1}{5}$, $D=1+\dfrac{0}{5}=1$ 을 대입
$\theta = \log_e(\sqrt{\dfrac{9}{5}\times 1} + \sqrt{4\times\dfrac{1}{5}}) = \log_e(\dfrac{3}{\sqrt 5}+\dfrac{2}{\sqrt 5}) = \log_e\dfrac{5}{\sqrt 5}$

077

그림과 같은 회로의 $t=0$에서 스위치 S를 닫았을 때 $R[\Omega]$에 흐르는 전류 $i_R(t)$는?

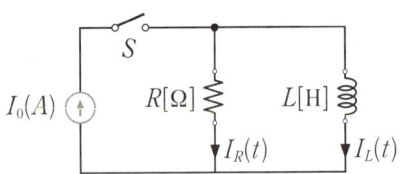

① $I_0(1-e^{-\frac{R}{L}t})$ ② $I_0(1+e^{-\frac{R}{L}t})$

③ I_0 ④ $I_0 e^{-\frac{R}{L}t}$

$i(t) = i(\infty) + [i(0) - i(\infty)]e^{-\frac{1}{\tau}t}$

초기상태($t=0$, AC인가, L은 개방상태) $i(0) = I_0$
정상상태($t=\infty$, DC인가, L은 단락상태) $i(\infty) = 0$

시정수 : $R-L$ 직렬회로 $\tau = \dfrac{L}{R}$ 대입

∴ $i(t) = 0 + [I_0 - 0]e^{-\frac{R}{L}t} = I_0 e^{-\frac{R}{L}t}$

별해 직류에 대하여 L은 단락상태 ∴ 최종적으로 $i_R(\infty) = 0$

078

$f(t) = \mathcal{L}^{-1}\left[\dfrac{1}{s^2+6s+10}\right]$의 값은 얼마인가?

① $e^{-3t}\sin t$ ② $e^{-3t}\cos t$

③ $e^{-t}\sin 5t$ ④ $e^{-t}\sin 5\omega t$

역 라플라스 변환 2)(분모가)인수분해 안되는 경우
→ 완전제곱으로 전개

$F(s) = \dfrac{1}{s^2+6s+10} = \dfrac{1}{\left(s^2+6s+\left(\dfrac{6}{2}\right)^2\right)+1} = \dfrac{1}{(s+3)^2+1}$ 에서

라플라스변환 : 삼각함수 $\sin\omega t \rightarrow \dfrac{\omega}{s^2+\omega^2}$

라플라스 변환 공식(복소추이 정리) : $e^{\mp at}f(t) \Rightarrow F(s\pm a)$
두가지를 응용하면 $\dfrac{1}{(s+3)^2+1^2} \Rightarrow \sin t\, e^{-3t}$

이해 분모를 인수분해 하면 $s^2+6s+10=(s+3)^2+1$
이므로 문제$(s+3)$ → 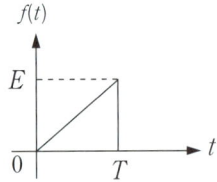 e^{-3t}, 문제($\dfrac{상수}{……}$) → 답 $\sin$

079

그림과 같은 톱니파의 라플라스 변환은?

① $\dfrac{E}{Ts}(1-e^{-Ts})$

② $\dfrac{E}{Ts^2}(1-e^{-Ts})$

③ $\dfrac{E}{Ts}(1-e^{-Ts}-Tse^{-Ts})$

④ $\dfrac{E}{Ts^2}(1-e^{-Ts}-Tse^{-Ts})$

경사함수의 시간함수 표현법 $f(t)$=기울기$\times t$
$f(t) = \dfrac{E}{T}t - \dfrac{E}{T}(t-T)u(t-T) - Eu(t-T)$
$F(s) = \dfrac{E}{T}\times\dfrac{1}{s^2} - \dfrac{E}{T}\times\dfrac{1}{s^2}e^{-Ts} - E\times\dfrac{1}{s}e^{-Ts}$
$= \dfrac{E}{Ts^2}(1-e^{-Ts}-Tse^{-Ts})$

이해 라플라스 함수 표현법 : (기울기)$\dfrac{1}{s^2} = (\dfrac{높이}{밑변})\dfrac{1}{s^2}$

080

부동작 시간(dead time)요소의 전달함수는?

① K ② $\dfrac{K}{S}$

③ Ke^{-LS} ④ KS

① 비례요소   ② 적분요소   ③ 부동작시간요소   ④ 미분요소

제 05 과목 전기설비기술기준

081

기능적 특별저압(FELV)에 대한 사항으로 적합하지 않은 것은?

① FELV 계통의 전원은 최소한 단순 분리형 변압기에 의한다.
② 기본보호는 기본절연, 격벽 또는 외함에 의한다.
③ 회로는 구조적 분리가 없다.
④ 노출도전부는 1차측 회로의 보호도체에 접속하여야 한다.

기능적 특별저압(FELV)(K 211.2.8)
- 기본보호는 전원의 1차 회로의 공칭전압에 대응하는 기본절연, 격벽 또는 외함에 의한다.
- FELV 회로 기기의 노출도전부는 전원의 1차 회로의 보호도체에 접속하여야 한다.
- FELV 계통의 전원은 최소한 단순 분리형 변압기에 의한다.

082

인하도선이 건축물·구조물과 분리되지 않은 피뢰시스템으로 배치된 경우 다음 중 옳은 것은?

① 벽이 불연성 재료로 된 경우에는 벽의 표면에 시설할 수 없다.
② 인하도선의 수는 3가닥 이상으로 한다.
③ 노출된 모서리 부분은 마지막에 설치한다.
④ 병렬 인하도선의 Ⅵ등급의 최대간격은 20[m]로 한다.

인화도선이 건축물·구조물과 분리된 피뢰시스템
- 인하도선 1조 이상
- 뇌전류의 경로가 보호 대상물에 접촉하지 않도록 한다.

인화도선이 건축물·구조물과 분리되지 않은 피뢰시스템
- 인하도선 2조 이상 (보기 ②)
- 벽이 불연 재료인 경우 벽의 표면 또는 내부에 시설할 수 있다. (보기 ①)
- 모서리 부분 우선 인화도선 설치 (보기 ③)

083

연료전지 및 태양전지 모듈의 절연내력시험을 하는 경우 충전부분과 대지 사이에 인가하는 시험전압은 얼마인가?(단, 연속하여 10분간 가하여 견디는 것이어야 한다.)

① 최대사용전압의 1.25배의 직류전압과 1배의 교류전압
② 최대사용전압의 1.25배의 직류전압과 1.25배의 교류전압
③ 최대사용전압의 1.5배의 직류전압과 1배의 교류전압
④ 최대사용전압의 1.5배의 직류전압과 1.25배의 교류전압

연료전지 및 태양전지모듈의 절연내력시험(K 134)
① 방법 : 충전부분과 대지간 연속하여 10분간 가한다.
② 시험 전압 : 최대사용전압의 1.5배의 직류전압 또는 1배의 교류전압(최저 500[V])

084

접지도체의 선정 시에 중성점 접지용 접지도체의 최소 단면적은 얼마인가?

① 4[mm²] ② 6[mm²]
③ 10[mm²] ④ 16[mm²]

중성점 접지용 접지도체 : 공칭단면적 16 [mm²] 이상의 연동선
다만 7[kV]이하, 다중접지(25[kV]이하)로 2초이내에 차단시 6[mm²]이상

085

저압 가공전선로의 지지물은 목주인 경우에는 풍압하중의 몇 배의 하중을 견디는 강도를 가지는 것이어야 하는가?

① 1.5 ② 0.8 ③ 1.0 ④ 1.2

안전율 적용
- 지지물 : 2 (기본) 철탑 : 1.33 목주(저 : 1.2, 고압 1.3, 특고 : 1.5)

086

특고압 가공전선을 삭도와 제1차 접근상태로 시설되는 경우 최소 간격(이격거리)에 대한 설명 중 틀린 것은?

① 사용전압이 35[kV] 이하의 경우는 1.5[m] 이상
② 사용전압이 35[kV] 이하이고 특고압 절연전선을 사용한 경우 1[m] 이상
③ 사용전압이 70[kV]인 경우 2.12[m] 이상
④ 사용전압이 35[kV]를 초과하고 60[kV] 이하인 경우 2.0[m] 이상

특고압 가공전선과 삭도(케이블카, 리프트)의 접근 또는 교차(K 333.25)
35[kV] 이하 가공전선 → 2[m] 이상(1[m] : 특고압 절연전선, 0.5[m] 케이블)
60[kV] 이하 가공전선 → 2[m] 이상
60[kV] 초과 가공전선 → 2[m] + 0.12 N
  (N = (전압[kV] − 60[kV])/10[kV] : 절상)
  (N = (70[kV] − 60[kV])/10[kV] = 1 = 1 : 절상)
∴ 2 + 0.12 × 1 = 2.12 [m]

087

분기회로 보호장치를 설치하려 한다. 전원 측에서 분기점 사이에 다른 분기회로 또는 콘센트의 접속이 없고 단락의 위험과 화재 및 인체에 대한 위험성이 최소화 되도록 시설된 경우, 분기회로의 보호장치($P2$)는 분기점으로부터 몇 [m]까지 이동하여 설치할 수 있는가?

① 2   ② 2.5   ③ 3   ④ 3.5

과부하 보호장치의 설치위치(K 212.4.2) : 단락전류 보호장치는 분기점에 설치해야 한다.
분기회로의 단락 보호장치는 분기점으로부터 3[m]까지 이동설치 가능

088

35[kV]가공전선과 고압 가공전선을 동일 지지물에 병행설치 할 때 상호 간의 간격(이격거리)는 일반적인 경우 몇 [m] 이상인가?(단, 특고압 가공전선이 케이블이 아닌 경우이다.)

① 1.0   ② 1.2   ③ 1.5   ④ 2.0

병가시 특별고압가공전선과 저압 또는 고압 가공전선의 간격(이격거리) (K 333.17)
 (특고압 가공전선과 저압용 전차선의 병가도 이에 준한다.)
• 35[kV] 이하 : 1.2[m]
 (단, 특고는 케이블, 저·고압은 절연 또는 케이블 사용시: 0.5[m])

089

특별고압 가공전선로에 사용하는 가공지선에는 지름 몇 [mm]의 나경동선 또는 이와 동등 이상의 세기 및 굵기의 나선을 사용하여야 하는가?

① 2.6   ② 3.5   ③ 4   ④ 5

가공지선
고압가공지선 → 4.0[mm] 이상 나경동선
특별고압가공지선 → 5.0[mm] 이상 나경동선,
            22[mm^2] 이상 나경동연선

090

특고압 가공전선이 도로, 횡단보도교, 철도와 제1차 접근상태로 시설되는 경우에 특고압 가공전선로는 어떤 보안 공사를 하는가?

① 제1종 특별고압 보안공사
② 제2종 특별고압 보안공사
③ 제3종 특별고압 보안공사
④ 고압 보안공사

특별고압보안공사(1종,2종,3종)중 1종이 제일 강화된 것. 즉, 안전 고려(위험)
• 35[kV] 이상 2차 접근상태 : 1종
• 35[kV] 이하 2차 접근상태 : 2종
• 전압무관 1차 접근상태 : 3종

091

특별고압 가공전선을 시가지에 시설하는 경우에 그 지지물로 사용할 수 없는 것은 다음 중 어느 것인가?

① 목주
② 철주(강판조립주 제외)
③ 철근콘크리트주
④ 철탑

시가지 등에서 특고압 가공전선로의 시설(K 333.1)
- 지지물 : 목주 안됨
- 경간 : A종(75[m]), B종(150[m]), 철탑(400[m])
- 지락차단장치 : 22.9[kV] : 2초이내 차단, 154[kV] : 1초이내 전로 자동 차단
- 전선로의 지표상 높이 : 22.9[kV] : 10[m](절연전선 8[m])

92

22.9[kV] 3상 4선식 중성선 다중 접지식 가공 전선로에서 각 접지선을 중성선으로부터 분리하였을 경우 매 1[km]마다의 중성선과 대지 사이의 합성 전기 저항값은 몇 [Ω] 이하이어야 하는가?

① 15
② 20
③ 25
④ 30

25[kV]이하인 특고압 가공전선로의 시설(K 333.32)

	각 접지점의 대지 저항값	1[km] 마다의 합성 저항값
15[kV]이하	300[Ω]이하	30[Ω]이하
25[kV]이하	300[Ω]이하	15[Ω]이하

93

지중전선로의 전선으로 사용되는 것은?

① 절연전선
② 케이블
③ 다심형전선
④ 나전선

지중전선로(K 334)
- 전선 : 케이블
- 구분 : 직접매설식(트라프 설치 또는 콤바인덕트 케이블 사용), 관로식, 암거식

94

발전기의 용량에 관계없이 자동적으로 이를 전로로부터 차단하는 장치를 시설하여야 하는 경우는?

① 과전류 인입
② 베어링 과열
③ 발전기 내부 고장
④ 유압의 과팽창

발전기의 보호(K 351.3) : 자동적으로 전로 차단하는 장치
발전기에 과전류나 과전압이 생긴 경우
그 외 용량별 고장원인에 따라(아래 참고)
- 풍차(바람개비) : 100원
- 수차(냉차) : 500원
- 수차(온도상승) : 2,000원

95

154/22.9[kV]용 변전소의 변압기에 반드시 시설하지 않아도 되는 계측장치는?

① 전압계
② 전류계
③ 역률계
④ 온도계

- 계측장치 : 전기적인 이상유무 확인을 위한 계측장치를 주요 설비에 설치함.
  단) 모선(즉, 전선)에는 설치가 불가능하죠
- 주요계측장치 : 전압, 전류, 전력, 온도(전기고장시 온도상승)

96

통신선에 직접 접속하는 옥내통신 설비를 시설하는 곳에 반드시 하여야 하는 것은?(단, 통신선은 광섬유 케이블을 제외하며, 뇌 또는 전선과의 혼촉에 의하여 사람에게 위험의 우려는 있다고 한다.)

① 유도조절장치
② 전력절감장치
③ 보안장치
④ 전류제한장치

전력보안통신설비의 보안장치(K 362.10)
통신선(광섬유 케이블을 제외한다.)에 직접 접속하는 옥내통신 설비를 시설하는 곳에는 적합한 보안장치 또는 이에 준하는 보안장치를 시설하여야 한다

97

옥내에 시설하는 고압용 이동전선으로 사용 가능한 것은?

① 2.6[mm] 연동선
② 비닐 캡타이어 케이블
③ 고압용 제3종 클로로프렌 캡타이어 케이블
④ 600[V] 고무 절연전선

옥내 고압용 이동전선의 시설(K 342.2)
- 전선은 고압용의 캡타이어케이블일 것
- 이동전선과 전기사용기계기구와는 볼트 조임 기타의 방법에 의하여 견고하게 접속할 것
- 이동전선에 전기를 공급하는 전로(유도 전동기의 2차측 전로를 제외한다.)에는 전용 개폐기 및 과전류 차단기를 각극(과전류 차단기는 다선식 전로의 중성극을 제외한다.)에 시설하고, 또한 전로에 지락이 생겼을 때에 자동적으로 전로를 차단하는 장치를 시설할 것

098

전기욕기에 전기를 공급하기 위한 장치로서 내장되어 있는 전원변압기의 2차측 전로의 사용전압은 몇 [V] 이하인 것으로 하는가?

① 10 ② 20
③ 30 ④ 60

전기욕기의 시설(K 241.2)
① 사용전압 : 전원 변압기의 2차측 전로의 사용전압이 10[V] 이하
② 절연저항 : 전기욕기용 전원장치로부터 욕탕 안의 전극까지의 전선 상호간 및 전선과 대지 사이의 절연저항치는 1[MΩ] 이상일 것
③ 이격거리 : 욕탕 안의 전극간의 거리는 1[m] 이상일 것

암기　숫자가 모두 1로 구성

099

터널 등에 시설하는 사용 전압이 220[V]인 저압의 전구선은 그 단면적이 몇 [mm²] 이상이어야 하는가?

① 0.5   ② 0.75
③ 1.25 ④ 1.4

터널 등의 전구선 또는 이동전선 등의 시설(K 242.7.4)
- 400[V]이하의 경우 :
  0.75[mm²] 이상의 고무코드 또는 고무절연 클로로프렌 캡타이어 케이블
- 사람이 접촉할 우려가 없는 경우 :
  0.75[mm²] 이상의 내열성 에틸렌아세테이트 고무절연전선

100

전기저장장치의 시설 중 제어 및 보호장치에 관한 사항으로 옳은 것은?

① 상용전원이 정전되었을 때 비상용 부하에 전기를 안정적으로 공급할 수 있는 시설을 갖출 것
② 전기저장장치의 접속점에는 쉽게 개폐할 수 없는 곳에 개방상태를 육안으로 확인할 수 있는 전용의 개폐기를 시설하여야 한다.
③ 직류 전로에 과전류차단기를 설치하는 경우 직류 단락전류를 차단하는 능력을 가지는 것이어야 하고, "직류용"표시를 하여야 한다.
④ 전기저장장치의 직류 전로에는 지락이 생겼을 때에 자동적으로 전로를 차단하는 장치를 시설하여야 한다.

전기저장장치의 제어 및 보호장치(K 512.1.4)
전용의 개폐기는 접속점을 쉽게 개폐할 수 있는곳에 시설해야 됨

정답　07회 CBT 복원문제

01 ②	02 ④	03 ③	04 ②	05 ②
06 ③	07 ④	08 ④	09 ④	10 ④
11 ②	12 ③	13 ③	14 ④	15 ④
16 ①	17 ①	18 ④	19 ③	20 ④
21 ④	22 ①	23 ②	24 ③	25 ④
26 ④	27 ③	28 ②	29 ②	30 ④
31 ②	32 ③	33 ③	34 ②	35 ③
36 ②	37 ①	38 ②	39 ①	40 ②
41 ②	42 ②	43 ③	44 ③	45 ②
46 ①	47 ④	48 ③	49 ③	50 ④
51 ①	52 ③	53 ②	54 ③	55 ①
56 ②	57 ④	58 ③	59 ④	60 ①
61 ①	62 ③	63 ④	64 ④	65 ①
66 ①	67 ①	68 ④	69 ①	70 ④
71 ③	72 ④	73 ①	74 ③	75 ①
76 ②	77 ②	78 ①	79 ④	80 ②
81 ②	82 ④	83 ③	84 ④	85 ④
86 ①	87 ②	88 ②	89 ④	90 ②
91 ①	92 ③	93 ②	94 ①	95 ①
96 ③	97 ③	98 ①	99 ②	100 ②

초단기완성! 전기산업기사

2026년 01월 05일 인쇄
2026년 01월 20일 발행

저자	이창우
발행처	(주)도서출판 책과상상
등록번호	제2020-000205호
발행인	이강복
주소	경기도 고양시 일산동구 장항로 203-191
대표전화	(02)3272-1703~4
팩스	(02)3272-1705
홈페이지	www.sangsangbooks.co.kr
ISBN	979-11-6967-330-3

저자협의
인지생략

정가 25,000원

Copyright© 2026
Book & SangSang Publishing Co.